1984 年，长江口及太湖流域综合治理领导小组
第二次会议

1987 年，长江口及太湖流域综合治理领导小组
第五次会议

1991 年，国务院召开治淮治太第一次工作会议

1997 年，国务院召开治淮治太第四次工作会议

2004 年，第一届太湖高级论坛 （张红举　摄）

2007 年，联合国秘书长水与卫生顾问委员会第八次会议暨水与卫生亚洲地区对话会在太湖局召开（尤　珍　摄）

2008 年，太湖流域水环境综合治理水利工作协调小组第一次会议（尤　珍　摄）

太湖志

水利部太湖流域管理局
《太湖志》编纂委员会 编

· 北京 ·

内 容 提 要

《太湖志》是中国江河水利志的重要组成部分。本志以太湖流域为对象，按照“明古详今”“存真求实”“述而不论”的原则，客观、系统地记载了太湖流域的自然地理、河流特征以及有史料记载以来至2010年太湖流域水利治理及水资源开发、利用、保护和管理等水利事业发展的过程，兼及有关的社会经济、人文景观等内容。全志共十七篇，横排门类，纵写始末，并有概述、大事记等内容。

本志可供水利系统各级领导干部、工程技术人员、有关高等院校师生以及关心太湖流域水利工作的社会各界人士参阅。

图书在版编目（CIP）数据

太湖志 / 水利部太湖流域管理局，《太湖志》编纂委员会编. -- 北京 : 中国水利水电出版社, 2018.9
ISBN 978-7-5170-7048-1

Ⅰ. ①太… Ⅱ. ①水… ②太… Ⅲ. ①太湖一地方志
Ⅳ. ①K928.43

中国版本图书馆CIP数据核字(2018)第241863号

审图号：GS（2018）5254号

书　　名	**太湖志** TAI HU ZHI
作　　者	水利部太湖流域管理局　《太湖志》编纂委员会　编
出版发行	中国水利水电出版社 （北京市海淀区玉渊潭南路1号D座　100038） 网址：www. waterpub. com. cn E-mail：sales@waterpub. com. cn 电话：（010）68367658（营销中心）
经　　售	北京科水图书销售中心（零售） 电话：（010）88383994、63202643、68545874 全国各地新华书店和相关出版物销售网点
排　　版	中国水利水电出版社微机排版中心
印　　刷	北京印匠彩色印刷有限公司
规　　格	210mm×297mm　16开本　47.75印张　1042千字　19插页
版　　次	2018年9月第1版　2018年9月第1次印刷
印　　数	0001—1000册
定　　价	**360.00**元

凡购买我社图书，如有缺页、倒页、脱页的，本社营销中心负责调换

2009年，太湖流域水环境综合治理省部际联席会议第二次会议

2010年，太湖流域防汛抗旱总指挥部指挥长会议（尤 珍 摄）

2011年，《太湖流域管理条例》颁布实施新闻发布会（尤 珍 摄）

太浦河工程——太浦闸（缪宜江　摄）

望虞河工程——望亭水利枢纽（吴浩云　摄）

望虞河工程——常熟水利枢纽（吴浩云　摄）

杭嘉湖南排后续工程——盐官下河水利枢纽

环湖大堤工程

东西苕溪防洪工程——东苕溪导流东大堤

武澄锡引排工程——白屈港水利枢纽

湖西引排工程——常州新闸

红旗塘工程——浙江段河道

扩大拦路港疏浚泖河及斜塘工程——元荡节制闸

黄浦江上游干流防洪工程——叶榭塘水利枢纽

杭嘉湖北排通道工程

横山水库　（吴浩云　摄）

沙河水库　（吴浩云　摄）

老石坎水库

对河口水库

赋石水库

青山水库

青草沙水库 （吴浩云　摄）

大溪水库 （吴浩云　摄）

苏州城市防洪工程（吕双双　摄）

无锡城市防洪工程

常州城市防洪工程

镇江城市防洪工程（镇江市水利局　提供）

杭州城市防洪工程

嘉兴城市防洪工程

湖州城市防洪工程

上海城市防洪工程（吴浩云　摄）

木渎（尤　珍　摄）

荡口（吴浩云　摄）

周庄（尤　珍　摄）

南浔（吴浩云　摄）

乌镇　（尤　珍　摄）

同里　（尤　珍　摄）

西塘（尤　珍　摄）

枫泾（尤　珍　摄）

朱家角（尤　珍　摄）

太湖大桥（吴浩云　摄）

常州天目湖（吴浩云　摄）

苏州拙政园（尤　珍　摄）

太湖落日（吴浩云　摄）

无锡鼋头渚（吴浩云　摄）

上海外滩（吴浩云　摄）

湖州南太湖（吴浩云　摄）

嘉兴南湖（盛建生　摄）

镇江金山（吴浩云　摄）

杭州西湖（吴浩云　摄）

水 利 萌 芽

毗山遗址透水竹木围篱沟壁支护（湖州市文物保护局 提供）

良渚水利遗址（秋坞、石坞、蜜蜂弄）（杭州市文物保护局 提供）

钱塘江古海塘

海盐敕海庙段古海塘（嘉兴市水利局　提供）

海宁盐官鱼鳞石塘（王　斌　摄）

江南古运河

运河故道无锡段（陆沈钧　摄）

运河故道杭州段　（韦应农　摄）

运河故道嘉兴段　（包潇玮　摄）

吴江塘路九里石塘（陆沈钧　摄）

运河古堰闸——杉清闸分水墩遗址（陆沈钧　摄）

运河古桥

宝带桥（韦应农　摄）

垂虹桥（吴浩云　摄）

拱宸桥（李朝秀　摄）

广济桥（余杭市林水局　提供）

长虹桥（陆沈钧　摄）

清名桥（陆沈钧　摄）

古代灌溉供水工程

湖州沿湖溇港（湖州市文物保护局　提供）

建昌圩（仇宽彪　摄）

余杭南湖（韦应农　摄）

春申湖（陆沈钧　摄）

杭州六井——相国井（李朝秀　摄）

穹窿山堰闸（苏州市水利局　提供）

常州淹城遗址（仇宽彪　摄）

古河道

元和塘（苏州市水利局　提供）

頔塘故道（湖州市文物保护局　提供）

吴淞江角直段（陆沈钧　摄）

至和塘（苏州市水利局　提供）

上海元代水闸遗址（韦应农　摄）

水利先贤祠庙

泰伯庙（陆沈钧 摄）

伍相祠（尤 珍 摄）

泰伯墓（陆沈钧 摄）

钱武肃王陵（韦应农 摄）

黄歇墓（尤 珍 摄）

水则碑及水事碑

海神庙雍正碑（嘉兴市水利局　提供）

御制阅海塘碑（嘉兴市水利局　提供）

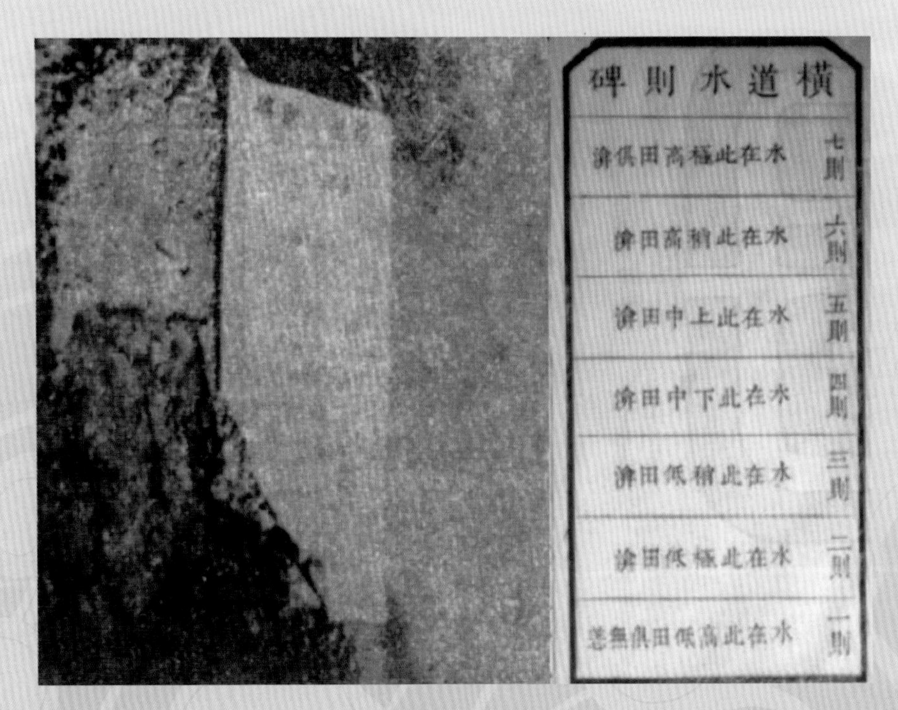

吴江横道水则石碑

照片未注明拍摄者的均由太湖局及流域两省一市各级水利部门提供。

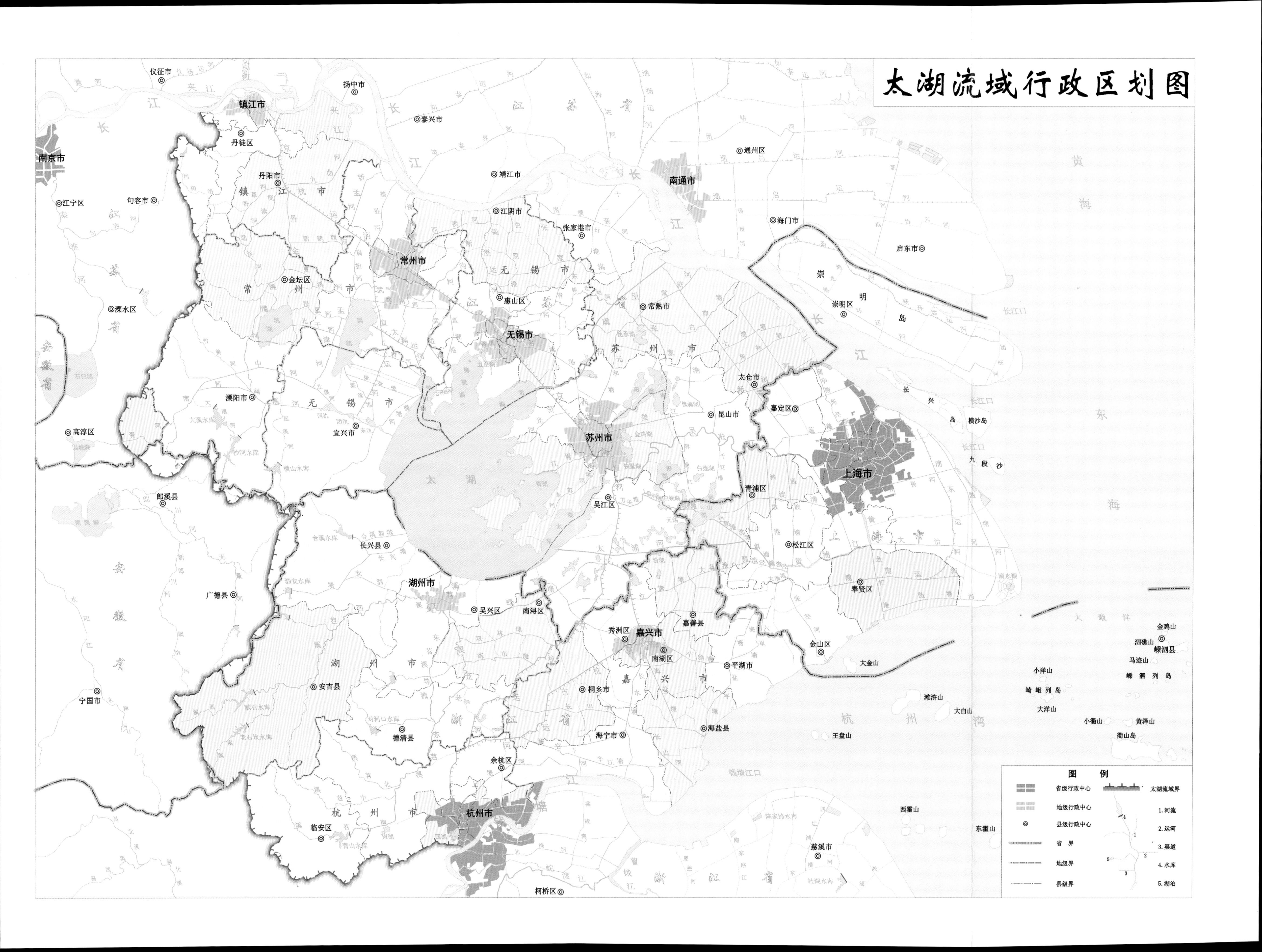

太湖流域行政区划图
南京市
镇江市
常州市
无锡市
苏州市
上海市
湖州市
嘉兴市
杭州市
南通市
太湖
图例
省级行政中心
地级行政中心
县级行政中心
省界
地级界
县级界
太湖流域界
1.河流
2.运河
3.渠道
4.水库
5.湖泊

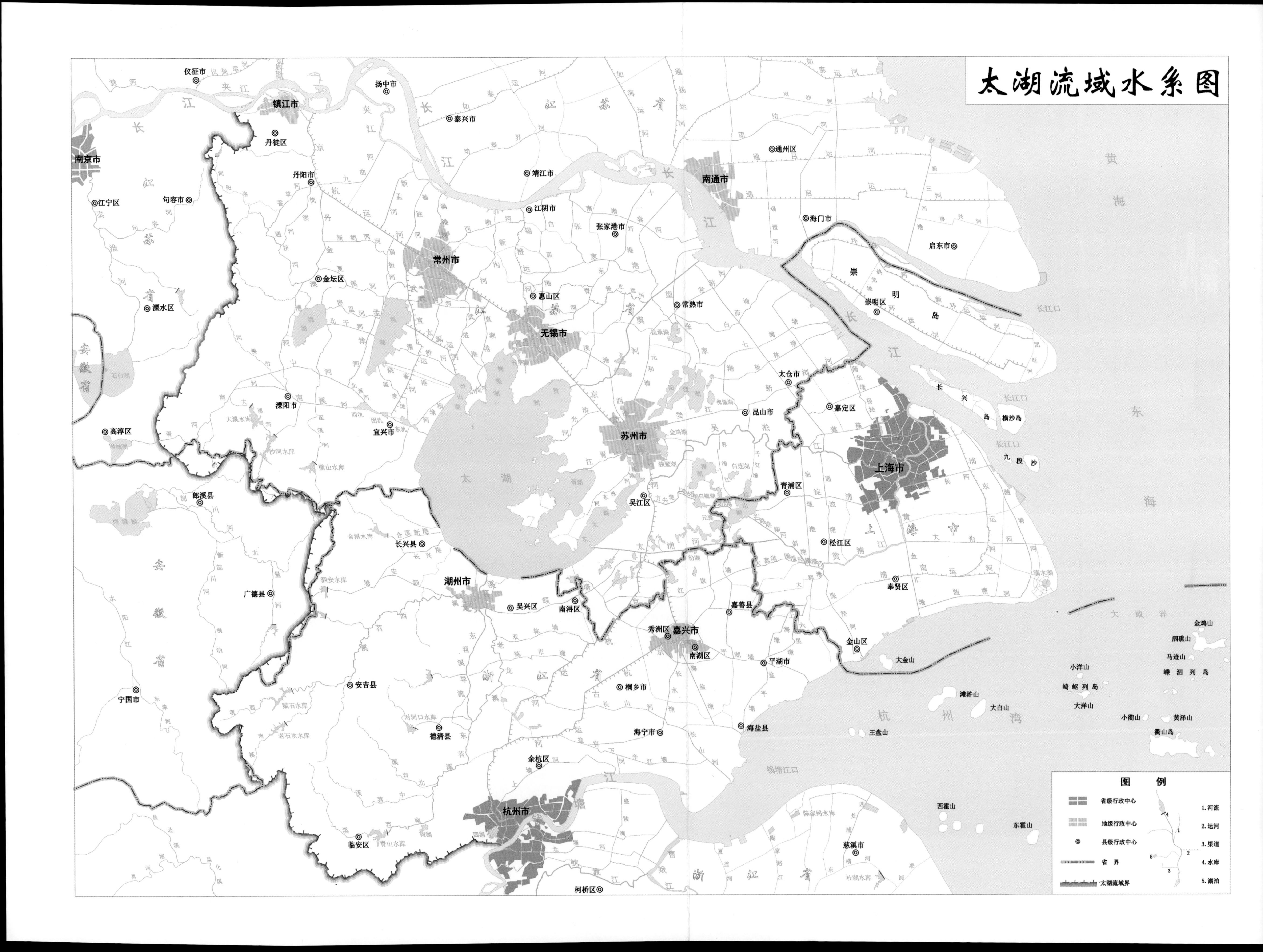

太湖流域水系图
图例
省级行政中心
地级行政中心
县级行政中心
省界
太湖流域界
1.河流
2.运河
3.渠道
4.水库
5.湖泊
南京市
镇江市
常州市
无锡市
苏州市
南通市
上海市
湖州市
嘉兴市
杭州市
仪征市
扬中市
泰兴市
丹徒区
丹阳市
靖江市
江阴市
张家港市
通州区
海门市
启东市
崇明区
句容市
江宁区
金坛区
溧水区
溧阳市
高淳区
宜兴市
惠山区
常熟市
太仓市
昆山市
嘉定区
青浦区
吴江区
松江区
奉贤区
金山区
长兴县
吴兴区
南浔区
嘉善县
秀州区
南湖区
平湖市
桐乡市
海盐县
海宁市
余杭区
安吉县
德清县
临安区
柯桥区
慈溪市
郎溪县
广德县
宁国市
太湖
长江口
崇明岛
长兴岛
横沙岛
九段沙
黄海
东海
杭州湾
钱塘江口
大金山
大戢洋
滩浒山
大白山
王盘山
小洋山
大洋山
崎岖列岛
嵊泗列岛
金鸡山
泗礁山
马迹山
小衢山
黄泽山
衢山岛
西霍山
东霍山
江苏省
浙江省
安徽省
上海市

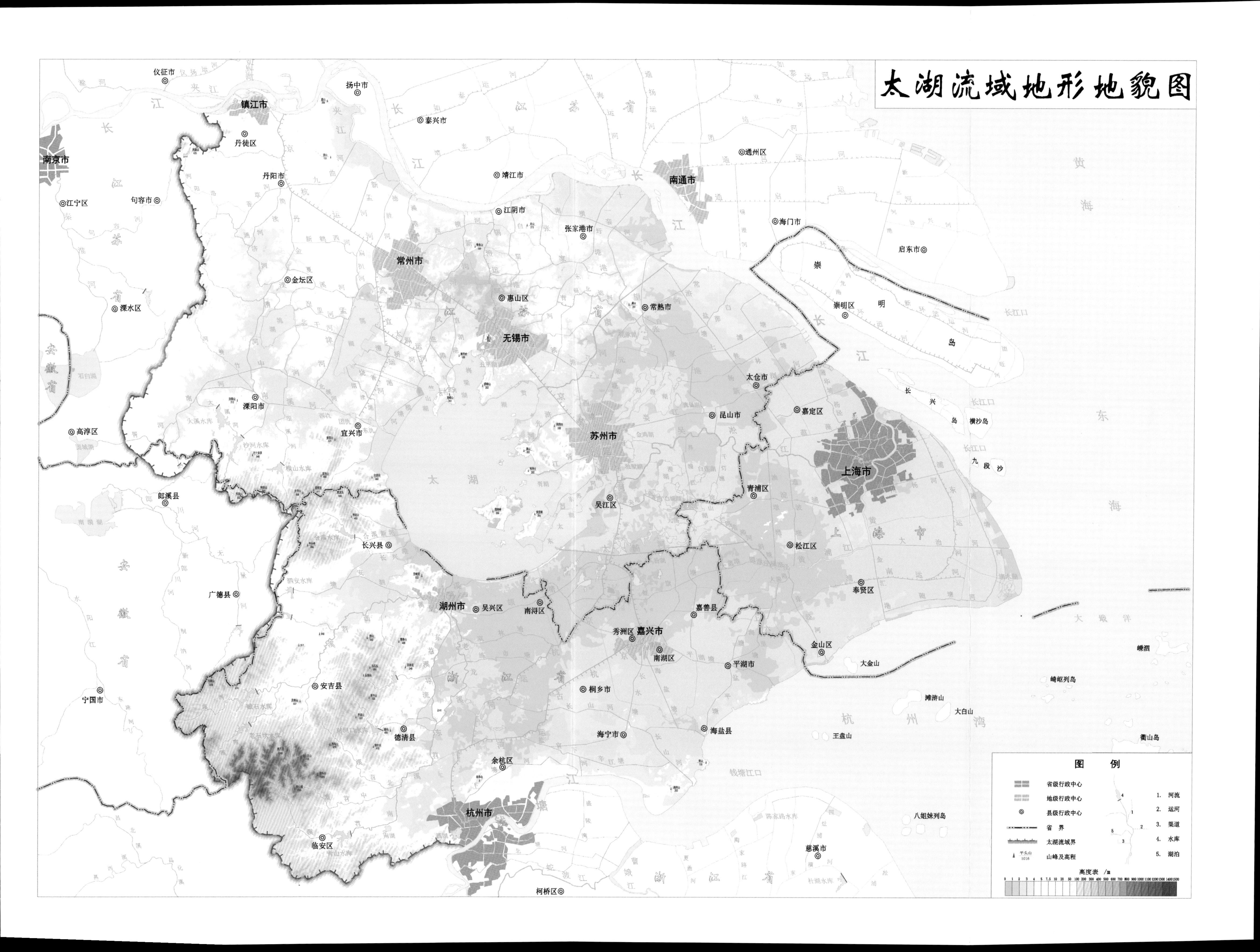
太湖流域地形地貌图
仪征市
扬中市
镇江市
泰兴市
丹徒区
南京市
通州区
南通市
靖江市
丹阳市
江宁区
句容市
江阴市
海门市
张家港市
启东市
常州市
金坛区
惠山区
常熟市
崇明区
溧水区
无锡市
太仓市
溧阳市
昆山市
嘉定区
宜兴市
高淳区
苏州市
上海市
太湖
郎溪县
吴江区
青浦区
长兴县
松江区
广德县
湖州市
吴兴区
南浔区
奉贤区
嘉善县
秀洲区
嘉兴市
金山区
南湖区
平湖市
安吉县
桐乡市
宁国市
德清县
海宁市
海盐县
余杭区
杭州市
临安区
慈溪市
柯桥区
长江口
黄海
东海
杭州湾
钱塘江口
大金山
嵊泗
崎岖列岛
滩浒山
大白山
王盘山
衢山岛
八姐妹列岛
安徽省
江苏省
浙江省
图例
省级行政中心
地级行政中心
县级行政中心
省界
太湖流域界
山峰及高程
1. 河流
2. 运河
3. 渠道
4. 水库
5. 湖泊
高度表 /m

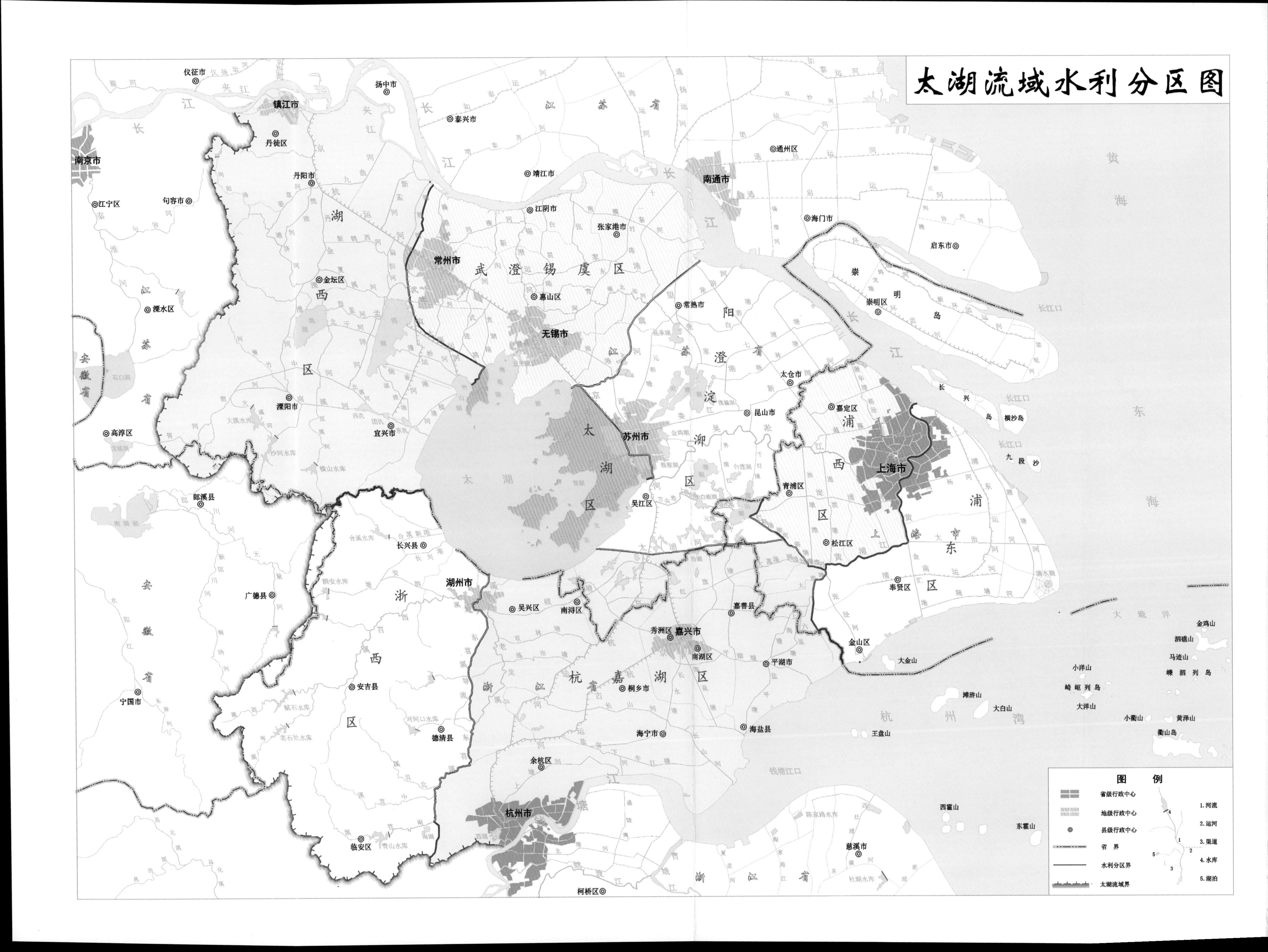

太湖流域水利分区图
武澄锡虞区
阳澄淀泖区
湖西区
太湖区
浙西区
杭嘉湖区
浦西区
浦东区
仪征市
扬中市
镇江市
泰兴市
丹徒区
南京市
丹阳市
靖江市
通州区
南通市
句容市
江宁区
江阴市
张家港市
海门市
启东市
常州市
金坛区
惠山区
常熟市
崇明区
崇明岛
溧水区
无锡市
太仓市
嘉定区
昆山市
溧阳市
苏州市
上海市
宜兴市
高淳区
长兴岛
横沙岛
九段沙
青浦区
郎溪县
吴江区
松江区
长兴县
湖州市
奉贤区
广德县
吴兴区
南浔区
嘉善县
秀洲区
嘉兴市
南湖区
平湖市
金山区
大金山
安吉县
桐乡市
宁国市
德清县
海宁市
海盐县
余杭区
杭州市
临安区
柯桥区
慈溪市
西霍山
东霍山
王盘山
滩浒山
大白山
小洋山
大洋山
崎岖列岛
嵊泗列岛
金鸡山
泗礁山
马迹山
小衢山
黄泽山
衢山岛
安徽省
江苏省
浙江省
长江
黄海
东海
杭州湾
钱塘江口
长江口
大戢洋
太湖
图例
省级行政中心
地级行政中心
县级行政中心
省界
水利分区界
太湖流域界
1.河流
2.运河
3.渠道
4.水库
5.湖泊

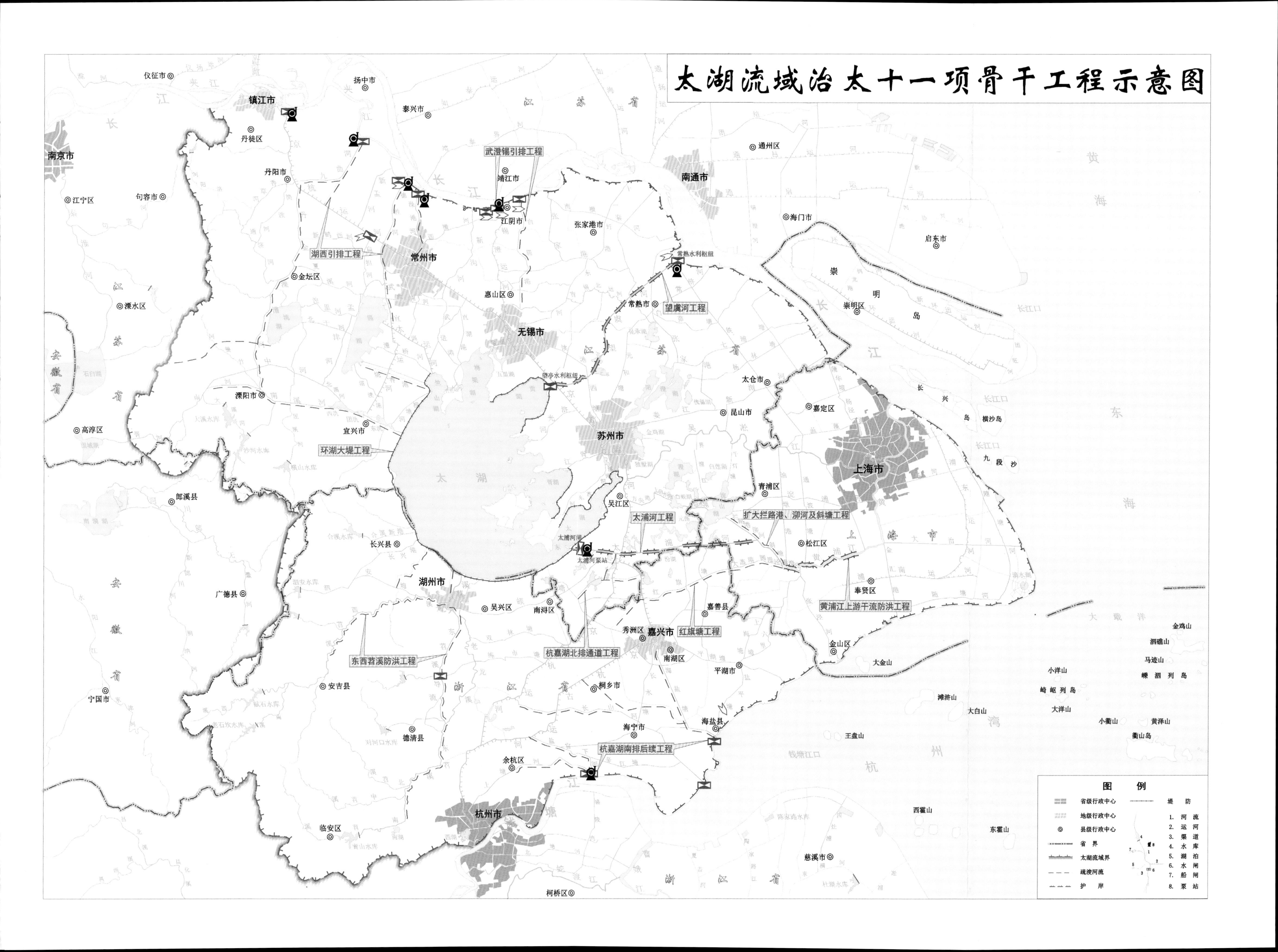

太湖流域治太十一项骨干工程示意图
武澄锡引排工程
湖西引排工程
望虞河工程
环湖大堤工程
太浦河工程
扩大拦路港、泖河及斜塘工程
黄浦江上游干流防洪工程
红旗塘工程
杭嘉湖北排通道工程
东西苕溪防洪工程
杭嘉湖南排后续工程
南京市
镇江市
常州市
无锡市
苏州市
南通市
上海市
湖州市
嘉兴市
杭州市
太湖
图 例
省级行政中心
地级行政中心
县级行政中心
省界
太湖流域界
疏浚河流
护岸
堤防
1. 河流
2. 运河
3. 渠道
4. 水库
5. 湖泊
6. 水闸
7. 船闸
8. 泵站

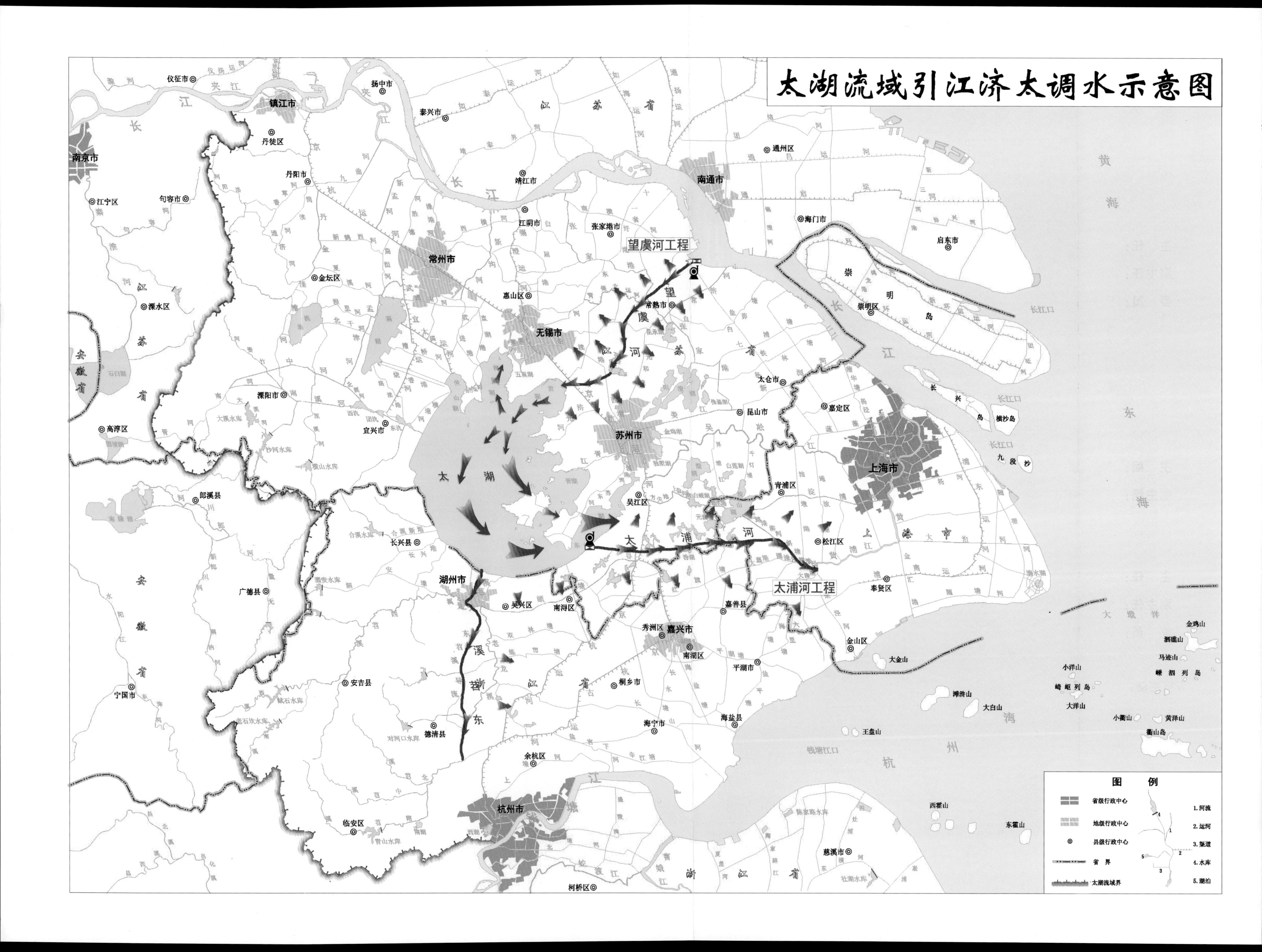

太湖流域引江济太调水示意图
望虞河工程
太浦河工程
南京市
镇江市
常州市
无锡市
苏州市
湖州市
嘉兴市
上海市
杭州市
南通市
太湖
长江
黄海
东海
杭州湾
长江口
钱塘江口
仪征市
扬中市
泰兴市
丹徒区
丹阳市
靖江市
江阴市
张家港市
通州区
海门市
启东市
崇明区
崇明岛
江宁区
句容市
金坛区
溧水区
溧阳市
高淳区
宜兴市
惠山区
常熟市
太仓市
昆山市
嘉定区
吴江区
青浦区
松江区
奉贤区
金山区
郎溪县
广德县
长兴县
吴兴区
南浔区
秀洲区
南湖区
嘉善县
平湖市
桐乡市
海盐县
海宁市
安吉县
德清县
宁国市
余杭区
临安区
慈溪市
柯桥区
横沙岛
长兴岛
九段沙
大金山
王盘山
滩浒山
大白山
小洋山
大洋山
崎岖列岛
嵊泗列岛
金鸡山
泗礁山
马迹山
小衢山
黄泽山
衢山岛
西霍山
东霍山
图例
省级行政中心
地级行政中心
县级行政中心
省界
太湖流域界
1. 河流
2. 运河
3. 渠道
4. 水库
5. 湖泊

《太湖志》编纂委员会

第一届（2008年12月—2016年6月）

主　任： 叶建春

副主任： 叶寿仁　吴志平

委　员： 徐　洪　黄卫良　朱月明　曹正伟　陈万军　杨洪林　赵中伟　贾更华　罗　尖　徐家贵　孟庆宇　吴志飞　张永健　钟卫领　梅　青　陈月飞　徐雪红　李俊翔　戴　甦　季　笠　何建兵　金　松　蔡宏林　高　怡

主编、副主编

主　编： 叶寿仁

副主编： 吴志平　王同生　孟庆宇　李　敏

编纂委员会办公室

主　任： 孟庆宇

副主任： 李　敏　张　怡

成　员： 倪　晋　金　科　孙宝珍　唐　力　徐　璐　彭　欢

人员更动：2015年调整编纂委员会领导，黄卫良任编纂委员会副主任，吴志平任主编，赵中伟任副主编、编纂委员会办公室主任。

《太湖志》编纂委员会

第二届（2016年6月—　　）

主编、副主编

编纂委员会办公室

编纂人员名单（按姓氏笔画排序）

序

《太湖志》即将出版了，这是太湖流域水利史上的一件大事。作为一名曾亲身参与太湖流域治理和管理的水利工作者，对此我感到十分高兴，谨表由衷祝贺！并向付出辛勤劳动的全体参编人员致以诚挚的慰问！

太湖流域历史悠久，具有深厚的经济和文化底蕴。在新石器时代先民已经开始了最早的水事活动，历代又修建了大量水利工程，取得了辉煌的成就。水利史典对此有丰富的记述，但近代以来还没有一部综述全流域水利的志书，《太湖志》的出版，填补这个空白，十分可贵。

太湖流域是长江三角洲的核心区域，历来在我国经济、文化发展中占有重要位置，古代水利工程为流域经济社会发展发挥了巨大的作用。唐宋以来就有“苏湖熟，天下足”和“赋出于天下，江南居什九”之说，又以“鱼米之乡，丝绸之府”著称，南宋以后民谚“上有天堂，下有苏杭”普遍流传，而且流域内历来治水人才辈出，著述丰硕。

新中国成立以来，特别是改革开放以来，在党中央、国务院正确领导和大力支持下，流域水利改革和发展取得了巨大的成就；1991 年大水以后，国务院做出了“进一步治理淮河和太湖的决定”，太湖局和流域两省一市组织并完成了第一轮治太工程建设，提高了流域防御水旱灾害的能力；随后，全面实施水环境综合治理各项工程，开展流域引江济太科学调度，充分发挥了水利工程在改善水环境中的作用；流域综合管理稳步推进，成效显著，始终走在全国的前列。取得的成就和经验都需要全面和系统地加以记载和总结，《太湖志》的修编较好地满足了这个要求。

盛世修志，是我国的优良文化传统，志书不仅可以存史，而且具有教化和资治的作用。《太湖志》是第一部贯通古今，全面记述太湖流域治水历程，并包含自然地理、经济文化等方面内容的流域水利志。全志综述了太湖流域水资源、河湖水系特征及变迁，着重记述了1984年太湖流域管理局成立后至2010年流域综合治理、开发、利用、保护与管理工作，以及工程建设与管理、防洪除涝、水资源管理与保护等重点史实，对水利发展与改革各阶段的成就和经验教训均有实事求是的记述。全志资料翔实，内容丰富，堪称是一部太湖流域的水利百科全书。《太湖志》的出版必将对太湖流域水治理体系和治理能力现代化起到重要的推动作用。

当前，在党的十九大精神引领下，中国特色社会主义建设进入新时代，水利事业也在按照中央水利工作方针要求向新的目标迈进。推进人与自然和谐共生，建设良好的水生态环境，满足人民群众日益增长的美好生活需要，是流域综合管理与治理的重要任务。新形势对今后流域志的编修提出了更高的要求，希望太湖局做好资料的收集和考证工作，为下一轮《太湖志》的编修打好基础。

叶建春

2018年7月

凡例

一、本志以马列主义、毛泽东思想、邓小平理论、“三个代表”重要思想、科学发展观和习近平新时代中国特色社会主义思想为指导，坚持实事求是的思想方针，运用辩证唯物主义、历史唯物主义观点和现代科学理论及方法，全面真实地记述太湖流域水利的自然和社会历史，以及人们认识、治理、保护太湖流域的实践活动和发展变化。

二、本志是以太湖流域为对象，客观、系统地记载太湖流域的自然地理、河流特征、水利治理及水资源开发、利用、保护和管理等水利事业发展的过程，兼及有关的社会经济、人文景观等内容的江河专志。

三、本志贯彻修志为民、经世致用的方针，遵循国家和有关部门的规范、规定和志书的规范、规定，按照“明古详今”“存真求实”“述而不论”的原则，统合古今，立足当代，记述年代上限追溯到事物起源，下限一般断至2010年，部分重大事项或连贯性强的事件，适当延后。

四、本志以志为主体，辅以述、记、传、图（照片）、表、附录等。采用篇、章、节结构，节以下采用层次数字序号。志首部分设图片、序、凡例、目录，篇后设大事记，卷末设附录、主要参考文献及编后记。除引文外，一律采用语体文、记述体。

五、本志文字以国家语言文字工作委员会1986年10月10日公布的《简化字总表》为准，标点符号采用中华人民共和国国家标准《标点符号用法》（GB/T 15834—2011），数字采用中华人民共和国国家标准《出版物上数字用法》（GB/T 15835—2011）的规定。

六、计量单位采用中华人民共和国行业标准《水利水电量和单位》（SL 2—2014）；行文中计量单位采用汉字，表述图表和公式中使用单位符号、数字符号；历史上使用的计量单位，在引文或叙述史实时予以保留。

七、本志书行文记述均采用第三人称。记述各时期行政区、机构名称、地名、人物时，一律采用当时称谓，当时地名后括注现地名。各种机构、文件、会议、公报名称采用全称，名称过长时，于篇中首次出现时括注以后所用的简称；太湖流域管理局除在行政文件名中用全称外其余均简称太湖局；历史上的朝代、政府、军队采用当时的称谓，重复出现者，于首次出现时括注简称。

八、本志中所出现的“党”以及省、市、县委等，均指中国共产党及其各级组织。

九、记述中“省（市）”指省（直辖市），流域内省（市）一般指太湖流域内江苏省、浙江省、上海市，“两省一市”均指江苏省、浙江省、上海市。

十、高程未加括注者，上海市部分采用佘山吴淞基面，其余均为镇江吴淞基面。两者按以下关系换算：佘山吴淞基面＋0.264 米＝镇江吴淞基面。

目录 CONTENTS

第二篇　自　然　环　境

第三篇　社　会　经　济

第四篇　水　旱　灾　害

第五篇　古代及近代开发治理

第六篇　水　文　工　作

第七篇　流　域　规　划

第八篇　流域治理工程

第九篇　地区治理工程

第十篇　灌溉与供水

第十一篇　水库与水力发电

第十二篇　水利信息化

第十三篇　流域管理

第十四篇　水资源管理、保护与节约

第十五篇　防汛抗旱与调度

第十六篇　水　利　科　技

第十七篇　人　　文

附　录

概　述

太湖流域是长江三角洲的核心区域，位于长江以南，钱塘江以北，天目山、茅山、界岭等分水岭以东，地理坐标为东经 119°8′～121°55′，北纬 30°5′～32°8′。流域内湖泊星罗棋布，河道密如蛛网，是我国典型的平原河网地区。

1949 年中华人民共和国成立后，太湖流域的行政区域分属苏、浙、沪、皖三省一市。其中，江苏省有苏、锡、常三市，以及镇江市的一部分和南京市的一小部分；浙江省有嘉兴、湖州两市，以及杭州市的大部分；上海市除岛屿以外的陆域；安徽省宣城的一小部分。历史上，这一区域以“鱼米之乡”“丝绸之府”著称，古有“苏湖熟，天下足”和“赋出于天下，江南居什九”之说，近代是我国民族工业发源地、对外开放的门户和经济最为发达的地区之一。中华人民共和国成立后，尤其是改革开放以后，经济社会迅猛发展，流域内大中小城市星罗棋布，工业门类齐全，高新技术产业集聚，第三产业发展迅速，2010 年流域国民生产总值约占全国的 10.8%，在我国国民经济中占有举足轻重的地位。

一

太湖流域地形为周边高，中间低，西部高，东部低，呈碟形。流域西部为山丘区，中部为以太湖为中心的洼地、湖泊和平原河网，北、东、南三边受长江和杭州湾泥沙堆积影响，地势较高，形成碟边。流域面积 36895 平方千米，其中西部山丘区面积 7338 平方千米，占流域面积的 19.9%，山地高程一般为 200～500 米，丘陵高程一般为 12～32 米；中东部平原区面积 29557 平方千米，占 80.1%，中部平原高程一般在 5 米以下，沿江滨海平原部分地势较高，可达 5～12 米。

流域内水系按照与太湖的关系分为上游水系与下游水系。上游水系包括苕溪、南河和洮滆水系；下游水系包括长江沿岸水系、杭嘉湖水系和黄浦江水系。上游水系发源于西部山丘区，苕溪水系发源于天目山区，南河水系发源于宜溧山区和茅山山区，洮滆水系发源于茅山山区，都是流域洪水的来源。下游水系向北、东、南三个方向排水，江南运河居间沟通，起着水量转承的作用。

太湖流域属北亚热带和中亚热带气候区，具有明显的季风气候特征。气候四季分明，无霜期长，雨水丰沛。气温北低南高，年平均温度为 14.9～16.2℃。流域平均年日照时数为 1870～2225 小时。每年 6—7 月经常发生梅雨，不但阴雨连绵，而且在频繁的降雨过程中还夹杂着暴雨，造成洪涝灾害。若6月、7月梅雨期短或梅雨量小，尤其当受到副高暖气团长期控制，久晴不雨，又值农业用水高峰期，便会出现干旱。每年7—10月，流域还受到台风影响，平均每年影响流域的台风3.7个（1949—2010年），其中直接登陆的较少，为0.08个。台风影响严重时发生狂风暴雨和风暴潮，对流域威胁很大。

太湖流域多年平均水资源总量176亿立方米，按2011年常住人口计算，人均水资源占有量仅为299.4立方米，在全国处于较低水平，但北有长江的过境水资源可以引用，东有黄浦江的进潮量可以补充。

二

治水历来是治国安邦的大计。太湖流域治水历史悠久，最早的水利工程可以上溯到良渚文化中期，最新考古发现了在良渚古城北面和西面人工修筑的堤坝。公元前11世纪，殷商末年泰伯在梅里（现无锡梅村）建立了小国“勾吴”，在今无锡市东南开挖了泰伯渎用于水运和灌溉。春秋时太湖流域属吴国，先后开凿了胥溪、胥浦、蠡渎等。周敬王二十五年（前495年），吴王夫差开凿了江南运河的苏州至奔牛段，取道孟河入长江。

秦汉至南北朝（前221—589年）时期，太湖流域社会相对安定，而三国、两晋、南北朝时期，北方多战乱。西晋永嘉之乱引起我国人口第一次大量南迁，带来了劳动力和生产技术。六朝（孙吴、东晋、宋、齐、梁、陈）相继建都南京，促进了太湖流域的经济发展，治水活动也随之兴起。秦始皇时挖通了江南运河镇江至奔牛和嘉兴至杭州段，汉武帝时挖通了苏州至嘉兴段，使江南运河全线初通。东汉熹平二年（173年）南苕溪建南湖，既可分蓄洪水，又可蓄水灌溉，至今仍在发挥作用。东晋永和年间（345—356年）吴兴荻塘开筑，后经不断整治，至今仍为浙北内河主航线之一。

隋、唐至宋代（6世纪末至1126年），太湖流域经济水平已逐渐超过北方。中唐的安史之乱和宋室南渡，又两次形成大量人口南迁，全国经济重心向南方转移。五代吴越时期，国泰民安，百业兴旺，苏州、杭州已成知名的都会，这一时期也是水利的兴盛时期。太湖流域低洼地区的塘浦圩田在这一时期形成，建成大量五里七里一纵浦、七里十里一横塘的圩田，具备了较好的抗御水旱灾害的能力。同时湖西的陂塘堰坝也得到发展和完善。南宋定都临安（现杭州），更带来这一地区的繁荣。江南运河两岸成为鱼米之乡、丝绸之府，“上有天堂，下有苏杭”的民谚就始于南宋。

隋大业六年（610年）炀帝敕开江南运河，使江南运河全线得到大规模拓浚。

随着海岸线的东移和沿海屯田开发，海塘工程得到了发展。唐开元元年（713年），长300里的江南海塘初步形成；同年，钱塘江北岸盐官长124里捍海塘堤又予重建。五代吴越在筑杭州捍海塘时创用竹笼填石筑塘。北宋时钱塘江北岸已采用柴塘和直立式块石塘。

唐代一些重要的水利工程得到了发展，苏南整修了元和塘和盐铁塘，浙北整修荻塘，重整苕溪南湖和创筑北湖滞蓄洪区。唐建中二年至兴元元年（781—784年）凿六井引西湖水入杭州城，并组织大规模疏浚西湖，以供灌溉和漕运之用。

这一时期在水利建设和管理方面，也有相应举措。吴越国在流域凡河浦均筑堰闸，以时蓄泄，防旱除涝。在太湖下游地区和西湖创置“撩浅军”凡七八千人，专司治理筑堤疏浚，并置都水营田使，统一经营治水治田，实行修管结合。

太湖下游史称有“三江”排水，即东江、娄江和吴淞江。东江上游为白岘湖群，中游为淀泖湖群，下游入杭州湾。娄江大约在今浏河以西位置，向东北入海。约在公元8世纪前后，前两江相继湮没，仅留下吴淞江。

元、明、清三代的重要水利活动有江南运河和吴淞江下游整治，沿海港浦拓浚，开范家浜引浦入海，建设和整修海塘。晚清末期开始采用新的灌溉提水工具。

南宋建炎元年（1127年）后，杭州湾出海口全部封闭，淀泖及杭嘉湖排水均改为向北、向东入吴淞江。由于兴建吴江塘路和运河整治以及下游地区侵占河湖垦殖，元末明初，吴淞江下游几近淤塞，且疏浚无效。明永乐元年（1403年），开挖范家浜，上接大黄浦，下接南跄浦口，引淀山湖众水由范家浜东流，其后河道通畅，黄浦江总汇杭嘉湖及淀泖地区之水，并替代吴淞江成为太湖下游主要排水通道，促进了上海地区的繁荣，是太湖水利史上有重要影响的工程。

元、明两代大规模修筑仁和（现杭州）、海宁、海盐海塘，采用了木柜石囤塘和交错法叠砌石塘（今鱼鳞石塘的雏形）。明末清初钱塘江河口变迁，北岸海溢江坍。海塘安危关系朝廷东南税赋，清廷用巨资重筑海塘，康、雍、乾三代锐意经营，修建宏伟的鱼鳞大石塘长1.5万多丈，清代共建鱼鳞大石塘等各类石塘3万丈，规模空前。

历史上杭州湾北岸后退，潮势险恶。在今上海金山区境元代筑有大德塘，明末清初屡毁屡建，清雍正年间又退建石塘，并在石塘外筑护塘坝，使海岸趋向稳定。长江口上海东部海岸属淤涨型，随海岸淤长海塘向外移筑。在川沙、南汇县境，清雍正至乾隆时期，先后修建了钦公塘及钦公塘外侧的陈公塘、彭公塘和李公塘，后成为上海主海塘的组成部分。

清末太湖流域已经开始引进了近代水利技术和设备，清光绪三十四年（1908年），无锡县开始引进内燃机提水排涝，后无锡、武进等县开始使用机械提水灌溉。

民国时期逐步引进近代水利技术，在流域内开始进行了一些水文观测、工程查勘、地形测量等工作，还修建了一些小型钢筋混凝土水工建筑物，部分地方采用机电动力进行农田排灌。民国16年（1927年）曾设立太湖流域水利工程处，民国18年（1929年）改组为太湖流域水利委员会，民国24年（1935年）撤销。

由晚清到民国，中国从封建社会进入半封建半殖民地社会，外有帝国主义的入侵，内有军阀混战和官僚资本主义的剥削和掠夺，水利失修，水旱灾害也给太湖流域人民带来了深重的灾难。民国20年（1931年），太湖流域梅雨成灾，再加长江大水倒灌，造成重大损失，据不完全统计，受灾面积达592万亩。

三

晚清和民国时期水利失修。中华人民共和国成立之初，水利基础设施极其薄弱，在防洪、御潮、抗旱、除涝、灌溉、供水和水资源利用各方面都不能满足经济建设和人民生产生活的要求，洪、潮、旱、涝灾害的威胁都很严重。水利设施与需求之间矛盾十分突出。

1949 年中华人民共和国成立当年，6 号台风袭击上海、江苏，由于苏州河潮水倒灌以及上海市川沙、南汇和高桥海塘大量冲毁，市区及郊县 200 万亩农田受淹，江苏从浒浦至浏河也有大量海塘损毁。1954 年太湖流域梅雨期长达 62 天，发生了流域性洪灾，太湖水位达 4.66 米，流域受灾农田 785 万亩。

1949 年汛后，上海市全力修复了川沙、南汇受损海塘，并加固了吴淞和高桥海塘。1952 年江苏修复了苏南海塘（包括后划归上海的金山段）。

在 20 世纪 50—80 年代，流域内各省（市）进行了大量水利工程建设。在上游修建水库，在中下游拓浚河道，在平原洼地建设圩区，发展机电排灌，完善农村水利基础设施，大力推进节水灌溉，在长江、钱塘江和杭州湾沿岸整修和加固江堤海塘，取得了巨大的效益。

（一）修建水库

至 2010 年，太湖流域上游已建大型水库 8 座、中型水库 17 座，其中 7 座大型和 13 座中型水库在 20 世纪 50—80 年代修建，几十年来在防洪、灌溉、供水、养殖等方面发挥了显著效益。

（二）拓浚河道

湖西地区拓浚了南河干流和丹金溧漕河，沿长江疏浚和开挖了九曲河、新孟河、德胜河、锡澄运河、常浒河、张家港、七浦塘、杨林塘、白茆塘和浏河，建净宽 4 米以上河口闸 56 座。至 1987 年，太湖下游主要排洪通道太浦河江苏段已基本挖到设计标准，上海段已部分开挖；望虞河作为地区排涝河道下段已完成，但部分较窄，且与太湖不连通。

杭嘉湖地区实施了东苕溪导流工程，整治了东西苕溪尾间入太湖河道。开挖了南排工程长山河，1980 年建成长山闸。开挖了红旗塘浙江段，但上海段未疏通。

上海市疏浚并开挖了淀浦河、川扬河、大治河、金汇港、油墩港等，这些河道工程大都在 1978—1979 年完成。

（三）建设圩区

20 世纪 50 年代后期流域持续开展圩区加高整治并推行联圩、并圩措施，扩大圩区规模，建设机电排灌站。至 80 年代末，苏州市已建圩区 782 座，耕地 272 万亩，圩均 3480 亩，不仅在低洼地，在半高地也建了圩区；常州市已建圩区 1368 座，耕地 102.1

万亩，圩均769亩；无锡市对已有圩区加高加固的同时，80年代重点建设圩区三闸和圩堤护岸，提高圩区防洪能力。杭嘉湖地区至1986年已建圩区3699座，耕地390万亩，圩均1054亩。上海市至80年代末，大陆部分建成11个控制片，内二级圩区共有409座，农田除涝面积94.6万亩。

（四）发展农田水利

在平原区农田灌溉设施与圩区建设同步进行，以建设小型排灌站为主。1983年江苏太湖地区排灌动力达79.4万千瓦，实灌面积939万亩。在20世纪80年代浙江杭嘉湖地区基本实现了排灌电气化。上海在1970年实现了灌溉电气化后，圩区在采用大控制小包围两级排涝的基础上，进行综合治理，进行地下暗管排水，建成了一批高产稳产农田。在山丘区，江苏湖西地区建设了可灌11.5万亩的丹阳珥陵电灌工程和可灌6.6万亩的金坛璜里机灌工程，并建设了可灌280万亩农田的镇江谏壁电灌站。江苏和浙江均进行了大中型水库灌区建设，中型灌区面积1万～2万亩每座，大型灌区面积78万亩每座。

（五）整修和加固江堤海塘

苏南海塘和长江江堤分别经两度和三度整修，至1987年堤顶高程分别比历史最高潮位高2.5米和2米。上海从1950年开始对海塘进行大修和逐年加固，并在险段修筑丁坝；在20世纪70—80年代修建了金山石化和宝钢高标准海塘。钱塘江北岸海塘实施巩固主塘，加固支塘，治江结合滩涂围垦和巩固新围堤，采用了以块石保护沉井基础，以沉井保护丁坝，以丁坝保护塘身的连锁保护体系，至1989年七堡以下海堤防御标准约为50～100年一遇。

以上大部分工程建设时尚未成立流域机构，均由当地人民政府主导进行。1954年流域大水后，中共中央华东局和水利电力部曾对流域内相邻省（市）之间的水利矛盾进行了协调，1964年组建了太湖水利局，由华东局和水利电力部双重领导。太湖水利局为开展流域规划进行了准备，不久发生了“文革”，该局1970年被撤销，流域规划工作移交长江流域规划办公室（以下简称“长办”）。

四

经国务院同意，1983年7月成立了长江口开发整治领导小组。1984年6月，国务院批复同意将长江口开发整治领导小组改名为长江口及太湖流域综合治理领导小组（以下简称“领导小组”），并同意成立太湖流域管理局（以下简称“太湖局”），由水利电力部及领导小组双重领导。太湖局的成立改变了太湖流域没有流域管理机构的状况，流域综合治理与管理开始步入了新阶段。

1985年，长办先后提出《太湖流域综合治理骨干工程可行性研究报告》以及骨干工程设计任务书，送交领导小组审查。1986年10月，领导小组在上述工作的基础上，向国家计划委员会（以下简称“国家计委”）上报了《太湖流域综合治理总体规划方案》，1987年6月，国家计委批复同意了该总体规划方案。

1987—1991年上半年，在水利（电力）部领导下，太湖局对流域治理骨干工程的建设程序和资金进行了协调和筹措，因资金筹措等多方面原因，在1991年流域大洪水前未能开工。

1991年汛期太湖发生了流域性洪水，太湖最高水位达4.79米，比1954年还高0.14米，苏、锡、常三市受淹，损失巨大。当年9月，国务院召开治淮、治太第一次工作会议，会后印发了《关于进一步治理淮河和太湖的决定》，确定实施太湖流域综合治理10项骨干工程（后增至11项），其中流域性工程有4项，即望虞河、太浦河、环湖大堤和杭嘉湖后续南排工程；其余7项为省际边界工程和区域性治理工程。工程实施后流域可达到防御1954年雨型的50年一遇防洪标准。

1991年汛后，流域骨干工程先后开工建设，揭开了流域综合治理的序幕，其中4项流域性骨干工程优先安排。至1992年汛前，太浦河、望虞河分别达到分泄太湖洪水300立方米每秒和150立方米每秒的能力；1999年汛前，望虞河、太浦河投资已分别完成86％和76％，环太湖大堤除个别堤段外均达到设计高程，杭嘉湖南排沿杭州湾4座排水闸、1座泵站以及河道工程基本完成。4项流域性工程为流域防洪和水资源调控提供了基本条件。

1999年再次发生了流域性洪水，全流域最大30天降雨量超过200年一遇，太湖最高水位由最大30天降雨造成，达到4.97米，创历史新高。流域南部杭嘉湖地区雨量最集中，湖州和嘉兴两市损失最大。治太骨干工程发挥了重要作用，减灾效益近百亿元，但经济损失仍超过1991年。

1991年和1999年洪水表明，梅雨期30天左右的集中降雨可引发流域性大洪水，原规划1954年雨型最大90天降雨虽达到近50年一遇，但最大30天降雨只有5年一遇，因而原设计雨型已偏不安全。因此，需要研究编制新一轮流域防洪规划，流域性洪水的设防雨型需要重新调整，防洪标准根据经济社会发展需要进一步提高。

1998年长江大水后，水利部部署编制新一轮的流域防洪规划。同时治太11项骨干工程未完成项目继续实施，至2005年左右基本完成。流域达到了防御1954年雨型的50年一遇洪水标准，基本形成流域洪水北排长江，东出黄浦江，南排杭州湾，有效利用太湖调蓄的流域防洪和水资源调控工程体系。

经济社会迅猛发展，加之不合理的用水方式及污染治理滞后，引发了流域十分严重的水环境问题。改革开放以来，全流域国内生产总值1980年为1081亿元，2000年为9716亿元，2010年为42905亿元。在经济发展的过程中，对环境保护重视不够，河湖水体污染、水环境恶化不断加剧，并引发流域平原地区大规模超采地下水，造成大面积地面沉降。至20世纪90年代中期，上海境内苏州河水质全部为劣Ⅴ类，江南运河劣于Ⅲ类的污染河长达86％，平原河网水质基本被污染，太湖已达中、富营养化程度。1996年，全国八届人大四次会议通过的《国民经济和社会经济发展“九五”计划和2010

年远景目标纲要》，将太湖与淮河、海河、辽河以及巢湖、滇池（简称“三河”“三湖”）同列为国家水污染防治工作的重点。

1991年，太湖局在原流域水资源保护办公室的基础上，成立了由水利部和国家环保局双重领导的太湖流域水资源保护局，随后，全面开展流域水资源保护工作，组织编制流域水资源保护规划，拟订跨省、市的江河湖泊水功能区划，实施流域重要排污口监督管理，参与协调省际水污染纠纷等。国务院于2010年5月批复《太湖流域水功能区划》。

冰冻三尺、非一日之寒。进入21世纪，流域水污染治理虽取得了一定成效，但水环境恶化的趋势并未得到有效遏制，湖泊富营养化仍在发展。早在1990年7月，太湖梅梁湖蓝藻集中暴发，覆盖湖面以百平方千米计，使无锡市沿湖自来水厂不能正常供水，116家工厂停产。2007年5月，太湖蓝藻大规模暴发，致使无锡市太湖水源地水质严重恶化，当地近百万群众的饮水安全和正常生活受到严重影响。当年6月，国务院在无锡召开太湖水污染防治座谈会，要求加大综合治理力度，提出具体治理方案和措施。2008年5月，国务院批复了国家发展与改革委员会（以下简称“国家发展改革委”）上报的《太湖流域水环境综合治理总体方案》（以下简称《总体方案》），要求有关省（市）加强领导，统筹协调，确保总体方案顺利实施。

《总体方案》要求综合治理，标本兼治；加强工业点源和农业面源污染治理，进行生态修复，继续进行引江济太，实施节水减排，调整产业结构和工业布局；实施提高流域水环境容量的调水引流水利工程和河网整治工程；进行污染物排放总量控制和浓度考核，并纳入对地方政府政绩考核的内容；完善体制，创新机制。为协调推进《总体方案》实施，国家发展改革委牵头建立了太湖流域水环境综合治理省部际联席会议制度，水利部也成立了流域水环境综合治理水利工作协调小组。

《太湖流域防洪规划》于2008年3月经国务院批复。规划工程以太湖和望虞河、太浦河两河为核心，以太湖洪水安全蓄泄为重点，共提出了望虞河、太浦河、环湖大堤后续工程，及吴淞江行洪工程、新孟河延伸拓浚工程、扩大杭嘉湖南排等11个建设项目，其中大部分工程同时具有改善流域水环境的功能，也列入了《总体方案》。在《总体方案》和《太湖流域防洪规划》的基础上，同年，经流域水环境综合治理省部际联席会议研究，确定走马塘延伸拓浚、新沟河延伸拓浚、新孟河延伸拓浚、望虞河西岸控制、环湖大堤后续工程、太湖污染底泥疏浚、东太湖综合整治等21项工程，作为优先实施的水利项目，予以安排。

按照全国流域综合规划修编工作的要求，从2007年开始，太湖局组织开展《太湖流域综合规划（2012—2030）》的编制工作，于2010年完成规划编制并上报，国务院于2013年3月予以批复。规划提出了流域综合治理的指导思想、原则和目标，要求建成流域防洪减灾、水资源调控、水生态环境保护以及流域综合管理与调度四大体系，提出了流域综合治理的保障措施和综合管理的要求和措施。

从2002年开始，太湖局在省（市）各级水利部门配合下，开展了引江济太调水工作，以改善太湖水环境和提高流域水资源供给能力。引江济太通过望虞河将长江水引入太湖，增加太湖水量和流动性，再通过太浦河等环太湖河道向下游供水，保障水源地供水安全，促进河网有序流动。2002—2010年，通过望虞河引长江水172亿立方米，入太湖75亿立方米，结合雨洪资源利用，通过太浦河向下游增供水141亿立方米，取得了良好的效果。引江济太已成常态化调度，沿江地区各级水利部门也积极开展调水引流工作，努力改善区域水环境。

在水生态修复方面，从2004年起，太湖局协同有关地方政府对太湖梅梁湖、贡湖以及东太湖围垦和过度养殖进行了综合整治，取得显著效果。2006年太湖局完成了《太湖污染底泥疏浚规划》，并已由有关地区组织实施。至2010年，太湖局已会同省（市）水利（水务）厅（局）完成了流域水土保持规划、生态修复以及生态建设规划。

目前，《总体方案》实施已初见成效，河湖水环境总体已有改善。在上述21个水利工程项目中，常熟枢纽加固改造、望亭水利枢纽更新改造、走马塘延伸拓浚、东太湖综合整治、太湖污染底泥疏浚、淀山湖河网综合整治一期工程及太浦闸除险加固等7项已基本完成，其他项目前期工作正在抓紧进行中。同时，流域各省（市）全面推进河网综合整治；江苏实施了太湖主要出入河道以及锡澄运河、江南运河和应天河等骨干河道疏浚；浙江实施了江南运河及骨干河网整治；上海实施了淀浦河西段整治。此外，江苏在太湖布设了172个蓝藻打捞点，2007年以来打捞藻浆420万立方米，降低了蓝藻暴发的概率和强度。

流域两省一市各级党委政府重视水利工作，水利改革和发展始终走在全国前列。

1991年和1999年大水后，苏南和杭嘉湖区开展了大规模的圩区建设，进一步实施联圩并圩，提高圩区防洪标准和排涝标准。现状流域圩区面积为2335万亩，其中江苏、浙江、上海分别为835万亩、788万亩、712万亩。苏南地区大部分圩区防洪标准达到20～50年一遇，排涝标准达到20年一遇；杭嘉湖地区圩区防洪标准达到10～20年一遇，排涝标准达到3～5年一遇；上海市大包围防洪标准达到50年一遇，防涝标准达到20年一遇。

“9711”强台风以后，钱塘江北岸嘉兴和杭州两市的海塘进行了大规模加固和建设，主塘达到防御100年一遇高潮位标准，其中涉及杭州市城区防洪的海塘标准达到500年一遇，杭州的城市防洪也得以巩固和提高。上海海塘经培修、加固，至2000年主塘大部分达到防御100年一遇潮位及11～12级台风标准，其余海塘也达到防御50年一遇及10级台风标准。1998年长江大水后，长江江堤又进行全线增高加固，防洪标准达到50～100年一遇。

1999年流域大水推动了地方城市防洪工程建设，苏、锡、常、嘉、湖五市均编制了新的城市防洪规划，并均已付诸实施，其中苏、锡、嘉三市的大包围工程在2003—2008年间完成，标准达到100～200年一遇。同期，流域内绝大部分县级城镇防洪标准也提高到50～100年一遇。

流域各省（市）在推进流域水环境治理的同时，全力开展乡村河道整治；西南山丘区从21世纪初开始实施小流域综合治理和生态修复，在退耕还林、提高森林覆盖率和减少土壤流失等方面取得了明显成效；实施供水水源调整和供水设施、管网改造，基本形成城乡供水集约化和一体化；继续完善农田水利基础设施，大力推进农业高效节水灌溉，1999年流域有效灌溉面积约为1994万亩，后随着城镇化的进展，2010年流域有效灌溉面积减少至1634万亩。

2011年国务院颁布施行《太湖流域管理条例》（以下简称《太湖条例》），这是我国第一部流域性行政法规。《太湖条例》在饮用水安全、水资源保护、水污染防治、防汛抗旱与水域岸线保护等方面进一步强化了地方政府、水利和环保部门以及流域机构的行政管理职责，对流域管理与区域管理的协调配合，以及水资源保护与水污染防治的衔接都有具体的规定，为加强流域综合管理提供了法律依据。流域内两省一市人大、政府和水行政主管部门在水资源管理、河道管理、水利工程管理、防汛和防台以及水污染防治等方面共制定和施行了40多项条例和办法，为有效推进区域治理和管理提供了法规、制度保障。

按照国家新时期治水方针和水利部治水新思路，太湖局与两省一市水行政主管部门努力推进流域综合管理，流域水利改革和发展不断迈上新台阶。强化流域水资源管理和保护，实施地下水禁采、限采，组织开展节水型社会建设，提高用水效率和效益；完成水功能区纳污能力核定，并加强监督管理；严格行政许可，加强河湖监管，推进河湖综合执法，开展水利工程管理体制改革和工程管理考核；全力推进水利信息化建设，以信息化促进水利现代化；科学、精细实施流域防洪调度，成功防御了1999年流域特大洪水。

五

中华人民共和国成立60多年来，太湖流域治理取得了巨大成绩，水利事业得到了空前的发展，为国家建设和人民生活的改善提供了保障。今后将努力推进流域水治理体系和治理能力现代化；实施山水田林湖草系统治理，全力推进流域水生态文明建设；以建立完善的水利基础设施网络为目标，继续提高太湖流域防洪除涝标准，大力进行水环境综合治理，改善流域水安全条件；以《太湖条例》为抓手，加强流域综合管理，全面落实最严格的水资源管理制度；以智慧太湖建设为重点，加强水利信息化建设。为国民经济和社会发展提供更好的保障，为实现“两个一百年”的战略目标提供全方位的水利支撑。

第一篇

湖泊和水系

太湖流域位于长江三角洲南翼，河网密集，湖泊众多，是我国典型的水网地区，是长江中下游7个湖泊集中区之一。流域湖泊面积合计3159平方千米，占流域平原面积29557平方千米的10.7%，湖泊总蓄水量57.68亿立方米。流域以位于其中心、面积最大的湖泊——太湖命名，其余湖泊围绕太湖，形成东部阳澄淀泖区湖群、南部杭嘉湖区湖群、西部湖西区湖群和北部澄锡平原区湖群。

流域内水系以太湖为中心，分上游水系和下游水系。上游水系包括苕溪水系、南河水系及洮滆水系，发源于西部山丘区，来水汇入太湖后，经太湖调蓄，从东部流出。下游水系包括北部沿长江水系、南部杭嘉湖水系、东部黄浦江水系，分别北排长江、南排杭州湾。江南运河贯穿流域腹地及下游诸水系，起着水量调节和承转作用。

根据流域地形地貌特征、水系分布以及流域规划和治理需要，同时适当考虑地区治理和行政区划，将太湖流域划分为8个水利分区，其中太湖上游来水区划分为湖西区和浙西区；太湖以东的平原区划分为阳澄淀泖区、武澄锡虞区、杭嘉湖区以及浦西区和浦东区；太湖以及周围零星山丘和湖中岛屿自成一区。

第一章 湖　　泊

第一节 湖泊的地理分布

太湖流域是我国典型的水网地区，河道密如蛛网，湖泊星罗棋布。太湖流域湖泊主要分布在地面高程 5 米以下的低洼地区。据 2011 年水利普查成果，全流域面积大于等于 1 平方千米的湖泊共有 123 个，其中江苏省 65 个，浙江省 38 个，上海市 2 个，省际边界湖泊 18 个（包括太湖），详见附录三。其中水面面积大于 10 平方千米的湖泊有 10 个，详见表 1－1－1。

表 1－1－1　　太湖流域水面面积 10km² 及以上湖泊

湖　泊	太湖	滆湖	阳澄湖	洮湖	淀山湖	澄湖	昆承湖	元荡	北麻漾	独墅湖
水面面积 /km²	2338.1	157.0	116.0	85.8	59.2	40.1	17.7	12.7	10.7	10.0
平均水深 /m	2.06	1.08	1.8	1.0	1.94	2.49	2.14	2.57	2.16	4.18

太湖流域湖泊均为浅水型湖泊，平均水深不足 2.0 米，最大水深一般不足 3.0 米，仅个别湖泊最大水深达 4.0 米左右。流域四大湖群湖泊分布最集中的是阳澄淀泖区，地面高程腹部为 3.0～4.0 米，东南部低洼地为 2.8～3.5 米；其次是杭嘉湖区，平原腹部高程为 3.5～4.5 米，东部一般为 3.2 米，低洼处在 3.0 米以下；再次是湖西区的洮滆平原，地面高程略高，为 3.5～5.0 米；武澄锡虞区位居第四，低洼平原高程在 3.0 米左右。

一、阳澄淀泖区湖群

阳澄淀泖地区现有水面面积大于 10 平方千米的大型湖泊 6 个，其中阳澄湖（116.0 平方千米）、澄湖（40.1 平方千米）、昆承湖（17.7 平方千米）和独墅湖（10.0 平方千米）位于苏州市境内，淀山湖（59.2 平方千米）与元荡（12.7 平方千米）位于苏州市昆山市、吴江区与上海市青浦区交界处。水面面积为 5～10 平方千米的湖泊共 6 个，分别为位于苏州市境内的白蚬湖（7.8 平方千米）、尚湖（6.6 平方千米）、金鸡湖（6.5 平方千米）、傀儡湖（6.3 平方千米）、南湖荡（5.5 平方千米），以及与青浦区交界的长白荡（5.3 平方千米）。阳澄湖、淀山湖、元荡参阅本章第三节，其余湖泊介绍如下。

（1）澄湖，位于苏州市东南部，又名沉湖或陈湖，由吴中区、昆山市、吴江区三地共辖。水面面积40.1平方千米，平均水深2.49米。澄湖北通吴淞江，南连淀山湖，西部和西北部接纳吴淞江来水，入湖河道共16条，出湖河道在东南方向，共15条，排水入淀山湖。

（2）昆承湖，位于常熟市市区南2千米，水面面积17.7平方千米，平均水深2.14米。张家港在昆承湖北端以西北东南向穿湖而过。昆承湖承接西面望虞河及张家港来水，出湖河道在东岸，有苏家滃、大滃等，东泄白茆塘入长江。

（3）独墅湖，位于苏州市吴中区郭巷、车坊和姑苏区娄葑交界处。水面面积10.0平方千米，平均水深4.18米。北通金鸡湖与娄江相连，西纳葑门塘来水，由湖东南部河港泄入吴淞江。

（4）白蚬湖，位于苏州市吴江区、昆山市交界，涉及吴江区的芦墟、同里两镇和昆山市周庄镇，踞急水港上游，古为太湖东流之咽喉。湖泊总面积7.8平方千米，平均湖底高程1.2米。白蚬湖进湖河道分别有许家港、仙鹤溇、西泾溇、南沙港和中心河；出湖河道分别有朱林浦港、外浜、云海港、云海港支浜、粮库港和外西市河。

（5）尚湖，位于常熟市城区，东南距昆承湖约2千米，水面面积6.6平方千米，平均水深1.66米，因商朝末年姜尚在此垂钓而得名。尚湖属圩内湖泊，状若一弯明月，现状尚湖除通过湖东部的大寨闸和湖西北部的泄水站涵与申张线航道有控制性连通外，为一封闭型独立水体。“文革”时期全湖曾一度被围垦成田，20世纪80年代开始退田还湖，现为常熟市饮用水源地，一级水源保护区，水质为Ⅱ类。尚湖风光秀丽，是国家AAAA级风景区。

（6）金鸡湖，位于苏州工业园区，地跨斜塘、唯亭、娄葑三个街道。水面面积6.5平方千米，平均水深4米。北纳娄江，西受相门塘、葑门塘来水，南通独墅湖，出水经斜塘河入吴淞江。金鸡湖是国家AAAAA级景区。

（7）傀儡湖，位于昆山市区巴城镇，全湖在昆山市境内，东距昆山市区10千米，水面面积6.3平方千米，平均水深1.5米。西纳阳澄湖来水，东接庙泾河下排娄江，经浏河出长江。傀儡湖从阳澄湖引水，是昆山市饮用水水源地。

（8）南湖荡，位于常熟西南部，因地处尚湖之南而得名。南湖荡湖身狭长，东西向呈残月状，水面面积5.5平方千米，平均水深2米左右。湖区通过南湖荡闸、南湖闸分别东连元和塘、西通望虞河，苏虞张公路、沙桐公路南北向穿越湖区。湖周主要入湖河道有北侧的东杨巷河、南庄河、民庄河、唐家河、汪桥河和南侧的施家桥河、汤家桥河、庙泾河、中安河、平墅港、王泾港、戈家浜、木排库等，湖区排水经东南部的南湖荡排涝站入元和塘。

（9）长白荡，位于昆山市西南锦溪古镇地域，西连明镜荡，北通邵塔港，南与汪洋湖及青浦区商榻古镇相连。水面面积5.3平方千米，平均湖底高程1.0米。长白荡上承澄湖来水，向东排入汪洋荡流入淀山湖。进湖河道有7条，分别为新开河、朱浜南港、朱浜港、九曲港、旺家湾、蜻蜓港和东长港；出湖河道有4条，分别为南新港、石灰港、顾家浜人家港和顾家浜南港。

二、杭嘉湖区湖群

杭嘉湖地区主要包括浙江省杭州、嘉兴、湖州三市，江苏省苏州吴江区太浦河以南地区，以及上海市青浦、松江区部分区域。本区湖泊众多，但现存大型湖泊较少。现有水面面积10平方千米以上的湖泊仅苏州吴江区北麻漾1个，水面面积10.7平方千米。水面面积为5～10平方千米的湖泊有3个，分别为位于苏州吴江区与嘉兴嘉善县交界的汾湖（7.7平方千米）、吴江区的长漾（6.9平方千米）和杭州西湖（6.4平方千米）。其余水面面积在3平方千米以上的湖泊还有嘉兴秀州区的连三连四荡（4.0平方千米）、苏州吴江区和湖州南浔区交界的金鱼漾（3.5平方千米）及湖州南浔区的和孚漾（3.2平方千米）。

（1）北麻漾，位于江苏省吴江区西南部，面积10.7平方千米，湖底高程1.0米左右。北麻漾汇集頔塘以南、运河以西地区的来水，向东流入澜溪塘，再经草荡、莺湖入太浦河，东泄黄浦江。北麻漾周围地势低洼，港汊众多，主要有大泾港、众善桥港、双杨港、寺港、上下荡等进水河港，出水河港主要有南塘港和川桥港等。

（2）汾湖，亦名分湖，因是古吴越两国在此分疆而得名。位于江苏省苏州市吴江区和浙江省嘉兴市嘉善县交界，水域涉及吴江区的汾湖镇（现黎里镇）和嘉善县的陶庄镇，水面面积7.7平方千米，湖底平均高程0.25米。太浦河穿越汾湖，为防止太浦河排涝时洪水侵入嘉善，在实施太浦河浙江段工程时穿湖筑堤，将汾湖一分为二，堤西起杭嘉湖北排通道梅潭港东岸200米处，向东北至西港节制闸，全长2951米。在汾湖东侧建有陶庄枢纽工程。

（3）长漾，古称牛娘湖，位于苏州吴江区，頔塘以北，太浦河以南。水面面积6.9平方千米，湖底平均高程0.5米。长漾西接荡白漾水，向东流入雪落漾达太浦河。入湖河道为旺家港、南斗港、杨家扇和急水港，出湖河道为下墩港、团圆浜、南横港、徐家港、肖家桥、醋家港、徐家浜、庄圣港、下马浜、北横港、谢家路港、七匠港、上港小河和吴家港等。

（4）西湖，因位于浙江省杭州城之西而得名，唐代时曾称钱塘湖。水面面积6.4平方千米，南北长约3.2千米，东西宽约2.84千米，平均水深2.50米，最深处5米，最浅不到1米。苏堤、白堤、杨公堤纵横其间，三潭印月、湖心亭、阮公墩3个小岛鼎立于湖中，紧连白堤有一天然岛，称孤山。湖的周边有金沙涧、龙泓涧、赤山溪、长桥溪等溪流汇入。

三、湖西区湖群

湖西区湖泊大多集中于洮滆平原，洮滆平原位于茅山以东的山前平原洼地，其中除大型湖泊滆湖（157.0平方千米）和洮湖（85.8平方千米）（参阅本章第三节）外，较大的有宜兴市马公荡（6.1平方千米）、与洮湖相通的金坛市钱资荡（4.6平方千米），以及宜兴市“三氿”。

（1）马公荡，位于宜兴市官林镇钮家村、官林村和高塍镇范道村，湖泊面积 6.1 平方千米，南与北溪河相通，现已建成马公荡生态湿地公园。

（2）钱资荡，位于金坛城区南侧、金坛市南部，距主城区 5 千米，东与尧塘河相通，南经新建河与洮湖相连，西与白龙荡、丹金溧漕河相接，属浅草型狭长湖泊，湖泊面积 4.6 平方千米，湖底平均高程 1.46 米。主要入湖河港有南洲河、新建河，主要出湖河道有金汤大河、岸头河等。钱资荡为金坛市第三水厂取水口水源地，为保持水质，南洲河、东钱资荡分别建有南洲、岸圻两闸且常年关闭。

（3）“三氿”，位于宜兴市南河尾间的“三氿”（“氿”为狭长的水面）包括西氿、团氿和东氿，面积分别为 8.9 平方千米、2.9 平方千米和 7.6 平方千米。“三氿”属河道型湖泊，西氿和团氿位于宜兴市宜城镇西侧，东氿位于宜城镇东侧，东西向串珠状彼此相通，形状狭长，东西长约 20 千米，南北最宽处仅 2 千米。“三氿”上游西承南河水系南溪河、北溪河和邮芳河来水，北纳滆湖来水，下游经大浦港、城东港、洪巷港通达太湖。“三氿”具有防洪、供水、航运等功能，为溧阳市东坝经南河通太湖的芜太运河航道，亦为宜兴城镇的供水备用水源。

四、锡澄平原区湖群

锡澄平原历史上曾有大型湖泊，如芙蓉湖，后经围垦成大型圩区，现湖泊较少。主要湖泊集中于与阳澄淀泖区分界的望虞河沿线，有漕湖（8.9 平方千米）、鹅真荡（5.3 平方千米）、嘉菱荡（2.2 平方千米）。另有五里湖（8.7 平方千米），是太湖北部伸入陆地的一片水域，位于无锡市滨湖区，其余均为面积小于 1 平方千米的湖荡，共 10 余处，分布于无锡市锡山区和江阴市等地。

（1）漕湖，位于苏州相城区漕湖街道、北桥街道，西岸为无锡锡山区鸿山（后宅）街道，漕湖湖面近似椭圆，水面面积 8.9 平方千米，平均水深 2.59 米。全湖进出水道 22 条，水的流向自西向东。主要泄水口有二：一由东部三梅浜、孙巷港、西桥坝河、张华港、上方港、庄浜河、阮家浜、野猫洞、胜岸港、西岸港和南濠河等，流经元和塘，经南雪泾、渭塘河、东永昌泾等流入阳澄湖；另一由北面放塘泾入鹅真荡，后经望虞河入长江。

（2）五里湖，原名蠡湖，位于无锡市滨湖区，相传春秋时期越国大夫范蠡助越灭吴后，曾携西施泛舟此湖，故得名。湖泊北面经梁溪河和骂蠡港可通江南运河，东面与曹王泾和蠡河相通，西面原经犊山口与太湖梅梁湖相连，1991 年建五里湖闸后，与梅梁湖分开。五里湖是太湖风景区，建有蠡园。20 世纪 60 年代湖区被围成农田和鱼塘，后水质污染严重。2002 年开始综合整治，实行退田和退渔还湖，关闭和搬迁沿湖工厂、企业，进行湖内清淤和生态修复，环境逐步好转。

（3）鹅真荡，位于无锡市锡山区鹅湖镇和苏州市相城区北桥镇。因荡形如鹅肫，“肫”“真”吴语同音，故名鹅真荡。水面面积 5.3 平方千米，多年平均水位 3.0 米，相应库容1215万立方米。鹅真荡是河道型湖泊，望虞河自南向北穿湖而过，可利用鹅真荡湖面排泄太湖洪水或向太湖送长江水。鹅真荡出入湖河道除望虞河外，西侧入湖河道有杨安桥河、张塘河等，入湖河口均敞开；东侧出湖河道有黄沙港、寺乔港、冶长泾等，出湖河口均建有节制闸。

第二节 太 湖

一、太湖的形态特征

太湖，古名震泽，又名笠泽。中国最古老的地理著作《尚书·禹贡》记有“三江既入，震泽底定”。《史记集解》中有“震泽，古太湖名”。公元2世纪的《越绝书》中也有“太湖周三万六千倾”的记载。

太湖的形成和演变，曾有三种理论和观点，即潟湖论、构造论和低地积水成湖论，后一种理论得到了近年来大量地质钻孔资料及有关古文化遗址发掘成果的支持。

太湖是中国仅次于鄱阳湖、洞庭湖的第三大淡水湖。位于长江三角洲南翼的太湖平原上，介于北纬30°55′40″～31°32′58″、东经119°52′32″～120°36′10″之间，湖泊形态特征见表1-1-2。

表1-1-2 太湖湖泊形态特征

湖泊面积/km²	实际水域面积/km²	湖岸线总长/km	湖泊长度/km	平均宽/km	平均水深/m	最大水深/m	蓄水容积/10^8 m³	年水量交换系数
2427.8	2338.1	393.8	68.5	34	2.06	2.6	44.28	1.18

注 表中湖泊面积不包括五里湖（面积8.7平方千米），岸线长度393.5千米中不包括岛屿。

太湖湖底十分平坦，平均坡度为0°0′19.66″，湖底平均高程为1.1米，不同水深的面积分布见表1-1-3。

表1-1-3 太湖不同水深的面积分布

水深/m	<1	1～1.5	1.5～2.0	2.0～2.5	>2.5	合计
面积/km²	131.6	320.6	719.3	969.3	197.3	2338.1
占总面积的百分比/%	5.6	13.7	30.8	41.5	8.4	100

太湖水深小于1.5米的区域位于沿岸地带及东太湖湖区，面积452.3平方千米，占总面积的19.3%；水深大于2.5米的主要位于西太湖，最大水深2.5～2.6米位于西太湖平台山西部及北部，面积197.3平方千米，占总面积的8.4%；其余大部分水深为1.5～2.5米，面积1688.6平方千米，占总面积的72.3%。太湖平均蓄水量44.28亿立方米，在国内五大淡水湖中，太湖水域面积、蓄水容积均居第三位，见表1-1-4。

表 1-1-4　　国内五大淡水湖比较

湖　泊	鄱阳湖	洞庭湖	太湖	洪泽湖	巢湖
水域面积/km^2	3583	2740	2338	2152	760
蓄水容积/亿 m^3	249.0	178.0	44.3	41.0	19.0
平均水深/m	7.0	6.5	2.06	1.9	3.0

二、太湖的水位和进出湖水量

太湖存在风生流和吞吐流，其水面并非处于同一水平面，相同时刻湖区各处水位不相同，目前以太湖五站［望亭（太）、大浦口、西山、夹浦、小梅口］平均水位表示太湖水位。经中华人民共和国成立后资料统计，太湖多年平均水位 3.05 米（吴淞基面），历年最高水位 4.97 米（1999 年），历年最低水位 2.37 米（1978 年），历年平均变幅 1.80 米，绝对最大变幅 3.04 米。年内最高水位一般出现在夏、秋季，最低水位出现在春季，遇春旱时在春末夏初也可能出现异常低水位。

环太湖出入湖河道共 230 条，其中江苏 171 条，浙江 59 条。根据环太湖水文巡测资料，对 1986—2010 年 24 年期间的进出湖水量进行统计，其多年平均入湖水量（不包括湖面降雨）为 84.6 亿立方米，出湖水量为 90.55 亿立方米。为反映其变化趋势，对这一时期又分为三个时段分别进行统计，即 1986—1999 年、2000—2006 年、2007—2010 年，统计结果见表 1-1-5。

表 1-1-5　　多年平均进出太湖水量统计　　单位：亿 m^3

时　段	年平均入湖水量	年平均引江水量	年平均出湖水量	年平均经太浦河出水量
1986—1999 年	77.27	30.10*	92.84	30.01
2000—2006 年	88.56	54.10	81.48	31.97
2007—2010 年	103.46	71.70	98.44	24.91
多年平均	84.60		90.55	

注　1. 年引江水量中包括从望虞河进太湖的引江济太水量。
2. 表中同时列入了苏南通江河道引江水量。
*　年引江水量 30.1 亿立方米为 1997—1999 年统计数字。

三、太湖的分区

太湖湖面形状近似于一个手掌，其西面和南面岸线比较平顺，而东面、北面比较曲折，形成了大小不等的 5 个湖湾，宛如 5 个手指。从东段东太湖开始，按逆时针方向，依次是胥湖、贡湖、梅梁湖和竺山湖，在每两个湖湾之间又夹着山丘，依次为东山、凤凰山、嶂嶂山和马迹山。按照自然条件和湖区水质研究的需要，一般将全湖划分为东太湖、东部沿岸区（含胥湖）、贡湖、梅梁湖、竺山湖、西部沿岸区、南部沿岸区和湖心区，见图 1-1-1。

（1）东太湖，面积 156.7 平方千米。以洞庭东山东茭嘴至太湖南岸的西浜、庙港

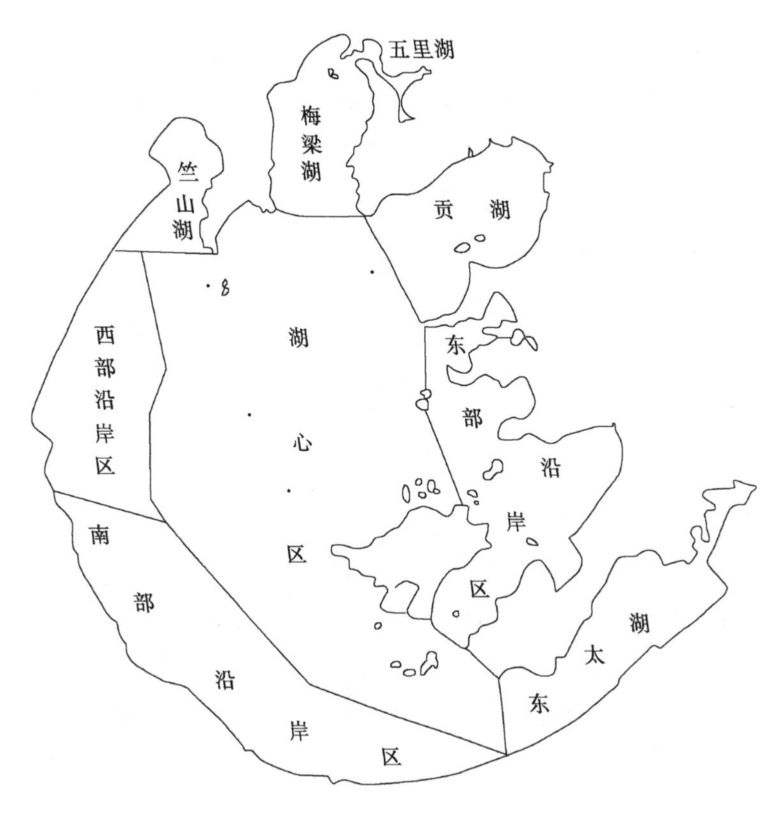

图 1-1-1 太湖分区示意图

一线为界，其原面积为 185.4 平方千米（包括东茭嘴血防圩 4.5 平方千米），后围垦形成圩区 50.5 平方千米，还留有水面 134.9 平方千米，且其内围网养殖区一度曾达到 112.6 平方千米，亦即自由水面仅留下 22.3 平方千米。2008 年后开始实施退垦还湖、退渔还湖等综合整治工程。其西岸为东山半岛，在 18 世纪东山岛还是湖中大岛，岛陆之间相距 300 米以上，后不断淤塞，变成只有 20 米宽的小河，即大缺港。

东太湖自古就是太湖的主要出水通道，现东岸瓜泾口为吴淞江的主源。太湖流域一期治太工程完成后，太湖两条主要引排水通道之一的太浦河进口就位于东岸。按太湖防洪调度规定，东岸的瓜泾口、三船路、戗港、大浦口等四处口门需排泄太湖超标准洪水。

（2）东部沿岸区，面积 229.3 平方千米，包括胥湖及其西部两个小湖湾。胥湖北端有胥江通达苏州市，胥湖和胥江均以春秋时吴国宰相伍子胥而得名。胥湖东岸为东山半岛，西岸为凤凰山，西南面为西山岛。至西山岛建有太湖大桥，从西山经叶山岛和长沙岛，连到胥湖西端徐家巷。

（3）贡湖，面积 147 平方千米，东岸为凤凰山，西岸为嶂嶂山。湖湾顶端望亭镇是太湖另一条主要引排水通道望虞河的口门所在。望虞河在望亭镇与江南运河立交，建有望亭水利枢纽工程，工程采用立交方式，运河在上，望虞河在下，运河航运和太湖引排水互不干扰。2002 年太湖流域开始实施引江济太调水工程，从长江引水经望虞河并经望亭水利枢纽入太湖，以改善太湖水环境，并增加流域水资源量。

（4）梅梁湖，面积 129.3 平方千米，东为嶂嶂山，西为马山半岛，湖湾北端有梁溪河通达无锡市，西岸有武进港、直湖港与江南运河相通。在嶂嶂山北麓有著名的风景区鼋头渚，被誉为太湖风景绝佳处。由于受到入湖河港的污染和湖湾水流交换缓慢的影响，该湖区水质相对较差，也是太湖最早暴发蓝藻的湖区。

（5）竺山湖，面积56.7平方千米，东岸为马山半岛。马山即马迹山，原为太湖第三大岛，20世纪70年代通过围湖与陆地相连，1987年无锡市在马山半岛设立马山区。湖北岸为常州市武进区，西岸属宜兴市，东岸有雅浦港通直湖港，西岸有太滆运河、漕桥河、殷村港通滆湖。水质情况与梅梁湖类似，是太湖水质较差的湖区之一。

（6）西部沿岸区，面积187.8平方千米，北起竺山湖湾口，南至苏、浙两省交界处，湖区岸线平顺，无湖湾。近岸带湖底较浅，多生芦苇等水生植物。湖区西岸为宜兴市，入湖的河道有烧香港、湛渎港、城东港、大浦港等。

（7）南部沿岸区，面积151.4平方千米，西起苏、浙两省交界处，东至东太湖口，沿湖岸线亦平顺，近岸带湖底多生芦苇。岸线西部属浙江省湖州市，东部属江苏省苏州市吴江区。南岸长兜港以东有众多溇港连通頔塘，包括大钱港、罗溇、幻溇、濮溇、汤溇和方溇等，均建闸控制；长兜港以西溇港有小梅口、杨家港、合溪新港、夹浦港等，长兜港及其以西有8处溇港敞开，承接苕溪水系和长兴西部山丘区来水。

（8）湖心区，面积1274.2平方千米，其边界即为与上述各分区的分界，详见图1－1－1。

平台山岛以北部分湖区水深达2.6米，是太湖最深处。太湖中现有岛屿51座，大部分位于湖心区，总面积89.7平方千米，其中面积居前四位的是西山、长沙、三山（亦称南三山，以区别于北三山岛）和漫山岛，面积分别为79.5平方千米、1.74平方千米、1.69平方千米和1.40平方千米，其余岛屿面积均小于1平方千米。

这些岛屿原为太湖平原低地上的山丘，形成于中生代，后来因洪涝水排泄不畅，低地积水形成太湖后，变成了岛屿。这些岛屿均由基岩构成，不同于一般河湖中的洲滩，有许多是旅游景点。

与20世纪60年代相比，太湖的水面面积减少了160.2平方千米，主要是围垦所致，其中如马迹山（29.4平方千米）、白深山（0.1平方千米）、冲山岛（1.5平方千米）皆因围垦而与陆地相连。

太湖的湖流可分吞吐流和风生流。在洪水期，太湖出现吞吐流，西岸及西南岸山区的来水入湖经太湖调蓄后向下游排泄，大洪水时入湖河道流量总量可超过3000立方米每秒。非洪水期则以风生流为主。太湖是浅水湖泊，湖面上的风场对湖流的结构和大小有重要影响，湖区的岛屿也对湖流产生明显的影响。湖面开始刮风时，湖水的运动方向与风向一致，表层流速大于底层流速，随着风时延长，湖水逐渐向迎风岸堆积，湖面偏离静止位置，湖区内部湖流逐渐转向，且出现与风向相反的补偿流动。太湖的湖流对生态环境具有重大影响，决定着各种营养盐、污染物、泥沙与沉积物的传输与分布。

四、太湖的泥沙

太湖的泥沙主要由上游来水挟带，包括湖西区的南河水系和浙西区的苕溪水系。

南河干流在进入太湖以前，其尾闾流经宜兴的西氿、团氿和东氿三个相连的湖泊，大部分泥沙在三氿沉积，因而进入太湖的沙量很少，苕溪输沙为太湖泥沙的主要来源。

根据1954年太湖沿湖主要测站河道含沙量监测结果，全年约有44.1万吨泥沙由上游水系进入太湖，其中苕溪水系的输沙量为38万吨，占入湖总沙量的86.2%。同时由下游水系带出太湖的沙量为10.5万吨，说明该年有33.6万吨泥沙在太湖中沉积。1954年是流域性大洪水年，进入太湖的上游来水挟带的泥沙较常年多。

太湖入湖河道的多年平均含沙量较低，泥沙年平均沉积速率为2.16毫米每年，远小于洞庭湖的25～35毫米每年，与鄱阳湖的2.0～2.5毫米每年大体相当。此外，根据1997年和2002年两次太湖底泥调查，太湖的底泥蓄积量均在19.1亿立方米左右，说明在这五年间总体上淤积很少。

五、太湖的沿湖溇港

太湖出入湖溇港数量众多。根据苏州、无锡、湖州三市水利志记载，20世纪50年代初，太湖沿岸有溇港306处，其中苏州141处、无锡89处、常州3处、湖州73处。为了区域的防洪除涝和方便沿湖群众的生产、生活，后逐步进行并港建闸控制或封堵部分口门。1991年太湖大水后，为了发挥太湖的调蓄作用，进行了环湖大堤建设，加上1991年以前已建闸控制和封堵的口门，现状环太湖共有口门230处，其中建有涵闸的186处，仍保持敞开的44处。其中江苏有171处口门，建有涵闸的146处，保持敞开的25处，敞开口门集中分布于宜兴市沿岸；浙江省有59处口门，建有涵闸的40处，保持敞开的19处，敞开口门分布在湖州市长兜港及以西地区。其中，望虞河是沟通太湖和长江的流域性骨干引排河道，入湖口门建有望亭水利枢纽；太浦河是承泄太湖洪水和区域涝水的流域性骨干河道，出湖口门建有太浦闸和太浦河泵站。

六、太湖的鱼类

据《太湖鱼类志》记载，太湖原有107种鱼类，隶属于14目、25科、73属，其生态类型主要有三种，即定居性鱼类，如鲤、鲫、鲂、鲌、银鱼和太湖湖鲚等；江海洄游鱼类，如刀鲚、鳗鲡、河鲑等；江河半洄游鱼类，如青、草、鲢、鳙等。随着自然环境的改变以及人类活动的干扰，鱼类品种不断减少。根据1984—2002年调查分析，除鲚类产量从1984年的5153.7吨增加到2002年的19571吨以外，其余品种总体均呈下降趋势。2003—2004年调查结果发现，太湖的鱼类已减少到48种，只相当原有品种数量的44.9%。其中银鱼、梅鲚、白虾和清水大闸蟹被称为“太湖四宝”，白鱼、白虾、银鱼由于其色泽均呈白色，因而成为“太湖三白”，驰名国内外。

七、太湖的水生植物

太湖水生植物较为丰富，其中，挺水植物优势种为茭草、芦苇和水花生；浮叶植物优势种为荇菜、四角野菱、槐叶萍和水鳖；沉水植物优势种为菹草、马来眼子菜、苦草、黑藻、狐尾藻和金鱼藻等；浮游植物以蓝藻、绿藻、硅藻为主。太湖生态系统的变化也可从水生植物的变化看出，20世纪50年代、60年代沉水植物除在东太湖和西太湖沿岸大量生长外，在五里湖等其他湖区也有大面积生长；70年代五里湖已几乎无水生植被；进入90年代，竺山湖原生长旺盛的沉水植物也几乎消失。据中科院南京湖泊和地理研究所卫星遥感调查结果，2001年太湖大型水生植物覆盖面积为454.6平方千米，至2007年下降至364.1平方千米，降幅达20%。同时，随着太湖富营养化，蓝藻水华逐年加重。20世纪80年代中后期每年暴发2～3次，主要在五里湖、梅梁湖，90年代中后期每年暴发4～5次，并向太湖湖心区发展，至2000年太湖湖心区已发生严重的蓝藻水华。太湖水生植物减少和消失以及蓝藻水华频发，是其生态系统退化的主要表现。

第三节 滆湖、阳澄湖、洮湖、淀山湖

除太湖以外，流域内水面面积位居前四的湖泊依次为滆湖、阳澄湖、洮湖和淀山湖。

一、滆湖

滆湖俗称沙子湖，为太湖流域第二大湖泊，位于湖西腹部，属洮滆水系。滆湖地跨常州市武进区和无锡市宜兴市，湖面大部分在武进区境内，湖南端距宜兴市宜城镇13千米，具有防洪、灌溉、供水、水产养殖等功能。滆湖东西向最宽处9.5千米，南北长23千米，中华人民共和国成立初期，水面面积187平方千米，湖底平均高程2.19米，最低1.8米，20世纪70年代曾大规模围垦，围圩68处，面积109.4平方千米，水面锐减，后经退垦还湖，水面面积恢复到157.0平方千米。

滆湖是洮滆水系库容最大的调节湖泊，西接洮湖，北承江南运河，东连太湖，南通南河。西岸有湟里河、北干河、中干河承接洮湖来水；东岸有武南河、太滆运河、漕桥河、殷村港、高港、烧香港等注入太湖。东西岸分别有武宜运河和孟津河由北向南环绕湖区，北面有扁担河承接江南运河来水，西北有夏溪河承接金坛和丹金溧漕河来水。

滆湖四周地势低洼，地面高程3.5～4.5米，为平原圩区。滆湖水生植物丰富，但因富营养化加剧，水生植被覆盖率逐年减少，其渔业资源也较丰富，有鱼类60余种。2012年水质评价，滆湖湖泊富营养化，氨氮、总氮、总磷超标，综合水质类别为劣Ⅴ类，正在从草型湖泊演变为藻型湖泊。

二、阳澄湖

阳澄湖又名阳城湖，为太湖流域第三大湖泊，位于苏州市古城区东北10千米，地

跨苏州市相城区（原吴县北部）、工业园区和昆山市。水面面积116.0平方千米，湖中有两条北向南土埂，将湖面分为东、中、西三部分。2012年水质评价，综合水质类别为Ⅴ类，高锰酸盐指数、总磷、总氮超标。

阳澄湖上承西部和西北部望虞河和常熟等地来水，西面和西北面入湖河道有里塘河、北河泾、陶家港等，出水河道分布在东部、北部和南部，主要有七浦塘、杨林塘、娄江和陆泾等。阳澄湖具有防洪、排涝、供水、灌溉等功能，是苏州市区备用水源及昆山市城区的饮用水水源。湖周围分布有盛泽荡、沙湖、巴城湖、傀儡湖和鳗鲡湖等小型湖泊，与阳澄湖一起构成了阳澄湖群。

阳澄湖水域广阔，湖光秀丽。已建成的阳澄湖公园绿地面积0.33平方千米。京剧《沙家浜》的故事就发生在阳澄湖畔抗日根据地，常熟市沙家浜镇设有革命纪念馆。阳澄湖是全国有名的水产养殖基地，尤其是阳澄湖大闸蟹（中华绒螯蟹）味美而独具特色，驰名中外。

阳澄湖一度曾受到污染，后加强污染源治理，建设污水处理厂，压缩围网养殖面积，科学合理调水，实行统一管理，水质得到了改善。

三、洮湖

洮湖又称长荡湖、延陵湖，位于湖西地区腹部，是湖西地区第二大湖泊，是洮滆水系的主要调节湖泊。洮湖地跨金坛、溧阳两市，大部分在金坛，北距金坛市9千米，具有防洪、灌溉、供水和水产养殖等功能。洮湖东西宽9.3千米，南北长13.6千米，略呈梨形，湖底高程2.2～2.4米。中华人民共和国成立初期，水面面积97平方千米，20世纪70年代曾大规模围湖造田，圈圩22座，面积22.5平方千米，水面锐减，后经退田还湖，水面面积恢复到85.8平方千米，平均水深1.0米。2012年水质评价，综合水质类别为Ⅳ类，氨氮、总氮、总磷超标。

洮湖水源主要来自西部茅山山地，洮湖以西诸河与茅山东麓诸河相连，西岸入湖河道有新河港、大浦港、白石港、北河等，东岸出湖河道有湟里河、北干河、中干河等，向滆湖排水。

丹金溧漕河北起丹阳境内江南运河，南至溧阳市南河，中间与洮湖沟通，通过丹金溧漕河可从北面引长江水，也可向北面排水入江南运河。洮湖南北两端还分别有赵村河和方洛港均为南北向河道，各通南河与钱资荡。

洮湖沿岸地势低洼，为洮滆平原圩区，一般地面高程为4.5～5.5米。湖周有历史遗迹，如方洛港有宋广东路提刑陈廓庄园，现已没入湖中。洮湖盛产淡水虾、银鱼、玉爪蟹等水产，其中玉爪蟹为中国十大名蟹之一，青鱼和青虾为洮湖特产。

四、淀山湖

淀山湖古称薛淀湖，又称淀湖，位于上海市青浦城区以西8.5千米，因湖中有淀山而得名。淀山湖呈东北—西南方向，南宽北窄，形似葫芦，其长度14.5千米，最大宽度 8.1 千米，平均宽度 4.3 千米，水面面积 59.2 平方千米，平均水深 1.94 米。湖面分属上海市和江苏省，其中北部 14.5 平方千米在江苏省昆山市境内，其余在上海市青浦区境内，是上海市最大的天然湖泊。淀山湖具有防洪、灌溉、供水、航运、旅游和水产养殖等功能，在太浦河开通前是上海市主要供水水源地。

根据考古发掘，淀山湖在上古时曾是陆地，南宋时才有薛淀湖的记述。唐宋时期上游太湖东岸建吴江塘路，下泄水流减缓，淀山湖以东湖沙淤积，淀山湖面积减少。淀山湖上游承接太湖和吴江地区来水，入湖河道多在湖西岸，主要有急水港、大朱厍、千灯浦和白石矶，出湖河道位于湖东南，主要是拦路港、淀浦河、石塘港和西旺港。

由于环湖河道面源污染物及工业废水排入，淀山湖水质受污染，湖泊出现富营养化现象。2012 年综合评价全年期水质为劣Ⅴ类，氨氮、总磷、总氮和五日生化需氧量超标，湖泊营养状况为中度富营养水平。入湖河道千灯浦和急水港水质为劣Ⅴ类和Ⅴ类，出湖河道拦路港水质为Ⅳ类。

淀山湖周围还有元荡、汪洋荡、长白荡等湖荡。其中元荡位于淀山湖西南角，原为淀山湖的一个湖湾，后因淤堵成为淀山湖的子湖，面积 12.7 平方千米，分属苏州吴江区和上海青浦区，其中 3/4 属吴江，1/4 属青浦。元荡与太浦河连通河道于 1999 年建节制闸，可相机将洪涝水南排太浦河。

第四节　湖泊的变迁

一、湖泊围垦的简要历史回顾

太湖流域的围田垦殖很早已开始，唐末、五代时期太湖下游的湖滩洼地还未大量开发，水面宽广，后通过开浚河浦改善水利条件，将一部分湖滩、洼地、沼泽开发为塘浦圩田，增加耕地面积并促进经济发展，使太湖流域成为“苏湖熟、天下足”的富庶地区。

其后，围垦的负面影响开始显现。到了宋代，尤其是宋室南渡，太湖流域人口剧增，北方流民迁居甚众，耕地紧张，出现了对水利和生态环境不利的盲目围垦，甚至将前朝为了灌溉、滞洪、济运而兴建的人工陂湖也加以围垦，当时朝廷虽也采取了一些措施，但往往是边禁边围，边废边复。

中华人民共和国成立以后，盲目围垦的高潮发生在“文革”时期的 20 世纪 60 年代和 70 年代，在“以粮为纲”的思想影响下，大量湖荡被围垦，用于耕种或养殖。70 年代后期开始采取措施，情况好转，被围垦的湖荡也开始得到不同程度的恢复。

《中华人民共和国水法》（以下简称《水法》）和《中华人民共和国防洪法》（以下简称《防洪法》）对围湖造地及其处置提出明确规定，“禁止围湖造地。已经围垦的，应当按照国家规定的防洪标准有计划地退地还湖。”国务院办公厅 2001 年 11 月转发的《关于加强太湖流域 2001—2010 年防洪建设的若干意见》中，对太湖流域内已有围湖造地处置提出了明确要求，“要按照因地制宜的原则采取退田还湖、退渔还湖等措施，恢复湖泊在大洪水期间的蓄洪功能。……有关各省（市）水行政主管部门要按照《水法》和《防洪法》的规定，重点对侵占水面现象严重并对流域及周边地区防洪有较大影响的湖泊进行清理，组织各有关部门提出退田（渔）还湖专题规划，经水利部和省（市）人民政府批准后由当地政府实施。”

2004年8月，江苏省第十届人大常委会第十一次会议通过了《江苏省湖泊保护条例》，要求有关县级以上水利部门负责编制重要湖泊的保护规划。2005年2月，江苏省人民政府又发布了全省面积在0.5平方千米以上的重要湖泊名录，进一步推动了湖泊保护规划的实施。2006年12月，江苏省人民政府批复了《江苏省太湖保护规划》，为加强湖泊资源管理保护、规范湖泊开发利用提供了规划依据，并明确了退田（渔）还湖的实施要求。

2004年，无锡市水利局组织编制了《太湖（梅梁湖、贡湖）无锡市退渔（田）还湖工程专项规划》。2005—2007年，太湖局与江苏省水利厅、环保厅、海洋与渔业局以及苏州市人民政府联合编制了《东太湖综合整治规划》。以上规划已分别经江苏省人民政府或水利部和江苏省人民政府批准，付诸实施。

2007年9月，江苏省人民政府批准《滆湖（武进）退田（渔）还湖专项规划》。滆湖保护范围内武进区围垦面积共23.96平方千米，规划退还水面17.00平方千米，保留排泥区6.96平方千米。

二、20世纪以来湖泊的围垦与恢复

据中国科学院南京地理与湖泊研究所研究成果，至1985年，包括太湖在内，太湖流域尚有面积大于0.5平方千米湖泊189个，大于1平方千米以上湖泊151个。但据2011年水利普查成果统计，1平方千米以上的湖泊还保留有123个。以下简述太湖及各水利分区部分湖泊的围垦与恢复情况。

（一）太湖

太湖现有水面面积2338.1平方千米，与20世纪50年代相比缩小了160.2平方千米。太湖围湖、围养缩减了湖泊面积，减少了水体容积，影响太湖调蓄功能的发挥和水环境。20世纪不同年代的围湖面积见表1-1-6。

表1-1-6　　20世纪不同年代太湖围湖情况　　单位：km^2

年　代	50年代	60年代	70年代	80年代	合计
围湖面积	9.2	67.7	82.2	1.1	160.2

苏州市域范围内历年围湖形成的有东太湖围垦区、东大缺港以南围垦区、西山围垦区和光福沿太湖圩区，围湖面积最大的是东太湖。现除东太湖围垦区已经整治外，其余围垦区仍维持原状。

东太湖围垦区共57个，主要分布在黄垆港及大浦口以北湖区，包括吴中区新联圩与吴江区东太湖联合农场南圩等，其中吴江区 18 个，吴中区 39 个。东太湖围垦区 50.5 平方千米，围网养殖区 112.6 平方千米，即留下的自由水面仅 22.3 平方千米。

东太湖围网养殖是逐步发展的，其养殖面积 1990 年为 12.5 平方千米，1995 年为 25 平方千米，1999 年为 54 平方千米，至 2004 年达 112.6 平方千米。围网养殖遍布整个东太湖，99%为螃蟹养殖，水环境逐渐恶化。

2008 年 3 月，水利部和江苏省人民政府批复了《东太湖综合整治规划》，5 月，国务院批复了《太湖流域水环境综合治理总体方案》，东太湖综合整治工程被纳入《太湖流域水环境综合整治总体方案》。现整治已取得成效，至 2012 年已实现还湖面积 40 平方千米，围网养殖面积由 16.9 万亩压缩到 4.5 万亩。

无锡市域范围内历年围湖形成的有竺山圩、马山圩、渔港村圩（后更名梅圩）、五里圩、蠡园圩、太湖圩、东埄圩、农场圩、新安圩等多处（表 1-1-7）。

表 1-1-7　　1968—2010 年无锡市围湖情况　　单位：km^2

湖区	围湖区域		规划处理情况			说明
	现名	原名	围湖面积	规划不处理面积	规划需处理面积	
梅梁湖	马山圩	马山圩	18.4	18.4		已批准成立马山区
	十八湾沿线		1.0	0.1	0.9	不处理部分已建环太湖公路
	梅圩	渔港村圩	4.0		4.0	
	鼋头渚—庙山沿线		0.7	0.2	0.6	
	小计		24.1	18.7	5.5	
五里湖	五里湖周边	五里、蠡园、太湖、东埄 4 圩及太湖基地鱼池	3.2	0.2	2.9	不处理部分已开发
	长广溪		0.4		0.4	
	小计		3.6	0.2	3.3	五里湖 1976 年已还湖部分不在其中
贡湖	贡湖水厂	南泉圩	0.6	0.6		已建水厂，不处理
	小溪港	农场圩、新安圩	3.2	3.2	0.02	
	望虞河口		0.2		0.2	望虞河工程挖河推土
	小计		4.0	3.8	0.2	

1988 年国务院批准建立无锡市马山区人民政府，辖区包含马山圩；1991 年实施环太湖大堤工程时，经批复确认农场圩、新安圩等在大堤保护范围内。竺山圩位于竺山湖湾西部，围湖面积 4.7 平方千米，属于太湖岸线利用保护规划保留区。

《太湖（梅梁湖、贡湖）无锡市退渔（田）还湖专项规划报告》中明确梅梁湖、贡湖区域还湖面积 6.9 平方千米。实施过程中考虑到该区域现状经济社会的发展和还湖实施的可能性，无锡市要求保留梅圩等部分占地面积 2.3 平方千米。2010 年 9 月，太湖局同意该规划作部分调整，将梅圩需还湖面积调整到华庄农场、小溪港等处。

（二）阳澄淀泖区湖群

苏州市原有 0.2 平方千米以上湖荡 178 个，其 0.67 平方千米以上 87 个（包括太浦河以南地区）。1973 年 2 月苏州地区开始查禁围垦湖泊。据 1974 年初江苏省水电局会同苏州地区水利局等的调查结果，在 1974 年以前的十余年间，共围湖荡水面面积 173 平方千米，其中 1971 年 8 月以前围垦面积占 62%。

至 1984 年年底，经苏州市水利局查实，历年来吴县、吴江、常熟、昆山等县已退耕还湖还渔 58.1 平方千米，如尚湖在“文革”时期一度围垦成田，20 世纪 80 年代开始退田还湖。至 1997 年，阳澄淀泖区部分湖荡面积缩减情况见表 1-1-8。

表 1-1-8　　阳澄淀泖区部分湖荡面积缩减情况

名称	所属县乡（镇）	原有面积 /km²	1997 年面积 /km²	备　注
南湖荡	常熟英城、练塘、张桥、杨园	6.3	4.6	因消灭血吸虫病灭螺而围圩
尚湖	常熟城南、练塘、冶塘、城郊	12.5	8.0	
巴城湖	昆山巴城	2.2	1.4	
鳗鲤湖	昆山巴城	1.4	1.0	
盛泽荡	相城区	4.9	3.6	
独墅湖	苏州郊区、吴县娄葑、郭巷	12.5	9.8	
陈墓荡	昆山陈墓	2.7	1.7	
沙湖	吴县斜塘、唯亭、胜浦	4.7	2.3	
九里湖	吴县、吴江东坊、屯村	6.9	5.2	

（三）杭嘉湖平原湖群

20 世纪 50 年代初，浙江省杭嘉湖平原湖泊面积接近 130 平方千米，至 2000 年杭嘉湖平原面积大于 0.1 平方千米的湖、荡、漾共计 238 个，合计面积 96.0 平方千米，详见表 1-1-9。70 年代受“以粮为纲”思想影响和为发展水产养殖，嘉兴市围垦了湖荡 35 个，减少湖泊面积 18.8 平方千米，其中垦种 2.2 平方千米，围渔 16.6 平方千米。湖州市 1949 年共有湖漾 586 个，面积 74.1 平方千米；到 1990 年年底还存湖漾 468 个，面积 59.5 平方千米，共减少湖漾 118 个，面积 14.6 平方千米。

除了围湖造地和用于养殖以外，在工程建设中也占用过湖泊容积，如 1992 年治太工程建设中，为了减少太浦河挖河弃土占压土地，占用了马斜湖等湖泊部分容积。

（四）洮滆平原区湖群

湖西区是受湖泊围垦影响比较大的地区，洮滆平原受影响尤其明显，其中洮湖、滆湖在 20 世纪 70 年代都曾被大量围垦。中华人民共和国成立初期洮湖面积为 97 平方千米，一度被围面积超过 20 平方千米，用于种植粮食和芦苇，经退垦还湖后恢复到

85.8平方千米。中华人民共和国成立初期滆湖面积为187平方千米，一度被围面积达一半左右，退垦还湖后面积达157.0平方千米。

表1-1-9　　杭嘉湖平原湖泊情况汇总

市	合计		面积＞1.0km²		1.0km²≥面积＞0.1km²	
	个数	面积/km²	个数	面积/km²	个数	面积/km²
杭州	20	10.1	1	6.4	19	3.7
嘉兴	67	39.4	12	19.9	55	19.5
湖州	151	46.5	7	9.1	144	37.4
合计	238	96.0	20	35.4	218	60.6

注　不包括杭嘉湖水利分区中江苏省太浦河以南地区。

湖西区溧阳的南河上游五荡，即三塔荡、升平荡、南渡荡、前马荡、沙涨荡，20世纪50年代初面积分别为16.4平方千米、4.7平方千米、1.2平方千米、4.6平方千米和0.3平方千米，合计面积27.2平方千米。在1967—1976年间，先后被围25.6平方千米，即原五荡面积被围94.9%，使南河南渡以西地区洪涝灾害加剧。后在1985年被作为滞洪区，但未建进洪设施，靠破口滞洪。

（五）锡澄平原湖群

锡澄平原的湖泊从20世纪60年代起部分被围垦，如无锡市的谢埭塘、长广溪、白荡等。这些湖荡原与河道相连，被围垦后只留河道宽度成为河道的一部分。谢埭塘是位于九里河东段的湖荡，1968年冬围湖2.0平方千米，建成五七圩；长广溪为五里湖经壬子港入太湖的通道，由石塘桥至雪浪山段为湖荡，1969—1970年被围垦1.2平方千米；白荡位于锡澄运河南段东岸，原有面积0.9平方千米，1975年围湖0.7平方千米，建白荡圩，只留出锡澄运河河道宽度。锡溧漕河的南、北阳湖和北兴塘东段的五部湖也有类似情况。

第二章　水　　系

流域水系按与太湖的关系划分为上游水系和下游水系，上游水系包括苕溪水系、南河水系和洮滆水系，下游水系包括沿江水系、杭嘉湖水系以及黄浦江水系。以太湖北岸的直湖港和南岸的长兜港为分界点，分界点以西河道（含直湖港，长兜港）总体上为入湖河道，分界点以东河道总体上为出湖河道。由于太湖流域滨江临海，占流域面积80％的平原地区地势平缓，属于平原感潮河网地区，受降雨分布和水利工程调度的影响明显，下游平原河道往往流向不定。

第一节　苕　溪　水　系

苕溪古名苕水，位于浙江北部，因流域内沿河各地盛长芦苇，进入秋天后芦花飘散水上引人注目，当地居民称芦花为“苕”，故而得名。苕溪上源有东苕溪、西苕溪两支，分别发源于天目山南麓和北麓，依据2010年第一次全国水利普查河湖普查规则，干流以“河长唯长、面积唯大、水量唯大”，结合河流发育情况确定东苕溪河源为苕溪的河源，西苕溪为苕溪支流。两溪下游原在湖州城东毗山附近汇合，经大钱港入太湖。兴建东西苕溪导流入湖工程后，两溪在湖州城西杭长桥汇合经长兜港、机坊港入太湖。太湖流域一期治太工程实施后，两溪在湖州市吴兴区白雀乡俞家田村白雀塘桥汇合经长兜港注入太湖。

苕溪流域面积4679平方千米（不含长兴水系），其中安徽省64.1平方千米。苕溪干流长度160.0千米，发源于临安市太湖源镇白沙村，河源高程919米，入太湖河口高程－3.5米，青山水库坝址以上为上游河段，青山水库坝址以下至北苕溪汇合断面以上为中游河段，北苕溪汇合断面以下为下游河段。干流河道平均比降0.7‰。

一、干流

（一）苕溪

苕溪干流在杭州市余杭区余杭镇以上河段称南苕溪，余杭镇以下至湖州市白雀塘桥河段习称东苕溪，苕溪在白雀塘桥以上河长153.7千米。

苕溪干流自河源向东南流经里畈水库，至临安市太湖源镇浪口村右纳南溪，折向东流至临安市锦城街道马溪村左纳马溪，流经临安市城区，以下先后右纳锦溪、灵溪，流入青山水库，出水库后向东北流经余杭镇。余杭镇以下苕溪干流折向北流，至余杭区瓶窑镇崇化村左纳中苕溪，至瓶窑镇南山村左纳北苕溪，流至德清县城左纳余英溪。德清县城以下，主河道原经菱湖、和孚漾、钱山漾，穿过頔塘，在湖州城东毗山附近与西苕溪汇合后经大钱口入太湖。1958 年冬兴建东苕溪导流工程后，改经洛舍、青山至湖州城西杭长桥与西苕溪汇合，太湖流域一期治太工程实施后，经湖州市环城河至白雀塘桥与西苕溪汇合。

（二）苕溪入湖段

经 20 世纪 90 年代整治后，东、西苕溪湖州城北白雀塘桥汇合点至太湖河道长 6.3 千米，河道底宽 150 米，底高程－3.5 米，为入湖主河道，称长兜港。

二、主要支流

汇入苕溪的主要支流有中苕溪、北苕溪、余英溪、西苕溪等；汇入西苕溪的主要支流有南溪、浒溪和浑泥港等。

（1）中苕溪，主流长度 49.0 千米，流域面积 254 平方千米，发源于临安市高虹镇大山村，河源高程 904 米。其自河源东南流经临安市水涛庄水库、高虹镇，转折向东北流经余杭区横畈镇，至余杭区瓶窑镇崇化村从左岸汇入苕溪，河口高程 2.5 米，主流河道平均比降 5.9‰。

（2）北苕溪，主流长度 44.0 千米，流域面积 325 平方千米，发源于安吉县山川乡马家弄村，河源高程 770 米。其自河源向东流经湖州市安吉县山川乡、杭州市余杭区颀鸟镇，转折向东南流经余杭区黄湖镇，至余杭区径山镇双溪村右纳太平溪，至余杭区瓶窑镇南山村从左岸汇入苕溪，河口高程 2 米，主流河道平均比降 3.1‰。

（3）余英溪，主流长 40.8 千米，流域面积 179 平方千米，发源于德清县筏头乡大造坞村，河源高程 515 米。其自河源东南流经对河口水库，出库后东流穿过武康镇以后汇入塘河，至杨树湾北分二支：一支经秋山从左岸注入东苕溪；一支向东北流至长安里流入平原。

2004 年余英溪改道工程完工。余英溪不再穿过武康镇，出对河口水库折向东北流，至德清县乾元镇金鹅山村左纳阜溪，转折向东、东北流 15.9 千米至德清县洛舍镇砂村，从左岸汇入苕溪，河口高程 1.4 米。改线后流域面积增至 325 平方千米，河流长 45 千米，河道平均比降 2.5‰。

（4）西苕溪，主流长度 135 千米，流域面积 1890 平方千米，发源于安吉县杭垓镇高村，河源高程 580 米。其上游称西溪，又称西路港，长 53 千米。西苕溪自河源起先向西北流，转折向东北流经安吉县杭垓镇、赋石水库，出库流至安吉县递铺镇六庄村右纳南溪后称西苕溪。

西苕溪自南溪汇入口东流至递铺镇塘浦右纳大溪，东北流至递铺镇雾峙村右纳浒溪，东北流至梅溪镇马村左纳浑泥港，续东北流至小溪口，东流经胥仓桥至霅水桥后水分三支，北支经机坊港入太湖；东支至湖州城东毗山附近与东苕溪汇合后经大钱港入太湖；另一支经横渚塘河入頔塘。1957 年冬兴建西苕溪分流入湖工程，开新开河，拓浚长兜港、机坊东港，建湖州城西、城北闸，使西苕溪由长兜港、机坊港入太湖。在20世纪90年代太湖流域一期治太工程中，进一步拓浚了旄儿港和长兜港，使西苕溪下游河段经旄儿港至白雀塘桥与东苕溪汇合，河口高程1.4米，西苕溪主流河道平均比降0.6‰。

1）南溪，河长48.3千米，流域面积383.7平方千米，发源于安吉县章村镇龙王山自然保护区，河源高程1237米。其自河源北流至章村镇转向东北，流至汤口镇进入老石坎水库，出库向东北流经孝丰镇，至安吉县递铺镇六庄村从右岸汇入西苕溪，河口高程27米，河道平均比降5.5‰。

2）浒溪，河长36千米，流域面积317平方千米，发源于安吉县天荒坪镇大溪村，河源高程831米。其自河源流至安吉白水湾汇合港口港，北流左纳递溪，续北流至安吉县递铺镇雾山寺村从右岸汇入西苕溪，河口高程10米，河道平均比降7.6‰。

3）浑泥港，河长41千米，流域面积280平方千米，发源于安吉与安徽省广德两县交界的鄣吴镇上堡村，河源高程236米。其自河源向东北流至大河口水库，出库口折东南流至汤湾桥，东北流至草荡水库，出库后至安吉县梅溪镇马村村从右岸汇入西苕溪，河口高程3米，河道平均比降2.1‰。

三、长兴水系

长兴水系流域面积1211平方千米，其中浙江省境内1151平方千米，安徽省境内60平方千米。西北部为丘陵，东南部濒临太湖为平原，原有30余条溇港与太湖相通，由于淤积严重，现只有6条主要溇港：夹浦港、沉渎港、合溪、长兴港、杨家浦港、横山港；较大的山地河流有泗安溪、合溪。

（1）泗安溪，在长兴县吕山乡雁陶村以上干流长度62千米，流域面积181平方千米，发源于安徽省广德县新坑镇青岭村，河源高程121米。自河源向南流经18千米后流入浙江省长兴县境，东南流经泗安水库，至长兴县泗安镇双联村左纳清东涧；折向东流与平原河流相通，至天平桥右岸与泥桥港连接，折向东北流，左岸与姚家桥港连接，续东北流，右岸连接里塘港后折向东南流；右岸连接胥仓桥港后，折向东北流，在长兴县吕山乡雁陶村与吕山塘交汇，东北流经杨家浦港入太湖，干流平均比降0.3‰。

（2）合溪，干流长度42千米，流域面积240平方千米，发源于长兴县煤山镇横岭岕村，河源高程233米。自河源东南流经长兴县煤山镇，至长兴县小浦镇光耀村右纳南涧，续东南流入合溪水库；出水库后续向东南流，至小浦镇与平原河流长兴港连通后折向东流，与平原河流北塘港交汇连通，续东流至长兴县雉城镇彭城村入太湖，干流平均比降1.8‰。干流在南涧汇合断面以上河段又称北涧，与长兴港连通断面以下至太湖河段俗称合溪新港。

（3）长兴港，起始于长兴县小浦镇小浦村，与合溪相连；向太湖排水时，东南流经林城镇大云寺村连通姚家桥港，折向东流经长兴县城，北岸与北塘港相连，东北流至雉城镇新塘村入太湖；河道长度19千米，河道宽度54米，河底高程－3.05米。

（4）杨家浦港，起始于长兴县洪桥镇金星村，连接泗安溪；向太湖排水时，东北流经李家巷镇、洪桥镇，东岸与横山港相连，续东北流至雉城镇白莲桥村入太湖；河流长度 15 千米，河道宽度 100 米，河底高程－3.53 米。

第二节 南 河 水 系

南河又称南溪，古名荆溪，南河水系发源于茅山山区，沿途纳宜溧山区诸溪，串联西氿、团氿和东氿 3 个小型湖泊，于宜兴市经大浦港、城东港和洪巷港入太湖。河道主要在江苏省溧阳、宜兴两市境内，全长 117.5 千米，流域面积 3091 平方千米。

一、干流

南河干流分上、中、下三段。上段胥河，古代又名胥溪、胥溪河，源出南京市高淳区固城湖，位于高淳区固城镇至苏皖交界的定埠镇之间茅山山脉西南丘陵地带，横跨太湖流域与长江支流水阳江流域的分水岭。胥河古代曾经是漕运的通道，又称淳溧运河，后因防水阳江和固城湖洪水入侵太湖，在今下坝附近筑东坝挡水。1990 年将原有堵坝拆除，在下坝位置建东坝船闸，既通航又挡水。胥河流经定埠镇后，东流至社渚镇王家渡入溧阳市接南河。胥河长 30.0 千米。

干流中段分南北两支。南支称南河，又称宜溧运河，西起高淳区、溧阳市边界，东至溧阳宜兴市边界渡济桥，长 45.5 千米。北支上段称中河，西起溧阳市南渡镇庆丰乡老歡嘴中河与南河的汇口，东至宜兴市杨巷镇，长 29.2 千米；北支下段称北溪河，由杨巷镇至西氿，长 16.3 千米。

干流下段称南溪河，自溧宜边界东流经宜兴市徐舍镇入西氿，穿宜兴城区入东氿，最后分成三支由大浦港、城东港、洪巷港入太湖，长 42 千米。

北河沟通南河水系与洮湖，西起溧阳市上沛、上兴、庆丰三乡镇交界的东塘桥，从西南流向东北，经前马镇、绸缪镇、别桥镇入洮湖，全长 29.5 千米，其北岸自西往东有支流上沛河、上兴河、竹箦河等汇入。

南河北岸有丹金溧漕河、赵村河、武宜运河等与洮滆水系相通。

二、主要支流

南河南岸主要支流有梅渚河、朱淤河、湾溪河、溧戴河、新开港和厔溪河，北岸主要支流有汤桥河、丁村河、强埠河、上沛河、竹箦河。

（1）梅渚河，南起安徽省郎溪县梅渚镇，经殷桥、新桥北至河口乡三尖咀入南河。全长 13 千米，在溧阳市境内 11.1 千米。河底高程 1.0 米，河底宽 7 米。梅渚河东岸有支流社渚河，从东山经社渚、城头桥后汇入。

（2）朱淤河，东起大溪水库溢洪闸下原大溪河，西流经观山，至南渡镇河南村转向北流入南河。河长 9.7 千米，河底高程 0.5 米，河底宽 8 米。南岸有支流周城河。

周城河南起前宋水库溢洪河，北流经周城镇，至观山汇入朱淤河，全长7.3千米。

（3）湾溪河，南起溧城镇贝桥，北流经龙亭桥、晨光桥、清焦桥，从南岸入南河。河长4.3千米，河底高程1.0米，河底宽10～25米。

（4）溧戴河，又称戴埠河，南起溧阳市戴埠镇，北至溧城镇长木桥入南河。全长11.5千米，河底高程0.5～4.2米，河底宽6～20米，集水面积11.5平方千米。上游有支流沙河水库溢洪河（前身是沙河），东流至戴北从西岸汇入戴埠河。

（5）新开港，北起溧阳市社渚镇王家村，南流经社渚镇帐墓村后，从南岸入南河。河长6.6千米，河底高程1.5米，河底宽9.5米。

（6）屋溪河，老屋溪河南源宜兴市太华镇山涧，从涧沟汇集地横山起，经西渚、元上、堰头穿堰泾河于旧圩接白云泾，长22.7千米。1969年建设横山水库后，上段河道汇入库区，水库以下至三级跌水（西渚），成为水库溢洪道，三级跌水以下至堰头为屋溪河，河长15.5千米（接堰泾河），现状河底宽20～30米，河底高程0.5～1.0米。

（7）汤桥河，西北起自上兴镇汤桥村北端，向东南流经圩角村，至社渚镇河口村北从北岸入南河。全长4.7千米，河底高程4.7米，河底宽6米。下游有支流桠溪河，桠溪河西起高淳县桠溪镇，东流经王家场、强墩，入汤桥河，河长7.3千米。

（8）丁村河，北起丁村水库，南流经强埠村沙子滩后入南河。河长4.0千米，河底高程0.5米，河底宽4米。

（9）强埠河，北起溧阳市南渡镇强埠村，南流经堑口村里溪桥后，入南河。河长4.0千米，河底高程0.5米，河底宽6米。

（10）上沛河，发源于溧阳与溧水边界的芳山和芝山，西起上沛镇，东流经曹公渡，转流东南经陈塘圩，至庆丰乡与中河、南河三河汇合。河长11.4千米，河底高程0.5米，河底宽10～27米。

（11）竹箦河，发源于溧阳与句容边界的瓦屋山南麓，自溧阳市竹箦镇以下称竹箦河，从竹箦河向东南流，先后交北河和中河后至溧阳市区入南河。全长20.8千米，河底高程0.5米，河底宽6～8米。

第三节　洮　滆　水　系

洮滆水系位于湖西区中部，居江南运河以南和南河水系以北，其与运河平原区的分界线自丹徒县宝堰镇通济河起，沿胜利河接香草河向东至丹阳市南，转沿丹金溧漕河至金坛市界，再向东沿鹤溪河和夏溪河的自然分水岭，穿扁担河至常州市南运河。

一、北与洮湖相通的河道

（1）丹金溧漕河，其历史上是古航道，称泾渎。起点在江南运河丹阳至陵口之间，从丹阳向南流经金坛，至溧阳与南河相接，在金坛洮西至指前段紧靠洮湖西岸，有新河港、大浦港、白石港等与洮湖沟通。丹金溧漕河连接沿江、洮滆和南河三大水系，河长69千米，河底高程0～0.50米，底宽34米。

（2）方洛港，从钱资荡至洮湖，长8千米，河底高程1.0～2.0米，底宽10～60米。

二、北入滆湖的河道

（1）夏溪河，从丹金溧漕河（常州市金城镇）至滆湖（常州市嘉泽镇），长25千米，河底高程0.0～0.8米，底宽8～10米。

（2）扁担河，从江南运河（常州市奔牛镇）至滆湖（常州市厚余镇），长16千米，河底高程0.0～0.5米，底宽10～15米。

三、洮湖与滆湖之间的河道

洮湖与滆湖之间由北向南主要有湟里河、北干河、中干河和南干河4条东西向河道。

（1）湟里河，长19.5千米，河底高程0.0米，底宽15米。

（2）北干河，长15.0千米，河底高程0.0米，底宽10～20米。

（3）中干河，长21.8千米，河底高程0.0米，底宽10～15米。

（4）南干河，长24.4千米，河底高程1.0米，底宽5～8米。

四、滆湖与太湖之间河道

滆湖与太湖之间主要东西向河道有太滆运河、漕桥河、殷村港、烧香港和湛渎港。

（1）太滆运河，长23千米，河底高程－1.0～0.5米，底宽20～25米。

（2）漕桥河，长21.5千米，河底高程0.5米，底宽15～24米。

（3）殷村港，长19.8千米，河底高程0.5米，底宽20米。

（4）烧香港，长27.6千米，河底高程0.0米，底宽20米。

（5）湛渎港，长27.6千米，河底高程0.5～1.0米，底宽10～30米。

此外，还有在滆湖与太湖之间通过的南北向河道武宜运河，河道全长48千米，起自江南运河新闸，止于宜兴市宜城镇，途中与以上东西向河道交叉，沟通沿江、洮滆和南河三大水系，河道底高程－0.8～0.0米，底宽17～33米。

第四节 沿 江 水 系

沿江水系由湖西区、武澄锡虞区和阳澄淀泖区沿江水系组成。上述区域内的纵向通江河道、太湖引排通道望虞河，以及与之连通的江南运河、西横河、应天河、锡北运河和盐铁塘等横向河道，形成了当地纵横交错的河网。

一、湖西区沿江水系

（1）九曲河，自长江边九曲河水利枢纽至江南运河丹阳云阳镇，长29.6千米，河底高程−1.0米，底宽20～25米。九曲河枢纽水闸工程为2孔节制闸，闸孔总净宽24.0米，设计过闸流量300立方米每秒，抽水泵站装机流量80立方米每秒，机泵数量4台。

（2）新孟河，自长江南至江南运河常州奔牛镇，长22千米，河底高程0.0～0.5米，底宽5～15米。新孟河长江岸建有小河闸，为5孔节制闸，闸孔总净宽23.6米，设计过闸流量340立方米每秒。

（3）德胜河，自长江边魏村水利枢纽至江南运河常州连江桥，长20.8千米，河底高程0.0米，底宽15～20米。魏村水利枢纽水闸工程为3孔节制闸，闸孔总净宽24.0米，设计过闸流量300立方米每秒，引排结合泵站装机流量60.0立方米每秒，装机功率3200千瓦，机泵数量4台。

二、武澄锡虞区沿江水系

包括澡港到望虞河以西的主要通江河道和东西向连通河道。

（1）澡港，自长江边澡港水利枢纽至常州市新北区龙虎塘，于龙虎塘以南分东西两支：西支接大湾浜、关河至江南运河；东支自龙虎塘至北横河。西支为澡港河主干，长23.2千米，河底宽20米；东支长7.7千米，河底宽10米。两支河底高程均为0.0米。澡港水利枢纽水闸工程为1孔节制闸，闸孔总净宽16.0米，设计过闸流量100立方米每秒，引排结合泵站装机流量40.0立方米每秒，装机功率2000千瓦，机泵数量2台。

（2）桃花港，自长江边新河节制闸至西横河，长13.8千米，河底高程1.0米，底宽8～9米。新河闸闸孔净宽8.0米，设计过闸流量91.08立方米每秒。

（3）利港，自长江边利港闸至西横河，长9千米，河底高程0.5米，底宽15米。利港闸孔净宽12.0米，设计过闸流量91.08立方米每秒。

（4）申港，自长江边申港闸至西横河，长4.9千米，河底宽10米，底高程0.5米。申港闸孔净宽5.0米，设计过闸流量62.0立方米每秒。

（5）新沟河，自长江边新沟闸向南经焦溪通北塘河，并接三山港至江南运河，总长26.4千米，河底高程0.5米，底宽20～30米。新沟闸为3孔节制闸，闸孔总净宽26.0米，设计过闸流量211.0立方米每秒。

（6）新夏港，自长江边新夏港枢纽至江阴黄昌河，长8.6千米，河底高程0.0米，底宽15米。江边枢纽包括装机流量45立方米每秒抽水站、净宽10米节制闸和8米×120米×2米（有效宽度×有效长度×门槛水深）船闸各一座，河道设计流量45立方米每秒。

（7）锡澄运河，自长江边江阴船闸至江南运河高桥，长38.0千米，河底高程−1.0～−0.5米，底宽20～45米。江边建有定波闸，净宽24米，其中通航孔净宽7米，定波闸设计引排流量分别为180和240立方米每秒。为减少引排与航运矛盾，在定波闸西侧建有10米×90米×2.5米和12米×98米×2.5米（有效宽度×有效长度×门槛水深）的双线船闸。

（8）白屈港，自长江边白屈港枢纽至无锡市区北兴塘，长44.0千米，河底高程－1.0～0.0米，底宽25～44米。江边枢纽包括装机规模100立方米每秒抽水站、净宽20米节制闸以及12米×160米×2.5米（有效宽度×有效长度×门槛水深）双线船闸各一座，节制闸设计流量100立方米每秒。

（9）张家港，自长江张家港船闸穿流武澄锡与阳澄河网至浏河，全长105.2千米，河底高程0.5～－1.5米，底宽15～65米。沿途穿过江阴、张家港、常熟和昆山等市，张家港西侧与东横河、应天河、祝塘河、锡北运河相通，东侧与望虞河、七浦塘、杨林塘、浏河相连。张家港也是通往上海的主要航道，称申张线，为Ⅴ级航道。江边建有张家港5孔节制闸，闸孔总净宽40.0米，设计过闸流量634.0立方米每秒。

（10）十一圩港，自长江边十一圩闸至江阴市北漍镇张家港河，长28.0千米，河底高程－1.5～1.0米，底宽15～30米。十一圩3孔节制闸总净宽9.0米，设计过闸流量120.0立方米每秒。

（11）西横河，西起武进北塘河，东至锡澄运河，沟通桃花港、利港、新沟河、新夏港等纵向通江河道，长26.6千米，河底高程0.5米，底宽10米。

（12）应天河，西起锡澄运河通运村，穿过白屈港，东至张家港水池巷，长18.5千米，河底高程0.0米，底宽15米。

（13）锡北运河，西起锡澄运河白荡圩，东至常熟市冶塘入望虞河，长47.0千米，河底高程0.0～0.5米，底宽20～50米。

（14）伯渎港，西起无锡市东郊，与老运河相接，东迄望虞河漕湖，长24.2千米，底宽10米。

（15）九里河，西起无锡城北的北兴塘五丫浜口，东迄望虞河西侧的嘉菱塘，长21.5千米，河底高0.5～1.0米，河道底宽10～22米。

其中，澡港、新沟河、新夏港、白屈港均为治太骨干项目武澄锡引排工程中的河道拓浚工程，河道规模均为工程完工后的情况。

三、望虞河

望虞河是排泄太湖洪水和调引长江水入太湖的流域性骨干河道，位于江苏省境内，南起太湖边的望亭镇沙墩口，先后穿过京杭运河、漕湖、鹅真荡、嘉菱荡，至常熟市海虞镇耿泾口入长江，长60.3千米，河底高程－3.0米，底宽80～94米。在望虞河出长江口处，建由水闸、泵站和船闸组成的控制枢纽，以保证排水、引水和发展航运。在望亭镇与江南运河相交时采用望虞河与江南运河立交方案，避免影响运河通航。

望虞河常熟水利枢纽节制闸位于东侧，共6孔，净宽48米，排水能力375立方米每秒；中部为排水和引水双向泵站，设9台水泵，每台抽水能力20立方米每秒，总规模 180 立方米每秒，电机容量 8100 千瓦，泵站底部设排水廊道，能排水 125 立方米每秒；枢纽西侧建有船闸，闸室长 120 米，宽 16 米。

望亭水利枢纽上部为运河，建底宽 60 米的 U 形槽，底高程－1.70 米，两端与原运河衔接。底部为 9 孔涵洞，涵洞尺寸高 6.5 米、宽 7.0 米，总过水面积 400 平方米，设计排水流量 400 立方米每秒。

四、阳澄淀泖区沿江水系

包括望虞河以东到浏河的主要通江河道和沿江东西向河道。

（1）常浒河，自长江边常熟市浒浦镇袁家墩至常熟市大东门，长 24 千米，河底高程－1.0～0.0 米，底宽 30～45 米。江边浒浦节制闸共 3 孔，闸孔总净宽 24.0 米，设计过闸流量 250.0 立方米每秒。

（2）白茆塘，北起江边常熟与太仓交界的姚家滩，先向南后向西至虞山镇小东门，全长 41 千米，均在常熟市境内。河底高程－2.0～－0.5 米，底宽 15～60 米。江边白茆节制闸共 5 孔，闸孔总净宽 44.0 米，设计过闸流量 505.0 立方米每秒。

（3）七浦塘，东起江边太仓七丫口，西至阳澄湖，长 47 千米，河底高程－1.5～0.0 米，底宽 15～60 米。江边七浦闸共 3 孔，闸孔总净宽 18.0 米，设计过闸流量 225.0 立方米每秒。

（4）杨林塘，东起江边太仓浮桥镇杨林口，西至阳澄湖下游鳗鲤泾，长 44 千米，河底高程－1.0～0.0 米，底宽 12～20 米。江边杨林闸共 3 孔，闸孔总净宽 20.0 米，设计过闸流量 220.0 立方米每秒。

（5）浏河，西起昆山市蓬朗镇草芦村，东至太仓浏河镇境内浏河口，长 36.1 千米，底高程－2.0～－1.25 米，底宽 70～80 米。江边浏河闸共 19 孔，闸孔总净宽 75.0 米，设计过闸流量 840.0 立方米每秒。

（6）娄江，西起苏州市娄门环城河，东至昆山市蓬朗镇草芦村接浏河，长 33.3 千米，底高程－1.7～1.9 米，底宽 16～70 米。

（7）元和塘，南起苏州市齐门，北迄常熟市南门，元和塘原名常熟塘，为古河道。元和塘全长 40 千米，河底高 0～1.1 米，河道底宽 30～45 米。

（8）盐铁塘，为古河道，西北起常熟市海虞镇耿泾闸，中间穿过常浒河、白茆塘、七浦塘、杨林塘、浏河、练祁河、蕰藻浜等河道，东南到上海市嘉定区黄渡镇入吴淞江。全长 83.8 千米，其中江苏境内 63.8 千米，上海境内 20 千米，河底高程 0.5～1.5 米，河道平均底宽 15 米。

（9）吴淞江，西起东太湖瓜泾口，东至上海市外白渡桥入黄浦江。全长 125 千米，其中江苏境内瓜泾口到上海市黄渡镇长 71 千米，称吴淞江；上海境内从黄渡镇至外白渡桥长 54 千米称苏州河。河道宽度进口处 60～80 米，向下游至角直镇扩大至 500～700 米，至青阳港又收窄至 90～100 米，下段苏州河宽度为 40～50 米。

（10）练祁河，西起上海市嘉定区顾浦，东入长江，全长 28.9 千米，河底宽 15～

30米，河底高程0～－1.0米。入江处建有孔径10米的三孔节制闸一座，兼具引排双重功能，同时可航行50～100吨级内河船舶。

（11）西塘河，北起望虞河琳桥港闸，南迄苏州外城河钱万里桥，长18.3千米，底高程0.0米，河道底宽不小于40米。

（12）急水港，西起吴江区同里镇同里湖，经屯村的白蚬湖，入昆山市周庄的南沙港，过急水荡到上海市青浦区商榻的沙田湖后，续入淀山湖，长16.3千米，底高程－0.5～－1.0米，河道底宽为40～60米。

（13）大浦港，西起太湖，东讫江南运河，长3.5千米，河底高程0.5米，底宽20米，临湖建大浦口枢纽。

第五节 杭嘉湖水系

杭嘉湖水系位于杭嘉湖区，水系范围西起东苕溪西险大塘和导流东堤、长兜港，北至太湖、太浦河，东迄黄浦江支流斜塘、张泾河，南达钱塘江、杭州湾。杭嘉湖区面积7436平方千米，河网密度为每平方千米4千米，水面率11.4%，是典型的河网地区。

其排水方向大体上可分4路：北入太湖；东北入太浦河下泄黄浦江；东排入黄浦江；南排杭州湾。当黄浦江出现高潮位时，东排入黄浦江的水路不畅。

南排杭州湾的河道见第八篇第一章，本节主要记载北入太湖、东北入太浦河和东排黄浦江的河道。

一、北入太湖河道

（1）大钱港，北起太湖口的大钱节制闸，南至頔塘，河道全长13.0千米，河道宽77米，河底高程－1.44米。大钱水闸共5孔，闸孔总净宽40.0米，过闸流量220.0立方米每秒。

（2）罗溇，北起太湖口罗溇节制闸，穿越北横塘、南横塘，南至頔塘，全长约12千米，河道宽64米，河底高程－1.7米。罗溇闸共3孔，闸孔总净宽24.0米，过闸流量110.0立方米每秒。

（3）幻溇，北起太湖口幻溇节制闸，南至頔塘，全长12千米，河宽45米，河底高程－1.68米。幻溇闸共5孔，闸孔总净宽38.0米，过闸流量150.0立方米每秒。

（4）濮溇，北起太湖口濮溇节制闸，穿越北横塘、南横塘，南至頔塘，全长约9.8千米，河道宽57米，河底高程－1.25米。濮溇闸共3孔，闸孔总净宽18.0米，过闸流量80.0立方米每秒。

（5）汤溇，北起太湖口汤溇节制闸，南至頔塘，全长12千米，河道宽49米，河底高程－1.73米。汤溇闸共3孔，闸孔总净宽18.0米，过闸流量70.0立方米每秒。

二、东北入太浦河河道

（1）北横塘，又称北塘河，位于湖州东北部湖滨区，西起大钱港，东流经王母来桥、塘下漾、元通桥、万寿桥、项王桥等，经陆家漾入江苏省境，东抵江苏省吴江区震泽镇因渎村。河道总长27.8千米，其中浙江省内长25千米，河道宽30～60米，河底高程－1.31米。

（2）南横塘，又称中塘河，位于湖州东北部湖滨区中部，西起大钱港，向东经织里镇、轧村、上林村入江苏境内接古溇港，集杭嘉湖区西南各路来水东泄，并经环湖溇港分泄入太湖。河道总长30千米，其中浙江省内长24千米，河道宽30～50米，河底高程－1.95米。

（3）頔塘，原名荻塘，西起湖州城南闸，向东经塘南、东迁、南浔至江苏省平望镇，下接江南运河。全长58千米，其中江苏省吴江区境内长24千米，河道宽60～80米，河底高程0米；浙江省吴兴区、南浔区境内河道长度34千米，河道宽79米，河底高程－2.98米。頔塘的南北岸均有堤防，并砌有块石护坡，是湖州市北部主要的东西向排水河道，也是长湖申线航道西段。

（4）澜溪塘，现为江南运河南段部分，起自浙江省桐乡市境内金牛塘、白马塘交汇处的乌镇，向北经苏浙两省交界的鸭子坝，并流经江苏省苏州市吴江区的盛泽、平望镇后汇入太浦河。河道全长29千米，其中浙江境内长14.1千米，江苏省境内14.9千米，横泾塘至斜港14.8千米为江浙界河。河道底宽60～120米，河底高程－1.0～－0.5米。该河是杭嘉湖平原东部和吴江区太浦河以南区域东北向排水最大的一条河道。

（5）双林塘，位于頔塘以南，与頔塘平行，西起湖州市和孚镇和孚漾，东流经旦头、思溪、镇西、双林镇至乌镇西栅汇入澜溪塘。河流全长36.0千米，河宽71米，河底高程－2.67米。该河也是湖嘉申线航道西段。

（6）练市塘，位于双林塘以南，始于湖州市菱湖镇，向东南流经千金、含山、东北经、练市镇，至乌镇汇入澜溪塘。全长23千米，河底宽55～116米，河底高程－0.43米。

（7）老运河，自嘉兴市区北丽桥起，向北经秀洲区王江泾、大坝，西北折至苏浙交界。全长19.0千米，河道底宽50～60米，亦称苏嘉运河。

（8）横路港，南起湖州市吴兴区织里镇，连接鼓楼港，北至太浦河，是一条西南—东北向的骨干河道。全长22千米，平均河面宽61米，平均河底高程为－0.77米。

（9）芦墟塘，南起三店塘三店村，向北经杨河浜穿越红旗塘，再经嘉善下甸庙、陶庄，过陶庄枢纽连接太浦河汾湖段，全长20千米。

三、东排黄浦江的河道

在沪杭铁路以北的嘉北地区主要有俞汇塘、红旗塘、三店塘等经圆泄泾入黄浦江，在沪杭铁路以南以东地区主要由平湖塘、上海塘、广陈塘等经大泖港入黄浦江。

（1）俞汇塘，为浙、沪省界河道，位于浙江嘉善县境和上海市青浦区，起点为汾湖东侧芦墟塘，是嘉北和上海太南片入黄浦江的主要河道。河流东流经大舜、丁栅、俞汇，在浙沪交界的池家浜入上海，下接大蒸塘经圆泄泾入黄浦江。河道全长 22 千米，其中浙江省内 14 千米，河流面宽 40～80 米，河底高程－1 米。

（2）红旗塘，自嘉兴市秀洲区油车港镇的沉石荡起，经嘉善县天凝、洪溪、干窑、西塘、范泾、姚庄至浙沪交界的九曲港进入上海市，止于青浦区唐家草港，下接大蒸塘而后入圆泄泾。河流全长 26.2 千米，其中浙江省境内长 21.1 千米，上海市境内 5.1 千米，河底宽 80～110 米，河底高程 0～－1.0 米。

（3）三店塘，位于嘉兴、嘉善境内，起自嘉兴市城东，与北郊河、东环河交汇，东北段与芦墟塘连通后折向东流，东端与嘉善塘、枫泾塘连接。河道全长 18 千米，河底宽 50～70 米，河底高程－0.7～－1.4 米。

（4）平湖塘，起于嘉兴南湖，止于平湖市城关东湖（原名当湖），由西向东流经东栅、莲花庵、新丰镇、姜村、白马等乡镇。全长 27 千米，河道宽 60～90 米，河底高程－0.68 米左右。平湖塘是“乍嘉苏线”航道的组成部分。

（5）上海塘，上海塘紧接平湖塘，起自平湖市东湖，至浙沪边界的泖口镇，后进入上海市金山区境内，再经胥浦塘、掘石港接大泖港入黄浦江，北东向流经诸仙汇、南桥等乡镇。河道长 21 千米，河宽 83 米，河底高程－1.1 米。上海塘是“杭平申线”航道的组成部分。

（6）广陈塘，起自平湖市东湖洁芳桥，东北流经当湖、种埭、独山港等街（镇），在广陈镇港中村连接盐船河。河道全长 12 千米，河宽 61 米，河底高程－3.82 米。

第六节 黄浦江水系

黄浦之名，始见于南宋，当时系指今闸港迤北的一段吴淞江支流，至清代始称黄浦江。黄浦江水系位于太湖流域最下游，也是流域的主要排水通道。

一、干流

黄浦江上游分三支：北支斜塘，中支圆泄泾，南支大泖港。北支自淀山湖口淀峰起为拦路港，下接泖河、斜塘至三角渡，其间泖河河道有分汊，分称东、西泖河，太浦河注入西泖河，该支主要承泄太湖和江苏淀泖地区来水，太浦河开通后成为黄浦江主要水源；中支上接浙江省红旗塘，下经大蒸塘至圆泄泾，主要承泄浙江嘉兴、嘉善北部来水，北、中两支在三角渡汇合后为横潦泾；南支自浙江平湖市上海塘入上海境，下接胥浦塘、掘石港、大泖港，主要承泄浙江平湖市、上海金山区来水，大泖港汇入横潦泾后向北为竖潦泾；竖潦泾折向东流即称黄浦江。太浦河开通后成为连通太湖与黄浦江的主干，太湖成为黄浦江的主要源头。

黄浦江干流全长89.4千米，西起松江区三角渡，东至宝山区吴淞口。黄浦江干流河道包括横潦泾、竖潦泾、黄浦江（毛竹港口至吴淞口），上段三角渡至闸港（大治河西口）长35.4千米，为东西向，水位3.5米时，河面宽约300米，河底高程为－20.0～－8.0米。下段闸港至吴淞口，长54千米，为南北向，水位3.5米时河宽从320米增加到770米，河底高程为－17.1～－8.2米，入长江河口段较浅。黄浦江在上海市境内集水面积为5176平方千米，占全市面积的81.9%。

二、主要支流

黄浦江两岸有支流50余条，从北岸、西岸流入的主要支流有油墩港、淀浦河、吴淞江（苏州河）、蕰藻浜等，从南岸、东岸流入的主要支流有紫石泾、叶榭塘、金汇港、大治河、川杨河、张家浜等。

（1）油墩港，北起东大盈港入吴淞江处，口门建有东大盈船闸，南至黄浦江上游横潦泾，口门建有油墩港水利枢纽，包括节制闸和船闸各一座，河道全长36.5千米，底宽30米，河底高程－1.0米，其中姚泾至横潦泾长3.4千米，河底宽60～118米，河底高程－1.8～－1.0米。油墩港对青松大控制内低洼地区排涝降渍有重要作用，为Ⅴ级航道。

（2）淀浦河，西起淀山湖，东入黄浦江，横穿青松大控制，流经现青浦、松江、闵行、徐汇区，长46.4千米，河道底宽25～30米，为Ⅵ级航道。距河道起点淀山湖1千米处建有淀西船闸，距黄浦江汇合口以西9.5千米建有淀东枢纽，包括节制闸、船闸各一座。

（3）蕰藻浜，西起嘉定区黄渡镇，东至宝山区吴淞镇，河长34.6千米，是上海北部的重要骨干河道，为Ⅴ级航道。在河道上游与苏州河交汇处建有蕰西枢纽，距黄浦江汇合口以西12.2千米处建有蕰东枢纽，两处均有节制闸与船闸。两枢纽之间距离22.4千米，其河道底宽为30～60米，蕰东枢纽以东为17～40米。

（4）紫石泾—张泾河，紫石泾北起松江区叶榭镇境内黄浦江，口门建有紫石泾水利枢纽，属于黄浦江上游干流防洪工程项目，包括节制闸、船闸各一座，河道南至金山区张堰镇张泾河，河道长16.7千米；张泾河从与紫石泾交汇口起，南至金山区卫城河，河道长11.5千米。自1980年两河贯通后，改善了浦南西片河道引排不畅和金山石化总厂的航运条件。

（5）叶榭塘—龙泉港，位于松江、金山区境内，北起黄浦江，口门建有叶榭塘水利枢纽，属于黄浦江上游干流防洪工程项目，河道南至杭州湾，口门建有龙泉港出海闸，全长27.2千米。北段松江境内盛梓庙以北长7.4千米，称叶榭塘；南段盛梓庙以南金山境内长19.8千米，称龙泉港，河道底宽25～30米，是浦南东片通杭州湾的出海通道。

（6）金汇港，位于奉贤区，北起黄浦江，口门建有金汇港北水利枢纽，包括船闸、节制闸各一座，南至杭州湾，出口建有金汇港南出海闸，共4孔，其中一孔为通航孔。河道全长22.3千米，河道底宽44米，为浦东片南北向的骨干河道，具有北引、南排的排水、调水功能。

(7) 大治河，位于浦东新区境内，西起黄浦江，口门建有大治河西闸水利枢纽，包括船闸和节制闸各一座，东至长江入海口，入海口门建有大治河东闸，共6孔，其中一孔为通航孔。河道全长39.5千米，河底宽64米，是上海地区人工开挖规模最大的河道，也是Ⅴ级航道，对地区引排水和改善水质有重要作用。

(8) 川杨河，位于浦东新区北部，西起黄浦江，口门建有杨思船闸和节制闸各一座，东入长江口，口门建有三甲港节制闸。河道全长28.7千米，河底宽20～30米，是改善浦东新区引排水条件和水环境的重要河道，为Ⅵ级航道。

(9) 张家浜，位于浦东片北部，西起黄浦江，东至长江口，流经浦东新区陆家嘴金融贸易区、金桥出口加工区和张江高科技园区。河道全长25.3千米，河底宽10～40米，河底高程－1.5～－1.0米，河道两端建闸控制，为浦东新区引排水骨干河道，也是上海市首条景观河道。

(10) 浦东运河，北起浦东新区高东镇黄洞港、老界浜，南迄大团镇团芦港与浦南运河相接，是浦东地区自北向南的骨干河道，全长46.8千米。全河河道断面在沿程呈不规则变化，河底宽为6～30米，河底高程为－1.0～0.0米，通航等级为40～100吨级。

(11) 浦南运河，原为浦东运河的一段，1994年改今名，西起奉贤金山两区界河龙泉港，东至浦东新区泐马河，横贯奉贤区，全长42千米，河底高程－0.5～－1.0米，底宽15～30米，是浦东片南部地区西水东送的调水走廊和水运通道，通航等级为60～100吨级。

第七节 江 南 运 河

江南运河自镇江市谏壁枢纽至杭州市三堡船闸，全长318千米，是京杭运河的南段，也是运河历史上最早开挖的河段。

一、运河的形成与开拓

运河的开挖始于春秋，经历代开凿、疏浚，尤其是隋代大规模整治后，形成今江南运河。周敬王二十五年（前495年），吴王夫差开挖了苏州至常州奔牛段，奔牛以西取道孟河（现新孟河）入长江。秦始皇三十五年（前212年）开挖了镇江至常州奔牛和嘉兴至杭州段。西汉建元元年至后元二年（前140—前87年），汉武帝开通了从苏州经平望至嘉兴的苏嘉运河，至此江南运河全线初通。隋炀帝时期，全线拓浚江南运河，其中镇江至丹阳段夹岗河，秦代宽仅数丈，此时拓宽至10余丈，约40米宽。

汉代开苏嘉运河，系在水中挖河，出土堆于两岸，成为堤塘最初的基础。隋代用浚河土方筑堤塘，堤塘已现雏形。唐代完成了从吴江经平望至嘉兴的吴江塘路，将太湖与运河以东湖沼分开，成为太湖的东边界。宋代在吴淞江河口与太湖之间筑长堤，使苏州至嘉兴运河沿岸塘路全线贯通。

为保持通航水深，晋代开始设土石堰、埭，东晋初元帝时（317—322年）在京口设丁卯埭，唐代又在京口、望亭筑堰、埭。因堰、埭不利于引排水，通航不便，船只需由堰面拽拉通过，故废复无常。后又出现了闸和类似于船闸的复闸，有的堰同时设闸。江南运河历史上，曾先后在7处设有堰闸，即镇江的京口堰、常州的吕城堰和奔牛堰、苏州的望亭堰、嘉兴的杉青堰、海宁的长安堰和杭州的靖湖堰。

二、1949年后江南运河的整治

经过大规模整治，至2000年运河达到以下规模：镇江至江苏省界鸭子坝段长212千米，为Ⅳ级航道，通航水深2.5米，河底宽40米，河底高程0.0米，弯曲半径600米，可通航500吨级船舶。在镇江建1000吨级谏壁船闸，整治前江苏段航线从常州、无锡、苏州三市市区通过，整治后主航线均已绕行。江苏鸭子坝经澜溪塘至浙江杭州段，长110千米，亦为Ⅳ级航道，可通航500吨级船舶。

江南运河沿线镇、常、锡、苏、嘉、杭六市河线先后均有变动。江南运河北端进口位于镇江谏壁，谏壁枢纽的节制闸于1959年建成，闸总净宽57米（共15孔，每孔净宽3.8米）；泵站1978年建成，设计抽水流量120立方米每秒，装机6台；船闸1980年建成，规模为1000吨级，闸室净宽20米，长230米，年设计通航能力2100万吨。谏壁目前是江南运河镇江段的主要通江口门。

江南运河镇江市丹徒至丹阳段曾多次拓浚，1959年七里庙至七里桥曾裁弯取直开新河6千米，同时开挖谏壁入江口段建节制闸。1992年又完成丹阳至陵口段重点整治。至此，从入口谏壁至丹阳武进交界河底宽达16～50米。

江南运河常州段由武进九里乡荷园里向东至横林直湖港全长44.7千米。1949—1969年曾两度整治，1993年再度整治，在2004—2007年又进行了南移改建工程。常州市运河南移改建段全长26千米，西起连江桥，途经北港、邹区、西林、牛塘、湖塘、茶山、雕庄、遥观、丁堰等乡镇，向南绕过常州老市区，至梅港横塔东汇入老运河，共穿越常州市钟楼、武进等4个区（市）、10个乡镇（街道）。航道等级Ⅲ级，底宽60米。南移新运河与治太骨干工程湖西引排工程中武宜运河项目共线8千米，同步实施。

江南运河无锡段，西起洛社镇五牧，经城区南流，至新安镇沙墩港，斜贯无锡全境，总长39.1千米。无锡段运河大规模整治分1958—1965年、1976—1983年及1983年后三个阶段。1983年完成了黄墩埠至梁溪河市区改道段工程，自吴桥黄埠墩向南，经锡山东麓，穿锡山、梁溪两座大桥，至梁溪河，长4.0千米。1997年完成了梁溪河至南门下甸桥段，下接原运河，长11.2千米。至2000年绕城段新运河底宽60米，其他老运河段底宽35～90米。运河无锡段年通过量由20世纪70年代的3000万吨提高到1亿多吨。

江南运河苏州段分为三段：苏锡段，自沙墩港向东南至枫桥，长18千米；市河段，自枫桥由西向东入苏州古城区外城河，经盘门，至觅渡桥转南至宝带桥，长14千米；苏嘉段，自宝带桥由北向南至王江泾，长50千米。1959年市河段曾改走横塘镇，循胥江入外城河，1985年改道过横塘，走澹台湖与苏嘉段相接，使市河段绕开苏州古城。江南运河浙江段在20世纪80年代改线，主航道原从平望陆家荡口省界入浙江，改线后从省界鸭子坝入浙江。原河线入浙江后经王江泾、嘉兴城区、石门、崇福到达杭州市余杭区塘栖镇，改线后在浙江境内澜溪塘，过乌镇后，再经湖州市练市、含山、新市，到达杭州市塘栖镇。

江南运河杭州段1968年向杭州市区延伸，1971年建七堡船闸后，运河经上塘河开始与钱塘江间接沟通。运河杭州段1983年以来经过三阶段整治：沟通钱塘江阶段，1983—1988年开艮山门至三堡新航道7千米，建300吨级三堡船闸；打通瓶颈阶段，1989—1992年改善塘栖弯道，1990—1994年改造义桥至艮山门段，1993—1996年建550吨货运量三堡二线船闸；全线整治阶段，1994—2000年，进行塘栖邵家村至北新桥改造、塘栖市河改线、塘栖至博陆段杭申线护岸完善。

苏浙两省运河改造，大部分按Ⅲ级航道标准实施。

三、与各水系的沟通

江南运河沿程与通长江、进出太湖和南排杭州湾的诸多河道交汇。在北段镇江至苏州间，北岸自西向东依次有九曲河、新孟河、德胜港、澡港河、新沟河、锡澄运河等通长江河道，望虞河原与运河相通，建望亭水利枢纽后，与运河立交，但在立交西侧北岸有蠡河沟通望虞河与运河。南岸在丹阳与常州间有香草河、丹金溧漕河、扁担河、武宜运河等与洮滆水系相通；在常州与苏州之间，有武进港、直湖港、梁溪河、曹王泾、大溪港、浒光运河和胥江等通向太湖。中段苏州到平望，东岸有吴淞江通黄浦江，西岸有瓜泾港、大浦港等出入湖溇港与东太湖连通，太浦河在平望与运河交汇。运河南段经平望、乌镇至杭州，东岸北有古运河、麻溪、新农港等与嘉北河网相通，南有长山河、盐官下河等向杭州湾排水的通道；西岸有双林塘、练市塘等接苕溪东泄之水。江南运河与沿程交汇河道均有水量交换作用，除航运以外，兼有排洪、引水功能。

第三章 水 利 分 区

根据流域地形地貌特征、水系分布以及流域规划和治理需要，同时适当考虑地区治理和行政区划，经太湖局和省（市）水利（务）部门共同研究协商，太湖流域划分为8个水利分区，其中太湖上游来水区2个，即湖西区和浙西区；太湖以东的平原区5个，即武澄锡虞区、阳澄淀泖区、杭嘉湖区以及浦东区和浦西区；太湖以及周围零星山丘和湖中岛屿自成一区。太湖流域水利分区基本情况见表1-3-1。

表1-3-1 太湖流域水利分区基本情况表

水利分区		省级	面积/km²	占流域比例/%
上游区	合计		16672	45.2
	湖西区	小计	7549	20.5
		江苏省	7481	20.3
		安徽省	68	0.2
	浙西区	小计	5931	16.0
		浙江省	5774	15.6
		安徽省	157	0.4
	太湖区	小计	3192	8.7
		江苏省	3187	8.7
		浙江省	5	
下游区	合计		20223	54.8
	武澄锡虞区	小计	3928	10.7
		江苏省	3928	10.7
	阳澄淀泖区	小计	4393	11.9
		江苏省	4234	11.5
		上海市	159	0.4
	杭嘉湖区	小计	7436	20.1
		江苏省	564	1.5
		浙江省	6321	17.1
		上海市	551	1.5
	浦东区	上海市	2301	6.2
	浦西区	上海市	2165	5.9
流域总计			36895	100

第一节 湖 西 区

湖西区位于流域的西北部，东与武澄锡虞区和太湖区相接，南以苏、浙两省分界线及宜溧山地（界岭）分水线为界，西以茅山与秦淮河流域接壤，北界长江。历次水利规划中，湖西区东侧边界有所调整。1985 年编制的《太湖流域综合治理总体规划方案》中，湖西区东以锡澄运河为分界线，将现武澄锡虞区的武澄锡低片包括在内。1998—2005 年新一轮《太湖流域防洪规划》中，湖西区东自德胜河与藻港分水线南下至新闸，向南穿过京杭运河后沿南童子河东岸接大通河、采菱港、礼嘉大河，再向东南至潘家雪堰、沿雅浦港西岸直至太湖，沿太湖湖岸向南至苏、浙两省分界线。2002 年《太湖流域水资源综合规划》编制采用的湖西区分界线东自新沟闸沿常澄公路至龙虎塘，向北沿藻港西侧至圩塘闸，越藻港向西接藻港与德胜河分水线，南下至新闸过江南运河，沿武宜运河东岸经太滆运河北岸至太湖西岸，再沿太湖岸线南向至苏、浙两省省界。2013 年批复通过的《太湖流域综合规划》与《太湖流域水资源综合规划》中湖西区东侧界线相同。

湖西区行政区划大部分属江苏省，上游约 0.9%的面积属安徽省。该区地形复杂，高低交错，山圩相连。地势西北高、东南低，周边高、腹部低，腹部洼地中又有高地，逐步向太湖倾斜。区内又分成运河平原片（运河片）、洮滆平原片（洮滆片）、茅山山区、宜溧山区四片。运河片西起边界分水岭，东到德胜河，地势较高，地面高程一般为 6～7 米。洮滆片为平原低地，分布在洮湖、滆湖周围，地面高程为 3.5～5 米，圩区面积集中，占全区的 86%。

湖西区有沙河、横山、大溪等大型水库，又有洮湖、滆湖等众多湖泊，水面面积在各水利分区中居第三位。该区位于太湖上游，是太湖洪水的来源地，区域排水以入太湖为主，入长江为辅，部分洪水经运河东泄。腹部西、南两面受山洪威胁，北面有运河高片阻挡，太湖高水位时，东向排水受到顶托；运河以北排水受长江高水（潮）位影响。

第二节 浙 西 区

浙西区位于流域的西南部，东侧以东导流、湖州城区环城河及长兜港东堤线为界；西面与安徽省接壤；南面与浙江省淳安、桐庐、富阳三县相邻，均以流域界为限；北与湖西区、太湖区相接。浙西区行政区划大部分属浙江省，上游约 2.6%的面积属安徽省。

浙西区东、西苕溪流域上、中游是山丘区，山峰海拔一般在 500 米以上，其中龙王山主峰高程 1587 米，为流域最高峰；下游为长兴平原，地面高程一般在 6 米以下，面积占全区的 22.3%。浙西区又分成长兴、东苕溪及西苕溪三片。

东、西苕溪上游是太湖洪水的来源地，建有青山、对河口、赋石、老石坎、合溪 5 座大型水库，东苕溪中游还建有南湖、北湖两处蓄滞洪区。该区洪水主要排向太湖，经苕溪尾闾和长兴平原入湖河道入湖，少量洪水经东导流东堤诸口门排向杭嘉湖平原。在太湖高水位时入湖河道排水易受到顶托。

第三节 太 湖 区

太湖区位于流域的中心，以太湖和沿湖山丘为一独立分区。太湖区周边与其他水利分区相邻。中华人民共和国成立之初，为统一清剿湖匪，太湖湖面在行政上均划归江苏省管辖。2001 年 6 月根据《江苏省人民政府与浙江省人民政府联合勘定的行政区域界限协议》，从苏浙两省交界的洑子岭起到浙江省湖溇止，浙江段环湖大堤迎水坡坡脚向湖内延伸 70 米，划归浙江省管理，同时浙江省享有从洑子岭往大雷山北侧、小雷山北侧至湖溇所构成水域开发利用的权益，并承担相应责任。太湖区行政区划现分属江苏省和浙江省。

太湖陆岸线 393.8 千米（不计岛屿岸线），其中江苏 334.4 千米，浙江 59.4 千米（表 1-3-2）。

表 1-3-2　　环太湖岸线和口门基本情况

地　区	江苏	浙江	合计	地　区	江苏	浙江	合计
陆岸线/km	334.4	59.4	393.8	敞开口门/处	25	19	44
大堤/km	217	65	282	控制口门/处	146	40	186
口门/处	171	59	230				

江苏省在 1977—1985 年已基本建成环湖大堤，其中山丘部分（自北岸东山半岛开始，有间断的山丘分布，直至太湖西岸苏浙交界的洑子岭）长 117.4 千米未建大堤。浙江省 1991 年前没有堤防，为平原岗地，高程 5.0～5.5 米，在一期治太工程中除两省交界处洑子岭山嘴岸线外，全线建成了环湖大堤。

太湖区面积为 3192 平方千米，其中水面面积为 2338 平方千米，岛屿为 89 平方千米，沿岸山丘区为 765 平方千米。太湖湖底平均高程 1.0 米，非汛期水深基本不超过 2.0 米，设计洪水水位 4.66 米时平均水深 3.65 米。湖中岛屿 51 处，洞庭西山为最大岛屿，其最高峰海拔 338.5 米。湖西北侧和北侧有较多零星小山丘。

太湖上游洪水来自浙西、湖西山丘区和洮滆湖平原区，不同洪水年份因降雨分布不同，各自洪水量所占比例也有所变化，但大多数年份以浙西来水居多。在望虞河和太浦河开通后，太湖洪水初步形成了北排长江和东排黄浦江的格局。东太湖是太湖区水流经常保持流动的区域，非汛期各口门中除太浦闸外一般敞开，高水位时关闭挡水，遇超标准洪水时部分口门开闸泄洪。

第四节　武澄锡虞区

武澄锡虞区位于流域的北部，行政区划属江苏省。其西与湖西区接壤，南与太湖区毗邻，东以望虞河东岸为界，北滨长江。该区为平原区，地势周边高，腹部低，平原河网纵横。区内以白屈港为界分为高、低两片：白屈港以西地势低洼呈盆地状，为武澄锡低片；白屈港以东地势高亢，局部地区有小山分布，为澄锡虞高片。平原地区地面高程一般在5～7米，低洼圩区主要分布在武澄锡低片，地面高程一般在4～5米，南端无锡市区及附近一带地面高程最低，仅2.8～3.5米。锡澄运河、西横河和江南运河之间的三角形地带是圩区集中分布的区域。

武澄锡虞区平原低地是产业集中区，江南运河自西北向东南贯穿而过，湖西山丘区洪水易由运河东侵。该区没有大型湖泊，河网水面率仅为6%，调蓄能力低，其主要排水出路为北排长江和东排望虞河，在长江高水位时会受到顶托，向南只有在太湖低水位时才可排水且受水环境调度制约，防洪排涝压力较大。

第五节　阳澄淀泖区

阳澄淀泖区位于流域的东部，西接武澄锡虞区，北临长江，东自苏、沪省界，沿淀山湖东岸经淀峰，再沿拦路港、泖河东岸至太浦河，南以太浦河北岸为界。阳澄淀泖区行政区划大部分属江苏省，小部分属上海市。

阳澄淀泖区内河道湖荡密布；水面面积706.6平方千米，略低于杭嘉湖区；水面率达16%，除太湖区外居各水利分区之首。水面面积在10平方千米以上的湖泊6个，10平方千米以下的小型湖泊64个，湖泊总面积在各水利分区中仅次于太湖区。该区以沪宁铁路为界分为北、南两片，北片以阳澄湖得名称阳澄片，南片以淀泖湖群得名称淀泖片，两片之间有青阳港相通。其中，阳澄片水面面积为377.2平方千米，水面率为14.7%；淀泖片水面面积为329.4平方千米，水面率为18.1%。

阳澄淀泖区为平原区，东北部沿江为平原高片，地面高程约6～8米；腹部地面高程较低，为4～5米，东南部低洼处仅为2.8～3.5米。该区圩区集中，圩区面积仅次于杭嘉湖区，在各水利分区中居第二位，是全流域实行联圩并圩、大规模圩区建设最早的地区。

阳澄淀泖区上游武澄锡虞区来水经运河进入其腹地；太湖来水受环湖口门控制；北部沿江口门建闸控制，在外江低潮时向长江排水；南片除可通过吴淞江、蕰藻浜向东排水外，主要排水方向为东南向，入淀山湖经拦路港进黄浦江。

第六节 杭 嘉 湖 区

杭嘉湖区位于流域的南部，北与阳澄淀泖区和太湖区相邻，以太湖南岸大堤和太浦河为界，东自斜塘、横潦泾至大泖港，西部与浙西区接壤，南滨杭州湾和钱塘江。杭嘉湖区行政区划大部分属浙江省，小部分属江苏省和上海市。

杭嘉湖区内虽无大型湖泊，但小型湖泊众多，水面率为11.4%。平原湖泊和河网水面面积共计850.4平方千米，除太湖区外居各分区之首。该区湖泊分布北密南疏，太浦河以南属江苏吴江的三角形地区，湖泊最为集中，面积在4平方千米以上的湖泊，如北麻漾、汾湖、长漾等均位于此地区，其中北麻漾为大型湖泊，面积达10.7平方千米。

杭嘉湖区地形西南高东北低，杭州湾沿岸地面高程为5～7米，腹部为3.5～4.5米，东部一般为3.2米，邻近淀泖片和黄浦江上游尤为低洼，低于3.0米以下。该区圩区面积4710.2平方千米，居各水利分区之首。

历史上杭嘉湖区的主要排水方向为北排和东排，出杭州湾的河道开通后，南排成为最有效的排水通道。杭嘉湖区以江南运河和沪杭铁路分隔成三片半开放式分区，即运西片、嘉北片和路南片：①运西片，位于江南运河以西，北部有頔塘贯穿东西，頔塘以南以东西向河道为主，排水出路为太浦河。頔塘以北大部分为沿太湖的河道溇港，排水方向为太湖。②嘉北片，位于江南运河以东，沪杭铁路以北，排水出路北向太浦河，东向红旗塘、圆泄泾、大泖港入黄浦江。③路南片，位于江南运河以东，沪杭铁路以南，排水出路主要为海盐塘、长山河、盐官下河、盐官上河等南排骨干河道，经杭州湾入海，部分向北经大泖港入黄浦江。

第七节 浦 西 区

浦西区位于流域的东部，东界为黄浦江北段，北起吴淞口，沿黄浦江左岸向西与阳澄淀泖区和杭嘉湖区为邻，北以长江江堤为界。浦西区行政区划属上海市。

浦西区内重要的东西向河道为苏州河和蕰藻浜。苏州河西端接吴淞江，从青浦区赵屯镇流入上海市区，向东穿过老市区中部；蕰藻浜连通苏州河和黄浦江，流经嘉定、宝山两区。苏州河和蕰藻浜分别在黄浦区黄浦公园北面和宝山区吴淞镇南面入黄浦江。

浦西区同时受太湖来水以及黄浦江、长江潮位影响，以黄浦江、长江潮位影响为主，防潮任务重于防洪，区内涝水可趁低潮抢排或利用泵站强排。

1977年上海市水利建设进入了统一规划、全面开展时期，从20世纪60年代的水网区建设逐步向大控制片转化；1986 年进一步修订和完善原有的水利分片，形成了 14 个水利综合治理分片。浦西区含有 5 个水利分片，分别是嘉宝北片（698.8 平方千米）、蕰南片（173.4 平方千米）、淀北片（179.3 平方千米）、淀南片（186.8 平方千米）和青松大控制片（758.2 平方千米）。其中青松大控制片沿黄浦江、斜塘、拦路港、淀山湖及苏州河均建闸控制，片内东西向河道有淀浦河，南北向河道有西、东大盈港和油墩港、通波塘等。淀浦河底宽达到 25 米，油墩港底宽达到 30 米。

第八节 浦 东 区

浦东区位于流域的东部，东北临长江口，南滨杭州湾，西与浦西区和杭嘉湖区为邻。浦东区行政区划属上海市。

浦东区内东西向河道川杨河、大治河和张家浜沟通黄浦江和东海，南北向河道金汇港和龙泉港等沟通黄浦江与杭州湾，口门均建闸控制。区内部河道还有南北向的浦东运河和东西向的浦南运河等。

浦东区有防洪、防潮和除涝任务，沿江、沿海分别建有防汛墙、海塘、水闸和泵站，区内涝水和过境洪水可趁低潮抢排或利用泵站强排，威胁最大的是沿海风暴潮。

浦东区含有 2 个水利分片，分别是浦东片（1976.6 平方千米）、浦南东片（479.0 平方千米）。自 1990 年浦东开放以来，浦东区发展迅速，现已形成陆家嘴金融贸易区、金桥出口加工区、张江高科技园区和外高桥保税区等开发区。

第二篇

自然环境

太湖流域位于长江下游尾闾与钱塘江和杭州湾之间，西以天目山、茅山为界，东临东海，北抵长江，南临钱塘江和杭州湾，流域地势西部高、东部低，周边略高、中间略低，呈碟形。山丘区面积约占流域面积的20%，平原区面积约占流域面积的80%。大部分地区被巨厚的第四纪松散层覆盖，基岩出露面积很少，但地层齐全。

太湖流域具有明显的亚热带季风气候特征，四季分明，光照充足，雨水丰沛。每年6—10月是梅雨和热带风暴影响时期，暴雨和风暴潮往往造成洪涝灾害。

太湖流域丘陵山区地带性土壤分为黄棕壤和红壤，平原区土壤呈非地带性分布。平原区以种植植被为主，山丘区多为次生植被，植被类型随气温和雨量递增从北向南逐渐多样化。

太湖流域雨水丰沛，地下水资源丰富，但人均水资源量远低于全国平均值。长江提供了充沛的过境水资源可供利用。流域内水力资源较为匮乏；非金属矿储量较为可观；沿江沿海拥有较为丰富的滩涂资源，围垦开发历史悠久；旅游资源丰富。

第一章　地形地貌与地质

第一节　地　形　地　貌

一、概述

太湖流域位于长江下游尾间与钱塘江和杭州湾之间，西以天目山、茅山为界，东临东海，北抵长江，南临钱塘江和杭州湾。地理坐标为东经 119°8′～121°55′、北纬 30°5′～32°8′，流域面积 36895 平方千米。

太湖流域地势西部高、东部低，周边略高、中间略低，呈碟形。地貌类型包括山地、丘陵和平原；流域西部为山丘区，属天目山及茅山山区；中间为平原河网和以太湖为中心的洼地及湖泊；北、东、南三边受长江和杭州湾泥沙堆积影响，地势高亢，形成碟边。山丘区约占流域面积的 20%，山区高程一般为 200～500 米，丘陵高程一般为 12～32 米；中东部广大平原区面积 29557 平方千米，约占流域面积的 80%，其分为中部平原区、沿江滨海高亢平原区和太湖湖区，中部平原区高程一般在 5 米以下，沿江滨海高亢平原地面高程为 5.0～12.0 米，太湖湖底平均高程 1.0 米左右。

太湖流域基本以丹阳—溧阳—宜兴—湖州—杭州一线为界划分平原与山地丘陵。

太湖流域西部山地、东部平原的地貌基本轮廓于燕山运动时期已经奠定。自第三纪以来，流域内山地主要处于抬升与侵蚀过程中。天目山位于强烈上升地区，形成流域最高山地。由于不等量上升的结果，越向北山体高度越低，范围越窄。太湖平原则以下沉为主，从上覆疏松沉积物可知，沉积物自西向东、由南向北逐渐加厚，即第三纪以来，越向北东，地面下沉量越大。太湖平原在第四纪晚更新世末期就已成陆地，其后逐渐沿着三江—湖泊—水网化方向不断发展。在福山—太仓—七宝—奉贤一线形成古海岸线和滨海平原，在外侧逐步形成现今的三角洲平原。内侧以太湖为中心的区域，地势低洼，排水不畅，湖荡众多，河网密布，形成大面积的湖荡平原和水网平原。西部山丘前缘则形成地势较高的高亢平原与山前平原。

二、山丘区

太湖流域山丘区面积 7338 平方千米，可分为湖西山丘区、浙西山丘区以及平原零星山丘。湖西山丘区和浙西山丘区分别位于流域西部边界的江苏省、浙江省境内和安徽省。湖西山丘区面积为 2505 平方千米，浙西山丘区（含杭嘉湖区部分山丘区）面积为 4068 平方千米；太湖北部沿岸山丘区面积 645 平方千米，其余 120 平方千米零星分布于平原河网腹地。

自北向南，湖西山丘区包括江苏的镇宁山地余脉、茅山山地和宜溧山地北段，浙西山丘区则自宜溧山地南段和浙、皖交界的泗安、广德丘陵到天目山山地。由于地质断裂构造的影响，西部山丘区与东部平原区的地形过渡界线明显。

山丘区地貌可分为中山、低山、丘陵与孤丘、黄土岗地、红土岗地、河谷平原与冲谷六类。

（1）中山山丘区分布在天目山主峰周围，主峰龙王山海拔1587米，也是流域最高峰；主峰附近海拔均超过1000米，山势高峻，坡度较大，侵蚀强烈，河谷深切，植被茂密，是太湖流域著名的自然保护区。天目山山地丘陵是苕溪水系东、西苕溪的发源地，西苕溪上游建有赋石和老石坎两座大型水库，东苕溪干支流上建有青山和对河口两座大型水库。

（2）低山山丘区主要分布在天目山地主峰外围的莫干山、天竺山以及宜溧山地、茅山山地和镇宁山地，山体海拔大多在400～700米。宜溧山地位于苏、浙、皖三省交界处，分布在西氿以南，山体浑厚，山坡略陡。最高峰黄塔顶海拔611米，主峰延脉可分三支：一支向东延伸至太湖边；一支延伸至铜官山；另一支延伸至烟山。宜溧山地北段，是南河南岸支流的发源地，周成河、厔溪河等发源于其北坡，流入南河，上游建有大溪、沙河、横山3座大型水库；宜溧山地南段和泗安、广德丘陵是泗安溪、合溪、夹浦等入太湖河流的发源地，合溪长兴县境内建有合溪大型水库。茅山山脉呈南北走向，山体单薄，山坡平缓，山峰海拔200～400米，最高峰丫髻山410.6米。茅山山脉既是秦淮河水系与太湖水系的分水岭，也是南河北岸支流的发源地，上沛河、上兴河、竹箦河发源于其东麓，向东南流入南河。镇宁山脉呈稍向北突出的东西向分布，且略呈弧形，也是秦淮河水系与太湖水系的分水岭。镇江以西山体宽大，高度可达300米以上，九华山最高达433.4米；镇江以东山体矮小并逐渐倾伏，止于嘉山—孟河一带。

（3）丘陵与孤丘主要分布于山地外围，散布在苏锡常平原、杭嘉湖平原环太湖带及平原腹地。大部分海拔为100～300米，如苏州濒临太湖的东山（293.6米）、常熟虞山（260米）、无锡滨湖的马迹山（263米）、无锡城区西部的锡山（74.3米）和惠山（328.98米）。平原滨湖的孤丘与湖水相映，改变了平原上的平淡与单调，加上诸多历史遗迹，滨湖山丘区成为我国著名的旅游风景区。

（4）黄土岗地，岗地一般分布于河谷上游，范围不大，地势相对平坦，但高度不一，主要分布在茅山东侧与镇宁山地南侧，地表为黏性黄土。其岗冲相间，由岗顶、岗坡、冲谷三部分组成，地面高程大多在20～40米，相对高程在10～30米不等。

（5）红土岗地，仅零星分布于天目山地、宜溧山地外围山麓地带。地表由红色黏土或沙砾土构成，高程20～50米，相对高程一般在10～30米。

（6）河谷平原与冲谷，指山丘地区的平地，在山丘较为宽阔的平地为河谷平原，而山丘岗地间狭窄弯曲的倾斜平地即为冲谷。

三、平原区

太湖流域平原的发育与流域海岸线的变迁相应，六七千年前长江口位于镇江、扬州一带，长江南岸沙嘴淤涨，由镇江圌山伸展至江阴、太仓一带，将太湖流域平原北部分散的岛山联系起来，形成向太湖低洼地倾斜的高爽平原地貌。太湖流域平原东部，由长江所带泥沙及海岸带泥沙不断淤积，逐步形成了太仓—嘉定—松江—枫泾等数条岗身地带。同时，位于钱塘江北岸的沙嘴不断向北淤积，与长江南岸沙嘴相汇合，形成了自杭州湾至太湖平原东部的上海地区的滨海平原，就此形成了四周高中间低的平原格局。当海平面相对上升时，平原河流向外海排水受阻，不断在平原上泛滥，积水于低洼地区，使低洼地区成为湖沼密布的水网平原。

平原区面积 29557 平方千米，占流域总面积的 80%，以高程 5 米为界，可划分为高平原和低平原；高程 5 米以上的高平原分布在长江沿岸和钱塘江沿岸，高程 5 米以下的低平原分布在太湖周边、黄浦江两岸和江南运河两岸，以及洮滆、锡澄腹部、阳澄淀泖腹部、浦东、浦西、杭嘉湖和浙西等区域。

从地形地貌来看，又可细分为以下几种类型。

（一）沿江滨海高平原

沿江高平原西起镇江，东至常熟，东西长约 135 千米，南北宽 30～50 千米，西端较高，地面高程在 6.0 米以上；东端较低，地面高程 5.0 米左右。滨海高平原西起杭州，东达乍浦，形状狭长，高地约长 100 千米，但不连续，西端较高，地面高程 6.0～7.0 米；东端较低，地面高程为 5.0 米。沿江高平原系由长江泥沙沉积形成，滨海高平原则由长江南岸沙嘴和杭州湾泥沙沉积形成，前者的平原面积远大于后者。

（二）滨海平原

滨海平原分布于上海东缘沿海，走向与海岸线基本一致，自西北向东南呈外凸弧形伸展。可分为古、老、早、中、新五种地貌类型，西北起今嘉定，经浦东新区、奉贤，向西南抵金山，总面积 3300 平方千米。滨海平原主要由长江挟带的泥沙冲刷而成，沉积主要由粉砂、粉质黏土组成。

（三）湖荡平原

此区域古时湖荡众多，水面宽广，经历代围垦治理，湖荡逐渐衰减，形成了广大的低洼平原。

此类平原范围最广，分布于湖荡周围和湖荡集中地区，如阳澄淀泖湖群、洮滆湖群等湖荡周围的平原以及湖荡比较集中的杭嘉湖平原。湖荡平原地面表层土质以湖泊淤泥质为主，质地黏重。

阳澄淀泖平原位于太湖以东苏州市境内，南起吴江，北至常熟。区域内湖泊众多，水面率达 16%，面积大于 10 平方千米湖泊有 6 个，以阳澄湖面积最大。阳澄淀泖区内以沪宁铁路为界，北为阳澄片，南为淀泖片，面积分别为 2572 平方千米和 1742 平方千米。地面东北部沿江稍高，高程一般为 6～8 米，腹部为 4～5 米，东南部低洼处为

2.8～3.5 米。

洮滆平原位于湖西区，包括丹阳东南部、金坛大部、武进西部及溧阳、宜兴北部，内有洮湖和滆湖两大湖。平原区分布在洮湖和滆湖周围，面积 3856 平方千米，地面高程 3.5～5.0 米，平面形状呈“凹”字形，洮湖、滆湖之间有小片高地。

杭嘉湖平原面积为 7436 平方千米，位于太湖南岸岸线和太浦河一线以南、东苕溪以东，东面与上海金山接界，水面率 11.4%，地面高程 2.5～5.0 米之间，分属浙江省杭州、嘉兴、湖州和江苏省苏州四市。杭嘉湖平原历史上湖泊众多，清雍正《浙江通志》列名的湖泊有 59 个；《太湖》（中国科学院南京地理与湖泊研究所编，1993 年）则记载，杭嘉湖平原 0.5 平方千米以上的湖泊 91 个，且多于同书所载阳澄淀泖湖群的湖泊个数。后因自然淤积或围垦而数量锐减，如杭州的临平湖已成一片平畴；再如碧浪湖，开东苕溪导流工程穿过该湖，除部分变为河道外，其余被围垦。现杭嘉湖平原浙江省部分尚存 1 平方千米以上的湖泊 19 个，江苏吴江市浦南地区尚有 0.67 平方千米以上的湖泊 26 个（《苏州水利志》，1997 年），其中北麻漾最大，面积 10.7 平方千米。

（四）河网平原

河网平原地势平坦，河网密布，如锡澄平原和浙西平原。锡澄平原位于无锡市北部，西南接洮滆平原，北依沿江高亢平原，东与阳澄平原相邻，南抵太湖沿岸山地，形成以锡澄运河为主轴的平原区域。区域面积 810 平方千米，高程 3.0～5.0 米。低洼地区主要分布在锡澄运河、直湖港和北塘河、三山港以及采菱港地区，平原南端无锡市区北部及附近一带地面高程最低，仅 2.8～3.5 米。

浙西平原位于太湖以南、浙西山区以北，属湖州市长兴和菱湖地区，地面高程 3.0～4.0 米。长兴地区包括长泗平原、城东城南平原，最低处高程在 2 米以下；区内河道密布，水面率达 14%；原有 44 条溇港入太湖，后受淤积影响大多萎缩，经整治现主要有上周港、金村港、夹浦港、双港、沉渎港、合溪新港、长兴港、杨家浦港和南横港等 9 条河道入太湖。河网平原地面表层主要由河流相或河湖相物质组成。

第二节　地　质

一、基岩地质

太湖流域大部分地区被巨厚的第四纪松散层覆盖，基岩出露面积很少，但地层齐全，最老地层为前震旦系，最新地层为第三系上新统。其中，中元古界前震旦系以套片岩为主的变质岩系，分布在上海金山以南的第四系之下；上元古界震旦系下统为泥岩、粉砂岩夹火山岩，分布于浙江德清以北，震旦系上统为千板岩夹细碎屑岩，分布于江苏太仓、浙江德清等地；古生界从寒武系至二叠系以海相碳酸盐岩为主，流域内太湖周围均有分布；中生界三叠系下统以石灰岩为主，中统为白云灰岩；侏罗系中、下统以夹煤层的砂页岩为主，上统下部为暗紫色碎屑岩，中上部则为火山岩；白垩系以红色相碎屑岩为主。流域内新生界地层发育齐全、分布广泛，厚者达数公里，埋藏于第四系之下。

二、第四纪地质

流域内第四纪主要为黏砂交替叠加、变化规律明显的松散沉积，沉积物空间变化复杂。

（一）沉积物厚度变化特征

流域内第四纪沉积物厚度主要受基底构造形态和古地貌地态所控制，西部为茅山、宜溧山地和莫干山隆起区，中部为环太湖带隆起区。在隆起区前缘地带，第四纪沉积厚度一般50～70米，向东部及北部地区延伸则逐渐增厚至300～350米。

（二）沉积物岩性特征

第四纪沉积物岩性在平面上、垂向上分布均有较大变化。在北部长江三角洲沉积区，沉积物以粗颗粒为主，有较厚黏质粉土、粉细砂、含砾中粗砂，仅地表及中下部间夹有粉质黏土、黏土层。中南部太湖平原沉积区内，沉积物以细颗粒的粉质黏土、黏土为主，间夹多层粉细砂、含砾中粗砂，具有上细、下粗、多旋回的沉积韵律特征。

（三）河流冲积层

河流冲积层是流域主要的成因类型，其地基结构及岩性特征、厚度变化受古河道演变和展布方向控制，具有明显的纵向和横向分布规律，物源主要来自长江、古钱塘江等西部和南部山区。从横向来看，由古河道中心的河床相砂砾、砂层过渡到两侧的河漫滩相砂、黏性土层；纵向来看，从上游至下游逐渐由砂砾石—中粗砂—细砂层演变；按时代由老及新，粒度也由粗及细，中、下更新统以砂砾石、含砾砂为主，上更新统、全新统则变为以细砂、粉细为主，成因类型则由河流相而至平原三角洲相。下、中更新世古河道内的河流冲积层构成本区主要含水层。

（四）海侵

流域第四纪以来发生多次海侵，海侵规模一次比一次大，海侵层的分布一层比一层广泛。全新世中期海侵覆盖全区，直达山麓，并上溯至河谷地带，沉积了渗透性能极弱的淤泥质黏性土层。海水的入侵改变了境内早、中更新世以来单一的陆相沉积环境，同时对地下水的化学成分产生重大影响。

三、水文地质

（一）水文地质分区

依据流域地貌、构造，可分为以下6区：

（1）长江三角洲西南平原区。包括宜溧山地河流两侧的圩区、山间谷地及山麓地带。地下水以第四系松散岩类孔隙水为主，属于潜水，地层复杂，水量因地而异。包气带岩性以亚黏土为主，在圩区和山谷有砂层含水层，但水量小。山麓丘岗，土质黏重，水量极贫乏。

(2) 苏南平原区。包括苏州、无锡、常州和镇江四个城市的平原区。区内包气带岩性以亚黏土为主，土层透水性差，含水层水量因地而异，沿江地区水量丰富，太湖湖东苏州地区浅层松散层中有砂层，但埋藏浅富水性差，且易受污染。

(3) 杭嘉湖平原区。包括嘉兴全市及湖州、杭州部分县（市）的平原区。承压水及表层潜水为主要地下水类型，水量贫乏，水质较差，极易污染。承压水分上、中、下更新统冲积物确定的第Ⅰ、Ⅱ、Ⅲ类含水层组，该区三组俱全，且富水性强。

(4) 上海平原区。区内地下水赋存于松散岩类孔隙介质中，普遍分布有全新世河口—滨海相沉积物，潜水含水层富水性差。该区地下含水层不是完整独立的含水系统，而是分属于太湖流域和长江流域两个流域。

(5) 苏南西南山丘区。区内地下水主要为基岩裂隙水，赋存于基岩构造破碎带、风化裂隙带或碎屑岩裂隙中。

(6) 苕溪山区。包括杭州、湖州市西部部分县（市），主要地下水类型为层状岩类裂隙水，赋存于元古界至中生界碎屑沉积岩裂隙中。

（二）地下水类型

太湖流域地下水可分为第四系松散岩类孔隙水、基岩裂隙水和碳酸盐岩裂隙岩溶水三种类型，其中松散岩类孔隙水主要分布在流域中部和东部平原区，基岩裂隙水和碳酸盐类岩溶水主要分布在西部山丘区。松散岩类孔隙水分布最广、最为重要，下面按照地理分区作具体介绍。

1. 沿江滨海河口平原孔隙潜水（潜水）

潜水含水层除基岩裸露区缺失外，广泛分布于江苏省镇江市、苏锡常平原、浙江省杭嘉湖平原以及上海市的浅部细颗粒地层中，总面积约25806平方千米。含水层分为冲湖相、湖沼相黏性土、灰黄色粉质黏土和冲海相粉土、粉细砂两类。冲湖相含水层主要分布于除沿海地带外流域腹地平原地区，曾是城乡生活用水水源，因其水量贫乏，水质较差且极易污染，随着供水设施日趋完善，城镇浅井渐已废弃；冲海相含水层主要分布于流域沿江地带。

2. 沿海平原孔隙承压水（承压水）

分布于长江流域下游三角洲平原。含水层（组）由各地质历史时期的冲积砂砾石、砂组成，并呈带状“古河道”分布。长江以南地区存在三条地下水富集地带：第一条从今扬中，经常州，绕江阴，沿沙洲、太仓进入上海宝山、南汇；第二条自常州分叉，沿无锡、苏州北、昆山南进入上海市区；第三条由浙江省余杭至嘉兴，往东进入上海市金山、南汇。

流域内含水层组具有多层结构，上部为海相淤泥质黏性土覆盖，含水层（组）间由较稳定的相对隔水的黏性土相隔离。按其地层时代、水文特征及水质差异等特点，统一划分为三个含水岩组，即将上、中、下更新统冲积物，分别确定为Ⅰ、Ⅱ、Ⅲ类含水组，各含水组常由2～3个含水层构成。其中，江苏省控制第Ⅰ承压水水位埋深15米，第Ⅱ承压水水位埋深20米，第Ⅲ承压水水位埋深30米；浙江省控制第Ⅱ承压水水位埋深37米，第Ⅲ承压水水位埋深40米；上海市控制第Ⅱ、Ⅲ承压含水层最大地下水位分别不低于－3米、－5米。各含水组富水性在地域上有较大差异。

第Ⅰ承压含水层组：为晚更新世时期滨海积相沉积物堆积形成，含水层由1～3个粉土、粉砂、粉细砂层组成，除部分地区基岩凸起处缺失外全区广泛分布，且发育良好。在江苏，该层开发利用主要集中于张家港、常州、太仓地区；在上海，该层是透水性和富水性最好的含水层之一。在杭嘉湖地区，其富水性为中等—丰富，也是淡水资源的来源之一。

第Ⅱ承压含水层组：由中更新世时期长江的一支古河道流经区内堆积形成。含水层岩性由粉细砂、中细砂、含砾中粗砂组成。在锡西地段，古河道由常州北部向南进入常州市区，然后转向东流至无锡，在锡西洛社一带分为两支，一支沿运河流向苏州、上海方向；另一支则转北经江阴南部流向常熟。在浙北地段，古河道由苕溪所在的湖州市南部向北穿越整个湖州市，最后汇入古长江水系。该含水层为苏锡常地区、杭嘉湖地区的主要开采层，因长期超量开采，形成了几乎覆盖全区的水位降落漏斗，出现了地面沉降和水质恶化等地质环境问题。

第Ⅲ承压含水层组：由属早更新世时期古长江流经区内沉积砂层组成。流域内除无锡中部地区基本缺失外均有分布发育。含水层由2～4个粉细砂、中细砂层组成。该含水层是上海地区开采量最大的含水层，由于大量超采，已形成大面积的降落漏斗。

此外，在苏锡常平原地区、杭嘉湖地区环太湖带及平原腹地带分布有低山残丘，出露标高在100～250米，组成的地层以泥盆系砂岩为主，零星分布有石炭系、二叠系、三叠系灰岩，发育着基岩构造裂隙水及局部岩溶裂隙水。同时，在平原地区还分布有多处隐伏灰岩岩溶块段，蕴藏着较为丰富的地下岩溶水资源。

第二章　气候与水文

第一节　气　　候

太湖流域属北亚热带和中亚热带气候区，具有明显的亚热带季风气候特征。流域气候具有四季分明，冬季干冷，夏季湿热，光照充足，无霜期长，台风频繁，雨水丰沛等特点。

一、大气环流

冬季受蒙古高压控制，盛行偏北风，天气干燥寒冷。春季大陆高压衰退，太平洋副热带高压北进，锋面气旋活动频繁，雨量增多。6—7月，冷暖空气对峙，常产生大面积锋面雨，时值江南梅子成熟季节，故称为“梅雨”，是太湖流域主要的降雨时段。夏季受太平洋副热带高压控制，盛行东南风，水汽丰沛，天气炎热而湿润。盛夏沿海地区受台风（热带气旋）活动影响，常有暴雨出现。秋季太平洋副热带高压东移，大陆高压逐渐发展，天气稳定，形成秋高气爽的气候，有时因极锋处于半静止状态，形成连绵秋雨。

二、气温

流域年平均气温14.9～16.2℃，南高北低，年温等值线基本上与纬线平行。北部的丹阳年均气温最低（14.9℃），南部杭州最高（16.2℃）。

1月（最冷月）流域平均气温1.7～3.9℃。由于受水体对气温调节作用的影响，沿海及滨湖地区的1月平均气温比其周围地区高0.2～0.4℃；流域东部及太湖以南的1月平均气温3.0～3.9℃，西部及太湖以北2.3～2.8℃；丹阳最低，仅1.7℃；南部杭州、德清最高，3.8～3.9℃。1月平均最低气温1.6～1.7℃，自东南向西北逐渐降低，其分布形势与月平均气温相一致。

7月（最热月）流域平均气温27.4～28.6℃。由于受海洋影响，气温自东向西逐渐增高，东部沿海的南汇最低，为27.4℃，南部的杭州和西部宜兴最高，为28.6℃。由于城市热岛效应，杭州、上海市等城市，7月平均气温比其周围地区约高0.1～0.5℃，7月平均最高气温31.0～33.6℃，其分布形势和平均气温基本一致。日最高气温大于30℃日数约55～81天，东部沿海55～60天，西部65～70天，西南部山区最多，达81天，太湖以南约70～80天，太湖以北60～65天。极端最高气温37.8～41.2℃，太湖的东山最高，西部丹阳最低。

三、日照和霜期

流域平均年日照时数1870～2225小时，东北高西南低。位于长江口的上海宝山高达2225小时，而西南部的德清（1774小时）和长兴（1870小时）最低。苏州（1996小时）、上海（2014小时）及杭州（1906小时）等城市日照时数都少于周围地区。夏季最多，达600～700小时，占年日照时数1/3左右；冬季最少，约360～465小时，仅占年总时数的18%～20%。冬季越冬作物生长缓慢，开春以后气温逐渐升高，日照时数也逐渐增多，对夏熟作物的产量十分有利。7月、8月是全年日照时数最多的月份，也正是秋熟作物生长旺盛的时期，光热条件配合良好。全流域日照率为45%～50%；8月最高，可达60%～70%；5月最低，大多在45%以下。

太湖流域霜期119～147天，南部短，北部长。上海及嘉兴除沿海一带略少以外，基本都在135～140天；太湖周围及杭州市119～125天，其中杭州（119天）最短，湖州（122天）、长兴（122天）略长；西部及北部137～147天，其中无锡（147天）最长，丹阳和溧阳（142天）次之。初霜期平均为11月9—22日，西部的丹阳最早（11月9日），沿杭州湾的川沙和太湖湖区的东山最迟（11月22日）。

第二节 水　　文

一、降水

太湖流域多年平均年降水量1177毫米，各水利分区多年平均年降水量为1065～1452毫米，受气候、水汽来源和地形等的综合影响，空间上分布总趋势为南部大于北部，西部大于东部，山区大于平原。

太湖流域由于季风的强弱和来去时间的不稳定引起降水量在年际和年内的差异，从而造成降水及径流年、季分配不均匀，年际变化悬殊。

全年以夏季（6—8月）降水量最多，为340～450毫米，约占年总量的35%～40%，东部少，西部多。冬季（12月至次年2月）降水量最少，为110～210毫米，仅占年总量的11%～14%，只及夏季降水量的1/3～1/2。春季（3—5月）降水量260～424毫米，约占年总量的26%～30%，其分布为北部少、南部多。秋季（9—11月）降水量为190～315毫米，约占年总量的18%～23%。由此可见，降水量季节变化明显，雨量分配不均。全年降水日数122～159天，北部少，南部多；西南部天目山区约155～159天，宜溧山地140～150天，东部及北部平原地区大多为122～140天，杭州市周围雨日也较多，约155天。

流域最大月降水量一般出现在6月或7月，各占相应年降水量的16%和13%，其中发生在6月中旬至7月中旬的梅雨期为主降雨期，降水量约占年降水量的20%～

30%；最小月降水量一般出现在12月，占相应年降水量的3%；最大与最小月降水量的比值一般介于4.0～6.0之间。汛期5—9月降水量占年降水量的60%，降水主要集中在6—9月，连续最大4个月降水量占年降水量的45%～55%。4—10月为农作物生长期，即农业用水高峰期，生长期降水量约占年降水量的74%，详见表2-2-1。

表2-2-1 太湖流域多年平均降水量的年内分配

时 段	最大月	最小月	高温干旱期	汛期	非汛期	最大连续4个月	农作物需水期
月份	6月	12月	7—8月	5—9月	10月至次年4月	6—9月	4—10月
占年降水量的百分比/%	16	3	24	60	40	50	74

二、蒸发

太湖流域平均年水面蒸发量为750～900毫米。全流域蒸发能力地区分布为东部大于西部，平原区大于山丘区。太湖区、阳澄淀泖区和黄浦江区、武澄锡虞区部分地区，多年平均水面蒸发量大于850毫米；湖西区、杭嘉湖区和浙西区的部分地区为800～850毫米；浙西和湖西山区最小，大部分地区小于800毫米。

流域内水面蒸发的年内分配，主要受气温、湿度、风速、气压和太阳辐射强度等因素影响。太湖流域最大月蒸发量出现在7月或8月，7月、8月两月合计蒸发量约占全年总量的27%～29%；最小月蒸发量均出现在1月，1月蒸发量仅占全年蒸发量的3%～4%。最大连续4个月的蒸发量一般出现在5—8月，占年蒸发量的百分率约为50%；汛期5—9月蒸发量占年蒸发量的百分率为59%～62%；而农作物生长期（4—10月）蒸发量占年蒸发量的百分率达75%以上。

三、径流

流域多年平均地表径流量为160.1亿立方米，年径流深434毫米，年径流量最大值发生在1999年，为327.8亿立方米，最小值发生在1978年，为25.7亿立方米。径流的年际变化除受流域地形地貌状况影响外，主要受降水年际变化影响，不同降水频率的流域年径流量及年降雨深见表2-2-2。

表2-2-2 太湖流域不同降水频率的年径流量及年降雨深

特征值	水文系列	均值	20%	50%	75%	95%
年径流量/亿m^3	1956—2000年	160.1	211.8	152.9	114.6	71.8
年降雨深/mm	1956—2000年	1177.3	1329.2	1167.6	1048.0	890.7

径流的年内分配主要受降水影响。年径流主要出现在4—9月，汛期5—9月径流量占年径流量的55%～85%，农作物需水期4—10月则占年径流量的70%～90%。

径流的地区分布主要受降水与下垫面条件的影响，与降水分布的规律大体上相似，即一般南部大于北部，西部大于东部，山区大于平原。各分区多年平均径流量见表2-2-3。

表2-2-3 太湖流域各分区多年平均降雨深与径流

分　区	面积/km^2	降雨深/mm	径流深/mm	径流总量/亿m^3
湖西及湖区	16672	1237.2	466	77.7
武阳区	8321	1065.7	355	29.6
杭嘉湖区	7436	1214.1	482	35.8
黄浦江区	4466	1100.0	381	17.0
合计	36895	1177.3	434	160.1

注　湖西及湖区包括湖西区、浙西区和太湖区三个水资源四级区；武阳区包括武澄锡虞区和阳城淀泖区两个水资源四级区；黄浦江区包括浦东、浦西两个水资源四级区。

年径流系数为年径流量与年降水量之比。流域多年平均值为0.37，其变幅为0.21～0.55，南部大于北部，山丘大于平原，浙西山区最大为0.50，太湖区最小为0.22，其余各区为0.33～0.40。

四、暴雨和洪水

（一）暴雨

太湖流域暴雨主要有两种类型，一类是梅雨，一类是台风雨。

（1）梅雨一般发生在6月中旬至7月中旬，此时，热带海洋气团与极地大陆气团形成极锋，从我国南岭北移至长江沿岸，锋面上常发生连续不断的气旋或低槽活动，加上水汽从西南方向源源不断地输入，形成阴雨连绵的气候，称梅雨季节。梅雨型降水的特点是持续时间长、笼罩范围广、降雨总量大，一般占年降水的20%～30%。一种年份的梅雨降水范围广、总量大，持续时间长，如1954年5—7月降雨，梅雨期长达62天，最大90天流域降雨量达890.5毫米；另一种年份如1999年，不但梅雨范围广、总量大，且降雨强度特别大，虽梅雨期略短为43天，最大90天流域降雨量却达1013.0毫米，其中最大30天降雨达614.3毫米，比1954年同期多近1倍。

（2）台风雨是由台风（热带气旋）穿过太湖流域或经过太湖流域邻近地区带来的降雨。太湖流域年均发生2～3次登陆或过境影响的台风，一般出现在5—10月，但以7月下旬至9月中旬最为集中，尤以8月下旬至9月上旬最为频繁。台风雨的特点是雨强大，持续时间短，范围较小，易造成流域局部地区的洪涝灾害。历史上太湖流域1～3天的短历时暴雨极值基本上是由台风形成的。20世纪对太湖流域影响最大的台风是1962年第14号台风，受其过境影响，9月4日18时起至7日8时止，闽、浙、苏、沪出现了特大暴雨，暴雨中心位于苏州地区，苏州站三天降雨达438毫米。

（二）洪水

流域性洪水是由覆盖全流域、历时长、总量大的降雨形成，且造成太湖及地区河网水位普遍超警戒的洪水。太湖水位达到4.80米，或流域平均最大30天降雨量重现期达到50年（513.7毫米）的为特大洪水；太湖水位达到4.50米，或流域平均最大

30天降雨量重现期达到20年（450.1毫米）的为大洪水。

流域性洪水主要由长历时梅雨造成，台风雨则会形成区域性洪水和内涝。太湖的洪水位取决于某一暴雨集中时段上游地区的雨量、由暴雨形成的入湖洪水流量以及下游出流情况。在大洪水年份，不但上游地区雨量大，且流域内其他大部分地区雨量也较大，下游地区由于暴雨引起的河网水位壅高阻碍了太湖洪水的下泄，使太湖水位进一步抬高。因此，汛期太湖水位可表征流域性洪水大小，流域防洪标准可由流域的平均面雨量的重现期或频率表示。

根据流域、区域现状防洪能力，太湖水位（太湖平均水位，下同）近4.00米时，流域内部分区域可能发生洪涝灾害。1949—2010年，发生太湖水位超过4.00米的流域较大洪水年份共有14年，其水位记录见表2-2-4。

表2-2-4　　太湖最高水位超过4.00米的年份和水位

年　份	1954	1957	1962	1977	1980	1983	1987
最高水位/m	4.66	4.19	4.24	4.01	4.25	4.42	4.16
年　份	1989	1991	1993	1995	1996	1999	2009
最高水位/m	4.10	4.79	4.46	4.34	4.37	4.97	4.20

注　表中最高水位均已考虑地面沉降影响，进行了修正。

由表2-2-4可知，1949—2010年太湖最高洪水位居前三位的分别是1954年、1991年和1999年，这三年不同统计时段（天数）的流域面雨量和重现期见表2-2-5。

表2-2-5　　三大洪水年不同统计时段的流域面雨量和重现期

年份	最大30天		最大45天		最大60天		最大90天	
	雨量/mm	重现期/年	雨量/mm	重现期/年	雨量/mm	重现期/年	雨量/mm	重现期/年
1954	351.6	5	488.9	9	627.9	17	890.5	43
1991	491.4	36	590.7	32	681.2	30	827.6	22
1999	614.3	232	674.3	94	738.0	56	1013.0	156

1999年各统计时段流域面雨量都很大，其重现期为56～232年，是稀遇洪水。1991年90天面雨量相对较小，重现期为22年，但其他统计时段面雨量都比较大，重现期均在30年以上。1954年主要是90天总雨量大，重现期达到43年，其他各时段均不大，重现期仅有5～17年。

1954年汛期降雨比较均匀，虽然5月、6月、7月三个月连绵不断，但这三个月的雨量相差很小，太湖最高水位是由90天降雨形成。1991年和1999年降雨比较集中，太湖最高水位分别由35天和30天降雨形成。造峰期，入湖水量集中，1999年太湖以西上游地区进入太湖的洪峰流量达到了3191立方米每秒，从西岸的诸多河港分散入湖，太湖洪水无充裕时间向下游排泄，且受下游河网高水位顶托，排泄受阻，因此1991年和1999年型洪水，流域防御难度很大。

太湖最高水位超过4.00米的年份中，20世纪50年代有2年，80年代有4年，90

年代有 5 年，而 60 年代、70 年代和 21 世纪初的 10 年均各只有 1 年，这主要与该时期降水处于偏枯有关。

与梅雨相比，台风雨一般历时较短、影响范围较小，但强度很大，易造成流域局部地区的洪涝灾害。1962 年 9 月 6 日第 14 号台风在福建连江登陆，受其影响，太湖流域遭暴雨侵袭，流域发生大范围洪涝，苏州、上海等地农田水深 0.3 米，有的达 1 米多深，太湖水位单日涨幅达 0.27 米，为有记录以来单日最大涨幅，陈墅站水位创历史最高 5.52 米，嘉兴站最高水位 4.24 米，仅比 1954 年最高水位低 0.13 米。2005 年 8 月 6 日第 9 号台风“麦莎”在浙江玉环登陆，受其影响，太湖流域 8 月 5 日起普降中到大雨，局部暴雨到大暴雨，流域内河网湖泊水位纷纷上涨，太湖水位累计涨幅达到 0.25 米，平原河网水位涨幅大多为 0.20～0.60 米，个别站点水位涨幅超过 0.80 米，浙西山区瓶窑站水位涨幅达 4.64 米。

五、干旱和枯水

干旱通常指水资源总量少，不足以满足人的生存和经济发展的气候现象，一般是长期现象。枯水，指无雨或少雨时期，江河流量持续减少，水位持续下降的现象。

太湖流域的干旱指数（年水面蒸发量与年降水量的比值）变幅为 0.45～0.75，属全国水资源分带中的湿润带，其地区分布总趋势为自西南向东北方向递增，浙西山区、杭嘉湖区西南部及湖西区局部地区年干旱指数小于 0.60，武澄锡虞区、湖西区、阳澄淀泖区大部及太湖区和上海部分地区年干旱指数大于 0.70，其余地区为 0.60～0.70。

某些年份的 6 月、7 月，由于冷暖气流未在本地区交汇，或交汇位置很快北移，造成太湖流域梅雨量小，甚至受副热带高压暖气团长期控制，久晴不雨，形成空梅，再加高温时间长，蒸发量大，湖泊、河道水位快速、持续下降，当年便会出现干旱。

1967 年，太湖流域入梅晚，梅期短，梅雨量少，出梅后盛夏期间 2 个多月少雨。嘉兴地区从 7 月上旬至 9 月下旬天晴无透雨，降雨量仅 52.0 毫米。8 月 31 日，嘉兴站最低水位 2.01 米，接近历史大旱 1934 年最低水位 1.59 米，钦城站水位 1.51 米，是有记录以来的最低水位。9 月初，硖石附近部分河段已干枯，海盐县的澉浦、角里、长川浜大部分河浜断流。

1978 年为太湖流域的特枯年，全年雨量少，流域平均年降水量仅为多年平均降水量的 57%。该年春汛小，空梅，高温持续时间长，春夏秋连旱。长期无雨造成河湖水位急剧下降，部分溪河断流，山区大量山塘、水库干涸。太湖年最低水位 2.37 米，为 1954 年以来历史最低水位；湖西区、武澄锡虞区、阳澄淀泖区河网站点年最低水位均在 2.35 米左右；杭嘉湖区、浙西区河网站点年最低水位均在 2.20 米左右。

六、台风

热带气旋是一种发展于热带洋面上破坏性极强的大气涡旋，是自然灾害中对人类伤害最为猛烈的灾种之一。我国 1980 年以前将西北太平洋生成的热带气旋统称为台风，2006年之后，中国气象局对热带气旋进行了分类，分为热带低压、热带风暴、强热带风暴、台风、强台风、超强台风等6个级别，一般西北太平洋上的超强台风、强台风、台风统称为台风。

影响太湖流域的台风平均每年3.7场，最多年份是1999年，有8场之多，其次是1989年的7场，最少年份是1968年和1996年，分别各1场。台风影响时间一般为5—10月，7—9月比较集中，66.8%的台风影响时间在7月9日至9月10日的64天之内，其中，46.5%台风影响出现在7月19日至8月28日的40天里，95.5%台风影响出现在6月8日至10月12日（共128天）。

对太湖流域产生影响的台风大体可分为以下三类：

（1）“正面穿越”台风。台风正面登陆浙江、江苏、上海或者登陆福建、广东等省后，台风中心穿越太湖流域，如1962年第14号台风。

（2）“登陆影响”范围内台风。台风登陆太湖流域邻省或登陆粤东沿海后，台风中心虽未穿越太湖流域，但给太湖流域带来显著降雨影响，如2005年第9号台风“麦莎”。

（3）“未登陆影响”范围内台风。台风未登陆陆地，但其对太湖流域产生降雨、风暴潮影响，如1962年第7号台风，于1962年8月1日从距上海约250千米海面上经过，上海市遭遇暴雨、大风，正逢农历七月初三天文大潮，长江口、黄浦江各站均出现了高潮位，其中吴淞口潮位5.31米创历史纪录，黄浦公园潮位达4.76米。

经统计，1949—2009年61年中影响太湖流域的台风（热带气旋）共有225场，其中“正面穿越”的台风有37场，“登陆影响”范围内台风有121场，“未登陆影响”范围内台风有67场。

七、潮汐

流域的东北边界为长江，东南边界为杭州湾，均受东海潮汐影响。除黄浦江口未建挡潮闸外，长江和杭州湾沿岸河道口门均已建闸控制。长江、杭州湾沿岸各闸引排水均受潮汐影响。东海潮汐为正规半日潮，一日有两次高潮和低潮，每月农历初三和十八前后为大潮，初八和二十三前后为小潮。

长江口地区全潮历时约为12小时25分钟。东海潮波进入长江口后，由于水深变浅以及上游径流的作用，潮波变形，形成非正规半日潮，落潮历时略长于涨潮历时。长江口吴淞站历年最高潮位6.25米（1997年8月长江口出现台风、暴雨和天文大潮“三碰头”，江阴以下河段各站水位均出现历史最高潮位），多年平均高潮位3.52米，平均潮差2.27米，最大潮差4.48米。潮波沿江上溯，潮差逐渐减小。

杭州湾潮汐受上游钱塘江径流影响甚小，潮波变化相对较小，涨落潮历时相差不大。由于钱塘江河宽在盐官附近呈喇叭口状突然收束，潮波进入后易产生涌潮。

黄浦江的潮位变化受长江口潮汐和太湖下泄径流共同影响，是一条中等强度的感潮河流，潮汐属非正规半日潮型，潮流界可达淀山湖及浙沪边界，潮区界可达太浦闸及平湖塘一带。黄浦公园潮位站多年平均潮差1.83米，最大潮差3.55米，实测最高潮位5.98米。

太湖流域各主要测站潮位特征值见表2-2-6。

表2-2-6　　太湖流域各主要测站潮位特征值　　单位：m

水系	站名	历史最高潮位	历史最低潮位	多年平均高潮位	多年平均低潮位	多年平均潮位	最大潮差
黄浦江	黄浦公园	5.98	0.50	3.40	1.55	2.48	3.55
	吴泾	5.08	0.86	3.11	1.84	2.48	
	米市渡	4.53	0.90	3.01	1.98	2.50	
长江	镇江	8.59	1.24	4.75	3.81	4.28	2.32
	江阴	7.22	0.99	4.04	2.41	3.23	
	吴淞	6.25	0.01	3.52	1.29	2.41	4.48
杭州湾	金山嘴	6.83	−1.52	3.99	0.04		
	澉浦	8.42	−2.50	4.87	−0.70		8.93
	盐官	9.61	−0.48	5.73	2.53		7.26
	七堡	9.83	3.11	6.29	5.60		4.02

注　表中潮位均采用镇江吴淞基面。

第三章 土 壤 植 被

第一节 流域土壤植被分布

一、土壤类型和分布

太湖流域丘陵山区地带性土壤分为黄棕壤和红壤，其中黄棕壤分布于北部地区，红壤分布于南部地区。

流域内非地带性土壤分为三类，包括滨海平原土壤、冲积平原草甸土和冲积平原沼泽土，其中滨海平原土壤分布于杭州湾北岸和上海东部平原，冲积平原草甸土分布于沿江广大的冲积平原，沼泽土分布于太湖平原湖群的沿湖低地。由于流域平原广阔，农业开发历史悠久，土壤以耕作土为主，尤以水稻土分布广，面积大，占流域土壤面积的63.2%。

二、植被类型和分布

流域平原区以种植植被为主，包括以水稻为主的粮食作物和以棉花、油料、蔬菜为主的经济作物。山丘区多为次生植被，植被类型随气温和雨量递增从北向南逐渐多样化。

第二节 分区土壤和植被

太湖流域的土壤和植被可按地形分为平原区和山丘区两大分区，两大区又可细分为若干小区。

一、平原区

（一）沿江和沿海平原

东部沿江和沿海平原位于上海市除青浦区以外的陆域及盐铁塘东北地区。土壤为由沼泽潜育土、草甸土和盐渍草甸土演变而来的耕作土壤，除沿海地区沙性较重外，土壤沙性适中，土层较深厚，供肥性能较好。

北部沿江平原位于张家港市南横套河以北，系河口沙洲并陆形成的长江新冲积平原。土壤以沙壤土为主，部分为夹沙土和夹沙黄土，沙性适中，耕性好，其热量条件不及东部平原，但水利条件较好。

（二）湖荡平原

阳澄淀泖平原土壤为青泥土属和黄泥土属各半，湖荡底质为黄土。该区热量充足，水资源丰富，是江苏省重要产粮区，但因地势低洼，土质黏重，易受涝渍危害。

洮滆湖荡平原土壤多为次生下蜀黄土，其中洮滆两湖之间以白土为主，西南部分圩田区以青泥土为主，白土和黄泥土为少数。该区具有大陆性气候特征，冬季气温低，夏季气温高且高温日数多，不利于棉花生长，但利用夏季热量丰富的条件，可大面积种植水稻。东部水土条件较好，尤其是太湖沿岸，历来适宜水稻种植。

杭嘉湖平原以河流冲积物为主，区内河港交错，有江南运河穿过，运河两岸水旱田相间，构成了港（池）、田、地立体分布，有利于粮桑及其他经济作物和水产养殖业的发展。全区土壤肥沃，平原区以水稻为主，半高地发展桑蚕，不仅是商品粮基地，也是丝绸和淡水鱼的著名产地。

（三）河网平原

以锡澄地区为主，大部分为湖积成因的河网平原，土壤主要为黄泥土，部分为青泥土；孤丘为黄棕壤，一般热量条件不如南部，但优于沿江。由于长期人为耕作，土壤质地以黏壤质为主，通透性、可耕性均较好，土壤的质地、肥力、耕性等在流域内均属优良，为高产水稻的集中地区。

（四）高亢平原

分布于新孟河以西，大部在丹阳市境内与常州市武进区西北的平原，其土层由长江泥沙堆积而成，土质沙性重，结构较差，肥力较低。该区历史上为旱作区，后改为稻、麦、棉为主，水旱轮作。

二、山丘区

（一）低山山丘区

低山山丘区包括茅山低山丘岗区和宜溧低山山丘区。

茅山高程为200～400米，茅山低山丘陵地区发育的自然土壤为黄棕壤，耕作土壤主要是黄白土亚类中的板浆白土。自然植被为含常绿阔叶树的落叶阔叶林。岗地部分包括茅山东侧的大片黄土岗地和丹阳市北部的黄土岗地，岗地高程一般20～40米，丹阳北部岗地略低。岗顶、岗坡与冲谷分别构成岗田、塝田和冲田。岗田和塝田土质瘠薄，冲田大部辟为水田。水源紧缺或地形起伏较大的岗地以旱作及部分经济林为主。

宜溧低山山丘区包括宜兴、溧阳南部及湖州西部的低山丘陵区。低山丘陵土壤为黄红壤与黄岗土亚类中的红黄土，河谷内为板浆白土。该区山地植被繁茂，是中亚热带常绿阔叶林与北亚热带落叶阔叶、常绿阔叶混交林的交错地带，也是多种松树、杉木等针叶树的适生区。区内生物资源丰富，盛产毛竹、刚竹、茶叶、板栗等林特产品。

（二）中山山丘区

中山山丘区包括湖州市西南、德清和杭州市余杭区西部，即东苕溪导流以西和德清县以南的东苕溪西部山丘区，以及安吉县南部西苕溪两侧山区，属天目山山脉。该区土壤随地势由低到高，由黄红壤向黄棕壤转化，自然植被也随高度不同而改变类型。其中，高程50～500米有较大面积竹林、茶树、常绿阔叶树以及常绿针叶林或常绿落叶针阔混交林；500～900米以上有常绿落叶针阔混交林；1000米以上有草地、灌丛。该区水热充沛，虽日照不足，但山地资源丰富。天目山区为自然保护区，杭州、莫干山、宜兴山区旅游资源丰富。

（三）丘陵区孤丘

丘陵区孤丘分布在山地外围或散布于部分平原地区，高程100～300米，土地与附近山地土壤基本一致，水热条件较差，植被以马尾松和茶树为主。城市附近丘陵结合绿化与旅游进行造林，使环境变得幽雅。如吴中区沿太湖周围丘陵，尤其在洞庭东山、西山与光福一带，受太湖大水面影响，形成了有利于发展常绿果树的小气候环境，成为柑橘、枇杷、杨梅、梅子和白果等果品的生产基地。

（四）河谷平原与冲谷

此区为山区农田集中分布的区域，如西苕溪河谷平原，平原中的沿河低地为防御山洪而筑堤围成圩田或圩田，一般土质黏重，肥力中等。河谷平原大部分田面向两侧和上游上倾，形成平缓的梯田，称为畈田，其土质偏沙，农业种植以粮食作物为主，是主要的粮食基地。

第四章 自 然 资 源

第一节 水 资 源*

一、地表水资源量

太湖流域多年平均（1956—2000年）地表水资源量（地表年径流量）为160.1亿立方米，折合年径流深434毫米，多年平均年径流系数为0.37。地表水资源量最大值出现在1999年，达到327.8亿立方米（折合年径流深888.5毫米）；最小值出现在1978年，为25.7亿立方米（折合年径流深69.6毫米），极值之比为12.8。

太湖流域属全国水资源分区中的多水带（年径流深200～800毫米），大部分地区多年平均天然年径流深为300～700毫米。天然年径流深高值区位于流域西南部浙江省境内天目山丘区，年径流深为700～900毫米（多年平均天然年径流深最大值为浙江老石坎水库站，达990毫米）；低值区位于太湖区，多年平均年径流深为245毫米。

太湖流域地表水资源量地区分布总体呈现南部大于北部、西部大于东部、山区大于平原的趋势。1956—2000年太湖流域分区地表水资源量见表2-4-1。

表2-4-1　　1956—2000年太湖流域分区地表水资源量

水资源三级区/省级行政区	计算面积/km²	年均值		不同降雨保证率水资源量/亿m³			
		水资源量/亿m³	径流深/mm	20%	50%	75%	95%
湖西及湖区	16672	77.7	466.2	103.2	73.9	54.9	33.9
武阳区	8321	29.6	355.2	41.3	27.7	19.3	33.9
杭嘉湖区	7436	35.8	481.7	48.6	33.7	24.3	14.1
黄浦江区	4466	17.0	380.7	23.1	15.8	11.2	6.3
太湖流域合计	36895	160.1	433.8	211.8	152.9	114.6	71.8
江苏省	19399	66.0	339.8	93.6	61.4	41.7	21.7
浙江省	12095	72.7	601.8	93.7	69.5	53.3	34.8
上海市	5176	20.1	387.8	27.1	18.7	13.3	7.6
安徽省	225	1.3	573.3	1.7	1.2	1.0	0.7

* 数据来源于《太湖流域水资源综合规划》。

太湖流域1956—1979年系列多年平均地表水资源量为136.7亿立方米，1956—2000年系列多年平均地表水资源量为160.1亿立方米。变化的原因有两个方面：一是随着流域城镇化的发展，城镇建设用地增加，流域下垫面条件发生较大改变，导致太湖流域产流情势发生变化；二是1956—2000年系列包含了比较完整的丰枯水变化周期，流域20世纪60年代和70年代处于偏枯期，延长的1980—2000年系列偏丰，因而1956—2000年系列径流偏丰。

二、地下水资源量

太湖流域地处沿江、沿海，地势低平，降雨丰沛，水网稠密，地下水补给充沛，地下水资源丰富。

太湖流域山丘区浅层地下水主要是基岩裂隙水，分布在湖西及湖区，约占全流域面积的30.4%，均为淡水资源，并以河川基流形式在河道中排泄。平原区浅层地下水主要是储存在松散沉积物中的孔隙水，分布面积占全流域面积的69.6%，绝大多数是淡水。在上海南汇、奉贤沿海地区零星分布有矿化度大于2克每升的微咸水，总面积258.1平方千米。

太湖流域矿化度不大于2克每升的多年平均（1980—2000年）年浅层地下水资源量为53.1亿立方米，其中山丘区为13.9亿立方米，平原区为40.5亿立方米，山丘区与平原区之间的重复计算量为1.3亿立方米。矿化度大于2克每升的浅层地下水多年平均资源量为0.38亿立方米。流域浅层地下水资源量模数为18.5万立方米每平方千米，降水入渗补给模数为15.3万立方米每平方千米。太湖流域1980—2000年系列多年平均分区地下水资源量详见表2-4-2。

表2-4-2　太湖流域1980—2000年系列多年平均分区地下水资源量

水资源三级区/省级行政区	降水入渗补给量/万m^3	降水入渗补给模数/(万m^3/km^2)	地下水资源量/万m^3	地下水资源量模数/(万m^3/km^2)
湖西及湖区	193798	14.84	208113	15.93
武阳区	91935	14.66	131404	20.96
杭嘉湖区	99578	16.50	118420	19.66
黄浦江区	54270	16.34	72882	21.95
太湖流域合计	439580	15.33	530819	18.51
江苏省	177162	13.02	232849	17.12
浙江省	196972	17.98	210741	19.23
上海市	63483	16.31	85265	21.90
安徽省	1964	8.73	1964	8.73

三、水资源总量

太湖流域1956—2000年多年平均水资源总量176.0亿立方米，其中地表水资源量为160.1亿立方米，约占水资源总量的91%，地下水资源量为53.1亿立方米，地下水资源量与地表水资源量的不重复计算量为15.9亿立方米，约占水资源总量的9%。太湖流域多年平均产水系数0.41，产水模数47.7万立方米每平方千米，均高于全国平均值。1956—2000年系列太湖流域分区及分省多年平均水资源总量详见表2-4-3。

表2-4-3　1956—2000年系列太湖流域分区及分省多年平均水资源总量

水资源三级区/省级行政区	计算面积/km²	降水量/亿 m³	河川径流量/亿 m³	地下水与河川径流不重复量/亿 m³	水资源总量/亿 m³	产水模数/(万 m³/km²)	产水系数
湖西及湖区	16672	206.3	77.7	3.3	81.0	48.55	0.39
武阳区	8321	88.7	29.6	4.6	34.2	41.10	0.39
杭嘉湖区	7436	90.3	35.8	5.7	41.5	55.81	0.46
黄浦江区	4466	49.1	17.0	2.3	19.3	43.28	0.39
太湖流域合计	36895	434.4	160.1	15.9	176.0	47.70	0.41
江苏省	19399	212.8	66.0	8.0	74.0	38.15	0.35
浙江省	12095	161.6	72.7	5.2	78.0	64.39	0.48
上海市	5176	57.1	20.1	2.7	22.8	44.05	0.40
安徽省	225	2.9	1.3	0.0	1.3	57.33	0.45

流域偏丰年（$P=20\%$）水资源总量为228.9亿立方米，平水年（$P=50\%$）水资源总量为169.3亿立方米，偏枯年（$P=75\%$）水资源总量为129.9亿立方米，特枯水年（$P=95\%$）水资源总量为84.9亿立方米。流域分区及分省水资源总量特征值见表2-4-4。

表2-4-4　太湖流域分区及分省水资源总量特征值表

水资源三级区/省级行政区	计算面积/km²	年均值		不同降雨保证率年地表水资源量/亿 m³			
		水资源量/亿 m³	径流深/mm	20%	50%	75%	95%
湖西及湖区	16672	81.0	485.5	106.4	77.4	58.5	37.1
武阳区	8321	34.2	411.0	46.2	32.6	23.8	14.3
杭嘉湖区	7436	41.5	558.1	53.1	40.2	31.6	21.5
黄浦江区	4466	19.3	433.0	25.5	18.3	13.6	8.4
太湖流域合计	36895	176.0	477.0	228.9	169.3	129.9	84.9
江苏省	19399	74.0	381.5	102.0	70.1	50.1	28.7
浙江省	12095	78.0	643.9	97.1	75.4	60.5	42.9
上海市	5176	22.8	440.4	29.9	21.6	16.2	10.1
安徽省	225	1.3	573.0	1.7	1.2	1.0	0.7

按2011年流域常住总人口5879万计算，流域人均水资源占有量仅为299.4立方米，远低于全国人均水资源占有量（约2200立方米），在全国各流域中居于最低。

四、过境水资源数量

太湖流域位于长江口南岸，长江提供了充沛的过境水资源，长江大通站多年平均（1956—2000年）径流量为9405亿立方米。流域75个口门与长江沟通，水量交换频繁，多年平均（1994—2008年）引长江水量66.2亿立方米（未含黄浦江，黄浦江吴淞口多年平均进潮量为409亿立方米），近年来随着引江济太规模的加大，流域引江水量趋增。

第二节 水力资源

太湖流域地势平坦，河流落差小，水力资源较为匮乏。根据《中华人民共和国水力资源复查成果（2003年）》，流域水力资源理论蕴藏量143.19兆瓦，年发电量12.5亿千瓦时；技术可开发量52.0兆瓦。流域内已开发41.62兆瓦，建成电站36处，江苏、上海境内已没有可开发的水力资源，未开发资源主要集中在浙江苕溪流域。从地形条件和已开发情况看，流域水力资源开发潜力不大，一般多在建设防洪、灌溉、供水等水库时配套兴建电站。

苕溪流域水力资源理论蕴藏量129.2兆瓦，年发电量11.32亿千瓦时；技术可开发容量50.9兆瓦，年发电量1.50亿千瓦时。结合防洪、灌溉、供水、水库建设相继建成一批小水电站，其中0.5兆瓦及以上的34座，总装机容量41.88兆瓦。

流域内潮汐能资源理论功率1451兆瓦，年发电量127.2亿千瓦时，其中黄浦江理论功率28兆瓦，年发电量2.4亿千瓦时，但难以开发。

第三节 滩涂资源

太湖流域北依长江，南濒杭州湾，东临东海，长江、钱塘江径流携带大量泥沙下泄入海，沉积在长江口和杭州湾。近岸在水流、风浪等动力条件作用下，泥沙淤积形成以堆积地貌为主的海岸、河口滩地。边滩不断淤涨，海岸滩涂向外逐步延伸，形成流域丰富的滩涂资源。

沿江沿海地区人口稠密，土地资源紧缺。通过对已淤涨到适围高程的滩涂，进行筑堤建闸圈围，并在围区建设排水灌溉等工程设施，对土地进行开发利用，成为地方经济持续发展的一项重要措施。

流域内浙江省滩涂资源主要分布于钱塘江河口，其江涂围垦与江道治理和整修海塘相伴相生。至2010年，浙江省建成千亩以上滩涂围垦共30片，滩涂围垦面积24.33

万亩（162.2平方千米），其中：杭州市围垦17片，面积12.29万亩（81.9平方千米），嘉兴市围垦共13片，面积12.04万亩（80.3平方千米）。

流域内上海市滩涂资源主要分布于长江口和杭州湾，自清代已有关于围涂造地的历史记载，围垦开发历史悠久，从以农业围垦为主逐渐发展至副业、工业、综合性开发利用围垦。据统计，1950—2010年间，上海市（太湖流域部分）共围垦66.60万亩（444.01平方千米），其中宝山江苏界至吴淞口岸段6.82万亩（45.49平方千米），吴淞口至浦东机场岸段9.15万亩（61.03平方千米），浦东机场以南至上海南汇段28.39万亩（189.26平方千米），杭州湾北岸芦潮港以西1.23万亩（8.21平方千米）；杭州湾北岸上海奉贤段17.58万亩（117.23平方千米），杭州湾北岸上海金山段4.65万亩（31.00平方千米）。

中华人民共和国成立前，沿江沿海滩涂围垦面积小，海塘工程标准低，所围土地用于农业种植和晒盐业。中华人民共和国成立后，特别是随着改革开放和沿海经济的发展，土地需求更为迫切，沿江沿海地区高滩大多已开发利用，后续滩涂围垦工程的涂面高程降低到中潮位或平均低潮位附近。为降低围垦投资，在低滩采用丁坝、顺坝、潜堤等工程进行促淤，在其淤高后按计划进行围垦。同时随着滩涂围垦工程技术的不断进步，面积大、标准高的围垦工程不断出现，围垦区开发也由相对单一扩大耕地向水产养殖、城镇工业建设、港口码头建设、海涂水库、旅游观光等多元化、综合性开发方向发展。上海在长江南岸建设了宝钢水库、陈行水库，在长江口外高桥建设了港口码头，在竹园、白龙港建设污水处理厂；在南汇新亚水道岸边兴建浦东国际机场和商用航空机基地，在南汇东滩兴建了临港新城，在杭州湾北兴建临港重工业装备基地及漕泾化工区基地。浙江在钱塘江口北岸垦区兴建了嘉兴电厂、嘉兴港，以及杭州经济技术开发区等。

第四节　矿　产　资　源

太湖流域内金属矿产发现不多，但非金属矿储量较为可观。已发现和探明可供工业利用的固体矿产，主要有固体燃料、黑色金属、黑色冶金辅助原料、有色金属、贵金属、稀有及稀土金属、化工原料、建筑材料和其他非金属等9类共59种。这些矿产中，铁、煤、铜、铅、锌、黄铁矿、溶剂灰岩、石膏、高岭土，膨润土等30余种，均已探明和保有较为可靠的储量。其中熔剂灰岩、白云石、石膏、水泥用灰岩等矿产的储量较大，是流域内的优势矿产资源；铁矿和各种金属矿产中伴生的贵金属金和银，也保有相当的储量。

第五节　旅　游　资　源

太湖流域山水秀丽，拥有丰富的旅游资源，有湖山灵秀的天然湖泊，有小桥流水人家的水乡古镇，有精巧雅致的古典园林，还有大量的水利旅游景点。

太湖流域是中国古代文明的发祥地之一。吴越文化即是以太湖流域为中心发展起来的。吴越文化的地域范围包括上海、苏南、浙江、皖南、赣东北。以钱塘江为界，以南属于越文化，以北属于吴文化。经六朝至唐宋的开发，江南经济突飞猛进，逐步成为我国最富庶的地区之一，文化也更加绚丽多彩。

太湖流域自然景观与人文景观交相辉映，自南宋以后就有“上有天堂，下有苏杭”的美誉。从旅游环境、功能、开发管理水平和服务质量来看，也是全国旅游业最发达的地区之一。

一、天然湖泊

太湖流域水面面积在1平方千米以上的湖泊就有123个（详见附录三）。湖泊景点首推杭州西湖。西湖是国务院首批公布的国家重点风景名胜区，也是全国首批AAAAA级旅游景区。西湖三面环山，中涵碧水，景区范围约60平方千米，水面面积6.4平方千米，湖周长15千米。

西湖有著名的“西湖十景”“新西湖十景”“三评西湖十景”，湖周有60多处国家省、市级重点文物保护单位以及20多座博物馆和纪念馆，不仅风景优美，而且人文荟萃，是我国著名的历史文化游览胜地。

西湖也吸引了许多国际友人，1950—2010年，仅外国元首就有100多人到西湖游览，其中不乏屡次重访西湖者，如美国总统尼克松曾三次游西湖。1972年2月的《中华人民共和国和美利坚合众国联合公报》于上海签署发表，而谈成草签就是在西湖刘庄。

太湖也是我国著名的旅游胜地，有一批AAAAA级旅游景点。分属江苏的苏州、无锡、常州和浙江的湖州四市，在东岸和北岸有大小不等的5个湖湾和湖区，在每2个湖湾之间又夹着山丘，环太湖著名景区就分布在这些湖湾中。鼋头渚被誉为太湖风景绝佳处，位于无锡梅梁湖的崋嶂山北麓；苏州太湖国家旅游度假区位于胥湖北岸，太湖大桥由此经长沙岛通往西山岛；东太湖又称苏州湾，位于苏州吴江区，经近年来的整治和生态建设，建成了东太湖生态旅游度假区，成为太湖旅游的新景点；在胥湖的东岸有东山景区，在竺山湖东岸有马迹山旅游度假区，两处都位于伸入太湖的半岛上，即西山半岛和马山半岛。

太湖湖中有51座岛屿，这些岛屿均由基岩构成，也有许多景区。其中最大的是西山岛，面积82.4平方千米，是AAAA级景区，岛上景点众多，西山缥缈峰海拔336米，被称为太湖第一峰。

流域的其他著名湖泊景区还有南湖、淀山湖等。嘉兴的南湖为著名的红色旅游景点，中共一大原在上海召开，中间因受租界当局袭扰，移至南湖画舫中举行。湖心小岛上建有烟雨楼，清乾隆皇帝六下江南八登烟雨楼，并赋诗近二十首。淀山湖位于上海市青浦区与苏州市交界处，建有东方绿舟度假村、水上运动场等，也是上海市青少年活动营地。

二、古典园林

古典园林是江南风光的一大特色，历史悠久。古典园林大多为私人园林，较早的建于五代，而后宋、元、明、清都有兴建或重建，也有少数为近代所建。园林建筑大都有堂、馆、轩、室、亭、台、楼、阁，园内假山层叠，曲径通幽，回廊起伏，楼台隐现，池水清澈，水波倒影，充分显示了营造者的匠心和艺术水平。

流域内古典园林大量集中于苏州市区，著名的有拙政园、狮子林、留园、网师园等。拙政园始建于明正德年间，是苏州最大名园，也是江南名园的代表作，园内远香堂建筑玲珑秀美，堂前有荷花池，周围假山屏立，互相衬托，风景佳丽。狮子林建于元代，以假山洞壑取胜，穿山入洞如入迷阵，诸多假山外形似狮，又形态各异。留园始建于明代，主厅涵碧山房依临荷花池，周围楼阁馆轩林立，以曲廊联系，园景堂奥纵深，园内还有繁茂花果和多姿盆景。

上海市著名的古典园林有豫园、醉白池和古猗园等。豫园始建于明代嘉靖、万历年间，明代遗物大假山为豫园精华，由叠石名家张南垣叠造。醉白池始建于宋代，园内古木葱茏，亭台密布，古迹甚多。古猗园始建于明代万历年间，园中树石为明代嘉定竹刻传人朱三松布局，以古迹和绿竹为特色。

此外，无锡的梅园、蠡园和嘉兴海盐的绮园也是名园。梅园既是江南赏梅胜地，又可远眺太湖风光山色。蠡园在五里湖之滨，以假山真水、亭阁长廊为特色，廊壁有89种花窗图案，并伴有名家法帖石刻。绮园建于清代，园中假山峭壁嶙峋、洞谷清幽深邃，清池与碧潭相间，绿树繁花与亭台水榭齐映水中。绮园还是1985版电视剧《红楼梦》的拍摄地。

太湖流域也有少数在20世纪80年代左右修建的古典园林，如大观园和静思园。大观园位于上海青浦，是根据小说《红楼梦》场景以古典园林手法修建的，园林面积9万平方米，其中古建筑面积8000平方米，兼有皇家林苑和江南园林的特色。静思园位于苏州吴江，园内有安徽灵璧产大小奇石3000多块，最大的重136吨，高9.1米；古建筑清幽典雅，略具沧桑；园内的水面面积占总面积的一半，是在过去围湖造田的区域恢复的。两园的相似点是，部分古建筑的构件和室内陈设是从一些城市旧区改造和民间搜集利用的。

三、水乡古镇

水乡古镇是江南风光的特色所在。古镇往往以河成街，街桥相连，依河筑屋，水镇一体。既有小桥、流水、人家的美景，也有深厚的文化底蕴。古镇的历史可达千年，一些古镇不但保有较完整的历史建筑遗产，还拥有著名的古典私家园林，体现了自然环境与人文环境的和谐相处。

苏南、浙北和上海原郊县都分布有许多水乡古镇，通过改革开放和发展旅游，其中许多古镇已成为声名远扬的旅游景区，如苏南的周庄、木渎、同里、黎里、锦溪、荡口、角直、千灯，浙北的乌镇、西塘、南浔、盐官，以及上海的朱家角、枫泾等。

四、水利风景区

水利风景区是以水利工程和所在河湖水域为依托，并包括周围适当范围的区域以开展观光旅游的风景区。

在山丘区由水库建成的景区是最常见的，在平原区以大型水闸、泵站为依托居多。其他如开展水生态恢复建设以及水土保持工程项目也可以形成水利风景区。

截至2010年年底，太湖流域已有国家级水利风景区13处，其中江苏5处、浙江4处、上海4处，详见表2-4-5。

表2-4-5　　太湖流域国家级水利风景区

序号	省（市）	名　称	位　置	创建时间
1	江苏	苏州胥口水利风景区	苏州市吴中区	2004年
2		太仓市金仓湖水利风景区	苏州市太仓	2009年
3		横山水库水利风景区	无锡市宜兴	2006年
4		无锡梅梁湖水利风景区	无锡市滨湖区	2007年
5		溧阳市天目湖旅游度假水利风景区	常州溧阳	2001年
6	浙江	安吉天赋水利风景区	湖州市安吉县	2002年
7		湖州市太湖水利风景区	湖州市吴兴区	2002年
8		安吉老石坎水库水利风景区	湖州市安吉县孝丰镇	2009年
9		钱塘江潮韵度假村水利风景区	嘉兴海宁市	2001年
10	上海	松江区松江生态水利风景区	上海市松江区	2003年
11		奉贤区碧海金沙水利风景区	奉贤区海涵路	2007年
12		青浦区淀山湖水利风景区	青浦区淀山湖	2006年
13		浦东新区滴水湖水利风景区	浦东新区临港新城	2009年

水库风景区建设较早，如沙河水库的天目湖风景区在2001年已被评为国家首批AAAA级旅游区和首批国家水利风景区。

第三篇

社会经济

经西晋永嘉之乱、中唐安史之乱和宋室南移造成的我国三次人口大量南迁之后，全国经济重心已基本转移到南方。随后，太湖流域经济发展不断加速，人口增加，耕地扩大，水利蓬勃兴起，农业生产水平提高，农民深耕细作，物产丰盛，农业持续发展也推动了手工业和商业的兴盛，成为我国粮食和税赋的重要来源地。

中华人民共和国成立后，特别是改革开放以来，太湖流域充分发挥自然条件优越、交通便利、人口密集、科技和教育水平高、经济基础雄厚的优势，成为我国沿海主要的对外开放地区，产业结构不断优化调整，经济发展迅速，持续走在全国前列。

第一章 古 代 经 济

封建社会的经济基础是农业，农业又离不开水利。太湖流域经历代劳动人民艰苦创业，开发水土，精耕细作，农业取得了持续发展，也推动了手工业和商业的前进，促进了社会经济的兴旺发达，使这个古代荆蛮之地，逐步改造成为鱼米之乡和丝绸之府。

太湖地区在春秋时期属吴，战国时期先属越后属楚，秦时属会稽郡，西汉时期分属会稽郡、丹阳郡，东汉时期又分会稽郡而增设吴郡，三国时期属吴国范围，晋时分属吴郡、吴兴郡、丹阳郡、信义郡、南东海郡、南兰陵郡，隋朝分属吴郡、毗陵郡、丹阳郡、余杭郡、江都郡、宣城郡，唐朝分属江南东道、江南西道，五代为吴越、南唐属地，北宋分属两浙路、江南东路，南宋属江南东路、两浙西路，元朝属江浙行省，明朝分属应天府、镇江府、常州府、苏州府、松江府、嘉兴府、湖州府、杭州府，清代属江苏省、浙江省，民国至今属江苏省、浙江省、上海市和安徽省。

第一节 春 秋 至 南 北 朝

春秋战国到秦汉时期，黄河流域利用比较先进的生产工具，大量开拓耕地，兴办灌溉工程，农业生产比较发达，是我国政治、经济重心。长江下游的江南地区，人口稀少，生产工具比较落后，开发较迟，仅开凿一些为军事需要的河道。经济上还处于种植与渔猎、采集相结合的原始农业状态，其时江南地区的农业经济远远落后于黄河流域。

自东汉末年起，黄河流域豪强兼并，地方割据，战乱频繁，农业生产和社会经济遭到破坏，而长江以南的社会局势则相对安定。西晋永嘉之乱引起我国人口第一次大南迁，大批北方人民避乱南移，为开发江南，特别是太湖地区水土资源增添了劳力，带来了比较先进的生产技术；六朝（孙吴、东晋、刘宋、萧齐、梁、陈）相继建都南京，对太湖流域采取屯田经营，奖励垦殖，围滩造田等政策措施，使水利和农业生产有了长足进步。冶铁、丝绵织、造纸等手工业，造船和交通运输业，以及商业贸易等随之兴起。

当时江南运河已经开挖，促进了流域航运与港埠的发展。孙吴都城在建业（现南京），而经济基础在三吴（吴郡、吴兴郡、丹阳郡），供应建业的大量物资均由江南运河运送。商品流通加快和市场活跃，又促进了港埠建设和城市繁荣。南朝时期丹阳、常州、无锡、嘉兴、吴兴等地亦成为新兴商业城市，经济实力堪与关中地区并驾齐驱。

第二节 隋、唐至宋

隋朝拓浚江南运河，为进一步开发太湖流域提供了条件。唐代初期是我国封建社会的兴盛时代，封建经济全面高涨；中期安史之乱，引起我国人口第二次大南迁，北方形势呈现衰落，全国经济重心逐步转移到南方。在这南北兴衰交替的中唐时期，太湖地区得到了更快的开发。水利蓬勃兴起，耕地面积扩大，耕作技术改进，农作物产量提高，物产丰盛，经济水平开始居于全国领先地位。杭州在隋代以前尚是“地近东海”“水泉咸苦”，至唐后期已发展成为对外贸易的城市；苏州也因纺织业的发达而号称“雄郡”。吴郡人口也大量增加，隋时吴郡户数为18377户，而唐代开元年间（713—741年）为68093户，至元和年间（806—820年）已达100808户，为隋代的5.5倍。

经过隋唐两代的开拓和整治，江南运河已干道畅通，支河形成网络，可沟通长江、太湖，进一步促进了太湖流域经济的发展。至唐代，太湖流域当时已是全国的富庶地区，成为封建王朝粮食和税赋的重要来源地，有“赋出于天下，江南居什九”之说。

五代时太湖流域基本属吴越管辖范围，经其悉心经营，农业、手工业和商业在唐代的基础上继续发展。

宋代是我国封建经济继续发展的朝代。宋室南移是我国历史上第三次人口大南迁，太湖流域人口又有较大增长，开荒拓地比北宋时期更多，“田尽而地，地尽而山”，并推行稻麦两熟的耕作制度，精耕细作，粮食单产和总产有大幅度提高。当时著名诗人陆游称曰“苏湖熟，天下足”。此时，植棉和养蚕业亦在发展，吴中开始成为有名的蚕业区，全国著名的三处官办织锦院，太湖地区有苏州和杭州两处。苏杭两地拥有能工巧匠近万人，设置制造各种工艺品的“造作局”。随着商品经济范围的扩大，商业城市增多，杭州在北宋初期不过8000户，到南宋建都后已增为39万户，成为124万人口的大城市。南宋范成大《吴郡志》中引用民谚“上有天堂，下有苏杭”，将苏杭与天堂相媲比，此赞誉之词一直流传至今。

南粮北调始于隋代，北宋为漕运鼎盛时期。江南运河是漕运的通道，年运米量达600万～800万石。后元明清三代运量仍保持300万～500万石。常、镇、苏、松、杭、嘉、湖的粮食通过江南运河抵镇江，出京口闸渡江，北入瓜州运口，经大运河北运京师。清末，将征粮改为折色（折合成银两交税），漕运才告终。

宋代比唐代更依赖于江南的经济，苏、常、湖、嘉一带丰富的农产品，手工业产品和建筑材料等也由大运河运往京师。

第三节 元、明、清

元灭南宋后，基本保存了江南原有的经济基础，并把北方行之有效的劝农、建社、屯田、垦荒、清理土地、整顿户籍等利农安民政策推广到南方，使南方受军乱破坏的农业生产仍能缓慢发展。元代的疆土虽大，而太湖流域所属的江浙行省仍是朝廷岁入依靠之地。

明清两代，是我国封建社会渐趋没落、资本主义开始萌芽的时期，中英鸦片战争以后沦为半殖民地、半封建社会。在这前后580年内（1368—1948年），太湖地区的社会经济虽有兴衰起伏，但总的来说，继续保持全国优势地位。

明代初期，由于采取一系列有利于恢复、发展农业生产的政策与措施，全国经济处于上升阶段。太湖流域苏州、松江、常州、杭州、嘉兴、湖州等府，安置回乡复业的流民有12万余户，流民获得了“更名田”，佃农变成为自耕农，小土地所有者明显增加，深耕积肥，生产积极性普遍高涨。永乐二年（1404年）疏浚吴淞江南北两岸支流，引吴淞江水北入浏河，掣淞入浏，开挖范家浜，上接黄浦引淀泖之水，使黄浦以今复兴岛向西北流至吴淞口注入长江，故有“黄浦夺淞”之说，而上海的繁荣也随黄浦江的形成而逐步发展起来。

随着社会生产力的提高和农业经济的上升，社会分工日益细化，商品经济不断增长。首先是粮食商品化程度提高，有条件把部分粮田改种棉花一类经济作物，促进棉纺织业的兴起。南宋和元代从外地传进种棉和纺织技术之后，到了明代后期，松江、上海一带有一半耕地植棉，太仓县亦是“郊原四望，遍地皆棉”。自织自用的农民家庭副业，逐步转化为纺纱织布的小商品生产者和作坊，原料和产品亦有专商经销。松江在16世纪中叶已是“所出布匹，日以万计”“纺织成布，衣被天下”“去农而改业为工商者，三倍于前矣”。杭州、苏州、常州等已成为商业繁荣的都市，并陆续出现了十多处像盛泽、塘栖、南浔那样的新兴丝织业市镇。吴江盛泽丝绸市场全国闻名，明代中叶就开始兴旺发达，“居民丝绸，绵绫为市”。清代初期，上海有常设“花行”和专为广东、福建收买“花衣”的商行；无锡有不少商人开设字号，经营棉布购销，并兼营漂白、染色等加工业，一岁交易，不下数十百万（匹），故有“布码头”之称；苏州有纺织品加工的踹坊四百余处，踹匠不下万余人；浙西一带成为全国桑蚕生产和丝织业的中心地区，有“东南之利，莫大于罗、绮、绢，而三吴为最”之说。清乾隆年间丝绸产销创“入市交替，日逾万金”的规模。至光绪年间，更达到“日出万匹，衣被天下”的历史盛期。

随着商业发展和城市人口增加，服务行业也应运而生并迅猛发展。各地丝织业中出现一批做发包收购和批售生意的大包买商（账房），受包作坊的雇工多达十万余人。商业资本直接控制作坊生产进而转化为工业资本家，实物地租改变为货币地租，又使失去土地的贫苦农民流入城市，成为雇佣劳动者。凡此种种，说明资本主义经济结构和社会形态正在发生变化，但从全社会来看，这阶段仍是封建自然经济占统治地位。

1840年发生中英鸦片战争，是中国历史的转折点。在此时期，太湖地区成为倾销“洋货”的主要市场，原有的农村手工业和城市手工业，竞争不过现代机器工业，大批直接间接受害的手工业者和农民破产失业，变成劳动力出卖者。1894年后，民族资本近代工业兴起，至1911年中华民国成立前，全国工厂由72家发展到491家，增加近六倍，其中苏浙两省（主要在太湖地区）就有工厂148家，占全国的30.1%。

清道光二十三年（1843年），即鸦片战争后三年，上海被辟为商埠，外商纷纷涌入，以租界为据点，进行经济掠夺，但先进的思想、文化和技术也随之进入，打破了原有经济的封闭性，由重农而趋于重商，促使近代工业和商品经济进一步发展。

第二章 现 代 经 济

第一节 行 政 区 划

1949年以后，太湖流域的行政区划比较大的变动有两次；一次发生在1958年，将原属江苏省的松江、青浦、金山、川沙、南汇、奉贤、上海、嘉定、宝山和崇明十个县划归上海市，成为上海市的郊县；另一次发生在1997—2003年，苏州、无锡、常州、杭州等市市区扩大，上海市10个郊县，除崇明县外，均撤县建区。

其后又陆续有所变化，至2010年，流域内有关省、市的面积及现行行政区划如下。

一、江苏省部分

（1）苏州市。辖4个市辖区，即姑苏区、虎丘区、吴中区、相城区，1个工业园区；辖5个县级市，即吴江市、常熟市、张家港市、昆山市和太仓市。

（2）无锡市。辖6个市辖区，即崇安区、南长区、北塘区、滨湖区、惠山区和锡山区；辖2个县级市，即江阴市和宜兴市。

（3）常州市。辖5个市辖区，即天宁区、钟楼区、戚墅堰区、新北区和武进区；辖2个县级市，即溧阳市和金坛市。

（4）镇江市。在流域范围内有3个市辖区即京口区、润州区和丹徒区；还有2个县级市，即丹阳市和句容市。

（5）南京市。在流域范围内有高淳县，其中168平方千米属流域范围。

二、浙江省部分

（1）杭州市。在流域范围内有6个市辖区，即上城区、下城区、拱墅区、余杭区、西湖区和江干区，前4个区在太湖流域范围内，后2个区跨太湖和钱塘江两个流域；在流域范围内还有1个县级市，即临安市。

（2）嘉兴市。辖2个市辖区，即南湖区和秀洲区；辖3个县级市，即海宁市、平湖市和桐乡市；辖2个县，即嘉善县和海盐县。

（3）湖州市。辖2个市辖区，即吴兴区和南浔区；辖3个县，即德清县、长兴县和安吉县。

三、上海市部分

辖黄浦、徐汇、长宁、静安、普陀、闸北、虹口、杨浦、闵行、宝山、嘉定、浦东新区、金山、松江、青浦、奉贤16个区；另辖崇明县（包括长兴岛、横沙岛），不属太湖流域。

四、安徽省部分

流域范围内有宣城市郎溪县、广德县和宁国市的小部分，面积225平方千米。

第二节 流域经济概况

改革开放以来，太湖流域充分发挥了自然条件优越、交通便利、人口密集、科技和教育水平高、经济基础雄厚的优势，经济发展迅速，成为我国沿海主要的对外开放地区。2010年全流域地区生产总值达42904亿元，占全国GDP的10.8%，人均生产总值达7.5万元，是全国人均的2.5倍。流域内大中城市工业门类齐全，生产技术先进，高新技术产业发展迅速，钢铁、石油化工、汽车、机械、电子、轻纺、医药、食品等工业在全国占有重要地位。

随着工业化进程和产业结构的调整，到20世纪末，流域的产业结构中第二产业工业在GDP中的比重已超过第一产业农业和第三产业服务业。

一、江苏省部分

流域的江苏部分包括苏南的苏、锡、常、镇四市和南京高淳区部分地区。

苏南在20世纪80年代以发展乡镇企业著称，通过发展乡镇企业促进了农村的工业化，进入90年代以后，乡镇企业逐步消失，大量外资拥入，集体所有制也为多种所有制所代替，经过产业结构调整和改制，掀起了新一轮园区经济的浪潮，至2003年，苏、锡、常已有国家级开发区9处，省级开发区27处，其中国家级开发区占全省的3/4。苏南发挥紧靠上海的区位优势，承接和放大上海的辐射，并利用自己良好的工业基础和雄厚的人才资源，以其特有的吸引力、拓展力和竞争力，构建了“强劲外资＋活跃民资＋合作经济”的新苏南模式，形成了一批具有国内、国际竞争力的先进制造业和高科技产业。1997年、1998年苏南的GDP已占全流域的38%，相当于上海的86%。

20世纪90年代以来，苏南抓住了国际资本向中国，特别是向长江三角洲集聚的机遇，使苏南成为国内投资环境最佳、人气最旺的外资聚集地之一。至2003年年底苏南已有三资企业19500多家，世界著名的500强企业中，投资苏南的已超过1/4，其中苏州市累计合同利用外资已达560多亿美元，实际到位外资250多亿美元，在全国大中城市中仅次于上海，名列第二。2005年苏州市GDP已超过4000亿元，至2010年苏州市GDP达到9169亿元，年增长率达到13.2%。至2012年，全市累计注册外资1853.10亿美元，累计实际利用外资868.32亿美元。无锡市2010年GDP为5758亿元，到位注册外资33亿美元，尤其是高端服务业、高端技术领域利用外资实现了新突破，机电、生物医药等科技含量高、资源消耗少的项目明显增多。

在沪宁铁路、沪宁高速公路沿线，一条以电力信息设备制造和软件、生物医药以及精细化工和新型材料产业为主的高新技术产业带正在形成。在长江沿岸，以张家港沙钢集团和江阴兴澄钢铁为代表的钢铁、化工、火电等重化工产业正在崛起壮大。

苏南民营经济发展后劲强劲。2006年苏州市民营经济保持快速增长的态势，全市新增私营企业1.77万家，2006年年末累计超过10万家，达11.01万家，成为继上海、北京、广州、深圳之后第5个私营企业数超过10万家的城市；新增注册资金599.44亿元，2006年年末累计注册资金2302.12亿元。至2010年，苏州市私营企业达18.26万家。2010年，常州市私营企业达到6.7万家，注册资本1628.8亿元，民营经济占全市经济总量的比重近60%。

苏南经济形成区域发展特色，以苏州市为例，下辖的5个县级市的区域经济发展就各具特色，昆山以外资企业为主，且为台资集中地；张家港有沿海的区位优势，同时又是国家保税区；常熟属于老工业基地，近年又有新的发展；改区以前吴江也以民营经济见长，其优势在于机制较为完善，理念较为先进；太仓具有后发优势，是重要的港口，物流业也有很大发展前景。

苏州正在建设的物流中心是全国顶级物流中心之一，自由贸易区面积10平方千米，苏州所属的张家港、太仓和常熟均为长江沿岸的港口，可与公路、铁路联成交通发达的物流网络。苏州高新技术开发区科技自主创新的企业群正在崛起，高新技术产品产值已占工业总产值的68%。科技部、江苏省人民政府和苏州市人民政府共建的研发创新基地苏州科技城已落户在园区，为园区从制造业基地向科技研发基地升级转型提供了动力。

改革开放以来，苏南地区的第三产业也有很大发展，20世纪90年代第三产业的增长主要集中在交通运输、邮电通信、商业等部门，同时金融、保险、房地产、综合科研技术等部门也有很强的发展势头。

2010年流域江苏省部分GDP为19425.08亿元，占全流域的45.0%，当年进行的全国县域经济基本竞争力评价中，苏南地区的苏、锡、常17个建制县（市）进入全国百强，而且昆山、江阴、常熟、张家港、太仓、宜兴进入了前10名。其中昆山通过调结构、促转型、扩内需和稳增长等措施，实现地区生产总值2100亿元，累计完成财政收入480亿元，同比增长46.3%，名列全国百强县（市）第一位。

江苏已兴起沿江经济开发，是江苏区域经济发展的新的增长极，苏、锡、常、镇位于开发带的南部，又将成为江苏省新一轮经济发展的重要组成部分。

同时，苏南已经跨出了经济转型的步伐。自2007年夏太湖蓝藻暴发后，至2011年年底，无锡市累计关停化工、“五小”和“三高两低”企业[1] 1700多家，搬迁市区

[1] “五小”指的是：小食品经营及加工单位、小理发美容店、小旅店、小浴室、小歌舞厅；“三高两低”企业指的是：高投入、高消耗、高污染、低水平、低效益的企业。

166家企业。依靠先进制造业和现代服务业的“双轮驱动”，推动产业升级转变。无锡物联网、集成电路、光伏、软件服务外包、动漫、工业设计等已成商业化、规模化的转型产业类型。2010年无锡市实现服务业增加值2444.27亿元，占地区生产总值的42.4%；服务业完成投资1757.93亿元，占全市固定资产的58.9%。

二、浙江省部分

流域的浙江部分包括嘉兴、湖州两市和杭州市的大部分，位于浙江省北部。

浙北是浙江省经济发展较为迅速的区域之一，无论在农业、工业、第三产业和利用外资上都走在浙江的前列，对浙江的发展起着至关重要的带动作用。杭、嘉、湖一直是浙江省开放型经济发展较快的地区，除了区位、交通、地理的优势和便于与上海接轨以外，还具有极强的技术吸收和低成本生产组成能力，也对外资具有较强的吸引力。

浙北地区经济历史上以农业生产为主，1997年杭、嘉、湖三市的农业产值在GDP中的比重已减小到2.5%～16.6%，至2012年比重减少到3.27%～7.37%。丝绸、轻纺、皮革、食品等加工工业已有较大的发展，但工业发展相对落后，经济发展总体水平在流域中处于中下游，1997年和1998年GDP约占流域的18%。进入21世纪以来，电子信息设备制造、软件开发、医药、生物技术等行业已有所发展。至2010年杭州全市GDP达到5945.8亿元，嘉兴市GDP达到2296亿元；湖州市GDP达到1301.6亿元，杭、嘉、湖三市的GDP约占全省GDP的33%。

在农业发展方面，依托上海的内外贸易枢纽港位置，浙北地区农村经济通过调整生产结构，优化流通渠道，提高技术水准，发展以市场为导向的高效农业，畅通了进出口贸易，进入了世界市场。

在工业发展方面，浙北工业经济的发展过程起主导力量的是此区无数土生土长的块状经济（产业群）。其特点是由几百家甚至上千家企业聚集在某个区域内，形成相互紧密合作的地方性生产体系，这些企业清一色是土生土长的民营企业。改革开放以来，特别是20世纪90年代中期以来，浙北特色块状经济取得了快速发展，几乎每个县都有年销售额几十亿元甚至上百亿元的块状经济区域，在所在地区的发展中占有举足轻重的地位，成为当地经济发展的亮点。2007年嘉兴市共拥有3亿元产值以上的特色块状经济区域42个，其中100亿元以上的4个，50亿～100亿元的5个，20亿～50亿元的6个。特色块状经济实现工业产值1375亿元，占全市工业经济总量的70%。

在产业结构调整方面，根据2012年统计，嘉兴、湖州市的产业结构已处于“二、三、一”阶段，杭州市的产业结构处于“三、二、一”阶段，第一产业比重最高的城市湖州为8%，第二产业比重最高的城市嘉兴为58.5%，第三产业最高为杭州达48.7%，杭州正在发展为浙北的物流、人流、资金流和信息流的中心。

三、上海市部分

在全流域经济发展中，上海市居于中心地位，是经济实力、城市功能和辐射能力最强的城市。

随着国家改革开放的推进，1986年上海闵行开发区、虹桥开发区和1988年上海漕河泾经济开发区相继对外开放，特别是1990年浦东对外开放、浦东新区建立以后，上海市国民经济一直保持高速、健康发展。国内外一大批知名的公司和企业落户浦东，一批国有企业以浦东开发为契机，纷纷与国外有实力的企业进行联合、嫁接，促进了产业结构的调整和优化，推动了传统产业向新型产业的初步转变。传统的轻纺工业一部分向我国中西部转移，一部分通过技术改造向深加工、高质量、外向型发展。新兴的钢铁、机械制造、石油、化工、电力、家用电器、食品与服装等行业成为工业的主力，同时电力、航天、汽车、通信设备、电站设备、生物制药、计算机以及相关的高新技术产业迅速发展，有的已经成为本地的支柱产业。

上海第三产业的发展从20世纪90年代初开始加速，1990年12月中华人民共和国第一家证券交易所在上海成立。在整个90年代，金融、保险、房地产、信息服务、中介、运输、旅游、现代物流等现代服务业都有长足的发展。2007年第三产业增加值达6408.5亿元，占全市生产总值的比重达52.6%，至2010年第三产业增加值达9618.31亿元，占全市生产总值的比重达57.0%。消费对经济增长的拉动作用逐步增强，投资结构趋于优化，2010年外贸出口完成1807.84亿美元，较2002年的320.55亿美元，增长了近4.6倍。同时，上海经济的开放态势日益扩大，外资大量导入，2007—2012年外商直接投资实际到位金额年均增长14.5%，五年累计674.5亿美元。总部经济加快发展，上海市已有跨国公司地区总部380家，其中至2012年6月浦东新区已集聚184家跨国公司地区总部（其中亚太区总部54家），此外，还有111家国内大企业总部。跨国公司地区总部已在浦东形成投资总额100亿美元，年营业收入超过1500亿元，年纳税100亿元的规模。2010年，第41届世界博览会在上海成功举办，进一步带动了城市建设和经济发展，并产生了周边联动效应，不但拉动了上海的旅游业，而且对周边的旅游业和相关产业产生了巨大的促进作用。

1991—2008年，上海国民经济已经连续18年保持两位数增长，平均增长速度达到11%以上。地区生产总值2007年达到1.2万亿元，至2012年达到2.0万亿元，较2002年增长了3.7倍，地方财政收入2007—2012年累计达17072.4亿元，年均增长13%。上海正在向以“一个龙头，四个中心”为主要功能的社会主义现代化国际大都市大步前进。

从2007年起，上海逐步进入经济转型时期，对高能耗、高污染、高危险、低效益的“三高一低”企业及落后工艺产品实施调整，铁合金、平板玻璃、电解铝、皮革鞣制实行整行业退出，铅蓄电池、砖瓦等全行业调整。小化工、钢铁、有色金属、水泥、纺织、印染、四大工艺等行业数量明显压缩，实施调整项目累计达5400项以上，减少能源消耗超过780万吨标准煤，相当于上海市全部家庭1.5年的用电量。

从2002年开始上海市曾以GDP年增长11%的速度领跑全国，到2008年后已降至10%以下，至2012年进一步降到8%以下，逐步进入了适度增长经济转型的阶段，减少对投资、房地产、重化工业和加工型劳动密集产业的依赖，如 2011 年年增速为 8.2%，但固定资产投资增长接近于零，同时房地产增加值占第三产业的比重，也从最高时的近 15%下降到 8%以下。

进入转型阶段要求注重经济发展方式的转变，不仅要注重经济总量和发展速度，更要注重结构、质量和效益。同时，更要注重改善民生和改善生态环境。

第三章　经济总量及产业结构

第一节　经　济　总　量

太湖流域国内生产总值（GDP）1980年为1081亿元，1985年为1860亿元，1990年为2582亿元，1995年为5703亿元，2000年为9716亿元，2005年为20977亿元，至2010年达到42904亿元，增长迅速。流域和流域内省（市）2004—2010年的GDP见表3-3-1。从表3-3-1数据可以看出：

（1）流域2004—2010年期间，GDP年增长率在10.7%～19.8%之间变动，平均增长率为14.6%。2004—2010年，太湖流域GDP年增长率呈现出先增后减的趋势，2007年GDP年增长率最高，为19.8%。

表3-3-1　　太湖流域及流域内省（市）GDP　　单位：亿元

年　份	江苏省	浙江省	上海市	安徽省	太湖流域	流域增长率/%
2004	8020	2977	7944	2	18943	
2005	8830	3325	8821	2	20978	10.7
2006	10210	3822	9885	2	23919	14.0
2007	12383	4384	11878	2	28648	19.8
2008	14419	5125	13560	4	33109	15.6
2009	16551	5538	14730	5	36824	11.2
2010	19425	6796	16678	6	42904	16.5

（2）各省（市）GDP在流域内所占比重，江苏部分与上海大体相当，为39%～45%，江苏比重略高于上海，至2010年差值最大，江苏所占比重较上海高出6%。

第二节　产　业　结　构

太湖流域20世纪80年代工业化程度已相当高，1984年工业产值占工农业总产值的比值，上海为97.4%，苏锡常地区为87.3%，杭嘉湖为83.4%。

1997年年末流域内主要城市产值和就业结构见表3-3-2。

表 3-3-2　　1997 年年末太湖流域内主要城市产值和就业结构　　%

城 市	GDP 构成			就业结构		
	一产	二产	三产	一产	二产	三产
杭州	2.48	48.45	49.06	8.79	44.18	47.04
嘉兴	11.89	47.47	40.64	37.45	38.14	24.40
湖州	16.64	56.18	27.18	45.74	32.54	21.72
苏州	2.78	58.06	39.16	8.64	54.29	37.08
无锡	1.11	55.24	43.65	3.95	59.12	36.93
常州	2.47	60.88	36.65	5.02	48.73	46.26
上海	2.3	52.2	45.5	10.0	45.8	44.2

从 GDP 构成看，1997 年年末各市已经入“二、三、一”阶段，第二产业已占 47%～60%，第一产业最高的湖州也只有 16%，而第三产业最高的杭州已达 49%，超过了第一产业和第二产业；从就业结构看，除湖州、嘉兴第一产业农业劳动力仍占较高百分比，分别为 46%和 37%而外，其余各市第一产业均不超过 10%，而第二产业除嘉兴、湖州外，劳动力所占百分比已达 44%～59%，杭州第三产业所用劳动力已达 47%，也超过了第一产业和第二产业。

2000—2010 年，全流域第一、第二、第三产业在 GDP 中所占比重的变化见表 3-3-3。

表 3-3-3　　太湖流域 2000—2010 年的产业结构变化　　%

年 份	2000	2001	2002	2003	2004	2005	2006	2007	2008	2009	2010
第一产业	4.02	4.13	3.72	3.08	2.68	2.49	2.24	2.04	1.81	1.96	1.85
第二产业	52.48	50.98	51.19	53.91	54.92	55.39	55.16	54.96	53.09	49.64	49.91
第三产业	43.5	44.88	45.09	43.01	42.40	42.12	42.60	43.00	45.11	48.41	48.24

可以看出，第一产业除 2001 年略有回升外，以后逐年下降，至 2009 年小幅回升后，又下降，从 2001 年的 4.13%下降至 2010 年的 1.85%；第二产业呈现先降后升再降的趋势，比重从 2000 年的 52.48%下降至 2010 年的 49.91%；第三产业的比重呈现出先升后降再升的趋势，从 2000 年的 43.5%上升至 2010 年的 48.24%。

21 世纪初，第二产业比重继续增长的原因与我国重化工产业的发展有关。同一时期太湖流域也发生了类似情况，工业的产业机构由轻纺工业占优势转向重化工业占优势的方向发展，电力、钢铁、石化、汽车、造船、机械设备、电子信息、建材等工业成为国民经济增长的主要动力。发生这一转变的内在原因是能源、交通、通信和水利等基础设施建设，拉动了电力、运输车辆、建筑材料、钢铁、石油化工和机械电子等产品和建筑业的需求，推动了第二产业的发展。

2007 年以后，太湖流域逐步进入经济转型时期。流域内各省（市）陆续关闭一些对环境影响较大的企业，降低了重化工行业在工业总产值中的比重。

第三节 农 业

一、农业产量产值的发展变化

太湖流域素以“鱼米之乡”和“丝绸之府”蜚声中外，是我国重要的稻、麦、油菜种植区，也是桑、茶、竹、橘等经济作物的产区，又是淡水渔业基地。传统农业精耕细作，粮食稳产高产，主要农产品人均产量一直处于全国较高水平，是我国农村经济发展水平最高的地区。中华人民共和国成立以来，农业生产虽也遇到过挫折和困难，但基本上是向前发展的。发展较快的是新中国成立初期和“一五”时期（1949—1957年），苏、锡、常、镇、杭、嘉、湖、沪八市农业总产值总增长为40%～90%，多数在60%以上。与1949年相比，全流域粮食总产量增长了60%以上。

农业发展较慢或停滞不前的是三年困难时期（1959—1961年），与1957年相比，1962年流域粮食总产虽增长了10%，但其他农产品大多数有不同程度下降。农业总产值除少数市略增以外，多数下降10%。在“文革”期间（1965—1975年）流域粮食总产仅增长17%，且其他农产品增长缓慢。改革开放以来，尤其在1978—1984年发展迅速，八市农业总产值总增长在50%～100%之间。20世纪80年代全流域常年粮食总产约1200万吨，高产年份可达1400万吨。其中，1984年为1636万吨，创历史最高纪录。按1984年全流域耕地2652万亩计算，常年粮食亩产为452千克。

随着经济建设的发展和城镇化水平的提高，建设用地大量增加，耕地面积不断减少。全流域1984年、1996年、2005年耕地面积依次为2652万亩、2265万亩和2026万亩。2005年耕地面积只有1984年的76%，其中粮食种植面积减少的百分比更大。

其中，江苏省1984年、1996年、2005年耕地面积依次为1400万亩、1212万亩和1027万亩。2005年比1984年减少373万亩，减少了26.6%，减少的百分比高于全流域平均数。苏南地区过去是江苏省粮食的主产区，20世纪80年代中期属于当时上海经济区的范围，农业生产结构已开始按照贸、工、农方针发展，由建设商品粮基地逐步改变为建设出口农副产品的基地和食品工业基地。同时江苏省粮食生产重心已逐步向苏北转移。

据统计，2005年和2006年流域粮食产量分别为690万吨和743万吨，只相当于20世纪80年代常年产量的57.5%和61.9%。至2010年流域粮食产量为711万吨，又进一步减少。

二、科技应用和结构调整

中华人民共和国成立后水稻栽培技术不断提高，20世纪50年代推广“三黄三黑”看苗施肥以及水浆管理等晚稻高产技术。60年代中期起，实行培育壮秧，大苗栽培，合理密植，施足基肥和按苗情变化分次追肥。在管理技术上，采用促控适度，前期浅水勤灌，中期适时搁田，后期薄水勤灌的水浆管理制度。80 年代起，在苏南地区又推广了水稻叶龄模式栽培法。

小麦在 20 世纪 50 年代改小畦为阔畦，推广开沟排水，增加肥料用量，田间管理普及耕翻、敲碎、撩土和除草。60 年代推广合理密植，增积草河泥，增施氨水化肥。70 年代由低产向中产阶段发展，结合农田基本建设，开好田间套沟，薄片深翻，普及施足基苗肥和拔节孕穗肥。70 年代后期至 80 年代中期，由中产向高产阶段发展，推广小麦叶龄模式栽培法。90 年代随着生长期长的晚稻品种的应用，试验并推广了稻田免耕套播小麦。

随着现代科技和经营方式被广泛采用，流域内农业集约化程度进一步提高，基本实现了农田水利化和田间播种、植保、收割机械化。由于采用优良品种，不断改进农艺，建设高产农田，单产继续有所提高。如上海市郊区水稻优良品种覆盖率，由 1998 年的 5%提高到 2003 年的 87%，基本实现优质化。在 2004 年前的 10 年间，水稻单产一直稳定在 500 千克以上。为了提高耕地质量，鼓励种植绿肥和使用有机肥，培肥地力，翻耕晒垡。同时，加快推进郊区化肥和农药的减量使用，减少农业面源污染。

太湖流域的农业施肥方式，在 20 世纪 50—60 年代以有机肥为主，70—80 年代初为有机肥与化肥相结合。由于双季稻和三熟制推广，化肥用量大增，其后至 90 年代中期变为以化肥为主，有机肥为辅，90 年代中期以后虽仍以化肥为主，但化肥用量已有所控制。

草塘泥是太湖流域的传统施肥方式，20 世纪 80 年代以后由于劳动力价格提高，罱泥施肥方式已被化肥所代替。

以江苏省常熟市为例，每公顷化肥用量 1960 年为 26.8 千克，1980 年为 349.5 千克，1998 年为 566.2 千克。

太湖流域农业产业结构从过去的“以粮为纲”转变到农林牧副渔全面发展。20 世纪 90 年代中期以来，农业结构又有新的调整，主要是推进粮、经、饲（料）三元种植结构，发展经济林果和多种养殖业，使农业增效和农民增收。1978—1999 年，上海种植业比重下降了 35%，杭嘉湖下降了 9%～16%。苏南地区种植业占农业总产值比重变化较小，但种植业内部结构变化明显，粮经比例已由 7∶3 调到 6∶4，以粮食生产为主的传统格局已有所改变。

近年来，流域内除了粮食棉花生产继续稳定高产外，水产、桑蚕、生猪、茶叶、油菜籽、食用菌也继续增产。此外，还根据市场需要，引进现代化农业设施，种植蔬菜、瓜果、花卉、苗木，既提高了农业产值，又增加了农民收入。

第四节　工　　业

太湖流域是我国近代民族工业的发源地，1978 年改革开放后，工业化进入了加速发展期。

一、工业化初期至中期

20 世纪 70 年代末至 80 年代以乡村工业为增长点，以消费类产品生产为主导，乡镇工业异军突起，成为区域经济重要支柱，在工业总产值中比重上升，可达 1/3 左右，并推动经济加速发展，1985 年流域 GDP 达到 1850 亿元。

产业结构随之变动，第一产业大幅度下降，1990 年产值比重降到 11.3%，第二产业迅速增长产值比重达 60%。投资类消费品生产（包括服装、电子）增长很快，电气机械、电子通信发展也增长较快，第三产业也明显增长。1990 年流域 GDP 达 2582 亿元，较 1985 年增长 40%。

二、经济高速增长期

20 世纪 80 年代中期至 90 年代中期，以发展外向型经济为增长点，带动重工业发展，流域经济进入高速增长时期。

1985 年国务院批准长江三角洲为沿海经济开放地区。1990 年中央作出关于浦东开发开放的决定，在此前后上海及苏浙两省大批各类开发区开始启动；上海除浦东新区外，还有虹桥、闵行、漕河泾等开发区；苏南有苏锡常高新技术开发区、苏州和无锡经济技术开发区、张家港保税区、苏州新加坡工业园区；浙江有杭州下沙高新技术开发区等。仅 1992 年，苏、锡、常实际利用外资达 13 亿美元。乡镇企业也通过引进外资和进行技术嫁接实现了改革和发展，并实现了高速发展，乡镇企业产值在流域工业总产值中的比重进一步增长到 1/2。在港口开发推动下，在临江地区建设了一批石油化工、钢铁、电力等企业。1995 年流域 GDP 达到 5703 亿元，比 1990 年约翻了两番。

三、工业化中后期

经历了 10 年经济高速增长，同时国内外经济形势发生了较大变化，原有的传统体制和粗放型经济增长方式，开始阻碍经济增长。1997 年暴发了东南亚金融危机，影响了我国出口和外资引进，流域经济出现了矛盾和困难，乡镇企业和外向型经济增长对经济的带动作用不断弱化。对此，地方政府提出了结构调整、重组和制度创新等对策和措施。随着结构调整、东南亚经济度过危机和外资进一步活跃，经济继续发展。

这一时期城市经济活力大大增强。上海定位为全国的经济、金融、贸易和航运中心，城市功能大量置换，大部分劳动密集型产业不断缩小，金融、信息服务以及电力机械、汽车制造、石化等制造业极大扩展。杭州 1990 年以后产业结构化进入了快速变动期，机械、建材、仪表、丝绸等在工业中的比重不断下降，电子、通信、医药、化工等新兴制造业快速发展。苏州、无锡通过新产业区建设和大量跨国公司、外资的进入，推动了高新技术制造业的发展，沿江开发初步形成重化工业区和沿江工业走廊。

这一时期制造业在 GDP 中所占比重很高，制造业投资的大量涌入，极大地强化了制造业基地的地位。2000年制造业内部的结构，以电气机械、纺织、化工医药、电子仪表等为主，电子和电气工业发展迅速，部分地方纺织业缩小，但流域内纺织业仍有相当比重。

第五节 交 通

太湖流域的陆上交通发达，有沪宁、沪杭、宣杭、新长4条铁路线，新建成通车的有京沪高速和沪宁、沪杭城际高速铁路；高速公路有沪宁、沪杭、申苏浙皖、沈海、沿江、宁杭、苏嘉杭等国家级高速公路，以及数量众多的省级高速公路。长江江阴大桥、润扬大桥、连接常熟和南通的苏通大桥的建成进一步加强了苏南与苏中、苏北的联系。分别连接宁波和绍兴的两座杭州湾大桥不但便利了杭州湾两岸的交通，也缩短了上海到宁波、绍兴等浙东地区的距离。

太湖流域经济发达，物流量大，对水运也有巨大的需求，并造就了国内最发达的内河运输网络，内河可通航里程约1.3万千米。主要航线有江南运河、锡澄运河、苏申内港线和外港线、长湖申线、杭申线等，与乍嘉苏线和角平申线等构成了内联两省一市、外通长江和钱塘江的内河航运网络。在铁路提速和高速公路迅猛发展的情况下，内河货运量仍占流域总货运量的60%～70%，并占全国内河总货运量的1/3。

上海正在建设国际航运中心，加快开发长江口深水航道，水深从7米加深到12.5米；加快深水港建设，以集装箱为重点调整改造黄浦江老港区，充分利用长江南岸、杭州湾北岸和沿江沿海岛屿深水岸线。建成了洋山深水港区工程和外高桥港区一期至六期工程，集装箱码头合计设计吞吐量超过1800万标箱。洋山位于南汇芦潮港东南30千米，水深达15米，并建成了32.5千米长的跨海大桥达芦潮港与大陆相连，港区陆域面积达30平方千米。

此外张家港、太仓港、乍浦港等又共同形成面向国内外、专业分工和快速发达的集疏运体系。

太湖流域有4座航空港，上海有虹桥机场和浦东机场，开通的国内外航线100多条，两机场共5条跑道，4座航站楼设计年保障旅客能力达1亿人次，为上海及周边地区提供航运服务。此外还有苏州、无锡之间的硕放机场和常州的奔牛机场，可直连苏、锡、常城市中心。

流域水陆空交通条件的改善，保障和促进了区域经济的进一步发展。

第四章 人口变化及城镇化进程

第一节 人 口 变 化

一、不同时期的人口变化

据不完全统计，太湖流域总人口1949年为1930万，1984年为3144万，1997年为3611万，2006年为4830万，2010年为5734万。1949—1984年35年增加1214万，年增35万；1984—1997年14年增加467万，年增33万；1997—2006年9年增加1219万，年增135万；2006—2010年4年增加904万，年增226万。前两个时期人口年增量主要是自然增长，后两个时期年增量主要为机械增长，增长的人口主要是流域外人口的流入，尤其是吸收了大量流域外农村劳动力。

二、人口分布

太湖流域人口分布特点为东部人口密度高于西部，平原区高于山丘区，沿江沿海高于内地，城市高于农村。据1984年人口密度统计，每平方千米人数全流域为852人，江阴、沙洲、上海、川沙、嘉定、南汇等县高于900人，其中江阴、上海、川沙、嘉定超过1000人；其次为常熟、无锡、吴县、武进、丹阳、宝山、奉贤、金山以及杭嘉湖部分县市，为700～900人；宜兴、溧阳、金坛、长兴、德清、安吉等县均低于700人，其中长兴、安吉最低，仅为200～400人。

至2010年，全流域人口密度为1551人每平方千米，各省（市）人口密度见表3-4-1。

表3-4-1　　各省（市）2010年人口密度

省（市）	江苏省	浙江省	上海市	安徽省	太湖流域
2010年人口/万人	2370.0	1127.5	2221.0	5.6	5724.1
面积/km^2	19399	12095	5176	225	36895
人口密度/(人/km^2)	1222	874	4291	249	1551

在各省（市）中人口密度以上海最高，每平方千米为4291人，其次为江苏1222人、浙江874人，最低为安徽249人。

第二节 城镇化进程

一、推动太湖流域城镇化进程的主要因素

（一）农业发展

初期城镇的发展与农村商品经济的发展关系密切。太湖流域是鱼米之乡、丝绸之府，至20世纪五六十年代商品粮仍占全国的40%～50%，农村大量种桑养蚕和种植棉花，农村商品经济的发展促进了城镇的发展。

流域内有不少城镇是由农产品集散与加工中心发展而成。如曾是全国三大米市之一和民族纺织工业集中地的无锡，就由大米和布匹的集散和加工发展而来；一些有名的城镇如盛泽、震泽、周浦、朱泾也是在农产品集散中心基础上发展成丝织或棉纺的加工城镇。

（二）江河湖海交汇的地理位置

上海市位于长江与黄浦江交汇处，且有广大的腹地；杭州位于钱塘江与江南运河交汇处；苏、锡、常、镇、嘉等均沿江南运河分布；湖州位于东、西苕溪入太湖尾闾。太湖流域大中城市是依靠河网丰富水土资源的优势和交通便利条件而发展的。

（三）中心城市上海兴起

根据从明代《永乐大典》中辑出的《宋会要辑稿》，北宋时朝廷已设立了征收酒税的办事机构“上海务”，南宋末期咸淳三年（1267年），在华亭县东北地区上海浦西岸设立上海镇，设有市舶公司、巡查司和酒税务等机构。元初至元二十八年（1291年），朝廷批准上海镇升格为上海县，县治就在宋代的上海务。原华亭县升格为府，上海成为一个县级规模的政区。在升格为县时，上海镇已有六万四千多户，十几万人口。

1840年鸦片战争后上海被辟为通商口岸，1845年11月英、中双方签订《上海租地章程》，设立了中国近代第一个租界——英租界。随后，在1848年与1849年又先后成立美租界与法租界。1863年英租界与美租界合并，称公共租界。经历次扩张，上海租界总面积达48653亩，是1845年的57倍。1936年上海租界总人口超过160万，形成公共租界、法租界和华界并存的格局，随着租界的扩张和港口建设加快，上海从封闭的县城转换为外向型通商港城。

由于具有滨江临海和腹地广阔的优势以及历史发展形成的基础，在1840年鸦片战争后上海被辟为通商口岸，人口迅速增加，市区人口从1840年的20万人发展到1949年的420万人，为当时太湖流域人口1930万的21.8%。上海的兴起成为流域城镇化进程的巨大动力，不但形成人口的地区集聚，而且对外围苏浙两省产生强大的吸引力，使苏、锡、常、杭、嘉、湖、宁、绍，以及南通、扬州、盐城等地农村人口大量流入上海。同时，对周围地区还有辐射作用，使无锡、常州成为江苏省民族工业发展较早的工业城市。

二、太湖流域城镇化发展进程

（一）1984年城镇化情况

1984年年末流域总人口3144万，非农业人口1340万（未计农村从事非农业劳动人口，下同），城镇化程度为42.6%，为全国的2.3倍。1984年流域有特大城市上海，大城市杭州、无锡、苏州，中等城市常州，小城市嘉兴、湖州、常熟，合计特大与大中小城市8座。此外，有特大城市卫星城7座、县城24座、县属镇80座、乡集镇858座（已扣除与县属镇重叠的集镇）。平均每4400平方千米有一个市，每340平方千米有一座建制镇，远高于全国平均水平。形成以上海为中心，苏、锡、常、杭、嘉、湖等城市为骨干的沪宁、沪杭铁路沿线城镇带，集聚城镇人口960万，占全流域城镇总人口的73%。

（二）1997年城镇化情况

1997年末流域总人口3611万，其中非农业人口1767万，城镇化程度为48.9%，比1984年上升6.3%。流域内有上海、杭州2座特大城市，无锡、苏州、常州3座大城市，镇江、宜兴、江阴、溧阳、锡山、湖州、嘉兴、常熟、丹阳9座中等城市，以及吴县、吴江、昆山、张家港、余杭、武进、海宁、桐乡、太仓、金坛、平湖、临安12座小城市。以上合计5万人以上城市26座，在我国沿海四大城市群（沪宁杭、京津唐、珠江三角洲、辽宁中南部）中居首位。

至2000年，大中城市规模进一步增加，特大城市增至上海、杭州、无锡、苏州4座，大城市为常州、镇江2座，中等城市有江阴、张家港、湖州、溧阳、常熟、嘉兴、昆山、宜兴、丹阳、吴江10座，小城市有余杭、武进、海宁、太仓、桐乡、金坛、平湖、临安8座。大、小两种类型城市的减少除类型升级以外，行政区划变动是另一个原因。

1997年流域内各省（市）的城镇化率及GDP见表3-4-2。由表3-4-2可见，城镇化率最高的是上海市，达75.4%，其次为江苏省36.3%，浙江省居第三，达33.3%。

表3-4-2　　1997年太湖流域内各省（市）城镇化率及GDP

省（市）	年末人口/万人	非农业人口/万人	城镇化率/%	GDP/亿元
江苏	1533.91	556.67	36.3	2841.35
浙江	834.95	278.23	33.3	1335.61
上海	1234.91	931.46	75.4	3316.58
安徽	7.63	0.84	11.0	2.73
太湖流域	3611.4	1767.2	48.9	7496.26

（三）2010年城镇化情况

2010年年末流域总人口5724.1万，城镇人口为4278.1万，城镇化率为74.74%。

将1997年和2010年的城镇化率加以比较，13年间城镇化率增加了25.84%。2010年流域内各省（市）的城镇化率及GDP见表3-4-3。由表3-4-3可见，2010年在流域内各省（市）之间，城镇化率以上海为最高，达88.41%，江苏省其次，为69.06%，浙江省居第三，但也达到了60.06%。

表3-4-3　　太湖流域各省（市）2010年城镇化率及GDP

省（市）	常住人口/万人	城镇人口/万人	城镇化率/%	GDP/亿元
江苏省	2370	1636.7	69.06	19425.08
浙江省	1127.5	677.2	60.06	6795.88
上海市	2221.0	1963.5	88.41	16677.99
安徽省	5.6	0.7	12.86	5.54
流域合计	5724.1	4278.1	74.74	42904.49

第四篇

水旱灾害

太湖流域属北亚热带和中亚热带气候区，雨水丰沛。流域滨江临海，流域内大部分为平原区，地势低洼，河网如织，有“鱼米之乡”之称。特殊的地理位置和地形地貌，使流域常受洪、涝、旱、台、潮等自然灾害的侵袭。据统计，自东晋开始至中华人民共和国成立以前（1948 年），流域有记录的洪涝、干旱等灾害就分别达到 326 次、153 次。1949 年以后，又发生了 1954 年、1991 年、1999 年等多次流域性大洪水，以及 1971 年、1978 年两次较严重的干旱。

第一章 洪 涝 灾 害

一般称上游来水或客水为“洪”，以本地降雨产水为“涝”。由于太湖流域平原区占流域总面积的80%，而平原河网地区遭遇大范围持续降雨或局部大暴雨成灾时，往往一片汪洋，难以严格区分洪水与涝水。因此，统称洪灾，实际上其中也包含了涝灾。

第一节 灾害的成因和地理分布

一、洪灾成因

造成太湖流域洪涝灾害的因素较多，除自然因素，如降雨、地形外，还包括受人类活动影响。

（一）降雨

太湖流域的洪涝灾害主要是由降雨造成的。成灾降雨的类型主要有两类：一类为梅雨型，特点是降雨历时长、总量大、范围广，往往会造成流域性洪涝灾害；另一类为台风暴雨型，特点是降雨强度大、暴雨集中，易造成区域性涝灾。

其中，6月中旬至7月上旬以梅雨型为主，8—9月以台风暴雨型为主，个别年份如梅雨滞后而台风早发，两类也可能叠加造成严重的灾害。

（二）地形条件

太湖流域平原低洼地区地面通常低于汛期河湖水位，降雨量过大时，上游洪水和本地涝水汇集于低洼地区，易生洪涝灾害。流域内虽河网密集、湖泊众多，但水面比降平缓，又受周边江海潮位顶托，泄水不畅，河湖水位易于涨高，但退落缓慢，易加重洪涝灾害。

（三）人类活动

1. 围湖造地与联圩并圩

自古以来太湖流域为富庶之地，历史上由于人口迅速增长，土地资源不足，造成围垦之风盛行，致使湖泊面积减少，河道缩窄淤浅，水面日减。中华人民共和国成立后，大规模围湖造地，特别是20世纪60年代和70年代，围垦面积占总围垦面积的94%，仅湖泊被围垦的面积就达528平方千米，减少蓄水能力近10亿立方米。由于联圩并圩，太湖流域水面面积从80年代初期的6175平方千米减少至90年代末的5551平方千米，减少了624平方千米。大量围湖和联圩并圩，不仅削弱了洪水调蓄能力，同时也切断了与湖荡通联的河道，阻碍洪水排泄。此外，圩区排涝动力加强、圩外水面率降低导致河道水位上涨加快，高水位持续时间延长，致使流域和地区水情恶化。

2. 长期过量开采地下水

长期过量抽取地下水导致地面沉降，也是流域洪涝灾害加剧的原因之一。随着地表水污染状况严重，太湖流域主要城市及工业区曾普遍过量开采地下水，形成地下水漏斗面积超过7000平方千米，引起地面大范围不同程度沉降，降低了水利工程的防洪标准，加大了防洪压力。

3. 城市化建设

近年来，太湖流域城市化迅速发展，不透水面积增加，部分水面遭到填塞、侵占，导致地表径流系数提高、产水量增加。城市防洪工程建设加大了排水能力，涝水出路未得到妥善安排，进一步加剧了洪水风险。

二、灾害分布

洪涝灾害的分布主要与降雨的时空分布有关，降雨量大和降雨集中的区域也是灾害严重的区域。1954年梅雨和1999年梅雨，均是流域南部浙西区和杭嘉湖区两个水利分区降雨量很大。两年灾区分布也类似，1954年受灾农田苏、浙两省均为300万亩，但成灾面积浙江为江苏的2倍，农田灾害损失也高于江苏。1999年灾区主要在浙江省湖州和嘉兴两市，灾情以湖州最重，嘉兴次之。湖州的南浔、菱湖等几个著名小城镇受淹严重，嘉兴市区淹没面积达建成区的41.2%，流域浙江部分圩区破圩895座。1991年梅雨集中降雨的地区正相反，流域北部三个水利分区湖西、武澄锡虞、阳澄淀泖分区雨量最大。有两次暴雨过程中心均在湖西区金坛，大量洪水沿江南运河东下，先淹常州，再淹无锡，后淹苏州，苏州市建成区一半被淹，大量工厂企业及居民住房被淹。苏锡常地区破圩面积55.5万亩，常锡两市千亩以上圩区受淹389座。三市灾害直接经济损失80多亿元，接近全流域损失的八成。

由于流域气象条件和降雨特点，洪涝灾害主要集中在夏秋两季，尤以夏季居多，由梅雨形成的太湖及各地最高水位大多出现在7月，由台风雨形成的高水位则可以持续至10月。

第二节 历史灾情

宋代以前，尤其是隋唐以前，太湖流域有关水旱灾害的记载较少，宋以后记载有所增加，但也不像现代有水文气象条件可作对照分析。不同时期关于受灾面积和田亩数的标准也不一。在1992年国家防总和国家统计局颁布《洪涝灾害统计报表制度（暂行）》之前，全国并没有统一的统计范围和口径，因此各地统计上报的受灾、成灾面积和田亩数，由于标准不一并没有严格的可比性，只能作为灾害大致情况的记述。

一、历史灾情统计

自东晋至民国（317—1948年）的灾情统计分析见表4-1-1。从表中可看出，北宋以前至东晋的662年中共发生水灾38次，平均17.4年一次，其中大水灾11次，平均60.2年一次，而北宋至清代的933年中，发生水灾288次，平均3.2年一次，其中大水灾和特大水灾85次，平均11年一次，说明太湖流域水灾越来越频繁。

表4-1-1　　太湖流域317—1948年水灾统计表

朝代	起讫年份	年数/年	一般水灾		大水灾		特大水灾		合　计	
			次数	重现期/年	次数	重现期/年	次数	重现期/年	次数	重现期/年
东晋	317—419	103	5	20.6	2	51.5			7	14.7
南朝	420—588	169	10	16.9	2	84.5			12	14.1
隋唐	589—892	304	9	33.8	7	43.4			16	19.0
吴越	893—978	86	3	28.7					3	28.7
北宋	979—1126	148	12	12.3	16	9.3			28	5.3
南宋	1127—1278	152	30	5.1	10	15.2			40	3.8
元	1279—1367	89	35	2.5	10	8.9	1	89	46	1.9
明	1368—1643	276	72	3.8	21	13.1	6	46	99	2.8
清	1644—1911	268	54	5.0	14	19.1	7	38.3	75	3.6
民国	1912—1948	37			1	37	1	37	2	18.5
合计		1632	230		83		15		328	

注　1. 表中水灾按受灾范围分类，一般水灾受灾范围为1府或5县以上，大水灾范围为10～20个县，特大水灾范围在20个县以上。

2. 民国时期，地方志书甚少，缺少一般水灾记载。

1931年、1954—1991年的灾情统计见表4-1-2，1992—2010年的灾情统计见表4-1-3。

表4-1-2　　1931年、1954—1991年太湖流域洪涝灾害情况统计表　　单位：万亩

年　份	受灾面积	失收和重灾面积	轻灾面积	成灾合计	备　　注
1931	592				全流域41个县，只是31个县统计数
1954	866			439	
1956	457	124	133	257	
1957	675	99	146	245	
1962	644	258	253	511	
1963	567	140	143	283	
1980	407	37	206	243	
1983	419			177	

续表

年　份	受灾面积	失收和重灾面积	轻灾面积	成灾合计	备　　注
1987	508	73	96	169	
1989	473	103	205	308	
1990	472	55	186	241	
1991	696.9			158.4	

注　在1992年3月国家防总及国家统计局颁布《洪涝灾害统计报表制度（暂行）》之前，国家并没有统一的灾害统计口径，因此，此前的统计数字，并非严格可比，仅能作参考。

表4-1-3　　　　1992—2010年太湖流域洪涝灾害情况统计表　　　　单位：万亩

年份	受灾面积	失收和重灾面积	轻灾面积	成灾合计	备注
1992		0.179万 hm^2			
1993		27		223	
1994					
1995	411			184	
1996	590	40		260	
1997	826	7		144	
1998					
1999	1031			500	
2000					
2001	387	27		209	
2002	118	12		46	
2003	145	11		69	
2004	74	3		16	
2005	571	22		186	
2006	6	1		3	
2007	257	14		86	
2008	232	14		81	
2009	114			47	
2010	112			53	

二、历史灾情辑录

以下辑录自元代至清代发生大面积水灾及太湖水溢的部分年份灾情。

元大德十年（1306年），五月平江、嘉兴二郡水害稼，七月吴江大水，太湖溢，漂没田庐无算。

元至顺元年（1330年），润、常、苏、松、杭、嘉、湖诸路州县皆大水，没民田。秋闰七月，平江、嘉兴、湖州、松江三路一州坏民田三万六千多顷，被灾者四十万五千余家。

明永乐二年（1404年），五月大雨，吴江田禾尽没。苏松嘉湖四府俱水。

明永乐三年（1405年），六月朔至十日淫雨，大水，田禾淹没。

明正统九年（1444年），七月十七日大风潮，淹田摧屋，太湖水高一二丈，沿湖人畜庐舍，四望无存，嘉兴、湖州大水，江湖泛滥，堤防冲决，淹没禾稼。

明成化十七年（1481年），二十一府县先旱后水，被灾甚广。丹徒、丹阳、金坛、溧阳、宜兴、无锡、常熟、吴江、太仓、湖州、长兴、桐乡、嘉兴、松江、嘉定、南汇等地均有大水和田稼灭没情况的记载。

明弘治七年（1494年），七月苏常镇三府大雨，太湖溢，平地水五尺，民多溺死。吴江大水，舟行入市，田淹几尽。嘉兴五月大雨水涨，水淹田禾。

明正德五年（1510年），二十五府县大水为灾。丹徒、溧阳、丹阳、金坛、宜兴、武进、苏州、吴县、常熟、江阴、昆山、吴江、湖州、德清、桐乡、嘉兴、平湖、华亭、上海等地分别有春夏阴雨，水及树杪❶，害稼民饥，庐舍漂没，饿殍满路，饥疫死者无数。

明嘉靖元年（1522年），七月二十五日大风竟日，太湖水高丈余，滨湖三十里内，人畜漂溺无算，田禾多被灾。

明嘉靖四十年（1561年），二十八县府大水，春夏淫雨，兼以高淳东坝决五堰下注（注：指水阳江洪水入侵太湖流域），太湖六郡全淹。秋冬淋潦，场圃行舟，水位高于正德五年，苏州水至次年二月始退，嘉兴水至当年十一月弗退。

明万历十五年（1587年），二十五府大水。五月浙江大水，杭、嘉、湖、应天、太平五府江湖泛滥，平地水深丈余。夏秋淫雨不止，宜兴夏大水，秋七月太湖水高二丈余，漂荡民舍无数，死者千余人。秋湖州太湖溢，平地水深丈余。

明万历三十六年（1608年），二十四府县夏秋淫雨大水。是年杭州西湖水溢入涌金门，自清波门至府署水深四尺，宜兴、武进、常熟、吴江、昆山、太仓、余杭、湖州、嘉善、平湖均有田圩淹没，陆地行舟，庐舍俱浸，禾黍俱漂等灾情记载。

明天启四年（1624年），二十七府县大水，丹徒、丹阳、金坛、武进、无锡、江阴、吴县、吴江、湖州、长兴、桐乡、海盐、海宁、嘉善、华亭、娄县、奉贤等地均有河流泛滥、舟行阡陌，秧苗尽没，秋禾不登等记载。江阴江潮漂没五千余家，积尸无算。

清顺治八年（1651年），二十二府大水，太湖上游湖州、高淳、镇江、溧阳、武进和下游吴县、常熟、昆山、嘉兴、海宁、松江、青浦、上海等地，均有江河浸溢和漂没田庐等记载。

清康熙九年（1670年），二十四府县大水。湖州、吴县、吴江、昆山等地因太湖水溢，田禾尽淹，陆地行舟，流民载道。常熟、南汇、上海等地因海溢受灾，海滨人

❶ 树杪：树梢。

多溺死。其他府县灾情也颇严重。

清康熙十九年（1680年），二十府县大水，淫雨几遍及全流域。太湖上游地区湖州夏秋大水。八月太湖水溢，丹徒、丹阳、金坛、武进、宜兴、溧阳皆发大水。下游地区无锡、江阴、吴县、吴江、昆山、太仓均连续降雨，其中吴江五、六、八三个月均降大雨，七月也有降雨。部分地区因农田失收，米价踊贵。部分地区是年及次年，疫疠大作，民相枕而死，村落为空。上海、松江、华亭均有黄浦江潮溢，上海八月浦潮陡涨，冲圮南城数丈，压死居民。

清康熙四十七年（1708年），二十四府县大风雨。五月湖州、桐乡恒雨淹禾，民饥食树皮，湖州太湖水浮于岸。长兴五月、七月均有大雨，洪水陡发，漂溺人房无算，草根树皮食尽，受灾特重。宜兴、溧阳、吴江、昆山、太仓、嘉兴、海盐等地田禾皆没，民饥。上海春大雨，五月始止，六月大风雨，海溢，三昼夜始息，禾棉无收。杭州七月飓风，骤雨倾盆，鼓楼及贡院同时崩圮，民间屋瓦乱飞。

清嘉庆九年（1804年），二十五府县大水。苏州、吴县、吴江、常熟、昆山、新阳、娄县、德清、平湖、松江、青浦、嘉定等地五月淫雨或大雨，低田尽没或田亩尽没，薪米昂贵。仁和、钱塘、海宁、余杭、临安等地阴雨连绵，麦豆初淹，蚕丝歉簿。

清道光三年（1823年），三十五府县大水。溧阳、吴江、震泽、昆山、新阳、太仓、嘉兴、松江、青浦、南汇、奉贤、上海等地七月大雨，河水陡涨，民田圩岸尽圮，其中多地五或六月已多雨涨水，七月水复涨。松江、南汇、奉贤、上海等地九月平地积水高三四尺深。平湖七月大风海啸，大风拔木，暴雨如注。是年湖州、长兴三至五月淫雨，七月大雨骤雨，水复涨，圩田皆没，太湖水溢，至冬初始平。

清道光二十九年（1849年），三十八府夏秋大雨。上江宣城、高淳大水，东坝被撬掘，水阳江洪水入侵太湖流域，苏、松、常、镇诸府尽成泽国，灾害甚于道光三年。是年丹徒、江阴潮溢；夏，安吉、余杭、临安、溧阳、常熟、昭文、吴县、昆山、新阳、太仓、海盐、平湖、青浦、奉贤、上海等地均大水，田庐街巷均陷巨浸，积水深于道光三年。民食糠秕、树皮，饿殍载道。

第三节 1931年以来大水年纪实

一、1931年

1931年洪灾由梅雨再叠加台风雨形成。该年梅雨期较长，又遭遇7月3—8日及21—25日两次台风，每次雨量均约200毫米。各水利分区中，湖西、浙西、太湖、武澄锡、阳澄淀泖5区最大30天雨量均接近或超过500毫米，最大90天雨量均超过820毫米。30天以湖西最高，浙西略低，90天以浙西最高，湖西次之。全流域最大30天降雨487毫米高于后来的大水年1954年，而最大90天降雨834毫米略低于1954年。该年大雨集中于7月，单站月总雨量超600毫米的有吴兴、安吉梅溪、百渎口3站，

500～600 毫米的有湖州、孝丰、长兴、金坛、丹阳、镇江、武进、江阴、洞庭西山、青浦、吴淞等 11 站。

流域内绝大部分地区水位创历史新高，太湖水位最高达 4.46 米。由于长江沿岸苏南各河口无闸，长江高水位时江水长驱直入，如江阴黄田港江水倒灌，向南经梁溪河入太湖，历时有 7 天之久。江水入运，提高了运河水位，望亭水位达 4.35 米。上游湖西、浙西大量山水入太湖，宜兴和吴兴共 9 处口门实测入湖流量共 1381 立方米每秒，尚非全部。出湖主要口门瓜泾口、沙墩口等 6 处实测出湖流量共 450 立方米每秒，下游吴江水位也达 4.0 米。太湖调蓄洪水量约 28 亿立方米。

是年太湖流域行政区划共分 41 个县市，耕地面积 3360 余万亩。根据对 31 个县 2960 余万亩耕地进行的灾情调查，受灾面积 592 余万亩，约占总耕地面积的 20%。灾情以苏南为重，浙西次之，宜兴、溧阳、金坛、镇江一带受灾耕地面积占总面积的 29%～56%，德清、安吉占 22%～37%，江阴、常熟、昆山均占 30%左右，而嘉兴一带则较轻。除了农业以外，城镇工商业损失也很大，流域内时有小轮航线 110 余条，洪水期间全部停驶，自 7 月上旬至 8 月中旬，水路交通基本瘫痪。

二、1954 年

1954 年长江流域发生了 20 世纪以来屈指可数的大洪水，该年长江、太湖、淮河同时涨水。长期梅雨造成了江淮和太湖流域严重的洪涝灾害。

该年汛期 5—9 月降雨连绵不断，此前 4 月流域已有平均降雨 117 毫米，5 月、6 月、7 月三个月雨量更大。5—7 月，造成江淮上空冷暖空气交绥的大气环流形势稳定少动，太湖流域从 6 月 1 日起较早入梅，迟至 8 月 2 日才出梅。梅雨期长达 62 天，至今仍是中华人民共和国成立以来梅雨期的最长纪录。期间，大雨遍及全流域，90 天流域平均降雨达 890.5 毫米，为 43 年一遇，为同期多年平均值的 1.64 倍。各月降雨分布均匀，5 月、6 月、7 月三个月分别为 310 毫米、296.7 毫米和 284.1 毫米。30 天、90 天降雨均以浙西为最大，分别为 498.1 毫米和 1179.9 毫米，杭嘉湖次之，分别为 379.8 毫米和 985.2 毫米，湖西居第 3 位，分别为 393.5 毫米和 874.5 毫米，湖西 30 天、90 天降雨分别为浙西的 79%和 74%，30 天降雨的情况与 1931 年湖西略大于浙西、杭嘉湖最小的情况有所不同。

流域内各地最高水位大多超过或平此前历史最高水位，最高水位嘉兴为 4.38 米，苏州为 4.37 米，与 1931 年相比要分别高 52 厘米和 40 厘米，宜兴、无锡、平望分别为 5.13 米、4.37 米和 4.34 米则大体与 1931 年持平。太湖水位为 4.66 米，比 1931 年要高 20 厘米。

太湖从汛初 5 月 1 日的 3.09 米水位起涨，至 7 月 31 日达最高水位 4.66 米。在从起涨点到最高水位的涨水期中，上游浙西来水 40.6 亿立方米，湖西来水 23.3 亿立方米，加上太湖湖面降水 19.4 亿立方米，合计太湖来水 83.3 亿立方米。同期东太湖出水 36.9 亿立方米，西太湖出水 6.4 亿立方米，合计出水 43.3 亿立方米，太湖调蓄水

40 亿立方米，泄蓄之比为 1∶0.92。

当时尚属中华人民共和国成立初期，水利基础设施薄弱，防洪能力低，形成了全流域的严重水灾。圩区约 80%破圩，受灾农田约 785 万亩，其中江苏、浙江各 300 多万亩，成灾面积江苏 100 多万亩，浙江超过 200 万亩，农田受灾浙江重于江苏。城镇受灾方面，以无锡市为例，市区及近郊受淹 15 平方千米，受淹居民 8500 多户，停产工厂 100 多家，淹水历时 80 余天，工业直接损失占当年工业总产值的 1/4。

三、1962 年

1962 年洪涝灾害是由台风雨引起的。8 月 31 日 14 号台风在关岛附近洋面形成，9 月 6 日在福建连江登陆，穿过浙江腹地经江苏东移入海。受台风影响，流域内局部地区降暴雨，雨量集中在 9 月 5—6 日两天，流域两天平均降雨 218.9 毫米。

此次降雨暴雨中心有两处，一处在常熟、苏州、嘉善一线，一处在西苕溪天目山区。5 日、6 日两日点雨量苏州为 437 毫米，嘉善为 367 毫米，天目山银坑、上皋坞一带也超过 350 毫米。根据水文分析，最大 3 天降雨全流域为 222.9 毫米，阳澄淀泖分区为 271.2 毫米，杭嘉湖为 276.2 毫米，为流域有记载以来最大的一次台风雨。

由于短期内降雨量大，上游山洪集中入湖，同时湖区本身降雨量大，下游又受高水位顶托，洪水来不及下泄，太湖平均水位最高达 4.30 米，只比 1931 年低 0.16 米，其中瓜泾口水位上涨了 0.78 米。

太湖水位从入汛时的 2.70 米，最高涨至 4.30 米，上涨达 1.60 米，水位最高时太湖调蓄水达 37.4 亿立方米。

该年洪涝灾害主要是由短期暴雨造成的。上游安吉、长兴因西苕溪山洪暴发，圩区受灾严重，湖州地区共倒圩 128 处，受淹农田 17.9 万亩。下游平原以嘉兴、苏州两市最为严重，最高水位分别达到 4.25 米和 4.08 米，虽均低于 1954 年，但已分别比 1931 年高 0.39 米和 0.11 米，局部平地淹水深度达 0.5～1.0 米。上海除市郊农田大量受淹外，市区暴雨后积水严重，局部水深 20～60 厘米，个别深度超过 1 米，长宁、徐汇两区住户进水达 4400 多家，市区部分公交线路还一度停驶。全流域受灾农田 644 万亩，其中江苏 200 多万亩、浙江 300 多万亩、上海约 50 万亩。

四、1983 年

1983 年洪涝灾害是由梅雨引起的。梅雨从 6 月 19 日开始，7 月 24 日结束。5—7 月全流域降雨 608.6 毫米，浙西区为 1047 毫米，湖西区为 489.9 毫米，杭嘉湖区为 500～800 毫米，武澄锡虞区和阳澄淀泖区均在 500 毫米左右，太湖湖区为 500～700 毫米。上游区雨量浙西远大于湖西，下游平原区杭嘉湖区又高于武澄锡和阳澄淀泖区。同期入湖水量浙西为 29.91 亿立方米，湖西为 10.77 亿立方米，浙西为湖西的 2.8 倍，出湖水量东太湖 18.3 亿立方米，西太湖 13.06 亿立方米，总出量 31.36 亿立方米，其中西太湖占 41.6%。

太湖从5月1日2.91米水位起涨，至7月19日太湖平均最高水位4.43米，水位上涨1.52米，涨水期50天，太湖最大调蓄水量35.5亿立方米。湖平均最高水位较1954年尚低22厘米，但比1931年只低3厘米。1983年全流域平均最大30天、60天、90天降雨分别为356.7毫米、489.8毫米和608.6毫米，其重现期分别为3年一遇、5年一遇和7年一遇，但湖平均水位已如此之高，说明当时流域排水不畅和洪涝威胁的严重性。

流域内各地最高水位嘉兴和崇德为4.11米和4.95米，较1931年高0.25米和0.07米，嘉兴、乌镇水位超过了当地危急水位，东西苕溪沿程水位也很高。

浙西、杭嘉湖区降雨量在流域内居第一、第二位，因而浙江省灾情也最重，受灾面积达300多万亩。苏南虽雨量略小，但因当年长江也属大水年，汛期有3次洪峰，沿江潮位高，同时太湖水位也高，受灾面积也有150万亩。全流域受灾农田超过500万亩。

五、1991年

1991年太湖流域发生了比1954年更为严重的暴雨洪水，其雨量集中程度和太湖最高水位，均超过了1954年。

1991年入梅早，梅雨期长，从5月19日入梅至7月13日出梅，达55天。1991年暴雨洪水发生在梅雨期间，雨强很大。第一场暴雨发生在6月11—17日，第二场暴雨发生在6月30日至7月14日，雨量集中在6月中下旬及7月上旬。

1991年流域最大30天和60天雨量均超过了1931年和1954年，分别达到了491.4毫米和681.2毫米，居于1922年以来的首位。最大90天雨量低于1954年和1931年。

包括湖西、武澄锡、阳澄、淀泖和太湖湖区在内的北部，其最大30天、60天、90天雨量分别达到了576.9毫米、764.5毫米和918毫米，均超过了1931年和1954年。居于1922年以来的首位，其60天雨量约相当于100年一遇，而30天雨量则超过了100年一遇。流域内两次暴雨中心均位于湖西的金坛，其点雨量分别为316毫米和552毫米，相应历时为6天和13天，雨量均超过历史纪录。

杭嘉湖区最大30天、60天、90天雨量分别为378.5毫米、559.6毫米、675.6毫米，其排序均在历史记录第3位之后，浙西山区情况类似。1991年流域降雨是以北大南小为特征的。

流域提前一个月入梅，从5月1日汛期开始降雨就较多，河湖水位缓慢上涨，在第一场暴雨前，6月11日太湖水位已达3.46米，仅比警戒水位3.5米低4厘米。在第一场暴雨后，6月17日入湖流量达峰值2441立方米每秒，至6月19日太湖水位已涨到4.28米。再经第二次暴雨，7月15日太湖水位达最高水位4.79米，较1954年最高水位高0.14米，7月16日仍维持这一水位。在35天的涨水期中入湖水量共49.22亿立方米，其中除湖区产流11.2亿立方米外，江苏（以湖西区为主）入湖23亿立方米，浙江浙西区入湖12.3亿立方米，湖西为浙西的1.87倍，两区入湖水量的比例正与1954年相反。同期太湖排出水量为15.83亿立方米。湖中滞蓄水量达33.39亿立方米，造成太湖水位4.79米，创历史新高。

流域北部由于雨量集中，普遍出现了高水位。其中洮湖6.11米、宜兴5.30米、金坛6.11米、溧阳6.00米、无锡4.88米，均超过历史最高水位，滆湖5.45米、常州5.53米，也超过了1954年水位。流域北部超警戒水位的历时也很长，达48～50天，汛情持续紧张。

据统计，洪水造成全流域城乡直接经济损失113.9亿元。其中，江苏90.9亿元，浙江13.0亿元，上海10.0亿元，城镇损失约占总损失的58%。

苏、锡、常三市市区进水，苏州市建成区41.5平方千米约一半受淹，老城区因已建包围得保安全；常州规划市区面积187平方千米，约1/4被淹，造成了很大影响。全流域有近2万家工厂企业进水，不仅有乡镇企业也有骨干企业。

全流域7000多座圩区，约有2000多座被洪涝水所淹。部分地势较高、常年不易被淹的半高地，因未筑圩堤或圩堤低矮也受淹严重。受灾农田约700万亩[1]，少于1954年的785万亩，而多于1931年的495万亩，受灾范围主要集中在湖西和苏锡常地区。苏锡常地区破圩面积55.5万亩，常、锡两市被淹圩区较多，1000亩以上的389个。与1990年相比，流域内大多数市、县粮食为平产或略有减产，少数甚至增产或丰收，全流域粮食损失5亿千克，约为常年产量的5%。大灾之年农业损失较预计的要少，主要原因是各地补种及时，且灾后天气晴好，秋后产量仍较高。

六、1993年

继1991年后，太湖流域在1993年再次发生流域性大洪水。与典型的梅雨洪水不同，造成太湖水位迅速上升的主要原因是在台风期出现了类似梅雨型的持续降雨，流域河湖最高水位出现在8月下旬，太湖最高水位达4.51米。

1993年太湖流域汛期降雨量941毫米，5月、6月、7月降雨量分别为132毫米、195毫米和199毫米。8月流域处在副高边缘控制下，受江淮一带静止锋和9号热带风暴倒槽等的影响，降雨连绵，全月雨量292毫米，占汛期总雨量的3成。最大一场降雨出现在8月16—21日，降雨量149毫米。暴雨中心位于太湖湖区及下游平原河网地区，湖区场次降雨量195毫米，湖区最大单日降雨出现在8月18日，达82毫米。

5月1日太湖入汛水位3.17米，至6月末上涨至3.46米，7月5日首次超警戒水位，达到3.52米，7月底涨至3.77米。8月太湖水位持续上涨，特别是8月16—21日强降雨过程，又恰逢农历七月初三天文大潮，流域外排受阻，河湖水位迅速抬高，太湖水位全年最大单日涨幅为8月18日的0.18米。8月26日太湖水位涨至最高的

---

[1] 《1991年太湖流域洪水》中表述为696.9万亩，《太湖流域水旱灾害》中记载为：据不完全统计，受灾941万亩，成灾627万亩。目前均采用《1991年太湖流域洪水》中数据。

4.51 米，此后逐步下降，至 10 月 15 日，降至 3.55 米。汛期太湖水位超 4.20 米的天数达 16 天，超过 3.50 米的天数为 88 天。受强降雨影响，苏州、嘉兴、湖州多地出现接近或超过历史最高水位的洪水。其中乌镇、王江泾站水位分别为 4.79 米和 4.26 米，均超过此前历史最高水位 0.21 米；嘉兴、湖州、昆山、米市渡等测站水位超过 1991 年实测最高水位。

洪涝灾害共造成全流域直接经济损失 22.16 亿元，倒塌房屋 7857 间，农作物绝收 1.8 万公顷，死亡 17 人，有 1141 家工矿企业停产或半停产。高水位使流域航运受到一定影响，湖申杭线中断 10 天，京杭大运河苏州段停航 10 多天，苏申外港线也不同程度停航。部分 1991 年大洪水后建设的城市防洪工程和圩区在 1993 年洪水防御中发挥了较好的减灾效益，但由于降雨中心分布在流域下游经济较为发达的平原地区，故苏州、嘉兴损失最大，分别为 9.15 亿元和 3.66 亿元。嘉兴市区 1/3 面积受淹，积水深度在 0.5～0.8 米。

七、1999 年

1999 年流域发生了 20 世纪以来最大的流域性洪水，为梅雨型洪水。梅雨期较常年提前一周，从 6 月 7 日入梅至 7 月 20 日出梅，其间 6 月 7—11 日、6 月 15—17 日、6 月 23—7 月 1 日共发生 3 场暴雨，全流域梅雨量达 668.5 毫米，全流域最大 30 天降雨 609.9 毫米，为常年的 2.2 倍。

全流域最大 7 天以上各统计时段的降雨量全面超历史，其中造成太湖最高水位的最大 30 天降雨量重现期为 231 年（1991 年和 1954 年分别为 36 年和 5 年）。

各水利分区中最大 30 天降雨居前四位的是浙西区、太湖湖区、浦东浦西区和杭嘉湖区。其中南部杭嘉湖、浙西区和太湖湖区雨量集中，最大 30 天降雨量达 642 毫米、748 毫米、730 毫米，均为 1922 年以来的首位，远超 1991 年、1954 年和 1931 年。其中浙西区和杭嘉湖区最大 30 天降雨量重现期约为 200 年。

浙西区和湖西区为太湖上游来水区，1999 年太湖来水浙西多于湖西，类似于 1954 年而异于 1991 年。北部最大 30 天降雨量，除阳澄淀泖区接近流域平均值外，武澄锡虞区和湖西区仅为流域平均值的 72％和 81％，也小于 1991 年。

太湖水位从 6 月 7 日 3.11 米起涨，至 7 月 1 日突破设计水位达 4.81 米，至 7 月 8 日达 5.08 米，后计入地面沉降修正为 4.97 米，再创历史新高，比设计防洪水位，即 1954 年最高水位 4.66 米还高 0.31 米，在此期间太湖调蓄水 47 亿立方米。

流域南部因暴雨集中，湖州、嘉兴、乌镇水位分别达到 5.60 米、4.34 米和 4.62 米，均接近历史最高水位。

该年全流域洪涝灾害直接经济损失 141.25 亿元，以湖州、嘉兴损失最大，分别为 65.77 亿元和 33.39 亿元，其次是杭州、苏州，分别为 13.24 亿元、10.30 亿元。此外，还有大量中小城镇受淹，湖、嘉两市 12 个县级以上城镇和苏南 33 个中小城镇都不同程度进水。湖州的南浔、菱湖、千金、善琏、练市等小城镇受淹 7～10 天，水深

0.5～1.5 米。南浔区最高水位 4.87 米，超过历史最高水位 0.48 米，除新区外全部受淹。嘉兴市区淹没面积 10 平方千米，占建成区的 41.2%，受灾 1.58 万户，18 条主街、54 条小街被淹，淹水深处达 0.6～1.0 米。苏州市的苏州工业园区、吴江市（现吴江区）也受淹较重。

部分圩区圩堤和圩口闸垮塌，仅浙江省破圩 895 座，受淹圩区面积 873 平方千米。由于圩区排水动力强，外河水位涨幅大，苏州市昆山、吴县、吴江等市（县）地势略高的无圩或低圩半高地也受淹。

全流域受灾农田 1031 万亩，倒塌房屋 3.8 万间，1.75 万家工矿企业停产，公路中断 341 条次，主要水路长湖申线、申张线、苏申外港线、苏申内港线均有部分断航。

第二章 风 暴 潮 灾 害

第一节 灾害的成因和地理分布

风暴潮是强风和低气压引起的水域水位增高现象。太湖流域形成灾害性风暴潮的天气系统主要是台风。台风越强，中心气压越低，范围越大，则台风增水值越大。钱塘江河口嘉兴乍浦站台风增水值最高达 4.38 米，仅次于雷州半岛南渡 5.94 米，居国内第二。8 月、9 月是台风频发的季节又正值潮汐大汛，如风暴潮与天文潮相遇，将形成狂风、高潮和巨浪，破坏力极强，常冲毁海塘，使海水漫溢造成巨大灾害。

太湖流域钱塘江北岸和长江口一带常遭风暴潮袭击。太湖平原地区高程比长江口和杭州湾高潮位低 2～5 米，沿岸海塘后地面略高约 5～6 米，而历史最高潮位吴淞口为 5.98 米，乍浦为 6.75 米，盐官为 9.09 米，一旦海塘江堤决口，潮水将入侵杭嘉湖平原。历史上潮灾最严重的地区是浙江海宁、海盐一带，其次是上海金山和宝山，其余如上海的川沙、南汇，江苏的太仓、常熟等地则相对较轻。

潮灾的严重程度与三方面因素有关：首先是台风发生的次数，途径以及与天文潮遭遇的情况；其次是海塘修筑和维护的情况；再次在河口地区还与河槽的摆动和主流的位置有关。

如钱塘江北岸海宁一带，宋代以前江槽走“南大门”南线入海，潮冲南岸，海宁位于北岸，灾害次数较少，县城南还有几十里宽滩地。南宋以后江槽转向北线走“北大门”，潮击北岸，县城南滩地逐渐沦落海中，潮灾次数增多。宋、元时期江槽还南北摆动，明代北摆次数增多，曾于永乐九年（1411 年）、成化十年（1474 年）、弘治五年（1492 年）、嘉靖七年（1528 年）、万历三年（1575 年）五次大幅度北摆，县城南耕田、盐田大片坍落入海，遇强风暴潮，易造成严重灾害。

钱塘江两岸海塘历代漫溢溃决次数见表 4-2-1。

为抵御风暴潮侵袭，历代修筑海塘未曾间断。一般说，修筑海塘起源于汉代，发展于唐宋，完善于明清，先分段修筑，后全线连接。中华人民共和国成立以后，江苏、浙江、上海对海塘全面培修，因此，自 1950 年以来，主塘再未出现过冲毁和漫溢灾情，仅是局部受灾。

表 4-2-1 **钱塘江两岸海塘历代漫溢溃决次数**

岸别及原因 朝代	总计				两岸同时发生				北岸发生			南岸发生			备注
	合计	风暴潮		洪水	合计	风暴潮		洪水	合计	风暴潮	洪水	合计	风暴潮	洪水	
		共计	其中特大			共计	其中特大								
唐及五代 (618—960年)	5	3	1	2	1	1	1		3	1	2	1	1		(1) 北岸或南岸发生洪潮灾害数内不包括两岸同时发生数。 (2) 塘身为洪潮所坏而未决口或漫溢的洪潮灾未列入本表
宋代 (960—1279年)	35	31	2	4	5	5	2		23	21	2	7	5	2	
元代 (1279—1368年)	13	13							10	10		3	3		
明代 (1368—1644年)	77	69	6	8	8	8	6		43	43		26	18	8	
清代 (1644—1911年)	77	51	3	26	10	8	3	2	27	27		40	16	24	
总计	227	183	12	44	27	25	12	2	120	114	6	80	44	36	

第二节 历史潮灾辑录

一、钱塘江和杭州湾北岸历史潮灾

宋政和五年（1115年）九月，金山县堤堰尽毁，咸潮溢入云间、胥浦、仙山、白沙四乡尽为斥卤，民流徙他郡。该年金山全境、奉贤西部松江南部及青浦西南俱成斥卤之地。

南宋嘉定十二年（1219年），盐官县海失故道，潮汐冲平野三十余里，侵县治。蜀山沦入海中，聚落、田畴失其半，后六年始平。

元大德五年（1301年）七月，松江大风，海潮大溢，冲毁海塘，漂没一万七千余人。

元延祐元年（1314年）九月，盐官州海溢，陷地三十余里。

元泰定四年（1327年）正月，盐官州潮水大溢，捍海堤崩二千余步。二月风潮大作，坏州城郭。四月，潮水浸盐官地十九里。

明洪武二十三年（1390年）七月，海溢，海盐溺死壮丁二万余人。

明永乐九年（1411年）七月，浙江潮溢，冲决仁和县（现杭州）塘岸二十余里，海宁海决，坏城垣、长安等坝，沦于海者一千五百余丈，积13年其患始息。

明永乐十一年（1413年）五月，杭州大风潮，仁和县十九都、二十都没于海，平地水高数丈，南北约十余里，东西五十余里，田庐殆尽，溺者无算。

明天顺二年（1458年）秋，海盐海溢，溺死男女万余人。

明成化三年（1467年），嘉兴海溢溺死万人。

明成化七年（1471年）闰九月，杭、嘉、湖三府海溢。

明成化八年（1472年）七月，会稽、海宁、海盐、平湖海溢，平湖平地水深丈余，钱塘江两岸海塘尽坏，淹官民田庐无数，溺死二万八千人。同时上海海溢，土塘倾圮。

明弘治七年（1494年）七月，金山大风雨，海溢，平地水深五尺，沿江者一丈，民多溺死。

明万历二年（1574年），海盐海大溢死数千人。

明崇祯元年（1628年）七月，浙江海溢，冲淹海宁平野二十余里，人畜庐舍，漂溺无算；杭州、嘉兴海啸，坏民居数万间，溺数万人。

清康熙三年（1664年）六月，海宁海决，水入城壕；八月飓风，三日夜海啸，冲溃海宁县海塘二百三十八丈余。

清雍正二年（1724年）七月，海盐、海宁海溢；七月十八日金山飓风骤雨，自辰至酉势转剧，是日沿海漂没民庐、人畜无数。

雍正九年（1731年）七月，飓风拔木毁屋，海溢，金山卫城街衢皆水，沿海被淹。

清雍正十年（1732年）七月十六、十七日，连日飓风，海溢，淹没民房。

清雍正十三年（1735年），六月风潮大作，仁和、海宁等县各塘共坍一万二千二百九十七丈。

清乾隆二十七年（1762年），仁和、钱塘、余杭、海宁、海盐等五县海溢，海盐塘圮，坍卸内外拦石七百余丈，水入城三四尺。

清乾隆四十六年（1781年）六月十八日，飓风骤雨竞昼夜，海溢，冲损护塘石坝及土塘，咸潮溢入内河，经半月始淡，淹没庐舍，溺死七十余人。

清道光十二年（1832年）八月，风潮大作，冲圮海宁及仁和海塘，禾棉被淹四万余亩；海盐同被风潮，坍塘四十余丈。

清道光十五年（1835年），六月飓风暴潮，宝山、华亭、金山、奉贤海塘损毁。

清同治二年（1863年），湖州、海盐、平湖海溢，塘决，咸潮内侵，河水皆咸，田禾尽死，咸潮影响远达嘉善。

二、长江口南岸历史潮灾

宋代以后松江、嘉定、宝山、上海（县）等地都有不少潮灾的记载。以下摘录死亡人数逾万严重潮灾。

元大德五年（1301年）七月初一，松江和上海（县）大风，屋瓦蜚空，继而海溢，毁坏庐舍，漂没人口超过一万七千人。

明洪武二十三年（1390年）七月初十，松江、嘉定等地飓风、海溢，溺死人数超过两万人。

明正统六年（1441年），胥溪河广通坝（上坝）决口，苏、常大水，巡抚周忱重建。

明天顺二年（1458年）七月，南汇、松江、川沙海溢、风汛，死者一万八千人。

明成化八年（1472年）七月十七日，上海（县）、南汇、松江、青浦等地大风雨，海溢，漂没万余人，咸潮所经禾稼枯槁。

明万历十年（1582年）七月十三日，苏、松六州县潮溢，受灾田禾十万顷，溺死二万人，常州、常熟、嘉定等处漂没室庐、人畜数以万计。

清康熙三十五年（1696年）六月初一，上海（县）、宝山、嘉定、松江、川沙等地飓风、海啸，潮挟风威冲入数百里沿海一带，冲坏宝山城，漂没海塘五千丈，宝山、嘉定海滨平地水深一丈四五尺，房屋、树木俱倒。因黑夜惊涛猝至，居民奔窜无路，淹死人数超过十万人。天明水退，积尸如山，惨不忍睹。

清乾隆十二年（1747年）七月十四日，上海（县）、南汇、川沙、嘉定、宝山等地大风海溢，潮灾甚重。上海、南汇两县溺死二万人。宝山练祁土塘冲毁，田庐漂没，溺死甚多。

第三节 1930年以来潮灾纪实

一、钱塘江及杭州湾北岸潮灾

（1）1930年及1937—1945年抗日战争期间，海宁十堡及陈汶港都曾发生海塘决口，造成咸潮和泥沙内侵，其中抗战期间发生的决口曾长期未能堵复，影响时间更长。

（2）1956年8月1日第12号台风在浙江象山登陆，最大风力12级，8月2日影响杭州湾北岸。海宁尖山、海盐澉浦和平湖乍浦高潮位分别达到7.26米、6.59米和6.55米，海盐段海塘被海潮越顶，平湖段海塘顶与潮位齐平，新围垦的海塘数处决口。海盐、平湖等县受灾共114个乡，倒塌房屋3万间，死亡48人，稻谷、籽棉、桑蚕损失均以百万公斤计。

（3）1972年8月，受第9号台风影响，沿海局部阵风达11级。平湖、海盐县30多处海塘被冲毁。大多是围涂新筑海塘，部分土备塘被冲受损，部分农田受灾。

（4）1974年8月20日，第13号强台风在浙江三门登陆，22日东移入海。第13号台风影响期间，恰逢农历七月初三大潮汛，盐官、尖山、澉浦和乍浦站高潮位分别为9.09米、8.49米、7.89米和6.75米，均为有记载以来的最高纪录。风暴潮共冲毁围垦新海塘37千米，其中平湖段7.5千米，海盐段22千米，海宁段7.5千米，另冲坏老海塘2千米。沿海近2万亩农田遭海水侵浸，为中华人民共和国成立以来钱塘江北岸最大的潮灾。

（5）1979年8月，受第10号台风影响，阵风达到8级，亦逢农历七月初一大潮，风向东北偏北，澉浦和乍浦站高潮位分别达到7.36米和6.57米。海盐、平湖各有

4.16 千米和 3.7 千米土塘冲毁，海潮侵入外线新塘，受淹农田 2800 多亩，并威胁到内线主塘的安全。

可以看出，以上各次风暴潮中决口成灾的主要是主塘外围涂新塘。由于中华人民共和国成立以来钱塘江整治和海塘的加固，而且 1979 年以后没有发生更大的风暴潮，钱塘江及杭州湾北岸海塘主塘得以保全。

二、上海市潮灾

（1）1931 年 8 月 25 日，狂风暴雨，川沙县高桥海塘多处冲决，总长 2.28 千米，南汇县沿海团区备塘亦被海潮冲决，长度达 0.6 千米，彭公塘以东地区水深超过 1 米。

（2）1933 年 9 月 1 日，台风暴雨，南汇沿海二、三团海塘，四、五、六、七团民圩被海潮冲毁。9 月 18 日，台风暴雨重来，海塘毁坏范围扩大，受淹农田 40 多万亩，平地水深 1～2 米，4 昼夜后始退。

（3）1949 年 7 月 24 日，第 6 号台风在浙江舟山登陆，穿杭州湾，25 日又在上海金山卫登陆，上海外滩实测瞬时最大风速达 39 米每秒（超过 12 级），最大日雨量为 148.2 毫米，吴淞口和黄浦公园站高潮位分别达到 5.18 米和 4.77 米，台风增水达 1 米，形成台雨、暴雨、高潮三碰头。

上海市区大量街道被潮水淹没，黄浦江水漫溢，黄浦区全区水深 0.4～0.8 米，南京路原永安公司附近水深及腰，以原五马路、河南路、苏州河路淹水最深。全市大批工厂、仓库、商店和民宅进水。全市倒塌房屋 6 万多间，死亡 1647 人，农田受淹 208.3 万亩。

郊区沿海海塘当时标准很低，再加上国民党军队在海塘上挖了大量战壕，更使海塘千疮百孔，在风暴潮袭击下，多处溃决。南汇县东滩 25 千米海塘损毁严重，其中 10 余千米堤身荡然无存，农田受灾 17 万余亩，死亡 1211 人。宝山县土塘崩溃长度达 6 千米，农田受灾 11 万余亩，死亡 253 人（含长兴岛和横沙岛）。金山县海潮越过塘顶，土塘大量塌损，部分夹石混凝土塘也倒塌，农田受灾 3 万余亩。

（4）1962 年 8 月 1 日，第 7 号台风从距上海约 250 千米海面上经过，后进入黄海转向东北。宝山县实测最大阵风达 12 级，上海市最大一天降雨 58 毫米。8 月 2 日正逢农历七月初三天文大潮。因台风和天文潮遭遇，长江口、黄浦江各站均出现了很高潮位，其中吴淞口 5.31 米创历史纪录，黄浦公园 4.76 米只比 1949 年低 1 厘米。

由于防汛墙设防标准低、质量差，黄浦江、苏州河共决口 46 处，且有不少地段漫溢，半个市区受淹。其中黄浦区决口 12 处，杨浦区 3 处，杨浦区决口虽较少，但最长的一处达 650 米，潮水大量涌入。漫溢最严重的陆域是浦东。市区积水最严重的是黄浦区和杨浦区，两区大部被淹，积水深度为 0.6～2.0 米，其次为虹口、闸北、静安、普陀四区均有一半左右地面受淹，最大淹深也达 1.3 米，南市、卢湾、吴淞小部分被淹。徐汇、长宁略有受淹，闵行区地处上游没有潮水上岸。

全市（不包括岛屿）死亡 32 人。工厂、仓库、商店受淹严重，黄浦区一度停工、半停工的工厂共98家，占全区工厂总数的55.6%，仅商业一局所属仓库被淹的达92处，占全局的40%。杨树浦电厂主厂房进水，16台发电机只有3台能继续发电，装机容量由16.9万千瓦降低到3.25万千瓦。

郊区川沙、宝山县约有3万余亩菜田被淹，一度蔬菜供应紧张。

(5) 1974年8月，第13号台风带来大风大雨，又值大潮汛，长江口北岸各站出现了高潮位。吴淞站达5.29米，仅比1962年低2厘米，黄浦公园站达4.98米，比1962年还高22厘米。由于从1962年潮灾以后市区已开始修建和加高防汛墙，未造成重大损失。但在城郊结合部龙华镇、吴淞码头等10余处仍发生决口，使上港九区和二区、上海水泥厂、上钢五厂、铁路南站等受淹。

1974年潮灾促使黄浦江防汛墙的进一步加高，即按当时100年一遇黄浦公园潮位5.30米加高防汛墙。

(6) 1981年9月1日，第14号台风在长江口外110千米海面上停滞约两天，3日才离去。受此影响，上海市区8级以上风力持续62小时，最大风力达10级。虽浦东沿黄浦江水闸开闸纳潮，长江口潮位仍再创历史新高。9月1日吴淞口达5.74米，超过1962年0.43米，黄浦公园5.22米，超过1962年0.46米，距当时百年一遇设防水位5.30米只差8厘米。近郊吴淞、军工路、龙华、浦东等地防汛墙发生10余处小决口，黄浦公园附近防汛墙一度潮水漫溢。全市有63家企业进水停产或部分停产，还有12处港区、铁路南站、河家湾东站等处被淹，仓库进水。

(7) 1997年8月18—19日，第11号台风严重影响上海，杭州湾沿岸各站潮位比原历史记录抬高42～64厘米，沿长江口各站抬高13～36厘米，沿黄浦江各站抬高24～50厘米。吴淞站潮位达5.99米，黄浦公园站达5.72米，米市渡站达4.27米，均创历史最高纪录。全市一线海塘损坏511处，总损坏长度69千米。市区防汛墙3处溃决，近60千米漫溢。市区内河杨树浦港赵家桥90多米砖砌防汛墙溃决。黄浦江上游堤防中，奉贤县有13千米全线漫溢，沿江近1千米范围不同程度遭淹；松江县决口13处，有35处漫溢。全市受洪涝面积4.957万公顷，其中成灾1.983万公顷；受灾人口15.34万人，死亡7人；倒塌房屋540间；经济损失约6.349亿元，其中工业和交通运输直接经济损失1.074亿元，防潮水利工程水毁2.231亿元。

第三章　旱　　灾

第一节　灾害的成因和地理分布

太湖流域通常每年6月、7月冷暖气流在江淮上空交汇，形成梅雨。有少数年份，冷暖气流不在此地交汇，或交汇位置很快北移，梅雨期就缩短，或梅雨期虽不短但降雨强度小，梅雨量也不大。尤其当受副高暖气团长期控制，久晴不雨，便形成空梅，再加高温时间长，蒸发量大，又逢农业用水高峰，便会出现干旱。

流域西部山丘区距离长江和太湖两大水源较远，主要依靠水库、塘坝蓄水，干旱年份蓄水量少，不敷使用，是流域内最易发生旱灾的地区。沿江沿海一带岸边还有部分高平原，地面高程达6～7米，高于江河水位，如无足够的引水和抽水条件，也易于引起旱灾。

历史上严重的干旱年份，不仅是西部山丘区，流域内可出现大范围的河湖干涸，禾稼枯槁，五谷不登，饿殍载道，旱灾的危害有时甚于洪涝。

中华人民共和国成立后，经大规模水利建设，特别是20世纪60年代和70年代，在山丘区大量修建水库，在平原区发展机电排灌，在沿长江一带修建水闸、泵站，同时疏通河道，大大提高了流域抗旱能力。上海市自1963年，苏南地区自1978年以后都经过了干旱的考验。干旱年由于日照充足，只要水源有保证，往往农业还可以得到丰收。因此，除局部区域外，全流域的大面积旱灾已没有再出现，所以有“怕涝不怕旱”之说。

第二节　历　史　灾　情

一、历史灾情统计

自东晋至清代（317—1911年）的灾情统计分析见表4-3-1。从表中可看出，北宋以前至东晋的662年中，发生旱灾20次，平均33年一次。北宋至清代的933年中，发生旱灾132次，平均7年一次，其中大旱和特大旱灾38次，平均25年一次，即北宋以来，太湖流域旱灾频繁。

二、特大干旱年灾情辑录

以下是明、清两代8次特大旱灾的辑录。

表 4-3-1　　太湖流域古代旱灾情况统计表

起讫年份	朝代	年数/年	一般旱灾		大旱年		特大旱灾		合计	
			次数	平均间隔/年	次数	平均间隔/年	次数	平均间隔/年	次数	平均间隔/年
317—419	东晋	103	1	103.0	2	51.5			3	34.3
420—588	南北朝	169	3	56.3					3	56.3
589—892	隋唐	304	10	30.4	4	76			14	21.7
893—978	吴越（地区）	86		1						
979—1126	北宋	148	12	12.3	5	29.6			17	8.7
1127—1278	南宋	152	20	7.6	9	16.9			29	5.2
1279—1367	元	89	5	17.8					5	17.8
1368—1643	明	276	30	9.2	7	39.4	3	92.0	40	6.9
1644—1911	清	268	27	9.9	9	29.8	5	53.6	41	6.5
合计		1595	108		36		8		152	

注　与表 4-1-1 的洪涝灾害分类相同，也按灾害范围和程度分类，灾害范围 1 府或 5 县以上，灾情一般为一般旱灾；范围在 10～20 个县，灾情较重为大旱灾；范围在 20 个县以上，灾情严重为特大旱灾。

明嘉靖二十三年至二十四年（1544—1545 年），25 府县夏秋大旱，大部分地区连续两年，部分地区连续三年，干旱延续至嘉靖二十五年，太湖涸，河裂，禾谷不登。无锡、娄县、太仓均连续两年大旱，赤地，河底皆坼，民饥疫死。金坛、丹阳、丹徒均连续三年大旱，洮湖生尘，滆湖绝流，大饥大疫，人多饿死。武进、吴江、青浦、昆山大旱河渠皆涸，人食树皮草根，死者载道。流域浙江部分大旱，太湖涸，人食树皮草根，大疫。

明万历十七年（1589 年），二十八府县五至八月不雨，河湖俱涸。宜兴河流俱涸，民饥疫。武进大旱，滆湖、运河均涸。苏州连年大旱，吴县、吴江亦均大旱，赤地无青，太湖、石湖皆涸，太湖成陆，行人尽趋，足至扬土。青浦、松江大旱，泖湖涸。长兴旱，无禾。石门大旱，运河龟坼，野无青草，五谷不登。

明崇祯十四年（1641 年），旱灾遍及二十八府县。局部地区连续两年，甚至三年干旱，飞蝗蔽天，江河干涸，饿殍载道。金坛从崇祯十三年至崇祯十五年，连旱三年，民死无算。溧阳崇祯十四、十五年连旱两年，飞蝗蔽天，大疫。无锡、常熟、昆山、娄县、华亭、松江、奉贤、杭州、海宁均大旱而后生蝗，蝗食稼，民以树皮为食，饿殍载道。昆山至和塘、吴淞江皆涸，海盐河涸。太仓大旱，次年民有食其子者。

清康熙十八年（1679 年），二十一府县大旱。丹徒、金坛、江阴大旱，禾槁，籽粒无收。宜兴、无锡、余杭溪河水涸，余杭南渠河底可往来陆行。苏州、昆山、常熟、青浦飞蝗蔽天，赤地无苗，民饥。

清康熙四十六年（1707 年），二十一府县大旱。丹徒、丹阳、金坛、苏州、常熟、武康、嘉兴、海宁、海盐大旱、大饥。吴江、太仓、宜兴、南汇、湖州、桐乡河流涸，港底尽拆，禾豆尽槁，米谷踊贵。

清乾隆五十年（1785年），二十四府县夏秋大旱。无锡、金匮、昆山、新阳、桐乡、平湖大旱。江阴、常熟、昭文、武进、阳湖、苏州府、杭州、嘉兴、嘉善、湖州、德清、溪港皆涸，杭州西湖浅涸。苗尽槁，岁大饥。除江阴、武进、阳湖外，甚余各地还生蝗蝻。溧阳旱，有蝗走而不飞。

清嘉庆十九年（1814年），三十二府县大旱。江阴、昆山、新阳、南汇、上海大旱，河水涸绝，河底拆裂，岁大歉。丹阳地生毛，吴江、德清地生白毛，苏州地生黑毛，禾槁无收。丹徒、溧阳、松江、太仓、奉贤、海宁、海盐大旱，米价腾贵，人食树皮草根或观音土。

清咸丰八年（1858年），江南三十八府县大旱。灾情之重甚于乾隆五十年。丹徒、武进、阳湖、宜兴、荆溪、川沙大旱，地生毛，有蝗灾。吴县、青浦、奉贤、湖州、嘉善亦大旱，有蝗灾，岁大饥。金坛、武进、昆山、新阳、江阴、德清河湖皆涸，阳城湖、傀儡湖步行可通，江阴运河、应天河河底干裂。

第三节　1934年以来大旱年纪实

一、1934年旱灾

1934年汛期，太湖流域晴热少雨，部分地区日气温最高温度35℃以上的天数超过40天。4—10月流域平均降雨量只有604毫米。当时苏南地区13个站6月、7月、8月三个月的平均降雨量只有200毫米左右，不到常年同期的一半。湖东以及湖西大部分地区河道水位降得很低，如丹阳为2.7米、溧阳为1.88米、苏州为1.89米、太湖西山为1.78米、嘉兴为1.59米，湖西金坛、溧阳、宜兴一带河底龟裂，吴县也有部分湖泊干涸，可以行车。浙西东、西苕溪断流。除吴淞江、江南运河、黄浦江等大河外，其他中小河道轮船航线停航达50%。由于水源困难，溧阳城内临时掘井达300余处。

当年有33个县受灾，最重的为溧阳、金坛、宜兴、丹阳、桐乡、嘉兴、余杭、吴兴、长兴9县，次重的为镇江、武进、江阴、常熟、太仓、上海、青浦、吴县、崇德、余杭等10县。全流域粮食减产一半以上，灾民背井离乡，沿途乞食。

二、1967年旱灾

1967年入梅晚，梅期短，梅雨量少，出梅后盛夏期间2个多月未曾降雨或未下透雨。旱情以浙江为重，嘉兴地区从7月上旬至9月下旬天晴无透雨，嘉兴降雨量仅52.0毫米。8月31日，嘉兴站最低水位2.01米，接近历史大旱1934年最低水位1.59米，软城站水位1.51米，是有记录以来的最低水位。9月初，硖石附近部分河段已干枯，海盐县的澉浦、角里、长川浜大部分河浜断流，海盐县武原镇附近有20座机站断水源，致使8万亩土地受旱。据统计，嘉兴市东部平原受旱水田达113.8万亩，其中严重减产无收面积28.9万亩。湖州市从5月下旬至10月31日均属少雨天气，7月中旬至10月底，全市平均降雨172.1毫米，有8个站在100毫米以下，杭长桥、双林、南浔、小梅口、幻溇5个测站降雨量平均值56.5毫米。杭长桥最低水位2.40米。湖州全市受旱面积达37.25万亩，其中成灾面积11.75万亩。

该年太湖流域受旱面积308.4万亩，成灾面积47.9万亩，减产粮食3600万千克。

三、1971年旱灾

1971年4—10月全流域降雨804.6毫米，保证率为64%。期间7—8月降雨只有120.5毫米，保证率高达94%，其中杭嘉湖区和阳澄淀泖区都不足90毫米。7月、8月为高温季节，又是流域用水高峰期，干旱影响更为突出。

当年7月、8月长江上游雨量也偏少，江潮低落，江水引不进。太湖以及宜兴和溧阳河道最低水位都在2.5～2.6米之间，溧阳170多个电灌站停机。苏南地区一度受灾达70万亩。

浙西区7月、8月降雨量为197.6毫米，高于流域平均值，但保证率高达86%，长兴、安吉、德清等县受灾面积也有10多万亩。上海郊区各县梅雨期后久晴少雨，如松江县从6月25日至8月22日降雨不足10毫米，因已在20世纪60年代建立了较好的电灌设施，故虽有旱情并未成灾。

四、1978年干旱

1978年为太湖流域的特枯年，全年雨量少，流域平均年降雨量仅680毫米，为多年平均1177毫米的58%，其中4—10月降雨为447.1毫米，保证率高达99%以上，比大旱的1934年604毫米还少156.9毫米。该年春汛小，无梅雨，高温持续时间长，春夏秋连旱。长期无雨造成河湖水位急剧下降，部分溪河断流，山区大量山塘、水库干涸。

苏南各分区4—10月雨量为：湖西区343.8毫米，太湖湖区426.2毫米，武澄锡虞区363.3毫米，阳澄淀泖区409.4毫米，均小于同期流域平均值。太湖瓜泾口年平均水位2.6米，比历史最低的1925年还低0.01米。凭借北临长江的地理优势和水利工程的抗旱能力以及得力的临时抗旱措施，4—10月苏南沿江各水闸和泵站引抽江水60亿立方米，其中镇江谏壁抽水站当年刚建成，即投入运行，共抽长江水6.37亿立方米。浏河闸引江水8.88亿立方米。不仅补给了苏州市，还泽及苏沪边界的淀山湖。

浙江杭嘉湖区和浙西山区4—10月雨量分别为526.5毫米和590.6毫米，其本区降雨保证率也高达98%以上，嘉兴市从6月3日至9月24日共114天未下过透雨。嘉兴运河最低水位2.16米，崇德最低水位1.75米；湖州市各地最低水位：梅溪2.15米、德清2.1米、长兴2.12米、吴兴2.22米，太湖小梅口2.25米，均为中华人民共和国成立以来最低纪录；吴兴县169座山塘、水库除6座外，全部放空。但太湖得到长江引水补充，水位有所抬高，可向周边补水，嘉兴、湖州充分开动电灌动力，同时拓浚河道引水；吴兴县挖宽通太湖的大钱港，加大引太湖水量；海宁建临时机埠20余处，将运河水抽到上塘河。因此，各地虽有旱情，但并未成灾。

上海市当年降雨量772.2毫米，比常年减少30%以上，连续无透雨天数长达161天。由于20世纪60年代后郊县实现了排灌机电化，出现了旱年大丰收，粮食亩产803千克，棉花亩产84.5千克，油菜亩产152千克，均创历史新高。

第五篇

古代及近代开发治理

太湖流域水土资源十分丰富，历代经济社会发展与水利建设密切相关。流域水利始于商周，初兴于春秋，续于“六朝”，盛于唐宋，明清尚能勤于治理。水利促进了农业经济的发展，至唐宋，太湖流域成为“赋出于天下，江南居什九”的富庶之地。太湖流域水利史是古代劳动人民与自然斗争史，巨大的水利成就是古代劳动人民智慧和奋斗的结晶，也展示出流域灿烂的水文化。

第一章　远古及春秋战国时期

第一节　远古时期水利述略

太湖地区的原始水利随着原始农业的产生而逐步发展。

太湖流域的新石器文化，分属马家浜文化（距今6700～5200年）和良渚文化（距今5300～4300年）等文化序列。流域内已发现的新石器文化遗址很多，近200余处。无锡仙蠡墩、青浦崧泽、嘉兴罗家角等马家浜文化遗址中，有的文化层中稻谷遗迹大量堆积；出土了磨光石器和陶器，以及缝织和编织物等手工制品，并有饲养牛、羊、狗、猪等家畜的遗迹。从出土的文物发现，当时的木结构建筑技术已有一定水平。先民们逐渐由采集、渔猎为主的流动生产、生活方式逐渐过渡到定居和以农业劳动为主的生活、生产方式。

良渚文化时期农业生产有了进一步发展。吴兴钱山漾遗址出土了保存较好的成堆稻谷实物，有籼稻和粳稻，说明水稻种植已较为普遍。考古还表明，先民们已掌握了植麻、养蚕缫丝技术，且制石、制陶、制玉、木器加工和竹器编制技术较前有所提高。杭州水田畈等遗址发现有木桨和撒网用的渔具，说明捕鱼工具也有了较大发展。

新石器文化遗址中的水稻遗迹说明，其时已有水田。有水田应有原始的引水、灌溉、排水的沟渠和拦蓄水的田埂、田塍等水利设施。在属马家浜文化吴兴邱城遗址的下层古建筑遗存附近发现了9条排水沟和2条宽1.5～2米的大型引水沟渠，由此可以印证。

在吴江澄湖、昆山太史淀、无锡南方泉、嘉兴雀幕桥等处考古发现良渚文化时期水井，说明其时水井已广泛使用，先民们已能汲取地下水供使用。在杭州水田畈、吴兴钱三漾遗址考古发现，先民们已能刳木为舟从事渔业捕捞活动。

良渚文化时期，石耘田器广泛使用，越往后期形制越大。说明当时水稻生产技术已有一定水平，农田水利工程也随之呈起步态势。最新考古发现，在良渚文化中期，在良渚古城北面和西面，建有11条堤坝，为人工修筑的大型水利工程。这一发现，将我国建坝历史推至4700年前。

第二节　殷商后期及春秋战国时期

一、灌溉与河道（运河）治理开发

据史籍记载，殷商末年，周太王古公亶父之子泰伯、仲雍避居江南，住今无锡东南梅里平虚，建勾吴国。相传泰伯曾在无锡东南五里开泰伯渎，西起运河，东通蠡湖（现漕湖），以备民之旱潦。到泰伯二十世孙诸樊时移都现苏州。至阖闾为王时，任用楚人伍子胥、伯嚭为政。南朝刘宋山谦《吴兴记》载："西湖，昔吴王夫概所立，……傍溉田三万顷，有水门四十所，引方山泉注之"，长兴西湖为有记载的最早流域蓄水灌溉工程。

伍子胥在吴时兴建了众多水利工程。周敬王六年（前514年），伍子胥扩建吴城，周围四十七里，建水、陆门各八个，有水陆之道通城。内筑小城周十二里。宋单锷《吴中水利书》引钱公辅言称"以为五堰者，自春秋时，吴王阖闾用伍子胥之谋伐楚，始创此河（指胥溪河），以为漕运，春冬载二百石舟"。据记载，周敬王二十五年（前495年），吴王夫差为伐越，命伍子胥于太湖东南开凿胥浦，自长泖接界泾向东，尽纳惠高、彭巷，处士、沥渎诸水，东分驱塘、拙达泾二水出。明崇祯《嘉兴县志》载："伍子塘……相传子胥驻兵胥山时所凿，长四十余里，北接魏塘，入嘉善境。"同年，为了北上攻齐，吴王夫差开河通运，从今苏州经望亭、无锡、奔牛转北由孟河出长江，全长一百七十余里。此为江南运河开挖的最初阶段。伍子胥在公元前480年前后，在长兴城南四十五里开筑胥塘。

清《乾隆江南通志》载："周元王元年（前475年），越大夫范蠡开漕河，在苏州境。越伐吴，蠡开此转馈，亦名蠡湖。"周元王三年（前473年），吴国为越所灭。

前306年，楚灭越。《吴中水利书》载："周烈王十五年［疑系楚考烈王十五年（前248年）］楚春申君治水松江，导流入海，后人因其姓黄曰黄浦，亦曰春申浦。"是年，汉《越绝书·吴地传》载："无锡湖者，春申君治以为陂，凿语昭渎以东到大田，田名胥卑。凿胥卑下以南注大湖，以泻西野，去县三十五里。"明董说《七国考》引《一统志》载："南直常州申浦在江注太湖，昔春申君开，置田为上下屯，自大江南导，分而为二：东入无锡，西入武进、戚墅，俱达于运河。"

二、圩田

太湖东部、南部时为卑下洳湿之地和墩岛。吴迁都于今苏州，治国必先开发农业，需围田垦殖。《越绝书·吴地传》中有记："吴北野禺栎东所舍大疁者，吴王田也，去县八十里""吴西野鹿陂者，吴王田也，今分为耦渎；胥卑虚，去县二十里""吴北野胥主疁者，吴王女胥主田也，去县八十里"，等等。"大疁""鹿陂""胥卑虚""胥主疁"为成片农田之名，"疁""虚"为四周高、中间低之意。筑堤围田似始于此。越国范蠡在今嘉兴、海盐一带经营围田垦殖，清钱中锴《三吴水利条议·论吴淞江》引载："自范蠡围田，东江渐塞"。越灭吴后继续围田，《越绝书·吴地传》载："蛇门外塘波洋中世子塘者，故曰王世子造以为田。塘去县二十五里。洋中塘，去县二十六里。""塘"即堤岸，说明其时已在城南筑堤围田。《越绝外传·吴地传》载："无锡湖者，春申君治以为陂（为堤内成田的陂田）。"无锡湖，又称芙蓉湖，在今无锡、常州、江阴之间，周一万五千顷，已湮没。

吴越时期，当地人民已初步掌握了挖河、筑堤障水和垦殖洼地的技术。《越绝书·外传记吴地传》载："吴古故祠江汉於棠浦东，江南为方墙，以利朝夕水"。方墙为简易石堰，其可控制潮水进退。

第二章 秦汉及六朝时期

第一节 秦 朝 时 期

秦始皇三十七年（前 210 年），嬴政出巡，“使赭衣徒三千，凿京岘东南垄”“凿丹徒曲阿”，即镇江至丹阳段运河。吴时江南运河只从今苏州开浚到奔牛，秦时运河经由镇江入江，已初具规模。《越绝书·外传记吴地传》记载：“秦始皇造道陵，南可通陵道，到由拳（现嘉兴）塞，同起马塘，湛以为陂，治陵水道，到钱唐（现杭州）越地，通浙江，秦始皇发会稽（现绍兴）适戎卒治通陵高以南陵道，县相属。”“陵水道”即开河筑堤形成的水陆并行的通道，为江南运河杭嘉段之雏形。

第二节 汉 朝 时 期

汉时太湖西南地区已有较大规模的开发。汉高祖六至十一年（前 201—前 196 年）荆王刘贾，在长兴县南九十里，开凿“荆塘”。汉武帝时（前 140—前 87 年），为了解决闽、浙贡赋物资北上，从苏州以南沿太湖东缘的沼泽地带，开挖了苏嘉间长百余里的运河，与秦时陵水道相接。至此，江南运河便初具轮廓。汉平帝元始二年（2 年），皋伯通在县东北二十五里，又筑“皋塘”。塘者“绵以水左右通陆路也”，是指两岸堤路夹河的水道，既可外挡湖水、中通舟楫，又可用来排灌，并可外挡湖水以宜垦殖。东汉时，袁圮在阳羡（现宜兴）东氿、西氿筑长桥，开便民河，以避航行风涛之险。汉时太湖西南的农业区域，已开始逐步从高地向沿湖低地拓展。

汉献帝建安二十五年（220 年），北魏郦道元《水经注·浙江水》引南朝宋刘道真《钱唐记》载：“《钱唐记》曰：防海大塘在县东一里许，郡议曹华信家议立此塘，以防海水……塘以之成，故改名钱塘焉。”其阻挡咸潮，并使西湖开始与海隔绝，成为内湖。

东汉熹平二年（173 年），余杭县令陈浑率民创建南湖。南湖位于今余杭南侧，是太湖流域兴筑较早、规模较大的陂塘蓄水工程水库。其利用天目山余脉山麓开阔地为湖床，沿西南隅诸山脚绕向东北修建环形大堤围建而成。界址“东至安乐山，西至洞霄宫，南至双白，北至苕溪”，并据地形，以鳝鱼港为界，分为上下两湖，上湖周长三十二里余，下湖周长三十四里余。上、下两湖面积分别为六千七百亩和七千亩。南湖可拦蓄东天目诸山之水，潦资以分杀盛长，旱备以灌溉农田。建成后潴滞南苕溪山洪，减轻了余杭及其下游今杭州、德清广大地区的洪潦威胁，并蓄水灌溉农田千余顷。南湖主要工程有湖堤、“龙舌嘴”“五亩塍”及涵闸等组成。“龙舌嘴”位于湖的西北面南苕溪的南侧，分溪水入湖，龙舌嘴到南湖之间进水渠叫“沙溪”，长约二里，溪水入湖处用块石砌筑，称“石门函”；“五亩塍”位于湖东南，是一座滚水坝；涵闸称“西函”，建于五亩塍东侧，有引水灌溉和节制湖水的作用。

唐宝历年间（825—827年）县令归珧重修南湖。北宋初期，南湖建有严格的管理制度，设专职管理，坚持岁修。北宋崇宁年间（1102—1106年），相国蔡京欲“占南湖形胜之地以葬其母”，被县令杨时极力谏阻，未达目的。故有“南上、南下两湖，肇于汉之陈，复于唐之归，守于宋之杨”之说。元代至明代、清代渐见衰落，豪强不断占垦，上南湖至明代已为垦田。1949年后，南湖经过全面整治，将进水口和老滚水坝改建为现代涵闸，现仍起着滞洪、灌溉的作用。

第三节 三国、两晋、南朝时期

220—581年，我国大部分时间处于南北分裂状态。江南在孙吴、两晋和宋、齐、梁、陈的统治下，社会比北方相对安定，加上永嘉之乱（311年）导致北方大批流民移居江南，带来了中原先进的生产技术，促进了太湖流域农业和经济社会较快发展。到南朝宋时，据南朝梁沈约《宋书》所载，江南已成为“地广野丰，民勤本业，一岁或稔，则数郡忘饥”的富饶之地。

一、孙吴时期

孙权据江东，任命陆逊为海昌（现海宁）屯田都尉，在太湖东南开始屯垦。东吴（孙吴）建国后，在吴郡及今无锡以西设屯田区，置毗陵（现常州）典农校尉。西晋陈寿《三国志·吴书》载：“赤乌中，诸郡出部伍，新都都尉陈表、吴郡都尉顾承各率所领人会佃毗陵，男女各数万口”，可见其屯田规模之大。吴黄武五年（226年），“陆逊以所在少谷，表令诸将增广农亩”，军士直接参与营田垦殖。晋左思《吴都赋》有“屯营栉比，解署棋布”，“畛畷无数，膏腴兼倍”的描述。孙吴大规模屯田，促进了太湖地区农田水利和漕运的发展。

为解决太湖流域与都城建业的交通，吴赤乌八年（245年），孙权派陈勋率屯田兵士等三万人，开凿句容中道，称破岗渎。其起于句容小其，向东穿过山冈，到达今丹阳延陵镇西，再与江南运河相接。并于运道上修建了十四座埭（即堰），分级节制水流，形成梯级航道。

吴永安年间（258—264年）景帝孙休筑青塘，自吴兴城北迎禧门外西抵长兴，筑长堤数十里，以御太湖之水而卫民田，亦便来往交通。永安年间乌程候孙皓在今长兴县西南八十五里筑塘，人称孙塘；在金山筑咸潮塘，表明其时海塘工程开始建设。

二、两晋时期

晋永兴二年（305年），据南宋朝（南宋）嘉定《镇江志》载：晋陵（现常州）郡曲阿县下，晋陈敏引水为湖，周四十里。又据唐《元和郡县图志》载：练湖在丹阳县北百二十步，周回四十里，晋时陈敏为乱，据有江东，务修耕织，令弟陈谐遏马林溪，以灌云阳，亦谓之练塘，灌田数百顷。练湖兴建时有湖堤、石础和斗涵等设施，用以贮水、泄洪与灌溉；湖外北侧设黄金坝，建在湖源主流马林溪的支流范家沟上，用以拦纳溪水入湖，并可分溢洪水入运河。

南唐昇元五年（941年），丹阳知县吕延桢重修练湖。宋时开始侵占耕种；元明清时期，侵占垦殖日渐增多，水面不断缩小；民国时变为垦区，1971年建成国营农场。

东晋大兴四年（321年），晋陵内史张闿率民众建新丰塘。其塘址在丹阳县东北三十里的新丰镇附近，溉田八百余顷。据唐房玄龄等著《晋书》记载，东晋成帝咸和年间（326—334年），吴兴太守修沪渎垒，以防海潮，百姓赖之。沪渎垒在今青浦区东北旧青浦镇西之沪渎村。

吴兴以东的塘岸，始称荻塘，筑于东晋永和年间（345—356年），由殷康主持。南宋《嘉泰吴兴志》记载："荻塘，在湖州府南一余里，据旧图经载云：在州南二里……，郡太守殷康开，旁溉田千余顷。"荻塘西起吴兴城，东抵平望镇。东晋时，太湖南缘的湖岸已基本形成，荻塘两旁堤岸夹河，既能阻遏湖水泛滥，有利于堤外围田与灌溉，又利于水陆交通，并能对苕溪来水起"急流缓受"的作用。《嘉泰吴兴志》载："沈嘉，统记云晋度支尚书吴兴太守又重开荻塘，更名吴兴塘。"至唐贞元间，于頔又组织大规模整修，增高培厚，民颂其德，改称頔塘。

三、南朝时期

南朝刘宋元嘉二十二年（445年），修建阳湖堰（址今武进），得良田数百顷。《宋书·沈攸之传》载：刘宋大明七年（463年），"吴兴塘，太守沈攸之所建，灌田二千余顷"。为满足灌溉之需，南朝时在湖西地区修建了不少塘堰。单塘，由南齐单旻主持修建，于今金坛县东北二十八里；谢塘，南朝梁（南梁）天监年间谢法崇修建，位金坛东谢村，面积约百亩；吴塘，南梁吴游主持修建，于县东二十五里，塘周长三十里，分属金坛、丹阳；南、北谢塘，南梁普通年间谢德盛修建，于县东南三十里，隋湮芜，唐武德中谢元超重修，各灌田千余顷；莞塘，南梁大同五年（539年）侍御史谢贺之组织百姓壅水为塘，因以后种莳莞草，故名莞塘。湖西修建的其他小型塘坝繁不胜数。至南朝末期，史籍中有载："晋陵自宋、齐以来，旧为大郡，虽经寇扰，犹为全实。"农业生产和社会经济有了显著发展，成为富实之乡。

南梁时，废破岗渎，另凿上容渎。上容渎在今句容市东南五里，实行高岗分流，总河道长五十六里，共二十一埭。一源东南流，长三十里，沿程筑十六座埭，东流入延陵接江南运河；一源西南流，长二十六里，沿程筑五座埭，流经句容界，入秦淮河。因其河高坡陡甚于破岗埭，故使用仅五十多年，至南梁陈（南陈）武帝时，废上容渎又复修破岗渎。

太湖东部地区，六朝时属吴郡。南梁大同六年（540年），将晋时的海虞县分置出常熟县。清《常昭合志稿》载："高乡濒江有二十四浦通潮汐，资灌溉，而旱无忧；低乡田皆筑圩，足以御水，而涝亦不为患，以故岁常熟，而县以名焉。"由此反映常熟一带的沿江河浦及塘浦圩田，在南朝末期已初步形成。

第三章 隋唐至五代时期

隋、唐、五代是太湖流域水利发展的鼎盛时期。隋统一全国，曾兴盛一时，贯通了五千余里南北运河，对其时及以后经济社会发展发挥了重要作用。唐代重视农业和发展水利，在历代水利建设的基础上通过不断治理，初步奠定了流域水利工程框架。五代吴越时期，大力推进塘浦圩田系统建设，注重水利管理，全国经济重心由中原逐步南移。至唐末，“赋出于天下，江南居什九”，太湖地区成全国富庶之地。

第一节 隋朝时期

隋大业初（605年），溧阳县令达溪明疏浚日泾渎（现丹金溧漕河），使之成为湖西地区干河之一。北宋司马光《资治通鉴·隋记》载：隋炀帝大业六年（610年），“敕开江南河，自京口（现镇江）至余杭（现杭州）八百余里，广十余丈，使可通龙舟”。江南运河经隋炀帝全线拓浚，“皆阔十丈，夹岗各连山，盖当时所积之土”。运河经过拓宽疏浚，进一步沟通了太湖水系，对流域水利建设和经济发展起到了重要作用。

第二节 唐朝时期

一、江南运河整治

唐代为了漕运的便利与安全，继续整治江南运河。运河京口至望亭段及今嘉兴至杭州段地势高亢，水易流失，常水源不足，需开辟水源以济漕运。唐永泰二年（766年），润州刺史韦损重修练湖，以湖水“灌注官河”，并设官立制，以保证“河槽不涸”。唐元和八年（813年）孟简开古孟渎，北宋宋祁等著《新唐书·地理志》记载：“武进县西四十里又孟渎，引江水南注通漕，溉田四千顷，元和八年，刺史孟简因故渠开”。同年孟简又“开泰伯渎，并导蠡湖”。唐长庆二年至四年（822—824年），“刺史白居易为济运和灌田，在钱塘门外建长堤（人称白公堤），并筑函、笕，‘放水入河，从河入田’，航、灌两利。白居易复浚李泌六井，民赖其汲。”

西湖易淤，吴越国时期，钱镠于宝正二年（927年）曾设“撩湖兵”千人，撩浅清淤，以保西湖蓄水能力。

为蓄水并保运河航深，需在运河上建堰埭。唐开元二十二年（734年）前筑京口埭；唐至德年间（756—758年），筑望亭堰；唐刘晏主漕，在钱塘江口建长安闸。唐时还有吕城闸、奔牛闸等（北宋淳化元年曾诏废京口、吕城、奔牛、望亭四堰）。同时还在运河两岸立堰，以防河水分泄，如无锡梁溪堰、常州孟渎水门等。

据清同治《苏州府志》载：唐元和五年（810年），苏州刺史王仲舒“堤松江为路……建宝带桥。时松陵镇南、北、西俱水，抵郡（现苏州）无陆路，至是始通。”该段塘路及宝带桥的建成，初步沟通了苏州至松陵镇的驿道，既避风涛又便牵挽，水陆两利。

二、河道治理

唐元和二年（807年），观察使韩皋、苏州刺史李素开常熟塘，也称元和塘，南起苏州齐门，北抵常熟南门与护城河相接，长九十里。清《宜兴旧志》载：元和中（806—820年）常州刺史孟简，开孟泾渎。唐太和中（827—835年），重开常熟盐铁塘（世传西汉吴王濞因运盐铁所开，因以为名），西起杨舍镇，经常熟、太仓，在黄渡入吴淞江，全长一百九十里。盐铁塘以东冈身处地形较高，为高田区，冈身以西地形较低，为低田区，盐铁塘位于高低分界之地。北宋郏亶《苏州水利六失六得》中载，唐时在此高低分片处挖塘浦广置堰门、斗门，既可遏高片之水东侵，又可堰水灌溉高田，起高低分片治理的作用。唐代兴建的这些河道，既可漕运，起引水、输水、排水、灌水的作用，也是塘浦圩田的骨干河道，为太湖东部地区塘浦圩田系统的形成创造了条件。

三、灌溉工程建设

唐代太湖西南、西部地区的灌溉工程发展较快。唐武德二年（619年），刺史谢元超恢复南、北谢塘以溉田。贞元十三年（797年），湖州刺史于頔修复长兴的西湖，人赖其利。长兴西湖后于元和元年（806年）和咸通元年（860年）两次整修。唐宝历年间（825—827年），余杭县令归珧整修南湖，并于县北加辟北湖，周长六十里，溉田千余顷，扩大了分洪和灌溉效益。

武周圣历年间（698—700年）安吉县令钳耳知命在北三十里建邸阁池、北十七里建石鼓堰，引天目山水溉田百顷。据《新唐书·地理志》记载，元和中（806—820年），刺史范传正于乌程县（现吴兴）东北二十三里开官池；宝历中（825—827年）刺史崔玄亮于县东南二十五里开陵波塘；刺史杨汉公于县北二里开蒲帆塘。湖西南地区堰坝，明沈啓《吴江水考》所载：“孝丰之坝三十七，安吉之坝三十六，武康（现德清）之坝七十二，德清之堰九”，数量较多。这些堰坝，皆“潴而后泄于太湖者”，既能灌溉，又能滞洪。

四、海塘建设

唐代太湖地区海塘修筑史书记载较少。《新唐书·地理志》载：“盐官……有捍海塘堤，长一百二十四里，开元元年（713年）重筑。”海塘的初步形成，既可外御海潮，也为太湖东部平原此后大规模垦殖创造条件。

随着海塘的形成，沿海口门挡潮堰闸也陆续兴建。唐末《钱梅溪辑水学》记述：“古人治闸，自嘉兴、松江（吴淞江）而东于海。遵海而北，至于扬子江，沿江而西至于润州，一河一浦，大者闸，小者堰，所以外控海潮而内防旱涝也。”

五、塘浦的发展

唐代修建海塘的同时，也基本完成了太湖东南缘湖堤的建设。唐开元十一年（723年），乌程令严谋达疏浚荻塘，以出南面诸山来水。清同治《苏州府志》记载，唐贞元八年（792年），苏州刺史于頔对荻塘进行全面整治，“缮完堤防、疏凿畎浍，列树以表道，决水以溉田”，“民颂其德，改名頔塘”，进一步发展了荻塘的防洪、灌溉、排水、水陆交通的功能。唐开成年间（836—840年）刺史杨汉公修建了蒲帆塘，“为苕溪灌注处也”。现考证，蒲帆塘东起吴兴城北二里，西接长兴县入太溪（现箬溪），折北经今水口镇接顾渚茶山。

唐代大力经营屯田事业，以增加财政和粮食供给。屯田主要在今苏州、嘉兴等平原沼泽地区。清雍正《浙江通志》载：“唐广德中（763—764年）屯田使朱自勉，浚畎距沟，浚沟距川”。《钦定全唐文》李翰《苏州嘉兴屯田纪绩颂并序》中也载：“浙西有三屯，嘉禾（现嘉兴）为之大”；“嘉禾土田二十七屯，广轮曲折，千有余里。公画为封疆属于海，浚其畎浍达于川，求遂氏治野之法，修稻人稼穑之政。”并颂“亩距于沟，沟达于川，故道既堙，变沟为田，朱公浚之，执用以先，浩浩其流，乃与湖连。上则有涂，中亦有船，旱则溉之，水则泄焉。曰雨曰霁，以沟为天。”嘉兴通过屯田，经济日趋繁荣，李翰颂有“嘉禾一穰，江淮为之康；嘉禾一歉，江淮为之俭”。贞元十二年（796年）崔翰为浙西观察巡官，在苏州实掌军田，清唐诰《钦定全唐文》载：“凿浍沟，斩茭茅，为陆田千二百顷，水田五百顷，连岁大穰，军食以饶”。《新唐书·地理志》载：“海盐县有古泾三百一，长庆中（821—824年），令李谔开，以御水旱。”上述河、塘、渎、畎浍、沟、泾的开挖与修治，改善了屯田区乃至平原区的引、排、灌条件。

第三节 五代十国时期

五代时太湖地区基本为吴越所治。吴越设“都水营田使”统一负责治水与治田，并重视工程管理。其时太湖地区的塘浦圩田迅速发展并不断完善。吴越治八十六年，太湖地区仅发生过四次水灾，一次旱灾，是历史上水旱灾害最少的时期。

一、塘浦圩田

塘浦圩田是现今对古人在平原低洼地区以塘浦为四界围田之简称，其外恃高厚的圩岸御洪，内藉湖荡、洼地蓄涝，进行土地垦殖。塘浦圩田何时建设、如何建设，当时无确切记载。郏亶《治田利害七论》有述：“古人治低田之法，五里、七里一纵浦，又七里、十里一横塘。用塘浦之土，以为堤岸。其塘浦阔者三十余丈，狭者不下二十余丈，深二三丈，浅者不下一丈”。其中郏亶详列了吴淞江、至和塘两侧的旧有塘浦，以及沿江、沿海地区的横沥、小浦和通海港浦之名，计二百六十四条，说明其时塘浦水系已较为完善。

二、浚治下游河道

唐时东江、娄江已经淤湮。两江何时湮废史无记载。

吴淞江古名松江，亦称松陵江、笠泽江。在古代，其正源在今吴江市城南太湖口。北宋郏侨有述：吴凇古江故道，深广可敌千浦。旧志载唐时河口宽二十里。吴越时吴淞江宽广且泄水通畅。据《康熙昆山县志稿》载，吴越天祐元年（904 年），吴越王钱镠“命都水庸田司督撩浅夫浚治新洋江（现青阳港）”，“疏导诸河”。吴淞江以北的积潦，可北出长江，并可引江流溉冈身。吴越时又常疏浚常熟二十四浦，以替娄江下段泄水之用。

太湖东南由筱馆浦（又称青龙港，今小官浦）等分泄吴淞江部分洪水入海。据史载，吴越宝正二年（927 年），浚柘湖及新泾塘，由小官浦入海。由于平时经常撩浅养护，故入海河港基本通畅。

三、筑杭州湾海塘

吴越建都钱塘（现杭州）后，视海塘保安为急务。天宝三年（后梁开平四年，910 年），钱镠八月筑捍海塘，“怒濑急湍，昼夜冲击，版筑不就……又以大竹，破之为笼，长数十丈，中实巨石，取罗山大木长数丈，植之，横为塘，依匠人为防之制，又以木立于水际，去岸二九尺，立九木，作九重……由是潮不能攻，沙土渐积，塘岸益固。”钱镠创“竹笼石堤法”筑成捍海塘，使杭州地区日渐繁荣起来。

四、设河浦堰闸

宋郏侨《水利书》记述，吴越时北从常州、江阴界，南至秀州（现嘉兴）、海盐，一河一浦皆设堰闸，并载：“今海盐一县，有堰近百余所”。其时采取“浚三江，治低田”“蓄雨泽，治高田”的治理方法，使高低分治，旱涝兼顾。

第四节 水 利 管 理

唐及吴越时期重视水利管理，建立了较好的工程管理和养护制度。唐代制定并颁布了《水部式》，是我国现存最早的系统的水利法典。

据《江南通志》记载，唐于天祐元年（904 年）创建撩浅军，共计一万余人。吴越设撩浅军专事疏治养护工作。撩浅军由都水营田使直接指挥。天宝九年（后梁贞明元年，915 年），清吴任臣《十国春秋》载："置都水营使以主水利，以主水事，号曰撩浅军，亦谓之撩清，命于太湖旁置撩清卒四部，凡七八千人，常为田事，治河筑堤……居民旱则运水种田，涝则引水出田"。撩浅军分四路担行任务：一路在吴淞江及其支流清淤撩浅；一路分布在淀泖、小官浦地区，开浚东南出海河浦；一路分布在杭州西湖地区，担任清淤、除草、浚泉等工作；又一路称作"开江营"，计二三千人，于常熟昆山地区，主要负责东北通江三十六浦的开浚及堰闸的养护管理。撩浅军给养采取以水利养水利的方法，明归有光《三吴水利录》有述："仿钱氏遗法，收图回之利，养撩清之卒"。

郏亶《论治田利害七论》记述了圩田养护之法："古人治田，高下既皆有法，方是时也，田各成圩，圩必有长，每一年或二年，率遂圩之人，修筑堤防，浚治浦港。因而使低田之堤防常固，旱田之浦港常通。"古人似指吴越钱氏。

第四章 宋 元 时 期

北宋时由于生产关系调整和河湖洼地垦殖，塘浦圩田逐步解体。南宋时垦殖之风盛行，并随着江南运河整治和沿海滩地淤长，太湖下游地区河湖逐渐淤塞，排水困难，多次大力疏浚。其时由于钱塘江口潮道北移，海塘坍塌，屡毁屡建。为拒潮灾，东南沿海通海港浦除几处尚存，其余全部捺断，苏、湖、秀三州至水转趋淀山湖由吴淞江入海。

第一节 宋 朝 时 期

一、塘浦圩田解体

唐代施行“均田制”，土地属国家所有。随着官僚地主土地兼并之风盛行，“均田制”逐渐变成土地私有的“庄园制”。宋初，土地集中经营方式发生变化，庄园主将土地分佃于农民，收租或折收现金，由唐及吴越期大生产经营方式转变为佃农分散经营方式。由于国家增加税赋的需要和地区人口集聚，围垦逐渐向低洼滩地和湖荡区发展，低田增加。大圩中高田与低田，灌溉与排涝，维修管理等矛盾难以解决，原塘浦岸堤逐步废弛。平原河网区泾浜、湖荡众多，利于适合小农生产方式的小圩形成，以致塘浦圩田逐步解体。

随着塘浦大圩解体，官府鼓励农民自筑塍岸用于自保。如北宋嘉祐五年（1060年），北宋朱长文《吴郡图经续记》载：“转运使王纯臣请令苏、湖、常、秀作田塍，位位相接，以御风涛，令县官教诱利殖之户，自筑塍岸。”准奏后推行，收到一定的效果。又于政和六年（1116年）制定“管干圩岸、围岸官法”，苏州府兴复圩田二千余顷。

二、江南运河整治

北宋时期朝廷经济更依赖于江南，太湖流域大量的农产品及手工制品通过河网及江南运河运至京师和北方其他区域。宋时运河整治主要采用清淤拓浚、设置堰牐、修建塘岸、蓄水济运等措施。整治时兼顾农田水利，百姓益之。明张国维《吴中水利全书》载：“浙佑之有漕渠，非止通馈运资国信往来而已，苏、秀、常、润田之高低者实赖之。”

（一）清淤拓浚

宋代运河清淤拓浚有20余次，大多集中于常、润二州。摘《宋会要》《江南通志》、清傅泽洪《行水金鉴》《宋史·河渠志》等史书所载部分如下。

北宋天圣七年（1029年），润州新河毕工（新河在镇江府城之西，京口闸之东，南通漕河，北通大江）。嘉祐中（1056—1063年），知常州陈襄浚运河；知常州王安石开运河，郑向疏蒜山漕河。元丰三年（1080年），赐米三万石，开苏州运河（自今苏州至杭州）。大观二年（1108年），诏：常润岁旱河浅，留滞运船，监司督责浚治。南宋淳熙二年（1175年），镇江府浚京口牐河以北至河口，武进县浚常州运河三十里，平江府开运河五十四里。淳熙二年，两浙漕臣赵磻志言：临安府长安牐至许村巡检司一带，漕河浅涩，请出钱米，发两岸人户，出力开浚。从之。淳熙五年（1178年），漕臣陈岘言：于十月募工开浚无锡县以西横林，小井及奔牛、吕城一带地高水浅之处，以通漕河。淳熙七年（1180年），帝因辅臣奏金使往来事曰：运河有浅狭处，可令守臣以渐开浚；淳熙十一年冬，地势高仰，虽有奔牛、吕城二牐，别无湖港潴水，自丹阳至镇江，地形尤高，虽有练湖，缘湖水日浅，不能济运，而晴未几，便觉干涸。运河浅狭，莫此为甚，所当先浚。上以为然。淳熙十四年（1187年），七月不雨，臣僚言：窃见奉口至北新桥三十六里，断港绝渎，莫此为甚，宜令开浚，使通各船，以平谷直。从之。

（二）设置堰牐

干河设堰牐以蓄航深，支河堰牐可防水流失，而其大水之时阻遏宣泄，干旱之年碍引水灌溉，且船只过堰需人力、畜力拽拉，费时费力并易损伤船只，航运、防洪、灌溉之间矛盾难以协调，宋时运河堰牐时废时复。宋元祐之后，采用以堰制水、以闸泄水，建复闸或并建水澳，缓和其间矛盾。史书所载宋朝堰闸废复情况部分如下。

《无锡县志》、光绪《元锡金匮县志》载：“（北宋）嘉祐中（1056—1063年），开运河通梁溪，取太湖水，梁溪堰遂废。开浚运河，导太湖水，遂废望亭堰牐。”

《宋史·河渠志》载：“（北宋）熙宁二年（1069年），先是凌民瞻建议废吕城堰，又即望亭堰置牐而不用，及因浚河，隳败古泾函、石牐、石础，河流益阻，百姓劳弊，至是民瞻等贬降有差。”

单锷《吴中水利书》载：“（北宋）熙宁中（1068—1077年），提举沈披，撤去五泻堰，走运河之水，北下江中，遂害江阴之民田，为百姓所讼。”

元末《无锡县志》载：“（北宋）元祐间（1086—1093年），于无锡县五泻堰置牐，以备旱潦。”

《宋史·河渠志》载：“（北宋）元祐四年（1089年），知润州林希奏，复吕城堰，置上下牐，以时启闭。其后，京口、瓜州，奔牛皆置牐。（元符）二年（1099年），两浙转运判官曾孝蕴兴修润州京口、常州奔牛澳牐，润九月毕工。（南宋）淳熙九年（1182年），知常州章冲奏请复设望亭堰牐，谓有三利。淳熙十一年（1184年），修筑无锡五泻牐，潴水通舟，并先浚练湖。”

《浙江通志》载：“（南宋）绍熙二年（1191年），长安三闸，相传始于唐。宋绍圣间，鲍提刑累沙罗木为之，重置斗门二；后坏于兵火。八年吴运使请易以石埭。绍熙二年，张提举重修，自下闸九十余步至中闸，又八十余步至上闸。”

《宋史·河渠志》载：“（南宋）庆元五年（1199年），两浙运转浙西提举言：以镇江府守臣重修吕城旧牐毕，再造新牐，以固堤防，庶为便利。从之。嘉泰元年（1201年），于望亭修建上下二牐，固护水源。从之。”

《行水金鉴》载：“（南宋）嘉定十一年（1218年），知镇江府史弥坚，开浚漕渠，自江口至南门，修五牐，又复归水澳，修澳牐，引甘露港为护仓河，置上下二牐。”

至顺《镇江志》载：“（南宋）淳祐初（1241年），知镇江府何元寿修复练湖，增高函础，又浚古渠，起牐之废，在京口者四，吕城者三，费腧九十余万缗。”

《江南通志》载：“（南宋）咸淳六年（1270年），知镇江府赵瑨建坝于甘露、京口二港，又于京口坝东建减水牐。”

（三）修建塘岸

据《江南通志》载：“（北宋）天圣元年（1023年），苏州水坏太湖外塘，又海旁支渠湮塞。八月诏两浙转运使徐奭、江淮发运使赵董其事自市泾（现王江泾）以北、赤门（苏州葑门）以南筑石堤九十里，起桥十有八，浚积潦，自吴江至东海，复良田数千顷。”《吴中水利书》载：“（北宋）庆历二年（1042年），李禹卿以松江风涛漕运多败官舟，遂筑长隄于松江太湖之间，横截五六十里，又云八十里，为渠益漕运，其口蓄水，溉田千余顷。”庆历八年（1048年）吴江垂虹桥建成，吴江塘路全线贯通。

长堤与长桥建成后，壅阻湖水下泄，吴淞江出口缩窄，吴淞江及运河以东地区的淤塞开始加剧。北宋苏轼《进单锷吴中水利书状》印证了这种状况，曰：“自庆历以来松江始大筑挽路，建长桥，植千柱水中，而不甚碍。而夏秋涨水之时，桥上水常高尺余。况数十里积石壅土，筑为挽路乎。自长桥挽路之成，公私漕运便之，日葺不已，而松江始艰噎不快。江水不快，软缓而无力，则海之泥沙随潮而上，日积不已。故海口湮灭，而吴中多水患。”

（四）蓄水济运

北宋元祐四年（1089年）苏轼任临安（现杭州）知州，其时西湖已久不浚治，“葑积为田，水无几矣。漕河失利”，苏轼乃大举兴修。“轼见茅山一河专受江潮，盐桥一河专受湖水，遂浚二河以通漕，复造堰牐，以为潮水蓄泄之限，江潮不复入市。以余力复完六井，又取葑田积湖中，南北径三十里，……杭人名为苏公堤。”据《浙江通志》载：“（南宋）绍兴九年（1139年）张澄奏请命临安府招置壮卒及厢兵共千人，委钱塘县尉兼领其事，专一浚湖。”《梦粱录》载：“（南宋）淳祐丁未（1247年）大旱，湖水尽涸，郡守赵节斋奉朝命开浚，自六井至钱塘、上船亭、西林桥、北山第一桥、苏堤三塔、南新路长桥、柳洲寺前等处，凡种菱荷茭荡，一切薙去，方得湖水如旧。”宋时西湖时淤时浚，既可供水，亦济漕运。

三、太湖下游治理

（一）吴淞江

北宋时期吴淞江逐步萎缩，其时出湖口仅有九里。吴江塘路的建成及下游河湖淤涨，加剧垦殖和圈圩河湖滩地，加快了其萎缩进程，壅噎不利。北宋宝元元年（1038年），两浙转运副使叶清臣裁直吴淞江界于昆山、华亭之间的盘龙汇，原长四十里，裁直后减为十里，“道直流速，其患遂弭”。北宋嘉祐六年（1061年），两浙转运使李复圭、知昆山县韩正彦取直白鹤汇。两次裁弯取直，吴淞江宣泄不畅的情况有了改善。《吴江水考》载：“（北宋）崇宁二年（1103年），宗正丞徐确提举常平言：吴淞江下流潮泥湮塞，水溢为患，‘请自封家渡古江（今黄渡东封家浜一带）开淘至大通浦，直彻河口七十四里；以常平缗钱米十八万三千余，充调夫之费’”。此为吴淞江海口开挖最早记载。北宋大观三年（1109年），两浙监使请开淘吴淞江，复置十二闸，于大观四年开工，亦为吴淞江下游最早置闸记载。

（二）东北通江港浦

浚筑至和塘。“昆山至和塘，自县治以西，达于娄门，凡七十里，通连湖荡，皆积水泥涂，无陆地可行，甚为民患。”北宋至和二年（1055年），主簿邱与权始陈五利，力请兴作。乃率役兴工，始克成塘，遂以年号为名。据南宋范成大《吴郡志》载：北宋至和元年（1054年）仅挖水道成塘，至嘉祐中（1056—1063年）始备堤岸。至和塘深五尺，广六十尺，建桥五十二座。据北宋沈括《梦溪笔谈》记载，采用以蘧蒢、刍蒿为墙，漉水中淤泥的办法筑塘堤。其为水中筑堤之创新。

东北诸浦疏导工程，宋代共进行了15次。史书所载规模较大者如下。

清同治《苏州府志》载：“（北宋）景祐二年（1035年），范仲淹守乡郡，亲至江浒，督浚白茆、福山、黄泗、浒浦、奚浦及茜泾、下张、七丫，疏导诸邑之水，使东南入淞江、东北入扬子江，并建牐御潮。”《宋史·河渠志》载：“（北宋）政和六年（1116年），诏户曹赵霖相度平江三十六浦，讲究利害，导归江海，依旧置牐，役兴而两浙忧甚。七年四月罢役；又云仅复常熟二浦，昆山三浦。”清同治《苏州府志》载：“（南宋）隆兴二年（1164年），诏知平江府沈度开昆山常熟十浦，常熟许浦、白茆浦、崔浦、黄泗浦；昆山茜泾浦、下张浦、七丫浦、川沙浦、杨林浦、掘浦。”

（三）东南通海港浦

东南沿杭州湾通海的港浦，宋时主要有上接柘湖的金山浦、小官浦，上接淀山湖的芦沥浦，以及上接当湖的月河、南浦口、澉浦口。南宋以后钱塘江江流海潮发生变化，潮渐趋北大门，华亭等地海岸坍塌，海塘不断加固重筑，通海河港大部被堰坝捺断。柘湖东南原有十八港出海，到南宋初，除新泾塘外其他十七港都筑堰捺断，柘湖也逐渐萎缩。北宋元祐年间（1086—1093年）华亭县于新泾塘置闸，后因沙淤废毁。宋室南渡后，于海口浦港不断设置堰闸，并疏浚内浦。南宋绍兴十三年（1143年），议复置新泾闸，又欲于徐浦塘筑堰，招贤港置石础，并开阳湖浅淀；绍兴十五年（1145年），两浙路转运判官吴埛奏请，命浙西常平司措置钱谷，劝谕人户，于农隙并力开浚华亭等处沿海三十六浦堙塞，决泄水势，为永久利；乾道二年（1166年），守臣孙大雅奏请，于诸港浦分作闸或斗门，及张泾堰两岸创筑月河，置一闸；乾道七年（1171年），秀州守臣丘密奏请在运港（泾塘向里二十里）筑堰御潮，并于运港堰外十六条大小港汊上筑堰；淳熙九年（1182年），《宋史·河渠志》载："命守臣赵善悉发一万工，修治海盐县常丰闸及八十一堰坝，务令高牢，以固水势。"至此，东南地区仅有澉浦、蓝田浦、乍浦等港与海相通，东南地区涝水转趋东北由吴淞江入海。

四、海塘工程

至南宋时期，钱塘江口河槽向北摆动，北岸潮灾频繁。海岸向北移动，海塘时毁时建。大小金山原与陆地相连，宋代渐坍入海。其时海塘工程重点在杭州、海宁和海盐。史书所列较大工程摘录如下。

《宋史·河渠志》载："（北宋）大中祥符五年（1014年），遣使者同知杭州戚纶、转运使陈尧佐画防捍之策。纶等因率兵力，籍梢楗以护其冲。七年，纶等既罢去。发运使李溥、内供奉官卢……请复用钱氏旧法，实石于竹笼，倚叠为岸，固以桩木，环亘可七里。斩材役工，凡数百万，逾年乃成。"

《宋史·俞献卿传》载："（北宋）景祐三年（1036年），四月江潮溢决堤，知杭州献卿大发卒凿西山，作堤数十里，民以为便。"

南宋咸淳《临安志》载："（北宋）庆历四年（1044年）六月大风驱潮，堤再坏。郡守杨偕转运使、田瑜协力筑堤二千二百丈。"

《宋史·河渠志》载："（南宋）嘉定十五年（1222年），盐官县海塘冲决，命浙西提举刘垕专任其事……其县西一带淡塘，连县治左右，共五十余里，合先修筑。……其县东民户，日筑六十里咸塘。"

南宋咸淳《临安志》载："（南宋）嘉熙二年（1238年），临安知府赵与懽，日役殿步司官兵五千五百余人，并募夫工及修江司军兵三千余人，筑坝一，南北长一百五十丈，筑捺水塘一，长六百丈，自六和塔以东一带石堤添新补废四百余丈。越三月毕工，水复其故。"

《宋史·列传》载："（南宋）咸淳中（1265—1274年），海盐岁为咸潮害稼，（常）楙请于朝，捐金发粟，复辍己帑，大加修筑新塘三千六百二十五丈，名曰海晏塘。是秋，风涛大作，塘不浸者尺许，民得奠居，岁复告稔，邑人德之。"

《宋史·丘崈传》及明曹印儒《海塘考》载：南宋乾道八年（1172年），秀州守臣丘崈，以旧塘"废且百年，咸潮岁大入，坏并海田，苏湖皆被其害"，另建"起嘉定之老鹳嘴以南，抵海宁之澉浦以西"的里护塘。

五、农田水利

（一）农田水利

宋代太湖流域的农田水利得到了长足的发展。北宋熙宁二年（1069年）《农田水利约束》的颁布激发了农民农田水利建设的积极性。据范文澜《中国通史》统计，熙宁三年至九年（1070—1076年）两浙路（太湖地区属浙西路）兴修水利共达一千九百八十多处，灌田十万四千多顷。清徐松《宋会要辑稿》记载，南宋淳熙二年（1175年），浙西路修浚陂塘沟洫共二千一百余所，可见规模之大。随着水利设施的完善，粮食亩产也有大幅度提高。

宋时农田水利除上文所述进行太湖下游地区河道浚治、海塘建设外，同时对太湖上游入江河道、入湖溇港和高片溪河、陂塘等进行整治。如：北宋庆历二年（1042年），吴江县修荻塘，通湖州九十里。知晋陵县（现武进区）许恢浚申港，凡六十八里；浚澡子港，自江口起，凡四十里；戚墅港，自湖口起，凡九十里。北宋嘉祐六年（1061年），宜兴县尉阮洪以吴中水患，乞开百渎，得请遂疏四十九渎。北宋治平四年（1067年），知宜兴县楼闶浚四十二渎。绍圣二年（1095年），诏武进、丹阳、丹徒三县，修沿河堤岸沟础；是年，诏开浚苏、常二州等处湖浦。北宋大观四年（1110年）江阴县丞于溥兴水利，置黄田、蔡泾等闸，导申港、利港。北宋宣和二年（1120年）两浙提举赵霖修平江、常州一江四浦五十八渎。南宋绍兴二年（1132年），知湖州府王回修沿湖诸溇（沿湖诸溇三十八俱属乌程，溇有斗门，制巨木甚固，各有牐板，遇旱则闭之，以防溪水之走泄，有东风亦闭之，以防湖水之暴涨）。南宋淳熙三年（1176年），武康知县蔡霖以新溪沙蹟泖塞，子汉溪口废旧港徙水道，东北注五里合长安大溪。南宋庆元年间（1195—1120年）于潜（现临安区部分）县令刘景修重修官塘九澳，武康知县丁大声募民浚治后溪，自龙尾桥至狮子山，长一千二百丈。庆元二年（1196年），于潜县令刘景修重修包奏堰、新堰。南宋嘉泰十二年（1212年），知江阴军邢焘浚九里河，及城内外渠。

（二）围湖垦殖

北宋时，流域内围湖垦殖开始兴起。北宋宣和元年（1119年）赵霖尝奉诏围裹常熟县的常湖（现尚湖）与秀州（现嘉兴）的华亭泖；北宋元祐中（1086—1093年）堰芙蓉湖为田。北宋后期，争垦、乱垦之风盛行。

随宋室南渡，北方人口“云集二浙，百倍常时”，强宗豪族及部分百姓大肆围垦，并屡禁不止。南宋政和六年（1116年），仅平江府一地就新修圩田二十多万亩。据南宋卫泾《后乐集》载：“隆兴、乾道之后，强宗大族，相继迭出，广包强占，无岁无之，陂湖之利日朘月削，已亡几何，而所在围田则偏满矣。以臣耳目所接，三十年间，昔之曰江、曰湖、曰草荡者，今皆田也”。《宋史》记载，南宋淳熙十年（1183年），浙西“请每围（田）立石以识之，共一千四百八十九所”。《宋会要辑稿·食货六》载：“（南宋）嘉定二年（1209年），知湖州王炎奏：‘本州岛境内修筑堤岸，变草荡为新田者，凡十万亩’。”大肆围裹洼地、河滩、湖荡，造成湖泊减小或消失，洪水蓄滞容量减少，并造成河道阻塞，水旱灾害频发。河道缩窄以吴淞江最为明显，唐代时其太湖河口段阔达二十里，而北宋只阔九里，最狭处也有二里。塘浦也多堙塞，《宋会要辑稿·食货》载：“（南宋）隆兴二年（1164年）八月六日臣僚言：‘大江之南海滨有三十六浦泄浙西陂湖之水入于海，浙西因无水患。近岁浦港淤塞甚多，且有力之家围田支阏’。”

第二节 元 朝 时 期

元朝统治年间，较为重视太湖流域农业和水利建设，并设置了都水监庸田司于平江路，专主其事。

（一）太湖下游治理

元时吴淞江上下游及海口段淤积很快，据清孙承泽《元朝典故编年考》记载，元大德八年（1304年）都水庸田使玛哈穆特集议整治吴淞江方略时认为，今太湖之水不流于江，而北流入于至和等塘，经由太仓出刘家等港注入大海，并淀山湖之水望东南流于大曹港、柘泽塘、东西横泖，泄于新泾、上海浦注江达海。大德元年（1297年），岁久（吴淞）江淤塞，豪民利之，封土为田，水道淤塞，由是浸淫泛溢，败诸郡禾稼。朝廷命行省疏导之，发卒数万人，（平章）彻里董其役，凡四月毕工。大德八年（1304年），任仁发受命治水，浚吴淞江海口段“西至上海县界吴淞旧江，东抵嘉定石桥浜，迤逦入海，长三十八里八十一步三尺，深一丈五尺，阔二十五丈……次年二月晦毕工。复置闸窦，复开江东、西河道，置木牐”。泰定元年（1324年）重浚吴淞江，至正元年（1341年）又掘捞吴淞江泥沙，又在吴淞江东部海口段浚松江府门外漕渠及张泾、风波塘、南俞塘、北俞塘、盐铁塘、官绍塘、盘龙塘、蒲汇塘、六磊塘、石薄塘等二十处河道。《三吴水利录》记述，至正元年（1341年）时，吴淞江赵屯浦以下七十余里“地势涂涨，日渐高平”，水势“转趋东北，迤逦流入昆山塘等处，由太仓刘家港（现浏河）等一、二处港浦入海”。其时吴淞江海口段东南潮滩淤涨并逐渐往外延伸，河槽缩窄，迫使水势趋北，由刘家港、白茆港等浦出海。

青龙镇港位于吴淞江上，沪渎海口，其依赖连江通海的优越地理位置，为当时南北商品交流、内外海上贸易的重要港口，唐代中期至两宋之间为东南重镇，曾盛极一时。青龙镇曾经“船商云集，衢市繁华，梵宇壮丽，风光秀美”。南宋至元代，海岸线东移加快，海口与青龙镇距离日远，加之吴淞江湮郁不畅，江流渐弱，海舶越来越难以溯流而上，元代虽多次疏浚，但屡浚屡淤，渐丧失港口之利。元后青龙镇日渐萧条，终致衰落。

南宋乾道年间（1165—1173年），东南入海港浦已大多湮断，淀山湖成为苏、湖、秀三州之水汇集之所。据明姚文灏《浙西水利书》记载，元初为防盗船通行，将吴江长桥“筑塞五十余丈，沿塘三十六座桥洞，……多被钉断，亦有筑实为坝者。所以不流、不活、不疾、不驶、不能涤去淤塞，以致淀山湖东小曹、大沥等处，潮沙壅积数十里之广，被权势占据为田。”

为疏通淀山湖至吴淞江泄水通道，元代曾多次疏浚。至元年间（1291—1294年），开淀山湖，修治湖泖沟港，浚太湖、淀山湖沟港，工毕按宋例设军屯守。大德年间（1299—1304年），大开吴淞江海口段，浚太湖、淀山湖等，泰定年间

(1324—1327 年)，浚吴淞江黄浦口之新洋港段，浚吴淞旧江大盈浦、乌泥泾，置赵浦、潘家浜、乌泥泾闸等。乌泥泾与黄浦相通，其时已开始疏导黄浦水系，黄浦渐大已见端倪。

元时太湖下游东北港浦也曾组织浚治。《江南通志》载：“至元二十四年（1287年)，水灾，宣慰使朱清喻上户开浚，自娄江导水入海”。元末张士诚据吴时，也曾浚刘家港、白茆。元时漕运以海运为主，刘家港逐渐成为太湖地区“千艘所聚”的港口。

（二）运河整治

运河整治史书所载工程较大者摘录如下。

《元史·成宗本纪》载：“大德三年（1299 年)，置浙西平江河渠牐堰，凡七十八所。”

《元史·河渠志》载：“泰定二年（1325 年)，浚治运河自镇江路至吕城坝，常百三十一里。”

清乾隆《镇江府志》载：“天历二年（1329 年)，复建镇江路京口闸，又漕河分渠通江，各建石牐，以引蓄江水。”

《江南通志》载：“至正七年（1347 年)，吴江州达鲁花赤那海大修，垒石原砌高一丈，广丈四尺，长一千八十丈，为环洞一百三十有六（即后所称至正石塘)。”

成化《杭州府志》载：“至正末年（1368 年)，张士诚开运河自五林堂口至北新桥。”

（三）海塘修筑

元代潮灾频发，损失惨重，朝廷致力兴建海塘工程。史书记载工程较大者摘录如下。

清光绪《华亭县志》载：大德五年（1301 年)，华亭县里护塘金山段冲毁，遂后退“二里六十步”另筑新塘，长约六十四里，塘高一丈，面阔一丈，底阔二丈。

《元史·泰定纪》及《元史·河渠志二》载：“泰定四年（1327 年)，盐官州海水溢，侵地十九里，命都水少监张仲仁及行省官发工匠二万余人，以竹落木栅实石塞之，不止。遂于沿海三十余里下石囤四十四万三千三百有奇，又木柜四百七十有奇，工役万人。八月秋潮，水势愈大，筑沙地塘岸东西八十余步，造木柜石囤塞其要处，安置石囤四千九百六十，抵御馊啮。”

《元史·河渠志二》载：“致和元年（1328 年)，四月庸田司与各路官同议修盐官海塘，东西接叠石囤十里，其六十里塘下旧河，就取土筑塘，凿东山之石以备崩损。”

清嘉庆《松江府志》引《海塘纪略》载：“至正元年（1341 年)，都水庸田使司增筑华亭县捍海塘，复修里护塘共八十九段，长一千五百零三丈八尺。后改议怯薄者添土帮修，低洼者增高筑垒，十八日工毕。”

（四）农田水利

元代较重视农田水利。大德二年（1298 年)，立浙西都水庸田使于平江路，专督修筑围岸，疏浚河道。据载，三年在平江路置闸堰凡七十八所。《江南通志》载：泰定元年（1324年）浚常州路江阴州各通河港；至顺二年（1334年），江阴州同知浚河，自蔡泾北出长江，长十里一百五步，下闸以西长一千八百五十余丈；浙江行省浚乌泥泾。元代对修筑圩岸亦较重视，至大元年（1308年），江浙行省规定圩岸分等标准，以便督导修筑。

第五章 明 清 时 期

明、清时期，朝廷颁发利民政策，推动了水利和农业发展。其间540余年，不断疏浚太湖下游地区沿江、沿海港浦和培固海塘，农田水利也有发展。其间黄浦江逐渐发展成现在规模。

第一节 明 朝 时 期

一、吴淞江水系的治理

元末前后，吴江塘路以西淤积成陆，吴淞江湖口从长桥北移至瓜泾口，宽仅80米。综合《吴江水考》、清凌嘉禧《东南水利略》《太湖去委水口要害说》所载，明中叶前，吴江有三大去委通泄湖水，其中以吴家港经长桥达吴淞江一路最为宽广，为吴中十八港中第一大港，到明末十八港已严重淤塞，太湖去水唯瓜泾（港）为速。元代时吴淞江时浚时淤，至元末明初淤塞更为严重。15世纪初吴淞江中游青阳港以上段宽六七百米，下游及海口段严重淤塞。《明史·河渠志》载："原吉言：'按吴淞江袤二百余里，广百五十余丈，西接太湖，东通海，前代常疏之。然当潮汐之冲，旋疏旋塞。自吴江长桥抵下界浦，百二十余里，水流虽通，实多窄浅。从浦抵上海南仓浦口，百三十余里，潮汐淤塞，已成平陆，滟沙游泥，难以施工。嘉定刘家港即古娄江，径入海，常熟白茆港径入江，皆广川急流。宜疏吴淞南北两岸、安亭等浦，引太湖诸水入刘家、白茆二港，使其势分'。"

下游泄水不畅，水灾时发，亦不断治理。《明史·河渠志》载："明永乐元年（1403年），户部尚书夏原吉奉命治水苏淞，浚治下界浦、顾浦，导吴淞江水经浏河入海。"永乐十年（1412年）工程方告完工，后人谓"掣淞入浏"。百姓为铭记夏原吉治水功绩，将下界浦改名"夏驾浦"。"掣淞入浏"后，刘家港成为一条排水和通航大河，明代近三百年水势通畅。

夏原吉同时又浚范家浜。《明史·河渠志》载："原吉言：'松江大黄浦乃通吴淞要道，下游遏塞难浚，旁有范家浜至南跄浦，可通达海，宜浚令深阔，上接大黄浦以达泖湖之水'。"范家浜开浚，扩大了淀山湖及西南部来水向东出海通道，自然冲刷逐步形成一条代替吴淞江的出海大浦——黄浦江。到明中叶，黄浦江逐渐取代吴淞江成为太湖下游重要的泄水通道。

《江南通志》载："永乐二年（1404年），户部尚书夏原吉捣娄江，浚千灯浦、至和塘。”

继夏原吉后，多次将吴淞江作为黄浦江支流进行浚治。《江南通志》载：“天顺三年（1459年），巡抚崔恭檄苏州知府姚堂、松江通判洪景德等浚吴淞江。苏州自夏界口过白鹤江至卞家渡、庄家泾；松江自大盈浦东至吴淞江巡司，自新泾至蒲汇塘入江。又自曹家沟平地凿至新场。”成化十年（1474年），巡抚毕亨与苏州知府邱霁开吴淞江，自夏界口至西庄家港，昆山、嘉定二县分浚。弘治元年（1488年），带理水利佥事伍性浚吴淞江中段四十余里。弘治七年（1494年），徐贯浚吴江县长桥诸茭芦之地，导太湖水散入淀山、阳城、昆承等湖；开吴淞江并大石、赵屯等浦，泄淀山湖水，由吴淞江以达于海。嘉靖元年（1522年），工部郎中颜如环檄苏州知府徐讃、松江知府孔辅开浚吴淞江，自夏界口起，至龙王庙旧江口止；又浚赵屯、大盈、道褐。使上下委流，递相容泄。《明史·河渠志》载：“隆庆三年（1569年），巡抚都御史海瑞疏吴淞江下流上海淤地万四千丈有奇。江面旧三十丈，增开十五丈，自黄渡至宋家桥长八十里。”至此黄浦江下游旧江（虬江）渐淤，吴淞江于今外白渡桥附近入黄浦江。

明代对吴淞江南北河道也常浚治。《明史·河渠志》载：“弘治七年（1494年）七月，命侍郎徐贯与都御史何鉴经理浙西水利……臣督官行视。浚吴江长桥，导太湖散入淀山、阳城、昆承等湖泖；复开吴淞江并大石、赵屯等浦，泄淀山湖水，由吴淞江以达于海；开白茆港白鱼洪、鲇鱼口，泄昆承湖水，由白茆港以注于江；开斜堰、七铺、盐铁等塘，泄阳城湖水，由七丫港以达于海。隆庆三年（1569年），巡抚都御史海瑞言：‘土人请开白茆，计浚五千余丈，役夫百六十四万余。’又言：‘吴淞役垂竣，惟东西二坝未开。父老皆言昆山夏驾口、吴江长桥、长洲宝带桥、吴县胥口及凡可通流下吴淞者，逐一挑毕，方可开坝。并从之。’”

二、通江港浦治理

明成化后，杭州湾入海港浦全部捺断。

东北入江诸港浦也多有淤浅，其时重点浚治白茆、七浦、刘家港、福山塘等诸浦，并建口门堰闸。《江南通志》载：永乐四年（1406年），户部尚书夏原吉浚常熟福山塘三十六里。正统二年（1437年），郭南浚七浦塘。正统七年（1442年）吴中大水；秋七月，飓风；巡抚周忱奏请量留官粮……并增修低圩岸塍，浚金山卫独树营、刘家港、白茆港沿海各河。正统十年（1445年）常熟县浚七浦塘。弘治九年（1496年），工部主事姚文灏浚白茆塘、福山塘。弘治十年（1497年），浚至和塘，委苏州府通判、昆山知县募工开浚，东自新洋港口起，檄至九里桥，凡长四千九百六十五丈。浚七鸦，疏自尤泾东至木樨湾，凡五千五百九十丈。开白茆海口。弘治十一年（1498年），提督、水利工部郎中傅潮浚常熟许浦、梅李二塘。浚至和塘并立昆山等县斗门。正德十六年（1521年），巡抚李充嗣分督工部郎中林文佩，发民夫，起常熟县东仓至双庙，浚白茆故道一万三千八百二十丈。嘉靖十一年（1532年），知常熟县冯汝弼建各港石闸，三丈泾连泾诸河向无闸者，皆置。隆庆元年（1567年），巡盐御史蔚元康浚常熟、太仓、嘉定三州县境七浦、杨林、盐铁、吴塘、顾浦、青鱼泾；二年（1568年），知常熟县张博建白茆石闸；五年（1571年），巡抚御史刘白睿檄苏州府通判吴宗吉、常熟县知县连三元董浚奚浦，长四千四百一十丈，广五丈，深六尺。万历八年（1580年），常熟县重浚三丈浦；三十二年（1604年），常熟县知县杨涟筑元和塘，浚沙浦、马泾、袁张浜；三十九年（1611年），昆山县知县祝耀祖浚至和塘；四十年（1612年），昆山县知县陈祖苞浚至和塘、小虞浦、横塘。

三、海塘整治

海塘自唐宋不断修建已基本形成。其中江南海塘自常熟福山至金山金丝娘桥；浙西海塘自金丝娘桥至杭州。明代钱塘江潮趋北大门更甚，海盐、平湖段海塘坍塌严重，因而重视海塘建设，且修塘技术不断改进提高。

（一）浙西海塘

明朝浙西海塘修建重点在海盐、平湖。明洪武三年（1370年）至天启二年（1622年）浙西海塘修建二十余次。史书记载规模较大或技术创新者摘录如下。

《浙江通志》载："洪武三年（1370年），潮水泛溢圮毁故岸，民人潘允济言于朝，遣宋署令监筑石塘二千三百七十丈。"正统元年（1436年），"黄懋议大采木石，别筑复塘，度用银二十六万有奇。"成化五年（1469年），（平湖）"捍海塘……长二千二十丈。县尹李翥比例海盐县境石塘牢固……同府同知杨冠、通判张永等相视经度，计条石桩木等料价银二万五千九十三两，倩工甃砌。"

《钱塘江志》载："成化十三年（1477年），浙江按察副使杨瑄在海盐用竖石斜砌，堆碎石于内，筑陂陀塘二千三百丈。"

明胡震亨《海盐县图经》载："弘治十二年（1499年），知县王玺继之，备讲纵横之法，而塘制始善矣。王公增筑于故龙王庙前，砥方石纵横交错为之，其法有一纵一横，有二纵二横者，下阔上缩，内齐而外陂，形势隆固，屹立潮冲不坏"。《海盐县图经》及黄光昇《海塘议》载：嘉靖二十一年（1542年），浙江水利佥事黄光昇，创"五纵五横桩基鱼鳞大石塘"，筑塘三四百丈。详定塘法，以《千字文》编海塘字号。

（二）江南海塘

明代江南海塘随着海岸线的变化而外迁或内移。华亭以东岸线清嘉靖前往外淤长，后又变涨为坍，海塘也不断变动；由于长江口由北支逐渐变由南支入海，宝山一带海塘随着海滩坍塌不断内移。其间江南海塘修治十余次。明末前江南海塘基本为土塘，至崇祯年间始筑石塘。

《江南通志》、清嘉庆《松江府志》、清光绪《华亭县志》《宝山县志》等分别记载了江南海塘整治情况。明洪武九年（1376年），敕工部遣官修筑海岸，南抵嘉定县界，北跨刘家河，长一千八百七十丈。洪武三十二年重修。成化八年（1472年），松江府知府白行中督华亭县知县戴冕筑海塘，自海盐抵上海县界，筑三万四千七百六十九丈；又为外堤，起戚漴至平湖县界五十三里。上海县知县王崇之自华亭抵嘉定界，筑一万七千七百四十八丈，又檄嘉定县知县白思明，自宝山北至刘家河，筑一千八百一十丈。自此，东南通海港口全部阻断。嘉靖四年（1525年），水利佥蔡乾事修宝山海岸。嘉靖二十二年（1543年），巡抚蔡克濂修捍海塘，凡九十里。是年，太仓州知州冯汝弼修筑海塘，自刘家河北至常熟县界，九千二百八十七丈，刘家河南至嘉定县界一千八百五十六丈，增高五六尺。嘉靖二十三年（1544年），嘉定县知县张重增筑捍海塘，自吴淞所南抵上海草荡。万历三年（1575年），巡抚御史宋仪望等檄松江知府王以修、华亭知县王瑞云，修筑华亭漴阙捍海塘。万历十三年（1585年），上海知县颜洪范筑松江外捍海塘（亦名备塘），长九千二百五十丈五尺。万历十六年（1588年），筑上海老鸦嘴海岸十八里。崇祯七年（1634年），松江知府方岳贡、华亭知县张调鼎始于漴阙，建捍海石塘二百八十九丈。崇祯十三年（1640年），知府方岳贡复建石塘二百五十八丈余。

四、运河整治

（一）胥溪运河

武同举《续东坝考》及《江苏水利全书》记述：唐末商贩贿官废五堰，上游石臼、固城湖诸湖易泄，苏、常、湖三州承其下流，受水之患。宋宣和七年（1125年），诏卢宗原溧水开河（胥溪河），河既浚深，过水必多，为太湖受水之灾源。其时五堰已废，旋于银林堰稍南复建分水坝，又于其东南十八里筑一坝，谓之东坝。明太祖建都南京，为便于京都漕运，重修胥溪运河。

《高淳县志》载："洪武二十五年（1392年），浚胥溪，治石闸司启闭，命曰广通镇。洪武二十八年（1395年），命崇山侯李新凿山通道，引（石臼）湖水会秦淮河入江。"于是苏浙漕粮经胥溪河直达金陵。

明成祖迁都北京后，胥溪运河渐废而不用。永乐元年（1403年）废广通镇闸，改为土坝。正统六年（1441年）江水泛滥，苏、常水患严重，乃重筑。嘉靖三十五年（1556年），倭寇侵扰，商旅过坝者渐多，附近百姓为盘剥获利，又于上坝东十里筑一坝（即今下坝）。

（二）江南运河

明初建都南京，太湖地区的漕粮物资除经胥溪外亦可经运河出长江运至都城。迁都北京后，运河转为漕运干道。

1. 北段

江南运河常、镇段地势高亢，水易流失，明代沿用前朝做法，整治运河。从洪武元年至崇祯十一年（1368—1638年）运河浚治三十余次。其中《明史·河渠志》载："天顺元年（1457年），巡抚崔恭又请增置五闸，至成化四年（1468年），闸工始成。"由于运河时浚时塞，明洪武时浚德胜河和孟渎，并与江口建闸，与运河一同使用。后时淤时浚，前后达十五次多，并常修江口两闸。

2. 中段

江南运河中段位于现无锡、苏州境内，水源充沛，但塘岸易受风浪冲击。《明史·

河渠志》载："明永乐九年（1411 年）修长洲（现苏州）至嘉兴石土塘桥路十七余里，泄水洞百三十一处。"《明史·列传》载："崇祯十年（1637 年），张国维建苏州九里石塘及平望内外塘、至和等塘。"

3. 南段

运河南段整治仍采用浚河、修筑堰塘、疏浚西湖补济漕运等措施。《浙江通志》载："正统七年（1442 年），巡抚侍郎周忱相度便宜，修筑塘岸一万三千二百七十二丈四尺，桥七十二座，水陆并行，便于漕饷。"明成化《杭州府志》载："天顺元年（1457 年），知县胡清疏上塘河，自德桥至长安镇，并建临平闸。"正德三年（1508 年），郡守杨孟瑛疏浚西湖。据明田汝成《西湖游览志》载："是年二月兴工，……拆毁田荡三千四百八十一亩……，自是西湖始复唐宋之旧。"疏浚挖出的葑泥，在里湖西部堆筑长堤，后人称杨公堤。

五、农田水利

（一）圩区

据《江苏水利全书》统计，明代兴修太湖地区水利工程大小一千余次，其中主要为圩区浚河、筑堤、建闸。对湖西高片洼地治理也颇重视。摘史书所载略述如下。

明正统七年（1442 年），吴中大水，巡抚周忱增修低圩岸塍；景泰六年（1455 年），巡抚都御史邹来学等浚简渎，引河水灌溉；成化十一年（1475 年）毕亨、吴瑞责成常熟县令兴筑尚湖西北赵段圩田围，堤长数里；正德十年（1515 年），知县刘天和改建建昌圩，并作《建昌圩记略》；正德十一年（1516 年），建金坛都圩；万历六年（1578 年），建金坛长新埠闸；万历三十六年（1608 年），巡抚周孔教修圩岸，并定浚筑成规，以地面高低规定圩岸体式，分为五等。

（二）陂塘堰坝

明开国后的三十年中，曾大力整修陂塘、堰坝。《明史·列传》载："正统年间（1436—1449 年），刑部郎中出修浙江荒政，积粟数百万，督治陂塘，为旱涝备。"《大清一统志》载："弘治初（1488 年），杨荣以御史谪溧阳知县，浚百丈沟八百余丈，中存九坝，以利灌溉；嘉靖二十五年（1546 年），疏宜兴张家坝河，中建六坝，分级提水，以资灌溉；崇祯三年（1630 年），建金坛县黄泥坝，灌田二千亩。"乌程县自万历三十三年（1605 年）至崇祯九年（1636 年）间，修筑南新塘、横诸塘、康山坝等，以消"洪涨暴发，激湍冲盈至害"。

（三）环湖溇港整治

太湖入湖溇港共有 150 余条，古称苕溪七十二溇（其中小梅港至胡溇 38 条，长兴上周港至官渎港 34 条）；荆溪百渎。湖溇浚治始于吴越钱氏，明朝也多次浚治。

《江南通志》及沿湖地方县志等记载，洪武二十八年（1395 年），乌程主簿疏浚三十六条，并设溇渎管理制度；成化十年（1474 年）至嘉靖四十三年（1564 年）的 90 年间，疏浚南岸溇港八次；弘治四年（1491年）、六年、七年、九年、十一年、十四年连续疏浚西岸溇港。

第二节 清朝时期

一、吴淞江水系的治理

清朝对吴淞江及其支流仍作浚治，但已无新开江之役。

《江苏水利全书》载：康熙十年（1671年），巡抚玛祜开浚吴淞江（赤汇口至黄浦，全长一万一千八百余丈，深十五尺）。其后康熙十二年（1673年），又于吴淞江入黄浦口建闸。嘉庆《松江府志》载："雍正十三年（1735年），建（吴淞江）闸于上海金家湾（前闸于康熙二十九年圮废，移建于此）；乾隆二十八年（1763年），巡抚庄有恭开黄浦越河，自怀浦至许家港（裁直长六百四十丈，面宽十二丈，深十五尺）"。《江苏水利全书》载："嘉庆二十三年（1818年），浚治吴淞江，自曹家渡至盘龙江口长一万一千零三十三丈，口阔九丈至十二丈五尺，深一丈至一丈五尺；道光七年（1827年），巡抚陶澍檄十一州县会浚吴淞江，自井亭渡至曹家渡，逢湾取直，长一万八百丈。并废吴淞江闸。"

第一次鸦片战争（1840年）后，为利水运，主要浚治吴淞江下游河道，约十余次，规模都不大。光绪三十二年（1906年）改建外白渡桥，因钢材长度不够，将桥墩置于主航道，以致咽喉壅塞，加之外商不断侵占苏州河两岸河道，吴淞江下段逐渐淤塞，成现在苏州河。

二、下游通江港浦治理

自清顺治九年（1652年）至光绪三十二年（1906年）中，约浚治下游通江港浦近六十次，主要疏浚浏河、盐铁塘、白茆、七浦、福山塘、浒浦、直塘、茜泾、沙溪、七鸦浦、三丈浦等港浦，并新建或修缮河口闸。

三、黄浦江整治

道光二十三年（1843年）上海被辟为商埠。帝国主义以租界为据点，逐步霸占黄浦江的治理权和航运权。其时黄浦江整治以提高通航能力和改善港区停泊条件为主要目的，其河口段有两处浅段，一处位于吴淞口外与长江交汇处的吴淞外沙；另一处位于高桥附近的吴淞内沙，内沙将河道分为南北两支，航道在北支。

光绪八年（1882年），清政府购买一艘英国挖泥船，于次年春开始疏浚吴淞外沙，由于花费极大且遂挖遂淤，于光绪十七年（1891年）停止。光绪三十一年（1905年）治理吴淞内沙，采用堵北支老航道疏浚南支为新航道方案实施航道整治，于次年将疏浚出的泥沙填入老航道，使高桥沙岛与陆地相连，并在上游周家嘴以东江面宽阔处填筑成今复兴岛，成今黄浦江河型。

宣统年间（1909—1911年），在黄浦江河口处筑导堤两道，南堤自薀藻浜起，长约五华里，北堤自吴淞炮台起，长约三华里，以防长江大潮冲刷。

四、运河整治

清代较重视对江南运河整治，后期由于黄河屡决，漕运受阻，道光五年（1825年）后将大部分漕粮改为海运，江南运河的整治逐渐废弛。

清代整治江南运河近六十次，重点在北段。北段主要进行捞浅以维持航深。中段主要对沿岸土塘、石塘进行修缮、改建。南段重点是整治河道、塘岸并浚湖、建闸以济漕运。其中，《杭州府志》载：雍正五年（1727年），李卫委杭防同知马日炳开浚上塘河，自艮山门外施家桥起，施家堰止，计七千七百九十九丈，并重建临平闸，设立坝夫二名，岁给工食，使不时挑浚，毋使沙砾泻入湖内；雍正二年至四年（1724—1726年），诏兴水利，盐驿道王钧以捐资助浚，于赤山埠、毛家埠、丁家山、金沙滩四处，建筑石闸以时启闭，及至四年冬告成。并重建化湾闸、乌麻斗门闸，于金山港侧增建滚水坝，以引山水入湖。自雍正二年（1724年）至道光二十年（1840年）疏浚西湖四次，并建西湖闸，以济漕运和灌溉。

胥溪运河。民国《高淳县志》载："道光二十九年（1849年），固城湖大水，上游圩民开东坝，造成下游巨灾。次年，下游四府奏请改上下游两坝（东坝、下坝）为石坝，至咸丰元年（1851年）四月竣工。"

五、海塘整治

（一）浙西海塘

清代对浙西海塘的建设极为重视，安排大量资金修筑海塘，改土为石，并每年安排岁修经费，使海塘能得到较好的维护。其间对海塘进行过近百次修建，至清末，浙西海塘基本重建为石塘。其中从康熙五十八年至光绪六年（1719—1880年），将海宁原条石塘基本建成鱼鳞石塘，并在海盐重要地段加修鱼鳞石塘。为保护石塘，在塘外修坦水以护堤脚，在水势直射地段修盘头，以挑流减冲。鸦片战争以后，海塘建设的重点转移至江南海塘。

《四库全书（海塘录）》记载：康熙五十七年（1718年）三月，巡抚朱轼修海宁石塘，至五十九年（1720年）正月竣工，修石塘九百五十八丈四尺；五十九年七月老盐仓筑鱼鳞石塘，东自浦儿兜起，西至姚家堰止，共一千三百四十丈。《重修浙江通志稿》记载：乾隆二年（1737年），嵇曾筠修海宁绕城鱼鳞石塘五百五丈二尺余，并修土戗坦水，始筑普儿兜大石塘工尾至尖山段石塘头，共筑五千九百三十余丈。乾隆四年至五年（1739—1740年），改海盐草盘头为石塘一百六十八丈，改建海宁东塘为鱼鳞石塘一千余丈；同治八年（1869年），李、翁两汛建复鱼鳞石塘八百二十七丈八尺，拆修一百五十五丈；同治十二年（1873年），海宁戴、镇两汛修鱼鳞石塘八百二十丈三尺，拆修石塘二百四十一丈二尺；光绪元年至六年（1875—1880年），海宁念汛大门口建鱼鳞石塘一千八百六十丈。

（二）江南海塘江堤

清代修建江南海塘五十余次，重点在华亭（近松江）及宝山两县，并逐渐将土塘改为石塘和桩石工。塘工技术也有较大的改进，在塘脚修建护塘坝、坦水等护塘保滩工程。

嘉庆《松江府志》、光绪《宝山县志》《华亭县志》《常昭合志稿》等载：雍正三年（1725年），尚书朱轼创建松江府金山卫至华家嘴条石塘三千八百余丈，翌年建华亭石塘约二十里。雍正五年（1727年），筑华亭漴阙条石塘四十里。另筑加桩土塘。雍正八年（1730年），江苏巡抚尹继善筑桩石玲珑坝。雍正十一年（1733年），命南汇知县钦连以外捍海塘为基础（明万历十二年筑），修筑捍海外塘（从现奉贤五墩涵水庙界起，至宝山黄家湾界止），长一万五千三百二十丈，习称“钦公塘”。乾隆十九年（1754年）御史陈作梅奏请建常熟海塘，东接太仓州界铛脚塘，西至耿泾港止，土塘共长九千一百三十二丈。道光十五年（1835年），巡抚林则徐修宝山、江东、江西海塘五千丈，及护塘桩石坝工。道光十七年（1837年），陶澍、林则徐修筑华亭西段石塘土坡，约四千丈。坡外垒加桩石坝，在龙珠庵西土塘上创筑盘头坝，塘外加筑护滩坝和挑水坝。

清代后期，重点对江南海塘险工、薄弱段及水毁段及时进行加高加固和修缮，并加修桩石坝、拦水坝、护滩石坦等设施。并于同治六年（1867年）引进打桩机用于海塘桩石施工。规模较大者摘录如下。

光绪《江苏海塘新志》载：同治七年（1868年），两江总督曾国藩、江苏巡抚丁日昌主持大修华亭县捍海塘石塘，长三千一百余丈，加筑桩石坝及拦水坝。光绪十年（1884年），南汇知县王椿荫于钦公塘外增筑外土塘（南起今一团泥城南角，北至七团川沙厅撑塘），全长一万一千三百八十八丈，官称“王公塘”，民称“彭公塘”。唐绍垚《江南海塘年鉴》载：“光绪三十二年（1906年），南汇知县李超琼于王公塘外，增筑外圩塘（南起今一团，北迄川沙县撑塘），长九千七百余丈，民称之曰‘李公塘’。”

六、农田水利

（一）圩区

清代较重视圩区建设，圩外水系则重视通江通海干河疏导而疏于圩外支河治理。至清中后期，太湖下游地区圩子一般为三五百亩，小则几十亩，谓“鱼鳞圩”，防洪能力较低。围堤工程一般由农民自行修建整治，并视情况建圩口闸，较大规模工程或大水大灾后，官府则拨款或补助经费修复。如光绪九年（1883年），长洲（现吴中）修尚泽堤，建胥江菱湖石堤一千六百六十八丈，用银一万余两；宣统三年（1911年），江苏大雨，圩堤溃决，清政府拨银四万两，以工代赈培修圩堤。

清末无锡地区试用机灌。光绪三十四年（1908年），无锡县西乡农民用小型煤油引擎带动龙骨车灌田；宣统三年（1911 年）无锡芙蓉圩农民用五马力煤油引擎十余部，拖带龙骨车抢排积涝。

（二）疏浚河港

清代河港疏浚上百次。据清同治《宜兴县志》所载统计，康熙十年（1671 年）至同治八年（1869 年）太湖溇港疏浚八次，除大钱、小梅两港因通舟楫未建闸外，其余均建小闸。《浙江历代兴建水利工程辑要》载，同治五年至十一年（1866—1872 年），开浚乌程、长兴溇港，挑浚海盐澉浦城河、长河、新河；其间，据武同举《江苏水利全书》载，挑白洋河，南自秦山大堰桥漾起，北至鲍家城，又东北至石堰桥止。

（三）陂塘堰坝

清早期山区陂塘堰坝管理松弛，淤废严重。中后期注重山丘区开发，光绪年间金坛、安吉、余杭等县兴建堰坝较多。

七、基础工作

同治十二年（1873 年），上海徐家汇天文台开始观测雨量；光绪二十一年（1895 年）上海浚浦局设站观测水位和雨量。宣统三年（1911 年），上海浚浦局吴淞江口水位站开始用自记水位仪。光绪三十二年（1906 年）在上海黄浦江左岸设吴淞基点标石，并以同治十年（1871 年）至光绪二十六年（1900 年）观测的三十年最低潮位平均值为基面，作为吴淞零点。

第六章 民 国 时 期

一、河道浚治

（一）黄浦江、吴淞江治理

民国元年（1912年）成立开浚黄浦河道局，制订了黄浦江口航道十年治理计划，主要采用顺坝、丁坝导流，固定河槽，浚挖航道等工程措施，治理后收到一定效果。1932年又制订黄浦江维持改善十年计划，主要通过疏浚维持航深。1937年抗日战争爆发后浚浦工程停工。

从民国8年至24年（1919—1935年）5次对吴淞江下游河段进行局部浚治及裁弯取直。

（二）江南运河整治

从民国3年至24年（1914—1935年），江南运河进行十余次整治，重点在北段、中段，主要为航道浚深。

（三）通江港浦整治

从民国2年至24年（1913—1935年），东北沿江港浦共进行7次整治，浚治河道包括浏河、白茆河、七浦河、梅李塘、盐铁塘等，以及浚除白茆河、浏河河口拦门沙。并与1936年在白茆河入江口建成5孔总净宽37.3米钢筋混凝土新闸。

二、江堤海塘

（一）江堤

民国10年（1921年），长江大水后制定了统一的江堤标准进行全线加固，但标准不高，抗日战争时期又年久失修。抗战胜利后江堤虽作了修复，但后又遭战争破坏。至中华人民共和国成立前夕，堤身已颓废不堪。

民国12年（1923年），江阴、常熟二县仿南通江岸办法，筑楗保滩。民国20年（1931年），江淮大水，长江中下游堤防全线溃决，国民政府成立救济水灾委员会进行苏南江堤整修。民国35年至36年（1946—1947年），《长江水利季刊》记载，国民政府设立扬子江堵口工程总处，有关省设分处，由第四工程段办理苏南江堤。工程范围自镇江至常熟白茆口，施工段长30千米，完成土方33万立方米。

（二）江南海塘

民国元年至抗日战争前（1912—1934年）江南海塘修筑、水毁修复和岁修近90次，其中1931年及1934年进行了两次大修，工程主要在今上海境内及江苏太仓及常熟二县。其中民国4年（1915年），宝山吴淞镇海塘改用水泥砌造；民国8年（1919

年)，在宝山县吴木峰段玲珑石塘筑水泥坝；民国13年（1924年），石洞段开始筑钢筋混凝土挡潮墙，墙下打梅花桩，桩与桩之间用石块堆砌。

抗战胜利后，据1949年水利部《水利通讯》第二期载，民国38年（1949年），在宝山、松江、太仓、常熟四县筑石塘4500米，完成夹石混凝土6300立方米，打木桩2万多根，翻修和新砌块石5万立方米。

（三）浙西海塘

据1947年水利部《水利通讯》第二期及浙江省水利厅《钱塘江海塘工程》载，民国元年至13年（1912—1934年），于海宁、海盐筑2400多米弧形与重力式混凝土直立墙和弧形台阶式斜坡塘，并试建预制混凝土砌筑海塘和扶壁式钢筋混凝土海塘约200米，并对部分海塘、坦水进行除险加固和岁修。抗战胜利后，民国35年（1946年）整修杭海、盐平二段海塘，完成柴塘等3800米，土方7.7万立方米，并在一堡与七堡之间筑七座挑水坝，坝长300米，抛石4万余立方米，以保护杭铁路安全。

三、农田水利

（一）圩区建设

民国10年（1921年）流域大水，苏浙水利局呼吁苏浙两省拨款修筑流域各县低乡圩岸，后圩区建设始兴。据《江苏水利全书》及青浦、昆山、常熟等县水利志载，民国22年（1933年）昆山修圩5000丈，完成土方19万立方米；青浦修圩七条，长5万余米，完成土方4.5万立方米。民国36年（1947年）青浦11个低乡修圩，共长140余千米，完成土方5万立方米；常熟组织修圩委员会筹资修圩，受益田亩50万亩，等等。

（二）沿江涵闸

民国25年（1936年）扬子江水利委员会建白茆闸。闸距白茆河口4千米，为钢筋混凝土结构，总长44米分五孔，单孔净宽7.4米，闸门为悬吊式整块钢木结构，手摇启闭。工程于抗日战争中局部损坏，民国35年（1946年），扬子江水利委员会设立白茆闸公务所组织修复。

（三）机电排灌

（1）机灌。20世纪30年代，上海、无锡、江宁等地工厂年制造戽水机近千台，其部分用于太湖地区。农民采用固定式机埠或流动式机船进行灌溉，至抗日战争前夕仅苏南几县就拥有流动式机船3000余艘。

（2）电灌。太湖地区的电力灌溉始于民国13年（1924年)。其时武进县蒋湾桥人士组成“利民农事合作社”，利用戚墅堰发电厂（原振华电厂）电力，以27马力和35马力电动机各牵引六吋口径水泵，灌田2000亩。

电力排灌兴办之初，皆近电厂利用电厂余电，且电灌设备都由电厂提供。由于受农民欢迎，机电排灌逐步发展。至中华人民共和国成立时，江苏全省（包括今上海原属江苏各县）约有机电排灌动力 6.2 万马力，排灌面积 227.3 万亩，其中大部分在太湖地区；浙江省有机电排灌动力 0.89 万马力，戽水机 1232 台，主要在杭嘉湖地区。

四、基础工作

（一）水文、气象

民国 7 年（1918 年），江南水利局设测量所，观测太湖重要支流水位，并先后在吴江、苏州、无锡、吴兴、余杭、长兴、杭州、江阴、孝丰、海盐、洞庭西山、吴淞等地设站，观测水位、雨量、流量、含沙量等。民国 24 年（1935 年），扬子江水利委员会于南京设立水文总站，并在太湖沿湖、江南运河、苕溪等处陆续增设测站。至民国 25 年（1936 年），流域内共有雨量站 41 处，蒸发站 19 处，水位站 55 处，流量站 4 处，在苕溪及苏州各设测候所 1 处。至中华人民共和国成立，扬子江水利委员会在流域内设置的水文站有 71 处。

（二）测量

民国 10 年（1921 年），在上海张华浜镇浚浦局机器厂内设张华浜基点，后因地面沉降废弃不用。翌年在松江佘山天主教堂右侧天然岩石竖壁上埋铜质圆球棒，为永久性吴淞佘山基点。民国 13 年（1924 年），扬子江技术委员会在镇江设镇江吴淞 308 号基点。

民国 16 年至 24 年（1927—1935 年），扬子江水道讨论会、水道整理委员会、太湖水利委员会等单位，在太湖流域施测精密水准，完成环湖等 11 条线共计 897 千米。民国 24 年至 26 年（1935—1937 年），扬子江水利委员会组织精密水准测量队，施测丹阳至溧阳、溧阳至东坝、丹阳至镇江三线，共长 165 千米，并测量东太湖地形 246 平方千米。民国 25 年至 27 年（1936—1938 年），在东苕溪施测三角导线 189 千米，水准 375 千米。各机构施测时均埋设水准基点。

民国 18 年至 23 年（1929—1934 年），苏浙两省均成立清丈队，测绘了 1∶2000 地籍图（市镇部分为 1∶500）；陆军测量局测绘了 1∶50000 地形图。

第六篇

水文工作

水文是防汛抗旱、工程建设、生活生产等必需的基础工作，为水资源开发利用和水环境监测、保护提供了服务和保障。太湖流域水文工作有着悠久的历史，宋代的吴江水则碑和明代嘉善西塘石准表明其时已记录水文信息。清代后期，近代科学方法开始应用于水文信息观测，流域水准基面、全国最早的雨量站等相继设立。民国时期，流域水文站网雏形已成。中华人民共和国成立后，水文工作进入新的历史阶段，加强水文机构和能力建设，合理布局水文站网，提高监测自动化程度，扩大水文监测范围，增加水文监测项目，整编刊印水文年鉴，引进、开发预报模型等，并与水利信息化同步发展，流域水文事业取得了全面发展。

第一章　水　文　机　构

第一节　流 域 水 文 机 构

一、太湖局水文局（信息中心）本级机构沿革

1996年12月18日，水利部人事劳动教育司以《关于太湖局机构编制问题的批复》（人组〔1996〕102号）同意成立太湖局水文处。

1997年1月15日，中共水利部太湖局党组以《关于机构设置及欧炎伦等同志任免职的通知》（太管党组〔1997〕02号）决定成立信息中心（副处级），并明确“防汛抗旱办公室与水利管理处、水文处、信息中心合署办公，成立一个领导班子，统一领导”。

2002年9月5日，太湖局以《关于印发〈太湖流域管理局水利发展研究中心主要职责、机构设置和人员编制规定〉的通知》（太管人劳〔2002〕210号）将“流域水利信息化建设和管理工作”职责划转水利发展研究中心，信息中心不再同防汛抗旱办公室合署办公。

2011年10月25日，太湖局以《关于印发太湖流域管理局水文局（信息中心）主要职责机构设置和人员编制规定的通知》（太管人事〔2011〕288号）明确水文局（信息中心）“三定方案”，并将“太湖局信息化建设、管理”和“太湖局信息化系统的运行维护与管理”等职责由水利发展研究中心划转至水文局（信息中心）。

二、内设机构

（1）综合处（正处级）。

（2）站网与监测处（正处级）。

（3）水文水资源处（水情处）[1]（正处级）。

（4）信息管理处（正处级）。

（5）直属事业单位：太湖流域水文水资源监测中心（太湖流域水环境监测中心）（正处级）。

---

[1] 2013年3月太湖局以《水利部太湖流域管理局关于同意水文局（信息中心）内设机构水文水资源处加挂水情处的批复》批复水文水资源处加挂水情处牌子。

三、太湖流域水文水资源监测中心机构沿革

1991年11月，太湖局在无锡设立太湖局太湖监测管理研究中心（即监测中心的前身），主要开展与开发利用和保护水资源相关的水质监测和研究工作。

1993年，设立太湖流域水环境监测中心。

1995年，太湖监测管理研究中心更名为太湖监测管理处，与太湖流域水环境监测中心合署办公，实行两块牌子、一套班子管理体制。

1998年，成立太湖流域水文勘测队，与太湖监测管理处合署办公。

2002年年底，太湖局太湖监测管理处更名为太湖局水文水资源监测局，职能不变。

2012年10月，太湖局水文水资源监测局更名为太湖流域水文水资源监测中心（太湖流域水环境监测中心），职能不变，为太湖局水文局（信息中心）直属事业单位。

第二节 省级水文机构

一、江苏省

1950年华东军政委员会水利部（以下简称“华东水利部”）按流域水系划分水文测区，布设水文测站，在苏州设太湖运河区一等水文站，委托苏南水利局代管。

1953年江苏省水利厅水文分站改组为水文总站。1958年9月省水利厅将全省水文测站下放至所在专区水利局管理，1959年部分地区还进一步下放至所在县水利局管理。其后又经历了多次上收水利厅和下放专区水利局的反复。1980年6月水文管理体制恢复由省水利厅领导。1984年省水利厅水文总站更名为江苏省水文总站。

1996年4月江苏省水文总站更名为江苏省水文水资源勘测局（以下简称“江苏省水文局”），2005年增挂“江苏省水利网络数据中心”牌子，是江苏省水利厅承担水文行政管理职责的处级事业单位，并在13个省辖市下设13个分局（副处级事业单位）。

太湖流域有无锡、常州、苏州、镇江4个分局。2005年5月和2007年3月，无锡分局、常州分局分别增挂“无锡市水文局”和“常州市水文局”牌子，以江苏省水文局领导为主。

二、浙江省

1928年浙江省水利局成立，开始布设全省性水文测站，并进行管理。

中华人民共和国成立前期，1949年6月杭州市军管会接管前水利部中央水利实验处领导的浙江省水文总站。1950年4月华东区水文工作由华东水利部领导，设杭州一等水文站，委托浙江省水利局代管。1953年华东水利部撤销，省水文工作由省农林厅水利局领导。同年11月，省农林厅水利局决定将水文管理下放各专区、县领导。

1954—1994年的40年中，浙江省水文管理体制经历了下放和上收的多次反复。期间，1956年成立浙江省水文总站，1995年2月浙江省人民政府以浙政发〔1995〕24号文决定将全省水文管理体制下放给各市（地）、县领导，由省水文总站对全省水文工作进行管理指导。

1996年5月浙江省水文总站更名为浙江省水文勘测局，2004年4月更名为浙江省水文局。浙江省水文局同时是经批准的特有工种职业技能鉴定机构和浙江省水资源监测管理机构，也是浙江省防汛抗旱指挥部成员单位。

浙江省太湖流域有杭州、嘉兴、湖州3个地市级水文机构，分别为杭州市水文水资源监测总站、嘉兴市水文站和湖州市水文站。

三、上海市

上海地区水文工作历史上一直由多部门分别管理。1949年以前，主要由航道与水利部门设置测站，进行测验。

1949年上海区港务局接管黄浦江9处测站。1950年华东水利部接管长江口、黄浦江等6处测站，1951—1953年华东水利部将测站移交江苏省。1956—1958年上海水文管理单位为港务局、市政工程局和城市规划设计院，分别管理黄浦江、吴淞江和蕰藻浜、市郊其他主要河道的水文测站。

由于行政区划变动，1959年起上海河道工程局统管全市水文测站，包括1958年从江苏划入上海的10个郊县的有关测站。1963年上海市农业局设置水文组，接管郊县水文站。1974年上海市农业局水文站成立，为独立水文管理机构。1978年上海市水利局水文总站成立，水文工作由郊县走向全市。

1980年起，上海市环保局设置并管理全市水质监测站网。1988年起成立上海海上安全监督局（原为上海航道局），管理吴淞口等12处潮位站。同时，国家海洋局东海分局、海军东海舰队、上海气象局等亦在东海和杭州湾设有潮位站。

上海市水务局主管上海市行政区域内的水文工作，其所属的上海市水文总站具体负责组织实施管理工作。浦东新区和闵行、宝山、嘉定、奉贤、松江、金山、青浦、崇明等区县水行政主管部门按照其职责权限，负责本行政区域内的水文工作，其所属的水文机构可以接受市水文总站的委托实施具体水文管理工作。

第二章 水 文 站 网

第一节 清末和民国时期水文站网建设

古代测水位的主要设施是石制水则，也称石准。太湖流域可考的有两处，即宋代的吴江水则碑（刻在石碑上的标尺）和明代的嘉善西塘石准。吴江水则碑是近代发现比较完整的一处。据考证，吴江水则碑可能是1120年设置的。

清咸丰十年（1860年）在吴淞口张华浜设潮位站，经连续观测，在光绪二十六年（1900年）定出“吴淞零点”，作为太湖流域的水准基面。同治十二年（1873年）设徐家汇雨量站，是全国最早的雨量站。其后，1880年在镇江、1900年在苏州觅渡桥设站，用近代方法做系统观测。

民国时期，1912年在黄浦江与吴淞江汇合处设黄浦公园水位站。1914年在黄浦江上游横潦泾设置测验断面并开展潮流量测验，设米市渡水位站。1915年设杭州闸口潮位站，1920年设杭州拱宸桥水位站。1921—1937年，太湖流域水利工程局（1927年改组为太湖水利工程处，1929年改组为太湖流域水利委员会）开始在太湖流域布设水文测站，其中在江苏省太湖地区设立水位站36处、雨量站17处、蒸发站5处，并在汛期施测环太湖主要河口进出湖流量；在浙江省苕溪、杭嘉湖区水系布设各类测站50处，其中雨量站13处（兼测蒸发量7处）、水位站16处、流量站20处（兼测含沙量5处）、测候所1处。

第二节 中华人民共和国早期水文站网建设

中华人民共和国成立后，开始有计划地发展水文站网，太湖流域水文工作得到较快发展，在水文站网建设、水文测验、水文资料整编、水文情报预报、水资源调查评价、水质监测和水文分析研究等方面取得成就。1956年，按照水利部制定的《水文站网布设原则》，各省（市）进行了第一次基本水文站网规划，并将测站按性质分为基本站和专用站。基本站是为国民经济综合需要，经过统一规划而设立，由水文部门建立和管理，任务是探求水文基本规律，满足经济社会发展各方需求，站点保持相对稳定，资料刊入水文年鉴；专用站是为某一专用目的而设立，由需要的部门自设、自管、自用。此后又将为配合基本站而设立的站点称为辅助站。基本站网包括流量站、水位站、泥沙站、雨量站、蒸发站、水化学站和水质站（包括地表与地下）、地下水观测井、实验站、专用水文站等。

江苏省于1956年开展了第一次水文站网规划调整，在宜兴大浦口设立太湖水面蒸发实验站，并开始在太湖区开展水文巡测工作，1957年在丹阳珥陵设立径流实验站，研究太湖西部平原地区降雨径流关系，至20世纪60年代末设置各类水文测站20余处。浙江省1949年12月即恢复吴兴、夹浦2处水位站，至1957年在苕溪、杭嘉湖区水系布设雨量站46处、水位站29处、水文站23处。上海市在中华人民共和国成立初期站网建设以恢复和重建中华人民共和国成立前的测站为主，由不同部门依据工作需求接管或设置了各类水文测站约30处。

第三节　20世纪60—70年代水文站网建设

水文站网规划在1956年以后的几年中得到实施，流域水文站网稳定发展，但上海市在1960年由于水文体制的原因，部分测站停测或撤销，水文站网有所减少。1962年根据水利部“巩固调整站网，加强测站管理，提高测报质量”的方针，流域省（市）水文部门对水文站网进行了一次调整和充实，水文站网整体功能水平有了较大提高。1964年，江苏省开展了第二次水文站网规划调整。1965年起，由水利电力部上海勘测设计院组织苏浙两省有关水文部门开展环太湖水文巡测。1978年，江苏省开展第三次水文站网规划调整，于1979年制定《江苏省近期水文站网的调整充实规划》，对水文站网充实调整，增设小河站、雨量站、水文巡测控制线和区域代表片。浙江省至1976年在苕溪、杭嘉湖区水系布设雨量站81处、水位站31处、水文站32处。上海市至1978年设置各类水文测站44处。

第四节　20世纪80年代后水文站网建设

一、常规站网

1989年，水利部在《对当前水文工作几点意见》中要求实施“站网优化、分级管理、技术先进、精兵高效、站队结合、全面服务”的水文工作模式。苏浙沪两省一市水文站网在站网规划指导下稳定发展。20世纪90年代由于流域内水质污染加重以及超采地下水引起地下水位下降和地面沉陷，水文站网加强了对水质和地下水位监测站点布设。至2010年，全流域基本站网中，共有水文站85处、水位站114处、雨量站117处、蒸发观测项目49处（无独立蒸发站）、水质监测站（断面）833处、地下水观测站（井）54处、水文实验站2处以及水生态监测站87处。太湖流域水文站网现状统计见表6-2-1。

表 6-2-1　　太湖流域水文站网现状统计表　　单位：处

站　类	太湖局	江苏	浙江	上海	小计
水文站	3	38	25	19	85
水位站		30	28	56	114
雨量站		32	34	51	117
蒸发站	1	27	12	9	49
水质站	159	213	115	346	833
地下水站		41	10	3	54
实验站	1		1		2
水生态站	36	51			87

太湖局 1994 年起在太湖及周边区域逐步开展水文监测工作，之后监测范围不断拓宽。1995 年太湖局接管太浦闸水文站，主要开展水位、降水量观测，2000 年增加流量测验项目；1997 年起太湖局开展苏浙沪省际边界、太湖、淀山湖及环太湖等重要水体 61 个断面的水文巡测，实施一年后监测断面调整至 85 个，至 2010 年调整至 96 个。1999 年太湖流域发生大洪水，太湖局在环太湖重要河道 40 余个断面开展了流量巡测；2002 年引江济太调水试验工程启动，太湖局在望虞河沿线、太浦河沿线、大运河沿线等相关区域设置了 50 多个巡测断面，2004 年起引江济太工程长效运行，太湖局承担的引江济太巡测断面调整为 40 余个；2005 年太湖贡湖实验站建成并开展水文水质自动监测，同年设立张桥水位站，2008 年张桥水位站调整为水文站；2006—2007 年，太湖局与荷兰内河管理及污水处理研究院（RIZA）及荷兰艾塞湖区流域管理理事会合作建成贡湖、平台山和大浦口 3 个风浪监测站并投入运行。

江苏省水文部门 1985 年会同浙江、上海以及有关省和流域水文机构对南方平原水网地区站网布置进行研究，之后提出了以基本站网测站为点，水文巡测线为线，区域代表片为面的点线面结合站网布局原则，1992 年编写成《平原地区水文站网布设试行办法》。江苏省 20 世纪 80 年代在太湖平原水网区陆续增设望虞河巡测线、淀泖巡测区、太浦河南岸和北岸巡测线，对长江口门未设测站的水闸也进行巡测率定。2002 年之后在引江济太调水工程中布设了 30 余处专用监测站点，之后至 2010 年水文站网基本稳定。

浙江省 1979 年 2 月完成了《浙江省基本水文站网近期调整充实规划》编制，上报水利电力部并经国家计划委员会（以下简称“国家计委”）、农委批准，至 1984 年年底在苕溪、杭嘉湖区水系布设雨量站 90 处、水位站 30 处、水文站 37 处。1986 年编制完成《浙江省水文站网发展规划（1986—2000 年）》，但因经费困难未能实施。

上海市 1978 年成立了水文总站，主管全市水文行业的业务工作，提出了《上海市水文站网调整规划工作意见》，建设了大治河西闸、淀浦河东闸、金汇港北闸、金汇港南闸、练祁闸、三甲港闸、新建闸、鸽笼南闸、杨思闸、蕰藻浜西闸和蕰藻浜东闸等 11 处测站，新建、改建或升级了松浦大桥、泖港、蒋古渡、东团、三角渡、夏字圩、河祝等测站。上海海上安全监督局、国家海洋局东海分局、东海舰队、市环保局、金山石化总厂等单位也设立了一些专用站。上海市水文总站自1979年起对上海市的长江口沿岸、杭州湾沿岸、黄浦江、苏州河及主要骨干河流进行水质监测，设置了淀峰、松浦大桥、吴泾、长桥、南市、杨浦、吴淞口等监测断面。

二、水文遥测站网

太湖流域水文遥测系统于1998年4月基本建成投入运行，该系统由1个局中心、6个分中心、2个管理分中心、64处遥测站组成。此后，太湖局根据遥测系统水毁情况，不断进行日常或应急修复。同时，太湖流域水文遥测系统与上海、江苏、浙江等省（市）遥测系统实现互联与数据共享，至2010年，共外接地方遥测站60余处，遥测站网已基本覆盖流域内主要河湖、水库及沿江等重要防汛地区。

江苏省1991年开始在太湖流域利用短波、超短波建设小区域水文自动测报系统，1994年开始建设的太湖流域水雨情自动测报系统建成了江苏省太湖地区中央水情报汛站。至2010年，江苏省太湖流域68个省级水情报汛站、38个基本水文站全部实现自动测报。

浙江省从20世纪70年代开始研发水文遥测技术，从最早的超短波、PSTN（有线电话线）、GSM短信发展到GPRS通信、卫星通信、网络宽带通信等多种通信方式，可以满足不同地区的通信条件。至2010年，浙江省苕溪、杭嘉湖区水系水情信息遥测站为389个，其中遥测水位站（兼测雨量）261个，遥测雨量站102个，遥测流量站11个，遥测地下水站15个。

上海市在1978年上海市水文总站成立后，全市水情报汛职能由上海市水文总站调度中心负责，在全市布设了无线电通信网。1990年在黄浦公园水位站安装了自动遥测水位装置，该站潮位测报进入水情自动测报系统。1996年后组建上海市防汛信息中心，在原水文测站报汛基础上新建或改建了一批遥测水雨情站点。2003年上海市水务局将水情测报职能划归上海市水文总站，2004年上海市区遥测网系统正式移交至上海市水文总站管理，至2010年形成了1个中心站，10个转发站，71个遥测站的规模。

三、水文巡测基地

以太湖流域水文水资源监测中心为基础，从“十一五”开始，太湖局相继建成了位于江苏省吴江市（现吴江区）的太浦河水文基地、位于安徽省黄山市的浙皖水环境监测分中心、位于上海市青浦区的青浦水文基地、位于浙江省嘉兴市的杭州湾水文基地（表6-2-2）。

（一）太浦河水文基地

位于太浦河节制闸闸管所东侧，于2007年7月投入运行，占地面积8.2亩，生产业务用房共2470平方米，包括业务用房、河口及上下游水位站、太浦闸水文站、雨量场、气象场等基础设施。太浦河水文基地集成了水文、水质自动监测、电子会议室、数据存储处理、计算机网络等设施，通过通信、远程监控等技术，自动监测、收集、处理、传输太浦河河口、太浦闸上、太浦闸下、太浦闸水文站、气象场的水文、降雨、气象等20余项参数的实时信息。太浦河水文基地机动监测主要站点覆盖太浦河沿线及东太湖沿湖区域，监测项目有水位、流量和水质等。

表6-2-2 太湖局水文基地统计表

序号	名称	所在位置	业务范围	建设时间
1	太浦河水文基地	江苏省吴江市	东太湖及太浦河沿线	2007年建成
2	浙皖水环境监测分中心	安徽省黄山市屯溪区	浙皖省际边界、重要供水源地及重要水域	2010年10月开工
3	青浦水文基地	上海市青浦区	苏浙沪省际边界河流	2010年完成前期工作
4	杭州湾水文基地	浙江省嘉兴市	苕溪水系、新安江流域、钱塘江河口区域、杭嘉湖南排区域等重要水域	2010年完成初步设计概算核定

（二）浙皖水环境监测分中心

位于黄山市屯溪区霞塘河东侧，2010年10月开工建设，占地面积4亩，建成实验室用房690平方米，主要为浙皖省际边界水环境监测服务。

（三）青浦水文基地

位于上海市青浦区西大盈港东侧，至2010年已完成征地及初步设计报批等前期工作。基地占地面积5.2亩，建成生产业务用房1500平方米，主要开展苏浙沪省际边界河道（湖泊）水文机动监测工作。规划机动监测主要站点有18个，监测项目有水位、流量和水质等。

（四）杭州湾水文基地

位于嘉兴市杭州塘大闸东南侧，2010年12月经国家发展改革委核定初步设计概算。基地占地面积5亩，建设生产业务用房1690平方米，配置有相关仪器设备。主要承担太湖流域浙江省范围的苕溪流域、杭嘉湖涝水南排区域等水域的水文水资源监测、防汛测报等工作。同时建设基地水情分中心，满足太湖流域杭嘉湖地区和钱塘江河口及浙西山区水库等区域水情信息的接收、处理、监视、存储、会商、分析预报和信息发布等，为太湖局水情中心提供水情信息共享平台。基地还承担水文数据分中心的作用，实施原始监测数据的入库存储，组织开展水文基地监测范围内水量巡测断面以及浙江省环太湖、杭嘉湖北排、钱塘江河口及浙西山区水库水文资料的整汇编和审查工作，并通过计算机网络等为社会提供信息共享与服务。其监测范围与青浦基地以杭嘉湖涝水南北排分界线为界，以北属于青浦基地范围，以南属于杭州湾基地范围。此外可以分担浙闽边界的水文水资源巡测任务。

（五）省（市）水文基地

江苏省水文巡测基地规划和建设工作与水文巡测工作同步发展。2006年6月江苏省水文部门将所属勘测队、中心站统一更名为“××水文水资源监测中心”，即“××

水文巡测基地”。其中江苏省辖太湖流域有 6 处，分别为溧阳水文水资源监测中心、武进水文水资源监测中心、江阴水文水资源监测中心、宜兴水文水资源监测中心、吴江水文水资源监测中心和常熟水文水资源监测中心。浙江省至 2010 年以站队结合方式完成了杭州、嘉兴、湖州等水文巡测基地的改扩建。上海市至 2010 年以站队结合方式，建成 11 个水文巡测基地，其中 3 个直属市水文总站管理。2010 年，《上海市水文基础设施建设规划》（2011—2020 年）中规划在松江新建水文巡测基地 1 处。

第三章 水 文 测 验

第一节 测验项目和规范

流域内各省（市）水文测验从20世纪50年代中期起统一按水利部（水电部）制定的各种规范规定执行，如50—70年代颁布的《水文测站暂行规范》《水文测验暂行规范》《水文测验手册》，以及80和90年代颁布的《水质监测规范》《水文缆道测验规范》《降水量观测规范》《水位观测规范》和《水文巡测规范》等。至2010年，我国制定了一系列水文测验国家标准、行业标准，流域内水文部门均遵照执行。同时根据国家标准和行业标准，有关省（市）也结合当地实际，制定了一些地方性规定和实施细则。流域内水文部门开展的水文测验项目主要有流量（潮流量）、水位（潮水位）、降水量、含沙量、蒸发量、水质和普通测量等，2000年之后又陆续开展了水生态监测工作。

第二节 测验设备与施测方法

一、流量

中华人民共和国成立后，流域内大部分测站以及潮水河站流量测验均以流速仪法为主，水面浮标法、比降面积法、量水堰法和测流槽法等为辅。2000年以后，声学多普勒流速剖面仪（ADCP）、手持电波流速仪等声学测流设备得到快速推广运用。

流速仪法测流需要依托测船、桥梁及缆道等过河设施。在水文巡测工作中，流域内水文部门目前仍主要利用桥梁进行流速仪法桥测。水文测站20世纪50年代多采用测船定位测流，因不够安全，该方式于20世纪60年代逐渐淘汰，水文缆道开始逐步得到推广，其中江苏省1965年在苏州瓜泾口等站建立了手摇水文缆道，上海市1985年在黄浦江干流松浦大桥站建设了大跨度半自动缆道测流。随着缆道测流技术在实践中不断改进，浙江省1998年起陆续采用浙江省水文局设计的自重式水文缆道。太湖局2000年在太浦闸水文站配置了水利部南京水利水文自动化研究所研发的ELZ-1型水文缆道。至2010年各水文测站已普遍使用水文缆道测流。

少数暴涨暴落的行洪河道在大洪水期间无法用流速仪施测时，改用水面浮标法测流。浙江省1963年定型生产轴心式浮标投放器并分发各站应用。在夜间用浮标法测流时，一般采用电池夜明浮标。

2001年，上海市水文总站引进固定式ADCP设备，分别安装在松浦大桥等9个水文站。2006年，江苏省水文局镇江分局引进走航式ADCP用于水文巡测和应急监测，江苏省水文局苏州分局在白茆闸水文站改造中引进了固定式ADCP并正式投入使用。2007年，太湖局太浦闸水文站引进了固定式ADCP流量自动测验系统，经过比测率定于2008年汛前正式投入运行，测验成果用于报汛和资料整编。至2010年，ADCP在流域内水文部门已普遍配备，其中走航式ADCP主要用于水文巡测和应急监测，固定式ADCP主要用于水文站流量自动监测。手持电波流速仪等其他声学测流设备也在水文监测工作中广泛运用。

二、水位

（一）人工观测

20世纪50年代一般采用木桩和直立式搪瓷水尺。60年代起，陆续改用钢筋混凝土结构的水尺靠桩和搪瓷水尺。人工直接观读的直立式水尺至今仍在广泛应用。一般测站每天人工观测2次，分别为8：00和20：00，主要用以校测自记水位，若自记水位出现故障，则立即恢复连续人工观测。

（二）自记技术

江苏省在中华人民共和国成立后陆续建设的自记水位计台，一般使用上海气象仪器厂生产的HCJ日记型水位计和重庆水文仪器厂生产的SW-40型、SW-40-1型水位计。20世纪90年代以来，在太湖重要测站安装了水位遥测装置并采用固态存储方式记录。

浙江省1956年在长兴夹浦站建成第一座木结构自记水位台，安装了美国产月记型自记水位计。1956年起，苕溪、杭嘉湖区水系采用自记水位台，大部分配置浮子式自记水位计。1986年建设的东苕溪水文自动测报系统中，采用压力式水位传感器，自行研制了固态存储器。2000年后主要采用WFH-2型浮子式水位计，加装浙江省水文局研发的水文遥测模块，实现自动测报。同时也采用SW-40日记型自记水位计。

上海市在中华人民共和国成立后主要采用上海气象仪器厂生产的HCJ型、重庆水文仪器厂生产的SW-40型和上海地质仪器厂生产的SWZ-1A型等浮子式日记水位计。20世纪60年代后期，采用上海航道局设计制造的HC-732型周记水位计。1985年市水文总站研制试用YSW-1型压力式水位计。1986年起在主要防汛站点采用南京水利水文自动化研究所生产的SS-3型数传水位计，由调度中心定时或随时遥测水位。80年代中期在金山嘴站低潮位监测过程中使用过气泡式水位计，另外部分测站在90年代中期使用过超声波水位计，后停用。

1996年，太湖局建设太湖流域水文遥测系统时，利用从加拿大进口的水位传感器，与遥测通讯设备配套完成水位遥测，同时采用从加拿大进口的TMS-1000型固态存储器，可由计算机完成资料整编打印。

2006—2007年，中荷合作太湖风浪监测站建成，监测设备由荷兰方提供，3个风浪监测平台设置了超声波水位计、压力式水位计和电子水尺，数据存储使用美国Campbell公司的CR1000型数据采集仪。

至2010年，流域内水文部门水位观测基本实现了自动化，主要采用浮子式水位计、压力式水位计、超声波水位计或雷达水位计，通过数据采集仪及信息传输设备实现自动观测。

三、降水量

中华人民共和国成立初期人工观测主要采用承雨口直径20.32厘米（8英寸）、高65厘米的雨量器，内有盛雨筒，筒口面积为承雨口面积的1/10，雨量器安放在地面上，降雨时加测起讫时间及雨量，日分界为9:00。1953年起，承雨口直径改为20厘米，雨量器高出地面200厘米，日分界改为19:00。1956年修改为雨量筒口离地面70厘米，日分界定为8:00，平时20:00加测一次，汛期用4时、8时、12时、24时段制观测。20世纪50年代后自记雨量计（分虹吸式和翻斗式）逐步开始推广使用。90年代后，随着水文自动测报系统的建设，又出现了集观测和发送功能一体的翻斗式自动雨量计，每当降雨量达1毫米，雨量计将自动发出信号传至中心站。

1996年太湖局建设太湖流域水文遥测系统时，在湖州、嘉兴两市布设了21个站，利用澳大利亚进口的TB-3型翻斗式雨量计作为传感器，分辨力为0.2毫米，能与遥测通信设备配合完成雨量遥测，可以记录变化0.2毫米的降水过程，又可存储所采集的雨量资料并直接输入计算机完成资料整编打印。2001年，为提高雨量观测资料的整编精度，全国水文系统推广使用澳大利亚产JDZ型固态存储雨量计，分辨力为0.5毫米，通过一段时间的比测分析，证明固态存储雨量计的资料可靠并开始对其进行资料整编。

至2010年，流域内水文部门普遍采用自动雨量计采集降水量，以固态存储方式保存资料，通过信息传输设备自动报送降水量。

四、水面蒸发

20世纪50年代初统一使用口径80厘米的套盆式蒸发皿，每日9:00观测一次作为日分界，1956年起改为8:00作为日分界。

1957年6月至1969年9月，江苏省太湖水面蒸发实验站（原在宜兴大浦口，后合并至宜兴西氿）陆续使用20平方米、100平方米钢质大型蒸发池和不同水深、口径的蒸发器10多种，进行蒸发量对比观测研究。

1964年起，按国家统一规定，流域内各测站陆续改用E601型蒸发器观测，少数站继续用口径80厘米的套盆式蒸发器作平行观测或单独观测。

20世纪80年代起，南京水利水文自动化研究所研制的玻璃钢E601型蒸发器取得成功，从1988年起推广，各测站逐步使用玻璃钢蒸发器观测。

1985 年起，浙江省双林平原水文实验站将水量土壤蒸发器与地中渗透仪两套观测设备进行结合，研制成为“蒸渗仪”，可以观测逐日潜水蒸发量和土壤蒸发量。经过 3 年试验，于 1989 年 1 月 1 日起正式投入观测。

2007 年起，太湖局太浦河水文基地开始观测水面蒸发量，蒸发量观测设备安装在基地气象场内，蒸发量观测仪器为 E601－B 型蒸发器。

至 2010 年，流域内水文部门普遍采用 E601 蒸发器观测蒸发量。

五、水质监测

1955 年，水利部颁发的《水文测站暂行规范》中，水质作为补充观测项目，后改为基本观测项目，流域内水文部门较少开展水质监测工作。1978 年 3 月，水利电力部环境保护办公室编发了《水质监测暂行办法》，流域内水文部门水质监测工作逐渐起步。

江苏省 1957 年开展水化学成分测验。1975 年起，开展河湖水质污染监测分析。1978 年开展水质监测站网规划，1985 年对水质监测站网进行了增设和调整，20 世纪 90 年代开始根据水污染状况及水资源管理需要，又进行了站点增设和优化调整。至 2010 年，江苏省水文部门对江苏省辖太湖流域开展的水质监测工作包括水功能区监测、集中式饮用水水源地监测、湖泊监测、太湖巡查及护水控藻监测、引江济太监测等，主要监测指标 34 项。

1978 年起，浙江省水文部门开展以污染水质为主的水质监测，水质样品全部送省水文总站化验。至 1989 年，嘉兴市水文站水质分析室建立后，除赋石水库、青山水库、拱宸桥、瓶窑站的水样送省水文总站化验外，其余站点水样均定期送嘉兴市水文站化验。1984 年，水利电力部颁发《水质监测规范》规定基本站化验项目 36 个，辅助站化验项目不少于 19 个。1998 年，水利部颁发的《水环境监测规范》修改为必测项目 23 个，选测项目 17 个。至 2010 年，浙江省水资源监测中心（网点）可承担水质监测指标 67 项。

上海市 1975 年起由市农业局水文站开始在全市布设水质监测点 98 个，筹建水质化验室 3 个，进行水质监测。1980 年起，市环保局也开始进行水质监测工作。1981—1990 年，市水文总站全面开展水质监测工作，并与环保部门数次协作，在黄浦江等主要河道上进行较大规模的水文、水质监测同步调查工作。至 2010 年，上海市水文总站水质监测指标增加到 127 项。

太湖局 1994 年起逐步开展水质监测工作，于 1996 年通过国家级实验室计量认证。1997 年起正式开展太湖流域省界水体水质监测，主要监测指标 15 项。2006 年开展太湖流域片重点水功能区监测，主要监测项目 24 项。至 2010 年，太湖局主要开展流域重要河湖、流域重点水功能区、重要供水水源地、流域省（市）行政区域边界水域和主要入太湖河道控制断面的水质监测等，实现了对《地表水环境质量标准》中 109 项指标的全监测，水质监测指标增加到 160 项。

六、水生态监测

2001年起太湖局陆续开展水生态监测，包括太湖湖区33个监测点，太湖6个取水水源地监测点，淀山湖3个监测点，元荡1个监测点。监测项目为浮游植物种类和数量、浮游动物种类和数量、底栖动物种类和数量。太湖、淀山湖、元荡为每月监测一次，太湖水源地在非汛期每周监测一次，汛期每天监测一次。主要监测分析设备包括生物采样器、筛网、显微镜、流式细胞仪等。水生态监测成果主要刊载于《太湖藻类监测月报》和每年的《太湖水生态调查监测报告》。

2007年之后，流域内省、市水文部门水生态监测工作逐渐启动，江苏省水文部门组织开展了包括浮游植物、浮游动物、水生植物、水生动物、底栖动物以及两栖动物等水生生物的调查与监测。浙江省、上海市水文部门也在水生态监测方面不断加大力度。

七、含沙量

江苏省水文部门20世纪50年代初期在入长江和黄浦江的部分感潮水文站及南河上游的主要测站施测含沙量，用立式采样器在测沙垂线和测点上取样，与流量监测同步进行；50年代中期，采样一般用横式采样器，少数站用瓶式采样器，按垂线上各测点水样计算垂线平均含沙量；60年代测沙一般是在缆道测速后用瓶式采样器取样，少数站仍用测船取样；60年代以后，江苏省辖太湖流域各测站含沙量一般较小，陆续停测。

浙江省水文部门从1955年起在苕溪、杭嘉湖区水系有11个站施测悬移质泥沙，统一采用瓶式采样器以积深法取样。在未采用水文缆道前，泥沙取样与测流同时进行，布设垂线5～11条；在采用水文缆道后，用瓶式采样器积深法取样。泥沙水样采用烘干法处理。按照1955年颁布的《水文测站暂行规范》，既要施测输沙率，又要施测单位水样含沙量。至2010年，苕溪、杭嘉湖区水系尚有港口水文站利用缆道，采用2000毫升瓶式积时式采样器开展悬移质含沙量监测。

上海市仅在专题调查项目中开展泥沙测验，采用烘干法人工观测。2010年，在苏州河引清调水专题调查项目中，对苏州河断面上的泥沙含量进行了全程观测。

太湖局水文部门2002年与长江水利委员会长江口水文水资源勘测局合作开展了引江济太调水试验工程长江、望虞河水文泥沙测验。

八、普通测量

水文普通测量主要包括水准测量、断面测量和地形测量。水文普通测量主要使用经纬仪、水准仪、全站仪等，2000年之后RTK型GPS、激光测距仪等先进测绘仪器在流域内水文部门得到推广运用。

流域内水文部门按照1993年颁布的《水文普通测量规范》要求实施水文测站常规

测量工作，并根据业务需要开展专项水文测量（详见本篇第四章第三节）。

1992年2—4月，太湖局组织开展了1∶50000太湖水下地形测量，以准确掌握太湖库容情况。2002—2004年，太湖局组织开展了1∶10000太湖水下地形测量、湖面利用调查工作，其中在竺山湖、梅梁湖、贡湖湖区同步开展了湖底淤泥调查。

第四章 水文资料整编

水文资料整编是将测验所得的原始水文资料按规定要求进行整理、分析、审查、汇编、刊印的工作过程。我国早期的水文测验主要为实时需求服务，资料多未保存。19世纪中叶，开始将测验记录系统保存并多按站整理成年表。清末民初，开始将多站同类水文资料汇编刊印。中华人民共和国成立后，水利部组织对历史水文资料进行全面系统整编，至1959年完成，刊印91册。从20世纪50年代起，水文部门对逐年水文资料进行整编刊印，形成制度。从1958年起，水利部将全国按流域水系统一编排水文资料卷册，命名为《中华人民共和国水文年鉴》（以下简称《水文年鉴》）。1982年以后《水文年鉴》停止刊印，之后长达20年的水文资料未能公开发布，造成了许多部门使用水文资料不便。水利部于2002年恢复了全国重点流域重点卷册水文年鉴的汇编刊印，2007年7月全面恢复水文年鉴汇编刊印。按照《水文年鉴编印规范》的划分，目前全国共计10卷75册，其中太湖流域编入长江流域太湖区2册（6卷19～20册），太湖局及江苏、浙江、上海省（市）水文（水资源勘测）局（总站）为参编单位。

太湖流域水文年鉴恢复刊印后2010年资料刊布情况如表6-4-1所示。

表6-4-1　　太湖流域2010年水文资料刊布情况统计表

流域	水　系	卷册号	汇编单位	参编单位
长江流域水文资料	太湖区（苕溪、南溪水系）	6卷19册	江苏省水文水资源勘测局	浙江省水文局
	太湖区（湖区水系，黄浦江水系，杭嘉湖区水系）	6卷20册	江苏省水文水资源勘测局	浙江省水文局 上海市水文总站 太湖流域水文水资源监测中心

第一节 整编标准

水文资料整编主要依据水利部（水电部）历年来颁发的规定，包括《水文资料整编成果格式和填写说明》（1951年）、《水文资料整编方法》（1954年）、《水文资料审编、刊印须知》（1956年）、《水文资料整编方法（流量部分）》、《水文资料整编方法（泥沙部分）》（1958年）、《水文年鉴审编、刊印暂行规范》（1964年）、《水质监测规范》（1985年）、《水质资料整编补充规定》（1986年）、《水文年鉴编印规范》（SD 244—87）、《水文资料整编规范》（SL 247—1999）等。2009年12月，水利部颁发了修订后的《水文年鉴汇编刊印规范》（SL 460—2009）。

第二节 整 编 技 术

20 世纪 50 年代水位流量资料整编，对于水位流量受冲淤影响的，广泛使用临时曲线法和改正水位法；对于受变动回水影响的使用正常落差法、落差开方根法、落差指数法等；对于受洪水涨落影响的使用校正因数法。其后随着测站流量测次的大量增加，对水位流量所受各种影响，广泛使用连时序法。1953 年 8 月，水利部水文局在天津独流镇召开全国水文资料整编研习会，推广了新整编方法。20 世纪 80 年代末、90 年代初，太湖流域部分省（市）水文部门采用电算进行水文资料整编，执行水利部推行的 VAX－11 系列计算机 FORTRAN－77 语言和有关通用程序。从 1990 年起相继用 IBM 型微机进行整编。2004 年，流域内部分省（市）水文部门开始使用长江水利委员会水文局《水文资料整、汇编软件》试用版进行电算整编。

第三节 测站基面及水准校测

一、水准基面考证

2010 年水文年鉴中太湖流域参加资料整编的水文、水位站共 179 个，其中江苏省 67 个，浙江省 56 个，上海市 55 个，太湖局 1 个。太湖局、江苏省及浙江省测站冻结基面大多采用镇江吴淞基面，上海市测站冻结基面大多采用佘山吴淞基面。测站基面冻结的时间均为水利部统一规定的 20 世纪 60 年代。

二、水准校测

太湖流域水准网 20 世纪 50 年代初由水利部门组织实施，大多数为三、四等水准支线。1974 年，溧阳地区发生 5.5 级地震，许多水准标石高程发生变化。由于各地大量抽取地下水，太湖流域地面沉降较严重，市政建设的快速推进也致使部分水准标石遭受破坏。针对平原河网地区水位精度要求高、可靠引据点少的问题，太湖局多次组织开展了二等水准校测和高等级水准标石的建设工作。

1986 年 5—7 月和 1987 年 5—6 月，太湖局委托上海市环境地质站分别开展了佘山（新）基点至镇江 Y. R. C. B. M308’（3－1 线）长约 295 千米二等水准测量和环太湖无锡—长兴—平望（原 3－3 线）长约 197 千米二等水准测量，以校验和统一流域高程系统，并测出镇江基面与佘山基面的高程差。

1992 年 6 月，太湖局编制完成《太湖流域水准网改造可行性研究报告》，组织两省一市水利部门分工协作，开展流域水准网改造。该项目 1993 年年初开始查勘埋石，至 1995 年年底成果资料整理基本结束，共埋设基本水准标石 8 座、普通水准标石 731 座，接测水文站 124 个及各类新旧水准标石 1191 座，观测总长 3804 千米。该项目是自 20 世纪 50 年代水利部门布设太湖流域水准网之后首次大规模改造，为全流域建立了一个高质量的统一高程控制水准网。

为增加可靠的水准校测引据点，1996 年太湖局在位于江苏省吴江市横扇镇的太浦闸管理所院内建成了太浦闸基岩标，命名为“Ⅱ太浦闸基”。

1999 年太湖流域历史特大洪水过后，太湖局组织流域内两省一市开展了流域重要报汛站的水准校测工作，对环太湖、望虞河、太浦河地区的水文测站进行了二等水准联测，对流域内 41 个重要报汛站的水尺零点进行了校测，提出了水位改正数。

2009 年，针对太湖流域持续的地面沉降造成水位失真，严重影响流域防洪及水资源调度等问题，太湖局再次组织实施了流域重要报汛站水准基面校测项目，范围涉及一湖两河和浙北地区，其中二等水准路线分为环太湖闭合环线、望虞河地区闭合环线、太浦河地区闭合环线和浙北重要报汛站闭合环线。项目新建了张桥和大浦口 2 个基岩标，以及 18 个基本水准标石和 50 个普通水准标石，完成了 99 个重要报汛站，924 千米二等水准联测。2010 年 5 月，太湖局以《关于发布太湖流域重要报汛站水位改正值成果的通知》，发布了 69 个重要报汛站的水位改正成果，并要求相关省（市）水文部门于当年 6 月 1 日起在流域报汛中正式启用。2011 年，该项目获得了中国勘察设计协会“全国优秀工程勘察设计三等奖”。

江苏省、浙江省水文测站自 1990 年后，相继引入 56 黄海高程基准，建立了冻结基面与 56 黄海高程基准的换算系数。1995 年后，相继引入国家 1985 高程基准，建立了冻结基面与国家 1985 高程基准的换算关系。浙江省杭嘉湖地区 2005 年统一开展了水准联测工作，根据测量成果，统一将报汛水位转换至国家 1985 高程基准。

上海市始终采用佘山吴淞高程基准，上海市测绘院及其前身于 1968 年、1973 年、1980 年、1995 年、2001 年、2006 年、2011 年分别对区域内水准高程系统进行复测维护，上海市水文总站分别于 1969 年、1975 年、1982 年、2001 年、2004 年、2007 年、2012 年开始采用新高程数据。2005 年起，上海市水文总站按照规范要求埋设标准化的测站基本水准点，并将测站基本水准点纳入全市高程控制系统进行统一联网平差，同时要求上海市水文部门的高程系统与测绘部门高程系统更新维护时间保持一致。

第五章　水文情报和预报

第一节　水　文　情　报

一、水情传递

20 世纪 50 年代水情传递一般用电话或明码电报。

1977 年 5 月，除继续通过邮电部门进行报汛外，浙江省水文总站在情报预报技术装备方面采用了新技术。首先在东苕溪流域进行无线电通信试验，1980 年汛期开始，基本上实行了水情报汛无线电通信。1988 年，又研制成功防汛水情自动译电系统，用计算机自动完成水情电报的译电、收转、存储、检索。

1998 年，太湖局建成太湖流域水文遥测系统，并于 2006 年实施了系统改造。遥测系统由 1 个局中心、6 个分中心、2 个管理分中心、64 处遥测站组成。系统与上海、江苏、浙江实现互联与数据共享。

1991 年开始，江苏省在太湖流域开始利用短波、超短波建设小区域的水文自动测报系统。1994 年开始大规模建设太湖流域水雨情自动测报系统，主要是太湖地区的中央水情报汛站。

2009 年，浙江省水文局完成包括苕溪运河流域在内的 2600 余座遥测站、330 余个中心站和 6 个异地分布式通信平台的建设应用。

二、报汛站点

太湖局向水利部报汛站点有太湖、张桥和太浦闸，已实现逐小时报汛。

至 2010 年，江苏省太湖流域有 67 个报汛站，其中潮位站 2 个，水文、水位、雨量站 35 个，闸坝站 21 个，水库站 9 个；浙江省太湖流域有 62 个报汛站，其中潮位站 3 个，水文、水位、雨量站 41 个，闸坝站 7 个，水库站 11 个；上海市有 32 个报汛站，其中雨量、潮位、流量站 1 个，雨量站 19 个，雨量、潮位站 9 个，潮位站 3 个。

第二节　水　文　预　报

一、流域预报业务

1994—1997 年，河海大学开发完成覆盖整个太湖流域平原地区的河网一维水动力模型（hohy2 模型）。

2000—2003 年，太湖局组织河海大学开发了以 hohy2 模型为核心的太湖流域洪水预报与调度系统；同时，用广义回归模型理论和方法建立了太湖水位、太湖上游地区入太湖水量、琳桥水位及甘露水位、平望水位、米市渡潮位过程等统计相关预报模型，并集成到太湖流域洪水预报与调度系统中，该系统在历年的流域防洪调度中得到了应用。

2005 年，太湖局委托华东师范大学河口海岸研究院开发的风暴潮预报模型付诸应用，模型可以模拟长江口和杭州湾的风暴潮增水过程。

2007 年，在已有的 hohy2 模型和统计相关模型基础上，太湖局组织河海大学开发完成了基于 GIS 处理技术的太湖流域洪水预报系统，根据太湖流域水情、工情及气象预测等外边界信息，预报太湖及流域河网重要断面水位。

太湖局水文局成立以后，对太湖流域降雨数值预报（气象部门）、风暴潮预报模型与洪水预报模型进行了边界条件的耦合，使作业预报效率提高 6 倍以上。

二、省（市）预报业务

（一）江苏省

2010 年 4 月，江苏省水文局引进太湖河网水动力模型，实现了太湖、重要城市站点如常州（三）、无锡（大）、苏州（枫桥）等站水位的滚动预报，且在近年汛期尤其是太湖地区暴雨、台风影响期进行了作业预报。

（二）浙江省

1954 年，浙江省水文总站开展了东苕溪余杭（水位）、瓶窑（水位、流量）、德清（水位、流量）、吴兴（水位）等站的洪水预报工作；1955 年起不断扩大预报范围。至 2000 年，苕溪运河区共有省级预报站 11 个，其中青山水库、瓶窑、德清、杭长桥、横塘村、港口等站预报水位、流量；嘉兴、余杭、小梅口、梅溪、夹浦等站预报水位；此外，杭嘉湖三市还设立市级预报站 15 个。2010 年，苕溪运河区共有省级预报站 11 个。

20 世纪 50 年代，浙江省水情预报工作主要采用水位（流量）关系法和单位线法。60 年代开始采用赵人俊教授提出的"蓄满产流"方法进行产流预报。20 世纪 70 年代和 80 年代，采用如新安江模型、姜湾径流模型、综合约束线性模型等水文模型对苕溪洪水进行预报。2008 年浙江省水文局首次将本局研发的流域水文模型与挪威水文部门 HEC-RAS 水力学模型和 GIS 相结合，于 2010 年建成西苕溪流域实时洪水预报 DFFM 系统。

（三）上海市

1. 长期预报

中华人民共和国成立后由上海河道工程局编制上海港天文潮预报。20 世纪 60 年代与华东计算技术研究所协作，通过电算编制吴淞、黄浦公园等站下一年度的潮汐预报表，获得了1980年度全国科技大会奖。上海航道局（现上海海上安全监督局）据此每年刊印《上海港潮汐表》，为上海市防汛提供了社会服务。

2. 短期预报

20世纪80年代对南汇芦潮港、金山金山嘴等站进行潮位预报；1989—1996年，上海水文总站承担黄浦江吴淞站、黄浦公园站和米市渡站的汛期高潮潮位预报工作；1997年起该项预报划归市防汛信息中心承担。

第七篇

流域规划

按照水利部《水利规划管理办法（试行）》，流域规划分为综合规划、专业规划和专项规划，由国务院水行政主管部门、流域管理机构、县级以上人民政府水行政主管部门依照有关法律法规和职责分工权限组织编制。

太湖流域是我国经济最发达的地区之一，也是洪涝灾害威胁比较严重的地区。流域独特的平原河网为流域经济社会发展提供了良好的水利条件，也决定了解决流域防洪、水资源、水环境等问题的复杂性、艰巨性和长期性。太湖流域规划经历了从无到有，从侧重工程建设到更加注重综合管理，从传统水利向现代水利、可持续发展水利的转变，规划体系不断完善。

1954年流域大水后，流域各地水利部门和相关流域管理机构分别开展了流域及区域治理规划编制工作。经长时间反复协调，形成了《太湖流域综合治理总体规划方案》（以下简称《总体规划方案》）。1987年国家计划委员会（以下简称“国家计委”）批复《总体规划方案》，太湖流域有了第一部流域性的治理规划。

进入21世纪以来，流域的工情、水情发生了较大变化，流域经济社会发展也对防洪安全、供水安全和生态安全提出了更高的要求。按照国家和水利部的统一部署，太湖局先后组织有关省（市）相继完成或参与了《太湖流域防洪规划》（以下简称《防洪规划》）、《太湖流域水环境综合治理总体方案》（以下简称《总体方案》）、《太湖流域水资源综合规划》（以下简称《水资源规划》）和《太湖流域综合规划（2012—2030年）》（以下简称《综合规划》）等重大流域性规划；为解决区域面临的主要水问题或流域治理、管理某一领域存在的突出问题，太湖局陆续组织完成了《东太湖综合整治规划》（以下简称《东太湖规划》）、《太湖污染底泥疏浚规划》（以下简称《底泥疏浚规划》)、《太湖流域重要河湖岸线利用管理规划》(以下简称《岸线规划》)等一批专业专项规划。同时，从“十五”开始，在水利部的统一部署下，太湖局还先后开展了流域水利发展“十五”至“十二五”规划编制工作等(表7-0-1)。

表7-0-1　　太湖流域已批规划情况表(截至2010年年底)

序号	规划名称	上报时间	批复情况
一	综合规划		
1	太湖流域综合治理总体规划方案	1986年	原国家计委计农〔1987〕987号批复
2	太湖流域综合规划(2012—2030年)	2010年	国务院国函〔2013〕39号批复
3	太湖流域水环境综合治理总体方案	2008年	国务院国函〔2008〕45号批复
二	专业规划		
1	关于加强太湖流域2001—2010年防洪建设的若干意见	2001年	国务院办公厅国办发〔2001〕89号批复
2	太湖流域防洪规划	2005年	国务院国函〔2008〕12号批复
3	太湖流域水资源综合规划	2008年	国务院国函〔2010〕118号批复
三	专项规划		
1	东太湖综合整治规划	2007年	水利部、江苏省人民政府水规计〔2008〕72号批复
2	太湖污染底泥疏浚规划	2006年	水利部水规计〔2007〕291号批复

第一章 综合规划

第一节 太湖流域综合治理总体规划方案

一、规划编制的背景及过程

中华人民共和国成立初期，太湖流域缺乏骨干洪水通道，流域河湖水系有网无纲，防洪标准偏低，洪涝灾害威胁严重。1954 年大水后，流域内各地分别开展了规划工作。1957 年 4 月，水利部召开太湖规划会议，提出了《太湖地区流域规划任务书初步意见》，并成立了归治淮委员会领导的太湖流域规划办公室；1959 年，治淮委员会撤销，规划工作随之停顿。1959 年 6 月，江苏省水利厅编报了《江苏省太湖地区水利工程规划要点》，提出了以“两河一线”为主要内容的太湖蓄泄控制工程，即太浦河、望虞河和太湖控制线。1959 年 12 月，水电部批准了《江苏省太湖地区水利工程规划要点》。

1963 年，水电部和中共中央华东局共同筹组了太湖水利委员会，同年 11 月在上海召开第一次委员会会议，决定在委员会下设太湖水利局，由水电部和华东局双重领导，并组织有关省（市）和上海水利水电勘测设计院开展规划工作。1967 年上海水利水电勘测设计院在“文革”中被撤销，规划工作再度停顿。

1971 年 11 月，国务院在北京主持召开长江中下游规划座谈会。会议纪要有关太湖部分，提出有关流域治理目标、太湖设计洪水位及太湖泄洪量分配的意见，同时还提出修建杭嘉湖南排工程，明确长江流域规划办公室（以下简称“长办”）负责下一步的规划工作。会后，有的省对纪要提出重大异议，方案再度搁浅。

1978 年，长办提出《太湖流域综合治理规划要点暨开通太浦河报告》，并在当时召开的全国农田基本建设会议上提出率先开通太浦河，以缓解太湖洪水威胁。会后由于有不同意见，涉及三省（市）的太浦河只进行了局部施工，治太方案再次陷入僵局。直到 1980 年，在有关单位已有成果和大量调查研究的基础上，长办提出了《太湖流域综合治理规划要点报告》（以下简称《规划要点报告》）。

1983 年，国务院成立上海经济区规划办公室，其任务之一是组织和协调太湖规划工作。1984 年，国务院又批准成立长江口及太湖综合治理领导小组（以下简称“领导小组”），王林任规划办公室主任及领导小组组长；领导小组由各有关部委及省（市）负责人组成，协调讨论和决策长江口和太湖治理方案。

在领导小组一系列富有成效的工作基础上，长办进一步深入研究、修改、完善方案，分别于 1984 年、1985 年提出了《太湖流域综合治理骨干工程可行性研究初步报告》和《太湖流域综合治理骨干工程可行性研究报告》（以下简称《骨干工程可研报告》）。经领导小组多次协调，1985年有关省（市）基本达成一致意见，原则同意《骨干工程可研报告》中的“综合格局”方案。

1984年12月，经国务院批准，水电部太湖局在上海成立，太湖流域规划交由太湖局负责。太湖局根据“综合格局”方案，于1986年编报了《太湖流域综合治理总体规划方案》，经水电部和领导小组审定后上报国家计委。1987年6月18日，原国家计委批复同意《总体规划方案》，并建议进一步研究协调各方意见，在协商一致的基础上编制单项工程设计任务书。

二、主要规划内容

根据当时太湖流域洪涝问题严重的实际情况，流域治理的任务以防洪除涝为主，统筹考虑供水、航运和水资源保护。流域治理的方针是统筹兼顾、综合治理、适当分工、分期实施，在工程布局中采用“疏控结合，以疏为主”的策略。治理标准为：防洪以1954年实际降雨过程为设计标准，其全流域平均最大90天降雨量约相当于50年一遇；干旱年的供水以1971年实际雨情为设计供水年，其7—8月流域用水高峰期降雨量保证率约相当于94%。

1954年设计典型年5—7月流域洪水总量223亿立方米，太湖调蓄45.6亿立方米，河网湖泊调蓄23.7亿立方米，浦东区自排11亿立方米，直接入长江56.6亿立方米，入黄浦江63.7亿立方米，入杭州湾22.4亿立方米。

规划建设望虞河、太浦河、杭嘉湖南排后续、杭嘉湖北排通道、环湖大堤、湖西引排、红旗塘、东西苕溪防洪、扩大拦路港疏浚泖河及斜塘、武澄锡引排等10项骨干工程。1997年国务院治淮治太第四次工作会议又增列了黄浦江上游干流防洪工程为流域治理骨干工程，合计11项骨干工程。其中，望虞河、太浦河、环湖大堤、杭嘉湖南排后续为流域性骨干工程，湖西引排、东西苕溪防洪、武澄锡引排为地区性骨干工程，杭嘉湖北排通道、红旗塘、扩大拦路港疏浚泖河及斜塘、黄浦江上游干流防洪工程为省际边界工程。

太浦河工程：①排泄部分太湖洪水，5—7月承泄太湖洪水22.5亿立方米；②排泄杭嘉湖地区部分涝水，5—7月承泄杭嘉湖北排涝水11.6亿立方米；③作为黄浦江上游常年主要供水河道，改善水质，要求黄浦江米市渡净泄流量275～300立方米每秒（保证率90%～95%）。

望虞河工程：①与太浦河共同承泄太湖洪水，5—7月承泄太湖洪水23.1亿立方米；②干旱年份从长江引水入太湖，补充流域用水，遇1971年型干旱年引长江水28亿立方米。同时也可排泄部分地区涝水。

环湖大堤工程：进一步发挥太湖的调蓄作用，使太湖的洪水得到充分调蓄，使水资源得到充分利用。环湖大堤按1954年型洪水位作为设计水位，5—7月太湖调蓄洪水45.6亿立方米。

杭嘉湖南排后续工程：承担杭嘉湖地区部分排水任务，江南运河以东、平湖塘以南2300平方千米的地区和西部的部分涝水由南排工程入海。

湖西引排工程：利用湖西区的规划河道与抽水站，通过合理调度，在大水年份尽量多向长江排水，以减轻太湖下游洪水压力；在枯水年尽量多从长江引水，以满足湖西区及流域下游供水要求。

红旗塘工程：嘉兴北部洼地中心的一条东排主干河道，兼泄运河以西部分来水。

东西苕溪防洪工程：为确保杭嘉湖平原的安全，在东苕溪西侧另开导流渠，建导流堤，直接将东苕溪水流引入太湖。原东苕溪德清以下河道作为地区排水河道。

武澄锡引排工程：解决西部湖西区高片及东部澄锡虞区高片之间地区的排水出路。

扩大拦路港疏浚泖河及斜塘工程：上海青松大包围实施后，通过扩大拦路港，以保证淀泖区的排水出路。同时疏浚拦路港下游的泖河及斜塘，满足与太浦河断面的衔接要求。

杭嘉湖区北排通道工程：承担杭嘉湖区北排通道地区及杭嘉湖西区的北排水量及少量东排水量。

黄浦江上游干流防洪工程：承泄上游江苏淀泖地区、浙江杭嘉湖地区以及上海浦西部分地区洪涝水。

第二节　太湖流域综合规划（2012—2030年）

一、规划编制的背景及过程

进入21世纪以来，太湖流域经济社会快速发展，流域水情、工情、社情发生了巨大变化，流域水安全面临严峻挑战，主要表现为：流域水污染严重，饮用水水源地安全问题突出，水生态环境退化；流域防洪减灾能力偏低，面临的防洪风险进一步加大，防洪减灾体系需进一步完善；流域本地水资源不足，水资源承载能力较低，水资源调控体系不完善；流域综合管理薄弱等。

2007年1月，国务院在北京召开全国流域综合规划修编工作会议，全面启动新一轮流域综合规划的修编工作。为协调解决太湖流域综合规划编制中的重大问题，太湖局商流域内江苏省、浙江省、上海市人民政府及其发改、水利、国土、交通、环保、农业等有关部门和交通部长江水系航运规划办公室建立了太湖流域综合规划修编工作协调机制，成立了太湖流域综合规划修编工作协调小组。

规划编制过程中，太湖局会同流域内各省（市）水行政主管部门，在《防洪规划》《水资源规划》等已有规划的基础上，先后完成26项专业、专项及专题研究报告，编制形成《综合规划》报告，并多次召开规划成果讨论会和专家咨询会对成果进行讨论、咨询。2010年3月，太湖局局长办公会和太湖流域综合规划修编工作协调小组分别审议通过《综合规划》。

2010年5月13—15日，水利部水利水电规划设计总院（以下简称“水规总院”）组织召开了太湖流域综合规划预审会议；9月18—19日，水利部在北京主持召开了太湖流域综合规划专家审查会。2011年5月，水利部以《关于征求太湖流域综合规划意见的函》征求国家发改委、国土资源部、交通运输部、环境保护部、国家气象局、国家林业局、国家能源局、农业部、住建部等部门及太湖流域内江苏省、浙江省和上海市人民政府意见。2011年7月，《综合规划》通过中国国际工程咨询公司评估；9月，规划的环境影响评价篇章通过了环保部、水利部联合组织的专家论证。2012年5月，流域综合规划修编部际联席会议审议通过《综合规划》；8月，水利部部长办公会审议通过《综合规划》。2013年3月，国务院以《国务院关于〈太湖流域综合规划（2012—2030年）〉的批复》批复太湖流域综合规划。

二、主要规划内容

规划的近期水平年为2020年，远期水平年为2030年。

2020年治理目标是：流域达到防御不同降雨典型50年一遇标准，重点工程按照防御100年一遇洪水标准建设；区域达到20～50年一遇防洪标准；城市防洪达到国家规定的防洪标准。建立较为完善的总量控制与定额管理相结合的水资源管理制度，流域万元GDP用水量比基准年下降60%，工业用水重复利用率达到85%，基本实现流域枯水年（P=90%）的水资源供需平衡，城乡生活供水保证率达到95%～97%。流域80%河网水功能区水质达标；饮用水水源地及其骨干输水河道水质达到或优于Ⅲ类；太湖湖体水质基本达到Ⅳ类，部分水域达到Ⅲ类，富营养程度逐步降低；基本实现河网水体有序流动，生物多样性逐步恢复；流域水土流失治理度达到80%。流域水法规和管理制度基本健全，最严格的水资源管理制度基本建立，水资源开发利用总量、用水效率和水功能区限制纳污能力“三条红线”得到落实；重点河湖岸线利用率控制在15%以内，全面实现地下水禁限采，水利与涉水行业协调发展。

2030年治理目标是：全面建成完善的流域防洪减灾与水资源调控工程体系，太湖防洪工程达到防御不同降雨典型100年一遇的洪水标准，基本实现流域特枯水年（P=95%）的水资源供需平衡，流域供水安全得到全面保障。基本建成水生态环境保护体系，流域污染物入河量全面达到限制排污总量意见要求，流域水功能区水质全面达标，太湖富营养化问题基本解决。全面建成“权威、高效、先进、公平”的流域综合管理与调度体系。

根据流域经济社会发展对防洪安全、供水安全及水生态安全的要求，规划提出了流域综合治理的指导思想、原则和目标；确定了构筑流域防洪减灾、水资源调控、水生态环境保护和流域综合管理与调度四大体系的规划任务；明确了进一步完善利用太湖调蓄、北向长江引排、东出黄浦江供排、南排杭州湾的流域综合治理格局；提出了统筹兼顾流域和区域综合治理，突出重点、因地制宜的各水利分区综合治理的指导性意见；统筹协调流域治理、开发、保护和管理的关系，提出了规划主要控制指标（表

7-1-1～表7-1-6)。

表7-1-1　太湖流域用水总量控制指标表　单位：亿m^3

指标名称	省（市）	2020年	2030年
用水总量	江苏	157.1	160.5
	浙江	58.4	59.1
	上海	124.0	128.9
	安徽	0.5	0.5
	全流域	340.0	349.0

表7-1-2　太湖流域用水效率控制指标表　单位：m^3

指标名称	规划水平年	指标值			
		江苏省	浙江省	上海市	全流域
流域万元GDP用水量	2020	66	69	48	59
	2030	40	42	27	35
非火（核）电万元工业增加值用水量	2020	28	35	19	25
	2030	19	25	12	17
水田亩均灌溉用水量	2020	602	585	591	596
	2030	577	557	584	572

注　农业用水量相应降水保证率为75%。

表7-1-3　太湖流域重要河湖水资源配置控制指标表

指标名称		指标值
沿长江口门引水量（多年平均）	总引水量	105.6亿m^3
	新孟河引江水量	33.0亿m^3
	望虞河引江水量	34.0亿m^3
望虞河引水入湖率		≥65%
引江济太期间望虞河东岸引水	望虞河东岸引水流量	≤50亿m^3
	望虞河东岸引水量/望虞河引江量	≤30%
新孟河引水入湖（分水河入太湖断面）率		≥50%
枯水年的出太湖水量/入太湖水量		≤80%

注　枯水年的出太湖水量不含自来水厂及自备水源直接取水量。

表7-1-4　环太湖主要入湖河流水质要求表　单位：mg/L

对应湖区	环太湖河道	水平年	控制名称及控制值			
			高锰酸盐指数	氨氮	总磷	总氮
贡湖	望虞河（望亭立交）	2020	≤4.5	≤1.00	≤0.12	≤2.2
贡湖	大溪港等	2020	≤4.5	≤1.00	≤0.13	≤2.4

续表

对应湖区	环太湖河道	水平年	控制名称及控制值			
			高锰酸盐指数	氨氮	总磷	总氮
梅梁湖、竺山湖	武进港、直湖港、漕桥河、殷村港、太滆运河等	2020	≤5.0	≤1.00	≤0.13	≤2.4
西部沿岸区及南太湖北部	东氿、城东港、大浦港、烧香港、长兴港、合溪新港等	2020	≤5.0	≤1.00	≤0.12	≤2.4
南太湖南部	西苕溪、小梅港、长兜港、大钱港等	2020	≤4.5	≤1.00	≤0.12	≤2.2

表 7-1-5　淀山湖主要入湖河流水质要求表　单位：mg/L

水功能区名称	监测站点	水质目标	水平年	高锰酸盐指数	氨氮	总磷	总氮
千灯浦苏沪边界缓冲区	千灯浦闸	Ⅲ	2020	≤6	≤1	≤0.1	≤2
大、小朱厍苏沪边界缓冲区	珠砂港大桥						
急水港苏沪边界缓冲区	周庄大桥						
元荡苏沪边界缓冲区	白石矶大桥	Ⅱ～Ⅲ	2020	≤6	≤1	≤0.05	≤1.5

表 7-1-6　省际边界主要水功能区水质要求表　单位：mg/L

水功能区名称	监测站点	水质目标	水平年	高锰酸盐指数	氨氮
吴淞江苏沪边界缓冲区	吴淞江桥	Ⅲ	2020	≤6.0	≤1.5
			2030	≤6.0	≤1.0
太浦河苏浙沪调水保护区	汾湖大桥	Ⅱ～Ⅲ	2020	≤4.0	≤0.5
			2030	≤4.0	≤0.5
麻溪（后市河）苏浙边界缓冲区	麻溪港	Ⅲ	2020	≤6.0	≤1.0
京杭古运河浙苏缓冲区	北虹大桥				
江南运河（含澜溪塘、白马塘）浙苏缓冲区	乌镇双溪桥				
红旗塘浙沪缓冲区俞汇港浙沪边界缓冲区	横港大桥		2030	≤6.0	≤1.0
上海塘浙沪缓冲区胥浦塘浙沪边界缓冲区	青阳汇				
六里塘沪浙边界缓冲区	六里塘大桥				

根据流域水利问题的特点和经济社会发展要求，规划以太湖洪水安全蓄泄为重点，进一步完善防洪工程布局，提高流域防洪除涝标准；以保障流域供水安全为重点，合理配置流域水资源；以改善太湖水质为重点，加强流域水资源保护和水生态修复；以协调区域河湖水系整治和流域治理为重点，加强流域河湖水系整治和管理；以协调圩区治理与流域、区域防洪除涝关系，强化圩区运行调度管理为重点，合理控制圩区建设规模，加强圩区的建设与管理；以保护水域、岸线为重点，加强水域、岸线利用管

理；以严格控制、强化保护为重点，实行地下水禁限采，加强地下水有效保护；以防止流域平原区建设项目水土流失为重点，有效遏制人为水土流失；以与涉水行业协调发展为目标，促进水利与有关行业共同发展；以完善基础设施、推进信息共享、整合系统资源、深化业务应用为重点，加快流域水利信息化建设。

按照进一步完善太湖调蓄、北向长江引排、东出黄浦江供排、南排杭州湾的流域综合治理格局的要求，规划构建江河湖连通骨干水系，安排的流域综合治理重点工程主要包括：环湖大堤后续工程、望虞河后续工程、新孟河延伸拓浚工程、太浦河后续工程、新沟河延伸拓浚工程、东太湖综合整治工程、吴淞江工程、扩大杭嘉湖南排工程、太嘉河工程、东西苕溪综合整治工程等。

（一）环湖大堤后续工程

规划针对环太湖大堤存在的薄弱环节，巩固和提升环湖大堤防洪安全度和标准，增加太湖防洪调蓄能力和水资源调控能力。

工程按防御流域 100 年一遇洪水标准设计，按 1999 年实况洪水位复核。东段堤防级别为 1～2 级，西段堤防级别为 2～3 级，重点堤段可适当提高等级；堤顶高程维持原设计 7.0～7.8 米不变，迎风顶浪堤段采取消浪或允许越浪的工程措施。

工程主要建设内容包括：堤身土方填筑及堤后填塘固基、护砌工程、防汛公路、口门建筑物及桥梁等工程，环湖溇港整治工程，上游滨湖地区堤防建设、圩区整治等工程。

（二）望虞河后续工程

规划继续将望虞河作为流域重要泄洪排涝和引水河道，实施望虞河后续工程，进一步扩大望虞河行洪和引水能力，实施两岸有效控制，妥善安排西岸地区的排水问题，为建成流域安全行洪“高速通道”和引江“清水走廊”创造条件。

工程按防御流域 100 年一遇洪水标准设计，遇 100 年一遇 1991 年型洪水，造峰期承泄太湖洪水 12.9 亿～13.7 亿立方米，武澄锡虞区排涝 3.4 亿～4.0 亿立方米；遇 100 年一遇 1999 年型洪水，造峰期承泄太湖洪水 6.4 亿立方米，武澄锡虞区排涝 2.7 亿立方米。工程满足流域枯水年（$P=90\%$）水资源供需平衡要求，常熟枢纽引江水量 53.5 亿立方米，望亭立交入湖水量 43.1 亿立方米。望虞河引江济太期间，西岸地区遇 5 年一遇标准以下降雨时，原东排入望虞河的水量通过走马塘排入长江。

工程主要建设内容包括：望虞河拓宽、西岸控制、走马塘拓浚延伸。

（三）新孟河延伸拓浚工程

规划延伸拓浚新孟河，在湖西区新增引江济太通道，提高流域引江及水资源配置能力，增加入太湖水资源量和水环境容量，改善太湖西北部湖湾及太湖西部沿岸水质，促进湖西区水资源保护和水污染防治。同时，进一步提高流域及湖西区北排长江能力，改善沿江地区排水条件，增加洪水入江量，减轻流域防洪压力。

工程满足流域防御 100 年一遇洪水标准的要求，遇 100 年一遇 1991 年型洪水，造峰期北排长江洪水 7.5 亿～7.9 亿立方米；遇 100 年一遇 1999 年型洪水，造峰期北排长江洪水3.3亿立方米。满足流域枯水年（$P=90\%$）水资源供需平衡要求，沿江枢纽引江水量39.8亿立方米，入湖水量21.4亿立方米。

工程主要建设内容包括：干河拓浚延伸和主要控制枢纽、沿线交叉建筑物、两岸口门控制建筑物工程等。

（四）太浦河后续工程

规划继续将太浦河作为流域重要泄洪排涝和供水河道，实施太浦河后续工程，有效控制两岸口门，结合太浦河两岸地区水环境综合治理和保护，适当控制并逐步调整太浦河航运功能，减轻两岸地区对太浦河水质的影响，使其成为流域安全行洪的“高速通道”和水资源配置的“清水走廊”。

工程满足流域防御100年一遇洪水标准的要求，遇100年一遇1991年型洪水，造峰期承泄太湖洪水14.8亿～14.9亿立方米，杭嘉湖北排涝水3.5亿～4.1亿立方米；遇100年一遇1999年型洪水，造峰期承泄太湖洪水5.7亿立方米，杭嘉湖北排涝水4.4亿立方米。满足流域枯水年（$P=90\%$）水资源供需平衡要求，向下游地区供水量35.5亿立方米。

工程主要建设内容包括：局部河段疏浚、太浦闸除险加固、新建两岸控制建筑物和与京杭运河交叉建筑物、杭嘉湖北排泵站等。

（五）新沟河延伸拓浚工程

规划新沟河作为武澄锡虞区沟通太湖梅梁湖湾与长江的河道，控制直武地区入湖口门，使直武地区5年一遇以下涝水由南排太湖改为北排长江，减少梅梁湖湾外源污染入湖，改善梅梁湖水环境。

工程满足流域防御100年一遇洪水标准的要求，遇100年一遇1991年型洪水，造峰期入长江水量2.9亿～3.3亿立方米；遇100年一遇1999年型洪水，造峰期入长江水量1.6亿立方米。新沟河沿太湖口门建筑物与武澄锡虞区其他口门建筑物（含梅梁湖泵站）合计年外排水量不超过6亿立方米。遇直武地区5年一遇标准以下降雨时，原排入太湖的涝水北排入长江。

工程主要建设内容包括：干河拓浚延伸和主要控制枢纽、沿线交叉建筑物、东支两岸口门控制建筑物工程等。

（六）东太湖综合整治工程

规划实施东太湖综合整治工程，提高东太湖行洪能力，满足吴淞江工程行洪要求；保护、改善东太湖水生态环境，同时为下游地区供水创造条件。

工程按照流域防御100年一遇洪水标准设计，满足吴淞江工程造峰期承泄太湖洪水的要求；按照流域枯水年（$P=90\%$）水资源供需平衡要求，服从太湖水资源配置安排。堤防级别暂定为1级。

工程主要建设内容包括：行洪供水通道工程、退垦还湖工程、生态清淤工程、水生态修复工程等。

（七）吴淞江工程

规划恢复吴淞江泄洪和向下游供水能力，发挥吴淞江的防洪除涝、供水、改善水环境、航运等综合功能。规划实施吴淞江工程，增加太湖洪水外排出路，并提高下游地区排水能力，兼顾阳澄淀泖区、浦西区的区域防洪；提高向下游地区供水能力，改善下游地区水资源条件，加快水体流动，改善水生态环境；上海市境内新辟通江河道，提高浦西区引水能力；满足上海国际航运中心建设Ⅲ级通航标准的要求。

工程满足流域防御100年一遇洪水标准的要求，遇100年一遇1991年型洪水，造峰期承泄太湖洪水5.8亿～6.6亿立方米，至苏沪边界排水量为8.9亿～9.1亿立方米；遇100年一遇1999年型洪水，造峰期承泄太湖洪水3.1亿立方米，至苏沪边界排水量为5.6亿立方米。按照流域枯水年（$P=90\%$）水资源供需平衡要求，服从太湖水资源配置安排。

工程主要建设内容包括：干河拓浚、主要控制枢纽、沿线交叉建筑物等。

（八）扩大杭嘉湖南排工程

规划完善南排杭州湾工程布局，进一步扩大南排杭州湾行洪排涝能力，并结合改善杭嘉湖东部平原河网水环境的需要，发挥工程改善水环境综合效益。新辟平湖塘出杭州湾口门，延伸拓浚平湖塘，进一步延伸扩大长山河、盐官下河等骨干河道，提高区域防洪除涝能力，减轻太浦河排泄杭嘉湖地区涝水的压力，为太浦河排泄太湖洪水创造良好的条件。同时，与杭嘉湖环湖河道整治、太嘉河工程相结合，增加杭嘉湖平原与太湖、杭州湾的水力联系，加快杭嘉湖区河网水体流动，改善杭嘉湖区水环境。

工程满足流域防御100年一遇设计洪水标准的要求，遇100年一遇1991年型洪水，造峰期杭嘉湖入杭州湾水量为16.7亿～17.7亿立方米；遇100年一遇1999年型洪水，造峰期杭嘉湖入杭州湾水量为15.1亿立方米。满足流域枯水年（$P=90\%$）水资源供需平衡要求。

工程主要建设内容包括：延伸拓浚平湖塘、长山河、盐官下河，增设排涝泵站等工程，整治洛塘河、长水塘等南排工程配套河道。

（九）太嘉河工程

为增加区域水资源补给和改善河网水环境，规划拟结合改善杭嘉湖北排地区防洪除涝条件，实施太嘉河工程。工程可加快南太湖水体交换，完善太湖流域调水引排，进一步沟通太湖与杭嘉湖东部平原河网的水力联系，并配合其他相关治理工程，加快太湖和杭嘉湖东部平原河网水体的有序流动，改善太湖和杭嘉湖东部平原河网的水环境状况。同时，还可提高杭嘉湖地区的水资源配置和防洪除涝能力，并兼顾航运等综合利用。

工程满足杭嘉湖区防御50年一遇设计洪水标准要求和流域枯水年（$P=90\%$）水资源供需平衡要求。

工程主要建设内容包括：整治汤溇港至頔塘，拓浚整治幻溇港至京杭运河，与规划的平湖塘延伸拓浚等杭嘉湖南排工程相结合，沟通太湖与杭州湾。

（十）东西苕溪综合整治工程

规划实施东西苕溪综合整治工程，提高苕溪流域和长兴平原防洪排涝能力；减轻苕溪干支流河道内源污染，保障苕溪优质水入太湖，改善太湖及地区水环境。

东苕溪西险大塘按防御100年一遇洪水标准设计，导流东大堤防洪标准与环湖大堤一致；西苕溪干流按防御20年一遇洪水标准设计，其中保护长兴平原侧按防御50年一遇洪水标准设计。

工程主要建设内容包括：水库建设工程、河道整治及堤防工程、滞洪区工程、节制闸建设工程。

（十一）黄浦江河口建闸

黄浦江河口建闸有利于上海城市防洪（潮）、应对未来海平面上升及流域防洪等，但也关系到黄浦江整体开发、航运、河口河势演变等诸多复杂因素。规划提出要抓紧开展黄浦江河口建闸的前期研究工作。

另外，针对防洪、供水、水生态问题较为突出的重要湖泊及河道，统筹协调省际关系、流域与区域关系，强化流域综合管理，规划安排其他重点工程，包括淀山湖综合治理工程、滆湖综合治理工程，大泖港及上游河道整治工程，白茆塘、七浦塘、杨林塘拓浚整治工程，太湖流域防洪与水资源调度系统和流域水资源监控与保护预警系统建设等。

第三节 太湖流域水环境综合治理总体方案

一、规划编制的背景及过程

2007年初夏，无锡市水源地发生供水危机后，按照党中央、国务院要求，由国家发展改革委牵头，会同太湖流域有关省（市）人民政府和国务院有关部委组织开展《总体方案》编制工作，以指导太湖流域水环境综合治理工作。按照编制工作分工，水利部组织太湖局和江苏、浙江省和上海市水行政主管部门完成了《太湖流域水环境综合治理总体方案——水利部门相关材料》的编写工作。2008年5月，国务院以《国务院关于〈太湖流域水环境综合治理总体方案〉的批复》批复了《总体方案》，并要求国家发展改革委牵头建立太湖流域水环境综合治理协调工作机制，负责协调推进治理工作和解决治理中遇到的问题，组织对《总体方案》实施情况进行阶段性评估。经国务院批复同意，国家发展改革委牵头建立了由国家相关部委、流域两省一市人民政府参加的太湖流域水环境综合治理省部际联席会议（以下简称“省部际联席会议”）制度。为切实加强对太湖流域水环境综合治理水利工作的组织和协调，水利部会同两省一市人民政府成立了太湖流域水环境综合治理水利工作协调小组。

2011年，国家发展改革委组织对《总体方案》实施情况进行了中期评估，认为需结合实施情况对《总体方案》的相关内容进一步完善和调整；2012 年 4 月，省部际联席会议第五次会议提出，要尽快启动《总体方案》修编工作。2012 年 6 月，国家发展改革委印发了《关于太湖流域水环境综合治理总体方案修编工作方案的通知》，明确了相关部门、单位的工作分工。在水利部的统一领导下，太湖局会同江苏、浙江省和上海市水行政主管部门开展了《总体方案》水利部分的修编工作。2013 年 12 月，国家发展改革委以《关于印发太湖流域水环境综合治理总体方案（2013 年修编）的通知》批准《太湖流域水环境综合治理总体方案（2013 年修编）》（以下简称《总体方案（2013 年修编）》）。

二、主要规划内容

《总体方案》的近期水平年为 2012 年，远期水平年为 2020 年。综合治理区范围包括江苏省苏州、无锡、常州和镇江 4 个市共 30 个县（市、区），浙江省湖州、嘉兴、杭州 3 个市共 20 个县（市、区），上海市青浦区的练塘镇、金泽镇和朱家角镇，总面积 3.18 万平方千米。鉴于太湖流域水环境综合治理任务重、投资大、涉及面广，《总体方案》根据饮用水水源地、太湖湖体、入湖河流的污染程度确定了重点治理区，范围包括江苏省 22 个县（市、区），浙江省 10 个县（市、区），上海市 3 个镇，面积 1.96 万平方千米，占综合治理区总面积的 61.64%。

《总体方案》提出流域水环境综合治理的基本思路是综合治理、标本兼治，总量控制、浓度考核，三级管理、落实责任，完善体制、创新机制；确定化学需氧量、氨氮、总磷、总氮为水质主要控制指标，明确了 2012 年、2020 年的近远期治理目标。其中，近期太湖湖体水质提高到Ⅴ类，东部沿岸区水域水质提高到Ⅳ类，富营养化趋势得到遏制；主要饮用水水源地及其输水骨干河道水质基本达到Ⅲ类；河网水（环境）功能区水质达标个数提高到 40%左右。远期基本实现太湖湖体水质提高到Ⅳ类，部分水域达到Ⅲ类；富营养化程度达到轻度—中度富营养水平；河网水（环境）功能区水质达标个数占总数的 80%左右。

《总体方案》以污染物总量控制为重点，安排了饮用水安全类、工业点源污染治理类、城镇污水处理及垃圾处置类、面源污染治理类、提高水环境容量（纳污能力）引排工程类、生态修复类、河网综合整治类、节水减排建设类、监管体系建设类和科技支撑研究类等十大类治理项目。水利部门主要负责组织开展提高水环境容量的引排通道工程建设、引江济太、节水减排、水质监测、蓝藻打捞、底泥疏浚、河网整治等工作。其中，太湖流域水环境综合治理重点水利工程在流域综合规划拟定的治理重点工程的基础上，增加了太湖底泥生态疏浚工程、淀山湖周边水系整治工程、太湖流域水环境保护监控体系项目。

（一）太湖底泥生态疏浚工程

梅梁湖、竺山湖、贡湖水源地、东太湖及入湖河口底泥疏浚，面积约 93 平方千米，清淤量约 3000 万立方米。工程实施前，在梅梁湖、贡湖选择 5 个点进行疏浚试验。

（二）淀山湖周边水系整治工程

对淀山湖（上海区域）沿线堤防全面加高培厚，总长24.6千米，同时工程范围内全线进行绿化生态修复，主要对迎水坡进行生态护坡建设。疏浚中小河道817条、总长799.3千米，淀山湖2平方千米，中小河道总计淤积土方883万立方米。

（三）太湖流域水环境保护监控体系

太湖流域水环境保护监控体系建设框架由国家级和地方级两个层面的监测站网组成。建立国家级统一的流域水环境信息共享平台；由江苏省、浙江省、上海市分别建设省级水环境信息共享分平台。其中，国家级站网在太湖湖体、环太湖主要河道、主要输水河道和重要省界断面布设水量水质自动监测站，构建国家级统一的流域自动监测站网。两省一市环保与水利部门协调布设监测站网。

《总体方案（2013年修编）》适当调整了太湖湖体水质和污染物排放量控制目标，明确了入湖河流水质浓度控制目标，增加了淀山湖的治理任务和水质目标，细化了省（市）水功能区的达标要求，并在引排工程中增加了环湖大堤后续工程和吴淞江工程。

第二章　专业（项）规划

第一节　太湖流域防洪规划

一、规划编制的背景及过程

20 世纪 90 年代，太湖流域连续发生了多次较大洪涝灾害，特别是 1991 年和 1999 年流域洪水，出现了新的灾害性降雨典型，与 1954 年降雨相比，对流域防洪更为不利。同时，经济社会的高速发展对流域防洪也提出了更高的要求。根据水利部的统一部署，从 1998 年 11 月开始，太湖局开展了新一轮太湖流域防洪规划编制工作。

本次防洪规划的任务是总结《总体规划方案》实施以来太湖流域的防洪实践，根据流域经济社会发展要求，针对流域防洪存在的问题，增加和补充必要的工程措施和非工程措施，进一步完善流域防洪体系，提高流域防洪减灾能力。规划的主要内容包括：流域自然和社会经济状况复查，不同暴雨典型的设计洪水分析拟定，原规划治太工程的防洪能力（包括 1954 年、1991 年和 1999 年实况洪水）复核，不同降雨典型和防洪标准的设计洪水安排，流域防洪总体布局及工程与非工程措施规划等。

规划编制期间，水利部组织太湖局编制完成《关于加强太湖流域 2001—2010 年防洪建设的若干意见》（以下简称《若干意见》）并经国务院办公厅转发。《若干意见》确定了太湖流域近期防洪建设的目标、总体部署、建设任务和保障措施，成为太湖流域 2001—2010 年防洪建设和加强流域管理的基本依据。

2005 年 6 月，《防洪规划》通过水利部组织的技术审查。2008 年 2 月，国务院以《关于〈太湖流域防洪规划〉的批复》批复太湖流域防洪规划。

二、主要规划内容

本次规划的近期水平年为 2015 年，远期水平年为 2025 年。规划范围为太湖流域。

规划确定了流域、城市和区域三个层次的防洪目标。其中，流域防洪工程至 2015 年要达到防御不同降雨典型年的 50 年一遇洪水标准，重点防洪工程按 100 年一遇防洪标准建设；2025 年达到防御不同降雨典型年的 100 年一遇洪水标准，遇 1999 年实况洪水，能确保流域重点保护对象防洪安全。城市防洪上海市黄浦江干流及城区段按 1000 年一遇高潮位设防，城区段海堤按 200 年一遇高潮位加 12 级风设防；杭州市钱塘江北岸海堤按100年一遇洪潮高水位加12级风设防，老城区段堤防按500年一遇高潮位设防；苏州市、无锡市、常州市、嘉兴市、湖州市按100年一遇洪水位设防，其中苏州市、无锡市和常州市中心城区按200年一遇洪水位设防；其他县级城市按50年一遇洪水位设防。区域防洪工程近期防洪标准达到20～50年一遇，除涝标准达到10～20年一遇；远期除山丘区等部分区域外，有条件的区域达到防御50年一遇洪水标准。

规划遇100年一遇1991年型洪水，造峰时段（39日）流域总洪量为179.8亿～184.9亿立方米，北排长江58.1亿～63.1亿立方米，东出黄浦江47.2亿～47.7亿立方米，南排杭州湾16.7亿～17.7亿立方米，太湖调蓄28.2亿～28.5亿立方米。遇100年一遇1999年型洪水，造峰时段（30日）流域总洪量为159.1亿立方米，北排长江33.2亿立方米，东出黄浦江33.8亿立方米，南排杭州湾15.1亿立方米，太湖调蓄39.8亿立方米。

规划以一期治太骨干工程为基础，提出以太湖洪水安全蓄泄为重点，充分利用太湖调蓄，妥善安排洪水出路，完善洪水北排长江、东出黄浦江、南排杭州湾的流域防洪工程布局；同时实施城市及区域防洪工程、疏浚整治区域骨干排水河道、加固病险水库，建设上游水库，加强水土保持，形成流域、城市和区域三个层次相协调的防洪格局，健全工程与非工程措施相结合的防洪减灾体系。

巩固、提高环湖大堤安全度和防洪标准，提高流域洪水蓄滞能力和水资源调蓄能力。遇1999年实况洪水能保障环湖大堤安全。

扩大望虞河行洪能力，实行两岸有效控制，统筹安排西岸地区排水出路；延伸拓浚新孟河、新沟河等沿江引排河道，增加流域和区域北向长江的泄洪和引水能力。

扩大太浦河行洪能力，实施两岸有效控制，兼顾杭嘉湖地区排涝，完善相应地区防洪安全措施；综合整治东太湖，实施吴淞江行洪工程，提高流域东出黄浦江能力，改善下游地区排水条件和水环境。

拓浚平湖塘，新辟出杭州湾口门，增建南排杭州湾泵站，延伸扩大长山河等骨干河道，增加涝水南排杭州湾能力。

实施城市及区域防洪工程，提高城市自保能力，疏浚整治区域性骨干排水河道，实施病险水库除险加固，建设上游水库，加强圩区建设管理和滨湖地区治理，实施水土保持。

加强流域防洪安全管理，理顺流域统一管理和分级管理体制，强化流域管理；建立和健全流域水管理法规和制度；加强监测，提高流域洪水和水资源科学调度水平，维护流域水工程设施的良性运行。

规划明确实施环湖大堤后续工程、望虞河后续工程、太浦河后续工程、新孟河延伸拓浚工程、平湖塘延伸拓浚工程、吴淞江行洪工程、东太湖疏浚整治工程、扩大杭嘉湖南排工程、东西苕溪防洪后续工程，新沟河延伸拓浚工程、大泖港、金汇港河道治理工程，以及水库建设及除险加固工程和主要城市防洪工程等。

第二节　太湖流域水资源综合规划

一、规划编制的背景及过程

按照水利部的统一部署，2002年4月，太湖局会同流域片各省（市）水行政主管部门成立了太湖流域及东南诸河水资源综合规划编制工作领导小组及其办公室，组织开展太湖流域及东南诸河水资源综合规划编制工作。

太湖流域水资源综合规划的任务是在进一步查清太湖流域水资源及其开发利用现状、分析评价水资源承载能力、水环境承载能力的基础上，根据经济社会发展和生态环境保护对水资源的要求，提出水资源合理开发、高效利用、优化配置、全面节约、有效保护和综合治理的布局及方案，促进流域人口、资源、环境和经济的协调发展，以水资源的可持续利用支撑经济社会的可持续发展。

按照全国水资源综合规划工作的统一部署，规划分水资源及其开发利用调查评价阶段和水资源配置两个阶段。2002—2004年，完成了流域水资源及其开发利用调查评价，摸清了流域水资源数量、质量及其空间分布，分析了所面临的水资源形势；之后，根据太湖流域特点，进行了经济社会发展预测、需水预测、节约用水、供水预测、水资源保护、水资源配置及对策措施研究等规划工作。

2008年3月，太湖流域及东南诸河水资源综合规划领导小组审议通过《水资源规划》。2008年8月，水规总院组织召开审查会，对《水资源规划》进行了审查；12月，水利部办公厅、国家发展改革委办公厅联合发文征求江苏、浙江、福建、上海和安徽等省（市）意见。2010年10月，国务院对《全国水资源综合规划（2010—2030年）》进行了批复，其中，太湖流域的《水资源规划》为全国规划的附件。

二、主要规划内容

规划的近期水平年为2020年，远期水平年为2030年。太湖流域的规划目标为：2020年太湖流域万元GDP用水量比基准年下降60%，城镇生活污水处理率达到85%以上，饮用水水源地及其骨干输水河道水质达到或优于Ⅲ类，太湖水质达到水功能区水质目标，河网水质基本达到水功能区目标；基本完成流域性水资源配置骨干工程，形成以太湖为中心，以望虞河、太浦河及新辟引江河道为重点的流域水资源配置工程布局，实现枯水年（$P=90\%$）水资源供需平衡，生产、生活、生态用水得到满足；生态环境得到有效改善；基本实现流域水资源管理信息化，建立比较完善的总量控制与定额管理相结合的水资源管理制度以及现代化的流域水资源调度体系，形成协调、高效的流域水资源管理体制。至2030年，太湖流域万元GDP用水量比2020年下降40%，城镇生活污水处理率达到90%以上，流域水功能区水质全面达标，水质进一步改善；建成完善的水资源安全保障体系，通过水资源合理配置，实现特枯水年（$P=$

95%）水资源供需平衡；流域水生态系统转向良性循环；水资源管理制度化、规范化、信息化，建立完善的现代化流域水资源调度体系，基本实现流域水资源可持续利用。

为提高太湖的供水能力以及水环境承载能力，有效改善太湖及下游地区水环境，规划提出太湖最低旬平均水位规划目标为2.80米，黄浦江松浦大桥断面允许最小月净泄流量规划目标为160立方米每秒，以及平原河网各水资源分区代表站的允许最低旬平均水位规划目标，详见表7-2-1。

表7-2-1　　太湖流域平原区代表站允许最低旬平均水位表　　单位：m

<table>
<tr><th>水利分区</th><th>站名</th><th>允许最低旬平均水位</th><th>实测系列 P=50% 对应水位</th><th colspan="2">水利分区</th><th>站名</th><th>允许最低旬平均水位</th><th>实测系列 P=50% 对应水位</th></tr>
<tr><td>湖西区</td><td>坊前</td><td>2.87</td><td>2.87</td><td rowspan="2">阳澄淀泖区</td><td>阳澄片</td><td>湘城</td><td>2.60</td><td>2.59</td></tr>
<tr><td>浙西区</td><td>杭长桥</td><td>2.65</td><td>2.68</td><td>淀泖片</td><td>陈墓</td><td>2.55</td><td>2.47</td></tr>
<tr><td rowspan="3">武澄锡虞区</td><td>常州（二）</td><td>2.83</td><td>2.83</td><td rowspan="3">杭嘉湖区</td><td>运西片</td><td>南浔</td><td>2.55</td><td>2.54</td></tr>
<tr><td>无锡</td><td>2.80</td><td>2.80</td><td>运西片</td><td>新市</td><td>2.55</td><td>2.57</td></tr>
<tr><td>青阳</td><td>2.80</td><td>2.75</td><td>运东片</td><td>嘉兴（杭）</td><td>2.55</td><td>2.51</td></tr>
</table>

为提高太湖流域水资源调控能力、保障流域整体供水安全，规划提出了完善流域“北引长江、太湖调蓄、统筹调配”的水资源调控工程体系，进一步扩大流域北引长江能力，形成以太湖、望虞河、太浦河及新孟河为重点，流域、区域和城市三个层次相协调的水资源配置格局；规划统筹生活、生产、生态用水，协调和平衡区域用水关系，提出了河道内外和重要河湖水资源配置方案（表7-2-2～表7-2-5），安排实施望虞河西岸控制工程和走马塘工程、新孟河延伸拓浚工程、太浦河后续工程、新沟河延伸拓浚工程、太嘉河工程、杭嘉湖地区环湖河道整治工程、白茆塘、七浦塘、杨林塘拓浚整治、吴淞江工程、平湖塘延伸拓浚工程、扩大杭嘉湖南排工程等流域水资源配置工程和区域水资源配置工程；提出完善流域水资源管理机制，加强流域水资源统一调度和信息化建设，制定特殊情况下水资源调配应急对策，建立流域水资源综合管理体系等非工程措施。

表7-2-2　　太湖流域河道外需水量预测成果表　　单位：亿 m^3

省　区	P=50%			P=75%		
	基准年	2020年	2030年	基准年	2020年	2030年
江苏	149.4	156.6	159.8	161.1	166.8	169.6
浙江	54.3	58.9	59.6	58.9	62.9	63.4
上海	111.8	124.0	129.0	113.6	125.5	130.3
安徽	0.3	0.3	0.3	0.4	0.4	0.4
太湖流域	315.8	339.8	348.7	334.0	355.6	363.7

续表

省　区	P=90%			P=95%		
	基准年	2020年	2030年	基准年	2020年	2030年
江苏	177.0	180.5	182.7	184.3	187	189
浙江	65.0	68.1	68.4	68.0	70.6	70.7
上海	117.9	129.1	133.6	118.8	129.8	134.2
安徽	0.4	0.4	0.4	0.5	0.5	0.5
太湖流域	360.3	378.1	385.1	371.6	387.9	394.4

表7-2-3　太湖流域多年平均河道内外用水配置成果表　单位：亿m^3

水平年	总水资源量				经济社会耗损总量			生态系统总留用水量	用水量比例	
	本地水资源量	长江引入水量	钱塘江引水量	小计	本地用水消耗量	外排量	小计		经济社会	生态
基准年	130.4	96.1	5.0	231.5	107.1	7.3	114.4	117.1	49.4%	50.6%
2020年	160.1	119.4	10.5	290.0	103.4	27.9	131.3	158.7	45.3%	54.7%
2030年	160.1	122.5	10.5	293.1	101.8	32.2	134.0	159.1	45.7%	54.3%

注　1. 长江引入水量包括沿江口门引水量与沿江自来水厂和自备水源取长江后排入流域的退水量。

2. 钱塘江引水量为沿钱塘江口门引水量与自来水厂和自备水源取钱塘江后排入流域的退水量。

3. 本地用水消耗量为已扣除以长江或钱塘江为水源的自来水厂和自备水源供水的用水消耗量。

4. 外排量为由流域河网供水而弃水经集中处理后直接外排入长江和杭州湾的水量。

表7-2-4　太湖流域多年平均河道外用水配置成果表　单位：亿m^3

省区	水平年	需　水　量					供　水　量				
		生活	工业	农业	生态	总需水量	生活	工业	农业	生态	总供水量
江苏	基准年	12.20	74.10	63.40	0.60	150.30	12.20	74.10	63.20	0.60	150.10
	2020年	17.40	83.00	56.10	0.90	157.40	17.40	83.00	55.90	0.90	157.20
	2030年	20.00	85.90	53.70	1.10	160.70	20.00	85.90	53.50	1.10	160.50
浙江	基准年	7.80	15.40	30.30	0.20	53.70	7.80	15.40	30.20	0.20	53.60
	2020年	10.00	20.40	27.70	0.30	58.40	10.00	20.40	27.70	0.30	58.40
	2030年	11.20	21.20	26.50	0.30	59.20	11.20	21.20	26.50	0.30	59.20
上海	基准年	17.10	79.50	14.50	0.60	111.70	17.10	79.50	14.50	0.60	111.70
	2020年	22.30	88.50	12.20	1.00	124.00	22.30	88.50	12.20	1.00	124.00
	2030年	25.50	91.40	10.90	1.20	129.00	25.50	91.40	10.90	1.20	129.00
安徽	基准年	0.02	0.01	0.34	0.0001	0.37	0.02	0.01	0.34	0.0001	0.37
	2020年	0.03	0.01	0.30	0.0001	0.34	0.03	0.01	0.30	0.0001	0.34
	2030年	0.03	0.01	0.29	0.00014	0.33	0.03	0.01	0.29	0.00014	0.33
太湖流域	基准年	37.12	169.01	108.54	1.40	316.07	37.12	169.01	108.24	1.40	315.77
	2020年	49.73	191.91	96.30	2.20	340.14	49.73	191.91	96.10	2.20	339.94
	2030年	56.73	198.51	91.39	2.60	349.23	56.73	198.51	31.19	2.60	349.03

表 7-2-5　　太湖流域多年平均不同地表水源河道外供水成果表　　单位：亿 m³

省区	水平年	总供水量	流域内供水						流域外供水	
			山丘区	平原区				合计		
				太湖	太浦河—黄浦江上游一线	其他	小计		长江	钱塘江
江苏	基准年	150.1	4.8	13.1	0.0	87.6	100.7	105.5	44.6	0.0
	2020 年	157.2	4.8	14.3	0.0	77.6	91.9	96.7	60.5	0.0
	2030 年	160.5	4.8	14.3	0.0	80.5	94.8	99.6	60.9	0.0
浙江	基准年	53.6	5.2	0.0	0.0	45.3	45.3	50.5	0.0	3.1
	2020 年	58.4	5.6	5.5	1.7	41.2	48.4	54.0	0.0	4.4
	2030 年	59.2	5.7	6.5	2.1	40.4	49.0	54.7	0.0	4.5
上海	基准年	111.8	0.0	0.0	18.5	47.3	65.8	65.8	46.0	0.0
	2020 年	124.0	0.0	0.0	16.8	48.1	64.9	64.9	59.1	0.0
	2030 年	129.0	0.0	0.0	19.0	48.1	67.1	67.1	61.9	0.0
安徽	基准年	0.4	0.4	0.0	0.0	0.0	0.0	0.4	0.0	0.0
	2020 年	0.3	0.3	0.0	0.0	0.0	0.0	0.3	0.0	0.0
	2030 年	0.3	0.3	0.0	0.0	0.0	0.0	0.3	0.0	0.0
太湖流域	基准年	315.9	10.3	13.1	18.5	180.3	211.9	222.2	90.6	3.1
	2020 年	339.9	10.7	19.8	18.5	166.9	205.2	215.9	119.6	4.4
	2030 年	349.0	10.8	20.8	21.1	168.9	210.8	221.6	122.9	4.5

流域水资源保护的总体对策是：重点保护太湖等重要供水水源地，望虞河、新孟河、太浦河等流域性水资源配置河道以及流域上游源头水；加强水功能区管理，实施污染物总量控制，强化污染严重区域的污染源治理，对入太湖等重要水源地的河道实行量质并重管理；实施引江济太等流域水资源调度，促进流域水体有序流动，加快水体置换速度，提高水环境承载能力；强化流域管理和水资源统一管理，完善水资源保护法规、体制和政策，加强科学研究，为水资源保护提供保障。

规划在确定河道内需水控制指标的基础上，通过水资源合理调配和科学调度、建立引江济太长效机制，进一步扩大引江济太；因地制宜实施太湖底泥疏浚、东太湖综合整治、太湖及入湖河道水生态修复、湿地保护、恢复及生态保护林建设等必要的水生态修复工程和流域水生态系统保护等措施，以进一步提高枯水期河湖水位、加快和促进流域河网水体有序流动，改善河湖水质、提高水体自净能力和生态修复能力，改善河湖水生态环境。规划工况下，遇枯水年（$P=90\%$，1971 年型）和特枯年（$P=95\%$，1967 年型），太湖最低旬平均水位可达 2.79～2.80 米，黄浦江松浦大桥断面最小月净泄流量分别为 158 立方米每秒和 141 立方米每秒，平原河网各水资源分区代表站水位也均能达到河道内允许最低旬平均水位，太湖多年平均换水周期将缩短至 140 天左右。

第三节 太湖流域水资源保护规划

一、规划编制的背景及过程

为了加强流域水资源保护工作，1987 年 9 月，水利电力部和城乡建设环境保护部决定成立太湖流域水资源保护办公室（以下简称“水保办”），并要求太湖局会同流域两省一市环保和水利部门共同编制太湖流域水资源保护规划。1988 年，太湖局先后提出了《关于落实太湖流域水资源保护规划工作的意见》《太湖流域水资源保护规划技术要点》。在省（市）工作成果的基础上，太湖局于 1990 年编制完成《太湖流域水资源保护规划要点报告》上报水利部和国家环保局并通过审查。规划要点报告综合分析了全流域水环境状况，对 2000 年流域经济社会发展、需水量、污染排放量进行了预测；将流域主要水域分为五类功能保护区，并明确了水质保护目标；结合太湖流域水资源现状、存在问题及地方要求，计算了流域性供水水源地太湖，以及水质污染严重的黄浦江和江南运河的水环境容量和 2000 年污染物削减量；提出了太湖、黄浦江和江南运河保护和治理工程规划方案，以及规划非工程措施。

进入 21 世纪，太湖流域经济发展迅速，流域河网水质逐步恶化，湖泊富营养化更加严重，已经影响到经济的进一步发展和人民生活质量的提高。按照水利部的统一部署，太湖局于 2002 年组织编制完成《太湖流域水资源保护规划》，并通过了水利部主持的审查。规划主要任务是开展水质现状评价及趋势分析；进行流域水功能区划，确定规划水域水质目标，并计算水体纳污能力；确定规划水平年的污染物总量控制和削减方案；针对流域水资源特别是水质存在的主要问题，提出水资源保护对策和措施。同时，根据全国水资源保护规划的总体要求，结合太湖流域实际，进行主要饮用水水源地保护规划和地下水重点保护区保护规划，编制流域水资源保护监测方案。

二、主要规划内容

规划基准年为 1998 年，近期水平年为 2010 年，远期水平年为 2020 年。规划范围包括流域性主要水体及地区性重要水体：太湖及其主要出入湖河流、望虞河、太浦河及其主要支流、主要省界河段及其入河主要支流、主要城市集中式饮用水水源地、地下水重点保护地区。

2010 年规划目标为太湖所有湖区高锰酸盐指数达到Ⅱ～Ⅲ类标准，总磷达到Ⅳ类标准，总氮较 2005 年提高一个类别；太湖西北部蠡河至官渎港段入湖河流高锰酸盐指数为Ⅲ～Ⅳ类标准，其他环太湖河流水质达Ⅱ～Ⅲ类；河网水体水质达到或接近水功能区水质目标。2020 年规划目标为太湖所有湖区的高锰酸盐指数、总磷全部达到水功能区Ⅱ～Ⅲ类的水质目标，太湖的梅梁湖北区、梅梁湖南区、竺山湖、西北沿岸区、湖心北区、贡湖、西南沿岸区以及南太湖区的总氮较2010年提高一个类别达Ⅳ类，其他湖区总氮达水功能区目标Ⅲ类；环太湖河流全部达到水功能区水质目标；河网水体全部达到水功能区水质目标。

规划按照经济社会发展与资源、环境相协调的原则，结合水资源开发利用现状，确定主要水域的功能。水功能区划采用二级体系。一级区划是从流域层面上对水资源开发利用和保护进行总体控制，确定流域整体宏观布局，共区划河流460条、湖泊14个、水库7座，一级水功能区549个。流域内七大水库及其上游、太湖、太浦河、望虞河、黄浦江上游干流总体上划为保护区，流域上游其他河流源头河段基本上划为保留区，省界河流划为缓冲区。由于流域水资源开发利用程度较高，开发利用区个数占一级水功能区总数的79.2%。二级区划在一级区划基础上，仅对主要河道的开发利用区做进一步区划，共区划二级水功能区175个。

规划提出现状太湖流域排入河湖水体的化学需氧量总量为113.68万吨，按照2020年水功能区水质目标的要求，纳污能力为57.93万吨，需削减55.75万吨，削减率49.0%。其中，江苏省、浙江省、上海市化学需氧量削减率分别为54.8%、47.6%和46.7%。现状入太湖污染物量高锰酸盐指数为3.97万吨，总磷为0.14万吨，总氮为3.29万吨。2020年太湖纳污能力高锰酸盐指数为2.75万吨，总磷为0.02万吨，总氮为0.43万吨。入太湖污染物削减量主要集中在江苏省的入湖河道，其高锰酸盐指数的削减率为35.2%，总磷为86.1%，总氮为87.8%。

规划提出水资源保护对策是重点保护太湖、望虞河、太浦河等流域性重点河湖以及流域上游地区水资源和重要供水水源地，以太湖为调蓄中心，实施望虞河、太浦河等流域性输水干道工程；加强水功能区管理，开展污染物总量控制，强化太湖西北部地区和运河两岸污染源治理，促进太湖周边地区水资源保护，并带动流域下游地区水资源质量改善；实施引江济太，增供水量，促进流域水体有序流动，加快水体置换速度，提高水环境承载能力；沿长江、滨杭州湾地区强化水利工程水量、水质并重的调度管理，减少污染物在流域内的滞留时间和流程；强化水资源统一管理和调度，流域兼顾区域，区域服从流域；严格入太湖等重要水源地河道的水质、水量并重管理；完善水资源保护法规、体制和政策，加强科学研究，为水资源保护提供保障。

第四节　东太湖综合整治规划

一、规划编制的背景及过程

东太湖是太湖东南部的一个湖湾，具有防洪、供水、水产养殖、生态保护等多种功能，是太湖洪水的主要通道之一，也是下游淀泖区、杭嘉湖东片以及上海市的主要供水水源。由于受到严重围垦、过度围网养殖等人类活动影响，湖泊淤积严重，生态系统遭到破坏，沼泽化进一步加剧，严重影响了东太湖综合功能的发挥。按照《若干意见》和《防洪规划》的相关要求，为防止东太湖的沼泽化和消亡，恢复其泄洪及供水能力，改善东太湖生态环境，需对东太湖进行综合整治。2003 年，水利部批复了《东太湖生态综合整治专项规划项目任务书》。据此，太湖局牵头组织开展了东太湖综合整治规划编制工作。

为加强规划编制的组织和规划成果的协调，2005 年 12 月，太湖局会同江苏省水利厅、环保厅、海洋与渔业局和苏州市人民政府成立东太湖综合整治规划编制领导小组。2006 年 1 月，领导小组审查通过《东太湖综合整治技术工作大纲》；7 月，审查通过《东太湖湖面利用调查报告》。2007 年 3 月，领导小组讨论并通过总体布局方案，并将领导小组名称更名为综合整治工作领导小组；4—7 月，江苏省人民政府及领导小组成员单位先后协调确定了退垦还湖和养殖规模、行洪供水通道方案、工程管理和进度安排等。2007 年 7 月，太湖局正式向江苏省水利厅、环保厅、海洋与渔业局和苏州市人民政府、吴中区和吴江市（现吴江区）人民政府征求对《东太湖综合整治规划报告（征求意见稿）》的意见；8 月，太湖局向水利部上报《东太湖综合整治规划报告（送审稿）》；10 月，水规总院审查通过规划报告。2008 年 3 月，水利部会同江苏省人民政府以《关于〈东太湖综合整治规划〉的批复》批准规划。

二、主要规划内容

本次规划的近期水平年为 2012 年，远期水平年为 2020 年。规划范围为东太湖环湖大堤包围的湖区 185.4 平方千米（含东茭嘴血防圩）及大缺港。

规划提出的治理目标是：到 2012 年，满足流域防御不同降雨典型 50 年一遇洪水的防洪要求，并与防御流域 100 年一遇洪水的标准相衔接；满足供水区中等枯水年（$P=75\%$）下游水资源需求；水产养殖面积控制在 10 平方千米以内；东太湖水源核心保护区达到地表水Ⅱ类标准，核心区之外的其他湖区按Ⅲ类标准控制；退垦（渔）还湖区生态初步得到修复，湖区水生态环境得到一定改善。到 2020 年，防洪达到防御不同降雨典型 100 年一遇的洪水标准；供水满足特枯水年（$P=95\%$）下游水资源要求；核心区之外的其他湖区按Ⅲ类标准较高水平控制；湖区水生态环境得到明显改善，建成湖滨带植被，沿岸带和湖区沉水植物成为优势种，覆盖率达 30%以上，各项生态功能得到正常发挥。

规划提出东太湖综合整治措施是疏浚行洪供水通道、退垦还湖、退渔还湖、生态修复以及加强管理。主要工程包括：疏浚主行洪供水通道 23.3 千米、支通道 12.6 千米，挖除东茭嘴，保障防洪和供水通道畅通要求；合理布置排泥场，将现有 50.5 平方千米围垦区中 37.3 平方千米退垦还湖，其余 13.3 平方千米用于排泥场；实施退渔还湖，大幅度压缩围网养殖面积，最终围网养殖面积按国务院今后批复的有关规划文件执行；实施东太湖生态修复工程，开展东太湖湖区污染底泥疏浚，疏浚污染底泥面积13.5平方千米；研究确定调整东太湖环湖大堤；加强东太湖综合管理和监测。

第五节　太湖流域重要河湖岸线利用管理规划

一、规划编制的背景及过程

2007年，水利部启动了全国主要河流的流域综合规划修编工作。为有效保护和合理利用岸线资源，规范开发利用行为，2007年2月，水利部印发《关于开展河道（湖泊）岸线利用管理规划工作的通知》，明确将岸线利用管理规划列为流域综合规划重要专项规划之一，确定太湖流域重要河湖岸线利用管理规划的规划范围为太湖、望虞河和太浦河。太湖局于2007年4月启动《岸线规划》的编制工作，主要工作内容包括：基本资料收集、岸线利用现状与规划需求分析与评价、岸线控制线与功能区的划分、岸线利用管理指导意见等。在规划编制过程中，太湖局多次组织赴太湖、望虞河和太浦河进行调研，收集基本资料，与地方相关部门进行座谈，征求相关省（市）意见，并按照全国规划大纲、技术细则及水利部全国规划成果汇总会议纪要的要求，对主要规划成果进行修改完善，在此基础上形成规划报告。2009年2月，太湖局分别向江苏、浙江省水利厅和上海市水务局正式征求意见，并将规划主要成果纳入太湖流域综合规划。2013年11月，水利部组织召开全国及流域重点河段（湖泊）岸线利用管理规划讨论会；根据会议要求，太湖局又进一步向江苏、浙江省和上海市人民政府征求意见。2014年4月，太湖局将规划报告正式报送水利部。

二、主要规划内容

规划的基准年为2005年，水平年为2020年。规划范围为太湖、望虞河和太浦河（以下简称“一湖两河”）。

针对“一湖两河”水域岸线存在的保护与开发利用不够协调、利用管理依据不完善、有效的管理体系未形成等问题，规划提出的管理目标是：针对河湖岸线的自然特性和功能定位，结合沿岸地区发展需要，至2020年，岸线利用率控制在15%以内，形成保护为主、控制利用的岸线保护和利用格局；制定岸线利用的规划指导意见和管理要求，初步形成法规健全、体制机制完善、管理制度及政策规范的岸线管理体系。

规划划定了“一湖两河”的岸线控制线；按照“保护为主，控制利用”的原则，将太湖岸线（含主要岛屿）和望虞河、太浦河岸线功能区划为113个岸线保护区、32个岸线保留区和43个岸线控制利用区（表7-2-6），并对不同岸线功能区内的开发利用提出了相应的管控要求；对现状已有的水域岸线利用项目提出了调整意见，对水域岸线开发利用管理工作提出了指导意见。

表 7-2-6 太湖流域“一湖两河”岸线功能区划分情况表

河（湖）名称	功能区	岸线长度/km	功能区数量/个	功能区占岸线长度比例/%
太湖	保护区	337.09	63	70.2
	保留区	72.63	20	15.1
	控制利用区	70.81	25	14.7
	小计	480.53	108	100
望虞河	保护区	55.66	27	37.0
	保留区	79.79	12	53.0
	控制利用区	15.04	9	10.0
	小计	150.49	48	100
太浦河	保护区	112.31	23	88.5
	控制利用区	14.61	9	11.5
	小计	126.92	32	100
合计	保护区	505.06	113	66.6
	保留区	152.42	32	20.1
	控制利用区	100.46	43	13.3
	小计	757.94	188	100

第三章 其 他 规 划

第一节 太湖流域近期治理专项工程建设规划

根据国务院灾后重建工作要求，1997年太湖局开展了太湖流域近期治理专项工程建设规划编制工作。规划总体设想是：近5年首先加快完成既定的治太11项骨干工程的建设任务；重点加固1级和2级堤防，提高防洪重点地段的建设标准；疏浚东太湖行洪通道；建设太湖流域防汛指挥系统，提高流域管理水平；在此基础上，进一步通过疏浚河湖、退田还湖，巩固完善流域规划既定的流域50年一遇防洪标准，确保流域防洪安全。

近期主要工程包括：继续完成治理太湖11项骨干工程；加固干堤，开展蓄滞洪区建设；疏浚东太湖行洪通道，保持、恢复东太湖原有的泄洪及供水功能，并与太浦河泄洪能力相匹配；建设太湖流域防汛指挥系统。远期将根据同期编制的《防洪规划》，补充和完善、建设必要的工程，以充分发挥骨干工程防洪作用；疏浚向长江排水的主要河道，提高流域洪水外排能力。

第二节 太湖流域省际边界重点地区水资源保护专项规划

2002年，针对苏浙边界河道发生因水污染引起的水事矛盾，水利部部署了《太湖流域省际边界重点地区水资源保护专项规划》编制任务。2004年5月，太湖局编制完成并印发《太湖流域省际边界重点地区水资源保护专项规划技术细则》。在大量的资料汇总、计算和分析工作的基础上，经流域层面多次综合平衡、协调、征求意见，2006年年底编制完成《太湖流域省际边界重点地区水资源保护专项规划》（讨论稿）。此后，根据《总体方案》对流域水环境治理提出的新要求，太湖局会同江苏省、浙江省水利厅和上海市水务局补充更新、复核了有关资料，并于2009年11月将规划报告上报水利部。2010年2月，规划通过水规总院组织的审查。

规划范围为太浦河，苏浙边界盛泽地区河流，浙沪边界红旗塘、大泖港，苏沪边界淀山湖地区。行政分区包括江苏省的昆山市、吴江市，浙江省的嘉善县、嘉兴市郊区、平湖市和上海市的青浦区、松江区、金山区。

规划基准年为2009年，规划水平年近期为2015年，远期为2020年。近期目标为规划区水体水质得到控制，各项指标在不劣于现状水平的基础上消除劣Ⅴ类水体；主要饮用水水源地及其输水骨干河道水质基本达到Ⅲ类；水功能区水质指标达标率提高到60%左右，省界控制断面按照节点浓度要求控制；湖泊富营养化恶化趋势得到遏制。远期目标为规划区水体水质在2015年基础上得到进一步改善，水源地水质达到水功能区目标；水功能区水质指标达标率提高到80%左右，河流省界控制断面按照节点浓度要求控制；湖泊富营养化有所改善。

规划提出水功能区限制排污总量方案和重要控制节点不同规划阶段的水质控制目标（表7-3-1、表7-3-2），以及重要水资源保护的工程和非工程措施。

表7-3-1　　省际边界重点区化学需氧量分阶段削减分析表

省份	污染负荷量/(t/a)	限排量/(t/a)	2015年控制量/(t/a)	2015年削减量/(t/a)	2015削减率/%	2020年削减量/(t/a)	2020削减率/%
江苏	46871	27483	35762	11109	24	8279	23
浙江	32462	24026	27723	4739	15	3697	13
上海	31361	22041	26193	5168	16	4152	16
合计	110694	73550	89679	21016	19	16128	18

表7-3-2　　省际边界重点区氨氮分阶段削减分析表

省份	污染负荷量/(t/a)	限排量/(t/a)	2015年控制量/(t/a)	2015年削减量/(t/a)	2015削减率/%	2020年削减量/(t/a)	2020削减率/%
江苏	2607	1561	2025	582	22	464	23
浙江	2435	1310	1783	652	27	473	27
上海	2082	1012	1388	694	33	376	27
合计	7124	3883	5196	1928	27	1313	25

第三节　太湖流域省际重点水事矛盾敏感地区水利规划

2008年10月，按照水利部办公厅《关于开展批复的省际重点水事矛盾敏感地区水利规划编制工作的通知》要求，太湖局组织开展了《太湖流域及东南诸河省际重点水事矛盾敏感地区水利规划》的编制工作；2009年11月，规划基本完成，主要内容汇入了《全国省际重点水事矛盾敏感地区水利规划》。

规划基准年为2007年，规划近期水平年为2020年、远期水平年为2030年。规划针对太湖流域内苏沪边界淀山湖地区及拦路港、泖河、斜塘省际交界地区，苏浙边界北排通道地区、盛泽—王江泾地区，浙沪边界红旗塘省际交界地区、黄姑塘省际交界地区，苏浙沪边界太浦河地区的防洪排涝类、水资源综合利用类和生态环境类等不同水事矛盾类型，提出了预防和解决水事矛盾的指导意见，并通过防洪工程、河网圩区综合整治工程、生态修复工程、节水减排工程等工程措施解决上下游、左右岸水事矛盾纠纷，同时提出加强水资源监督管理、水质监控能力建设等保障措施，加强流域水资源的调度以及省际水事矛盾监测、预警能力。

第四节 太湖污染底泥疏浚规划

20世纪80年代以来，太湖水质污染和富营养化问题日益突出，太湖底泥污染物释放是太湖水质污染的主要内源之一。为改善太湖水质、缓解湖泊富营养化问题，太湖局从2002年起组织开展了太湖污染底泥疏浚规划编制工作。在太湖底泥及污染情况调查、太湖河流进出湖水量水质变化趋势及入湖污染负荷分析、太湖湖面利用调查以及竺山湖、梅梁湖、贡湖等3个湖湾区1∶10000水下地形测量和湖盆取土管理研究工作的基础上，开展了太湖底泥疏浚分区研究和太湖底泥疏浚规划工作，编制完成《底泥疏浚规划》。2006年10月，规划报告正式报送水利部；2006年12月，水利部在北京主持召开了《底泥疏浚规划》总报告审查会；2007年7月，水利部以《关于〈太湖污染底泥疏浚规划〉的批复》批复该规划。

规划研究范围为全太湖2338平方千米水域及湖周边宽度1～2千米的陆域地区，重点区域是受人类活动影响大、水体质量较差、底泥分布集中和污染严重的沿岸带、入湖河口、湖湾区等区域。规划目标为近期（2006—2010年）结合重要水源地保护，开展太湖污染底泥疏浚工程性试验，基本掌握适合太湖污染底泥疏浚关键技术和工程方案；完成重要水源地周围湖区污染底泥疏浚，结合水源地所在湖区外源污染有效控制，水源地水质明显改善；在试验的基础上，进一步完善太湖污染底泥疏浚规划和实施方案，为科学地指导太湖污染底泥疏浚工程全面实施提供科学依据。远期（2011—2020年）在太湖外源污染进一步有效控制的基础上，开展重点湖湾污染底泥疏浚，主要湖湾底泥污染基本得到控制，湖区水质基本达到水功能区水质保护目标。

规划确定太湖污染底泥疏浚面积93.65平方千米，约占太湖水域面积的4.0%，占有底泥区分布面积的6.1%，其中，竺山湖疏浚面积为24.14平方千米，梅梁湖疏浚面积为47.42平方千米，贡湖疏浚面积为8.56平方千米，东太湖疏浚面积为13.53平方千米。疏浚控制深度10～50厘米，疏浚规模为2512万～3448万立方米，疏浚工艺以绞吸式挖泥船为主。另外，对23个重点入湖河口开展抽槽疏浚，疏挖土方量共9.2万立方米。

第八篇

流域治理工程

1991年江淮发生大水，9月国务院召开治淮治太会议，11月国务院作出《关于进一步治理淮河和太湖的决定》，要求按照《太湖流域综合治理总体规划方案》（以下简称《总体规划方案》）进行太浦河、望虞河、杭嘉湖南排后续、环湖大堤、湖西引排、武澄锡引排、东西苕溪防洪、红旗塘、扩大拦路港疏浚泖河及斜塘、杭嘉湖北排等流域治理10项骨干工程（以下简称“治太骨干工程”）。1991年起治太骨干工程相继开工建设。国务院分别于1992年12月、1994年1月和1997年5月召开了第二、第三和第四次治淮治太工作会议，研究解决加快工程进度，落实工程投资，协调省际边界工程矛盾以及工程建成后的管理等问题，并且在第四次工作会议上同意黄浦江上游干流防洪工程列入治太骨干工程，合计一期治太骨干工程共11项。在太湖局和省（市）各级水利部门共同努力下，工程于2005年左右基本完成，基本形成了流域防洪和水资源调控体系，流域防洪能力达到防御1954年雨型的50年一遇洪水标准。

2008年国务院批复《太湖流域水环境综合治理总体方案》（以下简称《总体方案》），确定流域水环境综合治理重点水利工程项目19项。《总体方案（2013年修编）》又增列了环湖大堤后续工程和吴淞江行洪工程。21项工程与流域规划相衔接，建成后流域可防御不同降雨典型100年一遇洪水，实现流域枯水年水资源供需平衡，有效改善水环境。

流域水环境综合治理重点水利工程2008年开始实施建设。

第一章　一期治太骨干工程

第一节　工程任务与规模

一期治太11项骨干工程可分为三类。第一类是流域性骨干工程，即太浦河、望虞河、环湖大堤和杭嘉湖南排后续工程，其中太浦河、望虞河、环湖大堤三项工程配合运用，承担1954年型洪水5—7月入湖洪量91.2亿立方米的蓄泄任务，杭嘉湖南排后续工程将杭嘉湖地区路南片和运西片涝水排入杭州湾，为太浦河承泄太湖洪水创造条件；第二类是地区性骨干工程，主要承担区域洪涝水外排任务，包括湖西引排、武澄锡引排和东西苕溪防洪工程三项；第三类是省际边界工程，主要是解决省际边界水利纠纷及其遗留问题，或是工程位于省界区域，承泄邻省来水，包括红旗塘工程、扩大拦路港疏浚泖河及斜塘工程、杭嘉湖北排通道工程以及黄浦江上游干流防洪工程四项。其中望虞河、太浦河在1991年汛后开工，至2000年、2005年基本完成，其余工程在2005年左右完成，湖西引排和武澄锡引排的部分项目至2009年年底全部建成。各项工程开工、完工及竣工验收时间见表8-1-1。

表8-1-1　　工程开工、完工及竣工验收时间

序号	工程名称	工程分段	开工	完工	竣工验收
1	太浦河工程		1991年11月	2005年年底	2006年4月
2	望虞河工程		1991年11月	2000年6月	2006年4月
3	环湖大堤工程	浙江段	1991年12月	2005年12月	2006年9月
		江苏段	1991年	2004年11月	2007年6月
4	杭嘉湖南排后续工程		1991年12月	2000年年底	2007年10月
5	湖西引排工程		1992年	2009年	2010年2月
6	东西苕溪防洪工程	湖州段	1998年11月	2007年5月	2009年
		余杭段	1992年12月	2005年10月	2007年8月
7	武澄锡引排工程		1992年	2009年	2010年2月
8	红旗塘工程	上海段	1999年11月	2007年9月	2009年8月
		浙江段	1998年7月	2008年2月	2008年12月
9	扩大拦路港疏浚泖河及斜塘工程		1999年11月	2007年7月	2010年12月
10	杭嘉湖北排通道工程	江苏段	1997年6月	2005年6月	2008年9月
		浙江段	1999年12月	2007年5月	2008年12月
11	黄浦江上游干流防洪工程		1994年9月	2005年	2005年4月

11项治太骨干工程任务、工程内容和规模如下。

一、太浦河工程

太浦河西起太湖边时家港，向东穿过蚂蚁漾、桃花漾至平望北与京杭运河相交，再经汾湖、马斜湖、钱盛荡等湖荡，至南大港入西泖河。河道经苏、浙、沪两省一市，穿过大小湖荡20余处，全长57.6千米，是太湖洪水的骨干排洪通道，也是太湖向下游供水的骨干河道。

（一）工程任务

（1）防洪。遇1954年型洪水，在5—7月承泄太湖洪水22.5亿立方米，占入湖洪水总量的49%，设计防洪标准50年一遇。

（2）排涝。遇1954年型洪水，5—7月分泄杭嘉湖区涝水11.6亿立方米，占该地区涝水总量的23%。

（3）供水。1971年型干旱年，4—10月向黄浦江上游增加供水18.5亿立方米。

（4）航运。按Ⅳ级航道设计，长湖申线和杭申乙线均经其达黄浦江。

（二）工程内容和规模

太浦河工程为Ⅰ等工程，其中太浦河泵站为1级建筑物，太浦闸为2级建筑物，河道堤防、护岸为3级建筑物，沿线配套建筑物为3～4级。

（1）河道工程。其中江苏境内40.8千米，浙江1.53千米（南岸长11.5千米），上海15.27千米。疏浚河道64.2千米（包括泖河、斜塘），新建、加固两岸堤防121.4千米，修建护岸155.6千米。河道设计底宽106～134米，底高程0～－5.0米。堤顶高程太浦闸与环湖大堤衔接段7.0米，太浦闸至新运河段5.6米，新运河至出口5.5米。堤顶宽5～9米，边坡1∶2.5～1∶7.0。

（2）太浦闸。距河口2千米，29孔，总净宽116米，1959年建成。1995年完成加固建设，内容包括上部结构加固，更换闸门及启闭机，新建改建排架、公路桥、桥头堡等。

（3）太浦河泵站。位于太浦闸南侧，设计抽水流量300立方米每秒，设计扬程1.2米，共设单泵流量为50立方米每秒的斜15度轴伸泵6台，配置1600千瓦异步电机6台，用于向下游地区供水并改善上海黄浦江上游水源地水质。

（4）河道两岸口门。建设配套建筑物62座（北岸44座、南岸18座），其中江苏36座（不包括芦墟以西南岸圩区水闸）、浙江7座、上海19座。北岸口门除江南运河敞开外，其余全部建闸。南岸口门芦墟以东口门全部建闸，以西为杭嘉湖排水口门，共有7处口门未建闸。新建跨河桥梁8座。

二、望虞河工程

望虞河南起太湖边沙墩口，向东北穿京杭运河和沪宁铁路，经漕湖、鹅真荡、嘉菱荡至耿泾口入长江。河道全长60.3千米，全线均在江苏省境内，是太湖洪水的主要泄水通道之一。

（一）工程任务

（1）防洪。遇1954年型洪水，5—7月承泄太湖洪水23.1亿立方米，占太湖外排水量的51%。

（2）排涝。兼排望虞河以西、白屈港控制线以东澄锡虞高片1900平方千米部分涝水；遇地区暴雨，且太湖水位不高时，可作为地区骨干排水河道。

（3）供水。遇1971设计年型枯水，4—10月从长江引水28亿立方米，满足沿岸及太湖下游地区工农业和城镇生活用水，同时改善流域水环境。

（4）航运。全线开通后，河道顺直，成为北通长江并沟通京杭运河等水运网络的Ⅴ级航道。

（二）工程内容和规模

望虞河工程为Ⅰ等工程，其中望亭水利枢纽、常熟水利枢纽主要建筑物为2级，河道堤防及护岸为3级，两岸配套建筑物为3～4级。

（1）河道工程。河道底宽沙墩口至蓟泾塘为72～82米，张桥至常熟水利枢纽为82米，常熟水利枢纽以下引河为120米。河底高程一般为－3.0米，湖荡段采用抽槽方式与河道相衔接，底高为－0.5～－3.0米。

干河堤防总长110.1千米，河道护砌76.2千米。

（2）望亭水利枢纽。为望虞河穿越京杭运河的立体交叉建筑物，上部为运河、下部为望虞河，轴线交叉角度60度。望虞河方向为9孔3联高6.5米、宽7.0米箱型涵管，过水断面积400平方米；运河方向为60米宽矩形航槽，底高程－1.7米，总长102.8米。

（3）常熟水利枢纽。位于河道距长江口1.6千米处，为望虞河连接长江的控制建筑物，由节制闸和泵站组成。节制闸为6孔，总净宽48米，设计流量375立方米每秒，对称分布于泵站两侧；泵站规模9×20立方米每秒，双向抽水，总装机容量8100千瓦。泵站底部进出水流道为开敞式矩形流道，自流引排设计流量125立方米每秒。

（4）两岸及白屈港控制线配套工程新建配套建筑物70座，其中防洪闸35座、套闸18座、船闸15座、跨河桥梁20座、涵洞2座。

望虞河西岸白屈港控制线有东西向9条主要支河：伯渎港、九里河、锡十一圩港、锡北运河、东横河、锡华西线、青祝河、冯泾河、应天河。其中锡十一圩港、锡北运河、东横河为地区航道需敞开，其余口门全部建闸控制。为弥补3条通航河道敞口洪水倒灌对武澄锡地区影响，在工程中列45立方米每秒的新夏港泵站予以补偿。

三、环湖大堤工程

太湖环湖大堤工程全长约282千米，是拦蓄太湖洪水的骨干工程。工程涉及江苏、浙江两省，其中江苏段从吴江区薛埠港起，逆时针至宜兴南湖港止，全长约217千米；浙江段东起吴兴区胡溇，西至长兴县洑子岭，全长约65千米。

（一）工程任务

（1）防洪。按1954年型洪水，太湖设计洪水位4.66米，相应库容88.6亿立方米。考虑汛前预降，起调水位2.80米，在设计洪水位与起调水位之间蓄洪库容45.6亿立方米，占入湖洪水总量的50%。

（2）供水。干旱年可调控上游来水及从长江引进水量，向下游地区、湖滨及黄浦江供水。

（二）工程内容及规模

环湖大堤东段为Ⅱ等工程，堤防、口门主要建筑物和船（套）闸上闸首为2级建筑物，船闸下闸首和闸室为4级。西段为Ⅲ等工程，堤防为3级建筑物。除不需修堤的山地孤丘，修筑环湖大堤长度为282千米，其中江苏段217千米（为复堤加固，系在1977—1986年间修筑），浙江段基本无堤，需新建65千米。

（1）堤防。环湖大堤分东、西两段：西段自江苏无锡直湖港口起，沿堤线逆时针至浙江湖州长兜港口止，长90千米，堤顶高程7.0米、加0.8米高的挡浪墙，堤顶宽度5.0米。东段由浙江湖州长兜港口，按逆时针方向经吴江、吴中至直湖港口，长192千米，堤顶高程7.0米，堤顶宽度6.0米。浙江段新建桥梁20座。

（2）口门建筑物。环湖大堤除西段口门基本保持敞开以承泄山丘区来水以外，其余均建涵闸控制。列入环湖大堤项目实际完成的建筑物共132座，其中江苏91座，浙江41座，详见表8-1-2。

表8-1-2　　环湖大堤工程口门建筑物情况表

省	市	闸或水利枢纽	涵	新建、整修加固或封堵情况
江苏	苏州	66	2	其中闸整修4处，加固1处，另封堵1处
	无锡	20	1	其中闸整修4处，另封堵4处
	常州	2		
浙江	湖州	23	18	
合计		111	21	

除原有涵闸整修加固9处以外，新建涵闸123座，其中苏州63座、无锡16座、常州3座、湖州41座。环湖大堤口门中犊山口工程在1991年10月已完工，太浦闸加固列入太浦河工程项目，望亭水利枢纽列入望虞河工程项目，均不包括在以上口门建筑物之中。

列入环湖大堤工程项目的节制闸孔径超过10米的共有6座，其中苏州大浦口和瓜泾口均为32米，无锡直湖港26米、大溪港20米，苏州胥口16米，常州武进港16米、雅浦港12米。

列入环湖大堤工程项目中还有长兴平原补偿工程和宜兴滨湖圩区整治工程。长兴平原补偿工程内容为杨家浦港疏浚，河道全长11.65千米，设计流量150立方米每秒；宜兴滨湖圩区整治工程内容为疏浚河道16条，加高、加固圩堤147.3千米，建设排涝站22座、圩闸43座。

四、杭嘉湖南排后续工程

杭嘉湖南排后续工程位于浙江省嘉兴市境内秀洲区、南湖区和海盐县、海宁市和桐乡市，主要河道工程分布在运河以南至钱塘江、杭州湾区域，是杭嘉湖地区向南排水入杭州湾的通道。

（一）工程任务

（1）防洪、除涝。遇1954年型降雨，5—7月可承泄22.4亿立方米水量入杭州湾。该年型杭嘉湖区5—7月涝水共54.5亿立方米，其中南排22.4亿立方米，北排太浦河11.6亿立方米，经红旗塘东排15.8亿立方米，其余由本地河网调蓄。

选用1963年12号台风降雨过程为区域洪水防御设计典型，重现期约为20年一遇。

（2）供水。可灌溉杭州湾北岸地区约100万亩农田。

（3）航运。增加通航里程150千米。

（二）工程内容及规模

南台头闸为Ⅰ等工程，其主要建筑物为1级，次要建筑物为3级；盐官上河闸为Ⅱ等工程，主要和次要建筑物分别为2级和3级；盐官下河闸站枢纽为Ⅰ等工程，其主要和次要建筑物分别为1级和3级；骨干排涝河道均为Ⅲ等工程，其主要和次要建筑物分别为3级和4级。

1. 河道工程

共有主干河道4条，即盐官上河、盐官下河、南台头河和长山河，合计开挖新河和老河道拓浚共122.4千米，见表8-1-3。

表8-1-3　南排干河工程规模

河道名称	长度/km	底高程/m	底宽/m
盐官上河	23.3	0.5～1.5	10
盐官下河	25.7	−2.5	26～48
南台头河	62.7	−3.0～−1.0	15～33
长山河运西段	10.7	−0.5	8
合计	122.4		

盐官上河全长23.3千米，由盐官上河闸至许村镇吴家堰与上塘河余杭段相接。

盐官下河全长25.7千米，由盐官下河枢纽向北接宁郭塘、辛江塘，至桐乡大麻镇运河止。

南台头干河长62.7千米，其中武原镇新开骨干河道4千米，河道底宽29～33米，河底高程−3米，下接大曲港口；后分两支，一支从大曲港口向北沿海盐塘至沈荡镇西，接彭城港、大横港、莲花桥港，至桐乡境内康泾港止，全长42.3千米，河道底宽

15～30 米，河底高程−1 米，一支从沈荡镇西沿海盐塘向北接长盐塘至西南湖，全长 21.8 千米，利用原河道部分拓浚。

长山河主干河道工程全长 66.7 千米，其中运河东段全长 56 千米，河底宽 25～60 米，河底高程−3～−1 米，于 1978—1985 年完成；运西段全长 10.7 千米，河底宽 8 米，河底高程−0.5 米。

两岸河道护岸工程总长 197.8 千米，其中南台头河 96.9 千米，长山河 22 千米，盐官下河 54.6 千米，盐官上河 24.3 千米。

2. 出海口枢纽

（1）南台头排水闸。位于海盐县城，共 4 孔，每孔净宽 8 米，底板高程−0.5 米。

（2）长山闸。位于海宁市澉浦镇，共 7 孔，每孔净宽 8 米，底板高程−1.0 米。闸两侧设鱼道，宽 2 米。工程于 1980 年建成。

（3）盐官下河枢纽。位于海宁市盐官镇，枢纽由排涝闸和泵站组成。排涝闸 6 孔，每孔净宽 8 米，底板高程−0.5 米。泵站装机 4 台，每台设计抽排流量 50 立方米每秒，总装机容量 8000 千瓦。

（4）盐官上河闸。亦位于盐官镇，为单孔闸，净宽 8 米，旁有已建单孔 4 米净宽谈家埭闸，协同排水。

（5）航运补偿河道。嘉兴北郊河，河长 13.4 千米，与杭申线结合，底高程−0.2 米，底宽 36～40 米；青龙港，河长 0.9 千米，底高程−1.0 米，底宽 15 米。

（6）配套建筑物。共有节制闸 46 座，桥梁 92 座。

五、湖西引排工程

湖西引排工程位于江苏省常州、无锡和镇江市境内，是湖西地区向长江、太湖排水以及向长江引水的骨干工程，并控制湖西涝水向东侵入武澄锡低洼地区。

（一）工程任务

（1）排涝。遇 1954 年型流域洪水，5—7 月向长江排涝 11.54 亿立方米，另有 26.7 亿立方米涝水入太湖。地区短期暴雨雨型选用 1969 年型 7 月 3—17 日暴雨过程，15 天面平均降雨 365.5 毫米，重现期为 20 年一遇。南渡以西及通胜地区按 10 年一遇标准治理。

（2）供水。遇 1971 年型干旱年 5—9 月可引长江水 45 亿立方米，除供本区用水外，可有 23.5 亿立方米入太湖。

（二）工程内容和规模

沿江枢纽及新闸工程为Ⅱ等工程，抽水站、节制闸及船闸上闸首为 2 级建筑物，其他为 3 级建筑物；河道工程为Ⅲ等工程，其主要建筑物为 3 级，次要建筑物为 4 级。

1. 河道工程

（1）烧香港整治。烧香港为滆湖与太湖之间的排洪河道，因老河过于弯曲，故另开新河。其西起滆湖高渎灌，东抵沙塘港入太湖，全长 27.6 千米，河底高程 0.0 米，河底宽20米，边坡1∶3，为平底引排河道。

（2）丹阳市城南分洪道整治。实施河道拓浚、护坡，翻建沿线农用桥和闸站工程等。

（3）九曲河拓浚。自京杭运河苏南段口至老节制闸段长25.5千米以及上游支流肖梁河5.8千米，河底高程－1.0～0.0米，底宽20～30米。

（4）武宜运河改道拓浚。北起常州吕墅，南至武进坊前，全长25.73千米，其中常州钟楼段长7.7千米，武进段长18.03千米。河底高程0.0米，底宽17～20米，边坡1∶3。

（5）城东港拓浚。西起东氿，东至太湖，长2.3千米，底宽从20米拓宽至50米，河底高程为0.0米，边坡1∶3。

2. 枢纽工程

（1）魏村枢纽。节制闸口门净宽24米（中孔12米，两边孔各6米）；双向抽水站，设计流量60立方米每秒（4台15立方米每秒水泵）；套闸宽16米，长160米。

（2）常州新闸工程。节制闸单孔净宽60米。将京杭运河南移，改道段西起连江桥，向北向东经北港、牛塘雕庄、丁堰等乡镇，进入常州城区以下运河。现新闸的功能已由后建的钟楼闸代替。

（3）九曲河枢纽。包括节制闸，口门净宽24米（2孔12米），设计引水流量300立方米每秒；双向抽水站，设计流量80立方米每秒（4台20立方米每秒）。

（4）谏壁泵站。加固增容，泵站最大引水流量增加到160立方米每秒。

（5）丹金闸枢纽。新建节制闸1座，套闸1座，公路桥1座，以及上下游引河、管理设施，拆除老丹金闸等。

六、东西苕溪防洪工程

东西苕溪工程位于浙江省杭州市和湖州市，其任务是控制浙西山区洪水东泄杭嘉湖平原，保证杭、嘉、湖三市防洪安全。工程于1998—2007年建设完成。

（一）工程任务

（1）防洪除涝。控制浙西山区洪水东泄杭嘉湖平原，遇1954年型设计洪水，5—7月东泄水量可从4.8亿立方米减到2亿立方米。遇1963年台风雨型设计洪水，东泄水量可从2.48亿立方米减到0.84亿立方米。同时保护东、西苕溪230万亩平原农田和城镇。

（2）供水。年平均可增加太湖引水量2.27亿立方米。

（二）工程内容和规模

东西苕溪防洪工程为Ⅱ等工程。其中西险大塘、导流东堤、湖州环城河和长兜港东堤及穿堤建筑物按2级建筑物设计，河道及其余堤防、建筑物按3级设计。

（1）河道工程。拓浚东苕溪局部束窄河道、导流港、环城河、旄儿港和长兜港等五条河道，开展分洪滞洪区建设。西苕溪的主要建设内容为拓浚西苕溪干流局部河道。

（2）堤防加固。按100年一遇洪水标准，加高加固东苕溪西险大塘45千米，按50年一遇洪水标准加固导流东堤41千米以及加固湖州市环城河两岸堤防，加固南湖蓄滞洪区堤防。

（3）建筑物加固改建。改建南湖和北湖分洪闸；改造导流东堤沿线德清、洛舍、鲶鱼口、菁山、吴沈门及城南等6座分洪闸；新建德清、鲶鱼口套闸，新建跨河机耕桥6座；修筑防汛公路40千米；更新改造西岸排涝设施；加固改建城西闸和城北闸。

七、武澄锡引排工程

武澄锡引排工程位于无锡和常州市境内，是武澄锡地区防洪除涝和从长江引水的骨干工程。

（一）工程任务

（1）防洪除涝。防洪以1954年型洪水为设计标准，除涝以1962年型台风雨为地区短期暴雨设计标准。锡澄运河以西武阴低片和望虞河西侧澄锡虞低片是治理的重点。由于发生洪涝时南部太湖一般为高水位，武澄锡区主要排水出路为北排长江。

（2）供水。遇1971年型干旱，5—9月可从长江引水12.9亿立方米。

（二）工程内容和规模

沿江枢纽为Ⅱ等工程，主要建筑物（抽水站、节制闸、套闸）为2级，次要建筑物为3级建筑物；河道工程为Ⅲ等工程，主要建筑物（桥梁）为3级，次要建筑物为4级；西控制线工程为Ⅲ等工程，主要建筑物（节制闸、套闸）为3级，次要建筑物为4级。

（1）沿江枢纽工程。各通江河道在入长江处需建枢纽见表8-1-4。

表8-1-4　　武澄锡引排沿江枢纽

枢纽名称	节制闸/m	泵站/(m^3/s)	备　注
白屈港	2×10	100	
新夏港	1×10	45	望虞河补偿工程
澡港	16	40	

（2）河道工程。拓浚入江河道3条，见表8-1-5。

表8-1-5　　武澄锡引排入江河道规模

河道名称	长度/km	底高程/m	底宽/m
白屈港	32.3	−1.0～0.0	25～68
新夏港	9.2	−0.5～0.0	15～30
澡港	30.9（东西支合计）	0.0	10～30

沿线建筑物包括：白屈港新建套闸1座，新建扩建桥梁27座；新夏港续建套闸1座，新建桥梁8座；澡港河桥梁25座。白屈港工程另有无锡市区12.3千米河道及配

套工程自筹资金建设，未列入治太工程项目。

(3) 西控制线工程。建设德胜港东侧自新沟闸经龙虎塘、新闸至太湖的控制线，全长67.8千米，建设内容包括节制闸10座，闸、站结合1座（鹤溪河，闸宽6米、泵站流量2立方米每秒）。

八、红旗塘工程

红旗塘工程位于浙江省嘉兴市北部和上海市青浦、松江和金山区境内，是浙江省嘉北地区和上海青松金地区排水入黄浦江的主要河道。红旗塘干河西起嘉兴秀州区沉石荡，东至上海青浦区潮方泾，长30.8千米，河道底宽70～80米，其中浙江段25.7千米，上海段5.1千米，见表8-1-6。

表8-1-6　　红旗塘河道工程规模

省（市）	河　道	河长/km	底宽/m
浙江	红旗塘干河	9.9	70～80
	新农港	6.7	10
	鳗鲤港	9.1	15
上海	红旗塘干河	5.1	80

(一) 工程任务

(1) 防洪。按1954年型洪水设计，5—7月东排水量15.8亿立方米。

(2) 除涝。按1963年9月台风雨最大3日暴雨过程设计，重现期为20年一遇。

(二) 工程内容及规模

红旗塘工程等别为Ⅱ等，干河堤防、护岸按3级建筑物设计，支河堤防、水闸按4级设计。公路桥和机耕桥分别按3级和4级公路桥设计，干河跨河桥梁按Ⅳ级航道通航标准设计，其余桥梁按等外级航道标准设计。

红旗塘工程浙江段已于1959年开通，但宽深不够，尚需疏浚9.9千米。

(1) 浙江段。拓浚红旗塘干河9.9千米，配套河道拓浚，新农港6.7千米、鳗鲤港9.1千米；底宽干河为70～80米，配套河道分别为10米和15米；修建红旗塘干河沿线堵坝17座；修建红旗塘干河、新农港、鳗鲤港堤防及防洪墙73.7千米；修建跨河桥梁21座；修建红旗塘干河、新农港、鳗鲤港沿线水闸5座，加固加高红旗塘干河沿线防洪闸28座；干河边界圩区补偿工程，鳗鲤港、新农港破圩破路恢复工程等。

(2) 上海段。开挖红旗塘干河河道5.1千米，河道底宽80米，修建堤防及防洪墙10.1千米，新建（改建）桥梁2座、水闸3座；修建大蒸港—圆泄泾段河道堤防及防洪墙23.8千米，修建支河防洪墙2.1千米，新建桥梁1座，新建（改建）水闸6座；修建俞汇塘—潮方泾河道堤防及防洪墙12.7千米，修建支河堤防和防洪墙0.9千米，新建水闸4座；拓浚大港新开河及延伸段河道1.5千米，修建堤防1.2千米，新建水闸2座，机耕桥2座；拓浚南漳西港河道0.7千米，修建堤防1.5千米，拆建机耕桥1

座；修建太南片浙沪边界河道堤防 8.8 千米，新建水闸 1 座，加高加固水闸 9 座。

九、扩大拦路港疏浚泖河及斜塘工程

工程位于上海市青浦区与苏州市吴江区交界处。拦路港北起淀山湖边淀峰，南接东西泖河、泖河干流，在南大港汇合太浦河经斜塘入黄浦江。拦路港、泖河、斜塘全长 23.5 千米，其中拦路港长 8.9 千米。拦路港是淀泖区重要排水河道，1978 年上海建青松大包围后切断了淀山湖原东排河道，以扩大拦路港补偿行洪断面。

（一）工程任务

（1）防洪。遇 1954 年型洪水，5—7 月可排泄 6.5 亿立方米水量。

（2）除涝。设计标准为 10 年一遇 3 日暴雨加 10 年一遇流域洪水，直接采用 1957 年实际降雨作为设计雨型。

（3）航运。Ⅳ级航道，可改善苏申外港线航运条件。

（二）工程内容及规模

工程为Ⅱ等工程，元荡分流节制闸为 2 级建筑物，干河堤防、护岸及清水港泵闸为 3 级建筑物，各支河口建筑物为 4 级建筑物；元荡公路桥按一级公路桥设计，跨拦路港桥及防汛道路桥按四级公路桥设计；防汛道路为等外级公路（参照四级公路以上标准）；拦路港航道等级为Ⅳ级。

（1）河道工程。拓浚拦路港 8.9 千米、西泖河上段 2.6 千米，底宽均为 74 米。

（2）堤防护岸。修建拦路港、泖河、斜塘堤防总长 64.4 千米；新建拦路港、泖河、斜塘护岸总长 68.2 千米。

（3）桥闸工程。新建元荡分流工程，用以向太浦河排区域洪水，包括孔宽 24 米节制闸 1 座、跨青平公路一级公路桥 1 座；新建河祝、尤浜跨拦路港的机耕桥 2 座，支河机耕桥 16 座（包括防汛道路中的支河桥 4 座）；新建节制闸 18 座，改建节制闸 1 座，加高加固节制闸 2 座；新建套闸 2 座，改建套闸 2 座，加高加固套闸 5 座；新建泵闸 2 座；修建防汛道路 32.3 千米。

十、杭嘉湖北排通道工程

工程位于江苏省苏州市吴江区和浙江省嘉兴、湖州市境内。北排工程范围：西起白米塘，东至王江泾、芦墟一线，北临太湖，南至澜溪塘、麻溪，面积 700 多平方千米。由于多年不适当的圈圩加重了洪涝威胁和省际边界水事纠纷，工程通过新开和疏浚河道，打开河道束口和清障，提高地区防洪除涝标准。

（一）工程任务

（1）防洪。遇 1954 年型洪水，5—7 月北排 11.6 亿立方米水量入太浦河，同时东排杭嘉湖过境水量 1.5 亿立方米。

（2）除涝。以 1963 年 9 月 12 号台风雨过程为设计雨型，其最大 3 日暴雨重现期约为 20 年一遇。

（二）工程内容和规模

杭嘉湖北排通道工程为Ⅱ等工程。建筑物特性：大坝水道堤防、护岸为3级，其余为4级；水闸为4级；公路桥为3级，机耕桥为4级，人行桥采用当地标准。

（1）河道、堤防。江苏段拓浚和新开河道18条（段），长28.4千米，底宽4～63米；修建堤防长41.0千米，防汛墙10.1千米。浙江段拓浚河道15条（段），长20.5千米（嘉兴11段长9.8千米，湖州4段长10.7千米），底宽4～42米；修建堤防及防汛墙49.5千米。

拓浚东部江苏境内入太浦河河道过水口门，高程3.0米以下（下同）过水断面面积1080平方米；拓浚西侧浙苏边界河道过水口门，断面面积850平方米；沿苏嘉运河东侧铁店港至大坝水道（含该港口门）总过水断面积380平方米，其中大坝水道口门270平方米，澜溪塘东侧斜港、桃源港—双北圩水道—上睦港扩大过水断面面积至110平方米。

（2）配套建筑物。两省境内共新建节制闸2座，新建、拆建跨河桥梁42座。

十一、黄浦江上游干流防洪工程

黄浦江上游干流工程位于上海市松江、金山和闵行三区境内，其任务是承泄上游太湖、江苏淀泖地区、浙江杭嘉湖地区以及上海浦西部分地区洪涝水。

（一）工程任务

（1）防洪。防洪标准为50年一遇。

（2）除涝。除涝标准为最大24小时暴雨200毫米，重现期约20年一遇。

（3）航运。按Ⅵ级航道标准设计。

（二）工程内容及规模

工程为Ⅱ等工程，堤防和支河口门控制均为3级建筑物。

（1）堤防。黄浦江干流上游闵行至三角渡干支流堤防58.6千米，防洪堤防汛墙墙顶高程5.24米，堤顶宽北岸7米，南岸5米。

（2）口门建筑物。黄浦江两岸支流口门8处，即紫石泾、祝家港、叶榭塘、北泖泾、毛竹港、洞泖港、女儿泾均建节制闸，其中5处加建套闸。另有圩区水闸加固或改建31座。

除以上11项工程外，由于东太湖东茭嘴至太浦河闸上引河口范围内，太湖湖底严重淤积，影响太浦河行洪和供水，还列项对东茭嘴经太浦河喇叭口至太浦河泵站进水渠口段进行了疏浚。

十二、太湖流域通讯监测工程

除了11项骨干工程以外，在世界银行贷款项目中计列了太湖流域通讯监测工程。该工程即为水文遥测系统，其任务是提高流域水雨情采集的时效性，及时掌握流域降雨、地区水位和环太湖的风力、风向，为各级防汛部门提供快速和准确的信息。建设

66处水文遥测站，其中江苏37处、浙江22处、上海7处；系统管理中心设在上海太湖局，下设苏州、无锡、常州、镇江、嘉兴、湖州、青浦7个分中心；在遥测站和分中心之间通过中继站以超短波（VHF）无线信道实现双向数据通信；在分中心和局中心之间，通过公用数据交换网和公用电话网（PSTN），采用工业标准互联协议TCP/IP构成跨地区的计算机广域网。计算机网络分为两部分，一部分是太湖局局中心的局域网，一部分是联结各分中心和局中心的广域网。系统按遥测站、分中心、局中心三级组网，按分中心、局中心两级管理，在太湖局和两省一市之间可实行信息共享。

遥测站主要由TMS-1000为核心的遥测终端机、通信机、传感器、太阳能供电装置、避雷器、天馈线组成。局中心应用软件包括系统管理、数据采集、数据库及数据分发四大模块，可对分中心和遥测站进行远程控制，监测其运行情况，提取实时数据。数据库允许用户接入系统以外其他测站的数据，扩大信息来源和范围。

第二节　工程投资及建设管理

一、治太骨干工程的投资安排

自1991年11月太浦河上海段开工至2005年，11项治太骨干工程基本完成。“八五”和“九五”期间，治太骨干工程建设是太湖局的重点工作，也是流域内两省一市水利建设的重要内容。

（一）工程投资及变动情况

1. 1987年《总体规划方案》治太骨干工程投资

1987年，国家计划委员会（以下简称“国家计委”）批复太湖局编制的《总体规划方案》，该方案中工程投资合计24.28亿元，其中骨干工程17.30亿元，配套工程6.98亿元。

2. 1991年治淮治太会议确定的10项骨干工程的投资

1991年，国务院召开治淮治太会议，要求各省（市）按1987年国家计委批复的总体方案，全面实施治理工程。太湖局提出流域治理10项骨干工程总投资为33.4亿元。

3. 1997年调整概算后的治太骨干工程投资情况

1991年冬治太工程开工建设，至1997年7项工程全面开工，完成工作量约占其总工作量的50%，完成投资约40亿元。由于工程初设批复较早，工程实施时工程内容增加及建设周期延长3～4年，特别是1992年开始钢材、水泥、木材等建筑材料价格上涨，且涨幅较大，原列总投资已不能完成既定建设任务。根据1997年5月国务院第四次治淮治太会议要求，太湖局组织重新核定工程投资，工程概算调整为97.39亿元。

治太骨干工程各阶段投资调整情况见表8-1-7。

表 8-1-7　　治太骨干工程各阶段投资调整情况表　　单位：亿元

项目名称	1987 年概率	1991 年概率	1997 年以后调整概算
望虞河工程	4.64	7.1	12.96
太浦河工程	4.09	6.3	16.11
环湖大堤工程	2.87	4.8	7.61
杭嘉湖南排后续工程	2.32	5.0	11.53
湖西引排工程	3.08	3.2	8.25
武澄锡引排工程	0.56	1.6	3.90
东西苕溪防洪工程	2.83	2.3	7.04
扩大拦路港疏浚泖河及斜塘工程	1.48	1.4	9.43
红旗塘工程	1.37	0.7	9.75
杭嘉湖北排通道工程	0.93	1.0	3.60
黄浦江上游干流防洪工程			6.10
其他	0.11	1.0	1.11（东茭嘴疏浚工程）
合计	24.28	34.4	97.39

（二）投资来源及完成情况

1987 年国家计委批复《总体规划方案》时明确：太湖流域治理工程投资由国家和地方共负担，负担比例在编制和审批单项工程设计任务书时确定。在工程实施时，国家投资除中央拨款、水利建设基金、以工代赈、中央债券外，还利用世界银行 2 亿美元贷款。

治太 11 项骨干工程总投资 974015 万元，其中中央投资 449263 万元，占总投资的 46.12%，地方投资 524752 万元，占总投资的 53.88%。

至 2005 年年底，累计安排投资计划 1001764 万元，其中中央投资 450146 万元，占总投资的 44.94%，地方投资 551618 万元，占总投资的 55.06%。中央投资包括中央拨款 124203 万元，水利建设基金 32558 万元，世界银行（以下简称“世行”）贷款 152185 万元，以工代赈 48400 万元，中央债券 92800 万元。

治太骨干工程投资计划安排汇总表见表 8-1-8。

二、工程建设管理

（一）前期工作

1991 年大水后，国务院决定全面实施《总体规划方案》所确定的治太骨干工程。为及早打开太湖的洪水出路，缓解流域的洪涝威胁，太湖主要排洪通道的望虞河、太浦河工程前期工作采用了先批应急工程初步设计、单项工程初步设计，再批总体可研、总体初设的方式。1992 年以后，太浦河、望虞河、杭嘉湖南排后续和环湖大堤工程可行性研究报告和初步设计分别由国家计委、水利部逐项批准同意。湖西引排、武澄锡引排、东西苕溪防洪工程自 1991 年冬开工后，在总体可研尚未批复的情况下，水利部

表 8-1-8　　治太骨干工程投资计划安排汇总表

序号	项目名称	批复总投资				1991—2005年投资计划								
						合计/万元	中央投资						地方投资/万元	中央投资比例/%
		合计/万元	中央/万元	地方/万元	中央投资比例/%		小计/万元	中央拨款/万元	建设基金/万元	世行贷款/万元	以工代赈/万元	中央债券/万元		
一	4项流域性工程													
1	望虞河工程	129637	98272	31365	75.81	129244	97672	27800	8200	49272	12400		31572	75.57
2	太浦河工程	161135	88222	72913	54.75	159748	88028	22900	6178	47950	11000		71720	55.10
3	杭嘉湖南排后续工程	115262	67216	48046	58.32	115262	67216	15803	8400	30913	11100	1000	48046	58.32
4	环湖大堤工程	76134	16300	59834	21.41	77550	24250	2100	1500	5550	6100	9000	53300	31.27
二	3项地区工程													
1	湖西引排工程	82486	17400	65086	21.09	98740	22000	800	1000		2900	17300	76740	22.28
2	武澄锡引排工程	39033	8400	30633	21.52	50260	9400	2200	200		3000	4000	40860	18.70
3	东西苕溪防洪工程	70491	16200	54291	22.98	109187	16200	400	600		1900	13300	92987	14.84
三	4项边界工程													
1	扩大拦路港疏浚泖河及斜塘工程	94250	45100	49150	47.85	62144	32000	15000	1500	4500		11000	30144	51.49
2	杭嘉湖北排通道工程	36039	19353	16686	53.70	36664	20580	7600	3780	3000		6200	16084	56.13
3	红旗塘工程工程	97506	45000	52506	46.15	92503	45000	22100	1200	9500		12200	47503	48.65
4	黄浦江上游干流防洪工程	60959	20000	40959	32.81	59379	20000	7500		1500		11000	39379	33.68
治太11项骨干工程合计		962932	441463	521469	45.85	990681	442346	124203	32558	152185	48400	85000	548355	44.65
东茭嘴引河工程		11083	7800	3283	70.38	11083	7800					7800	3283	70.38
总计		974015	449263	524752	46.12	1001764	450146	124203	32558	152185	48400	92800	551618	44.94

注　东茭嘴疏浚工程为发挥太浦河工程太浦河泵站工程效益而增列的配套工程，其费用未计入太浦河工程原工程概算内。

或委托太湖局对单项工程初步设计进行审查，以便对流域防洪起到重要作用的重点工程能先行开工建设。1997年，国家计委批准太浦河、望虞河、杭嘉湖南排后续工程调整概算报告；1999年2月批准了扩大拦路港疏浚泖河及斜塘工程、红旗塘工程、杭嘉湖北排通道工程及黄浦江上游干流防洪工程可研报告，随后水利部批复了上述4项工程初步设计。1999年10—11月，国家计委委托中国国际工程咨询公司对湖西引排、武澄锡引排、东西苕溪防洪工程可行性研究报告进行评估。至此，治太骨干工程前期工作基本完成。

为了弥补中央资金不足，国务院同意国家计委把太湖流域防洪项目作为世行贷款备选项目，确定将治太骨干工程中的关键性项目太浦河、望虞河、环湖大堤、杭嘉湖南排后续工程和太湖流域通讯监测工程列入其中。1993年1月，世行经预评估、评估，完成了《中国太湖防洪项目评估报告》，同意将项目列入世行1993财政年度贷款项目。1993年3月，我国政府与世行签订了太湖防洪项目"信贷协议"和"贷款协议"，项目总投资为27.36亿元，项目执行期为1993—1997财年，要求1997年6月30日完成，1998年6月30日关闭账户。后根据项目实施情况太湖防洪项目账户关闭日期续延至2001年12月31日。

世行2亿美元贷款［其中信贷1亿美元、贷款7280万个特别提款权（SDR）］，按当年汇率折合人民币11亿元，占项目总投资的40%，其余资金由中央、江苏省、浙江省和上海市共同筹集。后经调概，国家计委最终确定太湖防洪项目总投资为48.17亿元人民币。

（二）建设管理体制

治太骨干工程实行统一管理和分级管理相结合的建设管理体制。太湖局负责整体治太骨干工程协调、推进、实施。根据11项骨干工程的作用、承担的任务和协调难度，太浦河、望虞河、杭嘉湖南排后续3项重点工程和杭嘉湖北排通道、红旗塘和扩大拦路港疏浚泖河及斜塘3项省际边界工程，由太湖局会同省（市）水利厅（局）共同履行建设主管部门的职责；环湖大堤、湖西引排、武澄锡引排、东西苕溪防洪、黄浦江上游干流防洪等5项工程，建设项目矛盾较少，投资以地方为主，由省（市）水利厅（局）履行建设主管部门的职责，太湖局按照水利部授权履行上级主管部门职责。

两省一市水利厅（局）、工程所在市、县水行政主管部门组建相应的工程建设指挥部作为项目建设单位具体组织项目实施。按照使用世界银行贷款相关要求，太湖局设立了世行贷款太湖防洪项目办公室，负责整体贷款项目管理，包括贷款资金管理、招投标管理和移民征地监督等，江苏省、浙江省水利厅也相应组建世行贷款项目办，协调项目管理。

治太骨干工程太湖局实施项目，包括太湖流域通讯监测工程和东茭嘴引河工程，由太湖局组建建设单位。

各级水行政主管部门的工程建设管理职责根据国家、水利部相关规定和要求，并根据项目的中央投资和地方投资情况确定。在工程建设过程中，太湖局和各级水行政主管部门全面推行项目招投标制和建设监理制，强化质量监督，保障了治太工程建设的顺利进行，工程质量也得到了保证。

（三）建设单位及世行贷款项目办公室

两省一市各级水行政主管部门根据治太工程建设需要组建工程指挥部，主要负责完成太湖局及省（市）水利厅（局）下达的任务和工程建设管理工作。

江苏省水利厅设立了省级指挥部。1991年10月组建了江苏省望虞河工程指挥部，1993年改为江苏省治理太湖工程指挥部，主要负责望虞河、太浦河江苏段和环湖大堤江苏段等治太工程建设管理，并对江苏省治太工程进行全面的组织协调和检查督促。江苏省境内其他治太工程均在所涉及的地市、县（市）成立工程指挥部，具体负责项目实施。

浙江省嘉兴市于1991年10月成立嘉兴市杭嘉湖南排工程总指挥部，有关县（市、区）成立了杭嘉湖南排工程指挥部，分级履行建设单位职责，浙江省内其他治太工程均在所在地的地市、县（市）设立建设指挥部，具体负责项目的实施。

上海市从1995年起，在新开工的扩大拦路港疏浚泖河及斜塘、红旗塘（上海段）和黄浦江上游干流等三项工程中进行项目法人制试点，由上海市水利投资公司担任项目法人。太浦河泵站工程的受益方主要是上海市，建设地点在江苏省境内，投资由中央和上海市共同承担，属于跨省（市）的项目，成立了由太湖局、上海市水务局、江苏省水利厅三方相关负责人参加的太浦河泵站工程建设指挥部，作为该项目建设的协调领导机构，协调解决工程建设重大问题。项目法人则由上海市水利工程公司担任，并抽调技术人员组建项目经理部，具体承担现场建设管理任务。

太湖防洪项目是我国第一个利用世行贷款的防洪项目，太湖局为本项目总执行机构，负责组织和实施项目的建设。太湖局成立了“太湖防洪世界银行贷款项目办公室”（以下简称“太湖局项目办”），负责利用外资项目的计划、实施、拨款、贷款、监测等工作；编制申请世行贷款立项所需的报告；归口管理项目的采购工作，负责国际招标工作；负责管理世行贷款，编制项目年度计划和预算；向世界银行提交支付申请；每年提出项目进展报告、财务报告和征地拆迁监测报告；审批省（市）项目办的年度计划、预算及部分工程初步设计等；监督地方配套资金投入和自营工作进展；组织项目培训、考察、科研；向世行提出工程运行管理规定和防洪、供水调度方案等。各省（市）成立项目办，协助太湖局项目办进行项目管理、实施等各项工作，并具体负责其管辖范围内的项目计划、财务、监测、国内采购，以及自营工程的实施、征地、拆迁等工作。

（四）项目建设管理

1. 建设管理制度

1998年6月，国家发展计划委员会重点建设司和水利部建设司联合印发了《治理太湖工程建设管理暂行办法》，明确和理顺了流域机构和各级水行政主管部门以及建设主管部门与建设单位的关系和职责。太湖局先后制定了《利用世行贷款太湖防洪项目招标采购实施办法》《治太工程验收实施细则》《太湖流域管理局质监中心站质量监督实施细则》《太湖流域综合治理项目竣工决算实施细则》《世界银行贷款太湖防洪项目财务管理办法》《治太工程竣工决算分级审计管理办法》《治太工程档案资料归档要求》等一系列管理办法，规范了工程招投标、质监、验收、档案、竣工决算等建设程序，形成了一套较为完善的建设管理制度。

为避免省际边界工程建设过程产生新的水利矛盾和水事纠纷，保证工程质量和建设进度，太湖局经与省（市）水利厅（局）充分协商后，印发了《太湖流域红旗塘工程建设管理实施意见》《太湖流域扩大拦路港疏浚泖河及斜塘工程建设管理实施意见》（1999 年）以及《太湖流域杭嘉湖北排工程建设管理实施意见》（2000 年）。实施意见中明确了中央和地方的投资责任，对太湖局和省（市）水利厅（局）项目主管部门的管理职责进行具体的划分，对工程建设管理的全过程，包括建设单位组建、工程报建、工程开工、执行概算编制、施工图设计、年度施工计划、政策处理、招标投标、工程监理、合同管理、质量管理与监督、投资包干、工程验收、工程建设和信息报送等确定了具体的管理职责和管理要求。

2. 招标投标

治太工程按利用世行贷款要求，开始实施招标投标制。1994 年，在水利部的指导下，太湖局制定并印发了《利用世行贷款太湖防洪项目招标采购实施办法》（以下简称《实施办法》），采用世行和财政部共同制定的《利用世界银行贷款项目招标采购文件范本》推进招投标工作，《实施办法》明确了招投标范围和要求，以及具体的组织和评标办法。利用世行贷款项目的招标组织由太湖局和工程所在省（市）利用世行贷款项目办公室负责，并按合同额大小分别采用国际竞争性招标、国内竞争性招标、国内简易竞争性招标。其中国际竞争性招标项目由太湖局主持；国内竞争性招标和简易竞争性招标，由太湖局会同有关省（市）水利（务）厅（局）共同管理。

武澄锡引排、湖西引排等治太其他七项工程招标工作根据职责分工由工程所在省（市）、地市、县（市）水利部门负责组织管理。主要枢纽工程的招投标工作，太湖局派员参加，其招标文件、评标报告报太湖局备案。

3. 建设监理和质量监督

治太工程建设开始推行建设监理制，由监理对投资、进度、质量进行有效控制。太浦河泵站工程首次采用设计监理，设计监理在优化设计方案和保证设计深度方面发挥了重要作用。

太湖局按照国家的有关规定，逐步建立健全项目法人负责、监理单位控制、施工单位保证、政府监督的质量保证体系和严格的质量责任制。同时，按治太工程项目的重要程度，划分了太湖局质监分站与省（市）质量监督机构的管理权限，建立健全了太湖局、省（市）、地市等三个层次的质量监督管理体系，保证了治太工程质量。

从 1999 年起，太湖局在治太骨干工程质量监督和评定中推行第三方工程质量检测，制定了工程质量检测办法，对各项骨干工程项目进行了质量检测工作。通过检测取得的数据为工程质量监督和评定提供了可靠的依据。

4. 竣工验收

（1）竣工验收的组织方式。治太工程竣工验收的组织方式划分为三类：

第一类，水利部会同有关省（市）人民政府组织竣工验收工程，包括望虞河、太浦河和杭嘉湖南排后续工程等。

第二类，受水利部委托，太湖局会同有关省（市）水利（务）厅（局）组织竣工验收（单项）工程，包括环湖大堤、扩大拦路港疏浚泖河及斜塘、红旗塘，杭嘉湖北排通道，东茭嘴疏浚和太湖流域通讯监测工程。

第三类，由有关省（市）水利（务）厅（局）组织竣工验收工程，太湖局参加，包括湖西引排、武澄锡引排、东西苕溪防洪和黄浦江上游干流防洪工程等。

（2）竣工验收的完成情况。治太 11 项骨干工程在 2005—2010 年间先后完成了竣工验收。其中湖西引排和武澄锡引排工程进行了单项工程验收（各工程开工、完工及竣工验收时间详见表 8-1-1）。

第二章 流域水环境综合治理重点水利工程

按照《总体方案》和太湖流域水环境综合治理省部际联席会议以及太湖流域水环境综合治理水利协调小组的安排和要求，至2010年左右，常熟水利枢纽加固改造工程、望亭水利枢纽更新改造工程、走马塘拓浚延伸工程、东太湖综合整治工程、太湖污染底泥疏浚工程、淀山湖河网综合整治一期工程、太浦闸除险加固工程已建设完成。

第一节 已建重点工程

一、常熟水利枢纽加固改造工程

常熟水利枢纽是太湖流域骨干引排河道望虞河入长江的控制性工程，工程原设计主要任务是防洪、排涝，枯水年可向流域补水。2002年实施引江济太水资源调度以来，泵站运行工况发生较大变化，枢纽的主要任务调整为防洪、引水、排涝，超设计标准的运行对工程造成了一定损害，主要表现为电机超功率运行，水泵振动大，叶轮气蚀，机组运行故障频繁；水闸下游海漫冲刷破坏严重，上游海漫破损剥落。

本次加固改造泵站和节制闸设计规模不变，主要加固内容为消能防冲设施加固、出水流道改造及电机梁拆建、9台水泵及电动机更新、泵站闸门止水改造、公路桥桥面及接线维修、厂房加固改造、辅机系统和电器设备更新改造、泵站长江侧增设清污机桥等。

常熟水利枢纽加固改造工程总投资7791万元。工程于2008年12月开工，2009年2月通过水下工程验收，2011年3月主体工程基本完工。

二、望亭水利枢纽更新改造工程

从2002年开始望虞河实施引江济太以后，望亭水利枢纽出现闸门启闭困难、反向漏水严重的问题，对工程安全带来不利影响。为保证望亭水利枢纽在流域防洪、水资源调度中发挥其功能和作用，需对望亭水利枢纽的闸门系统实施更新改造。

工程设计洪水标准按50年一遇洪水进行加固设计，并在遭遇1999年实况洪水时保障工程安全运用，同时满足今后按防洪规划要求提高到100年一遇及扩大引江济太对工程的要求。工程按原规模实施更新改造。更新改造的主要内容包括：更换工作闸门和启闭机，闸门仍采用平面定轮闸门；对门槽埋件进行更新改造；对上右侧工作闸门启闭机房进行改造，即保留启闭机工作桥架，拆除工作桥以上结构，并按原结构型式重建；上、下游闸首各增设一套叠梁检修闸门，并各新增一处检修门库；增设两岸人行交通桥；对上游侧西岸翼墙进行防护；对现有管理设施进行维修，并新增部分管护设施。

望亭水利枢纽更新改造工程总投资为 2960 万元，全部为中央投资。工程于 2010 年 12 月开工，2011 年 6 月通过水下工程验收，2011 年年底基本完工。

三、走马塘拓浚延伸工程

走马塘拓浚延伸工程任务是望虞河西岸控制工程实施后，解决引江济太期间望虞河西岸的排水出路，将西岸地区涝水东排望虞河北排长江改为走马塘北排长江，增加望虞河连续引江济太时间，提高引江济太效率，为改善太湖水环境创造条件。即望虞河引江济太期间，西岸遭遇 5 年一遇设计暴雨（1975 年型）时，西岸地区的涝水不入望虞河改由走马塘北排长江，北排流量恢复至西岸控制前东排望虞河的水平。同时承担引水初期望虞河水体置换时部分退水任务。

工程主要建设内容包括河道工程和枢纽建筑物。

（一）河道工程

河道工程包括对现有河道拓浚和新开河道两部分：对现有河道沈渎港、走马塘、锡北运河进行拓浚；向北平地开河将走马塘延伸到七干河至长江。河道工程全长 66.5 千米，其中利用老河拓浚长 30.5 千米，新开河道长 36.0 千米。按行政区划分，无锡市境内 39 千米，张家港市境内 15.6 千米，常熟市境内 11.9 千米。

各段河道拓浚长度、底宽，河底高程见表 8-2-1。

表 8-2-1　　走马塘河道工程规模

分　段	拓浚长度/km	河底宽度/m	河底高程/m	边　坡
江南运河—伯渎港	10.2	15	0.0	1∶2.5
伯渎港—锡北运河	16.7	20	0.0	1∶2.5
锡北运河—张家港（含锡北运河）	20.7	25	0.0	1∶2.5
张家港—长江	18.9	40	−1.0	1∶2.5

（二）枢纽建筑物

江边枢纽位于北端七干河入长江口处，距长江 580 米，枢纽包括总净宽 36 米节制闸、16 米×180 米×3 米（有效宽度×有效长度×门槛水深）船闸和 4 米×49.5 米鱼道各一座。枢纽具有排水、挡潮、引水、航运等功能，并能满足鱼类洄游上溯的需要。

张家港枢纽位于走马塘与申张线航道（张家港）交汇处，枢纽包括过水断面 64.8 平方米立交地涵、抽排流量 50 立方米每秒的泵站、总净宽 24 米节制闸和总净宽 14 米退水闸各一座。在望虞河引水期间，通过立交地涵可排出西岸来水，并防止其进入申张线航道。在长江高潮位时，泵站和节制闸可保持走马塘排水效果，使西岸排水顺畅。在实施西岸控制后，退水闸可满足张家港及其北部地区排水及改善水环境需要。在申张线航道与走马塘平水时，退水闸还可沟通与七干河的航运。

沿线口门251处，保留敞开104处，封堵89处，已有建筑物维修处理5处，维持现状4处，新建49处（包括拆除赔建6处）。

走马塘拓浚延伸工程总投资26.12亿元，其中中央投资7亿元。工程于2009年10月开工，2012年6月实现全线通水。

四、东太湖综合整治工程

东太湖综合整治工程的任务是提高流域防洪能力，保护、改善东太湖水生态环境，并为向下游地区供水创造条件。

规划遇太湖流域100年一遇“91上游”和“91北部”设计洪水，造峰期（6月8日至7月16日）太浦河排泄太湖洪水分别为14.8亿立方米和14.9亿立方米，瓜泾口分别为6.7亿立方米和5.9亿立方米；遇100年一遇“99南部”洪水，造峰期（6月7日至7月6日）太浦河排泄太湖洪水5.7亿立方米，瓜泾口为3.4亿立方米。工程防洪治理标准为满足流域防御不同降雨典型100年一遇洪水要求；除涝标准为20年一遇一日降雨不漫溢。

规划2020年全流域实现枯水年（$P=90\%$，1971年型）水资源供需平衡，太浦河全年向下游供水35.2亿立方米。

水质治理目标为近期（2012年）东太湖水源保护核心区执行地表水Ⅱ类标准，其他湖区按Ⅲ类标准控制；远期（2020年）东太湖水源保护核心区仍按地表水Ⅱ类标准控制，其他湖区按Ⅲ类标准较高水平控制。

（1）行洪供水通道工程。疏浚扩挖行洪供水通道33.3千米，其中疏挖主通道19.7千米，疏挖连接三船路闸、大浦口闸、戗港闸的三条支通道13.6千米。主行洪通道保护区宽度（含疏挖主槽底宽300米）为800～2000米，支通道保护区宽度（含疏挖主槽底宽50～60米）为160米。疏槽底控制高程为－0.5～1.0米。

（2）退垦还湖工程。东太湖围垦总面积50.6平方千米，其中，退垦还湖37.3平方千米，保留用于排泥场13.3平方千米；结合退垦还湖和排泥场布置对堤线进行调整，调整后新堤线长30.8千米，大堤建筑物级别为1级，堤顶高程7.0米；相应调整口门建筑物18座。

（3）生态清淤工程。清淤面积23.0平方千米，清淤深度0.2～0.55米，土方量704.2万立方米。

（4）水生态修复工程。修复段岸线总长69.9千米，修复带宽200～500米，总面积约31.3平方千米。

东太湖综合整治工程总投资45.3亿元，其中中央投资6.75亿元。工程于2010年7月开工建设，2012年基本完成。

五、太湖污染底泥疏浚工程

太湖污染底泥疏浚工程主要任务是采用先进环保疏浚技术，科学有序地实施重点湖湾区、主要入湖河口附近水域的生态清淤，有效减轻太湖内源污染和富营养化程度，维护太湖湖体的健康生态。其中，试验工程主要任务是提出环境安全、技术可行、经济合理的污染底泥疏浚技术，为全面开展太湖污染底泥疏浚，控制内源污染，改善太湖水环境提供技术支撑。

按照太湖局《太湖污染底泥疏浚规划总报告》和江苏省水利厅《关于加快实施太湖生态清淤工程的意见》，太湖生态清淤的总面积93.6平方千米，清淤土方量3541万立方米，清淤重点湖区包括竺山湖、梅梁湖、贡湖和东太湖。其中，竺山湖24.1平方千米、865万立方米，梅梁湖47.4平方千米、1721万立方米，贡湖8.6平方千米、411万立方米，东太湖13.5平方千米、544万立方米。生态疏浚底泥厚度为大于10厘米，以清除表层污染严重的游离淤泥为主。

工程于2008年开始，至2013年已超额完成，完成清淤面积122平方千米，完成土方3669万立方米，并且在实施过程中加强了对清淤区域水质和底泥本底状况的监测分析，取得了减少内源污染物和改善底栖生物生态环境等实测数据。

太湖污染底泥疏浚试验工程和太湖污染底泥疏浚工程总投资30亿元，其中中央投资8000万元。

六、淀山湖河网综合整治一期工程

工程主要任务为通过疏浚河道、沟通水系、增建泵闸、加固堤岸，促进河网水体有序流动、改善河湖水环境，并提高防洪除涝能力。工程总投资4.78亿元，包括以下5个项目。

（一）淀浦河（朱泖河—淀浦河西闸）河道综合整治

工程任务是适应朱家角古镇镇区建设，提高河道行洪蓄水和防洪防涝能力，改善防洪排涝条件和水环境。

工程主要内容包括河道疏浚长4.5千米，底宽20～25米，河底高程－1.0米。护岸全线石笼护脚，浆砌块石墙身，设计防洪水位3.77米，堤顶高程4.2米。新建新开河节制闸，翻建南厍港闸泵，改建朝阳河泵站各一座，除涝标准为青松大控制片20年一遇降雨。

（二）大莲湖及周边水系修复配套

大莲湖位于黄浦江上游水源保护区核心位置，区域水质影响黄浦江上游水安全。本项目要求控制区域水位达到20年一遇除涝标准，并通过水量调度修复改善水环境。

工程主要内容包括新建姚浜泵闸1座，闸门净宽4米，泵2台套，单台流量1.2立方米每秒；新建金口门北泵闸，闸门净宽6米，泵2台套，单台流量2.2立方米每秒；新建九曲桥1座；新建交通桥1座，防汛通道1500平方米，以及两处泵闸管理区。

（三）淀山湖及周边水系生态修复（急水港—莲湖港）

工程任务是加固淀山湖和周边堤岸，提高防洪、除涝能力，分别达到50年一遇和20年一遇设计标准；实施绿化工程，使淀山湖沿线成为水清、岸绿的生态走廊。

工程主要内容包括新建蔡浜东闸1座，闸门净宽4米；新建蔡浜闸泵，闸门净宽4米，泵2台套，单台流量0.2立方米每秒；新建单跨18米交通桥1座；加固重建护岸4.8千米，亲水平台3座，防汛通道1.6万平方米；淀山湖沿线绿化5.0千米。

（四）青浦区叶水路泵闸工程

工程任务是通过在叶水路港北端淀山湖口门兴建泵闸，提高防洪除涝能力，并利用泵闸双向调水，引清冲污，改善水质。

工程主要内容包括新建叶水路港泵闸1座，闸为单孔净宽14米，泵站安装双向泵3台套，每台流量为3.35立方米每秒；界港（叶水路港至朝阳河）河道疏浚长2.4千米；拆除老闸3座；新建泵闸管理区。

（五）淀山湖富营养化防治与生态修复试验

工程任务是对淀山湖富营养化防治和生态修复进行研究和试点，寻求适用的综合整治技术方案。

工程主要内容包括新建大珠砂、千墩浦两处前置库，消减上游来水对湖区水体的不良影响；新建青商公路和318国道两处近岸水域生态带，恢复近岸水生植被；建设水产养殖场生态修复综合示范区；建设东方绿洲和威尼斯别墅两处控藻试验区，实现试验式控藻。

淀山湖河网综合整治一期工程总投资4.78亿元，其中中央投资0.59亿元。淀浦河（朱泖河—淀浦河西闸）河道综合整治于2009年7月开工，同年12月完工；大莲湖及周边水系修复配套工程于2012年7月开工，2013年4月完工；淀山湖及周边水系生态修复（急水港—莲湖港）工程于2011年1月开工，2012年12月完工；青浦区叶水路泵闸工程于2010年6月开工，2011年12月完成全部土建工程，2012年12月6日完成设备安装，7月进行调试运行；淀山湖富营养化防治与生态修复试验项目于2008年8月开始，2010年12月完成试验。

七、太浦闸除险加固工程

太浦闸是太湖东部骨干泄洪及环太湖大堤重要口门的控制建筑物，其工程任务为防洪、泄洪和向下游地区供水。工程于1956年建成，由于历史原因，建成时留有质量隐患，虽经多次加固处理，仍不能满足安全运行要求。2000年11月，太浦闸经安全鉴定被确定为三类闸。

太浦闸的洪水标准按照100年一遇洪水设计，相应水位为4.80米，校核水位为5.50米。工程主要是在原址对原水闸建筑物进行拆除重建，太浦闸除险加固工程设计闸门为10孔，每孔净宽12米，总净宽120米；采用平面直升钢闸门配卷扬式启闭机，闸槛顶高程一1.5米，设计流量985立方米每秒；近期闸槛顶高程0.0米实施，设计流量784立方米每秒。

工程开工后，应地方政府需求，在南侧边孔设置套闸，闸室长70米，宽12米，上闸首采用双扉门，下闸首采用横拉门，并设钢结构开启桥。

太浦闸除险加固工程中央投资8017万元，苏州市吴江区投资1954万元用于增设套闸。工程于2012年9月6日正式开工，2013年5月4日通过通水验收，5月15日恢复通水，当年年底基本完工。工程荣获中国水利工程优质（大禹）奖称号。

第二节 建设与管理

在已建的水环境综合治理重点水利工程中，望亭水利枢纽更新改造和太浦闸除险加固是太湖局直属工程，由太湖局负责开展前期工作并组织实施，其他工程均由省（市）水行政主管部门负责开展前期工作，根据具体情况，由省或工程所在地水行政主管部门组建项目法人具体组织实施。

常熟水利枢纽加固改造工程由江苏省太湖地区水利工程管理处作为项目法人负责工程建设管理，并负责工程建成后的运行管理。

望亭水利枢纽更新改造和太浦闸除险加固工程由太湖局苏州管理局作为项目法人负责工程建设管理，并负责工程建成后的运行管理。

走马塘拓浚延伸工程由江苏省水利厅负责组建工程建设管理处作为项目法人，对工程项目总体建设安排、工程标准、质量、进度和资金使用等进行监督、协调和管理，并具体负责江边枢纽、张家港枢纽等工程的建设管理工作；苏州市、无锡市水利局组建市走马塘工程建管处，负责各自境内的河道工程、护岸工程、口门控制建筑物、跨河桥梁和水系调整及影响处理等项目的建设管理工作。工程建成后实行由水利厅和工程所在地水行政主管部门分级管理的管理体制，其中走马塘干河上的江边枢纽、张家港枢纽由江苏省太湖地区水利工程管理处运行管理，张家港市、常熟市、无锡高新区、锡山区堤闸管理所负责日常河道工程及配套建筑物的运行维护和管理。

东太湖综合整治工程由苏州市东太湖综合整治工程领导小组负责项目建设的组织领导、决策、监督和重大问题的协调，吴江市（现吴江区）东太湖综合开发有限公司、苏州吴中东太湖建设发展股份有限公司负责具体工程实施、资金筹措与运作等。工程建成后，由吴江市、吴中区堤闸管理所负责环湖大堤及口门建筑物的运行管理。

太湖污染底泥疏浚工程由所在市、县（市、区）地方政府负责，由政府委托有资质单位编制项目初设文件，经审批后实施，由江苏省水利厅进行技术指导和质量监督。

淀山湖河网综合整治一期工程由上海市青浦区水务局组织实施。青浦区水务局河闸管理所负责淀山湖上海段堤防及口门建筑物的运行管理。

流域水环境综合治理工程严格按国家基本建设的有关规定履行基本建设程序，全面实施项目法人制、招标投标制和建设监理制，太湖局和流域省（市）各级水行政主管部门根据职责和分工加强工程建设的全方位监管。各级水利工程质量监督部门根据分工和工程进度，定期不定期开展质量监督活动，并委托第三方开展工程质量检查，保证工程质量符合设计要求。项目法人完善内部管理制度，加强合同管理、进度管理、质量管理和安全生产管理，推进文明工地建设，保证了工程安全、生产安全、资金安全和人员安全。

第三章 治太骨干工程大型建筑物

第一节 环湖大堤

一、江苏省境内老堤

江苏省部分老堤按照1959年编《江苏省太湖地区水利工程规划要点》和1977年编《太湖复堤工程规划》修建。

老堤设计标准系按太湖历史最高洪水位加10级风浪爬高和安全超高，确定堤顶高程为7.0米，顶宽5米，沿湖公路路堤结合段加宽至7～10米。

苏州市境内大堤迎水坡一般1∶2～1∶2.5，少数堤段曾采用浆砌块石护坡，因造价高而自1983年后全线采用浆砌石直立挡墙，墙顶高程东太湖为5.0米，西太湖为5.5米，墙基底板高程则依墙基湖滩地高程而定，一般不高于太湖最低水位2.3米（1978年最低水位），以保墙基在低水位时不致被冲刷掏空。在墙顶高程设3米宽平台，平台以上为1∶1.5的坡比至堤顶；背水坡坡比视堤基高程而定，基面高程4.0米以下为1∶3，4.5米以上为1∶2或1∶2.5。

无锡市境内大堤迎水坡为1∶2，高程5.0米以下为直立挡墙，高程5.0～6.0米为干砌石护坡，宜兴段护砌至7.0米；背水坡1∶3，高程4.0米处设5～10米宽平台。

1977—1991年完成口门建筑物，包括节制闸、套闸、船闸共42座，其中苏州市30座，无锡市12座，闸孔净宽一般3.5～6.0米，其中无锡的梁溪河和五里湖节制闸分别达到20米和16米。

二、1991年大水后新建及加固环太湖大堤

环太湖大堤江苏省部分长217千米（其中苏州段135千米，无锡、常州段82千米），浙江省部分长65千米。

江苏省内堤线基本采用老堤堤线，对老堤堤身加高加固，以达到新堤的设计要求。堤防设计标准除宜兴段为3级外，其余均为2级。沿湖公路路堤结合段根据具体情况加宽，进行景观环境设计，以营造亲水、亲绿和亲近自然的环境。

大堤除宜兴段以外堤顶高程均为7米，宽5米，迎水坡上部坡比为1∶2～1∶2.5；下部为浆砌石直立挡墙，背水坡坡比为1∶3。宜兴段沙塘港以南堤顶在老堤上设0.8米高挡浪墙，顶高程为7.8米；宜兴段入湖河道敞口港堤堤顶高程6.0米，宽3米，迎水坡1∶2，背水坡1∶3。

浙江段新建堤防标准东段长兜港至胡溇为 2 级，西段洑子岭至长兜港为 3 级。东段堤顶高程 7.2～7.3 米；西段堤顶 7.0 米，设有防浪墙，墙顶高程 7.8 米。顶宽均为 7 米。堤防迎水坡 3.16 米以下为浆砌块石挡墙上接 1∶2 或 1∶2.5 现浇混凝土护坡至堤顶，背水坡 1∶2～1∶3，挡墙前均抛石防冲。

大堤口门建筑物最大的是苏州东太湖大浦口和瓜泾口闸，均为 32 米，其次为无锡的直湖港闸 26 米。

三、1999 年大水后堤身加固

1999 年大水环太湖大堤受损后，江苏和浙江分别对其进行了加固。

（一）江苏部分

江苏省实施环湖大堤应急加固达标建设工程，达标和加固的重点是加固堤身和提高防冲能力。主要内容有：加固直立挡墙基础前趾，防止冲刷掏空；挡墙墙身加固，上部护坡改为混凝土结构，无挡浪墙堤段在护坡高程 6.0 米以上浇筑 L 形钢筋混凝土直立挡墙，墙顶高程达 7.8 米；原堤顶高程 7.0 米不变，堤顶加宽至 7.0 米，堤身进行固结灌浆，堤后有鱼塘段进行填塘固基，青坎宽度达到 10 米，末端建直立墙防护；为便于防汛抢险，要求全面修筑堤顶公路和上堤公路。

（二）浙江长兴段加固工程

从 2008 年年底开始，浙江对环湖大堤长兴东段（夹浦港以东）进行环太湖公路及环湖大堤加固工程建设，同时在挡墙外进行了长兴段全线大块石抛石加固，抛石体顶高与原挡墙齐平，达 3.16 米，顶宽均 1 米，抛石体迎水坡为 1∶1.5～1∶1.2。工程至 2012 年完成。

第二节 大中型涵闸

一、太浦闸

（一）太浦闸老闸

太浦闸老闸建成于 1959 年 8 月，位于太浦河距太湖河口 2 千米处，工程由苏州专署水利局设计。防洪设计水位为太湖水位 4.1 米，设计泄洪流量 580 立方米每秒，闸全长 145.6 米，共 29 孔，每孔净宽 4 米，总净宽 116 米。

闸底板顶面高程 0.50 米，为素混凝土结构，上下游端均设有阻滑齿墙，分 15 块浇筑。胸墙底高程 5.3 米，孔高 4.8 米，胸墙顶高程 7.20 米。闸墩中墩厚 1.0 米，边墩厚 0.8 米，闸墩工作门槽为钢筋混凝土。两侧岸墙为重力式浆砌块石挡土墙，闸室下游消力池长 10.9 米，池底护坦厚 0.8～1.0 米，下设反滤层。

闸门采用松木板门，启闭机为 6 吨齿杆手摇式。1970 年冬和 1972 年先后将木闸门全部更换为钢筋混凝土平板门和钢丝网水泥平板门。

1978年进行整修，以加固水下部分防冲设施为重点，接闸下护坦，加固消力池等。同时，改手摇式启闭机为电动卷扬机，整修工程于1981年竣工。

（二）太浦闸加固

1994年4月至1995年7月，按太浦河工程初步设计，对太浦闸上部结构进行了加固，将闸门更换为平板钢闸门，更换启闭机，新建改建排架、公路桥、桥头堡等，水下工程未作处理（图8-3-1）。

图8-3-1 1995年加固后的太浦闸

（三）太浦闸除险加固

2000年11月，太湖局组织太浦闸工程安全鉴定，鉴定结论为三类闸，并提出除险加固建议。经水利部同意，太湖局随后组织开展太浦闸除险加固工程前期工作。2011年12月，水利部批复《太浦闸除险加固工程初步设计报告》，基本同意除险加固工程按闸孔总净宽120米，闸底板高程−1.5米，近期闸槛顶高程0.0米方案实施；在太浦河现状河道情况下，遇100年一遇洪水，近期设计流量为784立方米每秒，远期为985立方米每秒。除险加固采用在原址对太浦闸进行拆除重建。

重建的太浦闸位于太浦河泵站北侧，新闸公路桥与泵站公路桥成一直线布置，其建设风格与太浦河泵站一致。

拆除重建的太浦闸为1级建筑物，相应的水闸闸室、上游翼墙、上游侧大堤、消力池及其翼墙均为1级建筑物，其他永久性建筑物为3级建筑物，临时建筑物为4级建筑物。设计防洪标准为100年一遇，相应闸上水位为4.51米。

节制闸主要由闸室、上游护坦、下游消力池、海漫、上下游抛石防冲槽、上下游连接段、上下游翼墙、交通桥等组成，水闸顺水流方向布置的总长度为113.00米，垂直水流方向闸室布置的长度为136.50米。

闸室采用开敞式、10孔、单孔净宽12米、两孔一联布置的整体结构，口门总净宽120米，水闸边墩厚度为1.00米，中墩厚度为1.30米，缝墩厚度为1.00米。底板顺水流方向为 19 米，底板上部设底槛，高度为 1.5 米，其顶面高程为 0.0 米，底槛宽 4.5 米，上距闸墩上端 3.1 米，闸门槽进入底槛深 1.5 米，闸底板顶面高程为 −1.50米。

水闸的工作闸门采用平面直升门，配卷扬式启闭设备。启闭机房平台高程为 16.0 米，通过排架柱支撑于闸墙上，闸墙顶面高程为 12.70 米。

闸室上游设护坦总长 33 米，抛石防冲槽宽 5 米。闸室下游设消力池长 20.00 米，水平海漫 31.00 米及防冲槽 10.00 米。上、下游两侧连接段护坡采用浆砌块石护坡，厚度为 0.35 米。上下游翼墙根据挡土高度不同分别采用钢筋混凝土扶臂式和悬臂式结构。

为沟通太浦河两岸交通，在闸室靠下游侧顶部布设总宽为 9 米的交通桥，桥总长 136.50 米，采用装配式预应力空心板桥梁。

应地方政府要求，经设计变更，利用闸南侧边孔作为上闸首，增设闸室、下闸首形成套闸，便于通航。套闸上闸首采用双扉门配卷扬式启闭机，下闸首采用横拉门配卷扬式启闭机，上闸首交通桥为钢结构开启桥，由液压启闭机操作。套闸最高通航水位 3.50 米，最低通航水位 2.60 米。

对太浦闸的计算机监控系统进行了改造，监控系统具有数据采集、画面显示、自动控制、越限报警、事件顺序记录、事故追忆、显示资料、通信管理、权限及口令管理等功能，并设置防汛会商子系统一套。

太浦闸除险加固工程由上海勘测设计研究院设计，由江苏省水利建设工程有限公司施工，于 2012 年 9 月开工，2014 年 6 月完工。

二、望亭水利枢纽

望亭水利枢纽位于望虞河与京杭大运河交汇处，上游距望虞河入太湖口约 2.2 千米，下游距沪宁铁路桥约 1.2 千米，是通过望虞河连接太湖与长江的引排枢纽。

（一）工程布置

望亭水利枢纽采用立交布置，京杭运河经上部人工河槽通航，望虞河洪水从地下箱涵式涵洞下泄，两者轴线交角为 60 度。河槽底高程 −1.7 米，底宽 60 米。下部钢筋混凝土倒虹吸箱式涵洞共 9 孔，单孔净宽 7 米，高 6.5 米，总长 102.8 米；涵洞底板高程 −9.6 米，上下游进出口各以 1∶7 坡与上下游河床相接，上下游河床高程均为 −3.0米，上游设计最高洪水位 4.64 米，下游最高水位为 4.20 米，设计过涵排水流量 400 立方米每秒。涵洞上游洞首设平板直升式钢闸门 9 扇，上下游洞首均设有汽-10、拖-30 交通桥。

望亭水利枢纽不但解决了泄洪与航运的矛盾，还避免了运河污水进入望虞河，为经望虞河引长江清水入太湖创造了条件。

望亭水利枢纽于 1992 年 10 月开工，1993 年 12 月基本完工，1998 年 10 月通过了太湖局和江苏省水利厅联合主持的单项竣工验收。该工程曾获国家科技进步二等奖、水利部1996年度优质工程奖和2000年全国第九届优秀工程设计奖银奖。

（二）望亭水利枢纽更新改造

2010年7月，水利部以《关于望亭水利枢纽更新改造工程初步设计报告的批复》同意实施望亭水利枢纽更新改造工程。主要更换工作闸门和启闭机9台套，对门槽埋件进行更新改造；中控楼及启闭机房改造面积994平方米；上下游闸首各增设一套检修门和一处检修门库；增设两岸人行交通桥；对两岸翼墙进行防护；对现有管理设施进行维护等。

望亭水利枢纽更新改造工程于2010年12月开工，2012年3月完工。

三、长山闸

长山闸位于浙江省海盐县澉浦镇东南2.5千米处长山西南麓，闸基为花岗斑岩和凝灰熔岩。闸分7孔，每孔断面尺寸为8米×4.5米，总净宽56米，闸底板高程−1.0米，设计最大过闸流量为871立方米每秒。在闸右侧设宽2米、高4米的竖缝式鱼道，底坡坡比为1∶78（图8-3-2）。工程由浙江省水利水电勘测设计院设计，由浙江省水电工程局第一工程处施工。

图8-3-2 长山闸

在杭州湾北岸建闸要确保杭嘉湖平原的安全，并需抵御海潮风浪的冲击，为此长山闸建有两道闸门，当一道闸门损坏时，另一道闸门可继续关闭和开启。为防止海水侵蚀，大闸采用后张自锚预应力钢筋混凝土闸门，每扇门重48吨，闸门启闭采用油压启闭机，每孔闸门各自配有油泵、油箱和液压操作系统。启门力计算为70吨，最大为98吨；闭门力计算为45吨，最大为63吨，配用电动机55千瓦。

为避免闸外淤积，闸址选在山体凸出的海湾处，面临深水线，不易淤积，闸基利用山麓岩基，闸门外有长山与葫芦山作屏障，风浪较小。

工程于1976年4月开工，1980年5月主体工程建成。1980年8月9日，长山闸首次开闸排涝。当年，汛期排涝61天，泄洪量5.8亿立方米，每潮排涝时间与设计基本符合。其后经过4年试运行，于1984年1月由省、市组织正式验收，工程质量优良。

1999—2000 年分别进行了更新改造：对闸上、下游河道水下部分进行抛石；对闸底板、护坦进行维修；对闸门进行修补、防腐；对 T 形梁细缝进行处理；对机械电气设备进行更新改造；对管理危房进行拆除重建。闸门运行操作方式由单孔机房旁控制改为集中控制，并将计算机监控与常规集控结合起来，形成两个平行系统，互为备用，各控制方式通过硬件、软件相互闭锁。因鱼道没有作用，已改成启闭机室。1998 年 10 月至 2002 年 10 月间又对长山闸原有油压管道系统及管理房实施改造，增加闸门启闭自动化控制系统。

长山闸工程于 1984 年获国家优质工程银质奖，浙江省优秀设计三等奖，1985 年获水利电力部优质工程奖。

第三节　闸 站 水 利 枢 纽

一、常熟水利枢纽

常熟水利枢纽位于江苏省常熟市海虞镇花庄村，是望虞河连接长江的控制建筑物。遇 1954 年型洪水，汛期 5—7 月可排泄太湖洪水 23.1 亿立方米，并兼排望虞河两岸地区涝水；遇 1971 年型干旱，4—10 月需引长江水 28 亿立方米补给太湖，同时可提高通航标准。

枢纽工程 1995 年 10 月开工，施工开始时先拆除建于 1960 年的 15 孔总净宽 64 米的老望虞闸，新建枢纽包括泵站和节制闸，枢纽布置为泵站据中，节制闸对称分布于两侧。节制闸共有 6 孔，总净宽 48 米，设计流量 375 立方米每秒，并可利用泵站底孔流道引排，设计流量 125 立方米每秒，合计泄流量 500 立方米每秒；泵站可双向抽水，设计流量为 180 立方米每秒。

泵站采用立式 X 流道轴流泵配同步电机共 9 台套，总装机容量 8100 千瓦，并设 110 千伏户外变电所 1 座。

泵站设计满足了大流量、特低扬程、双向抽水的特定要求，其应用上下四道闸门进行切换，可实现引排双向运行。工程设计也为国内大流量、低扬程、双向抽水泵站建设提供了宝贵的经验。

工程于 1995 年 9 月开工，1997 年 6 月通过泵站启动验收。枢纽工程于 1998 年 5 月完工，同年 12 月通过了太湖局和江苏省水利厅联合竣工验收。工程由上海勘测设计研究院和江苏省水利勘测设计研究院设计，获得江苏省 2000 年度“扬子杯”银奖。

二、盐官下河枢纽

盐官下河枢纽是杭嘉湖南排的骨干工程，由排涝闸站工程组成。枢纽位于浙江省海宁市盐官镇东，老沪杭公路与钱塘江北岸海塘之间，口门外即为钱塘江强涌潮河段。

枢纽内接25.7千米长的盐官下河，其在桐乡市大麻镇附近与江南运河相接。

枢纽排涝泵站设4台斜15度轴流水泵，装机容量8000千瓦，设计流量200立方米每秒；排涝闸共6孔、单孔宽8米。工程建成后，遇1954年5—7月梅雨型洪水，可向钱塘江排涝水7.2亿立方米。

排涝泵站由主机房及进出水口、装配场、副厂房、进出水池等组成。

主机房及进出水口，顺水流方向长49.3米，垂直水流方向宽50.33米，主机房平面尺寸为50.33米×21.9米（宽×长）。斜15度轴流泵转轮直径3.8米，转轮中心安装高程0.0米；为水泵相配备有4台2000千瓦的同步电动机和齿轮减速器。泵组间距为12米，两机一联，2号与3号泵之间设有变形缝。泵站主机房地面高程2.8米，机坑廊道高程－5.0米，集水井底高程－8.0米。

进水口段底部顺水流向宽度17.5米，进口流道底高程－4.5米，上部宽度13.1米，设有8套固定回转式清污机和4孔检修门槽，并备有1扇4台泵共用的9米×6米（宽×高）检修平面钢闸门。

出水口顺水流方向宽9.9米，设有电缆廊道、管道间和工作事故闸门各一道。流道出口底高程－2.2米，每台水泵流道出口均分成宽度为4米的两孔，每孔设有工作闸门1扇，为带拍门的4米×5米（宽×高）平面钢闸门，同时设事故闸门1扇，为4米×5米预应力钢筋混凝土平面闸门，启闭设备为液压启闭机。紧挨主机房还设有4层宽1.8米的钱塘江观潮走廊。

泵站主体部分基础采用直径0.8米钢筋混凝土灌注桩处理。工程于1995年12月开工建设，1998年7月基本完工。

三、太浦河泵站

太浦河泵站位于江苏省吴江市距太湖河口2千米的太浦闸南侧，是太浦河工程重要组成部分，承担向下游供水和改善上海黄浦江上游水源地水质任务。枯水时开启太浦闸自流不能满足供水需求时，可通过泵站向下游增加供水。

太浦河泵站设计流量300立方米每秒，设计净扬程1.39米，建筑物防洪标准设计为100年一遇，校核为300年一遇。

（一）枢纽布置

泵站枢纽由西向东布置，由进水渠、导流墩、泵站交通桥、进水池及连接段、泵房、变电站、出水池及出水渠等部分组成，从进水渠进口到出水渠出口全长1038.33米。

进、出水渠为新开河道，其直线段与太浦河平行，两者中心线相距200米，进水渠口位于太浦闸上游约450米处，取水角为30度，出水渠口位于太浦闸下游约500米处，出水角25度，进出水渠均为梯形明渠，底宽70.0米。为改善进水口水流条件，在进水渠进口设置了4个导流墩。

泵站交通桥与太浦闸公路桥成一直线布置，拦污栅闸邻近交通桥下游侧布置，交通桥布置在泵房的上游侧。

（二）主要建筑物

太浦河泵站泵房采用堤身式布置，泵房内布置6台单泵流量为50立方米每秒的斜轴泵及配套电机，总装机容量9600千瓦。主泵房长84.87米，底板宽40.45米，高32.45米，为满足伸缩缝的设置要求，采用二机一缝的布置，泵房底板共分3块，单块长22.5米、宽40.45米，水泵安装高程为－1.80米，主泵房地下部分分3层，分别为底板层、水泵层和安装间层，其高程分别为－6.50米、1.45米和6.15米，底板层进水流道底板底高程－8.05米，出水流道底板底高程－6.45米，底板底高程最低处为－11.20米，泵房底板厚2米。

安装间在泵房北端，平面尺寸为17.25米×22.0米，地面高程为6.15米。35千伏变电站在泵房南端，平面尺寸为24.5米×25.5米。

泵房地基处理采用水泥搅拌桩，安装间及变电站基础均采用筏式基础，底板厚度均为1.5米。底板下均设灌注桩基础。

进水渠长487.70米，为梯形明渠，底宽70.0米，渠底高程－2.50米。太浦河河底高程为0.00米，在入口处以1∶5的底坡与渠底高程－2.50米相接。

进水池（包括前池）长35.25米、宽71.30～64.66米，池底高程－3.00～－6.05米，墙顶高程7.00米。进水池底板采用钢筋混凝土底板，厚0.6米。出水池（包括连接段）长32.0米，宽64.66～70.0米，池底高程－4.45～－1.80米，墙顶高程6.00米。池底采用钢筋混凝土底板，厚0.60米。出水渠长402.43米，为梯形明渠，底宽70.0米，渠底高程－1.80米，顶高程6.0米。

导流墩设于进水渠口下游，共4个，墩长15米，墩厚0.8米，与引水渠横断面夹角73.5度，底高程－3.85米，顶高程3.30米。

太浦河泵站由上海勘测设计研究院设计，并开展了低扬程大型斜轴轴伸泵专题研究，解决了大流量斜轴轴伸泵设计及安装中的重大技术难题，研究成果获2004年度水利部大禹科学技术奖。工程于2000年12月开工，2004年8月竣工验收。工程获2003年上海市建设工程“白玉兰”奖（市优质工程）、2005年度上海市优秀设计一等奖。

第九篇

地区治理工程

地区治理工程主要是指由地方政府组织建设的水利工程，如河道疏浚、堤涵闸泵、圩区建设以及江堤海塘等，面广量大的地区治理工程也是全流域治理的重要组成部分，对区域防洪、水资源配置、水生态安全保障发挥着重要的作用。

水库建设也由地方政府负责，另有第十一篇专篇记述，不在本篇之内。

第一章 地区性河道整治

中华人民共和国成立后，各地开展了大规模区域河道整治。1991年大水后，一期治太骨干工程全面实施，部分区域主要河道整治也纳入其中。

第一节 江苏部分

一、湖西区

（一）丹金溧漕河

丹金溧漕河位于镇江和常州两市，北起江南运河，南讫南河（溧城双桥），长69千米，河底宽34米，河底高程0.0～0.5米，河口宽40～100米。1954年、1958年、1959年、1969年四次局部疏浚丹金溧漕河。1954年2月，疏浚七里桥至横塘河3.1千米。1958年冬，为扩大河道的引排能力及达到通航要求，在丹阳和金坛境内拓浚七里桥至金坛县（现金坛市）城段。1959年疏浚七里桥至左墓桥河13.1千米。1969年冬，疏浚丹阳和金坛境内七里桥至金坛县城段，裁弯取直里庄荆城村段。1970年，为控制丹阳高水南压，修建3孔丹金河闸，净宽16米。2002年废弃丹金河闸，新建丹金水利枢纽，工程列入一期治太湖西引排工程。

（二）九曲河

九曲河位于丹阳市境内，自长江九曲河枢纽至江南运河，长29.6千米，河底宽20～25米，河底高程－1.0米，河口宽78～88米。20世纪50年代末至70年代初，对河道实施拓浚和裁弯取直。1971年10月，扩建九曲河节制闸两边孔。20世纪90年代实施河道拓浚，修建九曲河江边枢纽以及兴建沿线配套建筑物工程，该工程列入一期治太湖西引排工程。

（三）新孟河

新孟河位于常州市，北自长江，南至江南运河，长22千米，河底宽5～15米，河底高程0.0～0.5米，河口宽约70米。1959年、1960年、1965年、1974年先后整治新孟河，并兴建小河节制闸，共5孔，总净宽23.6米。

（四）德胜河

德胜河位于常州市，北自长江，南至江南运河，长22千米，河底宽10～15米，河底高程0.0～0.5米，河口宽约70米。为提高德胜河引排能力，1951年建闸，切沙滩改善入江口门，整修魏村古闸。1971年，在魏村镇兴建5孔节制闸。1972年实施德胜河全线疏浚河道和裁弯取直20.7千米。1991—1996年，在魏村节制闸北德胜河入江口处新建魏村水利枢纽，工程列入一期治太湖西引排工程。

（五）扁担河

扁担河位于常州市区西南，北起江南运河，穿孟津河至滆湖，长16千米，河底宽10～15米，河底高程0.0～0.5米，河口宽40～60米。扁担河史称直渎，1958年全线拓浚改称扁担河。1966年全线拓浚，河底宽10米，河底高程0.0米。1990年全线测量，存在河道淤积，于11月开始全线疏浚河道18.4千米，河底宽10米，河底高程0.0米，并新建驳岸、涵洞等配套建筑物。

（六）武宜运河

武宜运河北起常州江南运河的石龙嘴，向南入宜兴市境至宜城，长48千米，河底宽17～33米，河底高程－0.8～0.0米。1977年全线拓浚武宜运河。2000年，实施武宜运河拓浚改道工程，其中常州市境内上段自江南运河与德胜河交汇处的连江桥至丫河镇平地开河，下段至太滆运河全线拓浚，河底宽17～20米，河底高程0.0米，河道全线护岸或护坡；宜兴市境内24千米全线拓浚，河口宽65米，河底宽33米，河底高程－0.8米。2003—2006年，常州市境内实施武宜运河改道拓浚工程，北起常州吕墅的江南运河德胜河口，南至武进坊前的武宜运河太滆运河河口，长25.7千米，河底高程0.0米，河底宽武南河以北20米，以南17米，并建堤防、护岸、涵洞、节制闸等建筑物。

（七）太滆运河

太滆运河位于常州和无锡两市境内，由滆湖自西北向东南至宜兴市与漕桥河汇合，于百渎口入太湖，长23千米，河底宽20～30米，河底高程－1.0～0.5米，河口宽40～60米。1970年冬，对武进境内太滆运河进行拓浚。2000年12月至2001年3月，对漕桥、黄堰桥以南至宜兴交界处及百渎口段0.29千米河道进行清淤，河底宽25～50米，河底高0.0米。2003—2004年，分两期实施滆湖口至漕桥镇黄堰桥段清淤工程，长18.9千米，河底宽20～30米，河底高0.5米。

（八）中河—北溪河

中河—北溪河位于常州与无锡两市境内，自西向东贯穿溧阳和宜兴两市。其中，中河在溧阳市境内，北溪河在宜兴市境内，两河长46千米，河底宽20～37米，河底高程0.0～0.5米，河口宽45～155米。1976—1978年，实施中河整治工程29.2千米，其中1977年1月完成河道疏浚，上段老鹳咀至道人渡9.9千米，河底宽20米；中段道人渡至丹金溧漕河口7.3千米，河底宽25米；下段丹金溧漕河至杨巷桥12千米，河底宽27米。1974年12月至1976年5月，实施北溪河整治，全线疏浚河道，修建圩堤块石护岸14.5千米，并拆除束水桥梁，新建桥梁、驳岸等。20世纪80年代曾多次对北溪河进行疏浚，加高加固堤岸和块石护岸。

（九）南溪河

南溪河横贯宜兴市中部，自胥河（河口）至太湖（大浦港），长76千米，其中宜兴境内长 24.8 千米，河底宽度 15～65 米，河底高程 0.0 米左右，河口宽 35～80 米。新中国成立以后，南溪河分期分段进行治理。1951 年拓浚城东港和大浦港；1952 年拓浚北河；1958 年疏浚蛟桥河；1963 年升溪桥由 3 孔拓宽到 8 孔；1967 年拓浚南虹河（又称南仓河），并放宽桥梁路径；1969 年拓浚徐舍镇河段，拆除束水桥梁；1973 年拓浚宜北桥，再次拓宽大浦港、城东港；1976 年拓浚城南河（洑溪、洪巷港），河宽 50～80 米，拆除束水桥，拓浚洪巷港，于 1985 年建块石护岸 22 千米；1993 年拓浚城东港，工程列入一期治太湖西引排工程。

二、武澄锡虞区

（一）望虞河

望虞河从苏州、无锡边界的望亭镇起，到耿泾口入长江，全长 60.3 千米，1958—1959 年进行河道整治并初具河形。上段河道利用常昭漕河，并疏通太湖诸港口，经伯渎港、九里河、锡北运河和应天河分流入望虞河；下段串联漕湖、鹅真荡、嘉菱荡、张墓塘，绕过虞山北麓，在耿泾口以北入长江，其中鹅真荡以下至江边 37.6 千米基本属平地开河。同时在江边兴建望虞河节制闸 1 座，15 孔，净宽 64 米。其后，由于该工程涉及流域防洪，相关省（市）对工程定位提出异议，工程被搁置。至 1987 年，上段河道底宽 10～20 米，河底高程 0.5 米左右，其中葑泾塘段 2 千米，底宽只有 5 米。下段鹅真荡北口以下 37.6 千米，河底宽 30～50 米，河底高程－1.0 米。当时，望虞河与太湖尚未接通，进口沙墩港有明清时建的石坝将河湖分开，河道主要用于排涝。1991 年起望虞河工程列入一期治太骨干工程。

（二）白屈港

白屈港南起无锡市区北兴塘，北至长江，长 44 千米。白屈港河道原为沿江的一条断头小港，自港口向南至东横河长约 4.3 千米。1957 年全面拓浚港口至东横河老河，同时拓浚松桥浜，把白屈港向南延伸至应天河，作为新辟入江水道，分担锡澄运河排水任务，全长 9.8 千米。拓浚后江口至计划建闸处底宽 12 米，至东横河段底宽 10 米，至应天河段底宽 8 米，河底高程均为 2.10 米。1958 年 6 月，建 2 孔节制闸，净宽 8 米。1980 年在老闸东侧扩建 1 孔节制闸，净宽 10 米。1991 年起白屈港列入一期治太武澄锡引排工程项目进行大规模拓宽和延伸，主要包括白屈港河道拓浚工程、白屈港水利枢纽工程。

（三）澡港河

澡港河位于常州市新北区境内，北起长江，南至北塘河，长 23.2 千米，河底宽 20 米，河底高程 0.0 米，河口宽 50 米。1952 年拓浚澡港河。1955 年拆除狮子闸，兴建圩塘闸。1968—1969 年全线整治，长江口至圩塘闸利用老河，闸内拉直改道，经百丈向东的小新河口，沿利大河向南裁弯取直，穿通济河到金木井入老河，过老虎塘至青莲墩入北塘河，同时两岸修筑港堤，沿河拆建桥梁、沟门涵洞。工段长 19.7 千米，河底高程闸外 0.0 米、闸内 0.5 米，河底宽长江口至青莲墩 10～7 米，其中新开河段 5

米。1994—1998年，为进一步扩大澡港河引排能力，实施新澡港河改道和拓浚工程，在澡港河入江口处建澡港水利枢纽，该工程是一期治太武澄锡引排工程的主要项目。

（四）新沟河

新沟河北起长江，南接武进舜河，长34千米。1950年和1957年两次疏浚，以浚深为主。1958年在河网化建设中，江阴县（现江阴市）对新沟河拓浚并裁弯取直，河底宽15米，河底高程0.5米。1963年拓浚西横河以北段，河底宽16米，河底高程0.5米，在港口建3孔节制闸，净宽10米。1965年、1968年、1970年拓宽西横河以南至武进县（现武进区）石埝段，河底宽8米，河底高程0.8～1.2米。1972年春，在老闸东侧扩2孔，每孔7.5米，使闸总宽度达25米。1974年向南延伸，接武进县舜河、三山港入大运河，全长27.5千米。1986年继续对港口白水滩机浚1.3千米，河底宽西横河以北段25米、西横河以南段20米，河底高程0.0米。2000年在原址重建新沟闸，新闸3孔，净宽26米。

（五）锡澄运河

锡澄运河北经江阴段青阳黄田港入长江，南交于无锡大运河高桥，长38千米。锡澄运河—黄昌河—新夏港段河底宽45米，底高－1.0米；黄昌河以北段底宽20～25米，底高程－0.5～－1.0米。1952年、1953年和1971年多次对锡澄运河进行局部疏浚。1956年疏浚锡澄运河中段和南段32.5千米，河底高程－0.05米，底宽16米，主要包括对白荡圩九间头以北五段裁弯取直（包括南闸、月城、青阳市镇段改道），长7.4千米；人工疏浚老河道18.9千米；开挖黄田港避风港0.2千米；疏浚白荡圩九间头至江南运河6千米；对锡澄运河南段与江南运河交界处进行改道，堵塞了原交界处的皋桥，在其东侧另开了连接河段。1981年冬拓浚中段18.9千米，北起西郊公社通运大队的三板桥，南至桐岐公社的泗河口，长18.9千米。1983年起历时8年完成锡澄运河复线船闸配套工程。1988—2007年累计疏浚28次，疏浚长度19.8千米；完成护岸工程26段，护岸长度21.5千米。2000年，无锡市对江南运河口高桥至泗河口12.8千米河段按Ⅴ级航道标准完成改造。

（六）张家港

张家港由长江张家港船闸至浏河，长105.2千米，河底宽15～65米，河口宽40～90米，河底高程－0.5～－1.5米。1958年在入江口建通江节制闸并拓浚河道，自原张家港河口向南延伸至北漍镇东周家码头，将原有石头港、亭子港等7条老河道沟通连接，工段长38.1千米，其中顺河拓浚28.7千米，裁弯取直4.6千米，平地新开4.8千米。1968年实施张家港航道工程，全线基本利用原有河港，裁弯取直、拓宽浚深，最小底宽15米，机浚段底宽20～30米，河底高程0～0.5米，在节制闸西侧巫山港增建船闸，并建护坡岸及昆承湖防浪堤。1992年在江边拆除1958年兴建的节制闸，在距张家港入江口约200米处重新兴建节制闸。2000年按Ⅴ级航道标准全面整治。2000—2005年，兴建和改建虞山一、二线船闸。2003—2008年整治22千米，河底宽由原20米拓宽至45米，河口宽由原50米拓宽至60～70米，并新建驳岸、桥梁。

（七）十一圩港

十一圩港南接张家港河，北入长江，长 28 千米，河底宽 15～30 米，河口宽 55～70 米，河底高程－1.5～1.0 米。1951 年，疏浚乌墩至郁家桥 18.9 千米，河底宽 6 米，河底高程 1 米。1965 年，疏浚蒋桥至南中心河段，在新庄里筑土坝，在距港口 1.6 千米处建 3 孔闸节制闸，净宽 14 米。1974 年，将十一圩港全线拓宽，裁弯取直，拓浚蒋桥至河口段，河底宽 20～30 米，河底高程 0 米，拆除新庄里土坝，使南北通联。1978 年，由江阴和沙洲（现张家港市）两县拓浚江阴北澜至蒋桥段，河底宽 15～20 米，河底高程 0 米。1996 年疏浚乘航 5.5 千米，河底宽 20 米，河底高程 0 米。1997 年，疏浚蒋桥至十一圩闸外 6.2 千米。2002 年，在张家港境内疏浚 26.5 千米，北澜至东横河口河底宽 15 米、河底高程 0 米，东横河口至蒋桥北河底宽 20 米、河底高程 0 米，蒋桥北至郁家桥河底宽 20 米、河底高程－0.3 米，郁家桥至北中心河河底宽 20 米渐变至 30 米、河底高程－0.3 米，北中心河至河口段河底宽 30 米、河底高程－0.3 米。2008 年，实施坡岸整治工程，北起港丰公路二干河大桥，南至锦丰、杨舍交界处。

（八）东青河

东青河位于无锡市区东北部，南起锡北运河，北至张家港，全长 14 千米，河底宽 15～60 米，河底高程 0.0 米。20 世纪 80 年代后，东青河先后 3 次整治。2001 年初，江阴市组织对东青河北澜段河道进行整治，新辟航道 1.4 千米。锡山区于 2007 年 9 月至 2008 年 6 月，对东青河锡山段约 4 千米航道按Ⅴ级航道、预留Ⅳ级的标准实施了整治。

（九）锡北运河

锡北运河位于无锡市区北部，西起锡澄运河白荡圩，东迄常熟市冶塘入望虞河，长 47 千米，河底宽 20～50 米，河底高程 0.0～0.5 米。1958 年，在无锡县（现无锡市锡山区、惠山区）境内拓浚裁弯老河道 28.0 千米、开挖新河 9.1 千米，在常熟境内开浚和裁弯取直。1986—2000 年，按Ⅴ级航道标准整治八士和张泾镇区段。2001 年，按Ⅴ级航道标准整治白荡圩段 4.2 千米。2002 年以来，在惠山新城区（惠山经济开发区）境内实施锡北运河防洪护岸工程。2003 年，按Ⅴ级航道整治锡山区和八士两段 1.8 千米。2005 年，按Ⅴ级航道、Ⅳ级预留，整治昆村桥段 3.9 千米。2006—2007 年，常熟市拓浚境内王庄老市镇至一砖厂 3.8 千米，河底宽 10～20 米，河底高程 0.5 米。

（十）梁溪河

梁溪河位于无锡市区，东起无锡市西门西水墩古运河，西至大渲口入蠡湖（五里湖），并经蠡湖由犊山口入太湖，长 8.6 千米，河底宽 15～60 米，河底高程－1.0 米。1965 年对梁溪河全线疏浚。1977—1979 年对无锡市郊区梁溪河两岸鱼池堤岸修筑护堤石驳。1976—1979 年对江尖到西水墩段进行了切角和疏浚。1998 年疏浚江尖至西水墩段。2000 年后疏浚了梁溪河西段 5.8 千米和北段 2.2 千米。2004 年实施梁溪河水环境综合整治，整修河道岸线 14 千米、重建护岸 10 千米。

（十一）武进港

武进港（原称戚墅港），位于武进东南地区。北起大运河，南经虞桥、洛阳、戴溪、周桥、雪堰，由蝴蝶浜入太湖，全长29千米。1974年2月，开浚自大运河口至胜利桥段2千米。1977年对武进港自胜利桥至塘门桥计9.1千米、自周桥至蝴蝶浜入太湖8千米进行疏浚整治，自塘门桥至周桥段因原有河道较宽未行疏浚；沿河地势低洼，浚河结合筑堤。河底宽自大运河口起至胜利桥15米，胜利桥至天井桥为20米，从天井桥至太湖口为25米；河底高程自北向南由0.5米降至0米。1998年11月开始建武进港水利枢纽，工程列入一期治太环湖大堤工程，包括单孔16米节制闸和8米（闸室12米×135米）船闸。工程于1999年12月竣工。

三、阳澄淀泖区

（一）常浒河

常浒河自常熟市大东门至长江，长24千米，河底宽30～45米，河底高程－1.0～0.0米，河口宽46～75米。1958—1961年拓浚大东门—梅李段，梅李下游段裁弯取直，改线新开8千米新河，在浒浦袁家墩入江，并建节制闸。闸内段河底宽20米、河底高程0.0米；闸下游400米处至江边1.5千米，河底宽40米、河底高程－1.0米；闸下游400米范围为渐变段，河底宽30～40米、河底高程0.0～－1.0米。2001—2004年，按10年一遇排涝、50年一遇防洪、最大排水流量250立方米每秒整治河道。海虞桥至陈泾口4千米，河底宽25米，河底高程0.0米；陈泾口至盐铁塘8.5千米，河底宽30米，河底高程－1.0米，河口宽46米；盐铁塘至浒浦闸6.6千米，河底宽40米，河底高程－1.0米，河口宽64米，两岸各设5米宽绿化带；浒浦闸至河口1.5千米，河底宽60米，底高程－2.0米。

（二）元和塘

元和塘沟通常熟市外城河与苏州市环城河，长40千米，河底宽30～45米，河底高程0.0～1.1米，河口宽30～70米。中华人民共和国成立后，拓浚苏州齐门外至陆墓段及陆墓市河段等浅窄束水段。1965年，为围垦南湖荡，从练塘河口至木排厍开挖新河2.1千米，河底宽15米，河底高程0.0米。1988年，陆墓镇修筑市河段西岸石塘岸2.1千米。2004年，疏浚陆墓市河段3.5千米。

（三）白茆塘

白茆塘位于常熟市境内，从常熟小东门至长江，长41千米，河底宽15～60米，河底高程－0.5～－2.0米，河口宽50～111米。1972年10月，常熟、吴县（现吴中区、相城区）、昆山三县拓浚白茆西市梢至北港塘口段17.9千米，河底宽35米，河底高程－0.7米左右，裁弯3处，建驳岸1.2千米。2002年春，疏浚白茆镇尤漕至老闸段21.5千米，其中，尤漕至三泾口长3.9千米，河底宽35米，河底高程－0.5米；三泾口至南渡桥长9.6千米，河底宽29米，河底高程－1.5米；南渡桥至老闸长7.7千米，河底宽24米，河底高程－2.8米。支塘市镇段局部适当裁弯并建护岸，河底拓宽至40～50米。2002—2006年，入江口河道裁弯取直，张家巷至龙王庙段河道成一线，设计闸上游段河长2.1千米，标准为底宽67米、底高程－1.5米；闸下游段河长0.4

千米，标准为底宽75米、底高程－1.5米。闸上游建护岸挡墙6.0千米，闸下游建框格浆砌块石护砌。2004年秋，疏浚龙王庙至河口段1.4千米，河底宽75米，河底高程－1.5米。

（四）七浦塘

七浦塘位于苏州市东北部，西起阳澄湖，向东流经昆山、常熟、太仓，至七丫口入长江，长47千米，河底宽15～60米，河底高程－1.5～0.0米，河口宽20～50米。1953年2月，在距七丫口上游3.6千米建3孔节制闸，净宽15米。1956年冬，拓浚太仓直塘镇至七丫口21千米，闸下游河底宽18米，河底高程－2.8米；闸上游河底宽18～10米，河底高程－0.5米；两岸结合挖河筑堤，裁弯取直新仓附近7处急湾，避开沙溪、浮桥两市镇另辟新河，缩短河线0.2千米。1971年，在昆山境内实施七浦塘束水段石牌镇市河工程，设计河面宽30米，开挖长度0.3千米。1973年，在常熟县（现常熟市）境内拓浚七浦塘任阳镇区段，河道底宽19.2米，河底高程－0.7米，河面宽33.6米。1999年9月，在距入江口400米处建成新3孔节制闸，净宽18米，在建闸河段将七丫口南岸第一凸岸裁弯取直。

（五）杨林塘

杨林塘西起阳澄湖下游鳗鲤泾，向东经昆山市、太仓市，至浮桥镇杨林口入长江，长44千米，河底宽12～20米，河底高程－1.0～0.0米，河口宽35～50米。1958—1969年，在太仓和昆山境内全线疏浚杨林塘，拓宽挖深、裁弯取直，岳王市河段改在市北通过，全长26.2千米，并建杨林闸，净宽16米，整个工程分三期完成。第一期为1958年12月至1959年4月，工程为杨林口向西一段，长3.4千米，将原有河底加宽到20～30米，河面加宽到50～70米，河底高程－0.5～1.0米，大小河弯全部截去；第二期为1959年12月至1960年5月，工程自杨林口至姚五湾，全长16.2千米，水闸下游河面宽98.1米、上游50～55米，河底高程水闸下游－1.0米、上游－0.5～－1.0米，底宽下游30米、上游23米，并于1960年兴建杨林闸；第三期为1969年12月，工程自姚五湾至盐铁塘，长5.9千米，河道底宽20米，河底高程－0.5米。1970年冬，实施西杨林塘（昆山境内）整治工程14.6千米，河底宽15～10米，河底高程0米。2000年，在原杨林闸下游200米、距入江口1.1千米处，重建3孔节制闸，净宽20米。

（六）娄江

娄江位于苏州市区和昆山市境内，西起苏州娄门环城河，东至昆山与太仓市交界处的草芦村接浏河，长33.3千米（环城河—青阳港），河底宽16～70米，河底高程－1.7～－1.9米，河口宽60～100米。1977年娄江全线拓浚，吴县（现吴中区、相城区）境内跨塘至界浦10.2千米，河底宽35～40米。昆山境内23.2千米（含沪宁线铁路桥下段及昆山县城市河段），界浦至三里桥河底宽36米，河底高程－1.49～－1.80米；三里桥至迎恩桥河底宽40～32米，与玉山市河底宽相接；东大桥至青阳港为平地开河，河底宽36米，河底高程－1.88～－1.94米；青阳港白塔头至青水港河底宽60

米，余为渐变段至新浏，河底宽 80 米。昆山市河段河线改从三里桥东侧 50 米起，经迎恩桥、正阳桥向东平地开挖至青阳港，整治后的昆山市河长 3.0 千米，河底宽 32 米，河面宽 42 米，河底高程－1.88～－1.80 米。1980 年重建沪宁 62 号上行线铁路桥以及桥下河段整治。从 20 世纪 90 年代中期开始，对两岸河堤逐步加做块石护坡保塌工程，至 2007 年年底，已分别完成南岸驳岸 23.5 千米，北岸驳岸 23.8 千米（含支河口延长部分），占整个娄江河道岸线总长的 99.5%。

（七）浏河

浏河西起昆山市蓬朗镇草芦村，东经太仓市城厢、陆渡、上海嘉定区娄塘、唐行等镇至太仓市浏河镇境内浏河口入长江，长 36.1 千米，河底宽 70～80 米，夏驾河至太仓交界处 6 千米河道底宽为 30 米，入江段底宽达 110 米，河底高程－2.0～－1.25 米，河口宽 120～150 米。1958 年 12 月，浏河拓浚工程全线开工，昆山草芦村起 24 千米工段仅利用老河 2.4 千米，大部分为平地开河。同时，在新浏河口兴建 19 孔节制闸，净宽 75 米。1973 年大修浏河节制闸。1975 年实施浏河续办工程，将节制闸上游 21 千米河底宽由 100 米缩至 80 米，河底高程由－1.0 米改为－2.0 米；节制闸下游 3.3 千米，河底宽 110 米，河底高程－2.5 米；河道在浏河口逐渐放宽，机浚口外浅滩。1996—1998 年兴建套闸。2001 年实施节制闸除险加固，防洪标准按 100 年一遇高潮位设计。

（八）盐铁塘

盐铁塘自耿泾闸至青阳港，地跨张家港、常熟和太仓三市，于上海市嘉定境内黄渡入吴淞江，全长 75 千米，河底宽 6～30 米，河底高程 0.5～1.5 米，河口宽 20～50 米。1957 年，浚常熟支塘—窑镇段。1971 年，浚常熟支塘—董浜段，裁弯 18 处。1972 年，浚常熟梅李—珍门段。1974 年，疏浚盐铁塘南段 5.5 千米，河底高程 0.0 米，河底宽 6 米。1975 年，拓浚常熟常浒河—耿泾段 8.5 千米，河底宽 8 米、河底高程 0.5 米。1988 年，浚常熟赵市水泥厂—常太界段 28.3 千米，河底宽 8 米、河底高程 0.5 米。1995 年 7 月，对双凤镇璜泾草场段 0.5 千米航道实施裁弯取直。1996—1998 年，实施盐铁塘杜家桥航段裁弯取直工程，新建护岸 1.4 千米。2004—2005 年，浚常熟常浒河—海洋泾段，长 5.8 千米，河底宽 6～10 米、河底高程 0.0 米。

四、杭嘉湖区

太浦河由太湖东岸时家港到上海青浦境内南大港入泖河，全长 57.2 千米，其中，江苏省 40.3 千米、浙江省 2.0 千米、上海市 14.9 千米。河道工程于 1958—1960 年两个冬春及 1978—1979 年冬春两度施工，由于相关省（市）有不同意见而终止施工。同时，太浦河西首太湖出口处太浦闸也于 1959 年 10 月竣工，29 孔，净宽 116 米。至 1987 年，江苏段平望以西 14 千米基本上已达设计标准河底宽 150 米，河底高程－1.5～－1.7 米；平望以东 26 千米河底宽 150 米，河底高程 0～1 米。上海段已开挖 10 千米，初具河形，浙江段 2 千米尚未开挖。1991 年太浦河工程列入一期治太骨干工程。

第二节 浙 江 部 分

一、浙西区

（一）东苕溪干流整治

（1）上游裁弯切滩筑堤。1975 年临安县（现临安市）对主源南苕溪里畈至长桥（青山水库库尾）24.5 千米首次整治。1977—1980 年继续治理，按 10 年一遇洪水标准，治理后堤距 60～90 米。治溪工程共裁去 100 多个大小弯兜，并建防洪堤及堰坝、水闸、渠道等。

（2）中游清障拓浚固塘。20 世纪 80 年代以后，余杭县（现余杭区）对东苕溪河道进行多次整治。1985 年，对瓶窑镇河段设障进行处理。1990 年、1991 年，拆除瓶窑大桥上游严重阻水码头 4 座。1998—2000 年，结合西险大塘加固工程，对余杭镇、瓶窑镇、安溪镇等狭窄河段进行清障、切滩、退堤。

（3）下游开挖导流港。1958—1962 年期间完成了东苕溪导流一期工程，该工程将德清以下原由龙溪经大钱口入太湖的主流改道，接疏浚后的西山塘至湖州杭长桥，汇合西苕溪后入太湖。河道全长 41.5 千米，底宽 30～65 米，河底高程 0.0 米左右。右岸新建了导流东大堤，左岸围筑了湘溪、城西、沙村等片的围堤。在导流东大堤上建有德清、洛舍、鲇鱼口、青山、吴沈门及湖州城南闸等 6 处泄水闸，总净宽 74 米，以便需要时将部分洪水分泄东部平原。1999—2005 年，实施东苕溪西险大塘、导流港、环城河整治及旄儿港、长兜港二期拓浚，工程列入一期治太东西苕溪防洪工程。

（二）西苕溪干流整治

1. 干流疏浚裁弯

西苕溪干流向安城至梅溪段，通过挖沙结合疏浚河道以及进行两处裁弯取直工程后，使该段的泄洪能力提高。主要的拓浚、裁弯工程包括：

（1）采砂结合浚河。1953—1954 年两次组织疏浚梅溪至老龙坝河道 2.5 千米，1965—1973 年先后疏浚曹埠至徐村湾、柴潭埠河道 7.0 千米。

（2）油车坞裁弯。1978 年 2—4 月，安吉县对西苕溪干流油车坞进行河道裁弯，新开河道长 1.5 千米，宽 60 米。1998—2001 年对新开河道两岸进行打桩、抛石加固，并新开堰坝 3 条。

（3）龙湾裁弯。1978 年对安吉县安城乡龙湾段进行裁弯取直，河道长度由原来的 2 千米缩短为 0.4 千米。

2. 分洪河道拓浚

西苕溪下行至霅水桥后，一支循老龙溪下行至杭长桥上游与东苕溪导流交汇后，通过杭长桥，经环城河、长兜港入太湖；一支出旄儿港经小梅港（机坊港）入太湖。旄儿港自霅水桥起，至白雀塘桥，长 8.0 千米，河道狭浅，1957 年吴兴县（现吴兴区）

实施东、西苕溪分流工程时加以拓浚，河底拓宽到 30 米，河底高程浚深到－0.9～－1.0米，分流量为 300 立方米每秒。

姚家港是西苕溪左岸 7 条分洪水道之一，长 5.1 千米，1977 年 12 月动工拓浚，1978 年竣工，河底宽 5 米，河底高程 1.0 米。

陈桥港为西苕溪分洪河道，长 7.7 千米，1978 年 1 月动工拓浚，河底拓宽到 6 米，河底高程由原来的 2 米浚深至 1 米。

深大港为西苕溪分洪河道，长 5 千米，1979 年 12 月开工浚拓，1980 年 2 月竣工，河底拓宽为 5 米，河底高程浚深至 0.7 米。

（三）苕溪尾闾治理

为使西苕溪洪水直接下泄太湖，避免东侵危害平原，1957—1958 年间实施了东西苕溪尾闾分流工程，开拓旄儿港，拓浚长兜港，开挖机坊东港（20 世纪 90 年代后又称机坊东港为新开河、环城河新塘港段），同时，兴建湖州城西闸、城北闸和 5 座小闸，节制西苕溪洪水不再东泄。东、西苕溪分流工程于 1958 年开通以后，又经 1963—1965 年拓浚。1992 年、1998—2001 年苕溪尾闾拓浚列入一期治太东西苕溪防洪工程。

1. 环城河

环城河在湖州市城西，自杭长桥穿越湖州城区至城北长 3.5 千米，历史上主要排泄西苕溪下游老龙溪的来水。1957 年 12 月至 1958 年 4 月、1963 年冬至 1964 年春先后开挖、拓浚机坊东港（新开河、环城河新塘港段），长 2.0 千米，河底宽 42 米、河底高程－0.7～－0.9 米。机坊东港（新开河、环城河新塘港段）开挖后与环城河相连通，以下分别连接长兜港、机坊港。1998 年 11 月至 2000 年年底，实施环城河（包括老城区段和机坊东港段）拓浚工程，工程列入一期治太东西苕溪防洪工程。

2. 旄儿港

旄儿港拓浚是西苕溪分流入湖的重点工程。1958 年 1 月，该港利用原有小河道拓浚，西自霅水桥起，向东经白雀塘桥，穿过机坊港东延 100 米，与长兜港相接，全长 7.9 千米，河底宽 18 米，河底高程 0.0～－0.9 米（机坊港以东河底宽 22 米，河底高程－0.9 米）。1963 年冬至 1964 年春，继续开挖河道拓至底宽 30 米。1990 年冬至 1993 年，实施旄儿港拓浚工程，工程列入一期治太东西苕溪防洪工程。

3. 长兜港

长兜港原长 2.1 千米，南接梅渚漾，北至太湖。1957 年 12 月至 1958 年 4 月，在兴建东西苕溪分流入湖工程时，该港进行重点拓宽疏浚，并向南延伸开挖新河与旄儿港、机坊东港相接，全长 6.4 千米，河底拓宽至 84～90 米，河底高程－1.0～－0.3 米。1964 年进行疏浚，河底宽 106 米，河底高程－1.0 米。20 世纪 90 年代又相继实施一期和二期拓浚工程，工程列入一期治太东西苕溪防洪工程。

（四）长兴水系

1. 泗安溪

泗安溪流域面积 565.5 平方千米（其中安徽省境为 59.3 平方千米）。1971 年冬至

1972年春，疏浚午山桥至平桥河段，长18.7千米，河底拓宽至12米，河底高程挖深至0.5米，砌石护岸30千米。1972年，疏浚泗安镇小桥头至城隍桥河段，长2.5千米，河底拓宽至8米，河底高程0.5米。1975—1978年，泗安溪的分洪河道姚家桥港全线拓浚，长11.4千米。1981年6月至1985年5月，拓浚小箬桥至李家巷5.6千米河段，河底拓宽至15米，河底高程挖至0.5米，工程分三期进行。1993年9月，为改造长湖申线航道，拓浚吕山塘，自吕山至王争水桥，长5.8千米，河底拓宽至30米，枯水期水深达2.5米，工程于1996年10月竣工。

2. 合溪

合溪流域面积381平方千米，中华人民共和国成立以来对合溪河道进行大规模治理，主要工程为中下游的合溪新港和长兴港。

（1）合溪新港。合溪中下游原河道弯曲狭窄，泄洪能力仅150立方米每秒。1970年自小浦镇黄泥潭开分洪口至新塘沈家角入太湖，长14.7千米。新港河底宽：黄泥潭至小桥头为20米，小桥头以下至太湖口为20～25米；河底高程：黄泥潭分洪口为1.0米，太湖口为-1.0米。工程于1970—1972年完成。

（2）长兴港。长兴港原是合溪的下游河段，自小浦经画溪桥穿雉城于新塘入太湖，长18.8千米，其中画溪桥至太湖口10千米，又名新塘港。1975年开始拓浚长兴港和姚家桥港，河道总长30.2千米，沿河两岸圩（抖）区新建水闸、护岸、桥梁等。其中，1980年完成小浦控制闸、1987年完成画溪铁路桥改建，其他工程都在1978年完工。

二、杭嘉湖区

（一）长山河

杭嘉湖区骨干排涝河道长山河运东段于1978—1985年建设完成，干河长56千米，底宽65米。南起海盐县澉浦镇东南杭州湾，向西北经海宁县（现海宁市）硖石镇，穿沪杭铁路到桐乡屠甸镇，再向西穿沪杭公路，与江南运河接通。同时还完成支河35.2千米。位于出口澉浦的长山闸于1980年建成。长山河后来成为一期治太工程骨干项目南排工程4条出海河道之一。

（二）红旗塘

嘉北地区的红旗塘于1958年冬至1960年春开挖，设计河长26.2千米，其中浙江段21.1千米，上海段5.1千米，底宽60～80米。河道西起嘉兴的油车港，东至嘉善与上海交界的九曲港，进入上海市后接大蒸港，入圆泄泾。当时浙江段开通，因省际矛盾，上海段搁置。红旗塘为一期轮太工程的骨干项目，在实施治太工程时全线挖通。

（三）頔塘

頔塘由湖州经南浔至江苏平望，全长58千米。1954年兴建南浔段河道改线工程，新开河道1.2千米，绕出镇区中心。20世纪60年代頔塘的整治重点是砌石护岸；1963年整修湖州至升山段北岸石塘10千米；1964年10月至1965年3月全线整修頔塘北岸砌石护岸 30.5 千米；1966 年 8 月至 1973 年整修南岸自湖州三星桥至南浔长 30.4 千米。70 年代頔塘整治的重点是拓浚河道；1973 年 1 月至 1979 年 6 月疏浚湖州市河 3 千米，拆建驳岸 2.2 千米；1975 年 3 月实施东迁地方河道改善工程，疏浚河道 0.8 千米，拆建驳岸 0.7 千米；1977 年 8 月兴修升山八里店河道改善工程，拓浚河道 0.3 千米，拆建驳岸 0.3 千米；1978—1991 年实施湖州市河工程，新开航道 2.4 千米，护岸 4.8 千米，新建 300 吨级船闸一座；1979 年 4 月，升山河段疏浚工程开工，开挖土方 3.2 万立方米，驳岸 1.2 千米。80 年代继续整修护岸工程和拓宽航道；1983 年整修頔塘南岸护岸 2.2 千米；1985 年整修南浔至东迁北岸石塘 2.1 千米；1986 年至 1988 年 12 月拓浚南浔段航道 2.4 千米，拓浚后河宽达 66 米，底宽 40 米，河底高程－0.6 米；1989 年整修頔塘北岸护堤 5.9 千米。頔塘经过整治，航道底宽已达 14～20 米，河底高程－0.6～－1.0 米。

（四）澜溪塘

澜溪塘南起桐乡乌镇南栅的金牛塘与白马塘交汇处斜尖嘴，东北走向经嘉兴的洛东、新塍镇，至苏浙省界鸭子坝，全长 14.1 千米。1951 年 4—8 月，拓浚乌镇市河南星桥至夏家新桥河长 2.2 千米，河面宽 14 米，河底宽 9 米，河底高程约 0 米。1966—1967 年拓浚市河 3 千米，砌石护岸 6 千米，拓浚后的澜溪塘乌镇市河底宽 18 米，河底高程－0.5 米，河道面宽 50 米。20 世纪 80 年代，澜溪塘成为当代京杭运河浙江段主航道的组成部分。

（五）主要溇港及入湖河道

1. 幻溇港

幻溇港北起太湖口幻溇节制闸，南至頔塘，全长 12 千米。1957 年 9 月拓浚，河长 2.7 千米，底宽 11 米，河底高程 0.9 米。1959 年拆旧闸建 3 孔新闸，总跨径 12 米，1960 年 12 月建成。1997 年 11 月至 1999 年 11 月，再次拓浚幻溇港，工程南起北横塘港，北至太湖口（幻溇水闸），拓浚河道全长 2.0 千米，其中新开河道 0.5 米，河底宽 10 米，底高程－1.0 米；老河道段拓浚，河底宽拓至 20～28 米。

2. 大钱港

大钱港南端起自东苕溪泄水故道和孚漾，北至大钱入湖口，长 13 千米。1959 年 8 月，大钱港口建水闸 1 座，7 孔，总净宽 24 米，于 1962 年 12 月建成。1971 年 12 月，拓浚大钱港河道，河面宽 60 米，河底高程－0.2 米。1973 年 6 月，拆旧闸建 5 孔新闸，净宽 40 米，并新开引河 1 条、长 0.7 千米，工程于 1982 年竣工。1990 年 4 月，湖州市疏浚大钱港湖口至水闸河道 0.2 千米和闸下河道 4.0 千米。

3. 濮溇港

濮溇港河道长 9.8 千米，自太湖向南至湖浔公路与頔塘接通。1966 年拓浚，河道底宽 32 米，底高程－0.2 米；1970 年冬，改建 5 孔闸 1 座，净宽 20 米，底高程 0 米。

4. 汤溇港

汤溇港南起东迁（接通頔塘），北至漾西入湖口，全长 12 千米。1978 年冬至 1979

年春，拓浚汤溇港，河底宽15米，河底高程0米；在溇港口新建3孔水闸1座，总净宽18米，闸底高程0米。

第三节 上 海 部 分

一、黄浦江整治

1949—1953年，为恢复航道对黄浦江进行疏浚，1954年建成高桥新航道。1960年起执行保航道、保码头、保黄浦江的“三保”方针，重点维持规定水深，黄浦江水深和航运得到改善。1979年以后，通过常年疏浚，上海港航道水深维持在8.0米以上。现自吴淞口至巨潮港航道全长67.2千米，包括吴淞进口航道、高桥航道、陈家嘴航道、汇山航道和塘口航道等区段，航道水深10米以上的占80%，万吨海轮可通到松浦大桥。

二、苏州河整治

苏州河整治涉及防洪、航运和治污。1950年对河口至恒丰路桥和北新泾至浒浦两段进行疏浚，1963—1965年疏浚曹家渡至申纪港口，1979—1981年对南新环线铁路桥至江苏省界进行疏浚，新环线铁路桥至蕰藻浜一段达Ⅵ级航道标准，以西一段达Ⅴ级航道标准。1991年完成苏州河防汛墙，当时可达1000年一遇防洪标准，同时在1990年完成苏州河口挡潮闸，该闸后在2006年从上海大厦原址移至金山路重建。20世纪80年代以后，由于水质严重污染，苏州河水发生黑臭。1988年开始实施污水合流一期工程，至1998年年底封堵所有苏州河上污染工厂排污口，水质开始好转。1998年开始实施综合整治工程，工程分三期进行：第一期1998—2002年，实施10个子项目，投资70.0亿元；第二期2003—2005年，实施8个子项目，投资37.7亿元；第三期2006—2011年，实施4个子项目，投资37.5亿元。实施项目包括50多千米干流和众多支流截污纳管工程、河道整治和疏浚工程、河口和支流水闸工程、防汛墙工程、旱雨调蓄池工程、污水处理工程、排涝泵站工程、管网工程、桥梁改建工程以及绿化环卫工程等。通过整治，苏州河干流水体消除了黑臭、干支流水质逐步改善。

三、黄浦江支流整治

黄浦江两岸支流从20世纪50年代开始疏浚整治，整治工程在70年代末期达到了高潮，大部分骨干工程都是在1977—1979年间完成的。

(1) 蕰藻浜。蕰藻浜自嘉定区黄渡与吴淞江相通，东经宝山区吴淞镇入黄浦江，全长34.6千米。经1952年、1959年、1978年、1980—1982年、1988—1990年五度整治，向东拓宽浚深、向西延伸至吴淞江，成为嘉定、宝山南部连通黄浦江的骨干水道。在河道上游与苏州河交汇处建有蕰西枢纽，在河道东段与黄浦江汇合口以西12.2

千米处建有蕰东枢纽，两处均有节制闸与船闸。蕰藻浜东水利枢纽以西至吴淞江河道底宽30～60米，以东至黄浦江的河段河道底宽17～40米。

（2）练祁河（练祁塘）。西自嘉定区望新镇水道，东流越吴塘、盐铁塘与漳浦、横沥、蒲华堂、潘泾、杨盛河相交，穿过嘉定城区，往东经宝山区罗店镇、月浦，穿过宝钢总厂汇入长江，河道长度28.9千米。经1977年、1978年、1986年和1985年分段分期拓浚，在入长江口处建节制闸1处，河道底宽15～30米。

（3）油墩港。北起东大盈入吴淞江至南黄浦江上游的横潦泾，河道全长36.5千米。经1959年、1977—1981年两度拓浚，至1988—1991年续建完成，成为青松大控制南排黄浦江的骨干河道，使青松大控制排涝和上海西部地区航运有重大改善。河道南段3.4千米，底宽60～118米，其余河段底宽30米。南口建有油墩港水利枢纽，北口建有东大盈水利枢纽。

（4）淀浦河。淀浦河西起淀山湖、东入黄浦江，横亘青浦、松江、闵行三个区，全长46.4千米。经1958年、1971年、1976—1977年历次开挖整治，于1977年挖通，青浦西段河道利用九曲港、槽港原有河道，松江中段利用蒲汇塘，东段为实地开河，河道底宽6.5～88米，成为青松大控制东排黄浦江的骨干河道。在河道西端距淀山湖1千米处建有淀西船闸，东段距黄浦江9.5千米建有淀东枢纽。

（5）紫石泾—张泾河。北起松江区张泽境内入黄浦江，南至金山张捻镇接张泾河，河道全长16.7千米。1977年开挖疏浚北段紫石泾，1972—1975年、1980年两度疏浚南段张泾河，使两河贯通成为浦南地区的骨干河道和航道，河道底宽25米。2003年建成紫石泾水利枢纽。

（6）叶榭塘—龙泉港。北起黄浦江，南至杭州湾，河道北段为叶榭塘属松江区，南段为龙泉港属金山区，河道长度27.2千米，河道底宽25～30米。1977年对老河进行全线整治，2001—2003年进行航道整治，2004年4月完成浦南东片龙泉港南段河道整治并新建出海节制闸1处，北段完成叶榭塘水利枢纽。

（7）西大盈—花田泾。北起吴淞江南入泖河，河道长度28.5千米，为青松控制片内骨干河道。其中，青浦境内称西大盈，河段长24.2千米；松江境内称花田泾，河道长度4.3千米。1977年冬至1978年4月，疏拓老河道，西大盈淀浦河以北河道底宽25米，淀浦河以南河道底宽30米，花田泾河底宽30～50米。1976年7月，花田泾北段建成套闸1处；1979年南段建成花田泾水利枢纽工程。

（8）川杨河。西通黄浦江，东入长江口，全长28.7千米，河道底宽20～30米。1978—1979年完成疏浚工程，并与33条南北向河道交汇，成为浦东北部连通黄浦江与长江口、改善排水航运的重要通道。东端建挡潮排涝三甲港节制闸，西端近黄浦江处建杨思水利节制闸和船闸。

（9）大治河。西起黄浦江，东至长江入海口，全长39.5千米，河道底宽64米。1977—1979年开挖，成为横贯原上海县（现闵行区）、南汇县（现浦东新区）两县，连通黄浦江与长江口的浦东地区骨干河道，也是新中国成立后上海地区人工开挖规模最大的河道。西段黄浦江口建大治河西水利枢纽，东端长江口建挡潮排涝节制闸。

(10) 金汇港。北起黄浦江，南至杭州湾，全长 22.3 千米，为浦东片南北向的骨干河道，河道底宽 40～90 米。1978—1979 年开挖，是浦东南部纵贯奉贤中部、连通黄浦江与杭州湾的人工河道，新金汇港挖成后代替了 1958 年开挖的旧金汇港。2000 年金汇港南段 12.2 千米河道再次疏浚。河道北端建金汇港北水利枢纽，南端杭州湾口建节制闸。

(11) 浦东运河。北自高东镇黄洞港、老界浜穿过赵家沟、张家浜、川杨河、四灶港、惠新港、大治河至南汇，与奉贤交界处团芦港与浦南运河相接，全长 46.8 千米，河道底宽为 6～30 米。1961 年疏拓整治南段惠南—大团河段、1973 年分段疏拓中段惠南镇至原川沙一南汇界河段，1977 年开挖拓宽北段原川沙—南汇界至黄家湾河段，1986 年自黄家湾向北开挖延伸至高东乡沙港村，1999 年再次实施南段惠南镇地区航道浚深整治。整治后浦东运河成为浦东地区南北向骨干河道。

(12) 浦南运河。1958 年首次疏拓浦东运河西段（现称浦南运河），历经 19 年的开挖，于 1977 年全线完成奉贤境内全部河段疏拓。浦南运河沿线贯通了南北向巨潮港、沙港、竹港、横泾港、金汇港、航塘港、奉新港、南门港和四团港等河道。2003 年实施浦南运河东段接通工程，西起大渤港，东至浦东新区境内渤马河，开挖河道 1.8 千米。两河连通后，改善了夹塘地区水质和水量，完善了航运网络。

(13) 张家浜。西自黄浦江，东至长江口，流经浦东陆家嘴、金桥、张江等金融、贸易和科技区，是浦东连通黄浦江和长江口的引排水骨干河道和上海市首条景观河道，全长 25.3 千米，河道底宽 10～40 米。1998 年起在西段结合开发建设世纪公园进行整治，2002 年被评为“市政金杯示范工程”，2003 年获建设部“人口和居住环境范例奖”。2001 年对东段马家浜至长江口 10 千米挖河道，宽 8.5 米，长江口新建节制闸 1 处。

(14) 赵家沟。西自黄浦江，东至长江，河道长 11.9 千米。2005 年起按Ⅳ级航道标准拓疏，在长江口新建赵家沟东泵闸工程，并对黄浦江口已建东沟水利枢纽节制闸进行改扩建，至 2010 年年底主体工程基本完成。

四、黑臭河道整治

1998 年，上海市委、市政府召开了上海市河道整治现场会议，提出改善城市面貌，消除城市黑臭现象，成立了上海市河道办整治办公室，联合水利、环卫、环保、农委、交通等部门，开始全面整治河道。2000 年 5 月，上海市水务局成立，提出河道整治的阶段性目标，即 2000—2005 年，投入 26 亿元完成中心城区 201 条 336 千米的黑臭河道整治，整治内容包括河道疏浚清污、污染控制与治理、水系河道和水生态保护以及护岸治理与绿化等，达到岸绿、水清、景美的要求。到 2010 年，共投入 38 亿元对全市近 1000 千米的黑臭河道进行了整治。整治后的河道逐步恢复了整洁、自然、生态面貌。

第四节 农村河道整治

农村河道具有防洪、除涝、灌溉、供水、航运、水环境等多种功能，是支撑农村经济社会可持续发展的重要水利基础设施，是农村水生态环境的主要载体。20世纪80年代之前，每年冬春季节兴修水利时，各乡镇都会组织农民对本乡村范围内淤积严重的县乡河道、村庄河塘进行有计划的疏浚，罱泥积肥，保持河网畅通、水清岸绿。80年代之后，全面实行家庭联产承包，大批青壮年农民外出打工，“二工”（义务工、劳动积累工）水利投入机制取消，农村河道基本不再进行有计划的疏浚，造成河底越淤越高，水环境脏、乱、差。为此，太湖流域各省（市）结合新农村建设和农村环境整治逐步开展农村河道整治。

一、江苏省

1996年，江苏省水利厅将农村河道清淤清障工程列为重点农村水利，要求全省各地安排实施。2002年，为恢复农村河道功能，增强抗灾能力，改善农村水生态环境，在全省实施县乡河道疏浚工程；2005年，在全省疏浚整治村庄河塘。2002年，江苏省水利厅、财政厅共同编制了《江苏省2003—2007年县乡河道疏浚规划》；2006年，江苏省水利厅、财政厅共同编制了《江苏省“十一五”县乡河道疏浚规划》《江苏省“十一五”村庄河塘疏浚整治规划》，规划提出至2010年要将全省县乡河道和村庄河塘基本疏浚一遍的目标任务，计划完成疏浚土方20.3亿立方米。农村河道疏浚工程由县乡河道疏浚和村庄河塘疏浚整治两个部分组成，县乡河道疏浚工程2003年开始全面实施，村庄河塘疏浚整治工程2005年开始全面实施。

农村河道疏浚主要是治理已有河道，总的治理标准是恢复河道设计断面、恢复河道设计功能。苏南地区农村河道整治的标准为：防洪标准达到20年一遇；排涝标准达到20年一遇；灌溉标准为灌溉保证率常年达到90%以上；水质标准要达到水功能区划规定的标准，重要县乡河道要提高一个等级，水生态环境优美；河道配套建筑物标准，要全面彻底清除农村河道上各类违章建筑物，更新改造农村河道中的桥、涵、闸、站、陡坡、跌水等建筑物，配套率要达到90%以上；河道管理实施农村河道长效管理，做到河面清洁、河坡整洁、河道畅通。

治理内容主要有5项：拆除河道中及河道两岸管理范围内所有违章建筑物、堆放物和水面漂浮物；按河道设计断面和功能，清除淤积土方；新建改造桥、涵、闸、站等配套建筑物；修建沿河亲水平台、沿河道路，河坡种草、两岸绿化等河道景观工程；创新农村河道长效管理、市场管理的体制机制。

苏州市农村河道疏浚主要经历了三个阶段。1997年苏州市决定加大力度实施农村河道综合整治，并于1997年年底编制完成农村河道疏浚五年规划。1998—2002年完成了第一轮河道疏浚整治工作，全市共疏浚各级河道1.56万条、1.47万千米，完成土方1.26亿立方米。2002年苏州市确立了农村河道疏浚整治和长效管理两手抓的方针，一方面积极加大农村河道疏浚整治力度，2003—2005年疏浚河道0.81万条、0.52万千米，完成土方0.52亿立方米；另一方面开展以河道保洁为重点的长效管理，巩固河道疏浚整治成果。2006年苏州市又提出了坚持河道综合整治和坚持长效管理全覆盖的要求，2006—2010年疏浚村庄河道1.17万条、0.81万千米，完成土方0.85亿立方米，并拆坝建桥188处，打通断头河114千米。

1998年，无锡市人大十届一次会议通过《关于加快清除河道积淤的决议》，全市开展有计划的大规模清淤工程，要求用5～8年的时间，对全市所有河道清淤一遍。1998—2002年，全市各级河道共清淤4199千米，清除淤土5298万立方米。根据江苏省的总体部署，无锡市编制了《无锡市2003—2007年县乡河道疏浚规划》，计划继续用5年时间，全市再疏浚县、乡河道356条，总长度1179.9千米，疏浚淤泥土方1745万立方米，其中县级河道81条，长度434.2千米，土方785万立方米；乡级河道275条，长度745.7千米，土方960万立方米。2003—2005年，无锡市共疏浚整治县乡河道228条，土方1107.3万立方米，其中县级河道疏浚整治61条、土方514.5万立方米，乡级河道疏浚整治167条、土方592.8万立方米。

根据江苏省的总体部署，自2003年开始，常州市推进县、乡河道清淤工作，至2006年年底，全面完成首轮县、乡河道疏浚任务，共疏浚严重淤积的河道881条（乡村级河道848条），疏浚土方2300万立方米（乡村级河道土方1700万立方米）。通过整治，使河道引排能力得到恢复和提高，河塘环境面貌得到改观，保证了河道的航运、引排、调蓄等功能。2007年，常州市先后印发《常州2007—2010年县、乡河道疏浚规划》《常州2007—2010年村庄河塘疏浚整治规划》。"十一五"期间，常州市共疏浚县乡河道611条（段）、总长1693.3千米，清淤土方3299万立方米。全市987个行政村疏浚村庄河塘20372个，清淤土方5027万立方米。

镇江市依据各地县乡河道疏浚规划和村庄河塘疏浚整治规划，全市"十一五"期间累计完成县乡河道疏浚671条，总长2186.0千米，土方3495万立方米，占规划任务的109%；完成规划内村庄河塘疏浚整治6448座（条），总土方2734万立方米，占规划任务的110%。

二、浙江省

2003年1月，浙江省十届人大一次会议提出了实施"万里清水河道"工程，并列入省政府"五大百亿工程"中，决定从2003年开始，全省用五年时间投资200亿元治理河道，整治重点是骨干河道和乡（镇）、村所在地河道。浙江省水利厅随后下达了2003—2007年的"万里清水河道"建设任务。

2003年，杭州市编制完成了"万里清水河道"2003—2007年分年度实施计划，5年共计划整治河道750千米。2003—2010年，全市共完成清水河道建设3091千米，其中“十一五”期间完成清水河道工程2500千米。

2003年3月，根据省水利厅下达的建设任务，嘉兴市水利部门编制了实施计划，并制定了《嘉兴市万里清水河道建设试点镇（乡）管理办法（试行）》，对全市9个试点镇乡在河道整治的规划、建设、招投标、施工、质量控制、资金筹措及使用管理等方面提出了规范性办法。2003—2006年，全市累计完成“万里清水河道”建设2030.8千米，提前一年完成了浙江省下达的2000千米建设任务。2003年以后，嘉兴市在村庄整治建设中，延伸“万里清水河道”工程，加大对农村村庄河道和村民集居区生活河道的整治力度，清理河底淤泥、打捞河面漂浮物、整修坍塌的堤坝、修建护岸、种植沿河绿化。至2006年年底，全市4年整治村庄河道1627千米。为了进一步整治全市农村河道，2005年12月，嘉兴市人民政府制定了《关于“十一五”期间全面开展河道清淤工作的实施意见》和《嘉兴市河道清淤实施细则》，提出在“十一五”期间，全市河道疏浚整治工作的重点为淤积厚度在1米左右的镇村级河道，每年疏浚2000千米，力争通过5年的努力，全市完成河道疏浚1万千米，使全市镇村河道普遍得到一次疏浚，改善全市镇村河道的面貌，恢复河道原有的生态功能、调蓄功能和行洪功能，实现镇村河道“河畅、水清、岸绿”的目标。

湖州市按照省水利厅要求，组织编制并完成了“万里清水河道”建设年度计划，全市2003—2007年计划建设万里清水河道1241.77千米；根据省水利厅《关于编制“万里清水河道建设”结合“千村示范、万村整治”工程实施计划的通知》要求，在各县、区结合村庄整治的基础上编制了实施计划，5年内计划完成小康示范村建设108个、一般村庄环境整治1000个，全市2003—2007年清水河道工程结合“千村示范、万村整治”工程计划整治河道长度416.5千米，其中，已列入万里清水河道建设5年计划的河道有255.5千米。2007—2012年，湖州市全面实施并完成了全市第一轮农村河道清淤，通过5年的努力，累计完成河道清淤6076千米，农村河道水环境明显改善。

三、上海市

按照上海市委要求，上海市水务局编制了《“万河整治”行动实施意见》，计划从2006—2008年对郊区所有镇村级河道实施全面整治，整治内容包括：河道疏浚清污、污染源控制与治理、水系沟通和水生态保护以及河岸治理与绿化等。各区县编制了具体实施方案。2006年3月，整治行动全面展开。至2008年年底，“万河整治”行动超额完成，共投资17亿元，累计完成中小河道整治23245条段，17067千米，疏浚土方16863万立方米。整治后的河道逐步恢复了整洁、自然、生态的面貌，基层水务部门建立了河道保洁与长效管理机制。

第二章 圩 区 建 设

太湖流域80%的面积是平原河网地区，地势低洼，历史上洪涝灾害频繁。尤其在汛期，外江、外海水位和潮位高，河网水位往往也高于地面。为了防御洪涝灾害，在洼地四周筑圩堤保护，形成了所谓“圩区”。初期的圩区没有引排水设施，在圩堤下埋有砌石涵洞，平日用土填塞，用时再挖开，同时利用圩内的湖荡和低田蓄涝。后来，圩区建设中出现了圩口闸和排灌站，外河水位高时圩口闸关闭挡水，外河水位低时圩口闸打开排水。随着经济的发展和圩区规模的扩大，圩区内不但有农田，而且有工业和集镇，产值和重要性提高，防御水旱灾害的标准也相应提高。

第一节 圩区建设的历史

一、古代和民国时期圩区建设

春秋战国时期，史书已有关于太湖流域圩田的记载。

圩田的大规模兴办在中唐以后至五代时期，当时实行屯田制，土地国有，庄园主集中经营，兴办塘浦圩田，“取塘浦之土，修筑堤圩，使水行于圩外，田成于圩内”，形成棋盘式的圩田格局。大圩田面积可达万亩，七里或十里为一横塘，五里或七里为一纵浦，纵横交错。唐和五代的圩田，其主要功能是外靠高厚的圩堤挡洪，内靠保留的湖荡和低田蓄涝，以使圩内地面较高的田地常年免除洪涝，保持较好的收成，但其土地利用率较低。

五代十国时期，太湖流域属于吴越国范围，吴越王钱镠大兴水利，治水和治田密切结合，也使塘浦圩田体制臻于完备。

北宋初年，虽庄园制依旧，但庄园主已将土地分佃给农民，改用收租米或折收现金的管理办法，庄园主集中经营的方式演变为佃户分散经营的方式，塘浦圩田也随之逐渐解体为泾浜小圩。随着经济发展和人口增加，要求扩大耕地增产粮食，提倡开荒围垦洼地和河湖滩地。宋室南渡，经济更依赖于太湖地区，围垦之风更盛，并发生了大量盲目性围垦，强宗巨族乘机大量侵占河湖水面为田。盲目围垦使水路阻塞，水体调蓄能力降低，更使塘浦圩田破坏严重。

元、明、清三代，圩区建设继续保持了泾浜小圩的局面，圩田的面积大都在五百亩以下，小的仅几十亩，但圩区已有建闸，并用人力、畜力水车排水。由于认识到小圩格局地区总的防洪战线长，防洪能力差，局部地区已有联圩、并圩的情况。但在旧式戽水工具时代，大圩如遭受浸涝，车戽排涝难以奏效，大圩得不到推广。因此，圩田的小圩格局是由于当时小农经济和低下的生产力所决定的。

民国时期基本上沿用小圩格局。苏南部分经济发展较快地区已将机械排水用于圩区排涝，圩口建闸控制，旱启涝闭，圩区按地形分区排水。但圩堤标准低，遇较大雨涝，极易决堤破圩，遇一般雨涝，圩中心低田积水仍难排出。

二、现代圩区建设

中华人民共和国成立初期，太湖流域圩区仍以分散和小规模为主，即使在经济水平相对较高的苏南地区，每处圩区面积也多在几十亩至几百亩之间。如当时苏州地区300多万亩圩田，10000多处圩区，圩均约300亩；常州市共有圩田80多万亩，圩区3000处，圩均近300亩。虽然在中华人民共和国成立以前，圩田格局长期以小圩为主，但仍有少数大圩存在。如位于常州和无锡市交界的芙蓉圩为古芙蓉湖所在地，宋代就开始建圩垦殖，明代又扩大规模，圩内总面积约5.7万亩，耕地4.0万亩，圩堤总长31.5千米，涉及常、锡两市两区6个乡镇，人口5万余人。

扩大圩区规模可缩短防洪战线，联圩、并圩也在苏、锡、常地区发展最早。1949年4月，苏州解放，民国遗留下来的圩田布局形式主要仍为抗灾能力低的小圩体系，群众称之为“鱼鳞圩”。其时，苏州地区有圩田300余万亩，分布在10000多处小圩内。1954年大水，苏州圩区普遍遭遇特大洪涝灾害，再一次暴露了小圩体系堤线长、标准低的弱点，少数有联圩防洪和机电排涝的地方却取得了较好的抗灾成效。1958年联圩并圩工程兴起。昆山、常熟很快全面铺开，吴县、吴江、太仓基本伴随电力排灌工程兴办的同时进行联圩并圩。这批联圩主要分布在低洼圩区较多的阳澄和浦南区域，是电力排灌优先发展地区。至1962年，苏州已初步建成千亩以上联圩281处，圩内耕地176.1万亩，平均每处联圩耕地面积6267亩；其中，万亩以上圩56处，万亩至5000亩联圩83处，5000亩以下至千亩联圩142处。随后，各地在进行配套工程的同时，对规模不够合理的联圩作了适当调整，至1972年末，苏州千亩以上联圩共404处，圩内耕地面积184.2万亩，平均每处联圩耕地面积缩小到4600亩；万亩以上联圩减少到30处，千亩至5000亩联圩增加到270处。随着低洼联圩布局调整进入尾声，半高田联圩建设步伐加快，主要为分布于吴淞江两岸的昆中、昆南、吴江县北部和吴县东南部。至1990年末，全市（包括张家港市及郊区）共建成联圩782处，圩内耕地272万亩，平均每处联圩保护耕地3480亩。至2008年，200亩以上圩区达689处，保护面积419万亩，200亩以上部分每圩平均6081亩。

中华人民共和国成立初期，无锡市共有大小圩区6300多处，圩区零星分散。1949年和1954年，连续遭受特大洪涝和台风袭击，堤破、田淹，受灾严重，各地政府发动群众生产救灾，以工代赈，修复圩堤，开始联圩并圩，积极恢复和发展生产。20世纪60年代圩区建设的重点是继续并圩建闸，培修圩堤，发展机电排灌站，大搞分级控制工程，整修内河水系。70年代，圩区建设按照内外分开、高低分开、灌排分开，控制内河水位、控制地下水位的要求治理。80 年代以后，圩区治理重点向管理方向转移，圩内建设主要是提高圩区防洪排涝能力，进一步加高加固圩堤，修建三闸，兴建改造排涝站，加强护岸建设。90 年代，强化标准圩的建设力度，堤防标准提高到抗御 1991 年最高洪水位，扩大联圩规模，大力建设万亩圩，并加强半高地的治理。至 2000 年，无锡全市圩区总面积已达 133.7 万亩，圩区数减为 995 处，其中万亩以上大圩 34 处，1000～10000 亩的圩区 203 处。2004 年，无锡市年制定《无锡市 2004—2010 年万亩圩区达标建设规划》，规划用 7 年时间，把全市万亩以上圩区全部建成标准圩区。根据万亩圩建设标准，2004—2010 年无锡市计划加高加固圩堤 561.6 千米，外坡硬质护岸 489.0 千米，修筑硬质路面 536.4 千米，新建排涝站 125 座，改造排涝站 201 座，新建、改造防洪三闸 91 座。至 2008 年，无锡市圩区又合并减少为 563 处，保护面积略增达 144.7 万亩，圩均 2570 亩，其中万亩以上 40 处，保护面积 76.9 万亩。

中华人民共和国成立初期，常州市共有圩区 3000 余处。1950—1955 年常州圩区重点加高加固原有堤防，堤防标准逐年提高。1955 年起开始联圩并圩。至 20 世纪 60 年代，随着河网化建设，圩区治理实施“三分开，一控制”（即内外分开，高低分开，灌排分开和控制内河水位），开始转入圩内工程建设。70 年代，随着农田基本建设的发展，圩区建设按“四分开，两控制”（即内外分开、高低分开、灌排分开、水旱作物分开，控制内河水位、控制地下水位）的要求，进一步联圩并圩、扩大包围、调整圩形、改造河网。至 80 年代，各圩基本定型，由于水情、工情发生了较大变化，对堤防标准要求更高，圩区建设又转向堤防的加固，以加高加宽堤埂。1987 年溧阳率先开始建设标准圩堤，金坛、武进等地也相继展开。至 1990 年，全市共有大小圩区 1368 处，保护耕地面积 102.1 万亩，其中，万亩以上大圩 35 处，5000～10000 亩圩区 51 处，1000～5000 亩圩区 180 处，1000 亩以下圩区 1133 处。随着联圩并圩进一步开展，至 2007 年，500 亩以上圩区 448 处，保护面积 166 万亩，其中万亩以上 39 处，保护面积 92.1 万亩。

杭嘉湖区也是流域圩区集中地区，新中国成立初期，主要是修复加固坍塌损坏的圩（抖）堤。由于杭嘉湖平原一直沿用小圩格局，堤线长，抗灾能力低。自 20 世纪 50 年代中后期起，推行了联圩并圩治理措施，圩区规模从原来的几百亩、上千亩扩大到两三千亩，也有的达四五千亩。至 1986 年，杭嘉湖区圩区数为 3699 处，耕地 390.0 万亩，圩均 1054 亩，圩区排涝模数提高到 0.4 立方米每秒每平方千米。自 1988 年开始，杭嘉湖圩区进行了三期较大规模的整治。1988—1990 年为第一期，重点解决洪涝最严重的嘉北涝区和运西平原圩区，共计整治完成圩区 244 处，总面积 963.1 平方千米，受益水田面积 86.9 万亩。1991 年杭嘉湖平原遭受特大洪涝灾害，但已整治好的圩区在这次洪灾中发挥了巨大作用。圩区整治工作的实绩，促使浙江省于 1991—1996 年开始实施第二期圩区整治工程。整治的重点仍在嘉北片和运西片，其次是长兴片和苕溪片，实际完成圩区 311 处，总面积 1244.1 平方千米，受益水田面积 122.7 万亩。1999 年杭嘉湖地区遭受严重涝灾，东部平原损失惨重，特别是小格局圩区受灾更加严重，以往被认为地势较高的平湖北部地区也有较大范围受淹，但已整治好的大、中圩区保护了大批农田和村镇的安全。浙江省于1999—2001年实施第三期圩区整治工程，重点对水毁的圩区加强了整治，完成圩区整治63处，总面积323平方千米，水田面积27万亩。从1987—2001年，进一步联圩、并圩，圩区总数减少到2643处，平均每圩达1476亩，部分圩区排涝模数提高到1.0立方米每秒每平方千米。2001年以后，杭嘉湖圩区布局转向以中圩区为主。至2009年，杭嘉湖地区共有圩区2149处，圩区总面积729万亩（4860平方千米），平均每圩水田面积1495亩，圩堤总长达13530千米。其中，面积小于5平方千米的有1930处，占圩区总个数的89.8%，面积占总数的49.2%；面积在5～20平方千米之间的有200处，占圩区总个数的9.3%，面积占总数的35.1%；面积大于20平方千米的有19处，占圩区总个数的0.9%，面积占总数的15.7%。

从1977年起，上海地区水利建设按分片综合治理组织实施，太湖流域上海市范围分为3个地区11个片，进行分片控制，对洪、潮、涝、渍、旱、盐、污进行综合整理。上海市至1990年有圩区409处（按大包围内二级圩区统计），农田除涝面积94.6万亩。除浦南西片、商榻片要为上游浙、苏客水留出排水通道，淀浦河片原定为"开敞片"外，其余各控制片基本建成，达到干河成纲、支河成网，饮水有源，排水有门，挡洪（潮）有江堤海塘，排涝有闸站，圩区有圩堤，除渍有地下管道。松金青地区，包括松江、金山、青浦3区，当时主要是农业地区，且地势低洼，低洼地面积占市郊低洼地总面积的3/4。治理时按骨干河道分界分片，建设圩区小包围和整片大控制的两级控制。以其中青松大控制片为例，该片包括吴淞江以南、黄浦江以北、淀山湖—拦路港—斜塘以东、东向阳河—茜浦泾—女儿河以西范围，总面积114万亩，耕地73万亩，控制圈周长163千米，涉及青浦、松江两县28个乡镇。20世纪50年代后期开始联圩、并圩，至1992年年底大控制工程基本建成，控制片内已建有小包围圩区207处，圩区配套水闸601座，排灌泵站1417座（其中纯排涝479座），基本实现了两级控制。青松大控制片的形成，也一定程度上阻断了上游淀泖片涝水外排通道。

第二节　圩区的地理分布

据现状资料统计，全流域共有圩区4944处，保护面积2334.9万亩，占流域面积的42.19%。其中江苏省2215处，保护面积835万亩，圩区率为28.7%；浙江省2682处，保护面积788.3万亩，圩区率43.45%；上海市47处，保护面积711.6万亩，圩区率91.66%。可见圩区保护面积以江苏最大，达835万亩；圩区率以上海最高，达95.41%。

各省（市）不同规模圩区基本情况见表9-2-1。在三省（市）不同规模圩区中，均以万亩以上圩区的保护面积占圩区总面积的百分率为最高，江苏为57.2%，浙江为36.4%，上海为98.8%。其中，上海市按骨干水系分布实行全区治理，全市11个水利片中9个已形成大包围（已形成大包围的片，一个片即作为一个大圩统计），其中最大的青松片（青松大包围）达73万亩；其余两个片即商榻片和浦南西片，由于需为上游苏、浙留出排水通道而未封闭，此两片共有圩区38处，统计时不以片计而是以圩的个数计。

太湖流域圩区主要分布在低洼平原区，从水利分区看也就是主要集中在杭嘉湖、阳澄淀泖和浦东浦西区，无论是圩区面积和圩区率，此三区均位列前三。这三区地面高程均较低，杭嘉湖为3.4～4.0米；阳澄淀泖区一般3.5～5.0米，最低可达2.8米；浦东浦西区一般2.5～3.5米，最低2.2米。流域各水利分区圩内基本情况见表9-2-2。

表9-2-1　　太湖流域各省（市）不同规模圩区基本情况

统计数目		江苏	浙江	上海	太湖流域
个数/处	总个数	2215	2682	47	4944
	10000亩以上	223	142	28	393
	5000～10000亩	235	241	8	484
	1000～5000亩	589	1341	9	1939
	1000亩以下	1168	958	2	2128
面积/万亩	总面积	835.0	788.3	711.6	2334.9
	10000亩以上	478.0	286.6	702.8	1467.4
	5000～10000亩	166.6	164.0	6.3	336.9
	1000～5000亩	141.8	284.0	2.4	428.2
	1000亩以下	48.6	53.7	0.1	102.4

注　1. 江苏、浙江包括县级及以上的城市包围。
2. 上海市圩区凡已建封闭包围，个数均以包围数计入。

表9-2-2　　太湖流域各水利分区圩区基本情况

水利分区	分区面积/km^2	圩区面积/km^2	圩区率/%
湖西区	7791.1	1567.8	20.12
武澄锡虞区	3720.1	1444.8	38.84
阳澄淀泖区	4314.1	2116.4	49.06
太湖区	3192.0	111.1	3.48
杭嘉湖区	7480.2	4710.2	62.97
浙西区	5930.9	1355.0	22.85
浦东浦西区	4466.5	4261.5	95.41
太湖流域	36894.9	15566.8	42.19

第三节　防洪与除涝标准

圩区的防洪除涝标准与其保护面积、产值和重要性有关，一些位于重要湖泊或干河一侧的圩堤，其防洪标准由湖泊和干河的防洪要求确定。一些原为农村的圩区，随着城市化的进展划入了城区，其防洪标准就由城市防洪的要求决定。

江苏省和上海市的圩区现状大都已达到了规划和设计的防洪标准。江苏万亩以上圩区已达到50年一遇防洪标准，太湖西岸宜兴的沿湖圩区圩堤就是环湖大堤的一部分，其标准即为50年一遇。上海市流域内共9个水利控制片，其中2个敞开片为分散圩区不封闭，标准为50年一遇高潮位；其余7个封闭的大包围内设二级圩区，大包围的标准与所处水系位置有关，标准高于分散圩区。

浙江省圩区现状防洪标准低于江苏省和上海市。大部分圩区标准为10～20年一遇，由于部分地区对抽取地下水引起的地面沉降尚在治理之中，因地面沉降形成的半高地尚待修建圩堤。

江苏省和上海市圩区现状排涝标准较高，大多数圩区，尤其是万亩以上圩区排涝能力都已达到20年一遇标准。按照江苏省圩区设计排涝标准20年一遇，雨后一天将涝水排出，对应的排涝模数约1.1～1.4立方米每秒每平方千米。根据2006年统计，除滨太湖地区73处圩区排涝模数较低，为0.86立方米每秒每平方千米以外，其余地区均不低于1.23立方米每秒每平方千米，其中以武澄锡虞水利分区最高，排涝模数达到1.62立方米每秒每平方千米。

浙江省现状圩区除涝标准在流域内相对较低，大多数圩区仅达到3～5年一遇，折合为排涝模数约略高于0.7立方米每秒每平方千米，距设计标准10年一遇即一日雨量两天排到作物耐淹深度的要求，还有相当差距。

第四节 圩区的效益

圩区是农田水利建设的基本工程，可以有效减免洪涝灾害，保障粮食稳产、增产。根据20世纪80年代末统计，由于圩区提高了广大平原低洼地区的防洪除涝标准，再加上农业增产措施，流域粮食总产大幅增加，其常年总产已达1200万吨，高产年份可达1400万吨，分别为50年代初期的3.3倍和3.6倍。

圩区是城乡经济和社会发展的安全保障。1991年大水曾使江苏苏、锡、常三市城区进水，但部分圩堤建设较好的区域仍保安全。如苏州市老城区面积2.1万亩，在1984—1990年间完成了防洪包围，圩堤全长16千米，在圩堤与外河（城河）汇口处建闸控制，在包围内部分片设立泵站，在当年汛期又按防御5米洪水位加高了圩堤，使这座历史古城在当年创纪录的大洪水中得保安全。无锡市区内的北塘联圩圩区面积2.3万亩，圩堤长18.8千米，人口20万，区属以上企业168家，当年工业产值21亿元，凭借1991年之前修建的圩堤和排涝泵站，再加上汛期防汛抢险，在1999年大洪水中也得以保全。

1986—2000年杭嘉湖东部平原共整治圩区345处，保护水田136.5万亩及区内乡镇、居民、工业企业等。1991年洪涝期间，当时东部平原已整治圩区水田面积50.8万亩，无一溃决，总减灾效益约为 1.5 亿元，为东部平原 1986—1990 年圩区整治工程投资的 200%。1993 年、1995 年、1997 年东部平原发生中等强度洪水，嘉北地区有些未经整治的小圩区溃决成灾，而已经整治过的圩区均安全抗灾。1999 年 6 月太湖流域大洪水，已整治过的圩区中倒圩 12.7 万亩，仅占杭嘉湖区倒圩水田面积的 21%，已整治的圩区减灾效益为 4.8 亿元，为第一、二阶段圩区整治工程总投资的 222%。

随着流域内产业结构的调整，第一产业比重逐渐降低，第二、三产业的比重增加。如江苏苏锡常地区曾经是商品粮基地，现已由“粮仓”变为“钱庄”，圩区内二、三产业比重也相应增加。据 2009 年统计，无锡市 45 处万亩以上农村圩区中，26 处已设有工业园区或开发区，3 处设有大型工矿企业，29 处设有中型工矿企业。圩区在发展二、三产业和提供城镇用地等方面的作用和减免洪涝灾害方面的效益将进一步增加。

第三章 堤防工程建设

太湖流域地处长江三角洲南翼，位于长江和杭州湾之间，地面高程低于汛期江海水位和潮位，流域以江堤、海塘为外围防线抵御长江洪水和海潮。

第一节 苏南江堤海塘

太湖流域江苏长江堤防从镇江丹阳复生圩起至苏沪交界浏河口止，长207千米，其中福山港以上138千米称江堤，福山港以下69千米按历史习惯称为苏南海塘。江阴以上长江水位主要受上游径流影响，江阴以下受潮汐和台风影响逐渐加大。

一、江堤

清雍正以后京口（现镇江市）、丹徒、江阴等地已有修建江堤的记载。民国时期，民国20年（1931年）、22年（1933年）、35年（1946年）较大规模整修长江中下游干支流堤防。至中华人民共和国成立前，镇扬段堤顶高程7.0米左右，澄通、河口段（江阴以下）6～6.5米。由于江堤矮小单薄，南岸又遭国民党军队挖掘战壕受损，1949年长江大水并遭遇台风袭击，武进县江堤决口135处，江阴以下南、北岸决口达163处。

1949年汛后开展了大规模江堤修复工程，复堤标准为镇江地区高于1949年最高水位0.5～1米，顶宽2～3米，外坡1∶3，内坡1∶2；苏州地区高于1931年最高水位0.5米，顶宽3米，内外坡比分别为1∶2和1∶3。1954年大水后堤防标准提高，镇江地区要求堤顶高程超1954年最高水位1.8米，江阴超2～2.2米，顶宽均为3～4米，内外坡均为1∶3。1974年汛期，长江口遭13号台风袭击，同时遭遇天文大潮，江阴以下河段出现超历史的高潮位，汛后部分堤防标准要求按1974年水位加高，镇扬河段三江营以下要求超1974年最高水位2米，三江营以上仍按1954年最高水位超高2米设防，堤顶加宽到5米，工程于1984年完成。

二、海塘

苏南海塘位于苏州市常熟、太仓，两市位于长江尾闾，江海交汇，不称江堤而称海塘，意在着重防御海潮。苏南海塘的记载始见于宋代，南宋乾道六年（1170年），立浒浦水军寨，移明州定海军屯戍浒浦镇，筑堤捍海。太仓海塘在明洪武二十三年（1390年）开始修筑，明代已全线贯通。常熟海塘则建于清乾隆十九年（1754年）。民国期间也多次采用桩石工程和钢筋混凝土工程修葺海塘。据统计，太仓海塘自明洪武二十三年至民国24年（1935年）的545年中，大小修建46次；常熟海塘自清乾隆十九年至民国24年的181年间，大小修建14次。

1949年4月前夕，国民党军队据守长江南岸，在海塘上挖兵坑掘战壕，海塘破坏严重。1949年在6号台风和高潮袭击下，海塘溃决超过6千米。中华人民共和国成立后，1949年冬至1950年春及1974年冬至1975年春两次较大规模修复和加高加固海塘。1949年12月苏南行政公署确定修塘标准为：塘外无滩险要地段，按1931年洪水位超高2米设防，塘顶高程常熟段7.5米，太仓段7.8米，塘外有滩地段原状整修，顶宽5～7米，内坡1∶1.5，外坡1∶2～1∶4。工程于1950年年初开工，同年5月完工。1974年8月，长江口遭遇13号台风和高潮，潮位创历史新高，浏河闸下6.27米，江阴6.75米，局部海塘受损。1974年冬再次提高海塘标准，要求塘顶高程达1974年最高潮位以上2.5米，即高程8.8米，顶宽6米，内坡1∶2，外坡1∶3。工程于1974年冬开工，1975年春完工。

至1987年，苏南江堤、海塘状况见表9-3-1，其堤身或塘身结构一般为土堤，外有护坡。海塘的护塘工程采用的形式有桩石工程、浆砌和灌砌块石、混凝土挡墙、干砌块石和抛石护塘，以浆砌和灌砌块石最多。此外，在历史险工段白茆口西侧还建有丁坝。

表9-3-1　　1987年流域苏南江堤、海塘状况

地区	设计标准				实际状况					历史最高潮位	低塘后地面高程/m
	堤顶高程/m	堤顶宽/m	坡比		长度/km	堤顶高程/m	堤顶宽/m	坡比			
			迎水坡	背水坡				迎水坡	背水坡		
镇江	10.18	4～5	1∶3	1∶2	4.0	>9.65	3.5～5	1∶2.5～1∶3.2	1∶2～1∶3	1954年水位8.38m	6～7
常州	9.04	5	1∶3	1∶2	16.7	9.1～8.56	5	1∶3	1∶2		6～7
无锡	8.75	5	1∶3	1∶2	35.1	9.08～8.0	2～5	1∶2～1∶3	1∶2	1974年江阴6.75m	6～7
苏州	8.80	6	1∶3	1∶2	152.1	9.2～8.0	4～8	1∶2～1∶3	1∶1～1∶1.2	1974年浏河6.27m	3.5～7
合计					207.9						

关于苏南江堤海塘管理，中华人民共和国成立初年曾设有苏南海塘工程处管理海塘，长江下游工程局苏南工程处管理江堤。1957年以后苏南江堤海塘基本上由沿线所在地（市）县水利部门管理。

三、江堤海塘达标建设

受天文大潮及台风影响，1996年7月及1997年8月长江潮位连续两年创历史新高。1996年江阴萧山潮位达7.18米，超1874年历史最高潮位0.43米；1997年达7.22米，又比1996年高出0.04米。

1997年12月，江苏省提出加强江海堤防达标建设，要求江堤建设按国务院批准的《长江流域综合利用规划》确定的标准实施，主江堤为1～2级堤防，设计洪水位镇江8.85米、江阴7.25米、浏河闸下6.68米、吴淞口6.0米，设计洪水位以上安全超高常熟福山塘以上2米、福山塘以下（即海塘部分）2.5米、沿江城市段2.5米。各站点的设计水位及堤顶高程见表9-3-2。设计断面要求主江堤顶宽不小于6米，背水坡坡比1∶2.5，迎水坡坡比1∶3，洲堤堤顶宽5～6米，洲堤堤顶较主江堤低0.5米，边坡参照主江堤。

表9-3-2　江堤达标建设设计水位及堤顶高程　单位：m

站　名	镇江	小河闸	江阴	浒浦闸下	浏河闸下	吴淞
设计洪水位	8.85	7.82	7.25	6.50	6.68	6.00
堤顶超高	2	2	2	2.5	2.5	2.5
堤顶高程	10.85	9.82	9.25	9.00	9.18	8.50

苏、锡、常、镇沿江各市的江堤和海塘达标建设工程在2000—2001年间完成。工程完成后防洪标准从原来的20～50年一遇，提高到相当于50年一遇，局部达到100年一遇。

在江堤海塘达标工程建设中，沿江口门涵闸同时进行了达标建设，并重建了部分新闸，如无锡市的新河闸（桃花港口）、窑港闸、利港闸、申港闸都在原闸外重建了新闸，在黄田港外也新建了定波北闸。至2008年沿江四市净宽4米以上的水闸共58座，其中设计引水流量大于等于300立方米每秒的水闸7座，设计排水流量大于等于300立方米每秒的水闸5座，设计流量大于等于100立方米每秒抽水站3座，见表9-3-3。

表9-3-3　太湖流域江苏省沿江口门建筑物情况简表　单位：m^3/s

引水流量大于等于300m^3/s的水闸	浏河闸（750）、白茆闸（502）、望虞闸（375）、小河闸（340）、魏村闸（300）、谏壁闸（300）、九曲河（300）
排水流量大于等于300m^3/s的水闸	谏壁闸（980）、浏河闸（840）、白茆闸（452）、张家港（450）、望虞闸（375）
流量大于等于100m^3/s的抽水站	望虞河（180）、谏壁（160）、白屈港（100）

第二节　钱塘江北岸海塘

钱塘江南北两岸均建有海塘，海塘工程历史悠久，名闻中外。钱塘江北岸系太湖流域的南面边界，起自杭州市西湖区社井，止于平湖市金丝娘桥与上海市金山区相接，现长约 180 千米。

海塘的上游段杭州—海宁段（以下简称“杭海段”）侧重于防御山洪、涌潮，下游段海盐—平湖段（以下简称“盐平段”）则以抗御海潮、风浪为主。

历史上汉唐时期杭海段杭州已有海塘，历史最早关于海塘的记载应是汉时的杭州防海大塘，时间约为西汉末年至东汉初（9—33 年）的王莽时期。五代后梁开平四年（910 年）吴越王钱镠在通江门、候潮门外筑塘，宋代在当时的钱塘、仁和县（现杭州市）境内先后 21 次筑塘，元代海宁曾创筑石囤木框塘抢险护岸，明代先后修筑杭海段一线坍毁海塘有 16 次之多。清康熙年间，水势北趋，仁和至海宁一线海塘面临坍岸崩溃，从而出现了系统修筑海塘的局面。乾隆年间（1736—1795 年）清帝弘历巡视江南，曾六下浙江，四临海塘，专程察看，亲自擘划。民国时期，修筑海塘逐渐采用新材料、新技术，在海宁七堡、八堡新建重力式混凝土挡墙，在陈汶港建斜坡式混凝土块海塘。

盐平段筑塘的历史也可上溯至宋代，南宋绍定年间（1228—1233 年）曾筑海塘 20 里，咸淳年间（1265—1274 年）筑海盐新塘 3625 丈，名海晏塘。元至元二十一年（1284 年）在县城东 2 里盐官至华亭（现金山）一线重筑海盐县捍海塘，并改名太平塘。明代海岸仍坍塌不止，塘线不断内移，筑塘重点放在海盐、平湖一线，先后兴工 42 次；嘉靖二十一年（1542 年）创建五纵五横鱼鳞石塘，历经风潮不坏。清康熙末年以后，海塘修筑重点移到上游海宁、仁和一线，盐平段修筑规模都较小。民国时期，盐平段塘身改型，在海盐五团建重力式弧形面混凝土塘，在平湖独山建重力式阶梯面混凝土塘，在海盐蓝田建平面斜坡式砌石塘，还用灌浆机压灌水泥沙浆以加固原鱼鳞石塘。海宁、海盐明清两代修筑的鱼鳞石塘，经整修保存至今，并仍居防潮第一线。

中华人民共和国成立以来海塘建设可分为三阶段，即修复和巩固主塘，加固支塘，以及治江结合围垦、兴建和巩固新围堤。首先抢修缺口险工、固滩护塘、巩固加强主塘。杭海段 1949 年修建海宁陈汶港四段缺口，1950—1957 年抛筑杭州四堡一带丁坝和护岸；20 世纪 60—70 年代先后新建海宁陈汶港、杭州三堡至海宁果树山、杭州闸口石塘，拆筑重建海宁境内石塘。盐平段 1949 年在海盐蓝田庙到黄家堰一带、平湖的益山至独山间、水口、白沙湾等地新建和拆筑重建石塘；1955 年开始用压力灌注水泥砂浆加固塘身；1965 年开始在塘前低滩上抛筑潜堤以消浪促淤。其次，加固原有支堤。杭海段于 1952 年将三堡附近的一段杭州支堤建成永久性石塘，其余支堤则增高培厚、植草、抛石护面；1958 年加固完成上泗支堤、杭州支堤、北沙支堤。盐平段 20 世纪 50 年代初在主塘或支堤（塘）前修筑围堤，60 年代以来抛石加固险要地段的支堤（塘）或围堤外坡；1972 年起，复将龙王堂等支塘的抛石护坡改为斜坡式砌石塘，先后新建围堤 20 道。第三，结合治江，筑堤围涂。1954 年和 1962 年在北沙新筑的乔司第 2、第 3 号大堤，着意固守防护；20 世纪 70 年代起，杭海段上起杭州上泗周浦，下至海宁老盐仓，在支堤之外乘淤突击围堤，并抛石护坡、改建石塘；此后海塘建设的重点转向围堤的新建和巩固。1980 年建成的长山闸以及 20 世纪 90 年代建设的南抬头闸、盐官上河闸、盐官下河闸，探索和实施了钱塘江北岸海塘开口建闸。

在结构型式上，除了大量拆建和理砌原有重力式石塘之外，又修筑了混凝土直立塘、浆砌、干砌或抛石护坡的斜坡式海塘，还兴修了挑流护脚的丁坝、盘头，发展了沉井、沉箱等保护丁坝坝头的结构型式，总结出了"以块石保护沉井基础，以沉井保护丁坝，以丁坝保护塘身"的连锁防护经验，基本上形成了"一线海塘抵御海潮、二线土备塘有备无患、辔塘（格堤）分隔保护垦区农田"的纵深式防护工程体系。

钱塘江海塘工程和治江工程密切结合，通过适当缩窄江道，结合修整海塘围垦滩涂，以减少潮量，固定江槽，改善航道和增加土地。20世纪60年代以后，开展治江围垦工程，并在明清以来修筑的大部分主塘和支堤以外新建围堤2～4道，形成了新的防线。

至1989年钱塘江北岸海塘的各段分类结构情况见表9-3-4，其防御标准七堡以下约为50～100年一遇。

表9-3-4　钱塘江北岸海塘结构分类　单位：m

海塘类型		海塘长度		
		杭海段	盐平段	小计
土塘		6215	29815	36030
鱼鳞大石塘	单盖鱼鳞石塘	44282	7694	51976
	双盖鱼鳞石塘		2448	2448
	大石塘	19974	5317	25291
条块石塘	条块（丁由）石塘		1529	1529
	丁石塘			
	块石塘	3216	201	3417
石板塘				
混凝土墙	整体性混凝土塘	1539	192	1731
	大混凝土块塘	34		34
	扶壁式钢筋混凝土塘	167		167
混凝土块或砌石护坡	干砌预制混凝土块斜坡塘	1700		1700
	水泥砂浆浆砌、勾缝、混凝土灌砌、灌缝块石护坡	5006	7244	12250
	干砌块石护坡	158		158
桥或闸		198	133	331
合　计		82489	54573	137062

"9711"强台风后，1997年12月原国家计划委员会（以下简称"国家计委"）批复同意建设钱塘江北岸险段标准海塘工程，总长44.7千米，其中嘉兴海宁、海盐段各24.7千米和8千米，杭州段12千米。设防标准为100年一遇洪潮高水位加12级台风。

海宁险段工程以塘外底脚防冲加固为重点；顺直岸用丁坝群防护，共新建桩式丁坝53座，其他诸坝均为单排式桩丁坝，修复老丁坝9座；弯曲段海塘用钢筋混凝土板桩防护，塘顶土埝适当后移、加固、加高，并理砌危塘、清除柴塘、修理塘面、修复坦水，整修旱闸。海盐险段以抗风浪为加固重点，塘顶和背水坡均以混凝土或混凝土灌砌块石保护，土埝加高，加固原重力式石塘，并在塘前加镇压层，在原斜坡式土塘外加潜堤消浪，两侧设大方脚，以混凝土灌砌块石保护。两段险工在1998—2004年间完成。

杭州段分三期实施，一期白塔岭至杭州木材厂，二期观音塘至三堡船闸，三期杭州木材厂至观音塘，分别于1998年、1999年和2001年完成，三期合计实建标准塘10.4千米。杭州段实际是杭州市城市防洪工程的一部分，设防标准也由原定的100年一遇洪水提高到500年一遇。塘身采用迎水面直立混凝土挡墙，基础为钢筋混凝土板桩加抛石护脚。

在2001—2002年间，浙江省水利厅还批准建设海宁、海盐、平湖段标准海塘建设，总长19.8千米，三地分段长度依次为8.9千米、6.3千米和4.6千米，设防标准为100年一遇。工程先后于2002年和2003年完成。

此外，在1997—2004年间，嘉兴市、海盐县和平湖市还分别批准建设了地方标准海塘29.5千米、16.7千米和8.8千米，设防标准部分为100年一遇，部分为50年一遇。至2004年年底，嘉兴市境钱塘江北岸一线主塘全部达到100年一遇防潮标准，主塘外围海塘全部达到50年一遇防潮标准。

杭州市人民政府在1995—2003年间还进行了西湖区南北大塘、主城区海塘和三堡船闸至海宁围堤段建设。南北大塘自社井至珊瑚沙闸，全长25.1千米，防洪（潮）标准为50年一遇；主城区海塘自珊瑚沙水库至三堡复线船闸，全长15.6千米，除上述国家计委批复同意立项的白塔岭至三堡船闸设计长度12千米（实建10.4千米）以外，还有杭州市自建的珊瑚沙水库至白塔岭段，均按杭州城市防洪要求防洪（潮）标准为500年一遇；三堡船闸至海宁围堤段，从上游向下游，从三堡船闸开始，经五堡翻水站L5丁坝、七堡丁坝、七格海塘至海宁围堤，全长24.6千米，其中三堡至五堡段和七格海塘至海宁围堤段防洪（潮）标准为100年一遇，其余为50年一遇。

历代对钱塘江海塘管理比较重视。清初多次派钦差大臣或地方大员督办海塘事务。雍正年间，仿黄河河防体制曾设海防左右两营，分别驻守海宁之东、西，属海防兵备道统辖，海防同知兼辖。光绪三十四年（1908年）改革塘制，撤海防护塘营汛，改设海塘工程总局于海宁，以杭嘉湖道任督办，另委道员为总办驻局。民国初年，仍设海塘工程总局于海宁，负责杭县、海宁一线海塘修筑、养护，同时另设盐平分局，经理海盐、平湖两县塘务。

中华人民共和国成立后，1950年成立华东军政委员会水利部钱塘江水利工程局，由浙江省农林厅代管，负责钱塘江以及海塘工程事务，1953年华东军政委员会撤销，该工程局归省农林厅领导。其后钱江水利工程局历经了机构撤并或改名的变化，至1973年4月成立了浙江省钱塘江工程管理局，后1992年又改名浙江省钱塘江管理局至今。浙江省钱塘江管理局现下设杭州管理处和嘉兴管理处，负责杭州市和嘉兴市范围的钱塘江省管海塘的具体管理工作。

第三节　上　海　海　塘

上海陆域海塘从苏沪边界浏河口起至沪浙边界金丝娘桥，长170.8千米。

上海地区陆域海岸线历史上南坍东涨。杭州湾北岸自东晋以后至清初，已后退20千米。明中叶以后，长江口一带遭海潮侵袭，先后有多道海塘沦海，而涨滩地段，海塘则向外移筑。

上海海塘历史也很久远。三国时杭州湾北岸已有金山咸潮塘。唐开元初年，冈身以东已有捍海塘堤，北宋皇祐年间筑华亭沿海百里老护塘。由于杭州湾北岸坍塌，元大德五年（1301年）海塘内移，筑大德塘。明崇祯年间大德塘决口，在决口处建上海地区第一座石塘。

长江口古有防海垒，明成化年间筑新垒及备塘、海塘有三重。明末至清初三道海塘先后沦海。乾隆时，在宝山县城（现宝山区）附近西塘加修砌石护岸。随着东部海岸淤涨，海塘外移。明万历至清雍正年间，在长江口老护塘外筑外捍海塘，后称钦公塘。清乾隆至光绪年间，在钦公塘外又修了陈公塘、彭公塘及彭公塘外的李公塘。

民国时期在东部李公塘外又新筑袁公塘，此外主要是原堤维修。日军侵华期间，海塘破坏严重。抗战胜利后，修复金山、宝山及上海市海塘险段的护岸。中华人民共和国成立前夕，海塘破旧残缺，国民党溃军又在海塘上挖掘战壕。1949年7月在强台风袭击下海塘损毁严重，高桥海塘及川沙、南汇境内的陈公塘、李公塘、袁公塘、预备塘大部溃决，80余千米海塘损毁50余千米，陈公塘、李公塘仅剩后坡，袁公塘基本被削平。灾后，上海市立即组织开展抢险工程，当时川沙、南汇属江苏省，抢险工程同时进行，全部工程在当年10月完成，并将修复后的海塘命名为“人民塘”。

中华人民共和国成立后，从1950年开始对海塘进行大修和逐年加固，除了对塘身培土，还大力修建护岸，并在险段修建丁坝，防止坍岸，逐步用石方和混凝土代替桩石修建保滩护岸工程。1950—1961年间，以修复的人民塘为基础，川沙（现浦东新区）、南汇、奉贤三县将人民塘加固延伸。1961年高桥海塘也并入人民塘，人民塘长度达到112.3千米，北起吴淞口东岸贯通川、南、奉三县，止于奉贤县柘林夹路村。随着塘外滩地淤涨和不断围垦，人民塘现已大部退居二线或三线，仅川沙境内还有25千米仍处一线。1972—1990年间，上海石油化工总厂在金山卫南围堤建厂，建成了高标准的内外两道石化海塘。1983—1985年，上海宝山钢铁总厂加固宝山西塘，成为全市最高标准海塘。上海海塘大部是土堤外加护坡结构，护坡采用浆砌块石、干砌块石、混凝土板及钢筋混凝块栅栏板等。此外，还采取了抛混凝土异形块体和建弧形反浪墙等措施。试验和采用的异形块体有翼型块体、蛙式块体、螺母块体、四脚锥体等形式。

上海陆域海塘除金山主塘、高桥海塘、宝山西塘（即宝钢海塘）始建于清代以外，其余均为中华人民共和国成立以后围垦新建的，主要建于东南部川沙、南汇、奉贤和金山的局部地段，随塘外滩涂的淤涨和围垦并再建新塘，上海全线海塘已有2～3重，局部4重。至20世纪90年代后期，国家认定的主塘近80%已达到当时防100年一遇潮位加11～12级台风的标准，其余海塘也可防50年一遇潮位加10级台风。2011年上海市大陆部分海塘情况见表9-3-5。

在1958年原属江苏省的10个县先后划归上海市后，上海海塘由各县水利科管理，并下设海塘工务所。1980年上海水利局成立后，即划归水利局工程管理处管理。至1990年年底为了实施第一线海塘由市直接管理，还在宝山、川沙、南汇、奉贤、金山等县成立了海塘管理所或海塘水闸管理所担任岁修和日常管护工作。

表9-3-5　　2011年上海市大陆部分海塘情况　　单位：km

区　名	总长度	防洪标准及达标情况			
		200年一遇		100年一遇	
		规划	达标	规划	达标
金山	24.7	0	0	24.7	24.7
奉贤	41.3	0	0	41.3	36.5
浦东	117.0	55.3	31.9	61.7	38.4
宝山	29.6	29.6	20.7	0	0
合计	212.6	84.9	62.6	127.7	99.6

第四章 城市防洪工程建设

太湖流域是我国城市高度密集区，1997年城区非农业人口5万人以上城市26座，其中城区非农业人口100万人以上特大城市2座（上海、杭州），城区非农业人口50万～100万人的大城市3座（无锡、苏州、常州），城区非农业人口20万～50万人的中等城市9座，城区非农业人口5万～20万人的小城市12座。2000年太湖流域城市化率为66.5%，至2010年达到75.4%，其中上海市最高，为90.6%，江苏省和浙江省分别为68.5%和60.1%，7座主要城市的人口共5502.82万。

城市是政治、经济、文化的中心，人口密集、工商业发达、财富集中，也是国家财税的主要来源，一旦受灾，将给经济社会造成巨大的损失。因此，城市防洪在流域防洪中占有重要位置。按流域内城市与江海河湖的关系，可将城市防洪分成3类，一是直接受太湖洪水威胁的，如苏州、无锡、湖州；二是与太湖水情有间接关系的，如嘉兴、常州；三是受江海潮水影响的，如上海、杭州。

第一节 20世纪80年代的城市防洪工程

20世纪80年代流域内城市防洪标准较低，且城区防洪工程不完整。在1991年流域大洪水中，湖西及苏锡常地区降雨特别集中，且降雨强度高，苏锡常洪灾损失严重。

一、苏州市

苏州市位于太湖东北面，主要受太湖洪水的威胁。进水河道有十字洋河、山塘河、上塘河、枫桥河、胥江等，出水河道有坝基桥河、娄江、相门塘、葑门塘、江南运河等，元和塘和西塘河水流时进时出，无定势。其中，胥江由太湖边胥口到城河长17千米，是苏州市主要进水河道，水量主要来自江南运河和太湖。

苏州市古城区面积14.2平方千米，四周有城河环绕，城河沿岸地势较高，部分地面高程达到或超过5米，未建防汛墙。古城区历史上河网稠密，最密时主河道有东西向横河12条，南北向直河5条，至1954年尚留有主河道3横3直，总长18千米。1954年大水，苏州江南运河枫桥最高水位4.37米，市区积水深度一般0.3～0.4米，最深处1.6～1.7米，民宅进水有4000多户，工厂被淹停产或减半停产10多家。1962年9月5—7日，受14号台风影响，39小时内苏州站降暴雨达437毫米，枫桥最高水位4.08米，民宅进水有6750户，36家工厂停产，28家工厂部分停产，许多街道水深

0.5～0.6 米，并有几处河道泛滥。

1983 年 10 月，苏州市区防汛工程规划经市人民政府批准实施。规划在保证主要进出水河道水流畅通的前提下，分成不同保护片采取外河筑堤防洪，内河建闸设泵排涝，整治下水道，逐步改造低洼处，以达到“保安全、保生产、保生活”的要求。当外河水位达到最高洪水位 4.37 米时，则对 14.2 平方千米的老城区实施“大包围”，以确保古城安全。市区防汛工程规划防护范围共分 18 个防护片。古城区为一个大片，内再分 5 个小片（桃坞片、平江片、沧葑片、城中片、南园片）。护城河外分南门、盘溪、胥江、新市、留园、山塘、茅山堂、齐门外、娄门、娄江、相门一片、相门二片、杨枝塘 13 个片。工程依据 1954 年苏州最高洪水位 4.37 米及太湖流域水情变化而确定城区设防标准为 5.0 米。

苏州城市防洪工程于 1981 年开始实施。至 1989 年，已完成工程约占规划的工程 60％左右。其中，新建和改造排涝（含换水）泵站 28 座，装机容量 1347 千瓦，总排水能力 32 立方米每秒，建水闸 30 座（其中闸站结合 20 座）；新建防洪驳岸 18 处、5.6 千米，疏浚河道 27 条、23.4 千米，完成土方 11 万立方米；改造低凹片下水道 14.7 千米，改造路面 25.8 千米。

1991 年大水，苏州市建成区面积 41.5 平方千米中 49％被淹，12 条主干道、200 多条街巷淹水，民宅进水 2 万户，因水淹而停产或半停产企业 8198 家。古城区因有大包围得保安全。新区仅在运河及胥江两岸建有防汛墙，防洪设施未及时兴建，因而被淹。

二、无锡市

无锡市位于太湖北岸，有梁溪河、直湖港、骂蠡港等河道通太湖，其中梁溪河是市区直通太湖的主要河道，从河口到市区距离 7 千米。此外，江南运河流经市区，承泄西面上游常州方面的来水。

无锡市地势低洼，西为江南运河湖西高片，东为澄锡虞高片，北有长江江潮，南受太湖洪水影响，汛期四面有高水包围。1954 年汛期，运河南门水位高达 4.73 米，4 米以上高水位持续 91 天，市区受淹 15 平方千米，占当时建成区的 55％，18500 多户居民受淹，工业产值损失达 25％。1980 年汛期，南门水位 4.37 米，4 米以上水位持续 45 天，9180 户居民受淹。1983 年汛期，南门最高水位 4.44 米，4 米以上水位持续 24 天，2551 户居民和 62 家工厂被淹，损失 2000 多万元。

1976—1979 年，无锡市进行了首次城市防洪规划工作，提出按市区主干河道两岸洼地分别建小圩防洪，布置了北塘、山北、锡园、蓉湖庄、西新、五爱、申新、兴业、江尖、界泾、旺庄、红星、向阳、西黄泥头、惠山浜、龙舌尖、广丰、长善坊、丁村、耕渎、槐古、羊腰湾、北新、景渎、锡溧等 25 个圩区，规划总面积 40 平方千米，其中城区 15 平方千米。

1976—1985 年，为无锡市防洪工程建设的初始阶段，重点对各个零星分散的低洼片区建立防洪排涝工程设施，低标准解决设防问题，基本形成了防洪工程体系。1976年开始兴建的北塘联圩，标志着无锡市开始兴建全面系统的城市防洪工程。北塘联圩将西至锡澄运河，南至大运河，东至转水河、寺头岗，北至市县交界的整片洼地统一建圩，全圩面积15平方千米，可保护北塘区的大部分洼地和郊区黄巷、刘潭两公社的几乎全部圩区。联圩工程于1977年汛前初步形成控制。当年汛期，6月发生暴雨时，内河水位得到控制，未发生房屋、农田的淹没等灾情，显示了良好的防洪效果。整个工程逐步修建，至1979年全部完成。北塘联圩的成功，为无锡市城市防洪工程建设提供启示，此后，城市各低洼地区开始逐步建设挡水墙、防洪闸和排涝站。这一阶段建设的工程主要有槐古、江尖、南尖、南沿河、船厂里、盛岸里等19个小圩，建有顶高程5.2米的挡水墙、驳岸14.3千米。建成亭子桥、田基浜、长安桥、黄泥桥、茅泾浜、江尖、西塘沿河、和新里、李家浜、陶巷、槐古挢、建材仓库、杨木桥、船厂里等排水泵站48座。

由于按第一次规划所建设的工程，出现了挡水墙基础严重渗水和挡水墙顶高程全面降低（地面沉降）的严重情况，急需考虑新的防洪措施。1987年，无锡市开始第二次城市防洪规划编制工作。这次规划的标准是抗御1954年型水，以1962年型洪水进行校核，选定分散治理方案，对骨干河道两侧的挡水墙基础进行加固处理，挡水墙顶高程加高恢复至5.0米（南部）和5.2米（北部），并在前一次的圩区布局基础上，适当进行联圩并圩，缩短防线，提高抗灾能力。

1985—1990年，无锡市按照规划有计划地对低洼圩区进行治理，提高防洪排涝能力，重点在加高挡水墙、改扩建排涝泵站，并适当联并小圩，开始对外围挡墙基础驳岸进行防渗处理。主要新建成7个圩区，45个排水片，建设驳岸防洪墙36千米，修建节制闸25座，泵站65座，使排涝总流量达到68立方米每秒。

1991年大水，无锡市建成区面积65平方千米中17%被淹，20多条街道积水，民宅进水2.18万户，因水淹停产或半停产企业6914家，受淹企业中产值高的利税大户多，洪灾损失严重。

三、常州市

常州市位于太湖西北面，江南运河自西向东横贯全境。城区地面高程一般在5～7米，最低处3.8米，有市河环绕，在市区下游还有武进港、采菱港、南运河等多条南北河道沟通江南运河与太湖。汛期常州市上游要承受江南运河高片来水，下游受太湖高水位顶托。

1974年7月，常州市总降雨量484毫米，7月31日东门水位5.33米，高于发生流域性洪水的1954年。全市43家工厂被淹，被迫停产近20天。

至1989年，运河市区段8.9千米已按Ⅳ级航道整治，疏浚河道，拆除阻水碍航桥梁、码头，河道拓宽到50米，两岸做石驳岸，顶部高程5.7米。此外，还疏浚了南运河、大湾浜、关河和白荡河以及市河7.4千米，建成下水道219千米、排涝泵站65

个。按照规划，江南运河按50年一遇设防，设计水位5.65米，并要求按0.8～1.0米超高加固堤防和防浪墙，使低于此高程的28.3平方千米市区面积得到保护。

1991年大水，苏南地区及湖西地区降雨强度大，湖西来水沿运河东下，常州建成区面积38.4平方千米中40%被淹，25条主要道路、50多条街巷积水，民宅进水3.4万户，因水淹停产或半停产企业4029家，经济损失严重。

四、杭州市

杭州市位于流域西南部，东南临钱塘江，西北有东西苕溪，上游青山水库距市区33千米，江南运河穿越市区。市区西南部为山丘区，约占市区面积的35%，其余65%为平原，高程5～12米，平原部分南受钱塘江江潮、西受东苕溪洪水的威胁。

由于历史的演变，杭州市存在3条钱塘江海塘：其一是老海塘，从白塔岭起，经复兴街、秋涛路、沪杭路至七堡，全长17千米，堤顶高程9～12米；其二是杭州支堤，自三廊庙至三堡，长6.8千米，堤顶高程10米，建于1957—1965年间；其三是临江海塘，由杭州木材厂—三堡船闸（7.4千米）、三堡船闸—五堡（2.5千米）及五堡—七堡（2.6千米）三段组成共12.5千米，堤顶高程9.7～11.8米，建于1966—1979年间，是杭州市担负防洪任务的主塘。海塘防洪能力约20～30年一遇，在不利江道情况下，标准更低。

东苕溪已建防洪工程自上而下有青山水库（大型），南、北湖滞洪区，泗岭水库（中型）及西险大塘。青山水库原按100年一遇设计，1000年一遇校核，实际上校核标准不足500年，在1988—1990年间按万年一遇保坝进行加固，设计标准保持100年一遇不变。南湖和北湖滞洪区分别位于南苕溪右岸和中苕溪左岸，滞洪容积分别为1500万立方米和1670万立方米。西险大塘自余杭石门桥至德清闸，长44.9千米，为本市西部防洪屏障。1963年“9·12”洪水，南湖滞洪区泄水闸翼墙冲塌，围堤决口40米，洪水直入杭州，拱宸桥地面水深0.6米，市郊农田20平方千米受淹，工厂生产和人民生活受到很大影响。

按杭州市防洪规划，白塔岭至七堡的临江海塘形成封闭线，防洪标准由20～30年一遇提高到100年一遇，设计水位闸口10.35米，堤顶高11.35米；西险大塘需在原有堤线基础上进一步加高加固，达到100年一遇。

五、嘉兴市

嘉兴市位于流域南翼，市区有新塍塘、长水塘、海盐塘、平湖塘、三店塘、江南运河等河道交汇，被分成10余块小区。上游天目山区东苕溪来水可经东导流东堤六闸下泄，由新塍塘和杭州塘（江南运河东段）流入嘉兴市。江南运河苏嘉段来水对嘉兴市也有影响。出水河道除东向的平湖塘、三店塘以外，由于杭嘉湖南排工程长山河及长山闸已建成，也可由长水塘、海盐塘向南排水，经长山河入杭州湾。

20世纪80年代嘉兴市管辖城区和郊区（即现秀洲区和南湖区），城区建成区面积

13.5平方千米，地面高程4.0～4.5米。城区防洪堤长55千米，其中堤顶高程超过5.0米的18千米，约20年一遇；堤顶高程4.5～4.8米的20千米；堤顶高程低于4.5米的17千米，其中还有8千米低于历史最高水位（1954年）4.38米。

1984年“6·13”暴雨，3日雨量178.4毫米，运河三塔最高水位4.21米，市区1178户居民住房进水，受淹道路10条，受淹厂房面积2.94万平方米，最大积水深90厘米。在1991年大水中，杭嘉湖地区降雨量小于苏南，嘉兴市三塔最高水位4.05米，仍有1000家企业进水。

六、湖州市

湖州市位于太湖南岸，东西苕溪下游，市区建成区8.42平方千米。市区中心部分被横渚塘河、龙溪港、老龙溪、销苕桥港、頔塘组成的环城河道包围。在环城河线与东导流、西苕溪和机坊港的汇口处分别建有城南、城西、城北3闸。

湖州市区上受东西苕溪洪水威胁，下有太湖高水位顶托。东西苕溪在城西杭长桥汇合，汛期上述3闸关闭，东西苕溪来水只能由龙溪港（城北闸以西环城河道）、机坊港、长兜港北泄太湖。城市新区西北片北侧旄儿港也承泄部分西苕溪来水，汇合机坊港经长兜港，由机坊港下段入太湖。苕溪尾闾长兜港、机坊港下段过流能力为1150立方米每秒，而20年一遇洪峰流量为1850立方米每秒，过流能力明显不足。

市区地面高程3.5～6.5米，承泄苕溪洪水的高水区堤防高程5.2～6.5米，其余低水区堤防为4.8～5.3米。部分河段地势较高，没有堤防或靠沿河围墙挡水。堤防标准不足10年一遇。

1983年汛期太湖最高水位4.43米，湖州杭长桥最高水位4.44米，市区进水，大量工矿企业受淹停产，长湖申线停航1个月。1984年汛期，杭长桥水位5.45米，太湖小梅口水位4.59米，约10千米长范围落差0.86米。当时市区低地451幢宿舍楼被淹，地面水深0.5～0.8米，影响2万人的生产、生活。在1991年大水中，杭长桥最高水位5.35米，湖州市有1970家企业进水。

按照城市防洪规划，东苕溪东堤要求达100年一遇，杭长桥设防水位6.35米；高水区堤防7.0～7.5米，低水区5.5～6.0米；市区分7片包围加高加固堤防；同时，拓浚旄儿港、长兜港等河道。

七、上海市

影响上海市防洪安全的主要因素是黄浦江台风高潮。中华人民共和国成立前上海市黄浦江无防汛墙，从1956年开始修建，后经1962年和1974年两次加高，1981年黄浦江防汛墙防御标准已达100年一遇（黄浦公园潮位5.30米）。1981年9月，上海遭14号强台风袭击。经浦东沿江水闸开闸纳潮后，水位仍高达5.22米，高出市区地面2米，距上述设防水位只差8厘米。1985年经水电部和上海市人民政府批准，将设防标准提高到1000年一遇，按黄浦公园高潮位5.86米设防。防洪工程包括：

（1）黄浦江干、支流防汛墙加高加固208千米。

（2）苏州河口挡潮闸，闸桥结合，净宽60米，共设17扇悬挂式闸门，闸底板采用预制钢筋混凝土空箱浮运沉放，在水下回填混凝土。

（3）黄浦江支流45座水闸、泵站加高加固。

（4）闵行区圈围堤防工程。

1988年国家计委同意上海市区防汛墙加高加固工程开工建设。至1990年，黄浦江市区段及主要支流208千米防汛墙，已有一半达到1000年一遇的防洪标准，并于1991年4月在黄浦江苏州河口建成国内第一座闸桥结合、净孔60米的悬挂式挡潮闸。

汛期上海多雨，遇到暴雨市区往往积水，存在城市排涝问题。上海1843年开埠以后发展迅速，城区填浜筑路，新设排水设施简陋且因租界分割标准不一，不成系统。中华人民共和国成立初期上海市区仅有11座排水泵站，排水能力16立方米每秒，大部分地区排水以候潮自流为主，每逢暴雨必然成灾，积水深度可高达1米以上，积水时间可长达十数日。20世纪60—70年代全市地面沉降加剧，市区积水更为严重，开始逐年新建排水泵站和地下排水管道。到70年代末，全市有排水泵站95座，排水能力290立方米每秒，初步改变了原来以自流排水为主的局面。80年代开始，防汛排水设施建设成为市政基础设施建设的重要组成部分，每年都有4～5个排水系统建成投入使用。到1990年，全市有排水泵站160座，排水能力870立方米每秒，机排成为市区主要排涝方式。

在1991年大水中，8月7日和9月5日上海两次遭特大暴雨袭击，最大小时降雨强度达158毫米（闸北区），大大超过设计标准，500多条马路积水，部分交通中断，近10万户居民家中进水。

以上7个城市20世纪80年代的城市防洪有关情况见表9-4-1。

表9-4-1　　20世纪80年代太湖流域城市防洪情况一览表

城市		上海	苏州	无锡	常州	嘉兴	湖州	杭州
市区面积/km^2		372	36	48	34	14	8	430
1987年市区人口/万人		711	73	88	63	71（21）	99（22）	129
1987年工农业总产值（1987年产值，1980年不变价）/万元	全市	1004	326	277	153	99	56	224
	市区	685	73	101	75	26	31	104
地面高程/m		3.3～4.3	4.0～5.0	3.5～4.0	5.0～7.0	4.0～4.5	4.0～5.0	5.0～12
河湖最高水位/m		5.22(潮)	4.37	4.73	5.59	4.38	5.61	9.43(潮)
发生时间/(年.月.日)		1981.9.1	1954.7.28	1954.7.28	1937.7.25	1954.7.13	1951.7.18	1926
代表站		黄浦公园	枫桥	南门	东门	三塔	杭长桥	闸口
河道		黄浦江	运河	运河	运河	运河	东苕溪	钱塘江
防洪堤顶高/m		5.30	4.8	5.2	5.7	4.2～4.8	5.0～6.5	7.5～12
河道警戒水位/m		4.4	3.5	3.59	4.2	3.5	4.5	

注　1.（）内为非农业人口，杭州为全市范围包括流域外一部分。
2. 地面高程上海为余山吴淞，其余为镇江吴淞基面。

第二节　20 世纪 90 年代的城市防洪工程

1991 年大水后，各市按照本市的情况，重新进行城市防洪规划，或继续实施原有的规划，开展城市防洪排涝建设，并逐步发挥效益，使部分城市洪涝灾害损失不同程度减小。至 1999 年汛前，苏州、无锡两市城区防洪标准已接近或达到 50 年一遇，同时由于 1999 年苏南降雨小于 1991 年，两市洪涝灾害损失大幅度降低；但嘉兴、湖州两市城区防洪标准尚不到 20 年一遇，湖州部分城区如南浔区基本不设防，两市在 1999 年洪水中损失较大，共计 50 亿元。此外，在 1999 年洪水中，太湖流域中小城镇受淹的有 40 多座，说明中小城镇防洪标准更低，也亟待提高。

一、苏州市

苏州市规划防洪标准原为 50 年一遇，1996 年修订规划按 100 年一遇标准设防，相应设计防洪水位 4.48 米，其中中心城区按 200 年一遇标准设防。

1992—1997 年共新建、改造、大修泵站 18 座，增加排涝流量 34 立方米每秒，新建节制闸 26 座，连同原有防洪设施，在城区 46.9 平方千米的设防范围内，共有泵站 42 座，总排涝流量 82.32 立方米每秒，节制闸 58 座。其中，城区西部苏州新区原防洪设施比较薄弱，1991 年曾被淹。在此期间，建节制闸 13 座、泵站 11 座，排涝流量 22.4 立方米每秒，整治河道 40 千米，已达规划要求。

对于规划不建防汛墙的城区河道两侧低洼地带，进行综合改造。1996—1999 年间，每年动迁易涝居民户数约 1000 户，并进行绿化建设，有效减少了汛期受淹居民户数，并改善了环境。

苏州工业园区按规划要求将建成区地面填土垫高，达到 4.7 米高程以上，不另设防。

1993 年汛期苏州运河枫桥最高水位 4.23 米，城区居民住宅进水户数已减至 4600 户，工厂受淹数也减到 80 家。1996 年汛期苏州最高水位 3.99 米，城乡工矿企业停产的只有 34 家，另有部分停产企业 141 家。

1999 年汛期苏州市最高水位 4.50 米，比 1991 年高 0.19 米，由于 1991 年大水后的防洪工程发挥了作用，市区洪涝灾害直接损失只有 1.23 亿元，远小于 1991 年。

二、无锡市

1991 年汛后，无锡市组织开展了第三次城市防洪规划工作。规划标准为抗御百年一遇的洪涝灾害，堤顶标高要求达到 5.2～5.5 米（城南 5.2 米，城北 5.5 米），排涝模数要求达到 4.6～8.6 立方米每秒每平方千米（圩区 4.6 立方米每秒每平方千米，城中建筑密集区 8.6 立方米每秒每平方千米），暴雨重现期要求达到 1～3 年一遇（城区要求3年一遇，郊区农村平原地区要求1年一遇）。规划在原有圩区的基础上，适当调整联圩，形成22个圩区，26个排水片，新建改造泵站25座，增加机电排涝流量202立方米每秒；对原有挡水墙、驳岸全面加固、加高，特别是要对挡水墙的老驳岸基础进行防渗处理；对排水不畅的排水片进行下水道扩建等。这一阶段重点针对城防工程在受灾时暴露出的薄弱环节进行加强建设，全面强化挡墙基础的加固和防渗工程，加高加固挡墙，联圩并圩，改造排涝站，增强排涝能力。新扩建、维修大小排涝站41座，新改建防洪闸及下水道闸门120座，疏浚排水河道98千米。

至1999年已建成圩区16个、排水片36片、泵站82座，总排涝流量146立方米每秒，保护面积44.9平方千米。当年无锡市区最高水位4.74米，比1991年低0.14米，比1954年还高1厘米，由于防洪能力提高，市区洪涝经济损失只有446万元。

三、常州市

1991年洪水后，市区新建和扩建排水泵站40座、涵闸26座，防洪能力有所提高。一期治太骨干项目湖西引排工程中的新闸，位于市区西面江南运河上，可对湖西高片洪水沿运河东下进行控制，但至1999年尚未实施。

常州市防洪工程实施晚于苏锡两市。1999年汛期常州市东门最高水位5.48米，比1954年高24厘米，市区洪涝经济损失2123万元。

四、杭州市

杭州市城市防洪任务是南防钱塘江洪潮和西防东苕溪山洪，以市区临钱塘江堤塘和东苕溪东岸西险大塘为其防洪屏障。西险大塘经一期加固，防洪标准已达20年一遇，二期加固列入一期治太骨干项目东西苕溪防洪工程；市区各段实施达标加固。

五、嘉兴市

从1989年起，嘉兴市在市区光明街、杉青闸等部分低洼地段建设城市防洪工程。1996年6月，嘉兴市组织编制《嘉兴市区城市防洪工程规划》，市区规划面积74.1平方千米，共分9片。规划按照“疏控结合，分片抗洪，分散排水，自疏为主，内外兼治，各方统筹”的治理原则，实施的标准为提高道路、房屋地基的建设标高，标高控制在20年一遇的洪水位之上；建设防洪堤；调整排水管网，扩大排水管道；建立泵站，增加电力排水设施。规划兴建防洪堤32.2千米、节制闸7座、排涝闸40座，其中闸站结合站19座、填高地面高程面积53.9平方千米。

1989—2000年，根据《嘉兴市区城市防洪工程规划》，嘉兴市分6期进行小包围建设，共建防洪堤16.7千米，防洪闸、泵站34座，排涝流量54.1立方米每秒，集水管道13.8千米，受益面积4.3平方千米。工程在防御20世纪90年代各次洪水中发挥了一定作用，但由于建设进度较慢，在90年代各次洪水中仍遭受了不少损失。

1993年嘉兴市最高水位4.23米，市区面积1/3受淹，工矿企业200多家停产。

1995年嘉兴最高水位4.40米，城区16.8平方千米中11平方千米受淹，占城区面积65.5%。

1999年汛期杭嘉湖区最大30天降雨仅次于浙西区，居各分区第二位，嘉兴最高水位4.34米，比1991年高29厘米。市区受淹面积10平方千米，占建成区的41.2%；受灾居民1.58万户，18条主街、54条小街被淹，积水最深处达1.3米；市区洪涝直接经济损失8.79亿元，远高于1991年。除了防洪规划实施不够及时以外，因地下水超采引起的地面沉降也是造成严重灾害的原因。

六、湖州市

1991年大水后，涉及湖州市防洪的环城河、旄儿港、长兜港等入太湖尾闾河道拓浚，列入一期治太骨干项目东西苕溪防洪工程。其中，长兜港一期、旄儿港拓浚工程1991—1992年开工；长兜港二期包括导流港拓浚工程于1998年开工；环城河拓浚防洪标准50年一遇，于1998年11月开工，2004年完工，其他项目迟至2007年完成。

1999年大水，湖州市杭长桥和三里桥水位分别为5.61米和5.02米，超历史最高水位0.13米和0.17米。中心城区红丰、安定、市北、潮音等约5平方千米居民区被淹，积水深0.3～0.8米，共7673户民宅进水，涉及5.6万人，其中2.5万人受洪水包围，企业停产和半停产近400家；市区洪涝直接经济损失40.39亿元，远高于1991年。

市区中南浔区受灾严重，其最高水位4.87米，超历史最高水位0.48米。由于基本无城市防洪设施，除新区外均被淹，经该区的公路318国道和航道长湖申线均中断，华东地区最大的建材、五金等市场被淹，直接经济损失21.7亿元。

七、上海市

1985年水电部批准上海市按1000年一遇黄浦公园高潮位5.86米设防，工程包括黄浦江干支流208千米防汛墙加高加固、苏州河口挡潮闸、黄浦江支流水闸、泵站加固及闵行区围堤工程四部分。自1988年10月开工至2000年末，苏州河口挡潮闸和黄浦江干支流防汛墙加高加固已完成。同时城市化地区69千米海塘已达100年一遇加12级风，非城市化地区213千米海塘已达100年一遇加11级风的设防标准。

已建工程对防御1996年、1997年沿江沿海高潮位发挥了决定性作用，特别是1997年黄浦江黄浦公园水位达5.72米，创历史新高，除局部防汛墙因当时未达标有3处决口和少数堤段漫溢，并有少量损失外，市区基本安全。

由于潮情变化较快，1985年原批准的1000年一遇设防潮位现仅为300年一遇左右。

在1999年梅雨期中，上海市区发生过8次暴雨，其中两次为大暴雨。在两次大暴雨后，发生部分内河向两岸漫溢，部分雨水泵站被迫临时关闭，漫溢地点主要集中在长宁、普陀、闸北、虹口四区，住宅遭淹12处1500多户，上海动物园和虹桥机场曾因苏州河北新泾高水位一度被淹。同时发生大面积市区街道积水，各有100条和120条马路积水，最多时有3.2万户民宅进水，积水区域主要分布在杨浦、闸北、普陀、徐汇、长宁五区，一般积水深度不超过30厘米，积水时间1天左右。积水原因是局部低洼地区排水设施达不到设防标准。

第三节 1999年大水后的城市防洪工程

1999年太湖流域汛期降雨的发生频率和集中程度都打破了历史纪录，成为流域防洪新的规划设防雨型，流域内各有关城市也都根据实际情况修订城市防洪规划和调整实施步骤。

苏州、无锡、常州、杭州、嘉兴、湖州和上海的行政区划，除在2003年全国行政区划调整中进行了调整以外，以后又有所调整。如苏州、无锡、常州、杭州市区范围均有扩大，上海市在2002年将流域内仅剩的县即青浦、南汇、奉贤改为区。

一、苏州市

2002年《苏州城市防洪规划》编制完成，防洪规划范围西起南阳山、天平山、灵岩山、上方山山脚，东至阳澄湖、青秋浦，北以市界、沪宁高速公路、朝阳河、北河泾为界，南至环城高速公路、京杭运河、斜港、吴淞江一线，面积约400平方千米。以京杭运河、胥江、斜港、吴淞江、娄江、元和塘等骨干河道作为外部区域河网，划为城市中心区、工业园区、苏州新区、吴中区、湘城区、浒关区6个防洪排涝分区，防洪工程保护面积337.6平方千米（表9-4-2）。

表9-4-2 苏州市各区域防洪标准

区 域	防 洪 标 准
城市中心区	200年一遇水位5.0～5.2m
工业园区	100年一遇水位4.8m
苏州高新区、虎丘区	100年一遇水位.5.0m
吴中区	江南运河以北的中心片纳入大包围，其余区域为100年一遇，水位4.9m
相城区	100年一遇水位4.8m
浒关区	100年一遇水位5.0m

市区100年一遇防洪水位为浒关区、新区5.0米，吴中区4.9米，相城区、工业园区4.8米；200年一遇城市中心区（沿运河）防洪水位为5.2～5.0米。城区河道排涝设计暴雨为20年一遇1日降雨量178.7毫米，包围圈内河道设计水位控制3.8米、预降控制水位3.3米。城区雨水管道设计暴雨1年一遇1小时降雨为30.2毫米。

城市中心区为建成区，规划沿京杭运河、苏嘉杭高速公路、沪宁高速公路建设堤防及控制建筑物，将原来的分七片控制改为一个防洪包围圈，保护面积74平方千米；四周设立245立方米每秒排涝泵站，向京杭运河、斜港、娄江、阳澄湖、元和塘、西塘河等河道排水。当觅渡桥水位高于3.7米时，可关闭中心区大包围沿线闸门，启动泵站向外排水。苏州新区规划东部沿运河建4个防洪圩区、保护面积13平方千米，设36立方米每秒排涝泵站向京杭运河排水；西部地区敞开，疏浚山丘河道，整治向运河排水的河道。工业园区斜塘河以北填土抬高地面，河道自排；斜塘河以南，独墅湖东西形成两个防洪包围圈、保护面积141.1平方千米，设212立方米每秒排涝泵站，向斜港、独墅湖、斜塘河、吴淞江排水。吴中区石湖以西属西部高地，地势较高，除沿胥口蒋墩圩及茭白荡圩（计2.4平方千米）外，其余河道敞开；石湖以东设置一个包围圈、保护面积47.2平方千米，设63立方米每秒排涝泵站，向京杭运河、石湖排水。相城区让开区域骨干河道元和塘、蠡塘河，设置3个包围圈、保护面积57.38平方千米，设180立方米每秒排涝泵站，向元和塘、西塘河、蠡塘河、北河泾、阳澄湖排水。浒关区老城区以京杭运河与浒关河为界，划分运东、浒北、浒南3个小包围圈、保护面积2.5平方千米，设9立方米每秒排涝泵站；其余地区河道敞开，疏浚茭白荡导西部山洪入运河，局部地区填高处理。

自2004年起，苏州市启动建设大包围。至2009年，包围圈11处重点水利枢纽全部完成，城市中心区基本达到了节点枢纽200年一遇防洪和包围圈20年一遇排涝的能力。包围圈以鹿山路—312国道和谢家桥浜—僧塘圩南港—绿台桥港沿线控制闸为界，防洪保护面积74.1平方千米。内部保留20世纪八九十年代建成的古城片等7个中包围及古城片内部众多排水小分片，总体为大—中—小包围分级控制格局。外围堤线总长56.3千米，其中沿运河侧长约17千米，正推进实施堤防达标建设；非运河侧沿河堤线除西塘河两岸堤顶高程为5.2～5.5米基本满足防洪要求外，其余沿河堤防或护岸顶高偏低仅4.5～5.0米；北侧、东侧等以路作堤段路基顶高程5.5～7米，基本能满足防洪要求。大包围200年一遇防洪控制水位5.0～5.2米；现状除澹台湖11大骨干枢纽外，周边还有26处小闸站，总的外排流量为296立方米每秒，排水模数4.0立方米每秒每平方千米。

二、无锡市

20世纪90年代后期，无锡城市发展迅速，范围进一步扩大，防洪安全要求更高，且城区河道水质的恶化更为严重，急需有一个既能保障高标准洪水安全，又能调活水流促进河道水质改善的措施。1998年，无锡市人民政府要求无锡市水利局负责制订新的城市防洪规划。

1998年，无锡市以重点地区建立防洪控制圈、其他地区加强自保为目标开展了新一轮城市防洪规划，并于2002年经无锡市人民政府批准。规划范围北至锡北运河，南滨太湖，东至白屈港控制线，西自锡澄运河东岸与锡山市分界线至太湖（包括马山区在内），面积为570平方千米，其中中心城区面积156平方千米。规划范围以京杭运河为界，分为运东片和运西片。近期总体防洪标准为100年一遇，其中中心城区按200年一遇设防；山洪防治按10～20年一遇建设，城区河道排涝设计暴雨为20年一遇，城区排水片暴雨排水标准为1～3年一遇。规划200年一遇城市防洪设计水位5.05米、100年一遇防洪设计水位4.94米；城区河道排涝设计暴雨为20年一遇，包围圈内河道设计水位控制4.5米、预降控制水位3.3～3.4米。

京杭运河以东片是无锡老城区，规划中心城区采用大包围方案，保护面积121平方千米，保护圈内增设300立方米每秒排涝泵站，向京杭运河、梁溪河、九里河、伯渎港等河道排水，一般水情仍保留原有圩区分圩运行方式。当无锡仙蠡桥运河水位达3.8米时，城市运东大包围启用。京杭运河以西片规划维持现有圩区布局，属中心城区的山北北圩、山北南圩、盛岸联圩堤防按200年一遇标准进行治理，其余圩区堤防按100年一遇标准进行加高加固堤防，圩内增加排涝流量16.73立方米每秒；西南部山区修建截洪沟，疏浚河道，在地形适宜处建蓄洪滞洪设施。

运东片自2003年开始建设大包围，到2010年城市防洪主体工程已基本完成，主要建筑物包括仙蠡桥、江尖、伯渎港、九里河等八大水利枢纽和32千米堤防以及11处小口门建筑物，沿线7处泵站总排涝设计流量415立方米每秒，目前防洪标准基本达到200年一遇，排涝能力基本达到20年一遇标准。运西片已实施包括山北北圩、山北南圩、盛岸联圩等6个圩区的达标建设和河埒地区的山洪防治工程。在工程实施过程中，城市防洪规划范围、防洪排涝标准、总体布局和主要工程规模等基本按可研报告实施，局部适当调整，调整的主要内容有：运东大包围范围适当向东拓展，将东亭经济开发区纳入大包围内，运东大包围保护面积由原规划确定的121平方千米扩大到136平方千米；北兴塘水利枢纽由通津桥东移至万安桥，北兴塘泵站、江尖节制闸、寺头港节制闸、利民桥节制闸、严埭港船闸规模分别调整为60立方米每秒、75米、12米、16米、16米。至2010年，无锡市城市防洪规划和可行性研究报告中确定的工程内容尚有部分任务未完成，主要有运东大包围内部部分骨干河道整治、包围内二级圩区达标建设、部分堤防等。

三、常州市

2002年常州市水利局组织编制完成《常州市城市防洪规划》，同年常武地区行政区划调整，城市总体规划进行修编。2005年京杭运河常州市区段改线工程正式开工，2007年对防洪规划报告进行修编。防洪规划范围为东至武进港、三山港，西至德胜河、新闸、新武宜运河，南至武南河、圻舍河、采菱港，北至沪宁高速公路及长江大堤，总面积约480平方千米。防洪标准确定为100～200年一遇，城市中心区（运北片）确定为200年一遇；城区河道排涝标准采用20年一遇最大24小时降雨不漫溢；城市小区排水标准确定为0.5～3年一遇。规划推荐大包围防洪工程方案，大包围方案包括运北片、潞横革新片、湖塘片和采菱东南片四个片。片内排涝最高水位控制在4.80米；外河100年一遇防洪最高水位5.80米，200年一遇防洪最高水位5.95米。

2008年常州城市大包围运北片节点枢纽工程全面启动，澡港河南枢纽、老澡港河枢纽、北塘河枢纽、永汇河枢纽、大运河东枢纽、采菱港枢纽、串新河枢纽、南运河枢纽等相继建成，2012年年底枢纽节点工程基本完成，现状九大节点工程外排流量310立方米每秒；北塘河、武南河城区段等市域骨干河道整治等工程建设陆续完成，湖塘片等武进城区规划拟定的防洪工程相继建设。当常州站水位达到防洪警戒水位4.3米时，启用各片防洪控制工程；当常州站水位达4.6米向省防汛抗旱指挥部申请启动武澄锡西控制线和钟楼闸关闭程序，常州站水位达4.8米钟楼闸关闭到位。

四、杭州市

20世纪90年代后期杭州市区扩大，共分8个区，其中钱塘江北岸的上城、下城、拱墅、余杭4个区属太湖流域，南岸的滨江、萧山属钱塘江流域，余下的西湖和江干两区则跨两个流域。以上涉及太湖流域的6个区面积1832平方千米。

1999年10月，杭州市编制完成城市防洪规划，防洪的对象主要是钱塘江的洪潮、东苕溪和西湖的洪水以及城市内涝。根据杭州市水系和地形地势特点，城市防洪排涝工程分为7大部分：钱塘江防洪工程、东苕溪防洪工程、西湖防洪工程、主城区防洪排涝工程、下沙片排涝工程、上泗片排涝工程、滨江片排涝工程。其中钱塘江防洪工程，中心城区白塔岭至一堡船闸的海塘标准为500年一遇，其他区域防洪标准为50～100年一遇。东苕溪防洪工程主要是对西险大塘进行加高加固及防渗处理，上游配合建水涛庄水库，瓶窑以上南、北湖滞洪区及河道整治。西湖防洪工程主要是对西湖水域平均浚深0.5米，以增加西湖蓄水量；扩建圣塘闸和全面拓浚古新河，以增加西湖的泄水能力。主城区防洪排涝采取“北控、中疏、外排”综合治理措施。“北控”，为修筑防洪路堤形成防洪闭合区，防范北部高水位顶托影响；“中疏”，为疏浚城区排水河道，使之遇洪能排，通畅输水；“外排”，为优先在钱塘江沿岸扩建水闸，排水入江。京杭运河的东、西部及西湖流域和老城区中河、东河部分的涝水则通过兴建三堡排涝站抽排入钱塘江，其余部分通过运河、西塘河、沿山港分散向东部平原水网排水。

至2003年，城区防洪工程已基本完成。其中，钱塘江北岸堤塘全长64.1千米，加高加固49.3千米，并修建三堡、五堡、七堡等沿江排涝口门及泵站。西湖经2003年综合整治，水面面积及需水量有所增加，出水口除原有的圣塘闸、涌全闸、岳湖闸、北里湖泵站4处出口外，又增加了柳浪闻莺、大华饭店、涌全池、湖滨一公园和华侨饭店5处出口，出口总数增加到9个。

五、嘉兴市

2000年1月，嘉兴市人民政府批准实施《嘉兴市区城市防洪工程（大包围）规划》。规划范围基本为嘉兴市城市总体规划确定的区域，保护面积92.04平方千米。嘉兴市辖两个区，即秀洲区和南湖区，城区防洪标准维持100年一遇不变。布局仍采用两级包围，基本不变。利用已建和续建的小包围挡水排涝，在外河达到防洪水位时启用大包围，要求2020年城市规划区内大部分区域防洪标准达到100年一遇，排涝标准20年一遇。工程措施包括堤防、闸站和河道拓浚，部分结合城市开发对市区内河道进行全面整治。

嘉兴市区城市防洪大包围工程其堤线西北沿北郊河南岸，东沿东环河西岸，并顺延穿过中环南路，南沿规划南路南侧，西南与改线320国道形成闭合包围圈。堤防顶高程6.0米，顶宽5.5米。工程从1999年12月开工，至2003年10月全部完工。大包围沿线河口52处，除1处封堵外，其余51处均建闸，其中较大的有杭州塘、苏州塘、三店塘、嘉善塘、平湖塘、海盐塘、长水塘7处，闸孔总净宽在16～48米之间。同时，在穆湖溪（与北郊河交叉处）、三店塘、平湖塘、海盐塘4处建泵站，设计排涝流量在36～72立方米每秒之间。

分片小包围在嘉兴站水位达2.8～3.6米时先后投入运行，大包围在嘉兴站水位上涨至3.4～3.7米时，开始使用。

六、湖州市

湖州市辖吴兴和南浔两个区，面积分别为860平方千米和706平方千米。城市中心区范围西起杭宜铁路、康山一线，东至八里店镇西山漾，南起东苕溪钱山漾，北至太湖边，面积93.9平方千米。

根据《湖州市城市防洪规划（修编）》（2003—2020年），其城市防洪规划范围共包括两片22个防洪分区，其中一片为湖州原市区和织里组成的湖州城区和东部新区，有14个分区；另一片为南浔城区，有8个分区，合计面积250.8平方千米。

湖州城区的10个分区为城中、凤凰、梅东、梅西、杨家埠、西塞、西南、西山、诸墓和环渚分区；东部新区的4个分区为利济、太湖、轧村、大港分区；南浔城区的8个分区为浔中、南林、红旗、东迁、何庄、甲午、联谊、漾南分区。

城市防洪标准：湖州城区及东部新区为100年一遇，南浔城区为50年一遇。排涝标准：采用20年一遇，其中雨水工程按小时暴雨强度1年一遇设计。规划分期按近期2005—2007年，远期2008—2020年组织实施。

采用的工程措施为分区设防，防洪包围和抬高地面相结合，以分区包围为主。除杨家埠和甲午两分区采用抬高地面的措施外，其余均采用防洪包围。

列入近期工程建设的有城中、凤凰、浔中等分区。城中分区除包围北侧堤防未达标外，其余东南两侧已达标，防洪标准可达20年一遇。凤凰分区的东部防洪可达100年一遇，西部可达20年一遇标准。浔中分区基本可达50年一遇防洪标准。梅西分区中的仁皇山新区，面积约4.9平方千米，防洪可达20～50年一遇标准。在其余分区中只有梅东、梅西、西塞、西南、红旗、联谊6分区，防洪可达20年一遇标准。湖州城市防洪要达到既定的规划目标，建设任务仍然较重。

七、上海市

至2012年，上海市黄浦江中下游防汛墙已达1985年批准的防御1000年一遇高潮位的标准，共计长度 294 千米，包括原批准的 208 千米及以后增加的市区扩大部分。通过治太骨干工程黄浦江上游干流防洪工程建设，上游干流 217 千米堤防已达防御 50 年一遇洪水的标准。

上海市大陆部分已建海塘 212.6 千米，其中城市化地区 84.9 千米海塘中已有 62.6 千米达到 200 年一遇潮位加 12 级台风标准，其余地区基本达到防御 100 年一遇加 11～12 级台风的标准。

20 世纪 90 年代以后，随着技术进步和投入增多，新建泵站规模和雨水管道管径都越来越大。到 2011 年全市雨水泵站共 441 处，排水能力 3128 立方米每秒，服务范围 564 平方千米，排水基本达到抵御 1 年一遇暴雨（36 毫米每小时）标准。

根据长江吴淞口及黄浦江潮情变化，加强城市防潮防洪工程建设措施仍然有待研究，包括对黄浦江河口建闸问题的研究和论证。

第四节　县级城市防洪工程

目前，太湖流域大部分县级城市均制定了防洪规划，并正按照规划实施河道治理、圩区整治等防洪工程。

一、苏州市

吴江区规划防洪标准为 50 年一遇，现状已达标，主要工程包括河道治理、泵闸建设。

昆山市中心城区规划防洪标准为 100 年一遇，昆北和昆南地区防洪标准为 50 年一遇，现状已达标，主要工程包括将原有 133 个联圩调整为 106 个联圩，并增加排涝流量。

张家港市规划防洪标准为 100 年一遇，现状已达到 50 年一遇标准，并正按 100 年一遇标准建设，主要工程包括防汛应急护岸整治、河道疏浚、江堤加高加固、沿江涵洞整治和泵闸建设。

常熟市规划防洪标准为 100 年一遇，现状已达到 50 年一遇标准，并正按 100 年一遇标准建设，主要工程为泵闸建设。

太仓市规划防洪标准为 50 年一遇，现状已达标，主要工程包括河道治理、泵闸建设。

二、无锡市

江阴市规划防洪标准为 100 年一遇，现状已达到 50 年一遇标准，并正按 100 年一遇标准建设，主要工程包括河道整治、堤防建设、泵闸建设。

三、常州市

溧阳市规划防洪标准为 50 年一遇，现状尚未达标，规划工程为河道整治。

金坛市规划防洪标准为 50 年一遇，现状尚未达标，规划工程包括增建泵闸、堤防及河道拓浚。

四、镇江市

丹阳市规划防洪标准为 50 年一遇，现状已达标，主要工程包括河道开挖、泵闸建设和水库除险加固。

丹徒区规划防洪标准为 100 年一遇，现状达到 50 年一遇标准，并正按 100 年一遇标准建设，主要工程包括河道整治、水库除险加固。

五、杭州市

余杭区规划防洪标准为 50 年一遇，排涝标准为 20 年一遇，现状已达标，主要工程包括河道整治、堤防加高加固、泵闸建设。

临安市规划防洪标准为 50 年一遇，现状为 20～50 年一遇标准，主要工程包括堤防建设、河道整治。

六、嘉兴市

嘉善县规划防洪标准为 50 年一遇，现状已达标，主要工程包括抬高地面到 2.92 米以上，局部区块建包围圈。

海盐县规划防洪标准为 50 年一遇，排涝标准为 20 年一遇，现状已达标，主要工程包括泵闸建设、堤防及防洪墙建设、包围圈建设。

海宁市规划防洪标准为 50 年一遇，现状已达标，主要工程包括河道整治、堤防建设。

平湖市规划防洪标准为 50 年一遇，排涝标准为 20 年一遇，现状已达标，主要工程包括包圈围建设、路堤结合、泵闸建设。

桐乡市规划防洪标准为 50 年一遇，排涝标准为 20 年一遇，现状已达标，主要工程以抬高地面为主，县级城市不设包围圈，共设 2 个低洼临时排涝点。

七、湖州市

德清县规划防洪标准为 20 年一遇，其中东苕溪干流为 50 年一遇标准，现状未达标，主要工程包括防洪堤、泵闸及排涝站建设。

南浔区规划防洪标准为 50 年一遇，现状已达标，主要工程包括防洪堤、泵闸及排涝站建设。

安吉县规划防洪标准为 50 年一遇，现状已达标，主要工程为堤防建设。

长兴县规划防洪标准为 50 年一遇，现状尚未达标，主要工程包括抬高地面高程、闸站建设、堤防加高。

第五章 地下水超采治理

第一节 地下水开采情况与危害

由于深层地下水水质好、工程投资少、见效快，易于分散供水和就地利用等特点，太湖流域地下水有着悠久的开发利用历史。据1980—2010年太湖流域地下水开采量统计，1980年以后流域地下水开采区域由城市向乡镇（村）全面铺开，其中1990年前流域地下水开采量小于6.0亿立方米，1990—1992年介于6亿～7亿立方米，1993—1997年介于7亿～8亿立方米，达到地下水开采高峰期，最大量为1996年的7.9亿立方米。1997年以后，各省（市）相继采取限采乃至禁采措施，尤其是城市区域开采量减少，地下水开采总量有所减少，至2000年开采量降为5.0亿立方米。2000年以后流域内各省（市）逐步实行以控采、限采、禁采为目标的地下水管理，地下水利用基本实现计划开采。

1980—2010年，太湖流域深层承压水累计开采量141.4亿立方米，其中江苏省苏锡常地区77.8亿立方米，占55.0%；浙江省杭嘉湖地区32.7亿立方米，占23.1%；上海地区30.9亿立方米，占21.9%。在开采层次布局上，苏锡常、杭嘉湖地区以开采第Ⅱ承压含水层为主，上海以开采第Ⅲ承压含水层为主。

一、苏锡常地区

20世纪70年代后期，伴随着国民经济的发展、人民生活水平的提高，人们对地下水的需求量不断增加，深层地下水的开采开始形成规模。最初是苏、锡、常三城区开采井数和开采量急骤上升并迅速进入超采状态（开采量增至50万立方米每日左右），与此相应，城区第Ⅱ承压水水位大幅下降，至80年代中期，35米水位埋深等值线已将苏、锡、常三市连在一起，面积达1500平方千米。随后，地表水逐渐污染，苏、锡、常三市地下水开采迅速扩展到外围广大乡镇地区，开采井数和开采量急剧上升，至1995年达到高峰（全区累计开采井数达4917多眼，地下水开采量高达4.5亿立方米，日均开采量123.3万立方米）。由于开采区扩大、取水量猛增，地下水水位持续下降，至1995年，水位降落漏斗面积已达5500平方千米，苏、锡、常三市地下水水位埋深50米的等值线已相接，漏斗中心最大水位埋深达80余米（无锡西部前洲、洛社一带），地下水超采区面积达3935平方千米，约占苏锡常平原地区1/3。随着地下水开采规模的与日俱增、水位埋深的持续下降，地面沉降的范围和程度也随之扩大，常州东部—

无锡西部—江阴南部地区由于不均匀沉降引发地裂缝灾害。

1995年后，江苏省人民政府实施地下水限采和禁采政策，该地区地下水开采量终于进入负增长状态，平均以3000万立方米每年的速率递减，水位下降速率趋缓，部分地段水位开始缓慢回升，但地面沉降等地质灾害发生发展的势头仍未得到根本控制。至2000年年底，区内累计沉降量大于200毫米的区间面积已超过5000平方千米，约占苏锡常平原区总面积的42%。常州市区的东部、无锡市区的北部及苏州市城区累计沉降量均在1000毫米以上。苏锡常地区的地面沉降与地裂缝灾害给当地造成巨大经济损失。据初步评估，截至2002年年底因地面沉降而造成各类经济损失总计约为358.49亿元，地裂缝灾害造成的直接经济损失约为12.8亿元，两者共造成经济损失约371.29亿元。苏锡常地区的地面沉降及地裂缝灾害已成为全国此类灾情最为严重的地区之一。

二、杭嘉湖地区

杭嘉湖平原1914年开凿第一眼深井开采孔隙承压水，1954年后开采井水逐年递增，1986年起年开采量超过1.0亿立方米，最高年1996年开采量达1.5亿立方米。20世纪70年代中期，地下水开采主要集中在嘉兴城区、嘉善魏塘、平湖城关、海盐武原、海宁硖石、桐乡梧桐等城镇；20世纪70年代后期，地下水开采由城镇向乡镇（村）扩展。1989年开始，主要城镇除海盐武原开采量略有增加，平湖城关基本稳定外，其他城镇开采量均有较大幅度下降，地下水开采明显由城镇转向乡村。1997年以后，随着地下水水位大幅度急速下降，杭嘉湖平原各地地面沉降明显加剧，经有关部门采取限采措施，至1999年杭嘉湖平原开采量降至1.3亿立方米。

杭嘉湖平原地面沉降始于1964年前后，至2005年已波及平原大部分地区，地面累计沉降量大于100毫米的沉降面积超过3300平方千米，占杭嘉湖平原面积的51%，涵盖嘉兴全市和湖州、杭州部分地区，以致与江苏、上海沉降区相连，平均累计沉降量约145毫米。沉降中心已由嘉兴城区转移至海盐武原、平湖城关一带，并在王江泾、海盐—欤城—百步、袁花、屠甸、乌镇、崇福等地形成次一级的地面沉降漏斗，嘉兴沉降漏斗中心累计沉降量882.5毫米，海盐武原超过1000毫米[1]。

沉降中心的嘉兴市区，1954—1990年为沉降发展阶段，1954—1973年平均沉降速率8.4毫米每年，1974—1983年22.5毫米每年，1984—1990年41.9毫米每年；1991年后开始消减，1991—1999年24.1毫米每年，2000—2005年13.7毫米每年，2005年嘉兴城区沉降漏斗中心沉降速率为12.4毫米每年，但其外围和部分城镇沉降速率仍在20毫米每年以上，平湖城关镇、海盐武原镇、桐乡市屠甸镇等超过50毫米每年。地面沉降使洪涝灾害加剧，防洪排涝工程效能降低。地面沉降使地面标高不断降低，在相同洪水位下，淹没的范围不断增大。如嘉兴市平均田面高程为2.29米（镇江吴淞高程系统），地面沉降每增加10毫米，淹没面积增加1.6万亩。同时，已建排涝工程排涝

[1] 数据来源：浙江省水文局《杭嘉湖平原地下水开采及治理措施》。

能力降低，排泄等量的洪水时间延长，大量已建的20年一遇标准的防洪工程，因地面沉降而防洪能力下降至10年一遇甚至5年一遇防洪标准。地面沉降是造成1999年“6·30”洪水严重洪涝灾害的原因之一[1]。

三、上海市

上海市区1860年开凿第一口深井。此后上海市深井井数及其年开采量曾一度持续增长，特别是1949年之后，随着国民经济发展对地下水的需求，各含水层地下水开采量曾逐年增加。1965年之前，一半集中在市区，导致市区严重的地面沉降；20世纪80年代后至今，开采层次及地域上有所变化，市区主要开采第Ⅱ、Ⅲ承压含水层，且开采量小于回灌量，而郊区（县）以开采第Ⅳ承压含水层为主。

20世纪60年代开始，地下水进入大量开发利用阶段，1961—2010年，累计开采地下水52.2亿立方米。地下水开采强度在60年代初期和90年代中期为历史之最，年开采量在1.5亿～2.0亿立方米每年。

至2010年，上海地区开采层次以第Ⅲ承压含水层为主，开采地区以远郊区为主，开采形式由季节性开采向常年开采状态转变，且采用回灌措施，采补平衡。

上海地区由于地下水超采引起了地面沉降。20世纪20年代初发现地面沉降。据1921年来的水准测量结果，中心城区平均累计地面沉降量约2米，即市区高程平均降低2米左右，最大可达3米左右。同时，迫使市区防汛墙历次加高加固，城区积水危害逐年明显加重，航道桥下净空减小，影响航运，市政基础设施损坏频繁，造成了严重的经济损失。自20世纪60年代中期以来，通过采取综合措施，大幅度的地面沉降得到了基本遏制，但中心城区年均沉降量仍处于10毫米左右。

据2010年地面沉降监测结果分析，全市地面沉降速率较往年继续呈下降态势，沉降速率稳定在低水平状态。中心城沉降速率在5～10毫米每年，闵行区、浦东新区、金山区、奉贤区沉降速率在5～10毫米每年，宝山区、嘉定区、青浦区、松江区沉降速率普遍小于5毫米每年。

第二节 苏锡常地区地下水超采治理

一、地下水超采治理措施

为保护地下水环境，控制和减缓苏锡常地区地面沉降等地质灾害，各级政府和有关部门从管理、技术、经济几方面入手，采取综合措施，以有效遏制区内地下水水位持续下降、地面沉降不断发展的状况。

---

[1] 数据来源：浙江省水利厅《浙江省地下水利用与保护规划》。

（一）管理措施

1991年，《关于江苏省水利建设的建议》和《加强地下水资源管理的通知》中指出：深层地下水要严格控制开采。1993年，公布施行《江苏省水资源管理条例》。1996年，江苏省人民政府颁布《关于加强苏锡常地区地下水资源管理的通知》，提出要切实加强苏锡常地区地下水资源管理，保持地下水资源的生态平衡，控制地面沉降，同时减轻防洪压力，防止地质灾害发生。通过对苏锡常地区地下水开采实行总量控制、计划开采、目标管理，用5年时间将地下水开采量压缩到允许开采量范围内，每年压缩量不低于总压缩目标的20%。1997年，苏锡常地区各级水行政主管部门，采取调整水源结构，严格控制增打深井，加大人工回灌，开展动态监测，层层下达压缩计划并建立责任状，提高地下水资源费收费标准，严查擅自凿井等一系列措施，减少地下水的开采量。1999年，江苏省人民政府下达《关于进一步加强地下水管理的通知》，提出首先将超采区地下水开采量压缩到可采总量内，苏州、无锡、常州市要按照《江苏省政府关于加强苏锡常地区地下水资源管理的通知》规定，到2001年把地下水开采总量压缩到可开采总量内，专门成立苏锡常地下水管理领导小组，同时建立地下水管理联席会议制度，定期研究会商地下水管理工作中的重大事项。江苏省第九届人民代表大会常务委员会第十八次会议于2000年通过了《关于在苏锡常地区限期禁止开采地下水的决定》，要求自2000年9月1日起，用3年时间全部封闭超采区内开采地下水的深井，用5年时间封闭苏锡常地区所有开采地下水的深井。

（二）工程措施

苏锡常地下水禁采涉及三市所辖21个县（市、区）、263个乡镇、3481个村、3892家企业（单位）。为确保封井限采计划落实到每个乡镇、每个企业、每口井，工程措施涉及供水、取水、用水和节水，以及水量、水质和地质灾害的管理和监测。经过苏锡常地区各级人民政府的努力，于2005年10月底圆满完成了4831眼井（省政府批准的86眼保留井除外）的封井任务，全面实现了省人大常委会规定的“超采区三年、非超采区五年”的禁采目标。

江苏省建设厅为解决苏锡常地下水禁采后的水源替代问题，制定了《苏锡常地区区域供水规划》，苏锡常地区投资建设区域水厂和供水管网。禁采后，为此新增区域水厂规模302万立方米每日，完成了244个乡镇的联网供水。水行政主管部门指导企业实施节水、改水，组织兴建了一批工业水厂，解决禁采中的水源替代问题。

为及时掌握和研究苏锡常地区禁采效果，水利和国土部门分别布设了地下水动态监测和地面沉降监测网。省水利厅在苏锡常禁采区布设了288眼专用监测井，定期编制地下水监测季报和年报，及时掌握地下水变化动态；省国土资源厅先后建成8处基岩标、4组分层标、13处基岩浅标、173个GPS标石、3条地裂缝监测剖面，构成全国第一家较完备的地面沉降监测体系，全面监测地面沉降情况，及时了解地面沉降和地质灾害的变化，为控制和减缓地质灾害提供了科学依据。

（三）经济措施

在禁采五年中，苏锡常地区两次调整了地下水资源费征收标准，解决了长期以来开采使用地下水远比使用自来水生产成本低的状况。苏、锡、常各市、县（市、区）均将地下水水资源费调整到与当地自来水到户价同价，每立方米达2.0元以上，其中宾馆、饭店、洗浴等服务性行业取用地下水，按照特殊行业用水价格收取，充分运用价格杠杆，促使用水单位自觉封井。对超计划取水的除加收2～5倍的水资源费外，还在下一轮取水计划中予以扣除，确保年度控采计划的完成。

二、地下水超采治理效果

自2000年江苏省人大禁采决定颁布以来，区域性地下水大漏斗范围不断缩小，截至2004年年底，40米水位埋深等水位线范围已从吴江市及苏州市主城区逐步向西北部消退，其面积现约为2445平方千米，比2000年年底的3950平方千米缩小了约38%。苏州、无锡、常州三中心城市第Ⅱ承压含水层平均水位埋深由2000年年底的52.7米、64.66米、62.43米分别上升到2004年年底的34.14米、60.87米、53.36米，升幅分别达35%、6%、15%。2005年地下水位进一步回升，苏州市区地下水水位埋深已全面回升至30米的安全线以上，地下水资源环境得到明显恢复与改善。

同期地面沉降监测数据显示，该地区沉降速率也不断趋缓，2004年沉降速率多在10～25毫米每年之间，全区没有出现年沉降速率大于35毫米的地区，GPS测得区内最大年沉降量为31.5毫米（无锡玉祁卫星村）。累计地面沉降量大于200毫米的沉降区面积近两年基本稳定在6000平方千米。

随着苏锡常地区地下水禁采工作的不断深入，该地区地下水的年开采量已由2000年的2.88亿立方米，大幅减少为2004年的0.4亿立方米。

至2010年，苏锡常地区地下水年开采量不足0.1亿立方米，地下水位普遍回升。苏、锡、常三中心城市地面年沉降速率小于25毫米，整个苏锡常地区年沉降速率多数控制在10毫米以下。苏州沉降速率从每年25毫米以上降到小于10毫米，无锡从每年100毫米降到10～15毫米，常州从过去最高每年120毫米降到每年8毫米。[1]

第三节 杭嘉湖地区地下水超采治理

一、地下水超采治理措施

各级政府和水行政主管等部门采取综合措施，加强治理地下水超采区治理，以控制和减缓地下水超采带来的危害。

（一）管理措施

浙江省水利厅1997年印发《关于开展我省地下水资源开发利用规划工作的通知》，

---

[1] 数据来源：江苏省节约用水办公室《苏锡常地区地下水压采效果后评估报告》。

决定分两个阶段完成浙江省地下水资源开发利用规划工作；2000 年印发《关于进一步做好地下水资源开发利用现状调查工作的通知》，要求未完成地下水资源开发利用规划工作的市、县及时完成。2002 年，浙江省人民政府印发《浙江省人民政府办公厅关于加强杭嘉湖地区地下水管理的通知》，划定杭嘉湖地区地下水限采区和禁采区，严格控制开采总量。2003 年，省水利厅和省国土厅联合印发了《关于印发〈浙江省地下水资源调查评价与开发利用规划〉文本的通知》，要求各地做好有关衔接工作，根据《规划》内容开展地下水的开发利用。2004 年，省政府印发《浙江省人民政府办公厅转发省水利厅关于划定杭嘉湖地区地下水禁采区限采区及明确控制目标意见的通知》，明确杭嘉湖地区地下水禁采区限采区的范围、控制目标及相关工作要求。

针对深层承压水的超采情况，浙江省人民政府划定了杭嘉湖地区 6236 平方千米的地下水禁采区、限采区，禁采区面积约 1990 平方千米；限采区面积约 4246 平方千米，涉及杭州、嘉兴、湖州市的 11 个县（市、区）的 120 个乡（镇、街道）[嘉兴市 7 县（市、区）的 41 个乡（镇、街道）为禁采区，杭州、嘉兴、湖州市的 11 县（市、区）的 79 个乡（镇、街道）为限采区]。对于以上区域的禁采区，到 2008 年年底前，除确需暂时保留的监测、生活用水等深井外，全面禁止开采地下水。控制目标为：禁采区的地表水供水管网到达地区，一律停止开采地下水；地表水供水管网未到达地区，逐步禁止企业自备井开采地下水，以地下水为水源的制水单位不再向企业供给生产用水。对于以上区域的限采区，到 2010 年年底前，除确需暂时保留的监测、生活用水等深井外，全面禁止开采地下水。

从 2003 年开始，各级水行政主管部门按照供封同步的原则，开展深井封堵工作。至 2010 年年底，除留作监测、回灌、应急和地表水供水管网未到达而确需暂留的生活用水深井外，全面禁止开采地下水，并由水行政主管部门组织封井。

（二）工程措施

杭州、湖州、嘉兴市水行政主管部门根据省政府要求，开展水资源调度和优化配置，寻找和落实替代水源，筹集资金建设地表水水厂，实施公共供水水厂深度处理工艺，扩大地表水厂供水覆盖范围，分别制定地下水开采井封井规划和实施方案。

由于嘉兴市本地河网地表水污染严重，解决替代水源和供水问题时需同时治理污染。近期立足自身，加大治污力度，加快东片太浦河引水工程步伐，解决市域下游水源地安全；强化本地河网水治理和保护力度，通过对河网水源进行生态处理与保护，使原水水质达到Ⅲ类水以上标准；合理布点集中供水水厂，通过城乡供水一体化管网和建设扩大供水覆盖面，最终达到全市 3915 平方千米，全部置换地下水源；强化水厂制水的深度处理工艺，确保自来水达标出厂。

嘉兴市投资 6000 多万元建设了石臼漾水厂水源保护生态湿地，该湿地规划总面积 3878 亩，其中核心区面积 1640 亩，整个项目包含河道生态修复区、湿地公园核心净化区与湿地绿化景观区等三部分。工程于 2007 年开工建设，2009 年全面建成投入运行。一年的跟踪监测数据表明，饮用水源流经该湿地以后水质总体提高一个类别。

此外，在水厂取水保护区下游建设拦污闸，防止污水倒灌，并同步建设双水源工程。在巩固和提高已有合格饮用水源保护区建设成果的基础上，对饮用水源实施规范化管理。

为了确保出厂水质全面达标，大力改进制水工艺，嘉兴市组织清华大学、同济大学、哈尔滨工业大学、上海市政设计院等进行自来水深度处理技术的研究应用，通过深度处理工艺，出厂水质全面达到国家卫生部颁布的相关规范要求，并在全市饮用水厂推广使用。

嘉兴市推进城乡一体化供水，扩大市、县水厂供水规模，加快市、县水厂与乡镇水厂联网步伐，形成以嘉兴市区水厂、各县（市、区）水厂为主体的供水体系，并结合引水工程，实现地面水源统一供应，逐步取消以地下水为水源的自来水厂。

同时，嘉兴市开展地面沉降监测网络建设，推进自动化监测系统的应用。至2008年，共有地面沉降分层监测标和基岩标各1组，一级GPS网点14处，二级GPS网点86处，全天候GPS固定站1处，自动监测站1处，水准监测点151处，一等水准测量路线长600千米，由此初步形成了由地下水环境监测网、地面沉降监测水准网、地面沉降监测GPS网组成的地面沉降监测网络。平湖市建立了“平湖市地下水位实时监测系统”，通过信息技术，进行实时水位监测。海盐、桐乡市设立了多个水准点和地下水位遥测点，加强对地面沉降和地下水位的监控。❶

二、地下水超采治理效果

至2009年，浙江省嘉兴市封井708口，经批准的年度计划开采量逐年下降，全市地下水实际开采量降至0.65亿立方米每年，嘉兴市老城区地面沉降基本得到遏制，沉降速率控制在10.2毫米每年。2010年杭嘉湖地区开采量下降为0.2亿立方米，主要开采区在平湖市和嘉善县，为生活和工业用水。

实施禁采后，杭嘉湖地区承压地下水水位（浙江省地下水位均为黄海高程系统，下同）明显回升，见表9-5-1。

表9-5-1　　杭嘉湖地区地下水年平均水位变化　　单位：m

地　区	杭嘉湖平原		嘉兴	杭州
含水层组	Ⅱ	Ⅲ	Ⅱ	岩溶水
2004年	−36.77		−46.48	12.27
2005年	−36.70	−42.39	−47.39	12.54
2006年	−36.34	−41.94	−46.38	12.69
2007年	−34.93	−40.05	−43.84	12.71
2008年	−33.66	−40.10	−42.65	13.11
2009年	−32.68	−39.79	−40.26	13.75
2010年	−28.73	−33.04	−35.00	13.93

❶ 数据来源：嘉兴市人民政府《嘉兴市地面沉降防治规划》。

杭嘉湖第Ⅰ承压含水层地下水水位降落漏斗中心位于桐乡市崇福—海宁市长安一带，水位一般在－20～－25米之间，外围一般在－10～－20米。德清县新市2011年平均水位－21.05米，比2010年上升2.29米，其中漏斗边缘部位杭州市三家村一带2011年平均水位－6.55米，比2010年上升1.27米。

2010年，第Ⅱ承压含水层地下水水位降落漏斗面积4654平方千米，由于近年来地下水禁采开始实施，城市已全部停止开采地下水，广大乡村只有少量开采地下水，年区域平均水位－21.66米，2011年比2010年上升7.07米。嘉兴市区东南部新丰一带水位－32.38米，比2010年上升11.83米。地下水水位呈急速上升态势，第Ⅱ承压含水层－35米、－40米等水位线面积均已消失，－30米等水位线面积为160平方千米，比2010年缩小2250平方千米。－25米等水位线包括了嘉兴市区、平湖及嘉善、海盐和桐乡的部分地区，面积为1771平方千米，比2010年缩小1124平方千米。原来第Ⅱ含水层地下水水位降落漏斗中心的嘉兴城区，因多年来地下水开采量锐减，近年来水位持续上升，2011年水位已趋于稳定并呈上升趋势，平均水位－27.96米，比2010年上升7.04米。平湖水位也呈上升趋势，2011年平湖城关水位－12.63米，较2010年上升5.41米，海盐武原镇－24.06米，较2010年上升9.11米。

2010年，第Ⅲ承压含水层漏斗面积2623平方千米，集中开采的主要城镇地下水停采，区域平均水位及嘉善魏塘等中心地区水位均呈急速上升状态。2011年区域平均水位－24.74米，较2010年上升8.30米。第Ⅲ承压含水层－45米、－40米等水位线面积均已消失，－35米等水位线面积13平方千米，比2010年缩小998平方千米。－25米等水位线已包围了嘉兴市区、嘉善魏塘—平湖乍浦一线的大部分地区。地下水水位降落漏斗中心的嘉善魏塘镇地下水水位－26.43米，比2010年上升9.53米，平湖城关镇地下水水位－36.35米，比2010年上升5.52米。[1]

第四节　上海市地下水超采治理

一、地下水超采区治理措施

针对地下水超采，上海地区采取了制定法律法规、地下水开采合理布局、进行人工回灌等各类措施。

（一）管理措施

上海地区地下水自20世纪60年代进入有计划开采以来，制定了《上海市深井管理办法》《上海市地面沉降防治管理办法》《关于进一步加强本市地下水管理的若干意见》《上海市地面沉降防治管理办法》等法规，按照“统一管理、分工协作、相互协

[1] 数据来源：嘉兴市水文局《嘉兴市地下水管理情况介绍》。

调”的原则，加强了各个政府管理部门间的协作，并从管理的角度实施地下水保护。

（二）工程措施

1965年后进行压缩开采，至20世纪70年代末开采量相对稳定，在0.6亿～1.2亿立方米每年，同时进行第Ⅰ、Ⅱ承压含水层的回灌，回灌量为0.04亿～0.2亿立方米每年；80年代至2010年，市区主要开采第Ⅰ、Ⅱ承压含水层，且开采量小于回灌量，而郊区（县）以开采第四、五含水层为主，郊区回灌量同样集中于第二、三含水层，第四、五含水层仅有少量回灌，总回灌量在0.2亿～0.3亿立方米每年。为保护原生优质地下水资源，防治污染，对开采凿井、回灌凿井和废井填埋的单位均进行资质管理。对由于产业结构调整、企业破产后的无主深井或困难的国有企业的报废深井，由政府出资予以填埋，从而有效防止地下水的污染。对历史上因凿井不当或后期井管破裂，使得不同水质的上下含水层地下水相互影响地区，及时开展治理，以最大限度降低优质地下水污染程度。

1961—2010年，累计回灌地下水8.1亿立方米。地下水人工回灌量在20世纪80—90年代初期为历史之最，年度回灌量在0.2亿～0.3亿立方米每年，回灌层次依次为第Ⅰ、Ⅲ、Ⅱ、Ⅲ承压含水层，占总开采量的49%、29%、20%、2%。

推进集约化供水，开展了地下水保护配套工程和地下水人工回灌井建设，关闭部分深井水厂，并实施地下水开采量远程监控。

（三）严格深井开凿，合理制定水价

按照优先使用地表水的原则，凡地表水公共供水管网到达地区，原则上不再开凿深井，凡地表水公共供水管网尚未到达地区，除生活急需和市政府重大工程应急用水等特殊情况外，严格控制开凿深井。

按照优水优价的原则制定合理的地下水价格政策，形成合理的地下水与自来水比价，充分发挥水价的调节作用，引导取水户从取用地下水改取用自来水。

二、地下水超采治理效果

“十一五”期间，通过回灌井建设，2010年地下水人工回灌量已达1892万立方米每年。使上海地区处于相对低的采灌平衡格局，回灌量由大到小的层次依次为第二、三、四、五承压含水层。根据2001—2010年第二、三、四、五承压含水层监测成果，地下水位总体呈现上升态势，且第四、五含水层上升速率较第二、三含水层上升速率高。全市仅有局部地区地下水位略微下降，且无地下水位持续下降地区。[1]

---

[1] 数据来源：上海市地质调查研究院《上海市地下水开发利用与保护规划》。

第十篇

灌溉与供水

太湖流域农业灌溉历史悠久，孕育了繁华富庶的江南之地。中华人民共和国成立后，太湖流域农业灌溉事业取得了巨大发展，通过大力发展机电排灌、实施灌区与泵站改造、建设节水渠道和发展高效节水灌溉等，建成了比较完善的现代化灌排设施，基本实现了有效灌溉全覆盖，保障了流域粮食安全。

河湖历来是太湖流域城乡供水的主要水源。20世纪80年代后，太湖流域大力发展集中供水，饮用水水源地逐步向水量充沛、水质相对较好的长江、钱塘江、太湖、太浦河和山区水库集中，建成了一批现代化的自来水厂，供水能力得到有效保障。进入21世纪，太湖流域全面推进并实现城乡供水一体化，并全面禁采深层地下水。

第一章 灌　溉

第一节 流域灌溉发展历程

太湖流域降雨量比较丰沛，但时空分布不均匀，枯水年份降雨量小，蒸发量大，农作物生长季节缺水较多。历史上山丘区利用塘堰蓄水，平原地区从河湖取水，长江沿岸趁潮引水进行灌溉。

太湖流域农业灌溉历史悠久。公元前1122年泰伯开伯渎即有灌溉的功效。公元前500年左右春秋时期吴王阖闾之弟夫槩役使百姓修筑长兴西湖，其规模和效益在南朝扩大到可灌田三千顷，中间一度衰落。唐贞元八年（792年）湖州刺史于頔，又重修湖塘恢复灌溉，后湮废。余杭南湖创建于后汉熹平二年（173年），利用天目山余脉开阔谷地筑堤围湖，上下两湖湖面共1.37万亩，既可滞洪，又可灌溉，灌溉范围曾达10万亩，现仍作滞洪区运用。丹阳城北郊练湖，创建于西晋永兴二年（305年），上下两湖湖面2万余亩，可蓄水3000万立方米以上，可灌溉数千亩，后逐步围垦作田，1971年建国营农场。

古代灌溉随农业的开发而发展。秦汉时期太湖沿岸低田开始筑堤圈圩，沿长江高地逐渐引用江水，湖西和浙西山丘区开始兴筑陂塘。南北朝时金坛以东修筑了单塘、吴塘、南北谢塘；唐代湖州吴兴修筑了官池、陵波塘和蒲帆塘；唐长庆二年（822年），白居易为杭州刺史，筑西湖堤蓄淡水用以灌田。唐代引用长江水已有一定规模，元和八年（813年）在常州以西开孟渎，接通长江与江南运河，灌田四千顷，并通漕运。太和年间（827—835年），浚盐铁塘，供水于岗身之东灌溉高田。唐末吴淞江北已有成片塘浦圩田，加上当时龙骨水车逐渐普及，治理旱涝，更为有效。五代吴越时期，改进塘浦圩田，续浚海虞二十四浦，河浦皆置堰闸，使圩田常无水患，高田常无旱灾，而岁多丰稔。宋景祐二年（1035年），范仲淹督浚白茆、福山、浒浦、七丫等大浦，以利引排；庆历二年（1042年），开常州通江各港，灌田万顷。明成化二年（1466年）佟珍疏拓无锡走马塘，引水灌溉锡东高田。明清还继续拓浚通江港浦以收灌溉之利。

近代机电提水设备在晚清同治年间（1862—1874年）才从西方引进，清光绪三十四年（1908年）无锡西乡出现煤油机带动龙骨水车提水灌溉。民国4年（1915年）开始用国产柴油机带动龙骨水车提水。民国14年（1925年）苏州电厂供电，开始用流动电灌机船在吴县（现吴中区）灌田两万亩，民国16年（1927年）无锡开原乡建电力戽水站两座用于灌溉，每座各配20马力电机和10英寸水泵。民国18年（1929年）吴兴电厂也开始举办电力灌溉。中华人民共和国成立后，太湖流域灌溉事业取得了巨大发展。

结合防洪除涝，继续全面拓浚通长江港浦，并建设挡潮闸和泵站，至2010年苏南沿江已建总净宽4米及以上挡潮闸58座，其中部分建有泵站，大大提高了引江能力，不但可满足沿江地区需要，而且能引水补给太湖。

从1958年开始大规模建设大中型水库，至2010年在浙西山区和宜溧山区共建成大中型水库24座。其中大型8座，总库容18.41亿立方米；中型17座，总库容4.27亿立方米，不仅为水库灌区农田灌溉提供了水源，同时也为城市供水提供了水源。

灌溉设施建设取得了长足进展。江苏省太湖地区灌区1956年机电灌溉动力为8万千瓦，至1983年已增至79.4万千瓦，相当于1956年的9.9倍，实灌面积达939万亩，至1999年流域内农田有效灌溉面积1132.5万亩，后随着耕地面积减少，有效灌溉面积逐步减少至2010年846.8万亩。浙江省杭嘉湖区至1999年全区基本实现电力排灌，农田有效灌溉面积达528.1万亩，2010年发展至542.6万亩。上海市早在1970年电力排灌控制面积已为耕地面积的90.6%，基本实现了灌溉电气化，1999年农田有效灌溉面积为332.9万亩，后流域内农田有效灌溉面积持续减少，至2010年为226.3万亩。

随着流域内社会经济的高速发展，城镇化和工业化的快速推进，平原河网地区耕地面积逐年减少。同时农业结构也发生了显著变化，特色农副业已成为农民增收的主要途径，双季稻改为单季稻，果蔬、鱼塘等经济作物面积增加，水稻种植面积相应减少。

据太湖流域水资源公报统计，1999—2010年流域耕地面积、有效灌溉面积和水田面积均呈减少趋势，但流域内各省（市）的情况却不尽相同。江苏、上海的耕地面积、农田有效灌溉面积和水田面积都和流域的变化趋势相同，在1999—2010年间逐步减少；而浙江由于围海造田等原因耕地面积反有所增加，农田有效灌溉面积及水田面积则大体持平，详见表10-1-1。

表10-1-1　流域内各省（市）耕地、农田有效灌溉及水田面积（1999—2010年）

单位：万亩

年份	江苏			浙江			上海		
	耕地	农田有效灌溉面积	其中水田	耕地	农田有效灌溉面积	其中水田	耕地	农田有效灌溉面积	其中水田
1999	1219.0	1132.5	1015.5	585.3	528.1	485.1	372.9	332.9	289.1
2000	1244.7	1121.3	985.2	579.8	534.8	499.5	329.5	329.5	306.3
2001	1232.9	1115.1	980.7	592.5	546.8	524.9	349.6	349.6	175.4
2002	1176.6	1035.9	885.7	600.2	530.9	510.5	301.6	301.6	156.5
2003	1157.2	996.6	881.3	600.6	582.4	496.9	285.8	285.8	257.5

续表

年份	江苏			浙江			上海		
	耕地	农田有效灌溉面积	其中水田	耕地	农田有效灌溉面积	其中水田	耕地	农田有效灌溉面积	其中水田
2004	1079.2	997.2	868.0	603.9	532.6	495.4	283.0	283.0	261.7
2005	1057.6	939.4	820.2	602.6	550.6	484.4	270.2	270.2	244.4
2006	1057.6	921.8	803.1	598.8	558.1	482.0	250.7	250.7	227.4
2007	997.3	905.2	749.2	601.5	550.8	491.9	232.9	232.9	217.0
2008	989.5	866.8	736.2	628.8	544.6	486.4	231.7	231.7	200.5
2009	948.4	863.5	733.6	633.1	545.5	487.9	222.3	222.3	182.6
2010	866.5	864.8	724.7	636.0	542.6	487.8	226.3	226.3	162.0

第二节 分区灌溉发展

太湖流域灌溉可分平原区和山丘区两片，在平原区，沿（长）江平原地区利用江水，一般平原地区利用河湖水灌溉；山丘区利用水库和堰塘蓄水灌溉。沿江地区利用江水需建挡潮闸和泵站，在长江水位高时引江自流灌溉，水位低时则通过泵站提水灌溉；平原圩区通常利用圩区泵站提水灌溉，在河湖水位高时则通过圩区圩口闸引河湖水自流灌溉；山丘区利用水库堰塘蓄水，一般是自流灌溉，干旱时也需要提水灌溉。

一、引水及提水灌溉

（一）引江灌溉

流域内引用长江水灌溉的区域集中在苏南及上海市北部嘉定宝山（嘉宝北片）部分地区，从20世纪50年代开始，逐步扩大引江能力，解决灌溉水源。在50年代先后疏浚了九曲河、德胜港、白屈港，全线拓浚锡澄运河，开挖七浦塘下段、望虞河、张家港、浏河、杨林塘、常浒河、新孟河，并相继在江边建成了七浦塘、张家港、浏河、谏壁、望虞河、杨林塘、浒浦塘、九曲河等闸，这些通江河道的拓浚和开挖以及河口闸的建设，大大改善了引江灌溉的条件。60年代通江河道继续并港建闸，苏州地区52条通江河道并港建闸34座，闸孔总宽429.4米，日均引水能力达40立方米每秒。70年代又拓浚九曲河、德胜河和江南运河镇武段，扩建九曲河闸，重建锡澄运河定波闸（工农闸），建谏壁抽水站，设计流量100立方米每秒，备用流量20立方米每秒，总量为120立方米每秒。上述引江工程的效益在1978年抗旱中得到了充分体现。在1991—2005年的治太骨干工程建设中，拓浚了九曲河、白屈港、新夏港、藻港、望虞河等通江河道，新建和改建了九曲河水利枢纽、德胜河魏村水利枢纽、藻港河水利枢纽、新夏港水利枢纽、白屈港水利枢纽、望虞河常熟水利枢纽，后对谏壁抽水站进行了加固、增容，尤其是望虞河常熟水利枢纽以及望虞河河道工程和望亭立交水利枢纽的建成为常年进行引长江水入太湖创造了条件。新中国成立以来，上海市曾多次拓浚了娄塘—蒲华塘—墅沟、新川沙河、练祁河等通江骨干河道和其他支河，并在河口全部建设了闸门，大大改善了嘉定宝山北部地区引江灌溉的条件。

至2005年治太骨干工程完成后，各通江河道主要江边枢纽的节制闸及泵站规模见表10-1-2。

表10-1-2　　主要通江河道入江口枢纽情况

序号	名　称	节制闸（孔数，净宽）	抽水站设计流量/(m^3/s)	备　注
1	谏壁闸	15孔，总净宽57m	160	泵站双向抽水
2	九曲河闸	2孔，总净宽24m	80	泵站单向引水
3	德胜河（魏村）节制闸	3孔，总净宽28m	60	泵站单向排水
4	澡港节制闸	1孔，总净宽16m	40	泵站泵站双向抽水
5	新夏港节制闸	1孔，总净宽10m	45	泵站单向排水
6	新孟河（小河）水闸	5孔，总净宽23.6m	—	
7	白屈港节制闸	2孔，总净宽20m	100	泵站双向抽水
8	望虞闸	6孔，总净宽48m	180	泵站双向抽水
9	浒浦闸	3孔，总净宽24m	—	
10	白茆闸	5孔，总净宽44m	—	
11	七浦闸	3孔，总净宽18m	—	
12	杨林闸	5孔，总净宽16m	—	

（二）提水灌溉

提水灌溉在流域内平原区和山丘区均有分布。灌溉设施的建设在平原区往往与圩区建设同步进行，山丘区则建设大型灌溉站或多级提水站。

1. 江苏省

在1958年冬开始的河网化工程中，江苏湖东水网圩区大规模联圩并圩，加高圩堤，建设机电灌排站。到1962年湖东水网圩区已初步建成千亩以上联圩281个，圩内耕地176万亩。圩区机电排灌工程同步发展。1958年以昆山昆北、吴县渭塘、常熟任阳和辛庄、太仓八里桥、吴江八拆和震泽等为重点，新增0.97万千瓦，灌溉94万亩农田；1959年以常熟莫城和藕渠、昆山昆中、吴县保安和望亭、吴江浦南等为重点，新增0.81万千瓦，灌溉48万亩；1960年以昆山昆南、吴江铜罗和青云、太仓双凤和新毛等为重点，新增0.36万千瓦，覆盖33万亩。至1962年电力灌排面积已达117万亩，占联圩耕地的66%。1983年开始建设千东大联圩，1986年又建设千西大联圩，面积分别为11万亩和13万亩。至1987年，湖东水网圩区经全面治理，联圩达610个，耕地229万亩，并全面普及了机电排灌。

联圩内机电排灌区泵站的设置初期是一圩一站，排灌两用。后来进行调整改善，根据联圩大小，圩内地形、水系排灌任务和管理运用条件，选定站址和范围。一个联圩内可以是一个站区统灌统排，也可分几片，实行分片灌排，或分片灌溉、统一排涝。除了平原区以外，在江苏湖西低山丘陵区也进行了提水灌溉的设施建设。1953 年丹阳建成珥陵电灌工程，共 8 座电灌站，可灌溉农田 11.5 万亩；1955 年金坛（现金坛区）建成湟里机灌站可灌田 6.6 万亩；1975 年镇江建成的谏壁电灌站则可为 280 万亩农田灌溉、补水。

经过 20 世纪 70 年代机电灌溉的快速发展，至 1980 年流域江苏部分的固定排灌站达 1.9 万处共 50.5 万千瓦。其后在 1980—1983 年又继续发展，至 1983 年机电总动力增至 79.4 万千瓦，实灌面积达 939 万亩。90 年代和 2000 年以后，鉴于灌区大多建于五六十年代，建筑物配套不全，工程老化损坏严重，灌区运行效率降低，镇江、常州、无锡、苏州市各地持续开展了中低产田改造、灌区改造工程和泵站改造，实施小农水重点县等项目，不断改善灌溉条件。但总的说来，80 年代改革开放以来，随着城市化、工业化进程的不断推进，江苏省太湖流域耕地面积和有效灌溉面积逐年减少，分别从 1999 年的 1219 万亩、1132.5 万亩，锐减至 2010 年的 866.5 万亩、864.8 万亩。

2. 浙江省

杭嘉湖平原是浙江主要商品粮基地，是中华人民共和国成立后首先发展电灌的地区。嘉兴市 20 世纪 50 年代开始机电排灌试点。1956 年浙江省农田电灌在海宁县（现海宁市）开始试点，至 1958 年建成首批电灌站 69 个，动力 3006 千瓦，可灌农田 31.5 万亩。在海宁试点之后，杭嘉湖地区全面开展电力排灌建设。1960 年海盐县建成首批电灌站 52 个，动力 1430 千瓦，灌溉面积 5.6 万亩；同年平湖县建设第一期电灌工程，建成电灌站 139 个，灌溉面积 15.3 万亩。1961 年海盐县又建第二期电灌工程，建成电灌站 146 处，同年桐乡县电力排灌控制面积也达到 13.6 万亩。至 1962 年，嘉兴市机电排灌面积达 323.7 万亩，其中电灌面积为 214 万亩，占 66.1%，机电总动力合计 4.98 万千瓦，其中电灌动力为 3.15 万千瓦，占 63.25%。至此，嘉兴市基本实现排灌电力化。1966 年以后，机电排灌由建设为主转入以配套完善和加强管理为主。20 世纪 80 年代以后，开展了泵站的更新改造，至 1994 年泵改基本完成，共改造泵站 4253 座，更新水泵 4341 台，电机 2100 台，受益灌溉面积 197.3 万亩。90 年代后，随着经济发展和城市扩大，灌溉面积有所减少。至 2000 年年底，嘉兴全市电力排灌面积为 291.6 万亩，固定电力排灌站 5650 处，动力 19.2 万千瓦。2000 年后，通过开展灌区配套设施改造工程、灌排泵站改造工程和小农水重点县等项目，不断提高和改善灌溉条件，到 2010 年，嘉兴市机电排灌面积为 298.2 万亩。

湖州市 20 世纪 50 年代也同步开展机电排灌试点，随后在平原区和东西苕溪山丘区大力发展电力排灌，主要分布在吴兴、德清、长兴、安吉等县，至 1962 年建成 750 座机埠，受益田 108 万亩，基本实现排灌机电化。60 年代后期至 80 年代，电力排灌转入调整、补点、配套和加强电网建设。至 1990 年，全市平原区电力排灌机埠发展到 4366 座，灌排面积 136.8 万亩；山丘区共建成电灌机埠 778 座，动力 1.77 万千瓦，灌溉农田24.4万亩。90年代，开展现代农田水利示范园区建设，促进传统农田水利向现代农田水利转变。2000年以后，开展包括安吉县赋石水库灌区在内的30多个灌区配套设施改造，实施灌排泵站改造和小农水重点县等项目，通过“千万亩十亿方节水工程”，新增节水灌溉面积35万亩，到2010年，湖州市机电排灌面积达176.5万亩。

杭州市20世纪50年代中期开始发展电灌，1956年余杭等县率先建成第一批电力排灌机埠。1961—1969年余杭县建成100千瓦以上电力灌排站10处，装机容量2840千瓦，电力排灌面积15.3万亩。1972年余杭县建成四格排灌站装机7台、1260千瓦。90年代后，“吨粮工程”和标准农田建设对农田排灌提出更高要求，但随着市场经济和城市化进程加速发展，杭州市流域内灌溉面积有所减少，至2000年有效灌溉面积89.3万亩，至2010年有效灌溉面积80.7万亩，其中机电排灌面积56万亩。

1999—2010年，由于围海造田等原因，浙江省流域内耕地面积有所增加，从1999年的585.3万亩发展到2010年的636万亩；农田有效灌溉面积则大体持平，从1999年的528.1万亩发展到2010年的542.6万亩。

3. 上海市

20世纪30年代初，上海郊区机灌经营户在嘉定、上海（原上海县，现与老闵行区合并成立新闵行区）、川沙（现已并入浦东新区）等郊县逐渐增多。抗战胜利后，在松江、青浦、宝山、南汇（现已并入浦东新区）等郊区，也出现了少数船载机灌设备流动为农民承包灌溉的经营户。1954年，由松江专署农建处筹划建设郊区第一座地方国营的金山卫抽水机站，下设12个分站，安装柴油机12台，动力216千瓦，控制灌溉面积1.2万亩。

1956年随着农业合作化运动的发展，内燃机抽水灌溉发展加快，以高级社为单位建立机站，各县相应建立管理机构，至1960年全部郊县共有固定和流动柴油机1589台，动力2.23万千瓦。进入20世纪60年代，电灌发展迅猛，1963年上海市电力排灌公司成立，此后机灌逐步被电灌所取代。

上海电灌始于20世纪50年代中期，由近郊菜区起步，逐步向粮棉区发展。1956年在西郊兴建第一个电灌区，包括原上海县新泾、虹桥、龙华和梅陇等9个乡，土地总面积11.5万亩，可耕地8万亩，其中菜地5万亩，占可用耕地的62.5%。同年，在粮棉夹种的嘉定县和西部种水稻的青浦县也先后建设了电灌区。嘉定县第一个电灌区建在马陆乡，灌区耕地面积3.0万亩，动力265千瓦。青浦县第一个电灌区建在朱家角万龙乡，南北两机站各有动力14.7千瓦，实灌面积4029亩。1957年以后随着农业合作化的进展，电灌发展很快，至1960年，郊区固定和流动电灌站共有电机1609台、动力2.36万千瓦，机电灌溉控制面积达246.6万亩。进入60年代，郊区电灌进行了调整、改建、边巩固边发展，在边远地区建造了一批新的电灌站。至1966年年底，大部分内燃机灌已被电灌代替。至1970年，郊区固定机站3634个，流动电灌电动机8324台，电灌控制面积已达耕地面积的90.6%，实现了农田电灌化。80年代随着农村联产承包责任制的推行和农作物种植品种的变化，电灌向小型化转变，至1990年年底，全郊区共有固定电灌站6672个，流动电动机26494台，灌溉控制面积占耕地总面积的99%，电灌化程度进一步提高。

2000年开始，上海市加强新农村水利基础设施建设，新建改建灌溉泵站、灌排渠系，先后开展现代农田水利示范区建设、郊区设施良田和设施菜地外围水利设施配套建设。但随着城市建设的发展和耕地面积的减少，灌溉面积也相应减少。至2010年年底，上海市流域内50亩及以上灌区6021个（每一个灌区一泵站），灌溉水泵7591台，配套动力9.57万千瓦，农田有效灌溉面积273.7万亩，实现灌溉全覆盖。

二、水库灌区及其设备

太湖流域大中型水库的实际灌溉面积见表10-1-3和表10-1-4，其中大型水库的实灌面积在2万～7.6万亩之间，中型则在0.8万～2.5万亩之间，个别中型水库如仑山水库达到了6万亩。大型水库灌区范围可达6～7个乡镇，灌区内干渠总长可达几十千米，支渠总长可达上百千米。

表10-1-3　大型水库的灌溉面积　单位：万亩

水库名称	沙河	大溪	横山	青山	老石坎	赋石	对河口
实灌面积	7.2	7.6	7.0	5.5	3.42	5.0	2.0

表10-1-4　中型水库的灌溉面积　单位：万亩

水库名称	天子岗	大河口	泗安	界岭	和平	里畈	四岭	前宋	塘马	茅东	凌塘	仑山	墓东
实灌面积	2.2	1.3	1.8	0.8	1.2	2.0	2.5	1.1	1.4	1.9	1.9	6.0	0.8

沙河水库灌区位于溧阳东部，沙河水库以北，灌区内有戴埠、戴北、沙河、茶亭、城南、清安、平桥7个乡镇、94个村，有干渠3条、长66.4千米，支渠198条、长280千米。支渠以上建筑物428座。经续建、扩建，至1987年已有东、中、西3个自流灌区，还有渠内提水灌区和库内提水灌区。

大溪水库灌区位于溧阳西南部、大溪水库以南，灌区内有大溪、周城、河口、社渚、南渡、新昌、茶亭7个乡镇，共有干渠12条、长42.5千米，支渠94条、长84.9千米。

横山水库灌区位于宜兴西部，南起横山水库，北至堰头、鲸塘，东临桃溪，西接溧阳戴埠镇。从1967年东、西干渠施工，到1970年东、西干渠建成，灌区基本配套。干渠长41.9千米，建有水闸、涵洞、渡槽、农桥、量水设备等建筑物263座；支渠共120条，总长103千米，建筑物705座。东、西干渠渠首各宽5米和4米，最大输水能力分别为5.5立方米每秒和4.7立方米每秒。灌区内还有提水站23处，总装机28台、578千瓦；库内提水站6处，总装机8台、155千瓦。

青山水库灌区设计灌溉面积为8.5万亩，实灌面积为5.5万亩，自流和提水灌溉面积分别为1.3万亩和4.2万亩，受益范围为临安市青山镇，余杭区中泰、余杭、仓前三镇，及南湖、石鸽两农场。水库输水洞出口河道两侧，分别建有南北干渠各一条，南、北干渠各长18千米和7千米，利用尾水发电。加上支渠，渠道总长62千米，另有排水干沟8条，长20千米。渠道建筑物有隧洞2处、倒虹吸7座、水闸18座、桥梁25座。提水灌溉部分建有抽水机埠60座，装机容量492千瓦，总提水能力9.8立方米每秒。

老石坎水库灌区位于安吉县中部，涉及孝丰镇及递铺街道的21个村和社区。在灌区下游河道南溪上设多级堰坝，经各分水闸引水分片灌溉，主要有头坝及乌象坝两片。头坝片自头坝分水闸至递铺，总干渠长15.2千米，1968年建成，1992—1996年改造更新；乌象坝片自乌象坝分水闸至安城，总干渠长15千米。乌象坝建于清代，1956年重建。西溪上赋石水库建成后，也为乌象坝片提供水源。老石坎灌区1968年开始通水受益，并于1992年、2008年进行了灌区改造更新。2000年实灌面积3.4万亩，其中头坝片1.9万亩，乌象坝片1.5万亩。

赋石水库灌区灌溉渠道全长43.2千米，沿程建有渡槽16处、隧洞12条、倒虹吸2处、渠涵29处、水闸29座、桥梁101座、泄洪建筑物51处、支渠分水口55处。渠道还建有装机容量2000千瓦的小水电站1座。

对河口水库灌区农田分属德清县对河口、武康、上柏、三桥、龙山、二都、秋山等乡镇。灌区第一期工程于1964年完成，1971年灌溉面积曾达4.4万亩。灌区有南北两条总干渠，南总干渠长2.9千米，其下又分为南干一和南干二两条干渠，各长25.8千米和10.6千米，南干一在武康镇改县城后，缩短为县城以东一小段；北总干渠长2.4千米，其下也分北干一和北干二两条干渠，各长4.5千米和7.1千米。灌区渠系在1983年、1988年、1999年和2000年曾先后进行过整修改造。由于1985年武（康）德（清）公路拓宽和20世纪90年代武康镇改为县城等原因，农田面积减少，至2000年灌区灌溉面积减至2万亩，龙山、二都、秋山等乡镇也退出了灌区。从部分水库的统计数字看，水库灌区的灌溉效益明显。效益较好的灌区，粮食单产可大幅度提高。

第三节 节 水 灌 溉

太湖流域采用的节水灌溉主要形式是防渗渠道和低压管道灌溉。20世纪70年代喷灌在流域内开始推广，在上海、无锡、嘉兴等市得到一定规模的应用；部分地区还推广薄露灌溉，以及浅湿和控制灌溉。至2011年，流域内仅高效节水灌溉面积就达212.0万亩，其中低压管道灌溉面积为193.7万亩，喷灌面积8.3万亩，微灌面积为10.0万亩。流域高效节水灌溉面积最大为上海市，其次为浙江省，各省（市）2011年高效节水灌溉面积见表10-1-5。

表 10-1-5　流域各省（市）2011 年高效节水灌溉面积　单位：万亩

省（市）	地级市	高效节水灌溉		低压管道输水		喷灌		微灌	
		合计	其中耕地	小计	其中耕地	小计	其中耕地	小计	其中耕地
江苏	苏州市	3.4	3.0	2.7	2.3	0.3	0.3	0.4	0.4
	无锡市	37.3	33.4	32.8	30.7	2.9	2.2	1.6	0.5
	常州市	2.6	2.0	0.1	0.1	1.0	0.7	1.5	1.2
	镇江市	1.9	1.7			0.1		1.8	1.7
	南京市	0.2		0.1		0.1			
	小计	45.4	40.1	35.7	33.1	4.4	3.2	5.3	3.8
浙江	杭州市	1.2	0.8	0.1	0.1	0.8	0.5	0.3	0.2
	嘉兴市	55.4	54.6	52.5	51.9	0.5	0.4	2.4	2.3
	湖州市	1.8	1.3	0.3		0.4	0.3	1.1	1.0
	小计	58.4	56.7	52.9	52.0	1.7	1.2	3.8	3.5
上海		108.2	100.0	105.1	98.1	2.2	1.2	1.0	0.7
太湖流域合计		212.0	196.8	193.7	183.2	8.3	5.6	10.1	8.0

一、喷灌

喷灌是通过高扬程机泵和喷头把水喷向空中，形成雨雾，均匀洒落在田间作物上，有利于改善田间小气候，保持土壤疏松，可提高灌溉效益，提高土地利用率，促进作物增产。可分为固定式、半固定式和移动式三种类型。

（一）上海市

1954 年上海市就开始了蔬菜喷灌试验，以后又陆续进行试点，凡菜田使用喷灌普遍获得增产。至 1980 年，市郊蔬菜喷灌已普及到 10 个郊县、77 个公社和 23 个国营农场，共有喷灌站固定式 61 座，半固定式 23 座，移动式喷灌 2110 台套，共控制灌溉面积 9 万多亩，其中移动式占 90%。

后来因移动式经常损坏地面作物，容易发生事故等原因不再发展，政府在经济补助上也向固定式和半固定式倾斜，仅 1983 年、1984 年两年固定式和半固定式就分别增加了 141 座和 743 座。1987 年以后，固定和半固定式以每年 100～150 座的速度逐年增加。至 1990 年年底，郊区共有固定式 534 座，控制菜区灌溉面积 5.7 万亩，半固定式 1105 座，控制菜区灌溉面积 11.0 亩，全市主要蔬菜地区基本已喷灌化。进入 20 世纪 90 年代后，又开始建设半固定式喷灌与滴灌相结合的灌溉系统，随着城市的建设开发，喷灌面积逐渐减少。在粮棉产区也应用过喷灌，但因粮棉区水旱轮作，水稻需水时不能满足需要，在水稻扬花期和棉花现蕾期都不能直接喷洒，增产效果也不明显，未能推广。至 2011 年，上海市有喷灌面积 2.2 万亩，分布于除城市中心区 8 个区以外各区县。

（二）江苏省

江苏省太湖流域内发展喷灌最早是无锡市。1965 年在宜兴国营芙蓉寺茶场对茶园进行喷灌抗旱。1976 年 7 月在市郊锡山大队下余巷生产队开展蔬菜喷灌试验，1979 年即开始大规模发展蔬菜喷灌，至 1982 年郊区安装固定式设施的菜田已达 1.6 万亩，占常年性菜田的 79.8%，有喷灌站 203 座、水泵 219 台、动力 3945 千瓦，单站灌溉面积一般为 60～100 亩，大的在 200 亩以上。至 1985 年全市共发展喷灌面积 4.4 万亩，其中移动式 2.0 万亩，使用小型喷灌机 203 台，动力 1708 千瓦；固定式 2.3 万亩；半固定式 0.1 万亩，建站 260 座，动力 9575 千瓦。采用固定和半固定式的 2.4 万亩中，蔬菜 1.7 万亩，占 70.8%，其余为果树、茶叶等。2001—2004 年，无锡市又在 4 处节水示范工程中采用了喷灌。

常州市喷灌从 20 世纪 70 年代开始建设，主要在菜地、茶园、棉田等发展，总体规模较小。到 1990 年，常州市有喷灌总动力 1095 千瓦，喷灌面积 0.4 万亩，后又有缓慢发展。

各地经过多年发展，到 2011 年，江苏省太湖流域内喷灌面积 4.4 万亩。

（三）浙江省

杭嘉湖地区喷灌从 20 世纪 70 年代中期开始建设。1976 年桐乡县首先采用安装在机船上的流动喷灌机对沿河桑园进行喷灌。其后，海盐、嘉兴、海宁、平湖等县也相继发展流动灌溉。至 1982 年，嘉兴市境内共有流动喷灌设备 3631 台套，动力 14129 千瓦，可灌面积 10.9 万亩，其中桐乡最多占 4.8 万亩，喷灌作物除桑园外，还有棉田、果树、茶园。流动式因零件易损坏，取水管道过长和运行费用高，在 1982 年后大部分逐渐停用。同在 1976 年，海宁县钱塘江公社云龙大队建起了嘉兴第 1 座固定式喷灌站，喷灌面积 324 亩。其后，桐乡、海盐等县也陆续发展了固定式喷灌站。至 1985 年年底，嘉兴市共建成固定站 11 处，喷灌设备 13 台，动力 245.5 千瓦，喷灌面积 0.1 万亩，主要作物是柑橘、花木、麻、桑、蔬菜。因一次性投资大，且管理与土地经营之间有矛盾，至 2000 年仍维持上述原有规模，后在蔬菜种植方面有所应用。

湖州市喷灌从 1976 年开始建设，用于圩乡水稻和桑树喷灌。至 1981 年，湖州市喷灌机械达到 1692 台共 9826 马力。至 1990 年，全市共有在使用的喷灌机械 432 台（套）共 1489 千瓦，总喷灌面积 1.7 万亩。随着城市的建设开发，喷灌面积逐渐减少。

杭州市喷灌从 20 世纪 70 年代后期开始建设，主要用于灌溉旱地茶、果、菜园，至 2003 年余杭区、临安市喷灌面积发展到 0.2 万亩、0.3 万亩。

到 2011 年，浙江省太湖流域内喷灌面积 1.7 万亩。

二、节水渠道和薄露、浅湿、控制灌溉

（一）节水渠道建设

无锡市无锡县（现锡山区、惠山区）堰桥公社刘巷大队在 1965 年冬首先创用“三七灰土”（30%石灰，70%生黄泥），夯筑马蹄形地下灰土渠，长 137 米，获得成功。

1969年冬在全县推广，至1973年春全县已有296个大队兴建暗渠，总长521千米，灌溉面积18万亩；至1980年累计建暗渠3300千米，其中95%是灰土渠，全县85%农田基本实现灌溉暗渠化。由于灰土暗渠坍塌比较严重，从1981年起逐步改成水泥涵管，同时暗渠灌溉还和暗排、暗降结合起来，形成农田“三暗”工程。从1990年开始，“三暗”工程进入完善提高阶段，发展到镇镇建设百亩方、千亩方等高标准农业示范区。至2000年，无锡市建“三暗工程”6.1万亩，暗排暗灌管道达6338千米，明沟明渠衬砌4432千米，有效灌溉面积达252万亩。2001—2005年，无锡市共新建、改造防渗渠道1761.4千米，投入资金14264万元，受益面积94.4万亩。至2011年，无锡市防渗渠道工程覆盖面积51.5万亩。

常州市20世纪70年代在建设稳产高产农田中推广灰土暗渠，进入80年代后逐步提高建设标准，1989年开展吨粮田水利建设和改造中低产田的试点，排沟加衬砌，灌溉作暗渠。90年代后，加大中低产田改造力度；其中，武进县（现武进区、新北区）1996年进入全国300个节水增产重点县，大力建设各类节水灌溉渠道，至2005年全县建成地下渠道609.5千米、衬砌明渠1776千米，干支两级渠道防渗化比率达74.8%，节水灌溉面积达34.8万亩；金坛、溧阳市2009年起实施小农水重点县项目和小农水专项工程，大力建设防渗渠道。“十五”和“十一五”期间，全市共建设防渗渠道近3000千米。至2011年，常州市防渗渠道长达3717.0千米，控制灌区面积95.4万亩。

苏州市20世纪60年代初开始建设灰土暗渠。70年代初大量推广，仅吴县一县，在1972年即建成37条、32.3千米。70年代后，因大量兴建，建设过程相对粗放，几年后坍塌严重，并由于用工量大，1979年后基本停建，以维修为主，坍塌甚者改建混凝土管暗渠。至1990年，暗渠已达2091.4千米、灌溉面积90.2万亩。进入90年代，大力开展高标准农田建设，全面推广沟渠衬砌，至1998年，建设防渗渠道1870千米，发展地下暗渠2593千米。2000年以后，实施灌区改造项目和节水灌溉示范项目，持续进行小型农田水利工程建设，2009年起又实施了小农水重点县项目，不断开展防渗渠道和低压输水管道建设。到2011年，苏州市防渗渠道工程覆盖面积72.2万亩。

镇江市20世纪60年代末开始在电灌区进行沟渠等建设。至70年代末，珥陵灌区新建干支渠1118条、长88.0千米，地下暗渠5.3千米。1990年，仑山水库灌区东、西两条干渠自流灌溉面积达4.3万亩。2000年后，开展灌区节水改造等项目，大力建设防渗渠道，至2011年，镇江市流域内渠道防渗工程覆盖面积49.6万亩。

上海市的南汇、川沙、嘉定和上海等县在20世纪60年代中期在棉粮产区及菜区开始建设暗渠。当时采用的是水泥瓦筒暗渠。70年代初期学习江苏无锡市的经验，在一部分地区也修建了灰土暗渠。后来因为容易损坏，到70年代后期已改用混凝土暗渠，且发展很快，至1990年上海郊区共修建暗渠10340.6千米，其中川沙县建1807.6千米，占该县灌溉渠道总长的95%，基本实现灌溉输水暗渠化。2000年开始，先后开展现代农田水利示范区建设、郊区设施良田和设施菜地外围水利设施配套建设，加强节水灌排渠系建设。至2011年年底，上海市流域内灌溉渠道长11363.1千米，分布于除中心城区 8 个区以外的其他区。其中地下渠道（暗渠）6253.8 千米，衬砌明渠 2427.7 千米，土渠 2681.6 千米，详见表 10-1-6。由表 10-1-6 可见，暗渠以浦东新区最长，衬砌明渠和土渠均以松江区最多。

表 10-1-6　　上海市各区灌溉渠道分布　　单位：km

序号	行政区划	渠道长度			
		小计	地下渠道	衬砌明渠	土渠
1	浦东新区	2553.8	2197.8	267	89.1
2	闵行区	236.0	172.3	21.2	42.5
3	宝山区	134.8	71.9	42.4	20.5
4	嘉定区	528.9	249.2	194	85.6
5	金山区	2148.3	1204.7	349	594.6
6	松江区	2157.8	383.6	760.5	1013.7
7	青浦区	1418.7	367.5	390.6	660.6
8	奉贤区	2184.8	1606.8	403	175
合计		11363.1	6253.8	2427.7	2681.6

嘉兴市从 20 世纪 70 年代开始因地制宜大力推广地下管道工程和混凝土渠道，至 2000 年年底，全市累计完成防渗渠道 11256 千米，其中地下灌渠为 4598 千米。2000 年以后，实施灌区改造项目和节水灌溉示范项目，2005 年起实施“千万亩十亿方节水工程”和小农水重点县项目，发展低压输水管道和防渗渠道。到 2011 年，嘉兴市防渗渠道工程覆盖面积 192 万亩。其中，海宁、平湖两市在“九五”期间列入了全国节水增产重点县建设；期间平湖市每年建设地下混凝土输水管道 200 多千米，至 1999 年累计建成 2410.2 千米，控制面积 45.5 万亩，占全市有效灌溉面积的 96.8%，成为全国第一个实现灌溉输水地下管道化的县（市）；海宁市共建成混凝土渠道 1434.2 千米，铺设 PVC 地下暗管 55.4 千米，增加节水灌溉受益面积 25.2 万亩，至 2000 年全市累计建成节水灌溉面积 36.5 万亩，占有效灌溉面积 78.2%，累计建成防渗渠道 2114.4 千米，包括 PVC 地下暗管 55.4 千米。2000 年 7 月，两县通过了全国节水灌溉重点县的验收。

湖州市 20 世纪 70 年代把改建老渠道作为一项主要工程，同时部分社队开始集资修建地下渠道，但因投资大，不易全面推广。80 年代又逐步推行“三面光”明渠。1986 年冬至 1990 年春，湖州市共修建、新建混凝土衬砌“三面光”渠道 464 千米。90 年代，在现代农田水利示范园区建设中，全面衬砌灌排渠道。2000 年以后，开展赋石、妙西、虹星桥等灌区节水灌溉工程和“千万亩十亿方节水工程”建设，改造灌区 30 多个，并实施节水灌溉示范项目和小农水重点县项目，全面推广衬砌渠道和管道灌溉。

至 2011 年，浙江省太湖流域内防渗渠道覆盖面积 385 万亩。

（二）薄露、浅湿、控制灌溉

薄露灌溉即薄灌水、常露田；浅湿灌溉即通过水稻分蘖后期晒田以控制田间水分的一种节水增产灌溉方式；控制灌溉是在非需水关键期适当减少水分供应，在需水期合理供水，使水稻对水分、养分吸收更合理有效。上述灌溉方式可节水、节肥、节能，并能减少面源污染，流域部分地区开展了相应试点和推广。

嘉兴市从1993年起开始试点并推广薄露灌溉水稻节水增产技术。薄露灌溉主要在平湖、海宁、嘉善等地得到应用。平湖市在1993—2002年共推广329万亩，与传统的淹灌技术相比，具有节水、节电、省工、增产的优点。据平湖市统计，1996—2000年间，全市累计推广薄露灌溉达171万亩，效果显著，4年共节电547.5万千瓦时、节水2.19亿立方米，平均每公顷节水1920立方米、增产945千克。同时，该项灌溉技术已为当地广大放水员所掌握，水稻薄露灌溉的观念也逐渐为一般农户所普遍接受。海宁市从1994年开始至1999年，发展到22万亩，2002—2005年每年保持25.3万亩。嘉善县从1996年开始至2002年，发展到21.8万亩，其后继续推广。嘉兴全市1999年推广薄露灌溉面积达90.7万亩，增产粮食390万千克，节水4500万立方米，直接经济效益445万元，2000年后面积有所下降，但在2001—2005年期间仍保有60万亩。

自2007年起，张家港市改变了过去的漫灌方式，以村为单位试点推广稻田浅湿灌溉或控制灌溉。2008年10个试点村3万亩稻田试验结果为节水11%、节电34.5%，2009年14个试点村试验结果为节水13%。昆山市对平原河网区水稻控制灌溉进行了推广应用，截至2011年年底推广应用水稻19.6万亩，稻田灌溉节水3006万立方米，灌溉节电200.3万千瓦时，省工47.8万日，减少稻田氮肥投入1854吨，实现增产546.7万千克，稻田总氮和总磷输出量分别减少1025.8吨和292.6吨，累积实现增收节支效益2940.6万元，亩均节支增收效益153.5元。

第二章 城 乡 供 水

河湖水体历来是太湖流域城乡供水的主要水源，一般是就近取水。在河湖水体遭受污染以后，饮用水水源地逐步搬迁到水量充沛、水质相对较好的长江、钱塘江、太湖、太浦河和山区水库。河网地表水受到污染以后，部分地区曾以深层地下水为水源，由于大量超采地下水引起了大范围严重的地面沉降，从2000年起，流域内有关省（市）深层地下水开始禁采。

第一节 上 海 城 乡 供 水

一、上海城市供水

清光绪九年（1883年），英商上海自来水公司在杨树浦建立上海也是全中国第一家自来水厂，向原租界地区供水。进入20世纪，上海又先后建立法商董家渡水厂（1902年）、中商南市水厂（1902年）、中商闸北水厂（1911年）和公营浦东水厂（1937年）。

中华人民共和国成立以后，1952年英商上海自来水公司更名为上海自来水公司，1955年由上海自来水公司统一经营全市供水事业。

随着市区的扩大，在1958—1999又新建了闵行一、二水厂（1958年）、长桥（1960年）、桃浦（1964年）、周家渡（1965年）、吴淞（1972年）、杨思（1984年）、居家桥（1986年）以及凌桥、月浦、临江、泰和、大场等水厂。期间，根据需要对原有的杨树浦、南市，以及闵行一水厂、长桥等水厂进行扩建。至1999年，城市年最大供水量近16亿立方米，日最大供水量为740万立方米。

由于苏州河和黄浦江的污染，水厂厂址或取水口被迫搬迁。早在1921年由于苏州河污染，原建于1911年的闸北水厂就进行了搬迁。1987年由于黄浦江中下游污染，黄浦江上游引水工程第一期工程浦东临江泵站建成投产，引水量230万立方米每日，供杨树浦、南市和居家桥三个水厂使用。1998年第二期黄浦江上游引水工程松浦大桥至临江泵站段全线通水，总引水量为500万立方米每日，可供上述全部水厂使用。

此后，经取水口变动、扩建和新建，至2011年上海以太浦河、黄浦江为水源地的原水厂共有11家，总供水能力为761万立方米每日（其中备用500万立方米每日），见表10-2-1。

表 10-2-1　　以太浦河、黄浦江为水源地的原水厂

行政区	自 来 水 厂						
	水厂名称	供水能力 /(万 m^3/d)		年供水量 /万 m^3			水源地位置
		现状	设计	生活	生产	合计	
闵行区	闵行二水厂（源江）	90	110	20912	2621	23533	黄浦江上游
奉贤区	奉贤三水厂	35	35	7588	3919	11507	黄浦江上游
	奉贤二水厂	10	20				黄浦江上游
	星火中法水务公司	10	10	326	1494	1820	黄浦江上游
松江区	松江一水厂	6	6	4872	3583	8455	斜塘
	松江二水厂	20	20				斜塘
	小昆山水厂	20	40	—	—	5687	斜塘
金山区	金山一水厂	40	55	4754	3588	8342	黄浦江上游
青浦区	青浦第二水厂	20	40	8781	3016	11797	太浦河
	青浦第三水厂	10	15				太浦河
合　计		261	351	51363	18519	71141	
中心城区	松浦大桥原水厂（备用）	500	500				黄浦江上游

上海城市供水原以黄浦江上游及太浦河为水源地，为了改善水质和增加供水保障能力，从1990年开始开辟长江水源，在宝钢水库东侧长江岸边新建陈行水库，通过管道将水送到月浦水厂。1992年月浦水厂并网供水。至1996年建成的长江引水一、二期工程解决了吴淞、闸北、月浦、凌桥和泰和等水厂的部分原水供应。至2010年，经3年施工，青草沙水库建成。青草沙水库位于长兴岛，库容4.35亿立方米，日供水量719万立方米。从2010年12月至2011年6月进行通水切换，杨树浦、长桥、南市、临江、陆家嘴、居家桥、金海、凌桥等8座水厂先后用上来自青草沙水库的长江水。通水后上海市两水源地即黄浦江（大浦河）和长江的供水比例，从原来的7∶3变成5∶5，即两水源地各占一半。

此外，以长江为水源的还有嘉定自来水厂，从嘉定墅沟取水，2005年实际供水能力为40万立方米每日。

至2010年，上海市公共供水厂共有112座。其中从河湖取水的原水厂7座，将原水或河湖取水处理后供应用户的自来水厂105座。原水厂供水能力为1681万立方米每日；自来水厂总供水能力为1131万立方米每日，其中自来水厂采用常规处理工艺的供水能力占63%，采用深度处理的占36%，其他情况占1%。上海市水厂的归属及管理等级详见表10-2-2。

其中，7座原水厂按取水水源可分为两类：

（1）从河道取水的有黄浦江原水厂、松浦原水厂、松江管道原水厂、太浦河原水厂和华亭原水厂。

表 10-2-2　　2010 年上海市水厂的区域分布及主要指标

供水区域		水厂数/座			供水能力/(万 m³/d)	
		合计	原水厂	自来水厂	原水厂	自来水厂
市属	城投原水公司	4	4		1579	
	市南公司	2		2		194
	市北公司	6		6		318
	浦东威立雅公司	4		4		160
	闵行公司	1		1		90
	合计	17	4	13	1579	762
区域及经济区	嘉定水厂	5	1	4	60	56.5
	浦东新区水厂	2		2		24
	南汇水厂	7		7		48.7
	奉贤水厂	2		2		45
	松江水厂	2		2		26
	西部水厂	1		1		20
	松江管道原水公司	1	1		16	
	金山水厂	1		1		2.5
	金山海川公司	1		1		20
	青浦水厂	3	1	2	26	26
	崇明水厂	4		4		7
	上石化生活水厂	1		1		16
	合计	30	3	27	102	291.70
乡镇	闵行区	3		3		
	嘉定区	6		6		0.95
	浦东新区北片	4		4		4.3
	浦东新区南片	5		5		4.43
	奉贤区	2		2		11.1
	松江区	8		8		19.3
	金山区	1		1		2.4
	青浦区	6		6		11.04
	崇明县	30		30		23.85
	合计	65	0	65	0	77.37
总计		112	7	105	1681	1131

(2) 从水库取水的有青草沙水库管理分公司原水厂和长江原水厂。

上海市市区分别由上海市自来水市南有限公司、市北有限公司和浦东威立雅有限公司分片供应。市南公司供水区域为黄浦江以西、苏州河以南地区，包括黄浦、静安、长宁、徐汇、普陀、闵行、松江、青浦等区的全部或部分，下辖长桥、闵行、南市、徐泾等水厂。

市北公司供水区域为苏州河以北地区，包括杨浦、虹口、闸北、普陀、宝山和嘉定区以及长兴和横沙两岛全部或部分，下辖杨树浦、泰和、闸北、吴淞、月浦等水厂。

浦东威立雅有限公司供应浦东新区用水。

二、上海农村和郊区供水

1949 年上海农村仅有 7 个村办自来水厂供水，1960 年开始在县镇建设简易水厂，至 1965 年年底，市郊 34 个县属镇都建有自来水厂。全市除青浦县尚有 4 个镇水厂在建外，其他各县都实现了乡乡有水厂。

到 1990 年郊县共建有水厂：县级 43 座、乡级 154 座、村级 347 座，总供水能力 137 万立方米每日。连同市镇水厂延伸接管，郊县已有 1882 个村用上自来水，占郊县总村数的 62.2%，至 1993 年进一步上升到 96%，自来水普及率居全国之首。2000 年上海市三年环保计划启动后，市郊逐步取消小水厂，当年就取消了 100 多家。

2002 年上海市供水专业规划提出了“城乡一体、一网分片、集约供水”的规划目标。2010 年年底，上海市人民政府出台了《关于加快推进郊区集约化供水的实施意见》，加快推进郊区集约化供水。

第二节 苏南地区城乡供水

一、苏南地区城市供水

（一）苏州

在清代和民国年间，苏州城区居民大部分饮用浅井水，小部分饮用河水。城区现存水井大多开凿于此时。1935 年苏州古城内共有水井 8678 口，其中公井 392 口，私井 8286 口。1978 年苏州市（含郊区）水井已达 5 万多口。苏州城区饮用井水人数，随着自来水的发展逐年减少，1979 年占 60%，至 1985 年已减到 10.3%。

在 1959—2006 年间，建成投产的水厂主要有胥江水厂、北园水厂、横山水厂、红庄水厂、新区一水厂、新区二水厂以及工业园区水厂等。

苏州市最早的自来水厂是胥江水厂，位于胥门百花洲，1959 年 10 月向用户供水，设计供水能力 7200 立方米每日。1980 年 3 月，因原水污染，无法净化而停产。

北园水厂位于娄门内北园，从阳澄河取水，1962 年投产，日供水量 5000 立方米。1983 年水厂扩建工程全部完工，设计供水能力达 12 万立方米每日。

横山水厂位于横山东麓苏福公路旁，1978 年一期工程完工，供水能力为 6 万立方米每日；1984 年二期工程完工，供水能力达 12 万立方米每日。经增建，1989 年和 1993 年供水能力先后达到 15 万立方米每日和 18 万立方米每日。

白洋湾水厂位于江南运河西岸的浒墅关镇运河村。1990 年一期工程建成投产，1995 年二期工程竣工投产，设计供水能力达到 30 万立方米每日。2005 年设备改造后实际供水量约 23 万立方米每日，最高日供水量达到 25.8 万立方米，其中，50%左右由方浜增压站增压供往相城区。

吴中区红庄水厂位于长桥镇红庄村，取水口和取水泵站位于浦庄镇寺前村，又称浦庄水厂。1997 年一期工程建成通水，供水能力 7.5 万立方米每日；2004 年二期建成通水，供水能力达 15 万立方米每日，供水范围为吴中区城区和开发区以及越溪、郭巷、东坊等地，供水人口 9.2 万人，服务面积 119 平方千米。

工业园区水厂位于园区南部机场路，1998 年一期工程完成，设计供水能力 15 万立方米每日；2006 年二期工程完成通水，供水能力增至 45 万立方米每日。

苏州新区有两家水厂。其中新区一水厂位于新区西南部竹园路与金枫路交会口，1999 年建成，2000 年正式供水，供水能力 15 万立方米每日。新区二水厂位于镇湖街道山旺村和上山村，2006 年建成投运，供水能力 15 万立方米每日。2010 年，新区二水厂二期工程完工，其供水能力达到 30 万立方米每日。

至 2006 年年底，苏州市区共有 4 家供水公司，即苏州自来水公司（下辖北园、横山、白洋湾等水厂）、苏州吴中供水有限公司（浦庄水厂）、苏州工业园区清源水业有限公司（工业园区水厂）、苏州新区自来水建设发展管理公司（新区一水厂和新区二水厂），供水人口 252 万人。其中，苏州市自来水公司供水规模最大，包括相城和姑苏区（即原金阊、平江和沧浪三区），供水面积 453 平方千米，供水人口 124 万人。吴中区、工业园区和新区的公司则分别为本区域供水。

1986 年吴江市在城南东门桥建成松陵水厂，供水能力 5000 立方米每日，1989 年扩建后供水能力达 2.5 万立方米每日。1996 年又建成南环水厂，供水能力为 10 万立方米每日。2005 年吴江市区域供水工程建成，供水能力已达 30 万立方米每日，取水口设于七都镇庙港社区富强村东太湖。2005 年华衍水务（吴江）有限公司获得了吴江市区域供特许经营权，区域水厂也由其经营。苏州市自来水厂及供水能力见表 10-2-3。

表 10-2-3　　苏州市自来水厂及供水能力

序号	饮用水源地名称	主要水源	供水能力/(万 m^3/d)		原水厂	净水厂	供水能力/(万 m^3/d)	
			现状	设计			现状	设计
1	太湖金墅港水源地	太湖	60	60	金墅取水泵站	白洋湾水厂	30	30
						相城水厂	30	30
2	太湖上山（镇湖）水源地	太湖	30	30		高新区二水厂	30	30
3	太湖渔洋山水源地	太湖	45	45	苏州市自来水公司渔洋山原水厂	横山水厂	30	30
						高新区一水厂	15	15

续表

序号	饮用水源地名称	主要水源	供水能力/(万 m^3/d)		原水厂	净水厂	供水能力/(万 m^3/d)	
			现状	设计			现状	设计
4	太湖浦庄（寺前）水源地	太湖	75	75		浦庄水厂	15	15
						园区水厂	45	45
						红庄水厂	15	15
5	长江常熟水源地	长江	60	60		常熟市第三水厂	40	40
						滨江水厂	20	50
6	常熟尚湖水源地	尚湖	7.5	7.5		常熟市第二水厂	7.5	7.5
7	长江张家港三水厂水源地	长江	60	60		张家港自来水公司	60	60
8	一干河新港桥水源地	一干河	7.5	7.5		张家港第二水厂	7.5	7.5
9	庙泾河水源地	庙泾河	60	60		昆山市庙泾河水厂	60	60
10	傀儡湖水源地	傀儡湖	40	105		昆山市第三水厂	40	60
						昆山市第四水厂	未建	45
11	太湖庙港水源地	太湖	60	60		吴江华衍水务有限公司	60	60
12	长江太仓浪港水源地	长江	30	30		太仓市第二水厂	30	30

（二）无锡

无锡城市供水发展较早，公共供水工程起始于民国 9 年（1920 年）开凿的第一口自流井，至民国 34 年（1945 年）已有自流井 9 口。

中华人民共和国成立后，无锡市于 1952 年制订了自来水发展计划，筹建梅园水厂。1953 年动工，1954 年竣工，日供水量 1.1 万立方米，为无锡历史上最早的自来水厂。

在 1957—1979 年间，两次扩建梅园水厂和五里湖金城湾的中桥水厂，再加上其他水厂，全市 1979 年日供水能力达 22 万立方米，供水人口超过 50 万人，成为沪宁线上仅次于上海和南京的第三大供水城市。

自 1980—2001 年，再度扩建梅园水厂和中桥老水厂，建设取用梅梁湖水的中桥新水厂、贡湖和马山水厂，至 2001 年已拥有梅园、马山、中桥、小湾里、贡湖等水厂，其中小湾里为原水厂，贡湖既供原水也供净水。现除贡湖水厂外，其余水厂已停用。为应对 2007 年无锡市发生的严重供水危机，无锡市采取了贡湖水源地取水口延伸、长江窑港口水源地建设、锡东水源地扩容等工程。

无锡市自来水厂及供水能力见表 10-2-4。

（三）常州

常州市供水过去全部采用地下水源，20 世纪 70 年代初建成了第一座以江南运河为水源的水厂，使供水能力第一次翻番。

表 10-2-4　　无锡市自来水厂及供水能力

序号	饮用水源地名称	主要水源	供水能力/(万 m^3/d)		原水厂	净水厂	供水能力/(万 m^3/d)	
			现状	设计			现状	设计
1	贡湖沙渚水源地	太湖	100	100	南泉原水厂	贡湖水厂、中桥水厂	100.0	100.0
2	贡湖锡东水源地	太湖	30	30		锡东水厂	30.0	30.0
3	长江窑港口水源地	长江	40	80		锡北水厂（锡澄）水厂	40.0	80.0
4	长江小湾水源地	长江	30	30		江南水务股份有限公司小湾水厂	30.0	30.0
5	长江肖山水源地	长江	40	70		苏南区域水厂（江南水务股份有限公司肖山水厂）	40.0	70.0
6	横山水库水源地	横山水库	15	20		宜兴自来水公司	15.0	20.0
7	滆湖宜兴水源地	滆湖	4	5.2		滆湖自来水公司、高塍水厂、屺亭水厂	4.0	5.2

1984 年 11 月建成从长江引水的西石桥水厂一期工程，又称一水厂，净增日供水能力 10 万立方米。1992 年又建成从长江引水的二期工程，使西石桥二水厂供水能力达 30 万立方米，至 1994 年该水厂供水能力进一步增至 36 万立方米。

2003 年 12 月建成长江魏村水厂，日供水能力 30 万立方米。魏村水厂于 2009 年 12 月完成续建并竣工通水，使常州市城市日供水能力突破了 100 万立方米。

常州市自来水主要由常州通用自来水有限公司供应，上述水厂均属该公司，供水范围包括天宁区、钟楼区、新北区、戚墅堰和武进区郑陆、横山桥、焦溪、芙蓉四镇。

常州市的自来水厂及供水能力见表 10-2-5。

表 10-2-5　　常州市自来水厂及供水能力

序号	饮用水源地名称	主要水源	供水能力/(万 m^3/d)		原水厂	净水厂	供水能力/(万 m^3/d)	
			现状	设计			现状	设计
1	长江西石桥水源地	长江	36	36		西石桥水厂（常州第一水厂）	36	36
2	长江魏村水源地	长江	112	112	魏村水厂	魏村水厂	112	112
						江河港武公司湖塘水厂		
						常州市第二水厂		
3	小河水厂水源地	小河	3	3		常州通用自来水公司小河水厂	3	3
4	沙河水库水源地	沙河水库	6	11		溧阳水务公司（燕山水厂）	5	10
						溧阳戴埠自来水厂、溧阳市南亚自来水厂	1	1
5	大溪水库溧阳水源地	大溪水库	7	7		溧阳水务公司（清溪水厂）	5	5
						溧阳社渚自来水厂、周城水厂、南渡自来水有限公司	2	2
6	钱资荡金坛水源地	钱资荡	5	5		金坛市自来水公司第三水厂	5	5

(四) 镇江

镇江市城市供水从1912年开始，在1983年投产的丹徒区高桥水厂日取水规模1万立方米，以后又建设了谏壁全州水务（日取水量2.5万立方米）、世业洲（日取水量1万立方米）、金山（日取水量10万立方米）、金西（日取水量30万立方米）等水厂。此外，还有规模小于日取水1万立方米的江心洲水厂，日取水量只有0.5万立方米。

以上水厂均从长江取水，金山、金西均从征润州取水口取水，水源水质良好，基本可达地表水Ⅱ级标准。全州水务取水口在谏壁抽水站运河外侧，水源水质已受污染。为保证供水安全，镇江市以金山湖水源作为应急水源。

2010年镇江城市日供水设计总规模已达45万立方米，实际日供水能力40.5万立方米，供水范围200平方千米，供水人口75万。

二、苏南地区农村供水

苏南地区农村原主要以当地河湖为水源地，20世纪80年代地表水及浅层地下水被污染后，各地大量开凿深井取水，地下水开采从城市向农村扩展。2000年8月，苏锡常地区全面禁采地下水，当地政府加快节水改水。至2003年年底，共新增水厂供水能力116万立方米每日，完成了211个乡镇的供水设施。如无锡市新建了锡东水厂和江阴苏南区域水厂以及禁采区供水管网，并将管网铺设到镇、村、户，覆盖锡山区、惠山区、滨湖区和江阴市65个乡镇，使252万农村人口用上了自来水。吴江市至2004年年底全市基本实现镇镇通自来水，供水管网通达整个地下水禁采区。

常州市武进区在2001—2003年间完成了湖塘水厂与20个镇（开发区）的区域联网工程，建输水管道250千米；在2003—2006年间完成镇城联网，铺设进村入户管道1400千米，实现了由长江湖塘、礼河和滆湖湖滨水厂供水，再经总长7000多千米的管网供水进村入户，供水范围达全区1080平方千米，共计16万用户。

“十一五”期间，苏南地区已实现了城乡供水一体化。

第三节　杭嘉湖地区城乡供水

一、杭嘉湖地区城市供水

(一) 杭州市

杭州城区原由海湾淤积而成，水质苦咸不堪饮用，古代杭州多用井水。唐代杭州刺史李泌曾从西湖引水，通过六井解决居民引水。六井由湖旁入水口，地下连通沟管、出水池或井组成。六井中五处已湮没，现解放街井亭桥边还有一处遗址。

民国19年（1930年），杭州动工兴建清泰门自来水厂，次年开始供水，最高日供水量1.2万立方米。

中华人民共和国成立后，杭州市对清泰门水厂进行了改扩建，并相继建设了祥符桥、赤山埠、南星桥和九溪等水厂。清泰门水厂位于清泰门外贴沙河旁，初建时从该河取水，现从钱塘江取水，由南星水厂取水泵房经渠道入贴沙河入清泰门水厂。遇咸潮时，利用珊瑚沙水库储存的淡水，水库位于钱塘江边九溪附近，1980 年建成，库容 190 万立方米。经水库泵站提升，通过中河南段及引水渠到贴沙河，1992 年水厂日供水能力 30 万立方米，1995 年泵房改建，最高供水能力达 35 万立方米。

祥符水厂位于祥符桥西塘河大泥桥畔。1958 年一期工程投产，从运河水系西塘河取水，日供水能力 2.5 万立方米，后扩大到 5.5 万立方米。1993 年完成扩建后，改从东苕溪取水，供水能力提高到 25 万立方米。

南星水厂位于钱塘江边南星桥，1968 年初建时日供水能力 3 万立方米。后屡次扩建，供水能力提高，1988 年达 6 万立方米，1995 年达 10 万立方米。南星水厂取水泵站规模为 46 万立方米每日，还要为清泰门水厂供水。

赤山埠水厂位于西湖风景区赤山埠，从钱塘江取水，无咸潮时由白塔岭泵站取水。遇咸潮时，也要由珊瑚沙水库供水。该厂 1980 年一期工程建成时日供水能力 7.5 万立方米，1983 年二期工程投产，日供水量可达 15 万立方米。

九溪水厂位于钱塘江边珊瑚沙，以钱塘江为水源，1999 年建成，日供水能力 60 万立方米。在 1989 年九溪水厂建成前，清泰、祥符、南星桥、赤山埠四厂供水能力为 63.5 万立方米每日，实际最高为 80.2 万立方米每日，超过设计能力 28%，市区供水人口 107.3 万人，普及率 96.8%。

杭州市自来水厂及供水能力见表 10－2－6。

表 10－2－6　　杭州市自来水厂及供水能力

序号	饮用水源地名称	主要水源	供水能力/(万 m^3/d)		原水厂	净水厂	供水能力/(万 m^3/d)	
			现状	设计			现状	设计
1	珊瑚沙水源地	钱塘江	58	60		九溪水厂	58	60
2	白塔岭水源地	钱塘江	20	45		赤山埠水厂	20	45
3	南星桥水源地	钱塘江	58	70		南星水厂、清泰水厂	58	70
4	奉口水源地	东苕溪	20	25		祥符水厂	20	25

杭州市现主要由水业集团有限公司供水，供水范围包括杭州市主城区，下沙副城、上泗及余杭闲林、勾庄、乔司监狱、海宁农发区等区域，供水面积 660 平方千米，下辖清泰、祥符、南星、九溪和赤山埠 5 座水厂。其中，除祥符以苕溪为水源外，其余均以钱塘江为水源，此外，临安第二水厂也以苕溪为水源。

（二）嘉兴市

嘉兴市自 1957 年 1 月在塔弄建成以地下水为水源的第一座自来水厂，至 2013 年又先后建成了南门、石臼漾、贯泾港等自来水厂，水源为当地河道。期间，因水源遭到污染，塔弄自来水厂已停产，南门水厂也暂时停产，变为应急备用水厂。

塔弄水厂1957年1月建成，取深井水，日供水量2400立方米，后称嘉兴自来水厂。1960年增建东栅制水车间，至1963年该厂共开采深井6眼，供水能力提高到1.5万立方米每日。后又增加运河水源，至1968年地表水水厂建成投产，可日供水量2.5万立方米。因水源被污染，该水厂于1969年11月停产。

南门水厂1969年开工，设计供水规模1万立方米每日，从长水塘新开河取水，1972年建成。后经技术改造，至1980年，日供水能力5.3万立方米。1981年进行扩建，一、二期扩建工程设计规模均为2.5立方米每日，先后于1983年和1987年完成。自1999年开始由于水源受污染，水厂屡次停水。至2007年6月南郊贯泾港水厂投产，南门水厂暂停供水，变为应急备用水厂。

石臼漾水厂位于市区西面，从新塍塘取水，设计日供水规模5万立方米，1992年建成供水。1996年完成二期工程，日供水能力增至15万立方米。2005年又完成扩容工程，日供水能力进一步达到25万立方米。水厂在建设过程中，不断采用新技术和新工艺，在水源水质较差情况下，通过深度处理，使供水水质基本达到生活饮用水标准。

贯泾港水厂位于嘉兴市南郊，设计日供水能力45万立方米。工程分三期建设，日供水能力均为15万立方米，一期、二期先后于2007年和2012年建成投产。该厂水源地为长水塘和南郊河，为保障取水安全，同步建设了双水源切换工程及5千米长的水域整治工程，水厂可根据上述两河的水质有选择地取水。贯泾港水厂采用了现代化的先进处理工艺，保证了供水水质。

嘉兴市自来水厂及供水能力见表10-2-7。

表10-2-7　　嘉兴市自来水厂及供水能力

序号	饮用水源地名称	主要水源	供水能力/(万 m^3/d)		原水厂	净水厂	供水能力/(万 m^3/d)	
			现状	设计			现状	设计
1	石臼漾水厂水源地	新塍塘	25	25		石臼漾水厂	25	25
2	贯泾港水厂水源地	贯泾港	15	45		贯泾港水厂	15	45
3	北郊水厂水源地	北郊河	20	54		北郊水厂	20	54
4	平湖水厂水源地	太浦河		35		平湖、乍浦水厂		35
5	丁栅水厂水源地	太浦河	12	22		丁栅水厂	12	22
6	古横桥水厂水源地	盐平塘	4.5	8		古横桥水厂	4.5	8
7	港区水厂水源地	盐平塘	6	10		平湖港区水厂	6	10
8	广陈水厂水源地	广陈塘	18	25		广陈水厂	18	25
9	双喜桥水厂水源地	长山河	10	30		海宁双喜桥水厂	10	30
10	海宁第二水厂水源地	盐官下河	23	34		海宁第二水厂	23	34
11	海宁第三水厂水源地	长山河、长水塘	6	6		海宁第三水厂	6	6
12	天仙河水厂水源地	海盐塘	6	15		海盐天仙河水厂	6	15

续表

序号	饮用水源地名称	主要水源	供水能力/(万 m^3/d)		原水厂	净水厂	供水能力/(万 m^3/d)	
			现状	设计			现状	设计
13	海盐第二水厂水源地	千亩荡	15	15		海盐第二水厂	15	15
14	果园桥水厂水源地	京杭古运河康泾塘	15	30		桐乡果园桥水厂	15	30
15	运河水厂水源地	京杭古运河	15	15		运河水厂	15	15
16	崇福水厂水源地	京杭古运河	4	4		崇福水厂	4	4

(三)湖州市

湖州市的主要水厂始建于20世纪60年代，如城西水厂1965年10月建成，从东苕溪取水，日供水能力为0.5万立方米，经1986年、1996年、1999年改扩建后，日供水能力提高到10万立方米。其后城北水厂1986年7月建成，从环城河取水，日供水能力3万立方米，至2000年已提高到6万立方米。除了以当地河网为水源外，也以水库为水源，如城西水厂也从老虎潭水库取水。湖州市自来水厂及供水能力见表10-2-8。

表10-2-8　　湖州市自来水厂及供水能力

序号	饮用水源地名称	主要水源	供水能力/(万 m^3/d)		原水厂	净水厂	供水能力/(万 m^3/d)	
			现状	设计			现状	设计
1	环城河水源地	环城河	2.5	6		城北水厂	2.5	6
2	导流港出水口水源地	东苕溪	9.8	10		城西水厂	9.8	10
3	老虎潭水库水源地	老虎潭	12	12		城西水厂	12	12
4	南横塘水源地	南横塘	3.2	3.2		织里水厂	3.2	3.2
5	包漾湖水源地	乌溪	8.6	9		长兴水务公司	8.6	9
6	对河口水库水源地	余英溪	6	8		武康水厂	6	8
7	东苕溪大桥水源地	东苕溪	4	5		乾元水厂	4	5
8	赋石水库水源地	西苕溪	4	5		安吉城西水厂	4	5

除了上表所列的水厂外，湖州市还有20多座分散的乡镇小水厂，均从当地河网取水，其日均供水量合计近20万立方米。

二、杭嘉湖地区农村供水

杭嘉湖区农村历来以地表水和浅井水为水源。20世纪60年代和70年代，推广河边沙滤井、大口井及手压机井等改水措施。80年代浙江省开展农村自来水厂建设试点，湖州德清县在1981年试点建厂，至1989年德清县的自来水受益率已超过85%。没有条件建水厂的，则继续采用大口井等措施。借助于联合国的援助，杭州市余杭县(现余杭区)在1985—1988年间，全县打井6.2万眼，受益人口57万；建农村自来水厂（站）283座，受益人口25.7万。

杭州市的区域供水在21世纪初，得到较快发展，余杭自来水集团公司先后兼并余杭、闲林、永建、塘栖、民丰、瓶窑等乡镇水厂，至2003年余杭区自来水日供水能力达29.5万立方米，实际最高日供水25万立方米，受益人口59.1万。

嘉兴市由于地表水和浅层地下水被污染，农村用水也逐渐改向开采深层地下水，在1983年以后，乡镇开始挖深井，并迅速发展，出现了地下水位大幅度下降和地面沉降等地质灾害。2004年后，嘉兴市人民政府提出了城乡供水一体化设想，即关闭农村深井，由城市自来水厂统一供水，计划将嘉兴市区和各主要县城的10座自来水厂适当扩大，并铺设连接农村的管网，到2020年实现全市城乡供水一体化目标。至2006年年底，已新增供水规模8.9万立方米每日，铺设管径300毫米以上主干供水管网441千米，农村饮水条件改善的实际人口已有57万。

2004年1月和4月，浙江省政府办公厅先后印发了《关于划定杭嘉湖地区地下水禁采区限采区及明确控制目标的意见》和《关于加快实施千万农民饮用水工程的通知》，要求限采、禁采地下水的同时，开展“千万农民饮用水工程”，解决农村饮水安全。2005年，根据国家安排，又启动了中央预算内投资项目（农村饮水安全工程）建设。杭嘉湖地区因地制宜，大力推进城乡供水一体化，通过市、区自来水厂管网延伸供水和兴建自来水厂，至2010年年底，已全部实现集中供水，杭州市辖区和临安市、余杭区共有集中式供水工程776处，受益人口281万；湖州市共有集中式供水工程199处，受益人口200万；嘉兴市共有集中式供水工程72处，受益人口263万。

第十一篇

水库与水力发电

太湖流域水库主要位于苏南宜溧山区和浙西天目山区。库容10万立方米及以上水库工程共计440座，总库容18.41亿立方米，其中：大型水库（总库容≥1亿立方米）8座，总库容11.37亿立方米；中型水库（1亿立方米>总库容≥0.1亿立方米）17座，总库容4.29亿立方米；小（1）型水库（0.1亿立方米>总库容≥0.01亿立方米）72座，总库容1.78亿立方米；小（2）型水库（0.01亿立方米>总库容≥0.001亿立方米）343座，总库容1.00亿立方米。另外，上海市拥有大、中型水库各1座，库容分别为5.27亿立方米和0.12亿立方米，均为通过泵闸引长江水的平原型水库。

太湖流域无大、中型水力发电站，仅有小型水力发电站。自1994年开始，太湖流域建成了天荒坪、沙河和宜兴等3座抽水蓄能电站，利用电力负荷低谷时的电能抽水至上水库，在电力负荷高峰期再放水至下水库发电。

第一章　大　型　水　库

第一节　江苏省大型水库

江苏省共有3座大型水库，总库容3.34亿立方米，分别为无锡市宜兴市横山水库和常州市溧阳市大溪、沙河2座水库。

一、横山水库

横山水库位于南河水系屋溪河上，在宜兴市西南太华山区太华镇北5千米，坝址以上集水面积154.8平方千米，总库容1.12亿立方米，为多年调节水库，水库1969年建成时以防洪、灌溉为主，结合水力发电、乡村供水和水产养殖，2004年除险加固后，改为以为宜兴城乡供水为主。

水库枢纽工程由1座主坝、2座副坝、1座溢洪闸、2座输水涵洞共同组成（图11-1-1）。主坝呈东西方向，为均质土坝，坝顶长840米，坝顶高程42.1米，挡浪墙顶高程42.9米，最大坝高23.5米，坝顶宽8.1米，上游坡比1∶2～1∶4.5，下游坡比1∶2～1∶4.5。东副坝位于主坝东侧，为均质土坝，坝顶长1067米，坝顶高程42.1米，挡浪墙顶高程42.9米，最大坝高21.5米，坝顶宽8.1米。西副坝位于主坝西侧，为均质土坝，坝顶长2183米，坝顶高程42.1米，挡浪墙高程42.9米，最大坝高15.5米，坝顶宽8.1米。溢洪闸位于主坝与东副坝交界处，钢筋混凝土结构，配弧形钢闸门，共3孔，单孔净宽4.6米，设计最大泄洪流量557立方米每秒。建有东、西两座输水涵洞，均为钢筋混凝土管涵，内衬钢管，设计流量10立方米每秒。2003年“引横入宜”后，东、西输水涵洞已与宜兴市自来水供水管道相连接。

水库于1958年9月开工建设，1969年9月建成蓄水。水库建成后，虽经多次岁修加固，但仍存在大量安全隐患。2000年，经安全鉴定坝体为三类坝，水库需进行除险加固。2001年7月，太湖局审查同意横山水库除险加固工程初步设计。2001年9月，江苏省水利厅批准工程初步设计。2001年10月开始施工，2003年4月主体工程全面完成。除险加固工程设计标准为：工程等别为Ⅱ等，主、副坝、溢洪闸、涵洞等主要建筑物级别为2级，按地震烈度Ⅶ度进行抗震设计；防洪标准按100年一遇洪水设计，2000年一遇洪水校核，水库设计洪水位38.75米，校核洪水位40.36米，汛限水位34米，兴利水位35米，死水位24米，相应水库总库容1.12亿立方米，防洪库容0.59亿立方米，兴利库容0.55亿立方米，死库容0.06亿立方米，水库最大泄洪流量557立方米每秒。

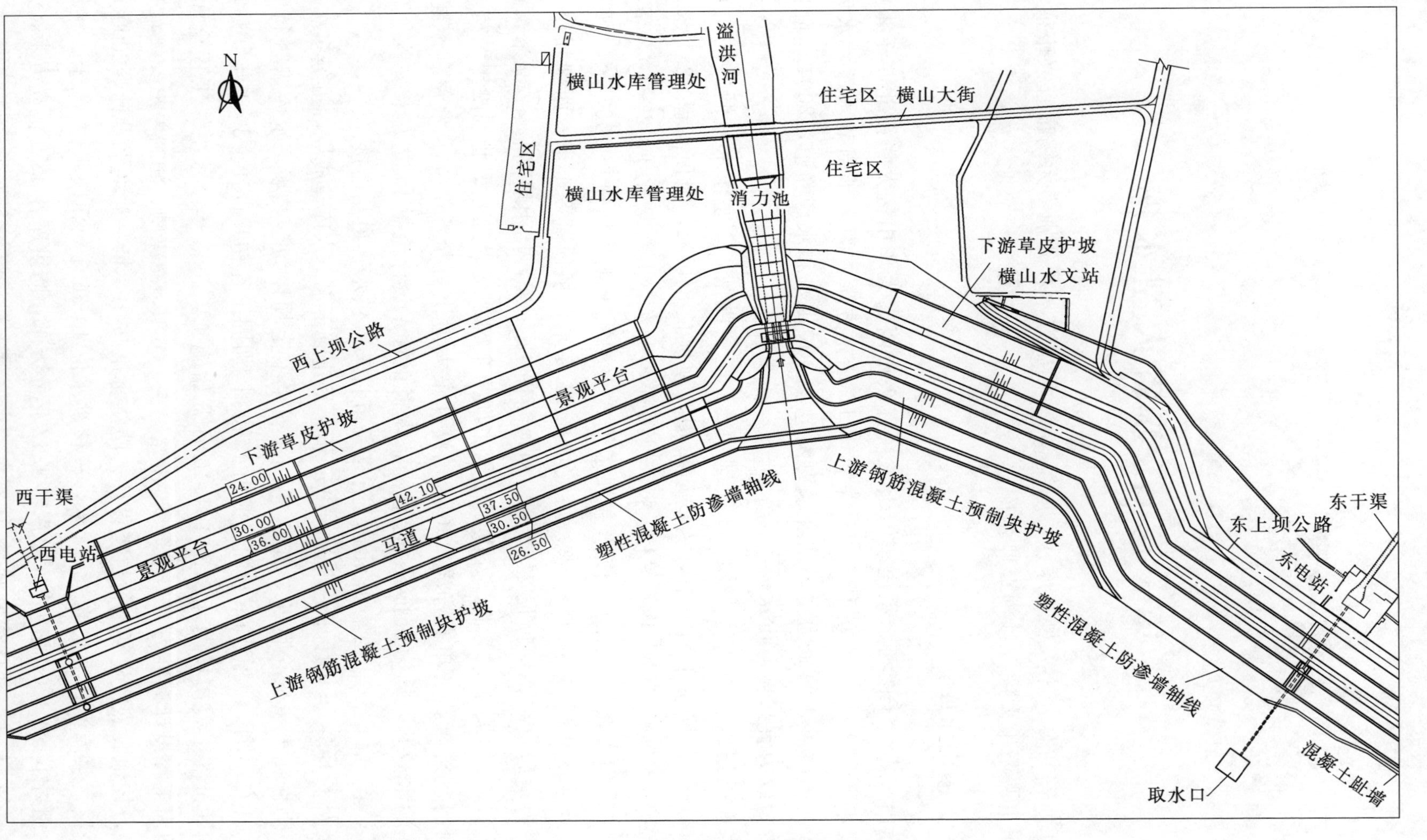

图 11-1-1　横山水库枢纽平面布置图

除险加固工程措施包括：

（1）主坝上游坡增设防渗措施，并建地下塑性混凝土垂直防渗墙；下游坡新建草皮护坡及压重平台，并重建排水设施；改建挡浪墙，新建坝顶沥青混凝土路面。

（2）东、西副坝上游坡增设防渗措施；下游坡新建草皮护坡和排水设施，改建挡浪墙，新建坝顶沥青混凝土路面；部分东副坝上游坡新建地下塑性混凝土垂直防渗墙。

（3）拆除改建老溢洪闸；加固东、西输水涵管，在原混凝土管内加衬钢管。

（4）新建水库大坝渗压检测管等安全检测设施和防汛信息系统。

除险加固后，横山水库兴利水位由原设计 33 米增加到 35 米，新增兴利库容 1360 万立方米，提高了向宜兴市城乡居民供水的安全度。

二、大溪水库

水库位于南河水系，在其支流大溪河上游溧阳市西南 13 千米。坝址以上集水面积 90 平方千米，总库容 1.13 亿立方米，为多年调节水库，水库具有防洪、城乡供水、灌溉和水产养殖功能。

水库枢纽工程由 1 座主坝、1 座副坝、1 座溢洪闸、3 座灌溉输水涵洞共同组成（图 11－1－2）。主坝为均质土坝，坝顶长 493 米，坝顶高程 21.5 米，最大坝高 17.50 米，坝顶宽 8 米，迎水坡比 1∶3～1∶4，背水坡比 1∶2.5～1∶4，副坝位于库区北侧太湖冲，为均质土坝，坝顶长 210 米，坝顶高程 22 米，最大坝高 12 米，坝顶宽 6 米。溢洪闸位于主坝东北侧，共 3 孔，单孔净宽 2.5 米，闸底高程 7 米，配弧形钢闸门，设计最大泄洪流量 280.6 立方米每秒。共建有中、西、东三座干渠灌溉输水涵洞，涵洞均为钢筋混凝土结构，输水规模最大为 14.72 立方米每秒。水库于 1958 年 11 月开工建设，1960 年 6 月建成蓄水。分别于 1965 年、1971 年、1978 年进行续建和加固。

1974 年 4 月 22 日和 1979 年 7 月 9 日，溧阳县上沛地区分别发生里氏 5.5 级和 6 级地震，两次地震坝址均距震中约 16 千米，主坝坝面、溢洪闸、狮子山涵洞启闭机房及电站厂房受损，出现裂缝共计数十条。震后对受损位置先后进行了加固处理。

经 40 多年运行，工程结构存在多方面病险和隐患，安全鉴定结果主坝为三类坝，水库需进行除险加固。2008 年 11 月 7 日，太湖局审查同意其除险加固工程初步审计。2008 年 11 月 30 日，江苏省发展改革委批准工程初步设计，2009 年 9 月开始施工，2011 年 4 月，江苏省水利厅组织工程竣工验收。工程设计标准为：工程等别为Ⅱ等，主坝、副坝、溢洪闸、涵洞等主要建筑物级别为 2 级，按地震烈度Ⅶ度进行抗震设计；防洪标准按 100 年一遇洪水设计，2000 年一遇洪水校核，水库设计洪水位 15.48 米，校核洪水位 15.98 米，汛限水位 14 米，兴利水位 15 米，死水位 8.20 米，相应水库总库容 1.13 亿立方米，防洪库容 0.37 亿立方米，兴利库容 0.82 亿立方米，死库容 0.11 亿立方米。

工程除险加固措施包括：

（1）主坝、副坝上下游护坡加固和新建坝顶沥青混凝土路面。

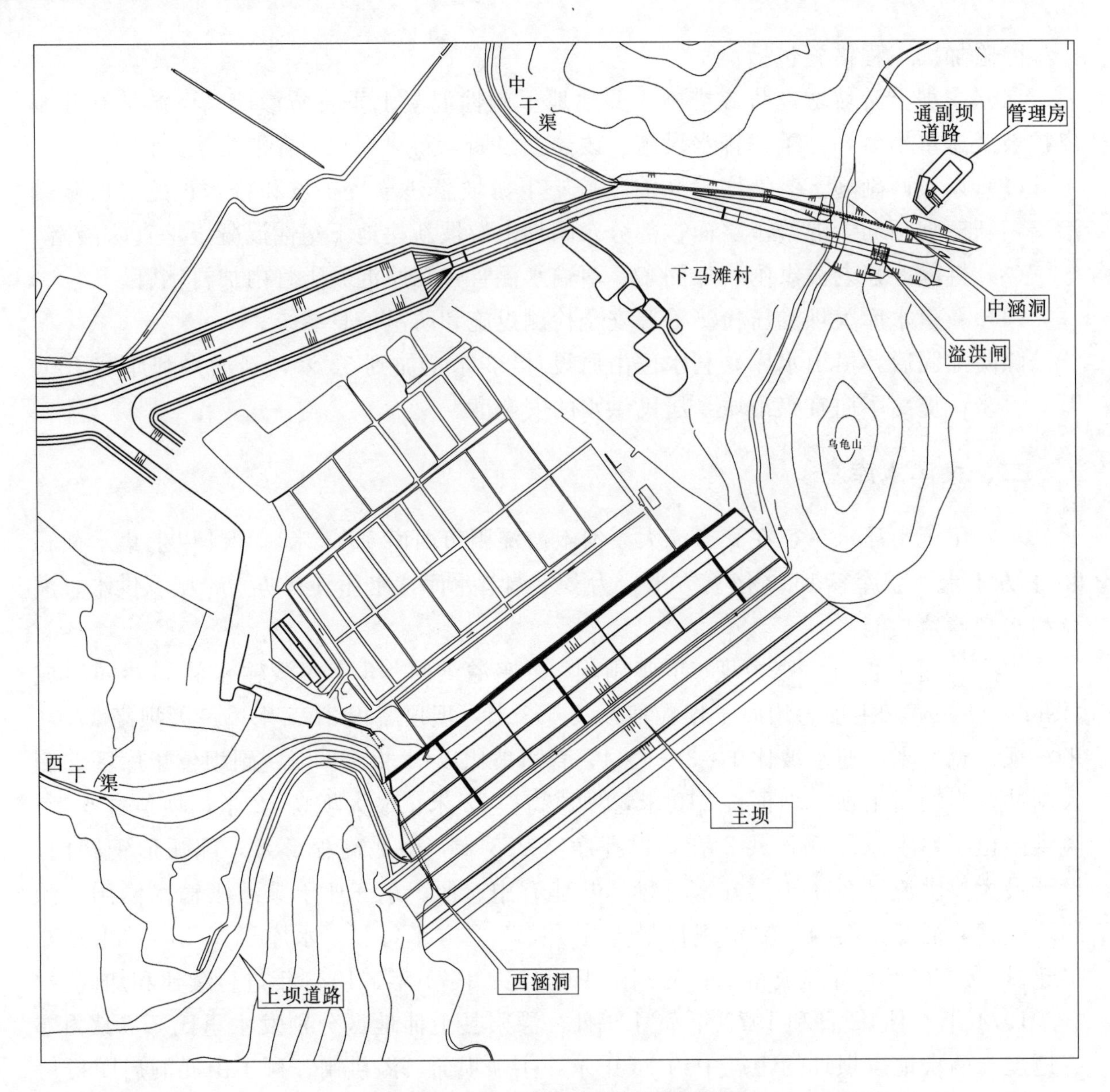

图 11-1-2 大溪水库平面布置图

(2) 拆除老溢洪闸，移位重建钢筋混凝土结构新溢洪闸。

(3) 重建中、西、东 3 座钢筋混凝土输水涵洞。

水库建成后减轻了下游洪涝灾害，大溪水库位于沙河水库下游，沙河、大溪两大水库水系相连，1982 年两大水库一次滞洪 2482 万立方米；建库后粮食亩产达 500 千克，为建库前的 2～3 倍，用水高峰时，灌溉面积达 6 万亩；2008 年向溧阳市区和南渡、周城、社渚三镇年供水量达 1500 万立方米。

三、沙河水库

沙河水库位于南河水系戴溪河支流老沙河，在溧阳县城以南 12 千米钓鱼台山麓。坝址以上集水面积 148.5 平方千米，总库容 1.09 亿立方米，为多年调节水库。水库具有防洪、灌溉、城镇供水、旅游、抽水蓄能和水产养殖等功能。

水库枢纽工程建有主坝1座、副坝4座、溢洪闸（洞）3座、灌溉输水涵洞3座（图11-1-3）。主坝为均质土坝，坝顶长190米，坝顶高程25.6米，坝顶挡浪墙高程26.7米，最大坝高21米，坝顶宽6.5米，上游坡比1∶3，下游坡比1∶2～1∶5。副坝也为均质土坝，东副坝位于主坝东侧，坝顶长423.5米，最大坝高16.9米，坝顶宽6.5米。西副坝位于坝西侧，坝顶长413.5米，最大坝高16.9米，坝顶宽6.5米。吴岭副坝位于西副坝西侧，坝顶长370米，最大坝高4.7米，坝顶宽6米。桥山下副坝位于吴岭副坝西侧，坝顶长845米，最大坝高6米，坝顶宽6米。溢洪闸两座均为钢筋混凝土结构，主坝溢洪闸位于主坝东侧，共3孔，单孔净宽3米，设计最大泄洪流量100立方米每秒。上珠岗溢洪闸共3孔，单孔净宽3米，设计最大溢洪流量165立方米每秒。泄洪隧洞位于主坝东侧低山中，设计最大泄洪流量30立方米每秒。中、东、西3座干渠分别建有钢筋混凝土箱涵和涵管，设计流量分别为5.6立方米每秒、2.9立方米每秒和5.5立方米每秒。

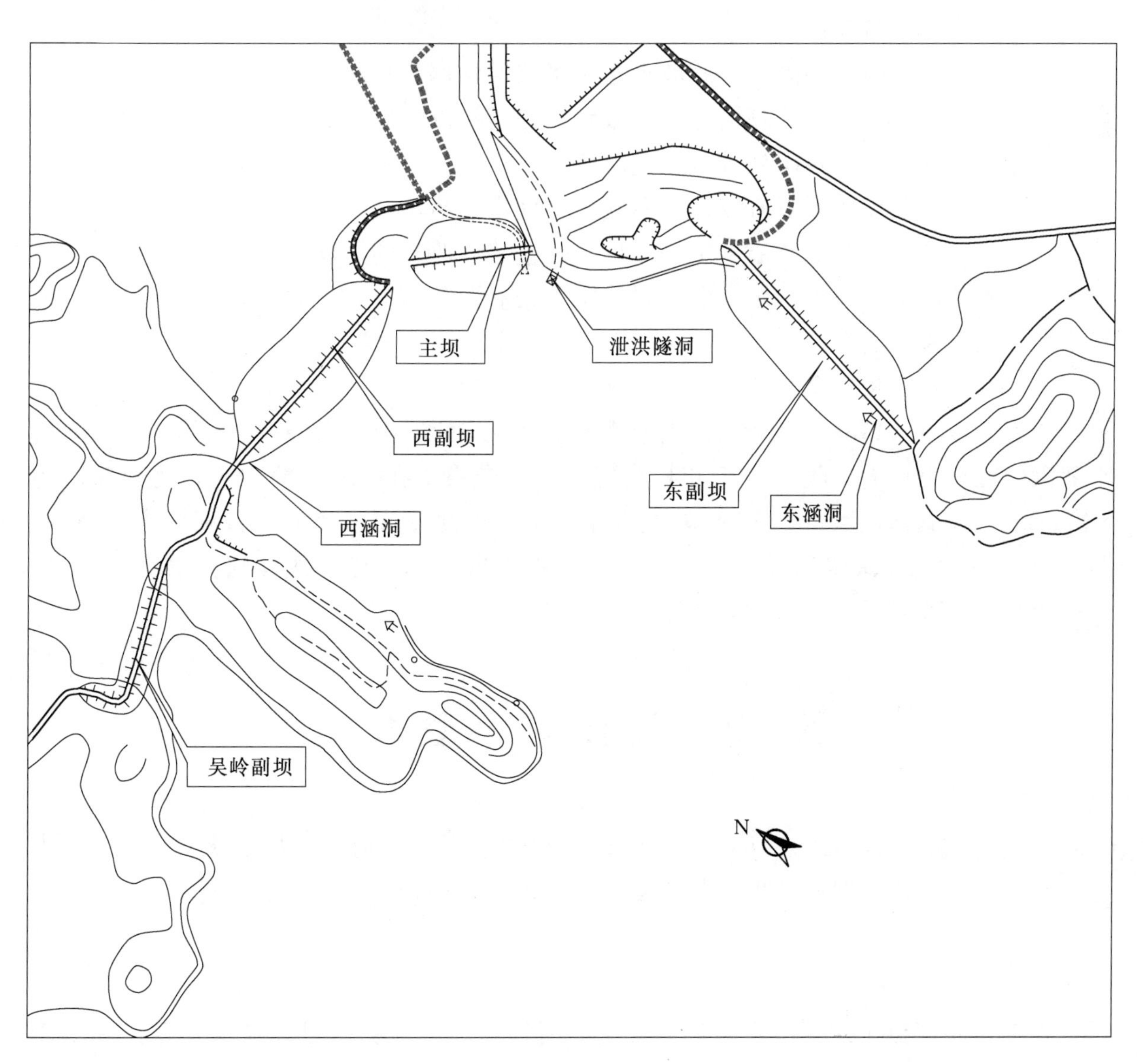

图11-1-3　沙河水库枢纽平面布置图

水库于1958年9月开工，1961年11月建成蓄水，建成后，分别于1964年、1978年、1981年、1983年、1984年、1988年、1998年、2000年8次进行工程续建配套和岁修加固。期间，水库曾经历1974年（5.5级）和1979年（6级）两次溧阳地震，部分结构轻度受损，震后进行了补强加固。

经40年来的运行，发现工程结构存在多项病险和隐患，安全鉴定结果坝体为三类坝，水库需要进行除险加固。2008年1月，太湖局审查同意工程初步设计。2008年3月，江苏省发展改革委批准工程初步设计。2008年9月开始施工，2011年3月主体工程全面完成。工程设计标准为：工程等别为Ⅱ等，主副坝、溢洪闸、涵洞等主要建筑物级别为2级，按地震烈度Ⅶ度进行抗震设计；防洪标准按100年一遇洪水设计，2000年一遇洪水校核；水库设计洪水位23米，校核洪水位24.42米，汛限水位20米，兴利水位21米，死水位15.50米，相应水库总库容1.09亿立方米，防洪库容0.61亿立方米，兴利库容0.46亿立方米，死库容0.13亿立方米。

工程除险加固措施包括：

（1）主坝坝基防渗加固，下游坡重建排水和增建部分护坡。

（2）东、西副坝背水坡脚增建压重戗台，提高抗滑稳定性；背水坡重建排水设施，迎水坡重建部分护坡；西副坝进行垂直防修。

（3）乔山下副坝放缓下游坡比，新建桂林副坝，封堵吴岭副坝坝内爆破坑。

（4）主坝溢洪闸和上珠溢洪闸均原址拆除重建；改造泄洪隧道，整治溢洪河。

（5）重建和加固灌溉输水涵洞，封堵中干渠涵洞，移至主坝溢洪闸西侧，加固东、西干渠涵洞洞首和洞身。

（6）新建主副坝安全检测设施和防汛信息化系统。

水库建成后，1984年大水，水库洪峰消减率最大达80%。1978年大旱，经水库放水灌溉，灌区粮食大丰收，1975年后灌区粮食亩产稳定在500千克以上，为建库前的6倍。2008年城镇供水量达1800万立方米。依托沙河水库已建成天目湖旅游度假区，2001年被评为国家级水利风景区。利用沙河水库做下库，已建成沙河抽水蓄能电站，装机容量2×50万千瓦（参阅本篇第三章第二节）。

第二节 浙江省大型水库

浙江省共有5座大型水库，总库容8.03亿立方米，分别为湖州市德清县对河口水库，安吉县老石坎、赋石水库，长兴县合溪水库；杭州市临安市青山水库。

一、对河口水库

对河口水库位于东苕溪支流余英溪中游对河口村，在德清县城武康镇西南约8千米。坝址以上集水面积148.7平方千米，为余英溪流域面积的77.2%。水库于1958—

1964年间建成，于2002年扩建加高，总库容1.47亿立方米，防洪库容0.46亿立方米，水库以防洪为主，兼顾灌溉、供水和发电。

1958年4月浙江省人民委员会批准嘉兴专署上报的水库工程设计，同年7月工程开工，1960年5月大坝拦洪蓄水，1963年浙江省水电设计院补编扩大初步设计，同年6月浙江省计划经济委员会批准工程规模为坝高33米，1964年7月水库竣工，2002年水库扩建。工程共完成土石方201.32万立方米、混凝土和钢筋混凝土0.48万立方米，工程总投资457.4万元。水库淹没耕地7031亩，移民2020人。

水库原按100年一遇洪水设计，1000年一遇洪水校核，2002年水库扩建，主坝从坝高33米加高至38.2米，坝长由292.5米加长至312米，副坝坝高由22米加高至27.2米，坝长由123米加长至190米。加高后设计防洪标准不变，校核防洪标准提高到5000年一遇，设计水位55.18米，校核水位变为59.54米，总库容1.47亿立方米。水库枢纽由拦河大坝、副坝、泄洪洞、溢洪道、输水隧洞、水电站和升压站等组成（图11-1-4）。主坝为黏土心墙多种土质坝，坝高38.2米，坝长312米；副坝为均质土坝，坝高27.2米，坝长190米。溢洪道泄量766立方米每秒，泄洪洞最大泄流量108立方米每秒。老发电隧洞引水流量12立方米每秒，新洞设计流量18立方米每秒，水电站装机容量共5810千瓦。

水库建成后，于1991年开始向德清县城武康镇供水，库区水质为Ⅱ类水，日供水规模4万吨。

二、老石坎水库

老石坎水库位于西苕溪支流南溪，在安吉县老石坎村上游，距孝丰镇10千米，是西苕溪综合开发治理的第一座大型水库工程。水库坝址以上集水面积258平方千米，总库容1.14亿立方米。水库以防洪为主，结合灌溉、发电和养殖。与赋石水库、下游江道治理工程和滞洪工程联合运行，将西苕溪两岸保护区农田的防洪能力提高到20年一遇。

水库按100年一遇洪水（3日暴雨501毫米）设计，设计水位122.29米，按PMF校核，校核水位123.53米。水库枢纽由拦河大坝、副坝、泄洪闸、非常溢洪道、输水隧洞、水电站、筏道等组成（图11-1-5）。主坝为黏土心墙砂壳坝，坝高36.9米，坝顶长620米；大坝右岸设3孔深孔泄洪闸，总净宽18米，闸底高程98.0米，最大泄流量2730立方米每秒；主坝右岸山岙设三级自溃式非常溢洪道，总净宽160米，最大泄流量2811立方米每秒，原第三级自溃坝已改建为5孔8米×5.3米泄洪闸，最大单宽流量24.2立方米每秒。主坝右端200米处有高3米、长60米副坝1座。在鸭坞坑建有分洪闸1座，安装宽7.7米、高5.8米弧形钢闸门，必要时可将南溪部分洪水泄入西溪的赋石水库，最大泄流量250立方米每秒。水电站原装机容量1800千瓦，后增容至3000千瓦。

1958年8月老石坎水库动工，1960年因大坝合龙失败而停建。1964年10月浙江

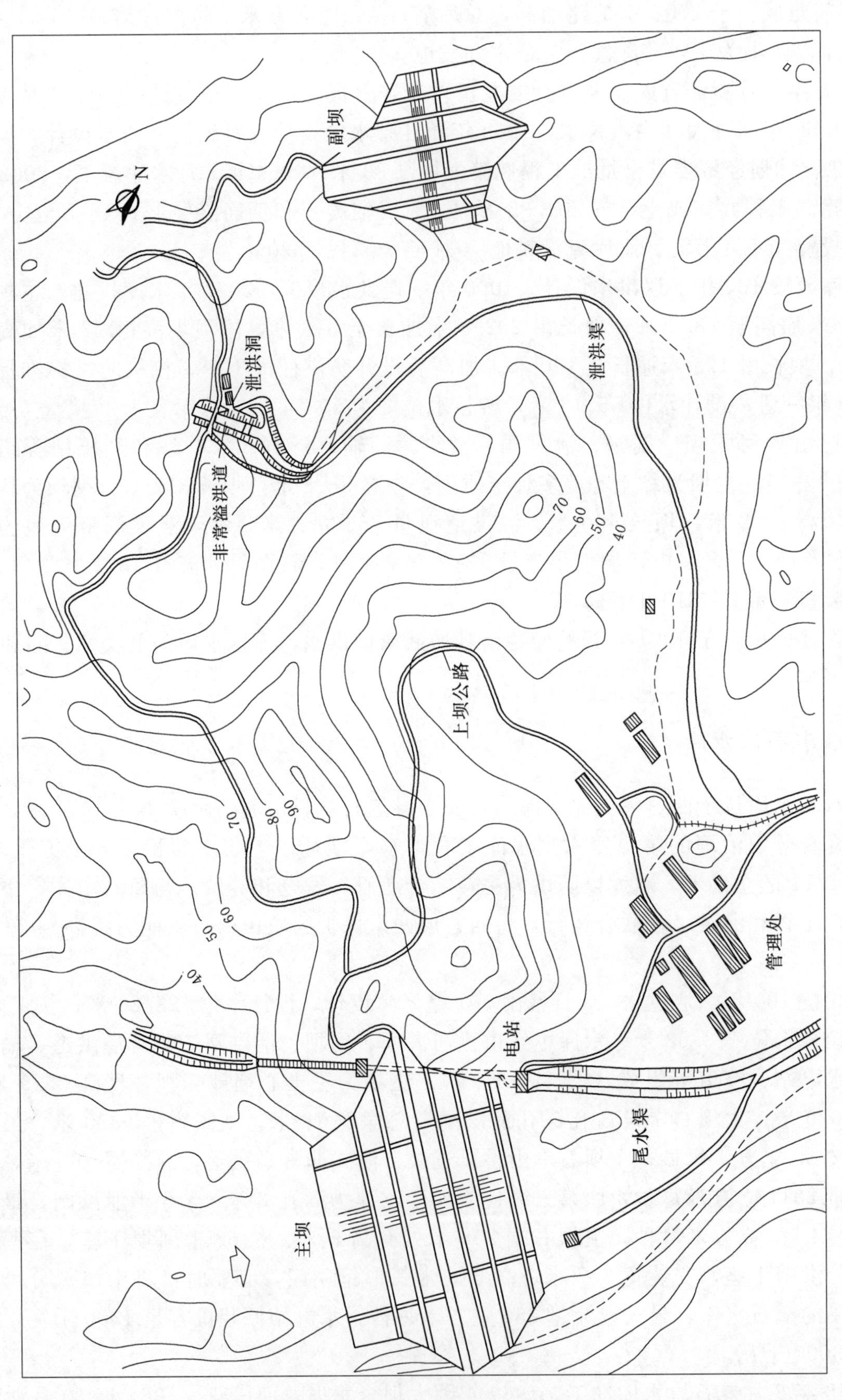

图 11-1-4 对河口水库枢纽平面布置图

省人民委员会批准续建，1966 年 7 月建成。1967 年 9 月浙江省计划经济委员会批复同意安吉县提出的加高老石坎大坝的意见；1968 年 5 月至 1969 年 12 月完成大坝加高扩建工程；1978 年 8 月浙江省水利厅批准水库保坝工程，第二次加高大坝，设置非常溢洪道；1983 年年底工程全面竣工；2003 年进行了除险加固，工程共完成土石方 236.49 万立方米，钢筋混凝土 2.87 万立方米，工程总投资 1760.4 万元。水库淹没耕地 3911 亩，移民 4422 人。

老石坎水库自 1983 年竣工后，共拦蓄特大和较大洪水 21 次，直接保护农田 1.27 万公顷，与赋石水库联合调度，共同保护下游西苕溪沿岸 1.13 万公顷农田、村镇和 30 万人口的安全。库区水质为Ⅱ类水，1990 年起向孝丰镇供水，年供水规模 1000 万立方米，灌溉农田 4.5 万亩，其中与赋石水库重复灌溉 1.7 万亩。

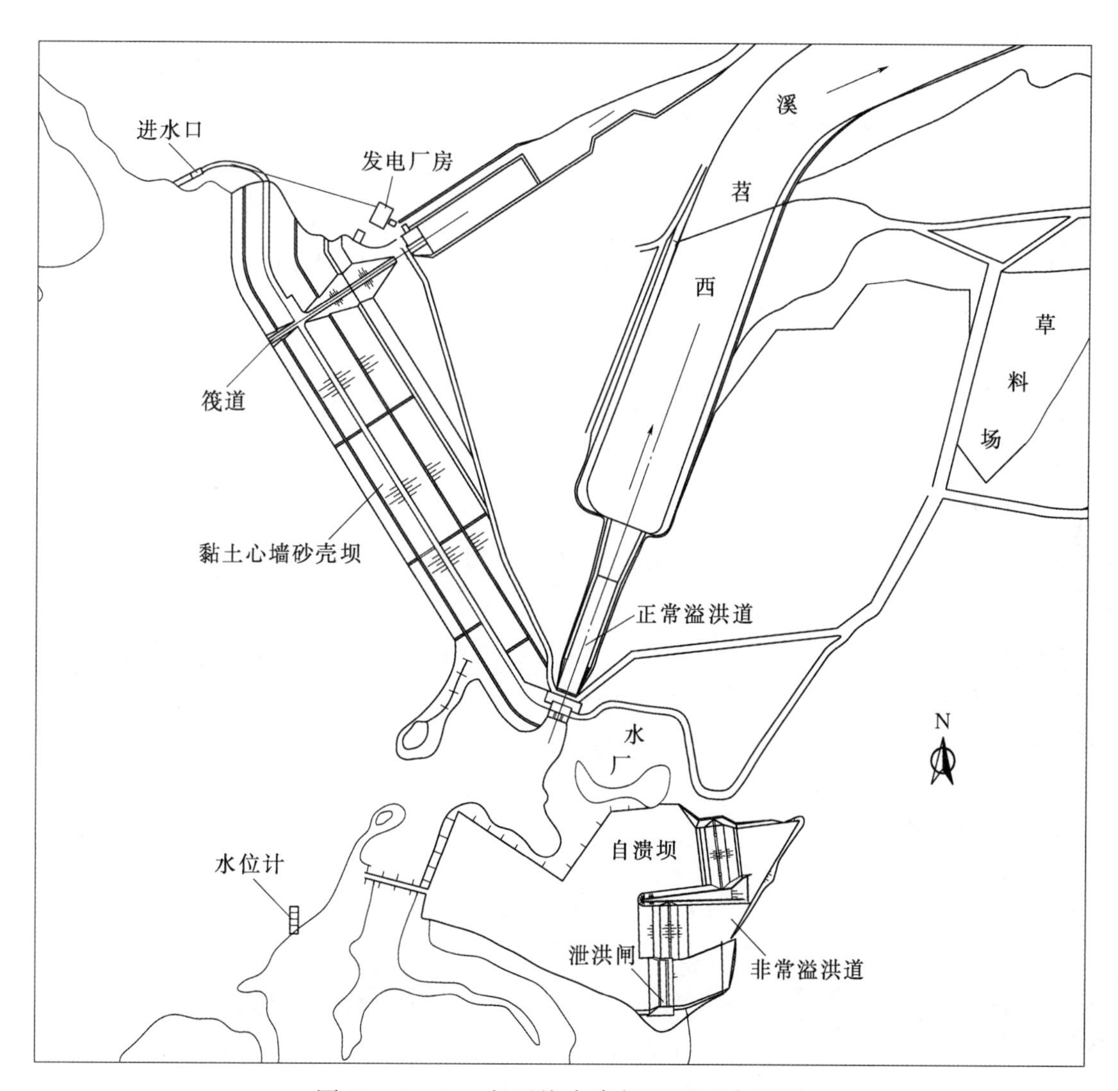

图 11-1-5　老石坎水库枢纽平面布置图

三、赋石水库

赋石水库位于西苕溪主源西溪安光县赋石村下游，坝址以上集水面积 331 平方千米，总库容 2.18 亿立方米。水库以防洪为主，结合供水、灌溉和发电。

赋石水库按 100 年一遇洪水设计（3 日暴雨 404 毫米），设计水位 87.14 米，按 10000 年一遇洪水（3 日暴雨 940 毫米）校核，校核水位 89.24 米。水库枢纽由拦河大坝，溢洪道、非常溢洪道、输水泄洪隧洞、水电站、筏道及鸭坞坑分洪闸（与老石坎水库共用）等组成（图 11－1－6）。大坝为黏土心墙砂壳坝，最大坝高 43.2 米，坝顶长 446 米；大坝左岸设输水泄洪隧洞、水电站和升压站，隧洞洞径 5 米、长 281 米，最大泄流量 360 立方米每秒，配套水电站装机容量 5400 千瓦；在距大坝左岸坝头 200 米处山岙设开敞式溢洪道，进口宽 110 米，最大泄流量 1580 立方米每秒；溢洪道左侧设 2 处各四级的自溃式非常溢洪道，总净宽 172 米，最大泄流量 4450 立方米每秒。赋石、老石坎两库分水岭处，建有鸭坞坑分洪闸，使两库可以联合调度运用；筏道置于大坝右侧，1983 年后停止使用。

1971 年 3 月，赋石水库按浙江省水利厅审定的规模和土坝坝型开始施工；同年 10 月，浙江省水利厅将坝型调整为混凝土重力坝，工程一度暂停施工。1972 年 4 月，水电部委托部属第十二工程局进行初步设计审查，同年 7 月水电部批准水库初步设计，采用黏土心墙砂壳坝。1972 年 10 月工程复工，1976 年 3 月水库蓄水，1979 年 5 月水电站并网发电，1980 年 6 月浙江省水利厅组织验收，交付使用。工程共完成土石方 260 万立方米，混凝土和钢筋混凝土 5.13 万立方米，工程总投资 2937.8 万元。水库淹没耕地 5609 亩，移民 8200 人。

赋石水库建成后至 2000 年，共拦蓄洪水 31 次，其中较大洪水 18 次。1999 年“6·30”洪水时，经水库调蓄削峰 55%，降低西苕溪中下游洪水位 10～30 厘米。水库与老石坎水库联合运用，可使下游农田防洪能力达 20 年一遇，灌溉受益 12 万亩。水库为安吉县主要水源地，库区水质Ⅱ类，1997 年开始向安吉县城递铺镇供水，设计日供水规模 5 万吨。

水库大坝于 1998 年 1 月通过大坝安全鉴定，被评为一类坝。2001 年建成大坝安全监测系统，现为国际小水电和亚太小水电中心以及浙江省小水电对外合作的窗口。

水库库区现为国家水利风景区，建有天赋度假村。

四、合溪水库

合溪水库位于合溪干流中下游长兴县境内，距县城西北 12 千米，坝址以上集水面积 235 平方千米，总库容 1.11 亿立方米。水库具有防洪和供水功能，可将长兴县城防洪标准从不足 20 年一遇提高到 50 年一遇，年供水量 1800 万立方米，向县城及周围 7 个乡镇提供清洁水源，受益人口 38.6 万。

水库按 500 年一遇洪水设计，设计水位 29.0 米，5000 年一遇洪水校核，校核水位 30.44 米，正常蓄水位 24.0 米，死水位 12.0 米。枢纽建筑物由拦河坝、泄水建筑物、供水建筑物和放空建筑物组成（图 11－1－7）。拦河坝总长 752 米，坝顶高程 32.2 米，顶宽 6 米。大坝由黏土心墙砂砾石坝和混凝土重力坝组成，重力坝位于原主河槽，长

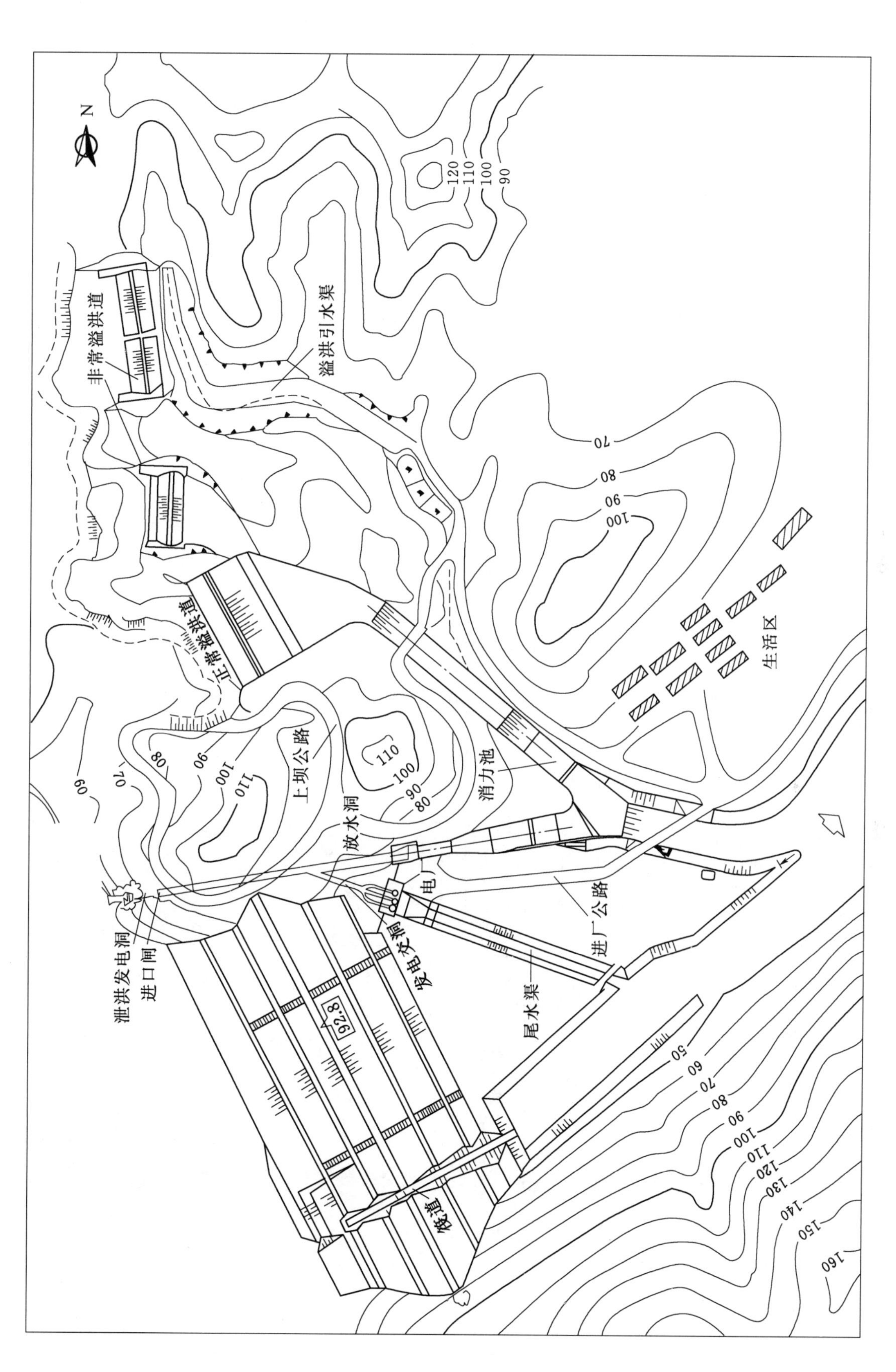

图 11－1－6 赋石水库枢纽平面布置图

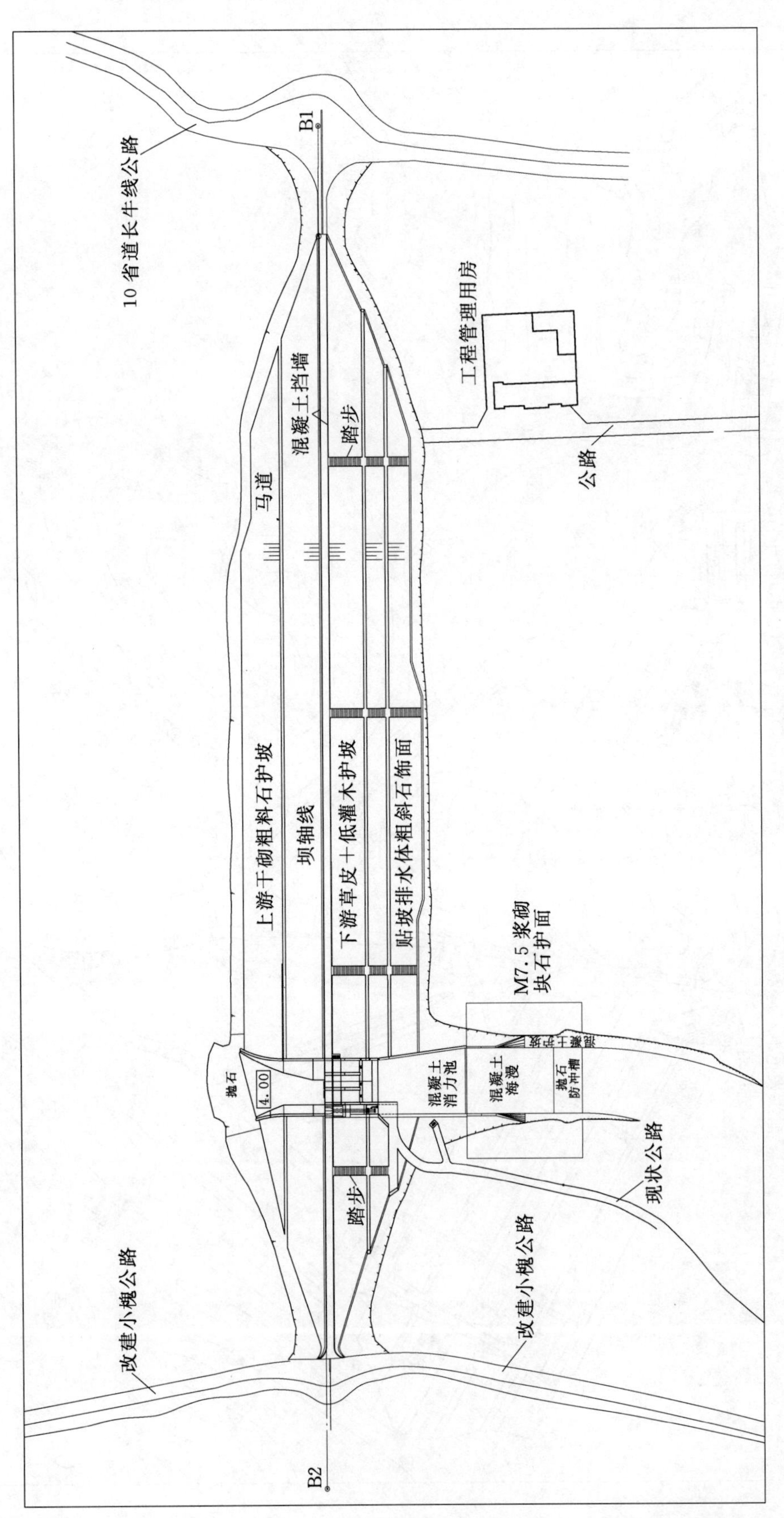

图 11-1-7 合溪水库枢纽平面布置图

39.5 米，最大坝高 47.2 米，坝顶设泄洪闸，单孔净宽 8 米，堰顶高程 18 米，坝体内设供水放空管。砂砾石坝总长 712.5 米，位于重力坝两侧，左侧长 550.5 米，右侧长 162 米，最大坝高 30.3 米。重力坝段上游设引水渠，下游设置消力池，海漫和泄洪渠。重力坝和砂砾石坝之间用混凝土挡墙隔断。

2005 年 6 月，合溪水库工程项目建议书经国家发展改革委立项批复，可研报告于同年 11 月通过审查，投资概算 9.0361 亿元。工程于 2007 年 12 月开工，2011 年 10 月基本完工。迁移人口 3032 人，淹没耕地 4256 亩。

五、青山水库

青山水库位于东苕溪干流南苕溪上临安县青山镇附近，坝址以上集水面积 603 平方千米，占东苕溪流域面积的 26.6%。水库总库容 2.13 亿立方米，防洪库容 1.01 亿立方米，水库以防洪为主，兼有灌溉、发电、养殖和供水功能。

青山水库按 100 年一遇洪水设计，设计水位 34.3 米，1000 年一遇洪水校核，校核水位 37.2 米，是治理东苕溪水患的大型水利骨干工程。水库设计自流灌溉面积 10 万亩，实际灌溉 5.5 万亩，水库配套建设水电站 1 座，装机容量 4×500 千瓦。水库与下游堤防以及南湖、北湖两个分滞洪区联合运用，保障杭州市钱塘江北岸地区、东苕溪沿岸农田、余杭镇、瓶窑镇、青山镇以及杭嘉湖东部平原的防洪安全。

青山水库先后两次进行了除险加固。1988—1992 年第一次除险加固，在老溢洪闸右侧新建 5 孔新溢洪闸，总净宽 40 米，加固工程完成后，校核标准提高到万年一遇。2002—2005 年第二次加固，主要项目有大坝塑性混凝土防渗墙防渗加固、溢洪道护坦防渗抗滑加固、副坝迎水面黏土斜墙加固，加固后水库枢纽由拦河大坝、副坝、泄洪闸、输水泄洪隧洞、水电站等组成（图 11-1-8）。主坝为黏土心墙砂壳坝，最大坝高未变，为 24.1 米，坝顶长 579 米，在坝轴线下游 0.5 米处设混凝土防渗墙，伸入基岩。副坝为均质土坝，坝高 8.8 米，坝长 71.6 米。主坝右岸设 10 孔泄洪闸，其中 5 孔为原建，另 5 孔为第一次加固新建，堰顶高程均为 25 米，均设弧形钢闸门，原孔闸门宽 7.7 米，高 5.8 米，最大泄流量 2030 立方米每秒，新孔闸门宽 8 米，高 10.5 米，新旧 10 孔泄洪闸最大泄流量为 5185 立方米每秒。输水泄洪隧洞位于主坝左岸，内径 4 米，长 134 米，最大泄流量 144 立方米每秒，洞后布置水电站厂房和升压站。加固后在副坝增建 40 米净宽非常溢洪道。

1958 年青山水库由浙江省人民委员会批准计划任务书，1959 年 6 月完成初步设计，1960 年 4 月大坝合龙，1962 年浙江省水电设计院补做扩大初步设计，1963 年 7 月浙江省计划经济委员会审查批准，1964 年 4 月主体工程竣工，1973 年 6 月电站建成投产。工程共完成土石方 240 万立方米，混凝土 6 万立方米，工程总投资 4265 万元（不含保坝工程），淹没耕地 16103 亩，移民 9060 人。

水库于 1965 年工程交付运行后的 40 年间，遇较大洪水 26 次，其中入库流量超 1000 立方米每秒的共 12 次，经水库调蓄，平均削峰 68.4%；其中最大入库流量达到

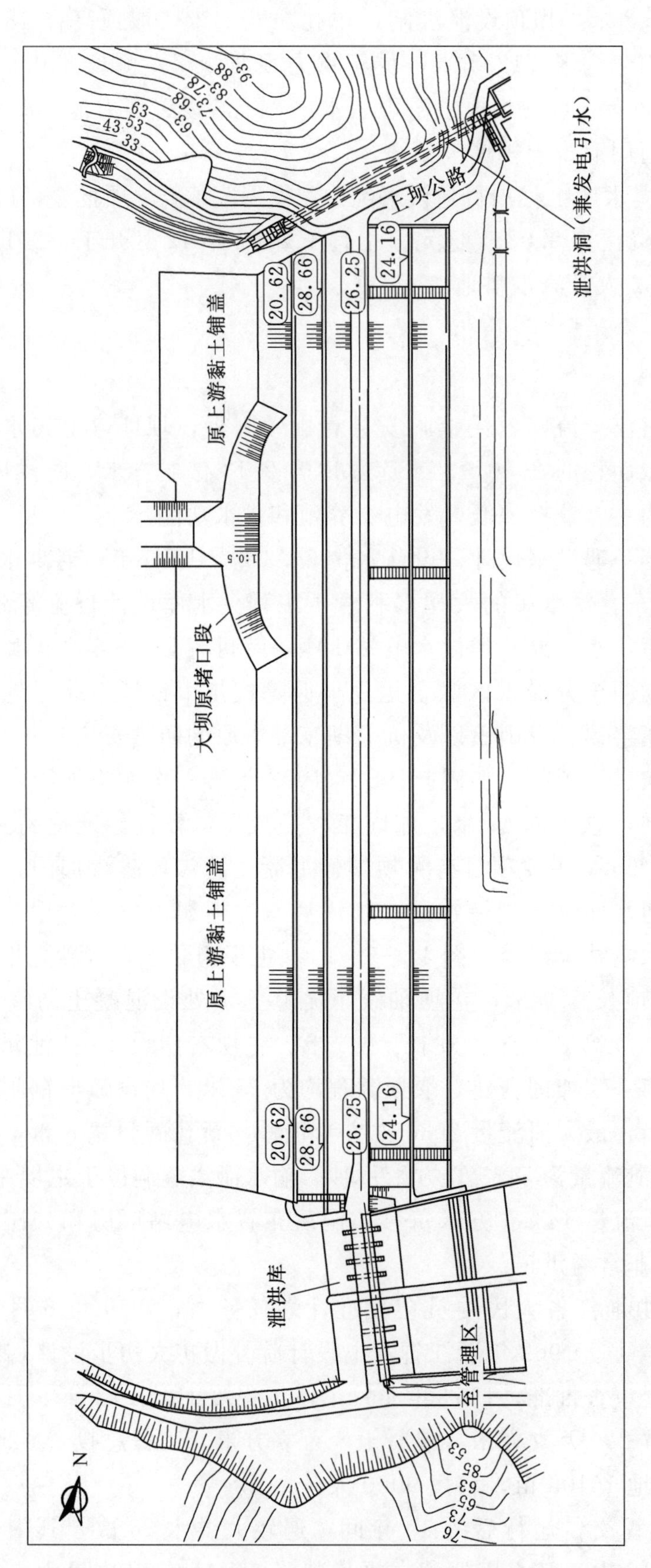

图 11-1-8 青山水库枢纽平面布置图

2014立方米每秒，经水库调蓄，出库流量削减为600立方米每秒，只有入库洪峰的30%。

1988年实施安全加固工程，主要建设内容是在老闸外侧增建5孔泄洪闸、加固老闸，工程于1992年完工。2002年根据大坝安全鉴定结果，实施除险加固工程，工程包括大坝拼宽加固、大坝防渗墙截渗处理、泄洪闸加固、泄洪渠治理、电站改造和泄洪放空洞加固、下游泄洪河道整治等。除险加固工程于2002年9月20日开工，2005年12月底通过竣工验收。

第三节 上海市大型水库

上海市有1座大型水库，即青草沙水库，水库位于长江口南北港分流口下方，长兴岛北侧和西侧的中央沙、青草沙以及北小泓、东北小泓等水域范围。总库容5.27亿立方米，圈围近70平方千米的水面，相当于10个杭州西湖。

青草沙水库是上海市第三水源地，日供水规模719万立方米，总投资170亿元人民币，承担上海市约50%的原水供应，受益人口超过1000万。工程于2007年6月开始施工，2011年6月，青草沙水源地原水工程全面建成通水。工程的建成和投入运行，改写了上海饮用水主要依靠黄浦江水源的历史。

青草沙水库为蓄淡避咸型水库，在非咸潮期自流引水入库供水，在咸潮期通过水库预蓄的调蓄水量和抢补水来满足受水区域的原水供应需求，咸潮期水库死水位−1.50米，咸潮期最高蓄水位7.00米，非咸潮期运行高水位4.00米，非咸潮期运行低水位2.00米。

水库工程包括青草沙水库及取输水泵闸、长江原水输水隧道、陆域输水管线及增压泵站等三大主体工程（图11－1－9）。主要建筑物有环库大堤、取水泵闸、下游水闸、输水泵站、输水闸井及控制中心等。水库环库大堤总长约48.9千米。取水泵闸由取水泵站、上游取水闸组成，位于青草沙水库西北侧，临长江口的北港侧，取水泵站规模为200立方米每秒，上游取水闸闸孔总净宽70米。下游水闸设在青草沙水库库尾，闸孔总净宽20米。输水泵闸由岛域输水干线的输水闸井和长兴输水支线的输水泵站组成，位于水库东南侧岸边，靠长兴岛侧。输水闸供水规模为708万立方米每日，输水泵站供水规模为11万立方米每日。青草沙水库采用泵、闸相结合的节能型取水方式。设计工况下取水泵闸运行方式为：5—9月为取水闸单独运行期；10月泵闸联合运行期；11月至次年4月为蓄淡避咸期，主要通过水泵提水维持库内水位。

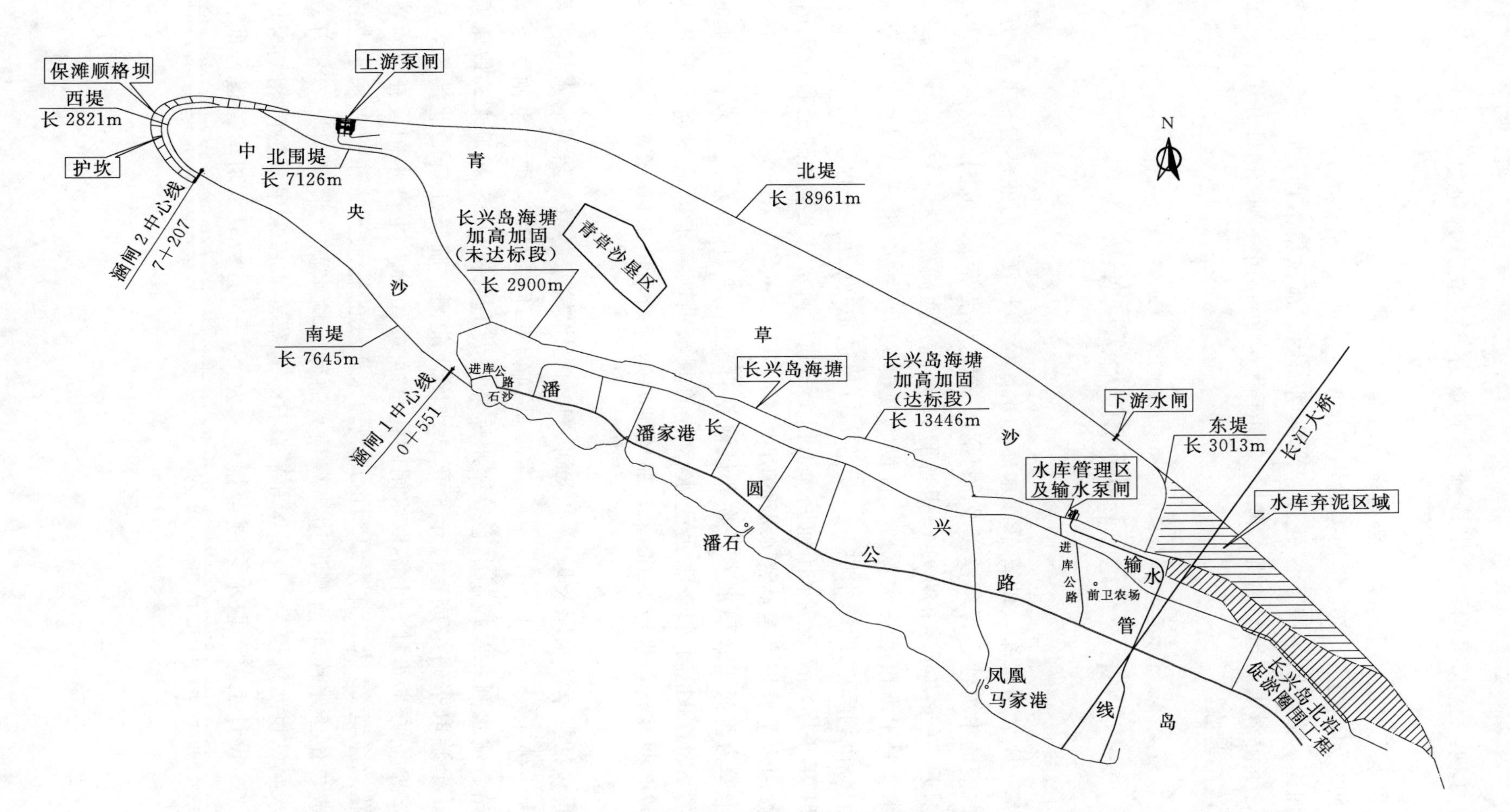

图 11-1-9 青草沙水库枢纽平面布置图

第二章 中 型 水 库

第一节 江苏省中型水库

江苏省共有7座中型水库，总库容1.29亿立方米，分别为镇江句容市仑山、墓东水库；镇江市丹徒区凌塘水库；无锡宜兴市油车水库；常州溧阳市前宋、塘马水库；常州金坛市茅东水库。

一、仑山水库

仑山水库位于句容市东北部丘陵区，边城镇洛阳河源头陈武乡境内，坝址以上集水面积24.5平方千米，总库容2704万立方米。水库以防洪为主，兼顾灌溉。

水库按50年一遇洪水设计，设计水位56.15米，按1000年一遇洪水校核，校核水位56.98米。水库主坝及东、西副坝都是均质土坝，最大坝高22米，主副坝总长1770米。还建有溢洪道及溢洪闸各1座，以及涵洞3条。

水库建成后灌溉农田6万亩。

1958年仑山水库动工建设，1959年主坝合龙，1975年主坝达到设计顶高程59米。

1978—1979年，1978年大旱，水库干涸，抢做大坝护坡下水工程。1979年3月，完成高程40.00～54.50米迎水坡块石护坡翻修，随后对迎水坡高程54.50～59.00米块石护坡进行全面翻修。标准均为砌石厚0.45米，碎石垫层厚0.15米。

1980年，为从北山水库向仑山水库调度灌溉用水，完成引水渠道同时，在两副坝东段建浆砌块石涵洞1座（低涵），拱形断面，进口底高程48.00米，设计流量3.0立方米每秒，可作水库补水涵洞。

1980年汛期主坝背水坡高程45.00米以下潮湿且有漏水孔，1981年建混凝土预制块拱形石贴坡排水，长427米，同时兴建坝脚排水沟长427米。

1999年，新建溢洪闸启闭机房，闸门更换为钢闸门，为溢洪闸进口西侧及出口末端进行护砌。

2006年，对溢洪道出口至二级消力池段进行维修加固，对浆砌块石底板及两侧块石护坡进行灌浆勾缝，对二级跌水底板凿毛后浇筑C20混凝土，厚0.2米。

2008年，对低涵出水渠采用钢筋混凝土衬砌，厚0.25米，长200米，并对海漫两侧干砌块石护坡进行灌浆勾缝，长280米。

二、墓东水库

墓东水库位于句容市南部茅山镇通济河上游，坝址以上集水面积 17.4 平方千米，总库容 1088 万立方米。水库具有防洪、灌溉效益。

水库按 50 年一遇洪水设计，设计水位 31.54 米，按 1000 年一遇洪水校核，校核水位 32.51 米。水库枢纽由主坝、副坝、溢洪道、溢洪闸组成。主坝、副坝为均质土坝，坝高 18.5 米，主坝、副坝坝顶总长 1029 米。设有 3 米×3 米溢洪闸 1 座。

水库建设后灌溉农田面积 0.8 万亩。

1959 年墓东水库动工建设，中间水库设计规模变动，至 1978 年坝顶设计高程达 34.5 米，并新建溢洪道，1980 年在溢洪道出口建成溢洪闸。

经近 50 年运行，水库存在多处安全隐患，经安全鉴定，坝体定为三类坝。为保证水库安全运行，需进行除险加固。除险加固设计标准为：工程为Ⅲ等工程，大坝、溢洪道及输水涵洞等主要建筑物为 3 级建筑物，设计洪水标准为 50 年一遇，校核洪水标准为 1000 年一遇。设计洪水位 31.54 米，相应库容 916 万立方米；校核洪水位 32.51 米，相应库容 1088 万立方米。水库除险加固工程于 2009 年 1 月开工建设，2011 年 1 月完工。

除险加固工程措施包括：

（1）主坝、副坝增设防渗加固措施，主坝背水坡防渗加固。

（2）溢洪道拆除重建。

（3）低涵管全线拆除重建，高涵管控制塔及前后涵管段拆除翻建。

（4）完善安全监测及管理设施。

三、凌塘水库

凌塘水库位于镇江市丹徒区上党镇凌塘村西侧，小金河上游，坝址以上集水面积 25.5 平方千米，总库容 1433 万立方米，防洪库容 793 万立方米，兴利库容 665 万立方米。水库具有防洪、灌溉等效益。

水库按 50 年一遇洪水设计，设计水位 28.13 米，按 1000 年一遇洪水校核，校核水位 29.23 米。水库枢纽由拦河坝、溢洪道、溢洪闸、涵洞组成。拦河坝为均质土坝，最大坝高 12 米，坝顶建设有 1 米高挡浪墙，配有 3 孔溢洪闸 1 座，非常溢洪道 1 座，南北各设灌溉涵洞 1 座。

水库建设后灌溉农田 1.9 万亩，其中提水灌溉 1.4 万亩。

1958 年凌塘水库动工建设，中间水库设计规模变动，至 1974 年坝顶设计高程达到 32 米。

经长期运行，水库存在多处安全隐患，经安全鉴定，坝体定为三类坝，需进行除险加固。除险加固设计标准为：工程为Ⅲ等工程，主坝、副坝、溢洪道及输水涵洞等主要建筑物为 3 级建筑物，设计洪水标准为 50 年一遇，校核洪水标准为 1000 年一遇。

设计洪水位 28.13 米，相应库容 1085 万立方米；校核洪水位 29.23 米，相应库容 1433 万立方米。水库除险加固工程于 2009 年 2 月开工建设，2010 年 2 月完工。

除险加固工程措施包括：

（1）主坝增设防渗加固措施，新建坝脚排水反滤措施，对副坝进行加高培厚。

（2）溢洪闸、陡坡段、消力池拆除重建。

（3）南、北涵洞拆除重建。

（4）完善安全监测及管理设施。

四、油车水库

油车水库位于宜兴市南部山区洑西涧中游，距其下游湖㳇镇 4 千米，坝址以上集水面积 41.5 平方千米，总库容 3324 万立方米，防洪库容 1130 万立方米。水库具有防洪和供水功能，年供水量 1748 万立方米。

水库按 100 年一遇洪水设计，设计水位 42.42 米，相应库容 3075 万立方米；按 2000 年一遇洪水校核，校核水位 43.2 米，相应库容 3324 万立方米；正常蓄水位 38.3 米，相应库容 1945 万立方米。水库枢纽建筑物包括主、副坝以及溢洪道、引水放空钢管等。南坝段为主坝，坝型为黏土心墙坝，坝高 28.6 米，坝长 1382.6 米；北坝段包括主坝和副坝，均为均质土坎。主坝坝高 6.1 米，长 171.4 米。副坝坝高 4.5 米，长 37 米。溢洪道 3 孔，单孔净宽 4 米，溢流堰堰顶高程 36.5 米，引水放空钢管用混凝土埋于基岩中，长度 155.5 米，内径 1.8 米。设有塔式进水口，分三层取水，每层 1 孔，孔口尺寸为 0.9 米×0.9 米。

油车水库于 2009 年 12 月开工建设，2012 年 5 月完工。

五、前宋水库

前宋水库位于南河水系周城河上游，在溧阳市周城镇以南 5 千米，坝址以上集水面积 20 平方千米，总库容 1416 万立方米，为年调节型水库。水库以灌溉、防洪为主，结合水产养殖。

水库按 50 年一遇洪水设计，设计水位 20.86 米，按 1000 年一遇洪水校核，校核水位 21.49 米。水库枢纽由主、副坝、溢洪闸、溢洪道和灌溉输水涵洞组成。主副坝各 1 座，均为均质土坝，主坝坝顶高程 24 米，坝顶长 2144 米，最大坝高 9.8 米，副坝坝顶高程 23.6 米，顶长 355 米，最大坝高 5.8 米。溢洪闸 1 座位于西岸，3 孔，孔净宽 2.5 米，设计泄流量 152 立方米每秒。有东、中、西灌溉输水涵洞 3 座，均为直径 90 厘米的混凝土圆形压力管，设计流量均为 2.5 立方米每秒。

前宋水库下游防洪保护面积 5 万亩，1982 年 7 月县境南渡以西发生近 20 年一遇洪水，水库一次拦蓄洪水 456 万立方米，取得了显著效益。水库灌区 1.1 万亩，自 1976 年起粮食亩产稳定 500 千克左右。

1959 年 1 月水库开工建设，1977 年基本完工。

经过多年运行，水库已存在多处安全隐患，经安全鉴定，坝体为三类坝。为保证水库安全运行，大坝需进行除险加固。除险加固设计标准为：工程为Ⅲ等工程，主坝、副坝、溢洪道及输水涵洞等主要建筑物为3级建筑物；设计洪水标准为50年一遇，校核洪水标准为1000年一遇。设计洪水位20.86米，相应库容1177万立方米；校核洪水位21.49米，相应库容1416万立方米。水库除险加固工程于2009年9月开工建设，2010年12月完工。

除险加固工程措施包括：

（1）主坝、副坝增设防渗加固措施。

（2）溢洪道拆除重建。

（3）两座涵管拆除重建。

（4）完善安全监测及管理设施。

六、塘马水库

塘马水库位于溧阳县北部后周河上游，坝址以上集水面积39.9平方千米，总库容1182万立方米。水库以防洪、灌溉为主，兼顾乡村供水、旅游和水产养殖。

水库枢纽工程由主坝、副坝、溢洪道、涵洞组成。主坝、副坝均为均质土坝，主坝高8.1米，坝顶长2086米，副坝高6.5米，坝顶长71米。有开敞式溢洪道1座，灌溉输水涵洞3条。

1959年2月塘马水库动工建设，至1962年5月建成蓄水。1974年进行全面加固，1980年升格为中型水库。

经过40多年运行，发现水库存在多处安全隐患，经安全鉴定，坝体定为三类坝，需进行除险加固。除险加固工程于2004年11月开工，2007年10月完工。除险加固设计标准为：工程等别为Ⅲ等，大坝、溢洪道、涵洞等主要建筑物级别为3级，地震烈度Ⅶ度；防洪设计标准50年一遇，校核标准1000年一遇，设计洪水位11.87米，校核洪水位12.67米，总库容1182万立方米，防洪库容772万立方米；水库最大溢洪量121.8立方米每秒。

除险加固工程措施包括：

（1）主坝、副坝增设防渗措施，新建上游混凝土护坡；副坝加高，翻建下游坡排水结构。

（2）溢洪道增建钢筋混凝土溢洪闸。

（3）改建原东、西输水涵洞及副坝输水涵洞。

（4）完善安全监测及管理设施。

七、茅东水库

茅东水库位于金坛市薛埠镇上水村薛埠河，坝址以上集水面积22.0平方千米，总库容1730万立方米。水库以防洪为主，兼顾灌溉。

水库按 50 年一遇洪水设计，设计水位 28.46 米；按 1000 年一遇洪水校核，校核水位 29.51 米。水库枢纽由拦河坝、溢洪道、溢洪闸、涵洞组成。拦河坝为均质土坝，坝高 5.8 米，坝长 668 米，溢洪道及溢洪闸各 1 座，涵洞 2 条。

水库建设后灌溉面积 1.9 万亩。

1958 年茅东水库开工兴建，1959 年完工。

经 50 年运行，水库已存在多处安全隐患，经安全鉴定，坝体定为三类坝，需进行除险加固。除险加固设计标准为：工程为Ⅲ等工程，主要建筑物拦河坝、泄洪闸、涵洞为 3 级建筑物；水库设计洪水标准为 50 年一遇，校核洪水标准为 1000 年一遇。设计洪水位 28.46 米，相应库容 1438 万立方米；校核洪水位 29.51 米，总库容 1730 万立方米。除险加固工程于 2009 年 1 月开工建设，2010 年 9 月完工。

除险加固工程措施包括：

（1）拦河坝防渗加固工程，上、下游护坡整修工程。

（2）泄洪闸拆建工程，溢洪道整治。

（3）南、北灌溉涵洞拆建工程。

（4）完善安全监测及管理设施。

第二节 浙江省中型水库

浙江省共有 10 座中型水库，总库容 3.00 亿立方米，分别为湖州市安吉县凤凰、大河口、天子岗水库，长兴县二界岭、和平、泗安水库，吴兴区老虎潭水库；杭州临安市水涛庄、里畈水库，余杭区四岭水库。

一、凤凰水库

凤凰水库位于西苕溪水系南溪上游，距湖州市安吉县城递铺镇 4 千米，坝址以上集水面积 39.5 平方千米，总库容 2112 万立方米，防洪库容 653 万立方米。水库以防洪为主，兼顾供水、发电和改善水环境。

水库按 50 年一遇洪水设计，设计水位 63.82 米，按 1000 年一遇洪水校核，校核水位 64.3 米。拦河坝为混凝土重力坝，坝高 41.8 米。

水库防洪保护范围为安吉县城递铺镇，建库后防洪标准达 20 年一遇。库区年供水量 1533 万立方米。

2002 年 10 月凤凰水库开工建设，2005 年 6 月完工。水库淹没耕地 991 亩，迁移人口 1582 人。

二、大河口水库

大河口水库位于浑泥港支流鄣吴溪安吉县鄣吴乡，坝址以上集水面积 19.6 平方千米，总库容1030万立方米。水库以灌溉为主，兼顾防洪、发电和养殖。

水库按100年一遇洪水设计，设计水位127.09米，按2000年一遇洪水校核，校核水位127.99米。水库枢纽由主坝、副坝、溢洪道、输水隧洞和水电站组成。主坝为黏土心墙砂壳坝，坝高23.7米，坝顶长223米，副坝为均质土坝，坝高2.35米，坝顶长5米。副坝左侧附近设置有开敞式溢洪道，最大流量547立方米每秒。输水隧洞位于副坝右侧附近，最大流量50立方米每秒。水电站装机2台，装机容量分别为75千瓦和125千瓦。

1964年1月大河口水库动工建设，1965年完工，最初规模为小（1）型水库，经1972—1981年扩建，升格为中型水库。

水库保护范围为3个乡1500户居民、2万亩耕地及安泗公路。灌溉面积1.8万亩，灌区粮食亩产建库前为298千克，建库后1985年提高到675千克。

经过多年运行，发现水库存在多处安全隐患，经安全鉴定，坝体为三类坝，为确保安全运行，需进行除险加固。除险加固设计标准为：工程为Ⅲ等工程，拦河坝、溢洪道及输水隧洞等主要建筑物为3级建筑物；设计洪水标准为100年一遇，校核洪水标准为2000年一遇。设计洪水位127.09米，相应库容919万立方米；校核洪水位127.99米，相应库容1030万立方米。水库除险加固工程于2009年开工建设，2010年完工。

除险加固工程措施包括：

（1）左坝肩增设混凝土盖重。

（2）溢洪道增设两级底流消能。

（3）完善安全监测及管理设施。

三、天子岗水库

天子岗水库位于浙江省安吉县高禹乡浑泥港支流泥河上，坝址以上集水面积25平方千米，总库容1801万立方米。水库以灌溉为主，结合防洪、发电和水产养殖。

水库防洪按100年一遇洪水设计，设计水位25.37米；按2000年一遇校核，校核水位26.34米；正常蓄水位23.16米。水库枢纽由主坝、副坝、溢洪道、输水涵洞和水电站组成。主坝为黏土斜墙坝，最大坝高为13.75米，顶高程29.75米，坝顶长1250米，设有2座副坝，均为均质土坝，最大坝高均为15.75米，顶长分别为28米和22米。水库设置开敞式溢洪道，最大溢洪量81立方米每秒。坝下设置钢筋混凝土箱涵输水涵洞2条，最大输水规模3.15立方米每秒。水电站装机1台，装机容量75千瓦。

1956年天子岗水库开工建设，经1973年、1975年、1977年、1983年历次加固整修后，水库竣工投入正常运行。水库建成后，灌溉农田2.2万亩，灌区粮食亩产从建库前的140千克提高到500千克以上。防洪保护范围包括安（吉）长（兴）公路，以及14个村、2万人口和万亩农田，可避免一般山洪危害。

经过多年运行，水库已存在多处安全隐患，经安全鉴定，坝体定为三类坝。为确保大坝安全运行，需进行除险加固。除险加固设计标准为：工程为Ⅲ等工程，主坝、副坝、溢洪道及输水涵洞等按主要建筑物3级建筑物设计；设计洪水标准为100年一遇，校核洪水标准为2000年一遇。水库除险加固工程于2008年开工建设，2012年完工。

除险加固工程措施包括：

（1）主坝、副坝实施防渗加固，副坝上、下游护坡整修。

（2）溢洪道除险加固。

（3）对2个钢筋混凝土箱形输水涵洞与坝体接触面增设混凝土截水环结构，对涵洞内壁施工缺陷、裂缝及伸缩缝漏水等进行补强处理，对输水涵洞进水口插板式铸铁闸门和手动螺杆启闭机进行更新改造，并对启闭机房上部结构拆除重建。

（4）完善安全监测及管理设施。

四、二界岭水库

二界岭水库拦蓄二界岭涧水，坝址位于西苕溪支流泗安溪长兴县二界岭乡，坝址以上集水面积21.7平方千米，总库容1220万立方米。水库以灌溉为主，兼顾防洪、发电和养殖。

水库按100年一遇洪水设计，设计水位47米，按2000年一遇洪水校核，校核水位47.5米。水库枢纽由主坝、副坝、溢洪道、输水涵管、水电站组成。主坝为黏土心墙坝，坝高20.5米，坝顶长227米；副坝2座，坝高10米，共长367米。溢洪道设置在第一副坝左侧，为混凝土实用堰，最大流量33立方米每秒，输水涵管最大流量5立方米每秒，水电站装机容量115千瓦。

水库建成后自流灌溉4570亩农田，粮食亩产从不到200斤提高到500斤。

1954年5月二界岭水库开工建设，1955年5月完工，原为小（1）型水库，经1971—1985年扩建，升格为中型水库，主坝、副坝上游面在1976年均增建斜墙。

经过多年运行，发现水库存在多处安全隐患，经安全鉴定，坝体为三类坝，需进行除险加固。除险加固设计标准为：工程为Ⅲ等工程，主要建筑物拦河坝、溢洪道及输水隧洞为3级建筑物；设计洪水标准为100年一遇，校核洪水标准为2000年一遇。设计洪水位47.00米，相应库容1109万立方米；校核洪水位47.50米，相应库容1220万立方米。除险加固工程于2008年开工建设，2010年完工。

除险加固工程措施包括：

（1）主坝、副坝坝体防渗加固，大坝拼宽放缓，主坝上、下游坝坡采取加固措施。

（2）溢洪道加固。

（3）新建输水隧洞。

（4）引水渠道堰坝、渠首控制闸、逃牛岭控制闸拆除重建和渠道全线防渗加固。

（5）完善安全监测及管理设施。

五、和平水库

和平水库位于长兴县和平镇和平港上游支流，坝址以上集水面积20.2平方千米，总库容1045万立方米。水库以灌溉为主，兼顾防洪、发电和养殖。

水库按100年一遇洪水设计，设计水位65.27米；按2000年一遇洪水校核，校核水位66.73米。水库枢纽由拦河坝、溢洪道、输水涵洞和水电站组成。拦河坝为黏土心墙砂壳坝，坝高20.5米，坝顶长250米。大坝左侧山岙设置开敞式溢洪道，最大流量352立方米每秒。输水涵洞最大流量4.4立方米每秒。水电站装机2台，装机容量150千瓦。

水库灌溉面积1.46万亩，防洪保护范围为和平镇、鹿唐公路以及库下居民。

1957年12月和平水库开工建设，1960年12月完工，原为小（1）型水库，经1980—1981年扩建升格为中型水库。

经多年运行，发现大坝存在多处安全隐患，经安全鉴定，坝体为三类坝，需进行除险加固。除险加固设计标准为：工程为Ⅲ等工程，主要建筑物大坝、溢洪道、发电输水隧洞进水口等按3级建筑物设计；设计洪水标准为100年一遇，校核洪水标准为2000年一遇。除险加固工程于2008年开工建设，2010年完工。

除险加固工程措施包括：

（1）坝体防渗加固、坝坡改造加固。

（2）溢洪道整修加固，下游泄洪渠整修改造。

（3）封堵原发电输水涵洞，新建输水隧洞。

六、泗安水库

泗安水库位于浙江省长兴县泗安溪上游泗安镇，坝址以上集水面积108平方千米，总库容5000万立方米。水库以防洪为主，结合灌溉、发电、养殖。

水库按100年一遇洪水设计，设计水位16.52米；按1000年一遇洪水校核，校核水位17.47米，正常蓄水位12.62米。水库枢纽由拦河坝、泄洪闸、溢洪道、输水涵洞、水电站组成。拦河坝为均质土坝，最大坝高10.3米，坝顶高程21.3米，坝顶长1550米。设置2孔泄洪闸，每孔净宽4.5米，最大溢洪量364立方米每秒。非常溢洪道进口段设自溃坝，最大泄洪量1130立方米每秒。水电站装机容量2×160千瓦。

1959年泗安水库动工，1964年建成，1996—1999年进行拦河坝加固、隧洞开挖和水电站重建。

水库建成后，保护范围为泗安、林城两镇，杭宣铁路、杭芜公路以及24万亩农田，使管埭乡以上地区农田防洪能力提高到20年一遇。水库灌溉面积1.8万亩，灌区粮食亩产从建库前171.5千克提高到700千克。

七、老虎潭水库

老虎潭水库位于湖州市埭溪镇东苕溪支流埭溪上，坝址以上集水面积110平方千米，总库容9966万立方米。水库具有防洪、供水和灌溉等功能。

水库按100年一遇洪水设计，设计水位53.56米；按2000年一遇洪水校核，校核水位 53.78 米。水库枢纽由主坝、副坝、溢洪道、泄洪洞、水电站组成。主坝为面板坝，坝高 37 米；主坝南北设副坝，均为黏土心墙坝，各高 22.5 米和 10.5 米。水电站装机容量 2000 千瓦。

水库防洪保护范围为宣杭铁路、埭溪镇和东苕溪堤防，建库后防洪标准达 50 年一遇，直接保护人口 67.23 万，直接保护农田 34.71 万亩。库区年供水量 7300 万立方米，供水受益人口 47 万，灌溉面积为 0.49 万亩。

2005 年 12 月老虎潭水库开工建设，2008 年 12 月基本完工，2009 年 12 月 30 日老虎潭水库至湖州引水工程通水。

八、水涛庄水库

水涛庄水库位于临安市高虹镇，坝址在东苕溪支流中苕溪水涛庄村上游 500 米处，坝址以上集水面积 58 平方千米，总库容 2888 万立方米。水库以防洪为主，兼顾灌溉、供水、发电和改善水环境。

水库按 50 年一遇洪水设计，设计水位 152.8 米；按 500 年一遇洪水校核，校核水位 153.97 米。水库枢纽由拦河坝、溢洪道、泄洪洞、引水洞组成。拦河坝为细骨料混凝土砌石重力坝，坝高 60 米，坝顶长 262.9 米。溢洪道设置于拦河坝中部，最大泄流量 1016 立方米每秒。泄洪洞在溢洪道右侧，最大泄流量 87 立方米每秒，引水洞位于大坝右岸山体内，长 380 米。

工程于 1999 年 12 月开工，2003 年 1 月完工。

九、里畈水库

里畈水库位于临安市南苕溪青山水库上游溪里村，坝址以上集水面积 83 平方千米。水库以防洪为主，兼有灌溉、供水和发电效益。

水库分两期建设。一期工程于 1966 年 10 月开工新建，经历了停建、复建，于 1973 年建成，原总库容 855 万立方米。坝型为细骨料混凝土砌石重力坝，坝高 50 米。

二期工程于 1993 年 1 月开工，1997 年 4 月完工。水库按 50 年一遇洪水设计，设计水位 240.17 米；按 500 年一遇洪水校核，校核水位 243.24 米。坝高增加到 72 米，总库容扩大到 2094 万立方米，坝顶中部设有开敞式溢洪道，宽 60 米，并有泄洪洞 1 座，直径 4 米。水电站建在坝顶，装机容量 2500 千瓦。

水库防洪保护范围为临安市城区（锦城镇），防洪标准为 20 年一遇。库区还为锦城镇提供水源，年供水量 800 万立方米。

经过多年运行，水库存在泄洪洞未衬砌、坝体渗漏、启闭设备老化、无备用电源等安全隐患，2008 年对水库进行了除险加固。除险加固工程措施包括：

（1）泄洪洞衬砌。

（2）坝体防渗处理。

（3）工作闸门、弧形泄洪闸门大修。

（4）购置备用电源及安装。

十、四岭水库

四岭水库位于北苕溪支流太平溪上游，杭州市余杭县双溪乡。坝址以上集水面积71.6平方千米。水库以防洪为主，兼有灌溉、发电、养殖、供水功能。

水库分两期建设。一期工程于1964年12月开工。总库容924万立方米，坝型为浆砌块石重力坝，坝高29.3米，坝顶高程68.8米。溢洪道建于大坝左侧，宽68米，设计最大溢流量1124.7立方米每秒，并建有输水洞。

二期工程于1977年12月动工，1988年10月完工。水库按50年一遇洪水设计，设计水位79.2米；按2000年一遇洪水校核，校核水位82.07米；正常蓄水位72.21米。水库总库容增加到2838万立方米，坝高加高到44.5米。溢洪道在原址改建，设计最大溢流量增加到1641立方米每秒。新建泄洪洞，进口底高程为62.16米，断面尺寸为3米×3.5米，最大泄流量128立方米每秒。水电站装机容量1280千瓦。

在2003年10月除险加固工程开始实施，2007年4月全面完工。主要项目有副坝左岸道路缺口加高、廊道内排水孔和扬压力孔钻设，新建放空预泄洞，副坝帷幕灌浆等。

四岭水库可完全拦蓄10年一遇洪水，超过10年一遇水位79.5米时才开始溢洪。水库防洪保护面积10万亩，灌溉受益面积2.5万亩。

第三节 上海市中型水库

上海市有中型水库1座，即宝钢长江引水工程（亦称宝钢水库工程），水库于1983年2月动工，1986年7月竣工。工程共分5个主要部分：

（1）取水工程。包括在长江江心建3座大型取水塔；3条各长200余米、直径3米的自流引水钢管；1座外径为43米的混凝土沉井泵房，泵房内装有6台大型混流水泵，总能力为40立方米每秒，日抽水量可达344万立方米；从泵房通向水库有6条直径为2米的压力出水管和一座在库内的混凝土消力池。

（2）蓄水工程。主要是一座总库容为1087万立方米的江边水库。利用了原有江堤2000米，向长江围筑新堤3700米，形成周长5700米，面积164.6万平方米的水库。

（3）输水工程。包括1座输水泵站和2根各长14千米、直径1.2米的输水钢管。输水泵站内装有4台水泵并预留1个基础，4台水泵的能力为每天30万吨，1台备用，其能力为每天22万吨。

（4）供电工程。包括一座2万千伏变电所和25千米输电线路。

（5）通讯工程。包括一座50门交换机和15千米通讯线路。

1990年上海市人民政府决定开辟长江口第二水源，在宝钢水库东侧长江口南支北岸边新建陈行水库，通过管道将长江原水送至月浦水厂。陈行水库一期工程有效库容553万立方米，日供水能力为20万立方米，工程投资1.5亿元，于1992年6月月浦水厂正式并网供水。1995年5月陈行水库二期工程开工建设，库容增至830万立方米，日供水能力130万立方米，投资10.15亿元。2006年6月陈行水库三期工程开工建设，库容增至950万立方米，日供水能力206万立方米，工程投资25亿元。

陈行水库受咸潮入侵影响时，出库水氯化物浓度出现波动或阶段性超标，影响原水水质。2004年在宝钢水库和陈行水库中间堤坝上建翻水泵站，在咸潮入侵时由宝钢水库向陈行水库补水，翻水能力为每天20万立方米。工程既可使陈行水库原水得到中和淡化，亦可增加宝钢水库淡水流动性和新鲜度。

第三章　抽水蓄能电站

流域内有3座抽水蓄能电站，分别为湖州市安吉县天荒坪、常州溧阳市沙河和无锡宜兴市抽水蓄能电站。另有常州市溧阳抽水蓄能电站于2010年12月开工，于2017年10月全面建成运营。

第一节　天荒坪抽水蓄能电站

天荒坪抽水蓄能电站位于浙江省湖州市安吉县天荒坪镇西苕溪支流大溪上，电站上、下库库底天然高差590米，最大发电水头610米，装机6台，单机容量300万兆瓦，总装机容量1800万兆瓦，年发电量31.6亿千瓦时，年抽水电量（填谷电量）42.86亿千瓦时，承担系统峰谷差3600万兆瓦任务，为日调节纯抽水蓄能电站。

电站枢纽由上水库、下水库、输水系统、开关站和地下厂房等组成，上、下库水平距离1千米。上库位于天荒坪与搁天岭之间的天然洼地，基本没有天然径流，建有主坝1座、副坝4座，均为土石坝，主副坝迎水面、库底和库岸均用沥青混凝土护面防渗。主坝坝顶轴线长567米，坝顶高程907米，坝高72米，设计最高蓄水位905.2米，相应库容885.8万立方米，工作深度42.2米，正常运行水位日变幅29.4米。下库位于大溪中游峡谷河段，坝址以上集水面积24.2平方千米，多年平均径流量2450万立方米。下库拦河坝为钢筋混凝土面板堆石坝，坝顶高程350.2米，最大坝高92米，坝顶长230米，设计最高蓄水位344.5米，相应库容877万立方米，工作深度49.5米，正常运行日变幅43.6米。下库左岸岸边有敞开侧堰式溢洪道，右岸设洪泄及放空隧洞，库尾建浆砌石拦沙坝1座。

电站上、下库之间的输水系统由2条高压斜井式主洞和6条压力支洞组成。斜井位于山岩内，井壁用钢筋混凝土衬砌。地下厂房安装6组可逆式机组（可逆式水泵水轮机和可逆式发电电动机），机组为立式、同轴，单速机组，顺时针方向旋转为水轮机和发电机，反时针方向旋转为水泵和电动机。

天荒坪抽水蓄能电站工程于1994年3月开工，2000年12月完工。

电站接进华东电网负荷中心，具有优越的供电调节能力。华东电网水电所占比例很小，1995年时仅为6.4%，大部分火电机组缺乏足够调节能力，难以适应负荷迅速和频繁的变化。天荒坪电站容量很大，投产后较好地适应了电网调峰填谷的需要，提高了电网经济运行水平和可靠性。

第二节 沙河抽水蓄能电站

沙河抽水蓄能电站位于江苏省溧阳市天目湖镇境内，距溧阳市区 18 千米。电站装机 2 台，每台 50 万兆瓦，总容量 100 万兆瓦，年发电量 1.82 亿千瓦时，年抽水电量 2.44 亿千瓦时，为日调节型抽水蓄能电站。

沙河蓄能电站枢纽由上下库、输水系统、尾水渠、厂房和变电站等工程组成。电站上库位于沙河水库东侧，由主坝、东副坝和库周山岭围成，集水面积 0.145 平方千米。正常蓄水位 136.00 米，按 100 年一遇洪水设计，设计水位 136.34 米，按 200 年一遇洪水校核，校核水位 136.38 米，正常发电消落水位 120.00 米，总库容 244.97 万立方米，其中有效库容 230.20 万立方米。主坝和东副坝为混凝土面板堆石坝，最大坝高分别为 47 米和 30 米，坝顶长分别为 528.71 米和 234.10 米。电站下库为已运行 30 多年的大型水库沙河水库。

输水系统沿龙兴亭山脊由东向西布置，包括上部进、出水口，引水隧洞上平段，上游事故检修闸门、竖井、引水隧洞下平段，尾水隧洞、下游事故检修闸门井，下部进、出水口。上、下进出水口均采用侧式布置。上游输水采用一洞两机联合供水方式，尾水隧洞采用单洞单机布置，引水隧洞和尾水隧洞均采用钢筋混凝土衬砌。引水道和尾水道均不设调压井。电站最大运行水头 121 米。

电站厂房位于龙兴亭山坡西侧，采用一井两机的竖井式地下室布置，装机为 2 台 50 万兆瓦的单级可逆式水泵水轮机和发电电动机组。

沙河抽水蓄能电站于 1998 年 9 月电站开工，2001 年 6 月完工并投入商业运行。

电站接入江苏省电网溧阳变电站，承担常州和溧阳市调峰和填谷任务。

第三节 宜兴抽水蓄能电站

宜兴抽水蓄能电站位于江苏省宜兴市西南郊约 10 千米的铜官山区，额定发电水头 353.00 米，电站装机容量 4×250 万兆瓦，年发电量 14.9 亿千瓦时。

电站主要由上下库、输水系统、地下厂房洞室群和地面开关站等组成。上库位于铜官山主峰东北侧，利用沟源坳地挖填形成，集水面积 0.21 平方千米，总库容 535.70 万立方米，有效库容 510.75 万立方米，正常蓄水位 471.5 米，死水位 428.6 米。上库库盆采用全库盆钢筋混凝土面板防渗，主坝采用钢筋混凝土面板混合堆石坝，最大坝高 75 米，坝顶长 494.9 米，坝顶高程 474.2 米；副坝采用碾压混凝土重力坝，最大坝高 34.9 米，坝顶长 216 米，坝顶高程 474.2 米。下库位于铜官山东北山麓，利用原会坞水库所在冲沟，在原大坝基础上加高改建而成，集水面积 1.87 平方千米，总库容

577.35万立方米，有效库容526.70万立方米，正常蓄水位78.9米，死水位57.0米。因来水量不足，另设下库补水工程。下库大坝采用黏土心墙堆石坝，最大坝高50.4米，坝顶长483米，坝顶高程83.4米。

输水系统设置在上、下库之间的山体内，输水系统总长度（包括上、下库进/出水口）为3082.33～3061.0米，由上游引水系统和下游尾水系统组成。引水隧洞（包括上库进/出水口）长1242.12～1153.47米，洞径为6.0～2.4米，除上库进/出口段采用钢筋混凝土衬砌外，其余均采用钢板衬砌。尾水隧洞（包括下库进/出水口）长1840.21～1907.68米，洞径为5.0～7.2米，其中机组尾水管下游至尾水闸门井中心线下游28.5米段采用钢板衬砌，其余采用钢筋混凝土衬砌。尾水调压室布置在尾水岔管下游，调压室大井直径为10.0米。

地下厂房洞室群位于输水系统中部，埋深310～370米。主副厂房洞（包括安装场）开挖尺寸为155.3米×22.0米×52.4米（长×宽×高）；主变洞开挖尺寸为134.65米×17.5米×20.7米（27.5米）（长×宽×高）；尾闸洞开挖尺寸为111.0米×8.0米×19.05米（长×宽×高）。开关站位于地下厂房洞室北部约500米的山坡上，建基面高程195米，开挖平面尺寸为130米×37米（长×宽）。

宜兴抽水蓄能电站于2003年8月开工建设，2008年12月完工并投入电网运行，在电网中承担调峰、填谷、调频、调相和事故备用等任务。

第十二篇

水利信息化

水利信息化是水利现代的重要标志和基本要求。随着流域综合治理骨干工程建设和流域综合管理全面推进，水利信息化也得到较快发展。太湖局和流域内省（市）和地市水利部门相继成立信息管理部门，从组织机构、专业人员配置、规章制度等方面加强水利信息化工作，水利信息化管理日趋完善；全面推进水利信息基础设施建设，建成了水文遥测系统、防汛抗旱指挥系统、流域水资源实时监控与调度管理系统、蓝藻信息采集系统、水量水质同步监测信息服务系统、电子政务系统等，为流域防洪减灾、水资源调控、水环境保护和流域综合管理等提供信息服务和决策支持。

第一章 水利信息化机构

第一节 太湖局水利信息化机构

2002年太湖局成立水利发展研究中心（信息中心），负责太湖局信息化项目建设与管理工作。

依据2009年水利部批复的太湖局“三定方案”，2011年太湖局成立水文局（信息中心），将水利信息化建设与管理相关职能调整至水文局（信息中心），作为太湖局信息化管理和技术支撑单位，内设信息管理处。其信息化方面主要职责是：贯彻执行国家与行业信息化建设的法律、法规，组织编制流域水利信息化发展规划；负责太湖局信息化建设、管理；负责太湖局信息化系统的运行维护与管理；承担太湖局信息化领导小组办公室的日常工作。

第二节 两省一市水利信息化机构

一、江苏省水利厅

江苏省水利厅下设水文水资源勘测局，2005年增挂“江苏省水利网络数据中心”牌子，承担全省水利信息工程管理与建设、网络维护管理等职能，其水利信息化方面职责有：监督执行国家有关水利通信与信息化的技术标准（规范）及相关政策法规，并拟定本省实施细则或补充规定；承担水利信息化规划的编制工作，具体指导全省水利信息化业务建设，承担省级水利信息化建设项目和信息系统的建设和管理工作；负责省厅网管中心、全省水利信息骨干网、重要水利数据库、重要应用系统的运行、维护和管理工作，承担省级防汛抗旱服务通信系统的运行管理工作；指导全省无线电管理工作；受省厅委托负责厅无线电管理办公室的日常工作和全省水利系统省级无线电台站的管理工作；负责全省水利通信与信息化科研、技术开发与交流、职工培训和科技成果的推广应用。

二、浙江省水利厅

浙江省水利厅下设水利信息管理中心，其职责有：贯彻执行国家与行业有关信息化工作的方针、政策和法律、法规，制定本省水利信息化的相关技术规范、标准和管理办法；组织编制全省水利信息化建设规划，并组织实施和推进，负责全省水利信息化工作的技术指导和行业管理工作；组织、协调省级水利信息化重大项目的建设和管理，负责水利信息资源开发、信息技术应用、推广、技术交流和人员培训等工作；承担全省水利信息网络运行管理工作，承担省级网络中心、数据中心、信息系统等的安全运行和维护管理工作；负责浙江水利门户网站的建设和技术维护工作。

三、上海市水务局

上海市水务局下设上海市防汛信息中心（上海市水务信息中心），其职责有：负责编制局系统水务信息化中长期发展规划、年度计划及相关技术规范和标准，并组织实施；负责本市防汛信息的收集汇总分析，预测预报并发布防汛水情信息；负责与国家、流域（海区）机构、邻近省（市）防汛部门，及其他相关单位间的信息传递和指令传输及本市防汛信息工作的协调；组织、协调局系统信息化建设及信息资源的开发和管理、信息技术的应用，指导区（县）水务信息化工作，并负责局信息化工作领导小组办公室的日常工作；组织、协调局系统信息化安全工作，负责局系统广域网和局机关局域网的安全管理；负责市水务网站和防汛服务网站的运行管理和局系统无线电管理工作；负责本市水务信息化人才的培训及其相关的国际、国内合作与交流；协同有关部门负责局电子政务系统的建设和管理。

四、苏州、无锡、常州、镇江、杭州、嘉兴、湖州市

江苏省苏州、无锡、常州、镇江四市及浙江省杭州、嘉兴、湖州三市信息化机构可分为两种类型：一类是市局下设专门管理部门，如苏州设有科技信息处、无锡成立了水利信息化建设领导小组（其下设办公室）、杭州设有林业水利信息中心，承担信息化规划、项目建设、管理和维护工作；另一类是其职能归于相关部门，如镇江、常州、嘉兴、湖州，具体工作由局办公室或防汛防旱办公室、人事科教处等部门承担。

第二章　水利信息化建设

第一节　太湖局水利信息化建设

水利信息化是水利现代化的重要标志和基本要求。随着流域综合管理以及治太11项骨干工程等建设的进展，流域水利信息化建设也得到了较快发展，太湖局建设了流域水文遥测系统、水资源实时监控与调度管理系统、电子政务系统（一期）、太湖蓝藻信息采集系统、水量水质同步监测信息服务系统、水土保持监测系统、水资源监控与保护预警系统等项目。运行环境已初具规模，信息采集与工程监控系统较为完善，综合业务应用初步满足流域管理需求，为流域综合管理、防汛防台和引江济太提供了技术支撑。

一、太湖流域水文遥测系统

1995—2005年，利用太湖防洪项目世行贷款，通过国际招标引进加拿大SOCOMAR公司设备，建成了太湖流域水文遥测系统。2005年9月19日，系统通过了竣工验收。2006—2010年间对系统进行了升级改造，改造后，系统由1个局中心，6个分中心（苏州、无锡、常州、镇江、嘉兴、湖州），2个管理分中心（苏州管理局、水文水资源监测局）和64处遥测站组成，并外接省（市）遥测站点60余个，遥测站网已基本覆盖流域内主要河湖、水库及沿江等区域，实现了流域雨水情、环湖风力风向信息实时采集。

系统通信网络由局中心至分中心、分中心至遥测站两层结构组成。局中心到分中心采用有线网络为主，无线信道为辅，其中局中心到苏州、无锡、常州、镇江分中心采用数据通信骨干专网为主、GSM短信通道为辅的数据传输方式，局中心到湖州、嘉兴分中心采用因特网为主、GSM短信通道为辅的数据传输方式。分中心到遥测站采用无线通信方式，其中湖州、嘉兴分中心与所属遥测站之间采用GSM短信通信方式，苏州、无锡、常州与所属遥测站之间采用GPRS为主，CDMA为辅的通信方式，苏州分中心、常州分中心个别测站仍采用GSM通信方式，镇江分中心都是外接地方遥测系统的遥测站点。遥测站主要由NARI ACS300或ACS300－MM数据采集器、雨量计、水位计等设备组成，实时采集水位、雨量、风力、风向数据。

二、水资源实时监控与调度管理系统

项目于2001—2004年间完成前期工作，于2005年正式开工建设，2014年12月完

成项目验收。主要内容包括数据通信骨干网与信息交换平台、水利工程远程监控管理系统、水资源信息采集系统、水资源数据中心及水资源管理决策支持系统。系统建成后，扩展了太湖局通信网络规模，提高了网络安全防护能力；实现对流域重要枢纽工程太浦闸、望亭立交、常熟枢纽的远程视频监视和闸门监控；实现望虞河出入太湖的水质水量实时监测；基本实现了流域降雨径流分析、潮位预报、河网水动力计算、河网水质分析、太湖富营养化分析等水资源管理应用的在线处理。系统为流域引江济太调水提供实时监测数据，为水资源调度管理提供决策依据，初步形成太湖流域水资源管理的综合决策支持能力。

（一）数据通信骨干网及信息交换平台

主要内容包括连接水利部、省（市）水利厅（局）、直属单位、直管枢纽以及江苏省太湖地区水利工程管理处的通信骨干网线路租用和计算机网络安全系统完善以及局域网扩展。

（二）水利工程远程监控管理系统

主要内容包括太湖局工程远程监控中心、苏州工程远程监控分中心建设和直管枢纽太浦闸、望亭立交、常熟枢纽监控系统完善。

（三）水资源信息采集系统

主要包括望亭水量水质自动监测站、常熟水质自动监测站、太浦闸水文站、水资源信息采集分中心及与闸管所之间的通信线路。通过建设水量水质自动监测站，自动实时监测望虞河常熟枢纽闸外和望亭枢纽闸下的水质状况，为引江济太、流域水资源调度与水资源保护提供服务。

太浦闸水文站通信传输线路，向太湖局、水文水资源监测局及有关部门传送太浦河的水文、水质信息；水资源信息采集分中心，使水文水资源监测局可自动接受自动监测站和太浦闸水文站的水质、水量数据，对接收到的数据可及时整理、入库、处理、分析，并可传送到太湖局和其他有关部门。望亭枢纽水量水质自动监测站就近联入望亭水利枢纽监控局域网，常熟枢纽水质自动监测站就近联入常熟水利枢纽监控局域网，太浦闸水文站就近联入太浦闸监控局域网。2个自动监测站的水文、水质信息和太浦闸水文站的水文、水质等信息依托数据通信骨干网实时传送到水资源信息采集分中心，经分中心分析、处理后及时传送到太湖局数据中心。同时，水资源信息采集分中心将人工定期采集的水资源信息和机动应急巡测的信息经整理、录入后上传至太湖局数据中心。

（四）水资源数据中心及水资源管理决策支持系统

主要包括数据中心软硬件环境、数据中心综合数据库、水资源调度会商系统及水资源信息服务系统、水资源管理决策支持系统。

三、太湖局防汛抗旱指挥系统

2001年，水利部向国家发展改革委上报了《国家防汛指挥系统工程可行性研究报告》。经征求有关部委意见后，水利部将国家防汛指挥系统工程更名为国家防汛抗旱指挥系统工程，计划分期实施。在增加抗旱等方面内容后，2003 年，国家发展改革委批准国家防汛抗旱指挥系统一期工程（以下简称“一期工程”）建设。2004 年水利部批复了一期工程初步设计，全面开始一期工程的建设。至 2009 年一期工程基本完成建设任务，2011 年通过了水利部组织的项目竣工验收。一期工程太湖局部分总投资 830.38 万元。太湖局防汛抗旱指挥系统工程是国家防汛抗旱指挥系统工程的组成部分，建设内容主要包括：建设计算机骨干网、信道建设、网络管理系统、视频会议系统；开发适合流域水情分析需要的水情会商系统，完善气象产品应用和热带气旋信息服务系统；开发防洪调度应用系统，实现了与太湖流域水动力模型的耦合；开发流域层面的数据汇集平台与应用支撑平台，新建了防洪工程数据库、图形库等公共数据库（两台一库）。

2009 年，水利部上报《国家防汛抗旱指挥系统二期工程可行性研究报告》（以下简称“二期工程”）。2011 年，国家发展改革委批复了二期工程的可行性研究报告。二期工程太湖局部分现正在实施。

四、太湖局防汛抗旱值班系统

防汛抗旱值班系统最早建设于 2001 年，并在逐年的使用过程中得到了不断的补充修改与完善。2006 年，对值班系统体系架构进行了改造，由原 C/S 改造为 W/S 体系架构。系统在建设与完善过程中实现了实时汛情信息的查询、值班电话实时录音、传真自动收发与归档、短消息发布等功能，基本满足防汛抗旱日常值班与管理的工作需要。系统包括实时雨情、水情、工情和水质查询与统计分析，实时气象、防汛值班、防汛文档、多媒体资料、防汛会商专题及相关报告编制等内容。

五、电子政务系统（一期）

电子政务系统（一期）于 2004 年完成前期工作，2011 年通过竣工验收。主要内容包括政务门户网站、综合办公管理、规划计划管理、人事劳动教育管理、国际合作与科技外事管理等应用系统，以及置备服务器、磁盘阵列等 101 套硬件设备和目录服务、CA 身份认证等 16 套平台软件。

政务门户网站面向社会公众发布流域水情、工情、水资源状况、工程建设、水利管理等信息，实现行政许可网上受理和网上公布，实现政务公开，接受社会监督。综合办公管理系统实现公文管理、档案资料管理、日程管理、会议管理等系统功能，与水利部实现互联互通。规划计划管理系统实现规划管理、计划管理、项目管理等功能，提供规划计划信息服务，建立规划计划数据库。财务管理系统实现预算管理、财政授权支付管理等功能，提供财务信息服务，建立财务管理数据库。人事教育管理系统实现人事信息管理、工资保险福利管理、职工教育培训管理、离退休人员管理、考勤管理等功能，提供人事教育信息服务，建立覆盖全局的人事教育数据库。科技外事管理系统实现科技管理、外事管理等功能，提供科技外事信息服务，建立科技外事数据库。

2012 年完成政务内网“机密级”安全保密改造，使系统符合国家有关安全保密的规定和标准。

六、太湖蓝藻信息采集系统

系统于2010年11月开工建设，2011年12月通过验收。主要内容包括MODS卫星数据接收系统、环湖12个图像监视站、2个湖体浮台式水质自动监测站和系统中心站等。

系统实现了卫星遥感太湖湖区影像数据的接收，环太湖及湖区部分水源地取水口、省（市）交界地区、蓝藻易发湖区蓝藻视频图像的远程监视，太湖大浦口和淀山湖北的水质及蓝藻指标的实时监测，加强了对太湖、淀山湖蓝藻的预警，提高了蓝藻调查的工作能力和效率。

七、水量水质同步监测信息服务系统

系统于2008年7月开始前期工作，2009年7月建成，并通过验收。主要内容包括收集整理相关水量水质监测数据、巡测数据等基础业务资料，建设相应的数据库管理系统，开发信息管理和服务软件系统，实现水量水质监测数据的同步接收、报警及分析评价等功能。

系统通过对环太湖、望虞河、太浦河重要口门和省界水体及水功能区监测站点水量水质同步监测数据的收集、处理，实现了监视预警、统计分析、数据维护管理等功能，为流域水资源调度和管理提供技术支撑。

八、水土保持监测网络系统

系统于2009年开工建设，2011年建设完成。主要内容包括太湖流域水土保持监测管理系统、水土保持监督管理系统、水土保持综合治理项目管理系统。通过对水蚀等水土流失监测信息采集、审核、管理及水土保持数据上报、共享、交换，使水土保持信息能够被快速掌握和分析，提高了信息采集、处理、决策管理能力。

九、太湖流域水资源监控与保护预警系统

项目于2008年开始可研报告编制等项目前期工作，主要内容包括水量水质信息采集系统、工程信息监测系统、计算机网络及安全、流域水环境信息共享平台以及太湖局预警中心。系统建成后可以提高流域水资源监测能力，以及水资源管理、保护与调度业务应用信息化水平，为落实最严格的水资源管理制度、“三条红线”监督考核提供支撑。

第二节　两省一市水利信息化建设

流域内两省一市水利信息化部门结合水利（水务）工作需要，推进水利信息化各项工作。上海水务信息系统在水务管理中发挥了独特的保障作用；水务热线和上海水

务网站反响热烈；提出建设“智能水网”，将信息化与水务管理深度融合，实现感知监测、精细监管、数字档案、动态评价和智能调度。江苏、浙江按照在全国率先实现水利现代化要求，全面实施“金水工程”，基本构建了“智慧水利”的框架，同时开展相关试点建设。至2010年，两省一市水利信息化工作在全国水利系统处于领先水平。

一、江苏省水利厅

（一）网络建设

江苏省水利厅计算机网络按照省、市、县三级网络架构，建成上联水利部、下联省内水利部门，覆盖全省13个地市水利局、9个厅属工程管理处、2个厅直单位、13个市水文分局以及全省108个县区水利部门的计算机广域网，实现了省、市、县水利部门计算机网络的互联互通，承载全省水利部门之间的数据通信、内部语音联网、视频会议业务。

建成通信范围覆盖江苏省各市及厅属工程管理处的水利通信网，建设了防汛短波应急通信系统，以及数字通信传输干线、一点多址数字微波通信传输系统、行蓄洪区应急通信系统等；组建了防汛卫星应急通信系统，研制建设防汛卫星应急移动通信车，利用水利部卫星资源，实现实时、移动的图像、语音传输。

（二）水利数据中心建设

建设完成了水文历史数据库、实时雨水情数据库、地表水水质数据库、地下水数据库等水文数据库；建成水资源数据库，并完成了水资源基础数据包括江苏省水文地质、取用水户基本资料，取水、用水、排水资料，取水许可等资料的录入工作；建成水利工程数据库，完成河流、湖泊、水库［小（2）型除外］、堤防、海堤、水闸、抽水站、蓄（滞）洪区、城市防洪、控制站等10类信息总计近4000个重要水利工程的数据入库；建成电子政务数据库包括行政办公数据库、公文档案数据库、水利工程建设管理数据库等；建设完成江苏省水利空间数据库；建成江苏省水利数据中心机房，机房面积达120余平方米，机房分为网络通信设备区、系统应用设备区和保密设备区。

（三）应用系统建设

完成了水情信息自动采集系统、水资源信息采集系统、水质信息自动采集系统、泵站、水闸计算机自动监控系统、视频监视系统等信息采集和工程监控系统的建设，实现了江苏省水文测报、水量水质数据等的自动采集，工程运行工况的图像监视；建成了江苏省水利门户网站、水利专网门户、综合办公系统、档案管理系统、江苏省水利厅行政权力网上运行系统，可实现政务工作电子化，提升政府服务水平；建成江苏省异地视频会商系统、江苏省防汛指挥决策支持系统、江苏省水利地理信息系统、水资源管理信息系统等水利专业应用系统，为防汛抗旱、省级水利部门管理等工作提供了支持。

（四）安全保障建设

省水利信息网络安全系统按照“统一规划、分步实施、急用先建、逐步完善”的建设原则，2007年，对江苏水利网站、江苏省防汛指挥决策支持系统、江苏省水利厅行政办公系统等重要信息系统进行了信息系统安全等级保护定级，2010年，实施了网络边界防护，部署相应的安全防护系统，基本建成江苏省水利厅网络管理与边界防护体系，实现对江苏省水利厅服务器和数据库的安全加固，使江苏省水利厅局域网络的保密性、完整性和可用性得以提高。

二、浙江省水利厅

（一）网络建设

浙江省水利信息网络主要包括电子政务外网、水利广域网、电子政务内网三部分。

（1）电子政务外网为浙江省水利厅电子政务系统和各类水利业务应用系统的载体，是省政府将省、市、县各级政府和相关直管厅局单位延伸的网络，但与Internet网逻辑隔离。

（2）水利广域网为上连水利部、太湖局，下延所有市、县级水利部门及部分乡镇的防汛会商系统专用网络。专用网络延伸到市、县重要水利工程，保障防汛远程会商、工程图像视频监视等业务系统的运行。

（3）电子政务内网为省政府建设并延伸至省直各厅（局）单位的网络，该网络与其他网络物理隔离，按照省政府统一规划，主要承载省级机关之间统一的网上公文办理、公文交换、电子邮件交换等日常办公服务。

（二）数据成果应用建设

利用水利普查工作中形成的各类综合数据，建立了普查成果应用系统，并从应用需求出发，利用普查数据开发了普查成果展示系统、普查成果电子书和普查数据专题图等。

（三）应用系统建设

建设了浙江水利信息门户，集成政务、防汛防台抗旱、水资源管理等各业务应用系统，实现信息系统按部门、按岗位输送的集约化管理；通过建设浙江省台风路径实时发布系统、浙江省防汛减灾GIS支撑平台，并利用阿里云技术，实现系统云发布，为防汛防台、减灾指挥工作提供了支持，为防汛专业人员和社会公众提供及时有效的台风信息；建成防汛会商系统，上通国家防汛抗旱总指挥部，下连各市防汛抗旱指挥部、各县（市、区）防指、乡镇以及重要水工程管理单位，是防汛抗旱决策指挥工作的重要基础会商平台；建成浙江省水利厅协同办公系统，通过定制规范的办事流程和对用户、角色、权限的统一管理，实现协同办公；建成浙江省移动应用系统，开发建设了浙江防汛掌上通和实时汛情信息发布系统，集中发布浙江省防汛减灾有关的台风、降雨、水位、云图和防洪工程等各类汛情信息，给防汛防台指挥决策人员提供“随时、随地、随身”的信息服务，为防汛工作提供了一个移动指挥平台，为社会公众提供汛情信息，提高了防汛群测群防的能力。同时在移动端实现了浙江省水利厅机关公文的移动处理、水利普查数据移动应用以及水利普查电子书等移动应用的开发部署。

三、上海市水务局

（一）网络建设

基本形成横向到边、纵向到底、互联互通的信息网络。建成54个节点、2M带宽、覆盖市区两级的水务专网，并逐步接入上海市政务外网，实现水务局与水利部、国家海洋局、市各委办局、局属各单位和各区（县）水务局的互联互通，多数区县水务基层管理单位依托市政务外网也实现了互联互通。建成由上海市水务大厦机房和局属单位自有机房共同组成的基础设施体系，保障了各项应用系统的正常运行；建设了“水务IT服务管理平台”，实现了对全局网络和水务大厦信息化基础设施的实时监管。

（二）数据平台建设

基本建成内容全面、监测及时、管理有效的数据平台。围绕供水安全、防汛安全、水资源开发利用和水环境保护，通过实时监测、普查调查、设施巡查等多种手段，陆续开展了堤防海塘网格化巡查、水闸泵站自动监测、水情遥测、道路积水自动监测、水利普查、海洋调查等一批信息采集系统建设，积累了大量的水务海洋基础管理数据；加强跨行业和跨部门信息交换共享，通过建立统一的数据交换和监控平台，汇聚整合了流域及本市测绘、气象、市政、公安、交通、海事、港口、环保等部门的相关信息。在信息采集和数据共享的基础上，基本建成了一个覆盖基础、监测、管理等各类数据的数据中心，积累的各类信息数据总量超过5TB。

（三）应用系统建设

基本建成保障安全、服务发展、提升管理的多项应用。基于水务公共信息平台，实现了防汛、水资源、水环境管理、电子政务等应用集成，基本建成防汛应急指挥系统、水资源监控管理系统、供水调度信息系统、排水监测中心等，为保障城市公共安全、服务城市运行提供了有效手段。通过网站、热线和微博，实现了网上防汛、水资源等信息发布，提供便民服务和互动交流，为上海水务海洋部门与社会公众搭建了有效的交流平台，提升了公共服务能力；建成了行政许可网上办事、政府信息公开系统，实现行政许可“外网受理、内网流转、协同办公、电子监察”，做到了政务信息及时公开。

（四）保障体系建设

基本形成信息化规划体系；制定了水务信息分类、编码和图示符号等技术标准；完成了上海水务局网络和计算机系统保密措施的落实、重要信息系统安全等级保护备案与测评、网络与信息安全事件专项应急预案演练、公务网接入网络安全保障等工作。为防汛指挥、水资源调度管理、电子政务及系统运行提供了保障。

四、苏州、无锡、常州、镇江市水利局

至2010年，苏州、无锡、常州、镇江四市水利局已全部或部分建成了水利政务信息系统，防汛视频会商系统；防汛指挥决策支持系统包括水文遥测、实时工程视频监

控、防汛综合管理等；水资源管理信息系统包括重要河流断面流量、水质、地下水超采区地下水位监测等。

（一）苏州市水利局

1. 政务信息系统

起步于2004年，已建成办公自动化系统，包括公文运转、日常办公、个人事务、信息服务、档案管理和系统管理等功能模块，实现了苏州市水利局机关内部公文无纸化传输，并与苏州市政府办公自动化系统实现无缝连接；建成了门户网站——苏州水网，包括信息公开、在线办事、公众参与、网站架构四方面内容，实现了政务信息公开。

2. 防汛视频会商系统

系统于2008年建成，主要包括音频扩声系统、视频显示系统、发言讨论及摄像联动系统、集中控制系统、视频会议终端系统等子系统，可以满足远程高清视频会议的需求，为防汛会商决策、远程调度指挥提供了技术保证。系统建成后，省、市、县三级防汛防旱指挥部可以同时召开视频会商会议。

3. 防汛指挥决策系统

2009年起委托河海大学对苏州市防汛决策系统进行升级改造。该系统主要包括水文遥测、防汛WebGIS、实时工程视频监控，实现了水文遥测数据信息查询、WebGIS电子地图汛情和工情信息服务，以及沿江、太湖和城区水利工程的远程网络视频监控。系统还建立了Android防汛综合管理平台和管理系统，平台采用SOA架构体系，Android终端平台、Web Service、WebGIS等先进技术，是具有良好伸缩性、可扩充的防汛集成应用系统平台。管理系统主要包括气象信息、防汛简报、防汛物资、防汛组织、防洪方案、工程信息、水旱灾害、防汛法规、防汛知识、决策支持等功能模块。

（二）无锡市水利局

2000—2010年，建立了水利地理信息系统、防汛指挥系统、防汛数据和视频整合、办公自动化、防洪调度综合大楼信息化及“感知太湖、智慧水利”物联网等多个信息化系统。应用光纤有线网络和CDMA/1X无线网络，实施了水文实时数据遥测和水利工程运行情况视频图像监视、计算机广域网、多功能视频会议、三合一语音通信等信息收集、传输和发布等，实现了防汛指挥调度决策、水利办公、水资源智能管理和感知太湖智能调度管理的自动化、信息化，并已同江苏省水利厅相关信息系统联网。

（三）常州市水利局

1997—2010年初步建成常州水利信息系统。

1. 基础设施

（1）初步建成省、市、市辖市三级防汛通信骨干网络，至2010年覆盖7个辖市、区水利（水务）局和全部直属事业单位，带宽扩展到10M。2011年，与江苏省水利厅互联的带宽扩展到4M，实现了省到市、市到辖区、市到直属工程管理处水利专网全覆盖。

（2）已建成自动工程监控系统，包括澡港河、横塘河北、北塘河、南运河、大运河东、采菱港、串新河等水利枢纽的监控系统。

另外常州水情自动测报系统于2013年建成一个分中心、56个水位、雨量遥测站，84座小水库遥测站和23处地下水遥测站（5个浅层井、18个深层井）。

2. 信息资源

完成了国家水文基础、水资源、全国第一次水利普查、全市节水信息等专业数据库建设，并实现与GIS空间数据库的对接。实现了与江苏省水利厅、常州市水文局、常州市气象局以及常州规划地理信息中心数据共享和交换，并可以从地理信息中心调用全市域万分之一地图，应用到各业务系统。

3. 业务系统

防汛抗旱方面建成了防汛抗旱指挥系统，包括防洪减灾地理信息、农田水利地理信息、防汛视频会商等系统。水资源管理方面建成水资源管理系统，可进行取水口取水量自动监测、地下水监测信息自动采集。水利政务方面开通了常州水利网，建立了办公自动化系统。

（四）镇江市水利局

2005年建成镇江市防汛指挥决策系统，2012年建成市水资源管理信息系统。

上述信息系统建成后，可实现向市以上报汛的水位雨量站、重要防洪和供水断面的流量站、重要区域的水质站及取水大户和超采区地下水位的数据自动测报。基本建成镇江市水利数据中心，形成全市统一的数据共享交换系统和信息服务系统。

五、杭州、嘉兴、湖州市水利局

（一）杭州市林业水利局

1. 基础设施

1999—2002年建立了水利局域网，并接入了互联网，建立市至县的VPN专网，实现了全市水利部门的互联互通；通过水情遥测站点的建设，全市重要河流断面和大中型水库的水位和重要区域的降雨数据可通过GPRS移动数据网上传至水情数据中心。

2. 业务系统

2003—2012年基本建成了“一个中心、二个平台、六大应用”结构体系，即防汛指挥中心，视频会商、视频监控两个平台，开发了以防汛决策指挥、取水实时监控、山洪灾害预警管理、东苕溪流域视频监控、水资源管理、防汛信息展示等系统。

3. 电子政务

建立了办公自动化系统、权力阳光系统和门户网站，文件收发、公文流转、事务办理均实现全过程网上办理。

（二）嘉兴市水利局

信息化建设起步于1997年，已建立嘉兴市水利信息化系统。

1. 基础设施

建立了计算机局域网，已连通浙江省水利厅内网、太湖局水情网及中央和省（市）

水情报汛网。建成市级水情遥测站15处，为防汛指挥提供实时水情数据。

2. 电子政务系统

建立了数字会议系统和办公自动化系统，并与嘉兴市政府办公自动化系统对接。已实现内部公文流转、日常办公、邮件传递，档案管理自动化。建立了门户网站——嘉兴水利，为政府公共服务提供支持。

3. 防汛指挥系统

建立了防汛远程会商系统，成为防汛会商和上级防汛指挥决策部署的平台，在历年防汛中发挥了重要作用。

(三) 湖州市水利局

信息化建设起步于2003年，已基本建立湖州市水利信息化系统。

1. 基础设施

建立水情遥测系统，共设有12个遥测站和一个中心站，2006年对系统进行了更新改造，数据传输从最初的PSTN、GSM发展到GPRS，重要的站另加北斗卫星传输，可靠性和稳定性显著提高。

2. 电子政务系统

建立了门户网站——湖州水利网，实现了政府信息公开。

3. 防汛指挥系统

建立了视频防汛会商系统，具有音频扩声、视频显示、远程控制等功能，为会商决策、远程调度指挥提供了技术保证。

第十三篇

流域管理

中华人民共和国成立后，根据国家机构改革和区域治理与管理的要求，流域管理机构和省（市）水利管理机构及其职能进行了多次调整。1984年，国务院同意成立太湖局。《中华人民共和国水法》（以下简称《水法》）《太湖流域管理条例》等法律法规颁布实施后，太湖流域已形成流域管理和行政区域管理相结合的管理体制并有效运行。太湖局与两省一市在水资源管理、水利工程管理、河湖管理、水土保持、防汛防台、水污染防治等方面先后出台的一系列法规及规范性文件，构建了流域水利工程管理、水土保持管理、水行政执法等体系，全面推进流域综合治理与管理，流域水利步入依法治水、管水、用水的轨道。

第一章 管 理 机 构

第一节 1984年前流域管理机构

一、1949年以前

清代曾在工部下设都水清吏司郎中，专管河防海塘水利之政令。江南海塘以苏松太道，浙西海塘以杭嘉湖道掌其修防之政。

清雍正八年（1730年），太湖水利同知署设立于江苏苏州同里镇，隶属苏州府，初辖苏、湖、常三州十县。乾隆元年（1736年）移驻吴县洞庭东山，于光绪三十一年（1905年）撤销。

道光二十二年至三十年（1842—1850年），先后任潘锡恩、杨以增、庚长为江南河道总督。

同治十年（1871年），成立苏垣水利局于苏州，兴修三吴水利。苏垣水利局由布政使（藩司），按察使（臬司）及苏松太道道台主持，嗣后即委候补道一员，常川驻局。

光绪二十四年（1898年）八月，设上海、汉口水利局。

民国初年，北洋军政府由内务部土木司和农商部农政司主管全国水政。1914年设全国水利局协同两部主管全国水利，同时各省也设水利局。太湖流域曾先后设有江南水利局和督办苏浙太湖水利工程局。

江南水利局1914年设立于吴县（现苏州市区），管理范围为江宁等28县，包括今苏南及上海市原设各县。督办苏浙太湖水利工程局1920年成立于苏州，管辖范围为江苏23县（包括上海市原设各县）及浙西16县。上述两局于1927年裁撤。

1927年成立直属国民政府的太湖流域水利工程处，1929年改组为太湖流域水利委员会，隶属于全国建设委员会，1933年改属内政部，1934年又改属全国经济委员会。之后，又改组为太湖水利工程处，隶属于扬子江水利委员会。

1945年抗日战争胜利后，扬子江水利委员会在苏州重新设立太湖水利工程处。

二、1949—1984年

1957年4月水利电力部（以下简称“水电部”）在南京召开太湖流域规划会议，决定成立太湖流域规划室，由治淮委员会负责，有关省（市）配合。1958年治淮委员会撤销，太湖流域规划室未正式成立。

1959年1月中共中央华东局（以下简称“华东局”）召开会议，决定组建太湖流域水利委员会。1963年水电部与中共中央华东局共同组建太湖流域水利委员会，同年11月太湖流域水利委员会在上海召开第一次会议，会议提出并经中共中央发（64）399号文批准成立太湖水利局，由水电部和华东局双重领导，为地师级单位。

1964年年底太湖水利局在上海成立，主要由水电部上海勘测设计院抽调人员组成。李果任局长、党委书记，王文林、潘烈任副局长、党委委员。1967年太湖水利局曾组织浙江省和上海市对浙沪边界的红旗塘进行联合调查。此前1962年全国水利会议已决定由上海勘测设计院协同有关省（市）进行太湖流域规划工作，并提出了多项专题报告，还未及提出完整的规划报告。太湖水利局及上海勘测设计院均在“文革”中（1970年）被撤销，太湖流域规划工作移交长江流域规划办公室（以下简称“长办”）负责。

1971年11月至1972年1月，水电部在北京召开的长江中下游规划座谈会上，曾专题研究太湖治理问题。1972年水电部、长办会同苏、浙、沪水利部门组织太湖流域查勘，并在苏州集中人员拟定太湖流域规划方案。1974年3月水电部向苏、浙、沪两省一市函送长办编制的《太湖流域防洪除涝骨干工程规划草案（征求意见稿）》，规划草案的主要工程措施是开挖望虞河、太浦河及修建环太湖大堤（简称“两河一线”）。经过修改补充，长办在1980年4月提出《太湖流域综合规划报告》。

由水电部和国务院上海经济区规划办公室请示，经国务院同意于1983年7月成立了长江口开发整治领导小组，1983年9月领导小组第一次会议推选上海经济区规划办公室主任王林任组长，上海市副市长倪天增任副组长，领导小组同时开展了太湖流域治理的前期工作。1983年10月和1984年11月，水电部和上海经济区规划办公室组织了由有关省（市）和中央有关部门参加的太湖流域综合查勘和补充查勘。

第二节 太湖局机构沿革

一、太湖局的成立和主要职责

1984年1月27日，水电部和上海经济区规划办公室联合向国务院报送了《关于扩大长江口整治领导小组及成立太湖流域管理局的请示》。6月11日国务院以《国务院关于扩大长江口开发整治领导小组及成立太湖流域管理局的批复》同意将“长江口开发整治领导小组”扩大改名为“长江口及太湖流域综合治理领导小组”，同意成立太湖流域管理局（简称“太湖局”）。11月14日，水电部《关于贯彻国务院成立太湖流域管理局批示的通知》[（84）水电水规字第118号] 明确正式组建太湖局，受水电部、长江口及太湖流域综合治理领导小组双重领导，以水电部为主，局址在上海市。12月3日，太湖局在上海正式成立。

按照水电部《关于贯彻国务院成立太湖流域管理局批示的通知》，太湖局的主要职责为：全面管理太湖流域水利工作；直接管理全局性水利工程；根据上级的指示及有关省（市）的协议，汛期对全局性的工程进行控制运用，并执行中央防汛总指挥部调度指令；负责流域水资源管理，安排和督促检查工程计划的编制和实施；处理有关省（市）之间的水利矛盾。

二、太湖局的名称和职责变动情况

随着国家机构改革和水法规的颁布，太湖局名称和职责作相应调整。

1988 年 4 月，按照国家机构改革方案，撤销水电部，成立能源部和水利部。水电部太湖局改名为水利部太湖局。

1990 年 5 月，水利部以《关于批准水利部太湖流域管理局“三定”方案的通知》（水办〔1990〕22 号）明确太湖局是水利部在太湖流域的派出机构，并受部委托负责浙江和闽江流域的有关水事工作，代部行使水行政职能。

1991 年 10 月，水利部以《关于明确福建省水利（水电）工作归口管理有关问题的通知》（水政〔1991〕17 号）明确太湖局归口管理福建全省的水利（水电）行业管理工作。

1994 年 3 月，水利部办公厅以《关于印发太湖流域管理局职能配置、机构设置和人员编制方案的通知》（办秘〔1994〕23 号）明确太湖局是水利部在太湖流域和浙江省、福建省闽江以北（含闽江）范围内的派出机构，在上述范围内行使水行政管理职能。

2000 年 4 月，水利部《关于对〈关于将黄山市新安江水系归属长江水利委员会管理的请示〉的批复》（水政法〔2000〕105 号）明确钱塘江流域安徽省黄山市所属新安江水系为太湖局管理职责范围。

2002 年 8 月 29 日，由第九届全国人民代表大会常务委员会第二十九次会议修改通过的《水法》规定了流域机构的地位和职责。水利部以《关于印发〈太湖流域管理局主要职责、机构设置和人员编制规定〉的通知》（水人教〔2002〕323 号）明确太湖局是水利部在太湖流域、钱塘江流域和浙江省、福建省（韩江流域除外）区域内的派出机构，与 1990 年相比职责范围增加了钱塘江流域。

2009 年 12 月，水利部以《关于印发〈太湖流域管理局主要职责机构设置和人员编制规定〉的通知》（水人事〔2009〕648 号）明确太湖局的主要职责为：

（1）负责保障流域水资源的合理开发利用。受部委托组织编制流域或流域内跨省（市）的江河湖泊的流域综合规划及有关的专业或专项规划并监督实施；拟订流域性的水利政策法规。组织开展流域控制性水利项目、跨省（市）重要水利项目与中央项目的前期工作。根据授权，负责流域内有关规划和中央水利项目的审查、审批以及有关水工程项目的合规性审查。对地方大中型水利项目进行技术审核。负责提出流域内中央水利项目、水利前期工作、直属基础设施项目的年度投资计划并组织实施。组织、指导流域内有关水利规划和建设项目的后评估工作。

（2）负责流域水资源的管理和监督，统筹协调流域生活、生产和生态用水。组织开展流域水资源调查评价工作，按规定开展流域水能资源调查评价工作。按照规定和授权，组织拟订流域内省际水量分配方案和流域年度水资源调度计划以及旱情紧急情况下的水量调度预案并组织实施，组织开展流域取水许可总量控制工作，组织实施流域取水许可和水资源论证等制度，按规定组织开展流域和流域重要水工程的水资源调度。

（3）负责流域水资源保护工作。组织编制流域水资源保护规划，组织拟订跨省（市）江河湖泊的水功能区划并监督实施，核定水域纳污能力，提出限制排污总量意见，负责授权范围内入河排污口设置的审查许可；负责省界水体、重要水功能区和重要入河排污口水质状况监测；指导协调流域饮用水水源保护、地下水开发利用和保护工作。组织开展太湖流域水环境综合治理有关工作。指导流域内地方节约用水和节水型社会建设有关工作。

（4）负责防治流域内的水旱灾害，承担流域防汛抗旱总指挥部的具体工作。组织、协调、监督、指导流域防汛抗旱工作，指导、协调并监督防御台风工作。按照规定和授权对重要的水工程实施防汛抗旱调度和应急水量调度。组织实施流域防洪论证制度。组织制订流域防御洪水方案并监督实施。指导、监督流域内蓄滞洪区的管理和运用补偿工作。按规定组织、协调水利突发公共事件的应急管理工作。

（5）指导流域内水文工作。按照规定和授权，负责流域水文水资源监测和水文站网的建设和管理工作。负责流域重要水域、直管江河湖库及跨流域调水的水量水质监测工作，组织协调流域地下水监测工作。发布流域水文水资源信息、情报预报和流域水资源公报。

（6）指导流域内河流、湖泊及河口、海岸滩涂的治理和开发；按照规定权限，负责流域内水利设施、水域及其岸线的管理与保护以及重要水利工程的建设与运行管理。指导和协调流域内所属水利工程移民管理有关工作。负责授权范围内河道范围内建设项目的审查许可及监督管理。负责直管河段及授权河段河道采砂管理，指导、监督流域内河道采砂管理有关工作。指导流域内水利建设市场监督管理工作。

（7）指导、协调流域内水土流失防治工作。组织有关重点防治区水土流失预防、监督与管理。按规定负责有关水土保持中央投资建设项目的实施，指导并监督流域内国家重点水土保持建设项目的实施。受部委托组织编制流域水土保持规划并监督实施，承担国家立项审批的大中型生产建设项目水土保持方案实施的监督检查。组织开展流域水土流失监测、预报和公告。

（8）负责职权范围内水政监察和水行政执法工作，查处水事违法行为；负责省际水事纠纷的调处工作。指导流域内水利安全生产工作，负责流域管理机构内安全生产工作及其直接管理的水利工程质量和安全监督；根据授权，组织、指导流域内水库、水电站大坝等水工程的安全监督。开展流域内中央投资的水利工程建设项目稽查。

（9）按规定指导流域内农村水利及农村水能资源开发有关工作。负责开展水利科技、外事和质量技术监督工作。承担有关水利统计工作。

（10）按照规定或授权负责流域控制性水利工程、跨省（市）水利工程等中央水利工程的国有资产的运营或监督管理；研究提出直管工程和流域内跨省（市）水利工程供水价格及其直管工程上网电价核定与调整的建议。

（11）承办水利部交办的其他事项。

三、太湖局机构设置及变化情况

1984年太湖局成立时，暂定事业编制30人。1986年4月水电部以《关于对太湖局机构编制的批复》（水电劳字第30号）同意将太湖局编制扩大到100人，其中在上海的局本部事业编制60人，局机关设办公室、规划处、水利管理处、计划基建处、水资源保护办公室等5个职能处室，下属事业单位1个为苏州管理处，事业编制40人。

其后，经1990年、1994年、2002年、2009年几次变动，至2009年太湖局机构设置为：

（1）局机关，设办公室、规划计划处、水政水资源处（水土保持处、水政监察总队）、财务处、人事处（科技外事处）、建设与管理处、安全监督处、防汛抗旱办公室、监察处、审计处（与监察处合署办公）、直属机关党委、中国农林水利工会太湖委员会（与直属机关党委合署办公）10个职能部门。

（2）单列机构，太湖流域水资源保护局（副局级）。

（3）事业单位，水文局（信息中心）、水利发展研究中心、综合事业发展中心、苏州管理局、苏州培训中心、太湖流域水土保持监测中心站，以上除水文局为副局级外，其余均为正处级。

太湖局总编制330人，其中行政执行人员编制120人，公益事业单位编制210人。

四、太湖局领导成员更迭情况

1984年11月14日，水电部在《关于贯彻国务院成立太湖流域管理局批示的通知》[（84）水电水规字第118号]中任命太湖局筹备领导小组，筹备领导小组由曹士杰牵头，成员有王同生、杨啸莽、李益。

1985年6月，中共水电部党组任命了太湖局第一届领导班子，上海勘测设计院院长曹士杰兼任局长、党组成员；王同生任常务副局长、党组书记（正局级）；杨啸莽任副局长、党组成员；黄宣伟任副局长兼总工程师；吴泰来任副总工程师；李益任局咨询。

1988年，撤销水利电力部，成立能源部和水利部。分部后太湖局领导班子为党组成员、局长曹士杰；党组书记、常务副局长王同生；党组成员、副局长杨啸莽；副局长兼总工程师黄宣伟；副总工程师吴泰来。

以后主要领导人的变动如下：

1995年8月，唐胜德任局长，免去曹士杰局长、王同生常务副局长职务。

2000年12月，刘春生任局长，免去唐胜德局长职务。

2003年3月，孙继昌任局长，免去刘春生局长职务。

2005年6月，叶建春任局长，免去孙继昌局长职务。

太湖局成立以来历届行政领导人名单见表13-1-1。

表13-1-1　　太湖局历届行政领导人名单

职　务	姓　名	任　期	职　务	姓　名	任　期
局　长	曹士杰	1985年6月—1995年8月	副局长	吴泰来	2000年12月—2002年5月
常务副局长	王同生	1985年6月—1995年8月	副局长	叶寿仁	2000年12月—2003年3月
副局长	杨啸莽	1985年6月—1990年11月	副局长	欧炎伦	2000年12月—2003年3月
副局长	黄宣伟	1985年6月—1994年5月	局　长	孙继昌	2003年3月—2005年6月
副局长	钱振球	1990年11月—1995年8月	副局长	叶寿仁	2003年3月—2005年6月
副局长	王道根	1993年8月—1995年8月	副局长	欧炎伦	2003年3月—2005年6月
副局长	吴泰来	1994年5月—1995年8月	副局长	吴浩云	2003年10月—2005年6月
局　长	唐胜德	1995年8月—2000年12月	副局长	林泽新	2004年10月—2005年6月
副局长	钱振球	1995年8月—1995年12月	局　长	叶建春	2005年6月—2016年6月
副局长	王道根	1995年8月—2000年12月	副局长	叶寿仁	2005年6月—2015年3月
副局长	吴泰来	1995年8月—2000年12月	副局长	欧炎伦	2005年6月—2006年3月
副局长	叶寿仁	1995年8月—2000年12月	副局长	吴浩云	2005年6月—
副局长	欧炎伦	1999年12月—2000年12月	副局长	林泽新	2005年6月—
局　长	刘春生	2000年12月—2003年3月	副局长	朱　威	2005年6月—
副局长	王道根	2000年12月—2003年2月			

第三节　两省一市水利（水务）机构

一、江苏省水利厅

（一）机构沿革

民国16年（1927年）国民政府定都南京，由江苏省政府建设厅主管全省水利工作。民国18年4月，省建设厅设水利局，统管全省水利工作。民国20年11月省水利局撤销。抗战胜利后，国民政府还都南京，江苏省恢复战前建制，设建设厅，由其下属第一科负责全省水利工作。

中华人民共和国建立初期，江苏省境分设苏北、苏南两个行署，1949年4月和5月苏北行署和苏南行署先后成立后，分别在行署生产建设处设水利局和农林水利局。1953年1月苏北、苏南两行署撤销，成立江苏省人民政府，原苏北、苏南水利局合并成立省人民政府水利厅，主管全省水利建设计划、重大水利工程勘测、设计与施工，主要河流防汛，指导各地市、县防汛、抗旱、排涝、兴修农田水利及其他水利事项。1955年2月，江苏省人民委员会成立，根据省人民工作委员会关于设立工作部门方案的规定，省人民政府水利厅更名为江苏省水利厅。

“文革”中，1968年3月成立省革命委员会（以下简称“省革委会”），由下设生产指挥组分管水利。同年9月成立省革委会水电局。1975年12月省革委会水电局划分为水利局和电力局，1976年1月省革委会水利局正式成立。1980年1月省人民政府成立，同年4月，省革委会水利局更名为江苏省水利厅。以后省水利厅机构没有变动，并在2000年5月明确为省政府水行政主管部门。

（二）主要职责

（1）贯彻执行国家和省有关水利方面的方针政策、法律法规，拟订全省水利工作的发展战略和政策，组织起草地方性水法规和规章草案，并监督实施。

（2）组织编制流域（区域）水利综合规划和水资源中长期供求规划，编制全省防洪、水域岸线利用、河口控制、海岸滩涂的治理和开发专业（项）规划。组织对有关国民经济和社会发展规划、城市总体规划及重大建设项目的水资源、防洪论证评价工作。

（3）负责防治水旱灾害，组织、协调、监督、指挥全省防汛防旱工作，对重要江河湖泊和重要水利工程实施防汛防旱调度和应急水量调度，编制省防汛防旱应急预案并组织实施。指导雨洪资源利用的工程建设与管理。指导水利突发事件的应急管理工作。

（4）统一管理和保护全省水资源。指导水利行业供水、排水、污水处理工作，组织拟订全省水量分配和调度方案并监督实施。组织实施取水（含矿泉水、地热水）许可制度和水资源有偿使用制度，指导再生水等非传统水资源开发利用工作。

（5）编制水资源保护规划。组织水功能区的划分和监督实施，监测江河湖库和地下水水量、水质，审定水域纳污能力，提出限制排污总量意见。指导饮用水水源保护工作，按规定核准饮用水水源地设置，指导地下水开发利用和城市规划区地下水资源管理保护工作。指导入河排污口设置并参与水环境保护工作。负责水文工作，发布水资源公报和水文情报预报。

（6）负责生活、生产经营和生态环境用水的统筹兼顾和保障。负责全省节约用水工作，拟订节约用水政策，编制节约用水规划，拟订行业用水标准并监督实施。指导和推动全省节水型社会建设工作。

（7）组织、指导水政监察和水行政执法工作，查处重大涉水违法事件，协调、仲裁水事纠纷。负责长江河道采砂管理和监督检查工作，牵头负责其他河道采砂监督管理工作。

（8）拟订省水利固定资产投资计划。负责省以上财政性水利资金的计划、使用、管理及内部审计监督。研究提出有关水利的价格、收费、税收、信贷、财务等方面的意见。指导水利国有资产监督和管理工作。

（9）组织实施重要水利工程建设和质量监督。负责南水北调工程建设及运行管理工作。指导水利建设市场的监督管理，编制、审查重点水利基本建设项目建议书和可行性报告。负责重点水利工程建设的项目稽查工作。依法负责水利行业安全生产工作。

（10）指导全省各类水利设施、水域及其岸线的管理与保护，指导流域和区域骨干河道、湖泊、水库及河口、海岸滩涂的治理与开发，负责省属水利工程的运行管理。按规定指导水能资源开发工作。承担水利工程移民管理工作。

（11）指导农村水利工作。组织协调农田水利基本建设，指导节水灌溉、乡镇供排水、河道疏浚整治、农村饮水安全等工程建设与管理工作。指导农村水利社会化服务体系建设。拟订水土保持规划并监督实施，指导全省水土保持和水土流失综合防治工作。

（12）负责水利科技和外事工作。组织重大水利科学技术研究和推广，拟订省水利行业技术标准、规程规范并监督实施。指导水利信息化和全省水利行业对外技术合作与交流工作。

（13）承办省政府交办的其他事项。

（三）省水利厅行政领导人更迭情况

江苏省水利厅历届行政领导人名单，见表13-1-2。

表13-1-2　　江苏省水利厅历届行政领导人名单

机构名称	姓名	职务	任职时间
江苏省人民政府水利厅 （1953年1月—1955年5月）	计雨亭	厅长	1953年1月—1955年5月
	陈克天	副厅长	1953年1月—1955年5月
	熊梯云	副厅长	1953年1月—1955年3月
江苏省水利厅 （1955年5月—1969年5月）	严恺	厅长	1955年5月—1956年12月
	陈克天	副厅长	1955年5月—1956年12月
		厅长	1956年12月—1962年11月 1964年4月—1969年
	黄以干	厅长	1962年11月—1964年4月
	赵建平	副厅长	1955年5月—1958年1月
	梁公甫	副厅长	1955年5月—1958年1月 1964年5月—1969年
	蔡美江	副厅长	1956年12月—1963年9月
	熊梯云	副厅长	1956年12月—1969年
	胡扬	副厅长	1956年12月—1960年12月
	陈志定	副厅长	1956年12月—1969年
	洪宗义	副厅长	1960年3月—1965年7月
	江毅	副厅长	1966年5月—1969年
	王厚高	副厅长	1966年5月—1969年

续表

机构名称	姓名	职务	任职时间
江苏省革命委员会水电局（1969年5月—1975年12月）	孟宪爽	负责人	1969年5月—1969年9月
	潘治江	负责人	1969年5月—1969年9月
	曹璇云	负责人	1969年5月—1969年9月
	顾云如	负责人	1969年5月—1969年9月
	吴学凤	军代表	1969年9月—1972年7月
	陈克天	负责人	1972年5月—1975年12月
	梁公甫	负责人	1969年9月—1975年12月
	林希昭	负责人	1969年9月—1972年
	顾云如	负责人	1969年9月—1974年3月
	周公辅	负责人	1970年7月—1975年12月
	李　前	负责人	1970年7月—1975年12月
	顾　峰	负责人	1972年5月—1975年12月
	杨树江	负责人	1973年9月—1975年12月
	章　德	负责人	1973年9月—1975年12月
	周锡录	负责人	1974年7月—1975年12月
	洪宗义	负责人	1974年10月—1975年12月
江苏省革命委员会水利局（1975年12月—1980年4月）	陈克天	局　长	1975年12月—1977年9月
	熊梯云	副局长	1977年9月—1980年4月
	梁公甫	副局长	1975年12月—1977年9月
	顾云如	副局长	1975年12月—1980年4月
	洪宗义	副局长	1975年12月—1977年8月
	周锡录	副局长	1975年12月—1977年9月
	吴连彩	副局长	1975年12月—1980年4月
	李子建	副局长	1977年9月—1980年4月
	高　鉴	副局长	1977年9月—1980年4月
	沈国治	副局长	1977年9月—1980年4月
	江　毅	副局长	1978年3月—1980年4月
	方福均	副局长	1978年11月—1980年4月

续表

机构名称	姓名	职务	任职时间
江苏省水利厅（1980年4月—1988年10月）	熊梯云	厅长	1980年4月—1983年5月
	王守强	厅长	1983年5月—1988年10月
	顾云如	副厅长	1980年4月—1984年1月
	李子建	副厅长	1980年4月—1983年11月
	吴连彩	副厅长	1980年4月—1982年8月
	高　鉴	副厅长	1980年4月—1982年12月
	江　毅	副厅长	1980年4月—1983年3月
	方福均	副厅长	1980年4月—1985年6月
	宋卫吾	副厅长	1980年4月—1983年12月
	沈国治	副厅长	1980年4月—1981年4月
	沈日迈	副厅长	1981年12月—1983年5月
	戴玉凯	副厅长	1983年5月—1988年10月
	殷少林	副厅长	1983年5月—1988年10月
	戴澄东	副厅长	1983年5月—1988年10月
	贾启模	副厅长	1985年6月—1988年10月
	潘志南	副厅长	1985年6月—1988年10月
江苏省水利厅（1988年10月—1995年4月）	孙　龙	厅长	1988年10月—1994年11月
	殷少林	副厅长	1988年10月—1990年12月
	戴澄东	副厅长	1988年10月—1995年4月
	潘志南	副厅长	1988年10月—1993年6月
	戴玉凯	副厅长	1988年10月—1995年4月
	沈之毅	副厅长	1990年12月—1995年4月
	翟浩辉	副厅长	1990年12月—1995年4月
	蒋传丰	副厅长	1993年12月—1995年4月
江苏省水利厅（1995年4月—2000年5月）	翟浩辉	厅长	1995年4月—2000年2月
	戴澄东	副厅长	1995年4月—1995年10月
	戴玉凯	副厅长	1995年4月—1995年12月
	沈之毅	副厅长	1995年4月—1999年8月
	蒋传丰	副厅长	1995年4月—2000年5月
	徐俊仁	副厅长	1995年6月—2000年5月
	徐永仁	副厅长	1997年1月—2000年5月

续表

机构名称	姓名	职务	任职时间
江苏省水利厅 （2000年5月—2003年4月）	黄莉新	厅长	2000年5月—2003年2月
	徐俊仁	副厅长	2000年5月—2003年4月
	张小马	副厅长	2000年5月—2003年4月
	陶长生	副厅长	2000年10月—2003年4月
江苏省水利厅 （2003年4月— ）	吕振霖	厅长	2003年4月—2013年4月
	徐俊仁	副厅长	2003年4月—2003年6月
	张小马	副厅长	2003年4月—2013年3月
	陶长生	副厅长	2003年4月—2013年3月
	陆桂华	副厅长	2003年12月—2013年3月
	陆永泉	副厅长	2006年6月—2013年3月
	李亚平	副厅长	2007年12月—2013年3月

二、浙江省水利厅

（一）机构沿革

民国4年（1915年）3月，按照北洋政府农商部各省水利委员会组织条例，成立了浙江省水利委员会，专管全省水利工程调查、规划、督促事宜。民国17年8月省政府委员会撤销钱塘江工程局，改组成立浙江省水利局。民国20年曾将钱塘江海塘工程从水利局划出，但不到一年又划归水利局。民国26年抗战爆发，浙西各县沦陷。民国27年裁撤省水利局，并入省农业改进所。民国32年又将有关水利业务划归建设厅，并设水利处。民国34年抗战胜利，35年改组建设厅水利处，恢复浙江省水利局，38年撤钱塘江工程局，又将海塘工程业务和人员并入省水利局。

1949年5—8月中国人民解放军杭州军管会接管在杭各级水利机构，8月成立浙江省水利局，归省人民政府实业厅领导，除主管水利业务外还管塘工。1950年8月实业厅撤销，设农林厅，水利局改属农林厅，次年7月易名浙江省人民政府农林厅水利局。同时，华东军政委员会所属钱塘江水利工程局，亦由农林厅代管，塘工局遂与水利局混合编制，合署办公。1953年10月省水利局又与钱塘江水利工程局分离，1954年水利局曾先改称浙江省人民政府农业厅水利局，1956年又改称浙江省农业厅水利局。1956年3月经国务院批准，撤销省农业厅水利局和钱塘江水利工程局，成立浙江省水利厅。1959年11月省水利厅和电力工业厅合并，成立省水利电力厅。1962年7月国家实行电网直管，将省水利电力厅所属电业管理局改组为省电业管理局，领导关系以华东电管局为主，省为辅。“文革”期间1970年4月，省水利厅重新与省电业管理局合并，成立浙江省革委会生产指挥组水利电力局，1975年11月又改称浙江省水利电力局。1977年8月省水利电力局又拆分为省水利局和省电力局。1980年5月省水利局改名为浙江省水利厅，1988年9月省人民政府发出正式通知确定省水利厅为省政府水行政主管部门，负责全省水资源统一管理。

（二）主要职责

根据2009年《浙江省人民政府办公厅关于印发浙江省水利厅主要职责内设机构和人员编制规定的通知》，浙江省水利厅的主要职责为：

（1）负责保障水资源的合理开发利用。拟订水利发展规划、水资源开发利用规划和有关政策，组织编制并监督实施全省重要江河湖泊的流域（区域）综合规划、防洪规划和有关专业规划。起草有关水行政管理的地方性法规、政府规章草案。按规定制定水利工程建设与管理的有关制度并组织实施。负责提出水利固定资产投资规模和方向、省级财政性资金安排的初步意见；提出省级水利建设投资安排建议并组织实施。

（2）统一管理水资源（含空中水、地表水、地下水）。组织开展水资源调查评价工作，拟订全省和跨地区水中长期供求规划、水量分配方案并监督实施，负责重要流域、区域以及重大调水工程的水资源调度，组织实施取水许可、水资源有偿使用制度，组织有关国民经济总体规划和有关专项规划及重大建设项目的水资源论证和防洪论证工作。指导水利行业供水和乡镇供水工作。

（3）负责水资源保护工作。组织编制水资源保护规划，拟订水功能区划并监督实施，指导饮用水水源保护工作，指导地下水开发利用和城市规划区地下水资源管理保护工作。核定水域纳污能力，提出限制排污总量意见，指导入河排污口设置工作。

（4）负责水旱灾害防治工作。组织、协调、监督、指导全省防汛防台抗旱工作，组织编制省防汛防台抗旱应急预案并组织实施，对重要江河湖泊和重要水工程实施防汛防台抗旱调度和应急水量调度。指导水利突发公共事件的应急管理工作。承担省政府防汛防台抗旱指挥部的日常工作。

（5）指导水利设施、水域及其岸线的管理与保护。指导重要江河、水库、湖泊及河口的治理和开发，指导水利工程建设与运行管理，组织实施具有控制性或跨地区的重要水利工程的建设与运行管理，组织实施有关涉河涉堤建设项目审批（含占用水域审批）并监督实施。依法负责水利行业安全生产，组织、指导水库、水电站大坝和江堤、海塘的安全监管，组织实施水利工程建设的监督，指导水利建设市场的监督管理。负责滩涂资源的管理和保护，指导滩涂围垦、低丘红壤的治理和开发。

（6）组织、指导水政监察和水行政执法，负责重大涉水违法事件的查处，协调、指导水事纠纷的处理。

（7）指导农村水利工作。组织协调农田水利基本建设，指导农村饮水安全、节水灌溉等工程建设和管理工作，指导农村水利社会化服务体系建设。在职责范围内负责水能资源开发利用管理、组织开展水能资源调查评价工作，协同拟订水能资源开发利用规划、政策并组织实施，指导水电农村电气化和小水电代燃料工作。

（8）负责水土保持工作。拟订水土保持规划并监督实施，组织实施水土流失的综合防治、监测预报并定期公告，负责有关建设项目水土保持方案的审批、监督实施及水土保持设施的验收工作，指导省重点水土保持建设项目的实施。

(9) 负责节约用水工作。拟订节约用水政策，拟订有关标准，组织编制节约用水规划，发布节约用水情况通报，组织、监督全省节约用水工作，指导和推动节水型社会建设工作。

(10) 指导水文工作。负责水文水资源监测、水文站网建设和管理，对江河湖库和地下水的水量、水质实施监测，发布水文水资源信息、情报预报和全省水资源公报。指导水利信息化工作。

(11) 开展水利科技、教育和外事工作。组织水利科学研究、技术推广及国际合作交流，拟订水利行业的技术标准、规程规范、定额并监督实施，组织开展水利行业质量监督工作。

(12) 指导、监督省级水利资金的管理。提出有关水利价格、收费、信贷的建议。

(13) 承办省政府交办的其他事项。

(三) 省水利厅行政领导人更迭情况

浙江省水利厅历届行政领导人更迭见表 13-1-3。

表 13-1-3　　浙江省水利厅历届行政领导人名单

机构名称	职　务	姓　名	任　期
浙江省水利局(1949 年 8 月—1951 年 7 月)浙江省人民政府农林厅水利局(1951 年 7 月—1953 年 11 月)	局　长	沈石如	1949 年 8 月—1953 年 5 月
	副局长	吴又新	1950 年—1953 年 11 月
	第二副局长	陈　中	1953 年 2 月—1953 年 11 月
浙江省人民政府农林厅水利局(1953 年 11 月—1954 年 8 月)浙江省人民政府农业厅水利局(1954 年 8 月—1956 年 3 月，1956 年又改称浙江省农业厅水利局)	局　长	徐赤文（徐宗溥）	1953 年 11 月—1955 年 2 月
	副局长	赵克吉	1953 年 11 月—1954 年 5 月
	第二副局长	钟世杰	1954 年 12 月—1956 年 3 月
	第一副局长	王鲁播	1955 年 3 月—1956 年 3 月
浙江省水利厅(1956 年 3 月—1959 年 11 月)	厅　长	徐赤文	1955 年 12 月—1959 年 11 月
	副厅长	沈石如	1955 年 12 月—1959 年 11 月
	副厅长	吴又新	1955 年 12 月—1959 年 11 月
	副厅长	张政峰	1957 年 1 月—1959 年 11 月
浙江省水利电力厅(1959 年 11 月—1970 年 4 月)	厅　长	王　醒	1959 年 11 月—1962 年 6 月
	副厅长	刘　桂	1959 年 11 月—1962 年 6 月
	副厅长	沈石如	1959 年 11 月—1962 年 6 月
	代理厅长	沈石如	1962 年 6 月—1964 年 4 月
	厅　长	沈石如	1964 年 6 月—1970 年 4 月
	副厅长	吴又新	1959 年 11 月—1970 年 4 月
	副厅长	石　青	1959 年 11 月—1970 年 4 月
	副厅长	张振峰	1959 年 11 月—1970 年 4 月
	副厅长	徐治时	1961 年 1 月—1970 年 4 月
	副厅长	刘绍文	1962 年 5 月—1965 年 12 月

续表

机构名称	职　务	姓　名	任　期
浙江省革命委员会生产指挥组水利电力局（1970年4月—1977年8月）（1975年11月，改称浙江省水利电力局）	革命领导小组组长	陈传德	1970年4月—1973年5月
	组　长	沈石如	1973年5月—1977年8月
	副组长	陈传德	1973年5月—1977年8月
	副组长	马永新	1970年4月—1975年6月
	副组长	王仰新	1970年4月—1975年6月
	副组长	弘　诚	1970年4月—1972年10月
	副组长	陆金跃	1970年4月—1977年8月
	副组长	郑国明	1970年9月—1970年12月
	副组长	许青果	1972年10月—1975年6月
	副组长	李　旭	1973年5月—1977年8月
	副组长	张振峰	1973年5月—1977年8月
	副组长	徐洽时	1973年5月—1977年8月
	副组长	石　青	1973年6月—1977年8月
	副组长	金德琴	1973年10月—1977年8月
浙江省水利局（1977年8月—1980年5月）	局　长	陈传德	1977年8月—1979年2月
	副局长	张振峰	1977年8月—1980年5月
	副局长	钟世杰	1977年8月—1980年5月
	副局长	徐洽时	1977年8月—1980年5月
	副局长	李从钦	1978年4月—1980年5月
	副局长	陆子奇	1978年4月—1980年5月
	副局长	郭建培	1978年4月—1980年3月
浙江省水利厅（1980年5月—1983年1月）	厅　长	徐洽时	1980年5月—1983年1月
	副厅长	张振峰	1980年5月—1983年1月
	副厅长	钟世杰	1980年5月—1983年1月
	副厅长	李从钦	1980年5月—1983年1月
	副厅长	陆子奇	1980年5月—1983年1月
	副厅长	陈绍沂	1981年9月—1983年1月
	副厅长	童达琳	1981年8月—1983年1月
浙江省水利厅（1983年1月—1988年3月）	代理厅长	钟世杰	1983年1月—1983年7月
	厅　长	钟世杰	1983年7月—1988年3月
	副厅长	陈绍沂	1983年1月—1988年3月
	副厅长	周慧兰	1983年1月—1988年3月
	副厅长	李从钦	1983年1月—1987年3月
	副厅长	单克明	1986年3月—1988年3月

续表

机构名称	职务	姓名	任期
浙江省水利厅（1988年3月—1993年2月）	厅长	陈绍沂	1988年3月—1993年2月
	副厅长	汪楞	1988年3月—1993年2月
	副厅长	单克明	1988年3月—1991年12月
	副厅长	周慧兰	1988年3月—1993年2月
	副厅长	王希明	1990年4月—1993年2月
	副厅长	陈岳军	1992年1月—1993年2月
浙江省水利厅（1993年2月—1995年5月）	厅长	汪楞	1993年2月—1995年5月
	副厅长	张金如	1994年9月—1995年5月
	副厅长	王希明	1993年2月—1995年5月
	副厅长	陈岳军	1993年2月—1995年5月
	副厅长	李治华	1993年4月—1995年5月
	副厅长	褚加福	1993年4月—1995年5月
浙江省水利厅（1995年5月—1998年2月）	厅长	章猛进	1995年5月—1998年2月
	副厅长	张金如	1995年5月—1998年2月
	副厅长	李治华	1995年5月—1998年2月
	副厅长	王希明	1995年5月—1995年11月
	副厅长	陈岳军	1992年1月—1995年5月
	副厅长	褚加福	1993年4月—1995年5月
浙江省水利厅（1998年2月—2005年5月）	厅长	张金如	1998年2月—2005年5月
	副厅长	陈岳军	1998年2月—2005年9月
	副厅长	李治华	1998年2月—2003年6月
	副厅长	褚加福	1998年2月—2005年9月
	副厅长	黄建中	2000年7月—2005年9月
	副厅长	章国方	2003年2月—2005年9月
	副厅长	彭佳学	2003年8月—2005年9月
浙江省水利厅（2005年9月— ）	厅长	陈川	2005年9月—2015年4月
	副厅长	陈岳军	2005年9月—2008年2月
	副厅长	褚加福	2005年9月—2012年2月
	副厅长	黄建中	2005年9月—2010年6月
	副厅长	虞洁夫	2009年4月—2015年11月
	副厅长	章国方	2005年9月—2013年1月
	副厅长	彭佳学	2005年9月—2009年3月
	副厅长	连小敏	2008年11月—2012年8月
	副厅长	许文斌	2010年7月—2013年4月
	副厅长	徐国平	2010年12月—

三、上海市水务局

（一）机构沿革

民国元年（1912年）上海设立上海浚浦局。民国3年，江南水利局成立，曾兴修部分上海水利工程如吴淞江和蕰藻浜等。同年撤销松江府，设沪海道，道尹兼管水利，原上海各郊县均归沪海道管辖。民国16年废沪海道，同年7月上海特别市政府成立，设上海市工务局，上海市防汛、海塘及河道工程由工务局主管，直至上海解放。

1949年中华人民共和国成立后，早期，上海地区没有设立专门的水利机构，城乡水利建设曾先后分别由市工务局、市郊区工作委员会水利交通工作部、市政府郊区行政办事处农事室、市农业生产管理局等部门主管（1958年以前，郊区十县属江苏省，水利也由江苏省主管）。

1956年9月在市农业局内设农田水利处，主管全市农村水利，市区水利及海塘仍由市城市建设部门主管。1959年2月建立上海市人委农村工作委员会，下设水利交通部主管全市农村水利，撤销市农业局。1962年恢复市农业局，市农业局内重新设立水利处主管全市农村水利。

“文革”期间，1977年10月成立上海市农田基本建设指挥部，主管全市防汛和郊区水利工作。

1980年3月，市农田基本建设指挥部改建为上海市水利局，作为市政府的职能部门，同时成立中共上海市水利局党组。市水利局的主要职责是：起草制定上海市地方性水管理法规和行政规章、开展水行政执法工作；统一管理全市水资源和对水资源开发利用的监督；主持上海市防汛日常工作，制订防汛调度方案，组织防汛救灾；主管滩涂促淤、圈围和开发利用；主管全市主要江河、湖泊的治理、农田水利、水利建筑工程以及涉及以上任务的规划、设计、施工、管理、科研等工作。1988年市府办公厅转发市水利局关于贯彻实施《水法》若干意见的通知，明确市水利局为上海市水行政主管部门。

2000年4月，上海市重组成立上海市水务局，作为主管全市水行政的市政府组成部门。将原市水利局的全部职能，原市公用事业管理局、市市政工程管理局的部分职能划入市水务局，与上海市长江口开发整治局“两块牌子、一套机构”。上海市水务局主要承担本市水资源统一管理、城乡供水及地下水和计划用水、节约用水管理、城市排水和污水治理、防汛防台、农田水利、滩涂资源管理等职能。2000年4月中共上海市委决定建立中共上海市水务局委员会，撤销中共上海市水利局党组。

2008年10月，上海市实施新一轮政府机构改革。根据《上海市人民政府机构改革方案》，将原上海市海洋局职责划入上海市水务局，上海市海洋局与上海市水务局合署办公，实行“两块牌子、一套机构”，全面履行上海市水务局、上海市海洋局的职责。2009年2月中共上海市委决定建立中共上海市水务局（上海市海洋局）党组，撤销中共上海市水务局委员会。

（二）主要职责

根据2009年《上海市人民政府办公厅关于印发上海市水务局主要职责内设机构和人员编制规定的通知》，上海市水务局的主要职责如下：

（1）贯彻执行有关水务、海洋管理的法律、法规、规章和方针、政策；研究起草有关水务、海洋管理的地方性法规、规章草案和政策，并组织实施。

（2）根据本市国民经济和社会发展总体规划，负责编制本市水务、海洋专业规划、中长期发展规划和年度计划，并组织实施；会同有关部门，制定本市水功能区划、海洋功能区划；参与制定流域防洪、水资源和海区海洋经济、资源、环境等规划。

（3）负责本市水资源（地表水、地下水）的统一管理和保护；负责制定水资源中长期供求计划、水量分配和调度方案并监督实施；组织实施取水许可制度、排水许可制度和水资源费征收工作；核定水域纳污能力，提出限制排污总量建议；负责计划用水、节约用水工作。

（4）会同市有关部门，管理滩涂资源，组织编制滩涂开发利用和保护规划、年度计划并监督实施；负责本市长江河道的采砂管理。

（5）主管防汛抗旱工作，承担市防汛指挥部的日常工作。

（6）主管本市水文工作，组织实施水文水资源监测、水文站网建设和管理，发布水文水资源信息、水文情报预报和水资源公报。

（7）负责水利、供水、排水行业的管理，并承担相应的监管责任；研究提出有关水务的价格、财务等经济调节意见，参与对水务、海洋管理资金使用的管理。

（8）主管本市河道、湖泊、江海堤防，负责本市水务工程建设和管理；组织、指导和监督水务工程设施的建设和运行管理；负责本市水务建设工程质量和安全监督管理；负责实施具有控制性的或跨区域的重要水利工程的建设和运行管理。

（9）负责农村水利工程，组织、指导农田水利基本建设，会同市有关部门组织实施水土保持工作。

（10）负责本市海域海岛的监督管理；审核海域使用申请，实施海域权属管理和海域有偿使用制度；负责海底电缆、管道审批和监督管理；负责本市海域勘界、海洋基础数据管理；负责综合协调海洋事务。

（11）承担保护海洋环境的责任，组织海洋环境调查、监测、监视和评价；会同有关部门制定地方海洋环境保护与整治规划、标准、规范，执行国家确定的污染物排海标准和总量控制制度；负责防治海洋工程项目和海洋倾废对海洋污染损害的环境保护工作；核准海洋工程环境影响报告书，提出海岸工程环境影响报告书的审查意见；监督管理海洋自然保护区，负责海洋生态环境保护；负责海洋环境观测预报和海洋灾害预报警报。

（12）依法实施水行政执法和海洋行政执法，查处违法行为；协调部门间和区县间的水事纠纷，负责协调水务、海洋突发事件的应急处理；监督管理涉外海洋科学调查研究、海洋设施建造、海底工程和其他海洋开发活动。

(13) 研究制定水务和海洋发展的重大技术进步措施，组织海洋基础与综合调查和水务、海洋重大技术攻关；组织实施国家有关水务、海洋技术质量标准和规程、规范，承担地方标准的起草。

(14) 承担有关行政复议受理和行政诉讼应诉工作。

(15) 承办市政府交办的其他事项。

(三) 行政领导人更迭情况

上海市水行政主管部门历届行政领导人名单见表13-1-4。

表13-1-4　　上海市水行政主管部门历届行政领导人名单

机构名称	职务	姓名	任职时间
上海水利局 (1980年3月—1983年12月)	局长	王德明	1980年3月—1983年12月
	副局长	刘崇滋	1980年3月—1983年12月
	副局长	范仲奕	1980年3月—1983年12月
	副局长	马志华	1980年3月—1983年12月
	副局长	王振中	1980年3月—1983年12月
	副局长	盖其弟	1982年9月—1983年12月
上海市水利局 (1983年12月—1986年3月)	局长	范仲奕	1983年12月—1986年3月
	副局长	杨连发	1983年12月—1986年3月
	副局长	朱家玺	1983年12月—1986年3月
	副局长	陈科信	1983年12月—1986年3月
	副局长	宁祥葆	1983年12月—1986年3月
	副局长	史有德	1985年12月—1986年3月
上海市水利局 (1986年3月—1993年4月)	局长	朱家玺	1986年3月—1993年4月
	副局长	杨连发	1986年3月—1986年12月
	副局长	沈守梅	1986年12月—1992年4月
	副局长	陈科信	1986年3月—1993年5月
	副局长	宁祥葆	1986年3月—1993年5月
	副局长	史有德	1985年12月—1993年5月
	副局长	徐其华	1992年8月—1993年4月
上海市水利局 (1993年4月—2000年4月)	局长	徐其华	1993年4月—2001年9月
	副局长	杨召之	1992年3月—2004年2月
	副局长	陈科信	1993年5月—1997年12月
	副局长	宁祥葆	1993年5月—1996年6月
	副局长	史有德	1993年5月—1995年11月
	副局长	汪松年	1997年12月—2000年4月
	副局长	顾士龙	1995年11月—2000年4月
	副局长	陈美发	1996年6月—2000年4月

续表

机构名称	职务	姓名	任职时间
上海市水务局（2000年4月—2009年2月）	局长	张嘉毅	2000年4月—2009年2月
	副局长	汪松年	2000年4月—2003年8月
	副局长	曹龙金	2000年4月—2001年4月
	副局长	陈寅	2000年4月—2003年8月
	副局长	顾金山	2001年9月—2006年12月
	副局长	沈依云	2003年8月—2009年2月
	副局长	朱石清	2003年8月—2009年2月
	副局长	王为人	2005年3月—2007年10月
	副局长	朱铁民	2006年12月—2009年2月
上海市水务局（上海市海洋局）（2009年2月— ）	局长	张嘉毅	2009年2月—2013年4月
	副局长	朱铁民	2009年2月—2012年8月
	副局长	沈依云	2009年2月—2014年5月
	副局长	朱石清	2009年2月—
	副局长	刘晓涛	2009年3月—
	副局长	陈远鸣	2010年5月—

第二章 水法律法规

第一节 水法律

一、《中华人民共和国水法》

1988年1月21日第六届全国人民代表大会常务委员会第二十四次会议通过《水法》，2002年8月29日第九届全国人大常委会第二十九次会议通过其修订案，后根据2009年8月27日第十一届全国人民代表大会常务委员会第十次会议通过的《全国人民代表大会常务委员会关于修改部分法律的决定》修改。修订后的《水法》填补了原《水法》对流域管理的空缺，对流域管理机构的职责做出如下规定：国家对水资源实行流域管理与行政区域管理相结合的管理体制；国务院水行政主管部门负责全国水资源的统一管理和监督；国务院水行政主管部门在国家确定的重要江河、湖泊设立的流域管理机构，在所管辖的范围内行使法律、行政法规规定的国务院水行政主管部门授予的水资源管理和监督职责；县级以上人民政府水行政主管部门按照规定的权限，负责本行政区域内水资源的统一管理和监督工作。修订后的《水法》具体规定了流域管理机构在跨省、自治区、直辖市有关江河、湖泊流域综合规划编制、水功能区划拟定和水域纳污能力核定以及在跨省、自治区、直辖市的水量分配方案和旱情紧急情况下的水量调度方案制订等方面的职责，还具体规定了流域管理机构在取水许可管理、江河和湖泊新建、改建或者扩大排污口管理、水工程建设是否符合流域综合规划审查、水资源的动态监测和功能区水质监测等方面的职责。《水法》82条中有20条规定了流域管理机构的水行政管理职责。

二、《中华人民共和国防洪法》

1997年8月29日，第八届全国人民代表大会常务委员会第二十七次会议通过了《中华人民共和国防洪法》(以下简称《防洪法》)，后根据2009年8月27日第十一届全国人民代表大会常务委员会第十次会议《关于修改部分法律的决定》修改。《防洪法》规定，防洪工作按照流域或者区域实行统一规划、分级实施和流域管理与行政区域管理相结合的制度。流域管理机构在所管辖的范围内行使法律、行政法规规定和国务院水行政主管部门授权的防洪协调和监督管理职责。《防洪法》规定了流域管理机构在跨界江、湖的防洪规划拟定、国家重要江河的防洪指导线拟定、防汛指挥、防御洪水方案制定以及防汛紧急处置中的职责，并对妨碍防洪的行为作出了处罚规定。

三、《中华人民共和国水污染防治法》

1984年5月11日，第六届全国人民代表大会常务委员会第五次会议通过了《中华人民共和国水污染防治法》(以下简称《水污染防治法》)，1996年5月15日第八届全国人民代表大会常务委员会第十九次会议通过《关于修改〈中华人民共和国水污染防治法〉的决定》，2008年2月28日第十届全国人民代表大会常务委员会第三十二次会议再次修订。《水污染防治法》明确流域管理机构协同环境保护部门对水污染防治实施监督管理，并负责监测其所在流域的省界水体的水环境质量状况；2008年经修订的《水污染防治法》在对流域管理机构原有授权的基础上，授予流域管理机构对入河(湖)排污口同意、跨省级行政区饮用水水源保护区划定和有关行政处罚等职责。

四、《中华人民共和国水土保持法》

1991年6月29日第七届全国人民代表大会常务委员会第二十次会议通过《中华人民共和国水土保持法》(以下简称《水土保持法》)，2010年12月25日第十一届全国人民代表大会常务委员会第十八次会议通过其修订案。修订后的《水土保持法》规定了流域管理机构水土保持监督管理职责，为强化流域水土保持监督管理职能、加强监督检查工作提供了法律依据。

第二节 水行政法规

一、《中华人民共和国防汛条例》

为做好防汛抗洪工作，保障人民生命财产安全和经济建设的顺利进行，《中华人民共和国防汛条例》(以下简称《防汛条例》)于1991年6月28日经国务院第87次常务会议通过，2005年7月15日《国务院关于修改〈中华人民共和国防汛条例〉的决定》进行修改，后根据2011年1月8日《国务院关于废止和修改部分行政法规的决定》修正。《防汛条例》明确了流域管理机构设立防汛办事机构，负责协调本流域的防汛日常工作。

二、《中华人民共和国河道管理条例》

为加强河道管理，保障防洪安全，发挥江河湖泊的综合效益，《中华人民共和国河道管理条例》(以下简称《河道管理条例》)于1988年6月3日经国务院第七次常务会议通过，后根据2011年1月8日国务院令第588号《国务院关于废止和修改部分行政法规的决定》修改。《河道管理条例》规定大江大河的主要河段，跨省、自治区、直辖市的重要河段，省、自治区、直辖市之间的边界河道以及国境边界河道，由国家授权的江河流域管理机构实施管理。

三、《取水许可和水资源费征收管理条例》

为加强水资源管理，节约用水，促进水资源合理开发利用，《取水许可制度实施办法》于1993年6月11日经国务院第五次常务会议通过，国务院令第119号发布，明确了流域管理机构的取水许可审批权限及行政处罚职责。2006年国务院令第460号颁布实施《取水许可和水资源费征收管理条例》，2006年4月15日起施行，《取水许可制度实施办法》同时废止。该条例进一步强化了流域管理机构的取水许可审批、监督管理及有关行政处罚等职责。

四、《太湖流域管理条例》

为加强太湖流域水资源保护和水污染防治，保障防汛抗旱以及生活、生产和生态用水安全，改善太湖流域生态环境，《太湖流域管理条例》（以下简称《太湖条例》）于2011年8月24日由国务院常务会议通过，9月7日国务院总理温家宝签署第604号国务院令公布，自2011年11月1日起施行。《太湖条例》是我国第一部流域管理条例，制定工作历经10年。《太湖条例》在不与上位法抵触的前提下，按照“高标准、严要求，采取更有利、更坚决的措施”的精神，在太湖流域规定了加快治理进度、提高治理成效等针对性措施。《太湖条例》共9章70条，对于流域饮用水安全、水资源保护、水污染防治、防汛抗旱和水域岸线资源保护、保障机制和监督措施等诸多方面，均作出了具体明确的规定。《太湖条例》进一步明确了国务院水行政主管部门设定的太湖流域管理机构的定位以及流域性监督、协调、综合管理等方面的职责，明确了由太湖流域防汛抗旱指挥机构统一组织、指挥、指导、协调和监督流域防汛抗旱工作，还明确了调度权限以加强流域防洪和水资源的统一调度。《太湖条例》还规定，国家建立健全太湖流域管理协调机制，统筹协调太湖流域管理中的重大事项。上述规定明晰了流域管理与行政区域管理之间的事权划分，为涉水各部门之间创造了信息沟通和协商机制，有利于形成各方面治水管水的合力。

第三节　地方性水法规及规范性文件

多年来流域内苏、浙、沪两省一市人民代表大会和省（市）人民政府在水资源管理、河道管理、水利工程管理、防汛防台以及水污染防治等方面制定和施行了一系列的条例、办法和决定，进一步推动了本地区和流域综合治理和管理的进程，并取得了显著成效。与流域管理关系较大的重要地方性水法规及规范性文件见表13-2-1。

表 13-2-1 重要地方性水法规及规范性文件

省（市）	名　　称	通过及修订情况
江苏	江苏省水利工程管理条例	1986年省人大常委会通过，1994年第一次修正，1997年第二次修正，2004年第三次修正
	江苏省河道管理实施办法	1996年省人民政府常务会议通过，2002年第一次修正，2006年第二次修正，2008年第三次修正
	江苏省太湖水污染防治条例	1996年省人大常委会通过，2007年修订，2010年第一次修正
	江苏省防洪条例	1999年省人大常委会通过，2010年第一次修正
	关于在苏锡常地区限期禁止开采地下水的决定	2000年省人大常委会通过
	江苏省水资源管理条例	1993年省人大常委会通过，1997年第一次修正，2003年修订
	江苏省湖泊保护条例	2004年省人大常委会通过
	关于加强饮用水源地保护的决定	2008年省人大常委会通过
	江苏省水文条例	2009年省人大常委会通过
浙江	浙江省滩涂围垦管理条例	1996年省人大常委会通过
	浙江省水资源管理条例	2002年省人大常委会通过，2009年第一次修正，2011年第二次修正
	浙江省建设项目占用水域管理办法	2006年省政府常务会议通过，2011年修正
	浙江省防汛防台抗旱条例	2007年省人大常委会通过
	浙江省水资源费征收管理办法	2007年省政府常务会议审议通过
	浙江省节约用水办法	2007年省政府常务会议审议通过
	浙江省水利工程安全管理条例	2008年省人大常委会通过
	浙江省水污染防治条例	2008年省人大常委会通过
	浙江省饮用水水源保护条例	2011年省人大常委会通过
	浙江省河道管理条例	2011年省人大常委会通过
上海	上海市深井管理办法	1979年原市革委会批准，2010年修正并重新发布
	上海市深井管理办法的补充规定	1982年市政府批准，2010年修正并重新发布
	上海市实施《中华人民共和国水法》办法	1992年市人大常委会通过，1997年第一次修正，2010年第二次修正
	上海市节约用水管理办法	1994年市政府69号令发布，1997年第一次修正，2004年第二次修正，2010年修正并重新发布
	上海市供水管理条例	1996年市人大常委会通过，2003年第一次修正，2006年第二次修正，2010年第三次修正
	上海市河道管理条例	1997年市人大常委会通过，2003年第一次修正，2006年第二次修正，2010年第三次修正，2011年第四次修正
	上海市防汛条例	2003年市人大常委会通过，2010年第一次修正
	上海市饮用水水源保护条例	2009年市人大常委会通过

一、江苏省

（一）《江苏省水利工程管理条例》

为加强水利工程管理，保证工程完好和安全，充分发挥水利工程的防洪、排涝、灌溉、供水、航运等综合效益，保障人民生命财产和国家财产的安全，促进社会主义建设事业的发展，江苏省制定《江苏省水利工程管理条例》，1986年9月9日江苏省第六届人民代表大会常务委员会第二十一次会议通过，2004年6月17日江苏省第十届人民代表大会常务委员会第十次会议《关于修改〈江苏省水利工程管理条例〉的决定》第三次修正。该条例从工程保护、工程管理、防洪与清障、经营管理、奖励和惩罚等方面做出规定。

（二）《江苏省河道管理实施办法》

根据《河道管理条例》的规定，江苏省结合实际制定了《江苏省河道管理实施办法》，1996年8月8日江苏省人民政府第75次常务会议通过，2002年11月25日江苏省人民政府令第199号第一次修正，2006年11月20日江苏省人民政府令第33号第二次修正，2008年3月20日江苏省人民政府令第41号第三次修正。该办法从各级水行政主管部门职责、河道管理原则、河道分级管理权限、河道管理范围内工程建设等方面做出规定。

（三）《江苏省太湖水污染防治条例》

为加强太湖水污染防治，保护和改善太湖水质，保障饮用水水源安全和人体健康，促进经济社会与环境协调发展，江苏省制定了《江苏省太湖水污染防治条例》，1996年6月14日江苏省第八届人民代表大会常务委员会第二十一次会议通过，2007年9月27日江苏省第十届人民代表大会常务委员会第三十二次会议修订，2010年9月29日江苏省第十一届人民代表大会常务委员会第十七次会议《关于修改〈江苏省太湖水污染防治条例〉的决定》第一次修正。该条例从监督管理、污染防治、饮用水水源保护等方面作出规定。

（四）《江苏省防洪条例》

为防治洪水，防御、减轻洪涝灾害，维护人民的生命和财产安全，保障社会主义现代化建设顺利进行，江苏省制定了《江苏省防洪条例》，1999年6月18日江苏省第九届人民代表大会常务委员会第十次会议审议通过，2010年9月29日江苏省第十一届人民代表大会常务委员会第十七次会议《江苏省人民代表大会常务委员会关于修改〈江苏省防洪条例〉的决定》第一次修正。该条例从防洪规划、治理与防护、防洪区和防洪工程设施的管理、防汛抗洪、保障措施等方面作出规定。

（五）《关于在苏锡常地区限期禁止开采地下水的决定》

为防止和减轻苏锡常地区地面沉降等地质灾害，保障和促进经济社会可持续发展，江苏省制定了《关于在苏锡常地区限期禁止开采地下水的决定》，2000年8月26日江苏省第九届人民代表大会常务委员会第十八次会议通过。

（六）《江苏省水资源管理条例》

根据《水法》等有关法律、行政法规，江苏省结合实际制定了《江苏省水资源管理条例》，1993 年 12 月 29 日江苏省第八届人民代表大会常务委员会第五次会议通过，1997 年 7 月 31 日江苏省第八届人民代表大会常务委员会第二十九次会议《关于修改〈江苏省水资源管理条例〉的决定》第一次修正，2003 年 8 月 15 日江苏省第十届人民代表大会常务委员会第四次会议修订。该条例从水资源开发利用、水资源节约、水资源保护、用水管理等方面作出规定。

（七）《江苏省湖泊保护条例》

为加强湖泊保护，有效发挥湖泊功能，合理利用湖泊资源，维护湖泊生态环境，防治水害，江苏省制定了《江苏省湖泊保护条例》，2004 年 8 月 20 日江苏省第十届人民代表大会常务委员会第十一次会议通过。该条例从湖泊保护原则、各级水行政主管部门职责、湖泊保护规划编制、湖泊保护范围、湖泊保护范围内工程建设及禁止行为等方面作出规定。

（八）《关于加强饮用水源地保护的决定》

为加强饮用水源地保护，保障饮用水安全，维护人民生命健康，促进经济社会可持续发展，江苏省制定了《关于加强饮用水源地保护的决定》，2008 年 1 月 19 日江苏省第十届人民代表大会常务委员会第三十五次会议通过。该决定从饮用水安全保障规划、供水设施建设、饮用水源地设置、应急饮用水源建设、水源地水质监测、水源保护区划定等方面作出规定。

（九）《江苏省水文条例》

为加强水文管理，规范水文工作，发展水文事业，为开发、利用、节约、保护水资源和防灾减灾服务，促进经济社会的可持续发展，江苏省制定了《江苏省水文条例》，2009 年 1 月 18 日江苏省第十一届人民代表大会常务委员会第七次会议通过。该条例从水文规划与站网建设、水文监测与情报预报、水资源调查评价、水文资料汇交与使用管理、水文设施与监测环境保护等方面作出规定。

二、浙江省

（一）《浙江省滩涂围垦管理条例》

为加强滩涂围垦管理，保护和合理开发、利用滩涂资源，浙江省制定了《浙江省滩涂围垦管理条例》，1996 年 11 月 2 日浙江省第八届人民代表大会常务委员会第三十二次会议通过。该条例从规划与建设、保护与管理、法律责任等方面作出规定。

（二）《浙江省水资源管理条例》

为合理开发、利用、节约和保护水资源，发挥水资源的综合效益，保护生态平衡，促进经济和社会的可持续发展，浙江省制定了《浙江省水资源管理条例》，2002 年 10 月 31 日浙江省第九届人民代表大会常务委员会第三十九次会议通过，2011 年 11 月 25 日浙江省第十一届人民代表大会常务委员会第二十九次会议《关于修改〈浙江省专利保护条例〉等十四件地方性法规的决定》第二次修正。该条例从水资源规划、水资源保护与开发利用、水资源配置和取水管理、节约用水、监督检查等方面作出规定。

（三）《浙江省建设项目占用水域管理办法》

为加强水域保护，规范建设项目占用水域行为，维护和发挥水域在防洪、排涝、蓄水、航运、生态环境等方面的功能，保障和促进经济与社会的可持续发展，浙江省制定了《浙江省建设项目占用水域管理办法》，2006 年 3 月 27 日浙江省人民政府令第 214 号公布，2011 年 12 月 31 日浙江省人民政府令第 289 号公布的《浙江省人民政府关于修改〈浙江省城市道路管理办法〉等 14 件规章的决定》通过修正。该办法从水域保护规划、水域占用等方面作出规定。

（四）《浙江省防汛防台抗旱条例》

为防御和减轻洪涝、台风、干旱灾害，维护人民生命和财产安全，保障经济社会可持续发展，浙江省制定了《浙江省防汛防台抗旱条例》，2007 年 3 月 29 日浙江省第十届人民代表大会常务委员会第三十一次会议通过。该条例从防汛防台抗旱职责、准备、保障措施等方面作出规定。

（五）《浙江省水资源费征收管理办法》

为加强和规范水资源费的征收、使用和管理，促进水资源的节约、合理利用和保护，浙江省制定了《浙江省水资源费征收管理办法》，2007 年 8 月浙江省人民政府第 102 次常务会议审议通过。该办法从行政区域内水资源费的征收、使用和管理等方面作出规定。

（六）《浙江省节约用水办法》

为加强节约用水管理，提高水资源利用效率，建设资源节约型社会，保障国民经济和社会可持续发展，浙江省制定了《浙江省节约用水办法》，2007 年 8 月浙江省人民政府第 102 次常务会议审议通过。该办法从节约用水管理、节约用水促进措施、节约用水调节措施等方面作出规定。

（七）《浙江省水利工程安全管理条例》

为加强水利工程安全管理，保障水利工程安全正常运行，发挥水利工程效能，浙江省制定了《浙江省水利工程安全管理条例》，2008 年 11 月 28 日浙江省第十一届人民代表大会常务委员会第七次会议通过。该条例从建设质量、建设安全、运行安全、工程保护、监督管理等方面作出规定。

（八）《浙江省水污染防治条例》

为防治水污染，保护和改善环境，保障饮用水安全，促进经济社会全面协调可持续发展，浙江省制定了《浙江省水污染防治条例》，2008 年 9 月 19 日浙江省第十一届人民代表大会常务委员会第六次会议通过。该条例从规划和标准、饮用水水源保护、生态建设和污染控制、污染治理、环境监控和应急处置、执法监督等方面作出规定。

（九）《浙江省饮用水水源保护条例》

为加强饮用水水源保护，保障饮用水安全，维护人民群众生命安全和健康，浙江省制定了《浙江省饮用水水源保护条例》，2011年12月13日浙江省第十一届人民代表大会常务委员会第三十次会议通过。该条例从饮用水水源地确定、饮用水水源水质保护、监督管理等方面作出规定。

（十）《浙江省河道管理条例》

为加强河道管理，保障防洪安全和排涝通畅，改善水生态环境，发挥河道的综合功能，浙江省制定了《浙江省河道管理条例》，2011年9月30日浙江省第十一届人民代表大会常务委员会第二十八次会议通过。该条例从河道规划和建设、河道保护、涉河建设与作业管理等方面作出规定。

三、上海市

（一）《上海市深井管理办法》

为保护和合理使用地下水源，防止地面沉降，严格控制深井用水，上海市制定了《上海市深井管理办法》，1979年11月17日由原上海市革命委员会批准，2010年12月20日上海市人民政府令第52号公布《上海市人民政府关于修改〈上海市农机事故处理暂行规定〉等148件市政府规章的决定》修正并重新发布。该办法从深井的开凿、使用、修理、回灌、停用和报废以及水质等方面作出规定。

（二）《关于〈上海市深井管理办法〉的补充规定》

为进一步加强对地下水利用的管理，对1979年发布的《上海市深井管理办法》做补充规定。1982年4月27日上海市人民政府批准了《关于〈上海市深井管理办法〉的补充规定》，2010年12月20日上海市人民政府令第52号公布《上海市人民政府关于修改〈上海市农机事故处理暂行规定〉等148件市政府规章的决定》修正并重新发布。

（三）《上海市实施〈中华人民共和国水法〉办法》

为合理开发利用和保护水资源，防治水害，充分发挥水资源的综合效益，根据《水法》和有关法律、法规的规定，上海市结合实际制定了《上海市实施〈中华人民共和国水法〉办法》，1992年10月17日上海市第九届人民代表大会常务委员会第三十七次会议通过，2010年9月17日上海市第十三届人民代表大会常务委员会第二十一次会议通过《上海市人民代表大会常务委员会关于修改本市部分地方性法规的决定》第二次修正。办法从水资源的开发利用以及水、水域和水工程的保护、防汛与抗洪等方面作出规定。

（四）《上海市节约用水管理办法》

为了加强上海市节约用水工作的管理，根据《城市节约用水管理规定》和《上海市实施〈中华人民共和国水法〉办法》中有关节约用水的规定，上海市结合实际制定了《上海市节约用水管理办法》，1994年6月27日上海市人民政府令第69号发布，2010年12月20日上海市人民政府令第52号公布《上海市人民政府关于修改〈上海市农机事故处理暂行规定〉等148件市政府规章的决定》第三次修正并重新发布。办法从政府职责、主管部门及其职责分工、管理原则及基金用途、用水定额、用水计划指标、居民住宅用水管理、行政处理、处罚程序、行政执法人员的责任等方面做出规定。

(五)《上海市供水管理条例》

为加强供水管理，维护供水企业和用户的合法权益，保障生活、生产用水和其他建设用水，发展供水事业，根据有关法律和《城市供水条例》，上海市结合实际制定了《上海市供水管理条例》，1996年6月21日上海市第十届人民代表大会常务委员会第二十八次会议通过，2010年9月17日上海市第十三届人民代表大会常务委员会第二十一次会议通过《上海市人民代表大会常务委员会关于修改本市部分地方性法规的决定》第三次修正。条例从供水水源管理、工程建设、设施保护和用水管理等方面作出规定。

(六)《上海市河道管理条例》

为加强河道管理，保障防汛安全，改善城乡水环境，发挥江河湖泊的综合效益，根据《水法》《防洪法》《河道管理条例》等法律、法规，上海市结合实际制定《上海市河道管理条例》，1997年12月17日上海市第十届人民代表大会常务委员会第四十次会议通过，根据2011年12月22日上海市第十三届人民代表大会常务委员会第二十一次会议《关于修改本市部分地方性法规的决定》第四次修正。该条例从河道整治、利用、保护及保障措施等方面作出规定。

(七)《上海市防汛条例》

为加强上海市防汛工作，维护人民的生命和财产安全，保障经济建设顺利进行，根据《防洪法》《防汛条例》等法律、行政法规，上海市结合实际制定了《上海市防汛条例》，2003年8月8日上海市第十二届人民代表大会常务委员会第六次会议通过，2010年9月17日上海市第十三届人民代表大会常务委员会第二十一次会议通过《关于修改本市部分地方性法规的决定》第一次修正。该条例从防汛专项规划和防汛预案、防汛工程设施建设和管理、防汛抢险和保障措施等方面作出规定。

(八)《上海市饮用水水源保护条例》

为加强饮用水水源保护，提高饮用水水源水质，保证饮用水安全，保障公众身体健康和生命安全，促进经济社会全面协调可持续发展，根据《水污染防治法》《水法》等法律、行政法规，上海市结合实际制定了《上海市饮用水水源保护条例》，2009年12月10日上海市第十三届人民代表大会常务委员会第十五次会议通过。该条例从饮用水水源保护、监督管理等方面作出规定。

第三章 工 程 管 理

第一节 工程管理体制、机制与机构

一、工程管理体制、机制

1991年国务院《关于进一步治理淮河和太湖的决定》确定了治太工程管理体制以及工程运行管理要求，主要包括：流域内重要水利工程，由流域机构直接管理，统一调度。太浦河、望虞河上的主要水利枢纽工程，由太湖局管理；建立和完善水工程的经营管理制度，分级确定水利工程管理经费来源，并按有关法规收取水费、河道工程修建维护管理费等，建立良性运行机制。

1998年国务院第四次治淮治太会议进一步明确了工程管理运行机制，主要内容包括：太浦闸、望亭立交枢纽由水利部流域机构直接管理；望虞河常熟枢纽由水利部和江苏省共同负责管理，以水利部为主。本着谁受益谁负担的原则，望虞河常熟枢纽的运行、维护、管理经费由江苏省承担；望亭立交枢纽和太浦闸的运行、维护、管理经费由浙江省、上海市共同承担。以上经费均列入财政预算。地方管理的已建工程，各省（市）有关部门要抓紧落实工程管理单位和管理经费，制定管理制度，保证工程的正常运行和全面发挥效益。治淮治太各项工程竣工验收前，应进行土地确权划界工作，各级土地管理部门应积极做好这一工作。

会议确定了治太工程管理体制和机制，为流域重要控制性枢纽顺利交接、骨干工程管理运行经费落实以及持续发挥效益创造了条件。

江苏、浙江省流域内区域治理工程一般按属地原则由工程所在地水行政主管部门负责组织管理，跨行政区域工程或对上下游行政区域有重大影响的工程则由上一级水行政主管部门负责组织管理；上海市水利工程根据河道管理等级（市管、区管、镇管）分别由市、区、镇水务部门负责组织管理。

二、管理机构与职责

（一）太湖局

1986年4月太湖局设水利管理处，1990年5月更名水利工程管理处，1994年3月更名水利水电工程管理处，1996年12月更名水利管理处（与防汛抗旱办公室合署办公），负责指导流域工程管理。2002年机构改革成立建设与管理处，主要职能是负责流域内水利设施、水域及其岸线的管理与保护以及重要水利工程的建设与运行管理，监督局直管工程运行维护。

苏州管理局（原太湖局苏州管理处，2002年12月更名为太湖局苏州管理局）成立于1992年10月，是太湖局直属事业单位，主要承担太湖局直接管理的流域重要控制性枢纽的管理职责，负责太浦河太浦闸、望虞河望亭水利枢纽和东茭嘴引河工程的运行、管理和维护工作，负责常熟水利枢纽共管工程的相应管理工作，承担太湖局授权范围内的水政监察、水行政执法等工作，并参与流域管理。局内设办公室、工程管理科、水政水资源科、建设与安全科、财务科、人事科等6个科室，下属太浦河枢纽管理所和望亭水利枢纽管理所2个直管工程管理机构，同时设有太湖局水政监察总队苏州管理局水政监察支队。苏州管理局批准事业编制总数为55人，2010年在职职工34人。

1995年，太浦闸从原管理单位苏州吴江市水利局所属太浦闸管理所成建制移交太湖局，由太湖局苏州管理处具体管理；望亭水利枢纽于1992年开工建设，1993年12月基本建成，1998年通过竣工验收后，由太湖局接收，交苏州管理处具体管理；东茭嘴引河工程位于苏州吴江市东太湖东茭嘴与太浦河入口之间，2003年开工建设，2004年完工，2008年由苏州管理局接收管理。

太浦闸和东茭嘴引河工程以及望亭水利枢纽由苏州管理局下属太浦闸和望亭水利枢纽两个管理所分别负责管理、运行、维护。太湖局与江苏省共同管理的常熟水利枢纽和上海市管理的太浦河泵站，由太湖局负责下达调度指令，工程的运行管理分别由省、市工程管理单位具体负责。

（二）两省一市水利部门

1. 江苏省

江苏省水利厅工程管理处负责指导全省各类水利工程设施、海堤、水域及其岸线的管理与保护。省水利厅下属江苏省河道管理局主要负责指导省直管工程的工程管理与维护工作，并负责全省河道及其配套工程的控制运用、检查观测、养护维修等技术管理指导工作等。江苏省水利厅直属太湖地区水利工程管理处，负责流域内重要水利枢纽工程管理，包括望虞河常熟水利枢纽、蠡河水利枢纽、运河钟楼闸、丹金溧漕河水利枢纽等，并按水利厅授权负责流域内省管湖泊管理。按照属地管理原则，其他流域防洪骨干工程及区域治理工程，由市、县（市、区）水行政主管部门实施管理，并组建相应的工程管理机构。

2. 浙江省

浙江省水利厅河道管理总站、水库管理总站按职责分别负责指导水利设施、水域及其岸线的管理与保护、水利工程运行管理，组织实施具有控制性或跨地区的重要水利工程的运行管理，组织实施有关涉河涉堤建设项目审批（含占用水域审批）并监督实施。市、县（市、区）水行政主管部门负责组织本行政区域内水利工程管理和河湖管理，并组建相应的工程管理机构。

3. 上海市

上海市水务局水利管理处负责对市管河道实施统一管理，拟订上海市河道、堤防（防汛墙）、泵闸和农田水利设施技术质量标准、规程、规范并监督实施。上海市堤防（泵闸）设施管理处具体负责市管水利工程设施运行管理、维修养护、除险加固等工作。区级、镇级河道水利工程分别由区水务局、镇水务所负责组织管理，并组建相应的工程管理机构。

第二节 工程运行管理

一、管理制度建设

（一）太湖局

太湖局以及两省一市人民政府和水行政主管部门制定和出台了一系列水利工程管理方面的法规、制度，以规范工程维修养护和运行管理。

太湖局组织苏州管理局修订了《太浦闸技术管理实施细则》（2004 年 6 月）、《望亭水利枢纽技术管理实施细则》（2004 年 6 月）、《太湖局直管工程闸门及启闭机设备管理等级评定实施细则》（2008 年 12 月）、《太浦闸和望亭水利枢纽闸门检修养护实施细则》（2008 年 12 月）等运行管理制度。

（二）两省一市

江苏省人民政府颁布了《江苏省水利工程管理条例》（1986 年 9 月）、《江苏省河道管理实施办法》（1996 年 8 月）等规章；江苏省水利厅制定了《江苏省水闸技术管理办法》（2004 年 9 月）、《江苏省水利工程管理考核办法》（2008 年 7 月）等制度，专门制定了《江苏省望虞河管理规定》（2000 年 11 月，2011 年 10 月修订）。

浙江省人民政府出台了《浙江省水利工程安全管理条例》（2008 年 11 月）、《浙江省钱塘江管理条例》（1998 年 1 月）；浙江省水利厅制定了《浙江省水库水闸安全检查管理暂行办法》（2001 年 3 月）、《浙江省水库安全管理督查办法（试行）》（2004 年 4 月）、《浙江省水利工程管理考核办法》（2011 年 6 月）、《浙江省防汛防台抗旱物资管理办法》（2009 年 4 月）、《浙江省海塘工程安全鉴定管理办法（试行）》（2009 年 4 月）等规章制度，从法规制度上强化水利工程安全运行管理。

上海市人民政府出台了《上海市水闸管理办法》（2002 年 1 月）、《上海市黄浦江防汛墙保护办法》（1996 年 3 月）等法规。

二、运行管理

流域水利工程已落实工程管理单位和管理经费，管理人员队伍稳定，建立了具体管理制度。

各级水行政主管部门和水利工程管理单位不断推进工程管理规范化、制度化、现代化，探索建立标准化管理体系，保证水利工程安全运行，提高水利工程运行管理水平。在水利工程日常管理中，严格按照调度方案和指令实施工程调度；规范工程检查，做好工程观测，加强维修养护，确保工程完整与正常运行；积极探索工程运行、管理和维修养护工作的委托管理、合同管理，以市场机制配置资源，激发管理活力。

同时，加大科技兴管、科技促管力度，推进工程管理的信息化建设，提高工程运行自动化水平，在重要闸、站设立工情监控，重点堤段设立视频监控设施，实时监测闸站、河道、堤防的运行情况，不断提高现代化管理水平。

第三节　水利工程管理体制改革

2002 年 9 月国务院颁布《水利工程管理体制改革实施意见》后，各级工程管理单位完成了单位分类定性、“两费”测算和人员定岗定员等改革任务，实现了进一步理顺管理体制，确定管理运行经费来源，明确单位职责，强化工程管理职能，优化管理队伍，激发管理队伍活力的改革目标。

（一）太湖局

太湖局苏州管理局管理的流域重要控制性水利枢纽，承担着流域防洪、供水、水资源管理和保护等任务，为纯公益性工程。按照《水利工程管理体制改革实施意见》，苏州管理局为纯公益性事业单位，按照《太湖流域管理局直属水利工程管理体制改革实施方案》完成改革，于 2012 年初通过太湖局的验收。

（二）两省一市

江苏省。2003 年 1 月省政府批准水利工程体制改革意见，省水利厅出台省直属水利工程管理体制改革实施意见，并相继出台了《江苏省水利工程运行养护市场管理暂行办法》(2005 年 12 月)、《江苏省水利工程维修预算定额》《江苏省水利工程养护预算定额》《江苏省水利工程管理单位定岗定员标准》等配套政策，为推进水管体制改革提供政策制度保障。2005 年省属水管单位改革基本完成，2007 年省、市、县三级改革基本完成。

浙江省。2004 年 9 月省政府办公厅出台了《浙江省水利工程管理体制改革实施办法》，确定了水管体制改革的目标、原则、内容、配套政策和措施，为开展水管体制改革工作提供了依据，并明确水利工程管理的经费来源和使用范围。省水利厅相继出台了《浙江省水利工程管理单位定岗标准（试行)》(2006 年 7 月)、《浙江省水利工程维修养护定额标准（试行)》(2006 年 7 月)、《浙江省水利工程管理体制改革验收办法》(2008 年 9 月)。在改革实施中明确改革制约与激励机制，对改革任务完成好、进度快的地区，省级水利补助资金给予适当倾斜政策，起到了较好的激励作用。2008 年水利工程管理体制改革完成验收。

上海市。上海市2005年进行水利工程管理体制改革，将原上海市太湖流域水利工程管理处、上海市防汛墙建设管理处等四家单位进行职能重组，新成立上海市堤防（泵闸）设施管理处、上海市水务业务受理中心、上海市水务行政执法总队、上海市水利管理处。上海市堤防（泵闸）设施管理处负责黄浦江及苏州河堤防管理、43座市属水闸和太浦河泵站等市直管水利工程运行、养护维修管理以及上海市水务重大工程的建设与管理工作。改革后水利工程管理机构得以优化，人员得以精简，工程运行维护分别采用直接管理、委托管理及合同管理三种方式，提高了管理效率，降低了管理成本。

管养分离是水利工程管理体制改革的一项重要内容。至2010年，大部分治太骨干工程管理单位均按要求实行或试行了管养分离机制。太湖局苏州管理局2009年将望亭水利枢纽作为试点，委托江苏省洪泽湖水利工程管理处进行日常运行管理，使直管工程维修养护逐步走上社会化、市场化和专业化的道路。无锡宜兴市水利工程建设管理处实行管理人员与维修养护人员分离，实行全员应聘上岗机制，实行定岗、定员、定责、定经费、定考核，有效激发了管理队伍活力。湖州市太湖水利工程建设管理局基层管理所采取职工岗位目标考核，考核结果与奖金挂钩，管理所的日常运行管理工作由局考核组按季进行考核，通过建立考核机制，不仅强化了工作人员、养护企业、管理所的工作责任，而且提高了工程管理水平，保证了工程及设施得到有效维护和安全运行。上海市在水管体制改革前已实行通过购买社会服务，实施工程管养分离。上海市堤防（泵闸）设施管理处制定了《堤防泵闸设施运行养护工作手册》《黄浦江和苏州河堤防日常巡查管理办法（试行）》《黄浦江和苏州河堤防日常养护（应急抢险）管理办法（试行）》《上海市堤防（泵闸）设施防汛物资储备管理办法》等一系列工程管理和运行养护制度和标准，按照精简统一、综合效能的原则和管养分离的总体要求，将太浦河沿线新旺套闸到八百亩水闸的19座水闸全部实行委托管理；太浦河泵站委托社会专业维修养护公司负责日常管理维护，精简了内部机构和管理人员，提高了工程管理水平。

通过水管体制改革，工程管理单位运行维护费用得到落实。从1998年起，太浦闸、望亭水利枢纽工程运行管理经费部分由上海市、浙江省承担（即两省经费），其余中央财政拨款解决，其年度预算也得到落实。

江苏、浙江两省在安排水利工程日常维修养护资金的同时，引入激励机制，抓好船闸过闸费征收，所征费用实行收支两条线管理，专项用于水利工程运行维护。上海市安排财政资金用于工程维护和管理。

第四节　水利工程管理考核

2003年5月水利部颁布《水利工程管理考核办法（试行）》及其考核标准后，

流域两省一市都制定并出台了省级水管单位考核办法，开展水管单位考核和达标创建工作。江苏省编制了水闸、泵站、堤防、水库等四大类工程技术管理办法，推进水利工程管理考核工作。为鼓励各地积极开展达标创建工作，省水利厅将达标创建工作与维修养护经费相挂钩。浙江省制定了有关河道堤防、水闸等考核标准，每年组织开展水利工程管理单位考核。

2004 年1月，浙江赋石水库管理局通过国家级水利工程管理考核验收，为流域内第一家国家级水管单位。至 2010 年，流域内已先后有上海市太湖流域水利工程管理处、浙江省杭州市青山水库管理处、江苏省宜兴横山水库管理处、苏州市胥口水利枢纽管理处、无锡市太湖闸站管理处、丹阳市九曲河枢纽管理处等 7 家管理单位通过国家级水管单位考核验收。

第五节 河 湖 管 理

改革开放以后，太湖流域经济迅速发展。由于土地资源不足，临水区域开发价值较高，加之监管不到位，水域岸线常有被违法侵占的现象发生。为加强河湖保护，有效发挥河湖功能，保证水利工程安全运行，规范河湖开发利用活动，流域各级水行政主管部门和太湖局加强太湖流域重要河湖日常监管，探索建立长效管理机制，全力保障河湖健康。

一、制定法规及规范性文件

（一）太湖局

2008 年 1 月，太湖局印发了《太湖流域河道管理范围内建设项目管理暂行办法》，同时向沿太湖各设区市人民政府印发了《关于进一步加强太湖管理范围内建设项目管理的意见》，提出“保护为主、科学规划、适度开发”的水域岸线开发利用原则，并要求项目按照类别履行河道管理范围内建设项目审查、审批程序。2009 年 4 月，太湖局向沿太湖省、市、区（县）水利、农林主管部门印发《关于做好太湖水环境综合治理湿地恢复与重建工作意见的函》，明确了此类项目利用水域的技术要求。2012 年 7 月，太湖局颁布《太湖流域重要河湖管理范围内建设项目水利技术规定（试行）》，明确了桥梁、清淤取土等六大类型建设项目的水利技术要求，以规范项目方案制订和审批、监管。

（二）两省一市

江苏省出台了《江苏省长江河道采砂管理办法》（2004 年 8 月）、《江苏省长江防洪工程管理办法》（2001 年 3 月）、《江苏省建设项目占用水域管理办法》（2013 年 1 月），印发了《江苏省江砂开采现场监督管理办法》（2004 年 12 月）、《江苏省省管湖泊管理与保护工作考核办法（试行）》（2009 年 11 月）等一系列规范性文件。

浙江省于2006年3月在全国率先制定出台《浙江省建设项目占用水域管理办法》，规定了分类管理和占补平衡两项水域管理的基本原则，较好地解决了水域保护与经济发展的关系；2009年3月制定了《建设项目占用水域补偿费征收标准》和《浙江省占用水域补偿费征收和使用管理办法》；2010年9月编制印发了《浙江省涉河桥梁水利技术规定》和《浙江省涉河码头水利技术规定（试行）》。

上海市2007年6月颁布了《上海市跨、穿、沿河构筑物河道管理技术规定》，以规范上海市河道管理范围内的跨、穿、沿河构筑物的建设和管理。

二、编制水域岸线管理相关规划

（一）太湖局

2009年2月，太湖局按照水利部的统一部署，编制完成《太湖流域重要河湖岸线利用管理规划》，规划范围为太湖、望虞河和太浦河岸线，并将岸线利用管理规划主要内容列入《太湖流域综合规划》(2013年3月)，已获批复，成为涉河建设项目审查的规划依据。太湖局直管工程及其河道已完成确权划界。

（二）两省一市

2006年2月，江苏省人民政府批复了《江苏省湖泊保护规划》，规划提出了保护目标，明确了主要湖泊功能以及开发利用控制意见。相关水行政主管部门组织开展了12个省管湖泊和3个市际湖泊的保护范围线勘界设桩工作，于2010年全部完成并通过了省级验收，为湖泊管理保护、开发利用等工作提供了依据。

2005年11月，浙江省编制了《浙江省水域调查技术导则》，组织开展全省陆地水域调查工作，至2009年年初全部完成。在水域调查的基础上，全省随后开展水域保护规划编制和重要水域名称整编。保护规划确定了不同行政区域和区域内不同区块的基本水面率；水域名称整编确定了重要水域的名称、起讫位置、范围，由政府向全社会公布，接受社会监督。

2006年6月，《上海市河道管理条例》进行了修订。上海市水务局根据修订后的《上海市河道管理条例》和相关技术标准规范，结合上海市实际，开展河道蓝线专项规划编制工作。上海市河道蓝线划定包括河道中心线、河口线以及陆域控制线，并明确蓝线控制范围内要加强保护与管理，各类建设项目须符合经批准的水利（系）规划、城市规划。上海市市管河道以及中心城区内其他河道蓝线方案由上海市水务局提出，经上海市规划局批准后施行；中心城区外的其他河道蓝线方案，由区（县）河道行政主管部门提出，经区（县）规划行政管理部门批准后施行，报市水务局、市规划局备案。上海市已编制的河道蓝线方案纳入上海市城市总体规划，推进了河道蓝线规划的落地。

三、河道管理范围内建设项目水行政许可

（一）太湖局

太湖局依据《水法》《防洪法》《太湖流域管理条例》和《河道管理条例》，以及水

利部《关于太湖流域河道管理范围内建设项目审查权限的通知》（1999 年 2 月）的授权，印发《太湖流域河道管理范围内建设项目管理暂行办法》（2008 年 1 月），对涉及太湖、太浦河、望虞河河道管理范围内的大中型建设项目实行审查许可管理。依据《河道管理范围内建设项目防洪评价编制导则（试行）》要求，组织开展项目防洪评价报告评审。项目评审及实施过程中要求业主减小或避免涉河建设项目的不利影响；严格限制占用水域，确需占用水域、滩地或降低行洪和调蓄能力的，编制“占用补偿方案”，提交“实施承诺”，明确补偿区域土地性质、清挖施工方案和验收测量要求等，并与项目同步实施到位。太湖局依托地方各级水行政主管部门，加强对已批涉河建设项目的事中、事后监管工作。2004—2010 年共计完成涉河项目行政审批49项，其中涉及江苏 45 项、浙江 4 项，主要类型是桥梁、道路、湿地、清淤等，见表 13-3-1。

表 13-3-1 2004—2010 年太湖局河道管理范围内建设项目许可分类统计表

年份	分类型项目许可数/个									
	桥梁	道路	管线	景观	湿地	码头	取水口	岸线整治	清淤取土	建筑物
2004	1									
2005	1									
2006	3					2	1		2	
2007	1					1			2	
2008	3	3		2			3	2		1
2009	3	1	1		4		2	1		1
2010		1	2		1	1	1		1	1
合计	12	5	3	2	5	4	7	3	5	3

（二）两省一市

江苏省水利厅对存在重大问题的涉河建设项目专题组织省水利厅内部专家讨论，及时以书面预审意见的形式反馈业主和防洪评价报告编制单位，要求业主优化项目建设方案，将项目对水域岸线的影响降到最低程度。

浙江省各级水行政主管部门从涉河建设项目的前期指导、防洪评价、行政审批、后期监管等关键环节入手，采取多种措施，加强对河道管理范围内建设项目的审查许可。做好涉河项目全过程管理，在涉河项目审批后的监督管理中采用购买服务的方式，引进中介机构进行检测，形成检查报告，并附相应图纸、照片及检测报告，及时向业主反馈。

上海市各级水行政主管部门按照相关规定，对河道管理范围内建设项目是否符合规划、河道蓝线，对河势稳定、堤防和护岸等水工程安全影响，对河道行洪排涝、排水和水质的影响，以及拟采取的补救措施进行严格审查。建设项目完工时组织专题验收，督促建设单位及时向当地河道主管机关报送有关竣工资料。

四、河湖管护

（一）太湖局

太湖局建立流域重要河湖——太湖、太浦河、望虞河（以下简称“一湖两河”）水政巡查报告制度，从 2005 年起，太湖局苏州管理局、太湖流域水文水资源监测局每月对“一湖两河”全线开展一次日常巡查，每年开展两次流域与有关区域水行政主管部门联合巡查，对河湖水域利用、涉河建设项目实施进行检查、督查，及时发现违法活动，并以巡查报告、专项督查报告、联合巡查总结等形式报太湖局。太湖局根据水利部统一部署组织开展流域水资源、河湖开发利用等专项执法活动，组织查处水事违法案件。

（二）两省一市

江苏省水利厅组织开展湖泊日常巡查、湖泊湿地建设指导以及湖泊基础资料收集整理等工作，并开展湖泊水质和湖泊水域与滩地占用情况遥感监测与分析。建立了省管湖泊管理与保护考核制度，按照考核办法，厅属有关管理处会同有关地市水利局对湖泊管理单位进行考核。

浙江省水利厅在河湖日常巡查的基础上，按照河湖水域管理和防汛工作实际，通过组织开展全省河道专项执法活动，加大河湖执法监督力度，严厉打击涉河湖违法行为，及时组织或责令拆除河道、湖泊管理范围内妨碍行洪的建筑，恢复河道功能。

上海市水务局发挥市、区两级堤防管理部门的作用，建立水域岸线陆域巡查与水域巡查工作互通机制。成立了 13 支陆域和 4 支水域巡查队，水域和陆域巡查工作相互配合，相互补充。

五、河湖管理机制创新

（一）太湖局

太湖局每年组织召开由有关省、市、县水行政主管部门和河道管理机关负责人参加的河湖管理和涉河项目管理会议，研究部署相关工作，并研究探讨河湖管理出现的新问题。2010 年，在全国水利建设与管理工作座谈会上，太湖局将流域河湖管理的经验和做法作了典型交流发言。

（二）两省一市

江苏省建立湖泊联席会议制度平台。省政府建立省级层面的全省湖泊管理与保护工作联席会议，负责研究确定湖泊管理与保护方面的重大事项。由省水利厅牵头成立了滆湖、长荡湖等 7 个省管湖泊管理与保护联席会议，研究处置非法圈圩清除、退圩还湖、湖泊开发利用等重大事项。

浙江省水利厅开展河道堤防水闸标准化管理体系和运行管理机制建设，提升水域监管、岸线控制、工程动态监测、河面保洁等河道综合管理水平，推进河道标准化管理。

上海市各级水行政主管部门建立专门河湖执法队伍，开展河湖执法能力建设，完善监督管理手段与措施，配备必要器材和装备。

六、河长制

2007年无锡供水危机后，无锡市人民政府出台了《无锡市河（湖、库、荡、氿）断面水质控制目标及考核办法（试行）》，实行河流断面水质监测结果纳入党政主要负责人政绩考核机制，各级党政主要负责人担任无锡市64条河道的“河长”，作为河道水质改善的第一责任人。同时，浙江省湖州市也开展了以河道保洁管护工作为重点的河长制探索与实践。此后，河长制在太湖流域水环境综合治理以及河湖管理工作中逐步推广和完善。

河长制即由各级党政主要负责人担任“河长”，负责辖区内的河道综合整治，采取“一河一策”的方法，制定水环境综合整治方案，实行领导包推进、地区包总量、部门包责任，协调推进河道水环境整治。各级政府成立以主要领导为组长，水利、环保、城管、建设、农林等部门负责人为成员的河长制领导小组，各级各部门统一协调开展水环境综合治理和河湖管理，河长制作为创新的制度发挥了重要作用。

第六节 治太骨干工程管理情况

至2010年，十一项治太骨干工程太湖局和两省一市各级水行政主管部门共组建44家水管单位，管理人员达2000余名。工程管理情况见表13-3-2～表13-3-12。

表13-3-2　　望虞河工程管理情况表

管理范围	管理单位	成立时间	单位性质	主管机关	定编人数/人	现有人数/人	2008年预算基本支出/万元	2008年实际支出/万元	维修养护经费/万元
望亭水利枢纽	太湖局苏州局	1992年12月	纯公益	太湖局	55	34	287	287	43
月城河、蠡河	江苏省太湖地区水利工程管理处	1998年	纯公益	江苏省水利厅	234	78	1500	1491	1159
苏州相城区段	相城区堤闸管理所	2001年3月	准公益	相城区水利局	9	8	140	124	8
常熟段	望虞河常熟管理所	1981年6月	准公益	常熟水利局	85	42	460	468	60
无锡新区段	新区望虞河工程管理所	1999年1月	准公益	新区地方经济贸易局	12	5	34	39	15
无锡锡山段	望虞河锡山管理所	2000年3月	纯公益	锡山区水利农机局	67	51	465	448	125

表 13-3-3　太浦河工程运行管理情况表

管理范围	管理单位	成立时间	单位性质	主管机关	定编人数/人	现有人数/人	2008年预算基本支出/万元	2008年实际基本支出/万元	维修养护经费/万元
太浦闸	太湖局苏州局	1992年12月	纯公益	太湖局	55	34	287	287	94
江苏段	吴江市太浦河管理所	1994年1月	纯公益	吴江市水利局	56	56	600	—	420
浙江段	浙江省嘉善县太浦河管理所	2002年3月	纯公益	嘉善县人民政府	42	21	310	323	207
太浦河泵站、上海段	上海市堤防（泵闸）设施管理处	2005年12月	纯公益	上海水务局	217	204	1147	1147	2000

表 13-3-4　环湖大堤运行管理情况表

管理范围	管理单位	成立时间	单位性质	主管机关	定编人数/人	现有人数/人	2008年预算支出/万元	2008年实际支出/万元	维修养护经费/万元
浙江湖州段	湖州环湖大堤管理所	1996年	纯公益	湖州市太湖水利工程建设管理局	7	6	—	95	582
湖州长兴县段	长兴太湖水利工程开发管理局	1993年2月	监管类	长兴县水利局	7	7	178	178	258
江苏苏州吴江段	吴江市堤闸管理所	1984年	纯公益	吴江市水利局	43	38	576	566	160
苏州吴中区段	吴中区堤闸管理所	1981年	纯公益	吴中区水利局	14	11	98	112	151
苏州吴中区段	苏州市胥口水利枢纽工程管理处	1997年2月	准公益	苏州市水利局	40	—	—	—	—
苏州高新区段	苏州高新区堤闸管理所	2003年	行政管理类	苏州高新区建设（水务）局	8	7	221	148	95
苏州相城区段	苏州市相城区堤闸管理所	2001年3月	准公益	相城区水利局	9	8	140	124	8
江苏无锡市段	江苏无锡太湖闸站管理处	—	纯公益	无锡市水利局	120	103	954	954	236

续表

管理范围	管理单位	成立时间	单位性质	主管机关	定编人数/人	现有人数/人	2008年预算支出/万元	2008年实际支出/万元	维修养护经费/万元
无锡滨湖区段	无锡滨湖区河湖管理所	2001年	纯公益	滨湖区水利农机局	15	5	41	41	35
无锡滨湖区段	无锡滨湖区贡湖堤闸管理所	2001年	纯公益	滨湖区水利农机局	18	5	45	36	83
无锡国家旅游度假区段	无锡旅游度假区防洪工程管理处	2001年	纯公益	无锡旅游度假区管委会	23	5	—	—	106
无锡市新区新安段	无锡市新区新安堤闸管理站	1984年	纯公益	地经局、新安街道	11	8	35	25	9
无锡宜兴段	宜兴市水利工程建设管理处	2002年	纯公益	宜兴市水利农机局	4	4	106	106	76
江苏常州段	武进区太湖堤闸工程管理处		纯公益	武进区水利局	20	17	360	260	90

表 13-3-5　　杭嘉湖南排工程运行管理情况表

管理范围	管理单位	成立时间	单位性质	主管机关	定编人数/人	现有人数/人	2008年预算基本支出/万元	2008年实际基本支出/万元	维修养护经费/万元
杭嘉湖南排工程	杭嘉湖南排工程管理局	1998年	纯公益	浙江省水利厅、嘉兴市人民政府	112	98	850	936	350

表 13-3-6　　湖西引排工程运行管理情况表

管理范围	管理单位	成立时间	单位性质	主管机关	定编人数/人	现有人数/人	2008年预算基本支出/万元	2008年实际基本支出/万元	维修养护经费/万元
谏壁节制闸	镇江市长江河道管理处	1982年10月	纯公益	镇江市水利局	88	80	644	614	442
谏壁抽水站	谏壁抽水站管理处	1978年5月	纯公益	镇江市水利局	121	96	866	849	101
九曲河枢纽	丹阳市九曲河枢纽管理处	2005年1月	—	丹阳市水利局	58	50	1025	1100	299

续表

管理范围	管理单位	成立时间	单位性质	主管机关	定编人数/人	现有人数/人	2008年预算基本支出/万元	2008年实际基本支出/万元	维修养护经费/万元
魏村枢纽	常州市长江堤防工程管理处	—	—	常州市水利局	110	91	2048	2675	360
新闸水利枢纽	江苏省太湖地区水利工程管理处	1998年	纯公益	江苏省水利厅	—	—	—	—	—

表13-3-7　东西苕溪防洪工程运行管理情况表

管理范围	管理单位	成立时间	单位性质	主管机关	定编人数/人	现有人数/人	2008年预算基本支出/万元	2008年实际基本支出/万元	维修养护经费/万元
西险大塘（杭州段）、南北湖滞洪区	余杭区苕溪堤防河道管理所	1962年5月	纯公益	余杭区林水局	33	32	225	225	322
西险大塘德清段、导流东大堤德清段	德清县东苕溪堤闸管理所	2001年7月	纯公益	德清县水利局	8	5	141	133	327
导流东大堤湖州段及沿线口门	湖州市东西苕溪管理所	2004年	纯公益	湖州市太湖水利工程建设管理局	6	4	—	58	579

表13-3-8　武澄锡引排工程运行管理情况表

管理范围	管理单位	成立时间	单位性质	主管机关	定编人数/人	现有人数/人	2008年预算基本支出/万元	2008年实际基本支出/万元	维修养护经费/万元
澡港水利枢纽	常州市长江堤防工程管理处	2000年6月	—	常州市水利局	110	91	2048	2675	360
白屈港枢纽	江阴市白屈港水利枢纽工程管理处	1994年2月	纯公益	江阴市水利农机局	120	102	1269	1269	316
新夏港河	江阴市河道管理处	1987年11月	准公益	江阴市水利农机局	16	16	750	667	348
武澄锡西控线	武进区太湖堤闸工程管理处	2001年4月	纯公益	武进区水利局	20	17	360	260	90

表 13-3-9　红旗塘工程运行管理情况表

管理范围	管理单位	成立时间	单位性质	主管机关	定编人数/人	现有人数/人	2008年预算基本支出/万元	2008年实际基本支出/万元	维修养护经费/万元
红旗塘干河嘉善段	嘉善县红旗塘管理所	2004年3月	纯公益	嘉善县水利局	20	13	56	92	180
红旗塘干河秀洲区段	嘉兴市秀洲区红旗塘管理所	2004年7月	纯公益	秀洲区水利局	0	10	389	40	329
红旗塘上海段	上海市堤防（泵闸）设施管理处	2005年12月	纯公益	上海市水务局	217	204	1147	1147	2000
泖洋港、富阳港、大港和龙头港等	青浦区河道水闸管理所	1978年	事业单位	青浦区水务局	170	138	1550	1352	450
红旗塘松江区区属工程	松江区水利工程管理所	1974年9月	事业单位	松江区水务局	183	156	1280	1596	128

表 13-3-10　杭嘉湖北排通道工程运行管理情况表

管理范围	管理单位	成立时间	单位性质	主管机关	定编人数/人	现有人数/人	2008年预算基本支出/万元	2008年实际基本支出/万元	维修养护经费/万元
北排工程湖州段	湖州市环湖大堤管理所	1996年	纯公益	湖州市太湖水利工程建设管理局	7	9	—	95	582
北排工程秀洲段	秀洲区杭嘉湖北排通道管理所	2004年7月	纯公益	秀洲区水利局	0	10	389	40	329
北排工程嘉善段	嘉善县杭嘉湖北排通道管理所	2004年3月	纯公益	嘉善县人民政府，业务归口县水利局	20	13	56	92	180

表 13-3-11　扩大拦路港疏浚泖河及斜塘工程运行管理情况表

管理范围	管理单位	成立时间	单位性质	主管机关	定编人数/人	现有人数/人	2008年预算基本支出/万元	2008年实际基本支出/万元	维修养护经费/万元
拦路港市管工程	上海市堤防（泵闸）设施管理处	2005年12月	纯公益	上海市水务局	217	204	1147	1147	2000
拦路港青浦区区管工程	青浦区河道水闸管理所	1978年	事业单位	青浦区水务局	170	138	1550	1352	450

表 13-3-12　　黄浦江上游干流防洪工程运行管理情况表

管理范围	管理单位	成立时间	单位性质	主管机关	定编人数/人	现有人数/人	2008年预算基本支出/万元	2008年实际基本支出/万元	维修养护经费/万元
黄浦江上游干流防洪工程市管工程	上海市堤防（泵闸）设施管理处	2005年12月	纯公益	上海市水务局	217	204	1147	1147	2000
黄浦江上游干流防洪工程松江区区管工程	松江区水利工程管理所	1974年9月	事业单位	松江区水务局	183	156	1848	1956	128
黄浦江上游干流段金山区区级工程	金山区水利管理所			金山区水务局					
黄浦江上游干流段闵行区区级工程	闵行区水闸管理所		事业单位	闵行区水务局					

第四章 水 土 保 持

第一节 太湖局水土保持工作

太湖局从20世纪90年代中期开始开展流域片水土流失预防和监督管理工作，2002年成立水土保持处，与水政水资源处合署办公，承担流域水土保持管理职责。2009年组建太湖流域水土保持监测中心站（正处级），负责流域水土流失动态监测工作。

一、流域水土流失基本情况

按全国水土流失类型区的划分，太湖流域属于南方红壤丘陵区，水土流失类型以水力侵蚀为主，土壤侵蚀强度以轻中度为主。根据2011年第一次全国水利普查水土保持情况普查结果，太湖流域共有水土流失面积1064.58平方千米，占土地总面积的2.89%；其中江苏省、浙江省、上海市水土流失面积分别为503.81平方千米、558.71平方千米、2.06平方千米，水土流失面积占其太湖流域内土地总面积的比例分别为2.60%、4.62%、0.04%。山丘区水土流失主要发生在坡地。全流域平原区面积占80%，平原地区虽无大面积明显的水土流失，但平原河道未护砌的自然土质边坡在暴雨、径流及船行波的作用下，仍会发生边坡崩塌等水土流失现象；同时，大量的生产建设项目在开发建设过程中也造成了水土流失。

二、流域水土保持规划

1999—2000年，太湖局根据水利部统一部署，编制完成《太湖流域及东南诸河水土保持生态环境建设规划（1999—2030年）》，对水土保持发展方向、区域布局、对策、治理措施、重点工程等进行了总体安排，规划到2010年坚决控制住人为造成的水土流失，基本遏制生态环境恶化趋势，完成综合治理程度60%；到2030年对人为造成的水土流失恢复治理80%，完成综合治理程度90%。

2003—2005年，太湖局根据水利部要求，编制完成《太湖流域及东南诸河水土保持生态修复规划》，提出了流域片水土保持生态修复的规划目标、分区、总体布局、措施等，对水土保持生态修复工作做出全面安排。

2007—2009年，根据水利部统一部署的太湖流域综合规划编制工作要求，太湖局组织编制完成了《太湖流域水土保持规划》，成果纳入太湖流域综合规划。规划明确了太湖流域的分区、治理措施、重点工程等，并以平原区水土流失治理为重点，有针对性地提出边坡生态治理模式，强化了对平原区开发建设项目的监督管理措施。规划提出，到2020年全面落实开发建设项目水土保持方案审批、验收制度，水土流失治理度不低于80%；到2030年建立完善的水土保持监督管理体系，人为活动产生新的水土流失得到全面控制，流域水土流失面积基本得到治理，80%的小流域达到生态清洁型小流域建设要求。

2010年，水利部部署了全国水土保持规划编制工作，太湖局启动了《太湖流域片水土保持规划》编制工作，完成水土保持规划区划资料收集、大纲编制等前期工作。

三、基础工作

为更好地服务太湖流域水土保持工作，太湖局不断加强基础工作。2004年完成了“太湖流域平原河网地区水土流失特点及治理措施研究”，对太湖流域平原河网地区的水土流失危害、特点、主要形式、成因、防治措施和治理对策进行了研究。2006—2008年，为实施监督管理的信息化和规范化，建成了大型开发建设项目水土保持管理数据库。2010年，为提高水土流失防治针对性和科学性，完成了“大型开发建设项目水土流失防治新技术研究”“太湖流域水土流失河道调查分析”等。这些基础工作为水土流失预防监督等提供了支撑，为流域水土保持规划编制奠定了基础。太湖流域水土保持监测中心站成立后，开展了水土流失动态监测与公告项目前期工作，收集整理了流域水土保持有关基本资料和信息，每年进行水土保持数据库更新，为指导流域开展水土保持生态环境建设提供基础数据。

四、预防与监督

2004年，水利部印发了《关于加强大型开发建设项目水土保持监督检查工作的通知》，要求流域机构代部行使大型开发建设项目水土保持监督检查权。2005年太湖局印发了《太湖流域及东南诸河大型开发建设项目水土保持监督检查暂行办法》，较好地规范了流域片大型开发建设项目水土保持方案实施情况监督检查工作。根据该办法，2004—2010年，太湖局每年均会同两省一市水利（水务）厅（局）对大型开发建设项目水土保持方案实施情况进行联合跨省（市）检查。2008年还根据水利部统一部署开展了监督执法专项行动，推动了建设项目水土保持“三同时”制度的落实，也促进了两省一市相互学习和交流。期间共抽查了铁路、公路、电力等30多个大型开发建设项目并印发监督检查意见，还督促和落实了铁路等20多个重点项目水土保持设施的验收，使建设项目人为水土流失基本得到了控制。2006年，根据水利部统一部署，太湖局参加了浙江省水土流失与生态安全科学考察。每年根据水利部安排，参与和开展小流域水土流失综合治理、生态修复试点、国债项目等国家水土保持治理工程的检查、验收等工作。

第二节 两省一市水土保持工作

一、江苏省

（一）水土保持管理机构

1956年，成立了江苏省水土保持委员会；1984年，省编委批准成立了水土保持办公室。截至2010年，江苏省水土保持办公室与农村水利处合署办公，负责指导全省水土保持工作，组织编制水土保持规划并监督实施；负责水土流失监测、预报并公告；负责省重大建设项目水土保持方案的审批、监督实施及水土保持设施的验收工作。2003年成立了江苏省水土保持生态环境监测总站，负责全省水土流失监测工作。

（二）水土保持法规

1991年《水土保持法》颁布实施后，为依法治理水土流失，依法保护水土资源环境，1994年江苏省人大常委会颁布了《江苏省实施〈中华人民共和国水土保持法〉办法》，1997年和2004年进行了修订。1996年江苏省人民政府颁布了《江苏省水土保持设施和补偿费水土流失防治费征收和使用管理办法》，并向各级人民政府发出了《关于加强水土保持工作的通知》。1999年颁布了《关于划分江苏省水土流失重点防治区和平原沙土区的通知》，进行了“三区”（重点预防保护区、重点监督区、重点治理区）划分与公告。

（三）水土保持规划

1989年江苏省水利厅编制了《江苏省水土流失现状和分区治理规划》，列入江苏省国土总体规划中。“九五”期间，江苏省水利厅编制了《江苏省水土保持小流域综合治理和水资源工程规划》，提出了到2000年要完成150条小流域、一批小型水资源工程和水资源骨干工程的治理任务。2000年以后，江苏省水利厅先后编制完成《江苏省太湖流域水土保持生态修复规划》《江苏省水土保持规划（2006—2020年）》《江苏省2009—2011年水土保持重点工程建设规划》等一系列规划，对水土保持工作做出安排。

（四）基础工作

2003年江苏省水土保持生态环境监测总站成立以后，全面开展水土保持监测工作。印发了《水土保持生态环境监测网络管理办法》，编制了《江苏省水土保持生态环境监测网络实施办法》，充分利用现代化信息技术，在全省建立水土保持监测网络体系。为及时掌握水土流失动态，提高水土流失防治的科学化、信息化水平，与科研机构、高等院校合作开发了“江苏省水土流失动态监测和管理信息系统”，并开展了建设项目水土保持监测工作。此外，还开展了全省水土流失量的监测和有关水土流失基础资料的收集。“十一五”期间，完成水土保持监测网络和信息系统二期工程建设，建立了吴中区水土保持科技示范园，设置了溧阳等长期监测点。

（五）预防、监督与治理

按照水土保持有关法律法规要求，江苏省水土保持工作坚持依法行政，认真履行法律法规赋予的监督管理职责。重点抓好开发建设项目水土保持“三同时”制度的落实；开展国家重点水利工程的水土保持方案编报和审批工作，省内的大型水利工程均按要求编报水土保持方案，保证水土保持工作在国家重点水利项目中全面实施；抓好省内新建大型建设项目水土保持方案的编报和审批，大中型电厂建设、输油输气管道建设以及沪宁高速公路扩建工程等项目均按规定编报了水土保持方案；加大查处违法要案和执法检查的力度，每年开展建设项目水土保持方案实施情况监督检查，先后对西气东输（江苏段）、沙河抽水蓄能电站等多个项目的实施情况进行了检查和验收，其中 2005 年 1 月江苏省水土保持办公室协助省人大农经委开展了实施《水土保持法》专项执法检查；加强培训，开展监督管理规范化建设，提高监督执法水平；重视城市水土流失的潜在危害，健全水土保持全方位的预防监督。

江苏省人民政府为扶持丘陵山区综合治理开发，“九五”期间每年从省财政拨出 1500 万元专款用于小流域综合治理和经济开发，加快了丘陵山区水土保持生态环境建设速度。2000 年以后，江苏省水土流失综合治理工作着重于生态建设。从 2004 年开始，通过生态修复、小流域综合治理等加强水土流失治理，实施了水土保持国债项目，有效发挥了中央资金的引导和带动作用。在溧阳、宜兴、句容等市（县）重点开展小流域综合治理，与社会主义新农村建设、发展节水高效农业紧密结合，建设生态清洁型小流域，将小流域建设成节水高效型的社会主义新农村社区。在吴中等市（县）开展水土保持生态建设及生态修复试点，溧阳作为全国第二批水土保持生态修复试点，探索出了依靠生态自我修复加快水土流失治理的新路子。综合治理城市水土流失，开展了常熟市宝岩生态园城市水土保持试点。在实施县乡河道疏浚工程和农村河塘整治工程中，做好河道、河塘的边坡防护，实行长效管理，有效抑制水土流失，改善农村生态环境。以兴修水库保水源、整修梯田造良田、扩栽植被保水土为重点开展了水源工程建设、沟道治理工程和坡耕地改造工程，并加强水库的水土保持生态建设，溧阳沙河、宜兴横山等水库都积极开展绿化植树，绿化山坡，涵养水源，固坡减沙，保水保土，栽种了观赏树或果树，使环境更加优美。如宜兴市山丘区共有 48 条小流域，控制面积 483 平方千米，至 2000 年治理了 378 平方千米，太华镇、茗岭村还通过小流域治理拓宽土地 3000 多亩；“十五”期间完成沟涧治理 25 条，治理水土流失 50 平方千米，“十一五”期间又治理水土流失 60 平方千米。

二、浙江省

（一）水土保持管理机构

1987 年浙江省水利厅设浙江省水土保持委员会办公室，2009 年成立水资源与水土保持处，负责浙江省水土保持管理职责，指导全省水土保持工作，组织实施水土流失监测、预报并公告，负责有关建设项目水土保持方案的审核、审批并监督实施以及水土保持设施的验收工作。2006年成立浙江省水土保持监测中心，负责水土流失监测等工作。

（二）水土保持法规

1991年《水土保持法》颁布实施后，浙江省加强配套法规建设，1994年，浙江省人民政府印发了《关于加强水土保持工作的通知》。1996年，《浙江省实施〈中华人民共和国水土保持法〉办法》颁布施行。1997年，出台了《浙江省水土保持设施补偿费水土流失防治费征收使用管理办法》。1999年，浙江省人民政府印发了《关于公布省级水土流失重点防治区的通知》，进行了“三区”（重点预防保护区、重点监督区、重点治理区）划分与公告。

（三）水土保持规划

1999年以来，浙江省编制完成了《浙江省水土保持总体规划报告》《浙江省水土保持总体规划报告（2006—2010年）》《浙江省水土保持生态修复规划报告（2006—2010年）》《浙江省2009—2011年水土保持重点工程建设规划》，对全省水土保持工作做出部署安排，为生态环境建设和水土流失预防、监督和治理发挥了重要作用。

（四）基础工作

1995年，浙江省水利厅完成国家“八五”科技攻关项目《金衢盆地土地退化及其综合整治试验示范研究》。1998—2009年，先后完成全省5次遥感普查，为水土保持生态建设和预防监督工作的宏观决策提供了科学依据。1998—2002年，积极探索工程建设开挖裸露面的恢复治理措施，完成“复合植生混凝土解决岩石开挖裸露坡面植被再生技术研究”课题。2004年，完成《水土保持生态修复途径与评价指标体系研究》和《浙江省建设项目水土流失成因及防治技术研究》。“十一五”期间，开展了“山核桃林坡面水土流失防治模式”“低丘缓坡水土流失防治对策”“平原河网地区河道工程水土保持措施适用性”“水土保持生态清洁型小流域治理技术”“开发建设项目水土保持技术标准”等基础研究，积极推广新技术；建成了安吉县水土保持示范区，成为浙江省首个水土保持科技示范园；完成水土保持监测网络和信息系统二期工程建设，设立了1个省级中心站、4个监测分站以及14个监测点；推进水土保持信息化建设，完成浙江省水土保持监督管理系统开发。

（五）预防、监督与治理

“十五”期间，浙江省率先在全国制定了《浙江省开发建设项目水土保持方案分类管理暂行办法》和《浙江省开发建设项目水土保持方案实施监督管理暂行办法》，加强了对开发建设项目水土保持方案的审批和管理力度。“十一五”期间，制定出台了一系列水土保持规范性文件，如《浙江省开发建设项目水土保持工作指南（试行）》《关于进一步规范生产建设项目水土保持工程概（估）算编制工作的通知》《关于开展全省水土保持监督管理能力的通知》《浙江省水土保持监督管理能力建设验收办法（试行）》，法律配套制度体系不断健全。同时，积极开展开发建设项目水土保持方案的编报审批和水土保持设施验收工作，水土保持方案编报率逐年提高，交通、水利、能源、电力、市政等大中型基础设施项目方案申报基本全覆盖，房地产、开发区等项目方案审批制度逐步得到落实，省级项目编报率达95%以上。水土保持设施验收逐步规范，省级水利项目、公路重点项目、水运项目及大中型输变电项目100%开展水土保持设施专项验收。水土保持设施补偿费和水土流失防治费的征收每年增长。浙江省水利厅和杭州、湖州、嘉兴市及所属县（市、区）水行政主管部门每年开展水土保持监督检查和执法工作，三级联动的长效机制逐步形成，监督检查工作日趋规范，工作延伸至开发建设活动的各领域和全过程。

1998年起，浙江省开展了以水土流失防治为主要内容的小流域综合治理。2000年以后，浙江省为了提高生态省建设任务的实施效果，结合下山脱贫工程、封山育林和退耕还林工程、农业综合开发工程等开展水土保持工作，通过生态修复、小流域综合治理等加快水土流失治理。期间，针对经济林地水土流失较严重的问题，开展了经济林水土流失专项治理；研究出台《开展生态清洁型小流域建设试点工作指导意见》和《浙江省生态清洁型小流域建设试点验收试行办法》，积极推进生态清洁型小流域试点工作，均取得了较好效果。杭州市太湖流域内仅在“十五”期间就完成治理水土流失面积380多平方千米，其中余杭区灵项溪小流域于2001年被水利部和财政部联合命名为首批全国水土保持生态环境建设示范小流域。2003—2007年，杭州市对临安市和余杭区8条小流域进行了治理。临安市还从2005年起实施山核桃林地水土流失治理，极大改善了农业生产条件，并作为全国第二批水土保持生态修复试点。湖州市十分重视城市水土保持工作，开展了“万里清水河道”工程，河道护岸长度达数千千米，并推进公共绿地建设等，改善人居环境、有效遏制水土流失，于2003年通过了全国第二批水土保持试点城市验收，成为浙江省首个通过水土保持验收的城市，2004年又被命名为国家级水土保持示范城市。安吉县经过多年小流域治理，水土流失面积不断减少，森林覆盖率到1999年达69.4%，2000年被水利部、财政部命名为全国水土保持生态环境建设示范县；2005年以后，加强经济林水土流失治理，在水库上游的板栗林地套种毛竹、杨梅、珍稀阔叶树种，并修建坡面水系调控工程防治水土流失，先后治理了20多条小流域，改善了水库水质，促进了农业生产和农民增收，同时开展了深溪生态清洁小流域建设，成为浙江省和全国的生态清洁小流域建设先进典型，全县水土流失面积从1996年的293平方千米下降至2010年的147平方千米。

三、上海市

至2010年，上海市水务局建设管理处（水土保持处）负责上海市水土保持管理职责，组织实施水土保持工作。上海市水文总站负责水土保持监测工作。

上海市通过对河道淤积量的调查，积极探索平原区水土流失量调查方法，并引进国内外先进的河岸边坡处理技术，应用日本的多种水生植物护坡技术和生态处理技术，不断提高水土保持生态河道建设的科技含量。2010年开展了水土保持区划和水土保持规划编制工作。

上海市以贯彻《水土保持法》和水利部《开发建设项目水土保持方案编报审批管理规定》为切入点，开展水土保持方案的审批和水土保持设施验收工作，建立了建设项目水土保持方案的监督、检查和指导制度，使监督管理进一步制度化和规范化。2000年以来，积极配合水利部和太湖局对西气东输、外高桥电厂三期等10余项大型开发建设项目水土保持方案的实施情况进行监督检查，还对奉贤燃机发电厂等多个项目进行了水土保持验收。

上海市针对平原河网地区水土流失的特点，从试点示范抓起，积极探索平原河网地区的水土流失治理模式，立足生态工程，选择试点，以重点河道综合整治为重点，将生态维护、水质、河道护岸、防汛排涝、绿化建设等工作有效结合。2001年以来，以滚动实施三年环保行动计划为抓手，结合"以建设生态河道为抓手，大力推进水环境整治"，以生态型乔木为主建设黄浦江上游、太浦河等骨干河道两侧涵养林带，有效保护了水土资源。增加种植观赏性花木、草皮、灌木，既直接抗御水流、风浪、涌浪的冲击力，起到了缓冲、减速、保护坡脚的作用，又改善了生态环境，集中建设了以杨树浦、龙华港、虹口港、松江新城等一批水土保持型、生态环境型的水土保持样板河段，建成了闵行区北横泾、奉贤区环城河、金山区斜塘等一批水土保持样板河段。结合上海市新城镇建设，以松江区新浜镇为试点，启动了"水土保持生态建设示范镇"建设项目，改善了城镇面貌，提高了居民生活质量。2007年开展的以村镇级中小河道整治为主的"万河整治行动"，通过河道清淤改善水质，同时，开展了边坡修整和岸坡绿化，有效减少了水土流失，"十一五"期间完成1000千米骨干河道、17000千米中小河道和2000千米村沟宅河整治。

第五章 水 政 管 理

第一节 水政队伍建设

一、太湖局

1990—2002年，太湖局的水政管理机构为水政水资源处；2002年起水政水资源处加挂水政监察总队牌子。

1995年水利部印发《关于加强水政监察规范化建设的通知》，根据水利部的部署，太湖局开展以“八化”[1]为目标的水政监察规范化建设，制定了《太湖流域管理局实施水政监察规范化建设实施方案》等文件。根据水利部《关于流域机构开展水政监察规范化建设的通知》要求，太湖局于1999年首先筹建局属直管工程太浦闸管理所水政监察大队；2001年，成立了太湖局直属的苏州管理局水政监察支队和水文水资源监测局水政监察支队。2002年11月，太湖局正式组建水政监察总队，印发总队“三定”方案。至2010年，太湖局水政监察总队机构基本建立，总队内设办公室，下设三个支队、四个大队，具有专兼职水政监察员46人，并申领水利部和流域两省一市人民政府颁发的行政执法证，严格执行持证上岗。各级水政监察队伍配置了必要的执法车船、调查取证等执法设备。

二、两省一市水行政主管部门

1989年3月，江苏省水利厅水政水资源处成立，负责全省水政水资源管理工作。1995年《江苏省〈水政监察组织暨工作章程（试行）〉实施细则》出台，全省上下相继建立了水政监察专职队伍。1996年年初，确定了11个县为省水利厅水政监察规范化建设联系点。2001年8月，江苏省水政监察总队参照国家公务员制度管理，人员编制从6名增加到12名。截至2010年年底，江苏省共有水政监察支队23个，水政监察大队147个，专兼职水政监察员4400多名。

1990年2月，浙江省水利厅水政水资源处成立，随后各地相继建立了水政水资源机构。1997年6月，浙江省水政监察总队成立。2010年，浙江省水利厅内设机构调

---

[1] 执法队伍专职化、执法管理目标化、执法行为合法化、执法文书标准化、学习培训制度化、执法统计规范化、执法装备系列化、检查监督经常化。

整，设立水政处，负责省水政监察总队日常工作。

1990 年 5 月，上海市水利局水政处成立。1991 年 12 月，水利局印发《区县水政机构职责暂行规定》。1996 年 9 月，市区 6 个区水行政主管部门先后成立区水政管理所，组建水政监察队伍。1996—2000 年，原上海市水利局水政处先后更名为水政法规处、政策法规处，负责水行政执法监督和水政监察队伍建设。2002 年 3 月，成立上海市水务稽查总队，嘉定、金山、闵行、奉贤、松江区水务局相继成立水务稽查支队。2005 年 12 月，成立上海市水务行政执法总队，2009 年 12 月水务行政执法总队增挂中国海监上海总队牌子。

第二节 制 度 建 设

一、太湖局

为履行《水法》赋予的职责，太湖局开展了配套制度建设。在水利部颁布《关于授予太湖流域管理局取水许可管理权限的通知》（1995 年）、《关于太湖流域管理范围内建设项目审查权限的通知》（1999 年）、《关于流域管理机构决定〈防洪法〉规定的行政处罚和行政措施权限的通知》（1999 年）以后，制定了《水利部太湖流域管理局实施取水许可制度细则》（1995 年）、《太湖流域片省际边界水事协调工作规约》（2002 年）、《太湖流域管理局行政许可工作规定》（2004 年出台，2009 年修改）、《太湖流域“一湖两河”水行政执法联合巡查制度》（2005 年）、《太湖流域及东南诸河大型开发建设项目水土保持监督检查暂行办法》（2005 年）、《太湖流域管理局应对流域片重要饮用水水源地突发性水污染事件应急预案（试行）》（2007 年）、《太湖流域管理局关于改进行政许可工作提高行政效率的意见》（2007 年）、《太湖流域河道管理范围内建设项目管理暂行办法》（2008 年）等一系列流域规范性文件。2011 年《太湖条例》颁布后，太湖局确定了以《太湖条例》为重点的水法规框架，将新水法和《太湖条例》赋予流域机构的职责，通过配套水法规建设加以落实，逐步明确流域区域事权划分，细化落实流域与区域相结合的水资源管理制度。

二、两省一市水行政主管部门

江苏省水利厅和省水政监察总队推进水政监察规范化建设，制定了一套较为完善的管理制度，包括《水政监察组织暨工作章程（试行）实施细则》《水政监察管理制度》《重大水行政处罚备案审查等制度》，并修订《全省水利系统水行政处罚执法文书》《水行政处罚自由裁量权参照执行标准实施办法》《江苏省水利厅行政许可听证程序》等规范性文件，全面推行使用说理式执法文书，实行网上办案，规范执法行为。

浙江省水利厅按照水利部提出的“八化”要求，围绕建队伍、定制度、配装备、征规费、严执法、树形象等六个方面，开展水政监察规范化建设工作。2010年开展水政监察队伍“三百、六保障”[1]达标活动，推进水政监察队伍建设。各级水政监察队伍根据“八化”要求，建立健全各项规章制度，明确水政监察工作职责，建立目标岗位责任制。省水利厅坚持以建立较为完备、科学、符合省情的水法规体系为目标，初步建立了以《水法》为核心，多层次、相互配套的水法规体系。

上海市水务局推进行政执法责任制，结合水务行政执法工作实际，通过程序制约权利、责任监督权利的方式，把考核、监督制约和工作管理制度有机结合。印发《行政执法责任制（2010版）》，制定《关于进一步规范和加强水务（海洋）行政执法案件告知移送办法》等一系列执法规范制度，对全市水务（海洋）行政执法单位和执法人员行为规范提出措施和要求，促进严格、规范、公正、文明执法。

第三节 水行政执法

一、太湖局

1998年《防洪法》施行，根据1999年水利部授权，太湖局开始行使《防洪法》规定的行政处罚和行政措施权限。太湖局以“一湖两河”和省际边界地区以及太湖局行政许可事项范围内的水行政执法为重点，履行水政监察职责，加大执法力度。

水政监察总队、支队、大队三级联合，定期开展日常巡查，各支队结合引江济太、水资源监测等工作定期每月安排多次巡查；总队根据支队巡查情况，每月不定期开展巡查，对发现的重点违法项目开展现场调查、协调、处理。2005年年底印发的《太湖流域“一湖两河”水行政执法联合巡查制度》，确定了联合巡查、定期磋商、案件处理、重大或有特殊影响案件的报告、案件督办、培训与交流等流域与区域合作制度。根据联合巡查制度规定，开展流域与区域执法合作，2005—2010年，太湖局总队和各支队先后组织开展了13次联合巡查，覆盖苏浙沪省际边界地区及“一湖两河”所有重点河段，发现并处理水事违法案件40余起。

太湖局先后立案查处梅梁湖游艇码头、太浦河苏同黎公路特大桥、七都太湖湿地建设、宜兴生态湿地修复、太湖新天地公园等一大批水事违法案件。《太湖条例》出台后，太湖局对发现的湖州旅游度假区管委会滨湖村景观平台、东山环山公路扩建工程景观绿化项目等多起影响较大的水事违法案件进行直接立案查处。“一湖两河”范围内水事违法行为逐年减少，依法报批的项目逐年增多，流域涉水事务管理日趋规范。

---

[1] “三百、六保障”达标活动中“三百”指全省水政监察队伍列入参照公务员管理单位或财政补助事业单位达到百分之百，全省水政监察队伍45周岁以下的水政监察员具备大专以上学历达到百分之百，全省水政监察执法网络向基层、流域站、工程管理单位延伸覆盖面达到百分百。“六保障”指机构人员保障、素质能力保障、管理制度保障、执法网络保障、队伍经费保障和执法装备保障。

太湖局水政监察总队多次组织两省一市水政监察部门（单位）开展专项调研、现场检查，行文督办地方依法处理吴江不夜城假日酒店、望虞河漕湖填湖筑岛等违法案件、湖州洑子岭耐火集团有限公司违法填占太湖水域案、长兴环太湖公路景观工程、无锡梅梁湖羊歧地块复耕工程等10余起。同时，总队举办地方基层政府人员参加的水法规培训班，促进地方共同执行《太湖条例》，形成流域、区域执法合力。

二、两省一市水行政主管部门

江苏省水利厅组织开展综合执法，将水行政执法范围覆盖到防汛清障、水资源保护、水土保持、水利工程和水文设施保护。加强执法巡查，持续开展“百湖执法大检查”等专项执法检查活动，不断加大水事案件查处力度，并参加太湖局组织的水行政执法联合巡查活动。1988—1992年，江苏全省各级水行政主管部门共发出《责令停止水事违法行为通知书》2218件，作出《违反水法规行政处罚决定》2141件，水行政主管部门申请法院强制执行的353件。1991年抗洪斗争中，共出动清障船2000多条次，清除主要行洪河道上的鱼罾、鱼簖和拦河网具17176处、水作物1800余亩、阻水障碍3486处。1993年至1999年上半年，江苏省水利厅共处理各类水事案件21372件。2000—2005年，江苏省共出动执法人员近14万人次，车辆33400余台次，查处各类水事案件近7000起，清除违章建筑192900平方米，违章圈圩16821亩，铲除违章种植28570亩，清除渔网、鱼簖11570处。2006—2011年，江苏省共出动执法巡查人员近73万人次，车辆53400余台次，查处各类水事案件16700多起，清除违章种植30730亩，清除渔网、鱼簖14088处。

浙江省水利厅在执法中，采用巡查和专项执法活动相结合、上下和部门联动的形式，重点强化对水行政许可的监管，集中力量查办重点、难点和焦点案件。据不完全统计，从《水法》颁布实施到1992年，全省共查处水事违法案件3000余件，其中申请法院强制执行的20余件。1998年全省开展以“确保行洪安全，清除行洪障碍”为主题的执法大行动，共查处设障案件486起。1997—1999年，依法制止违法案件30余起，减少非法占用水域8000余平方米，并结合河道整治，清除障碍20000余平方米。2001—2005年，连续5年在全省范围内组织开展了各类专项执法活动，处理了一大批在社会上反响较大的水事违法案件。2006—2011年，全省共查处水事违法案件16481起，结案15031件，申请人民法院强制执行2767件。

《上海市河道管理条例》颁布施行以来，上海市各级水行政执法机构开展各类水务专项执法。1999年，在全市范围开展“防汛清障专项水政执法”行动，查处35件水事违法案件，清理48件在黄浦江防汛墙保护范围内违法堆物、违章搭建的水事案件。1993—1999年，全市共查处各类水事违法案件1909件。2000—2005年，市、区（县）水务执法机构共查处水事违法案件6486件；责令采取补救措施1003件。2006—2011年，市、区（县）水务执法机构共查处水事违法案件7955件。2009年和2010年，组织开展了迎世博、保世博“一江一河市容环境整治”专项拆违行动、防汛安全、水环境保障等一系列专项执法活动。查处蟠龙港河道水质污染等大案要案。

第四节 水事纠纷调处

太湖局先后调处了十余起省际边界水事纠纷，影响较大的有以下3例。

1992年江苏吴江市修建北宫桥和虹桥桥，人为设障阻水引起苏浙边界水事纠纷。太湖局提出“在确保北宫桥结构安全的前提下，将两边孔水下砌石由顶宽5.0米改为1.0米，其余部分限期清除干净；对虹桥桥，要求彻底修改设计，不得减少过水断面”的方案，获双方接受，解决了这起边界水事纠纷。

1996年年底江苏省吴江市南月港桥建设缩窄河道阻水引起苏浙边界水事纠纷。太湖局提出“浙江方面河道整治除在边界附近1千米范围内保持原航道断面外，其余航道恢复施工；作为应急措施，同意江苏方面提前实施杭嘉湖北排大坝水路工程”的协调方案，水事纠纷得以解决。

2001年江苏苏州、浙江嘉兴因水污染引发水事矛盾，封堵了省际边界河道麻溪港。矛盾发生后，经过水利部、国家环保总局、江苏和浙江省人民政府的共同努力，签署了四方协调意见。太湖局作为落实协调意见的督察单位，多次派工作组到现场了解情况，组织协调，提出处理意见，布置省际断面水质监测，全程督察堵坝拆除并及时上报协调意见落实情况。经有关各方努力，堵坝全部拆除，被堵河道恢复原状，通过水利部验收，平息了这起边界水事纠纷。

在征求流域片各省（市）水行政主管部门意见的基础上，2002年太湖局会同流域有关省（市）共同签订《太湖流域片省际边界水事协调工作规约》，以规范省际边界水事管理。

按照水利部统一部署，太湖局先后组织开展了中华人民共和国成立60周年、中国共产党成立90周年和世博会期间流域片省际边界水事矛盾纠纷专项排查化解活动，编制水事矛盾纠纷排查化解活动方案并印发至流域各省（市）水行政主管部门，多次督促并赴现场协调地方政府及有关部门，推动妥善处理水事矛盾。在各省（市）排查基础上，依法督促有关地方组织处理了苏皖边界野毛乔水库等纠纷隐患。开展水事矛盾发展态势的前瞻性研究、省界河道的水量水质同步监测、省际水事纠纷预警机制和应急预案研究，提高应对突发省际水事纠纷的事前预警和预防能力。

第五节 行政许可管理

一、太湖局

依据《太湖流域管理局行政执法项目及依据》（水利部公告2008年第25号），太湖局共有行政许可事项15项，到2010年减为13项。为贯彻落实《中华人民共和国行政许可法》（以下简称《行政许可法》），规范太湖局行政许可工作，2004年出台了《太湖流域管理局行政许可暂行规定》。2007年，为进一步规范行政许可工作，提高许可效率，太湖局印发了《太湖流域管理局改进行政许可工作提高行政许可效率的意见》，修订了《太湖流域管理局实施行政许可工作规定》，修订印发办事指南、格式文本，施行并联许可、限期办理等制度，将同时需要办理建设项目水资源论证和河道管理范围内建设项目审批、水工程建设项目流域规划审查作为并联许可办理，做到一并办理、一文批复、一票否决，为申请人提供统一受理、送达，受理、证件发放等“一门式”服务。

2009年7月起，太湖局行政许可网上审批系统开始试运行，系统涵盖太湖局行政许可审批事项，实现了行政许可网上审批和网上电子监察。

太湖局组织开展了“一湖两河”行政许可项目监督检查和报告制度研究，建立对被许可人进行监督检查的制度。主办部门不定期组织对已许可项目进行监督检查，每年会同地方有关部门组成检查组，对行政许可项目开展联合检查。

二、两省一市水行政主管部门

《行政许可法》颁布实施后，江苏、浙江、上海全面开展了水利地方性法规、政府规章和省（市）级水利规范性文件中设定和规定行政许可的清理。建立、修订规范行政许可实施的各项工作制度，包括实施行政许可“一个窗口”对外制度、行政许可公示制度、规范实施行政许可程序的制度、行政许可监督检查制度、违法实施行政许可举报制度、行政许可听证制度等。浙江省将本省、市、县三级水行政主管部门实施的水行政许可项目在《浙江日报》上公布。

第六节 水法规宣传

一、太湖局

《水法》颁布实施后，根据水利部部署，太湖局先后开展了“二五”“三五”“四五”“五五”普及水利法制宣传教育工作，相应编制印发了太湖局法制宣传教育五年规划，成立了普法工作领导小组或联席会议，领导小组（联席会议）办公室设在水政水资源处，太湖局苏州管理局、水文水资源监测局等局属单位也分别成立了普法领导小组。

在“世界水日”“中国水周”“全国法制宣传日”和《太湖条例》颁布纪念日，太湖局组织开展了“太湖行”考察（2002年），新《水法》知识竞赛暨文艺演出（2003年），“保障饮用水安全，维护太湖健康生命”座谈会（2005年），纪念“世界水日”

“中国水周”暨《太湖条例》立法工作座谈会（2006年），“保护太湖水、爱护太湖美”大型现场签名活动（2007年），“与奥运同行，维护河湖健康生命”环太湖百人长跑活动（2008年），太湖流域水资源管理与保护工作座谈会（2009年），“太湖流域青少年节约保护水资源系列宣传活动”（2010年）。面向地方基层政府分批举办“一湖两河”苏州、无锡地区沿岸镇长法规培训班，促成两省一市水行政、环保等部门联合发文开展《太湖条例》宣贯工作，并在全流域联合开展《太湖条例》培训。

太湖局开展“法律进机关”活动，组织干部职工参加各类培训讲座数十期。2007年1月1日开始实行法律顾问咨询制度，为局水行政管理及经济、民事活动提供法律协助；组织编印干部职工学法用法系列工具书《水法规汇编》第一、二、三册，分发局系统干部职工及流域片有关水行政主管部门。

二、两省一市各级水行政主管部门

江苏省水利厅制定了《江苏省水法宣传教育工作规划》，从“二五”普法宣传教育开始，《水法》被列入普法宣传教育的内容。“四五”普法宣传期间，市、县水利部门制订了相应的普法规划和年度实施方案并组织实施。“五五”普法规划期间，江苏省水利厅制定了全省水利系统第五个法制宣传教育规划，成立了厅“五·五”普法领导小组，通过“世界水日”“中国水法宣传周”“12·4全国法制宣传日”和水法律法规颁布实施之际，深入开展宪法和国家基本法律制度、水法律法规规章、规范行政机关行政行为法律法规等宣传教育，建立了普法教育联系点。

《水法》颁布后，浙江省政府办公厅印发了《关于认真宣传贯彻〈水法〉的通知》，全省以水法规宣传教育为先导来开展水政工作。全省地市及县（市）水利部门每年以“世界水日”“中国水周”的主要宣传时间段，开展水法制的学习和宣传活动。2002年，组织开展环西湖长跑以及健身表演大型宣传活动，并在《浙江日报》开辟水法有奖知识竞赛专版；2003年，举行大型新《水法》《浙江省水资源管理条例》法律咨询活动暨群众文体表演纪念活动，并与太湖局联合组织“太湖源头保护专题宣传”活动。2004年，浙江省水利厅组织开展了全省水利系统水法规电视知识竞赛。2006—2011年，浙江省开展了广场主题宣传活动、省级新闻媒体和网络宣传、公众与社区平台宣传活动。

《水法》颁布后，上海市采取各种方式进行水法规宣传；结合“二五”“三五”普法规划，以《水法》为重点，采取多种形式对水利系统全体干部、职工进行水法规知识培训；结合“世界水日”开展《水法》宣传教育；结合水行政执法进行宣传，提高水行政执法水平；结合城市发展，宣传水利在国民经济和社会进步中的基础地位。“五五”普法工作期间，上海市水务局充实“五五”普法领导组织和办事机构，制定“五五”普法工作规划和各年度法制宣传工作要点，加大学法普法的推进力度。每年结合“世界水日”“中国水周”等重要时段，组织涉水法规宣传活动。

第十四篇

水资源管理、保护与节约

改革开放后，太湖流域经济社会迅猛发展，同时水资源水环境问题也开始凸显。20世纪80年代末90年代初，流域及省（市）水资源管理和保护管理机构相继成立，全面推进流域水资源管理和水资源保护。2007年无锡供水危机后，国务院于2008年批复了《太湖流域水环境综合治理总体方案》（以下简称《总体方案》），成立了由国家发展改革委员会（以下简称"国家发展改革委"）牵头的太湖流域水环境综合治理省部际联席会议制度（以下简称"省部际联席会议"）以及水利部牵头的太湖流域水环境综合治理水利工作协调小组等议事协调机构，协调推进《总体方案》实施。

按照《中华人民共和国水法》确定的水资源实行流域管理和行政区域管理相结合的管理体制，太湖局和省（市）各级水行政主管部门按职责全面推进流域水资源管理和保护，组织开展建设项目水资源论证、取水许可管理，以及水质监测、水功能区监督管理、入河排污口监督管理、水污染事件应急管理等工作，加强节约用水管理、能力建设和相关基础研究工作，流域水资源管理、保护和节约用水管理工作走在全国的前列。

第一章　管理机构沿革

第一节　太　湖　局

一、水资源管理机构沿革

从1990年至2002年，太湖局水资源管理机构为规划处（水政水资源处），2002年以后设置水政水资源处，主要承担流域水资源管理等工作。其职责是组织拟订流域内省际及重点河湖水量分配方案，组织开展流域及重点河湖取水许可总量控制工作，组织实施流域取水许可和水资源论证等制度，组织指导流域计划用水，实施流域水资源的统一管理和监督，协同组织编制流域水资源有关专业或专项规划并监督实施，指导流域内地方节约用水工作和节水型社会建设有关工作，组织开展流域水资源及其开发利用调查评价工作，发布流域水资源信息和流域水资源公报，组织、指导流域水资源管理信息系统建设及管理等。

二、水资源保护机构沿革

1984年12月，太湖局组建局内设部门——太湖流域水资源保护办公室。

1987年9月，水利电力部和城乡建设环境保护部《关于成立太湖流域水资源保护办公室的通知》，同意共同组建太湖流域水资源保护办公室，同年10月，两部又印发《关于进一步贯彻水电部、建设部对流域水资源保护机构实行双重领导的决定的通知》，明确太湖流域水资源保护办公室实行水利电力部、城乡建设环境保护部双重领导。1991年水利部、国家环保局《关于更改各流域水资源保护局名称的通知》，同意将太湖流域水资源保护办公室更名为太湖流域水资源保护局，由水利部、国家环保局双重领导。

2002年，根据新的“三定”方案，太湖局《关于印发〈太湖流域水资源保护局主要职责、机构设置和人员编制规定〉的通知》明确太湖流域水资源保护局是单列机构，在流域内行使水资源保护和水污染防治的行政管理职责。

2012年，水利部《关于印发太湖流域水资源保护局主要职责机构设置和人员编制规定的通知》规定了太湖流域水资源保护局的职责，即：负责流域水资源保护工作；组织编制流域水资源保护规划；组织拟订跨省（自治区、直辖市）江河湖泊水功能区划；组织实施流域重要入河排污口监督管理；负责流域水环境质量监测，承担流域水资源调查评价有关工作，承担取水许可水质管理工作；指导协调流域饮用水水源地保护、水生态保护和地下水保护工作；按规定参与协调省际水污染纠纷、重大水污染事件调查等。

第二节 两省一市水行政主管部门

一、江苏省

1989年1月，江苏省水利厅成立水政水资源处，负责水资源开发利用和保护管理工作。2000年机构改革，城建部门地下水管理职能划归水行政主管部门，江苏省水利厅内设水资源处（江苏省节约用水办公室），负责水资源规划、配置、调度、节水、地下水管理、取水许可审批与水资源保护等工作，同时设水资源服务中心，为事业单位，作为技术支撑、服务机构。

二、浙江省

1985年，浙江省水利厅成立水资源管理办公室，具体负责全省水资源的管理、规划、立法、科研和水资源的开发调配等工作。1990—2009年，先后设立水政水资源处、水资源与水土保持处（2000年6月挂省节约用水办公室牌子），主要组织实施取水许可、水资源论证、水资源调查评价、水量分配、水功能区划和水资源调度工作并监督实施，指导计划用水和节约用水工作。

浙江省人民政府于2000年成立浙江省水资源管理委员会，委员会办公室设在省水利厅；2009年，在合并原省水资源管理委员会、省水土保持委员会的基础上，调整设立省水资源管理和水土保持工作委员会，委员会办公室设在省水利厅。

三、上海市

1987年7月1日上海市水资源办公室成立，负责上海市水资源工作的统一管理。2000年4月，上海市重组成立上海市水务局，局内设水资源管理处，主要职责是实施取水许可、水资源论证、水资源调查评价、水量分配、水功能区划和水资源调度，指导供水、节约用水工作，组织指导水环境保护和污水治理工作。2001年12月，上海市调整充实了市节约用水办公室成员，其办事机构设在上海市水务局水资源管理处。

第三节 议事协调机构

一、太湖流域水资源保护委员会

为加强太湖流域水资源保护工作，水利部于1993年向国务院全国水资源与水土保持工作领导小组申报成立太湖流域水资源保护委员会，经国务院副总理田纪云签发，于1993年3月以全水〔1993〕4号文件批复同意成立太湖流域水资源保护委员会。委员会由流域两省一市政府负责人，水利部、国家环保局以及有关厅局和太湖局负责人组成。

1995年1月16—17日，太湖流域水资源保护委员会第一次工作会议在苏州市召开。会议一致认为成立一个由水利部、国家环保局和流域两省一市负责人参加的高层次、有权威的协调议事机构十分必要。后由于全国水资源与水土保持工作领导小组撤销，太湖流域水资源保护委员会隶属关系、机构性质、工作职责等原则问题没有明确。

二、太湖流域水环境综合治理省部际联席会议

为开展太湖流域水环境综合治理工作的组织协调，落实《总体方案》，2008年5月国务院印发了《关于同意建立太湖流域水环境综合治理省部际联席会议制度的批复》；随后国家发展改革委牵头组建了省部际联席会议制度。省部际联席会议主要职责是：统筹协调太湖流域水环境综合治理的各项工作；指导相关专业规划的制定和实施，分解落实《总体方案》确定的各项任务和措施，并提出年度计划；加强监督检查，定期评估和通报《总体方案》执行情况；协调解决流域水环境综合治理工作中的重大问题，推动部门、地方之间的沟通与协作等。

省部际联席会议主要成员单位由江苏省、浙江省、上海市人民政府以及国家发展改革委、科技部、工业和信息化部、财政部、国土资源部、环境保护部、住房和城乡建设部、交通运输部、水利部、农业部、林业局、国务院法制办公室、气象局组成。国家发展改革委主任担任省部际联席会议总召集人，国家发展改革委分管副主任担任召集人。省部际联席会议办公室设在国家发展改革委，日常工作由国家发展改革委、环境保护部和水利部有关司局联合承担，太湖局为办公室副主任成员单位。省部际联席会议不定期召开，以会议纪要的形式明确会议议定事项，经与会单位同意后印发有关方面，同时抄报国务院。

三、太湖流域水环境综合治理水利工作协调小组

为落实国务院批复的《总体方案》和省部际联席会议精神，开展太湖水环境综合治理水利工作的组织领导和协调，水利部经商江苏省、浙江省、上海市人民政府同意，成立了太湖流域水环境综合治理水利工作协调小组。水利工作协调小组主要负责研究落实太湖流域水环境综合治理水利工作重点和目标任务，水利项目前期工作计划安排和工作重点，研究协调涉及省际的重大问题。协调小组下设办公室，设在太湖局。

太湖流域水环境综合治理水利工作协调小组会议不定期召开，经各方协商同意后以会议纪要形式明确会议议定事项，由水利部印发至江苏省、浙江省、上海市人民政府办公厅和太湖局，并抄送省（市）发展改革委和苏州、无锡、常州、镇江、杭州、嘉兴、湖州市人民政府。

第二章 水资源及其开发利用状况

第一节 水资源量

太湖局成立以来，开展了两次流域水资源调查评价。1984年12月，太湖局参照全国统一技术要求，结合太湖流域平原河网实际，开展了太湖流域1956—1979年系列的水资源调查评价。由于无现成可用的规程，该次评价方法主要采用降水径流关系推算，1989年5月完成了《太湖流域水资源评价》报告，成果通过了水利部水文局的审查。根据评价成果，流域1956—1979年系列的多年平均年降水量为414亿立方米，折合年降水深1141.1毫米；多年平均地表水资源量137亿立方米，折合年径流深377毫米，多年平均地下水资源量56.1亿立方米，地表与地下水资源重复计算量为30.6亿立方米，多年平均水资源总量为162亿立方米。

2002年，国家发展改革委、水利部牵头组织各流域机构、省级水行政主管部门，开展全国水资源综合规划编制工作，要求先行开展流域水资源调查评价工作，以流域套省为汇总单元，以水资源三级区套地级市为统计基础单元。2002—2004年，太湖局组织开展了第二次流域水资源评价工作，该次评价系列为1956—2000年，具体评价结果见第二篇第四章第一节。该次评价流域径流量比第一次偏大2.8%，主要原因是评价时间系列不同、径流计算的要求和方法不同，以及城镇建设用地增加，耕地面积减少等。

1998年，太湖局按照水利部全国水资源公报编制工作的技术规定，开始编制太湖流域及东南诸河年度水资源公报，对太湖流域每年降水形成的资源总量进行计算和分析评价。1997—2010年太湖流域水资源公报实况年水资源总量见表14-2-1，太湖流域多年平均水资源总量为188亿立方米，最大值出现在1999年，为358.9亿立方米，最小值出现在2003年，为110.6亿立方米。

表14-2-1 太湖流域水资源公报实况年水资源总量

年份	1997	1998	1999	2000	2001	2002	2003
水资源总量/亿 m^3	136.54	211.12	358.9	137.2	197.8	245.4	110.6
年份	2004	2005	2006	2007	2008	2009	2010
水资源总量/亿 m^3	125.9	133.7	146.2	172.7	199.4	248.1	209.8

第二节　水资源开发利用状况

太湖流域濒临长江，流域本地水资源不足，流域水资源供需平衡主要依靠直接取用、调引长江水和上下游重复利用。近年来，流域引长江水量趋增。

一、流域供水

太湖流域供水水源主要以地表水源为主，除取用本地河网水量外，也直接取用自长江和钱塘江。2010年太湖流域总供水量355.34亿立方米，其中地表水源供水量354.66亿立方米，地下水源供水量0.61亿立方米，其他水源供水量（污水处理回用）0.07亿立方米。

2010年流域本地水源供水196.6亿立方米，长江水源供水154.5亿立方米（其中江苏省92.5亿立方米，上海市62.0亿立方米），钱塘江水源供水4.3亿立方米。

太湖流域供水总量增加部分主要是地表水源供水量，地下水源供水量由1980年的6.0亿立方米增加到1995年的7.4亿立方米。由于地下水过量开采所造成地面沉降、塌陷、地裂等地质灾害加剧，流域两省一市人民政府采取措施加大了对地下水限量开采或禁采的力度，至2000年已逐步减少至5.4亿立方米，至2010年为0.6亿立方米。

改革开放以来，太湖流域各代表年供水水源供水量变化情况见表14-2-2。

表14-2-2　　太湖流域代表年供水水源供水量变化表　　单位：亿 m^3

年　份	区　域	地表水源供水量	地下水源供水量	其他水源供水量	总供水量
1980	江苏	126.95	3.39	0.00	130.34
	浙江	31.86	1.62	0.00	33.47
	上海	69.22	0.94	0.00	70.15
	安徽	0.16	0.01	0.00	0.16
	太湖流域	228.18	5.95	0.00	234.13
1985	江苏	127.72	3.76	0.00	131.48
	浙江	38.21	1.62	0.00	39.83
	上海	77.80	0.98	0.00	78.78
	安徽	0.16	0.01	0.00	0.17
	太湖流域	243.89	6.36	0.00	250.25
1990	江苏	129.18	4.13	0.00	133.31
	浙江	44.16	1.57	0.00	45.73
	上海	91.38	1.15	0.00	92.53
	安徽	0.16	0.01	0.00	0.17
	太湖流域	264.88	6.86	0.00	271.74

续表

年份	区域	地表水源供水量	地下水源供水量	其他水源供水量	总供水量
1995	江苏	135.16	4.50	0.00	139.66
	浙江	50.87	1.57	0.00	52.44
	上海	98.76	1.34	0.00	100.11
	安徽	0.15	0.01	0.00	0.16
	太湖流域	284.94	7.43	0.00	292.37
2000	江苏	139.04	2.98	0.00	142.01
	浙江	58.70	1.54	0.00	60.24
	上海	112.71	0.87	0.00	113.59
	安徽	0.23	0.01	0.00	0.24
	太湖流域	310.68	5.40	0.00	316.08
2005	江苏	174.79	0.31	0.00	175.10
	浙江	62.66	1.27	0.14	64.07
	上海	114.50	0.64	0.00	115.15
	安徽	0.18	0.00	0.00	0.18
	太湖流域	352.14	2.22	0.14	354.49
2010	江苏	182.51	0.09	0.00	182.60
	浙江	51.80	0.39	0.07	52.26
	上海	120.16	0.13	0.00	120.29
	安徽	0.19	0.00	0.00	0.19
	太湖流域	354.66	0.62	0.07	355.34

二、用水量

2010年流域总用水量355.34亿立方米，其中生活用水占13.4%，生产用水占85.7%，生态环境补水占0.9%。第一产业用水92.2亿立方米（农田灌溉用水76.6亿立方米、林牧渔畜用水15.6亿立方米）；第二产业用水214.9亿立方米［工业用水212.5亿立方米，含火（核）电用水166.4亿立方米；建筑业用水2.4亿立方米］；第三产业用水16.3亿立方米。详见表14-2-3。

表14-2-3　太湖流域代表年用水量变化表　单位：亿 m^3

年份	区域	生活用水量	工业用水量	农业用水量	生态与环境补水量	总用水量
1980	江苏	3.70	32.10	94.45	0.09	130.34
	浙江	2.19	3.04	27.98	0.25	33.47
	上海	5.49	47.54	16.80	0.33	70.15
	安徽	0.01	0.00	0.15	0.00	0.16
	太湖流域	11.39	82.68	44.94	0.67	234.12

续表

年份	区域	生活用水量	工业用水量	农业用水量	生态与环境补水量	总用水量
1985	江苏	4.77	39.85	86.74	0.12	131.48
	浙江	3.68	5.71	29.83	0.61	39.83
	上海	6.68	56.74	14.98	0.37	78.78
	安徽	0.01	0.00	0.16	0.00	0.17
	太湖流域	15.15	102.30	131.70	1.11	250.25
1990	江苏	6.34	47.61	79.05	0.32	133.31
	浙江	4.43	7.61	32.88	0.80	45.73
	上海	8.33	63.68	19.89	0.63	92.53
	安徽	0.01	0.00	0.16	0.00	0.17
	太湖流域	19.11	118.90	131.97	1.76	271.74
1995	江苏	8.00	55.63	75.45	0.57	139.66
	浙江	5.42	10.58	35.45	0.99	52.44
	上海	10.57	72.69	16.04	0.81	100.11
	安徽	0.01	0.01	0.14	0.00	0.16
	太湖流域	24.01	138.91	127.07	2.37	292.37
2000	江苏	10.87	67.15	63.07	0.91	142.01
	浙江	6.51	16.10	36.23	1.41	60.24
	上海	15.61	79.50	17.35	1.12	113.59
	安徽	0.02	0.01	0.21	0.00	0.24
	太湖流域	33.01	162.77	116.87	3.44	316.08
2005	江苏	12.38	108.49	53.26	0.97	175.10
	浙江	7.04	14.37	35.47	7.18	64.07
	上海	19.26	79.80	14.41	1.69	115.16
	安徽	0.01	0.01	0.16	0.00	0.18
	太湖流域	38.69	202.67	103.31	9.84	354.50
2010	江苏	16.53	114.37	50.63	1.07	182.60
	浙江	8.26	14.55	28.65	0.81	52.26
	上海	22.77	83.56	12.78	1.18	120.29
	安徽	0.02	0.00	0.17	0.00	0.19
	太湖流域	47.57	212.48	92.23	3.06	355.34

1980—2010年，太湖流域农业用水量呈显著下降趋势，这与太湖流域同一阶段经济的迅速发展、城市建设用地的增加、耕地面积与农业灌溉面积的减少等趋势相符合。农业用水的减少相对缓和了全流域用水总量的增长速度。

第三节 水 污 染 状 况

随着流域内工农业生产的迅速发展和人口的过快增长，大量企业与城市生活废污水未经过有效处理排入河湖，以及化肥、农药的大量使用和畜禽、水产养殖规模的过度扩大，使流域河湖遭到严重的污染，水生态环境遭受严重破坏，威胁到群众的饮水安全。20世纪90年代起，太湖流域的水污染引起了党和国家及社会各方面的关注，在1996年第八届全国人大四次会议通过的《国民经济和社会发展“九五”计划和2010年远景目标纲要》中，将太湖与淮河、海河、辽河以及巢湖、滇池（简称“三河三湖”）同列为国家水污染防治工作的重点。其后，水污染治理虽取得一定成效，但水环境恶化的趋势仍未得到有效遏制。2007年5月底，太湖蓝藻暴发，造成无锡市水源地水质污染，严重影响了当地近百万群众的饮水安全和正常生活，再度引起了国家领导和社会各方面的关注。

一、废污水及污染物排放

（一）废污水排放

流域废污水排放量1985年为37.0亿吨，至2000年增加到50.1亿吨，15年间年均增加0.87亿吨。其后，至2010年增加到63.2亿吨，10年间年均增加1.32亿吨，年增加率提高了42%。从1985年至2010年流域废污水排放量见表14-2-4。

表14-2-4 1985—2010年流域废污水年排放量 单位：亿t

年 份	1985	1994	1997	1998	1999	2000	2001	2002
废污水排放量	37.0	38.0	43.0	50.0	49.0	50.1	51.0	51.0
年 份	2003	2004	2005	2006	2007	2008	2009	2010
废污水排放量	53.4	56.4	60.4	62.1	63.0	63.3	62.4	63.2

流域两省一市废污水排放量所占的比例，江苏、上海均占40%左右，浙江占20%左右。以2000年为例，全流域废污水排放量为50.1亿吨，其中苏、沪、浙分别为21.0亿吨、19.4亿吨、9.7亿吨，同年全流域的平均污水处理率低于30%，其中上海市城市污水处理率为49.4%，江苏、浙江均为28.6%。2010年太湖流域废污水排放量为63.2亿吨，单位面积排放量为17.13万吨每平方千米。

（二）污染物排放

排入水体的主要污染物为化学需氧量（COD）、氨氮（NH_3—N）、总磷（TP）和总氮（TN）。

2000年、2005年和2010年太湖流域计划治理区不同污染物排放量见表14-2-5，其中2000年计划治理区统计范围只包括流域内江苏和浙江两省，不包括上海市；2005

年和2010年计划治理区为太湖流域水环境综合治理区，范围包括江苏省苏州、无锡、常州和镇江4市30个县（市、区），浙江省湖州、嘉兴、杭州3市20个县（市、区），上海市青浦区练塘镇、金泽镇和朱家角镇，总面积3.18万平方千米。

表14-2-5　计划治理区主要污染物排放量　单位：t/年

年份	污染物排放量			
	COD	NH_3—N	TP	TN
2000	491500	130000	14400	—
2005	850321	91788	10350	141587
2010	630455	47697	7851	135414

注　表中2000年数据来源于“三河三湖”水污染防治“十五”计划统计数字；2005年数据来源于《总体方案》统计数据；2010年数据来源于《总体方案》（2013年修编）统计数据。

另据2002年太湖局编制的《太湖流域水资源保护规划》，2000年上海市COD和NH_3—N排放量分别为61.8万吨和3.68万吨。

工业污染源、城镇生活污染源和农业面源2000年、2005年和2010年产生的污染物占污染物总量的百分比见表14-2-6，可见COD 2000年以工业排放为主，至2005年和2010年已转变为以农业排放为主，NH_3—N、TP和TN始终以农业排放为主。

表14-2-6　不同来源的各类污染物所占百分比　%

污染物		2000年			2005年				2010年			
		COD	NH_3—N	TP	COD	NH_3—N	TP	TN	COD	NH_3—N	TP	TN
来源占比	工业污染源	44	5	7	31	34	5	29	22	23	7	31
	城镇生活源	29	18	27	24	23	28	19	25	31	25	24
	农业面源	16	57	38	45	43	67	52	53	46	68	45
	农村生活源	11	20	28	—	—	—	—	—	—	—	—

二、河流水体污染

太湖流域河流水体的污染可追溯到20世纪20年代。随着上海工业发展，苏州河水体20年代开始污染，受其影响，1911年建于苏州河的原闸北水厂于1924年被迫搬迁。50年代苏州河污染扩大到北新泾，70年代上溯到黄渡，80年代以后河口以上至华漕长达26千米的河段常年黑臭，90年代上海境内苏州河水质已全部为劣Ⅴ类。黄浦江至1958年水质尚好，江中还有鱼类，1963年夏季黄浦江首次出现水体黑臭现象，持续时间22天。70年代黄浦江平均每年出现黑臭47天，80年代为146天，90年代达到200多天。1978年开始，鉴于黄浦江下游水质日趋恶化的状况，黄浦江取水口不断被迫上移，1987年取水口上移到黄浦江中游临江段，1998年又上移到了黄浦江上游松浦大桥。

江南运河一直到20世纪70年代水质尚好，从80年代开始水质恶化。据1981年监测，除上游丹阳外，自上而下运河所经常州、无锡、苏州、嘉兴和杭州的城市段都已遭污染，水质劣于Ⅲ类的污染河长1983年占40%，1987年为61.1%，1992年为63.1%，1996年为86.1%。至2010年，江南运河水质均劣于Ⅲ类，仅21.9%河长为Ⅳ类，其余为Ⅴ类和劣Ⅴ类。

从20世纪80年代到21世纪初的20年间，太湖流域河网水质总体上下降了近2个等级，并且水污染范围已经从原来的中心城镇及其附近河流扩散到几乎整个流域河网。90年代以来，流域河网水污染变化大致可分成两个阶段：1990—1997年，污染河长占评价总河长的比例总体上呈上升趋势，由1990年的56%增加到1997年的89%；1997—2000年，评价河长中污染河长比例的上升趋势基本得到遏止，2000年污染河长比例降为80.5%。2001—2010年，流域污染河长比例维持在88%上下，其中2004年污染河长比例最高为93.5%，2008年最低为85.2%，2010年流域污染河长比例为87.5%。由于河网水质污染，上海、苏锡常以及杭嘉湖地区长期超采地下水，引起大规模地面沉降。同时，城市供水水源逐步向长江、太湖、流域上游水库等迁移。

三、太湖蓝藻和富营养化状况

（一）太湖蓝藻

太湖蓝藻水华20世纪80年代初首先在五里湖出现，80年代中后期每年暴发2～3次，且分布范围扩大到梅梁湖，90年代中后期每年暴发4～5次，并向太湖湖心区伸展，至2000年太湖湖心区已经发现严重的蓝藻水华。

1990年、1998年和2007年均为太湖蓝藻水华暴发严重的年份，以下为其暴发情况。

1990年太湖流域年雨量1277毫米，略高于多年平均值，但6—7月降雨仅206毫米，保证率达88%，汛期太湖水位曾下降到2.74米的低值。7月气温偏高，太湖在7月6—29日期间，发生了藻类大暴发，主要集中在梅梁湖一带，密集的藻体覆盖湖面范围以百平方千米计，使无锡市多处自来水厂过滤池堵塞，致使116家工厂停产，死鱼超过40000千克，直接经济损失1.3亿元。据在梅梁湖梅园水厂取水口附近采样检测，水体中所含藻类，基本上属蓝藻，其中微囊藻、项圈藻（鱼腥藻）和色球藻占藻类总量的98%，其生物量约占总量的86%。

1998年流域降雨量1269毫米，与1990年接近，但8月流域降雨量仅101毫米，尤其上中旬晴热少雨，太湖又大规模暴发了蓝藻水华，主要分布在梅梁湖、竺山湖、大浦口等处。实际上5月蓝绿藻已开始暴发，该月梅梁湖叶绿素浓度已是富营养化标准值的4.6倍，8月增加到13倍，同月竺山湖达到7.8倍，1998年的藻类暴发也给邻近地区供水和渔业带来了很大影响。

2007年流域年降雨量1134毫米，比常年偏少4%，但5—6月严重干旱，月降雨较常年分别少45%和39%，其中5月仅62.1毫米。该年蓝藻水华暴发比往年提前近1个月，4月底梅梁湖湖区蓝藻水华大规模集中暴发。5月6日梅梁湖小湾里水厂水源地叶绿素a含量达到每升259微克，位于贡湖湾和梅梁湖交界的贡湖水厂水源地达到每升139微克，贡湖湾锡东水厂水源地达到每升53微克，叶绿素a在太湖西北部湖湾全部超过每升40微克的蓝藻暴发临界值。到5月中旬，梅梁湖等湖湾的蓝藻进一步聚集，分布范围扩大，程度加重。5月28日，贡湖水厂水源恶臭、水质发黑，氨氮指标上升到每升12.7毫克以上，溶解氧下降到接近零，导致无锡市自来水恶臭，引发了供水危机。

（二）太湖富营养化

太湖在20世纪90年代中期尚处于轻度富营养化水平，至2005年除东太湖及东部沿岸区、贡湖（部分年份）仍保持轻度富营养化水平外，其余已上升到中度富营养化水平，全湖总评价也为中度富营养化水平，其后维持在中度富营养化水平。

2007—2010年太湖的全湖和分区富营养化评价结果见表14-2-7。评价项目均采用透明度、高锰酸盐指数、总磷、总氮和叶绿素等五项。

表14-2-7　　21世纪4个年度太湖富营养化评价结果

评价年份	全湖总评价	分区评价
2007	中度富营养	东太湖与东部沿岸区轻度富营养，面积占全湖的18.8%； 其他湖区为中度富营养，面积占81.2%
2008	中度富营养	东太湖与东部沿岸区轻度富营养，面积占全湖的18.8%； 其他湖区为中度富营养，面积占81.2%
2009	中度富营养	贡湖、湖心区、东部沿岸区与南部沿岸区（南部）轻度富营养，面积占全湖的68.5%； 其他湖区为中度富营养，面积占31.5%
2010	中度富营养	贡湖、东太湖与东部沿岸区为轻度富营养，面积占全湖的25.8%； 其他湖区为中度富营养化，面积占74.2%

第四节　水　质　状　况

一、河流水质状况

1998—2010年太湖流域重要河流不同类别水质河长所占百分比情况见表14-2-8。1998年评价河流只有5条，即黄浦江、苏州河、苕溪、江南运河和太浦河，总长494.00千米，1999年评价范围已大幅度增加，包括流域性河道、沿江水系河道、江苏入太湖河道及地区重要河道，总长达1174.2千米。以后，除个别年份外，评价河道总长度逐年增加，至2010年，全流域河道水质评价总长度已达5721.6千米。水质评价标准2002年以前采用《地面水环境质量标准》（GB 3838—88），2002年开始采用《地表水环境质量标准》（GB 3838—2002）。

表 14-2-8　　1998—2010 年太湖流域重要河流不同类别水质河长所占百分比统计表

年份	不同类别水质河长占比/%					评价河道总长度/km
	Ⅱ	Ⅲ	Ⅳ	Ⅴ	劣Ⅴ	
1998	3.9	43.3	24.3	15.6	13.0	494.0
1999	0.0	17.5	13.5	24.2	44.8	1174.2
2000	0.7	18.7	27.2	30.3	23.1	1598.0
2001	0.9	10.0	34.2	33.3	21.6	1688.0
2002	2.1	9.0	13.3	22.6	53.0	1714.0
2003	2.2	7.2	18.3	14.9	57.4	2009.6
2004	0.0	6.5	15.3	14.0	64.2	2528.5
2005	0.5	10.2	13.9	14.5	61.3	2700.1
2006	4.0	9.5	11.9	11.7	62.9	2667.5
2007	4.4	9.9	10.6	10.9	64.2	2508.6
2008	4.2	10.6	13.6	15.9	55.7	3028.7
2009	3.4	8.4	19.1	18.5	50.6	5582.1
2010	1.9	10.6	21.2	22.7	43.6	5721.6

由于各年度之间水质评价范围、标准和评价项目都有变化，严格地说各年度的同类水质所占河长百分比并不具有完全的可比性，但大体上可以看出：Ⅲ类及优于Ⅲ类水的百分比从 2000 年的 19.4%，降至 2004 年的 6.5%，以后逐年增长，至 2010 年已恢复到 12.5%；Ⅴ类及劣Ⅴ类水的百分比在 2000 年和 2001 年在 53%～55%，之后一直维持在 71%～75%，至 2010 年降为 66%。

二、环太湖入湖河流水质状况

江苏省环太湖主要入湖河流水质污染较为严重，超标的河流以劣Ⅴ类水质为主，1998—2001 年年度超标率明显上升，从 84.4%逐渐上升至 100%，2001—2007 年年度超标率几乎均为 100%，入湖水体污染严重，2007—2010 年江苏省入湖河流水质略有所改善，年度超标率有所下降，从 100%降至 87.5%。详见表 14-2-9。

浙江省环太湖主要入湖河流水质年度超标率在 11.1%～44.4%，超标率的年度变化趋势与江苏省相似。1998—2001 年年度超标率逐渐上升，随后超标率维持在相对较高的水平；2007—2010 年超标率又有所下降。其中长兴港入湖水质最差，基本为劣Ⅴ类，仅 2000 年、2009 年和 2010 年为Ⅴ类，其余河流入湖水质相对较好，超标河流水质主要为Ⅳ类或Ⅴ类。详见表 14-2-10。

三、太湖水质状况

1997—2010 年，太湖水质基本保持稳定，太湖总体评价（总磷、总氮不参加评价）基本上为Ⅲ类，其中 2006 年为Ⅳ类，2009 年为Ⅱ类。见表 14－2－11。

东太湖、湖心区、东部湖湾水质较好，长年保持在Ⅱ～Ⅲ类；贡湖 1998 年以来水质一直稳定在Ⅱ～Ⅲ类水平；南部沿岸区除 2006 年外，水质基本处于Ⅱ～Ⅲ类水平；西部沿岸区 1997—2005 年水体保持在Ⅲ类，2006 年，水质变差为劣Ⅴ类，2007—2010 年水质有所好转，处于Ⅳ～Ⅴ类水平。

北部湖湾区水质相对较差，2009 年和 2010 年水质有所改善。其中，五里湖 1998—2006 年为Ⅴ～劣Ⅴ类，2007 年为Ⅳ类，2008—2010 年改善为Ⅲ类；梅梁湖 1997 年水质较好为Ⅲ类，1998 年为Ⅳ类，1999—2006 年为Ⅴ～劣Ⅴ类，2007—2009 年转为Ⅳ类，2010 年又转为Ⅲ类；竺山湖 1997—2008 年主要为Ⅴ～劣Ⅴ类，2009—2010 年转为Ⅳ类。

四、省界水体水质状况

太湖流域省际边界主要包括苏沪、浙沪、苏浙边界，水质情况见表 14－2－12。

1997—2010 年，苏沪省界河流超标率在 33.3%～100%。吴淞江、急水港、千灯浦水质较差，以劣Ⅴ类为主；元荡 1997—2003 年为Ⅲ～Ⅳ类，2004—2007 年为Ⅴ～劣Ⅴ类，2008—2010 年又转为Ⅲ～Ⅳ类；珠砂港 1997—2003 年为Ⅲ～Ⅳ类，2004—2007 年为Ⅴ类，2008—2010 年又转为Ⅲ～Ⅳ类；太浦河水质最好，1997—2010 年基本维持在为Ⅲ类。

1997—2010 年，苏浙省界河流超标率在 28.6%～87.5%。后市河、江南运河、弯里塘和麻溪河水质较差，以Ⅴ～劣Ⅴ类为主；双林港，以Ⅳ～Ⅴ类为主；澜溪塘，以Ⅳ类为主；横泾港和頔塘水质相对较好，以Ⅲ类为主。

1997—2010 年，浙沪省界河流超标率在 57.1%～100%。上海塘、广陈塘、秀州塘水质较差，以Ⅴ～劣Ⅴ类为主；红旗塘、澧芳泾以Ⅳ类为主；太浦河和丁栅港水质相对较好，以Ⅲ类为主。

五、水功能区水质达标状况

2010 年 5 月国务院批复的《太湖流域水功能区划》包括 380 个水功能区，水质目标为Ⅲ类或优于Ⅲ类的功能区共 276 个。380 个水功能区中，太湖局组织流域两省一市对太湖、望虞河、太浦河、黄浦江上游、出入太湖河流、省界河流等水体的 103 个重点功能区开展了近十年的系统监测与分析，其中江苏省境内 38 个，浙江省境内 14 个，上海市境内 6 个，省际边界 45 个。

2010 年上述 103 个重点水功能区中，达标个数 35 个，达标率为 34.0%（以《总体方案》中采用的年均值法评价，其中总磷、总氮、粪大肠菌群不参评）。其中保护区达标率为 76.9%，缓冲区达标率为 20.3%，开发利用区达标率为 41.9%，详见表 14－2－13。2007—2010 年太湖流域重点水功能区达标率总体上呈上升趋势，详见表 14－2－14。

表 14-2-9　1997—2010年环太湖（江苏段）主要入湖河流水质评价表

河流名称	断面名称	1997年	1998年	1999年	2000年	2001年	2002年	2003年	2004年	2005年	2006年	2007年	2008年	2009年	2010年
漕桥河	漕桥	劣Ⅴ	劣Ⅴ	劣Ⅴ	劣Ⅴ	劣Ⅴ	劣Ⅴ	劣Ⅴ	劣Ⅴ	劣Ⅴ	劣Ⅴ	劣Ⅴ	劣Ⅴ	Ⅴ	劣Ⅴ
新开河	大浦港桥	—	—	—	—	—	—	—	Ⅴ	劣Ⅴ	劣Ⅴ	劣Ⅴ	劣Ⅴ	Ⅴ	Ⅴ
南溪	东九大桥	劣Ⅴ	—	Ⅴ	Ⅴ	Ⅳ	Ⅴ	Ⅳ	劣Ⅴ	劣Ⅴ	劣Ⅴ	劣Ⅴ	Ⅴ	Ⅴ	Ⅳ
陈东河	埂上大桥	—	Ⅲ	Ⅳ	Ⅴ	Ⅳ	Ⅳ	Ⅳ	Ⅴ	劣Ⅴ	劣Ⅴ	劣Ⅴ	Ⅴ	Ⅴ	Ⅴ
官渎港	官渎港	—	Ⅳ	Ⅳ	Ⅴ	劣Ⅴ	劣Ⅴ	劣Ⅴ	劣Ⅴ	劣Ⅴ	劣Ⅴ	劣Ⅴ	劣Ⅴ	劣Ⅴ	劣Ⅴ
蠡河	红阳桥	—	Ⅳ	Ⅲ	Ⅳ	Ⅳ	Ⅳ	Ⅳ	Ⅳ	劣Ⅴ	劣Ⅴ	劣Ⅴ	Ⅴ	Ⅴ	Ⅴ
太鬲运河	黄埝桥	劣Ⅴ	劣Ⅴ	劣Ⅴ	劣Ⅴ	劣Ⅴ	劣Ⅴ	劣Ⅴ	劣Ⅴ	劣Ⅴ	劣Ⅴ	劣Ⅴ	劣Ⅴ	劣Ⅴ	劣Ⅴ
殷村港	人民桥	劣Ⅴ	Ⅳ	劣Ⅴ	劣Ⅴ	劣Ⅴ	Ⅴ	Ⅴ	劣Ⅴ	劣Ⅴ	劣Ⅴ	劣Ⅴ	Ⅴ	Ⅴ	Ⅴ
烧香港	棉堤桥	—	—	—	—	—	—	—	Ⅳ	Ⅴ	Ⅴ	劣Ⅴ	Ⅴ	Ⅴ	Ⅴ
社渎港	社渎港	—	Ⅳ	Ⅴ	劣Ⅴ	劣Ⅴ	劣Ⅴ	劣Ⅴ	劣Ⅴ	劣Ⅴ	劣Ⅴ	劣Ⅴ	劣Ⅴ	劣Ⅴ	劣Ⅴ
大溪港	中华桥	劣Ⅴ	劣Ⅴ	劣Ⅴ	劣Ⅴ	劣Ⅴ	劣Ⅴ	劣Ⅴ	劣Ⅴ	劣Ⅴ	劣Ⅴ	劣Ⅴ	—	—	—
骂蠡港	新北桥	—	劣Ⅴ	劣Ⅴ	劣Ⅴ	劣Ⅴ	劣Ⅴ	劣Ⅴ	劣Ⅴ	劣Ⅴ	劣Ⅴ	劣Ⅴ	Ⅴ	劣Ⅴ	劣Ⅴ
梁溪河	蠡桥	劣Ⅴ	劣Ⅴ	劣Ⅴ	劣Ⅴ	劣Ⅴ	劣Ⅴ	劣Ⅴ	劣Ⅴ	劣Ⅴ	劣Ⅴ	劣Ⅴ	Ⅳ	Ⅴ	Ⅲ
武进港	塘桥	劣Ⅴ	劣Ⅴ	劣Ⅴ	劣Ⅴ	劣Ⅴ	劣Ⅴ	劣Ⅴ	劣Ⅴ	劣Ⅴ	劣Ⅴ	劣Ⅴ	劣Ⅴ	劣Ⅴ	劣Ⅴ
直湖港	湖山大桥	劣Ⅴ	劣Ⅴ	劣Ⅴ	劣Ⅴ	劣Ⅴ	劣Ⅴ	劣Ⅴ	劣Ⅴ	劣Ⅴ	劣Ⅴ	劣Ⅴ	劣Ⅴ	劣Ⅴ	Ⅴ
雅浦港	雅浦港桥	—	—	—	—	—	—	—	—	劣Ⅴ	劣Ⅴ	劣Ⅴ	劣Ⅴ	劣Ⅴ	Ⅳ
伏溪河	洑东大港桥	—	Ⅲ	Ⅲ	Ⅱ	Ⅲ	Ⅴ	Ⅲ	—	Ⅳ	Ⅳ	Ⅳ	Ⅲ	Ⅱ	Ⅰ
超标断面数量/个		8	11	12	13	14	14	13	15	17	17	17	15	15	14
超标率/%		100	84.6	85.7	92.9	100	100	92.9	100	100	100	100	93.8	93.8	87.5

注　水质评价项目为水温、溶解氧、pH、高锰酸盐指数、化学需氧量、生化需氧量、氨氮、铜、锌、氟化物、硒、砷、汞、镉、铬（六价）、铅、氰化物、挥发酚、石油类、阴离子表面活性剂、硫化物，共21项。

表 14-2-10　　1997—2010 年环太湖（浙江段）主要入湖河流水质评价表

河流名称	断面名称	1997 年	1998 年	1999 年	2000 年	2001 年	2002 年	2003 年	2004 年	2005 年	2006 年	2007 年	2008 年	2009 年	2010 年
长兴港	东门大桥	劣Ⅴ	劣Ⅴ	劣Ⅴ	Ⅴ	劣Ⅴ	劣Ⅴ	劣Ⅴ	劣Ⅴ	劣Ⅴ	劣Ⅴ	劣Ⅴ	劣Ⅴ	Ⅴ	Ⅴ
机纺港	杭长桥	Ⅲ	Ⅲ	Ⅱ	Ⅲ	Ⅲ	Ⅲ	Ⅱ	Ⅲ	Ⅲ	Ⅲ	Ⅲ	Ⅱ	Ⅱ	Ⅱ
合溪新港	合溪 8 号桥	—	Ⅲ	Ⅲ	Ⅱ	Ⅱ	Ⅱ	Ⅲ	Ⅲ	Ⅳ	Ⅳ	Ⅳ	Ⅲ	Ⅲ	Ⅳ
夹浦港	夹浦桥	—	Ⅲ	Ⅲ	Ⅲ	Ⅳ	Ⅳ	Ⅳ	劣Ⅴ	Ⅴ	劣Ⅴ	Ⅴ	Ⅳ	Ⅴ	劣Ⅴ
西苕溪	励山大桥	Ⅴ	Ⅲ	Ⅲ	Ⅳ	Ⅳ	Ⅳ	Ⅳ	Ⅳ	Ⅲ	Ⅲ	Ⅲ	Ⅲ	Ⅳ	Ⅱ
东苕溪	城北大桥	Ⅲ	Ⅲ	Ⅲ	Ⅲ	Ⅲ	Ⅱ	Ⅲ	Ⅲ	Ⅲ	Ⅲ	Ⅱ	Ⅱ	Ⅲ	Ⅲ
大钱港	大钱口	Ⅲ	Ⅲ	Ⅱ	Ⅲ	Ⅲ	Ⅱ	Ⅲ	Ⅲ	Ⅲ	Ⅲ	Ⅲ	Ⅲ	Ⅲ	Ⅱ
三里港	三里桥	Ⅳ	Ⅲ	Ⅲ	Ⅳ	Ⅴ	Ⅲ	Ⅲ	—	劣Ⅴ	Ⅲ	Ⅲ	Ⅲ	Ⅱ	Ⅲ
薛溪	鼓楼桥	Ⅲ	Ⅲ	Ⅲ	Ⅲ	Ⅲ	Ⅲ	Ⅲ	Ⅲ	Ⅲ	Ⅲ	Ⅳ	Ⅲ	Ⅲ	Ⅱ
超标断面数量/个		3	1	1	3	4	3	3	3	4	3	4	2	3	3
超标率/%		42.9	12.5	11.1	33.3	44.4	33.3	33.3	33.3	44.4	33.3	44.4	22.2	33.3	33.3

注　水质评价项目为水温、溶解氧、pH、高锰酸盐指数、化学需氧量、生化需氧量、氨氮、铜、锌、氟化物、硒、砷、汞、镉、铬（六价）、铅、氰化物、挥发酚、石油类、阴离子表面活性剂、硫化物，共 21 项。

表 14-2-11　　1997—2010 年太湖各湖区全年期水质评价表

湖　区	1997 年	1998 年	1999 年	2000 年	2001 年	2002 年	2003 年	2004 年	2005 年	2006 年	2007 年	2008 年	2009 年	2010 年
五里湖	—	Ⅴ	劣Ⅴ	劣Ⅴ	Ⅴ	劣Ⅴ	劣Ⅴ	劣Ⅴ	劣Ⅴ	劣Ⅴ	Ⅳ	Ⅲ	Ⅲ	Ⅲ
梅梁湖	Ⅲ	Ⅳ	Ⅴ	Ⅴ	Ⅴ	劣Ⅴ	劣Ⅴ	劣Ⅴ	劣Ⅴ	Ⅴ	Ⅳ	Ⅳ	Ⅳ	Ⅲ
竺山湖	—	Ⅴ	Ⅳ	Ⅴ	Ⅴ	劣Ⅴ	劣Ⅴ	劣Ⅴ	劣Ⅴ	劣Ⅴ	劣Ⅴ	劣Ⅴ	Ⅳ	Ⅳ
贡湖	Ⅴ	Ⅲ	Ⅱ	Ⅲ	Ⅱ	Ⅲ	Ⅲ	Ⅲ	Ⅲ	Ⅲ	Ⅲ	Ⅲ	Ⅱ	Ⅱ
东太湖	Ⅲ	Ⅱ	Ⅱ	Ⅲ	Ⅱ	Ⅱ	Ⅲ	Ⅲ	Ⅲ	Ⅲ	Ⅲ	Ⅱ	Ⅲ	Ⅲ
湖心区	Ⅱ	Ⅱ	Ⅲ	Ⅲ	Ⅲ	Ⅲ	Ⅲ	Ⅲ	Ⅲ	Ⅲ	Ⅲ	Ⅲ	Ⅱ	Ⅱ
东部沿岸区	Ⅲ	Ⅱ	Ⅱ	Ⅲ	Ⅱ	Ⅱ	Ⅱ	Ⅱ	Ⅲ	Ⅲ	Ⅲ	Ⅱ	Ⅱ	Ⅱ
西部沿岸区	Ⅲ	Ⅲ	Ⅲ	Ⅲ	Ⅲ	Ⅲ	Ⅲ	Ⅲ	Ⅲ	劣Ⅴ	Ⅳ	Ⅴ	Ⅳ	Ⅳ
南部沿岸区	—	Ⅲ	Ⅱ	Ⅲ	Ⅲ	Ⅱ	Ⅱ	Ⅱ	Ⅲ	Ⅳ	Ⅲ	Ⅲ	Ⅱ	Ⅲ
太湖平均	Ⅲ	Ⅲ	Ⅲ	Ⅲ	Ⅲ	Ⅲ	Ⅲ	Ⅲ	Ⅲ	Ⅳ	Ⅲ	Ⅲ	Ⅱ	Ⅲ
达标面积/km^2	1977.3	2146.4	2146.4	2146.4	2146.4	2146.4	2146.4	2146.4	2146.4	1577.1	1941.8	1947.6	1947.6	2071.6
达标率/%	93.1	91.8	91.8	91.8	91.8	91.8	91.8	91.8	91.8	67.5	83.1	83.3	83.3	88.6

注　水质评价项目为水温、溶解氧、pH、高锰酸盐指数、化学需氧量、生化需氧量、氨氮、铜、锌、氟化物、硒、砷、汞、镉、铬（六价）、铅、氰化物、挥发酚、石油类、阴离子表面活性剂、硫化物，共 21 项。

表 14-2-12　　1997—2010年省界河流水质评价表

省界	河流	断面	1997年	1998年	1999年	2000年	2001年	2002年	2003年	2004年	2005年	2006年	2007年	2008年	2009年	2010年
苏沪	吴淞江	吴淞港桥	劣Ⅴ	劣Ⅴ	劣Ⅴ	劣Ⅴ	劣Ⅴ	劣Ⅴ	劣Ⅴ	劣Ⅴ	劣Ⅴ	劣Ⅴ	劣Ⅴ	劣Ⅴ	劣Ⅴ	劣Ⅴ
	元荡	白石矶大桥	Ⅳ	Ⅲ	Ⅲ	Ⅳ	Ⅳ	Ⅴ	Ⅳ	Ⅴ	Ⅴ	劣Ⅴ	劣Ⅴ	Ⅳ	Ⅳ	Ⅲ
	千灯浦	千灯浦闸	Ⅳ	Ⅲ	Ⅴ	劣Ⅴ	Ⅴ	Ⅴ	劣Ⅴ	劣Ⅴ	劣Ⅴ	劣Ⅴ	劣Ⅴ	劣Ⅴ	劣Ⅴ	劣Ⅴ
	太浦河	汾湖大桥	Ⅴ	Ⅲ	Ⅲ	Ⅲ	Ⅳ	Ⅲ	Ⅲ	Ⅲ	Ⅲ	Ⅲ	Ⅲ	Ⅲ	Ⅲ	Ⅲ
	珠砂港	珠砂港大桥	Ⅲ	Ⅲ	Ⅲ	Ⅳ	Ⅳ	Ⅳ	Ⅲ	Ⅴ	Ⅴ	Ⅴ	Ⅴ	Ⅳ	Ⅳ	Ⅲ
	急水港	周庄大桥	劣Ⅴ	Ⅳ	劣Ⅴ	劣Ⅴ	劣Ⅴ	劣Ⅴ	劣Ⅴ	劣Ⅴ	劣Ⅴ	劣Ⅴ	劣Ⅴ	劣Ⅴ	劣Ⅴ	Ⅴ
	超标断面数量/个		5	2	3	5	6	5	4	5	5	5	5	5	5	3
	超标率/%		83.3	33.3	50	83.3	100	83.3	66.7	83.3	83.3	83.3	83.3	83.3	83.3	50.0
苏浙	澜溪塘	乌镇双溪桥	Ⅳ	Ⅲ	Ⅳ	Ⅳ	Ⅳ	Ⅳ	Ⅳ	Ⅳ	Ⅳ	Ⅳ	Ⅲ	Ⅳ	Ⅳ	Ⅳ
	后市河	太平桥	Ⅴ	Ⅳ	Ⅴ	劣Ⅴ	劣Ⅴ	Ⅴ	Ⅴ	劣Ⅴ	Ⅴ	Ⅴ	Ⅴ	Ⅴ	Ⅳ	Ⅴ
	江南运河	北虹大桥	Ⅴ	Ⅳ	Ⅳ	劣Ⅴ	劣Ⅴ	Ⅴ	Ⅴ	劣Ⅴ	Ⅴ	Ⅴ	Ⅴ	Ⅴ	Ⅴ	Ⅴ
	弯里塘	史家浜	劣Ⅴ	Ⅲ	Ⅳ	Ⅴ	劣Ⅴ	劣Ⅴ	Ⅴ	劣Ⅴ	劣Ⅴ	劣Ⅴ	—	—	—	—
	双林港	双林桥	Ⅲ	Ⅲ	Ⅲ	Ⅳ	Ⅳ	Ⅳ	Ⅳ	Ⅴ	Ⅴ	Ⅴ	Ⅳ	Ⅴ	Ⅳ	Ⅴ
	横泾港	太师桥	Ⅳ	Ⅲ	Ⅲ	Ⅲ	Ⅲ	Ⅳ	Ⅲ	Ⅳ	Ⅲ	Ⅲ	Ⅲ	Ⅲ	Ⅳ	Ⅲ
	頔塘	浔溪大桥	Ⅲ	Ⅲ	Ⅲ	Ⅲ	Ⅲ	Ⅲ	Ⅲ	Ⅲ	Ⅲ	Ⅲ	Ⅴ	Ⅲ	Ⅲ	Ⅲ
	麻溪河	麻溪港	—	—	—	—	—	—	Ⅴ	劣Ⅴ	劣Ⅴ	Ⅴ	—	—	—	—
	超标断面数量/个		5	2	4	5	5	5	6	7	6	6	4	4	5	4
	超标率/%		71.4	28.6	57.1	71.4	71.4	71.4	75	87.5	75	75	66.7	66.7	83.3	66.7
浙沪	红旗塘	大蒸港桥	Ⅳ	Ⅲ	Ⅳ	Ⅳ	Ⅳ	Ⅳ	Ⅳ	Ⅳ	Ⅳ	Ⅳ	Ⅲ	Ⅳ	Ⅳ	Ⅳ
	上海塘	青阳汇	劣Ⅴ	Ⅴ	劣Ⅴ	劣Ⅴ	劣Ⅴ	劣Ⅴ	劣Ⅴ	劣Ⅴ	劣Ⅴ	劣Ⅴ	劣Ⅴ	劣Ⅴ	劣Ⅴ	劣Ⅴ
	广陈塘	六里塘大桥	劣Ⅴ	Ⅳ	劣Ⅴ	Ⅴ	Ⅴ	劣Ⅴ	劣Ⅴ	劣Ⅴ	劣Ⅴ	劣Ⅴ	劣Ⅴ	劣Ⅴ	劣Ⅴ	劣Ⅴ
	秀州塘	枫泾大桥	—	—	—	—	—	—	劣Ⅴ	劣Ⅴ	劣Ⅴ	劣Ⅴ	劣Ⅴ	劣Ⅴ	劣Ⅴ	劣Ⅴ
	漕芳泾	漕芳泾桥	—	—	—	—	—	—	Ⅳ	Ⅳ	Ⅳ	Ⅳ	Ⅳ	Ⅲ	Ⅳ	Ⅲ
	太浦河	东蔡大桥	—	—	—	—	—	—	Ⅲ	Ⅲ	Ⅲ	Ⅲ	Ⅲ	Ⅲ	Ⅲ	Ⅲ
	丁栅港	丁栅闸	—	—	—	—	—	—	Ⅲ	Ⅲ	Ⅲ	Ⅲ	Ⅳ	Ⅲ	Ⅲ	Ⅲ
	超标断面数量/个		3	2	3	3	3	3	5	5	5	5	5	4	5	4
	超标率/%		100	66.7	100	100	100	100	71.4	71.4	71.4	71.4	71.4	57.1	71.4	57.1

表 14-2-13 2010年太湖流域重点水功能区水质达标情况

水功能区类别	水功能区		河流		湖泊		水库	
	评价数/个	达标率/%	评价河长/km	达标率/个	评价面积/km²	达标率/%	评价库容亿 m³	达标率/%
保护区	13	76.9	178.30	66.4	1577.20	95.7	8.42	100.0
缓冲区	59	20.3	390.08	14.8	445.62	84.7		
开发利用区	31	41.9	379.80	29.0	397.80	100.0	2.15	100.0
合计	103	34.0	948.18	30.2	2420.62	94.4	10.57	100.0

表 14-2-14 太湖流域重点水功能区达标率

年份	2007	2008	2009	2010
达标率/%	22.5	32.7	29.7	34.0

第三章 水资源质量监测

第一节 监测能力

一、太湖局

（一）常规监测能力

太湖流域水环境监测中心（以下简称“流域监测中心”）实验室于1995年建成。截至2010年，流域监测中心拥有流动注射分析仪、等离子体质谱仪等大型设备。

至2010年，流域监测中心拥有地表水、地下水、废污水及再生水、大气降水、底质和土壤、生物等六大类共116项检测参数的能力，承担流域省界水体、重点水功能区、引江济太调度、主要入河排污口等常规监测任务，每月检测样品数量达到300余个，年获取检测数据超过5万个。

（二）应急监测能力

流域突发水污染事件应急监测的主体在流域监测中心。2002年，流域监测中心配置了移动监测车，在2～3小时内可至流域现场水域开展氨氮、氯离子、蓝绿藻数量及密度值等10多项参数的监测分析。2008年，流域监测中心完成移动监测船的建设，可对太湖水生态（蓝藻）、有毒有机物、水源地特定指标等进行快速监测。

（三）自动监测能力

2005—2008年，太湖局在太湖贡湖、望虞河、太浦河上先后建成5个水量水质自动监测站，实现了叶绿素a、高锰酸盐指数、总磷、总氮、氨氮等多项参数的在线监测。至2010年，太湖局已在主要出入太湖河流口门等设置视频监控系统，并在太湖湖体、主要出入太湖河道、省界水域等建设了8个水量水质自动监测站。

2007年开始，流域监测中心建设实验室信息管理系统（LIMS）和数据管理平台，均于2009年正式运行。

（四）质量管理体系

1997年，流域监测中心通过了国家级计量认证，2002年、2007年分别通过了计量认证的复查换证，具备了按国家和行业标准向社会提供服务能力。

二、两省一市

（一）江苏省

江苏省水利系统水质监测工作始于20世纪50年代，1957年开始筹建水化学分析室，1958年水利厅正式成立水化学分析室，承担全省重要水质站点的水化学监测任务，分析项目为主要河湖水化学参数。20世纪70年代，为了适应形势发展的需要，在水化学分析项目的基础上增加了酚、氰、砷、汞、铬等五项毒物及部分重金属的监测。

从20世纪80年代起，逐步配置了分析仪器设备，主要有原子吸收分光光度计、冷原子荧光测汞仪、分光光度计、紫外分光光度计等。2000年之后，陆续配置了红外测油仪、便携式多参数测定仪、电子天平、气相色谱仪、流动分析仪、原子荧光光度计等。

1996年，省水环境监测中心及12个分中心首次取得国家级“计量认证合格证书”，具备向社会提供具有法律效力监测数据的资质。并分别于2001年10月、2006年12月、2010年3月通过国家计量认证复查换证评审。通过认证的项目包括水、土壤、底质与沉积物、水生生物及海洋生物体共四大类163项参数。

（二）浙江省

从20世纪80年代起，浙江省逐步配置了分析仪器设备，主要有原子吸收分光光度计、冷原子荧光测汞仪、分光光度计、紫外分光光度计等。2000年之后，陆续配置了红外测油仪、便携式多参数测定仪、电子天平、气相色谱仪、流动分析仪、原子荧光光度计等。

1996年，省水资源监测中心及4个分中心通过国家计量认证，2001年、2006年通过复查换证。2009年，省水资源监测中心及7个分中心通过国家计量认证的复查换证，认证参数为67项。

（三）上海市

1975年，上海市农业局水文站开始开展水质监测，在全市布设水质监测点98个，开展水质监测项目21个，筹建水质化验室3个。1978年5月，市水文总站成立后，全面开展水质监测工作。1990年，市水文总站有水质分析化验室7个，承担水质监测断面150个，水质监测项目42项；1994年7月，市水环境监测中心，承担水质监测断面180个，水质监测项目72项；截至2010年12月，市水环境监测中心，水质监测断面295个，水质监测项目已达105项。

1996年，市水环境监测中心通过了国家级计量认证，2001年、2006年、2010年又分别通过计量认证复查评审。2010年，市水环境监测中心实验室面积4386平方米，人员配置124人，认证参数为103项。

第二节　水　质　监　测

一、太湖局

（一）省界水体及水功能区监测

流域监测中心自1997年起设置省界水体监测站点并实施定期监测，至2010年监测省界断面86个，并统一建设了站点标志。

2003年，太湖局开始组织开展流域水功能区监测工作，监测范围从103个水功能区逐渐调整至2010年的130多个。其间，于2006年和2010年2次组织对流域省界缓冲区水质监测点进行了查勘、复核和调整。

（二）太湖蓝藻调查与水源地水质监测

2007年无锡供水危机事件后，太湖局重点对太湖北部湖区和无锡、苏州等环湖主要供水水源地进行蓝藻分布状况的现场调查，并结合实验室监测分析蓝藻分布种类及其数量。2008年起，太湖局加密调查监测频次，调查范围扩大到全太湖蓝藻易发区域，并利用遥感卫片对太湖蓝藻分布进行解析。

（三）引江济太水质监测

2002年，引江济太调水试验期间，太湖局组织流域两省一市水文部门，在望虞河干流及其两岸支流、太湖湖区、太浦河干流、大运河、黄浦江和白屈港控制线以东河网等主要受水区的河道布设了61个监测站点，开展水量水质监测；2003年，监测范围扩大到环太湖出入湖口门、沿江口门、望虞河西控制线、省际边界等，监测站点增加到115个。随后每年根据情况，常规监测站点有所调整，2004—2010年每年监测站点在50～70个不等。

（四）水生态监测

太湖流域的水生态监测始于1999年，初期重点监测浮游植物和浮游动物数量指标，获取了早期的太湖水生态本底数据。2007年无锡供水危机发生后，重点监测太湖及水源地的蓝藻水华与湖泛。2010年开始，流域水生态监测指标由浮游植物和浮游动物逐步扩展到底栖动物、水生植物、鱼类和藻类。

（五）入河排污口监测

1999年1—3月，根据水利部水政司《关于贯彻实施“太湖水污染防治‘九五’计划及2010年规划”及国务院批复意见精神》的函和水利部水文局《关于开展太湖流域污染源达标排放水质监测工作的通知》要求，太湖局组织流域监测中心及流域内省（市）水文部门完成太湖流域1998年废水达标排放监测，包括取水许可年审退水水质监测、省界水体水环境质量监测、流域水环境监测三部分。水环境监测有96个断面分布于45条主要河流，监测17个项目。

自2003年起，太湖局开展对望虞河沿线、太湖上游地区、太浦河沿线、黄浦江上游地区、太湖流域省际边界等重点入河排污口监督性监测工作。2006年起，太湖局把重点入河排污口监督性监测纳入常规监测范畴，每季度开展一次监测，监督性监测范围主要涵盖了环太湖上游地区（无锡宜兴、常州武进、湖州长兴）、太浦河及望虞河干流沿线、苏浙沪省界缓冲区。

（六）专题监测

1. 应急监测

2000年12月至2001年9月，根据《太湖水污染防治“九五”计划及2010年规划》、国务院批复意见精神及水利部水资源司要求，太湖局编制了《2000年太湖流域水质达标应急监测实施方案》和《2000年太湖流域水质达标应急监测质量保证实施办法》，组织流域监测中心及流域内省（市）水文部门完成2000年太湖流域水质达标应急监测，对流域主要水体进行3次应急水质监测，用于检验水质目标实现情况。布设监测断面（点）331个，重点监测望虞河、太浦河、环湖、省界及太湖湖体，监测项目流域面上5项，省界河流与太湖近20项。

在处置2001年年底苏浙边界省际水污染水事纠纷、2003年8月黄浦江上游原油泄漏威胁上海市饮水水源地安全事件、2005年6月苏浙边界新塍镇饮用水源污染事件，以及2007年初夏太湖蓝藻暴发引发无锡市供水危机等事件中，太湖局及时组织开展了水量水质应急监测。

2. 洪水期间水环境监测

1999年，太湖流域发生了特大洪水，6—9月，太湖局组织流域两省一市水文监测部门对流域内60条河流4个水库132个断面首次进行洪水期水质监测，监测和评价成果汇入《1999年太湖流域洪水》一书。

二、两省一市

（一）江苏省

1957年江苏省水文部门开始对主要河湖的天然水化学成分进行监测。1957—1967年检测分析项目27个。

1967—1974年“文革”期间，全省各分析室停止监测。

1975年起，省水文总站恢复河湖水质监测工作，其分析项目除水化学成分外，增加酚、氰化物、汞、砷、六价铬等5项有毒物质，监测项目达到32项。1978年江苏省首次编制《江苏省主要河湖水质站网规划》，规划布设基本站63处，辅助站71处，共134处；监测项目32项。

1985年，江苏省开展了第二次水质站网规划，编制了《江苏省主要河湖水质站网规划》，共布设水质监测基本站31处，辅助站124处，共155处；监测项目必测项目36项，选测项目11项（主要为硫化物、氟化物等）。

2008年，江苏省水质监测站点已覆盖至饮用水水源地、省管湖泊以及大部分重点水功能区。监测领域除常规监测外，涉及省管湖泊水质及水生物特征监测、太湖调水引流及护水控藻水质监测、突发性水污染事故应急水质监测以及省界水质监测等。监测项目按不同水体功能和特点而有所区别，一般多则30余项，少则10余项；其监测频次因情而异，如饮用水水源地每年监测24～36次，省管湖泊每年监测12次，水功能区每年监测6～12次不等。

2010年起，水功能区监测扩大至全省重点水功能区监测范围。水功能区监测主要分国家级水功能区、流域重点水功能区、省级重点水功能区监测和水功能区全覆盖监测。其中，江苏省太湖流域重点水功能区监测点186个。

（二）浙江省

2008年，省水利厅印发《关于落实〈浙江省水功能区水质监测规划〉有关工作的通知》明确水功能区水质监测站点实行分级管理。同年，省水利厅印发了《关于开展全省水功能区和水库型水源地水质监测工作的通知》，在全省开展水功能区水质同步监测工作。至2009年年底，全省已有497个水功能区开展日常水质监测。

2010年，省水利厅印发《关于进一步加强水功能区和饮用水水源地水质监测的通知》，要求各地高度重视水功能区和饮用水水源地水质监测工作，提高水质监测能力建设，进一步加强水功能区和饮用水水源地水质监测工作。

（三）上海市

1．黄浦江上游水质监测

市水文总站每年至少组织1次黄浦江上游及边界地区水文调查，布设水文流量断面17个左右，水质监测断面15个左右，水质监测项目为《地表水环境质量标准》（GB 3838—2002）中的基本项目；监测频率根据水文大、中、小潮高低憩时间设置采样频次。

2．饮用水水源地监测

至2010年年末，市供水调度监测中心对黄浦江上游水源地、长江陈行水库、长江青草沙水库等水源地取水口开展每月1次监测，监测项目为《地表水环境质量标准》（GB 3838—2002）中的基本项目加集中式生活饮用水地表水源地特定项目5项。

3．水生态监测

2010年，上海市建立生态实验室，初步具备了浮游生物监测能力。每年淀山湖湖区设置8～12个监测点，监测频率为每季度1次，监测项目为浮游植物、浮游动物，蓝藻频发期适当增加监测频次。

4．应急监测

2007年5月1日，青浦自来水公司吸水头原水水样中三氯甲烷（氯仿）检出浓度为0.0485毫克每升，情况异常。青浦区水务局立即开展了监测工作，并上报市水务局，市水务局成立了第一、第二调查小组，开展青浦地区和松江地区的调查，并由市水文总站对黄浦江上游进行后续监测。

2010年4月，虹桥枢纽区域污水管破损、污水外泄污染周边河道，市水文总站及时赴现场踏勘，并制订受污染河道的监测方案。2010年5月，市水环境监测中心接到市海洋局关于奉贤区西部污水处理厂排海总管被打穿损坏污水外溢的紧急报告后，会同奉贤区有关部门一同前往现场勘察采样分析，提出处理方案和应急措施。

5．专项监测

1979年，市水文总站在沿海、沿江及内河设置氯化物专用监测站10个，自1980年起增至27个，氯化物专用监测站网基本布设完成，至2010年，氯化物专用监测站调整为28个。

第四章　水资源管理

第一节　水资源论证

2002年，水利部、国家计划委员会（以下简称“国家计委”）联合发布了《建设项目水资源论证管理办法》（水利部令第15号），2003年水利部印发《建设项目水资源论证报告书审查工作管理规定（试行）》，太湖局和流域内各省（市）全面实施建设项目水资源论证制度。

一、太湖局

（一）论证资质管理

太湖局开展了直属单位建设项目水资源论证单位的资质年度初审资料审核和上报以及局系统水利部水资源论证专家库专家资质申报工作。太湖局系统负责建设项目水资源论证报告书编制资质初审的单位有两家：上海东南工程咨询有限责任公司、太湖局水文水资源监测局，其分别于2003年、2005年获水利部甲级资质证书。

太湖局系统共有水利部水资源论证评审专家19人。水利部2003年公布第一批水资源论证评审专家412人，其中太湖局7人；2004年公布第二批水资源论证评审专家500人，其中太湖局7人；2006年公布第三批水资源论证评审专家501人，其中太湖局2人；2009年公布第四批水资源论证评审专家339人，其中太湖局3人。

（二）审查程序

太湖局按照相关法规、制度要求，依法受理、审查水资源论证报告书。在收到建设项目水资源论证报告书审查申请并受理后，对照项目类型和取用水特点确定审查重点，组织局内相关职能部门提出书面审核意见，根据建设项目涉及的主要专业聘请评审专家组成专家组，在查看项目取退水和建设现场后召开审查会议。对核电等重点项目和造纸等高用水项目，还对报告书初步成果进行技术咨询，以提高论证质量。

（三）报告书审查情况

至2010年，太湖局组织审查完成的太湖流域范围内建设项目水资源论证报告书共有19份，涉及水利、火电、核电、公共水厂等，具体见表14-4-1。

（四）报告书审查基础工作

2010年，太湖局组织对建设项目取水水源、引水时机（来水、水位、用水，运行时间、引水量年内分布等）、水质监测，退水影响范围及对水环境的影响、消除不利影响的对策与措施等相关的问题进行研究分析，提出平原河网地区水环境改善项目水资源论证的技术要点，作为有关建设项目水资源论证报告书编制、审查和监督管理的技术参考。

表 14-4-1 太湖流域内建设项目水资源论证项目

序号	项 目 名 称	取水口所在地	所属行业
1	梅梁湖泵站工程	江苏无锡	水利
2	苏州市西塘河引水工程	江苏苏州	公共供水
3	青浦原水厂太浦河取水工程	上海青浦	公共供水
4	无锡马山抽水蓄能电站	江苏无锡	水电
5	嘉善县自来水公司太浦河取水工程	浙江嘉兴	公共供水
6	闵行源江水厂一期	上海闵行	公共供水
7	华润宜兴电厂二期工程	江苏无锡	火电
8	平湖市太浦河取水工程	浙江嘉兴	公共供水
9	奉贤黄浦江原水扩建工程	上海	公共供水
10	上海华电望亭发电厂改建工程	江苏苏州	火电
11	秦山核电厂扩建项目	浙江嘉兴	核电
12	浙江半山 IGCC 发电示范工程	浙江杭州	火电
13	金山一水厂二期供水工程	上海奉贤	公共供水
14	浙江天荒坪第二抽水蓄能电站	浙江湖州	水电
15	奉贤区集约化供水原水扩建工程	上海奉贤	公共供水
16	杭州临江环保热电工程	浙江杭州	火电
17	吴江市东太湖应急备用水源地	江苏苏州	公共供水
18	青浦太浦河原水厂三期扩建工程	上海青浦	公共供水
19	吴江二水厂一期工程	江苏苏州	公共供水

二、两省一市

（一）江苏省

2002 年，《建设项目水资源论证管理办法》颁布后，江苏省水利厅对水资源论证管理工作进行了规范。对超资质编制的水资源论证报告予以退回；组织资质单位有关人员培训，提高从业人员业务素质；取水许可审批机关对取水单位提交的水资源论证报告书先进行初审，水资源论证报告书基本达到《建设项目水资源论证导则》要求后提交专家组进行评审，报告书编制单位按照专家意见修改并经专家组组长签字认可后，水资源论证报告书方可作为取水许可审批的技术依据。建设项目水资源论证覆盖率近 100%。

（二）浙江省

2003 年年初，浙江省水利厅会同省计划委员会下发了《关于贯彻实施〈建设项目水资源论证管理办法〉有关问题的通知》。2010年浙江省水利厅出台了《关于进一步加强水资源论证工作的通知》，并制定了《浙江省建设项目水资源论证评审专家管理暂行规定》，建立的主要制度有：水资源论证审批政务公开制度和网上受理审批制度；评审专家论证制度，成立省级专家库，规范专家审查行为；报告书审查第三方参与制度，有关当事各方参与审查，听取第三方的意见，保障第三方用水权益；建设项目水资源论证资质单位联席会议制度。

浙江省水利厅负责管理的水资源论证甲级资质单位3家，乙级资质单位21家；部级水资源论证评审专家41名。浙江省水利厅成立了省级专家库，涵盖了各地市、县（市）和有关部门，并建立了严格的专家管理制度。在每年的水资源管理培训中开设建设项目水资源论证专题培训，并针对纺织、造纸、化工、电力等行业占浙江省总用水比例较大的情况，聘请行业内技术专家，专题举办四大行业节水技术培训班。

（三）上海市

2002年《建设项目水资源论证管理办法》颁布后，上海市不断规范建设项目水资源论证。经调查、分类和统计，确定以建设项目年取水量50万立方米作为水资源论证分类管理的分界线，进行分类管理。2009年，上海市水务局下发了《关于本市建设项目水资源论证实行分类管理的通知》，对建设项目按照取水量分别编制水资源论证报告书、报告表进行分类管理。截至2010年，上海市水务局共审查通过69份水资源论证报告书，区（县）水务局审查通过33项水资源论证报告书。

第二节 取水许可管理

一、太湖局

（一）取水许可管理权限

1993年国务院《取水许可制度实施办法》颁布，1995年水利部《关于授予太湖流域管理局取水许可管理权限的通知》确定了太湖局取水许可管理权限如下：

（1）在太湖流域及浙闽地区（福建省的韩江流域除外，下同）由太湖局实行全额管理，受理、审核取水许可预申请、受理、审批取水许可申请，发放取水许可证：①由国务院批准的大型建设项目的取水（含取地下水）；②跨省、直辖市行政区域的取水。

（2）在太湖流域及浙闽地区下列河道管理范围内限额以上的取水，由太湖局审核取水许可预申请、审批取水许可申请、发放取水许可证：①太浦河、望虞河、拦路港（含斜塘和泖河）、红旗塘（油车港一三角渡）、太湖、淀山湖、元荡的全河（全湖），及其岸线以外区域（夹浦—长兴—湖州—东迁—练市—嘉兴—嘉善—平湖—乍浦—金卫—张堰—金山—泖港—米市渡—松江—朱家角—淀东—大市—陈墓—周庄—北库—

八拆—吴江—长桥—苏州—浒墅关—东桥—黄埭—杨园—常熟—赵市—福山—港口—王庄—羊尖—厚桥—硕放—新安—无锡—洛社—戴溪—周铁—丁蜀—濮东—夹浦连线所围区域）内的河段、湖荡，不含区域内县级以上城市城区。②吴淞江（昆山市陆家至青浦县黄渡）、盐铁塘（太仓市南郊乡至嘉定区外岗）、新浏河（太仓市浏河口至盐铁塘交叉处）、江南运河［吴江市（现吴江区，下同）八拆镇至嘉兴市环城河交叉处］、澜溪塘（桐乡市乌镇至吴江市平望镇）、頔塘（湖州市东迁镇至吴江市平望镇）。

从上述①、②中的河流（河段）、湖泊地表水日取水量5.0万立方米以上的工业及城乡生活取水或设计流量1.0立方米每秒以上的农业取水。

(3) 黄浦江干流闸港以上河段、闽江干流竹歧至玉亭和钱塘江桐庐至杭州市钱塘江铁路大桥：地表水日取水量8.0万立方米以上的工业及城乡生活取水或设计流量1.5立方米每秒以上的农业取水。

2006年4月15日，国务院颁布实施《取水许可和水资源费征收管理条例》，确定太湖局的取水许可管理权限为：太湖以及其他跨省（市）河流、湖泊的指定河段限额以上的取水；省际边界河流、湖泊限额以上的取水；跨省（市）行政区域的取水；由国务院或者国务院投资主管部门审批、核准的大型建设项目的取水；流域管理机构直接管理的河道（河段）、湖泊内的取水。上述指定河段和限额以及流域管理机构直接管理的河道（河段）、湖泊，由国务院水行政主管部门规定。

(二) 取水许可制度实施情况

1. 编制太湖流域取水许可总量控制指标方案

太湖局利用水资源综合规划及水环境综合治理总体方案的成果和协调基础，结合流域2005年用水调查成果，开展太湖流域2010年取水许可总量控制指标方案研究，方案经多次讨论完善后完成了与省（市）的协调工作，于2008年11月通过了水利部组织的专家审查，再次修改后报送水利部。

2. 监督管理工作

太湖局按照审批的水资源论证报告书审核取水量，对于施工期较长的项目，按照施工期、运行期分期发放取水许可证。开展取水计划管理，取水单位按要求每季度向太湖局报送月度取水量，并报送年度取水总结和下年度取水计划建议；经审核后下达年度取水计划，建立流域直管取水户用水管理台账。对审批水资源论证和取水许可建设项目开展了现场监督检查，对提高用水效率、加强计划用水管理提出要求。对取水单位进行水资源管理法规宣传、技术指导等服务。清理未依法办理取水许可的违规项目，向违法单位发出整改通知，限期提交情况说明并补办手续，完成了大部分省（市）取水许可换证工作。

太湖局利用多种渠道争取国家发展改革委和国家能源局的支持，以望亭电厂改建工程水资源论证为契机，推进其用水技术改造。经反复协调取得一致意见，明确了闭式循环冷却水系统技改时间表。太湖局组织浙江省水利厅、华东电网有限公司对新安江水力发电厂水资源费征收标准及征收起始时间进行了协调，推进了新安江水力发电厂水资源费征收工作。

3. 审批发证情况

截至2010年年底，太湖局共批复太湖流域内取水许可申请书17份，发放有效取水许可证9份，分别见表14-4-2和表14-4-3。

表14-4-2　　太湖局批复取水许可申请书情况表

序号	取水申请项目	取水口所在地	行　业
1	青浦原水厂太浦河取水工程	上海青浦	公共供水
2	闵行发电厂延长取水许可期限	上海闵行	火电
3	嘉善县城乡一体化供水工程	浙江嘉兴	公共供水
4	平湖供水一期工程	浙江嘉兴	公共供水
5	华润宜兴电厂二期工程	江苏无锡	火电
6	无锡马山抽水蓄能电站	江苏无锡	水电
7	闵行源江水厂一期	上海闵行	公共供水
8	望亭发电厂改建工程	江苏苏州	火电
9	秦山核电厂扩建项目	浙江嘉兴	核电
10	江苏溧阳抽水蓄能电站	江苏常州	水电
11	奉贤黄浦江原水扩建工程	上海奉贤	公共供水
12	杭州华电半山IGCC发电示范工程	浙江杭州	火电
13	奉贤区集约化供水原水扩建工程	上海奉贤	公共供水
14	嘉兴电厂三期	浙江嘉兴	火电
15	金山一水厂二期供水工程	上海奉贤	公共供水
16	青浦太浦河原水三期扩建	上海青浦	公共供水
17	吴江二水厂一期工程	江苏苏州	公共供水

表14-4-3　　太湖局发放取水许可证情况表

序号	取　水　单　位	水　　源	行　业
1	秦山核电有限公司	长山河	核电
2	上海市自来水闵行有限公司	黄浦江	公共供水
3	嘉善县水务投资有限公司	太浦河	公共供水
4	上海市原水股份有限公司	黄浦江	公共供水
5	上海青浦自来水有限公司	太浦河	公共供水
6	上海市自来水奉贤有限公司	黄浦江	公共供水
7	上海市自来水闵行有限公司	黄浦江	公共供水
8	上海金山海川给水有限公司	黄浦江	公共供水
9	上海电力股份有限公司闵行发电厂	黄浦江	火电

二、两省一市

（一）江苏省

1993 年国务院颁布《取水许可制度实施办法》前，江苏省完成了已建非农业取水项目取水登记工作，并开始对新建取水项目（含农业）进行审批。《取水许可制度实施办法》颁布实施后，江苏省启用全省统一制作的取水许可证，农业以村为单位发放取水许可证。

江苏省不断规范取水许可管理。严格取水许可审批，规范取水许可受理、审批程序和时间要求；建立取水工程验收制度，对重大新建、扩建、改建取水工程，工程竣工后水行政主管部门及时进行验收；推进取水许可监督管理，建立上级对下级的督查制度，强化层级管理，对重要取用水户进行日常监督检查，定期考核。1995 年，江苏省非农业取用水户基本实施一级计量用水管理。所有非农业取水户全部实施了“四个一”管理制度，即一本取水许可证、一个取水计量设施、一块编号牌、一份管理档案卡。1998 年，省水利厅颁布《江苏省取水许可年审规定》，规定各级水行政主管部门统一组织取水许可年审工作，按照“谁发证、谁年审”的原则进行，进一步加强监督管理工作，探索农业用水管理方式，在一些主要灌区成立了用水户协会。

（二）浙江省

2002 年 10 月 31 日，省第九届人大常委会第三十九次会议通过《浙江省水资源管理条例》，这是全国第一部水资源管理方面的地方性法规。2004 年经省政府同意，下发了关于划定杭嘉湖地区地下水禁限采区的意见；2005 年省政府修订了《浙江省取水许可制度实施细则》；2007 年省政府颁布了《浙江省节约用水办法》。2010 年，浙江省水利厅制定出台了《关于进一步规范取水许可管理工作的通知》《浙江省取水工程或者设施验收管理暂行规定》等规范性文件，为浙江省取水许可管理提供了制度保障。

各级水行政主管部门规范取水许可管理，从水资源论证报告书编制审查、取水许可申请、受理、决定到核验发证以及取水许可变更和延续，建立明确的工作流程和要求，促进高耗水、高污染建设项目节水减排，倒逼缺水地区产业结构调整。

推进取水计量实时监控系统建设。至 2010 年，浙江取水实时监控系统统一平台已投入运行，基本完成了全省年取水量在 50 万立方米以上的取水户实时监控终端安装，全省 11 个地区 85 个县（市）近 1000 家重点取水户已安装取水实时监控终端并纳入全省系统平台，逐步实现了取水许可动态管理。开展农业灌溉用水计量管理试点，探索南方丰水地区农业用水计量和计划管理的方法和模式。

（三）上海市

《水法》和《取水许可和水资源费征收管理条例》实施后，上海市水务局对《上海市实施〈中华人民共和国水法〉办法》《上海市取水许可制度实施细则》和《上海市水资源费征收管理办法》等规章中与上位法不适应的地方，提出修订或重新制定的意见。制定了《上海市取水口标识牌管理规定》（2008 年）、《上海市取水工程核验管理暂行规定》(2008 年)和《关于本市建设项目水资源论证实施分类管理的通知》(2009 年)等规章和制度，完成了《上海市取水许可总量控制指标方案的研究》。通过取水许可证换发工作，清理了 2006 年以前许可项目，并按审批权限实施取水许可管理。按照市政府《关于加快推进郊区集约化供水的实施意见》，推进郊区集约化供水，集中保护水源、优化水厂布局、压缩地下水开采量、提高供水水质和管理服务水平。2006 年，成立市水务业务受理中心和市水务行政执法总队，为规范水务行政审批和执法工作奠定了基础。在水务业务受理中心成立之初，在市水务局政府网上向社会公布了《上海市水务局行政许可办事指南》，实行网上审批制度。

第三节　落实最严格水资源管理制度

2009 年，全国水利工作会议提出实行最严格的水资源管理制度，提出建立水资源开发利用控制、用水效率控制和水功能区限制纳污“三条红线”，严格实行用水总量控制、用水效率控制和水功能区限制纳污制度。2011 年中央一号文件以及 2012 年《国务院关于实行最严格水资源管理制度的意见》从更高层次上确定了该项制度，明确了全国 2015 年、2020 年、2030 年用水总量控制目标和 2015 年用水效率控制目标。

太湖局于 2010 年年初拟订了落实最严格水资源管理制度的重点工作安排，开展最严格水资源管理制度“三条红线”控制指标分解和省(市)协调、考核评估方案研究等工作。

1. 划定水资源开发利用控制红线和用水效率控制红线

水利部按照国务院要求，于 2011 年组织开展了全国用水总量控制指标分解和省级人民政府确认工作，将 2015 年、2020 年、2030 年全国用水总量控制指标分解到七大流域，要求各流域管理机构分解至所辖省级行政区并请省级人民政府确认。太湖局组织开展太湖流域片用水总量控制指标分解确认工作，于 2012 年 4 月初完成了太湖流域片用水总量控制指标分解，经有关各省(市)人民政府确认后报水利部。

2. 考核评估基础工作和能力建设

太湖局于 2010 年起开展了太湖流域农业用水节水管理措施分析研究、苏州市典型地区农业用水及其管理现状调查研究等，将节水型社会验收评估作为最严格水资源管理考核的预演，并提出了省(市)分行业用水考核评估的指标及核算方法。组织查清了流域内江苏省、上海市火电装机、用水及耗水率现状，选择具有代表性的上海市青浦区开展农业节水减排效果研究，自 2010 年起发布考核口径流域水资源公报。组织开展了太湖流域水量考核省界断面名录及省界断面水量考核指标、机制研究，成果在全国省界断面水资源监测站网规划编制中得到应用。

3. 落实《太湖流域管理条例》

为贯彻落实《太湖流域管理条例》(以下简称《太湖条例》)，太湖局开展了以贯彻实施《太湖条例》为重点的水资源专项执法检查活动，强化日常巡查和水行政执法，加强行政许可后的监督检查，集中查处、督办一批水事违法案件；按照水利部要求，利用省界缓冲区水质断面查勘和省界水量分析成果，结合落实取用水总量控制、水量分配方案等要求，开展了流域省际河流省界水量监测站名录筛选、核定、省（市）确认和报水利部；落实禁采承压水要求，与用水总量控制地下水源供水指标相衔接，组织完善流域地下水利用与保护规划报告，成果纳入《全国地下水利用与保护规划》并通过水利部审查；按照《太湖条例》要求开展太湖、太浦河、望虞河取水总量控制管理，在国家水资源监控能力建设等项目中逐步实施重点河湖取水总量实时监控。

第五章 水资源质量监督管理

第一节 太湖局水资源质量监督管理

一、省界水体监督管理

依据《水污染防治法》规定，太湖局从1996年开始开展省界水体监测，设置省界水体监测站点，定期实施监测。2010年组织完成流域省界缓冲区水质监测断面查勘复核工作，制定了《太湖流域及东南诸河区省界缓冲区水质监测断面设置方案》。

1996年，太湖局开始组织编制《太湖流域省界水体水资源质量状况通报》半年报，后增至季报、双月报。2001年开始，太湖局逐月发布《太湖流域省界水体水资源质量状况通报》，并通报省（市）政府和有关部门。

二、水功能区监督管理

（一）水功能区划分

2000年开始，太湖局按照《水功能区划分技术导则》，组织流域内各省（市）水行政主管部门开展流域水功能区划工作，水功能区划成果纳入了2002年编制完成的《太湖流域水资源保护规划》。流域内各省（市）相继组织开展了辖区内的水功能区划工作，会同环境保护行政主管部门按照区域水资源开发利用状况及服务对象，对不同水域进行了功能划分。江苏省人民政府于2003年3月批复了《江苏省地表水（环境）功能区划》，上海市人民政府于2004年12月批复了《上海市水（环境）功能区划》，浙江省人民政府办公厅于2005年12月转发了《浙江省水功能区、水环境功能区划分方案》。在流域各省（市）人民政府批复的水（环境）功能区的基础上，太湖局从流域管理及满足有关部门管理需要的目标出发，研究分析流域重要水域以及省际边界水域，协调省（市）之间用水功能的差异，对太湖流域重要水域进行功能划分，编制了《太湖流域水功能区划》。

2008年5月召开的省部际联席会议第一次会议要求“水利部要抓紧会同环境保护部和两省一市，进一步协调和完善太湖流域水功能区划后，报国务院审批”。随后，太湖局按照要求组织流域省（市）水行政主管部门开展太湖流域水功能区划复核协调工作，提出区划初稿，由水利部会同环境保护部、国家发展改革委联合开展水功能区划协调完善工作。经多次反复协调，修改形成《太湖流域水功能区划（报批稿）》上报国务院。2010年5月，国务院批复《太湖流域水功能区划》，并要求全面加强太湖流域水功能区监督管理。2011年12月，国务院批复《全国重要江河湖泊水功能区划》，其中含太湖流域水功能区划成果。

2010年5月国务院批复《太湖流域水功能区划》范围涵盖了流域主要江河、湖库，包括太湖等重要湖泊、国家级及省级自然保护区范围内的水域、流域性引水供水河道、主要集中式饮用水水源地、治太骨干工程河道、主要省际（界）河湖、环太湖主要河道和大型水库等。区划涉及河流193条（河长4382.3千米）、湖泊10个（面积2777.3平方千米）、水库7座（10.57亿立方米），共划分水功能区一级区254个，其中保护区14个，缓冲区76个，开发利用区158个，保留区6个。在158个开发利用区中，根据其具体的用水功能共划分水功能区二级区284个，其中饮用水水源区42个，工业用水区77个，农业用水区51个，渔业用水区10个，景观娱乐用水区74个，过渡区30个。太湖流域水功能区划统计见表14-5-1。按照水体使用功能的要求，同时水功能区水质目标执行《地表水环境质量标准》（GB 3838—2002），太湖流域380个水功能区中，水质目标要求达到或优于Ⅱ类的功能区有21个，Ⅱ～Ⅲ类的有25个，Ⅲ类的有230个，Ⅳ类的有84个，Ⅴ类的有20个，太湖流域水功能区划不同类别水质目标数量统计表14-5-2。

表14-5-1　　太湖流域水功能区划统计表　　单位：个

水功能区划	江苏省	浙江省	上海市	省际边界	小计
保护区	7	4	2	1	14
保留区	3	3			6
缓冲区	28		4	44	76
饮用水水源区	11	25	6		42
工业用水区	54	17	6		77
农业用水区	5	42	4		51
渔业用水区	9	1			10
景观娱乐用水区	28	8	38		74
过渡区	10	4	16		30
合计	155	104	76	45	380

表14-5-2　　太湖流域水功能区划不同类别水质目标数量统计表　　单位：个

水质类别	江苏	浙江	上海	省际边界	合计
Ⅰ～Ⅱ		2			2
Ⅱ	7	7	5		19
Ⅱ～Ⅲ	1	13	6	5	25
Ⅲ	97	75	18	40	230
Ⅳ	50	7	27		84
Ⅴ			20		20
合计	155	104	76	45	380

（二）水功能区监督管理

2002 年 6 月起，太湖局组织开展流域重点水功能区水资源质量状况监测，并发布《太湖流域重点水功能区水资源质量状况通报》。2004 年起，太湖局组织编制《太湖流域及东南诸河重点水功能区水资源质量状况通报》月报，并通报有关部门和地方。

2006 年 8 月，根据《水法》和《水功能区管理办法》的要求，太湖局编制了《太湖流域水功能区管理实施细则》，以满足水功能区管理需要。2010 年，按照水利部《贯彻落实〈太湖流域水功能区划〉工作方案》要求，太湖局修改完善了该细则，要求加强水功能区监测与信息共享、开展水功能区检查考核等工作。

国务院批复《太湖流域水功能区划》后，太湖局加强水功能区监测，组织并会同流域两省一市水行政主管部门制订水功能区水质监测方案，确定监测断面，实现了流域 380 个水功能区全覆盖监测。

（三）纳污能力核定

2004 年，为确保引江济太期间长江清水保质保量进入太湖，提高望虞河引长江水的入湖效率，太湖局研究提出了引江济太期间望虞河限制排污总量意见，水利部于同年 10 月批复《引江济太期间望虞河纳污能力及限制排污总量（试行）意见》，确定了望虞河引江济太期间西岸水质控制要求。

在《太湖流域水功能区划》的基础上，太湖局组织完成了太湖流域河网与太湖水功能区纳污能力的核定工作，提出了相应的流域限制排污总量意见。2006 年 8 月水利部将《太湖流域纳污能力与限制排污总量意见》函告国家环保总局。2007 年，太湖局组织补充核算了流域河网总磷、总氮的纳污能力，提出了河网相应的限制排污总量意见。

在《总体方案》（2013 年修编）编制过程中，太湖局编制的《总体方案修编（水利稿）》提出了流域分阶段的限制排污总量，并根据江苏重新核算的结果，调整了太湖流域重要江河湖泊水功能区纳污能力核定和分阶段限制排污总量控制方案，纳入《总体方案》（2013 年修编）的治理目标内容。

三、入河排污口监督管理

（一）入河排污口设置审批

根据法律法规和“三定”方案，太湖局负责对太湖流域符合相关要求的江河、湖泊新建、改建或者扩大入河排污口实施设置同意许可。2003 年开始，太湖局组织流域内有关省（市）对流域重要水功能区的排污口进行了全面调查，及时开展排污口审查同意行政许可工作。至 2010 年，受理并批准了杭州华电半山发电有限公司（2008 年）、上海青浦自来水有限公司二期（2008 年）、金山一水厂二期供水工程（2010 年）等 3 项新建入河排污口申请事项。

（二）入河排污口调查登记

2003 年，太湖局组织流域各省（市）对太湖流域重点水功能区的入河排污口进行了调查，初步摸清了流域重点水功能区排污口的基本情况，包括流域排污总量及1000多个重点入河排污口。

2005年7月，太湖局启动排污口普查登记工作，建立排污口档案信息库。选择望虞河、太浦河、黄浦江上游和太湖，以及省际边界缓冲区作为排污口执法检查监督的重点。同时，太湖局组织流域各省（市）水行政主管部门开展太湖流域入河排污口调查登记工作，调查登记2002年10月1日前（新《水法》施行前）已设置的所有入河排污口。

根据2010年第一次全国水利普查成果，流域共有规模以上（300立方米每日）排污口737个。

（三）入河排污口监督

2005年，太湖局在流域内开展"谁在污染太湖"为主题调查活动。活动期间，太湖局组织对太湖上游无锡市、常州市、湖州市等沿湖城镇的77家企业进行调查，了解掌握入河排污口基本情况，并对废污水直排入太湖或入湖河道的31个入河排污口进行了9次取样监测，有关情况通报了地方相关部门。

太湖局每年组织对太湖及环湖河流等主要水功能区的重点入河排污口污染排放、涉水项目对水功能区水质影响等情况进行巡查，发现违法排污、严重影响水质等行为及时通报有关部门予以查处。

针对举报、信访提供的线索，太湖局组织进行专项调查，对污染来源、污染范围和程度进行监测、分析，形成专项调查简报，并通报地方有关部门进行处理。开展了夹浦污水处理厂退水污染太湖水质、武进前黄污泥堆场污染、夹浦镇纺机污水污染、望虞河东岸垃圾养猪场、太浦河南岸嘉兴莲盛化工违法建设项目、望虞河东岸西桥村污水塘排水污染等问题的调查处理工作。

四、水污染事件应急管理

（一）应急管理

太湖局对太湖、望虞河和太浦河以及省界缓冲区的突发性水污染事件情况进行了调查和统计，编制流域突发性水污染事件周报和月报，上报水利部并通报流域各省（市）。

太湖局制定《太湖流域管理局应对流域片重要饮用水水源地突发性水污染事件应急预案（试行）》，2007年1月起实施。

（二）应急处置

1.2007年无锡供水危机

2007年4月底，太湖西北部湖湾梅梁湖等出现蓝藻大规模暴发。到5月中旬，太湖梅梁湖等湖湾的蓝藻进一步聚集，蓝藻分布的范围和程度均在扩大和加重，湖体和水源地取水口叶绿素a含量大幅度增加，全部超过40微克每升的蓝藻暴发临界值。水源地附近蓝藻大量死亡，水质发黑发臭，氨氮指标上升到5毫克每升以上，溶解氧指标下降到近0毫克每升，导致无锡市居民自来水严重腥臭，由此引发无锡市饮用水供水危机。

5月31日，太湖局启动流域重要饮用水水源地突发性水污染事件应急预案，并进入一级响应状态。太湖局各部门按照职责和会商意见，实施24小时值班，水厂水源地监测频次加密到每小时1次，水质自动监测站2小时监测一次，并多次派员深入现场调度、巡查和指挥。同时，太湖局开展分析预测工作，每日将监测情况及时上报部水资源司。

太湖局及时启动了引江济太应急调水（详见第十五篇第四章第三节），至6月8日，贡湖南泉水厂水源地水质基本恢复到发生供水危机前的水平。

2. 2005年嘉兴新塍镇水污染事件

2005年6月27日上午8时左右，嘉兴市环保局秀洲区分局不断接到新塍镇居民举报，反映苏浙边界澜溪塘（铜罗段）和新塍塘北支河水发黑。经勘察，发现新塍塘北支全线长达6千米河段全部呈黑色，北支河出现大量死鱼。受黑水影响，北支下游新塍塘约3万人的饮用水厂被迫在27日早上8点30分开始停水。

太湖局及时响应和应对，奔赴苏浙边界现场开展调查，加强水质监测，并将监测分析成果及时通报浙江省及嘉兴市相关部门。

第二节　两省一市水资源质量监督管理

一、江苏省

（一）水功能区监督管理

1. 水功能区划分

2003年，江苏省人民政府批复由省水利厅与省环保厅联合上报《江苏省地表水（环境）功能区划》，根据批准的《江苏省地表水（环境）功能区划》，省水利厅制定了水功能区管理规定；2008年年底，编制完成《江苏省地下水功能区划报告》。

2. 水功能区监督管理

省水利厅于2003年和2004年连续两年下发文件，对全省范围内的水功能区确界立碑工作做出具体部署。将保护区、保留区、饮用水源区、缓冲区、景观娱乐以及位于交通要道和人流量较大区域附近的重点水功能区，全部纳入确界立碑范围。2003年7月起，省水利厅定期编制水功能区通报。

2005年10月，省水利厅发布了《关于加强饮用水源地安全保障工作的通知》，要求抓紧编制城市饮用水源地安全保障规划，加大水资源保护和饮用水源地工程建设力度，并抓紧建立饮用水水源地应急反应机制。2006年，省水利厅编制完成全省饮用水源地安全保障规划。2007年，江苏省人民代表大会常务委员会一审通过了《关于加强饮用水源地保护的决定》，全省饮用水源地安全保障规划通过省发展改革委组织的审查并报省政府。2008年和2010年，省水利厅先后两次核准公布水（环境）功能区中万吨以上集中式饮用水水源地名录，并在新华日报上向社会公布。省所有集中式饮用水水源区纳入全省重点水功能区监测体系，按月监测并发布通报，核准公布的集中式饮用水水源地按旬发布水质旬报。

省水利厅组织加大综合治理力度，对苏州的城河、无锡的梅梁湖和五里湖、镇江北湖等重点水功能区，利用国家专项补助资金，结合实施城市防洪工程进行综合治理，建设了集水安全、水资源、水环境、水景观为一体的城市水利工程；对淤积严重的县乡河道全面疏浚，恢复河道的水功能，改善农村水环境；对重要城市饮用水水源地，如宜兴横山水库、无锡小湾里水源地实施水源地保护试点和生态修复工程。

3. 纳污能力核定

2003年，省水利厅开始组织各地市对重点水功能区开展了纳污能力核定工作，并向同级环保部门提出限制排污总量的意见。2006年，省水利厅委托河海大学和省水文局对全省1320个水功能区纳污能力进行全面重新核定。2008年，《江苏省地表水（环境）功能区域纳污能力和限制排污总量意见》通过省发展改革委组织的审查，并经省政府同意，由水行政主管部门按规定程序向环保部门提出限制排污总量意见。

（二）入河排污口监督管理

1996年，省水利厅与环保厅联合印发《关于加强排污口审批工作的通知》，明确了水利部门在排污口设置和扩大审批的职责。2004年，依照《水法》有关规定，再次与省环保厅联合下发《关于排污口设置审批和水利水电工程环境影响评价预审有关事项的通知》，规定“在江河、湖泊新建、改建或者扩大排污口，建设单位（或业主）应当到有管辖权的水行政主管部门办理设置排污口申请手续，经过同意，在报送环境影响报告书时，同时报送水行政主管部门对排污口设置的意见。否则环境保护行政主管部门不审批该项目环境影响报告书”。

2004年，省水利厅组织各地开展了入河排污口普查登记工作。后根据水利部《入湖排污口监督管理办法》，进一步规范了入河排污口论证和审批工作，明确对污水处理厂等不需要取水但是需要设置入河排污口的项目要求编制论证报告书，其他项目入河排污口论证作为水资源论证报告的一章，重点论述；入河排污口设置报告经审查通过后，才能作为入河排污口设置的技术依据。

2005年4月，省水利厅下发了《关于加强入河排污口监督管理的通知》，要求切实加强排污口管理的各项基础工作，并严格和规范入河排污口的审批。2006年，结合纳污能力测定，省水利厅两次组织对入河排污口进行普查登记和监测，将占总排污量80%以上的入河排污口纳入监管重点，基本摸清了全省排污口状况，为纳污能力的科学核定奠定了基础。

（三）水污染事件应急管理

2006年，省水利厅印发了《江苏省集中式饮用水源地突发性水污染事件水利系统应急预案》，并下发了《关于建立健全重大水污染事件报告制度的通知》，从组织体系与责任、信息传递、应急响应、保障措施，以及水质应急监测和水利工程应急调度等方面做出明确规定。截至2010年年末，江苏省县级以上重要水源地都建立了水污染应急预案。

二、浙江省

（一）水功能区监督管理

1. 水功能区划分及管理

2002年，根据《水法》和水利部关于在全国开展水资源保护规划和水功能区划的统一部署，浙江省水利厅编制完成了《浙江省水功能区划》，并两次征求太湖局及省级有关部门的意见。

2003年，省水利厅会同省环保局组织开展了浙江省水功能区水环境功能区拟定工作。成立了编制工作领导小组和技术小组，省水文局和省环境监测中心站共同承担编制任务。技术小组以《浙江省地面水环境保护功能区划》（1996年）和《浙江省水功能区划》（2002年）成果为基础，具体开展水功能区划分编制工作。2005年12月，《浙江省人民政府办公厅转发省水利厅省环保局关于浙江省水功能区水环境功能区划分方案的通知》批复同意区划方案。

2006年，省水利厅印发《关于开展水功能区确界立碑工作的通知》和《关于印发〈浙江省水功能区管理细则（试行）〉的通知》，规范水功能区管理各项工作。

2008年，为进一步加强规范和完善功能区调整管理、加强水资源保护、促进水环境和近岸海域环境改善，省环保厅、发展改革委和水利厅联合印发了《关于加强浙江省水功能区、水环境功能区和近岸海域环境功能区调整管理工作的通知》，明确功能区划调整原则、条件、需要提交的材料和流程。

2. 纳污能力核定

2006年，省水利厅组织开展了全省水功能区纳污能力核定工作。2007年12月核定成果并征求了各市的意见；2008年5月通过了由太湖局、省发展改革委、省环保局等部门和各市水行政主管部门参加的审查；2008年8月，省水利厅向省环保局提交了《浙江省水利厅关于通报浙江省水功能区纳污能力核定成果的函》。

（二）入河排污口监督管理

2006年，省水利厅印发《浙江省入河排污口监督管理细则》，明确了省、设区市和县水行政主管部门的管理范围和审批权限。

（三）水污染事件应急管理

至2010年年末，浙江省县级以上重要水源地都建立了水污染应急预案。

三、上海市

（一）水功能区划分

市环保局于1995年组织编制了《上海市水环境功能区划》，报经市政府批复实施。

2003年，为适应水环境管理需要，市环保局会同市水务局对《上海市水环境功能区划》进行了修订，形成了《上海市水环境功能区划（修编）》，2004年9月市政府批复实施。

（二）水污染事件应急管理

2009年市政府印发了《上海市处置水务行业突发事件应急预案》，对水源污染事故等造成的水务行业突发事件应急处置步骤进行了明确规定；明确了各相关部门的责任分工，市环保局负责水源地污染事故的监测、评估和协调，市水务局作为处置水务行业突发事件的责任单位，承担水务行业突发事件的日常管理；上海海事局负责对其管辖范围内水源地污染事故的处置；市港口交通局负责内河航道过闸沉船事故抢险和船舶堵塞航道疏通。各原水取水单位也按要求制定了企业应急预案。上海市环保局按照相关应急处置工作的安排，开展了水环境污染事件的应急演练；建立了突发环境污染事故处置的专家库，拥有处置水上污染事故的队伍，物质储备充足，具备应对突发污染事件的处置能力。

第六章 节 水 管 理

第一节 节水型社会建设

一、太湖局

自2002年《水法》提出建设节水型社会后，太湖局多次组织召开流域节水（防污）型社会建设座谈会、交流会，提出在太湖流域平原河网水质型缺水地区节水就是减排、节水就是防污的理念，初步确定了“抓住两头，管住中间，用活杠杆，一体管理”的节水型社会建设思路。2007年，编制完成太湖流域节水防污型社会建设规划纲要，作为今后流域节水型社会建设的指导；编制完成太湖流域“十一五”节水型社会建设规划并报送水利部纳入全国规划成果。在太湖流域水资源综合规划编制中把节水作为重要内容，在确定需水预测成果时将强化节水方案作为推荐方案。

2009—2010年，太湖局全面参与全国节水型社会建设试点工作，主持或参加试点地区规划审查、专题验收、中期评估、总结验收等各项工作，完成了第二批试点地区上海市浦东新区等及第三批试点地区上海市青浦区等中期评估工作，总结试点经验，分析存在问题以及开展试点地区交流学习。利用“节水中国行”中央媒体采访团来流域采访，以及“世界水日”“中国水周”等活动，宣传流域节水型社会建设工作，同时开展面向流域公众、政府等不同对象的宣传活动。

二、两省一市

（一）江苏省

1. 确定节水型社会建设目标、任务和工作机制

2006年以来，省政府印发了《关于加快节水型社会建设的意见》（2007年）、《江苏省节水型社会建设规划纲要》（2009年）和《江苏省节水型社会建设目标任务考核办法》（2007年）等政策文件，召开了全省节水型社会建设经验交流会，建立了由分管省长召集、各相关部门参加的节水型社会建设联席会议制度，省水利厅设立全省节水型社会建设办公室，具体负责节水型社会建设的规划、协调、监督和考核工作；各市、县也相应成立了节水型社会建设领导小组或者建立了联席会议制度，明确了部门职责分工。

为发挥水资源费的价格杠杆作用，2000年后，全省先后三次调增水资源费标准。

建立正常节水投入渠道，在水资源费中列出专项资金，重点支持节水型社会建设试点、载体建设，节水关键技术开发、示范和推广以及城乡节水示范工程建设补助等。2006年，省水利厅会同财政厅出台《江苏省水资源管理考核评比办法》，在省级水资源费中列支200万元，对地市、县（市）根据考评结果给予奖励，形成激励机制。

省水利厅组织制定了节水型社会建设宏观和微观评价指标体系，按年度下达节水型社会建设目标任务，将部分节水型社会建设指标纳入全省科学发展观、生态省建设和社会发展水平评价体系等政府综合考核。提出并建立了行政区域地表水用水总量、地下水可采总量、水功能区纳污总量和取水户取水总量等“四个总量”控制制度，以市、县为单位组织考核。

2. 部门协作，全面推进节水型社会载体建设

省水利厅牵头和协调，2006年起先后会同省发展改革委、经贸委、教育厅、妇联等部门，在全省开展了节水型灌区、节水型企业（单位）、节水型高校、节水型社区、节水型家庭等载体创建活动。

（1）农业节水。建设防渗渠道，对大型灌区实施节水改造，新增和完善节水灌溉设施。深化农业布局结构调整，重点推广水稻“浅、湿、控”和“旱育秧”等节水灌溉技术，以灌区、干支渠、电灌站为单位组建农民用水户协会。

（2）工业节水。运用科技手段分行业推广循环用水技术，实施火电、化工、纺织、造纸等高耗水、高污染行业的“八大行业”节水专项行动，规范企业用水行为，实施节水技改，推广中水回用、串联用水和“零排放”技术，培育了一批低耗水、“零排放”企业典型。

（3）学校节水。加强学校节水宣传教育，重点推动高校节水。建立健全高校节水管理机构和节水管理网络，制定学生用水考核与奖惩办法等一批节水管理制度。推行用水智能化管理，通过在高校集中浴室推广使用IC卡智能用水系统，人均一次洗浴用水由原来的400升降为50升左右，节水率达80%以上。加强高校中水回用，推广雨水利用，全省大多数高校的绿化用水使用雨水和河水。

（4）社区节水。深入社区街道推广使用节水型器具，淘汰落后的用水设施，将节水知识普及到家庭，建成多个节水型社区。

3. 推广节水经验和做法

通过国家级和省级节水型社会建设试点，在全省推广试点地区循环节水和非传统水源利用等典型经验，主要有：张家港市通过体制、机制、政策和制度创新，着力构建“三个循环体系”。长江和内河相联通、水体流通置换的生态循环体系，工农业和城镇生活等各业用水之间取、供、用、排、污水处理回用的减污循环体系，企业通过节水技改提高用水效率、形成高效用水循环体系。张家港保税区扬子江冶金工业园将园区污水处理厂尾水深度处理后回用，基本实现园区废污水“零排放”。苏州市蔬菜研究所、骏马农业科技示范园、农业职业技术学院等充分利用雨水资源，通过塑料膜房和玻璃房将雨水收集、储存、净化，进行工厂化生产。

4. 开展节水型社会宣传

省水利厅会同省委宣传部等部门下发了《关于加强节水型社会建设宣传工作的通知》，明确了乡村、企业、政府机关、事业单位、学校和社区节水宣传工作的重点和主要任务；会同省妇联开展了“珍惜水资源，保护水环境，争创节水型家庭”系列宣传和创建活动，印刷《家庭节水知识手册》10万册免费向社会发放。在“世界水日”“中国水周”和“城市节水宣传周”期间，利用广播、电视、报刊、互联网等各种媒体，宣传节水型社会建设的意义和节约用水的典型经验；举办节水型社会建设高层论坛，节水技术研讨会和培训班，企业、高校和灌区节水型载体建设经验交流会等，提高公众的水资源忧患意识和节约意识，动员全社会力量参与到节水型社会建设中来。

（二）浙江省

1. 完善政策体系

2005年省政府发布《关于建设节约型社会重点工作的实施意见》，明确提出要全面推进城市、工业、农业节水工作，进一步推进节水型社会建设，并提出了相应的政策措施。省政府先后下发《浙江省循环经济发展纲要》《关于加强工业节水工作的通知》（2005年）、《关于建设节水型社会的若干意见》（2006年）等规范性文件；2007年颁布了《浙江省节约用水办法》《浙江省水资源费征收管理办法》和《浙江省海水利用发展规划》等。

2. 实施水资源有偿使用制度，推行阶梯式水价和超计划（定额）累进水价制度

加强水资源费征收和使用管理，加大征收力度，积极推行计量收费，水资源费征收到位率逐步提高，水资源费新标准得到了进一步落实。杭州、嘉兴等地推行非居民用水户超计划（定额）累进水价制度，以水价杠杆促进节水，发挥水价对水资源优化配置的作用。

3. 落实“总量控制、定额管理”的用水制度

省水利厅组织开展了用水定额修编工作，浙江省地方标准《农业用水定额》（DB33/T 769—2009）于2009年正式发布实施。各部门做好用水定额执行情况的跟踪工作。

4. 完善取水计量管理制度

加快推进全省所有公共制水企业和年取水量10万立方米以上的重点取水户实时监控体系建设，2010年全省共有950家重点取水户完成了取水实时监控终端安装和省平台接入工作。

5. 重点领域节水成效

（1）农业节水。在工程建设方面，以灌区节水改造为主，实施“千万亩十亿方”节水工程，包括国家大型灌区节水配套改造项目、农业综合开发中型灌区节水配套改造项目、省专项“千万亩十亿方”节水工程项目及其他改造项目。在管理方面，结合国家和地方各类节水增效示范项目，推进灌溉计量普及工作进程，编制完成《浙江省农业用水定额管理推广研究及方案编制》，在全省选取了8个灌区开展农业灌溉节水计量管理。开展农业节水技术研究，先后建成浙江省灌溉试验中心站和平湖等4个省灌

溉试验重点站，开展单季稻需水量、经济作物灌溉定额、薄露灌溉对水环境影响等试验研究。

（2）工业节水。实施产业结构调整升级，结合水资源条件和工业行业结构的特点，重点针对火力发电、造纸等高耗水行业，加大淘汰落后生产能力力度，全省造纸行业制浆生产线已全部关闭，印染行业普遍实行技术更新、再生水利用和污水处理改造，味精行业已实现全行业废水化学需氧量和氨氮达标排放，固废拆解业通过规范整治，全面实现园区化改造。推进传统产业技术改造和更新，研发了一批具有高科技含量的节水设施，推广了一批节水新材料、新工艺、新器具。在实施企业节能节水技改项目中，优选了工业节水等50个项目列入省级节能优秀示范。推进清洁生产工作，2003年制定了《浙江省清洁生产审核暂行办法》和《浙江省清洁生产审核验收暂行办法》，重点推动高耗能、高耗水和省控重点污染企业的清洁生产审核。在一批工业项目中实施先进的节水工艺和循环冷却水重复利用工程。

（3）城镇生活节水。实施老旧供水管网改造。各地逐年加大管网改造的投入，推广和使用球墨铸铁管、PE、PPR等优质管材，制订年度改造计划，加快更新陈旧、老化的管道。基本完成卫生洁具普查工作，推广使用节水型洁具。

（4）非常规水源利用。将海水利用作为开源的一项重要措施，大力发展海水淡化和海水综合利用产业，支持相关技术开发研究、装备和材料开发、新工艺新技术的开发、膜法水处理的应用。基本实现了污水处理厂县级行政区全覆盖。

（三）上海市

1. 体系建设

推进节水型社会基本框架建设，初步构建了节水综合管理体系、节水经济结构体系、节水工程技术体系和节水行为规范体系共四大体系。

（1）节水综合管理体系。形成了横向管理和纵向管理相结合的节水综合管理体制。横向管理即加强市节约用水办公室管理职能，将节约用水融入到取水、供水、排水以及水环境治理和水资源保护工作各个环节；纵向管理即市及区（县）计划用水管理部门、行业主管部门和用水户组成的三级管理网络。完善用水计量与国民经济统计相结合的水资源核算体系。2010年修订《上海市节约用水管理办法》，“十一五”期间形成了包括《上海市冷却水循环设施使用管理规定》《上海市节约用水“三同时、四到位”管理规定》《上海市用水计划指标核定管理规定》《上海市涉水对象分类名称及代码（试行）》以及《上海市节水型区（县）、工业园区、企业（单位）、学校（校区）及小区评价指标及考核办法》等节水管理政策法规体系。

（2）节水经济结构体系。在工业行业推广具有示范作用的节水工程项目，探索工业园区水资源梯级利用模式，发展循环用水、串联用水和再生水回用系统。实行建设项目水资源论证分类管理制度，限制不符合产业政策的高耗水、高污染建设项目。将新建、改建、扩建的月用水量5000立方米以上建设项目的“节水设施设计方案审核”统一纳入建设项目设计文件审查并联审批。分阶段逐步关闭部分深井，全市地下水开采量逐年下降。利用经济杠杆促进节约用水，居民综合水价分两步提高至 2.8 元每立方米，非居民用户实行分类水价和差别定价调控。

（3）节水工程技术体系建设。大力发展节水技术和工艺，加大对现有水资源利用设施的节水改造，推广循环用水、蒸汽冷凝水回用、节水器具等高效用水技术和设施。完成《上海市节水型社会建设对策措施研究》《上海市老式便器水箱节水改造效果评估》《上海市城镇雨水利用技术导则》等节水专项研究。逐步形成以上海化学工业区等循环型工业用水，仁恒滨江园等 1000 多个住宅小区高效型生活用水，孙桥现代农业园区等生态型农业用水，以世博园区雨水利用、闵行区污水处理厂中水回用、金山石化和漕泾电厂海水利用为特点的综合型非常规水资源开发利用等，2010 年海水利用量近 12 亿立方米。更新改造供水管网郊区供水管网漏失率显著降低。

（4）节水行为规范体系建设。在每年的“世界水日”“中国水周”和“全国城市节约用水宣传周”举办大型节水主题宣传活动。发挥学校、社区、企业的优势和作用，进行节水技术、常识、方法的指导和推广，经常性举办用水单位管理人员节水培训和节水型示范单位创建专题培训；组织了 1600 余人的全市节水志愿者队伍，在各领域动员全民参与节水。创建节水型工业园区、节水型农业园区、节约用水示范单位和节水型企业（单位）、节水型学校（校区）以及节约用水示范小区和节水型小区，并制作 10 余部节水专题宣传片，宣传提高节水示范效应。

2. 取用水监管

严格取水许可和水资源论证，确保现场勘查到位、计量设施安装到位、节水措施落实到位。建立水资源论证分类管理制度，对在黄浦江或内河采用直流式冷却工艺的电厂项目不再予以审批。

落实用水总量控制制度，结合上海市水资源现状及流域机构的管理需求，研究编制了年度《上海市取水许可总量控制指标及分配方案》，明确上海市用水总量控制指标体系。

实行计划用水管理制度，对 3 万余户非居民用水单位坚持实行用水计划管理，合理下达和调整用水计划，超计划用水加价收费。

完善用水定额管理制度，对医院、学校、旅馆等非工业行业以及火力发电、建材行业（商品混凝土）、商业办公楼宇等高用水行业及产品逐步实行用水定额修编，并颁布为地方标准。

实行水平衡测试制度，按照国家有关要求对重点用水户开展水平衡测试，落实节水措施，挖掘节水潜力，杜绝跑冒滴漏，促进科学合理用水。

建立节水产品推广应用制度，淘汰和改造不符合节水要求的用水器具，在全市医院、学校、宾馆及居民住宅、厂矿企业中鼓励安装冷却塔、节水型淋浴器、龙头等，重点完成居民住宅老式便器水箱节水配件改造。

健全用水计量和统计制度，对全市月取水量 5000 立方米以上的单位加强用水计量管理，持续做好《上海市用水单位用水情况表》月度填报工作，实施用水情况月报制度。建立上海市水资源统计和核算体系，实现了各类水量数据的网上动态监管。

3. 工程建设

(1) 供水工程。青草沙水源地工程基本建成，郊区集约化供水建设持续推进，逐步关闭小水厂，新建和改造规模水厂，更新改造供水管网。

(2) 污水处理和水环境保护工程。完成了竹园、白龙港污水处理厂升级扩容等，续建、新建、改建郊区污水处理厂及配套管网工程，污水收集管网基本覆盖每个乡镇。巩固中心城区河道整治成效，开展骨干河道和郊区黑臭河道整治，疏浚治理近2万千米农村中小河道；试点先行，逐步推广，开展农村生活污水处理设施建设。

(3) 农田水利建设工程。以设施粮田、设施菜地外围水利配套和中央财政小型农田水利重点县建设为重点，更新改造灌溉泵站；以增强低洼圩区排涝能力为重点，更新改造排涝泵站、水闸。

(4) 非常规水资源利用工程。实施孙桥农业园区雨水利用、青浦第二污水处理厂中水回用、闵行区污水处理厂污水再生利用等非常规水源利用示范工程，推进金桥工业园区水资源梯级利用工程，部分节水型企业积极开展雨水集蓄利用、蒸汽冷凝水回用、工业废水回用、中水回用等，大批工业企业和工业园区工业用水重复利用率显著提高。

(5) 世博节水工程。世博园中国馆对馆内生活污水及屋面雨水进行收集、处理，回用于冲厕和场馆绿化。世博园区大量新建和保留大型建筑，部分屋面绿色屋顶采用弃流技术，清洁的雨水经简单处理即可作为市政用水。

4. 试点建设

浦东新区发挥水务、环保、市容绿化等一体化管理的体制优势，大力开展农业节水、工业节水、服务业及城镇生活节水等各项工作，形成了集取水、供水、用水、节水、排水及其回用为一体的水资源综合管理体系，探索出了水质型缺水地区以节水减排和改善环境为主导的节水型社会建设主体模式。

青浦区作为省际边界地区、饮用水水源保护区和太湖流域水环境重点治理区域，节水型社会建设纳入到青浦区“一城两翼”发展战略之中，完善计划用水管理体制，加强制度与管理体系建设，在水环境改善、工业节水、农业节水、污水治理等方面取得了明显成效，促进了区域经济、资源、环境协调发展。

金山区围绕国家和上海市发展循环经济，加快节能减排的总体方针，结合区域特色，以转型发展、创新驱动为引领，积极探索重化产业集聚区的节水型社会建设新路子，建立适应区域特点的节水型社会制度法规体系、水生态水环境保护体系、节水工程技术体系和宣传教育体系。

第二节 城 市 节 水

一、杭州市

杭州市人民政府1982年6月发布《关于实行计划供水和节约用水的试行办法》，

1996年修订为《杭州城市节约用水管理办法》，该办法在2007年1月再次修订。

开展了创建国家节水型城市活动，通过宣传提高市民节水意识。采取各项节水措施，包括发展高新产业和现代服务业，对高耗水高污染企业分情况实行关、停、并、转、迁或实行技术改造，淘汰落后设备；提高工业用水利用率，尤其是对钢铁、发电、石化、乳饮等行业用水大户提高重复用水率；结合城市基础设施建设和旧城改造供水管网，降低其漏损率；建立用水计划核定，调整、考核和收费等管理制度。

2002年5月杭州市通过了国家节水型城市验收，并在此基础上继续巩固和提高，在2006年通过了复查。

至2010年年底，已创建省级节水型企业（单位）89家，已有计划用水单位1091家。从2008年开始大表远程抄表系统建设，水业总表一期已安装450只，实行在线管理。2010年全市（含杭州市太湖流域和东南诸河）万元GDP取水量为66立方米每万元（当年价），万元工业（含火电）增加值取水量为65.0立方米每万元（当年价），城乡常住人口人均居民生活用水量为115升每人每日，城乡人均综合生活用水指标为203升每人每日。

二、苏州市

苏州市于2006年8月发布《苏州市节约用水管理办法》，2009年颁布《苏州市节约用水条例》。

加大节水经费投入和工作力度。支持社区家庭节约用水，投入资金2.24亿元，免费为市区15万户居民更换水龙头33万只，排水阀6万多只，三口之家换一个节水龙头，每户一年可节约5吨水；开展管网维修，至2009年城市管网漏损率已降到11.26%，达全国领先水平。至2009年，建成省级节水型企业118家。抓好节水减排工作，加强节水“三同时”和计划用水管理，对超计划用水户征收超计划加价水费。在完成水平衡测试的基础上，对造纸等7个行业开展了用水审计。2011年经国家住建部和发展改革委考评，苏州列入第五批（2010年度）国家节水型城市。由于张家港、昆山、常熟、太仓均先后通过了住建部和发展改革委组织的节水型城市考核验收，苏州全市率先建立了全国首座节水型城市群。

至2010年，苏州各县、市、区通过开展节水创建活动和载体建设，建成了250家节水型企业（单位）、92个节水型社区、小区和9所节水型高校，全市节水水平进一步提高。

2010年苏州全市万元GDP取水量为91立方米每万元（当年价），万元工业（含火电）增加值取水量为115.0立方米每万元（当年价），城乡常住人口人均居民生活用水量为131升每人每日，城乡人均综合生活用水指标为193升每人每日。

三、无锡市

无锡市于2006年全面启动创建节水型城市工作，出台了《无锡市城市节约用水规划（2006—2020年）》等有关文件。创建过程中，对各市（县）区制定了用水总量控制指标和用水效率指标，对130个行业、390个产品设定用水定额，并将重复利用率、冷却水循环率、工艺水回用率等用水效率指标作为硬性指标，凡高于指标规定的，严格核减取水规模；落实最严格的水资源管理制度，对取水大户、排污大户等强化取水许可管理，加强对入河排污口的督查，加强取水计量设施管理；依靠引进节水设备，推广污水处理回用、循环用水等技术，均取得了良好效果。2009年无锡市被命名为国家节水型城市。

2010年无锡全市万元GDP取水量为72立方米每万元（当年价），万元工业（含火电）增加值取水量为86.0立方米每万元（当年价），城乡常住人口人均居民生活用水量为132升每人每日，城乡人均综合生活用水指标为194升每人每日。

四、嘉兴市

嘉兴市于2006年编制了《嘉兴市市区城市节水中长期规划（2005—2020）》，此后出台了《嘉兴市城市节约用水管理办法》《嘉兴市城市节约用水奖励办法》《嘉兴市超计划（定额）用水累进加价费征收管理办法》《嘉兴市市区建设项目节水设施建设管理办法（试行）》《嘉兴市区建设项目节水设施建设管理工作细则》等制度，并全面推进节水型城市建设。

嘉兴市修订了工业企业用水定额，推动产业转型升级，严格新（扩）建项目审批，严控高耗水产业，淘汰高耗水工艺设备和产品。推动年取水10万立方米以上企业开展水平衡测试。进行节水项目技改，推出51项示范技改项目，竣工后可节水1578万立方米。结合电镀、印染、化工、制革、造纸等行业整治，提高工业用水重复利用率。创建节水型居民小区，提升改造城市供水管网。对公共供水和自备取水户加强计划管理，实行超计划用水累进加价，推广普及节水型生活用水器具，实施节水器具产品备案制度。2011年4月经国家住建部和发展改革委验收，嘉兴市已成为第五批（2010年度）国家节水型城市。

通过创建活动，2010年万元生产总值取水量降至86立方米每万元（当年价），万元工业增加值取水量降至39立方米每万元（当年价），城乡常住人口人均居民生活用水量为119升每人每日，城乡人均综合生活用水指标为166升每人每日。

五、常州市

常州市城市节水工作始于1979年，当时许多企业大量打井取用地下水。为了解决地下水的无序开发和实行计划用水，在市建设管理部门成立了市节约用水办公室。2003年，节水办整体划归水利部门，管理范围覆盖全市，并形成了市、区、街道（乡镇）和用水户四级管理网络。

常州市先后出台一批市级节水管理办法和规定，包括《节水管理办法》《浅层地下水管理办法》《非居民用户计划取水管理规定》《节水专项财政投入制度》和《水平衡测试管理规定》等，常州市还编制了《常州市节水型社会建设规划》和《常州市节约用水规划》，经市政府批准后实施。

至 2010 年，常州全市万元 GDP 取水量为 94 立方米每万元（当年价），万元工业（含火电）增加值取水量为 81.0 立方米每万元（当年价），城乡常住人口人均居民生活用水量为 132 升每人每日，城乡人均综合生活用水指标为 183 升每人每日。

六、湖州市

湖州市编制并实施了《湖州市“十一五”节水型社会建设规划》。通过推进用水管理制度体系建设，在工业中推广节水技术，在居民生活中推广节水型用水器具，并探索城市雨水和再生水利用等措施。

至 2010 年，湖州全市万元 GDP 取水量为 133 立方米每万元（当年价），万元工业（含火电）增加值取水量为 49 立方米每万元（当年价），城乡常住人口人均居民生活用水量为 125 升每人每日，城乡人均综合生活用水指标为 188 升每人每日。

第七章 基础工作

第一节 太湖局水资源管理、节约与保护基础工作

一、流域性规划

太湖局组织流域内省（市）先后编制完成了《太湖流域供水补充规划》《太湖流域及东南诸河水中长期供求计划》《太湖流域水资源综合规划》等。

（一）太湖流域供水补充规划

1988年起，太湖局组织省（市）开展太湖流域供水补充规划工作，并于1994年完成了《太湖流域供水补充规划报告》。

太湖流域供水补充规划以1985年为基准年，在分析历年来流域和区域不同行业用水高峰期、缺水易发期及其原因基础上，将5—9月作为流域水资源供需平衡分析的计算时段，进行了2000年规划水平年5—9月流域和区域不同来水条件（P分别为50%、75%、95%、99%）下的需水预测，经流域河网水动力数学模型模拟计算和分区水量平衡，提出了2000年满足流域城镇和生活用水、保证工业用水（$P=95\%$）和农业灌溉用水（$P=90\%$）的规划供水格局，即引江系统、河湖调蓄系统、山区水入湖系统、平原区供水系统等完整的引供水系统，并量化了《太湖流域综合治理总体方案》确定的骨干供水工程可供水量，进一步复核了太浦河、望虞河等流域性骨干供水工程的供水任务。

（二）水中长期供求计划

按照1994年10月国家计委和水利部下发《关于开展全国水中长期供求计划编制工作的通知》，太湖局从1995年开始，组织流域省（市）水利部门开展了太湖流域水中长期供求计划的编制工作，于1998年完成了编制工作，提出了《太湖片水中长期供求计划报告（1996—2000—2010年）》。

太湖片水中长期供求计划将1993年作为基准年，以各省（市）国民经济和社会发展“九五”计划和2010年远景规划目标纲要、太湖流域水利发展“九五”计划为主要依据，同时参考了全国经济社会发展相关计划和规划，预测了流域省（市）2000年、2010年工业、农业及生活用水（其中，生活和工业用水保证率100%、农业灌溉用水保证率为75%和90%），在省（市）提供的区域水资源供需平衡成果基础上，经流域汇总、协调，并在全国层面汇总、协调、审核确认的基础上，提出了太湖片省（市）

2000年、2010年满足工业、农业及生活用水的供水格局和供水工程方案，成果纳入全国水中长期供求计划。

（三）太湖流域及东南诸河水资源综合规划

太湖局按照全国统一部署和要求，于2002年4月至2010年11月组织编制了《太湖流域及东南诸河水资源综合规划》（详见第七篇第二章第二节）。

（四）水资源保护规划

（1）1987年9月，水利电力部和城乡建设环境保护部要求太湖局会同流域两省一市共同编制太湖流域水资源保护规划。1988—1990年，太湖局组织流域两省一市水利、环保部门编制了《太湖流域水资源保护规划要点报告》，并通过水利部和国家环保局审查。《太湖流域水资源保护规划要点报告》综合分析了全流域水环境状况和发展预测，提出了流域性供水水源地太湖，水质污染严重的黄浦江和江南运河，以及上海、苏州、无锡、常州与杭州5个大中城市2000年规划水平年的水资源保护措施。

（2）1996年4月，国务院环境保护委员会召开太湖流域环保执法检查现场会。为落实中央文件和会议精神，太湖局组织江苏、浙江两省水利部门完成《太湖流域水污染防治规划和计划纲要（太湖和出入湖水系河流）》编制，着重分析了太湖和出入湖水系河流的水环境特征、水污染现状，计算了主要污染物负荷量、最大允许负荷量和削减量，提出了太湖和出入湖水系河流总量控制计划和综合治理方案。

（3）太湖局于1996年1月至1997年10月完成的《太浦河水资源保护规划》和《望虞河水资源保护规划》，成果纳入《太湖水污染防治‘九五’计划及2010年规划》。2003年起，太湖局组织流域内有关省（市）完成太湖流域省际边界重点地区水资源保护专项规划工作（详见第七篇第三章第二节）。

（4）2000年水利部在全国布置开展水资源保护规划编制工作。2000年2月至2002年5月，太湖局完成了第二轮太湖流域水资源保护规划编制工作，规划成果通过了水利部主持的审查（详见第七篇第二章第三节）。

（5）太湖局从2002年起组织开展了太湖污染底泥疏浚规划编制工作，2006年12月太湖局组织编制的《太湖污染底泥疏浚规划总报告》通过了水利部主持的专家审查，2007年7月水利部以《关于太湖污染底泥疏浚规划的批复》批复该规划，为在太湖实施大规模污染底泥清淤打下了基础（详见第七篇第三章第四节）。

（6）2007—2008年，太湖局参与国家发展改革委组织的《总体方案》编制工作。（详见第七篇第一章第一节）。

二、流域水量分配

2004年6月，根据水利部批复同意的《太湖流域及东南诸河水资源综合规划工作大纲》，太湖局组织开展了太湖水量分配方案专题研究。

太湖水量分配方案研究主要包括现状工况太湖水量分配方案研究和规划水平年太湖流域水量分配方案研究两部分内容。在省（市）实际取用水量统计分析和规划工况流域水资源配置成果分析基础上，通过实况调度与规划调度原则的对比分析及验证计算，研究完善太湖主要供水区的水资源调度方案，提出流域水量分配调度意见；开展现状工况不同频率典型年分配方案计算分析与验证，统筹太湖调蓄水量与引江增供水量，提出规划水平年（2020 年和 2030 年）流域水量分配方案和枯水年水资源调配对策；研究提出了太湖水量分配的保障措施。成果为太湖流域水量分配方案编制提供了技术支撑。

三、其他基础工作

（一）水资源公报编制工作

根据水利部 1998 年印发的《关于编发〈中国水资源公报〉的通知》要求，太湖局自 1998 年开始，每年编发上一年度的《太湖流域及东南诸河水资源公报》，发送水利部及流域内地方政府及相关部门，成果也纳入《全国水资源公报》。2003 年开始，《太湖流域及东南诸河水资源公报》在太湖局网站公开。

《太湖流域及东南诸河水资源公报》向社会通报流域年度降水量、地表水资源量、地下水资源量、水资源总量、水资源质量、蓄水动态、供水量、用水量、用水消耗量及重要水事等情况。

水资源公报编制工作局内由水政水资源处主办，水资源保护局协办（负责公报水质评价部分），防办与水文局配合，水文水资源监测中心具体编制，分管局长审定。省（市）水资源公报编制单位协助编制。

1999 年开始，太湖局每年组织召开一次流域水资源公报编制工作会议，对流域水资源公报汇总成果进行核查，研究和解决公报汇总和编制过程中发现的问题。

（二）水资源专题研究

2002 年始，太湖局利用水资源管理财政预算经费和中央分成水资源费等资金，分别组织开展了太湖流域沿长江口门引排水量调查分析、环太湖口门进出水量分析、农业灌溉用水典型调查、太湖流域主要行业用水定额分析、沿长江自备水源及自来水厂取退水补充调查等基础工作，以掌握太湖流域沿长江、环太湖等重要控制线交换水量以及流域内省（市）农田灌溉制度、主要工业行业产品用水定额水平。

2010 年，按照水利部要求，太湖局组织编制长江三角洲地区取水许可总量控制及水资源保障方案。开展了长江三角洲地区江苏省、浙江省、上海市水资源及其开发利用现状调查，在长江流域、淮河流域、太湖流域及东南诸河水资源综合规划及取水许可总量控制指标方案等成果基础上，进行了 2015 年、2020 年需水预测、水资源供需平衡分析、取水许可总量控制指标等成果的复核，提出了长江三角洲地区取水许可总量控制指标和保障措施、太湖流域用水总量考核评估方案等技术成果。

（三）太湖流域河网水质研究

1993 年中国政府与世界银行签订的《太湖防洪项目信贷协定和贷款协定》，确定“太湖流域河网水质研究”是贷款中国太湖防洪项目的研究项目。1994 年 8 月至 1997

年12月，太湖局组织完成了项目研究，并通过世行组织审查。

项目总目标是研发一个覆盖全流域、精度较高的水量水质管理决策支持系统。项目研究重点区域为太湖北、东、南地区，尤其是大运河、望虞河、太浦河及黄浦江上游段。项目设计了5个分步目标和9个专题。通过研制、率定和验证，完成流域河网水量水质和太湖富营养化模型，联同数据库和图形显示系统，构建了较为完整的决策支持系统，可开展水质预测，研究改善水质的水量调度方案，并可为河湖水污染总量控制规划和水污染治理方案制订提供技术手段。

（四）杭嘉湖地区水环境容量计算水质研究

2003—2005年，太湖局组织开展了杭嘉湖地区水环境容量计算水质研究，完成《杭嘉湖地区水环境容量研究水质模型开发报告》，相关成果已纳入国务院批复的《总体方案》。该研究通过对杭嘉湖地区主要污染物的水环境容量研究，把杭嘉湖地区的水环境容量与水功能区水质目标要求相对应，提出限值标准。

项目在复核2000年杭嘉湖地区实际水量水质数据，并与流域水量水质模型模拟值对比分析的基础上，通过模型计算得到水功能区的水环境容量，并用太湖流域河网水质决策支持系统模型进行水质目标可达性分析，确定了与水功能区相对应的杭嘉湖地区水环境容量。

（五）水质、水资源、水环境评价

（1）1987—1997年，太湖局每年组织召开由流域两省一市水利、环保部门有关人员参加的水质评价工作会议，商定水质评价范围、标准、项目与分期时段，开展太湖流域水质评价工作。太湖局负责汇总、分析、绘图、编制、发布《太湖流域水质评价》，并发送国家水利、环保主管部门和流域省（市）政府、部门与单位。

（2）1986年3月至1987年4月，太湖局组织完成了《太浦河工程环境影响报告书》和《望虞河工程环境影响报告书》编制，分别对工程所在地环境现状、水质、污染源进行了实地调查，对水质与污染源进行了预测；对工程的环境影响进行了分析和预测，并提出了相应的对策建议。

（3）1987年5月至1989年5月，根据水利电力部要求，太湖局完成《太湖水质评价与水源保护》编制工作，内容包括太湖湖体水质监测与评价、湖体生态调查与评价、环湖污染源调查与评价、出入湖河道水文水质监测评价等部分。

（4）根据世界银行关于太湖流域防洪项目环境影响评价作为项目贷款生效条件之一的要求，太湖局组织开展了太湖流域防洪项目环境影响报告书编制。环评成果通过了水利部和国家环保总局审查。

（5）1990年3月至1991年5月，太湖局主持完成苏州古城区水环境治理可行性研究报告，通过对苏州古城区三横四纵水系及外围主要口门水系调引水试验与水量、水质模拟分析，提出在加强污染源治理的前提下引水改善水环境的建议，成果被苏州市人民政府采用。

（6）2000年1月至2002年5月，太湖局组织完成红旗塘、太浦河、拦路港开通后对地区水环境影响及对策研究，成果通过了由太湖局和上海市水务局联合召开的专家审查会审查。2003 年 12 月，该研究成果获全国优秀工程咨询成果三等奖。

（六）太湖水环境管理计划调查

1995 年 1 月至 1998 年 3 月，太湖局完成中日合作太湖水环境管理计划调查。期间，完成两次现场调查、五项报告书（开始、第一次现场、中间、第二次现场、最终）编制，内容包括社会经济、污染源、河流，太湖水量水质，富营养化模型的建立，防治对策及组织管理机构建议等。

（七）论证研究

（1）1997 年 6 月至 1998 年 6 月，太湖局完成了太浦河泵站设计低水位论证报告。从泵站对太湖水资源量与黄浦江供水量、对黄浦江上游取水口水质影响及对太湖水环境生态影响等方面进行了论证。

（2）1995 年 11 月至 1996 年 1 月，太湖局开展无锡市贡湖水厂取水方案论证工作，对贡湖取水的水量、水质保证率及设计取水水位等方面进行了论证，成果通过了无锡市组织的鉴定。1997 年 10 月至 1998 年 8 月，太湖局开展锡东水厂取水方案论证工作，对锡东水厂取水的水量、水质保证率、泥沙淤积与生态环境及设计取水水位等方面进行了论证，成果通过了锡山市（现锡山区）组织的鉴定。

（八）太湖出入湖污染负荷分析

1998 年以来，太湖局每年组织开展太湖出入湖河流污染物负荷量分析研究，摸清水污染治理对削减入湖污染负荷量、改善太湖水质的影响和效果。在多年资料积累和分析的基础上，组织开展了“环太湖出入湖河流纳污量历史变化分析”，进一步分析和评价了太湖出入湖河流污染负荷的变化趋势及对太湖水质的影响。

（九）太湖富营养化调查评价

（1）1990—1996 年，太湖局完成每两年一次的太湖水生态环境及富营养化监测调查研究报告。通过对太湖 41 个采样点、4 年 28 次涉及水文、气象、化学、底泥、生物 33 个项目监测与数据的统计、分析，初步揭示了太湖水生态环境与富营养化的时空分布与发生发展规律。

（2）1998 年 12 月，太湖局完成 1997 年、1998 年太湖水质、富营养化调查评价，初步揭示了太湖水生态环境与富营养化的时空分布与发生发展规律，为全国人大、国务院组织的有关检查提供依据。

（3）1999—2000 年，太湖局与中国科学院南京地理与湖泊研究所联合编辑出版太湖生态环境地图集，内容包括社会经济、湖底地形、污染源分布、底泥淤积、水文物理、水体水质、底质、生物分布、富营养化现状与历史及开发治理等。图集含地理环境、湖泊沉积物、湖水理化性质、湖泊水生生物、太湖水质和富营养化评价以及太湖水质治理目标与措施等 6 个图组，200 个专题因子合成 80 幅专题地图，比较全面系统地反映了太湖近 40 年生态环境的演变，是我国第一本以湖泊生态环境为主题的湖泊地图集。

（十）太湖底泥与污染研究

（1）2002年2月至2003年12月，太湖局组织完成太湖底泥与污染情况调查报告。在太湖湖区2349.0平方千米的面积上布设了834个测量点（其中223个采样点），采集了223个间隙水样、583个底泥柱状分层样，进行了698组原状土样的密度试验。分析化验项目包含底泥物理特征、营养物质、重金属、残留农药等共42项，取得基础数据15000余个，建立了太湖底泥污染成分与分布数据库。查清了太湖底泥分布区域、淤积量、污染程度及主要污染物分布现状。报告通过了水利部主持的专家审查。

（2）2003年12月至2005年10月，太湖局组织开展了太湖重点湖区底泥污染释放试验。在太湖的湖西南及贡湖、梅梁湖、竺山湖、东太湖等湖湾选取7个点，在3种不同季节（温度）下采取底泥柱状样，在实验室静态和模拟小风、中风、大风3种动态条件下测量5种形态的氮、磷、有机质的释放情况。试验报告通过了专家审查。

第二节　两省一市水资源管理、节约与保护基础工作

一、江苏省

（一）水资源规划及相关工作

20世纪90年代初期，江苏省水利厅组织开展了省、市、县三级水资源开发利用现状分析工作。1996年，省水利厅组织完成了全省水中长期供求计划、水资源开发利用现状分析、地下水资源开发利用规划编制工作。2001年，组织完成全省各设区市的城市水资源规划编制工作。2002年12月《江苏省水资源保护规划》通过评审。2004年，江苏省水资源综合规划完成了一批阶段性成果，《江苏省水资源开发利用情况评价》《江苏省社会经济和土地利用预测》等规划完成，到2008年，《江苏省水资源综合规划》编制完成并通过审查。

（二）制定标准与技术研究

省水利厅组织制定了江苏省用水定额，节水型企业、节水型高校、节水型农业考核标准，《江苏省水资源管理规范化建设指导意见》及其考核标准。2005年，省水利厅联合江苏省质量技术监督局，在全国首次发布了《江苏省地下水利用规程》，对地下水调查评价、地下水开发利用、地下水取水水源论证、凿井施工和封井、地下水动态监测以及地下水资源管理和保护等作出明确规定，规范了江苏省地下水管理。开展了节水技术研究，推广运用节水新技术、新工艺。

省水利厅组织开展了《河湖健康指标体系》《水资源质量标准》等编制工作，取得一批科研成果。在太湖水环境综合治理中，省水利厅组织开展专题、专项研究，研究形成了“控制增量（入湖污染）、减少存量（内源污染）、增加容量（湖体水环境）”治

理思路，部分研究属于国际先进水平。在水生态治理试点中，利用国家“863”“十五”重大科技专项，在无锡、苏州、镇江等地开展了太湖水污染控制与水体修复技术及工程示范项目、城市河网整治、城市水环境质量改善等专题研究。

二、浙江省

（一）水资源规划及相关工作

2005年4月，浙江省水利厅组织完成了《浙江省水资源保护和开发利用总体规划》，经省人民政府批复实施；完成《钱塘江河口水资源配置规划》，经水利部和浙江省人民政府联合批复实施。2007年8月，省发展改革委、水利厅、建设厅、经济贸易委员会联合发布了《浙江省“十一五”节水型社会建设规划》。

（二）制定标准与技术研究

2004年8月，省水利厅、经济贸易委员会、建设厅联合发布了《浙江省用水定额（试行）》，其包含了农业、工业、城市生活和公共用水等22个行业1929个定额值，为用水计划管理提供了依据。2009年11月，省质量技术监督局发布了《浙江省农业用水定额》。

2000年，省水利厅印发了《关于做好全省水质监测规划编制工作的通知》，决定在全省开展水质监测规划编制工作。2007年，省水利厅印发了《关于浙江省水功能区水质监测规划的批复》，同意了省水文局编制的《浙江省水功能区水质监测规划》。

三、上海市

（一）水资源规划及相关工作

自20世纪80年代中期开始，上海市先后开展了城乡结合部区域性水利规划、浦东新区水利规划等多项规划工作。2000年后，上海市水务局研究制定了《上海市水资源综合规划纲要》，随后相继完成了供水专业规划、污水处理系统专业规划、节约用水规划、饮用水水源地安全保障规划、地下水开发利用与保护规划、滩涂资源开发利用与保护规划、水务信息化规划等重大专项规划。2001年，市水务局组织完成了《上海市水资源普查报告》，该普查报告涵盖内容广，集成技术水平高。

（二）制定标准与技术研究

2001年5月，市经济委员会、水务局颁布实施《上海市用水定额（试行）》，使上海主要产品取水和各类生活用水有了统一的指标。

2008年，市水务局组织开展“太湖流域安全饮用水保障技术”科研成果生产性应用及产业化研究，从水源水质特征调查与水源保护相关技术、微污染净化示范工程相关技术、饮用水深度处理小型工程相关技术、安全输配水示范工程和管网二次污染控制技术、饮用水及其净化技术的安全评价方法、示范工程关键技术与饮用水水质安全保障技术系统集成等6方面进行了全面的研究。

第十五篇

防汛抗旱与调度

防汛抗旱工作历来是水利工作的重中之重，得到党和政府的高度重视。1949年6月，南京军事管制委员会在南京召开长江、淮河防汛会议，会后太湖流域各地各级政府陆续成立了防汛抗旱指挥机构，主要负责各自行政范围内的防汛抗旱工作。太湖局成立以后，在流域层面组织协调防汛抗旱工作，开展流域洪水、水资源调度。2009年4月，太湖流域防汛抗旱总指挥部挂牌成立，为流域防汛抗旱统一指挥、统一调度搭建了新的平台，流域防汛抗旱组织体系进一步完善。

1987年太湖局提出首个流域性调度方案。1991年太湖流域流域性大洪水后，随着治太骨干工程相继建设，流域调度在实践中不断调整完善《太湖流域洪水调度方案》，并且成功应对了1999年流域特大洪水。2000年以后，太湖流域水资源、水环境问题日趋突出，按照国家的总体要求，太湖局组织流域省（市）开展引江济太系列调水试验，并于2005年实现引江济太常态化运行。期间，结合引江济太水资源调度和多次水污染事件应急调度实践，于2009年出台了《太湖流域引江济太调度方案》。此后，在《太湖流域洪水调度方案》《太湖流域引江济太调度方案》的基础上，编制《太湖流域洪水与水量调度方案》，于2011年获国家防总批复后，成为流域洪水与水量调度的主要依据。

第一章 防汛抗旱组织机构

第一节 太湖流域防汛抗旱指挥机构

一、太湖流域防汛抗旱总指挥部

为加强太湖流域防汛抗旱工作，在国家防汛抗旱总指挥部（以下简称“国家防总”）支持下，太湖局从2005年起着手开展太湖流域防汛抗旱总指挥部（以下简称“太湖防总”）筹建工作。2007年太湖局会同流域各省（市）进一步加快了太湖防总筹建步伐，组织起草了太湖防总组成与职责、工作规程等筹建文件，并向流域有关省（市）人民政府、国家防汛抗旱总指挥部办公室（以下简称“国家防办”）进行专题汇报，与两省一市水行政主管部门进行了充分协商。

2008年3月，太湖局在上海组织召开了流域片四省一市（江苏、浙江、福建、安徽省，上海市）防办负责人参加的太湖防总筹建工作座谈会，研究讨论筹建工作；8月，太湖局以《关于太湖流域防汛抗旱总指挥部筹备工作进展情况的报告》向国家防办书面报告了筹建工作进展情况，并以《关于征求太湖流域防汛抗旱总指挥部成立有关事宜的函》向流域片四省一市人民政府办公厅、南京军区作战部和中国气象局上海区域气象中心书面征求意见。此后，根据省（市）意见反馈情况进一步开展协调工作。

2009年1月19日，四省一市人民政府以及中国人民解放军南京军区和太湖局联合向国家防总报送《关于成立太湖流域防汛抗旱总指挥部的请示》。3月24日，国家防总以《关于成立太湖流域防汛抗旱总指挥部的批复》批复成立太湖防总。4月24日，太湖防总成立大会在南京召开，水利部部长陈雷、江苏省省长罗志军为太湖防总揭牌。

太湖防总由江苏省省长任总指挥，太湖局局长任常务副总指挥，江苏、浙江、上海、福建、安徽五省（市）人民政府分管水利的领导和南京军区副参谋长任副总指挥；江苏、浙江、上海、福建、安徽五省（市）水利（水务）厅（局）长、南京军区作战部副部长、中国气象局华东区域气象中心主任、太湖局分管防汛的副局长兼任秘书长；太湖防总下设太湖流域防汛抗旱总指挥部办公室（以下简称“太湖防总办”），为太湖防总的办事机构，承办太湖防总的日常工作，机构设在太湖局，太湖局分管防汛的副局长兼任太湖防总办主任；太湖局防办主任任太湖防总办常务副主任。太湖防总根据成员单位机构和人员变化，一般在每年汛前对组成人员进行调整。

太湖防总组成人员包括：总指挥：罗志军（江苏省省长）（2009—2010年）；常务

副总指挥：叶建春（太湖局局长）（2009—2010年）；副总指挥：黄莉新（江苏省副省长）（2009—2010年）、茅临生（浙江省副省长）（2009年）、葛慧君（浙江省副省长）（2010年）、沈骏（上海市副市长）（2009—2010年）、张昌平（福建省常务副省长）（2009—2010年）、赵树丛（安徽省副省长）（2009－2010年）、张中华（南京军区副参谋长）（2009年）、王加木（南京军区副参谋长）（2010年）；成员：吕振霖（江苏省水利厅厅长）（2009—2010年）、陈川（浙江省水利厅厅长）（2009—2010年）、张嘉毅（上海市水务局局长）（2009—2010年）、杨志英（福建省水利厅厅长）（2009—2010年）、纪冰（安徽省水利厅厅长）（2009—2010年）、吴际（南京军区作战部副部长）（2009—2010年）、汤绪（中国气象局华东区域气象中心主任）（2009—2010年）、吴浩云（太湖局副局长）（2009—2010年）；秘书长：吴浩云（兼）（2009—2010年）；太湖防总办主任：吴浩云（兼）（2009—2010年）；太湖防总办常务副主任：徐洪（太湖局防汛抗旱办公室常务副主任）（2009—2010年）。

太湖防总是国家防总在太湖流域设立的防汛抗旱指挥机构，在国家防总领导下，行使防汛抗旱工作的组织、指挥、指导、协调和监督职能。经国家防总批复同意的太湖防总主要职责为：贯彻国家防汛抗旱法律法规和政策，执行上级防汛抗旱指令，统一指挥和部署太湖流域片防汛抗旱工作；指挥流域性防汛抗旱工作；协调、指导流域片各省（市）的抗洪抢险和抗旱工作；协调处置流域片全局防洪安全、供水安全和省际防汛抗旱的重大问题以及各行业（部门）影响流域性防汛抗旱及饮用水安全的重大问题；组织有关省（市）及相关行业（部门）编制与修订编制与修订跨省（市）重要河流（湖泊）的防御洪水方案、洪水调度方案和紧急情况下的水量调度方案，报请国务院或者国务院授权的有关部门批准；根据批准的防御洪水方案、洪水调度方案和紧急情况下的水量调度方案等，按授权处理决策、调度事宜；监督国家防总调度命令执行，完成国家防办交办的其他任务。

太湖防总办主要职责为：承办太湖防总的日常工作；贯彻落实国家防汛抗旱法律法规，对国家防总和太湖防总的决定、调度命令等执行情况进行监督、检查；组织编制和修订流域防御洪水方案、洪水调度方案和紧急情况下的水量调度预案；及时掌握流域片的防汛抗旱动态，分析防汛抗旱形势，传递和协调省际工情、水雨情、旱情等相关信息；必要时组织防汛抗旱会商，提出防汛重点、防洪调度和应急调水的建议；制订年度防汛抗旱工作计划，筹备太湖防总会议；组织流域片防汛抗旱检查，督促流域各省（市）和有关部门做好汛前各项准备工作；按照太湖防总要求，协调、指导流域片抗洪抢险和抗旱工作；提出省际因洪水及干旱缺水引起的水事纠纷的处理建议；组织推广防汛和抗旱抢险的新材料、新技术和新设备，开展防汛抢险、抗旱技术交流培训和抢险演习，宣传防汛抢险和抗旱知识；承办国家防办和太湖防总交办的其他事务。

二、太湖局防汛抗旱办公室

从1984年至1994年，太湖局的防汛抗旱管理职能在水利管理处（1990年更名为水利工程管理处）。1995年，太湖局设立防汛抗旱办公室（以下简称“太湖局防办”），与防汛调度中心合署办公。1996—2002年，太湖局防办与水利水电工程管理处（后更名为水利管理处）合署办公。2002年太湖局机构改革，水利水电工程管理处改为建设与管理处，并与防办分设。同时，成立水文处，太湖局防办加挂水文处牌子。2011年太湖局成立水文局，水文处撤销。

太湖局防办的主要职能是：负责防治流域内水旱灾害，组织、协调、监督、指导流域及太湖局系统的防汛抗旱工作，指导、协调并监督流域防御台风工作；负责太湖防总办的具体工作，组织各成员单位开展分析会商、研究部署和开展流域防汛抗旱工作，并向太湖防总提出重要防汛抗旱指挥、调度和决策建议；组织制订或修订流域防御洪水方案、洪水调度方案以及旱情紧急情况下的水量调度预案并监督实施；按照规定和授权负责对流域重要的水工程实施防汛抗旱调度和应急水量调度，会同水政水资源处编制流域年度水资源调度计划，组织实施流域年度水资源调度工作；组织实施流域防洪论证制度，负责洪泛区、蓄滞洪区和防洪保护区的洪水影响评价工作，指导、监督流域内蓄滞洪区的管理和运用补偿工作；负责局属工程防汛岁修及防汛应急项目的审批和管理，指导重大险情的抢护和水毁工程的修复；负责收集掌握流域汛情、旱情和灾情，并按规定及时发布相关信息。

第二节　两省一市防汛抗旱指挥机构

根据《中华人民共和国防汛条例》等法律法规规定，太湖流域各省（市）县级以上地方人民政府设立了防汛抗旱指挥部。防汛抗旱指挥部一般由当地政府分管水利的领导任总指挥，水利部门主要负责人任副总指挥，宣传、组织、发展改革委、财政、水利、农业、建设、交通、电力、国土、气象、公安、民政、解放军、武警部队等单位的负责同志任指挥部成员。各级防汛抗旱指挥部的办事机构设在当地水利部门。

一、江苏省

1949年6月30日，南京军事管制委员会在南京召开长江、淮河防汛会议，会后江苏省各地都成立了防汛机构。1949—1952年，苏北、苏南、南京市人民政府分别成立防汛指挥部。1953年，成立江苏省防汛抗旱指挥部，下设办公室，设在省水利厅内。“文革”期间，全省防汛抗旱工作的办事机构改为省革命委员会生产指挥组和省水电局、水利局。1975年以前，江苏省防汛抗旱指挥部办公室为临时机构，1975年5月19日经江苏省革命委员会批准，省防汛抗旱办公室改为常设机构。

为做好涉及省内两个及以上地市的主要流域的防汛工作，由江苏省防汛抗旱指挥部派出成立联防指挥部。成员由省水利厅、所在流域省辖市及相关单位领导组成，协助省防汛抗旱指挥部负责防汛抗旱准备、水旱灾害应急处理和灾后处置等指挥协调工作。

二、浙江省

1950年6月26日，浙江省人民政府首次成立浙江省防汛抗旱总指挥部，统一指挥全省当年防汛抢险工作。至1964年，浙江省人民政府均在每年汛期（一般4—10月）设立全省防汛抗旱指挥机构，由省政府公布组成名单。浙江省防汛抗旱机构1952年起称为浙江省防汛抗旱指挥部，1954年起称为浙江省防汛防旱指挥部。1964年10月，中共浙江省委撤销了浙江省防汛防旱指挥部。1967年4月，浙江省军管会生产委员会恢复设立全省防汛抗旱指挥机构，1968年起改称浙江省革命委员会防汛防旱指挥部。1981年后，改为浙江省人民政府防汛防旱指挥部。浙江省人民政府防汛防旱指挥部下设办公室，作为指挥部日常办事机构，自2006年起，转为常设机构。

从1950年开始，浙江省各地（市）、县（区）也先后成立防汛防旱指挥机构，首先成立的是沿钱塘江、浙东海塘以及曹娥江、浦阳江、东西苕溪流域等有关的县、市。

三、上海市

1950年为了统一指挥全市防汛工作，上海市人民政府成立防汛总指挥部，办事机构设在市工务局。1955年6月10日，市人委举行第四次行政会议，讨论通过了防汛方针原则，宣布正式成立上海市防汛总指挥部，统一领导全市防汛工作。自1959年汛后，防汛工作成为全年性的经常任务，指挥部办公室不再撤销，防汛机构也从临时性转为常设的专职机构。

1988年4月9日，上海市人民政府为了在防汛工作中加强领导、健全机构、贯彻各级政府行政首长负责制，建立并健全了全市、区（县）、街道（乡、镇）三级防汛领导机构，配备专职干部。

第二章　流域与区域调度方案

第一节　流域调度方案演进与调度指标站

一、调度方案的演进

1987 年，按照中央防汛总指挥部办公室《关于太湖流域度汛问题的建议》要求，结合太湖防洪工程建设的实际情况，太湖局首次提出《1987 年太湖度汛调度意见》，经批复后执行。鉴于当时太浦河只有上段初通，中、下段只靠两岸分汊河道向下游排水，调度意见规定只有当太湖平均水位达到 4.66 米时，才能开启太浦闸向下游排水，汛期东太湖诸口门以及江南运河苏州—平望段东岸各口门要保持敞开。由于缺乏必要的工程调控手段，太湖洪水调度尚未成型，《1987 年太湖度汛调度意见》一直被沿用至 1991 年太湖大水之前。

1991 年大水太湖最高水位超过了 1954 年，达到了 4.79 米，防洪形势严峻，经国家防总与江苏省、浙江省、上海市人民政府协调一致，形成应急调度方案，破除了太浦河、望虞河、红旗塘上的阻水工程，充分利用已有工程排泄流域洪水。

1991 年汛后，治太骨干工程陆续开工建设。1992—1998 年，根据治太工程进展，太湖局每年修订相应的流域洪水调度方案，经国家防总批复后执行。其中，1996 年洪水调度方案中首次明确提出严格控制太湖汛前水位及汛初水位，并且纳入了向下游供水的调度意见。在多年实践和修改完善基础上，国家防总于 1999 年批复《太湖流域洪水调度方案》，成为此后十余年太湖洪水调度的依据。

2000 年以后，太浦河、望虞河和环湖大堤等 11 项治太骨干工程已基本完成，流域初步形成防洪减灾与水资源调控工程体系。随着太湖流域水资源需求日趋强烈，太湖局于 2001 年、2002—2003 年、2004—2005 年分别开展了引江济太初步试验、引江济太调水试验和引江济太扩大调水试验，2005 年起引江济太进入常态运行。此后，结合多年的引江济太实践，太湖局组织编制了《太湖流域引江济太调度方案》，明确了量质并重的调水原则，2009 年经水利部批复后，正式执行。

2009 年起，太湖防总深入贯彻落实国家防总“两个转变”和水利部党组治水新思路，结合太湖流域实际，统筹流域防洪与供水需要，以 1999 年《太湖流域洪水调度方案》和 2009 年《太湖流域引江济太调度方案》为基础，结合 1999 年以后太湖流域水利工程建设的实际情况以及流域新的需求，编制了《太湖流域洪水与水量调度方案》，2011 年 8 月经国家防总批复实施，成为此后流域洪水与水量调度的主要依据。

二、调度指标站

（一）太湖水位代表站

太湖水位是表征站，不是实际观测站，现太湖水位以望亭（太）、大浦口、洞庭西山（三）、夹浦、小梅口五站水位算术平均值代表。

太湖局成立之前，太湖水位代表站为东太湖的瓜泾口站。在太湖大水年份的高水时期，瓜泾口站因处于下游，其水位比太湖平均水位要低 50～70 厘米，以瓜泾口站作代表站不合理。1984 年太湖局成立后，一度以大浦口、小梅口、太浦闸上、西山、望亭、胥口、三船路 7 站平均水位作为太湖调度控制水位。1988 年 8 月，国家防办《关于太湖防汛调度水位依据的复函》对 7 站平均水位作出了规定。

1995 年，国家防办《关于印发 1995 年太湖流域洪水调度方案的通知》确定，从 1996 年汛期开始，以大浦口、夹浦、小梅口、望亭和西山作为代表站，以 5 站水位的算术平均值代替原来的 7 站平均值，从而简化实时水位报汛资料的搜集和统计工作，克服了站数较多，报汛容易缺报，影响太湖水位及时计算的情况。1996 年，太湖局组织对单站、两站、三站、四站、五站、六站、七站的算术平均值和太湖水位“真值”的关系进行论证，进一步证明了取 5 站作为代表站，其算术平均水位代表太湖平均水位精度已经足够。

因为西山站水位与太湖平均水位比较接近，在非汛期两者之间误差更小，所以在非汛期曾长期以西山水位代表太湖平均水位。

（二）望虞河工程调度指标站

1996 年以前，望亭水利枢纽调度指标站暂定在望亭水利枢纽立交闸下，在实践中发现闸下水位受开闸泄洪直接影响，难以作为调度根据。1996 年方案将调度指标站下移到立交工程下游 11 千米处的琳桥站，改善了水位的代表性。

1997 年，常熟水利枢纽完工投入运用，根据工程具体情况及当时水文站设置，明确了常熟水利枢纽节制闸和泵站的调度指标站均为甘露站。1999 年《太湖流域洪水调度方案》调整为按甘露水位和望亭水利枢纽泄水控制。

2009 年，《太湖流域引江济太调度方案》确定引江济太期间，望虞河常熟水利枢纽调引长江水按琳桥站水位控制，望亭水利枢纽引水入湖按望亭立交闸下水质指标控制。

2011 年，《太湖流域洪水与水量调度方案》不再沿用甘露站作为望虞河常熟水利枢纽调度控制指标站，改按太湖水位进行调度；同时，将常熟水利枢纽引水控制指标站从琳桥站移至张桥水文站。

第二节 流域调度方案

一、《太湖流域洪水调度方案》(1999年)

20世纪90年代太湖流域为丰水期，先后发生了1991年、1993年、1995年、1996年、1998年、1999年大洪水，特别是1991年流域大洪水和1999年特大洪水，造成了严重的洪涝灾害。流域骨干工程的洪水调度是当时调度方案编制和修订的重点。

1991—1996年，每年汛后，太湖局根据当年流域水情和工情，修订流域洪水调度方案，并征求苏、浙、沪两省一市的意见，报请国家防总批准后执行。当时流域洪水调度方案坚持统筹防洪全局、适当照顾局部的原则，以太湖为中心，充分利用太湖调蓄，并利用太浦河、望虞河两条骨干排洪通道排泄洪水，保证环湖大堤及有关地区的防洪安全。

1997年汛后，针对以往调度方案中存在的两河泄流条件太严、操作难度大、工程调度层次不清等问题，结合历年防汛调度实践，修订完成1998年太湖流域洪水调度方案。方案充分发挥太浦河、望虞河及其他环太湖口门排泄太湖洪水的作用，并通过充分发挥沿长江、沿杭州湾等主要口门的排水作用，以保证达到排泄太湖洪水的目的；妥善协调省际边界工程的防洪调度；非汛期特殊水情时调度有依据，汛前河湖尽量腾空蓄泄洪容积，汛期要尽力发挥两河及各排水口门的泄流能力。1998年修订的《太湖流域洪水调度方案》于1999年经国家防总批复。

（一）太湖调度控制水位

4月1日至6月15日，3.00米。

6月16日至7月20日，按3.00米至3.50米直线递增。

7月21日至9月30日，3.50米。

（二）工程运用

1. 太湖水位不超过4.65米（设计洪水位）时的洪水调度

（1）太浦闸：①当太湖水位不超过3.50米时，太浦闸泄水按平望水位不超过3.30米控制；②当太湖水位不超过3.80米时，太浦闸泄水按平望水位不超过3.45米控制；③当太湖水位不超过4.20米时，太浦闸泄水按平望水位不超过3.60米控制；④当太湖水位不超过4.40米时，太浦闸泄水按平望水位不超过3.75米控制；⑤当太湖水位不超过4.65米时，太浦闸泄水按平望水位不超过3.90米控制。

当预报上海市遭受风暴潮袭击或预报米市渡水位超过3.70米（佘山吴淞基面）时，太浦闸可提前适当减少泄流量；当预报嘉北地区遭受地区性大暴雨袭击时，太浦闸可提前适当减少泄流量。

（2）望亭水利枢纽：①当太湖水位不超过4.20米时，望亭水利枢纽泄水按琳桥水位不超过 4.15 米控制；②当太湖水位不超过 4.40 米时，望亭水利枢纽泄水按琳桥水位不超过 4.30 米控制；③当太湖水位不超过 4.65 米时，望亭水利枢纽泄水按琳桥水位不超过 4.35 米控制。

当预报望虞河下游地区遭受风暴潮或地区性大暴雨袭击时，望亭水利枢纽提前适当减少泄流量。

当甘露水位超过 3.00 米，或望亭水利枢纽泄水时，望虞河常熟水利枢纽泄水。

（3）望亭水利枢纽泄水期间，当湘城水位不超过 3.70 米时，望虞河东岸口门保持行水通畅；当湘城水位超过 3.70 米时，望虞河东岸口门可以控制运用。

（4）望亭水利枢纽泄水期间，月城河节制闸可向运河泄水，但不得向太湖排水；蠡河船闸和节制闸不得泄水，蠡河节制闸确需开启时，须报经太湖局批准。

（5）环太湖各敞开口门应保持行水通畅。当太湖水位不超过 4.10 米时，东太湖沿岸各闸及胥口节制闸开闸泄水；超过 4.10 米后，可以控制运用。当太湖水位不超过 4.20 米时，犊山口节制闸开闸泄水；超过 4.20 米后，可以控制运用。

（6）当陈墓水位达到 3.95 米时，昆山迁墩浦闸开闸泄水。同时，开启淀浦河闸和蕰藻浜闸泄水，并控制青浦水位和嘉定水位分别不超过 3.30 米（佘山吴淞基面）和 3.40 米（佘山吴淞基面）。

（7）4 月 1 日至 9 月 30 日，沿长江、杭州湾各水利工程要根据太湖及地区水情泄水，以降低河网水位；在太浦闸和望亭水利枢纽泄水期间要全力泄水，并服从流域性防洪调度。

（8）太湖流域内行洪通道和泄水口门应保证泄水通畅，当航运和泄水发生矛盾时，航运应服从泄水。

2. 当太湖水位超过 4.65 米时的非常措施

当太湖发生超标准洪水时，要进一步加强流域统一的防洪指挥调度，局部服从全局，重点保护大中城市和公路、铁路干线；应尽可能加大太浦河、望虞河的泄洪流量，充分发挥沿长江各口门以及杭嘉湖南排工程的排水能力，加大东苕溪导流东岸各闸泄流量，打开东太湖沿岸及流域下游地区各排水通道。各地要加强重点堤防保护，环湖大堤临湖一侧围湖区破口蓄洪，并视水情发展采取一切可能的分滞洪措施。无锡、苏州、嘉兴等市可临时封堵城区周边的支流河道口门。流域内各重要城镇采取自保应急措施。

（三）调度权限

太湖流域的洪水调度按现行防洪工程分级管理体制，实行统一调度，分级负责。太湖局按该方案负责太浦闸、望亭水利枢纽、常熟水利枢纽的运用调度，协调和监督其他工程的运用调度。苏、浙、沪两省一市防汛抗旱指挥部按该方案负责组织编制各自分管的防洪工程调度方案并组织实施。当太湖水位超过 4.65 米或遇特殊情况时，由太湖局提出应急洪水调度意见，通报苏、浙、沪两省一市，报国家防总批准后执行。

10 月 1 日至次年 3 月 31 日，当太湖水位超过 3.50 米时，由太湖局根据具体汛情实施调度。

（四）1999 年以前太湖调度控制水位的调整

太湖分期控制水位曾几次修改。1994 年以前要求从汛初 5 月 1 日起至汛末 9 月 30 日止均按 3.5 米控制。1994 年方案控制水位修改为 3.3 米，控制日期未变。1995 年方案汛初控制水位仍为 3.30 米，但汛末水位可抬高至原来的 3.5 米，控制日期未变。1996 年方案修改为汛前 4 月 15 日至汛中 6 月 15 日按 3.1 米控制，6 月 16 日至 7 月 20 日按 3.1 米至 3.45 米直线递增控制，7 月 21 日起按 3.45 米控制，即将汛初水位降低了 0.2 米，并对汛前半个月的水位提出了控制要求。1997 年方案进一步将汛前和汛初控制水位调低到 3.0 米，同时将汛中 7 月 21 日水位提高到 3.5 米。《太湖流域洪水调度方案》（1999 年）汛前和汛初控制水位未作调整。

二、《太湖流域引江济太调度方案》（2009 年）

在 2002—2003 年和 2004 年两次引江济太调水试验，以及 2005 年开始的 4 年引江济太常效运行基础上，太湖局组织编制了《太湖流域引江济太调度方案》，并于 2009 年由水利部批复后执行。调度方案旨在统筹流域防洪与供水安全，兼顾改善流域水环境需求，在确保流域防洪安全的前提下，以保障流域重要饮用水水源地供水安全为重点，充分发挥流域水利工程的综合作用。通过太湖调蓄，以及望虞河工程、太浦河工程、环太湖和沿长江口门等流域水利工程联合调度，增加流域水资源有效供给，加快河湖水体流动，改善流域水源地水质及受水地区水环境，应对可能发生的太湖蓝藻暴发和突发水污染事件。调度方案对太湖引水限制水位及太浦闸向下游供水流量做出了规定，并提出了入湖水质控制指标。方案明确，太湖局负责望虞河常熟水利枢纽、望亭水利枢纽、太浦河闸泵的运用调度，协调和监督其他工程的控制运用；江苏省、浙江省、上海市水行政主管部门负责相关工程的运用调度。

（一）太湖引水限制水位

4 月 1 日至 6 月 15 日，3.00 米。

6 月 16 日至 7 月 20 日，按 3.00 米至 3.50 米直线递增。

7 月 21 日至 9 月 30 日，3.50 米。

10 月 1 日至次年 3 月 15 日，3.30 米。

3 月 16 日至 3 月 31 日，按 3.30 米至 3.00 米直线递减。

（二）常规调度

当太湖水位低于引水限制水位时，可相机实施引江济太并按下列情形调度：

1. 常熟水利枢纽

（1）当望虞河琳桥水位低于 3.75 米时，可实施常熟水利枢纽引水。

（2）当预报武澄锡虞区未来 3 天过程降雨 100 毫米，或望虞河琳桥站水位超过 3.75 米时，或武澄锡虞区水位普遍超警戒时，常熟水利枢纽应停止引水，必要时转为排水。

2. 望亭水利枢纽

(1) 当望亭水利枢纽闸下调度指标高锰酸盐指数(COD_{Mn})、总磷(TP)和调度参考指标氨氮(NH_3—N)、溶解氧(DO)达到或好于Ⅲ类标准(见表 15-2-1,下同)时,望亭水利枢纽开闸向太湖引水。

表 15-2-1 水质调度指标及地表水水环境质量标准 单位:mg/L

水质类别	水质调度指标		水质调度参考指标	
	高锰酸盐指数(COD_{Mn})	总磷(TP)	氨氮(NH_3—N)	溶解氧(DO)
Ⅲ类	≤6	≤0.2	≤1.0	≥5
Ⅳ类	≤10	≤0.3	≤1.5	≥3
Ⅴ类	≤15	≤0.4	≤2.0	≥2

(2) 当望亭水利枢纽闸下水质调度指标满足Ⅲ类标准,调度参考指标为Ⅳ类标准时,如望虞河干流后续来水(以大桥角新桥断面水质为判断依据,下同)满足Ⅲ类标准,望亭水利枢纽可控制向太湖引水;如望虞河干流后续来水劣于Ⅲ类标准,望亭水利枢纽闸门应关闭。

(3) 当望亭水利枢纽闸下水质调度指标劣于Ⅲ类标准,或水质调度参考指标劣于Ⅳ类标准,望亭水利枢纽闸门关闭。

3. 太浦河闸泵工程

(1) 为努力保障太湖下游地区供水安全,原则上太浦河闸泵向下游地区供水流量不低于 50 立方米每秒。

(2) 当太湖下游地区发生饮用水水源地水质恶化、突发水污染事件时,可加大太浦闸供水流量或启动太浦河泵站供水。

(3) 当太湖下游地区遭遇台风暴潮或区域洪水时,可减小太浦河闸泵供水流量或关闭太浦河闸泵。

4. 望虞河两岸水利工程

(1) 望虞河西岸口门。当望虞河西岸主要支流入望虞河断面水质指标劣于表 15-2-2 中确定的水质标准时,望虞河西岸相应支流的闸门应关闭,避免西岸支流污水对望虞河水质的影响。望亭水利枢纽引水入湖期间,九里河、伯渎港应严格控制引水。

表 15-2-2 西岸支流入望虞河各节点水质控制要求 单位:mg/L

河流名称	控制节点名称	高锰酸盐指数(COD_{Mn})	氨氮(NH_3—N)
张家港	大义桥	10	1.5
锡北运河	新师桥	8	1.5
九里河	鸟嘴渡	6	1
伯渎港	大坊桥	6	1

（2）望虞河东岸口门。望亭水利枢纽引水入湖期间，望虞河东岸口门实行控制运行。为兼顾区域用水需求，可开启望虞河东岸冶长泾、寺泾港、尚湖、琳桥港等口门供水，供水总量不超过常熟水利枢纽引水量的30%，且总流量不超过50立方米每秒。当遭遇突发性水污染事件等特殊情况时，可临时加大或关闭东岸口门。

常熟水利枢纽泵站引水期间，虞山船闸严格按照套闸运用。

5. 望虞河两侧沿长江口门

引江济太期间，望虞河两侧沿长江口门应加强统一管理和调度。望虞河西侧澄锡虞地区沿长江主要口门应控制运用，适时加大排江流量，尽量降低地区河网水位，避免西岸支流污水进入望虞河，确保望虞河入湖水质；望虞河东侧地区沿长江主要口门应加大引水力度，以减少望虞河东岸地区从望虞河的取水量，保证引江济太入湖水量。

6. 环太湖口门

环太湖口门（不含太浦闸和望亭水利枢纽）应加强控制运用。入湖口门应避免污水进入太湖，出湖口门应合理控制取水量。

当太湖水位超过太湖引水限制水位时，原则上不启动引江济太调度。

（三）超引水限制水位水污染应急调度

当太湖水位超过太湖引水限制水位时，若发生突发性水污染、太湖大规模蓝藻暴发等严重影响流域供水安全的情况以及流域省（市）有特殊需求，应在确保流域防洪安全的前提下，由有关省（市）人民政府或水行政主管部门提出书面报告，由太湖局商两省一市制定应急调度方案报水利部，经国家防总同意后批准实施。

（四）调度权限

太湖局按照本方案负责望虞河常熟水利枢纽、望亭水利枢纽、太浦河闸泵的运用调度，协调和监督其他工程的控制运用。江苏省、浙江省、上海市水行政主管部门按本方案负责相关工程的运用调度，并将实时运用情况及时报太湖局。

三、《太湖流域洪水与水量调度方案》（2011年）

1999年太湖流域特大洪水后，流域治太骨干工程逐步建成，初步形成了流域洪水与水资源调控工程体系。2009年《中华人民共和国抗旱条例》确立了抗旱水量统一调度制度，2011年《太湖条例》要求加强流域防洪和水资源的统一调度，《太湖流域洪水调度方案》（1999年）已难以适应新形势下的流域调度工作。在《太湖流域洪水调度方案》和《太湖流域引江济太调度方案》的基础上，结合流域新的变化与需求，太湖防总组织编制了《太湖流域洪水与水量调度方案》，于2011年经国家防总批复后执行，成为七大流域首个洪水与水量调度相结合的流域性调度方案。

《太湖流域洪水与水量调度方案》分为工程体系、设计洪水、设计枯水、调度原则、太湖调度控制水位、洪水与水量调度、非常措施、调度权限、附则共九部分；明确了流域洪水及水量调度的基本原则，规定了常规与应急情况下的调度程序和调度权限，完善了流域水利工程调控方式和调度模式。其中，洪水调度主要根据水位调度，而水量调度除了水位还要以水质为依据，对有关口门还有流量和分配比例的规定。

（一）太湖调度控制水位

4月1日至6月15日，防洪控制水位3.10米；调水限制水位3.00米。

6月16日至7月20日，防洪控制水位按3.10米至3.50米直线递增；调水限制水位按3.00米至3.30米直线递增。

7月21日至次年3月15日，防洪控制水位3.50米；调水限制水位3.30米。

3月16日至3月31日，防洪控制水位按3.50米至3.10米直线递减；调水限制水位按3.30米至3.00米直线递减。

（二）工程运用

1. 洪水调度

当太湖水位高于防洪控制水位且低于4.65米时，实施洪水调度，并按下列情形执行。

（1）太浦河工程：①当太湖水位不超过3.50米时，太浦闸泄水按平望水位不超过3.30米控制；②当太湖水位不超过3.80米时，太浦闸泄水按平望水位不超过3.45米控制；③当太湖水位不超过4.20米时，太浦闸泄水按平望水位不超过3.60米控制；④当太湖水位不超过4.40米时，太浦闸泄水按平望水位不超过3.75米控制；⑤当太湖水位不超过4.65米时，太浦闸泄水按平望水位不超过3.90米控制。

当预报太浦闸下游地区遭受地区性大暴雨袭击或预报米市渡水位超过3.70米（佘山吴淞基面）时，太浦闸可提前适当减少泄流量。

（2）望虞河工程。

1）望亭水利枢纽：①当太湖水位不超过4.20米时，望亭水利枢纽泄水按琳桥水位不超过4.15米控制；②当太湖水位不超过4.40米时，望亭水利枢纽泄水按琳桥水位不超过4.30米控制；③当太湖水位不超过4.65米时，望亭水利枢纽泄水按琳桥水位不超过4.40米控制。

当预报望虞河下游地区遭受风暴潮或地区性大暴雨袭击时，望亭水利枢纽提前适当减少泄流量。

2）常熟水利枢纽。当太湖水位高于防洪控制水位时，望虞河常熟水利枢纽泄水；当太湖水位超过3.80米，并预测流域有持续强降雨时开泵排水。

3）望虞河两岸水利工程。望亭水利枢纽泄水期间，当湘城水位不超过3.70米时，望虞河东岸口门保持行水通畅；当湘城水位超过3.70米时，望虞河东岸口门可以控制运用。

蠡河、伯渎港、九里河和裴家圩枢纽在望亭水利枢纽泄水期间不得向望虞河排水。

（3）环太湖口门。环太湖各敞开口门应保持行水通畅。当太湖水位不超过4.10米时，东太湖沿岸各闸及月城河节制闸、胥口节制闸开闸泄水；超过4.10米后，可以控制运用。当太湖水位不超过4.20米时，犊山口节制闸开闸泄水；超过4.20米后，可以控制运用。

（4）沿长江、杭州湾口门。沿长江、杭州湾各水利工程要根据太湖及地区水情适时引排，保持合理的河网水位；在太浦闸和望亭水利枢纽泄洪期间要全力泄水，并服从流域防洪调度。

（5）其他工程。当陈墓水位达到3.95米时，昆山千灯浦闸开闸泄水，同时，开启淀浦河闸和蕰藻浜闸泄水，并控制青浦水位和嘉定水位分别不超过3.30米（佘山吴淞基面）和3.40米（佘山吴淞基面）。

太湖流域行洪通道和泄水口门应保证泄水通畅，当航运和泄水发生矛盾时，航运应服从泄水。

2. 水量调度

当太湖水位低于调水限制水位时，相机实施水量调度，并按下列情形执行。

（1）常熟水利枢纽。当望虞河张桥水位不超过3.80米时，可启用常熟水利枢纽调引长江水。

当预报望虞河下游地区将遭受风暴潮或地区性大暴雨袭击时，或望虞河张桥站水位超过3.80米时，或武澄锡虞区水位普遍超警戒时，常熟水利枢纽应暂停引水，必要时转为排水。

（2）望亭水利枢纽。当望亭水利枢纽闸下水质调度指标及和参考指标均满足Ⅲ类标准时，望亭水利枢纽开闸向太湖输水。

当望亭水利枢纽闸下水质调度指标满足Ⅲ类标准，水质调度参考指标为Ⅳ类标准时，如望虞河大桥角新桥水质调度参考指标满足Ⅲ类标准，望亭水利枢纽可控制向太湖输水。

（3）太浦河闸泵工程。为保障太湖下游地区供水安全，原则上太浦闸下泄流量不低于50立方米每秒。

当太湖下游地区发生饮用水水源地水质恶化或突发水污染事件时，可加大太浦闸供水流量，必要时启动太浦河泵站增加流量。

当太湖下游地区遭遇台风暴潮或区域洪水时，可减小太浦闸供水流量，必要时关闭太浦闸。

（4）望虞河两岸水利工程。在实施水量调度期间，严格控制望虞河西岸支流闸门，避免西岸支流污水进入望虞河，严格控制九里河、伯渎港引水；对望虞河东岸口门实行控制运行，可开启冶长泾、寺泾港、尚湖、琳桥港等口门分水，分水比例不超过常熟水利枢纽引水量的30%，且分水总流量不超过50立方米每秒。当遭遇突发水污染事件等特殊情况时，可临时加大东岸口门分水比例或关闭东岸分水口门。

常熟水利枢纽泵站引水期间，虞山船闸严格按照套闸运用。

（5）望虞河两侧沿长江口门。在实施水量调度期间，加强望虞河两侧沿长江口门统一管理和调度，对望虞河西侧澄锡虞地区沿长江主要口门实行控制运用，适时加大排江流量，尽量降低地区河网水位，避免西岸支流污水进入望虞河；对望虞河东侧地区沿长江主要口门加大引水力度，以减少望虞河东岸地区从望虞河的取水量，保证入湖水量。

（6）环太湖口门。对环太湖口门（不含太浦闸和望亭水利枢纽）实行控制运用，避免污水进入太湖，合理控制出湖水量。

3. 非常措施

（1）当太湖水位超过 4.65 米时的非常措施。当太湖水位超过 4.65 米时，要进一步加强流域统一指挥调度，局部服从全局，重点保护环湖大堤和大中城市等重要保护对象安全；应尽可能加大太浦河、望虞河的泄洪流量，充分发挥沿长江各口门以及杭嘉湖南排工程的排水能力，加大东苕溪导流东岸各闸泄洪流量，打开东太湖沿岸及流域下游地区各排水通道。环湖大堤临湖一侧围湖区破口蓄洪，并视水情发展采取一切可能的分滞洪措施。流域内各重要城镇采取自保应急措施。

（2）当太湖水位低于 2.80 米时的应急措施。当太湖水位低于 2.80 米时，要进一步加强引江河道的科学调度，充分利用沿江闸泵，增加引长江水量和入太湖水量，保证入太湖水质，适当降低流域河湖生态需水要求，加强环太湖口门和主要引供水河道两岸口门统一调度和运行监督，实行用水限制措施，必要时启用备用水源，最大限度满足流域基本用水要求需求。

（3）当太湖水位超过调水限制水位并发生突发水污染、水质恶化等事件时的应急措施。当太湖水位超过调水限制水位时，若发生突发水污染事件、水质恶化等严重影响流域供水安全的情况以及流域省（市）有其他特殊需求时，在确保流域防洪安全的前提下，原则上可以实施水量应急调度。

（三）调度权限

太湖局负责太浦闸、太浦河泵站、望亭水利枢纽、常熟水利枢纽的运用调度。苏、浙、沪两省一市防汛（抗旱）指挥部负责各自行政区域内相应水利工程调度，并将相关大型水库、沿长江、杭州湾、东导流等重要区域性工程和重要城市防洪工程的调度指令报太湖防总办公室备案。

当太湖发生超标准洪水或遇其他紧急情况时，由太湖防总商苏、浙、沪两省一市防汛（抗旱）指挥部后提出应急处理方案，报国家防总批准后执行。

当太湖水位超过调水限制水位并发生突发水污染事件、水质恶化等严重影响流域供水安全的情况以及流域省（市）有其他特殊需求时，由有关省（市）防汛抗旱指挥部提出书面申请，太湖防总商苏、浙、沪两省一市防汛抗旱指挥部提出应急处理方案，报国家防总批准后执行。

（四）太湖分期水位控制和洪水资源利用

与《太湖流域洪水调度方案》（1999 年）和《太湖流域引江济太调度方案》（2009 年）两个调度方案相比，《太湖流域洪水与水量调度方案》确定了防洪控制水位和引水控制水位两条控制线。同时，适当提高汛初阶段（4 月 1 日至 6 月 15 日）的太湖防洪控制水位至 3.10 米，3 月 16 日至 3 月 31 日水位控制由 3.50 米至 3.10 米直线递减；将最高引水控制水位降低到 3.30 米。由于《太湖流域引江济太调度方案》并未废止，因此，在实际引水调度中，仍执行《太湖流域洪水与水量调度方案》，详见表 15-2-3。

表 15-2-3　　三个主要流域调度方案太湖控制水位比较　　单位：m

时　间	《太湖流域洪水调度方案》防洪控制水位	《太湖流域引江济太调度方案》引水限制水位	《太湖流域洪水与水量调度方案》	
			防洪控制水位	调水限制水位
4月1日至6月15日	3.0	3.0	3.1	3.0
6月16日至7月20日	3.0～3.5 直线递增	3.0～3.5 直线递增	3.1～3.5 直线递增	3.0～3.3 直线递增
7月21日至9月30日	3.5	3.5	3.5	3.3
10月1日至次年3月15日	3.5	3.3	3.5	3.3
3月16日至3月31日	3.5	3.3～3.0 直线递减	3.5～3.1 直线递减	3.3～3.0 直线递减

《太湖流域洪水与水量调度方案》继承了《太湖流域引江济太调度方案》确定的望虞河引水入湖水质的两点要求：①当望亭水利枢纽闸下水质调度指标及和参考指标均满足Ⅲ类标准时，望亭水利枢纽开闸向太湖输水；②当望亭水利枢纽闸下水质调度指标满足Ⅲ类标准，水质调度参考指标为Ⅳ类标准时，如望虞河大桥角新桥水质调度参考指标满足Ⅲ类标准，望亭水利枢纽可控制向太湖输水。

同时，对太浦河向下游供水做出了两点具体安排：①原则上太浦闸下泄流量不低于50立方米每秒；②当太湖下游地区发生饮用水水源地水质恶化或突发水污染事件时，可加大太浦闸供水流量，必要时启动太浦河泵站增加流量。

第三节　区域调度方案

随着流域和区域治理工作的开展，太湖流域内沿长江、环太湖、沿望虞河东岸、太浦河两岸、武澄锡西侧、白屈港、东苕溪东岸以及沿杭州湾等陆续建立了控制性水利工程，并逐步形成了调度控制线。本节重点记述沿长江、环太湖、沿东苕溪及沿杭州湾南排等工程调度方案。

一、沿长江口门调度方案

（一）镇江沿长江口门

1. 谏壁水利枢纽

暴雨期间，湖西沿江口门，当洮湖水位高于3.8米或滆湖水位高于3.5米时，谏壁节制闸及其他沿江口门开闸排水；当洮湖水位高于4.6米或滆湖水位高于4.2米且各通江河道闸外长江侧水位高于内河水位，谏壁抽水站及其他沿江抽水站开机排水。

6月夏插用水高峰期，保持丹阳水文站4.5米水位，低于4.5米而天气又偏旱时，开闸引水；7—9月为水稻正常补水期，保持丹阳水文站4.2米水位，低于4.2米而天气又偏旱时，开闸引水。

在古运河遭遇大洪水且京口闸、丹徒闸、谏壁闸外排入江受阻时，经镇江市防汛防旱指挥部批准，开启谏壁抽水站排水，可有效地降低镇江主城区内涝水位。

2. 九曲河枢纽

丹阳水位高于5.6米，或常州水位高于4.0米，开闸排水；当丹阳水位超过6.5米或洮湖水位超过4.6米，或滆湖水位超过4.2米不能自排时，抽水站开机排水；当湖西沿江九曲河等四闸每天自流引江水量不足1000万立方米，同时大运河丹阳水位低于3.5米时，抽水站开机引水。防汛抗旱期间服从江苏省防汛抗旱部门的统一调度和指挥。

6月夏插用水高峰期，保持丹阳水文站4.5米水位，低于4.5米而天气又偏旱时，开闸引水；7—9月为水稻正常补水期，保持丹阳水文站4.2米水位，低于4.2米而天气又偏旱时，开闸引水。

（二）常州沿长江口门

1. 节制闸

常州市德胜港、澡港、小河、剩银河沿江节制闸以常州大运河水位为基准进行调度，具体调度方式和控制水位见表15-2-4和表15-2-5。

表15-2-4　　常州市沿长江水闸控制运行方案表

内河水位	天气情况	农田用水	魏村闸、澡港闸、小河闸	剩银河闸	孟城闸
4.3m以下	偏涝	不要水	挡	引	
4.3m以下	偏旱	要水	引	引	
4.3m以上	偏旱	要水	引	引	
4.3m以上	偏涝	不要水	排	排	
4.5m以下					引
4.5m以上					排

注　“引”即长江侧水位比闸内水位高时，开闸引水，相平时通航；“挡”即闸外水位比闸内水位高时关闸挡水，相平时通航；“排”即闸外水位低于闸内水位时开闸排水，相平时通航。

表15-2-5　　常州市沿长江水闸现状调度办法　　单位：m

<table>
<tr><th>建筑物名称</th><th>时间</th><th>引排水控制水文站点</th><th>上限水位</th><th>中限水位</th><th>下限水位</th><th>调度情况说明</th></tr>
<tr><td rowspan="4">澡港闸、魏村闸、小河闸</td><td>非汛期
10月至次年4月</td><td rowspan="4">大运河常州站</td><td rowspan="4"></td><td rowspan="4">4.3</td><td rowspan="4"></td><td rowspan="4">根据市防指的命令控制运用</td></tr>
<tr><td>5月</td></tr>
<tr><td>6月</td></tr>
<tr><td>7—9月</td></tr>
</table>

续表

建筑物名称	时间	引排水控制水文站点	上限水位	中限水位	下限水位	调度情况说明
孟城闸	非汛期 10月至次年4月	浦河孟城闸内河水位		4.5		根据市防指的命令控制运用
	5月					
	6月					
	7—9月					

2. 德胜港、澡港河泵站

一般情况下，①在抗旱阶段：当大运河常州站水位低于3.0米时，在节制闸引水不足的情况下，做好开机准备，由常州市防汛防旱指挥部确定开机时间和翻水流量，当常州站水位稳定在3.2米时停机；②汛期排涝阶段：当大运河常州站水位超过5.0米时，又遇长江潮水顶托，节制闸自排不足，做好开机准备，由常州市防汛防旱指挥部确定开机时间和翻水流量，当常州站水位稳定在4.8米时停机。

遇特大洪涝或特大干旱年，由江苏省、常州市防汛防旱指挥部视流域防洪、供水需要下达调度指令。

（三）无锡沿长江口门

（1）汛期，当锡澄地区河网水位（青阳站）超过3.50米时，要充分利用长江低潮时开启沿江14座节制闸向长江排水，以降低内部河网水位。当长江潮位高于内河水位时，则关闸挡潮。当青阳站水位超过4.50米时，沿江白屈港套闸、新夏港套闸服从排涝，在长江潮位低于4.50米时，有控制地开闸排水。当青阳站水位超过4.50米、而沿江水闸不能自排时，启动新夏港抽水站和白屈港抽水站向长江抽排涝水。

（2）干旱期间和农业灌溉集中用水期间，当青阳站水位低于3.20米时，沿江水闸开闸引长江水，补充内河水量。

（四）苏州沿长江口门

1. 防洪调度

（1）汛初太湖水位超过3.00米并呈上升趋势，太浦闸和望亭水利枢纽开闸泄水；并视本市汛情，调度沿江主要涵闸等排水工程设施，积极向长江排水。

（2）凡太浦闸、望亭水利枢纽开闸泄洪期间，沿江各闸应全力向长江排水，苏州市防汛抗旱指挥部视情况作出具体调度。

（3）当太湖水位达到或超过4.00米时，报请省防指和太湖局调度谏壁抽水站和常熟水利枢纽泵站向长江排水。

2. 抗旱调度

（1）5月中旬至5月下旬，当太湖水位低于2.80米时，沿江中型以上水闸应开闸引水，补充内河水量，尽力维持湘城水位在2.75米以上，由苏州市防汛抗旱指挥部视情作出具体调度；沿江其他水闸由所在县级市防汛防旱指挥部根据当地水位及用水、需水情况作具体调度。

(2) 6月农村泡田、灌溉用水高峰期间，当太湖水位持续下降且气象预报为持续干旱少雨时，由苏州市防汛防旱指挥部调度沿江所有水闸开闸全力引水，保证农灌水源，尽最大可能控制湘城水位不低于2.70米。

(3) 7—8月，如继续晴热少雨，有可能出现伏旱时，由苏州市防汛防旱指挥部调度沿江所有水闸开闸引水，尽可能控制湘城水位不低于2.60米。

(4) 在沿江水闸必须全力引水时，如通航与引水发生矛盾，通航应服从引水。

3. 引清调度方式

一般根据阳澄湖水位的变化规律，确定汛期各阶段和非汛期不同的起调水位、控制水位、汛限水位。当水位低于起调水位时，沿江各闸全力引水；当水位达到或超过控制水位时，则开闸排水；当水位处于起调水位与控制水位之间时，视天气变化情况适时调水：当水位超过汛限水位时，沿江各闸全力排水。

苏州市沿江主要工程调度方式和控制水位详见表15-2-6。

表15-2-6　苏州市沿长江主要建筑物现状调度办法　单位：m

建筑物名称	时间	引排水控制水文站点	上限水位	中限水位	下限水位	调度情况说明
浏河节制闸 杨林节制闸 七浦节制闸	非汛期10月至次年4月		3.5	3.2	3	原则依据苏州市水利局调度指令执行
	5月					
	6月					
	7—9月					
张家港闸	非汛期10月至次年4月	张家港水位站	4.0	3.7	3.4	根据苏州指令调度，以引水为主
	5月		4.2	3.8	3.5	
	6月		4.2	3.8	3.5	
	7—9月		4.2	3.8	3.5	
太字圩港闸	非汛期10月至次年4月		3.9	3.6	3.4	地方调度，以排水为主
	5月		4.0	3.7	3.5	
	6月		4.0	3.7	3.5	
	7—9月		4.0	3.7	3.5	
一干河闸	非汛期10月至次年4月		4.0	3.7	3.5	地方调度，以排水为主
	5月		4.0	3.7	3.5	
	6月		4.0	3.7	3.5	
	7—9月		4.0	3.7	3.5	

续表

建筑物名称	时间	引排水控制水文站点	上限水位	中限水位	下限水位	调度情况说明
十一圩闸	非汛期10月至次年4月	十一圩水文站	4.0	3.6	3.3	根据苏州指令调度，以排水为主
	5月		4.1	3.7	3.3	
	6月		4.1	3.7	3.3	
	7—9月		4.1	3.7	3.3	
三干河闸	非汛期10月至次年4月		3.5	3.4	3.0	地方调度，以引水为主
	5月		3.5	3.4	3.0	
	6月		3.5	3.4	3.0	
	7—9月		3.5	3.4	3.0	
五干河闸	非汛期10月至次年4月		3.4	3.3	3.0	地方调度，以排水为主
	5月		3.4	3.3	3.0	
	6月		3.4	3.3	3.0	
	7—9月		3.4	3.3	3.0	
七干河闸	非汛期10月至次年4月		3.4	3.3	3.0	地方调度，以排水为主
	5月		3.4	3.3	3.0	
	6月		3.4	3.3	3.0	
	7—9月		3.4	3.3	3.0	

二、环太湖口门调度方案

（一）常州环湖口门

武进港节制闸、雅浦港节制闸按照常州雪堰水位进行控制。当雪堰水位高于4.0米时，雅浦港节制闸开闸排水；当雪堰水位高于4.2米时，武进港节制闸开闸排水。

其余时间一般关闭，或直接受江苏省防汛抗旱指挥部调度指挥，两座枢纽的船闸按套闸运行。

（二）无锡环湖口门

（1）梅梁湖泵站、大渲河泵站实施全年不间断调水引流。

1）正常情况下，梅梁湖泵站与大渲河泵站配合使用，两站总调水流量20～30立方米每秒。

2）按照水源地水质出现异常或根据防汛抗旱的实际需要，增减梅梁湖泵站与大渲河泵站调度流量，最大调水流量为50立方米每秒。

3）当梅梁湖泵站实施检修时，由大渲河泵站单独进行调水引流，引流流量视太湖水位而定，一般为10～20立方米每秒。

4）当泵站进水侧水位低于2.65米时，梅梁湖泵站及大渲河泵站停止运行。

（2）当太湖水位低于4.20米时，且高于无锡水位时，犊山工程节制闸和直湖港节制闸根据无锡城区洼地承受能力，有节制地开闸泄水；当太湖水位超过4.20米，且高于无锡水位时，犊山工程节制闸和直湖港节制闸关闸挡洪。滨湖区境内的沿太湖节制闸，同市属节制闸同步运行。特别重要的是，要处理好挡污保太湖水源水质与泄洪的关系，当无锡水位达到4.50米且有继续升高趋势，而太湖水位低于此水位时，由无锡市防指综合分析，决定是否打开沿太湖水闸向太湖泄水。

（三）苏州环湖口门

一般情况下环太湖各闸处于开启状态，保持行水畅通；当太湖水位达到防洪预案规定的水位时，及时关闭环太湖各闸，防止太湖洪水入侵；太湖水位虽然没有达到口门控制运用的水位，但只要苏州水位高于太湖水位，环太湖胥口水利枢纽及金墅港、龙塘港等闸应及时关闭或控制运行，防止内河污水倒流入太湖，影响饮用水水源地；当其他局部地区的内河污水向太湖倒流时，环太湖相关各闸也及时关闭或控制运行。

（四）湖州环湖口门

1. 洪水期调度

（1）洪水期：当出现全市性降水过程，苕溪、东部平原或太湖普遍涨水时，进入洪水期；当降水过程结束，东部平原和太湖水位全面回落到警戒水位以下后，洪水期结束。

（2）调度代表站警戒水位确定为：湖州（杭长桥）4.50米，菱湖3.70米，南浔3.50米，小梅口3.70米，幻溇3.70米。保证水位确定为湖州（杭长桥）5.00米，菱湖4.20米，南浔4.00米，小梅口4.30米，幻溇4.30米。

（3）调度原则。进入洪水期后，诸闸按顺流开闸，逆流关闸的原则调度，即当平原水位高于太湖水位，诸闸敞开，抢排平原涝水；当太湖水位高于平原水位，诸闸关闭，防止太湖洪水侵入平原。

洪水期结束后，当太湖水不再倒流向平原，或待导流港诸闸开启后，酌情考虑环湖大堤沿线19座水闸开启，恢复正常。

诸闸的正常调度顺序为：开闸时自西向东，关闸时自东向西。多孔闸启闭需左右平衡运行，保持水流平稳，诸闸均不得局部开启。

洪水期，代表站水位在警戒水位以下时，诸闸按8时水位实行日调度，处于警戒与保证水位之间时，按8时和20时水位实行一日两调度；当水位超过保证水位后，实行即时调度。

2. 枯水期调度

枯水期：当汛期太湖水位低于3.10米和平原水位低于3.00米，非汛期太湖水位低于2.90米和平原水位低于2.80米时，或当全市性旱情露头后，为枯水期。

调度原则：诸闸全开，但若发生水量流向太湖或太湖水体污染等特殊全开，闸门关闸。

3. 防淤调度

（1）正常情况下，大钱、罗溇、幻溇、濮溇、汤溇5座多孔闸及胡溇闸敞开运行，其余13座单孔闸按4月1日开启，10月15日关闭的原则运行。

（2）10月15日至次年4月1日，诸单孔闸关闭期间，当湖面出现西北大风时，5座多孔闸及胡溇闸全部关闭。

（3）为兼顾交通和水环境，10月15日至次年4月1日，诸单孔闸关闭期间，视当地要求开启。

三、东苕溪工程调度方案

东苕溪工程防洪调度遵循上蓄、中分、下泄的原则，通过上游水库和南北湖滞洪区、德清大闸等分洪工程的合理运用，减轻沿岸洪水灾害，确保西险大塘的安全。

当发生5年一遇洪水时，北湖分洪；当发生10年一遇洪水时，南湖分洪；如果南北湖分洪后，西险大塘发生险情或东苕溪发生20年以上洪水，则启用非常蓄滞洪区。

当德清大闸水位超过6.04米时，开启导流各闸向东部平原分洪。

（一）南湖、北湖滞洪区

南湖滞洪区：当滞洪区水位为11.8米时，可滞洪量为2400万立方米。当南湖闸前水位10.6米，相应余杭水位10.2米时，并预报继续上涨时，开闸分洪。

北湖滞洪区：当滞洪区水位为9.8米时，可滞洪量为2066万立方米。当北湖闸前水位9.3米，相应瓶窑水位8.3米左右，并预报继续上涨时，开闸分洪。

（二）水库

1. 青山水库

当库水位为23.2～26.2米时，控制下泄流量不超过250立方米每秒；当库水位为26.2～29.9米时，按控制余杭站水位不超过8.4米，相应流量不超过500立方米每秒，进行补偿调节，力争南湖不分洪；当库水位为29.9～30.8米时，控制下泄流量不超过500立方米每秒，通过水库与南湖分洪工程的联合运用，控制余杭站水位不超过8.4米；当库水位为30.8～31.2米时，控制下泄流量不超过700立方米每秒，根据水情预报，以库水位不超过31.2米为原则；当库水位为31.2～32.5米时，控制下泄流量不超过1800立方米每秒，根据水情预报，以库水位不超过32.5m为原则；当库水位超过32.5时，新老泄洪闸全开敞泄，控制下泄流量不大于入库流量。

2. 对河口水库

当库水位为44.2～46.91米时，即20年一遇洪水位以下，控制下游渠道武康段流量40立方米每秒，与区间洪水进行补偿调节；当库水位为46.91～47.29米时，即50年一遇洪水位以下，控制下游渠道武康段流量120立方米每秒，与区间洪水进行补偿调节；当库水位为47.29～47.84米时，即100年一遇洪水位以下，控制下游渠道武康段流量170立方米每秒，与区间洪水进行补偿调节；当库水位超过47.84米时，按泄流能力下泄，确保大坝安全。

（三）东导流各闸

（1）非汛期或汛期闸上水位3.80米以下时，原则上各闸敞开。

（2）洪水期，当各闸上水位涨到关闸水位，且水位继续上涨时按计划关闸。

（3）关闸后，当闸上水位涨至开闸分洪水位并继续上涨时，根据上游区间来水、导流行洪实况及东西部灾害的情况，合理及时开闸分洪。多孔闸开启的孔数，视情况而定。若部分闸孔开启后，闸上水位仍高于计划控制最高水位，则增加开启孔数或多孔全开。

（4）洪峰过后，水位降落到分洪控制水位以下，并预计关闸后水位不超过分洪控制水位5～10厘米时关闸停止分洪。如关闸后水位回涨超过分洪控制水位10厘米以上，须继续开闸分洪。

（5）湖州船闸（包括一线和二线船闸）原则上在二孔节制闸关闭后启用运行。当节制闸关闭后，闸前（上游）杭长桥水位不超过4.50米，闸后（下游）菱湖水位不超过4.20米时可启用船闸通航。当水位达到船闸最高启用水位后，船闸停航，权限封闭。当杭长桥水位下降到3.80米，且不再上涨时待水流平稳后开启二孔节制闸。

（6）德清闸套闸在节制闸关闭后启用运行，套闸正常运行水位3.80～4.50米（闸上水位，下同），紧急通航最高水位5.00米。退水期，水位低于3.80米且不再上涨时，待上下游水流平稳后复航。

（7）吴沈门新闸在闸上水位降到3.80米，且不再上涨时开闸，待水流平稳后通航。

（8）东苕溪导流港诸闸汛期水位3.80米以上时，由湖州市防汛抗旱指挥部按计划指挥调度。其中德清、洛舍两闸由德清县防汛抗旱指挥部执行；鲇鱼口、菁山、吴沈门水闸由市太湖水利工程建设局执行；吴沈门新闸（港航）由湖州市港航局执行；湖州船闸及其防洪闸由湖州湖申船闸建设开发有限公司执行。非汛期或汛期水位3.80米以下时，由上述运行单位按计划调度，但调度前应报市防指备案，市防指进行监督。

东导流各闸调度方式和控制水位见表15-2-7。

表15-2-7　　七闸调度运用特征水位（2009年）　　单位：m

<table>
<tr><th colspan="2">工程名称</th><th>关闸（拦洪）
闸上起始水位</th><th>开闸（分洪）
闸上起始水位</th><th>备　注</th></tr>
<tr><td rowspan="2">德清大闸</td><td>节制闸</td><td>3.80</td><td>6.00</td><td></td></tr>
<tr><td>套闸</td><td>2.66</td><td>—</td><td></td></tr>
<tr><td colspan="2">洛舍新闸</td><td>3.80</td><td>5.90</td><td></td></tr>
<tr><td colspan="2">鲇鱼口闸</td><td>3.80</td><td>5.80～6.00</td><td></td></tr>
<tr><td colspan="2">菁山闸</td><td>3.80</td><td>5.65～5.90</td><td></td></tr>
<tr><td colspan="2">吴沈门闸</td><td>3.80</td><td>5.40～5.80</td><td></td></tr>
<tr><td colspan="2">吴沈门新闸（港航）</td><td>3.80</td><td>—</td><td>吴沈门闸水位</td></tr>
<tr><td rowspan="2">湖州船闸</td><td>节制闸</td><td>3.80</td><td>—</td><td>杭长桥水位</td></tr>
<tr><td>船闸最高启用水位</td><td colspan="2">上游4.50/下游4.20</td><td>上游水位为杭长桥站，下游水位为菱湖站</td></tr>
</table>

四、杭州湾南排工程调度方案

（一）盐官枢纽

盐官下河枢纽4月15日至10月15日，启闸水位（嘉兴水位）控制在2.90～3.10米；在预报后期尚有较大降雨，且嘉兴水位达到3.5米，开泵排水。

盐官上河闸4月15日至10月15日启闸水位（长安站水位）控制在5.10～5.30米。

（二）长山闸和南台头闸

6月1日至7月15日启闸水位（嘉兴水位）控制在2.70～2.80米。

7月16日至10月15日启闸水位（嘉兴水位）控制在2.80米。

10月16日至次年5月31日启闸水位（嘉兴水位）控制在2.80～3.00米。

南台头闸在闸前干河实施整体加固前，考虑防洪排涝和缓解河道冲刷的需要，原则同意今年暂按南台头闸在嘉兴站水位2.84～3.34米时开启2孔，嘉兴站水位超过3.34米时开启3孔；在嘉兴站水位超过危急水位时，视水情和工情决定开启4孔。

非汛期遭遇较大洪水，水位达到上述条件，各闸站参照执行。

五、上海市沿长江、沿杭州湾、沿海工程调度方案

（一）防洪排涝调度

当防汛或气象部门发出台风或暴雨预警时，沿长江、沿杭州湾、沿海口门根据预警级别逐级排水，预降水利片内河水位。持续降雨期间，根据预警级别，采用相应的泵闸调度措施，排除涝水。

暴雨结束后各水闸应在内河水位控制允许范围内加大水闸引、排水力度，尽可能地促使内河水体流动，改善水质。

具体的调度方式和控制水位详见表15-2-8。

（二）引清调水调度

当天气预报2天内无大雨或1天内无中雨时可以开展区域的引清调水工作；当天气预报在2天内有大雨或1天内有中雨时，应适度控制内河水位并做好引清调水和防汛排涝调水的切换准备工作。

表15-2-8　上海市防汛排涝调度控制表

预警	预警内容	调度指令	调度方式	片内水位控制/m	
				最低	最高
蓝色	12小时内降雨量将达50mm以上，或已达50mm以上，可能或已经造成影响且降雨可能持续	停止引水，保持正常水位	引水口门停止引水，排水口门继续排水	2.50	2.70
黄色	6小时内降雨量将达50mm以上，或已达50mm以上，可能或已经造成影响且降雨可能持续	停止引水，降低内河水位	引水口门停止引水，排水口门加大排水力度，能排则排	2.30	2.50

续表

预警	预 警 内 容	调度指令	调度方式	片内水位控制/m	
				最低	最高
橙色	3小时内降雨量将达50mm以上，或者已达50mm以上，可能或已经造成较大影响且降雨可能持续	泵闸全力排水，预降内河水位	引水口门改引为排，排水口门全力排水	2.00	—
红色	3小时内降雨量将达100mm以上，或者已达100mm以上，可能或已经造成严重影响且降雨可能持续	所有口门全力排水，预降内河水位	所有口门全力排水	2.00	—

注 上海市水位采用佘山吴淞基面高程。

引清调水过程中，须充分考虑水闸工程运行安全，控制片内河道防汛、通航、灌溉、生态和景观等各类需求对河道水位流速流向的控制要求，控制片内降雨条件限制、片外河道水体动力、水质等一系列边界条件。

具体的调度方式和控制水位详见表15-2-9。

表15-2-9　　引清调水方案控制条件汇总表

降雨条件	水利片	调度水流方向	片内代表站水位控制要求/m			引水水质条件	排水水质条件
			最低	最高	代表站		
2天内无大雨或1天内无中雨	嘉宝北片	北引东排、南排	2.50	2.90	嘉定南门站、罗店站	引水口实测氯化物含量小于250mg/L	沿苏州河排水口门水质优于苏州河水质
	浦东片	浦东新区：东引西排；原南汇区：西引东、南排；奉贤区：北引南排	2.50	2.80	南桥站、邬家路桥站	长江口引水口实测氯化物含量小于250mg/L	
	浦南东片	北引南排	2.50	2.80	张埝站	引水水质优于片内水质	

1. 嘉宝北片

嘉宝北片水资源调度的引排方向以东北引东南排为主，即以沿长江口的水闸北引长江水，主要工程包括墅沟水闸、新川沙水闸、老石洞水闸、练祁河水闸、新石洞水闸。

嘉宝北片汛期和非汛期采用不同的控制面平均水位，其中汛期片内面平均控制水位为宝山2.50～2.80米、嘉定2.50～2.90米；非汛期面平均控制水位均为2.50～2.90米，面平均控制水位以嘉定南门站为水位代表站点。

当片内面平均水位低于2.50米时，沿长江各引水口门能引则引，排水口门暂停排水。当片内面平均水位在控制范围内时，沿长江引水口门每日引水二潮，主要排水口门每天排水二潮。当片内面平均水位高于面平均最高控制水位时，各引水口门暂停引水，排水口门正常排水。

2. 浦东片

浦东片水资源调度的引排方向为东引西排和北引南排，即黄浦江下游杨思水闸（含杨思水闸）以下，大治河东闸及南沿杭州湾各闸作为排水口门，黄浦江中下游杨思水闸以上，大治河东闸以北各闸作为引水口门。水闸调水闸内水位控制范围 2.5～2.8 米。

当水位低于 2.5 米时，各引水口门能引则引，其中张家浜东闸、五号沟、三甲港水闸每日引水两次，其他水闸暂停排水。沿海主要口门包括外高桥泵闸、三甲港水闸、张家浜东闸。

当闸内水位在控制范围内时，各引水口门每日引水两次，大治河东闸每天一潮适当排水、其他排水水闸每日排水一次。

当闸内水位高于 2.8 米时，各排水口门每日排水两次，并视内河水质情况，三甲港水闸可适当引水，其他水闸暂停引水。

3. 浦南东片

浦南东片水资源调度的引排方向以北引南排为主，杭州湾龙泉港出海闸为排水口门，先排后引。

沿杭州湾排水水闸每天白天排水一次，关闸水位控制在闸前 2.5 米。若闸前内河水位超过 3.3 米时，每天排水二次。

第四节　太湖局防汛抗旱基础工作

一、防汛抗旱规章制度

2009 年制定了《太湖流域防汛抗旱总指挥部工作规程》《太湖流域防汛抗旱总指挥部办公室工作职责》。此后，先后制定了《太湖防总办防汛抗旱值班工作实施细则（试行）》《太湖防总办防汛抗旱值班工作制度》等。

二、洪水风险图编制

2004 年开始，国家防办启动了全国洪水风险图编制试点工作，于 2005—2007 年、2008—2010 年分别开展了两批试点，其中太湖流域共有 4 个试点项目，包括东苕溪西险大塘、青山水库、太浦闸和上海市浦东区洪水风险图编制。太湖局组织中国水利科学研究院、同济大学、浙江省防办等水利部门和科研单位分别按照水库、防洪（防潮保护区）的不同要求完成试点区域洪水风险图编制，并于 2008 年 1 月和 2011 年 7 月分别通过了国家防办的技术审查和水利部的验收。

第三章 流域典型洪水防御

太湖流域典型的洪水防御包括：1991年流域性大洪水防御、1999年流域性特大洪水防御和2009年太湖高水位遭遇台风洪水防御。

第一节 1991年大洪水防洪决策与调度

一、水雨情概况

1991年太湖流域洪水由梅雨引起。梅雨期从5月19日开始，到7月14日结束。降雨主要集中在5月19—26日，6月2—20日，6月30日至7月14日的三个时段内，梅雨期总雨量668毫米，其中6月11—17日和6月30日至7月14日两场暴雨，全流域平均降雨分别达226毫米和300毫米。梅雨期降雨在时空分布上呈北部降雨大于南部、上游雨量大于下游的特点，详见图15-3-1。

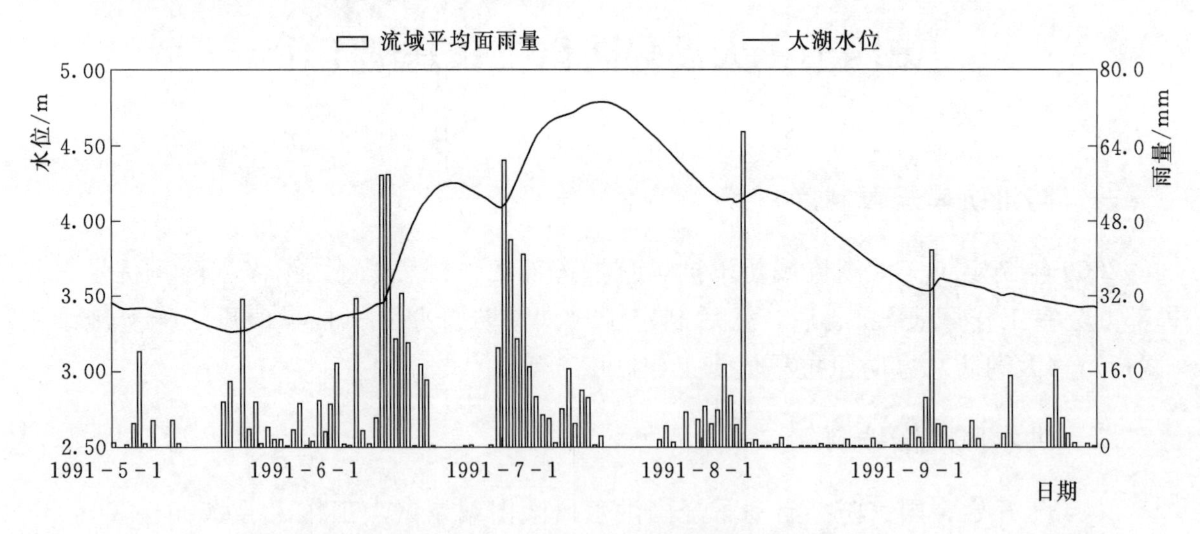

图15-3-1 1991年汛期太湖水位过程

1991年汛初，流域内降雨频繁，太湖底水位高，5月1日太湖水位达到3.50米警戒水位，为历史同期的最高值。此后，太湖接近3.50米的水位一直保持至6月上旬。

6月11日第二场暴雨开始，太湖水位从6月12日的3.45米起涨，至6月23日达到第一个峰值4.27米，后有小幅回落。6月30日第三场暴雨开始，太湖水位在4.09

米的高水位基础上迅速上涨，至 7 月 14 日 14 时达到水位最高值 4.79 米。

7 月 16 日后太湖流域降雨停止，太湖水位开始缓缓回落。

受强降雨影响，太湖流域区域河网水位普遍超警戒水位，太湖湖区、湖西区、武澄锡虞区主要测站水位普遍超历史水位，主要测站最高水位见表 15-3-1。

表 15-3-1　　1991 年汛期太湖流域主要测站最高水位统计表　　单位：m

测站	最高水位	出现时间	测站	最高水位	出现时间
太湖	4.79	7 月 14 日	陈墓	3.77	7 月 6 日
西山	4.95	7 月 13 日	苏州	4.31	7 月 5 日
望亭	4.82	7 月 15 日	青阳	5.12	7 月 3 日
瓜泾口	4.11	7 月 5 日	常熟	4.21	7 月 4 日
小梅口	4.85	7 月 13 日	芦墟	3.85	6 月 17 日
溧阳	6.00	7 月 8 日	平望	4.17	7 月 7 日
宜兴	5.30	7 月 15 日	湖州	5.35	7 月 6 日
王母观	6.12	7 月 4 日	嘉兴	4.05	7 月 6 日
常州	5.53	7 月 2 日	嘉善	3.84	6 月 17 日
无锡	4.88	7 月 1 日	南浔	4.25	7 月 7 日

注　1991 年太湖水位采用七站平均报汛水位。

二、决策与调度情况

经过前阶段集中强降雨，6 月 17 日太湖水位已达 4.03 米，并继续以每天 6 厘米速度上涨，6 月 19 日达 4.15 米，超过警戒水位 0.65 米，严重威胁苏州、无锡、常州、湖州等市的工农业生产和人民生命财产安全，情况十分危急。6 月 17 日和 6 月 19 日，江苏省人民政府和江苏省防汛抗旱指挥部［省（市）各级防汛抗旱指挥部以下简称“防指”］分别请示国家防总，要求迅即开启太浦闸。6 月 17 日，江苏省人民政府致电上海市人民政府，恳请在不影响上海青松地区防洪安全的前提下，打开淀浦河闸及蕰藻浜闸，以利退水。上海市防指接电后立即请示市政府主要领导，表示服从大局，立即开闸。蕰藻浜东、西闸于 18 日上午 10 时打开，淀浦闸也于 18 日下午打开放水。

6 月 19 日 20 时，浙江省嘉兴水位达 4.04 米，超警戒水位 0.54 米，杭嘉湖地区有 275 万亩农田受淹，150 万人受灾；6 月 19 日 8 时，米市渡水位达 3.43 米，超警戒水位 0.13 米。由于太浦河尚未开通，太浦闸泄洪势必加重杭嘉湖和淀泖地区的洪涝灾害，浙江、上海均表示此时不宜开太浦闸。国家防总考虑两省一市都已遭受灾害，决定暂不开太浦闸。

6 月 21 日，无锡犊山口水位达 4.24 米，无锡南门水位达 4.01 米。根据犊山控制工程调度运行的规定，无锡防指要求关闭犊山口闸。太湖局经请示国家防总，同意其关闭，待无锡水位降到4.00米时开闸，并维持水位在4.00米，以利太湖退水。

6月22日，太湖水位达4.24米。上海市防指电告江苏省防指，为团结抗灾，相互支援，抓紧小潮汐时机帮助太湖泄洪，同意近日开启太浦闸，希望控制米市渡水位3.30米。江苏省防指立即将上海市意见报告国家防总，请求防总批准迅即开启太浦闸。23日太湖水位达4.28米，距历史最高仅差0.37米，防汛形势十分严峻。根据预报，月底前后还有一次降雨过程，太湖水位有可能继续上涨。为此，太湖局提出了《太浦闸及东太湖的调度意见》，报国家防总。意见内容包括：目前太湖水位居高不下，如不设法排泄洪水，一旦遇特大暴雨，将遭受重大损失，当前应抓住有利时机，尽量腾空太湖容积，以防后期洪水威胁。具体措施：①开太浦闸，调度上限控制水位：嘉兴3.80米，米市渡3.50米；②东太湖圩外泄水河道口门全部泄水；③太浦闸先按100～150立方米每秒泄洪；④太浦河北岸全部圩外河道口门同时敞开分流。

国家防办邀请专家研究后提出太湖防洪调度决策的建议意见，于6月25日报请时任国务院副总理、国家防汛总指挥田纪云同志同意，向江苏、浙江和上海市防汛指挥部发出了《关于开启太浦闸泄洪的通知》的电报。通知要求：①发挥现有入江、入海排涝河道的泄水作用，尽快降低河网水位；湖西、沿江、淀泖和杭嘉湖区要充分利用泵站、涵闸等排水设施排涝。②进一步落实防守措施和抢险物料，加强环湖大堤、城镇圩提和低洼圩区的防守和抢险，并进行必要的加固；对有退水作用的圩堤缺口要抓紧堵复。③原则上控制嘉兴水位3.40米，米市渡水位3.30米时运用太浦闸泄洪。根据目前下游落水情况，决定于26日12时开启太浦闸泄洪，先开20%左右，然后视情况再行调度。同时，东太湖、运河东岸和太浦河北岸闸涵、口门也敞开泄水。有关太湖泄洪调度方案，由太湖局确定，并负责调度和监督执行。

太浦闸于26日12时准时打开，同时打开东太湖一些排水口门。至7月1日，太湖水位降低到4.09米。

6月30日到7月14日，太湖流域出现了第三次降雨过程，其中6月30日到7月4日雨量最集中。7月3日8时，太湖水位达4.30米，超警戒水位0.82米，形势十分严峻。国家防总向江苏、浙江、上海防指及太湖局发出了《关于研究提出太湖防洪运用方案的通知》，要求尽快研究太湖防洪运用意见和防守措施上报国家防总。

太湖局立即研究方案，向国家防总提出了太湖流域下阶段防洪调度建议，主要内容为："东太湖，运河东岸，太浦河北岸涵、闸、口门，长山闸及沿长江各闸均应充分发挥排水作用；当太湖水位达到4.65米时，打开望虞河石坝；当嘉兴水位达到4.0米，要求上海市打开红旗塘堵坝；当嘉兴水位达4.20米时，请上海打开太浦河圩（钱盛荡）。"同时，国家防总紧急召集干部、专家研究对策，并起草了《关于太湖流域汛情及防汛部署意见》。

7月4日，由国务院副总理田纪云签发，国家防总向两省一市防指和太湖局发出《关于太湖流域汛情及防汛部署意见》的电报文件。意见指出：根据目前汛情，迅速降低太湖水位是当务之急。①请江苏省立即打开东太湖的大鲇鱼口口门；清除东太湖各口门的行洪障碍和太浦河北岸泄水障碍。②请上海市尽快破除太浦河下游钱盛荡等民圩，打开红旗塘上的堵坝，打通太浦河、红旗塘至黄浦江的泄洪通道。以上通道打通后，太浦闸泄流量加大到200立方米每秒。③当太湖水位超过4.50米并继续上涨时，进一步加大太浦闸泄流量，同时采取利用望虞河排水方案（包括破除望虞河沙墩港石坝），加大出湖流量，请江苏省提前研究落实措施。④认真落实防守措施，加强环湖大堤和城镇的防守，确保安全。

同日，上海市委、市府领导会同有关部门在红旗塘堵坝现场召开紧急会议，部署防洪救灾工作，并决定于5日9时打开红旗塘堵坝，但对打开太浦河钱盛圩有顾虑。江苏省也紧急布置任务，做好望虞河排洪准备。太湖局组织人员赴太浦河钱盛圩调查情况，并向水利部汇报，向上海市提出了《关于拆除钱盛圩后太浦河分洪圩堤加固施工方案意见》。

7月5日，国务院副总理田纪云会同水利部部长杨振怀等，向江泽民总书记汇报了太湖流域防汛情况和洪水调度方案。随后国家防总复电上海防指：经请示国务院领导同意，请上海仍按4日的部署，尽快打开太浦河上钱盛荡堵坝和红旗塘堵坝。

红旗塘堵坝按时于7月5日炸开，断面进一步疏浚挖泥任务于7月14日全部完成。开挖断面与原红旗塘断面基本一致。苏州大鲇鱼口堵坝也于7月5日下午拆除。

7月5—6日，国务院副总理田纪云在吴江县（现吴江区）召开现场办公会，部署江苏、浙江、上海打通泄水通道，并在杨振怀等陪同下，赴上海、江苏查看了青浦县（现青浦区）钱盛荡和吴江县太浦闸。7月7日太湖水位已达4.67米，超过了历史最高水位（4.66米）。为了尽快降低太湖水位，国家防总下令于7月14时将太浦闸泄流量增加至150立方米每秒，并请江苏尽快落实利用望虞河泄洪方案。

7月8日15～20时，钱盛荡堵坝炸开，共炸开9条坝。根据防汛部署意见，红旗塘堵坝、钱盛圩均已拆除，太浦闸泄流量9日由150立方米每秒加大至200立方米每秒。同日，国家防总向江苏省防指发出《关于迅速炸除沙墩港堵坝利用望虞河宣泄太湖洪水的紧急通知》，要求于10日12时开始拆除沙墩港上下堵坝，并在两天内全部清除干净；立即开启望亭电厂水泵实行强排；加快漕湖至鹅真荡之间的狭窄段的拓浚工作。

7月上旬，中共中央总书记江泽民和国务院副总理田纪云到太湖流域视察，指导抗洪救灾。8日视察浙江嘉兴，9日视察江苏苏州。在苏州期间，田纪云副总理与江苏省主要领导进行了座谈。

7月10日，国家防总再次向江苏省发出《关于拆除沙墩港堵坝的通知》，同意将破除沙墩港坝推迟到11日8时开始。江苏省积极准备，于11日9时45分破开沙墩港堵坝，望亭电厂节制闸和套闸也全部开启，电厂排水泵也按时强排。

7月11日凌晨3时，黄浦江米市渡高潮位达3.60米，超警戒水位30厘米，预计13日将达3.80米。为此上海市防指恳请减少太浦闸泄流量。太湖局经研究，建议国家防总考虑将太浦闸泄流量减小至150立方米每秒，待米市渡高潮下降后，再加大泄流量。国家防总决定于12日太浦闸下泄流量按150立方米每秒控制。

7月16日太湖水位达到最高值4.79米，太湖大堤和沿线乡镇防汛处于极度紧张状态。由于7—9三个月是台风多发季节，下阶段防汛形势将更加严峻。为此，江苏省有关市（县）纷纷致电国家防总和太湖局，恳请采取重大决策措施，加快太湖洪泄。鉴于黄浦江、杭州湾正处于低潮，18日国家防总下令太浦闸泄流量加大到200立方米每秒，19日再次下令加大到250立方米每秒。

太浦河行洪能力受上海段制约，太湖局于7月14日派员对该段进行了查勘。太浦河上海段有三处河段水面狭窄：马斜湖至钱盛荡上坝址，水面宽40米；钱盛荡中坝址以下500米范围窄口段；练向桥下游河段水面宽50米。该三处河段束水严重，需要拓浚。太湖局向国家防办提出了《对太湖下一步防洪对策的意见》，主要内容是：①从水电十三局调在上海的200立方米每小时挖泥船2条，完成钱盛荡进口及中坝两个窄口拓浚；②打通苏州市新运河；③18日调查望虞河，研究调船途径，迅速拓浚蔚塘泾窄口段；④当太湖水位达到4.80米，封堵无锡市部分口门；⑤太湖水位达到5.30米，东太湖破堤分洪。

国家防办于18日电令：请江苏省立即从扬州调挖泥船进望虞河，拓浚漕湖至鹅真荡窄段；进一步扩大大鲇鱼口。请浙江省疏浚工程处立即调2条挖泥船于20日赶到钱盛荡现场，开始施工；请水电十三局派在上海的2条挖泥船于19日到钱盛荡施工。两省一市立即执行命令，落实措施。苏州防指已于16日组织进一步拆除加深沙墩港东坝与西坝，扩大过水断面。苏州市于24日派挖泥船到大鲇鱼口施工，至8月1日基本恢复原河道断面。浙江省疏浚工程处奉命于7月20日赶赴钱盛荡现场，28日开始施工，9月上旬完成全部工程量。

7月21日太湖水位仍达4.63米，水位下降缓慢。为尽快降低太湖水位，国家防总决定于21日20时将太浦闸泄流量加大到300立方米每秒；要求采取措施确保太浦闸的安全运行，加强太浦河沿岸堤圩防守。23日又决定于23日24时将太浦闸泄量加大到350立方米每秒，太浦闸泄流量达到最大。

以上措施落实后，增加太湖下泄流量550立方米每秒左右，太湖水位以每天4厘米左右速度下降。7月30日太湖水位降至4.26米。鉴于大潮汛，国家防办下令于30日24时太浦闸泄流量控制350立方米每秒。8月5日，太湖水位4.09米，嘉兴地区降雨，嘉兴水位涨至3.47米，国家防总决定于5日20时将太浦闸泄流量降至300立方米每秒。8月5日到7日，嘉兴地区又连续降雨，嘉兴水位涨达3.63米，国家防总决定于8月7日24时将太浦闸泄流量减少至200立方米每秒。

8月28日，太湖水位3.65米，水位继续缓慢下降，国家防总决定当太湖水位降到3.50米时，全部关闭太浦闸。9月1日20时，太湖水位降至3.50米，太湖局通知太浦闸全部关闭。

第二节 1999年特大洪水防洪决策与调度

一、水雨情概况

1999年太湖流域性特大洪水主要由梅雨引起。太湖流域入汛后，5月份降雨不多，雨量接近常年。流域6月7日入梅，有三次集中降雨过程，分别发生在6月7—11日、15—17日、23日至7月1日，全流域平均降雨分别达176毫米、61毫米和363毫米，7月雨势逐渐减缓，20日出梅。流域梅雨总量669毫米，降雨空间分布极不均匀，三次强降雨过程均发生在流域南部和中部，雨量由南向北递减，浙西区雨量最大，达837毫米。

1999年5月和6月初太湖水位基本维持在3.00～3.15米。

6月7—11日流域出现第一次强降雨过程，太湖水位从7日的3.11米上涨到11日的3.65米。6月15—17日出现第二次降雨过程，至6月19日太湖水位上涨到3.80米。6月23日至7月1日出现第三次强降雨过程，7月1日太湖水位达到4.81米。7月2日太湖流域第三次降雨过程结束，但太湖上游洪水继续汇入太湖，太湖水位继续上涨，7月8日10时达到汛期的最高水位5.08米（水位修正后为4.97米）。

出梅后，太湖水位逐渐下降，8月8日降到4.00米以下。8月中旬开始，流域雨水增多，太湖水位9月2日复涨至第二个峰值4.37米，随后逐渐下降，至10月中旬太湖水位降至3.50米。

太湖水位变化见图15-3-2。

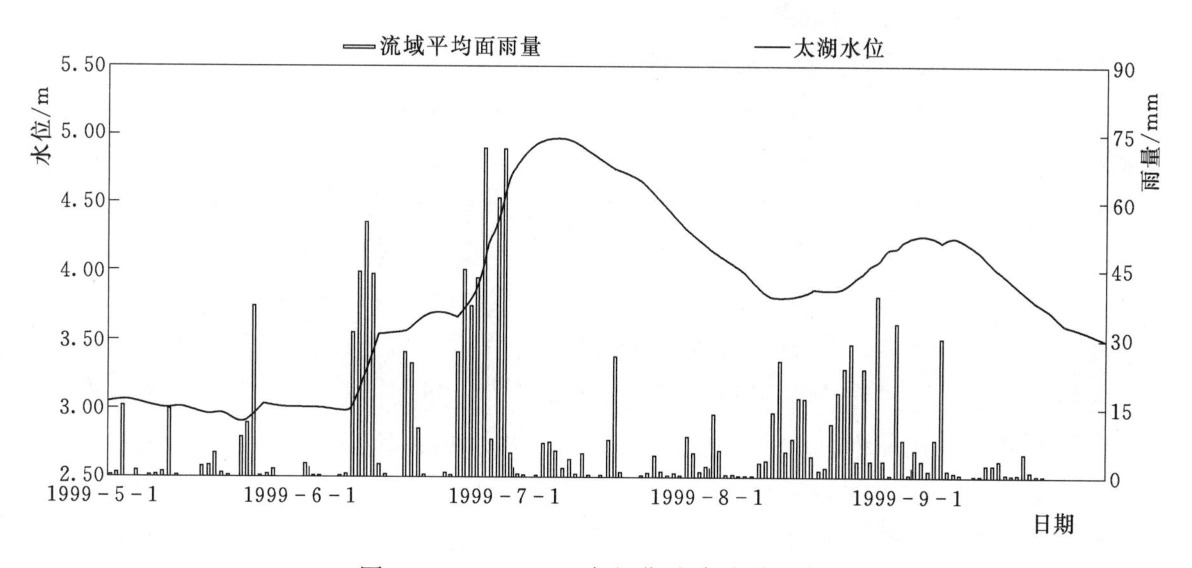

图15-3-2 1999年汛期太湖水位过程

因受强降雨影响，东苕溪、长兴平原、杭嘉湖区、上海西部地区、淀泖和浦南地区以及太湖周边地区代表站水位普遍超历史或接近历史记录，而湖西区、澄锡虞区、阳澄区代表站水位低于或接近历史最高水位，见表15-3-2。

表15-3-2　　1999年汛期太湖流域主要测站最高水位统计表

测站	最高水位/m	出现时间	测站	最高水位/m	出现时间
太湖	5.08	7月8日	青阳	5.31	7月1日
嘉兴	4.67	7月1日	无锡	4.81	7月1日
南浔	4.87	7月2日	陈墅	4.84	7月1日
新市	5.44	7月1日	常熟	4.26	7月1日
杭长桥	5.75	7月1日	湘城	4.29	7月1日
长兴	5.57	6月30日	枫桥	4.58	7月1日
拱振桥	5.67	7月1日	陈墓	4.24	7月1日
溧阳	5.98	7月1日	平望	4.53	7月3日
访前	5.28	7月1日	西山	5.00	7月8日
金坛	6.06	6月28日	金泽	4.09	7月3日
宜兴	5.24	7月1日	青浦	3.77	7月1日
王母观	5.78	7月1日	嘉定	3.87	7月1日
大浦口	5.08	7月6日	米市渡	4.12	7月2日
常州	5.48	6月28日	黄浦公园	4.68	7月14日

注　1999年太湖及代表站水位采用报汛水位。

二、决策与调度情况

（一）前期洪水决策与调度

汛前，太湖局于4月12日调度太浦闸、望亭水利枢纽预泄太湖洪水。

6月7日入梅以后，太湖流域普降大雨，三天内太湖水位上升了0.42米。根据太湖流域洪水调度方案，太湖局决定于6月10日12时起，望亭水利枢纽由部分开启调整为9孔全部敞开泄洪，并要求常熟水利枢纽利用外江低潮位全力排水和望虞河东岸口门全部敞开泄洪，以降低望虞河下游地区水位，减缓太湖水位的上升压力。常熟水利枢纽立即加大了泄流量，由6月9日的日外排549万立方米，加大到10日的1610万立方米；6月11日以后，日排水量均在2000万立方米以上。鉴于流域水情和防洪形势，太湖局签发了《关于南排工程调度的意见》，建议加大南排工程排水，为太湖流域防大汛作准备。长山闸、南台头和盐官枢纽分别由原来的5孔、3孔、2孔调整为全部打开（即7孔、4孔、6孔），全力排水以助太浦河泄洪。

6月7—11日，当地暴雨造成流域大部分地区水位较快上涨，平均每天上涨0.20米以上，导致太浦闸、望亭水利枢纽发生倒流。6月10日和6月11日，太浦闸和望亭水利枢纽管理所电话告知太湖局后，太湖局立即研究，并提出了处理意见：当发生倒流时，关闭闸门，但必须加强闸上下游水位的观测，不失时机地开闸泄洪。望亭水利枢纽、太浦闸分别于6月12日和6月13日重新开启闸门泄洪，望亭水利枢纽9孔全部开启5.5米（孔高6.5米），太浦闸从6月14日起29孔全部打开泄洪。

地区水位上涨较快，一方面是当地暴雨所致，另一方面是沿江口门排水能力没有充分发挥造成。针对调度存在的问题，太湖局向江苏省防指提出《关于沿江口门调度的意见》，建议立即组织沿江各口门全力排水，尽快降低河网水位，以恢复望亭水利枢纽泄洪。

6月23日第三场降雨开始，太湖水位继续以较快的速度上涨。6月25日，太湖局调度开启常熟水利枢纽3台泵站抽排；从6月26日起，常熟水利枢纽9台泵站全部开机抽排。江苏省防指于7月1日打开常熟水利枢纽船闸泄洪。

由于暴雨中心主要发生在杭嘉湖区和浙西区，当地河网水位上涨迅速，嘉兴水位1天内的涨幅超过0.5米。6月25日，浙江省防指致电太湖局，要求关闭太浦闸。考虑到杭嘉湖地区和太湖防洪的严峻形势，太湖局决定当日18时起减小太浦闸泄流量，太浦闸由原来的29孔调整为14孔泄洪。当日21时，浙江省防指再次要求太湖局关闭太浦闸。嘉兴水位在南排全力排水的情况下，仍然暴涨，6月25日8时至21时13小时内，嘉兴水位上涨了0.43米，6月25日21时平望水位达3.69米。按照《太湖流域洪水调度方案》，太湖局决定于6月25日22时暂时关闭太浦闸。

6月28日，时任国务院副总理、国家防总总指挥温家宝对流域防汛抗洪工作作出批示，要求各地密切监视雨情、汛情，认真落实防汛措施，做好抗洪抢险和排涝救灾的各项工作。为贯彻落实温家宝副总理的批示精神，国家防总发出“关于切实做好当前防汛抗洪工作的通知”，要求太湖局和各省（市）防指加强领导，按责任制上岗到位，周密部署，切实组织做好抗洪抢险和救灾工作；加强太湖环湖大堤等重要堤防检查和防守力量，坚持昼夜巡查，及时抢护发生的险情，确保防洪重点地区的安全；适时主动放弃洲滩民垸、滨湖圩区，及时转移危险区域和分蓄洪区内的群众，确保人民群众的生命安全；加强预测预报，做好洪水调度工作，太湖流域特别要处理好排涝与防洪的关系，确保重要城市和重点地区的安全；有关省（市）要密切合作，团结抗洪，严格执行调度命令，严肃防汛纪律，共同做好防汛抗洪的各项工作。

（二）超标准洪水决策与调度

根据太湖水位预报，7月1日，太湖水位将超过环湖大堤的设计水位4.66米，太湖流域将进入超标准洪水调度。6月29日，太湖局及时召开了由苏、浙、沪两省一市防指与水利厅（局）、各地市级防指及重点区县水利局领导与专家参加的流域防汛会商会。会上统一了流域防御超标准洪水的认识，讨论了防御超标准洪水的对策。

6月30日，太湖局根据太湖流域的汛情，向国家防办提出了“关于太湖防御超标准洪水调度意见”，并向两省一市防指征求意见。在充分考虑两省一市意见基础上，修改并形成了“太湖防御超标准洪水调度意见”，主要内容为：①当太湖水位超过4.65米时，平望控制水位和琳桥控制水位分别为4.00米和4.40米；②当太湖水位超过

4.80米时，平望控制水位和琳桥控制水位分别为4.20米和4.50米；③太湖水位5.0米时，太浦闸和望亭水利枢纽全力泄洪，但当嘉兴水位超过4.20米时，太浦闸泄洪暂控制平望水位不超过嘉兴水位，无锡水位超过4.50米时，暂控制琳桥水位不高于无锡水位；④当陈墓水位达到4.05米时，昆山千墩浦闸、上海淀浦闸和蕰藻浜闸开闸泄水，并控制青浦水位和嘉定水位不超过3.40米和3.50米；当预报米市渡潮位超过3.90米时，提前减少太浦闸泄流量。

6月30日，望亭水利枢纽因下游水位过高关闸。7月3日8时，太湖水位已上涨到4.94米，超历史最高水位0.15米，而琳桥水位逐渐回落到4.45米，已低于“太湖防御超标准洪水调度意见”中的控制水位。另据当时气象部门预测，7月6—8日，太湖流域仍有一次明显的降雨过程，太湖水位将进一步上升，且后期太湖流域可能遭受多次热带气旋袭击，防洪形势十分严峻。为此，太湖局向国家防办提出了开启望亭水利枢纽泄洪的请示，同时向江苏省防汛抗旱指挥部征求意见。江苏省防指同意7月4日12时开启望亭水利枢纽泄洪，泄流量为100立方米每秒，并控制琳桥水位4.40米。太湖局研究后，决定琳桥水位暂按4.45米控制，并将有关调度意见上报国家防总。

7月4日，国家防总发出《关于同意望亭水利枢纽开闸泄洪的通知》，同意望亭水利枢纽开闸泄洪，具体调度由太湖局决定。太湖局于当日12时下令望亭水利枢纽3孔敞开泄水。随后发现，由于当时望亭水利枢纽关闭较长时间，上下游水位差较大，三孔敞泄流量超过300立方米每秒，对下游地区造成一定的影响。当日14时应江苏省防指紧急电话要求，原三孔敞泄调整为2米开度泄洪，泄流量约为150立方米每秒，通过跟踪观测没有对下游河网水位造成影响，无锡、青阳、琳桥水位继续呈缓慢回落趋势。7月4日14时，无锡、青阳、琳桥水位分别为4.45米、4.95米、4.43米，21时水位分别下降到4.42米、4.86米和4.41米。太湖局认为在控制琳桥水位不超过4.50米的前提下，必须加大望亭水利枢纽泄量，为此，7月5日3时，望亭枢纽再开2孔泄洪。同日，国家防总发出《关于切实加强太湖环湖大堤防守的通知》。

7月5日8时太湖水位已达5.03米，继续呈上涨趋势。上海中心气象台7月5日发布的天气展望和江苏省气象台7月5日发布的暴雨警报又预测江苏省苏南地区7月10日前将有一场强降雨过程。鉴于当时河网水位普遍较高，流域面临的防汛形势十分严峻，太湖局于7月5日晚向江苏省防指电传了《关于减少圩区排涝、遏制河网洪水位升高的建议》。

7月5日，江苏省防指电传太湖局，要求开启太浦闸泄流洪。由于杭嘉湖地区遭受了历史罕见的特大暴雨，7月5日8时嘉兴水位为4.42米，仍超过历史最高洪水位，平望水位为4.27米，接近历史最高洪水位，并已造成了严重的经济损失，经太湖局研究，为减轻杭嘉湖地区的防洪压力，尤其是考虑嘉兴城市防洪安全，决定继续关闭太浦闸。7月7日6时，平望、嘉兴水位分别降至4.09米和4.22米，比7月5日8时分别降低了0.18米和0.20米；黄浦江正值天文小潮汛；另据天气预报，7月7日以后的几天不会有较大的降雨过程。考虑到后期太湖还有遭受到台风袭击可能，因此，必须尽快降低太湖水位。根据以上情况，太湖局拟开启太浦闸泄洪，并征求了两省一市的意见。

收到两省一市的反馈意见，太湖局再次进行了研究分析，建议太浦闸开闸泄洪条件为：暂控制平望水位不超过4.10米，因平望受潮汐影响，允许调度控制水位变幅0.05米；同时，当预报米市渡高潮位超过3.90米时，适当减少太浦闸泄流量。随后向国家防总请示开启太浦闸泄洪，国家防总立即同意太浦闸开闸泄洪，并发出《关于同意太浦闸开闸泄洪的通知》。太浦闸于7月8日8时开闸，泄流量为100立方米每秒。随着两河下游地区汛情逐渐减缓，至7月10日14时，太浦闸、望亭水利枢纽泄流量分别已加大到550立方米每秒和500立方米每秒。

7月9—10日，国务院副总理温家宝视察太湖流域，指导防汛抗灾。9日视察望亭水利枢纽、太浦闸、环湖大堤无锡段和宜兴段，10日视察环湖大堤湖州段以及嘉兴市防洪抢险情况。在宜兴期间召开会议，部署防汛抗洪工作。时任水利部部长、国家防总副总指挥汪恕诚等参加检查。

7月10—12日，随天文潮抬高，常熟水利枢纽排水量逐日减少，此时望亭水利枢纽仍维持500立方米每秒的泄流量，在望虞河东岸口门未打开的情况下，琳桥和甘露水位明显壅高。同时，平望水位也受黄浦江潮位影响呈明显壅高。为减轻两河周边地区防洪压力，并考虑7月15日为农历初三天文大潮汛，对地区防洪会有一定的影响，太湖局决定7月12日7时，太浦闸、望亭水利枢纽泄流量各减少50立方米每秒。随后，江苏省防指电话提出打开望虞河东岸，以加大望亭水利枢纽泄流量，同时要求太浦闸也加大泄流量。太湖局与上海市、浙江省防指电话商量后，决定于7月12日23时两闸泄流量各增加50立方米每秒。

7月14日、15日为农历六月初二、初三天文大潮汛，据上海市防指预报，7月14日3时50分米市渡站潮位将达4.05米，为确保上海市西部地区安全度汛，上海市防指要求太湖局暂时关闭太浦闸，待7月17日转入小潮汛后，再恢复泄洪。太湖局对当时的防洪形势分析后认为太浦闸不宜关闭，但泄洪时应错开米市渡的高潮位。7月13—15日太浦闸采取了补偿调节的调度方法，即高潮时控制太浦闸流量，低潮时加大太浦闸泄流量。据上海市防办反映，调度效果较好。

由于受望虞河泄洪影响，琳桥水位壅高，使望虞河西岸无锡部分地区受淹，江苏省防指虽已打开望虞河张桥以下四口门泄水，但效果不明显。鉴于琳桥水位高达4.73米，太湖局决定从7月14日14时起，望亭水利枢纽泄流量减少到400立方米每秒。7月14日8时望虞河东岸常熟水位为3.67米，湘城水位为3.76米，接近正常洪水调度水位，为降低琳桥水位，进一步缓减无锡地区的防洪压力，太湖局向江苏省防指提出《关于加大望虞河东岸泄流的通知》，建议打开望虞河东岸沿线圩外口门。

太湖水位自7月8日达到最高水位5.08米后，至7月17日太湖水位仍超过历史最高水位0.04米，下降速度非常缓慢。据气象部门分析，7月下旬有台风迹象，为减缓后期的防台压力，从7月17日11时起，太浦闸泄流量增大到700立方米每秒，望亭水利枢纽泄流量增大到550立方米每秒。随着太湖水位的逐渐回落，望亭水利枢纽上下游水位差逐步减小，9孔全部敞开也难以满足550立方米每秒的泄流量。7月20日，上海中心气象台宣布太湖流域出梅，考虑到太浦河下游河网水位也逐步降低，为尽快降低太湖水位，迎接后期可能出现的台风，经太湖局研究决定，太浦闸自7月20日10时起全部敞开泄洪。

（三）后期洪水决策与调度

7月23日太湖水位已回落到设计水位4.66米以下，地区河网水位也已接近警戒水位，太湖流域恢复正常洪水调度，即按《太湖流域洪水调度方案》调度。出梅后流域内天气晴好，加上沿江及南排口门继续全力排水，两河（尤其是望亭水利枢纽）在较长一段时间内均满足敞泄条件。太湖水位下降较快，平均每天降低0.04米，至8月11日，太湖水位已降至3.89米。随后受台风外围的影响，流域又普降大到暴雨，太湖水位再次回升。8月14日，平望高潮位3.67米，太浦闸仍然保持敞泄。由于太浦河受黄浦江大潮汛的影响，平望潮位不断抬高，8月16日8时，平望水位已达3.79米。经研究，从8月16日12时起太浦闸泄流量由原来的500立方米每秒减少到200立方米每秒。

8月17日，考虑到杭嘉湖地区受连续降雨和前期大潮的影响，在南排工程全力排水的情况下，嘉兴水位仍从8月10日的3.48米上涨到8月17日的3.92米，浙江省防办要求关闭太浦闸。太湖局同意当日10时关闭太浦闸。8月17日全流域基本无雨，再加上太浦闸关闸，平望水位回落较快，8月18日，太浦闸恢复泄洪。

8月22日、24日、26日和29日，太湖流域普降大到暴雨，太湖水位从8月21日的3.96米上涨到8月31日的4.34米，平望水位持续上涨，琳桥水位也因8月24日澄锡虞区降暴雨，1天内上升超过0.20米，两河控制水位均超过《太湖流域洪水调度方案》规定的控制值。考虑到太湖水位较高，并且后期可能遭受台风袭击，太湖局经研究决定，8月25日，太浦闸泄流量减少到150立方米每秒，望亭水利枢纽因实测流量较小（仅为34.1立方米每秒）关闭闸门，同时决定再次开启常熟水利枢纽泵站排水。同时太湖局签发了《沿江口门调度意见》和《南排工程调度意见》，要求澄锡虞区和阳澄区的沿江口门及南排口门各闸站全力排水，以降低地区水位，为两河泄水创造条件。

第三节　2009年太湖高水位遭遇台风洪水调度

一、水雨情概况

2009年入汛后太湖流域降雨偏少，梅雨期太湖水位为3.11～3.38米。7月21日起，流域出现持续强降雨，至8号台风“莫拉克”影响前，累计降雨量已达261毫米，太湖水位从3.31米上涨至8月9日8时的3.92米。

8月9—10日，受“莫拉克”台风严重影响，太湖流域普降大雨到暴雨，局部地区大暴雨。流域河湖水位快速上涨，普遍超警戒水位、部分超保证水位，南部东苕溪上游及中、西苕溪发生大洪水，北苕溪出现超历史洪水。16日8时，太湖水位达到全年最高4.23米，见图15-3-3。

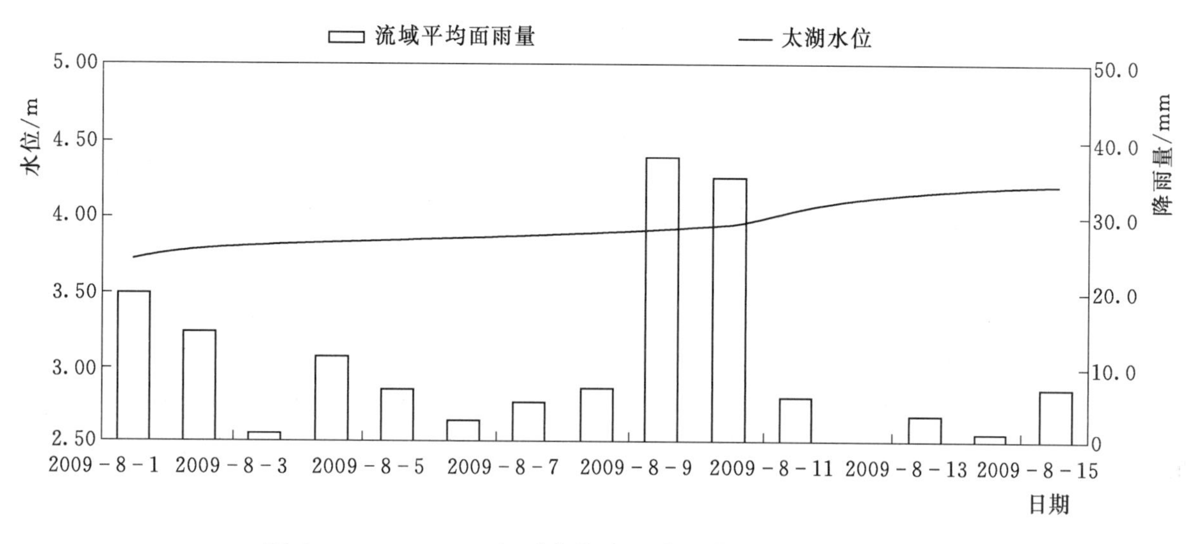

图15-3-3　2009年“莫拉克”台风期间太湖水位过程

二、决策与调度情况

太湖防总在国家防总的领导下，组织流域内各级防指密切配合，综合运用防洪工程，通过拦、蓄、分、泄等调度措施，最大限度降低太湖及区域河网水位，保障流域防洪安全。

7月29日，太湖水位超过警戒水位，太湖防总启动Ⅳ级应急响应并调整常熟水利枢纽为全力自排。7月30日，太湖水位3.54米，为尽快降低太湖和区域河网水位，太湖防总在望虞河常熟水利枢纽未达到开泵水位的情况下，提前开启5台泵站联合排水，并调度望亭水利枢纽具备排水条件时即开闸排洪。

8月1日，太湖防总向江苏省、浙江省防指发出通知，要求两省组织并督促做好沿江口门和南排工程排水工作，全力抢潮自排，并按照有关预案及时开启盐官下河等沿江、沿杭州湾泵站抽排涝水，确保防洪安全。江苏省调度湖西区沿江口门在区域水位未达到排水条件时，提前启动闸门排水；浙江省调度杭嘉湖南排工程在全力自排的基础上，提前启动盐官水利枢纽泵站，抢排地区涝水，日最大排水量超过3500万立方米。

8月3日，太湖水位涨至3.80米，太湖防总将防汛应急响应提升至Ⅲ级。江苏省、浙江省开始组织对环湖大堤进行巡查和防守。4日，太湖水位涨至3.83米，太湖防总调度常熟水利枢纽、望亭水利枢纽全力泄洪。5日，“莫拉克”加强为台风，预报其外围环流将对太湖流域造成较强的风雨影响。太湖防总从可能出现的最不利情况出发，提前组织两省一市提出太湖遭遇超标准洪水的应对措施。

8月6日，太湖防总办组织召开了防御太湖洪水和“莫拉克”台风工作会议，紧急动员，全面安排部署太湖局系统有关洪水防御工作，研究制定了防御太湖大洪水的有关对策措施。8日，根据气象预测，“莫拉克”台风将给太湖流域带来严重风雨影响，太湖防总办紧急组织上海勘测设计研究院及水文部门相关技术人员开展强风、暴雨对流域、太湖及环湖大堤的影响分析，提出进一步防御措施。

8月9日，受前期降雨、天文大潮和台风“莫拉克”的共同影响，太浦闸下游地区特别是浙江嘉北地区防洪压力骤然加大，太湖防总连夜召开紧急防汛会商会，分析研究流域和嘉北地区防汛防台形势以及防洪排涝对策，实时调整太浦闸运行方式，控制太浦闸泄洪，并于次日凌晨派出工作组赶赴现场，实地查勘嘉北地区水情、工情、灾情，为防汛调度决策提供依据。为兼顾受涝严重的嘉北地区紧急排涝需要，充分发挥太湖调蓄作用，太湖防总紧急协调流域省（市），逐步调减太浦闸泄流量，为嘉北地区紧急排涝腾出通道，直至8月11日15时全部关闭。

8月10日晚，北苕溪发生历史最大洪水。浙江省于11日凌晨在北湖分洪期间，同时开启德清大闸向杭嘉湖东部平原分洪，苕溪上游水位迅速下降。

8月11日，太湖防总再次发出通知要求江苏、浙江两省组织做好沿江和沿杭州湾口门排水工作。11日和14日太湖防总两次发出通知要求江苏省按照国家防总批复的太湖流域洪水调度方案，在湘城水位不超过3.70米时保持望虞河东岸口门行水通畅，为流域防洪发挥应有的作用。

8月14日，杭嘉湖区汛情逐渐平稳，太湖防总于9时再次开启太浦闸泄洪，并逐步加大。15日，太湖水位涨至4.21米，太湖防总进一步将防汛应急响应提升至Ⅱ级，并启动与中国气象局华东区域气象中心的应急联动。下午，太湖防总办召开新闻通气会，向媒体通报了太湖流域近期汛情和防汛工作情况，并回答了记者的提问。

8月16日8时，太湖水位达到全年最高4.23米。此后，流域降雨逐步减弱，太湖水位缓慢下降。19日，太湖水位回落至4.18米，太湖防总将防汛应急响应调降至Ⅲ级。20日，流域下游洪水威胁基本解除，太湖防总调度太浦闸泄水流量加大至500立方米每秒，实测最大泄水流量达515立方米每秒。

8月30日，太湖水位回落至3.77米，太湖防总解除防汛应急响应。

第四章 引 江 济 太

第一节 引江济太的发展历程

太湖流域本地水资源严重不足，主要依靠上下游水资源重复利用和从长江引水补充。20世纪80年代以来，流域内经济社会快速发展，污染物排放量不断增加，太湖水质恶化，80年代末太湖水质为Ⅲ类（总磷、总氮参评），90年代中期平均为Ⅳ类，10年下降了一个类别，至2000年太湖Ⅳ类水占太湖的71%，Ⅴ类水占4%，劣Ⅴ类水占12%。随着水体污染加重，湖泊富营养化也越来越严重，太湖蓝藻时常暴发，影响供水安全，水污染已成为流域经济社会发展的重要制约因素。1998年1月国务院批复《太湖水污染防治"九五"计划及2010年规划》，将太湖列为我国水污染治理的重点"三湖三河"项目之一，要求加强治理。至2000年，治理结果未达到"九五"计划的要求。

太湖局最早于1990年和1992年组织开展跨流域调水，2000年流域发生干旱，太湖局开展了利用望虞河引水的应急调水，水资源、水环境改善效果十分明显。2002年开始，太湖局组织开展引江济太调水试验，利用流域现有水利工程体系，通过望虞河将长江水引入太湖和河网，通过太浦河和环湖口门向苏州、无锡等太湖周边区域和上海、杭嘉湖等地供水，以增加水资源有效供给，加快水体流动，改善流域水环境。

引江济太实施包括调水试验阶段和长效运行阶段。

一、调水试验阶段

2000年12月，国务院副秘书长马凯对太湖流域水污染防治进行了调研，并与国务院有关部委、江苏、浙江、上海两省一市人民政府及相关部门进行了座谈。调查认为，太湖的水体恶化趋势初步得到遏制，部分河湖水质有所好转，但与水体变清的目标还有较大的差距。国务院要求今后太湖治理要坚持把污染治理工作与当地经济结构调整和生态环境建设结合起来，坚持综合治理，截污、引水、节流多管齐下，要进一步加大引江济太调水量，加快引水工程建设，缩短太湖换水周期，改善太湖水质，抑制蓝藻暴发、加强水生态保护。2001年9月，国务院副总理温家宝在国务院太湖水污染防治第三次会议上提出"以动治静、以清释污、以丰补枯、改善水质"的引江济太总体要求。太湖局在总结2000年应急调水经验的基础上，经过分析和研究，并多次征求有关省、市意见后提出了《引江济太调水试验工程实施方案》（以下简称《实施方案》）。《实施方案》于2001年9月通过了水利部水规总院组织的审查，12月获水利部批复。

根据批复的《实施方案》，太湖局于2002年1月30日正式启动引江济太调水试验工程，为期两年。

为保证引江济太调水试验工作顺利开展，太湖局于2001年12月成立了太湖流域引江济太办公室，并于2002年1月成立了太湖流域引江济太领导小组。

两年的引江济太调水试验，加快了流域河网和湖泊水体的流动，增加了流域优质水资源量，提高了流域水资源有效供给能力，使受水区域水质效果明显改善。但由于引江济太牵涉的问题复杂，流域内仍有部分河湖的水不能有序流动，水质较差，水环境承载能力低。因此，要加快流域河网、湖泊水体流动，进一步改善水质，必须继续实施并扩大引江济太调水试验工程。

2004年1月，水利部副部长索丽生主持召开部长专题办公会议，研究引江济太调水试验工程有关问题。会议认为，两年来引江济太工作成果显著，对引江济太的认识也在不断深化，引江济太试验工程已经逐渐成为统筹考虑太湖流域的水资源调度、防洪、抗旱和改善水环境的综合工程。试验工程效果得到社会广泛认同，但仍需要在机制建立和技术方案等方面进一步探索和实践。因此，会议决定，"引江济太"在2004年继续试验一年的基础上，今后作为一项常规任务。

2004年4月19日，国务院总理温家宝在水利部部长汪恕诚呈送的《关于引江济太调水工作有关情况的报告》上批示：事实证明，引江济太对于改善太湖水质是一项行之有效的办法。

根据以上情况，太湖局在两年的引江济太调水试验基础上，针对试验工程取得的效益和存在的问题，编制了《扩大引江济太调水试验工程实施方案》（以下简称《扩大试验方案》），对引江济太调水试验进行了延伸和深化，扩大了引江济太调水范围。《扩大试验方案》于2004年4月通过了水利部水规总院组织的审查，于7月批复。

二、长效运行阶段

从2005年起，引江济太转入长效运行阶段，长效运行的目标为：在确保流域防洪安全的前提下，通过科学调度流域水利工程，增加流域水资源量的有效供给，维持太湖合理水位，满足流域区域用水需求；促进太湖水体流动，改善流域水环境，为防控太湖蓝藻和"湖泛"提供有利条件；应对可能发生的突发性水污染事件，保障流域供水安全。

引江济太调度任务是：在一般水情年份下，通过望虞河常熟水利枢纽调引长江水10亿～15亿立方米，其中入太湖6亿～8亿立方米；结合雨洪资源利用，通过太浦闸向江苏、浙江、上海等下游地区增加供水8亿～10亿立方米；遇严重干旱或突发水污染事件时，实施引江济太应急调度。

随着引江济太工作的不断深入，长效运行阶段的调度目标也在不断丰富，大体可分为三个时期。

2005—2006年，调度目标主要是增加水资源、改善水环境。在试验成功的基础上，自2005年开始，引江济太进入长效运行。这一阶段的调度目标主要是增加流域水资源供给、加快河湖水体流动、改善河湖水环境。主要在流域用水高峰期开展应急调水。

2007—2009年，由于太湖水源地水质恶化引发无锡供水危机，通过引江济太应急调水，有效改善了水质，化解了危机。2008年，国务院批复《太湖流域水环境综合治理总体方案》，明确将引江济太作为流域水环境综合治理的措施之一，防止太湖蓝藻暴发、保障太湖水源地安全成为调水的重要目标之一。每年4—9月蓝藻暴发高风险时段成为应急调水的重点时段。

2010年以后，调度目标进一步提升为增加水资源、保障供水安全，改善水环境、保护水生态。在多年实践基础上，根据引江济太长效运行需要，太湖防总和太湖局先后编制了《太湖流域引江济调度方案》和《太湖流域洪水与水量调度方案》，使引江济太调度有了法定依据，引江济太进入规范化运行的新阶段。2010年秋至2011年春，太湖流域遭遇了严重的秋冬春连旱，第一次实施了引江济太跨年度调水，有效抗御了流域干旱，保障了供水安全。之后的调度，在关注应急调水的同时，更加重视流域冬春季供水安全保障问题，逐步将跨年度引江济太调水常态化。引江济太调度目标进一步提升为增加水资源、保障供水安全，改善水环境、保护水生态，全年引调水时间和引供水量也相应增加。

2002—2010年，常熟水利枢纽累计引水172.2亿立方米，望亭水利枢纽入湖75.3亿立方米，太浦闸向下游增加供水141.4亿立方米，见表15-4-1。期间望虞河引入的长江水质为Ⅰ～Ⅲ类；通过望亭水利枢纽入湖的水质总体上为Ⅱ～Ⅲ类；通过太浦闸向下游供水水质基本维持在Ⅱ类。尤其2007年后太湖流域水环境综合治理全面开展，引江入湖水量进一步增加，望亭水利枢纽入湖的调度指标高锰酸盐指数和总磷分别保持在Ⅱ类和Ⅲ类，参考指标溶解氧以Ⅰ类为主，氨氮为Ⅱ～Ⅲ类。

表15-4-1 2002—2010年流域性控制枢纽分年度引排水量统计表

年份	常熟水利枢纽				望亭水利枢纽			太浦闸			
	引水量/亿 m^3	泵引水量/亿 m^3	泵引水量比例/%	引水天数/天	泵引天数/天	入湖水量/亿 m^3	入湖率/%	引水入湖天数/天	泄水量/亿 m^3	增供水量/亿 m^3	增供水天数/天
2002	18.02	9.8	54.40	147	64	7.91	43.90	104	28.71	9	240
2003	24.16	9.5	39.30	209	80	12.27	50.80	150	31.54	23.19	291
2004	22.43	5.6	25.00	236	50	10.09	45.00	178	14.69	9.72	302
2005	10.8	3.3	30.60	166	21	1.98	18.30	22	15.3	14.22	327
2006	14.66	5.9	40.20	193	50	6.17	42.10	59	18.27	15.34	284
2007	23.3	18.6	79.80	170	123	13.08	56.10	116	17.72	14.23	314
2008	22.03	18.4	83.50	187	153	8.92	40.50	132	23	15.37	269
2009	13.08	8.7	66.50	125	87	4.88	37.30	63	20.29	11.61	317
2010	23.72	13.3	56.10	214	160	10.02	42.20	150	38.57	28.7	308

第二节 引江济太调水试验

一、引江济太调水试验工程

（一）主要任务和工作内容

引江济太调水试验的总体思路为：利用已建水利工程体系将长江水引入太湖及河网，经太浦闸等环湖口门向太湖周边及下游地区供水，以加快流域水体流动，提高水体的承载能力，增加水体自净能力，改善流域水环境。

引江济太调水试验工程的任务是：研究引江济太引水与防洪排涝的关系，研究引水与望虞河西岸排水出路的关系，研究流域引水与区域用水的关系，研究引江济太能力和效果评价，研究引水试验运行管理。

引江济太调水试验工程的主要内容包括：一般水情年份年计划引长江水 25 亿立方米，入太湖 10 亿立方米；试验期间，布设 69 个水量水质监测断面开展监测；及时对望虞河及其引水影响区域进行实地检查，并对引江济太调水控制口门进行巡查；针对望虞河泥沙淤积情况开展清淤工作；针对引江济太调水试验中存在的问题开展关键技术研究。

（二）试验完成情况

（1）引供水调度及工程运行。常熟水利枢纽累计引长江水 42.2 亿立方米，望亭水利枢纽引水入太湖 20.0 亿立方米，占常熟水利枢纽引水量的 47%。通过太浦闸向下游增加供水 32.2 亿立方米。

（2）水量水质泥沙监测。共布设了 61 个水量、115 个水质常规监测断面，监测项目包括水位等 5 个水文监测项目，总磷、氨氮等 14 个水质监测项目，太湖加测叶绿素 a、浮游植物和浮游动物。对太浦河干支流 16 个监测断面进行了 8 天 8 夜全潮水量水质同步监测，对望虞河干支流 18 个监测断面进行了 4 天 4 夜全潮水量水质泥沙同步监测。为应对 2003 年 8 月初黄浦江发生的重大燃油水污染事故，对太浦河沿线 16 个监测断面开展应急监测。两年累计监测水文数据 63014 个，水质监测数据 71705 个，浮游动植物 584 个，泥沙样 2094 个。

（3）开展望虞河清淤清障。根据望虞河河道淤积情况，对望虞河望亭铁路桥—杨家渡桥局部实施清淤，工程量为 8 万立方米，施工工期 6 个月。开展望虞河望亭水利枢纽引河段水面漂浮物打捞等河道清障工作，共打捞水面漂浮物 1.97 万立方米。

（4）调水沿线巡查。2002—2003 年共巡查 158 天，参加巡查人员 600 余人次，行车 32000 多千米，发布近 7000 座次工程运行情况。

（5）关键技术研究。针对引江济太调水试验中存在的问题，设立“引江济太水量水质联合调度研究”“引江济太调水效果评估”“望虞河西岸排水出路及对策研究”“引江济太管理体制与机制研究”“引江济太三维动态模拟系统开发”等五个关键技术研究课题，以研究引江济太江水入湖的能力，规范引江济太管理方式，开发引江济太调水模拟系统，提高引江济太的科学性和操作性。

（6）项目完成投资2833万元，全部为中央资金。

二、扩大引江济太调水试验工程

太湖局在两年的引江济太调水试验基础上，针对试验工程取得的效益和存在的问题，编制了《扩大试验方案》，对引江济太调水试验进行了延伸和深化，扩大了引江济太调水范围。《扩大试验方案》于2004年4月通过了水利部水规总院组织的审查，水利部于当年7月批复，试验期1年。

（一）主要任务和工作内容

扩大试验的目标是：扩大引江济太调水试验范围，加大引排力度，进一步研究探索利用水利工程改善水环境的能力；增加流域供水，缩短流域换水周期；以骨干河道带动水网，引导流域水体有序流动，提高自净能力，改善流域水环境，推进流域水生态的修复。

扩大试验工程的主要任务是：整合流域与区域引江能力，增加出入太湖的通道和水量，进行引水线路和调水方案的优化，科学评估引江济太效益，研究建立长效调水管理体制和运行机制。

扩大引江济太调水试验工程的主要内容包括：引长江水25亿立方米，入太湖10亿立方米。试验期间，布设48个水量水质监测断面开展监测。及时对引江济太调水控制口门进行巡查。开展“流域与区域水资源调度方案的优化整合研究”和“引江济太综合效益评估和长效运行机制研究”两个专题研究。

（二）试验完成情况

（1）引供水调度及工程运行。常熟水利枢纽累计引长江水22.4亿立方米，望亭水利枢纽引水入太湖10.1亿立方米，占常熟水利枢纽引水量的45%，通过太浦闸向下游增加供水9.7亿立方米。

（2）水量水质监测。共布设常规监测站点66个，并对太湖5个重点水源地和望虞河西岸10个重点排污口进行水质监测，区域调水试验期间，根据调水试验需要，额外增加监测站点。累计获取水文监测数据46412个，水质监测数据77645个。

（3）调水沿线巡查。2004年太湖局苏州管理局对“一湖两河”共巡查188次（包括与地方8次联合巡查），投入巡查人员582人次，行程41140千米，发布工程运行情况7506座次。

（4）关键技术研究。完成“流域与区域水资源调度方案的优化整合研究”和“引江济太综合效益评估和长效运行机制研究”两个专题研究。

另外，为研究太浦河不同下泄水量对下游及黄浦江取水口水质影响，太湖局联合有关省（市）水利部门开展了太浦河大流量下泄试验。试验期间通过太浦闸和太浦河泵站共向下游供水 2.7 亿立方米。共布设 43 个监测断面，监测指标包括水位等 3 个水文测验指标及氨氮、总磷等 11 个水质测验指标，共取得了 1.5 万余个水文水资源监测基础数据。试验积累了丰富的实测资料，为实时调度提供可靠的依据。

（5）项目完成投资 1433 万元，其中中央资金拨付 960 万元，地方配套 473 万元。

（6）项目实施完成后，太湖局组织编写，并由中国水利水电出版社出版了《引江济太调水试验》《引江济太调水试验关键技术研究》两本专著。

第三节 典 型 调 度

一、应对 2003 年黄浦江燃油泄漏事件调度

2003 年 8 月 5 日凌晨，一艘停泊于黄浦江上游准水源保护区——吴泾热电厂码头卸货（煤炭）的中海集团“长阳”轮船尾燃油舱受到不明船舶撞击，造成油舱破损，燃油外泄，附近水域大面积严重污染。该事故为 1996 年以来在黄浦江水域发生的最大船舶污染事故，事故溢油量为 85 吨，受污染岸线长度约 8 千米，事故造成江面一条长 200 米、宽 20 米的油带。由于正逢天文大潮，油污随潮流上溯扩散，发生地距离上海市黄浦江水源地下游 17 千米的敏感区域，随时危及上海市黄浦江上游水源地的供水安全。事故发生后，驻沪解放军、武警部队开展溢油打捞抢险，上海水务部门在第一时间启动了应急预案，加强取水口和受污染区域水质监测，并将有关情况通报太湖局。

5 日上午，太湖局调度开启常熟水利枢纽全力引水，当日 9 时，开启望亭水利枢纽按 100 立方米每秒引水入湖，20 时将太浦闸由 11 孔闸门供水调整为 29 孔闸门全面开启，日供水量增加 500 万立方米。与此同时，派出工作组赴事故现场进行查看，密切关注现场情况变化，两次紧急召开应急调度会商会议，提出多种应对措施和方案，研究部署应急调水事宜。

8 月 7—8 日，继续调整加大望亭水利枢纽引水入湖流量达 150 立方米每秒和太浦闸下泄流量达 120 立方米每秒。

8 月 10 日，应上海市水务局关于加大太浦闸泄流量的紧急请求，在苏浙两省相关部门的大力支持下，同意紧急启动刚通过验收的太浦河泵站，同时关闭太浦闸，实施应急供水，太湖水以近 200 立方米每秒的流量涌入太浦河，以尽可能阻止天文大潮汛时黄浦江油污向上游扩散的影响。泵供期间要求太浦河沿线关闭两岸闸门，对船闸（套闸）控制运行，日供水量增加近 500 万立方米。

8 月 13 日上海市黄浦江上游油污清污行动已取得明显成效，事发地上游水质基本恢复常态，太浦河泵站于 8 月 13 日 20 时关闭，并适时调整太浦闸，控制泄流量 100 立方米每秒。

8 月 5—13 日应急调度期间，江苏苏州沿江诸闸增调 1 亿立方米长江水，通过太浦

河向下游增加供水 8300 万立方米，使黄浦江松浦大桥净泄流量增加 70～100 立方米每秒；其中 8 月 10 日 14 时至 13 日 20 时，太浦河泵站向下游应急输供水 4800 万立方米，平均流量近 200 立方米每秒，成功地把污水阻击在距取水口下游 2 千米处，有效保证了上海的供水安全。

二、应对 2007 年无锡供水危机调度

2007 年 4 月，梅梁湖等湖湾出现大规模蓝藻聚集，无锡市太湖饮用水水源地受到严重威胁。5 月 16 日梅梁湖水质变黑，22 日小湾里水厂停止供水，28 日贡湖水厂水源地水质严重恶化，水源恶臭，水质发黑，溶解氧降至 0 毫克每升，氨氮指标上升到 5 毫克每升，无锡市居民自来水臭味严重，引起了政府和社会的高度关注。

太湖局获悉太湖梅梁湖等湖湾蓝藻大规模暴发后，立即组织会商，研究太湖蓝藻处置及引江济太工作。5 月 6 日，在收到江苏防办“关于请求常熟水利枢纽泵站开启抽引江水的函”后，太湖局即发布调度指令，下令从当日 18 时起紧急启动常熟水利枢纽泵站全力引水。为改善望虞河干流水质，尽快引水入湖，太湖局防办与江苏省防办进行了沟通，在望虞河常熟水利枢纽引水初期，望虞河东岸沿线口门全部打开，以尽快置换望虞河水质较差的本底水，并根据望虞河沿线巡查和监测结果，分析望虞河长江清水到达的位置，随后视长江清水到达情况逐步关闭望虞河东岸口门。5 月 11 日，望虞河沿线的水质监测结果表明，立交闸下水质已具备入湖条件，太湖局下令开启望亭水利枢纽，实施 2007 年第一次引水入太湖，引水流量为 100 立方米每秒。因常熟水利枢纽 7 台机组持续引水，望虞河水质稳定良好，鉴于流域用水高峰及太湖水位持续下降，5 月 24 日，太湖局经会商，决定加大望亭水利枢纽引水入湖流量至 120 立方米每秒。

5 月 30 日，太湖局收到无锡市水利局文件“关于无锡太湖水源地污染的紧急报告”，反映太湖北部部分湖湾供水水源地水质恶化严重，引发无锡市供水危机。为保障流域供水安全，太湖局及时启动应急预案，全局进入Ⅰ级应急响应，经会商决定，常熟水利枢纽泵站从 7 台机组运行增加至 9 台机组运行，引水流量加大至 200 立方米每秒，在入湖水质满足要求的前提下，望亭水利枢纽引水流量加大至 150 立方米每秒，同时太浦闸供水流量由 50 立方米每秒调整为 30 立方米每秒。31 日，常熟水利枢纽引水流量继续加大至 240 立方米每秒，立交入湖流量加大至 200 立方米每秒，太浦闸供水流量进一步减小至 15 立方米每秒。

6 月 1 日，水利部部长陈雷专程到太湖局召开引江济太应急调度会商会，指示要加大引江济太应急调水力度，保障供水安全。太湖局立即响应，随即开展相关工作。随着梅梁湖泵站和无锡市联圩工程的启用，6 月 2 日望虞河西岸污水入流加大，望虞河干流水质出现恶化趋势。太湖局立即调整望亭水利枢纽闸门减小入湖流量，并向江苏省防办发出《关于请加强相关水利工程调度的函》和《关于请关闭伯渎港、九里河水利枢纽的函》，要求江苏防办督促有关单位做好沿江口门调度工作，严格控制望虞河西岸

口门运用，阻止西岸污水进入望虞河，保证入湖水质。

通过精细调度，太湖水质逐渐好转，6月4日后，贡湖水厂水源地水质全面得到改善，并保持稳定。另外，通过从望虞河东岸口门分流，苏州等城市的区域水环境也大大改善。6月6日，太湖局会商决定解除Ⅰ级应急响应，减小望亭水利枢纽引水流量，并逐步恢复太浦闸的供水流量。随着太湖流域渐进主汛期，考虑到常熟水利枢纽泵站长期满负荷运转，为预防旱涝急转，保证泵站运行安全，保障流域防洪安全，6月12日，太湖局发布调令要求常熟水利枢纽适时调整泵站运行，并做好关泵准备。

受持续高温的影响，6月15日，梅梁湖出现蓝藻，太湖局在充分分析流域近期水雨情和天气变化趋势的基础上，风险决策，重新加大望亭水利枢纽入湖流量、减小太浦闸供水流量。6月17日，水利部部长陈雷组织水利部、太湖局、江苏省水利厅三地视频会商会，进一步研究部署应急调水措施，会后，太湖局进一步加大望亭立交入湖流量和减少太浦闸供水量，并向江苏防办发出了《关于请继续做好望虞河沿线口门控制运用的函》。28日，由于望虞河东岸分流量过大造成西岸污水大流量入侵，导致望亭水利枢纽入湖水质明显下降，太湖局又向江苏省防指发出特提明传电报《关于再次要求严格控制望虞河东岸口门运用的函》，江苏省防指对此高度重视，连夜向苏州市防指发出紧急通知，要求立即关闭东岸口门3天。在望虞河沿线工程合理控制下，望虞河全程水质明显改善，为此，太湖局逐步加大望亭水利枢纽入湖流量，至7月1日，入湖流量已加大至150立方米每秒，尽最大可能将长江清水引入太湖。

7月3日，由于副热带高压南退，原位于苏北地区的强降雨快速南压，受其影响，太湖流域北部和下游部分地区普降大到暴雨，局部大暴雨，湖西区和武澄锡虞区水位迅速上涨，其中无锡南门8小时内水位涨幅达1米，湖西区、武澄锡虞区水位普遍超警戒水位0.3～0.6米。为确保防洪安全，太湖局召开紧急会商会，分析流域防汛和供水形势，研究对策，同时与江苏省防指电话会商，决定从4日12时30分起，暂停常熟水利枢纽泵站运行，并转为适时排水。为防止污水通过望虞河进入太湖，当日17时30分，望亭水利枢纽停止引水入湖。同时，沿江闸门由引水转为排水。

7月18日，太湖西北部湖湾再次出现蓝藻暴发迹象，在江苏省防指的要求下，太湖局充分考虑太湖流域大部分地区已出梅，且近期以高温少雨天气为主的实际情况，为统筹流域防洪和供水安全，决定从20时起，常熟水利枢纽开启5台机组实施闸泵联合调度引水入望虞河，为望亭水利枢纽引水入湖创造条件。以常熟水利枢纽再次开泵引水为标志的第二阶段应急调水正式启动。7月20日，据水文部门监测，望虞河干流主要水质指标已达到Ⅲ类水标准，14时起，太湖局开启望亭水利枢纽引水入湖，流量控制在100立方米每秒。

7月23日，根据流域内各地气象预报分析，太湖水位将维持在防洪控制水位以下。鉴于太湖梅梁湖、贡湖等水域蓝藻较前几日有所加重，为保障流域供水安全，改善水环境，15时起，常熟水利枢纽加大闸泵联合引水流量。随后，望亭水利枢纽入湖流量也逐步加大。

9 月 17 日，由于太湖流域可能遭受第 13 号台风“韦帕”的影响，为确保流域防洪安全，17 时起常熟水利枢纽泵站减少到 5 台机组运行，并做好随时关闭和转向排水的准备。18 日 12 时，太湖局先后关闭常熟水利枢纽和望亭水利枢纽。

5 月 6 日至 7 月 4 日和 7 月 18 日至 9 月 18 日两个阶段的应急调水过程中，共利用望虞河常熟水利枢纽引水 21.5 亿立方米，望亭水利枢纽引水入湖 13.0 亿立方米。

三、上海青草沙原水系统切换期间引江济太应急调度

2010 年年底，上海市青草沙原水系统建设完成，需开展严桥支线渠道检修和通水切换，涉及杨浦、黄浦、卢湾、静安区以及闸北、普陀区的部分区域 500 万供水人口。

根据工作计划，在 2010 年 12 月 1 日至 2011 年 1 月 15 日严桥原水渠道检修期间，上海市杨树浦、南市、居家桥、陆家嘴等四家水厂将临时在黄浦江下游就地取水。

为改善抢修期间临时取水水源地水质，上海市请求太湖局综合协调太湖流域两省一市用水需求，实施引江济太应急调水，加大太浦闸向下游供水流量，努力保障黄浦江下游临时取水口水质平稳，确保上海市青草沙原水系统切换工作顺利实施。

太湖局随即紧急协调流域两省一市，组织编制了上海市青草沙原水系统切换期间（2010 年 11 月 20 日至 2011 年 1 月 15 日）引江济太应急调水实施方案。

11 月 20 日，引江济太应急调水正式启动，加大太浦闸向下游供水流量至 100 立方米每秒。11 月 30 日，太湖局向两省一市下发《关于切实做好引江济太应急调水期间有关工作的通知》，要求保持东太湖向下游供水，加强了太浦河、东导流沿线口门控制。12 月 1 日，太湖局进一步加大太浦闸供水流量至 150 立方米每秒，同时调整常熟水利枢纽为闸泵联合引水。

12 月 3 日，太湖局加大望亭水利枢纽入湖流量至 100 立方米每秒，之后，望亭立交闸下水质出现波动，入湖流量逐渐压减至 20 立方米每秒。

12 月 5 日，针对常熟水利枢纽泵站启动 4 天后望虞河沿线水位仍然未能有效提高、入湖水质出现波动、入湖效率异常偏低的情况，太湖局连续召开两次紧急会商会。会后，太湖局向江苏省防指下发了《关于进一步做好引江济太应急调水期间望虞河沿线控制的紧急通知》，并派出工作组赴现场调研。

12 月 6 日，江苏省水利厅组织有关部门及无锡、苏州水利（水务）局共同会商应急调水工作，要求有关部门和单位落实责任，加强管理，严格控制望虞河西岸和西太湖入湖污染物，并控制望虞河东岸分流流量，确保入湖流量不低于 100 立方米每秒，确保太湖生态安全和上海市供水安全。至 12 月 7 日，望亭水利枢纽恢复 100 立方米每秒引水入湖。

12 月 28 日，上海市青草沙原水工程严桥支线渠道检修工作提前完成。12 月 30 日上午，青草沙原水工程严桥支线和杨树浦、南市、居家桥、陆家嘴水厂正式并网通水。

12 月 30 日，太湖防总结束引江济太应急调水，太浦河沿线各水利工程恢复常态运行，太浦闸于 12 时起按 30 立方米每秒恢复正常供水。

据统计，11 月 20 日至 12 月 30 日引江济太应急调水期间，望虞河常熟水利枢纽引水 4.1 亿立方米；望亭水利枢纽引水入湖 2.4 亿立方米；太浦闸向下游供水 4.5 亿立方米。水质监测数据表明，应急调水期间望虞河望亭水利枢纽入湖水质基本保持稳定在Ⅲ类，太浦河出湖断面水质一直保持在Ⅱ类。随着太浦河大流量向下游供水，黄浦江及太湖下游地区水质得到不同程度改善，在黄浦江下游临时取水的杨树浦水厂、南市水厂、居家桥水厂和陆家嘴水厂等 4 个水厂的水质与往年同期相比有明显改善。

第十六篇

水利科技

从五代吴越起，太湖流域关于海塘修筑、闸涵修建、河道疏浚和圩岸整治等方面的著述逐渐增多，人们已相当重视治水过程中的科学技术问题。明末清初，流域开始引进西方水利技术。中华人民共和国成立以后，流域相关部门进行了机、泵配套的改进试验及定型轴流泵新设备的研制，发展了暗渠排水、喷灌、滴灌等技术。“文革”期间，流域水利科技研究一度中断。1978年以后，太湖流域各地的水利科技事业得到了恢复和发展，一批科研机构恢复或成立。科研人员应用国内外新材料、新工艺和新技术，在流域水利工程设计、施工和管理运行等方面进行了大量课题研究，取得了一批水利技术成果。同时，太湖局和两省一市水利部门开展了一系列防洪、水资源、水生态环境等领域的课题研究，积极开展国际水利交流与合作，提高了太湖流域水利科技水平。

第一章 太湖局水利科技

2001年之前，太湖局没有专门的科研项目和单列的科研经费，主要是通过流域规划和前期工作安排一定的科研试验投入，从项目内容上看是属于工程项目前期工作的一部分，解决了当时流域治理中的部分具体问题。2001—2005年，太湖局联合有关科研院所和高校开展太湖流域水利科学研究，并从国外引进了若干先进设备。从2007年开始，太湖局的水利科研投入逐年增加，“十一五”期间研究太湖问题的科技项目有14个，科研投入增加到两千多万元。太湖局与有关水利科研单位共同开展太湖流域重大水利科技问题研究，取得了部分科研成果。

第一节 管理机构和科研机构

一、管理机构

1996年以前，太湖局科技管理职能归属办公室。1996年，太湖局成立了科技外事处，承担局科技管理及对外科技交流和经济合作，开展国际合作项目、世行贷款太湖防洪项目协调等工作。2002—2006年，太湖局科技及外事工作职能分别归属建设与管理处和人事劳动教育处。2006年11月，科技外事处重新成立，与局人事劳动教育处合署办公，负责太湖局科学技术管理、科研项目管理、外事管理工作，负责太湖局科学技术委员会的日常工作等。2011年6月，太湖局科技外事重新分设为独立处室。

二、具有科研职能的事业单位

（一）太湖局水利发展研究中心

太湖局水利发展研究中心为太湖局直属事业单位，成立于2002年9月，受太湖局委托，开展流域内水利发展研究、战略规划及信息化建设管理等工作，事业编制数50人，下设四个科室，分别为综合管理室、战略研究室、流域规划管理室、信息化管理室（信息办）。至2010年，太湖局水利发展研究中心作为太湖局下属主要技术支撑单位，先后承担完成了太湖流域防洪规划、综合规划、水资源综合规划、信息化发展“十二五”规划等流域规划，以及新孟河、新沟河延伸拓浚等重点水利工程可研关键技术复核；完成了引江济太调水方案研究、太湖水量分配方案研究、太湖防御洪水方案等流域调度与管理专题或专项研究工作；完成了太湖流域圩区调度管理研究、基于优化配置的平原河网地区水资源调度研究、太湖流域水生态保护与修复生态补偿试点研究等科研项目。2011 年，太湖局水利发展研究中心成立了科学研究所，承担流域重大水利科学研究、科技创新等工作。

（二）太湖局水文水资源监测局

太湖局水文水资源监测局负责流域一湖两河及省际边界地区水量水质监测，参与了多项流域重大规划研究，参与了中荷太湖风浪监测合作项目，承担了太湖受损生态系统表征及对策研究等科研项目。

第二节 技术合作与交流

一、技术合作

（一）国内技术合作

2006 年以后，随着太湖局水利科研投入逐年增加，太湖局组织中国水利水电科学研究院、南京水利科学研究院、河海大学、中国科学院南京地理与湖泊研究所、上海勘测设计研究院、同济大学等单位及有关省（市）水利技术单位，以水利部公益性行业科研专项经费项目等为依托，开展了太湖流域重大水利科技问题研究，完成一系列水利科研成果。

2006 年 11 月，太湖局与南京水利科学研究院签订了合作发展框架协议书，以加强双方的全面合作，共同研究和解决太湖流域治理和开发中的科技问题。

2007 年 1 月 28 日，太湖局科学技术委员会在上海成立，大会审议通过了《太湖流域管理局科学技术委员会章程》。水利部科学技术委员会副主任高安泽、中国工程院院士王浩被聘请为太湖局科学技术委员会顾问，刘恒等 23 人被聘请为太湖局科学技术委员会委员。太湖局科学技术委员会的主要职责是承担流域水利重大问题、重要规划、重点科技项目咨询工作等。

（二）国际技术合作

太湖局先后与荷兰、美国、日本、英国、瑞士等国家的水利科研单位开展项目合作，主要有：与荷兰水利部门开展技术合作；20 世纪 90 年代，在世行贷款太湖防洪项目中开展了部分水利科学研究，与日本国际协力机构（JICA）开展了太湖水环境管理计划调查等。

1. 与荷兰的技术合作

自 20 世纪 90 年代以来，太湖局与荷兰公共工程、交通、水资源部（现基础设施与环境部）水管理总司及有关科研机构开展了水利技术合作，荷兰成为太湖局水利对外合作的主要国家之一。

20 世纪 90 年代，太湖局与荷兰代尔夫特大学水力学所共同开展了太湖流域河网水质研究，研制完成覆盖全流域河网的水量、水质、污染负荷模型与数据库、图形后处理系统构成的决策支持系统，可用于预测水质、研究污染物总量控制规划、提出水环境治理方案。

2006年开始，太湖局与荷兰水管理总司合作共同开展中荷太湖风浪监测合作项目，中方负责在太湖建造一座风浪自动监测台及两座风浪自动监测站，荷方无偿提供监测设备；建立了太湖风浪模拟计算模型，并与荷兰同类型的大型浅水湖泊艾塞湖进行了对比研究。荷兰交通、公共工程和水资源部两任副部长海根和惠辛格分别考察了太湖风浪自动监测站。2006—2009年，中荷双方的技术专家就风浪监测和湖泊水质管理方面的问题开展了多次技术研讨。2011年3月，太湖局组团前往荷兰，与荷方专家共同对中荷太湖风浪监测合作项目进行终期评估。其后荷兰方面向太湖局移交了风浪监测技术设备。

浮游植物流式细胞仪项目于2009年开始，2010年完成。该项目由太湖局水文水资源监测局承担，通过水利部“948”计划，从荷兰引进了专业开展浮游植物研究的流式细胞仪，该仪器可对大小在0.4～4毫米的浮游植物进行分析。太湖局水文水资源监测局组织对流式细胞仪进行消化吸收，编制了流式细胞仪藻类监测操作规程。

2. 与日本国际协力机构（JICA）的技术合作

20世纪90年代，太湖局与日本国际协力机构（JICA）开展了太湖水环境管理计划调查。对方通过对太湖水环境的调查，研究制定富营养化防治措施等水环境保护规划，以及包括相应的监测系统在内的综合水环境管理计划。

3. 加拿大一维水动力模型在太湖流域的应用

根据世界银行中国太湖流域防洪评估项目要求，太湖局在世界银行技术专家的帮助下，利用加拿大一维水动力模型，开发了一套洪水期和干旱期的水运行管理模型，并制定了特大洪水的应急管理方案。该研究成果能分析超过1954年型洪水（50年一遇）潜在的风险及受灾范围，并推荐出在此紧急情况下为减少灾害损失需采取的非工程性措施。

4. 中英合作流域洪水风险情景分析技术研究

2005年，英国未来洪水预见项目的部分核心专家组团访华，中英双方达成了合作意向，选择太湖流域作为试点，借鉴英国未来洪水预见研究的成果和技术，通过对太湖流域防洪减灾现状以及未来洪水风险的动因响应分析，建立适合我国国情的未来洪水情景分析理论与方法。“流域洪水风险情景分析技术研究”项目于2006年年底通过科技部国际科技合作重大项目立项，中方承担单位为太湖局和中国水利水电科学研究院，科技部资助170万元人民币，英方出资45万英镑。

该项目为期三年，分三个阶段实施。第一个阶段培训与交流，引进英方未来洪水预见研究中采用的情景分析技术，针对太湖流域的实际情况与发展需求，对方法进行必要的改进，形成情景分析模型，设立气候与社会经济的未来情景，同时定性地建立太湖流域未来洪水风险变化的动因响应关系。第二阶段是进一步完善未来洪水风险的情景分析技术，利用该模型对太湖流域未来洪水风险变化的动因响应关系进行量化的分析，并根据量化结果更新动因响应的定性分析。第三个阶段是在未来洪水风险情景分析的基础上，对现行治水方略的可持续性进行评价并提出相关政策建议。

2009 年 11 月 25 日，该项目终期研讨会在北京召开，宣告项目顺利完成。该项目在国内首次构建了综合考虑气候变化、经济社会发展与快速城市化、持续大规模水利工程体系建设等因素对流域内洪水水文-水力学特性及水灾损失特性影响的模型系统，形成了基于 GIS 的长时段大尺度的未来洪水风险情景分析技术体系，为开展相关基础研究提供了工具。

5. 其他

20 世纪 90 年代，太湖局与加拿大 SOCOMAR 公司合作研制水情遥测系统，引进加拿大的水情遥测设备和瑞士程控交换机，研制水情遥测和计算机系统，初步建立了全流域的水文自动化测报系统。

2005 年，太湖局水文水资源监测局通过水利部“948”计划，从德国引进 STIP 公司生产的 BIOX - 1010 型 BOD 水质在线测定仪。该测定仪可与计算机系统连接，与已有的其他水质在线设备整合形成较为完整的水质自动测定系统。

2007 年，太湖局苏州管理局从美国引进小型遥控水下机器人系统。该系统在运行过程中能实时清晰录像，快速确定机器人的水下位置并在雷达图上显示，与计算机和通信技术结合实现了水下工程连续观测。设备在太浦闸工程维护中发挥了作用。

二、技术交流

（一）国内交流

2004 年 12 月 2—4 日，水利部科学技术委员会、中国水利学会和太湖局举办了首届太湖高级论坛。水利部及流域两省一市有关领导、部分水利专家参加了论坛。论坛回顾、总结了二十年来太湖流域治理的成就，讨论了太湖流域防洪减灾、水资源可持续利用、水生态环境治理与修复等重大水利问题。

2007 年 1 月 29—30 日，水利部科学技术委员会、中国水利学会和太湖局共同举办了第二届太湖高级论坛。论坛讨论了太湖流域水资源优化配置要素、河网水体有序流动的调控对策、洪水资源化风险与对策、健康太湖的综合评价与对策等流域重大水利问题。会后，根据修改完善的《太湖流域水利重大问题》，太湖局组织申报了部分科研项目，开展了相关专题的科学研究工作。

太湖局是中国水利学会及其相关专业委员会的会员单位，并作为中国灌溉排水委员会、中国大坝协会、中国水土保持学会、中国水资源战略研究会、中国水利工程协会，以及上海市水利学会等水利社会团体的理事单位或会员单位，积极参加相关学术活动。太湖局部分领导和技术人员担任了有关学会、协会的理事、委员等职务。

（二）国际交流

1. 外事接待

2000 年之后，太湖局先后接待了德国交通建设与住房事务部代表团、瑞士联邦水与地质署代表团、国际水文科协主席、越南水利研究所河口海岸工程中心代表团、荷兰国家陆域水管理和废水处理研究院代表团、荷兰 IHE 学院教授、泰国皇家灌溉厅代表团、韩国建设交通部代表团、南非水利和林业部代表团、波兰环境部代表团、日本农田水利代表团、赞比亚能源与水资源发展部代表团、日本农业工学研究所代表团、英国未来洪水预见项目代表团等十多个国家的几十个来访团组。

2. 承办国际会议

2006 年 5 月 18—19 日，中国水利部和荷兰公共工程、交通、水资源部在太湖局联合召开了“中荷水管理创新研讨会”。中方参加研讨会的有水利部、太湖局、流域两省一市水行政主管部门、水利科研和设计单位及高等院校的领导和专家 120 多人；荷方有公共工程、交通、水资源部，荷兰水管理董事会，水资源研究机构和大学及水务公司的官员和学者近 90 人。水利部副部长胡四一和荷兰国务秘书海根到会指导。研讨会分设水资源和流域综合管理、流量预警预报和洪水管理、河湖生态保护等三大议题。中荷双方学者专家介绍了各自在水资源方面先进的技术、管理和实践经验，探讨了水资源管理的有益模式及创新思路。研讨会收到论文近百篇，编辑出版了论文集，涉及水资源流域综合管理体制、洪水管理、水资源优化配置、水资源安全保障、湖泊富营养化治理、河湖水生态修复等领域。与会领导、专家还为太湖流域水资源的治理开发和节约保护提出了建议。

2006 年 10 月 9 日，第 21 届中日河工坝工会议在太湖局召开。会议主题是“河流管理机制、环境友好型河流整治和泥沙灾害对策”，30 位会议代表参加了会议，其中中方代表 21 人、日方代表 9 人。会后，日方代表团考察了太湖流域治理工程。

2007 年 5 月 31 日，联合国秘书长水与卫生顾问委员会第八次会议在上海召开。本次会议回顾和总结了近年来亚洲水与卫生工作所取得的经验，共同探讨和交流亚洲国家在水与卫生领域的发展趋势和解决途径，促进联合国千年发展目标在亚洲地区的落实。水利部部长陈雷出席会议并讲话。原水利部部长、联合国秘书长水与卫生顾问委员会委员汪恕诚出席会议。联合国秘书长水与卫生顾问委员会主席荷兰王储威廉·亚历山大发言并主持会议。联合国秘书长水与卫生顾问委员会委员及秘书处人员、亚洲国家水利部长、国际组织及援助机构代表以及来自水利部、外交部、卫生部、全国妇联、用水户协会的代表共 120 余人出席了会议。

2009 年，太湖局成为中国首批加入世界水理事会（WWC）的水利机构之一。2010 年上海世博会期间，受水利部和世界水理事会的委托，太湖局负责世界水理事会馆的日常运行，上海市水务局协助运行。世界水理事会馆的主题是“生命之水，发展之水”，目的是使到访者能直观地理解“水，让城市更美好”的内涵。世界水理事会馆参展 184 天，累计接待了国内外游客超过 50 万人次。展馆接待了摩纳哥国家元首阿尔伯特亲王二世、荷兰王储等重要来宾；在世博中心举办了主题论坛、荣誉日活动，举行了国际大坝委员会、国际水协会、国际水资源协会、国际灌排委员会、日本水论坛、韩国水论坛、世界自然保护同盟等国际组织的主题展示活动。

3. 境外考察、培训与交流

为学习国际水利先进技术和管理经验、推进太湖局对外合作与交流，太湖局选派有关人员赴国外培训，学习国外先进技术和管理经验。20世纪90年代，太湖局围绕骨干供水河道水质研究、计算机网络、水利工程项目管理、低洼地防洪等主题，组织了出国考察培训。2000年以后，太湖局先后组织技术骨干赴荷兰、德国进行水资源保护考察，赴美国进行水工程管理与防洪减灾技术考察，赴巴西和秘鲁进行水资源综合规划和水环境考察，赴瑞士等国进行流域机构水事管理设施考察与培训；选派了多位技术骨干赴荷兰代尔夫特大学参加中荷培训项目学习并攻读硕士学位；派员参加了斯德哥尔摩国际水研讨会、中韩水资源交流会议、英国水利研讨会、国际大坝会议、新加坡水周等国际水事会议或活动，交流水利工作经验，介绍太湖流域水利工作进展情况和重点工程，探讨水利工作的难点问题。

第三节 科技研究与成果

太湖局以水利部公益性行业科研专项、水利科技创新计划等为依托，争取科研经费，并通过其他多种经费渠道开展研究工作，取得了一系列科技成果。

一、太湖流域水量水质数学模型系统

太湖流域河网水文条件复杂，水利工程调度控制等人类活动影响大，加上受潮汐影响，下游河网河道水流方向不定，没有明确的上下游，难以准确分清断面水流的来源与去向，河道断面没有明确的集水面积，河网地区普遍缺少流域控制性径流代表站，也缺乏系统的实测断面流量系列资料。因此，常采用数值模拟方法进行分析研究。自20世纪70年代起，根据太湖流域治理、管理、应用的要求，太湖局组织开展河网水量水质数学模型的研制工作，至今可分为三个阶段：

第一阶段为20世纪70年代到90年代初期，是防洪规划模型研制阶段。太湖局根据防洪预报及调度管理等需要，组织河海大学、南京水文所等单位研制了降雨径流模型、河网水量模型，最终形成防洪规划模型。该阶段流域数学模型以模拟流域降雨径流及河网水流运动情势等水文水动力计算为主，重点解决流域防洪规划中洪水安排、规划方案论证等问题。

第二阶段为20世纪90年代中后期至2005年，是流域水资源综合规划模型研制阶段。太湖局根据流域水资源及水环境管理需求，与荷兰代尔夫特大学水力学所合作研制了Delwaq水质模型，用以演算流域河网水质情势；与丹麦水力学所、日本JICA等单位合作研究了太湖富营养化模型框架，并与国家海洋局第三海洋研究所等单位共同研制了太湖二维湖流模型，在此基础上，发展了太湖二维水质模型。在此期间，太湖局在防洪规划模型的基础上，组织河海大学对降雨径流模型、河网水量模型、水质模

型及太湖二维水量水质模型进行了耦合，考虑社会经济活动取排水、降雨径流、污染排放等因素对模型机理进行了完善，形成了基于地理信息系统的太湖流域水资源综合规划数学模型，该模型在流域水资源综合规划、引江济太水量水质联合调度中得到了广泛应用。

第三阶段为2005年至今，为流域水量水质数学模型完善阶段。水资源综合规划完成后，模型长期应用于太湖流域水量水质模拟研究各个项目中，并先后通过引江济太水量水质联合调度研究、流域运行调度设计、基于优化配置的水资源调度方案研究、水量水质调度系统开发、平原河网水文水动力实时模拟预报关键技术研究等项目对模型功能进行不断完善。在此期间，针对太湖富营养化问题，太湖局与中国科学院南京地理与湖泊研究所等单位联合研制了包括太湖湖流、水位、营养盐及动植物等多种因素的EcoTaihu数学模型，模拟太湖水质及富营养化情况。

二、太浦河泵站工程科研成果

低扬程大型斜轴伸泵CFD流体力学研究项目的主要参加单位有上海勘测设计研究院、太浦河泵站工程建设指挥部、清华大学、中国农业大学、太湖局和中国水利水电工程十一局。项目从1999年12月开始，于2004年2月完成。该项目对CFD理论在低扬程斜轴伸泵装置中的应用进行二次开发，提出了一套适用于该型泵装置的计算方法，解决了安装高程轴淹没水深、水压脉动和轴承水动力问题，论证了零扬程附近运行工况的安全性。成果为太浦河泵站的设计和运行提供了可靠的科学依据，确保了水泵机组一次试运行成功。2003年8月泵站向黄浦江应急供水，在零扬程附近连续安全运行3天，证明了其安全性和可靠性。2004年，太湖局向水利部推荐该项目并获得大禹水利科学技术奖三等奖。

三、引江济太调水试验关键技术研究

引江济太调水试验关键技术研究项目属于水利部科技创新项目，承担单位是太湖局，参加单位有河海大学、中国科学院南京地理与湖泊研究所、中国水利水电科学院、南京水利科学院、上海勘测设计研究院。该项目于2002年开始，2007年完成。该项目研究内容包括引江济太水量水质联合调度、引江济太调水效果评估、望虞河西岸排水对策、引江济太管理体制及机制、引江济太三维动态模拟系统开发等五个研究课题。该项目首次利用工程调水抑制太湖蓝藻暴发，对改善太湖水生态具有示范作用；实现了水量、水质以及调度多维在线耦合，提高了河网地区水利工程调度水平；建立了太湖流域非点源污染氮磷要素输移转化模型，提出了汇流非线性、圩内外水量水质耦合，非充分搅混断面浓度计算等算法，提高了计算精度和速度；对太湖湖流、水位、悬浮物、总磷、总氮等藻类影响因素进行了深入研究，建立了太湖富营养化生态模型；首次研究了调水对水体碱性磷酸酶活性的影响，阐述了入湖水体未增加藻类可直接利用磷的机理；首次实现引江济太三维动态模型快速可视化和水量水质动态仿真模拟。

2008年，该项目成果获得大禹水利科学技术奖二等奖。

四、水量水质实时监控决策支持系统

水量水质实时监控决策支持系统项目由太湖局和河海大学共同承担。项目利用太湖流域水情自动测报系统和水量水质实时监测系统，从国外引进水信息决策支持系统软件和自动测流设备，研究开发水量水质实时监控决策支持系统。项目于2003年8月得到水利部“948”项目办公室批复后开始实施。2004年，分别从英国引进IWRS水管理决策软件包，从美国引进WHRZ1200型走航式流量测量系统。2005年1月，引进的走航式测流设备投入到引江济太望虞河和太浦河监测中。2005年3月，太湖局派工作组到英国学习Wallingford公司的水量水质实时监控决策支持系统。2005年9月，组织技术人员赴新西兰E-Water公司与外国专家开展合作研究，引进软件并与太湖流域概化河网和地理信息系统结合；2005年9月太湖局开始与合作单位河海大学共同开展太湖流域水量水质实时监控决策支持系统模型研究及应用。2007年5月，该系统在引江济太实时调度中投入试运行。2009年10月27日，项目通过了水利部“948”项目管理办公室组织的验收。

五、水资源优化配置模型及专家决策支持系统研制

水资源优化配置模型及专家决策支持系统研制是“十五”国家重大技术装备研制项目中的南水北调工程成套设备研制项目的专题之一。专题承担单位有太湖局、北京江河瑞通技术发展有限公司、河海大学。专题于2003年1月开始，2005年6月完成。水资源优化配置模型及专家决策支持系统依托太湖流域水资源实时监控系统和引江济太调水试验工程，通过数据中心框架建设、水资源优化配置模型研究和应用、应用服务平台研究和开发及3S技术的应用研究，在此基础上开发了水资源优化配置模型及专家决策支持系统。该专题通过集成多种技术实现了通用数据信息、水资源信息与模型系统的整合，构架出模块化的水资源决策支持系统，为水资源调度和优化配置提供了统一的平台，解决了平原河网地区水资源合理配置的数据分析处理、模型群的模块化和标准化、复杂河网系统水资源优化配置技术等主要技术难点。在流域引江济太水资源调度工作中的试运行证明，该系统对流域水资源调度的预测、预报、优化配置等起到辅助决策作用。

六、太湖流域富营养化控制机理研究

太湖流域富营养控制机理研究是国家自然科学基金重点项目之一，由河海大学和太湖局共同承担，于2002年开始，2006年完成研究任务。项目针对太湖流域富营养化控制机理，从实验、模型开发、污染物迁移规律分析、工程应用以及富营养控制措施等方面进行了研究，从流域角度对污染物产生、迁移及转化的过程进行了追踪，探讨了太湖流域水利工程调水、截污工程及生态系统对水环境改善的原理及效果。研究工

作中，项目组进行了大量野外和室内实验研究，并在太湖流域创建了多个示范研究基地。该项目首次将陆域、复杂平原河网、大型浅水湖泊耦合在一起，进行污染物迁移转化机理研究；在机理研究基础上，定量分析非点源、河网水体污染物对太湖富营养化的贡献，并建立氮、磷、有机污染物在土壤、河网及湖泊水体中的迁移转化定量关系；利用现有水利工程及截污工程对控制太湖流域富营养化原理进行研究，提出流域控制与区域控制相结合的太湖流域水环境治理思路。

七、改善太湖流域区域性水环境的引水调控技术

改善太湖流域区域性水环境的引水调控技术是国家高技术研究发展计划（863 计划）“太湖水污染控制与水体修复技术及工程示范”的子课题。项目期限为 2003 年 9 月至 2005 年 12 月，由科技部和无锡市太湖湖泊治理有限责任公司委托中国水利水电科学研究院、太湖局、江苏省水利厅、河海大学、南京水利科学研究院等单位承担。为实现以改善梅梁湖、五里湖水环境为重点，协调相关区域水环境效果及中远期调水规划的总体研究目标，本子课题第一阶段研究了各种可行调水方案的水环境改善效果，并配合无锡市水资源保护规划，研究了规划调水方案的水环境改善效果。本子课题形成了针对湖湾及城区河网重污染型水体水环境改善的集成模拟技术及引水调控技术，为引水调水改善太湖流域区域水环境提供了技术储备。由于多种非技术原因，委托单位未能启动第二阶段的示范研究。

八、健康太湖综合评价与指标研究

健康太湖综合评价与指标研究属于水利部公益性行业科研项目，由太湖局承担。该项目于 2007 年 10 月开始，2009 年 10 月完成。该项目提出了健康太湖的概念内涵，系统研究和筛选出了适合太湖的健康评价指标体系，提出了湖泊健康标准，对太湖的服务功能、自然形态、水体质量、生态系统进行了分类评价，并采用层次分析模型和模糊综合评价模型分别对太湖健康状况进行了综合评判，提出了维系湖泊健康的治疗原则和对策措施。依据该项目成果，太湖局每年编制《太湖健康状况报告》，成为了社会各界了解太湖健康状况的一个窗口。

九、太湖流域洪水资源化利用研究

太湖流域洪水资源化利用研究属水利部现代水利科技创新项目，由太湖局与南京水利科学研究院合作完成。该项目于 2007 年开始，2009 年完成。该项目综合运用水文学基础分析、水资源分析、风险分析等理论，对太湖流域洪水资源化利用的关键技术问题进行了多途径和多角度的研究。通过流域暴雨洪水特性及其变化趋势、流域洪水资源利用识别、流域洪水资源评价及潜力、流域洪水资源调控模式、淡水资源化利用效益和风险等方面研究，构建了流域洪水资源化利用的技术体系。

十、太湖底泥疏浚规划研究

2002—2006年，太湖局组织上海勘测设计研究院、中国科学院南京地理与湖泊研究所、上海东南工程咨询有限责任公司、江苏省工程勘测研究院、太湖流域水资源保护局，针对太湖污染治理与管理中的关键技术问题，对太湖底泥进行全面系统的调查、监测、分析研究。该项目首次系统地查明了太湖污染底泥数量、污染程度和分布；分析了不同影响因素下污染底泥释放规律及对水质的影响；以保护和修复太湖水生态系统和改善太湖水质为目标，研究和提出了太湖底泥疏浚分区和疏浚规模、范围、深度等；在已有防洪影响评价、水资源论证等基础上对太湖湖盆取土行为从保护和修复生态角度出发进行了研究，提出加强管理的对策措施。成果为我国东部重污染大型浅水湖泊水污染治理和内源治理提供了分区方法理论和规划工程技术实践，完成了国务院要求对太湖湖底清淤作进一步论证的任务。“太湖底泥疏浚规划研究”获2007年大禹水利科学技术奖二等奖。规划于同年得到水利部批复，并被纳入2008年国务院批复的《太湖流域水环境综合治理总体方案》。

十一、太湖流域圩区调度管理研究

太湖流域圩区调度管理研究属于水利部公益性行业科研项目，承担单位是太湖局水利发展研究中心，协作单位是中国科学院南京地理与湖泊研究所。该项目于2008年开始，2011年完成。该项目开展了圩区现状调查分析、圩区分类研究、圩区排涝调度原则研究、圩区的运用和调度管理研究，首次绘制了全流域圩区分布图，填补了这方面的空白，为流域后续规划和管理提供了详实的基础资料。项目成果首次提出了圩区排涝对区域和流域防洪影响的定量研究结果，阐明了平原圩区排涝调度对太湖防洪的重要性；首次对圩区排涝和改善圩区水环境及涉及的调度管理问题进行了全面研究分析，并提出了相应的调度管理要求。

十二、太湖流域水资源综合利用指标体系及试点应用

太湖流域水资源综合利用指标体系及试点应用属水利部公益性行业科研项目，由太湖流域水资源保护局承担，协作单位是南京水利科学研究院和同济大学。该项目于2009年开始，2011年完成。该项目分析了太湖流域水资源综合利用特性，建立水资源综合利用指标集，对《太湖流域水环境综合治理总体方案》（2008年）中淀山湖地区河网治理项目进行了试点评价，并提出了加强水资源管理与区域调度的对策。

十三、基于总量控制的平原河网农业节水技术研究

基于总量控制的平原河网农业节水技术研究属于水利部公益性行业科研项目，承担单位是南京水利科学研究院，协作单位是太湖局水文水资源监测局、河海大学和平湖市水利局。该项目于2009年开始，2012年完成。该项目通过小区试验和大田试验研

究，构建了灌区“渠道-稻田-生态沟-湿地”水稻节水控污灌排系统模式，初步形成了适用于平原河网区的水稻节水灌溉技术集成体系，分析了水稻节水灌溉对河网区水资源配置的影响以及对流域用水总量的影响。

十四、平原河网地区典型水利工程生态环境效应研究

平原河网地区典型水利工程生态环境效应研究属水利部公益性行业科研项目，承担单位是河海大学，协作单位是中国水利水电科学院和太湖局综合事业发展中心。该项目于2010年开始，2012年完成。该项目构建了水利工程对生态环境影响的评估体系，研究了不同类型骨干工程及其调控对生态环境的影响，评估分析了治太骨干工程的生态环境效应。

十五、太湖受损水生态系统表征与对策研究

太湖受损水生态系统表征与对策研究属水利部公益性行业科研项目，承担单位为太湖局水文水资源监测局，协作单位是南京水利科学研究院和中国科学院南京地理与湖泊研究所。该项目于2010年10月开始，2012年10月完成。该项目以太湖蓝藻水华和湖泛两大表征作为重点研究对象，研究了其成因、发生发展规律及危害，制定了相应的对策和措施，为科学合理保护和利用太湖水资源提供了技术支撑。

十六、江河湖连通改善太湖流域水生态环境作用研究

江河湖连通改善太湖流域水生态环境作用研究属水利部公益性行业科研项目，承担单位是太湖局水利发展研究中心，协作单位是南京水利科学研究院和河海大学。该项目于2010年开始，2012年完成。该项目通过流域及区域调水试验，研究了平原河网地区江河湖连通水体流动和污染迁移，分析了江河湖连通对改善太湖及平原河网水生态环境的作用。同时，利用风险评估数学模型分析了江河湖连通对生态环境的负面影响，并提出了规避风险的调控措施。

十七、流域骨干水利工程水生态修复关键技术研究

流域骨干水利工程水生态修复关键技术研究是水利部公益性行业科研项目，项目承担单位为上海勘测设计研究院，协作单位为中国水利水电科学研究院。该项目于2011年开始，2013年完成。该项目开展了河湖生态基础调查，开展了完善流域水利工程体系改善水生态的关键技术研究，提出了恢复流域骨干水利工程水生态系统和流域引排河道水质预处理的工程技术集成方案，为完善流域引排骨干工程规划设计、恢复流域骨干工程生态功能、优化引江济太水资源调度等提供了科技支撑。

第二章 两省一市水利科技

第一节 科 研 机 构

一、江苏省

（一）江苏省水利科学研究院

1958年4月，江苏省水利科学研究所成立，负责管理全省水利系统的科研计划和部分农田水利试验站。1961年，撤销水利科研所和部分试验站，保留7个试验站由省水文总站管理，“文革”开始后下放地方管理。1978年5月，恢复成立江苏省水利科学研究所，负责全省水利系统科研计划、科研项目和成果管理、省属农田水利试验站科研业务，以及水利科研项目研究试验工作。1982年，省属试验站（所）的科研业务工作改由省水利厅农水处领导，省水利科学研究所成为省水利厅管理科技教育的职能机构。1983年10月，江苏省水利厅机关内设科教处，省水利科学研究所开始向实体科研转变。1986年，江苏省水利勘测设计研究院材料结构研究室划归江苏省水利科学研究所。1989年，成立水利建筑工程质量检验测试站。1991年，进行电子实验室、理化实验室、农水实验室的筹建工作。1993年，根据水利部要求，建设“三个中心”，即水利基建工程质量检测中心、水利科技情报中心、水利科技推广中心。2008年8月12日，苏编办复文同意江苏省水利科学研究所更名为江苏省水利科学研究院，设有农村水利与水土保持研究所、水利自动化研究所、水资源与水环境研究所、江苏省水利工程水下检测中心、材料结构研究所。

（二）江苏省水利勘测设计研究院有限公司

该公司前身为江苏省水利勘测设计研究院，成立于1957年，2004年完成改制转企。公司持有工程设计、工程咨询、工程造价咨询、工程建设监理、水文与水资源调查评价、水土保持方案编制、建设项目水资源论证等7项国家甲级资质，持有国家“对外经济合作经营资格证书”，2000年通过了ISO9001标准质量管理体系认证。公司先后承担了江苏省内外众多大型泵站、水闸、水库、船闸、桥、涵、工业与民用建筑工程设计和工程建设监理，以及十多个国外项目；主参编水闸、泵站、水工挡土墙多个设计规范、规程和标准，在平原地区软土地基处理和低扬程泵站设计等方面积累了丰富的经验。公司承担了部分太湖流域水利工程项目。其中，公司承担设计的“江苏省望虞河常熟枢纽工程”获全国优秀工程设计铜质奖。

（三）江苏省工程勘测研究院有限公司

该公司前身为江苏省工程勘察研究院，始建于1949年，2004年5月改企转制。公司主要承担各类工程建设的工程地质、岩土工程、水文地质、工程测量、岩土测试、科研试验与论证、工程项目总承包、工程监理、工程监测、水利工程质量检测、移民监测评估、地质灾害评估、建设工程技术咨询服务、测绘仪器检测鉴定等业务。公司承担了太湖治理等一批国家重点水利工程的勘测和岩土工程治理，参与完成了京杭运河等航道整治的工程勘测和基础处理，其中的“太湖1：10000地形测量及湖面利用调查”获得全国优秀工程勘察三等奖。

（四）江苏省太湖水利规划设计研究院有限公司

江苏省太湖水利规划设计研究院有限公司（原江苏省太湖水利规划处、江苏省太湖水利设计研究院），成立于1983年，曾用名“江苏省水利勘测设计院苏南分院”。1993年8月，江苏省水利勘测设计院苏南分院更名为江苏省水利勘测设计研究院苏南院。1996年4月更名为江苏省太湖水利设计研究院。2004年11月，单位改制转企，更名为江苏省太湖水利规划设计研究院有限公司。2006—2008年，公司完成太湖流域工程设计项目主要有：太仓荡茜河枢纽工程、环湖大堤加固工程、苏州城区配套闸一期工程、苏州城市防洪工程——大龙港枢纽、金坛石桥枢纽、大通西枢纽泵站、常州武南河工程、武进水环境整治闸站工程、京杭运河常州改线段钟楼防洪控制工程、太仓荡茜河河道工程、苏州城区配套闸二期、丹阳撇洪西河工程、常州北塘河枢纽、沙河水库除险加固工程、苏州城区配套闸三期工程，以及雅浦港综合整治工程可研、走马塘延伸拓浚工程可研及初步设计、新沟河拓浚延伸工程可研等。

（五）县级农田水利试验推广站

1958—1960年，江苏省先后建立35个县级农田水利试验站，1961年国民经济调整，精简机构人员，不少试验站陆续撤销。1980年后，先后在不同类型地区建立了一批县级农田水利试验推广站，其中位于太湖流域的有：苏州市1个，吴县（现吴中区）；无锡市3个，无锡、宜兴、江阴；常州市3个，武进、金坛、溧阳；镇江市1个，丹阳。1995年后县级试验推广站未再开展工作。

二、浙江省

浙江省水利河口研究院创建于1957年5月，是由钱塘江河口研究站和浙江省水利厅水利科学研究所两个单位发展、演变而成。钱塘江河口研究站于1957年5月成立，浙江省水利水电科学研究所于1958年4月成立。50年间，两单位有分有合，形成了浙江省河口海岸研究所和浙江省水利水电科学研究院。2000年11月，浙江省河口海岸研究所和浙江省水利水电科学研究院合并，成立浙江省水利水电河口海岸研究设计院。2002年12月，浙江省水利水电河口海岸研究设计院更名为浙江省水利河口研究院。2011年，又新增了“浙江省海洋规划设计研究院”牌子。该院主要从事河口海岸、防灾减灾、水资源水环境、岩土工程、信息自动化、水工水力学、水土保持等研究及咨询等工作。研究院先后参与杭州湾大桥、秦山核电站、曹娥江大闸等一批特大型工程的前期规划科研等工作，并先后完成了国家水专项、水利部公益性行业科研专项、水利部“948”项目、农业部科技成果转化等科学研究项目。

三、上海市

（一）上海市水务（海洋）规划设计研究院

该院前身是1977年成立的上海市农田基本建设规划组，1980年随市水利局成立设立规划室，2001年更名为上海市水务规划设计研究院，2009年增挂上海市海洋规划设计研究院牌子，隶属于上海市水务局（上海市海洋局），是从事水务（海洋）规划设计、科学研究、公共技术管理的事业单位。上海市水务（海洋）规划设计研究院主要职责有：①负责编制上海市水务（海洋）专业规划；②负责上海市水务（海洋）专业规划、项目前期论证的技术协调，协同有关部门负责各类规划的综合平衡；③负责上海市水务（海洋）基础性、前瞻性科研项目的研究和新技术的引进、开发及应用；④负责编制河道蓝线方案、论证河道蓝线调整可行性及划示市管河道和中心城区河道蓝线；⑤受上海市水务局科技委员会委托，负责管理水务（海洋）前期项目的咨询评估工作。

（二）上海市水利工程设计研究院

该院隶属于上海现代建筑设计（集团）有限公司，是集“水利、供水、排水”三位一体并覆盖水务全领域的甲级设计院。1977年，上海市农田基本建设指挥部规划设计室成立，主要致力于农田水利基本建设。1984年上海市水利院正式成立，工作重心由农田水利建设转向到城市水利，并形成了独特的城市水利技术。2003年该院开展了“三位一体”整合，实现水利向水务领域的拓展，并进行了全国化的探索。2009年，该院划转到现代设计集团，至今逐步实现了水利建筑景观多专业集成，水利、市政、水运、海洋跨行业发展，以及设计、咨询、勘察监理、项目管理、EPC总包全过程的发展。

（三）农田水利试验站

1984年，上海市水利局农田水利处、松江县水利局和佘山乡联合筹建松江县农田水利试验站。1988年，经市水利局同意建立上海市佘山农田水利试验站。1989年，青浦县水利局建立青浦县农田水利试验站。

第二节 学 术 团 体

一、江苏省

（一）江苏省水利协会

民国6年（1917年）9月，江苏省水利协会在南京成立，会长为韩国钧，副会长为沈惟贤、黄以霖。协会每年举办一次年会暨研究会，并在1918年3月创办江苏水利杂志，对太湖等水利治理进行了多方面的研讨。1926年，协会停止活动，杂志停办。

（二）江苏省水利学会

江苏省水利学会的前身是中国水利学会南京分会筹备委员会，于1956年11月25成立，严恺任主任委员。筹委会工作期间共发展会员154人。在此基础上，1960年2月6日正式成立江苏省水利学会，会议推选严恺任理事长。1966年以后，学会工作陷于停顿，1978年开始恢复活动。1979年8月在南京召开了第二次代表大会，推选严恺任理事长。在此期间，学会人数增加到668人。1983年1月、1986年10月、1992年4月分别召开第三次、第四次、第五次代表大会，左东启任第三、第四届理事长，窦国仁任第五届理事长。期间会员发展到3200多名。1996年1月，召开第六次会员代表大会，会议选举产生理事84名，常务理事22名，推选戴玉凯为理事长。2008年8月，第七次会员代表大会在南京召开，会议选举产生了理事80名，常务理事25名，推选张长宽为理事长，陆桂华为常务副理事长，张建云、杨桂山为副理事长，张春松为秘书长，赵坚、戴济群、谷孝鸿为副秘书长。学会目前下设11个专业委员会，3个工作委员会。会员单位有河海大学、水利部南京水利科学研究院、中国科学院南京地理与湖泊研究所、南京大学、扬州大学等一批院校和科研单位。

二、浙江省

浙江省水利学会于1958年在杭州成立。选举吴又新等12人为第一届理事会理事，吴又新任理事长，徐治时任副理事长。1963年召开了首届年会，选举产生第二届理事会，各类学术活动渐趋活跃。后因“文革”，学会停止活动。党的十一届三中全会以后，浙江省水利学会于1979年3月恢复了活动，并在1979年、1981年、1984年、1988年、1993年、1997年和2003年先后召开了会员代表大会，选举产生第3～8届理事会理事。至2008年9月底，学会下设水工建筑与施工技术、河口海岸与滩涂围垦、水道港口、岩土工程与地质勘测、水利工程管理与防灾减灾、农村水利、水电、水文水资源与水环境、水利史志研究、水利信息技术、水利规划与发展、水利政策研究、水利工程建设管理、水土保持等14个专业委员会和水利水电科技咨询服务部。

三、上海市

1946年汪胡桢与顾济之等人筹建上海水利学会（当时称“中国水利工程学会上海分会筹备委员会”），会员有50余人。中华人民共和国成立后，于1957年年底成立了上海市水利学会筹备委员会，1960年1月10日正式成立学会，并挂靠在上海港务局，选举了第一届理事会。1964年5月7日选举产生了第二届理事会。1966—1976年“文革”期间，学会活动停止。1978年3月学会恢复了活动，成立了恢复后的第一届理事会。1981年11月选举产生了第二届理事会。1986年4月召开全体会员大会，选举产生了第三届理事会。同时，学会挂靠在上海市水利局。1990年9月召开了第四次会员代表大会，选举产生了第四届理事会，通过了《上海市水利学会章程》。1994 年 11 月 25 日召开了第五次会员代表大会，选举产生了第五届理事会，对《上海市水利学会章程》进行了修改。1999 年 12 月 15 日召开了第六次会员代表大会，选举产生了第六届理事会，增设了湿地专业委员会。2005 年 1 月 11 日召开了第七次会员代表大会，选举产生了第七届理事会。2010 年 12 月 9 日召开了第八次会员代表大会，同时对学会章程进行了修改，选举产生刘晓涛为理事长。

第三节 获奖科技成果

一、江苏省

1978 年召开的全国科学大会上，江苏省水利科学系统多项成果获全国科学大会奖励。1978 年以来，江苏水利科技得到长足发展。江苏省重要水利科技成果（与太湖流域相关）见表 16－2－1。

表 16－2－1 江苏省重要水利科技成果表（与太湖流域相关）

获奖年份	成果名称	获奖类别	完成单位
1978	地下排灌技术	全国科技大会奖	无锡县水利局、常熟县农田水利试验站、昆山县农田水利试验站
1978	苏州地区“吨良田”建设技术	全国科技大会奖	昆山县农田水利试验站
1982	圩区水利措施及农田暗管鼠道排水治渍技术	全国科技大会奖	江苏省水利厅农水处、江苏省水利科学研究所、昆山县农田排灌所、常熟县农田水利试验站、南通市水利局、扬州水利局、无锡市水利局、常熟县水利局、昆山县水利局
1984	推广泵站技能改造技术	水利部科技进步四等奖	武进县水利局
1985	江苏省麦田排水降渍技术推广——麦田一套沟的形成与发展	国家科技进步三等奖	江苏省作物栽培技术指导站、江苏省水利厅农水处、沙洲县农业科学研究所、金坛县农业局等
1987	中小型泵站现场效率测试和泵站节能技术改造研究推广	水利部科技进步四等奖	江苏省水利厅农水处和灌溉总站、武进县水利农机处
1990	泵站开敞式进出水现场试验研究	水利部科技进步三等奖	溧阳县水利农机局、江苏农学院
1997	8～28 米半宽敞式高次抛物线钢桁拱桥试验研究及推广应用	水利部科技进步三等奖	江阴市水利局

续表

获奖年份	成果名称	获奖类别	完成单位
1997	5000kW/2000kW 大型液压启闭机制造	水利部科技进步三等奖	武进液压启闭机厂
1999	江苏省苏南现代化农村水利建设标准研究	水利部科技进步三等奖	江苏省水利厅农水处
2006	生物生态技术治理污染水体的关键技术与示范	大禹水利科学技术奖二等奖	中国水利水电科学研究院、水工程生态研究所、江苏省水利厅、河海大学

二、浙江省

中华人民共和国成立前和成立初期，浙江省没有单独的水利科研机构。1958 年，浙江省成立水利科学研究所，以后不断扩大科研队伍，增添科研设备，开展了相关试验研究。1978 年成立河口海岸研究所，加强了河口海岸治理和开发利用的科学研究。近年来，浙江省在防灾减灾、水资源开发利用与节约保护、水土保持与水生态、水环境保护、水利工程勘测设计与施工、滩涂资源保护利用与河口治理方面开展了基础和应用研究及推广示范，部分科技成果获得水利部和省级奖励（表 16-2-2）。

表 16-2-2　　浙江省重要水利科技成果表（与太湖流域相关）

获奖年份	成果名称	奖励类别	完成单位
1978	钱塘江河口涌潮观测及潮汐水力计算的研究	全国科学大会奖	浙江省钱塘江工程管理局、浙江省水利科学研究所、国家海洋局二所、浙江大学等
1978	湿润地区洪水预报方法	全国科学大会奖	浙江省水文总站
1985	全国《暴雨径流查算图表》	水利电力部科技成果三等奖	浙江省水利水电勘测设计院
1987	运河杭州段污染治理防治技术研究	国家环境保护局科技进步二等奖	浙江省环境保护科技研究所、杭州市环境保护监测站、浙江省河口海岸研究所、浙江省水利水电勘测设计院
1989	太湖流域综合治理的意见	省科技进步二等奖	浙江省水利水电勘测设计院、浙江省水利厅
1996	东苕溪（德清以上河段）“96630”洪水预报和调度分析	省科技进步二等奖	浙江省水文勘测局、浙江省防汛抗旱指挥部
1997	嘉兴市地下水资源保护及地面沉降防治研究	省科技进步优秀奖	浙江省用水管理所、河海大学、浙江省水环境监测中心、嘉兴市水利农机局
2000	东苕溪流域水污染状况与水环境容量研究	省科技进步三等奖	浙江省水文勘测局、浙江省环境监测中心站、浙江大学环境学院

三、上海市

在中华人民共和国成立以前，上海地区水利科技成果主要反映在工程实物和有关县志记载及若干专文中。中华人民共和国成立后，上海市在工程技术科研、农田水利科研、水文水资源研究、设备与仪器研制、信息化等方面取得一系列科研成果（表16-2-3）。

表16-2-3　　上海市重要水利科技成果表

获奖年份	项目名称	获奖类别	完成单位
1982	塑料暗管排水技术	全国农业科技推广奖	上海市水利局，嘉定县水利局、青浦县水利局、宝山县水利局
1987	黄浦江潮位分析	国家科技进步三等奖	上海市水利局，上海勘测设计院、河海大学，上海航道局，上海气象局
2004	上海市防汛辅助决策系统	大禹水利科学技术奖三等奖、上海市科技进步三等奖	上海市防汛信息中心等单位
2009	特大跨度底轴驱动翻板水闸关键技术及应用	大禹水利科学技术奖二等奖	上海市水利设计院等单位
2009	水务公共信息平台关键技术研究	大禹水利科学技术奖二等奖	上海市水务信息中心、南京金水尚洋科技有限公司、上海网跃信息技术有限公司等单位
2010	长江口综合整治开发规划关键技术研究及应用	大禹水利科学技术奖一等奖	上海市水利设计院等单位

第十七篇

人文

以太湖流域为中心发展起来的吴越文化是我国文化的重要组成部分。太湖流域旖旎秀美的山水田林与历史悠久、积累深厚的地域文化交相辉映，成就了太湖流域独特的水文化。流域人民兴建了数量繁多、类型丰富独特、惠及民生的水利工程，持续推动着太湖流域社会经济的发展。

悠久的治水历史造就了许多杰出的水利人物，不仅涌现了很多动人的治水事迹，还形成了丰硕的治水理论和水利著作。

物丰民富的经济，绚丽多彩的文化，太湖流域自南宋以来就享有“上有天堂，下有苏杭”美誉，成为可与天堂媲美的人间仙境。河网便利的交通条件，因水而兴的众多水乡古镇如颗颗明珠镶嵌其间，因其文化底蕴深厚，园林别致，令人神往。

第一章 古代水利工程

第一节 古代河道工程

一、伯渎

伯渎又称泰伯渎，即今伯渎港，据清顾祖禹《读史方舆纪要》：“泰伯渎在无锡县东南五里，西枕运河，东连蠡湖，入长洲县界。渎长八十一里，相传泰伯所开”。文中运河即江南运河的前身，蠡湖即现漕湖。泰伯组织先民开挖此河，以备民之旱潦，后人为纪念他，乃称伯渎。

位于无锡市东南1千米，是太湖流域最早的人工河道。

相传在公元前11世纪，周太王古公亶父有意传位于幼子季历，其长子泰伯和次子仲雍乃同避江南，居梅里平墟（现无锡梅村），建立了国号为“勾吴”的小国。

伯渎港西起无锡市东郊江南运河老河道，向东流经锡山区坊前、梅村、望虞河漕湖段，全长24.2千米，均在无锡市境内。现河道底宽10米，是无锡市重要排水和水运通道，并建有水闸和泵站。

二、胥溪

胥溪又称胥河，是南河干流的上段，位于南京市高淳区固城镇至苏皖交界的定埠镇之间的茅山山脉西南丘陵地带，横跨太湖流域与水阳江流域的分水岭。相传春秋末期周敬王六年（前514年）吴王阖闾用伍子胥伐楚之谋，凿通了东坝与下坝之间的岗地，沟通了分水岭两边的水系。宋宣和七年（1125年）曾浚深胥溪，过水断面扩大，后因水阳江和固城湖洪水入侵太湖流域，遂在今下坝附筑东坝挡水。明初建都南京，苏、浙及皖南漕粮由过去北运转向南运，运往南京，利用胥溪可避长江风浪，明洪武二十五年（1392年）再次浚深胥溪，并将坝改为石闸，可启闭以通舟楫，石闸称广通镇（现东坝镇）闸。明永乐元年（1403年），明迁都北京，其后胥溪漕运衰落，石闸失修，又废闸复建东坝。明嘉靖三十五年（1556年），在东坝东10里增筑下坝。

清道光二十九年（1849年），水阳江发生洪水，高淳圩民掘开东坝，洪水东泄，造成下游水灾，汛后动工复修上、下两坝，至清咸丰元年（1851年）竣工。中华人民共和国成立后，曾于1958年挖开东坝，引水抗旱，补充下游灌溉水源。1959年4—6月在下坝上游1.2千米处建封口坝。1960年在胥溪北岸开茅东引水渠，建茅东进水闸，解决干旱时引水问题。1990 年在下坝位置建成胥溪下坝船闸，既可通航，也可挡水，原有堵坝均予拆除。现代航运工程的建成，重新沟通了太湖流域与水阳江流域，由太湖溯南河西上，可经水阳江抵芜湖入长江。

三、江南运河

江南运河是京杭运河的南段，也是历史上京杭运河最早开挖的河段。

运河的开挖始于春秋，经历代拓展，尤其是经隋代大规模整治后建成。周敬王二十五年（前 495 年），吴王夫差开挖了苏州至奔牛段，奔牛以西取道孟河（现新孟河）入长江。秦始皇三十五年（前 210 年）开挖了镇江至奔牛和嘉兴至杭州段。西汉建元元年至后元二年（前 140—前 87 年）汉武帝开通了从苏州经平望至嘉兴的苏嘉运河，至此江南运河全线初通。隋炀帝时期（610—617 年），全线拓浚江南运河，其中镇江至丹阳段夹岗河，原为黄土岗丘，工程艰巨，秦代宽仅数丈，此时拓宽至 10 余丈，约 40 米宽。

汉代开苏嘉运河，系在水中挖河，出土堆于两岸，成为堤塘最初的基础。隋代用浚河土方筑堤塘，堤塘已现雏形。唐宪宗元和五年（810 年）兴修从吴江经平望到嘉兴的堤岸，将太湖与运河以东的湖沼分开，成为太湖的东边界。宋天圣元年（1023 年）在苏州葑门与嘉兴王江泾之间筑石堤，庆历二年（1042 年）在吴淞江与太湖之间筑长堤，以避吴淞江风浪，便利漕运。至此历时 200 多年，从苏州至嘉兴运河沿岸的吴江塘路全线贯通。

隋以后江南运河已定型，其后主要是增筑和改建堰闸以及蓄水济运解决航运水源。

为使河道渠化，晋代开始设土石堰、埭，东晋元帝时（317—322 年）在京口设丁卯埭，唐代又在京口、望亭筑堰、埭。因堰、埭不利于引排水，通航不便，船只需由堰面拽拉通过，故废复无常。

宋熙宁年间（1068—1077 年），除常州吕城堰已废外，还有五处，从北到南有润州（现镇江）城西北京口堰、常州奔牛堰、苏州望亭堰，以上三处均为拖船过堰，再向南秀州（现嘉兴）北六里有杉青堰，并有闸，海宁崇福镇南有长安堰，亦有闸，且为两级三门，似近代船闸。此外，历史上还在杭州设过清湖堰，即江南运河历史上曾在以上七处设过堰闸。

关于蓄水济运，唐代南段曾引杭州西湖及临平湖水入运河，北段修丹阳练湖济运，宋、元、明时济运更是练湖开发利用的重点。

经隋唐两代开拓和整治，运河已干道畅通，支河形成网络，促进了太湖流域经济的发展。唐代太湖流域已成为全国富庶之地，有“赋出于天下，江南居什九”之说。五代吴越时期，国泰民安，百业兴旺，苏州、杭州已成为知名的都会。南宋偏安江左，定都临安（现杭州），经济继续发展，“上有天堂，下有苏杭”的民谚就始于南宋，同时更有“苏湖熟，天下足”的说法。运河两岸既是鱼米之乡，又是丝绸之府，丹阳、嘉兴、桐乡、海宁等地都是蚕桑产地，吴江盛泽镇丝绸市场明代中叶已开始发达，清代更加兴盛，光绪年间达到“日出万匹，衣被天下”的历史盛期。运河也是历史上漕运的通道。南粮北调始于隋代，北宋为其鼎盛时期，年运米量达600万～800万石。常、镇、苏、松、杭、嘉、湖的粮食经江南运河，出京口闸过江，北入瓜洲运口，走京杭大运河北抵京师。清末，将征粮改为折色，折合银两交税，漕运就此告终。历史上江南运河是连接南北方的重要经济命脉，对政治、经济、军事各方面均有重要影响。

中华人民共和国成立后，江南运河经过大规模整治，自江苏镇江谏壁至浙江杭州三堡全长318千米，均达到Ⅳ级航道标准，可通航500吨级船舶。江南运河以水运运费低、运量大的优势在国民经济中继续发挥着无可替代的作用。

四、元和塘

元和塘是历史古河道，原名常熟塘，曾名州塘（古代常熟曾设州）。唐元和二年(807年)，苏州刺史李素请于浙西观察使韩皋开常熟塘，河道南起苏州齐门，北至常熟，竣工后改名元和塘。宋代曾加疏浚。明万历三十七年（1609年），常熟知县杨琏复筑元和塘，以石料修堤，人称“杨公塘”，现仅存隐约可见的港埠、桥基残迹。清代和民国曾多次疏浚。中华人民共和国成立后，也对局部狭窄河段和市镇段进行拓浚，并修驳岸，以利航运。常熟南门外元和塘上的三孔石桥永济桥始建于清康熙四十六年(1707年)，现为市级保护文物。

今元和塘南起苏州古城区外城河齐门，向北穿过苏州市平江区相城区，经蠡口、渭塘，过南湖荡西端，止于常熟市环城河，全长39千米，河道底宽25～30米，河底高程0～0.5米，其中苏州市境内20千米，常熟市境内19千米。元和塘虽是南北向河道，但主要向东分排水量入长江。南端经苏州古城区外城河，通娄江、浏河入长江，中部有多条西东向河道连通阳澄湖，经阳澄湖下游河道入长江，北段经常熟环城河，通白茆塘，也入长江。元和塘为Ⅴ级航道，常年可通300吨级船队。

元和塘东岸旧有石塘，用长方青石砌筑，兼做驿道。沿途建有戴渡和张家甸馆驿。戴渡是孔子七十二弟子之一言子（言偃）的故里。清乾隆年间，于十里亭（戴渡）建故里亭。

五、頔塘

原名荻塘，又名东塘，位于杭嘉湖平原西北隅太湖南侧，西起湖州城东二里桥，经塘南、东迁、南浔镇至苏州市吴江区平望镇，全长58.7千米，其中浙江省境内湖州至南浔段长37千米。

在杭嘉湖地区，“塘”是指两堤夹一河的河道工程。頔塘原名荻塘，表明其地原多芦荻，属濒临太湖的滩地，頔塘北侧堤岸可挡太湖洪水和风浪，促进滩地淤涨和溇港圩田发展。頔塘西端湖州西南为天目山区，东苕溪发源于天目山之阳，西苕溪发源于天目山之阴，两溪在湖州汇合后，来水大部分由小梅口、长兜港、大钱口入太湖，一部分则入頔塘东泄，至平望入太浦河。干旱季节太湖水位高时，湖水倒流，进入頔塘。湖州以东頔塘沿岸地势平坦，地面高程为3～4米。頔塘北岸为众多入湖溇港，南岸有白米塘、息塘、新塍塘等南北向河道，与江南运河中支新线澜溪塘沟通。

东晋永和年间（345—356年），吴兴太守殷康开頔塘，灌溉太湖南沿大片农田。頔塘为太湖南岸溇港之间的横河，可起水量调节作用，也有利于农田灌溉、排水和区间航运。

唐开元十一年（723年），乌程令严谋达曾全线疏浚頔塘，以排西面山区来水。唐广德年间（763—764年），湖州刺史卢幼平增修頔塘。唐贞元八年（792年），湖州刺史于頔组织民力全面修筑頔塘，"缮完堤防，疏凿畎浍，列树以表道，决水以溉田"（据同治《苏州府志》），发挥了頔塘的防洪、排水、灌溉和交通功能，民众感其功德，改称頔塘。自此，頔塘和荻塘两名均用。

宋治平三年（1066年），吴江县孙觉摄又将頔塘土堤岸改为垒石堤岸。元天历二年（1329年），江南运河大修，又以巨石重筑頔塘堤岸。明、清两代继续维修加固，石岸纤道日趋完善。

民国12年（1923年）、民国24年、民国36年共3次整修頔塘，其中以民国12年规模较大。当时因轮船航行波冲刷，堤岸坍塌严重，改用现代砌筑方法，用水泥砂浆砌块石护岸；工程从民国12年9月开工至民国17年完工，历时4年多，砌石护岸67里，共支银83万元。

中华人民共和国成立后对頔塘加强了维修，平均每3～4年维修一次，或疏浚河道，或修建护坡、护岸。如1983年修南岸护坡2.2千米，1986年浚南浔段航道2.36千米，拓浚后河宽达66米。1989年和1990年又分别维修北岸护坡5.9千米，修建南岸护岸8千米。

頔塘还是长（长兴）湖（湖州）申（上海）航线的西段，湖州西南山区长兴出产的石灰石、水泥，安吉、埭溪出产的块石、黄沙均经頔塘运往上海，是上海建筑材料的重要来源通道；从上海运回的煤炭和工业品，也带动了湖州当地经济发展。据1979年在湖州三里桥断面实测，每昼夜通过448个航队，3648艘单船，平均每分钟过船2.5艘，其繁忙情况可见一斑。据统计，1983年运往上海的石灰石等非金属矿产250多万吨，黄沙80多万吨，占当年上海用量的1/4。同年頔塘货运量1765万吨，超过了当年沪杭铁路运量。2005年货运量已超过6000万吨。至2010年年底，运力突破亿吨，成为国内内河航运翘楚。

六、白茆塘

白茆塘也是历史古河道，早在五代十国的吴越时期就是海虞（现常熟）"二十四浦"之一。历代名臣主持过白茆塘疏浚的，先后有宋知府范仲淹、元吴王张士诚、明户部尚书夏原吉、巡抚周枕、知府况钟和巡抚右佥都御使海瑞以及清朝巡抚林则徐、丁日昌等。自宋景祐元年（1034年）范仲淹浚白茆（据同治《苏州府志》）直至民国初先后疏浚达30余次。中华人民共和国成立后，1972年曾全面拓浚整治，2003年又浚一次。

今白茆塘西起常熟市虞山镇小东门，向东流经藕渠、白茆，再折向东北，在支塘穿过盐铁塘后，于姚家滩入长江，全长41.3千米，全程均在常熟市境内，河底宽35～45米，河底高程0.0～1.0米。白茆塘是阳澄地区通长江的主要引排河道之一，支流有肖泾、白谷河、苏家漪、大漪、严泾、大泾等，通过这些支流可通北侧常浒河，南侧七浦塘、杨林塘和浏河。

白茆塘入江口门白茆闸历史悠久，颇具声名。早在吴越时期就已有闸，后在明洪武九年（1376年）至清光绪十五年（1889年）的513年间，几度变更闸址，重建6次，大修3次，屡屡建、修、毁。至民国25年（1936年），扬子江水利委员会重建五孔钢筋混凝土节制闸，闸净宽37.3米，结构具有民族特色，高柱雕梁如华表矗立。抗战时期1937年遭日寇炮击损毁，1946年修复。中华人民共和国成立后，于1975年加固，一直到2003年才在老闸下游再重建新闸，净宽44米，并新开上下游引河，设计引排水流量分别为505立方米每秒和452立方米每秒，最大年引排水量分别为5.08亿立方米和10.42亿立方米。

第二节 古代其他水利工程

一、海塘工程

太湖流域防御海潮以海塘工程为外围防线，历史悠久。

历史上江苏省的苏南海塘从常熟福山港起至太仓浏河口止，长69千米；浙江省钱塘江北岸海塘从金丝娘桥起至杭州西湖区上泗狮子口止，长137千米；上海市海塘从浏河口起至上海金山与浙江平湖交界的金丝娘桥止，列入国家主塘的陆域海塘共长171千米，苏浙沪两省一市流域内海塘总长377千米。另沿岸有山体不需做海塘的岸线共长160千米。

较早见于史书记载的海塘工程是杭州湾北岸上海金山卫的“咸潮塘”，建于三国东吴末期（264—280年）。以后又有唐开元元年（713年）盐官捍海堤塘、北宋皇祐四年至至和元年（1052—1054年）华亭（现金山）沿海百里老护塘、元大德五年（1301年）的大德塘。后明崇祯七年（1634年）大德塘决口后重建为石塘，也是上海第一座石塘。

长江口古有防海垒，明成化年间筑新垒及备塘，明末清初海塘沦海，乾隆元年至十二年（1736—1747年）除筑土塘外，并建月浦石坝。随着海岸淤涨，明万历十二年至清雍正十年（1584—1732年），在长江口老护塘外筑钦公塘，光绪七年（1881年）在钦公塘外又修陈公塘，光绪八年（1882年）修彭公塘，光绪三十一年（1905年）在彭公塘外修李公塘。

钱塘江北岸海塘可分为上游段杭州海宁段，下游段海盐平湖段。杭海段海塘的历史记载始见于唐代，五代十国时吴越王钱镠在杭州通江门、候潮门外筑海塘。宋代在钱塘、仁和县（现杭州）境内筑塘，元代曾创筑石囤木柜塘防护海宁崩岸，明、清均大力修筑加固坍毁海塘，尤其清康熙四十二年（1703年），潮冲北岸，仁和至海宁一线因坍岸威胁海塘安全，促使朝廷大力系统修筑海塘。盐平段筑塘始于宋，宋绍定年间（1228—1233年）筑海盐海塘，咸淳年间（1265—1274年）筑海盐新塘，称海晏塘。元至元二十一年（1284年）筑盐官至华亭的捍海塘，名太平塘。明嘉靖二十一年（1542年）创建五纵五横鱼鳞石塘，提高了海塘抗风浪能力。

苏南海塘的历史记载始见于宋代，宋乾道六年（1170年）立浒浦水军寨，动用军队修筑海塘。太仓海塘始建于明洪武二十三年（1390年），明代已全线建成。常熟海塘则建于清乾隆十九年（1754年）。

古代海塘的结构可分为以下几类：

（1）土塘　两面以夹板为框填土夯实，此类抵御海潮能力差。

（2）柴塘　用柴和土分层相间筑塘，抗冲力优于土塘，适用于软土地基，但耐久性差。

（3）竹笼或木柜木桩塘　用竹笼装石块，从迎水面塘脚向上堆砌，同时填土，实际是土石混合结构。此外，还在滩面打木桩护滩。后又改用木柜装石块，再以长木将木柜联成整体，增加了塘身的稳定性和抗冲能力。

（4）石塘　按砌筑方式不同又可分为：

1）纵横错置基桩石塘　先打基桩，在基桩上纵横错置砌筑条石成塘。条石纵叠于外，横叠于内，外形逐渐收缩，以缓和风浪冲击，内行上下齐直，厚筑以土，可防侧倒。

2）五纵五横鱼鳞石塘　是纵横错置基桩石塘的改进型式。筑塘时先开槽清基，并夯实旁土，再行砌石，每组两层，第一、二层用纵五横五作“丁”字形排列，第三、四层纵五横四逐级递减，层与层相架，都作“品”字形，跨缝相叠。后来又做改进，每块大石料上、下、左、右都凿有槽榫，互相嵌合，彼此牵制，在合缝处还用油灰灌实，再用铁榫铁箔扣住，大大增强了牢固度。

3）条块石塘　为了节省条石，用块石代替鱼鳞石塘塘身腹部的条石，就成为条块石塘。

除塘身需坚固和稳定外，还要保护塘脚免遭冲刷。从五代吴越直到宋、元，多在滩面打木桩，古称“滉柱”；明代改用木柜竹络装石块护脚；清代创建了坦水，全用块石砌筑的称块石坦水，以条石盖面下砌块石的称条石坦水。至清雍正、乾隆年间又创建了挑水坝和挑水盘头伸出在外，借以挑溜挂淤。如雍正七年（1729年）筑陈文港等处挑水盘头，雍正十二年至乾隆五年（1734—1740年）筑塔山挑水石坝。

随着经济的发展，太湖流域在全国的地位越加重要，朝廷对海塘管理也比较重视，清初多次派钦差大臣或地方要员督办，并派驻塘兵防守。雍正十一年（1733年）设海防左右两营，塘兵共984人，驻守海宁之东、西。乾隆六下江南，曾四临钱塘江北岸海塘，专程查看。民国时期曾建设了少量混凝土塘和进行了部分海塘加固。中华人民共和国成立后，曾大规模开展海塘修复和加固，1998—2004年完成了钱塘江北岸险段标准海塘工程建设，杭州嘉兴主塘均达到了100年一遇防潮标准。

二、南湖和北湖

南湖和北湖是东苕溪历史上的防洪和灌溉工程。

南湖位于浙江省旧余杭县城南侧、东苕溪支流南苕溪右岸，是太湖流域最早且规模较大的水库工程。东汉熹平二年（173年），余杭县令陈浑利用当地的开阔谷地，修筑一条环形大堤，围成水库，并建有控制进水的石棂桥和溢流洪水的五亩塍。水库为上、下两湖，南上湖周长32里，南下湖周长34里，两湖总面积1.37万亩。南湖可减轻洪水对余杭的威胁，灌溉面积曾达十万亩，效益明显。唐代，南湖已堙废，宝历年间（825—827年）县令归珧重修南上、南下两湖。其后，宋、元、明代都曾进行整修，加高大堤，增建塘闸。宋崇宁年间（1102—1106年），相国蔡京欲占湖为田，被县令杨时谏阻，故有“南上、南下两湖肇于汉之陈，复于唐之归，守于宋之杨”一说，当地百姓并为之建了三贤祠。

进入明、清时期，由于豪强占垦，湖面不断缩小，且屡禁不止，占复无常。清光绪十六年（1890年），测得湖面积为8000亩，民国17年（1928年）测量时仅剩5940亩。

中华人民共和国成立后，对南湖进行了全面整治。1951年余杭县人民政府征用收回湖内部分被占土地，1952年整治南下湖得面积7000亩。其后，对堤防及控制建筑物多次加固、改建、整修，将南湖建为一个正规的滞洪区。围堤堤顶高程已达11.5～12.5米，顶宽2～4米，湖内地面高程6～7米，当湖水位为10米时，可滞洪1500立方米。在上游青山水库建成前，余杭水位达9.5米就要滞洪，南湖滞洪区运用极为频繁，在1954—1963年10年期间滞洪29次，1964年青山水库建成投入运用，滞洪水位提高到余杭水位10米，自此南湖滞洪区运用很少，至1989年仅用过一次。

北湖位于浙江省杭州市余杭区瓶窑镇西南，东苕溪支流中苕溪左岸。湖区介于中、北苕溪之间，古称天荒荡，今名北湖草荡。唐宝历年间（825—827年），县令归珧在修南湖的同时又修建了北湖，湖周六十里，可灌田千余顷。唐以后历代失修，乡民围垦，湖面日减。清光绪十一年（1885年）粮储道廖寿丰拨兵挑浚，三年将湖面恢复到一万多亩。民国17年（1928年）做过测算，北湖未垦土地还有12420亩。

1971年余杭县将北湖改建为正规的滞洪区，兴建进水闸、滞洪闸等控制建筑物，新围堤塘10.1千米，加上原有堤塘4.6千米，围堤总长14.7千米，堤顶高程9.2～10米，顶宽2～5米，滞洪区面积5.3平方千米，湖水位9米时，可滞洪1670万立方米。运用水位为进水闸前8.5米，相当于中苕溪5年一遇洪水，运用次数较多，1974、1977、1983和1984等年份都曾滞洪，有效削减了南、中、北苕溪洪峰。

1995 年北湖滞洪区重建加固，加高加固围堤，重建分洪闸及三座泄水闸等，1998 年完工，后经 1999 年大洪水考验，2001 年竣工验收。

三、吴江塘路和水则碑

吴江塘路位于太湖东缘，是苏州到嘉兴沿江南运河的一段南北向堤塘，堤塘穿越原吴江县，故以得名。

汉武帝时挖苏嘉运河，系水中开河，出土堆积于疏浚河段两岸，形成最初的堤塘基础，隋代利用浚河土方筑堤塘，虽断续不全但已具雏形。唐元和五年（810 年），苏州刺史王仲舒兴修吴江经平望至嘉兴的堤岸，称吴江塘路，将太湖与运河以东湖沼分开，成为太湖东边的边界。唐代开始将土堤岸改成直立垒石岸墙，即今石驳岸。宋天圣元年（1023 年），在市泾（现王江泾）以北，赤门（现苏州葑门）以南，筑石堤九十里。宋庆历二年（1042 年），为避吴淞江风涛，便利漕运，在吴淞江与太湖之间筑长堤。自中唐至北宋，历时 200 多年，苏州至嘉兴运河沿岸塘路全线贯通。

之后历代不断修葺吴江塘路，自宋庆历二年（1042 年）至清宣统末年（1911 年）的 869 年中，共修葺 22 次，其中宋代 4 次，元代 2 次，明代 8 次，清代 8 次。塘路上两座长桥宝带桥和垂虹桥，均经多次改建或重建。

吴江塘路不仅解决了运河上挽纤、驿运和航行上的风涛之险，还对太湖地区开发有重要作用。塘路建成后成为太湖的东界，再与南界頔塘的堤塘相连，进一步界定了太湖的范围，为运河以东洼地的垦殖创造了条件，同时塘路两岸也逐渐淤淀，成为可垦殖的土地。此外，塘路变为太湖东岸的围堤，提高了太湖调蓄的能力。塘路虽留有口门，但泄洪能力不可避免要降低，遇上洪水，如口门泄洪能力不足，就会造成灾害，历史上对此存在争论。

为了泄水、拉纤和交通，运河沿程与叉河、湖荡交汇处，随塘路兴筑许多桥涵，有长桥 2 座、小桥 37 座、涵洞 134 座。长桥宝带桥建于唐元和五年（810 年），位于苏州东南 7 千米处，跨越澹台湖，长 310 多米，53 孔。原为木桥，元时改石桥。1956 年曾大修，现为国家重点保护文物。另一长桥为垂虹桥，桥跨吴淞江，建于宋庆历八年（1048 年）。宋代重建为 85 孔，元代增加至 99 孔，长 500 多米，后于 1967 年倒塌。

水则碑是刻在石碑上的水尺，“则”是刻道之意。太湖流域古代设水则碑的地方不少，设在吴江塘路长桥上的水则碑在近代发现时还比较完整。

吴江水则碑约建于宋徽宗宣和二年（1120 年），立于吴江塘路长桥，即垂虹桥的垂虹亭左右两侧。垂虹桥正位于太湖向下游古三江（东江、娄江、松江）泄水的口门处，其水位有一定代表性。元泰定二年（1325 年）改建垂虹桥和垂虹亭，改建后的垂虹亭北有踏步，两块碑分嵌于踏步左（西）右（东）两边的墩墙上，清乾隆十二年（1747 年）发现左碑已损毁，吴江知县当即仿原式重刻一块放回原处，重刻的改称“横道碑”。

1915 年又重修垂虹桥，仅保留中段 44 孔，两端已成陆地。1959 年垂虹亭塌毁。

1964年水利电力部上海勘测设计院会同上海博物馆对水则碑进行调查时，右碑仍立原处，碑身出露地面以上高度1.86米，宽0.7米，厚0.5米。其时左碑已坠入水中，是从桥下水中寻得捞起的，碑高1.87米，宽0.88米，厚0.18米，其上部字迹尚清楚，下部已模糊，但还可识刻痕。上海勘测设计院在1964年查勘水则碑后，曾根据碑上刻痕对历史洪水进行分析估算，并写有专门报告。“文革”中，1967年5月垂虹桥西大孔及所连西侧两小孔倒塌，1968年春东侧小孔也倒塌，随后除东头四小孔外，桥基全被拆除，历时800余年的吴江两水则碑，就此消失。

四、练湖

练湖位于丹阳城北郊，是继余杭南湖之后太湖流域又一个古代平原水库。

据历史记载，陈敏在西晋惠帝时曾于扬州任广陵相，后造反，过长江并控制江东，在永兴二年（306年）建了练湖。练湖地跨丹徒、丹阳两县，背靠镇宁山脉余脉，面傍江南运河两岸，地形西北高、东南低，腹部平行，环山抱洼，倚河修筑围堤，形成平原水库。水源为高骊山、长山、马鞍山、老营山丘陵地带坡地泾流，流域面积255平方千米，口袋型围堤周长20千米，古练湖面积20800亩，其中上湖8500亩，下湖12300亩，蓄水量3000余万立方米。

练湖的历史变迁与围湖造田有关。唐永泰年间（765年），丹徒百姓筑堤横截练湖，将练湖分成上下两湖，取上湖地作田，经取缔后，退田还湖。宋绍兴年间（1131—1162年）又中置横埂分为上下两湖。宋代，围湖造田和退田还湖屡有反复。元、明、清时，侵佃日渐增多，水面缩小，至明末清初，占湖地多至九千余亩。清康熙十九年（1680年），丹徒乡宦张鹏及江苏巡抚慕天颜以“裕固便民”为由上疏反对复湖蓄水，同年经巡抚慕天颜上奏朝廷决定“上湖高仰，召民佃种，下湖低洼，仍留蓄水”。至此不但上湖尽废，而且在之后20年间下湖也急剧缩小。民国时期（1926—1935年）曾进行过3次调研，并进行过工程测量和设计，因抗战而中断。中华人民共和国成立后，因水利条件的变化，至1971年已改成国营农场。

历代练湖工程整修与其原有基础、损坏程度和开发利用目标有关。如早期主要围绕滞洪、灌溉，对湖堤、斗门进行检修。宋、元、明时期着重于贮水济运，为江南运河提供航运水源，许多工程与江南运河整治一并实施，晚清至民国大多是为了满足灌溉需要。宋淳熙年间，先后兴工3次，全面进行整修，增修加高湖堤，浚深湖床，整修原有五斗门、三石哒、十三涵管，加高石哒牐板，斗门改用石柱，涵管数已加倍。元代整修五次，较大的一次在至治三年（1323年）至泰定元年（1324年），与疏浚镇江至昌城段运河同计划实施，主要是浚深湖床，增筑堤堰及旧有土基，处理堤底渗漏。工程结束后，湖兵增至百人，并设提令等专职管理官吏。明代整修十七次，建文年间增建下湖三闸，借湖水以济运。建三闸控制后可使上湖水高于下湖水，下湖水高于运河水，上湖蓄水可在下湖干涸时下泄，运河缺水时可由下湖供给，为江南运河航运创造了更好的条件。清代整修14次，其中嘉庆、道光年间有7次，在黎世序、陶澍、林则徐等奏议与督导下，接连加高增修老堤和增筑西、南面堤岸，浚深湖床，修复黄金闸，改建和修复涵管，整修下湖各闸，增建下湖东堤减水坝等，使其引水、蓄水、济运和灌溉功能得到全面改善。民国时期，为了灌溉蓄水，修建了练湖五孔闸，增修了14千米堤防。

中华人民共和国成立后，于1963年打通了湖上游中心河内各坝，并拓浚中心河，解决洪水出路，同时在湖内及湖周外围大量发展机电排灌，解决农田灌溉，通过这些工程措施，对练湖进行分期、分批改建，至1971年冬建成了练湖国营农场，总面积21000余亩，包括湖外耕地8400余亩。练湖作为平原水库的历史，至此告终。

五、盘龙、白鹤和顾浦汇裁弯

吴淞江原有五汇（大弯子）、四十二弯（小弯子），五汇即白鹤汇、顾浦汇、安亭汇、盘龙汇和河沙汇。宋宝元元年（1038年）两浙转运副使叶清臣进行了吴淞江盘龙汇截弯，盘龙汇河弯位于昆山与华亭之间，现嘉定县南北端与吴淞江连接的盘龙港当系其古址，弯道原长40里，裁直后减为十里。嘉祐六年（1061年），两浙转运使李复圭又进行了中游白鹤汇裁弯。白鹤在今上海青浦区北部，与昆山毗邻。熙宁年间（1068—1077年），又对白鹤与盘龙两汇之间的顾浦汇进行裁弯，三处裁弯取直，提高了河道排水能力，减轻了当时吴中水患。

六、开范家浜与掣淞入浏

南宋建炎元年（1127年）以后，杭州湾出海口全部封堵。淀泖地区及杭嘉湖地区原排杭州湾的来水全部改道北流、东流，注入吴淞江，和原来的上海浦相并，黄浦水道逐渐成形。南宋以后，由于海岸线向东推进，吴淞江海口段不断淤积。元末明初吴淞江下游几乎淤成平陆，并旋浚旋塞，疏浚无效。吴淞江的淤塞使苏松水患加重，明永乐元年（1403年）户部尚书夏原吉赴江南治水，经过查勘后，放弃了对吴淞江海口段的无效疏浚工程，改为浚吴淞江南北诸浦倒水入浏河，此即所谓“掣淞入浏”，也即吴淞江下游改道浏河入海。同时又拓浚范家浜至南跄浦口（现吴淞口）的一段河道，上接大黄埔引导淀山湖一带来水改由范家浜东流，在复兴岛附近同吴淞江汇合，折向西北至吴淞口入长江。

关于古范家浜的位置，夏原吉在奏疏中称：“松江大黄浦乃通吴淞要道，下游遏塞难浚，旁有范家浜至南跄浦，可通达海，宜浚令深阔，上接大黄浦以达泖湖之水”。另据清《嘉定上海县志》载：“古黄浦在其南，吴淞在其北，浜（指范家浜）居中流”。可见，南跄浦是范家浜故道，当为今外白渡桥的一段黄浦。

开挖范家浜从永乐元年开始，至次年九月完工，征用民工20多万人，挖河共一万二千丈，河面宽三十丈。自此众水汇流，水势湍急，不浚自深，不到半个世纪，黄浦江冲成深阔的大河，成为太湖的主要排水出路。

随着黄浦江的逐渐扩大，吴淞江进一步衰退，老浏河作为其出海口也逐渐淤积，掣淞入浏路线终被废弃。明正德十五年（1521 年）开浚吴淞江下游旧江，开北新泾至曹家渡以下东通黄浦的新通道。隆庆三年（1569 年）在海瑞主持下，又将新道加以疏浚，吴淞江乃成为黄浦江的支流。

夏原吉开范家浜，使黄浦江替代吴淞江成为太湖下游的主要排水通道，也促进了上海地区的繁荣，是太湖水利史上颇具影响的工程。

七、塘浦圩田

塘浦圩田是指以塘浦为四面边界的圩田，自中唐至五代期间逐渐兴起的。

根据北宋郏亶的《治田利害七论》，塘浦圩田是：古人治低田之法，五里、七里为一纵浦，又七里、十里为一横塘。用塘浦之土，以为堤岸。其塘浦阔者三十余丈，狭者不下二十余丈，深者二、三丈，浅者不下一丈（宋制：一丈合三点零七米）。所以使塘浦深若此者，乃欲取土以为堤岸，非专为泄水，故堤高者须及二丈，低者亦不下一丈。按此规格，每一方塘浦圩田面积大致为一万多亩至两万多亩。塘浦阔深，圩大堤高，圩与圩隔河相望，相连成片，是治田与治水相结合的农田水利工程。

塘浦圩田是唐代屯田营田、土地国有、庄园主集中经营条件下形成和发展起来的。到北宋初期，庄园主集中经营的方式逐渐变化为个体农民分散经营的方式，塘浦圩田也随之解体，分割为以泾浜为界的小圩。在当时生产力条件下，塘浦大圩不适应小农生产的体制，上百户个体农民在一个大圩里耕种，生产和生活都不方便，经济利益也有诸多矛盾，当时未能解决这些矛盾，塘浦大圩就无法继续推行。

塘浦圩田集中于吴淞江、元和塘两岸，其地面高程相当于现在的半高地。唐和五代的塘浦圩田外恃高厚的圩岸抗洪，内靠未开发的湖荡、洼地、低田蓄涝，以保地面较高的田丰收，其土地利用率不高。且高田地区常年大包围，高低田间矛盾多，也是塘浦大圩解体的另一原因。

塘浦圩田虽在北宋时大部分解体，但在历史上对开发低洼地、发展农业生产以及湖东地区的河网化，都有积极的作用，对以后采取联圩、并圩治理措施也有启示。中华人民共和国成立后，流域部分地区经济发展到一定阶段，根据当地条件，扩大圩区规模，缩短防洪战线，提高防洪除涝标准，联圩并圩又成为一种发展趋势。联圩并圩时不适当地侵占河道或阻塞水路，过量挤占水体的调蓄容积，会对水利和生态带来一定的不良后果。

八、苏州城区河网

苏州市位于太湖东北，属太湖出水区，地势平坦，河道纵横，唐诗有云“君到姑苏见，人家尽枕河，古宫闲地少，水巷小桥多”，“绿浪东西南北水，红栏三百九十桥”，就是对苏州城区“小桥、流水、人家”水巷小桥交织的生动写照。

周敬王六年（前 514 年）吴王阖闾命伍子胥筑阖闾大城（现苏州城），立水陆城门，导城外塘河，穿护城河和水门与城内河道相通。

楚考烈王十五年（前248年），封相国春申君黄歇于吴。黄歇为防太湖洪水经胥塘倒灌苏州城区封闭胥门，并增辟葑门，以利东向泄水。同时还在城内开凿河道，使河水贯通全城，绕流城厢，开始形成城区河网。

历史上存在过城区水陆城门八座，通城外塘河，即齐门外元和塘、娄门外至和塘、相门外相门塘、葑门外葑门塘、盘门外西塘、胥门外胥塘（江）、阊门外山塘和金门外上塘。城郭周长四十七里一十步二尺。

至宋代苏州城区河网已有相当规模。据现存南宋绍定二年（1292年）《平江图》石碑，当时苏州城区城内河道遍布，主要有东西向“横河”12条，南北向“直河”5条，河街平行，形成双棋盘式网状分布。此外，还有支河69条与之相通，城内河道总长82千米。稠密的河网加上水陆城门的挡控，构成了古代的城区防洪工程。

经元、明、清三代，苏州城区河网日见萎缩。至清嘉庆年间（1746—1820年），主河道尚留“三横四直”，河道总长减至55千米。至1949年年初，主河道还有“三横三直”，但长度进一步减至18千米，城区河道总长减至40千米，水门则大部分废圮，只有盘门一座仅存。三条横河是桃花坞河、干将河、道前河，三条直河是学士河、临顿河、平江河。据1983年调查，城区河道总长已进一步减少到35公里，但三横三直仍保留，并与古城区环城河连成一体。

第二章　水　乡　古　镇

太湖流域是著名的江南水乡与典型的水网地区，苏南、浙北和上海郊区分布许多因水而出名的城镇。这些古镇皆因水显景色，因水聚人气，因水兴商业。依托改革开放和旅游开发，有些古镇已名闻遐迩，不但基本保持了历史风貌，而且融入了现代文明。

本章介绍水乡古镇12座，均为全国历史文化名镇，其中江苏省6座，即苏州市吴中区木渎和角直、昆山市周庄、吴江区同里，无锡市锡山区荡口，常州市新北区孟河；浙江省4座，即嘉兴市桐乡市乌镇、嘉善县西塘、海宁市盐官，湖州市南浔区南浔；上海市2座，即青浦区朱家角、金山区枫泾。

第一节　木　渎

木渎镇位于苏州城西，已有2500多年历史，清代《姑苏繁华图》中曾重点描写了木渎。相传春秋末年，吴王夫差在苏州城外西南隅的姑苏山上修造姑苏台，又在灵岩山上修造一座馆娃宫，“三年聚材，五年乃成”。大量木材经水运到达，竟堵塞了山下的河流港渎，“积木塞渎”因而得名。

古镇最有特色的是水，香溪和胥江在镇中交汇，沿河有王家桥、斜桥、郏巷桥、虹桥、西安桥、廊桥、永安桥、西津桥等古桥，河边民居鳞次栉比，与绵延的石驳岸组成了古朴的水乡景色。桥又与众多街巷相连，山塘、下塘、下沙、中市街等街巷深处有多处私家园林。

木渎整个镇就是一座江南园林，镇上明清年代私家园林就有20多处。园内山水曲折流转，古树名木众多，花卉五彩缤纷。灵岩山上的灵岩寺为梁代建筑。馆娃宫是中国历史第一座山顶皇家花园，清代康、乾二帝多次南巡，均驻跸于此。虹饮山房为乾隆民间行宫，内藏二十道清代圣旨。榜眼府第是清道光二十年（1840年）一甲二名进士冯桂芬的私宅，冯桂芬是林则徐弟子，近代政论家，其府前宅后园林占地近十亩，是典型清代园林建筑，主要特色是江南三雕——砖雕、木雕、石雕，花园以池为中心，亭、轩、廊、榭、桥和假山散落其间，绿树掩映，充满诗情画意。此外，还有民国时期的严家花园，是严家淦先生的故居，也是江南名园。

第二节　角　　直

角（音 lù）直镇属苏州市吴中区，位于苏州市城东南，昆山与吴中区边界。其北有吴淞江，东有大直港，西、南两面是澄湖，东市河、西市河、南市河三条主要河道在镇中心交汇，造就了角直镇的水乡景色。

角直有 2500 多年的历史记载，古代角直又称甫里，其全盛时代在南北朝，其兴盛与古刹保圣寺关系密切。

角直的街巷具有自己的特色。街巷都以石板或弹石铺地，排水通畅，下雨后，雨停路干，行路方便。街道一般沿河，巷（弄）与街道或河道直交，沿街为商业用房，后面是作坊或民居。巷（弄）最长的达 150 米，巷中宅院可有三进至七进的深度。古镇保存了许多古代建筑，包括桥梁、寺庙、名人故居、牌坊等，且许多名胜古迹又与历代名人紧密相关。

古镇有 40 多座古石桥，桥上精致的雕刻无一座重复。其中名桥有东大桥、三元桥和万安桥等。东大桥是镇上最大古桥，建于十七世纪的明代，桥址在镇东端，桥南堍属昆山，桥北堍属吴县，可谓一桥跨两市。三元桥和万安桥是一组双桥，均位于镇上中市街，三元桥的东桥堍与北侧万安桥的南桥堍相连，可与周庄双桥比美。

保圣寺是古镇最著名的胜迹，始建于梁天颜二年（503 年），有 1500 多年历史，全盛时期有屋宇五千，僧侣千人，可见其规模之大，香火之盛。寺内现存建筑有二山门、天王殿、古物馆等，古物馆内的塑壁罗汉是唐代珍贵文物，原有罗汉十八尊，为唐代被称为“圣手”杨惠之的杰作。1928 年寺院发生房屋坍塌，其中九尊被毁，现还留有九尊。圣保寺是全国重点文物保护单位。

圣保寺西侧有隐居的唐代著名诗人陆龟蒙之墓。陆龟蒙，唐代农学家、文学家、道家学者，曾任湖州、苏州刺史幕僚，后隐居在角直镇，编著有《甫里先生文集》等。

江南文化园是镇上具有江南水乡特色的古典园林，占地 150 多亩，集休闲、娱乐、观光于一体，内有角直历史文物馆、盛唐甫里街、甫里书院、中心园林区等。

叶圣陶是我国著名的教育家，叶圣陶纪念馆就设于他当年任教的“吴县第五高等小学”旧址，展厅以实物、照片、文字资料等介绍了叶圣陶光辉的一生及其在教育、文学、社会活动等方面的重大贡献，特别是他在角直期间进行的教育改革和文学创作活动。

沈宅为同盟会会员、教育家沈柏寒的故居，宅院规模大，原建筑面积共 3500 多平方米，现修复开放的约 1000 平方米，为宅院的西部。宅院的建筑布局属于亦仕、亦商，前店、后宅，左坊、右铺的布局。沈宅属保存完好的大户人家宅第。

第三节 周 庄

周庄镇古称“贞丰里”，有900年历史，位于昆山、吴江、上海三地交界处，坐落于淀山湖西边的入湖河道急水港北岸。镇区四面环水，依河成街，具有典型的“小桥、流水、人家”江南水乡景色。

周庄古又称摇城，因其曾为春秋吴太子摇的封地。北宋时当地人周迪功将其房产和粮田捐献给寺庙，后人感其恩德而改名周庄。

周庄多古桥，河上保留有元、明、清历代石桥数十座，最古老的富安桥始建于元代，四埯各有一座飞檐垂角、装饰富丽的楼阁，是目前江南水乡仅存的桥楼合璧建筑。双桥因被现代画家陈逸飞撰作主题，画入著名的油画“故乡的回忆”而名扬海外。

周庄镇内河道呈“井”字形布局，贯流全镇，形成八条长街。800多户人家枕河而居，临河水阁比比皆是，60%以上民居依旧保存着明清时期建筑风貌。沈厅和张厅是镇上的深宅大院，粉墙黛瓦，气势非凡。沈厅即明朝富商沈万三的古宅。西晋文学家张翰、唐代诗人刘禹锡、陆龟蒙等均曾寓居于周庄。民国时期南社发起人柳亚子、陈去病也曾常聚会于此，近年也有国际会议在此举行。

第四节 同 里

同里镇位于苏州市吴江区同里湖西侧，北距苏州市中心18千米，东离上海市80千米。镇旁同里湖北通吴淞江，水陆交通均较方便。同里古镇始建于宋代，已有1000多年历史。镇内始建于明清两代的花园、寺观、宅邸和名人故居多达数百处，不仅水乡景色优美，文化底蕴更是深厚。

同里原名富土，宋代将“富”字上截宝盖头去掉一点化为“同”，将其下截田字叠加在“土”上变成“里”字，改名同里。镇周围被同里、九里、叶泽、南星、庞山五湖环绕，内部又被15条网状河道分割，形成7座小岛，由49座风格迥异的古桥连成一体，以“小桥、流水、人家”著称。

镇中家家邻水，户户通舟，街道沿河，屋宇丛密。今尚有明清宅院38处，寺观祠宇4处，著名的古迹有一园（退思园）、二堂（崇本堂、嘉荫堂）、三桥（太平桥、告别桥、长庆桥）。乘坐游船行河道穿桥洞，别有一番情趣。

退思园是晚清安庆凤颖六泗兵备道任兰生的私家花园，建于1885年，占地9.8亩。“退思”为“进思尽忠，退思补过”之义。园内山、水、亭、台、楼、阁、堂、廊、轩、榭、舫、桥、厅一应俱全，各种景色齐备，春夏秋冬四季景致宜人，充满诗情画意，是江南园林的杰作。

清雍正年间，苏州府在同里设太湖水利同知署，负责河工水利，旧址现经修缮设立太湖水利展陈馆，展示太湖流域水利成就和水文化。

第五节 荡　口

荡口镇位于无锡市锡山区鹅真荡西岸，东与苏州市交界，距苏州市区 28 千米，西距无锡市区 24 千米。

荡口镇周边湖荡众多，东倚 8000 多亩水面的鹅真荡（古称“鹅湖”），南临 800 多亩水面的南青荡，北连蔡湾荡，西接苏舍荡，湖荡之间有密集河道沟通。东连鹅真荡西通伯渎港的张塘河从镇中穿过，其两侧河浜四通八达。镇内景色优雅，小桥流水，橹声咿呀，石巷幽深，粉墙黛瓦。古河、古桥、古寺庙、古民居彰显了古镇深厚的历史文化底蕴。

荡口历史悠久，古称丁舍、丁村。至明代，经济发展，水运大兴，商贾云集，逐渐变成繁荣的商埠。清乾隆年间改称荡口，以突出其水乡地理位置。至清末百业兴盛，成为十分繁荣的集镇。民国时期，开通了多条客货班船和小火轮，成为锡东一大商埠，还被誉为“无锡小上海，荡口小无锡”。2004 年无锡市区划调整，与甘露合并为鹅湖镇，镇行政中心仍设在荡口。

荡口自古坚持崇教兴学，历史上人才荟萃，名贤辈出，特别是华、钱两大家族出了不少名人。清乾隆十年（1745 年），华氏建立了清代无锡第一个义庄，即荡口华氏义庄，资助了一批人才的成长。清代以来，出自荡口的知名人物，晚清有数学家、教育家、翻译家华蘅芳，近代有国学大师钱穆，科学家、教育家钱伟长，创作《歌唱祖国》等著名歌曲的音乐家王莘，漫画家华君武，气象学家吕炯等。钱穆和钱伟长幼年都曾在荡口受到良好教育，后来进了常州附中和无锡县中，为一生事业发展打下了扎实的基础。

在荡口北仓河地区有无锡最大、最完整的明清历史建筑遗产群，从 2007 年开始，进行保护和修复建设，并配套建设文化旅游和配套设施。荡口现已成为无锡具有历史人文内涵和江南水乡风情的著名旅游景区。

第六节 孟　河

孟河镇位于常州市西北部，于 2003 年由原小河、孟河两镇合并而成。汉代孟河还只是长江边上的一个小渔村，随着孟河河道的拓浚和水利水运的发展，古镇逐渐兴旺发达，成为商业繁荣和人文荟萃之地。在南北朝时，曾出了齐梁两国各一位开国皇帝及其后十三位皇帝。清代中后期，孟河又以中医著名，以费伯雄、马培之为代表的孟河医派，冠于吴中。孟河还是近代革命先驱恽代英的故乡。

东汉建武元年（25 年），从长江抄瓢港至小黄山下汤巷里的河道拓浚工程完成，孟河成为京口至江阴间连通长江和江南运河的重要南北通道。唐元和五年至八年（810—813 年），常州刺史孟简再浚孟河，用工五十万人，历时四年，规模宏大。疏浚后孟河不仅可接济漕运，还可改善灌溉。河道此后又称“孟渎”。清雍正五年（1727 年），开通小河岗（即新孟河），光绪中叶再开通小河港的穿心港和拦门沙港后，这一地区的水运就更为便捷。

孟河城于明嘉靖三十七年（1558 年）筑成，城墙高二丈余，周长约四华里。城周围有护城河，自此孟河又称孟城，成为历代朝运的边防要塞。从明、清、太平天国以至民国均派兵驻防，相传明代戚继光曾在此防御倭寇。孟河古城墙在 1952 年至 1958 年期间拆毁，现仅在大南门口还留有一段长十余米的墙体。

孟河镇的人文景观有萧氏宗祠、万绥东岳庙、费伯雄故居和九龙禅寺等。萧氏宗祠位于孟河古镇万绥村，是南朝齐梁两国皇帝的祖居地。西晋末淮阴令萧整避乱过江，率领族居万绥一带，即为南兰陵萧氏，诞生了南北朝齐梁两国的十五位皇帝。南梁开国之君萧衍尊儒兴学，昭明太子萧统主编的《昭明文学》是我国现存的第一部文学总集。萧氏后裔中有三十多人官居相位，直至唐代著名的“兰陵八萧”。现海内外萧氏宗亲也常来此寻根祭祖。

万绥东岳庙位于镇区戏楼路北段。该庙一说为梁武帝萧衍所建，系萧氏家庙；另一说为唐太宗李世民所建，李曾下旨更改了此处开国君王诞生地的镇名，以图保唐王朝永世不衰，更改后的镇名为“万绥”，与“万岁”同音，意欲永保绥靖平安。东岳庙也为此而建，意为用东岳泰山镇住帝气黄根。东岳庙形制古朴，建筑精美。

费伯雄故居位于镇区南大门，系清代咸丰、同治期间建筑，为硬山式砖木结构，现为常州市文物保护单位。

第七节　乌　　镇

乌镇位于桐乡市北部与湖州和吴江交界处，江南运河新线澜溪塘由此经过。乌镇建镇已近 1200 年，景色雅致，人文荟萃。自公元 847 年建镇以来，虽历经千年风雨，仍保存着清末民初的建筑群落，同时又开发了现代的度假休闲景区。

明清时乌镇有八大街、四十坊、六十八巷，现虽已时过境迁，但东大街、南大街、西大街等老街仍在。在街上还有许多墙界标志，即大户人家修建的横跨大街的拱券门，门高与富裕程度相关，且两两相对，形成壁垒。

乌镇自古以桥多闻名，可谓“百步一桥”，最多时有 120 多座，现仍存古桥 30 多座，其形成因地势而异，或呈石拱，或平铺，或雄伟，或轻巧，颇具观赏价值。其中值得一提的是由通济和仁济两桥连成的“桥里桥”，两桥始建年月已无从查考，仅知重建约在明正德十年（1515年），距今也有500多年。两桥各呈南北和东西向，以直角相连，站在连接处，可见两桥全貌。与周庄双桥相比，别具风采。

乌镇是水乡，也是文化古镇，自宋代至清代，共出了64名进士，167名举人，人才鼎盛。镇上有六朝遗胜昭明书院，是梁武帝昭明太子萧统随老师著名文学家沈约读书之地，萧统主编的《昭明文选》对后世影响颇大，与《诗经》《楚辞》齐名。乌镇也是现代文学家茅盾（沈雁冰）的故乡，镇上建有茅盾纪念馆。

1999年乌镇启动了古镇保护与旅游开发，2001年新开发的东栅景区对外开放。2006年二期西栅景区又对外开放，该景区保留了原有民俗风情与历史遗迹，同时又新建了各类时尚休闲场所，以及星级度假酒店和国际会议中心。现为世界互联网大会举办地。

第八节 西　塘

西塘镇位于嘉善县北部、祥符荡西侧，虽历经沧桑，但始终疏影浅露偏于一隅，默默散发着江南水乡的原汁原味，以廊桥石弄的浪漫风情吸引着世人。

西塘镇区有9条河道交汇，全镇被分割成8块，由五福桥、卧龙桥、送子鸾凤桥、环秀桥等众多古桥将镇区连在一起。镇上的河绕街流淌形成水巷，水巷边长长的廊棚，如长长的带子弯弯地缠绕在古镇的河边。

在江南水乡古镇中，廊棚是最常见的，但大都是分段散布的，唯有西塘留存的连续廊棚长达1.3千米。西塘廊棚主要分布在朝南埭、北棚街、南棚下、里仁街、信步廊棚下等处。廊棚规模之大，造品之精，内涵之深，堪称江南一绝。廊棚由沿河商家各自搭建，店与店连，各店廊棚也就连续不断，即使某店关闭或搬迁，廊棚也不拆除，且廊棚一有破漏，店主随即修缮。因此，西塘的廊棚在江南古镇中是保留最长而且保持最好的。

“廊”可说是西塘的街，“弄”就是西塘的巷。西塘现尚存“弄”122条，其中最长的弄有236米，最短的仅3米。最著名的是石皮弄，长68米，最宽处1.1米，最窄处0.8米，由216块石块铺成，“石”“皮”合成“破”字，但石皮弄并不破旧，弄中两边排满门面不宽的宅第，一开宅门，宅内天井畅亮，竹影婆娑，藤蔓蒙络，客厅装饰古色古香。

西塘镇上还散布着以民间艺术为内容的私人展馆，有的还是几代传承，如父子版画馆、书画篆刻馆、明清木雕馆、杜鹃盆景馆等。西塘风景旅游和文化艺术相互融合，在清雅的里弄、深宅和廊棚之间显示出其深厚的文化底蕴。

第九节 盐　官

盐官镇属于海宁市，位于杭嘉湖河网南缘钱塘江北岸，上塘河入钱塘江的口门处。

西汉吴王刘濞设司盐之官于此而得名。盐官镇历史悠久，唐、宋、元、明、清均在此留下了印迹。

盐官镇现存有3座唐代安国寺石经幢，是中国最早的石构仿木石经幢。宋代有城隍庙，元代有拱辰门水门，明代有占鳌塔，清代有海神庙、镇海铁牛。海神庙建于1730年，未用地方税银，而由雍正特发内帑十万两，令浙江总督李卫督建，一年多便完工。海神庙两座汉白玉镶门石坊跨街而立，庙前一条玉带河，河上建有石桥，俨然一座金水桥，这在历代神庙中是绝无仅有的。

盐官还是现代国学大师王国维（1877—1927年）的出生地。王国维集文、史、考古、金石、美学家于一身，有著述62种，批校古籍逾200种，学术成就很高，影响也很大。

盐官是观潮的绝佳地。钱塘江观潮，在唐代已很流行，观潮最佳位置以前在杭州，宋代以后，因河道变迁，最佳位置移到海宁盐官。孙中山、毛泽东都曾在海宁观潮。孙中山在海盐南门海塘上观潮，留下了“猛进如潮”的匾额；毛泽东在盐官七里庙观潮，留下了七言诗“观潮”。现钱塘江边建有中山亭和毛泽东观潮诗碑亭，记录了盐官历史上珍贵的伟人足迹。

第十节 南 浔

南浔镇属于湖州市，位于頔塘中段浙江省与江苏省交界处。南浔有七百多年历史，由南宋南林和浔溪两个小集市发展而成。镇内有頔塘、凤桥港、九里桥港穿过，周边有白米塘、甲午塘流经。

南浔自古以来即以丝绸闻名，素以“辑里湖丝”驰名中外，靠经营蚕丝业发展成巨富之镇，明万历至清代中叶为其经济鼎盛时期。南浔也是古浙商的聚集地，建有不少有名的私宅和园林，如号称“江南第一宅”的张石铭旧宅、张静江故居、百间楼以及小莲庄、颖园、述园等。

南浔自古以来文化昌盛，人才辈出，明代就有“九里三阁老，十里两尚书”之说，仅宋、明、清三代就出了41名进士。镇内的嘉业藏书楼是园林式藏书楼，也是江南四大藏书楼之一，为清末南浔富商刘承干在1911—1920年间修建，藏书最多时达60万卷。清末宣统皇帝曾御赐“钦若嘉业”九龙匾额，因此得名。1951年，楼主将全部房产及藏书捐献给国家，现为浙江图书馆古籍书库，其地方志收藏丰富。中华人民共和国成立后其曾为确定中印边界麦克马洪线位置提供资料，受世人关注。

南浔镇现已成为湖州市一个区，根据2003—2020年《湖州市城市总体规划》，湖州市将建成为“一城两区”的带状组团式城市，“一城”即湖州中心城市，“两区”即由湖州和织里组成的中心城区和相对独立的南浔城区。南浔成为建设中的湖州山水园林城市的重要组成部分。

第十一节 枫泾

枫泾镇位于上海市金山区与浙江省嘉善县交界处。该镇始建于南北朝梁天监元年(502年)，成市集于宋代，建镇于元代，至今已有1500多年的历史。枫泾在古代就是吴越的交界，也是吴越文化的分界。“界河两岸分南北，半隶茸城半魏塘”就体现了枫泾的独特地理位置。

镇内河道纵横，有西栅河等河道流过，河上桥梁众多，有“三步两座桥，一望十条港”之说，至清末仍有52座，现还保留10余座。历史最悠久的南大街致和桥建于元代。在致和桥前有虹桥，在虹桥堍，市河成“丁”字形，面向三面河道方向，可看到三座桥，尽现桥乡风貌。

古镇历史上手工业发达，宋代已有铁、木、竹、农具和日用小商品手工制作。元代枫泾已成为商业重镇，客商云集于市河两岸，临水成街，其时临河商业长廊曾达800米长。现修复的长廊南起致和桥，北达竹行桥，也有近300米长，属江南水乡现存长廊中规模较大的。

镇内保有规模较大的明清古建筑，大多沿河展开，其中仅和平、生产、友好、北大街四条街就有近五万平方米。北大街两侧都是两层楼房，临街一面均是平面结构，但后门临河一面，却各具特色，或重檐叠瓦，或骑楼高耸，或勾栏亭阁，或是低层的近水楼台，并有石级通向河埠。河中常有游船穿行，人景辉映，组成多姿多彩的水乡景色。

枫泾历史上多寺院庙宇，早在南朝梁天监元年（502年）已建有道院，明清时佛教盛行，街巷遍置寺庙，清末天主教和基督教也开始传入。镇上现还有性觉禅寺、施王庙等宗教景观。

枫泾历代多名人。宋代有词人、画家李甲，元代有教育家戴光远，明代有名儒陈继儒、御医陈以诚，清代有二品大员谢墉、状元蔡以台。当代有民革中央主席、全国人大常委会副委员长朱学范，国画家程十发，漫画家丁悚、丁聪等。古镇还有一处具有浓郁江南特色的人工园林——三百园。三百园是宋代陈舜俞私宅的后花园，陈曾任屯田员外郎，喜好诗画，学识渊博，与欧阳修、苏东坡、司马光等交往甚深。

第十二节 朱家角

朱家角位于上海市青浦区淀山湖东岸，2000年将原沈巷镇并入后，成为上海目前最大的集镇，全镇面积达1.5平方千米。黄浦江支流拦路港从镇西北面流过，漕港河西东向穿过，将全镇分成南北两片。

朱家角的集市形成于宋元两代，明万历年间已成大集。清末镇上已有工业，主要是粮油加工。民国初年，米市极盛，漕港河两岸米厂、米行、米店多达百家，商业已居青浦县首位。中华人民共和国建立后，经济发展迅速，至20世纪末已形成有色金属、化纤、轻工机械、丝绸服装等行业集团。

作为水乡古镇，朱家角有古石桥30多座，其中石拱放生桥是江南地区最大的五孔石桥，其余如课植桥、永丰桥等也各有特色。

河港两岸都建有石驳岸，石驳岸上镶嵌着用花岗石雕刻的缆船石，形态各异，有牛角形、宝剑形或如意形，均具古朴之美。

槽港河两岸街上遍布青砖黛瓦的明清建筑，街面由花岗石砌成。全镇古宅建筑多达四、五百处，著名的有三柳渔庄、王昶故居、福履绥址、席氏厅堂、陆氏世家、陈莲舫故居、仲家厅堂等，是江南富家豪门建筑的集成。

古弄幽巷也是朱家角的迷人之处，镇上古弄有二、三十条之多，路、街、弄形成网络或棋盘形各具。穿弄走巷，寻古探幽，趣味无穷，逐步形成了颇受青睐的“古弄旅游”。

朱家角的宗教文化也源远流长，著名的佛教寺院有始建于南宋的普光寺和始建于元代的圆津禅院，明清佛教全盛时期，全镇有寺庙20多处。位于淀山湖畔的报国寺是上海市玉佛寺的下院，寺院建于明代，至今香火不断，经20世纪80年代后上海市佛教协会几次修缮扩建，已被列为市级文物保护单位。此外，道教、天主教、基督教、伊斯兰教都在镇上建有活动场所。

朱家角历代人才辈出，文儒荟萃，明清两代共出进士16人、举人40多人。其中知名的有清代学者王昶、御医陈莲舫、小说家陆士谔、报业巨头席子佩、画僧语石等。王昶是乾隆十九年进士，刑部右侍郎，镇上建有王昶纪念馆，馆内有蜡像，展出诗、书、画和碑刻等展品。

镇上还有两处园林，一处是课植园，建于1912年，为庄园式园林，占地96亩，园名寓意“一边课读，一边耕植”，故建有书城和稻香村，园内亭台楼阁、廊坊桥树、厅堂房轩俱全，构思精巧。另一处珠溪园建于1956年，占地70余亩，内设春、秋、冬三园，各有时令特色。

第三章 治 水 人 物

第一节 商、周及春秋战国时期治水人物

一、泰伯

泰伯（约前1165—前1074），又称太伯，周太王古公亶父长子，吴国第一代君主，东吴文化的宗祖。孔子称其为“至德”，司马迁在《史记》里把他列为“世家”第一。他为让位于三弟季历，与二弟仲庸南迁定居于梅里（现无锡梅村），建立了“勾吴”国。春秋战国时期的吴国就是在“勾吴”国基础上发展起来的。公元前1122年泰伯率领百姓开挖了太湖流域第一条人工河伯渎（现伯渎港），伯渎港在历史上曾为吴古故水道中一段，据《绝越书》记载“吴古故水道，出平门（苏州平门）上郭池（苏州护城河），入渎，出巢湖（现漕湖），上历地，过梅亭（现梅里），入杨湖（芙蓉湖），出渔捕（现利港），入大江”，可见其中漕湖至扬湖段中即包括了过梅村的伯渎港。在江南运河逐步开挖后，伯渎港变成了一条区域性河道，至今对当地水利和农业仍有重要作用。泰伯死后葬于无锡市鸿山，建有泰伯墓。后人为纪念他，在无锡梅村伯渎港旁，建有泰伯庙。现存泰伯庙建于明弘治13年（1500年），经明清多次修缮、扩建，使得泰伯庙颇具规模，成为江南有名的古迹。

二、伍子胥

伍子胥（前559—前484年），名员，字子胥，春秋时吴国大夫，原为楚国人，因其父伍奢被楚平王所杀，乃投奔吴国，帮助吴王阖闾，整军经武，富国强兵。为与越国争雄，周敬王二十五年（前495年），伍子胥在今上海金山县境内凿河，自长泖接界泾而东，尽纳惠高、彭港、处士、沥渎诸水，东抵张泾，形成上海最早的人工河道，后人称为胥浦。伍子胥同期还在江苏省境内开挖了胥溪（即今湖西南河干流的上段）、邗沟，连同胥浦，三河成为吴王夫差攻楚、讨越、伐齐的三条重要运河。

今金山县吕巷镇栖风村胥浦塘塘畔，建有伍员祠，又称胥浦庙，就是后人为纪念他所建。

三、夫差

夫差（前528—前473年），春秋末年吴国国君，吴王阖闾之子，在位时间为公元

前495—前473年。公元前495年，夫差接位后就开挖了江南运河最初的河段，即苏州至奔牛段，经孟河入长江。为了向北发展，公元前486年又开邗沟，通过射阳湖至末口（现淮安）入淮河，使太湖流域与长江、淮河相沟通。

四、黄歇

黄歇（前314—前238年），战国时楚贵族，顷襄王时任左徒，考烈王接位，任令尹（宰相）。考烈王十五年（前248年）改封于吴（现苏州），号春申君。公元前248年黄歇治无锡湖，立无锡塘。无锡湖又名芙蓉湖，在今江苏常州市武进区东、无锡市西北。《越绝书》载："无锡湖者，春申君治以为陂"，此处"陂"为堤内成田的陂，不是堤内蓄水的陂湖。今芙蓉圩，地跨常州、无锡两市两区六个乡镇，总面积57195亩，只是古芙蓉湖的一部分。相传黄歇治水松江，还开挖了黄浦古道黄歇浦，上与横潦泾和胥浦相接，下在今闵行附近入海。

第二节 汉、晋、唐时期治水人物

一、陈浑

陈浑（约140年—?），东汉熹平二年（173年）为余杭县令。县内苕溪泛滥，淹没田庐，灾及邻县。陈浑在任内筑南苕溪堤防，开上、下南湖，是东苕溪水系的重要防洪、灌溉工程（详见本篇第一章第二节）。民国《杭州府志》称："湖东南岳庙之侧有石棂桥、五亩塍二处，皆汉陈浑遗迹。南湖上有东郭堰，汉陈浑置。"当地人称颂石棂桥和五亩塍是陈浑之功，曾建祠以祀。

二、陈敏

陈敏（？—307年）西晋惠帝时在扬州任广陵相，永兴元年（305年）造反过江，占据江东，于永嘉元年（307年）被杀。永兴二年（306年），陈敏令其弟陈谐拦蓄马林溪水，以灌云阳（现丹阳县），创建了练湖（详见本篇第一章第二节），其周长40里，蓄水面积2万多亩，蓄水量相当于3000多万立方米。练湖初建时以滞洪灌溉为主，至唐中期发展为兼利漕运，向江南运河补水，唐后期至宋，则以济运为主。民国时期部分辟为农场。1949—1971年逐步改建成为国营农场。

三、于頔

于頔（？—818年），字允云，唐河南洛阳人。德宗时任湖州、襄州刺史，山南东道节度使；宪宗时任同中书门下平章事（相当于宰相），后贬为太子宾客。曾封燕国公。

于頔任湖州刺史期间，于贞元八年（792年）全线整修荻塘。东晋永和年间（345—356年）吴兴太守殷康筑塘，灌田千顷，以其地多芦荻，故名荻塘。唐开元年间乌程令严谋达、广德年间湖州刺史卢幼平都曾进行过增修，而以于頔重筑规模为巨，成效显著，民颂其德，改名为頔塘（详见本篇第一章第一节）。頔塘地处杭嘉湖平原西北隅，西起湖州，经南浔，东至平望，与江南运河会合，其中湖州段至南浔长37千米，南浔至平望段长58.7千米。頔塘具有防洪、排涝、航运等多方面作用，在航运方面是今长（兴）湖（州）申（上海）线西段，航运频繁。

贞元十三年（797年），于頔又修复长兴西湖。《旧唐书·于頔传》载："长城方山其下有水曰西湖，南朝疏凿，溉田三千顷，久湮废。頔命设堤塘以复之，岁获杭稻蒲鱼之利，人赖以济。"

四、白居易

白居易（772—846年），字乐天，太原人，唐代大诗人，生于河南新郑（现河南新郑县）。白为贞元进士，授秘书省校书郎、左拾遗及赞善大夫，后贬为江州司马。曾任杭州、苏州刺史及刑部尚书。晚年号香山居士。

白居易于长庆二年（822年）出任杭州刺史，翌年江南大旱，杭州城外大片土地龟裂，禾苗枯焦，城内水井干涸，百姓祈之于神灵。白居易排除重重阻力和非议，决定筑堤捍湖，并修复了前任刺史李泌在任期间（766—779年）建的六井（实际是引西湖水的瓦筒涵管，其出口似井，故称为井），解居民饮水之难。据《新唐书·白居易传》，长庆四年白居易始筑堤捍钱塘湖，蓄水灌田达千顷。钱塘湖即今西湖，湖区比现在大，西到西山脚下，东北至武林门一带。白居易亲自踏勘，从钱塘门到武林门修筑长堤，堤内为上湖，堤外为下湖，连接郊区千顷农田。上湖周围30里，北筑石函，南设笕，平时承蓄雨水山泉，逢旱放水灌田，民大得其利。白居易所筑湖堤称白公堤，现已湮废，并非西湖现有白堤。

白居易重视水利管理，一是定量节制放水，严禁破坏堤坝、盗泄湖水；二是撰写《钱塘湖石记》，立碑记于湖旁，详述函、笕功用，蓄水、放水和保护堤岸方法和制度。长庆四年（824年），白居易离任，杭州百姓倾城相送。

五、归珧

归珧（生卒年不详），唐余杭县令，于宝历年间（825—827年）循陈浑所开南湖旧迹，修复南湖。又于南、中、北三苕溪会合处创筑北湖，围堤高一丈，周围60里，扩大了滞洪效益，并灌田千余顷。另取土筑甬道百余里，通西北大路，使路人免受溺水之苦。雍正《浙江通志》载，归珧作溪塘时，洪水冲决，未能成功，珧誓言"民遭水溺而不能救，是珧之职也。"再筑而就，后人称"归长官堤"。

六、钱镠

钱镠（852—932年），字具美，唐末临安人，五代十国时期吴越国的建立者，据有两浙十三州之地；后梁开平元年（907年），封为吴越王，兼淮南节度使，后梁龙德三年（923年）封为吴越国王。

钱镠立国四十年，以保境安民为国策，兴修水利，扶植农桑，发展海上交通，使江、浙一带经济迅速发展。后梁开平四年（910年），江潮危及杭州塘岸，钱镠发民夫二十万筑捍海塘，并创用竹笼石塘做堤身，用滉柱（木桩）护滩，以保杭州安全。钱镠还浚杭州城内外运河及西湖，引湖水济运，在钱塘江边建龙山、浙江两闸，御咸阻沙，控制江潮进入杭州城内运河。

钱镠重视太湖水利，认为太湖地区“衿带溪湖，接连江海，赋与甚广，田亩至多，须资灌溉之功，用奏耕桑之业”[1]，后梁贞明元年（915年）专设都水营田使，命于太湖旁募卒，创设撩浅军，撩浅军凡七八千人，常为田事，治河筑堤。撩浅军分为四路：一路在吴淞江地，着重于罱泥撩浅；一路在淀泖小官浦地区，着重于开浚东南入海通道；一路在杭州西湖，着重于清淤、除草、浚泉；一路在常熟、昆山等地，主要从事通江三十六浦开浚和堰闸维护。由于重视水利管理和维修，效益良好。“田各成圩，圩必有长，每一年或二年，率逐圩之人修筑堤防，浚治港浦，故低地之堤防常固，旱田之浦港常通也”[2]。因此吴越时期水灾少见，岁多丰稔。后人感其贡献，在临安建钱武肃王陵、金山卫城内立“钱武肃王庙”、松江城东门立“钱明宫”以祀之。

第三节　宋、元时期治水人物

一、范仲淹

范仲淹（989—1052年），字希文，北宋苏州吴县人，大中祥符进士。天圣年间任西溪盐官，主持修筑苏北泰州海堤，世称范公堤。景祐二年（1035年）任苏州知州，浚白茆、福山、黄泗、浒浦、奚浦、三丈浦、茜溪、七丫（鸦）、下张等河，疏导诸邑之水，使东南入吴淞江，东北入长江，并建闸挡潮。还总结出筑圩、浚河、建闸三项治理太湖地区的基本水利措施。庆历三年（1043年）任参知政事，奉诏条陈十事，提出整顿机构、改善吏治、兴修水利、发展农桑等十项建策，史称庆历新政。卒谥“文正”。

二、叶清臣

叶清臣（1003—1049年），字道卿，宋代苏州长州（现江苏吴县）人。天圣二年进士，以策擢高第，授三司使公事。宝元元年（1038年）为两浙转运副使，当时吴淞

---

[1] 引自《全唐文·建广润龙王庙碑》。

[2] 引自《三吴水利录》卷一。

江弯曲渐狭，水流缓慢，淤积严重。吴淞江有五道大弯，即白鹤汇、顾浦汇、安亭汇、盘龙汇和河沙汇（汇即大弯子），其中盘龙汇河道弯曲，水流不畅，大雨后即泛滥成灾。叶清臣上疏朝廷请示裁弯，裁弯成功后河水通畅，减轻了上游水灾。其后，在嘉祐和熙宁年间，两浙转运使李复圭等又先后裁直了白鹤汇和顾浦汇，均用盘龙汇裁法。

三、苏轼

苏轼（1037—1101年），字子瞻，号东坡居士，北宋眉州眉山（现四川眉山县）人。嘉祐进士。初任开封推官，熙宁四年（1071年）因上疏反对新法外调杭州通判。苏轼在杭州任通判时，于熙宁五年（1072年）曾督开汤村（现乔司）运盐河（上塘河）；疏浚西湖，灌溉民田，开浚茅山、盐桥二河（现杭州中河）以通江、湖。元丰二年（1079年）任湖州知州时，曾向朝廷提出治理太湖建议，并在湖州南岘峙前筑堤以捍洪，亦称苏堤。元祐四年（1089年）苏轼再至杭州任知州，深感西湖水利失修严重，翌年即上《乞开杭州西湖状》和《申三省起请开湖六条状》，提出了修管办法。次年，开工拓浚西湖，从夏至秋，以20万工开掘葑草和泥土，并用以筑成长堤即苏堤，将西湖分成里湖和外湖。苏堤堤长2.8千米，堤上建映波、锁澜、望山、压堤、东浦、跨虹六桥，并在堤上植芙蓉杨柳。宋人作画，题为“苏堤春晓”。苏轼在杭州治水，惠绩甚多，为后人颂。后病死常州。追谥“文忠”。

四、单锷

单锷（1031—1110年），字季隐，北宋水利家，江苏宜兴人。嘉祐五年进士，得第后不举官，独留心太湖水利，经多方考察，于嘉祐四年（1089年）著《吴中水利书》，经苏轼代奏于朝廷。该书主张修复胥溪五堰，减少太湖上游西路来水，开浚金坛、宜兴、武进间的古夹苧干渎，导太湖西北岗坡水入长江，浚治吴淞江，凿吴江塘岸，建木桥千所，扩大太湖下游排泄能力；在洪涝排除的基础上，修复圩田。

五、郏亶

郏亶（1038—1103年），字正夫，北宋太仓人。嘉祐二年（1057年）进士，以《苏州治水六失六得》和《治田利害七论》两次上书论太湖水利，提出蓄泄兼施，整体治理，“治高田，蓄雨泽”“治低田，浚三江”的治水治田相结合原则，以及高圩深浦，驾水入港归海的方案，深得王安石赞许。熙宁五年（1072年）任司农寺丞，主管兴修两浙水利。被豪强攻击去职后，在其家乡大泗瀼试行所提方案，修建圩岸、沟渠、场圃获得丰收，又因绘图上献朝廷，官复原职，升江东转运判官，后于知温州时病故，著有《吴门水利书》。郏亶和单锷都是宋代太湖水利史上颇具影响的人物。

六、任仁发

任仁发（1255—1327年），字子明，号月山道人，松江青龙镇（现上海青浦）人。

十七岁考取举人，历任中宪大夫、浙东宣慰使等朝廷要职。元大德年间吴淞江淤积严重，下游海口段水溢为患。大德八年（1304 年）任仁发上疏，条陈疏导之法，为朝廷采纳并付诸实施，开浚吴淞江海口段 38 余里，任以功擢升为行都水少监。大德十年（1306 年），任仁发又率民整治吴淞江江东、江西河道，并疏浚赵屯浦、大盈浦、白鹤汇等。后还曾督导治理经浜圩田和疏浚淀山湖，设置赵浦等三处石闸，提高了当地抗灾能力。

任仁发一生主要从事水利，除治理太湖下游吴淞江以外，还主持过通惠河、黄河等河道治理，著有《浙西水利议答录》。

任仁发业余爱好诗文书画，是历史上著名的鞍马画画家。

第四节　明、清时期治水人物

一、夏原吉

夏原吉（1366—1430 年），字惟哲，明代江西德兴人，后迁居湘阴（现属湖南省）。洪武时乡举入太学，擢户部主事，明成祖即位后升为户部尚书。永乐元年（1403 年）苏松大水，成祖命查视并加以治理。夏原吉受命后，亲自踏勘。其时杭州湾出海口封堵，水流改道向北，上海西南部淀山湖、三泖一带已成苏、湖、秀三州水之汇集处，又因豪强围湖占据，出路受阻，大量上游来水壅滞今金山、青浦、松江地区。吴淞江下游及黄浦江下游汇合处淤塞更为严重，从夏驾浦至上海县南跄浦口，潮沙淤塞，已成平陆。夏原吉采纳元代周文英的治水方略，放弃吴淞江海口段治理，转而疏浚昆山夏驾浦、嘉定西顾浦，引吴淞江水改道由刘家港（现浏河）出海，后人称为“掣淞入浏”。同时又采纳华亭人叶宗人（字宗行）的建议，放弃黄浦接吴淞江处“遏塞难浚”的江段，开挖其旁的范家浜（相当于今黄浦江在外白渡桥至复兴岛东的一段）“浚令深阔，上接大黄埔，下接南跄浦口”引淀泖之水入海。

次年又受命浚治吴淞江两岸支流和黄浦上游支河，尽通苏松旧河港共计四万一千余丈。

永乐三年召还掌部事，进少保兼太子大傅，卒年六十四岁，赠特进光禄大夫太师，谥“忠靖”，著有《夏忠靖集》。

夏原吉开范家浜，不仅改善了上海西南部众水壅滞淀泖的局面，且以黄浦江替代吴淞江成为太湖泄洪的主要通道，为日后上海港的建立和上海地区的繁荣创造了条件。

二、周忱

周忱（1381—1453 年），字恂如，明代吉水（现属江西省）人。永乐二年进士，由庶吉士授刑部主事转员外郎，后任越府长史。宣德五年（1430 年）任工部右侍郎巡抚江南，革除积弊、整顿赋税，并致力于水利。当时上海河港已经夏原吉整治，周乃浚昆山顾浦等河，加大上游来水量和流速，下游壅积泥沙遂尽为冲涤，水患即息。正统七年（1442年）太湖流域又发大水，周忱命增修低圩堤岸，又浚金山卫、独树营、白茆塘等沿海各河，通畅其塞，水患乃除。后又任户部尚书和工部尚书，景泰四年（1453年）卒，谥“文襄”。

三、杨瑄

杨瑄（1425—1478年），字延献，明江西丰城人，景泰进士，官至御史。成化十三年（1477年），任浙江按察副使时，杨瑄见海盐石塘因石料叠砌竖立顶激海潮易于损坏，乃改建为竖石斜砌的陂陀形塘，即斜坡式海塘。建时先打木桩护脚，贴桩置横石为枕，再用竖石斜砌，并堆碎石于内支垫。新塘坚固稳定，甚优于旧塘。当时共改筑旧塘2380丈。海盐百姓念其功绩，曾建庙纪念。在任时，还奏请疏浚杭州西湖及城河，并开涌金水门，引湖水入城河，出清湖闸，灌溉仁和一带农田。

四、海瑞

海瑞（1514—1587年），字汝贤，一字应鳞，明琼山（现属海南省）回族人，嘉靖举人，官至巡抚应天。嘉靖时任户部主事，穆宗时迁左通政。隆庆三年（1569年）晋佥都御使，巡抚应天（现南京）诸郡，行部苏、松。其时明初所挖范家浜已成宽阔黄浦江，吴淞江已成为黄浦江支流。海瑞顺应地理变迁趋势，遂以吴淞江作支流开浚，自嘉定县黄渡艾祁至上海县宋家桥（现市区福建路桥附近）八十里，在今外白渡桥附近与黄浦江接通，吴淞江下游段（现上海市区苏州河）从此成形。稍后，又浚白茆、刘家河、黄浦江诸海口。后遭排挤降职，谢病归里十六年。万历十三年（1585年）重任南京都察院佥都御使，以疾卒于官，诏赠太子少保，谥“忠介”，著有《海瑞集》。为纪念其功绩，吴淞江畔建有“海公祠”以祀。

五、朱轼

朱轼（1665—1736年），字若瞻，清江西高安人，康熙进士。康熙五十六年（1717年）任浙江巡抚。

朱轼巡抚浙江，时值江海主流改走钱塘江北大门，南岸夏盖山以北江中又出现中沙，两岸海塘为潮所啮，时筑时圮。朱轼在海宁（现盐官）老盐仓等处改筑鱼鳞大石塘950余丈，下用木柜，外筑坦水，计3000余丈，再开备塘河7700余丈以防海潮泛溢。此筑塘法，后为雍、乾时期大规模修筑鱼鳞塘所沿用。为加强海塘管理维护，朱又奏准在杭、嘉、绍三府各设海防同知一员，专任海塘岁修之职。雍正二年（1724年）以吏部尚书衔与浙江巡抚法海、江苏巡抚何天培行视江浙海塘，议修建方略。乾隆六年（1741年）赠太傅，谥“文端”，著有《朱文端公集》。

六、李卫

李卫（1686—1738年），字又玠，清江苏铜山人。康熙末年捐资为员外郎，雍正三年（1725 年）升为浙江巡抚，雍正五年加授浙江总督管巡抚事。

雍正四年（1726 年），李卫修浚杭州西湖，历时两年，耗银 3.7 万余两，挖淤浅葑泥 3000 余亩；雍正九年再浚西湖金沙港淤积，挖沙筑堤，自苏堤东浦桥至金沙港，广 3 丈余，全长 63 丈，名为金沙堤。雍正五年，李卫奏请抢修海塘。自雍正五年至雍正九年，筑成海宁柴塘 2791 丈、石塘 70 丈，盘头 9 座，修旧石塘 1024 丈；筑仁和、钱塘、海盐、萧山等县海塘 6040 丈，坦水 710 丈；筑平湖县土塘 2782 丈、石塘 90 丈。同时，浚治杭州上塘河 7799 丈，重修东苕溪右岸塘及陡门、湖州頔塘及二十五里塘河、桐乡运河等。然以修海塘为其主要业绩。

七、林则徐

林则徐（1785—1850 年），字少穆，晚号俟村老人，清代侯官（现福建省闽侯）人。嘉庆十六年（1811 年）进士，选庶吉士，授翰林院编修，迁御史。不久，出任杭嘉湖道，修海塘、兴水利。道光二年授淮海道，署浙江盐运使，迁江苏按察使，署布政使。

林则徐以虎门销烟闻名于世，然对治水亦颇重视，并身体力行。道光四年（1824 年）太湖流域大水，时下游入海入江水道普遍淤积严重，遂建议疏浚，由两江总督孙玉庭上疏允准，疏浚黄浦、吴淞、浏河、白茆等河道及其支流。经孙推荐，林则徐又以江苏按察使身份奉旨督办江浙七府水利。道光十一年升任河东河道总督，总管山东、河南两省黄河河务。道光十二年又任江苏巡抚。道光十四年疏浚浏河、白茆，裁弯取直，并各于近海处建闸，使与黄埔、吴淞交汇通流。在主干河通畅后，又檄苏、松、太道疏浚所属各支河，审其高下，或疏或浚，各兴其利，界连十五个厅、州、县，带来吴中数十年之利。

道光十五年六月，飓风海溢，今上海地区宝山冲毁土塘五千余丈，华亭西段外护土塘自戚家墩至胡家厂全线坍溃。因其时正修浙江海塘，朝廷经费不足，林则徐发动地方富绅捐输，并率巡、道、州、县各级官员各捐三千两，以为倡导。宝山集资二十五万两，华亭集资二十三万两，宝山海塘当年九月先行开工，道光十六年五月完工。时华亭塘工尚未开工，林则徐因调任湖广总督而离去，工程由后继者完成。

第四章 古代水利史典辑录

太湖流域古治水文献多见于宋代之后，本章选录宋、元、明、清四代有关文献。

第一节 宋、元时期水利史典摘录

一、北宋范仲淹《上吕相公书》及《条陈江南、浙西水利》

(一)《上吕相公书》

姑苏四郊略平，窊而为湖者十之二三。西南之泽尤大，谓之太湖，纳数郡之水。湖东一派，浚入于河，谓之松江。积雨之时，湖溢而江壅，横没诸邑。虽北压扬子江而东抵巨浸，河渠至多，堙塞已久，莫能分其势矣。惟松江退落，漫流始下。或一岁大水，久而未耗，来年暑雨，复为沴焉，人必荐饥，可不经划?

今疏导者不惟使东南入于松江，又使东北入于扬子江与海也，其利在此。……

新导之河，必设诸闸，常时扃之，以御来潮，沙不能塞也。每春理其闸外，工减数倍矣。旱岁亦扃之，驻水溉田，可救熯涸之灾，涝岁则启之，疏积水之患。……

畎浍之事，职在郡县，不时开导，刺史县令之职也。然今之世，有所兴作，横议先至，非朝廷主之，则无功而有毁，守土之人，恐无建树之意矣。苏、常、湖、秀，膏腴千里，国之仓庾也。浙漕之任及数郡之守，宜择精心尽力之吏，不可以寻常资格而授。恐功利不至，重为朝廷之忧，且失东南之利也。

(二)《条陈江南、浙西水利》

江南旧有圩田，每一圩方数十里如大城，中有河渠，外有门闸，旱则开闸引江水之利，涝则闭闸拒江水之害，旱涝不及，为农美利。又浙西地卑，常苦水沴，虽有沟河可以通海，惟时开导则潮泥不得而堙之；虽有堤塘可以御患，惟时修固则无摧坏。臣知苏州日，点检簿书，一州之田系出税者三万四千顷，中稔之利，每亩得米二石至三石，计出米七百余万石。东南每岁上供之数六百万石，乃一州所出。臣询访高年，则云：前时两浙未归朝廷，苏州有营田军四部，共七、八千人，专为田事，导河筑堤以减水患，于是民间钱五十文籴白米一石。自皇朝一统，江南不稔，则取之浙右，浙右不稔，则取之淮南，故慢于农政，不复修举。江南圩田，浙西河塘，大半堕废，失东南之大利。今江浙之米，石不下六、七百文至一贯，比当时其贵十倍，民不得不困，国不得不虚矣。

臣请每岁秋，敕下转运司，令辖下州军吏民各言农桑利害，或合开河渠，或筑堤堰、陂塘之类，并委本州军选官计定工料，每岁于二月间兴役，半月而罢，仍具功绩奏闻。如此不绝，数年之内农利大兴，下少饥岁，上无贵籴，辇运之费大可减省矣。

（据同治《苏州府志》《范文正公集》，参校郑肇经《太湖水利技术史》）

二、北宋郏亶《治田利害七论》

一论古人治低田高田之法者。昔禹之时，震泽为患，东有岗阜以隔截其流，禹乃凿断岗阜，流为三江，东入于海，而震泽始定。震泽虽定，而环湖之地，尚有二百余里可以为田，而地皆卑下，犹在江水之下，与江湖相连，民既不能耕植，而水面又复平阔，足以容受震泽下流，使水势散漫，而三江不能疾趋于海。其沿海之地，亦有数百里可以为田，而地皆高仰，反在江水之上，与江湖相连，民既不能取水以灌溉，而地势又多西流，不能蓄聚春夏之雨泽，以浸润其地。是环湖之地常有水患，而沿海之地常有旱灾。如之何而可以种艺耶？古人遂因其地势之高下，井之而为田。其环湖卑下之地，则于江之南北为纵浦，以通于江；又于浦之东西为横塘以分其势，而棋布之，有圩田之象焉。其塘浦阔者三十余丈，狭者不下二十余丈，深者二、三丈，浅者不下一丈。且苏州除太湖之外，江之南北别无水源，而古人使塘深阔若此者，盖欲取土以为堤岸，高厚足以御其湍悍之流，故塘浦因而阔深，水亦因之而流耳，非专为阔其塘浦以决积水也。故古者堤岸高者须及二丈，低者亦不下一丈。借令大水之年，江湖之水高于民田五、七尺，而堤岸尚出于塘浦之外三、五尺至一丈，故虽大水，不能入于民田也。民田既不容水，而塘浦之水自高于江，而江之水亦高于海，不须决泄，而水自湍流矣。故三江常浚，而水田常熟。其岗阜之地，亦因江水稍高，得以畎引以灌溉。此古人浚三江、治低田之法也。

所有沿海高仰之地，近于江者，既因江流稍高，可以畎引；近于海者，又有早晚两潮，可以灌溉。故亦于沿海之地及江之南北，或五里、七里而为一纵浦，又五里、七里而为一横塘。港之阔狭与低田同，而其深往往过之。且岗阜之地，高于积水之处四、五尺至七、八尺，远于积水之处四、五十里至百余里，固非决水之道也。然古人为塘浦深阔若此者，盖欲畎引江海之水，周流于岗阜之地，虽大旱之岁，亦可车畎以溉田；而大水之岁，积水或从此而流泄耳，非专为阔深其塘浦已决低田之积水也。至于地势西流之处，又设岗门、斗门以潴蓄之，是虽大旱之岁，岗阜之地皆可耕以为田。此古人治高田、蓄雨泽之法也。故低田常无水患，高田常无旱灾，而数百里之地，常获丰熟。此古人治低田高田之法也。

二论后世废低田高田之法者。古人治田，高下既皆有法。方是时也，田各成圩，圩必有长，每一年或二年，率逐圩之人，修筑堤防，浚治港浦，故低田之堤防常固，旱田之港浦常通也。……每春夏之交，天雨未盈尺，湖水未涨二、三尺，而苏州低田一抹尽为白水。其间虽有堤岸，亦皆狭小沉在水底，不能固田。唯大旱之岁，常、润、杭、秀之田及苏州岗阜之地，并皆枯旱，其堤岸方始露见，而苏州水田幸得一熟耳，盖由无堤防为御水之先具也。民田既容水，故水与江平，江与海平。而潮直至苏州之东一、二十里之地，反与江湖民田之水相接，故水不能湍流，而三江不浚。今二江已塞，而一江又浅，倘不完复堤岸，驱低田之水尽入松江，而使江流湍急，但恐数十年之后，松江愈塞，震泽江患不止于苏州而已矣。此低田不治之由也。

高田之废，始由于田法堕坏，民不相率以治港浦。其港浦既浅，地势既高，沿于海乾，则海潮不应；沿于江者，又因水田堤防隳坏，水得潴聚于田圩之间，而江水渐低，故高田复在江水之上。至于西流之处，又因人户利于行舟之便，坏其岗门而不能蓄水，故高田一望尽为旱地。每至四、五月间，春水未退，低田尚未能施工，而岗阜之田已干枯矣。……此盖不浚港浦，以畎引江海之水；不复岗门，以蓄聚春夏之雨泽也。此高田废之……之由也。

三论自来议者只知决水而不知治田。盖治田者本也，本当在先，决水者末也，末当在后。今乃不治其本，而但决其末，故自景祐以来上至朝廷之缙绅，下至农田之匹夫，谋议擘画三、四十年，而苏州之田百未治一、二，此治水之失也。惟嘉祐中两浙转运使王建议谓苏州民田一溉白水，至深处不过三尺以上，当复修作田塍，使位位相接，以御风涛，则自无水患；若不修筑塍岸，纵使决尽河水，亦无所济，此说最为切当。……臣今欲乞检会王安石所陈利害，却将臣所议擘划修筑堤岸，以固民田，则苏州水灾，可计日而取效也。……

四论今来乞以治田为先，决水为后。田既先成，水亦从而可决，不过五年，而苏州之水患息矣。……今苏州水田之最合行修治处，如前项所陈，南北不过一百二十余里，东西不过一百里。今若于上项水田之内，循古人之迹，五里而为一纵浦，七里为一横塘。……

塘浦既浚，堤防既成，则田之水必高于江，江之水亦高于海，然后择江之曲者而决之，及或开芦沥浦，皆有功也。何则？江水湍流故也。故曰：治田者先也，决水者后也。……其旱田，……浚治港浦，以畎引江海之水，及设岗门，以潴春夏之雨泽，则高低皆治，而水旱无虞矣。

五论乞循古人之遗迹治田者。……今具苏州、秀州及沿江沿海水田、旱田见存塘浦、港沥、岗门之数，凡臣所能记者，总七项，共二百六十五条。……

一具水田塘浦之迹，凡四项，共一百三十二条。

吴淞江南岸自北平浦，北岸自徐公浦，西至吴江口，皆是水田，约一百二十余里，南岸有大浦二十七条，北岸有大浦二十八条，是古者五里而为一纵浦之迹也。其横塘在松江之南者，臣不能记其名，在松江之北六、七里间，曰浪市横塘，又下六七里而为致和塘，是七里而为一横塘之迹也。……

已上松江塘浦五十七条，并当松江之上流，皆是阔其塘浦，高其堤岸以固田也，久不修治，遂至隳坏。每遇大水，上项塘浦之岸并沉在水底，不能固田。……臣今擘划，并当浚治其浦，修成堤岸以御水灾，不须远治他处塘浦求决积水，而田自成矣。

至和塘自昆山西至苏州，计六十余里。今其南北两岸各有大浦十二条，是五里而为一纵浦之迹也。其横塘南六、七里有浪市塘是也。其北皆为风涛洗刷，不见其迹。……在塘南者虽存其迹，而并皆狭小断续不能固田。……择其浦之大者，阔开其塘，高筑其岸。南修起浪市横塘，北则或五里十里为一横塘以固田，自近以及远，则良田渐多，白水渐狭，风涛渐小矣。

常熟塘自苏州齐门北至常熟县一百余里，东岸有泾二十一条，西岸有泾十二条，是亦七里、十里而为一横塘之迹也。但目今并皆狭小，非大段塘浦。……今但乞废其小着，择其大者，深开其塘，高修其岸。除西岸自划为圩外，其东岸合与至和塘北，及常熟县南，新修纵浦，交加棋布以为圩，自近以及远，则良田渐多，风涛渐小矣。

昆山之东至太仓岗身凡三十五里，两岸各有塘浦七、八条，是五里而为一纵浦之迹也。其横塘在塘之南六、七里为朱沥塘、张湖塘、郭石塘、黄姑塘；在塘之北为风涛洗刷，与诸湖相连，不见其迹。……

已上塘沥十八条，除新洋江、下架浦曾经开浚，余并未尝开浚。今河底之土，反高于田中，每遇天雨稍阙，则更不通舟船；天雨未盈尺，而田尽淹没，今并乞开浚以固田。

一具旱田塘浦之迹凡三项，共一百三十三条。

松江南岸自小来浦，北岸自北陈浦，东至海口，并是旱田，约长一百余里。南有大浦一十八条，北有大浦二十条，是五里而一纵浦之迹也。……

已上塘浦四十条，各是畎引江水以灌溉高田，只因久不浚治，浦底既高，江水又低，故逐年常患旱也。……今当令高田之民治之，以备旱灾，则高田获其利也。

太仓岗身之东至茜泾，约四、五十里，凡有南北大塘八条。其横塘南自练祁塘，北至许浦，共一百二十余里，有岗门及塘浜约五十余条，臣能记其二十五条。旱田而横塘多，欲水之周流于其间而灌溉之也，今皆浅淤，不能引水以灌其田。……

已上岗身以东塘浜门沥共三十三条，南北者各长一百余里，接连大浦，并当浚治以灌溉高田。东西者横贯三重岗身之田，而西通诸湖，若深浚之，大者则置闸、斗门，或置堰，而下为水函，遇大旱则车诸湖之水以灌田；大水则可以通放湖水以灌田，而分减低田之水势；于平时则潴聚春夏之雨泽，使岗身之水常高于低田，不须车畎而民田足用。

沿海之地，自松江下口，南连秀州界，约一百余里，有大浦二十条，臣今能记其七条；自松江下口，北绕昆山、常熟之境，接江阴界，约三百余里，有港浦六十余条，臣能记其四十九条。是五里为一纵浦之迹也。其横塘在昆山则为八尺泾、花莆泾，在常熟则为福山东横塘、福山西横塘。……

以上沿海港浦共六十条，各是古人东取海潮，北取扬子江水灌田，各开入岗身之地，七里、十里或十五里间作横塘一条，通灌诸浦，使水周流于高阜之地，以浸润高田，非专决积水也。其间虽有大浦五、七条，自积水之处直可通海，然各远三、五十里至一百余里，地高三、四、五尺至七、八尺。积水既被低田堤岸隳坏，一时一流，潴聚于低于平阔之地，虽开得上项大浦，其积水终不肯远从高处而流入海。唯大水之年，决之则暂或东流尔。今不拘大浦小浦，并皆浅淤，自当开浚，东引海潮，北引江水以灌田。……

以上水田、旱田塘浦之迹共七项，总二百六十六条，皆是古人因地之高下而治田之法也。其低田则阔其塘浦，高其堤岸以固田；其高田则深浚港浦，畎引江海以灌田。后之人不知古人固田灌田之意，乃谓低田高田之所以阔深其塘浦者，皆欲决泄积水也；更不计量其远近，相视其高下，一例择其塘浦之尤大者十数条以决水，其余差小者更不浚治。及兴工役，动费国家三、五十万贯石，而大塘大浦终不能泄水，其塘浦之差小者，更不曾开浚也。而议者犹谓此小塘小浦亦可泄水，以致朝廷愈不见信，而大小塘浦一例更不浚治。积岁累年，而水田之堤防尽坏，使二、三百里肥腴之地概为白水；高田之港浦皆塞，而使数百里沃衍潮田，尽为荒芜不毛之地，深可痛惜。臣窃思之，上项塘浦，既非天生，亦非地出，又非神化，是皆人力所为也。……今当不问高低，不拘大小，亦不问可以决水与不可以决水，但系古人遗迹，而非私浜者，一切并合公私之力，更休迭役，旋次修治。系低田，则高作堤岸以防水，系高田，则深浚港浦以灌田，其岗身西流之处又设斗门或岗门或堰闸以潴水。如此则高低皆治，而水旱无忧矣。

（六、七论略）

（据宋范成大《吴郡志》，参校明归有光《三吴水利录》及同治《苏州府志》引文）

三、北宋单锷《吴中水利书》

窃观三州之水，为患滋久。较旧赋之入，十常减其五、六。以日月计之，则水为害于三州，逾五十年矣。所谓三州者，苏、常、湖也。朝廷屡责监司，监司每督州县，又间出使者，寻按旧迹，使讲明利害之原。然而西州之官，求东州之利，目未尝历览地形之高下，耳未尝讲闻湍流之所从来。州县惮其经营，百姓厌其出力，均曰：“水之患，天数也”。按行者驾轻舟于汪洋之陂，视之茫然，犹擿埴索途，以为不可治也。间有忠于国，志于民，深求此而力究之。然又知其一而不知其二，知其末而不知其本，详于此而略于彼。

故有曰：三州之水咸注之震泽，震泽之水东入于松江，由松江以至于海。自庆历以来，吴江筑长堤，横截江流，由是震泽之水常溢而不泄，以至壅灌三州之田。此知其一偏者也。

或又曰：由宜兴而西，溧阳县之上有五堰者，古所以节宣、歙、金陵、九阳江之众水，由分水、银林二堰，直趋太平州芜湖。后之商人，由宣、歙贩运牌木，东入二浙，以五堰为艰阻，因相为之谋，罔给官中，以废去五堰。五堰既废，宣、歙、金陵、九阳江之水，或遇五六月山水暴涨，则皆入于宜兴之荆溪，由荆溪而入震泽，盖上三州之水东灌苏、常、湖也。此又知其一偏者耳。

或又曰：宜兴之有百渎，古之所以泄荆溪之水东入二震泽也，今已湮塞，而所存者仅四十九条。疏此百渎则宜兴之水自然无恙，此亦知其一偏者也。

三者之论，未尝参究，得之即不详，攻之则易破。以锷视其迹，自西五堰东至吴江岸，犹人之一身也。五堰则首也，荆溪则咽喉也，百渎则心也，震泽则腹也，旁通震泽众渎，则脉络众窍也，吴江则足也。今上废五堰之固，而宣、歙、池、九阳江之水不入芜湖，反东注震泽，下又有吴江岸之阻，而震泽之水积而不泄，是犹人也桎其手，缚其足，塞其众窍，以水沃其口，沃而不已，腹满而气绝，视之恬然，犹不谓之已死。今不治吴江岸，不疏诸渎，以泄震泽之水，是犹沃水于人，不去其手桎，不解其足缚，不除其窍塞，恬然安视而已，诚何心哉！

然而百渎非不可治，五堰非不可复，吴江岸非不可去，盖治之有先后。且未筑吴江岸以前，五堰之废已久，然而三州之田，尚十年之间，熟有五、六，五堰犹未为大害。自吴江筑岸以后，十年之间，熟无一、二。欲具验之，阅三州岁赋所入之数，则可见矣。……

夫吴江岸界于吴淞江、震泽之间，岸东则江，岸西则震泽。江之东则大海也，百川莫不趋海。……地倾东南，其势然也。自庆历二年，欲便粮运，遂筑此堤，横截江流五、六十里，逐致震泽之水常溢而不泄，浸灌三州之田。每至五、六月之间，湍流峻急之时视之，则吴江岸东之水，常低于岸西之水不下一、二尺，此堤岸阻水之迹自可览也。又睹岸东江尾与海相接处，茭芦丛生，沙泥涨塞；而又江岸之东，自筑岸以来，沙涨成一村。昔为湍流奔涌之处，今为居民民田桑枣场圃，吴江县由是岁增旧赋不少。虽然增一邑之赋，反损三州之赋，不知几百倍耶？夫江尾昔无茭芦壅障流水，今何致此？盖未筑岸之前，源流东下峻急，筑岸之后，水势迟缓，无以涤荡泥沙，以致增积而茭芦生，茭芦生则水道狭，水道狭则流泄不快，虽欲震泽之水不积，其可得耶？

今欲泄震泽之水，莫若先开江尾茭芦之地，迁沙村之民，运其所涨之泥。然后以吴江岸凿其土，为木桥千所，以通粮运。……随桥禖开茭芦为港走水；仍于下流开白蚬、安亭二江，使太湖水由华亭青龙入海，则三州水患衰减。

常州运河之北偏，乃江阴县也。其地势自河而渐低。上自丹阳，下至无锡运河之北偏，古有泄水入江一十四渎，曰孟渎、曰黄汀渎、曰东函港、曰北戚氏港、曰五卸堰港、曰梨溶港、曰蒋渎、曰欧渎、曰魏渎泾、曰支子港、曰蠡渎、曰牌泾，皆以古人名、姓称之，昔皆以泄众水入运河，立斗门，又北泄下江阴之江，今名存实亡，存者无几。……今河上为斗门，河下筑堤防，以管水入江，百姓由是缘此河堤，可以作田围，此泄水利田之两端也。

宜兴县西有夹苧干渎，在金坛、宜兴、武进三县之界，东至滆湖及武进县界，西南至宜兴，北至金坛，通接长塘湖，西接五堰。茅山、薛步山之水直入宜兴之荆溪。其夹苧干渎，盖古之人泄长塘湖东入滆湖，泄滆之水入大吴渎、塘口渎、白鱼湾、高梅渎四渎及白鹤溪，而北入常州之运河，由运河而入一十四条之港，北入大江。……倘开夹苧干渎通流，则西来他州入震泽之水可以杀其势，深利三州之田也。

熙宁八年（1075年）岁遇大旱，窃观震泽水退数里，清泉乡湖干数里，而其地皆有昔日丘墓、街井、枯木之根，在数里之间，信知昔为民田，今为太湖也。……锷又尝游下乡，见陂喍之间亦多丘墓，皆为鱼鳖之宅。……尝得唐埋铭于水穴之中，今犹存焉。

……地倾东南，百川归海，古人开海口诸浦，所以通百川也。若反灌田，古人何为置浦耶？……昔无吴江岸之阻，诸浦虽暂有泥沙之壅，然百川湍流浩急，泥沙自然涤荡随流而下；今吴江岸阻绝，百川湍流缓慢，缓慢则其势难以涤荡沙泥，设使今日开之，明日复合。又闻秀州青龙镇入海诸浦，古有七十二会，盖古之人所以为七十二会曲曲宛转者，盖有深意，以谓水随地势东倾入海，虽曲折宛转，无害东流也。若遇东风驾起，海潮汹涌倒注，则于曲折之间有所回激，而泥沙不深入也。后之人不明古人之意，而一皆直之，故或遇东风，海潮倒注，则泥沙随流直上，不复有阻。……所谓今日开之，明日复合者此也。今海浦昔日曲折宛转之势不可不复也。……

今欲泄三州之水，先开江尾，去其泥沙茭芦，迁沙上之民；次疏吴江岸为千桥；次置常州运河一十四处之斗门、石碶、堤防，管水入江；次开导临江、湖、海诸县一切港渎，及开通茜泾。水既泄矣，方诱民以筑田围。昨郏亶尝欲使民就深水之中垒成围岸。夫水行于地中，未能泄积水而先成围田，以狭水道，当春夏湍流浩急之时，则水当涌行于田围之上，非止坏田围且淹没庐舍矣，此不智之甚也。……

（据《东坡全集》卷59，参校《吴郡志》及《三吴水利录》引文）

四、元任仁发《浙西水利议答录》

议者曰：吴松江前时深通，今日何为而塞，岂非如海变桑田之说，非人力所可为者欤？答曰：东坡有言，若要吴松江不塞，吴江一县之民可尽徙于他处，庶上源宽阔，清水力盛，沙泥自不能积，何致有湮塞之患哉？归附后，将太湖东岸出水去处，或钉栅，或作堰，或筑狭为桥。及有湖泖港汊，又虑私盐船往来，多行塞断。所以清水日弱，浑潮日盛，沙泥日积，而吴松江日就淤塞，正与东坡所见合。若曰如海变桑田，一付之天，则圣人手足胼胝，尽力沟洫，皆虚言也，圣人岂欺我哉！所当尽力而为可也。

议者曰：钱氏有国百余年，止长兴间一次水灾；亡宋南渡后百五十余年，止景定间一、二次水灾。今或一二年，三四年，水灾频仍，其故何也？答曰：钱氏有国，亡宋南渡，全藉苏、湖、常、秀数郡所产，以为国计。常时尽心经理，高田低田各有制水之法。其间水利当兴，水害当除，合役军民，不问繁难，合用钱粮，不吝洪大，必然为之。又使名卿重臣专董其事，豪富上户，簧言不能乱其耳，珍货不能动其心。又复七里为一纵浦，十里为一横塘，田连阡陌，位位相接，悉为膏腴之产，以故二、三百年之间，水灾罕见。国（元）朝四海一统，又居位者未知风土所宜，视浙西水利与诸处无异，任地之高下，任天之水旱，所以一二年间，水旱频仍也。

议者曰：苏州地势低下，与江水平，故曰平江，古称泽国，其地不可作田，今欲围筑，亦逆土之性耳。答曰：晋宋以降，仓廪所积，悉仰给于浙西之水田。故曰："苏湖熟，天下足。"若谓地势低下，不可作田，此诚无稽之论。何以言也？浙西之地低于天下，而苏、湖又低于浙西，淀山湖又低于苏、湖，彼中富户数千家，每岁种植茭芦，编钉桩篠，围筑埂岸，岂非逆土之性？何为今日尽成膏腴之田？此明效大验，不可掩也。既是淀山最低之处，尚可经理为田，却说已成之田不可作田，何其愚也。

议者曰：水旱天时，非人力所可胜，自来讨究浙西治水之法，终无寸成。答曰：浙西水利，明白易晓，何谓无成？大抵治水之法有三：浚河港，必深阔；筑围岸，必高厚；置闸窦，必多广。设遇水旱，就三者而乘除之，自然不能为害。傥人力不尽，而一切归数于天，宁有丰年耶？东坡有言：浙西水旱乃人事不修之积，正此谓也。昔范文正亲开海浦，议者阻之。公力排浮议，疏浚积潦，数年大稔，民受其赐。载之方册，昭然可考。谓之无成，可乎？

议者曰：河渠、围岸、闸窦，三者俱备，则水旱可无，民食可足，诚为久远之计，朝廷何为而废之？答曰：范文正公，宋之名臣，尽心于水利。尝谓修围、浚河、置闸，三者如鼎足，缺一不足。三者备矣，水旱岂足忧哉？国家收附江南三十余年，浙西河港、围岸、闸窦，无官整治，遂致废坏。一遇水旱，小则小害，大则大害，是以年年有荒芜不可种之田，深可痛惜！今朝廷废而不治者，盖募夫供役，取办于富户，部夫督役，责成于有司，二者皆非其所乐，所以猾吏豪民构扇，必欲沮坏而后已。朝廷未见日后之利，但厌目前之扰，是以成事则难，坏事则易。东坡亦云："官吏惮其经营，百姓畏其出力。"所以累行而终辍，不能成久远之利也。

（据明姚文灏《浙西水利书》）

五、元周文英《论三吴水利》

谨按：三州太湖三万六千顷，西北有荆溪、宣、歙、芜湖、宜兴、溧阳、溧水江东数郡之水，西南有天目、富阳分水，湖州、杭州诸山诸溪分注之水，宗会潴聚于湖，由震泽、吴江、长桥东入松江、青龙江而入海。古制通泄水势，自有源委。故溧阳之上有五堰，以节宣、歙、金陵、九阳江之水，宜兴之下有百渎，以疏荆溪所受诸水，皆源也，而久不治。江阴而东，置运河一十四渎，泄水以入江。宜兴而西，置荚苧干与塘口、大吴等渎，泄西水以入运河，皆委也，亦久不治。震泽固吐纳众水者也，源之不治，即无以杀其来之势；委之不治，又无以导其去之方。是纳而不吐也，水如之何不为患也？吴江长桥，旧址断续，通长四十里。南北相亘，并以木桥立柱，通彻湖水入江，每有西风、西北风湍决太湖水过桥下，源源混混，不舍昼夜。由江入海，以此三江水源势大，日夜冲洗，浑潮沙泥，随水东流，不能停积。曩时非不能运石筑堤若今之固，盖自古沿革，因地之险，故作此数十里之桥，以泄太湖都会之水，冲激三江之潮淤也。今则以长桥旧址累石成堤，比之昔日，虽为坚固，便于徙行，而桥门窄狭，不能通彻湖水。前都水监又于石堤下作小洞门一百五处出水，然水势既分，又且浅涩不能通泄太湖奔冲之水。塘岸之东，又有占种茭荷陂塘障碍，以致上流细缓，难以冲激。每日随潮沙泥，日积月累，淤塞三江。致令水势支分派析，转于东北，迤逦流入昆山塘等处，由太仓刘家港一二处港浦入海。

靖思以太湖蓄聚数郡山溪，昼夜奔注，都会之水，求泄于一二浦溆而入海，则浙西数郡之田，每遇涝岁，恶得而不为水废也？

……

文英尝究思至元十四年间（1277 年），海舟巨舰，每自吴松江、青龙江取道，直抵平江城东葑门湾泊……往来无阻。此时江水通流，滔滔入海，故太湖数郡之水，有所通泄。虽遇天雨霖霪，不致积潦害田。海者，百川之宗，水有所归，则不泛滥。善观水者，必识其源流可也。又尝经行太仓刘家港、吴松江之左右，登高眺远，随流寻源。为今之计，莫若因水势之所趋，顺其性而疏导之，则易于成效。

刘家港南有一大港，名田南石桥港，近年天然阔深，直通刘家港。见有船户杨千户，范千户等三五千料海船，于此湾泊。正系太仓、嘉定南北之间，于中正过岗身，西南通横塘、郭泽、张泾，以至夏驾浦、畚子港，入吴松江。水深处相去约三五十里，中间通连小港。即目水浅，间有迂回窄狭。若使疏浚深阔，可行数百料海船，直抵葑门，则太湖泄水一大路也。又有盐铁塘一带，南北相贯，跨涉昆山、嘉定、常熟三州，从东北通连杜漕、横塘、白茅浦塘、茜泾入海，西接芝塘、直塘、昆承湖、华荡、练塘，所潴常州界运河诸处之水，及娄门官渎、阳城湖所接太湖之水。为芝塘桥门窄狭，多有权豪僧寺田庄，强霸富户，将自己田圩得便，河港填塞，郫遏通流水路。及吴淞江通横塘诸处，泾港浅淤，盘折若龙。开阔浚深，亦太湖泄水之一大路也。自松江下口，北绕昆山、常熟，抵江阴界，约三百余里，有港浦六十余条，……皆系西南泄水，入海之一大路也。

文英今弃吴松江东南涂涨之地，姑置勿论，而专意于江之东北刘家港，即古娄江。三江既入，此其一也。谓之入者，入于海也。近年潮汛东朝，水深港阔，每岁数百万粮艘，宗会于此。三吴东北泄水之尾闾，斯所谓顺天之时，随地之宜，因民之所利而利之者也。更有东南松江，不涨可通诸浦，及东北沿海一带，如所谓耿泾、福山、东西横塘、吴泗、许浦等处，可以通海。港浦正古制泄水之要津，农田之大本。今则淤浅，亦须从宜开浚疏通，以泄水势。入海有归，则浙间数郡可无积水遗患，纵遇涝水，亦不致巨浸。……

外有吴江石堤，亦须相视远近。将见有桥门添阔浚深，及将一切富强填塞水路，照依旧址，开挑疏通，决放水源，由吴淞江深处入夏驾浦，及新浚港浦入海。似此经治之后，更须都水监差官按行，严督各州县每岁疏浚堤防，则使水利经久不废。或委行省官一员，提调水政，庶得专司守职，敦笃事严，免得有司乐岁则玩视，以为常程。设遇涝岁，则手足无措，败事伤农。……

（据明归有光《三吴水利录》）

第二节　明、清时期水利史典辑录

一、明归有光《水利论》及《水利论后》

（一）《水利论》

吴地庳下，水之所都，为民利害尤剧。治之者皆莫得其源委。禹之故迹，其废久矣。吴东北边境，环以江海，中潴太湖。自湖州诸溪从天目山西北宣州诸山溪水所奔注，而从吴江过甫里，经华亭青龙江以入海。盖太湖之广三万六千顷，入海之道，独有一路，所谓吴淞江者。顾江自湖口距海不远，有潮泥填淤反土之患。湖田膏腴，往往为民所围占，而与水争尺寸之利，所以松江日隘。议者不循其本，沿流逐末，取目前之小快，别浚浦港，以求一时之利，而淞江之势日失，所以沿至今日，仅与支流无辨，或至指大于股，海口遂至湮塞。此岂非治水之过与？

盖自宋扬州刺史王濬以松江沪渎壅噎不利，从武康纻溪为渠浛，直达于海，穿凿之端自此始。夫以江之湮塞，宜从其湮塞而治之；不此之务，而别求他道，所以治之愈力，而失之愈远也。太仓公为人治疾，所诊期决死生，而或有不验者，以为不当饮药针灸而饮药针灸，则先期而死。后之治水者，与其饮药针灸何以异？孟子曰："天下之言性也，则故而已矣。故者以利为本。""禹之治水，所以行其所无事也。"欲图天下之大功，而不知执其利势以行其所无事，其害有不可胜言者。嗟夫，后世之论，徒区区于三十六浦间，或有及于松江，亦不过浚蟠龙、白鹤汇，未见能旷然修禹之迹者。

宜兴单锷著书，为苏子瞻所称。然欲修五堰，开夹苎干渎绝西来之水，不入太湖。殊不知扬州薮泽，天所以潴东南之水也，今以人力遏之，夫水为民之害，亦为民之利，就使太湖干枯，于民岂为利哉？太史公称："禹治水，河菑衍溢，害中国也尤甚，唯是为务。"禹治四海之水，而独以河为务，此所谓执其利势者。故余以为治吴之水，宜专力于松江。松江既治，则太湖之水东下，而余水不劳余力矣。

或曰：《禹贡》"三江既入，震泽底定"。吴地尚有娄江、东江与淞江为三，震泽所以入海，明非一江也。曰：此顾夷、张守节妄注《地理》之误。其说云：太湖一江西南上为淞江，一江东南上至白蚬湖为东江，一江东北下曰娄江。不知二水皆松江之所分流。《水经》所谓长渎历河口，东则松江出焉，江水奇分，谓之三江口者也。而非《禹贡》之三江。惟班固《地理志》南江自震泽东南入海，中江自芜湖东至阳羡入海，北江自毗陵北入海。郭景纯以为岷江、松江、浙江，此与《禹贡》之说为近。盖经言"三江既入，震泽底定"，特纪扬州之水，今之扬子江、松江、钱塘江并在扬州之境，故以告成功。而松江由震泽入海，经盖未之及也。

由此观之，则松江独承太湖之水，故古书江、湖通谓之笠泽。要其源近，不可比擬扬子江，而深阔当与相雄长。范蠡云：“吴之与越，三江环之”。则古三江并称无疑。故独治三江，则吴中必无白水之患，而从其旁钩引以溉田，无不治之田矣。然治松江必令阔深，水势洪壮，与扬子江埒，而后可以言复禹之迹也。

（二）《水利论后》

单锷以吴江堤横截江流，而岸东江尾茭芦丛生，泥沙涨塞，欲开茭芦之地，迁沙村之民，运去涨土，凿堤岸，千桥走水，而于下流开白蚬安亭江，使湖水由华亭青龙入海。虽知松江之要，而不识《禹贡》之三江，其所建白，犹未卓然。所以欲截西水，壅太湖之上流也。苏轼有言：“欲松江不塞，必尽徙吴江一县之民”。此论殆非锷之所及。今不镌去堤岸，而直为千桥，亦守常之论耳。

宋崇宁二年（1103年），宗正丞徐确提举常平，考《禹贡》三江之说，以为太湖东注，松江正在下流，请自封家渡古江开淘至大通浦，直彻海口。当时唯确欲复古道。然确为三江之说，今亦不可得而考。元泰定二年（1325年），都水监任仁发开江，自黄浦口至新洋江，江面才阔十五丈。仁发称：古者江狭处尤广二里。然二里即江之湮已久矣。自宋元嘉中，沪渎已壅噎，至此何啻千年。郏氏云：“吴淞古道，可敌千浦”。又江旁纵浦，郏氏自言小时尤见其阔二十丈五，则江之广可知。故古江蟠屈如龙形，盖江自太湖来源不远，面势既广，若径直则又易泄，而湖水不能蓄聚，所以迂回其途。使如今江之浅狭，何用蟠屈如此？

余家安亭，在松江上，求所谓安亭江者，了不可见。而江南有大盈浦，北有顾浦，土人亦有三江口之称。江口有渡，问之百岁老人，云：“往时南北渡一日往来仅一二回”。可知古江之广也。本朝都御史崔恭凿新道，自大盈浦东至吴淞江巡检司，又自新泾西南蒲汇塘入江，自曹家河直凿平地至新场江，面广十四丈。

夫以郏氏所见之浦，尚有二十五丈，而都水所开江面，才及当时之浦。至本朝之开江，迺十四丈，则兴工造事，以今方古，日就卑微，安能复见禹当时之江哉？

汉贾让论治河，欲北徙冀州之民，当水冲者，决黎阳遮害亭，放河北入海，当败坏城郭田庐冢墓以万数。以为大禹治水，山陵当路者毁之，堕断天地之性，此乃人功所造，何足言也。若惜区区涨沙茭芦之地，虽岁岁开浦，而支本不正，水终横行。今自嘉靖以来，岁多旱而少水，愚民以为不复见白水之患。余尝闻正德四年（1509年）秋雨七日夜，吴中遂成巨浸。设使如汉建始间霖雨三十日，将如之何？天灾流行，国家代有，一遇水潦，吾民必有鱼鳖之忧矣。

或曰：今独开一江，则其余溪港当尽废耶？曰：禹决九川，距四海，浚畎浍，距川江，流既正，则随其所在，可钩引以溉田亩。且江流浩大，其势不能不漫溢，如今之小江，尚有勤娘江，分四五里而合者，则率奇分而旁出。古娄江东江之迹，或当自见。且如刘家港，元时海运千艘所聚，至今为入海大道，而上海之黄浦，势犹汹涌，岂能废之。但本支尊大，则支庶莫不得所矣。

（据明归有光《三吴水利录》卷四）

二、明伍余福《三吴水利论》

（一）论五堰

古者宣、歙、金陵九阳江之水，皆入芜湖，以五堰为之障也。其地在今溧阳县界。自隋景福三年有杨行密者，作此以为拖舸馈粮之计，而苏轼奏议称五堰所以节前项诸水，其后贩卖簰木以入东西二浙者，又以五堰为阻，遂废去，而东西二坝列焉。于是前项诸水多入荆溪，间有入芜湖者。亦西北之源，而非东南之势也。其故道尚在，去溧阳八十里。而宋进士单锷亦尝言之，虽苏轼尚有不能必行于仁宗之朝者，其他可知也。

（二）论九阳江

九阳江，或以为中江者，非也。或以为东江者，亦非也。考唐仲初之赋、薛士龙之说，末复折衷与《禹贡》，则知淞江七十里分流东北入海者，为娄江，东南流者为东江，并淞江为三江。而九阳江乃出三江之外，正溧阳之所谓颖阳江者是也。其源出自曹姥山，流为濑渚。昔子胥避楚乞食与一妇，餔之，卒投千金不报之义，以酬七日不火之恩。至今有李太白碑在焉。

（三）论夹苎干

夹苎干，《宜兴志》无也。惟宋进士单锷遗书论及其事，而今无复有知故道者。近抵其地，始得闻其详，半在宜兴，半在金坛，半在武进。东抵滆湖，北通长荡湖，西接五堰，盖古人以泄长荡湖之水以入滆湖，泄滆湖之水以入大吴渎、塘口渎、白鱼湾、高梅渎四渎及白鹤溪，而北入常州运河以归大江，于水势甚便。自五堰既废之，而后其所谓夹苎干者，亦复湮塞，皆为桑麻之区。虽有清东、清西相去百里，终非水道。至于桥名，亦讹为鸭嘴之呼。将掩其旧，以图其新，去其不利，以冀其利。而其乡父老亦有能知利害者曰：是禹之利也。为鲧壅之，是欲去鲧以就禹也。始信锷之言不诬。而今县尹谷继宗者，相与通议，以为一劳永逸之计。盖此计一行，上可以接滆湖而运河有功，下可以远荆溪而震泽无害。锷称深利于三州，以予观之，岂独三州然哉！惜乎自宋以来，一夺于滆湖之田户，再夺于两浙之豪民，良法美意，寝而不行，至今识者惜之。而三县之民，亦置之何有？噫！

（四）论荆溪

宜兴之水，为溪者九，而荆溪正当县治东西之间。按《志》称中江出芜湖之西，荆溪又受宣、歙等数郡之水，流注震泽，以入海，而西溪尤其要者。盖中外诸水之会也。夫何近年以来，芦苇壅其流，溪田擅其利，大非汪洋无畔之区，而牧民者又不能去害以就利，一遇大潦，辄复狂澜如之，何其可也，若夫疏沦排决之责，则有司存。

（五）论百渎

按《县志》称百渎在宜兴者七十四，在武进者二十六。顾其亦有不能尽如古者，何则时异而势亦殊，利尽而弊亦起，安能为之一哉！就如志有五千渎而册则亡，册有大墟渎而志则少，其名号已不能无鲁鱼之讹，而况古之所谓渎者，吾恐未必然也。或者势家豪族有去彼取此之意乎？不然，何另立一名，以淆之也。吾观其地势，县东南为上渎，县东北为下渎。古人以荆溪不能当众流奔注之势，遂于震泽之口疏为百派，各有分域，而有开横塘以贯之，约有四十余里。盖横塘者，水之经也，所以直南北者也。百渎者，水之纬也，所以列东西者也。然则荆溪之害，可以谓之无而未必无，震泽之利，可以谓之有而未必有。岂其天作而人坏之耶？

（六）论七十三溇

按，诸溇界乌程、长兴之间，岐而视之，乌程三十有九，长兴三十有四。总而论之，计七十有三。其书图所载名号，今古不同，访之父老，亦鲜有知其详者。初入其境，大者如溪河，小者如石涧，塞者如陆沈，通者如神瀵。湖塘皆有桑麻、芦苇之类，以扼其流，而民之利其业者，又惮于疏浚以积其弊。无怪乎储之者有湖，而泄之者无溇也。盖浙西之水皆从天目，天目据上游之地，而十二龙潭出焉。或时雨大至，四野奔流，其注广德者，由四安以入方山清泉，其注余杭者，由德清以合铜岘诸山，其注孝丰者，由广苕以入小溪。沿之为苕溪，射之为霅川，萃之为江子汇。皆自七十三溇，通经递脉，以杀其奔冲必溃之势，而今则有不能尽然者，是可叹也！

（七）论长桥百洞

宋单子论吴江长桥为三吴诸水之足，以承震泽之腹，而往来吐纳之势，率由于此，为其出淞江以入海故也。盖自唐刺史王仲舒先筑石堤，以顺牵挽。至宋庆历间，邑宰李问始驾木以桥其上。又至泰定间，州判张均、叅知政事马思忽、郡守殷鹏翼辈，白诸丞相答剌罕，遂捐万缗为首倡，而士民胥应者骈集，竟成钜功。夫古人岂不知东流滔滔之势，而故为之障哉！障之所以节之，节之所以利之，非直为美观而已。吾苏本水国，而非此障，则狂澜倒矣。狂澜倒而何有于浙西哉！吾尝登垂虹亭而望之，其浩淼无涯，牛马莫辨，长桥河西南以上皆纳数郡之水，以备旱潦。而今淤塞有如此河者，已过其半，大则瀼为圩田，小则散为草梗，居民比屋，沃墅连畴，此治农者之所当患也。说者谓以东则泄至庞山，以东北则泄至同里，由此归海。而不知淞江盘龙一曲，沮塞者多。先臣范文正公盖当有行之者，而况此哉为今之计，去其泥沙以伐其苇草，仍令佃之者经野分守，以时荡涤，而后水有余利，久无滔天壅积之患矣。

（八）论震泽

今之所谓太湖，古之所谓震泽也。《书》曰："震泽底定"，谓其振撼不定之势，何以杀之。曰三江有所归也。三江而上，有堽阜焉。昔也截其流，今也顺其利，为禹凿之也。其利民也深，而民之饮其利也亦深。于是由三江以入海，自古皆然。而今三江仅通其一，所谓吴淞江者是也。其濒湖之地皆卑，犹在江水之下，与江湖相连，何以乾封？其沿海之地皆高，反在江水之上，与江湖相远，何以润泽？是故环湖者多水患，沿海者多旱菑，无怪其然也。苏、湖、常三郡皆隶太湖，而吾苏独当太湖之中，若一盂然，藏垢纳污，何所不有。吾生长其地，每有望洋之叹，而亦不能无探源之心。按：图论之中有七十二峰，襟带三州。而夏屋仙宫多出东西洞庭马迹之上，其为胜可取也，其为害亦可虑也。上入而下自洩，西纳而东自流，是故汎观之则有纵有横，约取之则有伦有要。其间有自石湖洩之者，有自鲇鱼口洩之者，有自管渎洩之者，有自小溪港洩之者，有自张家河洩之者，有自北车桥洩之者，有自漾湖溪洩之者，有自上渎港洩之者，有自陆家浜洩之者，有自虎山桥洩之者，有自石家浜洩之者，有自南宫洩之者，有自蒯家泾洩之者，有自九曲江洩之者，有自后塘桥洩之者，有自梅梁溪洩之者，有自龙塘河洩之者，有自迎城山洩之者，有自菱湖港洩之者，有自太平桥洩之者，有自泽塘浜洩之者，有自灌渎浜洩之者，有自和尚浜洩之者，有自长洛浜洩之者，有自王家漾泄之者，有自山泾港泄之者，有自渡水港泄之者，有自黄渎港泄之者，有自后保河泄之者，此其大略也。其他支流余裔不可枚举，而绘事者错综陈之，亦赘矣。是故举此例彼，而具区为薮之大者，源流在焉，可忽乎哉！盖太湖之水本以潴水，将以润田。三州之田，将以利田。先以资水通则百脉皆和，不通则百病皆至。此单子手足之喻，深为有见。而或有不能尽如其意者，古今之势异也。说者谓宣溧以上西北之水可入于芜湖，而不可使注于荆溪；苏、常以下东南之水，可趋于盘龙，而不可使积于震泽。其道无他焉。曰：疏之浚之，循其故也。故者，以利为本。

（据明嘉靖吴郡袁民嘉趣堂刻本《金声玉振集》）

三、明金藻《论治水六事》节选

治水之道有六：曰探本源也，正纲领也，循次序也，均财力也，顺形势也，勤省视也。……

所谓正纲领者：臣愚以为七郡之水有三江，譬犹网之有纲，裘之有领也。支河派港，网之条目也；湖潭泖瀼，裘之襟袖也。开一渎治一浦，不过条目之大者耳，如其网之无纲何。修一湖，理一泖，不过襟袖之广者乎，如其裘之无领何。昔者东江既塞，而淀泖之水无所泄，故人以为千墩浦等处可泄淀湖之水，殊不知此处虽通，但能利此一方之水道耳，而淀湖之水乃属东江，终不逆入于淞江，此不明于纲领之说也。淞江既湮，而太湖之水封锁所泄，故人以为刘家河可泄太湖之水，盖不知此河虽通，但能复此娄江之半节耳，其南来之半节与夫新洋江及千墩等浦，反被其横冲淞江之腰腹而为害莫除，此则举其一而遗其二者也。或又以为浦者导诸处之水自江入于海，殊不知山水下于太湖，湖水分于三江，江水入于大海，初无与于浦也。然而浦不可无者，为古井田之有浍也，水漫则泄沟水以入于江，水涸则引江水以入沟，此乃古人之水利，非若后人反借其导湖水以趋江也。比皆纲领之不正者也。若其沟洫既深，浦渎既通，然后寻东江之旧迹，以正东南之纲领。而淀湖所受急水港以来之水，与夫陈湖所接白蚬江之水，皆得以达于东南以入海，则黄浦之势可分，而千墩浦等水不横冲于淞江，而松江可通矣。又开淞江之首尾，以正东西之纲领，则黄浦之势又可分；而跄口既通，吴江石窦增多，而淞江可以不塞矣。又开娄江之昆山塘，以至吴县胥塘，另接太湖之口，添置石窦，则新洋江之潮势可分，而不使横冲淞江，而东北之纲领又正矣。

所谓顺形势者：臣见今人之论，有以为黄浦即是东江，而黄浦通，淞江通矣。盖不知江浦之子母纵横，水势之大小顺逆也。臣愚以为淞江乃东西之水，其势大而横，譬则母也；黄浦乃南北之水，其势小而纵，譬则子也。太湖之定位在西，大海之定位在东，必藉东西之江以泄之，则为顺而驶，若藉南北之浦以泄之，则为逆而缓。盖淞江之塞，西由吴江古门之少，中田千墩等浦与新洋江之横冲，东由黄浦窃权之盛，而跄口所以不通也。况黄浦不独北为淞江之害，而南又为东江之害。盖其中段南北势者乃是黄浦，其至北而反引迤逦东北达于范家浜以入海者，又名上海浦也。臣愚以为江有入海之名，浦无入海之理；而今皆反之者，此即江变为浦之明验也。其至南而折于西以接横潦泾者又名华泾塘也。华泾塘东去有闸港，此皆东江之东段也，但欠深阔而入海耳。大泖西北有拦路港、陈湖，西去有白蚬江，此皆东江之西段也，但东南与朱泾，斜塘桥等外欠通顺耳。三江既通，则太湖东之形势顺矣。然后寻曹泾入海闸河，金山卫入海之闸河，海盐县入海之闸河，以泄嘉兴秀州塘等处以来湖杭之水，而谓之南条者，则太湖南之形势顺矣。疏江阴下港等河，常熟白茆等港，复常州运河斗门一十四处，走泄夹苧干等渎，筑堤管水以入江，而谓之北条者，则太湖北之形势顺矣。修溧阳之五堰，疏宜兴之百渎，则太湖西之形势顺矣。四面高乡皆置石闸，以时阖辟，不使其反而趋内，则高低之形势又顺矣。

（原文载《三江水学议略》，参校《三吴水利录》引文）

四、明林应训《论苏松水利》

苏松水利，在开吴淞江中段以通入海之势。太湖入海，其道有三：东北有浏河，即古娄江故道；东南由大黄浦，即古东江遗境；其中为吴淞江，经昆山、嘉定、青浦、上海，乃太湖正脉。今浏河、黄浦皆通，而松江独塞者，盖江流与海潮遇，海潮浑浊，赖将水迅涤之。浏河独受巴阳诸湖，又有新洋江、夏驾浦从旁以注；大黄浦总杭嘉之水，又有淀山泖荡从上而灌，是以流皆清驶，足以敌潮，不能淤也。惟吴淞江源出长桥石塘，下经庞山、九里二湖而入。今长桥石塘已湮，庞山九里复为滩涨，其来已微；又为新洋江、夏驾浦掣其水以入浏河，势乃益弱，不能胜海潮汹涌之势，而涤浊浑之流，日积月累，淤塞仅留一线，水失故道时致泛滥。支河小港，亦复壅滞，旧熟之田半成荒亩。

前都御史海瑞，力破群议，挑自上海江口宋家桥至嘉定艾祈八十里，幸尚通流。自艾祈至昆山慢水港六十余里，则俱涨滩，急宜开浚，计长九千五百余丈，阔二十丈。此江一开，太湖直入于海，滨江诸渠得以引流灌田，青浦积荒之区，俱可开垦成熟。

松江大黄浦，西南受杭嘉之水，西北受淀泖诸荡之水，总汇于浦，而秀州塘、山泾港等处有四十余丈，待浚尤急。

（原文载《吴江水考增辑》）

五、明海瑞《开吴淞江疏》

题为修复水利，以济迫切饥民事。禹贡称三江既入，震泽底定。三吴水利，当浚之使入于海，从古而然也。娄江东江系是入海小道，惟吴淞江尽泄太湖之水，由黄浦入海。事起近年以来，水利臣旷职不修，抚按亦不留心。惟此督责日至潮泥日有积累。日月继嗣，通道填淤，虽水势就下，而无下可为就矣，时遭久塞。

淞江一水，国计所需，民生攸赖，修之举之不可一日缓也。臣于旧岁十二月巡历上海县，亲行相视，旋委上海县知县张顶率领沿江住居父老，按行故道，量及淤塞，当浚地长该一万四千三百三十七丈二尺，原江面阔三十丈。今议开十五丈。计该用工银七万六千二百二两二钱九分。今以水荒缺秋收，兼之二麦未布。时方春正月之初，米每石价银已八钱五分矣。饥民动以千百，告求赈济。臣已计将节年导河夫银、臣本衙门赃罚银两、各仓储米谷，并溧阳县乡官史际义出赈济谷二万石。率此告济饥民，按工给于银米。于今年正月初三日，按江故道，兴工挑浚。委松江府同知黄成乐，督率上海县知县张顶、嘉定县知县邵一本分理兴工之中，兼行赈济，千万饥民，被安戢矣。

但工程浩大，银两不敷，饥馑频仍，变故叵测。官储民积，计至二月间尽矣。江南四面皆荒，湖广江西有收成，府县又执行闭粜，无从取米。伏望皇上轸念民饥，当恤吴淞江水道，国计所关。敕下该部酌议量留，……凡应天等十一府州县库贮，不拘各院道诸臣项下，无碍赃罚银两，听臣调用。浙江杭嘉湖三府，与苏松常三府，共此太湖之水。吴淞江开，则六府均蒙其利，塞则六府固受其害。其库藏银亦如应天等府一例取用，彼处饥民，亦听上工就食。吴淞借饥民之力而故道可通，民借银米之需而荒歉有济，一举两利，地方不胜幸甚。

（《明经世文编》卷309）

六、明夏原吉《苏松水利疏》

臣与同事官属，及谙晓水利者，参考与论。颇得梗概。盖浙西诸郡，苏松最属下流。嘉、湖、常三郡土田下者少，高者多，环以太湖，绵亘数百里，受纳杭、湖、宣、歙诸州溪涧之水，散注淀山等湖，以入三泖。顷为浦港湮塞，汇流涨溢，伤害苗稼。拯救之法，要在浚涤吴淞江诸浦，导其壅塞，以入于海。但吴淞江延袤二百五十余里，广一百五十余丈，西接太湖，东通大海，前代屡疏导之。然当潮汐之冲，沙泥淤积，屡浚屡塞，不能经久。自吴江之长桥，至夏驾浦约一百二十余里，虽云通流多有浅狭之处，自夏驾浦抵上海县南跄浦口一百三十余里，湖沙渐涨，潮汐沙壅障，茭芦丛生，已成平陆。欲即开浚，工费浩大。且流沙淤泥，浮泛动荡，难以施工。臣等相视，得嘉定之刘家港即古娄江，径通大海。常熟之白茅港，径入大江，皆系大川。水流迅急。宜浚吴淞江南北两岸安亭等浦港，以引太湖诸水入刘家白茅二港，使直注江海。又松江大黄浦，乃通吴淞江要道，今下流壅遏难流，旁有范家浜至南跄浦口，可径达海，宜浚令深阔，上接大黄浦以达泖湖之水，此即禹贡三江入海之迹。俟既开通，相度地势，各置石闸，以时启闭。每当水调之时，修筑圩岸，以御暴流。如此则事功可成，于民为便也。

（《明经世文编》卷14）

七、明黄光昇《筑塘说》

予筑海塘，悉塘利病也。最塘根浮浅病矣。夫磊石高之为塘，恃下数桩撑承耳；桩浮即宣露，宣露败易矣。次病外疏中空。旧塘石大者，郛不必其合也；小者，腹不必其实也。海水射之，声汩汩，四通侵所附之土，漱以入，涤以出，石如齿之疏豁终拔尔。余修塘，必内与外无异石。先去沙涂之浮者四尺许，见实土乃入桩，入之必与土平。仍傍筑焉，令实；乃置石，为层者二。是二层者，必纵横各五，令广，拥以土，使沙涂出于上，令深，皆以奠塘址也；层之三若四，则纵五之，横四之；层之五若六，纵四之，横五之；层之七若八，纵横并四之；层九、十，纵三之，横五之；层十一、层十二，纵横又并三之；层十三、层十四、纵三之，横二之；层十五，纵二横三；层十六，纵横并二；层十七，纵二横一；层十八，是为塘面，以一纵二横终焉。石之长以六尺，广厚以二尺，琢之方，砥之平，俾紧贴也。层表里必互纵横作丁字形，弥直隙之水也。层中横必稍低昂作幞头形，弥横隙之水也。层相架必跨缝而置，作品字形，以自相制，使无解散也。层必渐缩而上，作阶级形，使顺潮势，无壁立之危也。如是又坚筑内土培之，若肉之附骨然，可免崩溃矣。

（辑自明天启《海盐县图经》，转引自《苕溪运河志》）

八、清土国宝《筹浚三江水利疏》

窃惟国家财赋，多出东南，而东南财赋，皆资水利，关系诚非细故。臣熟知三吴地形，夏潦秋淫，山水横发，田畴淹没，郡民离困，皆以下游淤塞，堤岸倾颓，疏导不得其法，掌治不得其人，以致此耳。

臣按疏浚下流，浙西诸郡，苏松最下。太湖绵亘数百余里，纳诸山间之水，散注溪流，洩之三江，由三江而入于海。若下游淤塞，诸水泛滥，淹没禾稼，为害非浅鲜也。相其利害，为之经纪，则白茆港、七浦塘、刘家河为苏州东北之洩水巨川也。吴淞江、大黄浦，又苏松南北交境洩水之大道也。若吴淞南北与白茆诸港浦之两傍，又各有支渠，引上流诸水归其中，而并入于海。

就其中论之，苏之七浦塘、刘家河、松之黄浦，并皆深阔通利。惟白茆港自弘治七年（1494 年）一为疏浚，吴淞江自天顺间（1457—1464 年）一为疏浚，后来白茆潮沙积塞，状如邱阜，吴淞江竟如沟洫！下流既壅，上流奚归，舟楫莫行，田畴莫治。此利害之了然洞见者也。

今计疏浚白茆一港，则七浦刘河通利，而苏州东北之水有所归矣。疏浚吴淞一江，则大黄浦通利，而苏松南北两界之水有所归矣。苏松之水各有所归，则引吸太湖不至壅潦。向来淹没之土，皆出而可耕矣。又修筑堤岸并为切要。昔人常论于朝曰：江南围田，中有河渠，外有门闸，旱则开闸引江水之利，潦则闭闸拒江水之害。旱潦不及，为农业利。要知围田全赖乎堤岸，堤岸全赖乎修筑。修筑永坚，则旱可车水以入，潦可戽水以出，而高低之田皆熟矣。

臣虽赳恒之资，膺皇上之重委，敕谕谆谆，敢遵前朝旧制，一一陈奏。夫疏水筑堤，工力不无烦费，而量此之出，计彼之入，或相倍蓰，或相千万，不可不熟计而审行之。水利一行则稼穑登，稼穑登则贡赋充，而百姓将有含哺鼓腹之乐。乞命廷臣详议定策，容臣一一逐细查明，及一切胥吏干没之弊，不得虚应故事，务期确当，然后申报请旨，奏平成之功，垂不易之典也。

（清《皇朝经世文编》卷113）

九、清庄有恭《奏浚三江水利疏》

窃臣在浙抚任时，适上年秋雨稍多，风潮稍大，湖河水涨。时越二旬，逞不盈尺。亲走嘉湖一带，周遭察勘。知由水归太湖之路不畅，并疑下游归江归海之路，亦或有壅淤。曾遣浙员来江查勘，究以事任隔省，难得确切。因先将浙省通湖溇港，必如何大加开浚，不至积水难消。饬行司府筹划议详，曾经恭折奏明。适蒙恩命，调抚江苏，经浙闽督抚臣用臣前议，请将湖州府属之七十二溇，酌用民力，以时疏浚。奏奉允行，并于摺内声明江南之宝带桥，系太湖出水之处，有无淤塞，应否疏浚，咨臣查明自行办理等因。

惟是臣自上冬受事，即为博访周询，并委员遍历苏松太各属，确勘由湖归江，由江归海之路，穷源竟委，循干达支，将何处壅淤，应与开宽，何处淤浅，应加深浚，并为酌估需费。兹据陆续绘图贴说前来，臣综揽全局。窃见太湖居苏常湖三郡之中，北受荆溪百渎，南受天目诸山之水，汇为巨浸，而分疏之大干，则以三江为要。三江者，吴淞江、娄江、东江也。东江自宋以湮，逮明永乐间开黄浦江，宽阔深通，足当三江之一。故今亦谓之东江。此三江之分流交错，经吴江、震泽、吴县、元和、昆山、新阳、青浦、华亭、上海、太仓、镇洋、嘉定十二州县之境。其间港浦纵横，湖荡杂错。大概观之，无处不可通流，无地不可分洩，似亦可安于无事。然百节之通，不胜一节之塞；数港之洩，不及一港之用，则其势必有所阻。

查太湖出水之口，不特宝带桥一处，其他如吴江之十八港十七桥，吴县之鲇鱼口大缺口，为湖水穿运入江之要道，亦不无浅阻。又如入吴淞江庞山湖、大斜港、九里湖、淀山湖、溆浦等处，向称宽阔深通。大资宣洩者，迩来民间图小利，遍植茭芦，圈筑鱼荡，亦多所侵占。

臣本年正月，因查勘苏松太海塘，亲至刘河。窃见现在河形，亦大非昔比。舟楫来往。必舣舟待潮。昆山外濠，为娄江正道，浅狭特甚。苏州之娄门外河，为江源出运咽喉之地，河面仅宽三四丈不等。平时无事，虽若无甚障碍，偶遇秋霖，四水泄集，江身浅窄。先为本境之水所占，必俟境水消退，而后湖水得出，为之传送，而上游已多所漫淹矣。

东南财赋重地，水利民生大计。若及早治之，事半而功实倍。今臣筹所以治之之法，其运河以西，凡太湖出水之口，但就其有港可通、有桥可泄之处，为之清厘占塞，规仿旧额，务使分流得以迅速无阻。其运河以东，三江故道，除黄浦为浙西水口，现在尚属深通。但於泖口挑除新涨芦墩三处，足资畅洩，无庸大办外，其吴淞江自庞山湖以下，娄江自娄门以下，凡有浅狭阻滞处所，相度情形，疏浚宽深，务与上源所洩之数，足相容纳。其江身中段一切植芦插簖及冒占水面之区，查明尽数铲除。嗣后仍严为之禁，则水之停蓄有处，传送以时。并即在挑河之地，俾令加倍圩岸，再将现有闸座，为之经理。其有去海太近，建置非宜，难于启闭者，另为酌量改移，务令启闭得宜，足资蓄洩。庶浑潮不入，清水盛强，而海口之淤，亦将不挑而自去。

凡此应办之工，臣与司道再三筹酌，业已粗具规条。第工段较长，约略估计，所需虽觉浩烦，然散在十二州县通力合作，实亦所出无多。此本为利益田畴起见，如兴举有成，无论业佃，皆得永叨利赖。民间闻有此举，皆乐於趋事，愿以民力为之。但用民之力，慎选董事，分投督修，仍需官董其成。且工费较繁，若待鸠集财力而后兴工，不无稍稽时日，合无仰恳皇上天恩，准于公项内先行借助，酌筹办理，于苏松太三属得沾宣泄灌溉州县，分年按款，照亩计数征还，则民力既纾，大工可期速集。如蒙恩允，即于今冬漕务事浚，以次开工。务于二三月间通工葳（成）事，则东南亿兆，咸感沐皇仁于无既矣。

（清《皇朝经世文编》卷113）

十、清王凤生《嘉兴府水道总说》（节录）

……总之，嘉郡水利，仅海盐塘之秦溪、白洋河、乌丘、招宝塘，水源于县境东南诸山；而郡之源远流长，亦不系此。其余俱来自杭郡，平衍萦纡，无澎湃奔腾之势。且运河水有下游之吴江可泄，长水塘及海盐塘分注于汉、魏二塘，天目派之由石门、秀水者均归运河，平湖系专泄海盐兼通嘉兴水道者也，嘉善系统泄嘉兴、海盐、秀水、平湖水道者也，均由泖湖归黄浦。潦之为患，宜于湖郡有差，然久雨淫霖，上游盛涨，滔滔而来，以此为壑。计郡水之由秀水出平望者十之四，由善、平二邑归泖湖者十之六。今淞、娄二江淤塞不通，在江省尚难宣泄，故秀邑之水无所归输，黄浦之流甚畅，似于善、平出泖为宜。然淞、娄二江浅狭不能受水，苏、松积潦并太湖洪流泛滥而横趋淀、泖，惟黄浦是争，故浙西水口，先为江境所占，黄浦虽深通，岂胜两省下游同时并纳？将彼此抵触，不克畅流，为害一耳。在平湖地阜，且非水道之冲，尚无大患。嘉善地本低洼，又为众水所注，宜其为巨浸矣。秀邑之水，不能泄，而石门、桐乡亦灾。善邑之水不能泄，而嘉兴、海盐亦灾。即一郡论之，则以吴江与三泖为归墟。合全局论之，则以淞、娄、黄浦为归墟。莫若浚通淞、娄，使太湖与苏、松水归故道，则运河可以顺轨，而黄浦惟承淀、泖之水以归海，则善、平二邑出泖益无阻塞之虞。治则均利，是与江省相为表里者也。若嘉属秀水之东北境，嘉善之四境，塘塍低挫单弱者，宜分别官民，一律修筑；平湖之新棣、新仓，嘉善之枫泾、张泾一带，为泖口要隘，有间段浅狭者，宜相度高下以深广之，并撤除坝堰、鱼簖，俾水势急溜，以刷浑潮之积淤，斯劳可以防。海盐之东南，地势最高，水易就下，如永安湖、澉城濠、白洋河之淤淀者，宜挑复之。各邑浜港之涩流者，宜劝农民以时疏掘为潴蓄计，斯旱可以备，是又嘉郡之当自为谋者也。勤民者可不加轸念与!

（清王凤生《浙西水利备考》）

十一、清凌介禧《杭湖苏松源流分派同归》（节录）

太湖联两省、跨三州十县之境。介禧尝验源流，而得其一贯之势。源自杭之天目山，势若建瓴，余杭南湖为之始蓄；又会西南万山迸省城诸水奔赴而下，湖州最当其冲，全藉碧浪湖囊蓄，所谓不患其源之不能也。而省城水注嘉兴稍缓，其湖州去委在导溇归太湖；苏松在引太湖达吴淞等江，会湖、浦诸水入海，所谓祇患其流之不泄也。若嘉兴之水由江、震入太湖者微，由淞江入泖湖者众，是杭、嘉、湖、苏松源流之大势也。其南以浙江为界，北以扬子江为界，西南天目绵亘广、宣诸山为界，东界大海，而太湖实潴其中。浙（浙江）扬（扬子江）之水倍高于内河，而西南及西北一带山水非太湖无由倾泄，则太湖之总汇分注，固七郡一大关键。假苏、松无杭、湖之来源，流恐立涸；杭、湖无苏、松之去委，水必横流。是东南财赋甲天下，脉络一贯，留心民瘼者断不可执偏隅而治水也。

就太湖言之，……计环湖支流共二百七十七口，太湖之源委通，则数郡蒙其利；太湖之源委不通，则数郡受其害。若常郡自东坝筑而来源微；又运河分泄江阴入江，与太湖关系少轻。惟湖郡上承万山之水，地滨太湖，势当最冲。苏、松等郡居太湖之下流，而松郡尤甚。然则杭、湖、苏、松通经络脉，为源为流，岂非一以贯之哉？……

统苏、湖数郡言之：天目，首也；余杭南湖，口也；湖郡碧浪湖及诸溇，咽喉也，膈胃也；太湖，腹也，吴淞等江，尾闾也；苏、松太诸浦泾入江入海，足也；嘉郡之水，肢股也。一有不治，则两省数郡均受其害。犹一身血脉贯通，而众窍各有经络，不得借口于吴淞等江既开，而湖州之水患可减。夫湖州之水归于太湖，太湖之水必经长桥等河而后归于吴淞各江入海。苏、松徒开吴淞等江，则太湖之水仍然隔抑不能畅消，以吴江长桥为淤阻也。且潮沙日上，渐开渐塞。况湖州之水，并不能畅消太湖，乃自塞其咽喉，犹不谓之气绝，夫谁信哉？复不得浸执湖州河道之壅遏，而不问长桥、吴淞等江之通塞也。至苏、湖溇港毗连，尤必会同开浚。何则？苏州西偏之港俱来自湖境，而湖州东偏之溇又隔于苏境。若湖属之胡桥各溇南来受水之口一带地方，俱属苏境，来水必经苏境抵溇；至苏境入港之水无不自湖郡来也。又运河自湖达苏，南浔东，江浙接壤。运河南北荡、漾、支港通塞，利害两省攸关。盖杭、嘉、湖、苏、松、常、镇，古称浙西七郡为平江，明初犹属一省，洪武十五年分隶嘉、湖为浙江，苏、松为直隶也。省虽分而水利仍合，上源不治则流病，下流不治则源病。然则合两省为一贯之治，介禧一人之私说乎？非也，古有行之者。……”

（原载清凌介禧《东南水利略》卷五，转引自《苕溪运河志》）

十二、清陈訏《宁盐二邑修塘议》（节录）

窃惟杭属之海宁、嘉属之海盐两邑，地俱濒海，县治去海不及半里，又当苏、松上流，一有冲决，患诚非细。然宁、盐两邑虽均以海为患，而潮有横冲直冲之异，地有沙硬沙软之别。其横冲而沙软者，患在根脚搜空，虽有极坚极固之塘不能存立；法宜加意塘根之外坚固牢密，使沙土不虚，即塘身或少单薄，可以无虑。其直冲而沙硬者，塘根之沙不患其坍，止患直冲势大，非极坚极厚之塘不能抵御；法宜精讲修砌塘身之法，而塘根以外加功稍次。则是潮患两海虽同，而所以捍潮之法不同也。

今以海宁言之。海宁之潮与杭城江干之潮无异，俱起有潮头，俱横冲而过，其实皆为浙江入海之尾闾。然而海宁之海沙又与江干微别。江干地皆近山，其沙性硬，故江塘之沙坦而不陡，即有冲刷，捍御犹易为力。海宁近城无山，远者江干之山相去百里，近者袁花之山亦五六十里，故沙土率皆性软；且海塘以外之沙，从来此坍彼涨，其所涨之沙又皆潮头去远，急水已过，而长水停蓄，日渐淤积，性浮体轻，冲刷甚易。故当平常沙涨之时。塘外不下三四十里之远，及至沙坍三数月，即可到塘。盖其积之也，由于潮过之长水，性平气缓，浮沙沉积，故所长之沙低于海塘者不过三四尺；其坍之也，由于潮头与急水之横刷，潮当初至之时，水尚未长，恒低旧沙丈许有余，灌漱冲激皆在沙底搜进，故不但沙岸陡峻，而沙面反凌空盖出其外，俄顷之间，缝如毛发，转瞬而坼裂倾颓，如山之崩，荡为浊流，杳无踪影矣。渐至塘脚日搜日进，虽使鞭石为塘，岂能凭空稳立？故海宁之塘，必于塘脚之外，沙土之中，砌出十有余丈，以固其根。旧法用木栅为柜，中积小石，层层排置塘外。盖用木柜，则化小石为大石，而排置塘外土中，则可预防冲刷。立法诚善，但其置柜也，宜深而不宜浅。盖沙涨之后，潮来之所冲刷，必在旧沙根脚之下，置柜若浅，则冲刷所及反在柜下之沙，而柜之根脚亦虚，岂能自固？惟置柜必深，或三柜四柜，层叠而起，则冲刷之势，柜能抵之，而沙无崩塌之患。其排柜也，宜远而不宜近，盖水之漱灌，无隙不入，若自塘根排出有十余丈之远，则水即善刷不能浸灌以至塘根，而塘根之土常得干坚牢固，不至根脚虚松而塘身因之而倾。至于柜外，则用长木桩密钉入地，钳束其柜。柜外有桩，桩外复有柜，层层密钉，即使潮冲，断无一柜随流他柜因以欹倒之患。而柜之自下叠上，自近及远，俱用品字排置，兼如陂陀之坦，近塘稍高，渐远渐深，既御潮来之所冲刷，并护塘根可坚久矣。塘外之沙既不坍及塘根，则潮头既过之后。急水既缓之余，即有长水浸及塘身，而势缓力舒，无虑冲啮，不必如海盐之巨石鳞叠，屹然如山，而后无患。故海宁之塘，功力全在塘根以外。人但知塘之裂缺，而不知根脚松而裂缺也。

至于海盐之海，则与海宁又异，南有秦驻山，北有乍浦山，相去止三十余里。南北山趾角张，而海盐邑治居中，独以东面受大海潮汐之对冲，与海宁横过不同。而海中之沙，又近山多硬，不坍不涨，故从来洋舶不便泊塘，亦由潮来则水溢，而潮退则为沙搁故也。故塘外不患坍沙，惟是全海所冲，势雄力猛；而潮汐之来，一冲一吸，其冲也固有排山之势，而其吸也亦有拔山之力。故必极大极厚之石，纵横鳞叠，内复帮以土塘，而后可以捍御。若使叠砌之石稍不极其厚重，则水力排击轻如弄丸。且古云，石之附土，如人骨之附肉。海水之来，不但畏冲，实尤畏吸。盖水既无隙不入，其吸而拔之也塘土俱出。若土塘空洞，即石亦顽滑不固。故古人于海盐之塘，讲之甚精，既须极大之厚石，而其取材也不可头大头小，其叠砌也不用石块垫衬，其程序也必方方相合，面面相同，其验工也不于已砌而于抬砌之时，先置平地验视其层叠也。头头向外以撄潮之冲吸，而复制之以纵横之法，联之以品字之形，务使潮水之来，其入也由石缝而曲折以进，其吸也亦由石缝而曲折以出，则潮之呼吸其力渐杀，而后石塘有磐石之安，土塘罕搜空之患。且顶石之桩，必长必多，必掘深生土二尺而后钉入。而塘外亦排置木柜以护其桩，略如海宁之法，不使桩根宣露易朽。顶冲之地不遗余力，次冲之地，工力少减，然亦百倍海宁，皆由海盐之海直当大洋之冲，且沙又铁板，潮从沙上奔腾而至，并无海盐[1]之软沙少为抵当，惟恃塘身直抵潮之正冲，非屹然如山必不能御。昔时用王荆公宁波陂陀塘法，元末明初犹冲决屡告，至后有叠砌之法，而后数百年无患，良不得已也。即今二十年前，上宪因塘石碎泐，委员修理，而承办之员不能仰体德意，反取塘身完整之石加于塘面，而以塘面碎泐之石委之塘中，如筑墙之用垫堵一时，虽饰美观，其实速之圮矣。若虑塘身延袤不能一式，则原有顶冲、次冲之别约共止十余里，况今之坍侧倾卸，止敕海庙数十丈之顶冲，岂可惜一时之小费而遗不数年后之大患乎！故海盐之塘，全在塘身捍御，异于海宁也。

至于两海之塘，虽极修砌得法，而大潮大汛，狂风驾浪，不能保无扇溢、淹没、横流，则两海又天生有近塘之河，消纳海水而不使淹入内地。盖海水性咸，若淹及腹内之田，则田秧浥烂，非两三年雨水侵润，不能复其淡性以便耕种。惟河身之水日夜流动，数番大雨即咸性尽减，故可使之消纳以不波及于腹内之田。在海宁则为六十里塘河，在海盐则为白洋河，皆天造地设，古之所谓备塘河是也。宁邑之六十里塘河，即杭城之上河。发源于江干诸山，与北关下河之发源天目者，两水各自分消。下河由苕溪入于太湖，上河由海宁黄湾出闸达于嘉兴、松江。今黄湾闸久废，薛家坝久阻，临平市河久浅。下流不通，而上河之水俱从半山之金家堰入于下河，不但天旱之年，海宁沿海涓滴不来，如火益热；水涝之年，上河诸水涓滴不去，尽出金家堰，而塘栖、德清上下河两水齐到，昏垫愈甚，如水益深，即今海塘溃决，潮水直入内地，而六十里塘河毫无分泄之处。至于盐邑之白洋河，起于秦驻山，由蓝田庙而达于平湖。河外近海之地，类多斥卤；河内皆禾稻之乡，今虽不甚全淤，然浅阻日久，河身已高，潮水屡溢，河不能容，便恐淹入田亩。及今开此二河，流通深广，则即海塘修筑，运输木石无虞艰阻；而日后大风驾浪泛滥之患，藉以分泄。但此二河，势居其僻，非仕宦商旅之所经由，地居其瘠，无富贵膏腴之所置产，膜视者多，然于堤防海溢亦切要之务也。

（原载清乾隆《敕修两浙海塘通志》，转引自《苕溪运河志》）

---

[1] 疑为海宁之误。

第五章 古代水利遗址及水事碑记

第一节 古代水利遗址

一、新石器时代各文化时期水利萌芽

1. 马家浜文化时期（距今约 6700～5200 年）

太湖流域发现的马家浜文化遗址有嘉兴马家浜、桐乡罗家角、吴县草鞋山、青浦嵩泽、无锡仙蠡墩等处，考古发现了用于灌溉的引、排水沟渠，饮用水井以及开凿井坑的工具等。

1992—1994 年在苏州吴县进行草鞋山遗址的考古发掘，将我国农田水利的历史上溯到 6000 多年前。草鞋山遗址位于苏州城东阳澄湖畔，考古挖掘发现了井、水塘、水沟组成的水田灌溉体系。

2. 良渚文化时期（距今约 5300～4300 年）

太湖流域发现的良渚文化遗址有：杭州水田畈、余杭良渚，湖州毗山、邱城、钱山漾，嘉兴双桥、雀暮桥、桐乡新地里，苏州澄湖、昆山太史淀，无锡南方泉等处，考古发现了水井、水沟、水渠，渔船、木桨和渔具，尤其是发现了我国最早的水坝。

在湖州北门外 2.5 千米的毗山遗址发现了有双层梯形和复式断面的人工水道，在复式水道的底部水沟两侧壁发现了已碳化的竹木围堰遗物，表明先民在 4000 多年前已进行了人工开挖沟渠和修筑围堰挡水的水利施工活动。

在湖州市北 9 千米处太湖南岸的白雀乡小梅口的邱城遗址也发现了 9 条排水沟和宽为 1.5～2 米的大型引水渠。

在苏州澄湖遗址，发现了水井十余口，口径均为 1 米左右，井壁平直，深度残长为 0.5～1.5 米，估计原来全深至少为 1.5～2.5 米。在昆山太史淀、无锡南方泉、嘉兴雀暮桥发现的水井，井壁有木圈加固，说明这三处同处良渚文化晚期，水井结构已明显改进，已与后来秦汉时期陶井形制相似。

在杭州水田畈、湖州钱山漾遗址发现先民已能刳木为船，从事水域捕捞，发现了多种渔具及木桨，木桨长度达到 2 米。

在余杭良渚遗址古城外围发现了我国最早的坝和堤塘。良渚古城在杭州余杭区瓶窑镇境内，发现的坝和堤塘共有十一条，分布在古城的北面和西面，按其形态可分为长堤和连接两山的短坝，而短坝又可分为建在山谷中的高坝和连接平原孤丘的低坝。

在 2015 年 7 月至 2016 年 1 月间开展的考古工作中曾对七条坝体的样本进行碳化检测，结果表明存在的时间距今约 5100～4700 年。

按其平面位置和顶部高程，坝和堤塘又可分为三部分：

（1）上坝堤塘。位于古城西面大遮山的西丘陵谷口，有岗公岭、老虎岭、周家畈、秋坞、石坞、蜜蜂弄 6 条坝体，上坝坝顶高程为 35～40 米（黄海高程，本段下同），谷口较窄，坝体长度大多在 100 米左右，坝体下部厚度约在几十米至 100 米之间，这些堤坝分为东、西两组，各自封堵一个山谷，形成水库，为灌溉下游农田提供水源。

（2）下坝堤塘。位于古城以北大遮山以南，由自然孤丘的连坝或人工山前长堤“塘山坝”组成。孤丘连坝由西到东分别由梧桐弄、官山、鲤鱼山、狮子山 4 条坝连成，坝顶海拔在 10 米左右。连坝总长包括孤丘约 5 千米，人工坝体只占约 1/5。连坝北侧地面高程多为 2.5～3.5 米。塘山坝位于大遮山南麓与平原的交接地带，距山脚约 100～200 米，全长约 500 米，坝顶高程在 15 米上下。塘山坝之南还有筑坝取土留下的护塘河。在大遮山南麓小冲积扇地带还存在沿山棋布的小山塘，下坝具有蓄水功能，蓄水场所是小湖泊、河道及护塘河。据估计孤丘连坝形成的蓄水量约 500 万～600 万立方米，山塘坝形成的蓄水量约 100 万～150 万立方米，均可以为古城提供淡水资源。

（3）城墙堤塘。古城城墙轮廓像一个带圆角的方形，南北长 900～1800 米，东西宽 1500～1700 米，面积约 290 万平方米。古城有环城河、城内河道、水城门等水系和设施，部分遗迹尚存。据分析，由于在距今 7000～6000 年时发生的海侵到达杭湖平原西部，良渚古城面临浅海，城墙堤塘除了防洪，还有挡潮功能。

二、钱塘江北岸古海塘

钱塘江海塘是太湖平原防洪御潮的重要屏障，除了承受山洪、海潮和风浪的侵袭外，还会受到破坏力极大的钱塘江涌潮的冲击，因此对海塘的坚固和安全有很高的要求。

在防御洪潮和修筑海塘的过程中，钱塘江海塘的塘型和结构得到了不断改进，从初期的土塘、柴塘发展到各类石塘（如竹笼石塘、条块石塘和鱼鳞石塘），以至现代的混凝土和钢筋混凝土塘。至 2010 年左右，尚存比较完整的海塘遗迹主要有以下两处。

1. 海盐敕海庙段明清古海塘

此段古塘为明代初建的鱼鳞古塘，清代重修过，迄今已有 400 多年历史。明嘉靖二十一年（1542 年），浙江水利佥事黄光昇曾在海盐创建五纵五衡鱼鳞石塘，并著有名篇《筑塘说》（详见前章第二节《筑塘说》），推动了鱼鳞石塘的建设。明万历十五年（1587 年），海盐 7 月海溢，砌塘全圯。次年浙江巡抚都御史滕伯伦、巡按监察御史傅孟春上《两岸勘议修塘事款疏》[1]，并主持修筑敕海庙段古海塘。

塘式原议四纵六横，起脚两层阔二丈七尺五寸，自第三层渐收而上，每层内外坡各收七寸，至第十八层结面，阔九尺三寸。砌石以下采用桩基，每丈长度用桩一百九

[1] 明仇俊卿《全修海塘录》卷三。

十五根，桩径四寸，长八尺。除塘顶用大石盖面外，其余石料尺寸均为长五尺，阔厚一尺六寸，石料需六面平整，伎砌必纵横相制。盖面石两条皆纵向放置以顺水势，形成所谓“双盖鱼鳞塘”。

新塘于万历十六年（1588年）二月兴工，十八年二月竣工。其间十七年七月又遇风暴，塘再圮。滕伯伦积劳成疾死于任上，由巡按监察御史傅孟春继任代之终其事。万历十八年傅孟春上《县报海塘工完疏》[1]，奏报工竣。与议修疏比较，施工中作部分修改：原议塘高有十八层和十层两种，实际施工为十五层及十二层两种；塘基用桩从原议一百九十五根增至二百五十九根等。塘工共修全砌塘五百七十一丈，本坍塘一百零三丈，稍坍塘五百三十五丈，土塘一千三百九十六丈。

2. 海宁鱼鳞大石塘

清康熙五十九年（1720年），闽浙总督满保和浙江巡抚朱轼勘视海宁塘工，其后朱轼主持兴建海宁鱼鳞大石塘。朱轼也仿照明代黄光昇在海盐筑海塘的结构型式，即用条石纵横叠砌，上升时内外坡收分，纵横石数递减，后坡培筑土塘支撑石塘。但清代海宁石塘较明代海盐石塘做了三方面改进：

（1）加强塘基。在宽一丈二尺范围内，用四路马牙桩、七路梅花桩提高地基承载力。在临潮一侧的两路马牙桩，除可加强塘身前趾承载力外，还可防塘基被淘刷。

（2）适当减少塘身纵深，以适应海宁地区地基松软，也可降减造价。

（3）加强塘身结构。在条石交接处，上下凿成笋槽，嵌合连贯，用铁锭、铁锔、铁笋、铁箫联结，合缝处用油灰抿灌；在外塘面石缝用油灰或桐油麻绒抿嵌。塘身上升时，外坡收分，改每两层一收分为由下而上逐渐减小，以顺潮势，并减少水浪越顶。

朱轼在海宁老盐仓修成的鱼鳞大石塘共500丈。此后在乾隆年间，在仁和岛至海宁尖山间，陆续改进和大力修筑鱼鳞大石塘，共计13826丈，占此段海塘全长的71.1%。这段海塘大部分经加固后留存至今，仍居防潮一线。

三、江南运河

江南运河，曾称江南河、浙西运河，为京杭运河在长江以南的一段，是京杭运河运输最繁忙的航道。运河北起镇扬，经丹阳、常州、无锡、苏州、吴江、嘉兴、桐乡到杭州。运河北接长江，南接钱塘江，与金丹溧漕河、武宜漕河、锡澄运河、望虞河、浏河、吴淞江、太浦河、吴兴塘、平湖塘、华亭塘、杭甬运河等相连接，是江南河运的主干道。江南运河的开凿最早可追溯到春秋末年，吴王夫差为水上争霸，开挖了苏州至奔牛段的人工河道，以后历朝历代又不断加强，至唐代基本形成现在的格局。

隋炀帝大业六年（610年）重新疏凿和拓宽长江以南运河古道，形成今江南运河。江南运河和隋代修建的通济渠和永济渠，沟通了钱塘江和长江、淮河、黄河、海河的联系，形成了以洛阳为中心，向东北、东南成扇形展布的大运河。经不断改造、治理，

---

[1] 万历《喜兴府志》卷八。

现江南运河从江苏南部入浙江，分有东、中、西三线。东线是古运河线，从平望经嘉兴、石门、崇福、塘栖、武林头到杭州；中线从平望，经乌镇、练市、新市、塘栖、武林头至杭州；西线从江苏震泽入浙，途经南浔、湖州、菱湖、德清、武林头至杭州。上述三线均通客货轮。以东线长度计算，全长3238千米。航道大部分水深2米，底宽20米，水流平缓，流量丰富。20世纪80年代，杭州在三堡建造船闸，兴筑江南运河和钱塘江的沟通工程，使它经钱塘江和杭甬运河相连，进一步发挥航运、灌溉、防洪排涝、居民用水、水产养殖和旅游资源的综合功能。

（一）古河道

吴江塘路九里石塘

隋朝时期，开挖运河的泥土堆在运河两侧，形成道路。由于吴江地处东太湖下游，泄洪要冲，泥土道路在“风涛冲击，日夜无休”的情况下逐渐消失，但为日后吴江塘路的形成，奠定了基础。

至唐代仍是“舟行不能挽牵，驿递不通”。苏州刺史王仲舒为便漕利驿，于唐元和五年（810年）“堤淞江为路”，在这片水域中修建长堤，即松陵堤，并建宝带桥，沟通了苏州与吴江之间的陆道。北宋天圣元年（1023年），在“市泾（现王江泾）以北，赤门（现苏州葑门）之南，筑土石堤九十里，起桥梁十有八，计工七十万”。此项工程至北宋庆历二年（1042年）完工，历时二十年。自此，太湖东沿形成一条南北贯通、水陆俱利的湖堤，史称“吴江塘路”，为石塘之始。

吴江塘路修筑后，大都在水中筑堤，两面临水，在风涛日夜冲击下，时有崩塌，以后修建工程不断。至元天历二年（1329年），由于原石塘石块较小，常被水冲走，这次修筑采用巨石砌成两道石墙，中间填小块石加固，并建泄水涵百余，以泄太湖之水。“石塘小则有窦，大则有桥，内外浦泾纵横贯穿，皆为泄水计”。元至正六年（1347年），再修吴江石塘，用“巨石垒之，长一千八百丈”，同时在石塘下“开水窦百三十只，以疏横流”，建桥九座，三孔、五孔、七孔不等，自北而南名三江桥、三山桥、定海桥、万顷桥、仙槎桥、甘泉桥、七星桥、彻浦桥、白龙桥，全长约九里，这一段名为石塘，又名“九里石塘”或“至正石塘”。塘路的建成，解决了驿道和航船的风涛之险，为南来北往的舟船提供了纤道，故又称古纤道或古驿道。

明清期间又多次对吴江塘路进行修建，其中最大的一次在明万历三十三年（1605年），自长洲县（现相城区）至秀水县（现嘉兴）共长88里，除土塘坚固不用石者10里，原有石塘坍塌扶砌者9里，实际筑塘路65里。皆用巨石，长阔四面如一，计用巨石8万块，石皆四层，高6.5尺。又修桥9座，水窦28处，里塘8398丈。史料记载吴江塘路频繁修筑，足以说明吴江塘路工程的艰巨。吴江塘路不但是运河史上人与洪水斗争的最好见证，也是流域古代人民的伟大创造，其价值不可估量。

然而这一段久经历史风浪的古纤道，经过千百年来的风风雨雨，大都不存，剩下的也已经残缺不全。1984年在吴江航道站的积极争取下，江苏省交通部门下拨经费对古纤道驳岸按照原来的样子进行维修，修复长度为1316米。1998年四级航道整治时又对这段古纤道进行了修缮。

（二）古桥

江南运河为太湖流域漕运主要通道，现代由于航道不断变迁，等级提高，断面扩大，航道已非原来面目，但航道上还有不少古桥留存，保持着原有风貌。

1. 吴江塘路上的古桥

吴江塘路位于苏州吴江区江南运河东岸，是太湖的东部边界，古代在修筑时就建有许多桥涵，以通泄湖水。从唐宋始建起算，随塘建成的超过长度300米的桥梁有宝带桥和垂虹桥两座，还有一孔至七孔的小桥37座。

宝带桥位于苏州东南7公里，跨越澹台湖，为古太湖出水口之一。桥建于唐元和五年（810年），始为木桥，南宋绍定五年（1232年）改建，仍为木桥。元代改为石桥，明正统十年（1445年）又重建，重建桥长一千三百二十尺，有桥洞53孔，中间3个高孔可通大船。清康熙十年（1671年）对水毁部分进行修缮，咸丰十年（1860年）桥毁，至同治十一年（1872年）又重建。1956年按原样大修，现保留无损，列为国家重点保护文物。现存桥长317米，共53孔，其中14、15、16孔孔径分别为6.5米、7.5米、6.5米，其余均为4.5米。

垂虹桥始创于北宋庆历八年（1048年），原为木桥；德祐元年（1275年）毁于兵乱，同年重建为85孔。元代大德八年（1304年）增建至99孔，不久桥又塌塞五十余丈。直至泰定二年（1325年）始由知县张显祖易木为石，改建为联拱石桥，全用白石垒砌，长500多米，设72孔。垂虹桥1949年尚存37孔，后于1967年倒塌。

吴江塘路今尚存多座小型古桥，大部分为平板石桥，其桥孔数不一，一般3～7孔，桥宽1.5米，均为条石排柱墩，上铺条石桥面。

2. 拱宸桥

位于杭州拱墅区江南运河上，始建于明崇祯四年（1631年），清代几经毁建。顺治八年（1651年）桥身坍塌，康熙五十三年（1714年）重建，重建桥长34丈5尺，高4丈8尺。雍正四年（1726年）再度重修，桥加厚两尺，加宽两尺。抗日战争中，日军占杭期间，曾在桥面铺2.7米混凝土斜面，以通行汽车和人力车。

现桥东连丽水路、台州路，西接板弄街与小河路。桥长98米，高16米，桥段中间最窄处宽为5.9米，两端桥堍宽为12.2米。桥型为三孔薄墩联拱驼岸型，边孔净跨11.9米，中孔15.8米，拱尖高9.2米。桥面两侧用石板围护，桥正中拱板上有桥名“拱宸桥”三字，该桥现为省级文物保护单位。

3. 长虹桥

位于嘉兴王江泾镇东，横跨运河。桥建于明万历四十年（1612年），清康熙五年（1666年）及嘉庆十七年（1812年）曾两次重建、重修。光绪六年（1880年）修桥上石栏。

现存桥为三孔实腹石拱桥，桥长72.8米，面宽4.9米，东西桥阶斜长30米，有台阶57级，桥拱是纵联分节并列砌筑的石拱。主孔净跨16.2米，矢高10.7米，两边孔净跨 9.3 米，矢高 7.2 米。登桥北观吴江盛泽，南望嘉兴，气势非凡。现为省级文物保护单位，乍浦经嘉兴至苏州的乍嘉苏航道仍从桥下通行。

4. 广济桥

位于余杭塘栖镇，横跨江南运河。桥始建于唐代，现桥为明弘治二年（1489 年）重建，后于明嘉靖年间（1522—1566 年）及康熙五十三年（1714 年）两次重修。广济桥为条石砌筑拱桥，桥长 89.71 米，桥堍宽 9 米，中间桥宽 5.24 米，共 7 孔，中孔净跨 15.8 米，桥两端建有石阶共 160 级。20 世纪 90 年代江南运河由三级升四级航道时，因桥不能达标此段航道改用镇北另开新河，并另建新塘栖大桥。但原航道及通济桥仍保留，现为省级文物保护单位。

5. 清名桥

位于南门古运河上，是无锡唯一尚存的跨越古运河的圆形石拱桥。清名桥，原名清宁桥，始建于明万历年间（1573—1620 年），民间传说由秦太清、秦太宁兄弟俩所建，清康熙八年（1669 年）无锡知县张印坦曾予修葺，后为避讳道光皇帝名旻宁，改名清名桥。咸丰十年（1860 年）毁坏，同治八年（1869 年），由吴汝勃、赵棨、杨庭萼、朱浩等集资重建，主体桥身使用至今。1949 年曾稍作修葺，20 世纪 50 年代，因南长街拓宽，将西桥坡下段台阶拆除，自上而下 19 级台阶处改设一平台，以下分置南北各 17 级台阶，改建成南北方向的两个桥坡。同治时重建的清名桥仍为单孔圆形石拱桥，桥长 43.4 米，宽 5.5 米，高 7.4 米，桥孔跨度 13.1 米，桥东坡共 37 级台阶，西坡也为台阶直达路面．桥体用花岗岩条石构筑，桥栏由块石镶嵌组成，石块连接均用榫卯，不用灰浆。拱圈为弧形条石（拱石）纵联分节并列式结构，共 11 道，每道拱圈由 9 块 0.55 米×0.6 米×0.27 米的拱石组成，拱圈上面用 8 条纵贯桥面的长条石将各道拱圈拼合，并成拱顶桥面。拱桥材质坚实，联结紧密，迄今 140 余年，桥体保存完好，栏石无缺。

6. 其他运河故道古桥

以下其他古桥均在运河故道上，详见表 17－5－1。

表 17－5－1　　　　其他运河故道古桥

序号	名称	桥址	桥型	修建年代	桥梁尺寸/m
1	司马高桥	桐乡崇福镇南	单孔石拱桥	明洪武年间（1368—1398 年）建，清光绪二年（1876 年）重建	长 29.4，宽 3，净跨 9.7，矢高 5
2	虹桥	海宁长安镇	单孔石拱桥	始建年代不详，清咸丰三年（1853 年）重建	净跨 11.3，矢高 5.4，宽 3
3	桂芳桥	余杭临平镇	单孔石拱桥	宋元明清历经修葺，清道光十九年（1839 年）重建	长 18.55，宽 5.06，净跨 10.15，拱高 6.6
4	六部桥	杭州凤山水城门北	单孔石拱桥	南宋已存在，现桥康熙十六年（1677 年）建，道光六年（1826 年）修缮	长 11，宽 4.73，拱高 3.6，跨径 6

续表

序号	名称	桥址	桥型	修建年代	桥梁尺寸/m
5	南星桥	杭州南星公路北	单孔石拱桥	南宋已存在，清代重修	长 14，宽 5，矢高 4，跨径 9
6	洋泮桥	杭州南星桥西南	单孔石拱桥	南宋已存在，明万历二十年（1592 年）重建	长 17.2，宽 4.43，矢高 3.73，跨径 7.75
7	海月桥	杭州洋泮桥西南	三孔石拱桥	明万历年间（1573—1620 年）建，清道光三年（1823 年）修缮	长 28.6，宽 3.45，中孔矢高 3.5，边孔矢高 2，中孔净跨 8，边孔净跨 4.8
8	化仙桥	杭州海月桥西南	单孔石拱桥	明成化十三年（1477 年）建，清光绪二十四年（1898 年）修缮	长 28.65，宽 2.5，矢高 3.5，跨径 8.8
9	水澄桥	杭州化仙桥西南	三孔石梁桥	清康熙年间（1662—1722 年）已存在，清光绪二十六年（1900 年）重修	长 19.6，宽 2.4，桥墩高 1.77
10	萧公桥	杭州南星桥南瓦子港，后移柳浪闻莺公园	单孔石拱桥	南宋已存在，现桥清乾隆八年（1743 年）建，因桥下河道填平 2001 年桥移柳浪闻莺公园	长 21，宽 4.5，矢高 3.68，净跨 6.8

（三）古堰闸

1. 海宁长安堰

始建于唐（627—649 年），北宋时名长安堰，北宋熙宁五年（1072 年），改建为二级船闸，古称澳闸，实为船闸。元末运河改线不走长安镇，清代中叶废弃。1961 年原地建电力翻水站，1975 年在镇东新建长安船闸。1964—1983 年在古长安闸闸址修建了 3 座桥。

2. 杉青闸

位于嘉兴市城北运河段，杉青闸是嘉兴运河历史上重要的水利设施之一，为运河入浙第一闸。始建于秦汉，又名青山闸、杉木堰、杉青汇等，原为运河上控制水流的重要设施，在管理船只、节制流速和灌溉农田方面有十分重要的作用。随运河的开掘，于隋唐时由朝廷直接派官员管理，因此建有官署。杉青闸是宋孝宗赵昚的诞生地，据《宋史·孝宗纪》记载："建炎元年十月戊寅，生帝于秀州杉青闸之官舍。"《嘉兴市志》记载杉青闸旁有落帆亭，因有杉青闸的存在，船至闸前便要落帆，为内河与外河的一个分界处。宋元后，因水流变化，闸逐渐堙废。现围绕杉青闸，分布有分水墩、秀城桥、秋泾桥、落帆亭等。

四、古代灌溉工程

1. 余杭南湖

南湖位于东苕溪主源南苕溪右岸，余杭市余杭镇之南，是始建东汉的古代灌溉工程，也是南苕溪上的滞洪区。

东汉熹平二年（173 年），在县令陈浑主持下，利用县南凤凰山麓开阔地，沿西南隅诸山脚绕向东北修筑环形大堤围建而成。据明陈幼学《南湖考》，当时四周边界“东至安乐山，西至洞霄宫，南至双白，北至苕溪”。又根据地形由西向东略呈倾斜的特点，又将全湖分为上（西）湖和下（东）湖，两湖总面积 1.37 万亩。南湖工程的建筑物包括：环形大堤，高宽均为 5 米左右；进水口，由龙舌嘴（喇叭口）、沙溪（引河）和石门涵组成；溢洪道，在下湖南角，当时称“五亩塍”，总长 995 尺，且分高低两级，可分级控制，控制性涵闸位于北支黄母港。

唐宝历年间（825—827 年），县令归珧重修南湖，同时又在县城北建北湖，可灌田千余顷。

经过历代的变迁，特别是近代的扩建、加固，南北湖已成为东苕溪水系的重要防洪工程。

2. 吴兴太湖溇港遗迹

吴兴太湖溇港于 2016 年经国际灌排委员会批准，成功入选第三批世界灌溉工程遗产名录。

太湖溇港水利系统始建于春秋时期，源于太湖滩涂上纵港横塘的开凿，北宋时形成完整体系，是太湖流域特有的古代水利工程类型，距今有两千多年历史。溇港是自然冲刷和人工开挖相结合的产物。它集水利、经济、生态、文化于一体，具有排涝、灌溉、通航等综合效益，在世界农田灌溉与排水史上具有十分重要的地位。在太湖流域中，湖州的溇港体系发端最早，保存最为完整，主要由太湖堤防体系，溇港漾塘体系，溇港圩田体系和古桥、古庙、祭祀活动等其他遗产体系四部分组成。太湖溇港的现存遗迹，包括作为引排河道的溇港和横塘以及作为农田水利设施的溇港圩田。

吴兴溇港主要分布在太湖西南缘，以大钱港为界，其东均称为“溇”，其西则称为“港”。溇主要承担杭嘉湖平原涝水入湖的小河，南北向排列，平均间隔约为 600 米；港主要是宣泄东西苕溪水系和长兴水系的入湖较大河道，分布在大钱港以西，是苏浙交界的长兴斯圻，平均间隔为 500～800 米。

历史上几经兴废，通塞不定，古籍所载溇港数量也不尽一致。如明伍余福《论七十三溇》、清傅玉露《太湖》和清王凤先《杭嘉湖三府水道总说》均称“乌程沿湖水口三十有九，长兴沿湖水口共三十有四”。清吴云《政王补帆中丞论湖州水利书》则记载“各溇属乌程者三十六，含大钱、小梅则三十八，属长兴者则三十六”。经 1957 年和 1991 年之后的规模治理，现吴兴境内原有溇港 39 条调整为 21 条，长兴境内原有 35 条调整为 18 条。

頔塘修筑后，塘北湖滩逐渐向湖内扩张，溇港也随之延长，茭芦之地逐渐开发为稻田。为便于沟通，在纵溇之间又开通新的横塘。现今还存在的横塘主要有頔塘、北横塘和南横塘，走向大体为东西向。頔塘在 1957 年裁弯取直后，河线改走新河，弯道得以保留，还可见其原状。

挖横塘和整理纵溇取出的土料，用于修筑堤岸，构成溇港圩田。頔塘以北溇港圩田的发展，又带动頔塘以南大片湿地的开发，形成新的圩田。与苏南吴淞口等地推行的大圩制，每方圩田面积为一万至二万亩的塘浦圩田不同，吴兴溇港每方圩田的面积只有其1/40～1/100。至明末清初，溇港圩田已发展成为粮、桑为主的桑基圩田和粮、桑、鱼、畜结合的桑基鱼塘，由纵溇横港组成的引排水河道灌溉系统和圩田农水设施，不仅是具有灌溉、防洪、航运功能的综合水利系统，还是包括粮、桑、鱼、畜的种植业与养殖业综合体。

吴兴太湖溇港完全保持古代风貌的已很少，陈溇、沈溇部分河道还有遗迹，部分跨溇港的古桥还在。

3. 丹阳练湖

练湖是太湖流域继余杭南湖后，创建的一个容积相当于现中型水库的平原水库。

练湖位于丹阳城北郊，创建于晋永兴二年（306年）。练湖背靠宁镇丘陵余脉，面傍江南运河西岸，当时利用西北高、东南低的地形，环山抱洼，倚河筑堤，围成一个水库，用以滞蓄高骊山、长山、马鞍山、老营山一带山丘、坡地的降雨径流，除害兴利。后据丹阳县水利局和练湖农场推算，古练湖面积合计两万余亩，袋形堤线周长约20千米，可蓄水3000万立方米以上。

据一些奏疏和志书记载推断，唐永泰年间（765年）当地民众筑横埂将练湖分割为二，后被润州刺史韦损拆除，两部合二为一，恢复原状，至宋绍兴年间（1131—1162年）又中置横埂，分为上、下湖。对地形有高差的库区而言，此类两级湖的布局，对节省工程和增加库容都是有利的。

宋代曾多次反复废湖为田与退田还湖，元明清时期则侵佃日渐增多，水面不断缩小。至明末清初的侵佃多至九千余亩。清康熙十九年（1880年），经巡抚慕天颜上奏朝廷后定为“上湖高仰，召民佃种，下湖低洼，仍留蓄水”，至此上湖尽成农田，下湖面积还在缩小。

练湖工程初建时，主要用于滞洪、灌溉，唐中期发展为兼利漕运，唐后期及宋代则以济运利漕为主。据《新唐书·地理志》《京口山水志》等记载，练湖早期工程除环湖大堤外，还有石础、斗涵等水工设施，湖外北侧有黄金坝，建在上游鸟林溪支流范家沟上，用以拦纳溪水入库，也可分溢洪水入运河。民国时期增修湖堤，顶高至9.5米。1963年又打通上游中心河内各坝，并拓浚河道，可直接将鸟林溪洪水排入运河，同时在湖内外及四周大量发展机电灌溉。至1971年冬，经分批改建，将此有1600年历史的练湖工程变成了一个总面积21000余亩（包括湖外耕地8000亩）的现代国营农场。

4. 建昌圩

湖西山丘下坡地中，夹杂着大片洼地，不但受坡地山洪威胁，更忧无雨造成的剧旱。明代中期用筑堤圈圩，拦洪蓄枯的办法进行治理，成效显著。如金坛县的建昌圩、都圩、长新圩、杨树圩等，其中建昌圩兴建较早，面积最大。

建昌圩在金坛县西北，建于明景泰六年（1455 年）之前，该年发生旱蝗灾后进行治理。至正德十年（1515 年）全面治理，拓浚圩外河道，使山水南入丹金溧漕河，北入洮河，旱时可西引茅山来水，北引江南运河来水为灌溉水源。当年知县刘天和著有《建昌圩纪略》述其事。其后明、清和民国时期都有修筑，建昌圩现全圩 73800 亩，圩中有天荒荡可滞涝，实际耕地 38800 亩。圩上建有引、排水闸各两座，近代又增设机电排灌设备，但工程布局仍与明代相似。

5. 苏州穹窿山堰闸

穹窿山地处苏州吴县太湖之滨，南有南宫塘，北有木（渎）至光（福）运河并行通过。穹窿山山势高峻，天旱时无水可供。明万历二十三年（1595 年）曾任知县的文学家袁宏道称："山下田多荒芜，内高外卑，不能贮升斗水，五日不雨，田如龟腹"。据乾隆《吴县志》记载，宋朝有乡贤"废其泉源，创立三堰、二池、五闸，以资蓄泄，备旱潦，山氓便之"。堰、池和闸均在山的东南麓，三堰为过沙堰、上堰和下堰，二池为荷花池、圆荡池，五闸为上堰闸、下堰闸、过沙堰闸、荷花池闸、圆荡池闸。

其后，在明成化、万历，清康熙、雍正、道光和光绪年间，曾多次重修。

道光十三年（1833 年），林则徐任江苏巡抚时曾联手多位邑绅筹集经费，先后对山麓张家塘、东天河、香山港、枣木泾、朱家河、兴福塘等进行疏浚，使其南通太湖，北通光福铜坑港，环绕二十余里，灌田万余亩。

道光十六年（1836 年），林则徐收到山下农民潘天瑞等呈状，诉说存在问题要求修缮，林再次组织重修。当地百姓在纪念汤文正公祠堂里增添林则徐塑像，对汤、林二人每年春秋一并祭祀。汤文正公即号称"大清第一清官"，在康熙年间也曾任江苏巡抚，曾组织过对此工程的修缮。

光绪年间的吴县县令李超琼，曾在苏州金鸡湖修筑过李公堤。在光绪三十年（1904 年），李又组织整修穹窿山三堰五闸，并于藏书庙立《重修穹窿堰闸铭》并序碑，碑记见本章第二节水事碑记。

穹窿山三堰、二池、五闸是苏州的最古老的山区水利工程，历史上曾惠泽当地广大农民，此工程在 20 世纪 90 年代，完成了它的使命后被废弃。但今还留存有上下堰、圆荡池、过沙堰等遗迹。

6. 杭州"六井"及西湖白堤

唐长庆二至四年（822—824 年）白居易任杭州刺史，大修西湖。据《新唐书·白居易传》："始筑堤捍钱塘湖，钟泄其水，溉田千顷。复浚李泌六井，民赖其汲。"白居易始筑之堤称白公堤，自钱塘江门外石函桥起到余杭门止，修筑湖堤，加高数尺，水量随之增加，将湖分为上湖（现西湖）和下湖（已不存）。上湖周围 30 里，北有石函，南有笕，将笕南缺岸作为泄洪设施，使成为功能齐全的人工湖，以夹官河（现上塘河）为干渠，与下游临平湖共灌钱塘（现杭州）与盐官一带千顷亩田。长庆四年（824 年）三月，白居易并撰《钱塘湖石记》（见本章第二节水事碑记），刻石碑立于湖旁。

五、古河道

1. 元和塘

原名常熟塘，唐元和二年（807 年）开常熟塘，南起苏州齐门，途径平江区、相城区至常熟南门，竣工后改名元和塘。元和塘东岸建有石塘，用青色条石砌筑，兼做驿道。明万历三十七年（1609 年），复筑元和塘，以石砌堤，现已毁。在常熟南门外元和塘上始建永济桥，为三孔石桥，现为市级文物保护单位。

2. 至和塘

原名昆山塘，起自昆山，至苏州娄门，现为娄江的一段。沿线两岸原无堤塘，后在水中取土筑堤，工程艰难，长期未能实现。宋嘉祐年间，昆山主簿邱与权立军令状，誓修此堤。嘉祐六年（1061 年），经七年努力终于建成至和塘堤岸，且河堤、路、桥一并完成，水路两便，邱与权立石作《至和塘记》，见本章第二节水事碑记。

3. 吴淞江古河道

（1）上游角直段。河面宽 700 米，最窄处也有 300 米，似一狭长湖泊，基本体现了古吴淞江风貌。东坊乡江上大觉教寺桥，建于宋庆历七年（1047 年），是苏州境内最古老的桥。

（2）下游弯道。宋嘉祐六年（1061 年），白鹤汇裁弯取直，熙宁年间（1068—1077 年）在白鹤与盘龙两汇之间顾浦汇裁弯取直。

4. 上海志丹路古水闸遗址

位于上海市普陀区志丹路与延长西路交界处，是迄今考古发掘出的元代最大工程遗址，占地 1500 平方米，新建博物馆已于 2012 年对外展出。

六、常州淹城

淹城在常州市东南 7 千米处，建于春秋晚期，是我国目前保留下来最为完整的一座古城遗址。1988 年 11 月，经国务院批准列为全国重点文物保护单位。

淹城有“三城三河”，且有外廓。从里向外，由子城、子城河，内城、内城河，外城、外城河三城三河相套组成。这种筑城形制在中国的城市建筑史上可谓独一无二。子城，呈方形，周长 500 米；内城，呈方形，周长 1500 米；外城，呈不规则椭圆形，周长 2500 米。淹城外城河的外侧还有一道外城廓，周长 3500 米。淹城东西长 850 米，南北宽 750 米，总面积约 65 万平方米。淹城面积的大小，适与《孟子》“三里之城，七里之廓”的记载相吻合。淹城的三道城墙，均系用开挖城河所出之土堆筑而成。其方法是从平地起筑，充分利用当地土质黏性大的特点，不挖基槽，亦不经夯打，仅一层一层往上堆筑，个别地方铺一层干土，铺一层湿土，依次相间，以加固墙体。因不依版筑，故墙体较宽。淹城的三道城墙均呈梯形，现高 3～5 米，墙基宽 30～40 米，三护城河平均深 4 米左右，宽 30～50 米，最宽处达 60 余米。三道城河常年不枯。1934 年太湖流域大旱，内、外城河之水也未干涸。

七、水则碑

古代在石碑上刻标尺，用以测量水位，此类刻有标尺的石碑称水则碑，“则”即为刻道。

不仅防洪和通航需要测记水位，灌溉和供水也需要了解水位的变化以控制水量。唐长庆二年至四年（822—824 年），白居易任杭州刺史，筑西湖堤蓄淡水，用以灌溉和向杭城供水，在长庆四年（824 年）白居易所撰写的碑记《钱塘湖石记》（钱塘湖即西湖）中，就记述了测量湖内和田间水位，以及进行放水管理的情况，但碑记未述及具体测量方法。

据《吴中水利全书》，宋徽宗宣和二年（1120 年）“立浙西诸水则碑”。据《句容县志》，句容赤山湖宋代也设有水则碑。

关于古代设水则碑及观测情况，以浙江嘉善和苏州吴江两处为详，而吴江水则碑还一直保存到 1968 年，且有较完整记述。

据《浙江省水利志》（1998 年）所载：“宋代，在嘉善已有树石测水，石长七尺多，横分七道，每道为一则，最下一道为水平的标记。规定水在一则，高低田俱熟；水超二则，极低田淹没；水超三则，稍低田淹没；水超四则，下中田淹没；水超五则，上中田淹没；水超六则，稍高田淹没；水超过七则，极高田淹没。”

吴江水则碑立于太湖出水口门吴江塘路垂虹桥的垂虹亭北左右的水涯，共两块，设立年代据推断在宋宣和年间 1120 年。据《吴江水考》称：“按二碑石刻甚明……其横第六道中刻大宋绍熙五年（1194 年）水到此……”，也说明两碑设立当在此之前。

吴江水则碑的存废与垂虹桥的延毁密切相关。垂虹桥始建于北宋庆历八年（1048 年），德祐元年（1275 年）桥焚于兵，亭也不存，当年重建为 85 孔木桥。至元泰定二年（1325 年）改建为 62 孔石桥，并重建垂虹亭于中部大桥墩，亭北有踏步，水则碑两块分嵌于左（西）右（东）墩墙上，左碑在西，所测为桥上游太湖水位，明清两代桥及碑无大变动。清乾隆十二年（1747 年）以前左碑被毁，曾仿原式重刻一块放原处。

1964 年 6 月，水利电力部上海勘测设计院会同上海博物馆进行了调查。当时右碑尚立亭北侧岸头原处，其水上部分高度为 1.86 米，碑面已有数道裂缝。左碑已坠落水中，经捞起发现碑角已缺一角，经量测碑高 1.87 米，阔 0.88 米，厚 0.18 米。1967 年，垂虹桥部分坍塌，1968 年全部倒塌并拆除，两块石碑下落不明。历时八百余年的吴江两水则碑就此消失。

据《吴江水考》，吴江水则碑碑面也刻有横道七条，每条一则，共有七则，每则的对应田间水情况也有与嘉善水则碑类似的情况。若某年水至某则为灾，就在本则刻记某年洪痕至此。因此，水则碑也是历史洪痕的记录碑。

八、水利先贤祠庙

太湖流域有关城镇为纪念历代水利先贤立祠建庙，常年祭祀。

1. 泰伯庙

泰伯是周太王古公亶父之子，为将王位让与其弟，避居江南，来到无锡梅里（现梅村）。他组织开挖了太湖流域第一条人工河道——泰伯渎用以灌溉和航运，为纪念他的治水业绩，在无锡梅村建有泰伯庙、泰伯墓。

2. 伍员祠

伍员名员，字子胥，春秋时楚国人。因楚平王杀其父，乃投奔吴国，为吴王阖闾出谋划策，整军经武。于周敬王十五年（前505年）助吴破楚，以功封于申，故称“申胥”。伍子胥主持开挖了上海最早的人工河道胥浦，沟通了太湖与浙西诸水。为纪念他，在上海金山区吕港镇胥浦塘畔建立了伍员祠。

此外，在杭州上城区吴山建有伍公庙，主殿立有伍子胥像；在嘉兴南湖建有伍相祠，2010年改建后，现有照壁、山门、钟鼓楼、伍相殿等。

3. 黄歇墓

苏州和无锡对春秋时楚国春申君黄歇在吴地的治水业绩多有纪念。黄歇在楚孝烈王时任令尹（宰相），孝烈王十五年（前248年）年改封于吴，号春申君。当年治无锡湖，据《越绝书》载：“无锡湖者，春申君治以为陂。”“陂”是湖内成田的“陂”，意为在无锡湖内开发了大量耕地。无锡在春申涧旁曾建春申君祠，现已不存。黄歇还在苏州相城区低洼地修筑圩区，黄埭镇裴家圩就是黄歇当年筑堤修圩的遗迹。2002年黄埭镇对裴家圩进行生态修复，并将裴家圩改名为春申湖。

江阴黄田港东岸的君山，原名瞰江山，江阴人民为纪念春申君，将此山改名君山，君山上有黄歇的衣冠冢。

4. 钱王祠

太湖流域对钱镠的纪念祠庙较多，现有浙江杭州和临安多处。

钱镠（852—932年）唐末临安人。五代后梁开平元年被封为吴越国王，治理今浙江、苏南、闽北14州之地。钱镠以保境安民为国策，兴修水利，扶植桑农。后梁开平三年（909年），采用竹笼石塘筑石塘，是海塘技术一大创新。乾化二年（912年）大力疏浚西湖，并凿井99眼，杭城中的百井坊巷因此得名。乾化五年置都水营田司，专主水事，并招募士卒为“撩浅军”，太湖周围有四支撩浅军，共七八千人，专司太湖治理。

杭州上城区南山路钱王祠始建于北宋熙宁十年（1011年），后元代被毁。西湖柳浪闻莺公园的钱王祠建于明嘉靖三十九年（1560年），后来曾改作他用，2003年重建。其面向西湖，有山门1座，大殿2座，厅堂7座，碑亭2座，戏台1座。钱王祠奉祀吴越国三代五王，展示吴越胜迹及钱氏世学，是海内外钱王后裔祭祀先祖的圣地。

钱王祀及钱王太庙位于临安锦城街道太庙山钱王陵园。钱王墓建于唐长兴三年（932年），墓前尚存清代墓碑。1997年又重建墓道、牌坊、钱王祠等建筑。新祠主殿西阔三间，内供奉钱王铜塑。

第二节　水　事　碑　记

一、江阴河港堰闸记（北宋　蒋静）

天禧之崔屯田立，嘉祐之杨都官士彦，所以汲汲于横河、市墩、令节、蔡港，以为下军政治之先，而书诸国史，形于褒诏记之。……崔乃西起漕渠，中绝蔡港，而东至令节，凿河以贯之，……暨杨尤为沃野。此士彦所以一理前人之迹，而百姓重飧其利也。繇杨距今五十余年，横河故道湮没略辨，市墩、新河、代洪港悉又反壤，而具区之水，繇无锡而入者，既不得泄，北江之潮繇令节、蔡港、黄田闸而注者，又遏而不逝。于是白鹿、化成等十余乡之田，频苦旱涝，而比岁六年之间，秋赋之捐者五。……政和甲午，县丞楚通仕执柔患之。乃行视水道，谓利害之当兴者，莫先崔侯之所凿，与杨守之所尝尽力者，然当创闸马师、唐市二桥之旁，而仍堰邑东门之外，以南泄震泽，北接大江，视二水之盈虚，而为之启闭，则善无以加。经划既定，乃度地计工，图其状以陈，而郡侯部使者遣官复视。久之。阅岁复涝，乃始得请。遂因农隙且缺食者，取资于官，时贷以常平钱谷，得夫一万四千七百六十七，延袤深广，计夫授步，二河一港同日皆作。丞躬至其所，察其偷惰激赏劝工者。而食利之家，争出私钱以佐闸费。于是市墩、新河、代洪港环亘七十里，所流逶迤，两闸宏壮，溉民田以顷而数四千六十。作始乙未冬十一月辛巳，而毕工十二月庚戌。卜以明年三月己巳，将浚横河，会知县事王承奉有来，遂相与戮力，……合四十九里，之所溉又为田二千三百一十三顷，不逾月工就，……于是，乃濡笔而识之，俾镵石以示远。

（据《文渊阁四库全书》之《吴中水利全书》卷24）

二、至和塘记（宋　邱与权）

吴城东闉，距昆山县七十里，俗谓之昆山塘。北纳阳城湖，南吐松江。由堤防之不立，故风波相凭以驰突，废民田以潴鱼鳖。其民病赋入之侵蠡，相从以逋徙。奸人缘之，以邀劫行旅，通盐槚以自利，吏莫能禁。父老相传，自唐至今三百余年，欲有营作而弗克也。有宋至道二年，陈令公之守苏，尝与中贵人按行之。邑人朱珏父子相继论其事，为州县者亦继经度之。皆以横绝巨浸，费用十数万缗，中议而沮。皇祐中，发运使许公建言：苏之田膏腴而地下，尝苦水患，乞置官司，以畎泄之。请令舒州通判、殿中丞王安石相视焉。朝廷从之。王君既至，从县吏搴荒梗浮倾沮，讯其乡人，尽得其利害。度长绳短，顺其故道，施之图绘。疏曰：请议如许公，朝廷未之行也。

至和初，今太守吕公既下车，问民所疾苦，盖有意于疏导矣。明年，与权为昆山主簿，始陈五利：一曰便舟楫，二曰辟田畴，三曰复租赋，四曰止盗贼，五曰禁奸商。其余所济，非可以胜拟。原约古制，役民以兴作，经费寡而售效速。若其不成，请以身塞责。既而，令钱君复言之，太守常念所以兴利之计，喜其谋之协从，于是列而上闻，其副以决于监司。乃诫庸力，经远迩，兴屯舍，宿餱薪。既成，以授有司，郡相元君实揔之。粤十月甲午治役，先设外防，以遏其上流，立横埭以限之，乃自下流浚而决焉。……其始戒也，狷风号霾，迅雷以雨，乃用牲于神。至癸巳夜半雨息，逮明休霁，以卒其役，人皆以为有相之者。始计月余，盖旬有九日而成。深五尺，广六十尺，用民力才一十五万六千工，费民财□□□□贯，米才四千六百八十石。为桥梁五十二，莳榆柳五万七千八百。其贰河植菱蒲、芙蕖称是。计其入，以为修完。料民之余，治小虞，自严村至于鳗鲡瀼；治新洋江，自朱历至于清港；治山塘，自山南至于东；浚渚泾六十四、浦四十四、塘六，于是阳城诸湖若瀼，皆道而及江。田无洿潴，民不病涉矣。

初，治河至唯亭，得古闸，用柏合抱以为楹，盖古渠，况今深数尺，设闸者以限松江之潮势耳。耆旧莫能详之。乃知昔无水患，由堤防之废则有之。呜呼，为民者因循而至此乎！

是役也，自城东走二十里曰任浦，昆山县治其东，长洲治其西。以俗名非便，于是论请更之曰至和，识年号也。建亭曰乙未，纪岁功也。太守嘉其有成，谓与权实区区于其间，其言必详，命之为记。嘉祐六年十二月，立于乙未亭。

（录自范成大《吴郡志》）

三、重修穹窿堰闸铭并序（清　张家良撰　吴锡熊书）

吴治之西，诸山环绕，以穹窿为特峻。其东麓地据高原，山田数十顷。常苦乏水，农家病之。爰有三堰五闸两池塘焉，相传创于赵宋。明一修于成化，再修于万历，自入我朝抚吴使者汤文正、林文忠均修之。迄今渗漏异常。盖岩坞深邃，每当山水暴溢冲突堤防，故无百年长治之功。家良生长是乡，有志重修者久矣。光绪甲辰会天子诏兴水利，乃偕二三同志请于前邑尊李侯拨款兴修。不谓未阅数月，涓涓者渐以如旧。家良思之，又久未得良法。适今春疏浚下流寮桥浜，察得闸底被水洞穿，因请今邑尊王侯士暄履勘，乃慨然捐助。命重修闸神庙，并加阔堤岸一丈余，其洞穿处用石灰坚筑。监督工程者为里人周俊山之恒、杨丹溪广曜、李竹均绪煜，□□□有德，并命于寅恭佑之，阅两月告成。现适山水大发，居然可储蓄充盈，资以灌溉。仅用去钱七百缗有奇，或从此收百年长治之功，未可知也。因以思天下事求则得之，不思则不得焉，凡事类然。然非王侯提倡，悉心筹划，曷克臻斯。工程现竣，山中人奔走相告曰：王侯我父母也，父母贻我厚泽，以我世之子孙，此德不敢忘。家良躬逢其盛，亦正思勒石，以重久远，因直序其始末而为之铭。铭曰：穹窿东麓，堰水洋洋，以灌以溉，取无尽数，王侯之泽，民不敢忘。

宣统元年夏四月，谷旦里人二品封典中书张家良撰，直隶州州刺吴锡熊书穹窿山堰闸铭记。

（原载《苏州水利志》）

四、吴江县分水墩碑记（清　江苏按察使司　应宝时撰）

太湖之水，皆由西北横穿运河以东南注入海。经流之大者为吴淞江，其首授湖水在吴江县，县之所由名也，地最洼。湖尾之北出胥口入运者，又自东北分注运河，与运河南来之水汇。汇而东南趋之港，曰分水港。港西受瓜泾桥出河之水，合运河南北之流，三派以入，而名曰分水者，因墩而名之也。天下之合本以合其分，而不先分则无以为合，合众水以入一港，其势不能不互有强弱，此强而驶则彼弱而阻，必受其患者矣。昔之浚是河者，留为墩以踞港口，使水之未入港者而不骤合，而得顺其遄流之性；及其合也，则以入于港，而流愈迅。此港所必有墩，墩所为以分水名，其功用亦因被于港，以见水不分则港亦终几于废矣。禹于河下流分为九而后合之，作者其或师此意也乎。昔入港数里后，水又由斜港入庞山湖以达黄浦，不能专注吴淞；吴淞东北诸水，亦多贯吴淞而南流入黄浦。黄浦日盛，吴淞日衰，青、娄惧潦，太、昭忧涸，则吴淞下流及东方诸渠之不治，非斯港所能为力者也。岁庚午大府以朝命修三吴水利，俾宝时次第其事。举湖之溇港，河之桥窦、堤岸，与七浦、徐六泾诸河，浚之筑之修之作之，复大浚吴淞，以竟治湖之业。迨癸酉瓜泾桥成，乃刻石此墩，窃记所见于前人之意者如此，使后之览者，知吴淞所以导泄太湖者于兹港始，兹港所以合受三派而无强弱争轧，以得畅入者，兹墩分水之所为也。因覆石以亭，俾无速泐，夫岂为北眄渎，而睐松陵，西望龙威马迹，揽湖山，数帆樯，流连光景之地云尔哉。同治十二年七月既望江苏按察使司应宝时记。

（光绪《吴江县续志》，原文无标点）

五、重修险塘碑记（清　苏士枢撰）

塘奚以险名也？致险以水，而止险以人。何言之？水自天目发源，经余杭古治东，径山七水会焉；又东双溪、石濑诸水会焉；经瓶窑镇，出安溪桥，东北流入武康界，计筹一带涧流复奔赴焉。一众流以攻塘，塘以险名也，固宜。虽然，险不尽此也。塘之对为仁和新塘，有洛山之涨沙羼堤外，水激涨沙，则西击益力，浸假啮堤址中空，故为形若屈臂然，若解颐然，险莫大焉。然此犹言近形，而未及远势也，枢尝溯上流下流而得之矣。

余杭古称禹航，相传禹治水泊此，代远无可征。然治右有南湖，治左有草荡，广各千顷，为潴蓄所。水由是循堤越赵武源达震泽，故古无险塘名。今南湖半田庐矣，而草荡复淤浅，不治，则水之来势迅。明嘉靖间筑德城，拘形家言，束河道而小之，则水之消势缓。来势迅，消势缓，塘居其中，何恃而不险！无已，则仰赖贤有司之思患预防而已。

岁己卯，峨峰徐公来知武康县事，抵任即询民疾苦及险塘。明年，政以举，刑以清。枢适导胡生绪谒公，茶坐未温，即诘塘之所以险，状甚亟。又明年春，公往相度，乃登堤西望，近塘诸村落炊烟户户，从榛莽中杂起，喟然曰：“此釜底势也，小不虞，民其鱼乎!”于时父老观者，相与述霉夏水暴涨男妇迁徙状，行堤上颤悚如立船头状，公为太息久之。遂南临张公塘，见石拦龙废址出没水际，复指谓日：“此非中流砥柱欤！而不修，咎安归?”石拦龙者，明按院张公筑以杀水势而名，以功见也。公归，出廉俸伐石兴事，削故址重新之，石砌若干层，长阔如其旧。民知公之心乎？民也，家各劝勉，日出一夫，携畚趋事惟恐后。是役也，不费公帑一钱，而积工以四千计。前后公七至，阅五十三日堤成。既成堤，势压屋瓴者尺有咫，公曰：“可矣。”复分俸置产二亩，为岁修。追寻旧所树石处，表以界，俾民时其治之。而又恐堤角之未固也，手植柳，自石拦龙至上凉亭止。上凉亭者，公每至小憩于此，民故署曰徐公亭。是民以爱公者及亭，必以爱亭者及柳，柳亦甘棠也欤哉?

是年秋，公调任乌程，至省会，民侦知，具鸡黍觞公酒数进，送者塞途，至泣下半。昔之执役堤上，见公指画者也，于是胡生绪，徐生汝凤、汝鲲，沈生元鹤，绪子养田、养心，手水道源委图，就学舍请记。枢得稽险故与夫御险大凡著于篇。时道光建元七月二十二日也。徐公名云笈，号吟竹，又号峨峰，云南嶍峨县人。

（辑自清道光《武康县志》卷四）

六、湖郡重浚三十六溇碑记（清　徐有珂撰）

湖郡北境太湖水口，古称三十六溇，而小梅、大钱两巨口不与焉者，苕、雪土经流，势涌而不易塞也。然其支流往往积久淤阻，自小梅以东凡九港，自大钱以东二十七港，咸丰庚辛间截流御寇填阏尤多。同治壬戌以来，劫余瓦砾皆弃诸水。每遇霉雨则武林诸山发水自南来，天目诸山发水自西来，其入湖必分趋三十六溇，而后可速达江海，非仅小梅、大钱两口所能容也。不施疏浚无以御潦，不讲岁修无以为永久之计。前丙寅冬，已由善后局禀奉大宪兴工，择要疏导，而格于经费未能周遍。

庚午九月，奉谕旨，以钟学士佩贤奏饬下浙抚，认真修理溇港，从期一律深通，俾无淤塞溃溢之患，并将吴云所议六条钞给阅看。于是浙抚杨中丞昌濬，即委署府公源瀚、候补府史公书青实心经理。先开小梅以东九港、大钱以东二港，共挑土五万七千一百四十八方零，筑杨渎桥石塘、土塘，修建石闸十一座，董其事者钮绅福皆，共用经费钱一万六千二百四十一千九百七文。宪委候补府张公致高测量如式。

辛未冬前，本府杨公荣绪回任，仍同史太守续开大钱以东安港至乔溇三十二港，共挑土六万六千五方零；杨溇以深通不开，胡溇半属江苏归苏省办理，新建大溇、义皋石闸二座，修整谢溇石闸一座，珂董其事，共用钱一万四千六百六十八千三百四十四文，皆取给于丝捐，每包捐洋钱一元者也。壬申三月工竣，杨中丞宪节亲临察看工程，均谓穷源溯委，认真讲求，并无草率。后又委候补府蒋公泽沄各处测量无异。至冬，遂以一律深通坚固覆奏，谓本年适逢秋旱，农田戽灌有资，大有裨益也。又请移大钱巡检驻陈溇，以司大钱迤东溇闸；移乌程县丞驻杨渎桥，以司大钱迤西港闸。后珂与钮君，督建两署，共用钱三千串零。又抽丝捐一万二千串，疏浚北塘，后以吴绅承泠佐其事。又抽丝绉捐钱三万三千串，存典生息，以备岁修。每年开六港以二千一百串为率，六年而周，周而复始，不患再淤。其三十港则每年撩浅修闸不得过九百串；每港闸夫二名，每名终年工食钱六千文，专司启闭、铲除茭芦。至专管官应给夫马钱，董事、司事往来应津贴薪水，皆于生息钱取给，有常额不得过。此皆三太守详请中丞入奏而行之，经画至周至密，可以积久不敝。

光绪乙亥，浙西大水，而湖郡溇港疏通，受灾独轻。中丞即据以入告请奖，斯可谓水旱有备矣！惟愿同事诸君，实心实力，共为桑梓，兴利御灾，以卫农田，以裕东南财赋，亦草野上报君国之一事也，是为记。

（转引自《苕溪运河志》，辑自徐有珂《小不其山房集》文卷二）

七、钱塘湖石记（唐　白居易撰）

钱塘湖事，刺史要知者四条，具列如左。钱塘湖，一名上湖，周回三十里。北有石函，南有笕。凡放水溉田；每减一寸，可溉十五余顷；每一复时，可溉五十余顷。先须别选公勤军吏二人，一人立于田次，一人立于湖次，与本所由田户据顷亩、定日时、量尺寸，节限而放之。若岁旱，百姓请水，须令经州陈状，刺史自便押帖，所由即日与水，若待状入司，符下县，县帖乡，乡差所由，动经旬日，虽得水，而旱田苗无所及也。大抵此州春多雨，夏秋多旱，若堤防如法，蓄泄及时，即濒湖千余顷田无凶年矣。《州图经》云：湖水溉田五百余顷，谓私田也。今按水利所及，其公私田不啻千余顷也。自钱塘至盐官界，应溉夹官河田，须放湖水入河，从河入田，准盐铁使旧法，又须先量河水浅深，待溉田毕，却还本水尺寸。往往旱甚，即湖水不充。今年修筑湖堤，高加数尺，水亦随加，即不啻足矣。脱或水不足，即更决临平湖，添注官河，又有余矣。虽非浇田时，若官河干浅，但放湖水添注，可以立通舟船。俗云：决放湖水，不利钱塘县官。县官多假他词，以惑刺史，或云鱼龙无所托，或云茭菱失其利。且鱼龙与生民之命孰急？茭菱与稻粱之利孰多？断可知矣。又云：放湖水即郭内六井无水，亦妄也。且湖底高，井管低，湖中又有泉数十眼，湖耗则泉涌，虽尽竭湖水，而泉用有余，况前后放湖，终不至竭，而云六井无水，谬矣！其郭中六井，李泌相公典郡日所作，甚利于人，与湖相通，中有阴窦，往往堙塞，亦宜数察而通理之，则虽大旱，而井水常足。湖中有无税田约十数顷，湖浅则田出，湖深则田没。田户多与所由计会，盗泄湖水，以利私田。其石函、南笕并诸小笕闼，非浇田时，并须封闭筑塞，数令巡检；小有漏泄，罪责所由，即无盗泄之弊矣。又若霖雨三日已上，即往往堤决。须所由巡守，预为之防。其笕之南，旧有缺岸，若水暴涨，即于缺岸泄之；又不减，兼于石函、南笕泄之，防堤溃也。大约水去石函口一尺为限，过此须泄之。予在郡三年，仍岁逢旱，湖之利害，尽究其由。恐来者要知，故书于石，欲读者易晓，故不文其言。

长庆四年三月十日，杭州刺史白居易记。

（辑自中华书局版《白居易集》）

八、南浔重修东塘碑记（清　张鉴撰）

南浔接郡之东关，为运河七十里，名曰东塘。斯堤之创于前明万历三十六年。郡守陈工幼学之始筑也。历有年所，岁久遂渐侵剥。案志乘并旧碑记其如是，岂古人善政之所施，精诚之所寄，各有不同，故其传于后，有显晦久暂之分哉？

壬辰春，邑侯扬公名绍霆，奉檄劝修圩岸，爰及东塘迤西三十里，郡城绅士任之；迤东四十里，工归之浔镇，内潘杨桥一带夹塘，料实工坚，估计筹画，侯皆尽力条理焉。先是辛卯夏，恒雨为灾，当事具奏，蒙圣恩前蠲赈并行，租舒佃民积困。惟时天严寒，我侯独任其事，稍暇时，与镇士夫敬酒赋诗，得浔水联吟若干篇，所言皆劝分，谋诸绅士耆老，以工作赈。侯力主其议，凡三日捐集八千余缗。复委任参军胡公培荃、巡司胡公次耕、汛守陈公遇春，再劝而推广之。议修东塘，镇人疑之，以为东塘之工，应属沿塘乡庄，非镇人事。侯谓：劝分以救灾也，被灾以圩岸之不修也，镇既募义捐有成效矣，乃视被灾区以及非吾圩岸也，而听之不修，浸假而灾又至，而劝吾捐者又来，而负吾租者且益以肆，士民受累伊于胡底？是以救灾不如御灾之为愈也。于是众议息，而程工定职事者咸勉力焉。自镇西栅起至十里桥，旧系土堤，改筑块石塘，计一千三百丈；潘杨桥条石夹塘，计一百七十五丈，桥西添筑六丈，皆完固；中间坍没范村、集木、月影、黄明等桥皆建复。经始于三月甲子，工成于五月乙亥，资费万金，附镇另工不与焉。

是役也，郡绅士鸠工在先，暨而镇人继之，通堤之工始竟，陈公之故迹始新。从此通驿递、利漕运、卫农田、获水利，而皆得之荒政。此我侯之德溥生民，古之循吏何多让哉！勒于贞石，以传不朽。辭曰：陈公出守，著迹吴兴。堤经水患，浸没田塍，计年二百，计里七十，碑则未泯，堤且增置。是岁有俭，而民无饥，以工作赈，乃新斯堤。斯堤永固，此水常清，前陈后杨，周道砥平。

大清道光十二年，太岁在壬辰夏六月朔日。

（辑自民国周庆云纂《南浔志》卷三十八）

九、修筑海塘碑记（明　陆光祖撰）

万历三年五月晦，县海溢之变，尽破捍海塘，石十九沦海无迹，漂没屋庐、禾稼，死者不可胜数。前督抚中丞谢公鹏举以状闻于朝。既下议修筑，谢公察郡同知黄君清才廉有心计，肯任事，命之董工。会公迁去，于是朝廷念海事至重，特简今兵部侍郎徐公兼御史中丞来抚治之。公莅事之明日，率其属亲行海上，斋祓洁牲，虔祭海神，以告肇工。择遣丞簿尉谈继先、黄用中、谢希周，典史陈柯、王金，把总王三锡，指挥马继武、李嘉元等三十余人，画地分工，并力合作。谓同知清：“汝总余塘，工尽其能，无避短长之言，工大小咸责成于汝。”谓海盐令饶廷锡：“此汝邑事，汝其悉乃心，廪饷诸吏士百工无或阙乏，汝五日至塘省视。”谓按察水利陈君诏：“尔惟专职其出舍于塘，昼夜巡董。”谓按察备兵张君子仁：“月一往察之，稽其勤惰，赏罚用命不用命。”已而太守黄君希宪至郡，勉僚属以同心一志，调匠于浙东诸郡，采石于武康、梅溪、瓶窑，而力皆募海上灾饥之民，使取雇直以赡孥，寓救荒意，凡楗木铁炭麻竹灰应用之物，悉平市之民间。郡吏既受事，俾作治如式。用石长、广、厚尺寸有度，塘基下密桩，皆二丈之木，深入平之。然后石层砌其上，纵横有数。始运石募客舟，舟不能过三巨石，乃官造舟，舟坚且安，一舟所胜再倍。石运易集，大省辇舁之费。同知黄又言石塘之内宜更为土塘，疏为内河，备决溃涌溢之患。按察张君力主其策，公纳之。乃复行视，自金家路至章堰，得古白洋河旧迹，皆已湮塞，而内塘亦夷。自章堰历大小天阙至山涧寨，旧无塘，开新河，即以其土筑。新塘河可行舟，运石益便；已复更浚深阔，计长久。石塘既成，得土塘表里相辅，愈益坚完，即有巨潮越塘，内河足以受之，可分杀泛势，不致壅激为害。河之上旧皆黄茅白壤，名曰草荡，今可引溉以为田。工始于万历四年七月，讫于五年九月。是役也，按察备兵张君在事最久，�勩独多；水利陈君继至，劬勤率先，人吏益奋；太守黄君敦道范物，克相厥成；邑令饶君拊字供输，颜貌为瘦；别驾张君继芳、胡君嗣敬有购财、造舟、采石之劳；分守前防知朱君炳如、参知舒君应龙先后输猷寅恭协力；郡司理陈君文炅和衷黙赞，成人之美；前守李君橼谋始度费，收�札溺者，海滨人德之。而前抚院司徙谢公违众拔用同知清，卒赖其力，人服其有大臣知人之鉴，是皆有功塘事者也。

（转引自《苕溪运河志》，辑自明天启《海盐县图经》卷八）

十、重开顾会浦记（南宋　杨炬撰）

三江东注，震泽介其间，潦集川溢，畎浍皆盈，而浙右数被水患。苏、秀、湖三州，地形益下，故为害滋甚。绍兴甲子（1144 年）夏大水，吴门以东，沃壤之区，悉为巨浸。部使者饬郡邑询求故道，导源决壅，以泄水势。于是监州曹公，以身任责，慨然兴叹曰：吾尝巡行属邑，讲问民瘼，亦即有得于此，顾未有以发之也。观云间之为县，连亘百里，弥望皆陂湖沮泽。当春，农事方兴，则桔槔蔽野，必尽力于积水，而后能种艺。是宜地势愈卑，当有支渠分导潴水，而纳之海。乃历览川源，考视高下，访于父老，谋之邑僚，得顾会港，自县之北门，至青龙镇。浦凡六十里，南接漕渠，而下属于松江。按上流和故闸基，仅存败木，是为旱潦潮水蓄泄之限。复得庆历二年（1042 年）修河记于县圃，而知兹河废兴之岁月，有在于此矣。盖历百有六年河久不浚，而沦塞淤淀，行为平陆。遂以状请于朝，籍县之新江、海隅、北亭、集贤四乡食利之民，以疏治之。官给钱粮，而董以县令簿尉。公首冒风霜，率先僚属兴工。自十月二十有六日，役三月而河成。起青龙浦，及于北门。分为十部，因形势上下，为级十等。北门之外，增深三尺，而下至镇。浦极于一丈，面横广五丈有奇，底通三丈。据上流，筑两挟堤。固旧基为闸而新之。复于河之东，辟治行道，建石梁四十六，通诸小泾，以分东之渟浸。不旬浃，水落土坟。由是自竿山东西，民田数千顷，昔为鱼鳖之藏，皆出为膏腴，岂不美哉！役工二十万，用粮以石计七千二百，为钱以缗计二万五千。若其他凡见于前记者，兹不暇录。

讫工之辰，宪台以常平官复视。公与邑僚，泛舟从游。还谓炬："当书其实，以刻于碑之阴，毋事于夸也。"炬安敢不勉，遂识其岁月，及其功利，而不复为之文。绍兴十五年（1145年），岁次己丑三月望日记。

（辑自《四库全书》第578册卷二十四）

十一、上海县捍患堤记（明　钱福撰）

吴故多水患，而近时尤数且甚。皇上宵旰兢惕。时则有若鄞进士董君启之出尹，上海承公之意进父老诹厥，便得策献之。其言曰：邑分东西乡，高下迥绝。东抵海障类高亢患旱，利于浚。西跨五湖钟震泽，下流类卑洼患潦，利于防。故当有浚防之令矣。役弗钧而力偷，规弗定而文玩，患自若也。兹浚，则择其人，严其戒而已，而防为限。请以民之义孚力赡者督其役，且令履亩计防程其工而分督之。地阔而防远者，多为之畛以析之以拒漫延。使食其地者，各效其力，而无劳于官役。于官者，官食之，而食之所出，处之以权，于禀藏无损也。

又曰，农罔获冬愈隙矣，俟春溢弗及也。且因而食之有助敛不给之义焉。何公闻而贤之，详授以区画之方，埤阙之计，劝惩之典，而听其行。且令曰：凡吏吴者式是规。浙臬佥事雷公元芳以其职与闻乎，是亦伟而许之君。于是奉令惟谨，躬卒其僚，冯丞以下相利庀材，如其策筑之，应期而成。袤延几百余里。凡其崇视凶岁漫迹加尺者三，盖丈有二尺也。凡其广加崇尺者三，而其闪三分去一，盖防制也。其侧植杨插茭以护之，凡其障而筑之也。折竹织芦而迎之以干。凡其材悉出於官。凡夺田益堤而防於艺者，官计其地而均其赋，於其疆之人而东之，浚者不与焉。而有以水患闻者。上乃命工部侍郎徐公原一，率厥属主事祝君惟贞大举浚防。而何公以下至於董者皆与之。

君子谓是役也，先国之谋而上合焉，预民之患而下乐焉。创於一邑而四国则焉。成於郡议而若出一人焉。惟患之旱而饥则赈焉。不可泯也，乃碑於其地。

（辑自《四库全书》第577册卷十六）

十二、华亭县修筑捍海塘记（明　徐阶撰）

华亭县故有捍海塘。按志，塘筑于开元元年（713年），县创于天宝十年，则塘固先县而筑矣。岂塘成之后，海水既不阑入，而江湖之水又借以停蓄，故耕者获其利，日富日蕃，而县因以建欤？万历三年（1608年）夏五月晦，海大风鼓涛山立怒号而西注，败塘于漴阙、于白沙，漂没庐舍百十区，潮乘其缺日再入，流溢四境。潮味咸，所过禾黍豆蔬立槁，适岁旱，民不得灌溉。太守西蜀王侯以修，瞿然曰，灾若此，吾遏敢宁居，亟檄知县事南海杨君端云往视。杨君冒盛暑循海行二百里，具得其状以白王侯，侯着议修筑，费巨无所给，或谓民可役也，巡按侍御姚江邵公陛曰："吁！华亭人疲矣，吾奚忍益之"，亟出赎金五百两，俾侯经始；巡抚中丞永丰宋公仪望出赎金三百，督鹾侍御贞定王公藻出赎金百，侯亦出赎金二百及河夫之值二百六十，召徒役，具器用，囊糗船粟，率杨君斋祷而从事，于是整饬兵备，东瓯王公叔杲为设禁令、陈赏罚，择典史林国惠、千户李国美、百户濮文卿使董厥工，畚筑日奋，塘亟告成，长八百五十丈有奇，高厚各一丈五尺，址加厚二丈，川原底宁、行其上者若坦途，耕于其内若倚平冈，不复虞咸潮之入也。

（辑自《四库全书》第578册卷二十五）

十三、海神庙雍正碑文（清　爱新觉罗·胤祯撰）

国家虔修祀典，以承上下神祇，岳渎海镇之神，秩祀惟谨，视前代为加隆焉。朕临御以来夙夜以敬天勤民为念，明神之受职于天而功德被于生民者，昭格荐歆敬礼尤至。其为民御大灾、捍大患，合于祭法所载，则尊崇庙貌，以昭德报功。盖所以遂斯民瞻仰之愿而动其敬畏祇肃之心，使毋敢慢易为非，以得永荷明神之嘉贶，意至远也。

皇舆东南际大海，而浙江海宁居濒海之冲，龛山、赭山列峙其南，飓风怒涛，潮汐震荡。县治去海不数百步，资石塘以为捍蔽。雍正二年，潮涌堤溃，有司以闻朕，立遣大臣察视修筑。且念小民居恒罔知敬畏，慢神亵天，召灾有自。爰切谕以修省感应之道，命所司家喻户晓，警觉众庶。比年以来，徼明神庥佑，塘工完固，长澜不惊，民乐其生，闾井蕃息。越七年，秋汛盛长，几至泛溢，吏民震恐。已而，风息波恬，堤防无恙，远近欢呼相庆，谓惟大海之神昭灵默佑，惠我蒸黎以克济此。朕惟沧海含纳百川，际天无极，功用盛大，神实司之。

海宁为海壖剧邑，障卫吴越诸大郡。海潮内溢，则昏垫斥卤，咸有可虞。神之御患捍灾，莫此为大，特发内帑金十万两，敕督臣李卫度地鸠工，建立海神之庙，以崇报享。

经始于雍正八年春三月，洎雍正九年冬十有一月告成。门庑整秩，殿宇深严，丹雘辉煌，宏壮钜丽。时禋展明，典礼斯称。爰允督臣之请，勒文穹碑，垂示久远，俾斯民忻悚瞻诵，共喻朕钦崇天道，祇迓神庥，怀保兆民之至意。相与向道、迁善、服教、畏神，则神明之日监在兹。顾答歆飨，其炳灵协顺，保护群生，奠安疆宇，与造物相为终始，有永勿替，朕实嘉赖焉！

雍正十年六月初一日。

（辑自清雍正《浙江通志》首卷三）

十四、尖山坝工告竣碑文（清　爱新觉罗·弘历）

浙之海宁县东南滨海之境，有尖、塔二山，相去百有余丈，临流耸峙，根址毗连，为江海门户。潮之自三亹入者，北亹为最大，二山其首冲也。旧有石坝捍御洪潮，积久渐毁。我皇考世宗宪皇帝厪念滨海生灵，特命重加修筑，厥后以湍急暂停。朕仰承先志，勤恤民依，谆谕封疆大吏尽心筹画。迩年以来沙之坍者日以涨，潮之北者日以南，度可兴工，爰命抚臣及时完整。兹乾隆五年夏，抚臣奏二月间庀材兴役，子来云集，踊跃争先，兼以风日晴和，程工倍速。届今闰月之初，工已告竣。一望崇墉，屹如磐石。向之惴惴恐惧虑为波臣者，安耕作而荷平成。恭请勒石记载，垂诸无穷。夫御灾捍患，贵先事而为之防海波。浩瀚际天，潮汐出入，高如连山，疾如风霆，瞬息数千百里，非人力仓卒所能御。居民恃石塘以为安，石塘恃二山以为障，而联络二山之势延邪横亘，若户之有阈、关之有键，翳坝工是系。今者堤工坚完，沙涂高阜，藩篱既固，石塘可保无虞。庐舍桑麻，绮分绣错，东南七郡，咸登衽席之安，非特宁邑偏隅而已。是役也，施力于烟涛不测之区，奏功速而民不劳，良用嘉慰。继自今守土之臣，其益恪勤奉职，共体此事事有备之意，以保我烝黎、海疆，其永有赖诸。

（原载《海塘揽要》清　杨鑅纂修）

十五、御制阅海塘记（清　爱新觉罗·弘历撰）

隆古以来，治水者必应以神禹为准。神禹乘四载随山浚川，其大者导河导江，胥入于海。

禹之迹至于会稽。会稽者，即今浙海之区，所谓南北互为坍涨，迁徙靡（无）常地。神禹亲历其间，何以未治？岂古今异势，尔时可以不治治之乎？抑海之为物最巨，不可与江河同，人力有所难施乎？河之患，既以堤防，海之患，亦以塘坝。然既有之，莫能已之。已之而其患更烈，仁人君子所弗忍为也。故每补偏救弊，亦云尽人事而已。施堤防于河已难，而况措塘坝于海乎！

海之有塘坝，李唐以前不可考，可考者，盖自太宗贞观间始。历宋、元、明，屡修而屡坏。南岸绍兴，有山为之御，故其患常轻。北岸海宁，无山为之御，故其患常重。乾隆乙丑以后，丁丑以前，海趋中亹（江水入海趋向走中亹。亹，水流夹山，岸若门。《清史稿·列传一百二十五》："钱塘江入海处近萧山为南大亹，近海宁为北大亹，蜀山南别有中小亹。"乾隆时钱塘江分别从北、中、南三亹入海，嘉庆时改走北大亹，蜀山一带陷入海中，其南边原属海宁的赭山、龛山等周围土地及盐场均改隶萧山。二山至今犹存），浙人所谓最吉而最难获者。辛未、丁丑两度临观，为之庆幸，而不敢必其久。如是也，无何，而戊寅之秋，雷山北首有涨沙痕。己卯之春，遂全趋北大亹。而北岸护沙以渐被刷，是柴塘、石塘之保护，于斯时为刻不可缓者。易柴以石，费虽巨而经久。去害，为民者所弗惜也。然有云柴塘之下，皆活沙，不能易石者；有云移内数十丈则可施工者。督抚以斯事体大，不敢定议。夫朕之巡方问俗，非为展义制宜，措斯民于衽席之安乎？数郡民生休戚之关，孰有大于此者？可以沮洳海滨地险辞，而不为之，悉心相度，以期又安吾赤子乎！故于至杭之翼日，即减从趱程，策马堤上，一一履视测度，然后深悉夫柴塘之下不可施工，以其实系活沙，椿橛弗牢，讫不可以擎石也。柴塘之内可施工，而仓卒不可为，以其拆人庐墓、桑麻填坑堑，未受害而先惊吾民也。即曰成大利者不顾小害，然使石塘成而废柴塘，是弃石塘以外之人矣；如仍保柴塘，则徒费帑项，为此无益而有害之举，滋弗当也。于是定议：修柴塘，增坦水，加柴价。

一经指示，而海塘大端已具，守土之臣有所遵循，即随时入告。亦以成竹素具，便于进止也。议者或曰："所损者少而全者众，柴固不如石坚，何为是姑息之论?"然吾闻古人云：井田善政，行于乱之后，是求治；行于治之时，是求乱。吾将以是为折中，而不肯冒昧以举者，此也。

踏勘尖山之日，守塘者以涨沙闻。后数日沙涨又增，命御前大臣志石篓以验之，果然。(自初三日亲临阅塘后，即命都统努三、额驸福隆安立标于石篓之上，以验增长。今复遣往视，回奏云：十日以来沙涨至五尺余，土人以为神佑。)斯诚海神之佑耶?但丁丑以前，已趋中亹者尚不可保，而况今数尺之涨沙乎?然此诚转旋之机，是吾所以默识灵贶，益励敬天勤民之心也，是吾所以望神禹而怵然以惧，惭无奠定之良策也。

至海宁日，即虔谒海神庙，皇考御制文在焉，因书此记于碑阴，以识吾阅海塘咨度者如是，固不敢以己见为必当也。

(辑自清翟均廉《海塘录》卷首二)

大事记

古代及近代篇

新石器时代

马家浜文化时期（距今6700～5200年）　太湖流域发现的马家浜文化遗址有嘉兴马家浜、桐乡罗家角、吴县草鞋山等，考古发现了用于灌溉的引排水沟渠，饮用水井及开凿井坑的工具等，将我国农田水利的历史上溯到6000多年前。

良渚文化时期（距今5300～4300年）　根据出土文物，太湖流域及钱塘江下游两岸均发现有良渚文化遗址，而以余杭良渚等地最为密集。这些地方的先民种植水稻已从耜耕发展到犁耕，制作使用独木舟、木桨、陶质和石质渔网网坠。利用独木剜成原始的戽水、捻河泥工具，并构筑水井、水沟等，表明原始的农作、渔猎、水运、水利技术已有所发展。在澄湖遗址发现的十余口井，深度已有1.5～2.5米。在良渚文化晚期的昆山太史淀、无锡南方泉、嘉兴雀暮桥等遗址发现的水井、井壁已有木圈加固。

考古还发现，良渚古城北面和西面，已建有上坝、下坝和古城城墙、堤坝，并将我国建坝历史推到了4700～5100年前，即比“大禹治水”还早近千年。

商周

殷商末年（前1122年）　周太王古公亶父之子泰伯在无锡开泰伯渎（现伯渎港），西起运河，东达蠡湖，入吴县界，长八十里。

周敬王六年（前514年），吴王阖闾命伍子胥筑阖闾大城，立水陆城门，城内外河道通过水门沟通，开创了苏州城市水利的先例。

吴王阖闾四年（前511年）　吴王阖闾用大夫伍子胥之谋，开胥溪河运粮，春冬载二百石舟，东通太湖，西入长江。

吴王阖闾十五年，越王允常十一年（前500年前后）　吴越两国在今长兴西南一带开湖筑塘。吴王之弟夫概开长兴西湖，伍子胥筑胥塘，越国大夫范蠡筑蠡塘。

周敬王二十五年（前495年）　吴王夫差开挖江南运河，自今苏州，经望亭、无锡、常州至奔牛，奔牛以西取道孟河入长江，长170余里。

吴国大夫伍子胥主持凿河，自长泖接界泾而东，尽纳惠高、彭港、处士、沥渎诸水，后人称胥浦。

楚考烈王十五年（前 248 年）　春申君黄歇治理无锡湖，又名芙蓉湖，该湖原址在今常州、无锡之间。

秦

秦始皇时期（前 246—前 210 年）　秦灭楚之后，造道陵南，到由拳塞（现嘉兴），治陵水道（即塘河）到钱塘（现杭州）越地通浙江（现钱塘江），即江南运河嘉杭段雏形，并在云阳（现丹阳）开凿北岗，即江南运河镇江至奔牛段前身。

西汉

高祖六至十一年（前 201—前 196 年）　荆王刘贾在今长兴县南筑塘，人称荆塘。

元始二年（2 年）　吴人皋伯通在今长兴县东北筑塘，以障太湖，人称皋塘。

东汉

熹平二年（173 年）　余杭县令陈浑筑南苕溪堤防，建上下南湖以纳潴洪水（现仍用作滞洪区），并可灌溉一千余顷田地。

三国・吴

黄龙年间（229—231 年）　乌程侯孙皓在今长兴筑塘，湖州凿井，人称孙塘、乌侯井。

嘉禾二年（233 年）　自今嘉兴至平湖筑塘，人称平湖塘。

赤乌八年（245 年）　为沟通太湖与建业（现南京）的航运，并避长江的风涛，吴校尉陈勋发屯兵三万，开句容中道，称破冈渎，自小其（现句容县东南）至云阳西城（现丹阳境内）。

西晋

永兴三年（306 年）　惠帝时陈敏在扬州任广陵相，永兴元年造反过江据江东。永兴二年令其弟陈谐，创建了练湖，拦蓄马林溪水，以灌云阳。

东晋

咸和年间（326—334 年）　吴兴太守修沪渎垒（即海塘工程）以防海潮，百姓赖之。沪渎垒在今上海青浦县东北的沪渎村。

永和年间（345—356 年）　吴兴郡（郡治现湖州）太守殷康始开荻塘（頔塘），长 125 里，堤御太湖之水，河通舟楫，并灌田千顷。

隋

大业元年至六年（605—610 年）　开通济渠、永济渠，拓邗沟和江南运河，为江南运河规模最大的一次整修。隋炀帝大业六年“敕穿江南河，自京口（现镇江）至余杭（杭州当时为余杭郡），八百余里，广十余丈，使可通龙舟”。江南运河开通后，南北大运河全线通航。

唐

开元元年（713年） 重筑浙江（钱塘江）北岸盐官捍海塘，长124里。

广德年间（763—764年） 嘉兴屯田使朱自勉创用“浚畎距沟，浚沟距川”之法，田旱能灌，水涝可泄。

大历十一年（776年） 湖州刺史颜真卿疏导白蘋洲至霅溪水。

大历年间（766—779年） 杭州刺史李泌治理钱塘湖（现西湖），修石函，筑阴窦，引湖水入城，作六井，以解杭州城近海水泉咸苦之困。

贞元八年（792年） 湖州刺史于頔全线整修荻塘，民颂其德，改称頔塘。贞元十三年，于又修复（现长兴县境内）西湖，灌田三千顷。

元和二年（807年） 观察使韩皋，苏州刺史李素开挖常熟塘，南起苏州齐门，北至常熟南门，与护城河相接，长90里，下游可与通江河港沟通。因开挖于唐元和二年，故名元和塘。

元和五年（810年） 苏州刺史王仲舒“堤松江为路……建宝带桥。”时松陵镇（现吴江市）南北西俱水，抵郡（苏州）无陆路，至此始通，即江南运河西堤，称吴江塘路。

长庆年间（821—824年） 杭州刺史白居易整治钱塘湖（现西湖），南建函，北制筧，筑湖堤，立《钱塘湖石记》，专人管理，以时蓄泄，灌田千顷。并复浚李泌六井以便民汲。

宝历元年至三年（825—827年） 余杭县令归珧重开南湖，新开北湖，以滞蓄南、中、北苕溪洪水，并可灌田千余顷。又筑苕溪堤塘，人称归长官堤。

太和元年至九年（827—835年） 疏浚盐铁塘，拦水于岗身之东灌溉高田。其西起沙洲县杨舍镇，经常熟、太仓、嘉定黄渡入吴淞江，长190里，既可航运，又可排水。

五代十国

后梁开平四年（910年） 吴越王钱镠发夫工20万，筑杭州捍海塘，创竹笼填石筑塘和榥柱固塘之法，塘长33.86万丈，世称“钱氏捍海塘”或“钱氏石塘”。并于杭州江岸建龙山、浙江两闸，御咸阻沙，控制江潮入城内河道。

后梁贞明元年（915年） 钱镠置都水营田使主水事，并募卒创撩浅军，专事治河筑堤，济旱除涝。于太湖旁置撩浅军四军，凡七八千人。

后唐天成二年（927年） 置撩湖兵千人，专治杭州西湖，芟草浚泉。浚柘湖及新泾塘，由小官浦（青龙港）入海，小官浦在金山东南，即东江入海之故道。

后唐清泰三年（936 年） 吴越王钱元瓘命引西湖水入杭州城以供民用。于西城门凿池贮水，亲书“涌金池”，立石其旁。西城门遂改名“涌金门”。

北宋

天圣元年（1023 年） 八月，诏两浙路转运使徐奭、江淮发运使赵贺、董其事自市泾（现王江泾）以北，赤门（现苏州葑门、盘门之间）以南筑石堤九十里，并修塘岸南至嘉兴百余里。

景祐二年（1035 年） 苏州知州范仲淹，督浚白茆、福山、浒浦、奚浦、茜泾、下张、七丫等大浦，使诸水东南入吴淞江，东北入长江，在福山建闸挡潮。

景祐三年（1036 年） 杭州知州俞献卿发兵卒凿西山石作江堤，开浙江（钱塘江）修筑石堤之先河。州民称便，诏谕褒奖。

景祐四年（1037 年） 两浙转运使张夏，于杭州设捍江兵士五指挥，每指挥辖 400 人，专责采石筑塘，自六和塔至东青门共 12 里，随损随治，众赖以安。州民为之立祠，朝廷嘉奖，封为宁江侯。

宝元元年（1038 年） 两浙转运副使叶清臣，上疏奏请将盘龙江裁弯取直，将原四十里裁直为十里。裁弯后河流通畅，减轻了下游水灾。

庆历元年（1041 年） 华亭知县钱贻范开顾会浦。

庆历二年（1042 年） 苏州通判李禹卿筑长堤界松江（吴淞江）太湖之间，横截五六十里，以益漕运。后至庆历八年（1048 年）吴江垂虹桥建成，吴江塘路全线贯通。

庆历四年（1044 年） 六月杭州大风驱潮，堤塘土石冲蚀殆半，知州杨偕、转运使田瑜复用张夏之法筑堤 2200 丈；并于潮流最激之处布设竹络小石，以圆缓岸线消减水力。此乃盘头护岸之雏形。

皇祐四年至至和元年（1052—1054 年） 华亭知县吴及在沿海筑堤百余里。

嘉祐六年（1061 年） 两浙转运使李复圭主持开松江之白鹤汇，截弯取直。

熙宁元年（1068 年） 十月诏令杭州长安、秀州杉青、常州望亭三堰监护使臣，均以“管干河塘”系衔，修管运河三堰，以时启闭。

熙宁二年（1069 年） 王安石颁行《农田利害条约》（习称《农田水利法》）鼓励开荒垦田，兴修水利。全国以两浙路（太湖地区属浙西路）修水利最多，近两千处，灌田十万四千顷，粮食产量大增。

熙宁五年（1072 年） 杭州通判苏轼督开汤村（现余杭乔司镇）运盐河。

熙宁元年至元丰元年（1068—1077 年） 两浙转运使沈立主持开吴淞江南岸，在白鹤、盘龙两汇之间顾浦汇裁弯取直。

元祐四年（1089 年） 知杭州苏轼以城内运河及六井失修，遂浚茆山、盐桥两河，修建堰闸以控江潮及西湖之进水，使船运通畅；浚六井，利民汲水。翌年，浚治西湖，筑堤连南北两山，人称苏堤。

元祐五年（1090年）前后　华亭县新泾塘置闸，闸两旁贴筑咸塘，为上海地区海塘挡潮护岸工程之先河，后淤废。

绍圣元年至五年（1094—1098年）　重修盐官县（现属海宁市）江南运河主要通航闸长安三闸，为浙江最早采用的为航道供水的澳闸形制。

崇宁元年（1102年）　设置提举淮浙澳牐司官一员，掌管杭州至扬州瓜洲间所有运河新旧澳闸，统一维修。

大观三年（1109年）　两浙监使请开淘吴淞江，复置十二闸，于大观四年开工，为吴淞江下游最早置闸记载。

宣和元年（1119年）　两浙提举常平司赵霖奉旨围裹华亭泖为田，围田内开河筑岸，高阔六尺，翌年8月完成。

宣和二年（1120年）　吴江长桥垂虹亭北之桥墩刻立水则碑，观测水位。

南宋

绍兴四年（1134年）　诏准临安府（现杭州）调集附近州县厢军及壮城、捍江之兵4000余人，疏浚临安城外运河；九年（1139年）又诏准招置厢军200人，浚治西湖。

绍兴十五年（1145年）　秀州通判曹泳重开顾会浦，自青龙镇（现青浦县）至华亭县北门（现松江县），役工二十万，历时三月。

绍兴二十九年（1159年）　监察御史任古督浚平江水道，从常熟东栅至雉浦入丁泾，开福山塘，自汀泾口至高墅桥，北注长江。

是年，知平江府陈正同报经户部奏准禁止围垦湖田，并立界碑，约束人户。

隆兴二年（1164年）　宋室南迁后，两浙路、江东路争垦、乱垦严重，尤以太湖地区为最。从隆兴二年始，屡出禁垦诏令，但禁而不止。

是年七月，平江（现苏州）大水，浸城廓，坏庐舍，淹圩田，决堤岸。人操舟行市累数月。八月知平江沈度，役夫浚浒浦、白茆、崔浦、黄泗、茜泾、下张、七鸦、川涉、杨林、掘浦等常昆十浦。

乾道六年（1170年）　立浒浦水军寨，屯戍浒浦镇，占民田3500亩，偿以公田，筑堤捍海，以后逐年修筑，至清乾隆十九年（1754年）全线贯通。

淳熙二年（1175年）　立庸田司于平江，疏浚吴淞江，浚各闸旧河渠渎，含盘龙塘、浦汇塘、通波塘、南北俞塘等。

淳熙六年（1179年）　在余杭县东苕溪右岸筑“十塘五闸”，为后世西险大塘之先导。

淳熙十年（1183年）　四月，自淳熙八年禁浙西围田以来，再禁浙西豪民围田，于每一围田区立诏令禁垦石碑一块，共立1489所，但仍屡禁不止。嘉泰元年（1201年），遣使臣巡视浙西，凡立碑以后所围之田一律废之。

淳熙十三年（1186年）　提举浙西常平司罗点奉旨率夫万余，疏凿淀山湖北岸阻水圩岸，使水复通航，湖田两利，并将朝廷降旨刻石碑，立于湖岸，永禁滥行围湖垦殖。

淳熙年间　大小金山沦入海中，成为岛山。

开禧元年（1205年）　诏开两浙围田，许原主复围，招募两淮流民耕种。

嘉定十二年（1219年）　盐官县海失故道，水冲平野30余里，蜀山沦入海中，聚落田畴侵失其半。

绍定元年至六年（1228—1233年）　海盐县令邱耒筑捍海塘20里。

淳祐七年（1247年）　杭州运河干枯，西湖人可步行，城中井皆竭，为引水救旱，京兆尹赵与筹开运河36里，又凿引天目山水，入西湖及城中六井。

咸淳元年至十年（1265—1274年）　两浙转运使常楙筑海盐新塘3625丈，名海晏塘。

元

至元二十年至二十九年（1283—1292年）　元建都北京，为免于绕道，遂施行南北大运河改道，弃弓取弦，大运河北端从洛阳迁北京。于至元二十年、二十六年、二十九年，先后开济州河、会通河、通惠河，大运河从北京出发，经津、冀、鲁、苏，抵达杭州，京杭大运河建成，沟通海河、黄河、淮河、长江、钱塘江五大水系，长3500余里。

大德五年（1301年）　七月松江大风，海潮大溢，冲毁海塘，漂没一万七千余人。是年，重筑海塘，塘高一丈，面阔一丈，底二丈，称为大德海塘。至正二年（1342年），又加增筑。

大德八年（1304年）　任命任仁发为平江都水少监，主持浚吴淞江，西起上海县界，东抵嘉定石桥，长三十六里。大德十年（1306年），又继续浚吴淞江，含赵屯浦、大盈浦、白鹤汇、盘龙汇等。

至大元年（1308年）　江浙行省督治田围之岸，岸分五等，高止7尺5寸，低止3尺，以水与田相等，地分高下为差，为苏州修圩堤统一防洪高程之始。

延祐三年（1316年）　江浙行省丞相脱脱浚杭州龙山古河，河长9里362步，外接钱塘江，内联运河。至正六年（1346年），其子行省平章达识帖木儿再浚龙山河。

泰定元年（1324年）　松江府、吴江州诸河淤塞，江浙行省左丞相朵儿只班任命任仁发主持浚淀山湖，翌年又浚吴淞江及下游。

泰定四年（1327年）　盐官州连年海溢决堤，都水少监张仲仁发工匠万余人，创筑石囤、木柜塘共30余里。州境海岸此后沙涨，日渐增高，至天历元年（1328年），水息民安，改盐官州为海宁州。

至正二年（1342年）　自上海南跄口至沪浙边界修筑海塘，包括老护塘及大德海塘。

至正十九年（1359年）　元末张士诚起兵占杭州后，为利军运，新开河道，经塘栖五林港至杭州江涨桥，长45里，名新开运河，成江南运河浙江段主航道。

明

洪武二十五年（1392年）　明初建都金陵，为运闽浙贡赋，于洪武二十五年浚胥溪河，将东坝改坝为闸，名广通镇闸。永乐元年（1403年），又改闸为坝，名上坝。嘉靖三十五年（1556年），又在上坝东10里建下坝。

永乐元年（1403年）　四月，苕溪山洪横决，户部尚书夏原吉在上游重筑化湾塘及闸，建庙湾瓦窑塘，兼治余杭、武康之水。是年及翌年夏原吉浚吴淞江南北岸安亭等浦港，导吴淞江水由浏河白茅入海，即“掣淞入浏”，又开范家浜引浦（大黄浦）入海，即“黄浦夺淞”，逐步形成今黄浦江水系。

永乐九年（1411年）　七月，浙江潮溢，冲决仁和（现属杭州）、海宁（现盐官）塘岸，征苏、湖九郡民夫、物力修筑仁和、海宁、海盐土石塘11185丈，历时13年始奏功。

永乐十一年（1413年）　五月，大风潮涌，仁和县十九都、二十都没于海，调杭、嘉、湖、严、衢诸府民力十余万，重筑十九都、二十都海塘，历时三年。

正统六年（1441年）　胥溪河广通坝（上坝）决口，苏、常大水，巡抚周忱重建。

正统七年（1442年）　巡抚周忱主持筑运河塘岸，自杭州北新桥至崇德县（现属桐乡县），长13272丈，造桥72座，水陆并行，时称运河大塘，亦称下塘。

景泰二年（1451年）　筑淀山湖堤。

成化七年（1471年）　闰九月，杭、嘉、湖三府海溢，成化八年（1472年）七月复海溢，钱塘江下游两岸各县海塘尽坏，同时上海海溢，土塘倾圮。翌年修华亭、上海、嘉定等县海塘。

成化十三年（1477年）　二月，海盐、海宁海溢，浙江按察副使杨瑄于海盐筑陂陀塘（一种斜坡塘）2300丈，于海宁作竹笼、木柜石塘，并作副堤10里。

弘治十三年（1500年）　海盐知县王玺用纵横交错法叠砌石塘20丈，创鱼鳞石塘之雏形，称“样塘”。

正德三年（1508年）　杭州知府杨孟瑛以西湖久不浚治，且被侵十之八九，经奏准集资兴工，废田撤荡还湖3481亩，培苏堤，修六桥，为宋以来浚湖规模之最。

正德十六年（1521年）　巡抚李充嗣上疏“……夏驾浦至嘉定旧江口龙王庙，淤塞几如平地”，应予疏浚。翌年，嘉靖元年（1522年）由彦如瓌主持，进行该段疏浚。

嘉靖二十一年（1542年）　浙江水利佥事黄光昇在海盐创筑五纵五横鱼鳞大石塘，顺塘开备塘河排水，塘工体系趋于完备。并首创以《千字文》字序为海塘编号，每字号塘长20丈，编号海塘总长2800丈。

隆庆三年（1569年）　六月朔，上海沿海各县海溢。夏，浙江全境及太湖大水。十二月，应天巡抚海瑞巡历上海县，考察吴淞江。翌年正月，委松江府同知疏浚吴淞江下游入海淤地，自黄渡至宋家桥八十里。

万历六年（1578年） 巡按御史林应训浚通浦主要河道，自黄浦横潦泾、朱泾，经秀州塘入南泖，至山泾港等处，共四千丈，利于浙江来水顺畅泄黄浦入海。

万历十三年（1585年） 上海知县颜洪范筑外捍海塘九千二百丈，即今川沙、南汇两县海塘，俗称小护塘，为钦公塘前身。

万历四十年（1612年） 嘉兴知府吴国仕重筑秀水、桐乡、崇德三县运河石塘3207.7丈。

崇祯六至七年（1633—1634年） 华亭县漴阙海塘迭次溃决，松江知府方岳贡、华亭知县张调鼎创建石塘289丈，为上海地区第一座石塘。后崇祯十三年（1640年）又在东西两端接长258丈。

清

顺治九年（1652年） 巡按御史秦世桢檄华亭知县刘成龙浚春申浦、六磊塘、蟠龙塘、俞塘等河道及支河二百余条。

康熙九年（1670年） 浙江总督刘兆麒及巡抚范承谟主持整修杭州下塘河及运河堤塘，历时一年，筑石塘4383丈，桥623洞。

康熙十年（1671年） 江宁巡抚玛祜疏吴淞江，自黄渡至黄浦长10800余丈。

康熙五十七年至五十九年（1718—1720年） 浙江总督满保及巡抚朱轼于海宁以新法筑鱼鳞大石塘958.4丈，坦水3097.5丈，土塘5106丈，并开备塘河7756丈。此筑塘法为有清一代所沿用。满保、朱轼还奏准在杭、嘉、绍三府各设海防同知一员，专司海塘岁修之职。

雍正四年（1726年） 吏部尚书朱轼筑华亭县捍海石塘，至雍正十三年（1735年）完工，自龙珠庵至华家角7128丈。

雍正八年（1730年） 太仆寺卿俞兆岳在外护土塘顶冲地段筑护塘坝，称桩石坝，自戚家墩至胡家厂，长2300丈，为上海护塘坝之始。

雍正十二年（1734年） 九月，海宁尖山、塔山间挑水坝动工兴建。因工程浩大，动工一年即停建。至乾隆四年（1740年）复建，五年（1741年）建成，长200丈，为钱塘江河口兴建最早之长挑水坝。

乾隆二年（1737年） 嵇曾筠奏准建仁和、海宁两县鱼鳞大石塘及疏浚杭、湖水利。翌年四月完成海宁绕城大石塘505.2丈。继筑老盐仓至尖山大石塘6097.68丈，历时八年，为清代筑鱼鳞大石塘规模之最。

乾隆二十八年（1763年） 江苏巡抚庄有恭主持浚吴淞江，自吴江至宝山，并将黄渡一段裁弯取直（现镇南千秋桥下一段河道）。

乾隆四十五年（1780年） 弘历第五次南巡。三月阅视海宁塘工，命将老盐仓一带柴塘一律改建鱼鳞大石塘，并加建坦水。翌年起，工程历时三年完成，建成鱼鳞塘3950丈。

道光七年（1827年）　江苏巡抚陶澍檄十一州县会浚吴淞江，自井亭渡至曹家渡，逢弯取直，长11000丈。

道光十一年（1831年）　秋，杭、嘉、湖三府阴雨连绵成灾。浙江布政史陈芝楣命仁和、钱塘、乌程、安吉、德清、武康六县灾区兴工修圩，官督民办，修圩不下千万。

道光十五年（1835年）　六月飓风暴潮，宝山、华亭、金山、奉贤海塘损毁，江苏巡抚林则徐奏准大修江南海塘。是年九月至翌年五月，修宝山海塘。东塘（现川沙县高桥海塘），自草庵渡至黄家湾，长4300丈；西塘，自吴淞口至楚城泾，长6400丈。

道光十七年（1837年）　十一月至翌年九月修华亭海塘，并增修西段石塘土坡，坡外垒加桩石坝，在龙珠庵西土塘上创筑盘头坝，塘外加筑护滩坝和挑水坝。西塘长4000丈。

同治二年（1863年）　浚曹家渡段，并将上海五逆弯开通取直。

同治三年（1864年）　李鸿章奏准疏吴淞江，自老河口起至双庙止，又开浚曹家渡一带淤浅，并开始用机器挖泥。

是年，浙江巡抚蒋益澧于杭州创立西湖浚湖局，余杭县绅丁丙主其事。

同治七年（1868年）　两江总督曾国藩、江苏巡抚丁日昌主持大修华亭县捍海塘石塘，长3100丈，加筑桩石坝与拦水坝，于同治十一年（1872年）完工。

同治九年（1870年）　浙江巡抚杨昌浚奉谕开浚太湖溇港，至十一年（1872年）共浚9港24溇，建新闸5座；并立岁修章程，每年轮开6港，6年轮遍。在三丝捐项下提款存典生息，作岁修经费。

同治十年（1871年）　两江总督曾国藩、江苏巡抚张之万奏准大修宝山县江西土塘石塘，同治十八年竣工。并用挖泥船浚黄渡至新闸段，长140丈。

是年张之万设水利局，兴修三吴水利。

同治十二年（1873年）　上海徐家汇天文台开始观测雨量。

光绪九年（1883年）　五月，上海杨树浦水厂开始供水，李鸿章参加放水典礼。

光绪十年（1884年）　南汇知县王椿荫于钦公塘外，增筑外土塘。南起一团泥城南角，北至七团沙厅撑塘，全长10000余丈，官称“王公塘”，实由彭以藩发起修筑，民称“彭公塘”。

光绪二十六年（1900年）　宝山县在南石塘工段首先采用水门汀（水泥）筑塘。

是年，以1860—1890年三十年间黄浦江口张华浜的吴淞信号台所记录到的最低潮位为零点基面，确定“吴淞水平零点”，习称“吴淞零点”。

光绪二十七年（1901年）　清政府被迫签订《辛丑条约》，设立黄浦河道局，每年拨款银四十六万海关两，为期二十年整治黄浦江等。

光绪三十二年（1906年）　南汇知县李超琼于王公塘外，增筑外圩塘，南起一团，北迄川沙撑塘，长9700丈，民称“李公塘”。

光绪三十四年（1908年）　浙江巡抚增韫奏准改革塘制，裁撤同知、守备及以下弁兵，于海宁设海塘工程总局专司其事，直隶于浙江巡抚。

宣统二年（1910年）　上海开采深井地下水成功。

中华民国

民国元年（1912年）

上海成立开浚黄浦河道局，在吴淞口（炮台湾）和外滩公园（现黄浦公园）设自记潮位站。1914年在汉冶萍码头（现建源码头），1916年在松江南库（现米市渡）、关王庙（现淀峰）等处设自记潮位站。1912—1920年浚浦局对黄浦江高桥段、周家嘴至虬江段、制造局路段、汇山码头段进行筑堤、筑坝、疏浚整治。

8月末，清末浙江海塘工程总局改组为钱塘江海塘工程总局，仍驻海宁，另设盐平分局管理海盐、平湖两县海塘事务。

民国3年（1914年）

江苏巡按使韩国钧筹兴江南水利，设江南水利局，10月在吴县成立，首任总办徐寿兹。

民国4年（1915年）

3月　沪杭甬铁路局在杭州闸口设水标站，观测钱塘江水位。

是年，在宝山县修东、西塘桩石工。

民国5年（1916年）

8月　孙中山应浙江督军吕公望之请来浙视察，17日登杭州六和塔观钱塘江大潮。9月孙中山偕夫人宋庆龄等至盐官观潮，题词“猛进如潮”。

9月　浙西水利议事会正式成立，负责办理杭嘉湖属15县水利事务。

民国6年（1917年）

杭州西湖浚治由浙江省管理，改西湖浚湖局为西湖工程局，采用机械疏浚。

民国7年（1918年）

在江苏无锡杨家圩王巷西大堤建抽水机站，装24匹马力柴油机和12吋水泵一套，受益农田近千亩，为无锡历史上第一座固定排灌站。

江南水利局设测量所，先后在吴江、苏州、无锡、吴兴、余杭、长兴、杭州、江阴、孝丰、海盐、洞庭西山、吴淞等处设站观雨量、水位、流量等。

民国8年（1919年）

9月　海关在杭州湾北岸设置7站，进行同步潮位观测，为浙江省最早的河口水文观测。

民国9年（1920年）

10月　设督办苏浙太湖水利工程局于苏州，主管江苏23县、浙西16县的河工水利。同时组织苏浙水利联合会于杭州，筹议太湖水利。

是年，上海浚浦局挖浚泖河下游古浦塘口处淤积段。

是年，江南水利局机浚吴淞江。

民国 10 年（1921 年）

8 月中旬　苏、浙、皖三省遭受水灾。9 月，苏、浙两省灾区包括其太湖流域，三省水灾义赈会在上海成立，致电北京，吁请救济。

是年，太湖流域布设完成第一批水文测站 11 处。

是年，上海已有在用深井 8 眼，年开采量为 30 万吨，当年有地面下沉发生。

民国 11 年（1922 年）

设扬子江水道讨论委员会，1928 年改为扬子江水道整理委员会，1935 年改为扬子江水利委员会。

民国 15 年（1926 年）

英商在上海林肯路（现天山路）、罗别根路（现哈密路）建沪西污水处理厂。

民国 16 年（1927 年）

6 月　南京国民政府统一太湖水利，裁撤督办苏浙太湖水利工程局及江南水利局、浙西水利议事会，改设太湖流域水利工程处，直属国民政府。后因苏、浙意见不一，当年议定治标工程仍归两省自办，恢复江南水利局与浙西水利议事会。

是年，江苏省建设厅开始主管水利，江苏全省 61 个县亦在 1927—1928 年成立县建设局主管水利工作。

民国 17 年（1928 年）

钱塘江工程局改组扩充为浙江省水利局，隶属浙江省政府建设厅。

是年，扬子江水利委员会、陆地测量局、浙江省水利局、江南水利局等开始在太湖流域广泛进行水准标点设置。

是年，因苏州河水污染，闸北自来水厂取水口，自苏州河迁移到黄浦江边。

民国 18 年（1929 年）

1 月　太湖流域第一批水面蒸发站点布设，共 12 处。

是年，国民政府建设委员会接管太湖流域水利工程处，改组为太湖流域水利委员会。

民国 20 年（1931 年）

上海市工务局委托上海开浚黄浦河道局疏浚吴淞江外白渡桥至庄家泾市区段，并进行虞姬墩裁弯，历时 6 年整。继于 1937 年又协议疏浚庄家泾逾西至蟠龙塘段，后因日军侵华中断。

民国 23 年（1934 年）

上海南汇县县长袁希洛组织兴建海塘，自二团六灶港至川沙县界，长 25.97 千米，后称“袁公塘”。

民国 24 年（1935 年）

4 月　太湖流域水利委员会撤销，工作移交扬子江水利委员会。

6 月　浙江省水利局组织东、西苕溪支流查勘，编写了《东西苕溪支流查勘报告》。

是年，扬子江水利委员会设立南京水文总站。

民国25年（1936年）

1月　扬子江水利委员会开工建设白茆闸，8月竣工。该闸系现代钢筋混凝土机构，闸分5孔，孔宽7.46米。

3月　扬子江水利委员会派队勘测东苕溪，翌年完成，编制了东苕溪防洪工程计划，拟建南、中、北苕溪拦洪水库，整治南、北湖，培修堤防。

是年，太湖流域水文站有较大发展，有雨量站41个，蒸发量站19个，水位站55个，流量站4个。

民国26年（1937年）

12月　日军侵占杭州，浙西各县沦陷，浙江省水利局先迁兰溪，后到丽水。翌年1月浙江省水利局裁撤并入浙江省农业改进所，后又改设农田水利工程处。

民国27年（1938年）

10月　由于日军侵占，钱塘江海塘废防失修，海宁八堡海塘决口，海水内灌，咸水侵害农田。其后民国29年夏海宁陈汶港海塘塌陷，咸水再次入侵。民国29年、31年、32年、33年海宁、海盐等地，海塘连年溃决，以海宁最为严重，海水内侵50余里，海侵农田荒芜达8年之久。

民国32年（1943年）

1月　浙江省水利机构合并，在浙江省建设厅内设水利处。

民国35年（1946年）

1月　浙江省建设厅水利处改组，恢复成立浙江省水利局，孙寿培任局长。

2月　江苏省建设厅与行政院善后救济总署苏宁分署联合设立江南海塘工程处，以工代赈。

5月　行政院水利委员会组织江南海塘工程委员会，举办松、宝、太、常四县桩石工程，由江苏省建设厅江南海塘工程处具体实施。

5—12月　浙江省利用行政院善后救济总署物资及部分中央补助款，抢修钱塘江海塘工程，择要兴办钱塘江干流和主要支流以及东西苕溪等河流防洪工程。

7月13日　浙江省政府成立浙江省塘工委员会，朱献文为主任，孙晓楼为副主任。

8月1日　经特呈准行政院，钱塘江海塘工程局正式成立，茅以升任局长，汪胡桢任副局长兼总工程师。

民国36年（1947年）

6月　浙江省水文总站成立，隶属水利部中央水利实验处。

民国37年（1948年）

2月　根据中美救济协定，美国中华救济团钱塘江海塘工程专款监理委员会成立，并于杭州、海宁、海盐等地修海塘挑水坝32座。

是年，上海南汇县因李公塘日益坍毁，修筑预备塘，南自小洋港起，北至二灶泓止，长11千米，堤线内移100～200米。

民国38年（1949年）

3月　浙江省政府裁撤钱塘江海塘工程局，业务及人员并入浙江省水利局。

4—5月　苏北和苏南行政公署先后成立，均由其生产建设处主管水利工作。

5月18日　杭州市军管会接管前浙江省所属水利机构，国民政府资源委员会和前水利部所属在杭机构至8月中旬共接管大小22个水利单位。

6月　浙江省复工兴修海宁陈汶港、七里庙及海盐五团海塘，翌年2月先后完成。

8月1日　浙江省水利局成立，隶属浙江省人民政府实业厅，沈石如任局长。

8月29日，上海市市长陈毅到抗灾第一线高桥炮台浜海塘决口查勘。

现　代　篇

中华人民共和国

1949年

10月6日　川沙、南汇两县受损海塘全部修复竣工，验收大会一致赞同上海市市长陈毅意见，命名修复后海塘为“人民塘”。

12月23—30日　苏南行署召开第一次水利工作会议，确定1950年水利工作方针，以防洪、排水为主，修复江堤、海塘和水闸，普遍整修内河堤防，丘陵地区开塘筑坝，以减除水患，并建水文站29处。

1950年

1月　苏州专区和镇江专区江港堤和圩堤修复工程开工。苏州专区吴江、吴县、昆山、常熟4县成立低田复圩工程公务所，按照“民圩民修，工赈补助，按亩摊方，按劳出力，按方给资”的政策修复圩堤。

是月，上海市财政办公室拨款全面加高加固吴淞、高桥海塘，5月全面开工。9月相继完成。

2月　中共苏南区党委书记陈丕显等视察松江海塘（现金山段）。6月完成松江、宝山段整修工程。

4月1日　长江下游工程局成立，江苏境内设苏北区、苏南区两工程处（后改江苏区修防处）和太湖工程处。该局1951年改由长江水利委员会直接领导，1955年撤销，江苏区修防处移交省水利厅领导。

6月26日　浙江省防汛总指挥部成立，浙江省人民政府主席谭震林兼任总指挥。

8月1日　按华东军政委员会指令，成立华东军政委员会水利部钱塘江水利工程局，与浙江省水利局合署办公。

8月　华东军政委员会水利部苏南海塘工程处在上海成立，负责苏州、松江两专区海塘工程。是年冬，确定以常熟福山港为界划分江堤、海塘，以西堤防称江堤，以东堤防称海塘，由长江下游工程局苏南区工程处管江堤，由华东军政委员会水利部苏南海塘工程处管海塘。后苏南海塘工程处于 1951 年 10 月撤销，并成立江苏省海塘工程处，归江苏省水利厅领导。

9 月　经中央人民政府内务部同意，华东军政委员会将浙江省所辖太湖区域划归苏南行政公署，在该地区土改完成后，于 1952 年 7 月 1 日办理了移交手续。

是年，上海市防汛总指挥部成立，由上海市副市长潘汉年任总指挥。

1951 年

7 月　浙江省水利局改称浙江省人民政府农林厅水利局。

是年，江苏省无锡县在杨家圩建成全省第一个电力排灌区，建泵站 8 座，安装 18 台套机组、470 千瓦，排灌面积 2.85 万亩。

1952 年

3 月　太仓县七浦闸开工，翌年 2 月建成。

5 月 1 日　江阴黄田港船闸开工，翌年上半年建成。

11 月 3 日　江苏丹阳珥陵电力灌溉工程开工，主要工程有电灌站 8 座，设计灌溉面积 11.5 万亩。1956 年又增建电力抽水站 4 座，灌溉面积 5.6 万亩。

是年，苏南海塘整修工程完成。苏南海塘西自常熟福山，东至金山县金丝娘桥，长 230 千米（包括 1958 年划归上海的松江专区海塘），整修加固部分长 183.4 千米（包括松江专区），自 1950 年起工程历时 3 年。

1953 年

1 月 1 日　江苏省人民政府水利厅成立，厅长计雨亭。原苏北、苏南水利局撤销。

2 月 28 日　华东军政委员会水利部撤销，所属钱塘江水利工程局划归浙江省农林厅领导。

3 月 18 日　浙江省人民政府主席谭启龙，副主席霍士廉视察杭州七堡与翁家埠之间北沙近期坍江及石塘倾倒决口情况。20 日浙江省翁家埠海塘抢修委员会及工程处成立，主持现场抢修事务。

10 月 26 日　浙江省人民政府决定浙江省农林厅水利局与钱塘江水利工程局分署办公。

11 月　徐赤文（徐宗溥）任浙江省农林厅水利局局长。

1954 年

春　毛泽东主席视察杭州以东钱塘江海塘。

4 月 5 日　浙江省采用机械全面疏浚西湖，至 1958 年 1 月基本结束，挖出湖泥 620 万立方米，西湖水深由 0.7 米增加至 2 米。

5—7 月　长江、太湖、淮河发生 20 世纪以来屈指可数的大洪水。太湖流域从 6 月 1 日入梅，至 8 月 20 日才出梅，梅雨期长达 62 天，创 1949 年以来梅雨期最长纪录，大雨遍及全流域，尤以浙西雨量最为集中，全流域 90 天平均降雨 890.5 毫米，重现期为43年。太湖平均最高水位达4.66米，受灾农田785万亩，80%的圩区破圩。

8月　浙江省人民政府农林厅拆分为农业厅和林业厅，原农林厅水利局、钱塘江水利工程局划归农业厅。

10月18日　浙江省在嘉兴分设专署水利局。

是年，上海最早的内燃机灌溉站，地方国营金山卫抽水机站在金山县金卫乡和松江县城东区长岸村（分站）同时建成使用。

1955年

2月　江苏省人民政府水利厅改为江苏省水利厅。

5月　严恺任江苏省水利厅厅长。

12月23日　浙江省人民工作委员会第十一次会议决定，充实加强省、专、县三级水利行政机构，设立浙江省水利厅，充实专署水利局，建立县水利局（科级）。

1956年

3月7日　经国务院批准，浙江省人民工作委员会正式宣布成立浙江省水利厅，徐赤文（徐宗溥）任厅长。浙江省农业厅水利局，钱塘江水利工程局同时撤销。

6月10日　上海市防汛总指挥部总指挥由原副市长潘汉年改为副市长宋日昌。

6月13日　上海最早的地方国营嘉定县马陆电灌站建成投产。

9月　上海市农业局设农田水利处，翌年3月与机械处合并为机械水利处。

11月22日　江苏省苏州专区七浦塘中下段拓浚工程开工，拓浚段长21千米，翌年4月竣工。

12月　陈克天任江苏省水利厅厅长。

1957年

4月4—8日　水利部在南京召开太湖流域规划会议。参加单位有长江水利委员会，治淮委员会，交通部，苏、浙、皖各省水利厅，上海市规划局、农业局以及部分院校和科研单位。会议决定成立太湖流域规划室，由治淮委员会负责，有关省（市）派人参加。1958年治淮委员会撤销，太湖流域规划室未正式成立，规划工作委托江苏省水利厅进行。

4月中下旬　水利部副部长钱正英考察钱塘江海塘，举行钱塘江下游治理座谈会，决定成立钱塘江河口委员会和钱塘江河口研究站。5月研究站在杭州成立。

9月11日　毛泽东主席至海宁七里庙观潮。

9月29日至10月9日　中共浙江省委召开全省水利工作会议，决定全党动手，全民发动，在浙江全省掀起一个兴修水利运动的高潮。

1958年

1月17日　国务院批准将原属江苏省松江专区的上海、嘉定、宝山三县划归上海市。11月21日又批准将该专区的川沙、青浦、南汇、松江、奉贤、金山、崇明七县划归上海市。

1月26—29日　江苏省低洼水网地区会议在常熟县召开，会上介绍了“联圩并圩、分级控制，预降水位”等圩区治涝经验。

3—4月　分别组建浙江省、江苏省大运河工程指挥部，流域内各专区各设分指挥部。

7月1日　浙江德清东苕溪对河口水库动工兴建，库容1.16亿立方米。1965年4月工程验收，交付使用。

8月22日　浙江安吉老石坎水库动工兴建，中途停工4年。1966年7月基本建成，库容4900万立方米。1968年5月扩建，1978年8月进行保坝工程，1983年完工，库容达到1.15亿立方米。

9月7日　江苏溧阳沙河水库开工，总库容1.09亿立方米。1961年11月完工。

11月18日　中共中央华东局在上海召集苏、浙、沪两省一市领导研究太湖规划，并对长江水利委员会提出的《太湖流域综合利用初步意见书》进行讨论。会后又经协商，对太浦河和望虞河两河工程标准取得一致意见。两河一期工程于11月开工。太浦河江苏段经1958—1960年两个冬春施工，1960年4月初步打通，太浦闸于1959年10月建成。太浦河上海段经1958年冬、1959年春和1960年春两次施工，初具河形。江苏望虞河于1959年4月按修改设计完成，除闸下河道按原设计标准做足外，其余河段底宽为30～50米，望虞河闸和虞山船闸同时建成。

11月29日　江苏溧阳大溪水库开工。1960年6月合龙后停工。经1966年、1971年、1978年三期续建后完工。

12月1日　浏河一期拓浚工程开工。浏河西起昆山草庐村，东至太仓浏河口，长24千米。于1959年7月竣工，同时建成浏河闸。后1975年11月进行续建，达到闸上河底宽80米，闸下110米。

12月16日　上海蒲汇塘（即淀浦河规划线中段）疏浚拓宽工程开工。

12月18日　浙江临安东苕溪青山水库开工，1964年竣工，1988—1992年保坝加固，1995年验收，总库容2.15亿立方米，为太湖流域库容最大的水库。

12月26日　东苕溪导流入太湖工程开工，1962年一期工程完成，包括导流河道长41.5千米，两岸筑堤，东堤建可通航控制闸6座。

12月27日　浙江嘉兴县集中4.3万民工，开挖涝水东排工程红旗塘浙江段，全长21.09千米，至1960年6月5日全面竣工。

1959年

1月17日　华东局再次召开苏、浙、沪两省一市和苏州、嘉兴地委领导开会，研究太湖流域规划及太浦河继续施工问题，会议决定组建太湖流域水利委员会。

3月　浙江东苕溪导流东堤德清大闸动工兴建，10月竣工，闸设5孔，设计流量385立方米每秒，涉及杭、嘉、湖三地防洪安全。

11月　浙江省水利厅与电力工业厅合并成立浙江省水利电力厅，王醒任厅长。

12月8日　《江苏省太湖地区水利工程规划要点》经水电部批复，同意开挖太浦河、望虞河，建太湖控制线，拓浚沿江各河并建闸控制。

1960 年

1 月 20 日　水电部党组下发《关于钱塘江下游近期治理工程的意见》。

2 月，水电部确定七堡水利枢纽方案。3 月 8 日，浙江省委批准成立钱塘江治理工程局，七堡枢纽开始施工准备工作。

1961 年

3 月中旬　水电部副部长钱正英在上海市召集江苏省及苏州地区、浙江省及嘉兴地区负责人会议，研究解决边界水利矛盾、苏州吴江境内河道堵坝问题。1957 年大水后，吴江县浦南地区进行了联圩并圩，圩区面积一般一万亩左右，提高了本地防洪除涝能力，但联圩堵断了部分河道，影响上游嘉兴等地区排水。经研究，苏州地区同意拆除一些圩外河道阻水障碍，将较大的 9 个联圩调小为 23 个，拆圩工程（包括配套）在 1961—1963 年完成。

是年　江苏省水利厅机关机构调整。保留办公室、人事处，原计划、财务、器材 3 处合并为计财处，原工程管理处，灌溉管理处、农水办公室合并为农田水利局，原工程局、水利勘测设计院机构、水文总站、水利科学研究所合并为基本建设局。

12 月 21 日　浙江省人民工作委员会向国家计划委员会（以下简称“国家计委”）、经济委员会和有关部委报送《关于一九六二年农田排灌计划的报告》中，计划在 5 个重点产粮区发展电力排灌 425 万亩，杭嘉湖为 5 个重点区之一。

1962 年

7 月 31 日至 8 月 2 日　上海受 7 号台风及大雨影响，黄浦江、苏州河沿岸决口 46 处，市区大部积水，南京路积水深 0.5 米，最深处 2 米。7 月 31 日，上海市城市建设局突击将外滩防汛墙从 4.5 米加高到 4.7 米，苏州河部分土堤及砖墙也加高加固。

9 月 5—7 日　江苏从南到北受 14 号台风和暴雨袭击，阳澄淀泖和武澄锡地区 3 日降雨均在 270 毫米左右，苏州地区一度受涝 200 多万亩，苏州城区 39 小时降雨 437 毫米，街道严重积水。浙江全省遭遇暴雨洪水，杭嘉湖地区 3 日降雨达到 276 毫米，洪涝严重。

11 月　黄以干任江苏省水利厅厅长。

12 月　杭嘉湖涝水南排入海的海宁谈家埭试验性排涝闸建成。

1963 年

3 月下旬　在南方防汛会议后，水电部副部长钱正英在上海召集苏浙两省及苏州、嘉兴两地区负责人开会再次研究苏浙边界河道拆坝分圩问题。

9 月 11—13 日　12 号台风袭击浙江，西苕溪洪水位超过历史最高水位，东苕溪南湖滞洪区泄水闸出险，洪水外溢直抵杭州拱宸桥。

11 月 20 日　太湖流域水利委员会在上海举行第一次会议，会议决定成立太湖水利局。

1964 年

4 月　陈克天任江苏省水利厅厅长。

12月　太湖水利局成立，由水电部与华东局双重领导，为地师级单位，主要由水电部上海勘测设计院抽调人员组成，由李果任局长、党委书记，王文林和潘烈任副局长、党委委员。后该局在1970年撤销，太湖流域规划工作移交长江流域规划办公室（以下简称“长办”）。

1965年

4月　浙江省水电厅水利管理局成立，负责浙江省属水利水电工程管理和水土保持工作。

8月9日　钱塘江治理工程局撤销，改组成立浙江省水利水电工程局，负责浙江省属水利水电基本建设工程施工。

12月　在水电部举办的全国大寨式水利典型展览会上，浙江省杭嘉湖地区650万亩农田实现电力排灌情况参展。

1966年

1月28日　江苏宜兴屋溪河上游横山水库续建工程开工，该工程曾于1958年开工，1960年停工，续建工程于1969年9月完工，水库库容1.02亿立方米。

冬　江苏疏浚江南运河谏壁至七里桥长22千米。后1968年冬拓浚丹（阳）武（进）交界至永丰站21.5千米，1970年又疏浚七里桥至丹武交界17.1千米。

1968年

4月　浙江省革命委员会（革命委员会以下简称“革委会”）设立防汛防旱指挥部。

9月　江苏省革委会设立水利电力局。

12月1日　江苏张家港整治工程开工，河长121千米，沿原河线拓浚。1969年10月完工。

1969年

4月5日　黄浦江吴淞站出现历史最低潮位－0.25米。

5月　江苏省水利厅机关撤销。

1970年

4月　浙江省革委会生产指挥组水利电力局成立，浙江省水利电力厅撤销。

是月　余杭县七堡船闸动工，翌年7月完工。该闸建成后可使江南运河经由上塘河与钱塘江沟通，船闸按通行100吨级船舶设计，但因铁路桥、河道限制以及江水泥沙淤积影响，实际仅通航30吨级船舶。

是年　上海郊区电气化灌溉普及率达90.6%，全国领先。

1971年

3月　浙江西苕溪安吉赋石水库动工。1976年3月水库蓄水，1980年6月竣工验收，库容2.18亿立方米。

6月　上海市卫生防疫站组织进行苏州河水质调查，于1974年2月结束。

11月20日　水电部在北京召开长江中下游规划座谈会，专题研究太湖流域治理。

会上提出的初步治理意见包括扩大望虞河、开通太浦河、开辟入杭州湾新河、严禁围垦等。会议于1972年1月25日结束。

1972年

2月　长办会同苏、浙、沪两省一市联合进行太湖流域查勘，在苏州研讨拟定流域治理规划。

10月　上海市治理三废领导小组会同上海市卫生局、水产局、农业局等20个单位进行上海地区水系水质调查，其中黄浦江干流及主要支流调查从1975年6月起至1976年10月结束。

11月　江苏省苏州地区在昆山县同心圩进行地下暗管排水治渍试点，并总结推广其“四分开，两控制”的圩区治理经验。

1973年

2月13—19日　浙江省革委会生产指挥组召开杭嘉湖地区排涝问题座谈会，浙江省委书记陈伟达参加会议。会议一致同意兴建杭嘉湖向杭州湾排涝的南排工程。会后向国务院和国家计委上报了南排工程计划任务书。

4月19日　浙江省革委会批准成立浙江省钱塘江工程管理局，隶属浙江省水电局，统一负责钱塘江治理规划和海塘整修加固工作。

1974年

3月20日　浙江安吉老石坎水库大坝漏水，在坝内发现大小白蚁巢13个，抢修处理工作于翌年12月24日完成，竣工检查后投入正常运行。

9月　上海市淀浦河工程指挥部成立，负责计划、设计、施工管理等日常工作。

1975年

12月　江苏省革委会水利电力局划分为水利局和电力局。1976年1月，省水利厅正式成立。

是月　嘉兴地区出海排涝工程（即杭嘉湖南排工程）指挥部成立，设于海宁硖石。1983年，嘉兴市设为省辖市。1984年1月嘉兴市人民政府成立嘉兴市出海工程指挥部。1991年10月，更名为嘉兴市杭嘉湖南排工程指挥部。

12月16日　江苏省镇江谏壁抽水站开工，该站既可抽引长江水补给湖西地区，又可抽排涝水入长江。装机6×1600千瓦，设计抽水流量120立方米每秒。1978年7月1日建成后，立即投入抗旱，开机56天，抽引江水6.37亿立方米。

是年　上海市农业局水文站在黄浦江和沿江沿海水域设水质监测点98处。

1976年

10月　上海市委第三书记、市革委会第二副主任彭冲研究筹建市、县水利机构，组织制定水利规划，准备开展农田水利建设。

12月　上海嘉定、宝山、松江、金山、青浦5县102个公社14万人参加淀浦河续浚工程。后1977年8月淀浦河全线竣工通水。

1977年

4月　中华人民共和国成立后的上海市最大人工河道大治河开工，1978年全线开挖，1979 年年底竣工，横贯上海、南汇两县，全长 38 千米。

7 月　杭嘉湖南排工程澉浦长山闸开工，闸 7 孔，设计最大过闸流量 871 立方米每秒，1979 年建成，1984 年 1 月验收交付使用。

8 月 21—22 日　上海北部降特大暴雨，200 毫米以上面积达 1520 平方千米，暴雨中心塘桥 24 小时最大雨量达 581.3 毫米。市区中山北路以北和宝山、嘉定地区积水严重。经紧急抗灾，25 日积水大部排除。

8 月　浙江省委批准撤销省革委会生产指挥组水利电力局，分别成立省水利局和电力局，陈传德任省水利局局长。

10 月 7 日　上海市革委会农田基本建设指挥部成立，由原上海市农田基本建设规划组、淀浦河工程指挥部和农业局组成，由王德明任指挥。

是月　上海市革委会农办召开农田基本建设会议，提出郊区实行分片综合治理的规划意见。

11 月 30 日　江苏省苏州地区娄江整治工程开工，河长 37.72 千米，1981 年年底竣工。

12 月 15 日　江苏省苏州地区东太湖大堤复堤工程开工，施工一个月，完成土方 518 万立方米。后 1980 年建外苏州河、茭白港闸。1981 年对湖东大堤加固培厚。1982 年建新开河，牛腰泾等 19 座闸，并完成大堤浆砌块石挡墙 2.8 千米。

1978 年

6 月　江苏省与上海市对上海实施青松大包围后以扩大拦路港作补偿问题达成协议。

8 月 16 日　上海市委批准水利综合规划郊区分片治理的意见，将全郊区分为松金青、川南奉（含崇明）、上嘉宝（含长兴、横沙二岛）3 大片。1980 年又调整为近郊、浦东、低洼地、岛屿等 4 个地区、14 片。

是年，太湖流域 4—10 月春夏秋连旱。太湖瓜泾口年平均水位 2.6 米，创历史新低。4—10 月共引抽江水 60 亿立方米。由于从长江大量补水，包括太湖流域在内的江苏长江流域粮食总产 1104 万吨，为 20 世纪 70 年代第二个丰收年。由于从太湖补水抗旱，嘉兴、湖州当年粮食产量也比上年增产 26.8%。上海连续无透雨达 161 天，由于郊区排灌已机电化，实现了旱年丰收。但因长江口咸潮入侵，自来水含氯度偏高，供水质量下降。

11 月 15 日　浙江杭嘉湖南排工程长山河开工。12 月 28 日完成一期工程，长山至桐乡屠甸，河长 41.3 千米，河底宽 65 米。1984 年冬和 1985 年冬进行二期工程，再向桐乡西延至江南运河，延长 14 千米。

11 月 17 日　水电部在北京召开太浦河工程会议，苏、浙、沪两省一市和长办有关人员参加会议。12 月 5 日提出《水电部关于开通太浦河工程的意见》。

11 月 20 日　太浦河进口至新运河段续办工程开工，13 万民工参加施工，一个月后完工。

1979 年

7 月 11 日　18 时 57 分溧阳上沛、上兴、竹箦一带发生六级地震，大溪水库建筑物遭受较重震害。

9 月 6 日　浙江省水利局在太湖流域浙江省境内设立水质监测站 7 处，采样断面 12 处。

12 月 5 日　由国家农业委员会副主任杜润生、水利部部长钱正英率领的农业调查组到江苏调查，提出农业生产发展、水利和农田基本建设、社队工业等 3 份专题调查报告。

1980 年

3 月　上海市水利局成立，王德明任局长。上海市农田基本建设指挥部撤销。

4 月 22 日　江苏省革委会水利局更名为江苏省水利厅，熊梯云任厅长。

5 月 17 日　浙江省水利局更名为浙江省水利厅，徐洽时任厅长。

是年　上海市水利局首次开展上海市水利区划与地表水资源调查和评价，后 1984 年 5 月完成报告。

1981 年

4 月　浙江省水文总站在东、西苕溪，浦阳江、钱塘江、杭嘉湖平原先后建立超短波电台报汛站 81 处，浙江省无线电报汛站网初步建成。德清莫干山中继站也在此时建成。

5 月　水利部规划设计管理局副局长成润带领太湖查勘团到江苏查勘。

6 月 4—11 日　按照上海市黄浦江污染治理小组的要求，上海市水文总站会同环境保卫局、航道局和自来水公司首次对黄浦江进行水文水质同步调查。

8 月 31 日至 9 月 2 日　上海受 14 号台风和特大潮汛袭击，9 月 1 日凌晨长江口、黄浦江下游 22 个水位站水位创 1913 年有记录以来最高值，苏州河口黄浦公园站水位达 5.22 米。浦东地区黄浦江沿岸水闸开闸纳潮，以降低黄浦江水位。

9 月 1 日　受 14 号台风袭击，苏州浏河闸最高潮位 6.38 米，超过 1974 年“8·20”大潮，苏州地区江堤海塘局部受损。

1982 年

2 月　浙江省人民政府批准嘉兴地区在浙江省率先征收通航河道护岸费，用以保护通航河道堤岸，防坍保田，保持航道畅通。

8 月　水电部、交通部和上海市人民政府在宝山钢铁总厂联合召开“上海水利座谈会”，对长江口和黄浦江综合整治进行专门研讨，重点是保证上海市防汛安全。上海市委书记韩哲一主持会议，水电部部长钱正英、上海市市长汪道涵、交通部副部长子刚出席会议并讲话。

1983 年

2 月 21 日　浙江省水利厅成立浙江省钱塘江工程管理局“七二八”海堤工程处，承建秦山核电厂海堤工程，海堤全长 1818 米，11 月动工，至 1986 年 12 月提前完工，

1987 年 5 月通过验收。

是月，上海宝钢总厂在宝山县罗泾长江口边滩兴建蓄淡避咸水库，1985 年 8 月 20 日建成，库容 1084 万立方米。

3 月　上海宝钢海塘加固工程开工，厂长区段防御标准为百年一遇高潮位加 12 级台风，为当时全国最高海塘标准，并首次引进栅栏板护坡防护塘坡。1985 年 9 月竣工。

是月，杭州市全面综合治理中河和东河工程开工，此两河始建于唐宋时期。疏浚长度中河 6.1 千米、东河 4.1 千米，建两岸驳坝、挡土墙 34 千米，沿河绿化 15 万平方米，新辟中河路 5.28 千米。工程于 1988 年 3 月完工。

5 月 20 日　江苏省级机关机构调整，农业机械管理局、沿海滩涂利用开发管理局为二级局，隶属江苏省水利厅。王守强任厅长。

7 月　钟世杰任浙江省水利厅厅长。

9 月 26 日　经国务院批准，由水电部、交通部、江苏省、上海市负责人共同组成长江口开发整治领导小组，并在上海召开第一次会议。

10 月 20 日至 11 月 10 日　上海市经济区规划办公室组织苏、浙、沪、皖三省一市开展太湖流域规划治理查勘，办公室主任王林任勘察团团长，水电部顾问李化一，长办主任黄友若任副团长，共有 65 人参加查勘。后在 1984 年 11 月 22 日至 12 月 2 日又进行补充查勘。

11 月 12 日　江南运河与钱塘江沟通工程三堡船闸开工，包括船闸 1 座，闸上下游航道 6.97 千米，桥梁 11 座，全线可通航 300 吨级船舶。1988 年 12 月完工，1989 年 6 月通过交通部验收。

12 月　范仲奕任上海市水利局局长。

1984 年

6 月 11 日　国务院批复同意将长江口开发整治领导小组扩大，改名为长江口及太湖流域综合治理领导小组，同意增补浙江省副省长沈祖伦为领导小组成员。同意成立太湖流域管理局（简称太湖局），由水电部和长江口及太湖流域综合治理领导小组双重领导。

7 月 28 日至 8 月 6 日　长江口及太湖流域综合治理领导小组第二次会议在浙江省莫干山召开。会议审议了《太湖流域治理骨干工程可行性研究初步报告》，议定了上海市黄浦江防汛墙加高加固标准及长江口整治有关问题。

9 月 22 日　上海市长江口开发整治局成立，与上海市水利局两块牌子一套机构，受水电部和上海市人民政府双重领导，以地方为主。

9—10 月　水电部下发《关于“上海市近期防洪水位标准的意见”的复函》，同意近期按千年一遇的潮位（黄浦江吴淞口 6.27 米，黄浦公园 5.86 米）加高加固上海市区黄浦江防汛墙。

10 月 26—31 日　太湖水利史学术讨论会在江苏省吴江县召开。

12 月 3 日　太湖局在上海成立。

1985 年

1 月 21 日　水电部部长钱正英视察武进县水利综合经营，考察了武进液压启闭机厂及竹园装饰用品厂。

4 月 19 日　《上海市黄浦江上游水源保护条例》经上海市第八届人大常委会 14 次会议审议通过。

6 月　曹士杰任太湖局局长。

7 月 17—23 日　长江口及太湖流域综合治理领导小组第三次会议在上海市松江县召开，会议审查了《太湖流域综合治理骨干工程可行性研究报告》。水电部部长钱正英，上海经济区规划办公室主任王林，国家计委副主任徐青以及苏、浙、沪两省一市有关负责人参加会议。会议原则通过了《太湖流域综合治理骨干工程可行性研究报告》，并研究了急需实施的防洪除涝工程。

是年　上海市水利局在松江县佘山和青浦县香花桥分别建立农田水利科学试验站，进行低洼地渍害治理的科学试验。

1986 年

3 月　朱家玺任上海市水利局局长。

3 月 6—10 日　长江口及太湖流域综合治理领导小组在南京召开第四次会议，审查太湖流域治理骨干工程设计任务书及长江口南支河道第一期工程规划。水电部部长钱正英，上海经济区规划办公室主任王林，苏、浙、沪两省一市有关负责人参加会议。会议基本同意该项设计任务书，并对“七五”期间工程实施计划进行了讨论。

3 月 19 日　国家计委委派农林水利局总工程师上官长君一行到浙江嘉兴、湖州了解杭嘉湖南排工程情况，为国家计委审批治太工程方案做准备，太湖局常务副局长王同生陪同。

5 月 6—12 日　5 月 6 日中共江苏省委常委会议讨论江苏对太湖治理“七五”期间实施计划的意见。苏州市负责人和柳林、储江以及陈克天等参加了会议。9—12 日江苏省水利厅厅长王守强根据省委常委会的意见，赴上海向上海经济区规划办公室及水电部太湖局汇报江苏省对太湖规划的实施意见。

10 月　上海市黄浦江干支流 208 千米防汛墙加高加固工程计划任务书经国务院批准。

10 月 17 日　水电部和长江口及太湖流域综合治理领导小组向国家计委上报了《关于请审批太湖流域综合治理总体规划方案的报告》(该总体规划方案即太湖流域综合治理骨干工程设计任务书)。

1987 年

1 月 12 日　长江口及太湖流域综合治理领导小组科技组在上海开会，审查太浦河、望虞河两项工程设计任务书。

6 月 18 日　国家计委批复同意太湖流域综合治理总体规划方案，并建议进一步研究协调各方意见，在协商一致的基础上编制单项工程设计任务书。

8月11—14日　长江口及太湖流域综合治理领导小组在杭州召开第五次会议审查太浦河、望虞河两项工程设计任务书。

1988年

1月21日　《中华人民共和国水法》颁布，于1988年7月1日开始施行。

3月　陈绍沂任浙江省水利厅厅长。

5月18日　江苏无锡太湖犊山口防洪工程举行开工仪式。

7月16—18日　水利水电规划设计总院院长朱承中、太湖局常务副局长王同生、浙江省水利厅厅长陈绍沂等至湖州，研究旄儿港、长兜港等入湖工程立项问题。

8月25日　上海治理苏州河水质的合流污水一期工程开工。1993年12月29日，主体工程建成通水，该工程是利用世行贷款改善上海水环境的第一项工程。

8月29日　上海市人民政府办公厅发文明确上海市水利局为上海市水行政主管部门。

9月16日　浙江省人民政府发文明确浙江省水利厅为浙江省人民政府水行政主管部门。

10月27日　上海市苏州河口吴淞路闸桥开工，水利部部长杨振怀、上海市市长朱镕基出席开工典礼并剪彩。

10月　孙龙任江苏省水利厅厅长。

1989年

2月19日　国家计委、水电部在北京召开苏、浙两省协调会，解决在太湖犊山口防洪工程建设过程中产生的矛盾，同意浙江长兜港、旄儿港工程列项，以作补偿。

3月　浙江省人民政府决定对杭嘉湖360万亩低洼圩区进行全面整治。22日浙江省水利厅、财政厅与杭嘉湖有关7县、市签订第一批建设协议书，列入第一批计划的有21万亩左右，整治时间2年半。

1990年

3月6日　水利部副部长钮茂生视察武进液压启闭机厂和竹园装饰用品厂。

3月下旬　日本JICA太湖水质调查团到太湖流域进行水质考察，并与中方太湖局商谈合作研究计划。

是月，杭州市人民政府批准《杭州市防洪工程规划》，其中杭州城区段钱塘江海塘防洪标准为500年一遇，东苕溪西险大塘防洪标准为100年一遇。

10月27日　杭州市区江南运河整治工程动工，从市北义桥经拱宸桥至艮山港，并与钱塘江沟通工程连接，按通航300吨级Ⅴ级航道整治，全长10.2千米，至1994年12月28日完成。

12月　国家农业综合开发办、农业部、水利部验收组到浙江检查验收杭嘉湖圩区整治工程，认为已完成的1989—1990年第二期整治工程效益显著，决定再安排第三期整治工程。

1991年

4月30日　上海苏州河口吴淞路闸桥工程竣工。水利部部长杨振怀、上海市市长黄菊、上海经济区规划办公室主任王林参加竣工典礼。

5月2日　水利部部长杨振怀视察江苏段太浦河。

6—7月　太湖流域发生了大范围的集中暴雨，全流域最大30天、60天、90天雨量分别达到381毫米、628毫米和828毫米，最大30天和60天雨量均居历史首位。降雨主要集中在流域北部地区，苏州、无锡、常州三市市区受淹。

7月上旬　江泽民总书记和田纪云副总理到太湖流域视察，指导抗洪救灾，8日视察浙江嘉兴，9日视察江苏苏州。

7月15日　太湖水位达到当年最高水位4.79米，比历史最高纪录1954年4.66米还高0.13米。全流域受灾农田约700万亩，城乡直接经济损失约113.9亿元。

7月21日　李鹏总理视察浙江嘉兴灾区，指导抗洪救灾。

7月22日　苏、浙、皖、沪四三省一市抗洪救灾会议在上海召开，李鹏总理出席会议并讲话，指示要加快对淮河和太湖的治理。

7月23—27日　中共中央政治局常委、书记处书记乔石视察太浦河上海段，并慰问抗灾军民。

7月28日　江苏省人民政府为加强治淮、治太工作领导，成立治理淮河和太湖领导小组，省长陈焕友任组长。

9月17—21日　国务院召开治淮治太第一次工作会议，决定建设太湖流域综合治理10项骨干工程，要求太浦河、望虞河1992年汛前总泄洪能力达到450立方米每秒。

11月19日　国务院下发了《关于进一步治理淮河和太湖的决定》。

10月11日　浙江省人民政府召开治理太湖流域杭嘉湖水利建设工作会议，决定成立杭嘉湖工程建设领导小组。

10月18日　江苏省无锡犊山口防洪工程举行竣工典礼。

10月30日　上海市委、市政府召开太浦河施工动员大会，上海市党政领导吴邦国、黄菊出席。会议宣布成立上海市太湖治理领导小组，由市长黄菊任组长。

11月6日　太浦河上海段工程开工，誓师大会在泖河口举行。

11月15日　望虞河工程在太湖沙墩口工地举行开工典礼，江苏省省长陈焕友，水利部副部长周文智出席。

11月20日　国务院总理李鹏、国务委员李贵鲜到上海太浦河工地视察。

是日　湖州市旄儿港防洪工程土方大会战开始，至12月11日土方开挖任务完成，砺山石方开挖工程于1992年汛前完成。

11月24日　太浦河浙江段开工誓师大会在太浦河工地举行。

11月30日　湖州市东西苕溪防洪工程总指挥部和湖州市环湖大堤工程总指挥部成立，湖州市人民政府副市长姚关仁任两指挥部总指挥。东西苕溪防洪工程包括：旄儿港和长兜港拓浚、东苕溪导流港疏浚、导流东大堤加固等。

12月2日　太湖局组织编报的《望虞河河道工程初步设计》和《太浦河河道工程初步设计应急报告》经水利部批复。

12 月 10 日　环湖大堤浙江段第一次土方工程会战誓师大会在浙江湖州长兴工地举行，浙江省委书记李泽民和省、地有关党政领导及太湖局领导参加大会。

12 月 24 日　治太骨干工程湖西引排工程中的魏村水利枢纽开工。后于 1996 年 3 月 19 日竣工。

12 月 31 日　杭嘉湖南排后续工程南台头闸在闸址举行破（海）塘建闸典礼。

1992 年

1 月 8 日　国务院秘书长罗干到江苏省无锡市检查工作，视察犊山口防洪工程。

2 月 16 日　浙江省人民政府副省长、省太湖流域治理杭嘉湖建设领导小组组长许行贯，水利厅厅长陈绍沂视察环湖大堤长兴段工程。后 9 月 17 日又视察湖州环湖大堤和长兜港拓浚工程。

2 月　武澄锡引排白屈港一期河道工程开工建设。

5 月 5—7 日　长江中下游五省一市防汛抗旱总指挥部（简称“防总”）指挥长会议在上海召开，水利部部长杨振怀、上海市副市长庄晓天到会并讲话，太湖局常务副局长王同生就 1991 年太湖流域大水及防洪抗灾情况做汇报。

5 月 7—8 日　水利部部长杨振怀视察太浦河和望虞河工程建设工地。

7 月　浙江钱塘江工程管理局更名为钱塘江管理局，8 月各海塘工务所更名为海塘管理处。

7 月 20 日　世界银行专家到太湖局对治太骨干工程世行贷款项目进行评估，计划利用世行贷款的项目为太浦河、望虞河、杭嘉湖南排和环湖大堤四项工程，再加太湖流域通信监测工程，评估内容包括经济分析、移民安置和环境影响三部分，至 9 月 15 日评估正式通过。

10 月 15 日　望虞河望亭水利枢纽工程开工。工程采用立交形式，上部为江南运河航槽，下部为望虞河箱式泄洪涵洞，涵洞过水断面 400 平方米。

10 月 15—30 日　环湖大堤浙江段进行第二次土方会战，筑堤 38 千米，完成土方 370 万立方米。

11 月 12 日　太浦河工程江苏段开工典礼在江苏省吴江芦墟举行。

11 月 18 日　杭嘉湖南排南台头河一期河道海盐段土方工程开工，誓师大会在浙江省海盐县工地举行。

是日　湖州市召开以长兜港拓浚和环湖大堤市区段工程为重点的治理太湖骨干工程会战誓师大会，浙江省委副书记沈祖伦到现场祝贺并参加劳动。11 月 30 日会战任务全部完成，两大工程共投入 450 万工日，完成土方 432 万立方米。

12 月 19—21 日　国务院召开治淮治太第二次工作会议，总结 1991 年以来工作，布置 1993 年工作任务。关于治太 10 项骨干工程，经磋商形成水利部与两省一市关于投资分摊的协议，将其作为向世界银行贷款的中方基本文件。6 月，我国政府批准世行贷款协议。

12 月 30 日　环湖大堤江苏段堤加固工程从 1991 年冬开始至 1992 年年底已完成复

堤31千米。

1993年

1月19日　太湖局组织编报的《望虞河工程初步设计》和《太浦河工程初步设计》经水利部批复。

1月　中方以太湖局副局长黄宣伟为组长的世行贷款谈判小组赴美国华盛顿世行总部谈判贷款协议。

2月　汪楞任浙江省水利厅厅长。

3月16日　世行亚洲事务副行长和中国驻美公使签署贷款协议。

4月　徐其华任上海水利局局长。

5月12日　太湖局常务副局长王同生、副局长钱振球，赴南京与江苏省水利厅商谈治太工程建设管理体制问题，江苏省水利厅厅长孙龙、副厅长沈之毅参加商谈。

6月　我国政府批准世行贷款协议，贷款开始生效执行。

6—8月　太湖流域发生了洪涝。汛期流域降雨量941毫米，相当于常年的1.25倍，其中最大30天降雨324毫米，相当1954年大水年的92.2%。苏州市雨量集中，苏州最高水位达4.21米，为历史第三高水位。浙西区和杭嘉湖区雨量更为集中，从6月1日至8月21日的降雨均超过1991年最大90天降雨。太湖8月26日达最高水位为4.51米，仅比1954年低0.14米。

6月17日　上海市市长黄菊视察太浦河工程上海段。

7月6日　太湖局颁发《太湖防洪项目国内简易竞争性招标文件范本》。

8月22日　浙江省人大副主任许行贯、副省长刘锡荣到嘉兴指导防汛救灾。

8月24—26日　水利部副部长周文智、国家防总顾问李健生等在浙江省省长万学远陪同下至湖州、嘉兴检查防汛救灾，并视察治太工程。

10月18日　环湖大堤湖州大钱口至胡溇22千米土方工程开工，并举行誓师大会。至10月25日工程完成，完成土方130万立方米，至此浙江段环湖大堤64.6千米全部完成。

10月19日　杭嘉湖南排后续工程海宁市盐官上河闸举行开工仪式并破土动工。闸单孔净宽8米，按1954年型洪水、排水1.76亿立方米（包括谈家埭闸）设计。翌年3—9月，海宁市组织1.6万民工完成上塘河与该闸之间1.6千米新开河施工任务，开挖土方21.4万立方米。

12月22—24日　水利部副部长张春园视察治太工程，并与江苏省副省长姜永荣商谈太浦河和望虞河工程控制性枢纽运行管理方案。

12月25日　水利部副部长张春园视察杭嘉湖南排建设工程。

1994年

1月6—7日　国务院治淮治太第三次工作会议在北京召开，明确1994年治太建设目标。

1月17日　望虞河望亭立交主体工程通过太湖局和江苏省水利厅验收，正式投入使用。

2月20日　武澄锡引排白屈港套闸工程开工。

3月23日　世行太湖防洪项目经理郑兰生检查南台头闸和海盐县移民工作。

4月18—19日　浙江省人民政府办公厅在杭州召开浙江省治理太湖杭嘉湖骨干工程建设工作会议，传达贯彻国务院治淮治太第三次工作会议精神，部署杭嘉湖治太骨干工程建设任务。

4月24日　水利部部长钮茂生至嘉兴、湖州视察钱塘江海塘、杭嘉湖南排后续工程、东西苕溪防洪工程及环湖大堤。

4月28日　国务院总理朱镕基、国务院副秘书长刘济民在浙江省常务副省长柴松岳陪同下视察环湖大堤浙江段工程。

6月上、中旬　国家防总总指挥、国务委员陈俊生和水利部副部长周文智到太湖流域进行防汛检查。

6月17—19日　太湖局、浙江省水利厅在海盐县召开南台头闸及干河通水验收会议。工程通过验收后，于8月9日首次投入排涝运行。

10月1日　太浦河太浦闸加固工程开工，主要对闸门、启闭设备及上部结构进行更新改造，工程由太湖局负责建设管理。

10月9日　国务院副总理邹家华、交通部长黄镇东在浙江省常务副省长柴松岳陪同下，视察杭申线嘉兴市河段和江南运河航道整治工程。

10月16日　治太骨干工程项目东西苕溪防洪工程中的东苕溪西险大塘加固工程开工。后于2001年8月完工。

11月15日，杭嘉湖南排后续工程长山河运西段开工，为人工开挖。11月28日，浙江海宁盐官上河新建干河开工，为人工开挖。12月1日，浙江嘉兴南台头二期河道大横港开工，亦为人工开挖。

12月　太浦河上海段疏浚工程基本完成，完成疏浚土方1650万立方米，河道过水能力450～500立方米每秒。

1995年

1月1日　武澄锡引排新夏港闸站工程开工，1996年12月20日竣工。工程由单孔净宽10米节制闸及45立方米每秒泵站组成。

1月12日　杭嘉湖南排盐官下河海宁段河道工程开工。

1月24日　江苏省人民政府办公厅向苏州市人民政府发文《关于太浦闸移交水利部太湖流域管理局的通知》，将原属吴江市水利局的太浦河管理所成建制移交太湖局。

2月21日　上海黄浦江上游闵行—三角渡防洪工程一期应急工程开工。

4月12—15日　全国政协副主席钱正英视察魏村水利枢纽、犊山水利枢纽、望虞河等治太工程，太湖局常务副局长王同生、江苏省水利厅副厅长沈之毅、常州市政协主席程久度陪同视察。

4月　翟浩辉任江苏省水利厅厅长。

5月11日　上海市批准成立上海市太湖流域工程管理处，太浦河工程（上海段）归属其管理，亦为太浦河工程设立的第一家管理单位。

5月26—28日　全国人大常委会副委员长田纪云视察杭嘉湖南排后续工程和望虞河等治太工程。

5月　章猛进任浙江省水利厅厅长。

6月14—15日　国家防总副总指挥、国务院副秘书长刘济民率检查组，检查太湖流域防汛工作。

7月12日　全国人大常委会副委员长布赫视察环湖大堤浙江段。

8月　唐胜德任太湖局局长。

9月8日　杭嘉湖南排长山河洲泉镇市河工程开工，采用机械疏浚。

10月　江苏省治太工程指挥部在常熟举行望虞河河口枢纽开工典礼。工程由6孔总净宽48米节制闸和180立方米每秒泵站组成。

10月16日　治太骨干工程东西苕溪防洪项目中的重点，东苕溪西险大塘二期加固工程开工建设，防洪标准为100年一遇。

11月8日　浙江省省长万学远视察杭嘉湖南排长山河洲泉镇市河工程。

12月15日　杭嘉湖南排盐官下河闸站枢纽工程开工。工程节制闸有6孔，总净宽48米，泵站装机4台共8000千瓦，设计抽水能力200立方米每秒。

12月27日　太浦河上海段河道疏浚工程举行验收会。上海市副市长夏克强，太湖局副局长叶寿仁出席并讲话。

1996年

1月21日　水利部副部长严克强率领水利部和国家计委组成的中央调查组到湖州、嘉兴调查治太工程情况。

2月4日　水利部部长钮茂生视察上海黄浦上游闵行—三角渡防洪工程。

2月18日　上海市人民政府成立上海市苏州河环境综合整治领导小组，副市长夏克强担任组长。6月22日，市政府发文调整由市长徐匡迪任组长、夏克强任常务副组长。

3月5—17日　全国八届人大四次会议召开，会议通过了《国民经济和社会发展“九五”计划和2010年远景目标纲要》，太湖与淮河、海河、辽河以及巢湖、滇池（简称“三河”“三湖”）被列为国家水污染防治的重点。

6月19日　望虞河常熟枢纽水下工程通过太湖局和江苏省水利厅验收。20日在常熟举行水下工程通水典礼。

8月15日　太湖局局长唐胜德、江苏省水利厅厅长翟浩辉到苏州吴江市协调解决太浦河浙江段汾湖穿湖堤建设中的矛盾。

11月5日　江苏省人民政府在无锡锡山市召开苏锡常地下水管理工作会议，布置实施地下水禁采和限采计划，常务副省长季允石在会上做报告。

11月　《浙江省嘉兴市地下水资源保护及地面沉降防治规划》编制完成，该规划是水利部 1995 年部署的全国 13 个城市开展地下水资源开发利用规划试点之一。

12 月 22—23 日　国家计委副主任陈耀邦率计委、水利部联合调查组对江苏省治太工程进行调研。

是年　太湖局利用治太工程世行贷款建设的太湖流域水情遥测系统建成，并投入使用。

1997 年

5 月 20—22 日　水利部副部长朱登铨率国家防总检查组检查治太骨干工程。

5 月 23—24 日　国务院第四次治淮治太工作会议在江苏徐州举行。会议解决了工程投资超概算问题，明确了调整后的概算及投资分摊原则，明确了由中央管理的工程交流域机构管理，并根据受益情况，地方要分摊管理经费。会议还增列上海黄浦江上游干流防洪工程为治太骨干工程，即治太骨干工程项目从 10 项调增为 11 项。

6 月 5 日　北排通道江苏段千字圩南水道工程开工建设。

6 月 11 日　浙江省委副书记刘枫检查在建的盐官下河闸站和已建的南台头闸。

6 月 23 日　浙江省代省长柴松岳、副省长刘锡荣视察盐官下河闸站工程建设情况。

7 月 23—25 日　江苏省人民政府召开全省治淮治太工作会议，副省长姜永荣出席并讲话。

8 月 19 日　受天文大潮和台风影响，长江吴淞口、黄浦江黄浦公园和米市渡潮位均创历史新高，分别达到 5.98 米、5.72 米和 4.72 米，上海市黄浦江防汛墙原按黄浦公园 1000 年一遇潮位 5.86 米设计，已低于原设计 1000 年一遇标准。

浙北沿海也出现历史最高潮位，杭州闸口、海宁盐官、海盐澉浦、平湖乍浦潮位均创历史新高，超过历史潮位 0.28～0.57 米。海宁、海盐、平湖围堤多处被冲决，老海塘经抢险仍有局部受损。

8 月 24 日　水利部部长钮茂生视察环湖大堤浙江段工程。

9 月 30 日　江苏省政府秘书长刘坚在省政府召开协调会，要求环湖大堤直湖港和武进港口门控制应按治太规划要求尽快建设。

12 月 1 日　国家计委批复同意建设钱塘江北岸险段标准海塘工程，总长 44.7 千米（实际建设 42.8 千米），其中杭州段 12 千米（实际建设 10.37 千米），嘉兴段 32.7 千米（实际建设 32.43 千米），设防标准 100 年一遇洪潮高水位加 12 级台风。杭州段于当月开工，2002 年 7 月完工。嘉兴段于 1998 年 1 月开工，2004 年 5 月完工。

12 月 16 日　武澄锡引排白屈港站闸工程在江阴举行开工典礼，1999 年 11 月 30 日通过验收，2001 年 5 月引河开通后投入运行。节制闸 2 孔，总净宽 20 米，泵站 100 立方米每秒。

1998 年

1 月 6 日　国务院批复《太湖水污染防治“九五”计划及 2010 年规划》，要求重点保护梅梁湖（含五里湖）、贡湖、东太湖及胥口等集中式饮用水源地附近水域，重点防治梅梁湖—五里湖重污染控制区、湖西污染控制区等六个区域的污染。

2月25日　国家太湖水污染防治检查团到无锡，查看犊山口及直湖港水质情况。

2月　张金如任浙江省水利厅厅长。

5月19日　国家计委批准的浙江钱塘江北岸险段标准海塘海宁段工程开工，开工典礼在嘉兴海宁举行，2002年1月塘体完工，2004年5月配套丁坝工程完成。海塘防潮标准100年一遇，实建长度24.44千米。

5月23—24日　交通部副部长胡希捷到嘉兴市视察江南运河乌镇段航道和乍浦港，要求江南运河改造工程年内完成。

5月28日　浙江省嘉兴市杭嘉湖南排工程管理局成立，与南排工程建设总指挥部合署办公。

7月17日　杭嘉湖北排通道工程浙江段开工。

10月30日　望虞河望亭立交工程通过太湖局和江苏省水利厅组织的竣工验收。

11月6日　环湖大堤江苏段无锡直湖港枢纽工程开工建设。翌年12月28日竣工。

1999年

4月1—4日　太湖局在嘉兴市召开治太骨干工程管理工作座谈会。

5月　浙江省计划经济委员会、水利厅联合召开浙江省城市防洪规划会议。至2000年4月，流域内杭、嘉、湖三市和各县（市）以及湖州市的菱湖镇、南浔镇相继完成城镇防洪规划工作。

6—7月　太湖流域发生了历史上最大的暴雨洪水。全流域1天、3天、7天、15天、30天、45天、60天、90天各统计时段雨量全面超过历史纪录，均居1922年有记录以来的首位，流域最大90天降雨达1025毫米，超出1954年125毫米。流域南部杭嘉湖区和浙西区以及太湖湖区，雨量特别集中。全流域最大30天降雨超过200年一遇。7月8日，太湖最高水位达4.97米，比历史最高的1991年4.79米还高0.18米。全流域洪涝直接经济损失141.25亿元，受灾农田500万亩。

6月30日　太湖局向国家防办报送《关于太湖防御超标准洪水调度的意见》。

7月4日　浙江省委书记张德江、常务副省长吕祖善到嘉兴指导防汛抗灾工作。

7月5日　江苏省委副书记许仲林、副省长姜永荣检查江苏省太湖防汛工作。

7月9—10日　国务院副总理、国家防总总指挥温家宝视察太湖流域，指导防汛抗灾。9日视察望亭水利枢纽、太浦闸、环湖大堤无锡段和宜兴段，10日视察环湖大堤湖州段以及嘉兴市防洪抢险情况，水利部部长、国家防总副总指挥汪恕诚，江苏、浙江两省党政领导以及太湖局副局长吴泰来参加检查。

7月12日　环湖大堤无锡马山圩南堤多处出险渗漏，经及时组织抢险加固，大堤转危为安。

11月3日　江苏省委常委原则同意实施太湖大堤加固工程。

11月25日　红旗塘工程上海段第1～11标段开工。

12月10日　红旗塘浙江段续建工程在嘉兴市秀洲区开工，至2002年2月完工。

12月27日　国家城市重点基础设施项目杭州西湖疏浚工程开工，一期工程于

2000 年 9 月 27 日完工，二期工程于 2003 年 3 月完成。工程完成后，西湖水深从 1.55 米增加到 2.27 米，库容从 934 万立方米增加到 1429 万立方米。

2000 年

1 月 13 日　嘉兴市人民政府批准同意实施《嘉兴市区城市防洪工程（大包围）规划》。是年 11 月 14 日浙江省发展和计划委员会批复工程初步设计。

1 月 17—18 日　江苏省人民政府在苏州市召开环湖大堤加固工程现场会议。江苏段环湖大堤加固后续工程开工。

1 月 25 日　从 1997 年冬开始实施的无锡江阴市长江江堤地方达标工程通过江苏省水利厅验收，达标工程除堤防外，还包括建设定波北闸，移建夏港闸、窦港闸、利港闸及新河闸。

3 月 20 日　太湖局和上海市水务局联合发文批准成立太浦河泵站工程建设指挥部。

4 月　张嘉毅任上海水务局局长。

是月　杭州市人民政府开展西湖水域综合整治，成立综合整治领导小组，公告 135 个排污整治单位名单，组织编制西湖上游污染严重的金沙溪、龙泓涧、赤山溪和长桥溪四条溪流整治规划。

5 月　黄莉新任江苏省水利厅厅长。

7 月 11 日　《嘉兴市杭嘉湖南排工程管理暂行办法》经嘉兴市人民政府批准发布施行。

7 月 21 日　江苏省人民政府在无锡召开苏锡常地区地下水资源管理工作会议，决定该地区超采区 2003 年停采地下水，该地区 2005 年全面停采地下水。

8 月 26 日　《关于在苏锡常地区限期禁止开采地下水的决定》经江苏省九届人大常委会第十八次会议审议通过。

12 月 5 日　浙江省湖州市安吉县被水利部、财政部授予“全国水土保持生态环境建设示范县”称号，该县森林覆盖率已达 69.4%，坡耕地退田还林达 96%，河流减沙率达 60.5%。

12 月 11 日　刘春生任太湖局局长。

12 月 25 日　武澄锡西控制线常州新闸水利枢纽举行开工典礼，省长季允石出席并讲话。

12 月 26 日　太浦河泵站举行开工典礼，水利部副部长张基尧、江苏省副省长姜永荣、上海市副市长韩正出席典礼。泵站规模 300 立方米每秒，主要保障上海黄浦江上游水源地原水水质。

是日　国务院副秘书长马凯代表温家宝副总理就太湖流域水污染问题进行调研。

是年　杭州利用三堡船闸大流量引钱塘江水入运河，改善市区河道水质，全年引配水达 1704 万立方米。

2001 年

4 月 2—6 日　4 月 2 日，世界银行检查组到太湖局对太湖防洪项目进行第十六次检查。4 月 6 日，在苏州市与太湖局及两省一市项目办公室负责人就项目经济评价和竣工报告编制问题进行了会谈。

4 月 16—17 日　太湖局在上海召开太湖流域片水资源规划工作会议。

4 月 24—26 日　太湖局局长刘春生陪同国家计委副主任刘江和国家环境保护总局（以下简称“国家环保总局”）副局长宋瑞祥到太湖流域考察江苏省水利建设和太湖水环境。太湖局汇报了 2000 年组织的引江济太工作以及调引长江水入太湖的情况。

6 月 30 日　关于南太湖水域归属问题，江苏省人民政府与浙江省人民政府联合签订了行政区域界线协议书。《关于报批江苏省人民政府与浙江省人民政府联合勘定的行政区域界线协议书的请示》于 9 月 30 日经国务院批复同意。

7 月 19—23 日　水利部水利水电规划设计总院（以下简称“水规总院”）在上海主持召开《太湖流域引江济太调水试验方案》审查会。9 月 16—17 日，水规总院在北京召开了复审会，审查通过了试验方案。

8 月 31 日　国务院批复《太湖水污染防治“十五”计划》，要求国家环保总局加强环境执法监督，进一步发挥太湖水污染防治联席会议制度的作用，督促地方政府落实好“十五”计划，要求水利部对流域水资源统一调度、调水和清淤工程的实施加强指导和检查。

9 月 3—4 日　国务院在苏州市召开太湖水污染防治第三次工作会议，国务院副总理温家宝，国务院有关部委、苏浙沪两省一市有关领导参加会议。温家宝在讲话中对水利部门提出了“以动治静，以清释污，以丰补枯，改善水质”的治理要求。

10 月 18 日　常州市长江饮用水工程在湖塘水厂举行开工典礼。

10 月 26 日　溧阳天目湖（沙河水库）旅游度假区入选首批国家水利风景区。

11 月 22—24 日　水利部和太湖局工作组，国家环保总局工作组，苏、浙两省人民政府及水利、环保部门在浙江省嘉兴市协商解决苏嘉边界因水污染引起的水事矛盾，两省人民政府、水利部和国家环保总局共同签署了协调意见。会后至 12 月上旬，太湖局工作组分别赴嘉兴督查麻溪港堵坝拆除情况和苏州吴江市盛泽镇水污染治理情况。12 月 20 日，因污染引发的苏浙边界麻溪港堵坝全部拆除。

11 月　《关于加强太湖流域 2001—2010 年防洪建设的若干意见》经国务院办公厅批复。

2002 年

1 月 30 日　太湖流域引江济太调水试验工程启动仪式在望虞河常熟水利枢纽举行。

3 月 6 日　太湖流域引江济太调水试验工程关键技术项目论证会在上海召开。

4 月 5 日　太湖局在上海召开世界银行贷款太湖防洪项目总结评价会。

4 月 24—27 日　水利部党组成员、国家防总秘书长鄂竟平率领防汛抗旱检查组对太湖流域进行防汛抗旱检查。

5 月 12 日　水利部在南京召开贯彻落实《加强淮河、太湖流域近期防洪建设若干意见》工作会议，研究落实措施，部署太湖流域 2001—2010 年防洪建设任务。

9月10—11日　水利部在北京召开太湖流域防洪规划成果讨论会，副部长张基尧出席并讲话。会议听取了规划项目组关于《太湖流域防洪规划简要报告（讨论稿）》的汇报，并对报告提出了修改意见。2008年2月16日，《太湖流域防洪规划》经国务院正式批复。

11月28日　无锡太湖梅梁湖、五里湖水环境综合整治工程开工。

12月21—24日　太湖局与江苏省水利厅共同主持太湖环湖大堤江苏段竣工初步验收，该项目验收是1991年汛后开工的治太骨干工程竣工验收启动的标志。

2003年

1月28日　太湖局苏州管理局揭牌仪式在苏州举行。

2月27—28日　太湖局在上海召开太湖流域片水资源保护工作会议。

2月28日至3月1日　太湖局在上海主持召开了太湖流域及东南诸河水资源综合规划调查评价阶段工作会议。

3月14日　孙继昌任太湖局局长。

4月　吕振霖任江苏省水利厅厅长。

5月7日　东茭嘴至太浦闸引河疏浚工程开工，至2004年10月12日完工。工程由太湖局东茭嘴疏浚工程建管处组织施工。

8月5日　黄浦江上游发生船舶燃油外泄，邻近水域遭到大面积严重污染。8月10日，太浦河泵站投入运行，从太湖抽引200立方米每秒流量向太浦河增供水量，阻止了因黄浦江重大燃油污染产生的油污随天文大潮向上游取水口扩散。

9月19日　水利部在上海召开《太湖底泥与污染情况调查报告》审查会，对太湖局编制的调查报告进行审查。

10月6日　无锡市宜兴横山水库引水工程建成通水，水利部副部长翟浩辉、江苏省副省长黄莉新出席通水典礼。

10月16日　太湖局太湖流域防汛调度中心启用仪式在上海举行。

10月27日　全国水利信息化工作会议暨国家防汛抗旱指挥系统工程建设工作会议在沪召开，会议由水利部主办，太湖局承办。水利部部长汪恕诚在会上发表了书面讲话，副部长索丽生作工作报告。

10月29日　上海市副市长杨雄视察太湖局太湖流域防汛调度中心。

12月31日　至2003年年底苏锡常地区地下水超采治理已有明显成效。该地区原有深井4831眼（其中超采区3280眼，非超采区1551眼），已封井4187眼，占原有眼数的88.67%。年地下水开采量从2000年的2.88亿立方米压缩到0.89亿立方米，部分区域地下水水位已开始回升。

2004年

1月17日　水利部副部长索丽生主持召开部长专题办公会议，研究扩大引江济太调水试验等问题，会议听取了太湖局两年来引江济太调水试验的汇报。

是日　浙江省人民政府办公厅下发《关于划定杭嘉湖地区地下水禁采区及明确控

制目标意见的通知》，划定禁采区、限采区范围分别为1990平方千米和4246平方千米，涉及杭嘉湖三市119个乡镇（街道）。

1月24日　中共中央政治局常委、国务院副总理黄菊在江苏省委书记李源潮、省长梁保华陪同下视察了望虞河望亭水利枢纽，听取了太湖局关于引江济太等工作情况的汇报。

2月3—6日　水利部副部长陈雷到太湖局检查、指导工作，并视察江苏省有关治太工程和上海市杨树浦自来水厂和石洞口污水处理厂。

2月14—15日　嘉兴市区城市大包围防洪工程通过竣工验收。

4月3—5日　水利部水规总院在上海主持召开审查会，对太湖局编制的《扩大引江济太调水试验工程实施方案》进行审查。

5月9—10日　全国重点流域水污染防治现场会在江苏省无锡市召开，全国人大环境与资源保护委员会、全国政协人口资源环境委员会、国务院有关部委，重点流域18个省（自治区、直辖市）、19个重点城市政府及环保部门的负责人参加了会议。国务院副总理曾培炎出席会议并讲话，肯定了水利部门开展引江济太、生态清淤等工作取得的成绩。

5月17日　由财政部副部长廖晓军率领的国家防总太湖流域防汛抗旱检查组到太湖流域开展防汛抗旱检查。

5月28日　常熟市长江河道管理处荣获"国家一级水利工程管理单位"称号，成为江苏省首家国家一级水管单位。

7月28日　水利部在北京召开钱塘江河口地区水资源配置工作协调小组和咨询专家组会议，太湖局局长孙继昌和浙江省水利厅厅长张金如参加会议。

8月20日　江苏省第十届人大常委会第十一次会议通过《江苏省湖泊保护条例》，并要求有关县级以上水利部门负责编制重要湖泊的保护规划。

8月21日　太湖局会同江苏省水利厅在常州召开常州新闸水利枢纽竣工验收会议。

8月27—28日　太湖局会同上海市水务局对太浦河泵站进行单项工程竣工验收。

11月18—21日　水利部部长汪恕诚考察浙江省水利工作，考察了湖州农村水环境整治、钱塘江河口治理、宁波市城市防洪等工程。

11月22日　太湖局会同浙江省水利厅对杭嘉湖南排后续工程盐官下河闸站枢纽进行单项工程验收。

12月2—4日　水利部科技委、中国水利学会与太湖局共同举办太湖高级论坛，全面回顾、总结二十年来太湖流域治理的成绩和经验。

12月21日　水利部部长汪恕诚视察太湖局，并听取工作汇报。

2005年

2月　江苏省人民政府办公厅以《关于公布江苏省湖泊保护名录的通知》（苏政办发〔2005〕9号）文将洪泽湖等137个0.5平方千米以上湖泊、城市市区内湖泊、城市饮用水源湖泊列入江苏省湖泊保护名录。

3月1—2日　全国人大常务委员会副委员长蒋正华赴苏州调研节水型社会建设。

5月30日　水利部副部长翟浩辉率领国家防总检查组到太湖流域进行为期6天的防汛抗旱检查。6月5日，在上海召开了太湖流域片防汛抗旱工作会议。

6月27日　叶建春任太湖局局长。

7月14—15日　太湖局在上海召开太湖流域片入河排污口登记工作会议。

7月20日　水利部水规总院在北京召开太湖流域扩大拦路港疏浚泖河及斜塘工程专项论证报告审查会。

是日　根据天气晴热少雨形势，常熟水利枢纽开启节制闸，引长江水经望虞河，补给常熟尚湖饮用水源。

9月19日　太湖局组织召开太湖流域防汛通信监测系统工程竣工验收会议。

9月　陈川任浙江省水利厅厅长。

11月14日　太湖局在上海召开《中国河湖大典·太湖流域及东南诸河卷》编纂委员会会议。

2006年

1月14日　江苏省人民政府在江阴召开苏锡常地区地下水禁采总结表彰会。除特批保留井外，该地区5年封填深井4745眼，压采地下水量2.8亿立方米。

1月14—15日　太湖局在苏州吴江召开东太湖综合整治规划编制工作领导小组第一次会议。

2月23日　水利部在无锡召开《无锡市水生态系统保护和修复规划》评审会。

4月3—4日　水利部会同江苏省人民政府在苏州市先后召开望虞河和太浦河工程竣工验收会议，工程通过了竣工验收。

5月17日　太湖局与荷兰交通、公共工程与水管理部在太湖贡湖自动监测站举行中荷合作太湖风浪监测项目启动仪式，荷兰海根国务秘书和驻华大使闻岱博出席仪式。

5月18日　中荷水资源管理创新研讨会在太湖局召开。水利部副部长胡四一及荷兰国务秘书海根出席会议并讲话。

9月17—18日　太湖局会同浙江省水利厅在湖州市长兴县主持召开太湖环湖大堤工程浙江段竣工验收会。

11月18—20日　根据中英"未来洪水前瞻研究"合作项目安排，应科技部邀请，英方代表团访问太湖流域，并与中方项目负责单位水利部防洪抗旱减灾工程技术研究中心和参加单位太湖局进行了会谈。

2007年

1月29—30日　第二届太湖高级论坛在上海举行，论坛由水利部科技委、中国水利学会和太湖局共同主办。

4—5月　4月底太湖梅梁湖湖区蓝藻水华大规模集中暴发，至5月中旬，梅梁湖、贡湖等湖湾蓝藻进一步集聚，分布范围扩大，程度加重。5月28日，贡湖水厂水源恶臭，氨氮指标达每升12.7毫克，溶解氧下降到零，导致无锡市自来水恶臭，引发了供水危机。

5月14—18日　水利部党组成员、中纪委驻部纪检组组长张印忠率国家防总防汛抗旱检查组到太湖流域检查。

5月31日　江苏省委书记李源潮在无锡召开应对无锡水危机会议。

6月1日　水利部部长陈雷到太湖局召开引江济太应急调度会商会，进行工作部署。

6月11日　国务院在江苏无锡召开太湖水污染防治座谈会。国务院总理温家宝对无锡供水危机做出批示，要求加大综合治理力度，研究提出具体的治理方案和措施。会议确定成立由国家发展改革委牵头，相关部委和苏、浙、沪两省一市负责人参加的流域水环境综合治理省部际联席会议，并编制《太湖流域水环境综合治理总体方案》报国务院审批。国务院副总理曾培炎出席会议并讲话。

6月14—15日　太湖局会同江苏省水利厅在苏州召开太湖环湖大堤江苏段竣工验收会。

6月15日　南京军区副司令员林炳尧率军区防汛勘察组勘察望虞河望亭水利枢纽。

6月17日　水利部部长陈雷召开应对太湖蓝藻异地视频紧急会商会。

6月18日　江苏省委书记李源潮视察望亭水利枢纽，了解引江济太情况。

6月28日　上海市委书记习近平、市委常委副市长杨雄、市委秘书长丁薛祥等领导同志到太湖局检查指导工作。

6月30日　国务院总理温家宝主持召开太湖、巢湖、滇池治理工作座谈会，听取苏、浙、沪、皖、滇五省（市）治理工作汇报，并做重要讲话。

8月8日　太湖局会同江苏省水利厅、环保厅在望虞河常熟枢纽召开2007年引江济太应急调水效果分析座谈会。

8月29日　江苏省委书记李源潮考察环太湖地区主要入湖河道水污染治理情况。

10月11—14日　水利部水规总院在苏州吴江召开《东太湖综合整治规划报告》审查会。

10月16—17日　水利部会同浙江省政府在嘉兴主持召开杭嘉湖南排后续工程竣工验收会。

12月14日　水利部在上海召开水利部科技创新项目“引江济太调水试验关键技术研究”鉴定与验收会。

2008年

3月29日　太湖局召开健康太湖综合评价研讨会。

4月19日　水利部副部长矫勇率国家防总检查组检查太湖流域防汛抗旱工作。

5月4日　国务院批复同意建立由国家发展改革委牵头的太湖流域水环境综合治理省部际联席会议制度。

5月7日　《太湖流域水环境综合治理总体方案》经国务院批复。

5月29日　太湖流域水环境综合治理省部际联席会议第一次会议在北京召开，国家发展改革委副主任杜鹰主持会议，会议就太湖综合治理中的重点问题和有关工作进行了研究部署。

6月11日　中共中央政治局委员、上海市委书记俞正声视察太湖局。

6月25日　江苏省省长罗志军、副省长黄莉新检查江苏省太湖地区防汛工作。

7月22—23日　全国人大环境与资源保护委员会主任委员汪光焘率调研组对太湖流域水环境保护进行调研。

7月29—30日　太湖局在上海召开治太工程竣工验收推进会议，研究落实竣工验收有关事项。

8月1日　太湖流域水环境综合治理水利工作协调小组第一次会议在上海召开，水利部副部长矫勇主持会议并讲话。江苏省副省长黄莉新、浙江省副省长茅临生、上海市副市长沈骏、综合治理专家咨询委员会副主任翟浩辉出席会议并讲话，太湖局局长叶建春，流域各省（市）及有关部门负责人参加了会议。

8月5日　水利部、环保部在北京召开《太湖管理条例》联合起草第一次工作会议。会议听取了太湖局有关起草前期工作汇报，成立了两部有关人员组成的起草小组，确定了下一步工作安排。

8月7日　苏、浙、沪两省一市人民政府在无锡召开了太湖水环境治理及蓝藻应对协调会。

10月9日　太湖竺山湖生态清淤试验工程开工。

12月27日　太湖局会同浙江省水利厅对治太骨干工程浙沪边界红旗塘工程浙江段进行竣工验收。

2009年

2月18—21日　水利部部长陈雷率检查组赴浙江检查指导病险水库除险加固工作。

2月25日　常熟水利枢纽加固水下工程通过验收。

3月5日　水利部部长陈雷在太湖局上报的《太湖健康状况报（2008）》上批示“这份报告很好，体现了太湖流域依法加强流域管理，注重太湖健康生命，形成水资源保护合力的理念”。

3月24日　国家防总批复同意成立太湖流域防汛抗旱总指挥部（以下简称“太湖防总”），由江苏省人民政府省长任总指挥，苏、浙、沪、闽、皖各省（市）副省（市）长和解放军南京军区副参谋长任副总指挥，太湖局局长任常务副总指挥，太湖防总办公室设在太湖局。

是月　太湖局编制完成《太湖流域综合规划总报告（初稿）》，11月编制完成《太湖流域综合规划（咨询稿）》。2010年3月，太湖局将《太湖流域综合规划（送审稿）》上报水利部。2013年3月2日，国务院正式批复《太湖流域综合规划（2012—2030年）》。

4月1—2日　太湖流域水环境综合治理省部际联席会议第二次会议在苏州召开，系统总结2008年工作，研究部署2009年太湖流域水环境治理工作。

4 月 15 日　水利部部长陈雷主持召开部务会议，研究《太湖管理条例》。

4 月 18 日　水利部部长陈雷到太湖局指导工作，并在太湖局干部大会上讲话。

4 月 19—24 日　国家防总副总指挥、水利部部长陈雷率领国家防汛抗旱检查组到太湖流域进行检查，重点检查了上海市和江苏省防汛抗旱准备工作。

4 月 24 日　太湖防总成立大会暨 2009 年防汛抗旱工作会议在南京召开。国家防总副总指挥、水利部部长陈雷出席并讲话。

6 月 23 日　太湖局在江苏常熟召开太湖流域“一湖两河”（即太湖，太浦河和望虞河）水行政执法联合巡查联席会议。

6 月 24—26 日　浙江省发展改革委、省水利厅在杭州联合召开杭嘉湖地区环湖整治工程、太嘉河工程和扩大杭嘉湖南排工程三项可行性研究报告省内初审会议。

7 月 24 日　世界水理事会主席洛克·福勋率领理事会代表团访问太湖局。

8 月 28 日　太湖局会同上海市水务局对治太骨干工程红旗塘上海段进行竣工验收。

9 月 21 日　水利部会同苏、浙、沪两省一市人民政府在湖州召开太湖流域水环境综合治理水利工作协调小组第二次会议，贯彻综合治理省部际联席会议第二次会议精神，推进综合治理总体方案的实施。水利部副部长矫勇主持会议并讲话。江苏省副省长黄莉新、浙江省副省长茅临生、上海市政府副秘书长尹弘、综合治理专家咨询委员会副主任翟浩辉等参加会议。

10 月 28 日　太湖流域水环境综合治理骨干项目走马塘延伸拓浚工程开工仪式在江苏无锡举行。水利部部长陈雷、江苏省委书记梁保华、省长罗志军、副省长黄莉新等出席仪式。

11 月 13—16 日　国务院法制办、水利部、环保部联合调研组到太湖流域开展《太湖管理条例》立法调研。

2010 年

1 月 27 日　国家发展改革委地区经济司在上海主持召开了《太湖流域水环境综合治理实施情况检查评估办法》征求意见会议，流域内江苏、浙江、上海两省一市发展改革、环保、水利等部门以及太湖局的代表参加了会议。

1 月 30 日　江苏省副省长徐鸣赴望虞河现场视察指导引江济太工作。

3 月 20 日　太湖局局长叶建春会见瑞士联邦环境署副署长、瑞士国家自然灾害防治委员会主席安德列斯·高兹副署长一行。

4 月 1—2 日　太湖流域水环境综合治理省部际联席会议第三次会议在江苏无锡召开。国家发展改革委副主任、联席会议召集人杜鹰出席会议并讲话。会议系统总结了 2008 年以来太湖流域水环境治理工作，研究部署了 2010 年工作。

4 月 13—16 日　水利部水规总院会同太湖局在湖州组织召开了《苕溪清水入湖河道整治工程可行性研究报告》复审会议，《苕溪清水入湖河道整治工程可行性研究报告》通过复审。

5 月 7 日　国务院批复《太湖流域水功能区划》，其范围涵盖了流域主要江河、湖库、区划涉及河流193条、湖泊10座、水库7座，其划分水功能一级区254个，并按照水体功能要求，确定了每个水功能区的水质目标。

5月5—8日　中纪委驻水利部纪检组组长董力率国家防总太湖流域防汛抗旱检查组对上海、浙江、福建进行检查。

5月9日　2010年太湖防总指挥长会议在江苏南京召开，安排部署流域防汛抗旱工作。太湖防总总指挥、江苏省省长罗志军，中纪委驻水利部纪检组组长董力出席会议并讲话；太湖防总副总指挥、江苏省委常委、副省长黄莉新，太湖防总副总指挥、浙江省委常委、副省长葛慧君，太湖防总常务副总指挥、太湖局局长叶建春出席会议。

5月11日　太湖局局长叶建春会见到访的国际灌排委员会主席马卓默特和亚洲区域委员会主席斯瑞蒂一行。

5月13—15日　国务院法制办、水利部政法司、水资源司及太湖局在北京召开《太湖管理条例》讨论会，研讨第二次征求意见采纳情况。

6月2日　国务院法制办在其网站就《太湖管理条例》公开征求意见，开始第三轮征求意见工作。

6月4日　江苏省省长罗志军在太湖局局长叶建春等陪同下考察了引江济太调水情况。

6月23—25日　太湖局会同上海市水务局组织召开黄浦江上游干流防洪工程竣工验收会议。

9月6—7日　国务院法制办召开《太湖管理条例》协调会，协调国土资源部、工商总局、交通部、农业部、建设部等五部委第三次征求意见反馈意见，水利部、环保部及太湖局参加了协调，会议基本达成共识。

9月13日　水利部部长陈雷到太湖局调研考察了太湖流域防汛抗旱指挥系统，并在全局大会上发表讲话。

9月18—19日　水利部在北京主持召开《太湖流域综合规划》专家审查会，副部长矫勇出席会议并讲话。

9月29日　国务院法制办农业资源环保法制司会同水利部、环保部在上海召开《太湖管理条例》[1]立法工作座谈会。国务院法制办农业资源环保法制司司长王振江主持会议，水利部、环保部有关司局，苏、浙、沪省（市）政府法制办、发展改革委、水利厅（水务局）、环保厅以及太湖局有关领导及代表参加会议。翌年8月24日，《太湖流域管理条例》经国务院69次常务会议通过，并于2011年11月1日起施行。

11月27日　望亭水利枢纽更新改造工程开工仪式在苏州举行。

12月7日　欧盟代表团考察太湖流域综合治理工程。

12月22日　太湖局会同上海市水务局在上海市青浦区主持召开太湖流域扩大拦路港疏浚泖河及斜塘工程竣工验收会议。

---

[1] 会后国务院法制办根据条例内容和流域管理的需要，将《太湖管理条例》更名为《太湖流域管理条例》。

附　　录

附录一 太湖流域管理条例

中华人民共和国国务院令

第 604 号

《太湖流域管理条例》已经 2011 年 8 月 24 日国务院第 169 次常务会议通过，现予公布，自 2011 年 11 月 1 日起施行。

总　理　温家宝

二〇一一年九月七日

太湖流域管理条例

第一章　总　　则

第一条　为了加强太湖流域水资源保护和水污染防治，保障防汛抗旱以及生活、生产和生态用水安全，改善太湖流域生态环境，制定本条例。

第二条　本条例所称太湖流域，包括江苏省、浙江省、上海市（以下称两省一市）长江以南，钱塘江以北，天目山、茅山流域分水岭以东的区域。

第三条　太湖流域管理应当遵循全面规划、统筹兼顾、保护优先、兴利除害、综合治理、科学发展的原则。

第四条　太湖流域实行流域管理与行政区域管理相结合的管理体制。

国家建立健全太湖流域管理协调机制，统筹协调太湖流域管理中的重大事项。

第五条　国务院水行政、环境保护等部门依照法律、行政法规规定和国务院确定的职责分工，负责太湖流域管理的有关工作。

国务院水行政主管部门设立的太湖流域管理机构（以下简称太湖流域管理机构）在管辖范围内，行使法律、行政法规规定的和国务院水行政主管部门授予的监督管理职责。

太湖流域县级以上地方人民政府有关部门依照法律、法规规定，负责本行政区域内有关的太湖流域管理工作。

第六条　国家对太湖流域水资源保护和水污染防治实行地方人民政府目标责任制与考核评价制度。

太湖流域县级以上地方人民政府应当将水资源保护、水污染防治、防汛抗旱、水域和岸线保护以及生活、生产和生态用水安全等纳入国民经济和社会发展规划，调整经济结构，优化产业布局，严格限制高耗水和高污染的建设项目。

第二章 饮用水安全

第七条 太湖流域县级以上地方人民政府应当合理确定饮用水水源地，并依照《中华人民共和国水法》《中华人民共和国水污染防治法》的规定划定饮用水水源保护区，保障饮用水供应和水质安全。

第八条 禁止在太湖流域饮用水水源保护区内设置排污口、有毒有害物品仓库以及垃圾场；已经设置的，当地县级人民政府应当责令拆除或者关闭。

第九条 太湖流域县级人民政府应当建立饮用水水源保护区日常巡查制度，并在饮用水水源一级保护区设置水质、水量自动监测设施。

第十条 太湖流域县级以上地方人民政府应当按照水源互补、科学调度的原则，合理规划、建设应急备用水源和跨行政区域的联合供水项目。按照规划供水范围的正常用水量计算，应急备用水源应当具备不少于7天的供水能力。

太湖流域县级以上地方人民政府供水主管部门应当根据生活饮用水国家标准的要求，编制供水设施技术改造规划，报本级人民政府批准后组织实施。

第十一条 太湖流域县级以上地方人民政府应当组织水行政、环境保护、住房和城乡建设等部门制定本行政区域的供水安全应急预案。有关部门应当根据本行政区域的供水安全应急预案制定实施方案。

太湖流域供水单位应当根据本行政区域的供水安全应急预案，制定相应的应急工作方案，并报供水主管部门备案。

第十二条 供水安全应急预案应当包括下列主要内容：

（一）应急备用水源和应急供水设施；

（二）监测、预警、信息报告和处理；

（三）组织指挥体系和应急响应机制；

（四）应急备用水源启用方案或者应急调水方案；

（五）资金、物资、技术等保障措施。

第十三条 太湖流域市、县人民政府应当组织对饮用水水源、供水设施以及居民用水点的水质进行实时监测；在蓝藻暴发等特殊时段，应当增加监测次数和监测点，及时掌握水质状况。

太湖流域市、县人民政府发现饮用水水源、供水设施以及居民用水点的水质异常，可能影响供水安全的，应当立即采取预防、控制措施，并及时向社会发布预警信息。

第十四条 发生供水安全事故，太湖流域县级以上地方人民政府应当立即按照规定程序上报，并根据供水安全事故的严重程度和影响范围，按照职责权限启动相应的供水安全应急预案，优先保障居民生活饮用水。

发生供水安全事故，需要实施跨流域或者跨省、直辖市行政区域水资源应急调度的，由太湖流域管理机构对太湖、太浦河、新孟河、望虞河的水工程下达调度指令。

防汛抗旱期间发生供水安全事故，需要实施水资源应急调度的，由太湖流域防汛抗旱指挥机构、太湖流域县级以上地方人民政府防汛抗旱指挥机构下达调度指令。

第三章 水资源保护

第十五条 太湖流域水资源配置与调度，应当首先满足居民生活用水，兼顾生产、生态用水以及航运等需要，维持太湖合理水位，促进水体循环，提高太湖流域水环境容量。

太湖流域水资源配置与调度，应当遵循统一实施、分级负责的原则，协调总量控制与水位控制的关系。

第十六条 太湖流域管理机构应当商两省一市人民政府水行政主管部门，根据太湖流域综合规划制订水资源调度方案，报国务院水行政主管部门批准后组织两省一市人民政府水行政主管部门统一实施。

水资源调度方案批准前，太湖流域水资源调度按照国务院水行政主管部门批准的引江济太调度方案以及有关年度调度计划执行。

地方人民政府、太湖流域管理机构和水工程管理单位主要负责人应当对水资源调度方案和调度指令的执行负责。

第十七条 太浦河太浦闸、泵站，新孟河江边枢纽、运河立交枢纽，望虞河望亭、常熟水利枢纽，由太湖流域管理机构下达调度指令。

国务院水行政主管部门规定的对流域水资源配置影响较大的水工程，由太湖流域管理机构商当地省、直辖市人民政府水行政主管部门下达调度指令。

太湖流域其他水工程，由县级以上地方人民政府水行政主管部门按照职责权限下达调度指令。

下达调度指令应当以水资源调度方案为基本依据，并综合考虑实时水情、雨情等情况。

第十八条 太湖、太浦河、新孟河、望虞河实行取水总量控制制度。两省一市人民政府水行政主管部门应当于每年2月1日前将上一年度取水总量控制情况和本年度取水计划建议报太湖流域管理机构。太湖流域管理机构应当根据取水总量控制指标，结合年度预测来水量，于每年2月25日前向两省一市人民政府水行政主管部门下达年度取水计划。

太湖流域管理机构应当对太湖、太浦河、新孟河、望虞河取水总量控制情况进行实时监控。对取水总量已经达到或者超过取水总量控制指标的，不得批准建设项目新增取水。

第十九条 国务院水行政主管部门应当会同国务院环境保护等部门和两省一市人民政府，按照流域综合规划、水资源保护规划和经济社会发展要求，拟定太湖流域水功能区划，报国务院批准。

太湖流域水功能区划未涉及的太湖流域其他水域的水功能区划，由两省一市人民政府水行政主管部门会同同级环境保护等部门拟定，征求太湖流域管理机构意见后，由本级人民政府批准并报国务院水行政、环境保护主管部门备案。

调整经批准的水功能区划，应当经原批准机关或者其授权的机关批准。

第二十条　太湖流域的养殖、航运、旅游等涉及水资源开发利用的规划，应当遵守经批准的水功能区划。

在太湖流域湖泊、河道从事生产建设和其他开发利用活动的，应当符合水功能区保护要求；其中在太湖从事生产建设和其他开发利用活动的，有关主管部门在办理批准手续前，应当就其是否符合水功能区保护要求征求太湖流域管理机构的意见。

第二十一条　太湖流域县级以上地方人民政府水行政主管部门和太湖流域管理机构应当加强对水功能区保护情况的监督检查，定期公布水资源状况；发现水功能区未达到水质目标的，应当及时报告有关人民政府采取治理措施，并向环境保护主管部门通报。

主要入太湖河道控制断面未达到水质目标的，在不影响防洪安全的前提下，太湖流域管理机构应当通报有关地方人民政府关闭其入湖口门并组织治理。

第二十二条　太湖流域县级以上地方人民政府应当按照太湖流域综合规划和太湖流域水环境综合治理总体方案等要求，组织采取环保型清淤措施，对太湖流域湖泊、河道进行生态疏浚，并对清理的淤泥进行无害化处理。

第二十三条　太湖流域县级以上地方人民政府应当加强用水定额管理，采取有效措施，降低用水消耗，提高用水效率，并鼓励回用再生水和综合利用雨水、海水、微咸水。

需要取水的新建、改建、扩建建设项目，应当在水资源论证报告书中按照行业用水定额要求明确节约用水措施，并配套建设节约用水设施。节约用水设施应当与主体工程同时设计、同时施工、同时投产。

第二十四条　国家将太湖流域承压地下水作为应急和战略储备水源，禁止任何单位和个人开采，但是供水安全事故应急用水除外。

第四章　水污染防治

第二十五条　太湖流域实行重点水污染物排放总量控制制度。

太湖流域管理机构应当组织两省一市人民政府水行政主管部门，根据水功能区对水质的要求和水体的自然净化能力，核定太湖流域湖泊、河道纳污能力，向两省一市人民政府环境保护主管部门提出限制排污总量意见。

两省一市人民政府环境保护主管部门应当按照太湖流域水环境综合治理总体方案、太湖流域水污染防治规划等确定的水质目标和有关要求，充分考虑限制排污总量意见，制订重点水污染物排放总量削减和控制计划，经国务院环境保护主管部门审核同意，报两省一市人民政府批准并公告。

两省一市人民政府应当将重点水污染物排放总量削减和控制计划确定的控制指标分解下达到太湖流域各市、县。市、县人民政府应当将控制指标分解落实到排污单位。

第二十六条 两省一市人民政府环境保护主管部门应当根据水污染防治工作需要，制订本行政区域其他水污染物排放总量控制指标，经国务院环境保护主管部门审核，报本级人民政府批准，并由两省一市人民政府抄送国务院环境保护、水行政主管部门。

第二十七条 国务院环境保护主管部门可以根据太湖流域水污染防治和优化产业结构、调整产业布局的需要，制定水污染物特别排放限值，并商两省一市人民政府确定和公布在太湖流域执行水污染物特别排放限值的具体地域范围和时限。

第二十八条 排污单位排放水污染物，不得超过经核定的水污染物排放总量，并应当按照规定设置便于检查、采样的规范化排污口，悬挂标志牌；不得私设暗管或者采取其他规避监管的方式排放水污染物。

禁止在太湖流域设置不符合国家产业政策和水环境综合治理要求的造纸、制革、酒精、淀粉、冶金、酿造、印染、电镀等排放水污染物的生产项目，现有的生产项目不能实现达标排放的，应当依法关闭。

在太湖流域新设企业应当符合国家规定的清洁生产要求，现有的企业尚未达到清洁生产要求的，应当按照清洁生产规划要求进行技术改造，两省一市人民政府应当加强监督检查。

第二十九条 新孟河、望虞河以外的其他主要入太湖河道，自河口1万米上溯至5万米河道岸线内及其岸线两侧各1000米范围内，禁止下列行为：

（一）新建、扩建化工、医药生产项目；

（二）新建、扩建污水集中处理设施排污口以外的排污口；

（三）扩大水产养殖规模。

第三十条 太湖岸线内和岸线周边5000米范围内，淀山湖岸线内和岸线周边2000米范围内，太浦河、新孟河、望虞河岸线内和岸线两侧各1000米范围内，其他主要入太湖河道自河口上溯至1万米河道岸线内及其岸线两侧各1000米范围内，禁止下列行为：

（一）设置剧毒物质、危险化学品的贮存、输送设施和废物回收场、垃圾场；

（二）设置水上餐饮经营设施；

（三）新建、扩建高尔夫球场；

（四）新建、扩建畜禽养殖场；

（五）新建、扩建向水体排放污染物的建设项目；

（六）本条例第二十九条规定的行为。

已经设置前款第一项、第二项规定设施的，当地县级人民政府应当责令拆除或者关闭。

第三十一条 太湖流域县级以上地方人民政府应当推广测土配方施肥、精准施肥、生物防治病虫害等先进适用的农业生产技术，实施农药、化肥减施工程，减少化肥、农药使用量，发展绿色生态农业，开展清洁小流域建设，有效控制农业面源污染。

第三十二条 两省一市人民政府应当加强对太湖流域水产养殖的管理，合理确定水产养殖规模和布局，推广循环水养殖、不投饵料养殖等生态养殖技术，减少水产养殖污染。

国家逐步淘汰太湖围网养殖。江苏省、浙江省人民政府渔业行政主管部门应当按照统一规划、分步实施、合理补偿的原则，组织清理在太湖设置的围网养殖设施。

第三十三条 太湖流域的畜禽养殖场、养殖专业合作社、养殖小区应当对畜禽粪便、废水进行无害化处理，实现污水达标排放；达到两省一市人民政府规定规模的，应当配套建设沼气池、发酵池等畜禽粪便、废水综合利用或者无害化处理设施，并保证其正常运转。

第三十四条 太湖流域县级以上地方人民政府应当合理规划建设公共污水管网和污水集中处理设施，实现雨水、污水分流。自本条例施行之日起5年内，太湖流域县级以上地方人民政府所在城镇和重点建制镇的生活污水应当全部纳入公共污水管网并经污水集中处理设施处理。

太湖流域县级人民政府应当为本行政区域内的农村居民点配备污水、垃圾收集设施，并对收集的污水、垃圾进行集中处理。

第三十五条 太湖流域新建污水集中处理设施，应当符合脱氮除磷深度处理要求；现有的污水集中处理设施不符合脱氮除磷深度处理要求的，当地市、县人民政府应当自本条例施行之日起1年内组织进行技术改造。

太湖流域市、县人民政府应当统筹规划建设污泥处理设施，并指导污水集中处理单位对处理污水产生的污泥等废弃物进行无害化处理，避免二次污染。

国家鼓励污水集中处理单位配套建设再生水利用设施。

第三十六条 在太湖流域航行的船舶应当按照要求配备污水、废油、垃圾、粪便等污染物、废弃物收集设施。未持有合法有效地防止水域环境污染证书、文书的船舶，不得在太湖流域航行。运输剧毒物质、危险化学品的船舶，不得进入太湖。

太湖流域各港口、码头、装卸站和船舶修造厂应当配备船舶污染物、废弃物接收设施和必要的水污染应急设施，并接受当地港口管理部门和环境保护主管部门的监督。

太湖流域县级以上地方人民政府和有关海事管理机构应当建立健全船舶水污染事故应急制度，在船舶水污染事故发生后立即采取应急处置措施。

第三十七条 太湖流域县级人民政府应当组建专业打捞队伍，负责当地重点水域蓝藻等有害藻类的打捞。打捞的蓝藻等有害藻类应当运送至指定的场所进行无害化处理。

国家鼓励运用技术成熟、安全可靠的方法对蓝藻等有害藻类进行生态防治。

第五章　防汛抗旱与水域、岸线保护

第三十八条 太湖流域防汛抗旱指挥机构在国家防汛抗旱指挥机构的领导下，统一组织、指挥、指导、协调和监督太湖流域防汛抗旱工作，其具体工作由太湖流域管理机构承担。

第三十九条 太湖流域管理机构应当会同两省一市人民政府，制订太湖流域洪水调度方案，报国家防汛抗旱指挥机构批准。太湖流域洪水调度方案是太湖流域防汛调度的基本依据。

太湖流域发生超标准洪水或者特大干旱灾害，由太湖流域防汛抗旱指挥机构组织两省一市人民政府防汛抗旱指挥机构提出处理意见，报国家防汛抗旱指挥机构批准后执行。

第四十条 太浦河太浦闸、泵站，新孟河江边枢纽、运河立交枢纽，望虞河望亭、常熟水利枢纽以及国家防汛抗旱指挥机构规定的对流域防汛抗旱影响较大的水工程的防汛抗旱调度指令，由太湖流域防汛抗旱指挥机构下达。

太湖流域其他水工程的防汛抗旱调度指令，由太湖流域县级以上地方人民政府防汛抗旱指挥机构按照职责权限下达。

第四十一条 太湖水位以及与调度有关的其他水文测验数据，以国家基本水文测站的测验数据为准；未设立国家基本水文测站的，以太湖流域管理机构确认的水文测验数据为准。

第四十二条 太湖流域管理机构应当组织两省一市人民政府水行政主管部门会同同级交通运输主管部门，根据防汛抗旱和水域保护需要制订岸线利用管理规划，经征求两省一市人民政府国土资源、环境保护、城乡规划等部门意见，报国务院水行政主管部门审核并由其报国务院批准。岸线利用管理规划应当明确太湖、太浦河、新孟河、望虞河岸线划定、利用和管理等要求。

太湖流域县级人民政府应当按照岸线利用管理规划，组织划定太湖、太浦河、新孟河、望虞河岸线，设置界标，并报太湖流域管理机构备案。

第四十三条 在太湖、太浦河、新孟河、望虞河岸线内兴建建设项目，应当符合太湖流域综合规划和岸线利用管理规划，不得缩小水域面积，不得降低行洪和调蓄能力，不得擅自改变水域、滩地使用性质；无法避免缩小水域面积、降低行洪和调蓄能力的，应当同时兴建等效替代工程或者采取其他功能补救措施。

第四十四条 需要临时占用太湖、太浦河、新孟河、望虞河岸线内水域、滩地的，应当经太湖流域管理机构同意，并依法办理有关手续。临时占用水域、滩地的期限不得超过 2 年。

临时占用期限届满，临时占用人应当及时恢复水域、滩地原状；临时占用水域、滩地给当地居民生产等造成损失的，应当依法予以补偿。

第四十五条 太湖流域圩区建设、治理应当符合流域防洪要求，合理控制圩区标准，统筹安排圩区外排水河道规模，严格控制联圩并圩，禁止将湖荡等大面积水域圈入圩内，禁止缩小圩外水域面积。

两省一市人民政府水行政主管部门应当编制圩区建设、治理方案，报本级人民政府批准后组织实施。太湖、太浦河、新孟河、望虞河以及两省一市行政区域边界河道的圩区建设、治理方案在批准前，应当征得太湖流域管理机构同意。

第四十六条 禁止在太湖岸线内圈圩或者围湖造地；已经建成的圈圩不得加高、加宽圩堤，已经围湖所造的土地不得垫高土地地面。

两省一市人民政府水行政主管部门应当会同同级国土资源等部门，自本条例施行之日起2年内编制太湖岸线内已经建成的圈圩和已经围湖所造土地清理工作方案，报国务院水行政主管部门和两省一市人民政府批准后组织实施。

第六章 保 障 措 施

第四十七条 太湖流域县级以上地方人民政府及其有关部门应当采取措施保护和改善太湖生态环境，在太湖岸线周边500米范围内，饮用水水源保护区周边1500米范围内和主要入太湖河道岸线两侧各200米范围内，合理建设生态防护林。

第四十八条 太湖流域县级以上地方人民政府林业、水行政、环境保护、农业等部门应当开展综合治理，保护湿地，促进生态恢复。

两省一市人民政府渔业行政主管部门应当根据太湖流域水生生物资源状况、重要渔业资源繁殖规律和水产种质资源保护需要，开展水生生物资源增殖放流，实行禁渔区和禁渔期制度，并划定水产种质资源保护区。

第四十九条 上游地区未完成重点水污染物排放总量削减和控制计划、行政区域边界断面水质未达到阶段水质目标的，应当对下游地区予以补偿；上游地区完成重点水污染物排放总量削减和控制计划、行政区域边界断面水质达到阶段水质目标的，下游地区应当对上游地区予以补偿。补偿通过财政转移支付方式或者有关地方人民政府协商确定的其他方式支付。具体办法由国务院财政、环境保护主管部门会同两省一市人民政府制定。

第五十条 排放污水的单位和个人，应当按照规定缴纳污水处理费。通过公共供水设施供水的，污水处理费和水费一并收取；使用自备水源的，污水处理费和水资源费一并收取。污水处理费应当纳入地方财政预算管理，专项用于污水集中处理设施的建设和运行。污水处理费不能补偿污水集中处理单位正常运营成本的，当地县级人民政府应当给予适当补贴。

第五十一条 对为减少水污染物排放自愿关闭、搬迁、转产以及进行技术改造的企业，两省一市人民政府应当通过财政、信贷、政府采购等措施予以鼓励和扶持。

国家鼓励太湖流域排放水污染物的企业投保环境污染责任保险，具体办法由国务院环境保护主管部门会同国务院保险监督管理机构制定。

第五十二条 对因清理水产养殖、畜禽养殖，实施退田还湖、退渔还湖等导致转产转业的农民，当地县级人民政府应当给予补贴和扶持，并通过劳动技能培训、纳入社会保障体系等方式，保障其基本生活。

对因实施农药、化肥减施工程等导致收入减少或者支出增加的农民，当地县级人民政府应当给予补贴。

第七章　监测与监督

第五十三条　国务院发展改革、环境保护、水行政、住房和城乡建设等部门应当按照国务院有关规定，对两省一市人民政府水资源保护和水污染防治目标责任执行情况进行年度考核，并将考核结果报国务院。

太湖流域县级以上地方人民政府应当对下一级人民政府水资源保护和水污染防治目标责任执行情况进行年度考核。

第五十四条　国家按照统一规划布局、统一标准方法、统一信息发布的要求，建立太湖流域监测体系和信息共享机制。

太湖流域管理机构应当商两省一市人民政府环境保护、水行政主管部门和气象主管机构等，建立统一的太湖流域监测信息共享平台。

两省一市人民政府环境保护主管部门负责本行政区域的水环境质量监测和污染源监督性监测。太湖流域管理机构和两省一市人民政府水行政主管部门负责水文水资源监测；太湖流域管理机构负责两省一市行政区域边界水域和主要入太湖河道控制断面的水环境质量监测，以及太湖流域重点水功能区和引江济太调水的水质监测。

太湖流域水环境质量信息由两省一市人民政府环境保护主管部门按照职责权限发布。太湖流域水文水资源信息由太湖流域管理机构会同两省一市人民政府水行政主管部门统一发布；发布水文水资源信息涉及水环境质量的内容，应当与环境保护主管部门协商一致。太湖流域年度监测报告由国务院环境保护、水行政主管部门共同发布，必要时也可以授权太湖流域管理机构发布。

第五十五条　有下列情形之一的，有关部门应当暂停办理两省一市相关行政区域或者主要入太湖河道沿线区域可能产生污染的建设项目的审批、核准以及环境影响评价、取水许可和排污口设置审查等手续，并通报有关地方人民政府采取治理措施：

（一）未完成重点水污染物排放总量削减和控制计划，行政区域边界断面、主要入太湖河道控制断面未达到阶段水质目标的；

（二）未完成本条例规定的违法设施拆除、关闭任务的；

（三）因违法批准新建、扩建污染水环境的生产项目造成供水安全事故等严重后果的。

第五十六条　太湖流域管理机构和太湖流域县级以上地方人民政府水行政主管部门应当对设置在太湖流域湖泊、河道的排污口进行核查登记，建立监督管理档案，对污染严重和违法设置的排污口，依照《中华人民共和国水法》《中华人民共和国水污染防治法》的规定处理。

第五十七条　太湖流域县级以上地方人民政府环境保护主管部门应当会同有关部门，加强对重点水污染物排放总量削减和控制计划落实情况的监督检查，并按照职责权限定期向社会公布。

国务院环境保护主管部门应当定期开展太湖流域水污染调查和评估。

第五十八条 太湖流域县级以上地方人民政府水行政、环境保护、渔业、交通运输、住房和城乡建设等部门和太湖流域管理机构，应当依照本条例和相关法律、法规的规定，加强对太湖开发、利用、保护、治理的监督检查，发现违法行为，应当通报有关部门进行查处，必要时可以直接通报有关地方人民政府进行查处。

第八章 法 律 责 任

第五十九条 太湖流域县级以上地方人民政府及其工作人员违反本条例规定，有下列行为之一的，对直接负责的主管人员和其他直接责任人员依法给予处分；构成犯罪的，依法追究刑事责任：

（一）不履行供水安全监测、报告、预警职责，或者发生供水安全事故后不及时采取应急措施的；

（二）不履行水污染物排放总量削减、控制职责，或者不依法责令拆除、关闭违法设施的；

（三）不履行本条例规定的其他职责的。

第六十条 县级以上人民政府水行政、环境保护、住房和城乡建设等部门及其工作人员违反本条例规定，有下列行为之一的，由本级人民政府责令改正，通报批评，对直接负责的主管人员和其他直接责任人员依法给予处分；构成犯罪的，依法追究刑事责任：

（一）不组织实施供水设施技术改造的；

（二）不执行取水总量控制制度的；

（三）不履行监测职责或者发布虚假监测信息的；

（四）不组织清理太湖岸线内的圈圩、围湖造地和太湖围网养殖设施的；

（五）不履行本条例规定的其他职责的。

第六十一条 太湖流域管理机构及其工作人员违反本条例规定，有下列行为之一的，由国务院水行政主管部门责令改正，通报批评，对直接负责的主管人员和其他直接责任人员依法给予处分；构成犯罪的，依法追究刑事责任：

（一）不履行水资源调度职责的；

（二）不履行水功能区、排污口管理职责的；

（三）不组织制订水资源调度方案、岸线利用管理规划的；

（四）不履行监测职责的；

（五）不履行本条例规定的其他职责的。

第六十二条 太湖流域水工程管理单位违反本条例规定，拒不服从调度的，由太湖流域管理机构或者水行政主管部门按照职责权限责令改正，通报批评，对直接负责的主管人员和其他直接责任人员依法给予处分；构成犯罪的，依法追究刑事责任。

第六十三条 排污单位违反本条例规定，排放水污染物超过经核定的水污染物排放总量，或者在已经确定执行太湖流域水污染物特别排放限值的地域范围、时限内排放水污染物超过水污染物特别排放限值的，依照《中华人民共和国水污染防治法》第七十四条的规定处罚。

第六十四条 违反本条例规定，在太湖、淀山湖、太浦河、新孟河、望虞河和其他主要入太湖河道岸线内以及岸线周边、两侧保护范围内新建、扩建化工、医药生产项目，或者设置剧毒物质、危险化学品的贮存、输送设施，或者设置废物回收场、垃圾场、水上餐饮经营设施的，由太湖流域县级以上地方人民政府环境保护主管部门责令改正，处20万元以上50万元以下罚款；拒不改正的，由太湖流域县级以上地方人民政府环境保护主管部门依法强制执行，所需费用由违法行为人承担；构成犯罪的，依法追究刑事责任。

违反本条例规定，在太湖、淀山湖、太浦河、新孟河、望虞河和其他主要入太湖河道岸线内以及岸线周边、两侧保护范围内新建、扩建高尔夫球场的，由太湖流域县级以上地方人民政府责令停止建设或者关闭。

第六十五条 违反本条例规定，运输剧毒物质、危险化学品的船舶进入太湖的，由交通运输主管部门责令改正，处10万元以上20万元以下罚款，有违法所得的，没收违法所得；拒不改正的，责令停产停业整顿；构成犯罪的，依法追究刑事责任。

第六十六条 违反本条例规定，在太湖、太浦河、新孟河、望虞河岸线内兴建不符合岸线利用管理规划的建设项目，或者不依法兴建等效替代工程、采取其他功能补救措施的，由太湖流域管理机构或者县级以上地方人民政府水行政主管部门按照职责权限责令改正，处10万元以上30万元以下罚款；拒不改正的，由太湖流域管理机构或者县级以上地方人民政府水行政主管部门按照职责权限依法强制执行，所需费用由违法行为人承担。

第六十七条 违反本条例规定，有下列行为之一的，由太湖流域管理机构或者县级以上地方人民政府水行政主管部门按照职责权限责令改正，对单位处5万元以上10万元以下罚款，对个人处1万元以上3万元以下罚款；拒不改正的，由太湖流域管理机构或者县级以上地方人民政府水行政主管部门按照职责权限依法强制执行，所需费用由违法行为人承担：

（一）擅自占用太湖、太浦河、新孟河、望虞河岸线内水域、滩地或者临时占用期满不及时恢复原状的；

（二）在太湖岸线内圈圩，加高、加宽已经建成圈圩的圩堤，或者垫高已经围湖所造土地地面的；

（三）在太湖从事不符合水功能区保护要求的开发利用活动的。

违反本条例规定，在太湖岸线内围湖造地的，依照《中华人民共和国水法》第六十六条的规定处罚。

第九章 附 则

第六十八条 本条例所称主要入太湖河道控制断面，包括望虞河、大溪港、梁溪河、直湖港、武进港、太滆运河、漕桥河、殷村港、社渎港、官渎港、洪巷港、陈东港、大浦港、乌溪港、大港河、夹浦港、合溪新港、长兴港、杨家浦港、旄儿港、苕溪、大钱港的入太湖控制断面。

第六十九条 两省一市可以根据水环境综合治理需要，制定严于国家规定的产业准入条件和水污染防治标准。

第七十条 本条例自2011年11月1日起施行。

附录二 治 太 文 献

国务院关于进一步治理淮河和太湖的决定

（国发〔1991〕62号）

淮河流域是我国重要的农业和能源基地，太湖流域是我国经济发达的地区。今年，淮河和太湖流域发生了严重的洪涝灾害。在党中央、国务院的领导下，党政军民团结奋战，取得了抗洪救灾的重大胜利。在抗洪斗争中，中华人民共和国成立四十多年来建设的大量水利工程发挥了巨大作用。但是，也暴露出两流域治理中的问题，主要是防洪除涝标准低；河湖围垦、人为设障严重，排水出路不足；流域统一管理比较薄弱；有些城镇、企业及交通等设施建在低洼地，防洪能力低。为了进一步治理淮河和太湖，国务院决定，从今冬起，用十年和五年时间，分别完成治理淮河和太湖的任务。

一

1981年和1985年，国务院两次治淮会议确定的流域治理总体布局及建设方案，仍然是进一步治理淮河的基础，要坚持“蓄泄兼筹”的治理方针，近期以泄为主，用十年的时间，基本完成以下工程建设任务：

（一）加强山丘区水利建设，进行小流域综合治理，搞好水土保持。完成病险水库除险加固，修建板桥、石漫滩等重点水库。

（二）扩大和整治淮河上中游干流的泄洪通道。“八五”期间，铲除经常行洪的行洪区堤防；退建濛洼、城西湖等行、蓄洪区堤防，并迁移堤内人口；加固淮北大堤等重要堤防及蚌埠、淮南等城市圈堤；加强行、蓄洪区建设；兴建怀洪新河。“九五”期间研究建设临淮岗控制工程。以上工程完成后，淮北大堤达到百年一遇的防洪标准。

（三）巩固和扩大淮河下游排洪出路。“八五”期间，疏通和加固入江水道，行洪能力达到12000立方米每秒；续建分淮入沂工程，行洪能力达到3000立方米每秒；加固洪泽湖大堤。“九五”期间建设入海水道，使洪泽湖大堤达到百年一遇的防洪标准。

（四）续建沂沭泗河洪水东调南下工程。“八五”期间达到二十年一遇的防洪标准，“九五”期间达到五十年一遇的防洪标准。

（五）治理包浍河、奎濉河、汾泉河、洪汝河、涡河、沙颍河等跨省骨干支流河道，并进行湖洼易涝地区配套工程建设，提高防洪除涝标准。

为此，要进一步做好治理淮河的各项前期工作，修订完善淮河流域综合治理规划，优化防汛调度方案，发挥已建工程的最大效益。

二

太湖流域治理以防洪除涝为主，统筹考虑航运、供水、水资源保护和改善水环境等方面的需求。“八五”期间着重解决太湖洪水出路问题，基本完成总体规划确定的太浦河、望虞河、杭嘉湖南排工程、环湖大堤、湖西引排工程、红旗塘、东西苕溪防洪工程、武澄锡引排工程、扩大拦路港、泖河及斜塘和杭嘉湖北排通道十项骨干工程。同时，加强平原河网和圩区建设，形成以太湖为中心、具有综合利用功能的流域工程体系。流域防洪达到防御1954年型洪水的标准（相当于五十年一遇），相应提高除涝标准。

今冬明春重点打通太浦河、望虞河，保证明年汛前两河总泄洪能力达到450立方米每秒。

三

进一步治理淮河和太湖，必须从全局出发，提高认识，统一行动，加强领导，采取切实有效的措施。

（一）提高认识。水利不仅是农业的命脉而且是国民经济和社会持续稳定发展的重要基础保障。要从人口、经济和环境协调发展的战略高度，认识治理淮河和太湖的重要性与迫切性，增强全民的治水意识，发挥各方面办水利的积极性。

（二）统一治理。各地区、各部门要在流域统一规划指导下，按确定的治理方案及实施计划进度，分工负责，抓紧实施。要上、中、下游统一治理，顾大局、讲整体，局部服从整体，团结治水。

（三）增加投入。治理淮河和太湖的重点建设工程投资由中央和地方负担；面上和配套工程投资，由地方负担。国务院已决定增加治理淮河和太湖两流域的投入，各级地方政府也要增加投入。同时，可组织城乡受益地区的单位和群众筹资、投劳，具体集资方案，由省（市）人民政府报国务院审批。各类农业开发资金也可用于区域性水利工程建设。在工程设计和建设中，要本着安全、实用和节约的原则，严格掌握建设内容和工程标准。

（四）加强城镇及工业、交通等设施的防洪建设。城镇防洪设施是城镇建设的重要组成部分。城镇及工业、交通等设施，要有必要的防洪保障，所需建设资金由城镇及工交企业自行解决。与江河湖泊防洪有关的各类建设项目，建设单位要在可行性报告中作出防洪评价，经水行政主管部门或其授权单位审查批准，方可立项。

（五）加强淮河行洪、蓄洪区治理。有关省人民政府要按照流域治理规划，采取切实措施，保证汛期能及时有效运用，并使区内居民有比较安全的生活环境。要严格控制行洪、蓄洪区人口，对经常行洪的行洪区居民，要下决心外迁。要实行防洪保险制度。行洪、蓄洪区的农业税在受灾年份要适当减免，给予必要的照顾。要指导并资助行洪、蓄洪区内居民修建庄圩、庄台，修建永久性房屋要建平顶房。加强区内排灌设施建设。

（六）加强流域机构统一管理的职能。流域内重要水利工程，由流域机构直接管理，统一调度。太湖流域太浦河、望虞河上的主要枢纽工程，由水利部太湖局管理；淮河流域安徽省梅山、佛子岭、响洪甸、磨子潭四座大型水库和河南省宿鸭湖、鲇鱼山、板桥、南湾四座大型水库，淮河干流主要分洪工程和洪泽湖枢纽，由水利部淮河水利委员会统一调度。具体办法由淮河水利委员会与有关省商定。要加强河道、湖泊的管理，做好流域水资源的统一管理和调度，加强水资源保护。严禁违法围河围湖造田、养鱼和人为设障，违法围垦和侵占的河湖滩地要坚决退田还河还湖，一切行洪障碍要坚决清除，由地方各级政府负责落实。建立和完善水工程的经营管理制度，分级确定水工程管理经费来源，并按有关法规收取水费、河道工程修建维护管理费等，建立良性运行机制。

（七）加强领导。成立国务院治淮领导小组。田纪云副总理任组长，豫、鲁、皖、苏四省及国家计委、财政部、水利部等有关部门领导参加组成，成立太湖流域领导小组，由水利部、有关部门和有关省、市负责人组成。各省、市政府也应切实加强治理工作的领导。

淮河流域和太湖流域各级政府和全体人民要进一步发扬自力更生、艰苦奋斗、顾全大局、团结协作的精神，不失时机地掀起一个既有声势、又扎扎实实的水利建设高潮，认真完成进一步治理淮河和太湖的各项建设任务。

关于加强太湖流域2001—2010年防洪建设的若干意见

（国办发〔2001〕89号）

二〇〇一年十一月十六日

为贯彻落实《中共中央、国务院关于灾后重建、整治江湖、兴修水利的若干意见》（中发〔1998〕15号），加快太湖流域防洪建设，水利部对太湖流域防洪建设中的有关问题进行了调研和分析，召开了专家座谈会进行论证，征求了江苏、浙江、上海两省一市及国务院有关部门的意见，提出了《关于加强太湖流域2001—2010年防洪建设的若干意见》。

一、关于太湖流域防洪形势

（一）1991年太湖流域大水以后，国务院决定全面实施《太湖流域综合治理总体规划方案》（以下简称《总体规划方案》）确定的太湖流域综合治理骨干工程。太湖流域治理以防洪除涝为主，统筹考虑航运、供水、水资源保护和改善水环境等方面需求。防洪以1954年降雨洪水为设计标准，其全流域平均最大90天降雨量相当于50年一遇。流域治理骨干工程包括望虞河、太浦河、杭嘉湖南排、环湖大堤、湖西引排、武澄锡引排、东西苕溪防洪、拦路港、红旗塘、杭嘉湖北排等10项工程。1997年国务院第四次治淮治太会议同意上海市黄浦江上游干流防洪工程纳入治太骨干工程项目同步实施。经过多年努力，太湖流域已初步形成洪水北排长江、东出黄浦江、南排杭州湾，充分利用太湖调蓄，"蓄泄兼筹、以泄为主"的流域防洪骨干工程体系的框架。在治太骨干工程建设过程中，太湖流域又遭遇了多次大洪水，治太骨干工程均发挥了应有的减灾效益。特别是有效抗御了1999年发生的流域特大洪水（超过100年一遇），治太骨干工程直接减灾经济效益达90亿元左右，是此前开展治太骨干工程建设投入资金的两倍。

（二）太湖流域经济发达，人口密集，地势低洼，水网交错，流域的防洪体系建设进度跟不上地区经济高速发展的需要，洪涝灾害仍是制约流域经济社会发展的重要因素。目前流域防洪存在的主要问题是：

《总体规划方案》确定的治太骨干工程还有四分之一没有完成；城市防洪能力偏低；区域圩堤防洪标准还不高；根据水利部新颁布的《堤防工程设计规范》，环湖大堤等部分已建工程尚存在标准不足等薄弱环节；工程综合管理和调度运行现代化水平还不高；地面沉降、河道淤积严重，城镇面积扩大，河湖水面积减少，水生态环境恶化，湖泊沼泽化加剧等，正在降低治太骨干工程和城市防洪工程的防洪能力，与建立流域完整的防洪体系要求还有较大距离。

20世纪90年代以来，太湖流域连续发生了1991年大洪水和1999年特大洪水，增加了新的成灾降雨典型，与1954年型降雨相比，对流域防洪更为不利，应增加1991

年、1999年降雨典型，修订流域设计暴雨和设计洪水。为防
年一遇洪水，还要进一步增建和完善原规划的流域防洪工程。

二、关于太湖流域2001—2010年防洪建设的目标和总体

流域防洪建设要贯彻“全面规划、统筹兼顾、标本兼治
合太湖流域的实际情况，2001—2010年防洪建设的总体思
高，科学调度，综合考虑水资源利用、水环境保护、航运以及
建成流域工程与非工程措施相结合的综合防洪体系，为流域
条件。

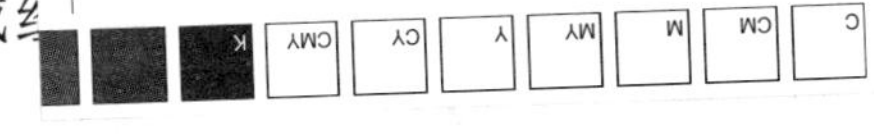

（一）太湖流域的防洪分为流域防洪、城市防洪和区域防洪三个层次，其防洪标准按不同保护对象的重要程度分别确定。结合当前流域防洪形势，根据需要与可能，太湖流域2001—2010年防洪建设的目标是：

1. 流域防洪

在《总体规划方案》确定目标的基础上，总结近年防御流域洪水的经验和出现的问题，补充必要的工程和非工程措施，巩固、完善流域防洪体系，到2010年能防御不同降雨典型的50年一遇洪水，重点工程建设应与防御流域100年一遇洪水的标准相衔接。

2. 城市防洪

太湖流域特大型城市上海以及重要城市苏州、无锡、常州、杭州、嘉兴和湖州等防洪标准为：

上海市：黄浦江干流城区段及主要支流按1000年一遇高潮位设防；海堤城区段按200年一遇高潮位加12级风设防。

杭州市：钱塘江北岸海堤按100年一遇高潮位加12级风设防，老城区段堤防按500年一遇高潮位设防。

苏州、无锡、常州、嘉兴、湖州按100年一遇洪水位设防，其中苏州、无锡中心城区按200年一遇洪水位设防。

其他县级城市按50年一遇洪水位设防。

3. 区域防洪

区域防洪标准由10～20年一遇提高到20～50年一遇，确保铁路及公路干线安全。

（二）为达到上述防洪建设目标，工程安排以治太骨干工程为基础，完善洪水北排长江、东出黄浦江、南排杭州湾和充分利用太湖调蓄的流域防洪工程布局。在2002年基本完成既定的治太骨干工程建设任务基础上，增建必要的工程项目，进一步完善流域防洪工程体系；建设流域防洪与水资源调度系统，建立集防洪减灾、水资源合理配置与保护为一体的工程与非工程体系。

要进一步加大城市防洪建设的力度，各主要城市的防洪能力要尽早达到相应的防洪建设目标。

要实施区域性河道整治，加快中小河流的清淤疏浚，扩大洪涝水外排能力；继续

进行圩区治理，逐步提高区域防洪除涝标准。

要同步实施重点水库工程、海堤达标建设，退田（渔）还湖并进一步加强水土保持工作。

（三）太湖流域防洪建设应按统筹规划、远近结合、突出重点、分步实施、分级负责、共同负担的原则组织实施。防洪建设任务完成后，全流域能防御不同降雨典型的50年一遇洪水。如遇1999年洪水，采取加大太浦河、望虞河的泄洪流量，应急加大沿江、沿杭州湾工程排水能力，太湖适当超蓄，有效限制农业圩区排涝，环湖大堤临湖侧围湖区破口蓄洪等措施，能重点保护上海以及苏州、无锡、常州、杭州、嘉兴、湖州等大中城市中心城区及沪宁、沪杭等交通干线的防洪安全，最大限度减少洪灾损失。

三、关于流域防洪建设

（一）继续抓紧治太骨干工程建设。2002年完成既定的治太骨干工程项目，基本形成流域防洪和水资源调度的骨干工程体系。

（二）重点进行主要堤防加固建设。太湖流域平原地区一半以上面积的地面高程在汛期洪水位以下，均由堤防保护。2001—2010年建设的重点是：环湖大堤，暂定为Ⅱ级堤防；东苕溪西险大塘，为Ⅰ级堤防；导流东大堤，为Ⅱ级堤防；黄浦江上、中游干流两岸堤防，为Ⅲ级堤防。对部分堤段的堤防级别，可视其保护范围的重要程度作适当调整，由水利部商有关省（市）核定。

2001—2010年堤防建设以加高培厚、基础防渗、处理堤身隐患为重点，相应实施和完善堤顶防汛公路和防汛设施。环湖大堤堤顶高程暂维持原设计7.0～7.8米不变，重点增强堤防抗风浪能力，部分堤段需采取消浪或允许越浪的工程措施，并为今后提高标准留有余地。

（三）进一步扩大望虞河、太浦河的行洪能力。对河道两岸实行有效控制并完善相应地区防洪安全措施，实现洪涝相机调度，兼顾航运，充分发挥两河泄洪排涝功能。

（四）实施东太湖口至太浦河进口段及东太湖超标准行洪通道的疏浚；经综合论证对东太湖进行生态综合治理。东太湖超标准行洪通道的运用要兼顾下游淀泖及浦西地区的防洪安全。

（五）要进一步落实扩大流域北向长江、南向杭州湾排洪涝能力的工程方案，结合流域水资源调配的需要抓紧实施，逐步把流域防洪能力提高到100年一遇的标准。

（六）江苏、浙江、上海两省一市要继续发扬团结治水。科学治水的精神，讲大局、讲团结、讲风格，积极主动地搞好流域防洪工程建设方案的协调，确保防洪建设目标的顺利实现。

四、关于城市防洪建设

流域内城市大多地势低洼，河道贯穿其中，平原地区长期超采地下水，引起地面沉降，主要城市大都未达到规定的防洪标准。针对城市在防洪中暴露的突出问题，2001—2010年防洪建设应重点提高城市自保能力，抓紧新建、加高加固防洪堤（墙），拓浚城区及其周边河道，修建防洪闸，增设排涝站，加快城市低洼地区住房改造，禁止或限制开采地下水等。城市发展尤其是新区、开发区应重视相应的防洪基础设施建设。

五、关于区域防洪建设

区域防洪要与流域防洪相结合，重点疏浚整治区域性骨干排水河道；结合流域水环境整治，用5～10年时间，对中小河流进行全面清淤，提高河道排水能力。

太湖流域现有圩区总面积14500平方千米（其中耕地面积8900平方千米），占流域平原面积的51%。提高圩区的防洪排涝能力对于区域防洪至关重要。但是盲目提高圩区防洪排涝能力将对流域和城市防洪产生不利影响。近年来，圩区排涝动力明显增强，造成外河水位上涨加快、高水位持续时间延长。因此，圩区排涝动力要与区域性排水骨干河道的排水能力相适应；圩区建设应遵循洪涝兼顾的原则，并服从流域规划，严格控制联圩并圩，不得将湖荡等大水面围入圩内，不得减少圩外河道行洪能力。

2001—2010年圩区建设的重点是加高加固圩堤，疏浚圩内外河道。浙江和江苏省重点完成420万亩和450万亩中小圩区的堤防达标加固；上海市重点治理青松地区内涝，适当增加排涝能力。

六、关于流域防洪与水资源调度系统建设

为充分发挥流域骨干工程防御洪水和合理调度水资源的综合功能，计划用5年左右时间提高主要骨干工程的控制运用自动化水平，建成集信息采集、传输和处理，洪水预报和调度、灾情评估，水资源利用、配置和保护等功能于一体的太湖流域防洪与水资源调度系统，初步实现流域统一调度和科学管理的目标。

（一）加强水文设施的更新改造和基础建设。

（二）加快水利信息系统建设。建设流域通信网和计算机网络系统；改造、完善现有水情遥测系统，扩充必要的站点，增加水质监测功能；实现重要水利工程的远程监控；建设流域数据中心，实现水利信息资源共享。

（三）建设流域调度决策支持系统，快速、灵活地制订实时调度方案和应急措施，最大限度地减少洪水灾害损失，实现水资源优化配置。

七、关于水库工程建设

流域内已建大型水库7座，2001—2010年重点加固改造沙河、大溪、横山、对河口、老石坎等5座大型水库；建设浙西上游的水涛庄、康家口等中型水库，充分发挥上游山区水库的调蓄功能，与下游防洪工程统筹调度。

八、关于海堤建设

太湖流域海堤总长680千米，其中上海510千米（含长江口三岛）、浙江钱塘江北岸170千米。城区段海堤按城市防洪要求达标建设，其余堤段近期内均应达到100年一遇高潮位加11～12级风的防御标准。

九、切实做好退田还湖和退渔还湖工作

要按照因地制宜的原则采取退田还湖、退渔还湖等措施，恢复湖泊在大洪水期间的蓄洪功能。结合湖泊的生态环境治理，合理规划养殖布局，严禁围湖，严格控制湖泊围网养殖面积，严禁在行洪通道上围网养殖。有关各省（市）水行政主管部门要按照《水法》和《防洪法》的规定，重点对侵占水面现象严重并对流域及周边地区防洪有较大影响的湖泊进行清理，组织各有关部门提出退田（渔）还湖专题规划，经水利部和省（市）人民政府批准后由当地政府负责实施；坚决杜绝对河道、湖泊进行新的围垦和其他方式的侵占。流域机构要做好督促检查工作。

十、继续做好水土保持工作

太湖流域水土流失面积1472平方千米，到2010年要完成综合治理水土流失面积80%以上。要以小流域为单元，以水土保持生态建设示范区为先导，重点治理流域西部山丘区水土流失。

要重视平原地区的水土流失问题。加强河道整治，保护河岸坡面的植被绿地，建设护岸工程；对城市开发区和主要交通干线的基本建设活动进行规范管理，防止人为的水土流失。

十一、加强前期工作和建设管理

（一）要抓紧完成正在编制的太湖流域防洪规划。防洪规划要与水资源规划、水资源保护规划等专项规划相协调，妥善处理好防洪、供水、水环境保护和航运等之间的关系。

（二）要重视建设项目的前期工作，保证勘测设计质量。对太湖流域防洪建设项目，要分别轻重缓急，按照分级管理的原则，抓紧开展有关前期工作。

（三）工程建设要全面实行项目法人责任制、招投标制、建设监理制和合同管理制，保证工程建设质量；逐步推行建管合一的体制；要重视科学研究，提高工程建设的科技含量；要做好工程项目的稽查、审计和验收工作，加强项目资金管理；要做好已有工程的维护和管理工作，充分发挥工程效益。

十二、加强流域管理

加强流域管理是保证防洪安全、实现水资源可持续利用的重要措施之一。要强化流域机构的职能，建立权威、高效、协调的流域管理体制和适应社会主义市场经济的流域防洪管理机制以及防洪减灾政策法规体系。

（一）强化流域机构的职能

要从太湖流域的实际出发，完善流域管理与区域管理相结合的水管理体制。水利部太湖流域管理局作为水利部的派出机构，代表水利部在流域内行使水行政管理职能，要依法行政，加强水资源的统一管理和流域防洪的统一调度，并加强流域协调和监督管理。

（二）建立适应社会主义市场经济的流域防洪管理机制

（1）按中央和地方事权划分原则合理分摊防洪建设项目投资，除财政拨款外，要加大对水利建设基金的征收和管理力度，积极利用贷款建立多渠道集资的投入机制。

（2）对公益性水利工程运行管理经费要按分级管理的原则列入各级财政预算；要建立防洪工程资产有效补偿机制，注重水利工程的综合利用，合理确定水价、电价，保证水利工程良性运行并发挥效益。有条件的地区可以推行管养分离的办法。

（3）要全面建立防洪保障体系，实行洪涝风险管理，建立洪水保险体系。

（三）加强防洪减灾政策法规建设

（1）由国务院法制办牵头制定《太湖管理条例》，理顺太湖湖面和岸线的管理体制，明确太湖水资源配置、保护和治理的原则，规范开发利用的行为，统一管理湖面（含湖中岛屿）和湖岸线。

（2）由水利部太湖局商有关省（市）水行政主管部门制定《太湖流域圩区管理办法》，明确圩区的建设和运用原则，规范建设程序，经水利部批准后实施。圩区治理要统一规划。圩区规划应服从流域综合规划，并报流域机构审批。

（3）由有关省（市）水行政主管部门制定《严格限制地下水开采的管理办法》，遏制地面沉降。

统一思想，振奋精神，加快治理淮河、太湖的步伐

——国务院副总理田纪云在国务院治理淮河、太湖会议上的讲话

一九九一年九月十七日

同志们：

国务院治理淮河、太湖会议今天开幕了。这是党中央、国务院决定召开的一次十分重要的会议。会议的主要议题是，贯彻七届全国人大常委会第21次会议关于加快淮河、太湖等大江大河大湖治理的精神，总结治理淮河、太湖的经验和今年水灾的教训，统一思想，制定措施，落实任务，动员各方面的力量，齐心协力，团结奋斗，加快治理淮河和太湖的步伐。为了开好这次会议，国家计委、水利部召开了预备会，做了很多工作。

今年我国部分地区气候异常，淮河和太湖流域五至七月连降暴雨，持续时间之长，范围之广，雨势之大是历史上罕见的，造成了严重的洪涝灾害。在严重的自然灾害面前，灾区广大人民群众，表现出高度的觉悟，顽强的斗志。行洪、蓄洪区的人民群众，为了整体利益，自觉承担起重大牺牲。各级党政领导和防汛部门的同志日夜奋战，做了大量艰苦细致的工作，领导是得力的，组织是严密的，措施是果断的，效果是好的。各兄弟省、市之间，顾全大局，紧密配合，团结抗洪。在抗洪救灾的斗争中，广大共产党员和基层干部，奋不顾身，率领广大群众与洪涝灾害进行了顽强的斗争，中国人民解放军、武警官兵和公安干警，发挥了主力军和突击队的作用。经过党政军民的共同奋斗，充分发挥40年来建设的水利工程的作用，大大减轻了灾害的损失。上海、蚌埠等一批重要城市保住了；津浦、沪宁、沪杭等国家铁路干线保住了；大中型水库和淮北、太湖、洪泽湖等大堤保住了；大片农田和重要矿山、工厂保住了，大大减轻了国家财产和千百万群众生命财产的损失。现在灾区群众情绪稳定，社会秩序良好，生活得到了安置，正在努力恢复生产，重建家园。应当说，在党中央、国务院的领导下，淮河、太湖的抗洪斗争成绩是巨大的，我们已经取得了抗洪斗争的重大胜利！在这里，我代表国务院向所有在这次抗洪救灾斗争中做出贡献的同志们表示崇高的敬意！中华人民共和国成立以来，党和政府极为重视淮河和太湖的治理，早在中华人民共和国成立之初，百废待兴，困难重重，在抗美援朝的同时，中央作出了“关于治理淮河的决定”，毛主席发出了“一定要把淮河修好”的号召，动员广大人民，对淮河进行大规模的治理。40年来，全面加高加固了淮河堤防，先后修建了一大批水库，建成了多处滞洪、蓄洪控制工程，扩大了入江入海通道；还兴建了一批大型灌区、改造了大片盐碱渍害低产田，使淮河从根本上改变了昔日“大雨大灾，小雨小灾”“十年九年灾”的面貌，成为我国重要的粮棉油生产基地，有力地促进了当地经济的发展。

40年来太湖流域也进行了大量的水利建设，山丘区修建了一些大中型水库；开挖、疏浚了通江排水、引水河道；新辟了杭嘉湖南排工程；加固和新建了许多圩垸和环湖大堤；兴建了大量排灌站。这些水利工程设施对流域内的防洪、除涝、引水、航运等都发挥了重要作用。

在这次抗洪救灾中，淮河、太湖两流域40年建设的水利工程发挥了巨大的作用，使洪灾损失降低到最低程度；这是必须肯定的。但是，我们也应清醒地看到，今年的灾害也暴露出淮河、太湖治理中存在的问题。主要是：防洪排涝标准低，缺乏骨干性工程；一些地区从局部利益出发，在河道、湖泊中盲目围垦，人为设障，影响行洪蓄洪；城市、工矿企业、铁路等防洪能力弱；行洪蓄洪区经济发展，人口增加，安全建设跟不上；流域内有关地区和部门，以大局为重、主动配合不够；缺乏流域的统一管理等。痛定思痛，我们应该认真总结这些经验教训。

治理淮河是一项长期而且艰巨的任务。1981年和1985年国务院先后两次召开治淮会议，所确定的进一步治理淮河的总体规划和主要骨干工程的格局都是正确的。但是由于种种原因，主要的流域性骨干工程未能按计划实施。当前我们要加快治理的步伐，总的设想是用五到十年时间，基本完成上述两次治淮会议确定的治理任务。首先实现淮河中下游防御1954年型洪水，沂沭泗河水系能防御二十年一遇以上洪水，积极治理平原区骨干河道，加强圩区防洪排涝建设、提高排涝标准；加强行洪、蓄洪区的管理和建设，为行洪、蓄洪区群众创造一个相对稳定的生产生活条件。当前的重点是要尽快修复水毁工程，集中力量打通中游的卡口，疏通下游入江入海通道，增大泄洪能力。

太湖流域综合治理总体规划方案，已经国家计委于1987年审定。我们应该按审定的规划方案进行综合治理，使太湖尽快成为具有能排、能引、能灌、能供水和通航的综合利用功能的宝湖。“八五”期间要解决好太湖洪水的出路，基本完成十项骨干工程，达到能防御1954年型洪水（相当于五十年一遇）的标准。当前重点是打通太浦河、望虞河，力争明年汛前两河的总泄水能力达到400立方米每秒以上，为明年防洪创造好的条件。

治理淮河、治理太湖意义重大，影响深远。我们一定要振奋精神，团结奋斗，兢兢业业，把这件大事办好。

一、统一思想，提高认识

淮河和太湖两流域在我国社会经济发展中占有十分重要的地位。淮河流域地处我国腹地，拥有1.43亿人口，2亿亩耕地，粮食产量占全国六分之一，提供的商品粮占全国的五分之一，棉花、大豆、油菜产量占全国的四分之一，是我国主要粮、棉、油生产基地之一。太湖流域人口密集，经济发达，工农业总产值占全国的八分之一，财政收入占全国的六分之一，是我国一块黄金宝地。淮河、太湖流域社会经济状况如何，对我国有着巨大的影响。

今年淮河、太湖流域连降暴雨，“冲走一个粮仓，淹了一个钱庄”，损失十分惨重。据初步核实，两个流域农田受灾面积8579万亩，约占两流域总耕地面积的百分之四十一，绝收面积 2888 万亩，倒塌房屋 214 万余间；有数万家工矿企业进水受淹，导致停产，半停产，水利、交通、电力、通信等基础设施以及学校、医院等遭到严重破坏，直接经济损失达 411 亿元以上。严重的水灾破坏了这两个流域正常的生产秩序和社会安定。这次水灾，损失是严重的，教训是深刻的。

今年水灾给我们的最大启示就是，大江大河大湖治理事关大局，水利不仅是农业的命脉，而且是国民经济和社会稳定发展的重要基础和保障，水利是治国安邦的大事。灾区的同志说："几年辛苦的成果，一场水灾全冲光""这场水灾使我们倒退了几年"。这充分说明，水利这个基础不搞好，大江大河不治理好，经济建设和社会稳定发展就得不到保障；水利上不去，经济建设搞得愈多，遇到大水损失也愈大。我们必须从人口、经济、环境协调发展的战略高度，重新认识水利建设的重要性，经济愈发展，人口愈增加，对水利的要求愈高，水利建设要搞得愈好。当前，淮河、太湖的防洪、排涝标准低，一下大雨就提心吊胆，这与两流域的经济、人口状况很不相称，这矛盾还将伴随着经济进一步发展、人口进一步增加更加尖锐化。治理淮河、太湖，不但直接关系两流域工农业生产的稳定发展，关系实现 2000 年战略目标和千百万人民群众生命财产的安全，而且也关系到全国的经济和社会的发展。大灾之后要大治。如果淮河、太湖不治理，再发生严重洪涝灾害，我们是难以向全国人民特别是灾区人民交代的。治理淮河、太湖是关系到亿万人民的一件十分紧迫的大事，是造福子孙的大事，我们要下定决心，担负起历史赋予我们的责任。

二、统一治理，团结治水

治水要遵循客观规律，按流域进行统一管理，做到统一规划，统一治理，统一调度，不能按行政区划分割而治。特别是像淮河、太湖这样涉及几个省（市）、水系复杂、水事矛盾多的流域，必须强调全局观点，统筹兼顾，综合治理。上下游、左右岸，各部门、各地区之间要团结治水。太湖规划方案的实施计划协调了多年，定不下来，结果洪水来了，一次洪灾损失达 100 多亿元，教训是极为沉痛的。它告诉我们，治水要讲大局，讲团结，否则大家只顾本地区利益是治不成水的，到头来大家一起遭殃。治水中一定要提倡局部服从整体，团结协作的精神。要反对只顾本单位、本部门和本地区的本位主义，更不允许搞以邻为壑。现在，这两个流域综合治理的总体规划、实施计划和资金筹措方案都已基本确定了，国务院同意国家计委、水利部与各省（市）协商的意见。各有关省（市）都应从大局出发，发扬今年抗洪斗争中顾全大局、团结治水的精神，坚决按规划和治理计划，组织实施。

要明确树立人口、经济、环境协调发展的观念，制止盲目围垦湖泊洼地，任意侵占行洪断面，坚决清除行洪障碍。中华人民共和国成立以来太湖流域盲目围垦，减少蓄洪面积 528 平方千米，江苏里下河地区共围湖荡面积 742 平方千米。大量围垦，人水争地，加剧了洪涝灾害。通过这次治理，对不合理围垦和侵占的河湖滩地，影响行洪排蓄和河湖治理的，要坚决退田退渔还河还湖，对一切行洪障碍要清除。今后要严禁盲目围湖围河造田、养鱼，不得人为设置行洪障碍。

要加强城市、重点工矿企业和铁路交通的防洪建设。城市防洪安全，是城市经济建设的一件大事，要统一规划，建设资金可采取国家、地方和受益单位集资的办法解决。城市建设费应当有一部分用于城市防洪建设。江苏吴江县盛泽圩前年集资800万元修了一道圩堤，今年大水该圩没有受到损失，这个经验值得推广。

要切实加强行洪区的安全建设和管理。行洪区和库区广大群众为保全整体作出了贡献和牺牲，在这次治理中，要尽可能提高行蓄洪标准，减少进洪次数，采取修筑围堤，修建安全房、安全台等多种措施，加强管理，制定行蓄洪区政策，为他们创造一个相对稳定的生产、生活条件。对低洼易涝地区要进行规划，加强排涝建设，提高防涝标准，苏北出海通道要尽快疏通。

要加强流域治理和水资源开发、保护的统一管理工作。淮河、太湖两流域跨省（市）的河流较多，关系错综复杂，流域内经济发展迅猛，各种矛盾日益增多，今后治理、开发和保护任务十分繁重，必须加强流域的统一管理。要加强和发挥流域机构在统一管理中的作用。加强对河道、湖泊的全面管理。凡流域性骨干控制工程，要由流域机构直接管理，凡对全流域防洪关系较大的工程，要由流域机构统一调度。工程完成以后，要加强经营管理，综合利用，节约用水，合理收费，建立自我维持的机制。

三、自力更生、艰苦奋斗

淮河和太湖的治理是一项庞大而复杂的系统工程，工程规模越大，需要的投资越多，除国家给予大力支持外，要调动各方面的积极性，实行分级合理负担；更主要的是要依靠群众，发扬自力更生，艰苦奋斗的精神，动员群众投工投劳来解决。中央已决定在“八五”期间筹集60亿元资金用于淮河、太湖的治理。地方各级政府也要筹集资金，增加投入。对于大型骨干控制型工程和跨省（市）工程，国家将给予重点支持，地方也应积极集资，合理分担；地区性和配套工程，应以地方为主，国家给予适当补助。受益和保护区内工矿企事业单位，也应分担一部分建设资金。

经过这次水灾，两流域广大群众对兴修水利有强烈要求，我们应当因势利导，广泛发动群众，组织他们积极参加淮河和太湖的治理和建设。20世纪50年代，在毛主席、周总理亲自领导下，开展了大规模的群众性治淮工作，取得巨大成就。这次进一步治理淮河和太湖，我们要在以江泽民同志为核心的党中央领导下，广泛发动群众，动员各方的力量，将治理淮河、太湖的工作搞得既轰轰烈烈，又扎扎实实，取得实效。

四、加强领导，讲究实效

治理淮河、太湖的任务十分艰巨，涉及方方面面，要动员和组织千百万群众参加，必须切实加强领导。流域内各级党委、政府，要把治理淮河和太湖的任务当作当前一项大事来抓。党政主要领导要亲自动员、亲自部署、亲自组织。要利用各种宣传工具，广泛进行宣传，做好思想发动工作。要组织强有力的指挥系统，充分发挥我们党的政治优势，实行各种形式的责任制，按计划、按目标严格管理，国务院各有关部委和地方政府各个部门都要积极支持，主动配合。计划部门要搞好治理计划的综合安排和协调，筹措资金和抓好以工代赈；财政、银行部门要在资金上给予支持；商业、物资、石化等部门要保证建设所需材料供应，搞好以工代赈的有关工作；交通、铁道、能源、土地、环保、税务、民政等部门也都要积极给予支持。要动员全党、全社会的力量，打好治理淮河这一仗。

水利建设是百年大计，一定要讲究科学，讲究实效，保证工程质量。认真做好建设前的各项准备工作，严格按国家基本建设程序办事。水利部门的同志要深入实际，调查研究，精心规划、精心设计、精心施工，加强检查，确保治理任务顺利完成。

同志们！治理淮河、治理太湖是一项造福后代、荫及子孙的伟大事业，是我们肩负的历史性的责任。完成这一任务，既是国民经济和社会发展的迫切需要，也是两流域人民的共同心愿。我们有党的坚强领导，有优越的社会主义制度，有高度觉悟的人民群众，只要我们精诚团结，齐心协力，共同奋斗，我们一定能够完成进一步治理淮河、太湖的伟大使命！

国务委员陈俊生在治理淮河、太湖第三次工作会议结束时的讲话

一九九四年一月七日

治理淮河、太湖第三次工作会议今天就要结束了。会议虽然只开了短短两天，但大家按照党的十四大和十四届三中全会精神，本着顾全大局、服从整体、团结治水、分担困难的精神，认真总结交流了两年多来治淮、治太的经验，商讨协调了工作，确定了明年的任务，会议开得很好，达到了预期目的。

国务院总理李鹏、副总理朱镕基等领导同志对这次会议很重视，都希望治淮、治太工作做得更好。李鹏总理对治淮、治太工作作了重要批示，李鹏总理指出："自1991年发生特大洪水以来，沿江沿湖各省（市）加强了淮河和太湖的治理，已取得较为显著的成绩。希望各有关省（市）和部门继续加强对淮河、太湖治理工作的领导，发扬自力更生、艰苦奋斗、团结治水的优良传统，保证治理资金及时到位，为治理创造必要的物资条件。调动广大群众治河、治湖的积极性，共同努力，把这件关系到消除大患、长治久安、造福子孙后代的大事办好。"我们要认真贯彻李鹏总理的指示。

钮茂生同志、陈耀邦同志关于治淮、治太工作的讲话，讲得都很好，我都同意。各省（市）领导的发言，讲得也很好。大家讨论中，意见较多的是治淮、治太骨干工程超概算问题。这个问题怎么办？两条原则：一是实事求是，二是保证重点。请国家计委、水利部与各有关省（市）具体研究，分情况逐步解决。至于有些省提出新的工程项目或要求提前开工的项目，都只能按国务院决定的精神办。下面，我就进一步组织动员淮河、太湖流域人民鼓足干劲，团结治水，打好攻坚战，扎扎实实地做好治淮、治太工作等问题，讲几点意见：

一、当前的形势与治淮、治太的重要意义

毛泽东同志早在1951年5月就提出"一定要把淮河修好"的号召，现在已经过去了43年。我们要继承毛泽东同志的遗志，把淮河彻底治理好。大家知道，在1992年年初邓小平同志南巡重要谈话和党的十四大精神指引下，我国改革开放、经济建设和各方面的工作都出现了新的局面。全国经济发展、政治稳定、民族团结、社会进步。今年是我国经济继续保持好的发展势头的重要一年，也是推进建立社会主义市场经济体制改革的关键一年。可以预料，今后一个时期，一个不失时机地推进改革开放，促进经济持续、快速、健康发展的改革和建设热潮必将在全国兴起。因此，这次治淮、治太工作会议显得尤为必要、尤为及时。

我国是水旱灾害频繁的国家，大江大河大湖还未得到根本的治理，全国每年因洪涝灾害造成的损失达数百亿元。中华人民共和国成立40多年来的实践证明，国民经济

和社会发展越快，洪涝灾害所造成的损失就越大，江河防洪问题就越突出，水利建设的任务也就越加繁重而艰巨。因此，党的十一届三中全会以来，党中央、国务院不仅明确了水利是国民经济的基础产业地位，而且反复强调，在建立社会主义市场经济体质的新形势下，水利的基础地位丝毫不能动摇，水利只能加强不能削弱。江泽民同志在去年农村工作会议上明确提出，“必须把水利等农业基础设施放在与能源、交通、重要原料等基础产业同等重要的地位。”进一步标明了党和政府对水利工作的高度重视。

淮河和太湖流域在我国社会经济发展中占有十分重要的地位。该地区拥有1.43亿人口，2亿元亩耕地，粮食产量占全国六分之一，提供的商品粮占全国的五分之一，棉花、大豆、油菜产量占全国四分之一，是我国重要的粮、棉、油生产基地。淮河、太湖流域人口密集，经济发达，工农业总产值占全国的八分之一，财政收入占全国的六分之一，是全国经济发达的黄金宝地之一，是全国改革开放的“龙头”。但是淮河流域水旱灾害十分严重，几乎每年都要来洪水，平均三四年就会发生一次较大洪水，我们如果不抓紧时间对淮河进行治理，再发生1991年那样的大水，已建的工程，就会前功尽弃，人民生命财产的损失就无法估计。1991年淮河发生大水时，李鹏总理就提出：“淮河不治理，安徽没有宁日。”太湖继1991年大水之后，去年又出现了历史第三位大洪水，苏州、嘉兴部分地区被淹。仅1991年江淮大水造成的经济损失就达480亿元，这个教训不能忘记。作为基础设施建设的治淮、治太工程搞得成功与否，不仅会直接影响到两流域今后的发展步伐，更重要的是它将关系到全国改革开放和社会主义现代化建设这个大局。因此，希望两流域内的各级人民政府以及中央各有关部门要从战略高度来看待治淮、治太工作，以高度的责任感担当起治淮、治太的历史责任，统一认识、统一步调、统一行动，下决心务必完成1991年国务院治淮、治太会议确定的治淮“八五”初见成效、“九五”期间基本完成；治太“八五”期间基本完成这个既定的任务和目标。

二、已经取得的成绩与下一阶段的治理任务

1991年国务院作出关于进一步治理淮河和太湖的决定以来，淮河、太湖流域人民积极响应党和政府的号召，在各有关省（市）、政府的组织领导下，掀起了一次又一次治淮、治太高潮。中央有关部门和流域管理机构会同有关省、市水利部门做了大量艰苦细致的工作，使得各项工程建设进展比较顺利，部分工程已在防汛抗洪中发挥了作用，并且做到边建设边受益。据统计，“八五”前3年，治淮的18项骨干工程，已有12项开工建设，完成投资22.36亿元；治太的10项骨干工程，已有7项开工，完成投资12.92亿元。从总的情况看，两年多来治淮、治太工作是大有成就的，为今后全面实施治淮、治太工程创建了有利条件。我代表国务院，向在治淮、治太工作中作出成绩的广大干部、职工、群众和人民解放军、武警战员、公安干警，表示崇高的敬意！

这次会上，大家提出了一些治理工作中出现的问题，主要是有些骨干工程建设进度比较缓慢，个别的项目因为省际认识不一致，该上的没有上；工程投资上超概算问题比较普遍；工程管理工作没有与建设同步考虑，以致出现工程已竣工或将要竣工了，管理权限还不明确等问题。这些问题如果不及时解决，将会影响整个治淮、治太大局，必须引起我们的充分重视，采取切实有效的措施，认真加以解决。

按照国务院确定的治淮、治太总的目标："八五"期间，治淮工程初见成效，治太要基本完成。今年治淮、治太工作将进入全面实施的攻坚阶段，是两流域整个治理工程十分关键的一年。钮茂生同志的报告对今年工作已经做了安排，各省（市）也赞成，大家都同意整个安排。这里，我再强调一下：

淮河：淮河干流上中下游治理整体展开，尽快打开中游通道；怀洪新河全面开工，1995 年要全线开通；东调南下工程加紧实施，1995 年要完成一期工程；加快石漫滩水库建设，包浍河治理要全面展开；抓紧入海水道等工程的前期工作。

太湖：骨干工程仍以太浦河、望虞河和杭嘉湖南排后续工程为重点，1995 年基本完成，继续完成环湖大堤和已开工的东西苕溪防洪工程、湖西引排工程、武澄锡引排等工程，抓紧开展红旗塘、杭嘉湖北排、拦路港等三项边界工程的前期工作，在搞好协调的基础上争取早日开工。

三、几点要求

治淮、治太工作是一项复杂的社会性建设事业，涉及面广、难度大。会上大家总结交流了许多成功的经验，希望在今后的治理工作中不断总结和发扬，使这项有益社会造福人民的事业上一个新台阶。为此，提出以下几点要求：

第一，加强领导，明确责任。中央各有关部门和六省（市）人民政府主要负责同志都要把治淮、治太工作提到重要议事日程上，要有紧迫感，进一步加强对这项工作的领导。各级领导要纳入议事日程，有关部门要组织干部深入第一线调查研究，及时地研究解决工程建设中出现的问题。保证工程进度和质量。现在治淮、治太的项目国家都批准了。国家在资金十分紧张的情况下，保证了治淮、治太工程建设。已定的资金（包括以工代赈）要按时到位，国家计委、水利部对资金到位和工程进展情况，要定期进行检查，并将检查情况进行通报。好的要表扬，工作做得不好的，要进行批评，并限期纠正。如果因为我们工作抓不上去，相互推诿、扯皮，贻误时机，造成洪水灾害，将会愧对淮河、太湖流域的人民，也无法向全国人民交代。因此，这项工作要下决心做好，确保按期或提前完成淮河、太湖的治理任务。

要进一步明确中央和地方的责任，凡是国务院和国家计委已批复的工程项目，各有关部门和省（市）人民政府要坚决照办，不打折扣。属于地方负责解决的事情，各级人民政府和有关部门要切实负起责任，认真研究，妥善解决。国务院有关部门要加强检查督促，及时向中央报告情况。

目前，治淮、治太中的几项关键性骨干工程建设方案已确定，要抓紧时机组织会战，力争在较短时间内有质的突破。对于存在省际矛盾的工程，要根据 1991 年国务院关于进一步治理淮河和太湖的决定精神以及会前国家计委、水利部与有关各省协调的意见，抓紧准备和实施。

第二，要抓好建设资金的落实。今年国家对治淮、治太工程投资 18.79 亿元（其中：中央 11.96 亿元，地方 6.83 亿元），比去年增加 50%。国务院有关部门要切实保证中央的资金及时足额到位，地方各级政府也要保证配套资金的投入，确保工程的顺利实施。有关部门和省、市要把建设资金的筹措作为一个重大问题来抓，要继续拓宽资金渠道，积极引进外资。各省已出台的建设资金筹措办法，要进一步完善，要依靠社会力量建好和管好水利工程，使之发挥更大的社会效益。

第三，顾全大局，团结治水。邹家华副总理很关注淮河和太湖的治理。1 月 4 日他批示："有关省（市）和部门应联合起来团结治水。治理好淮河、太湖，关系到整个这个地区的经济的发展"。1991 年国务院召开的治淮、治太会议已确定了"八五"和"九五"的建设任务和目标，这是坚定不移的既定目标，各级领导一定要有高度的责任感、紧迫感和治淮、治太一盘棋的思想，眼前利益要服从长远利益，局部利益要服从全局利益，小道理要服从大道理，务必保证治淮、治太工程的全面实施和顺利完成。在地区间发生点小矛盾，要相互设身处地考虑问题，千万不能只盯着局部利益不放，一叶障目，不见泰山，不能相互掣肘，以邻为壑。我们的干部千万不要在争局部利益上当打"官司"的能手，应当在顾全大局上当模范。不要在谈判桌上握手言欢，桌子下面踢脚。各级领导干部要教育和引导好干部和群众。在局部利益与整体利益发生矛盾时，眼前利益和长远利益发生冲突时，我们的领导干部决不能把下属引向局部利益的"死角"以致使冲突扩大，甚至造成纠纷、械斗，造成国家财产和人民生命财产的损失。谁做这样的事，谁就要对历史负责。我们的领导同志要善于发挥整治思想工作的优势，做好干部群众的工作，注意把广大干部群众治淮、治太的积极性引导好、保护好、发挥好。我们总的精神是：顾全大局、服从整体、团结治水、分担困难，这要作为今后做好治淮、治太工作的一条原则。要注意协调好各方面的关系，调动一切积极因素，确保党中央、国务院的政令畅通，维护和服从国家的整体利益，以达到淮河、太湖的长治久安。

淮河、太湖流域的水利工程建设点多、面广，在有些工程的安排与实施上不可能使方方面面都满意，这是正常的。最近，水利部副部长张春园率队去江苏、安徽、浙江省就当前治理淮河、太湖工程中存在的问题进行会商和协调。在这次协调过程中，江苏、安徽、浙江的同志们态度是积极的、认真的，是识大体、顾大局的。发扬了团结治水的精神。只要我们上下一心、团结一致，有关方面相互协作，密切配合，就一定会圆满完成治淮、治太的任务。

第四，建设与管理，建设与防汛都要两手抓。经过几年的水利建设，治淮、治太工程将陆续建成投入运行。各地一定要重视工程管理工作，要认真研究和妥善解决有关工程管理中的问题，落实责任制。要进一步明确流域机构和地方水利部门的分级管理权限，跨省或流域性的重点工程应由流域管理机构来统一管理、统一调度，以减少矛盾，最大限度地发挥效益。流域管理机构要主持公道，主动与地方协商，制定科学的管理制度，地方政府也要尊重流域管理机构的裁定。双方要互相尊重，有些扯皮的事可以不发生，发生了也好解决。

治淮、治太工程建设期间，洪水每年都可能发生，我们不但要抓好治理工作，对当前的各项防汛工作也不能有丝毫的松懈。对水毁工程要抓紧修复，与治淮、治太相配套的工作，各级政府要抓紧进行，河道清障工作要下决心搞好、要保证已建成工程按时投入使用，确保安全度汛。

第五，加强宣传，增强全民的水患意识。过去两年多来，中央和地方新闻媒介对宣传淮河、太湖治理做了大量的工作，治淮、治太已深入人心，今后要进一步加强宣传。在大张旗鼓地报道治淮、治太取得成绩的同时，也要客观准确地报道治理中存在的问题，以引起全社会的关注，得到各界人士的理解和支持。加快治理淮河、太湖的步伐。

同志们，1993年已经过去，新的一年到来了，在这辞旧迎新之际，全国大江南北数千万劳动大军，正奋力拼搏在冬季水利基本建设第一线，其中就包含百万治淮、治太的大军，他们正在以自己的实际行动，实现着治淮、治太的多年夙愿。在此，我向奋战在水利第一线的同志们表示深切的慰问。

我们相信，在以江泽民同志为核心的党中央正确领导下，在国务院和各级人民政府的精心指挥、精心组织下，在两流域广大人民群众的努力下，通过中央各部委、流域管理机构的密切配合，全力工作，我们一定会把治理淮河、太湖这件大事办得更好。

国务院副总理姜春云在国务院治淮治太第四次工作会议上的讲话（摘要）

一九九七年五月二十四日

1991年国务院作出《关于进一步治理淮河和太湖的决定》，至今已七个年头了。几年来，国务院先后召开了三次治淮治太会议。1991年第一次会议，李鹏总理亲自主持并作了重要讲话，会议确定了总体布局和建议方案，作出了进一步治理淮河和太湖的决定，是进行动员、明确治理任务的会议。1992年、1994年国务院治淮治太第二次、第三次会议，充分肯定了治淮治太工作取得的成绩，认真的分析了存在的问题和不足，着重研究解决了涉及省际矛盾工程的建设问题，是进一步推进治淮治太工程建设的会议。

这次治淮治太会议，是在治淮治太工作全面展开的形势下召开的。会议的任务是：总结检查国务院《关于进一步治理淮河和太湖的决定》和几次治淮治太会议精神的落实情况，研究调整概算投资，落实今年和今后几年的计划和总体安排，研究解决有关工程管理和未开工项目的前期准备工作等问题，进一步统一思想认识，强化措施，加大力度，保证质量，加快进度，全面推动治淮治太工程建设。

一、正确估计治淮治太工程建设形势

国务院治淮治太第三次工作会议以来，在党中央、国务院的领导下，六省（市）、各级党委、政府和广大人民群众，认真贯彻国务院决定和会议精神，团结奋斗，掀起了治理淮河和太湖的高潮，治淮治太骨干工程建设取得了突破性进展，一部分工程已建成并在防洪抗灾斗争中发挥了很好的作用。据统计，1991—1997年，国家和地方对治淮治太骨干工程共投资91.76亿元，完成土石方6.47亿立方米，混凝土209万立方米。第一次会议确定的治淮工程18项，现已开工12项。240多个子项工程，其中4大项和150个子项工程基本完工；治太工程10项，现已开工7项。淮河的淮干上中游治理工程、板桥、石漫滩复建工程、东调南下工程，太湖的太浦河、望虞河、杭嘉湖南排、环湖大堤等工程都已开始发挥效益，有效降低了汛期洪涝水位。淮河干流经过治理后，仅1996年汛期行洪区一次减淹效益就达12亿元，超过了“七五”以来淮干上中游治理投资之和。在党中央、国务院的关怀下，在国家计委、水利部及所属淮河、太湖流域机构和六省、市的共同努力下，工程建设取得很大进展，治淮治太成绩巨大，并积累了许多成功的经验，目前已进入了全面、整体推进的阶段。

在充分肯定治淮治太工作成绩的同时，我们必须正视存在的问题，这主要表现在两个方面：一是省际工程进展缓慢，有些边界矛盾问题久拖未决；二是工程普遍超概算。暴露出前期工作不够扎实，投入力度明显不足，施工管理也有不少薄弱环节。目前，按照财力可能安排的总体进度，比1991年国务院治淮治太会议决定的要求，已经推迟了5年。如果再不加紧工作，落实相关的措施，很可能推迟更长的时间。另外，已建成工程的管理关系也还没有理顺，管理机构和经费不落实。这些问题，严重影响了治淮治太工程建设的进程和效益的充分发挥。由于种种矛盾迟迟得不到解决，致使工期一再推迟，不但增加了投资额度，而且对六省（市）的防灾减灾和经济发展极为不利，教训是深刻的，我们应当认真汲取。

二、进一步统一认识，加大力度，加快治淮治太的步伐

（一）要坚定不移地贯彻落实国务院关于治淮治太的决定。1991年江淮大水后，国务院作出了《关于进一步治理淮河和太湖的决定》，决定用十年时间基本完成治理淮河18项工程，用五年时间基本完成治理太湖10项工程的任务，要求“淮河流域和太湖流域各级政府和全体人民要进一步发扬自力更生、艰苦奋斗、顾全大局、团结协作的精神，不失时机地掀起一个既有声势又扎扎实实的水利建设高潮，认真完成进一步治理淮河和太湖的各项建设任务”。实践证明，这个决定是正确的。今后，我们要继续认真贯彻落实国务院的决定，把思想认识、计划安排、工程实施、资金投入、协调矛盾等，都统一到这个决定精神上来。

淮河和太湖两个流域在我国社会经济发展中占有十分重要的地位。淮河流域地处我国腹地，拥有1.5亿人口，2亿亩耕地，不到1/8的耕地面积提供了占全国1/5的商品粮，棉花、大豆、油菜产量占全国的1/4，是我国主要粮、棉、油生产基地之一。太湖流域人口密集。经济发达，国内生产总值占全国的1/8，财政收入占全国的1/6，是我国的一块黄金宝地，是全国改革开放的前沿。但是淮河、太湖两个流域近70%的面积处于洪水威胁之下，洪涝灾害频繁，1991年江淮大水造成的经济损失达480亿元。随着流域经济和社会的发展，现在出现同等大小的洪水灾害时，经济损失将加大好几倍。洪灾不仅直接威胁两个流域的经济、社会发展，还关心全国改革、发展、稳定的大局。在国务院统筹规划下，六省（市）一定要把治淮治太作为一件大事来办，切实抓紧抓好。

治淮治太工程建设时间不能再推迟了，否则将带来两个问题：一是工程投资加大。1991年治淮治太总投资为144亿元，最近估算总投资将近400亿元。如果再不抓紧建设，继续往后拖，总投资还要加大；二是整个工程如果不及时建成发挥整体效益，万一发生大的洪水，其灾害损失也将会更大。在第三次治淮治太会议上重点解决了东调南下、怀洪新河工程矛盾后，经过近年来的工作，现在大家对临淮岗洪水控制工程、拦路港、黄浦江上游干流防洪工程、红旗塘、杭嘉湖北排工程的实施方案，也取得了共识。这样，治淮治太工程建设的省际主要矛盾问题，已基本得到解决。既然认识一致了，就不能再动摇、扯皮了，否则会贻误大事。

（二）进一步明确今年和今后一个时期的治理目标任务。根据国务院《关于进一步治理淮河和太湖的决定》和近几年治淮治太工程建设的实际情况，下一步治淮治太的主要目标任务是：

治理淮河。2000年重点骨干工程全部开工建设，大部分基本完成；2005年18项工程基本完成。淮河上中游治理、怀洪新河、东调南下工程重点要抓紧打通和扩大行洪通道，以充分发挥防洪效益。要抓紧入海水道、临洪岗等工程的立项。

在抓紧骨干工程建设的同时，还要搞好两个流域的水污染防治工作。国务院已经先后在淮河、太湖流域召开了水污染防治工作会议，明确要求淮河水污染治理目标，1997年工业污染源达标排放，2000年淮河水基本变清。太湖水污染治理目标还要高于淮河流域的目标。

（三）要加大资金投入力度。治淮治太是国家的重点工程，“九五”期间要作为重中之重，中央将集中财力增加投资，幅度将比“八五”有较大增加。1994年召开第三次治淮治太工作会议时，有一个突出的问题，就是几个重点工程投资超概算。经过国务院有关部门和六省（市）的共同努力，做了大量艰苦细致的工作，现在这个问题终于得到了解决。怀洪新河、东调南下、太浦河、望虞河、杭嘉湖南排等工程的概算都已明确，这是重中之重的工程，中央和地方的投资按照原定比例办。其他工程，除中央承担的投资外，超概算投资由有关省（市）自筹解决。希望地方的同志进一步落实好配套资金，并且随着地方水利建设基金的建立，逐步加大地方对部分项目的配套资金比例，以加快治淮治太工程建设步伐，力争尽快完成，发挥整体效益。

（四）要十分重视加强工程的管理。在全面推进治淮治太工程建设的同时，加强已建、在建工程的管理成为非常重要、迫切的问题。江泽民总书记去年在河南视察水利工程时指出：“治水是一个系统工程，一个很大的工程，要统一规划、科学管理，合理利用。”我们要按照江泽民总书记的指示，真正做到科学管理，合理利用，使治淮治太工程能够充分发挥效益。要坚持建管并重的方针，在建设工程中，抓紧研究并做好已建工程的管理，落实管理机构、经费、措施和办法，落实责任制和法律手段。要发挥流域机构统一管理的职能作用。明确由中央管理的工程，地方和建设单位要与流域机构做好交接工作，实施统一管理，统一调度，并根据受益情况，分摊管理经费。经过协商，上海、江苏、浙江等省（市）原则上已同意分摊管理经费，这很好。不管是中央管理的工程还是地方管理的工程，都要实行两个根本性转变，建立水利工程管理的良性循环机制，提高工程管理的现代化水平。

经过前几年治淮治太工程建设，淮河、太湖的防洪状况开始逐步有所改善。但由于许多关键工程还在实施中，不能发挥整体效益，淮河太湖的防洪形势依然十分严峻，切不可掉以轻心。六省（市）及两个流域机构，一定要按照国家防总的部署要求，落实行政首长防汛负责制，立足于防大汛抗大灾，做好今年防汛抗灾的充分准备。对去年的水毁工程要抓紧修复；计划今年汛前必须打通的行洪通道，以及清障、退建等，要全力以赴限期完成。已建成工程要按时投入使用，并想方设法使在建工程尽可能在汛期发挥作用，以确保安全度汛。

（五）要加强工程建设项目的前期工作。所有工程项目都要严格按照基本建设程序办理，在充分做好前期工作和技术经济论证的基础上，按规定报批。为保证前期工作的进度和质量，流域机构和有关部门、有关省（市）都要认真安排技术力量和前期经费。

（六）要顾全大局、团结治水。淮河、太湖流域水系复杂，跨省（市）河流边界水事矛盾特别多。在治理过程中，要充分发挥流域机构统一组织协调的职能，在统筹规划，综合治理，分步实施，标本兼治的原则指导下，按流域进行统一规划、统一治理、统一调度。六省（市）要发扬顾全大局、团结治水的精神，加强沟通和协调，坚决按照规划和治理目标组织施工。特别是在处理边界水事纠纷问题上，必须局部服从全局，相互协作，互谅互让，发扬风格。现在一些关键工程，有关省（市）在统一认识上取得了突破性进展，例如东调南下、怀洪新河、太浦河、望虞河工程和拦路港边界工程等，这是好的，各省（市）要说到做到，方案定下来以后，要坚决执行。如果有谁再借故制造矛盾，阻碍工程顺利实施，延误了时机，就要追究责任，这要作为一条纪律。

（七）要切实加强领导。治淮治太工程建设，涉及诸多地区和部门，组织协调、发动群众、落实资金、项目施工、技术保障以及设施管理等各项任务十分繁重。搞好工程建设的关键在于加强领导。目前，工程建设进入了全面实施阶段，有些工程到了攻坚阶段，工程建设的面广、点多、投资强度大，还有不少需要研究解决的难点问题。希望项目区内各级党委、政府，把治理淮河和太湖的任务真正作为一件大事来抓。党政主要领导同志要亲自过问、检查、指导。对工程搞得怎么样，有什么问题和困难，资金落实了没有？各有关省（市）和国家计委、水利部每年都要组织检查，并向国务院报告。对只顾局部利益、搞地方保护主义等问题，领导同志要亲自出面做工作，既要严肃对待，排除干扰，又要说服教育，为基层排忧解难，妥善解决实际问题。需要强调的是，凡是国家已经批复的工程项目，各有关部门和省（市）政府要坚决照办，不打折扣，决不允许再相互扯皮、闹矛盾。特别是今年汛期，国务院有关部委和地方政府各部门要主动配合，相互支持，以确保重点工程项目顺利实施。

坚持高标准严要求　一定把“三湖”治理好

——国务院总理温家宝在太湖、巢湖、滇池污染防治座谈会上的讲话

二〇〇七年六月三十日

今年5月，由于太湖蓝藻暴发等原因，水源地水质遭受严重污染，给无锡市群众生活带来很大影响。党中央、国务院对此高度重视，多次做出明确指示。江苏省委、省政府和无锡市委、市政府积极应对，妥善处置，及时化解了供水危机。这一事件再次给我们敲响了警钟。最近，巢湖、滇池也不同程度出现蓝藻。据各方面分析，太湖、巢湖、滇池（以下简称“三湖”）大规模蓝藻暴发的隐患仍然存在，必须引起高度警惕。今天这个座谈会是一个新的起点，从现在开始，要把治理“三湖”作为国家生态环境建设的标志性工程，摆在更加突出、更加紧迫、更加重要的位置，坚持高标准、严要求，采取更有力、更坚决的措施，预防“三湖”再次发生污染事件，坚持不懈地把“三湖”整治好。下面，我讲几点意见：

一、充分认识加强“三湖”污染治理的重要性和紧迫性

“三湖”是国家湖泊治理的重点。“三湖”周边都是风景胜地，历史文化悠久，城乡经济繁荣。20世纪80年代以来，随着经济社会发展，人口密度加大，城镇化、工业化进程加快，“三湖”污染日益加剧。从“九五”开始，国家在几个五年规划和年度计划中，都把“三湖”治理列为环保工作的重点，做出了一系列重要部署。各地积极行动，做了大量工作，取得了一定的进展。10多年来，国家对“三湖”共投入治污资金370亿元，建成和在建治污项目600多个；加大了结构调整力度，在湖的周边地区关闭了一批污染严重的企业或生产线，湖区周围城市污水处理率和工业污染排放达标率逐步提高。

在肯定成绩的同时，我们必须清醒地看到，“三湖”水污染问题仍没有根本改变，边治理、边污染的现象依然存在，水环境恶化的趋势还在发展。湖水质量继续下降，化学需氧量没有完全控制住，氮、磷又不断上升，富营养化状态达到中度或重度，不少地方水质已沦为Ⅴ类或劣Ⅴ类。湖泊面积还在减少，湿地严重萎缩，生物多样性锐减，生态功能急剧退化。特别是水污染事件时有发生，严重损害了人民群众的健康和环境权益。

产生这些问题的原因是多方面的：认识不到位，保护环境的各项政策还没有真正落实；发展方式粗放，沿湖地区高耗能、高污染行业扩张很快；治污力度不够，水污染治理滞后于流域经济增长，水污染物排放量远远超过环境容量；环保投入不足，投资渠道单一，投融资机制不健全，市场机制的作用没有充分发挥；环境执法不严，环保法规不完善，违法成本低，执法成本高，监管力量薄弱，没有建立起责任制和问

责制。

我们讲坚持科学发展、坚持以人为本，就是要不断提高人民群众的物质文化生活水平。随着经济社会的发展，人们对生活质量的要求越来越高。让人民群众呼吸上清新的空气，喝上干净的水，吃上放心的食品，有一个良好的生活环境，这是维护人民群众利益的基本要求。搞好“三湖”污染治理，不仅是解决这几个湖泊的环境问题，也会给全国生态环境保护带来信心、树立榜样。这是我们对人类文明进步做出的贡献，有利于在国际上树立良好的形象。

加强“三湖”污染治理，是一项紧迫而又艰巨的任务。这三个湖泊，都属于封闭或半封闭型水体，流动性差，生态系统十分脆弱。目前“三湖”富营养化已接近临界点，湖体水质出现了加快恶化的趋势，抓紧治理已经迫在眉睫、刻不容缓。进一步治理“三湖”有许多有利条件，党和政府更加重视环保工作，物质技术和财力更加充实，多年的治理积累了很多行之有效的经验。我们必须以对人民群众高度负责、对子孙后代高度负责的精神，切实加快“三湖”治理进程。

二、进一步明确“三湖”污染防治的目标和方针

防治水污染是保护环境的重点，治理“三湖”污染则是水污染防治的重中之重。根据国家“十一五”规划的要求，“三湖”水环境综合整治的目标是，要通过全面、系统、科学、严格的污染治理，使湖体富营养化加重的趋势得到遏制，水质有所改善；逐步恢复“三湖”地区山清水秀的自然风貌，努力形成流域生态良性循环、人与自然和谐相处的宜居环境。要全面落实科学发展观，认真总结经验教训，根据“三湖”治理的新情况、新问题，实行“远近结合、标本兼治，分类指导、因地制宜，科学规划、综合治理，加强领导、狠抓落实”的方针。

——远近结合，标本兼治。就是要立足当前，放眼长远，先易后难，分步实施。既要着力解决当前危害群众健康的突出环境问题，确保城乡居民生产生活用水安全，又要采取治本之策，加强污染源头治理，切实控污减排，提高环保标准，从根本上解决影响湖体水质的各种问题。

——分类指导，因地制宜。就是要根据不同湖泊的环境问题及其成因，明确治理的重点和难点，采取“一湖一策”，一切从实际出发，实事求是，有针对性地解决制约“三湖”环保的关键问题。

——科学规划，综合治理。就是要正确处理湖区经济发展与环境保护的关系，统筹兼顾流域内经济发展、城乡建设、土地利用、资源开发。大力推进综合整治、科学整治、工程整治，加强科学论证和科技攻关。

——加强领导，狠抓落实。就是从中央到地方，都要加强组织协调，建立责任制和责任追究制，加大政策支持、资金投入，加快法制建设和制度建设，综合运用经济、法律和必要的行政手段。

三、认真落实加强“三湖”污染防治的政策措施

（一）切实防止蓝藻再次大规模暴发。“三湖”沿岸地区当务之急是采取有效措施，全面打捞蓝藻，减少湖体污染负荷。要提高机械装备水平，增强打捞效率，努力做到“日产日清”。对打捞上岸的蓝藻，要进行妥善处理，避免二次污染。要扩大蓝藻浓度的监测范围，增加重点监测断面和监测频次，做到防患于未然。同时，要继续实行调水引流，加速水体流动，增强水体自净能力。完善自来水深度处理和净化措施，确保城乡居民饮用水安全。

（二）加大结构调整力度。强化工业污染源的全面达标排放管理，依法严格淘汰落后生产能力。在“三湖”地区，要制定比国家标准更严格的环保标准，包括环保准入标准、工程治污标准、排污收费标准。特别要加强对氮磷排放的控制。限期达不到新排放标准的企业，都要整顿和关闭。禁止新上向“三湖”排放含氮、磷污染物的项目。大力推行清洁生产，积极发展循环经济。对基础较好、技术装备水平较高、节能减排措施得力的企业，要引导其优化结构、兼并重组，逐步用先进生产能力替代落后生产能力。

（三）加强污染处理设施建设并确保正常运行。要加快污水处理厂、垃圾处理场和配套管网建设，提高污水集中处理率。污水管网作为公共产品或准公共产品，政府要承担起主要的建设任务。太湖流域所有城镇都要限期健全污水处理设施和污水收集管网，做到雨污分流；大的集镇和人口多的村庄，也要有污水处理设施。巢湖、滇池流域都要加快污水处理设施建设。“三湖”流域新建污水处理厂，要配套建设脱氮除磷设施，已建污水处理厂要在规定期限内完成脱氮除磷改造。所有污水处理厂，都要安装自动在线监测装置，并与环保部门联网。要完善污水处理收费制度，确保已建成的污水处理设施正常运营。

（四）严格控制农业面源污染。加快调整农产品种植结构。推广测土配方施肥等科学技术，发展有机农业，尽快减少化肥农药施用量。湖泊周围要划定畜禽禁养区，禁养区内不得新建畜禽养殖场，已建的畜禽养殖场要限期搬迁或关闭。对规模化畜禽养殖场要采取与工业污染一样的管理方式，确保达标排放。要采取严格措施，控制船舶污染。

（五）积极推进生态治理工程。改善湖泊水环境，必须保证湖泊生态用水。要根据湖泊实际情况，实施湿地保护和恢复工程，禁止围湖造田、围湖养殖。滇池已实施的“退田退房退鱼塘、还林还湖还湿地”工程，太湖、巢湖也已在部分地区实行，可以通过试点进一步推广。要建设生态湖滨带，种植有利于净化水体的植物，提高水体自净能力。对主要入湖河道，要逐条进行综合治理，增强生态功能。进一步做好调水引流工作，采取科学调水、合理控闸等工程措施，加快湖泊水体循环交换。在太湖流域，要抓紧论证实施新沟河、新孟河等新的“引江济太”工程；在巢湖、滇池流域，也要积极采取“引江济巢”“滇池引水”等工程措施，以增加湖泊生态水量，增强湖水自净能力。

（六）加大污染治理投入。要建立政府引导、企业为主、社会参与的污染治理投入机制。从中央到地方各级政府，都要较大幅度增加对治理“三湖”的投入。要把环保投入作为国家建设投资和财政支出的重点，支持一批环保重点工程建设，确保规划目标的实现。同时，要充分运用市场机制，积极拓宽环保投融资渠道，利用财税、金融信贷、投资、价格等经济手段，鼓励各种所有制企业积极进行污染治理和环保建设，带动环保产业的发展。国家对污染处理设施建设运营的用地、用电、设备折旧等实行扶持政策。

（七）强化科技支撑作用。解决湖泊污染问题，必须在科技进步上取得突破。要注重借鉴发达国家的有益经验，结合我国实际，对“三湖”的生态安全问题逐一进行评价，并提出各个湖泊的综合治理措施和技术解决方案。要加强对“三湖”富营养化形成和消除机理、湖体氮磷污染控制、蓝藻生长和暴发规律、水体自然生态修复等关键技术的研发，为污染治理提供支撑。科技部在组织国家“水体污染控制与治理”重大科技专项时，要把“三湖”治理作为支持的重点。同时，抓紧研究制定“三湖”环境质量和污染物排放的新标准。

（八）进一步加强各方面的协调配合。“三湖”污染治理，有的跨省（市）、有的跨地市，涉及多个部委，要密切配合，形成合力。各有关省（市），包括供水地区和用水地区，都要积极行动起来，共同推进“三湖”水环境整治。太湖流域治理，要由国务院综合部门牵头，有关部门和省（市）参加，建立高层次的组织协调机制，加强协作配合。由发展改革委牵头，环保、建设、水利、农业、财政等部门参加，会同江苏、浙江、上海等地方，抓紧编制太湖流域水污染综合治理方案。这个方案要在今年年底之前提出，包括具体的行动计划和政策措施，并及时组织实施。为了增强方案的科学性，要成立跨部门、跨地方的专家委员会，加强科学论证。

（九）强化环境执法监督。要加快完善污染防治的法律法规体系，修改水污染防治法。针对“三湖”环境治理的特殊性，加快制定太湖、巢湖、滇池等管理条例。一定要从法律法规上解决“守法成本高、执法成本高、违法成本低”的问题，加大环保违法处罚力度。同时，要加大对污染排放的监管和执法力度，坚决遏制超标排放等违法现象。对“三湖”流域要坚持每年开展环保专项执法检查，检查结果向社会公布，接受群众监督。一定要用“铁腕”手段防治污染，对违规排污的主要企业责任人，失职、渎职的领导干部，要坚决查处，情节严重的要追究刑事责任。

（十）切实落实防污治污责任。治理“三湖”污染的责任主要在地方。地方各级政府要切实加强领导，认真落实国务院关于“三湖”污染防治的统一部署，把治污工作摆上重要议事日程。要将有关目标、任务、责任落实到基层、企业和个人，并实行严格的问责制。要将湖泊污染防治情况纳入沿湖地区经济社会发展评价体系，并作为领导班子、领导干部考核的重要内容。要加强宣传引导，充分发挥新闻舆论的作用，推广先进经验，揭露反面典型，增强企业社会责任，提高全体公民的生态环保意识，努力营造人人关心环境、爱护环境的良好社会氛围。

湖泊污染防治工作责任重大。让我们紧密团结在以胡锦涛同志为总书记的党中央周围，坚持以邓小平理论和“三个代表”重要思想为指导，深入贯彻落实科学发展观，更加积极有效治理“三湖”污染，为全面建设小康社会，建设资源节约型、环境友好型社会而不懈奋斗。

附录三　太湖流域湖泊名录

附表 3-1　　江苏湖泊名录

序号	名　称	面积/km²	所在行政区
1	滆湖	157.0	常州武进区、宜兴市
2	阳澄湖	116.0	苏州相城区、苏州工业园区、昆山市
3	洮湖（长荡湖）	85.8	溧阳市、金坛市
4	澄湖	40.1	苏州吴中区、昆山市、吴江区
5	昆承湖	17.7	常熟市
6	北麻漾	10.7	吴江区
7	独墅湖	10.0	苏州吴中区、苏州工业园区
8	漕湖	8.88	苏州相城区、无锡锡山区
9	西氿	8.86	宜兴市
10	五里湖	8.68	无锡滨湖区
11	白砚湖	7.76	吴江区、昆山市
12	东氿	7.62	宜兴市
13	长漾	6.87	吴江区
14	尚湖	6.63	常熟市
15	金鸡湖	6.53	苏州工业园区
16	傀儡湖	6.30	昆山市
17	马公荡	6.07	宜兴市
18	南湖荡	5.52	常熟市
19	鹅真荡	5.28	苏州相城区、无锡汤山区
20	南星湖	4.80	吴江区
21	钱资荡	4.62	金坛市
22	三白荡	4.40	吴江区
23	白莲湖	4.21	昆山市
24	黄泥兜	4.09	吴江区、苏州吴中区
25	盛泽荡	3.72	苏州相城区
26	同里湖	3.18	吴江区
27	明镜湖	2.95	昆山市
28	团氿	2.92	宜兴市
29	石头潭	2.89	吴江区

续表

序号	名　称	面积/km²	所在行政区
30	镬底潭	2.41	苏州吴中区
31	雪落漾	2.35	吴江区
32	庄西漾	2.31	吴江区
33	苑山荡	2.26	无锡锡山区、常熟市
34	长荡	2.23	吴江区
35	嘉菱荡	2.23	无锡锡山区、常熟市
36	六里塘	2.22	常熟市
37	九里湖	2.17	吴江区
38	草荡	2.10	吴江区
39	沐庄湖	2.10	吴江区
40	张鸭荡	2.10	吴江区
41	商秧潭	2.05	昆山市
42	莺脰湖	2.03	吴江区
43	元鹤荡	2.00	吴江区
44	大龙荡	2.00	吴江区
45	石湖	1.91	苏州虎丘区、苏州吴中区
46	长畸荡	1.75	吴江区
47	陈墓荡	1.59	昆山市
48	官塘	1.59	常熟市
49	前村荡	1.58	吴江区
50	杨氏田湖	1.45	昆山市
51	万选湖	1.38	苏州吴中区、昆山市
52	长白荡	1.34	吴江区
53	南参荡	1.32	吴江区
54	蚬子兜	1.26	吴江区
55	洋湖	1.22	镇江丹徒区
56	巴城湖	1.22	昆山市
57	杨家荡	1.21	吴江区
58	鳗鲤湖	1.11	昆山市
59	徐家荡	1.09	宜兴市
60	春申湖	1.06	苏州虎丘区、苏州相城区
61	孙家荡	1.03	吴江区
62	临津荡	1.03	宜兴市
63	郎中荡	1.02	吴江区
64	下淹湖	1.01	苏州吴中区
65	蒋家漾	1.00	吴江区

附表 3-2　　浙江省湖泊名录

序　号	名　称	面积/km²	所 在 行 政 区
1	西湖	6.39	杭州西湖区
2	梅家荡①	3.98	嘉兴秀洲区
3	连三连泗荡	3.96	嘉兴秀洲区
4	和孚漾	3.15	湖州南浔区
5	北祥符荡	1.58	嘉善县
6	夏墓荡	2.34	嘉善县
7	横山漾	2.27	湖州南浔区
8	南官荡	2.13	嘉兴秀洲区
9	长田漾	2.12	湖州吴兴区
10	大荡漾	2.07	长兴县
11	天花荡	2.05	嘉兴秀洲区
12	义家漾	1.94	湖州南浔区和吴兴区
13	苎溪漾	1.71	德清县
14	东西千亩荡	1.64	嘉兴秀洲区
15	蒋家漾	1.59	嘉善县
16	洛舍漾	1.50	德清县、湖州吴兴区
17	田北荡	1.44	嘉兴秀洲区
18	沉香荡	1.42	嘉善县
19	陆家漾	1.38	湖州吴兴区
20	北官荡	1.33	嘉兴秀洲区
21	南祥符荡	1.32	嘉善县
22	韶村漾	1.30	德清县
23	百亩漾	1.29	德清县
24	和尚荡	1.29	嘉兴秀洲区
25	三官堂漾	1.28	德清县
26	湘家荡	1.27	嘉兴南湖区
27	余杭南湖	1.26	杭州余杭区
28	下渚湖	1.25	德清县
29	后庄漾	1.25	湖州南浔区
30	桥北荡	1.19	嘉兴秀洲区、嘉善县
31	商林漾	1.19	湖州吴兴区
32	南北湖	1.18	海盐县
33	盛家漾	1.15	长兴县
34	西山漾	1.14	湖州吴兴区
35	马斜湖	1.12	嘉善县
36	三白潭	1.12	杭州余杭区、德清县
37	西葑漾	1.07	德清县
38	六百亩荡	1.02	嘉兴秀洲区

① 梅家荡 1984 年已与外河隔断，水面仍在，用于养殖。

附表 3-3 上海湖泊名录

序号	名称	面积/km^2	所在行政区
1	滴水湖	4.42	上海浦东新区
2	葑漾荡	1.58	上海青浦区

附表 3-4 省际边界湖泊名录

序号	名称	面积/km^2	所在行政区
1	太湖	2338.1	浙江湖州市长兴县、吴兴区、南浔区；江苏常州市武进区，无锡市宜兴市、滨湖区、新吴区，苏州市相城区、虞丘区、吴中区、吴江区
2	淀山湖	59.2	上海青浦区、江苏昆山市
3	元荡	12.7	江苏吴江区、上海青浦区
4	汾湖[①]	7.65	江苏吴江区、浙江嘉善县
5	长白荡	5.32	江苏昆山市、上海青浦区
6	金鱼漾	3.51	江苏吴江区、浙江南浔区
7	急水荡	2.75	江苏昆山市、上海青浦区
8	汪洋湖	2.49	江苏昆山市、上海青浦区
9	雪落漾	2.11	江苏吴江区、上海青浦区
10	袁浪荡	2.07	江苏吴江区、浙江嘉善县
11	北许荡	2.01	浙江嘉善县、江苏吴江区
12	陆家荡	1.65	江苏吴江区、浙江嘉兴秀洲区
13	草路港	1.57	浙江嘉善县、上海青浦区
14	白鱼荡	1.27	浙江嘉善县、上海青浦区
15	塔荡	1.24	江苏吴江区、浙江嘉兴秀洲区
16	长白荡	1.20	浙江嘉善县、上海青浦区
17	诸曹漾	1.16	江苏吴江区、上海青浦区
18	南雁荡	1.14	浙江嘉兴秀洲区、江苏吴江区

① 汾湖有太浦河从中穿过。

说明：

1. 本名录收录的为水面积等于或大于 1 平方千米的湖泊。

2. 面积等于和小于 10 平方千米湖泊取自水利普查结果，其面积是按照同一指定日期，即 2011 年 11 月 30 日的卫星遥感影像分析提取。

附录四　诗　　选

一、太湖诗选

（一）唐

宿　湖　中

白居易

水天向晚碧沉沉，树影霞光重叠深。
浸月冷波千顷练，苞霜新橘万株金。
幸无案牍何妨醉，纵有笙歌不废吟。
十只画船何处宿，洞庭山脚太湖心。

早发赴洞庭舟中作

白居易

阊门曙色欲苍苍，星月高低宿水光。
棹举影摇灯烛动，舟移声拽管弦长。
渐看海树红生日，遥见包山白带霜。
出郭已行十五里，唯消一曲慢霓裳。

夜泛阳坞入明月湾即事寄崔湖州

白居易

湖山处处好淹留，最爱东湾北坞头。
掩映橘林千点火，泓澄潭水一盆油。
龙头画舸衔明月，鹊脚红旗蘸碧流。
为报茶山崔太守，与君各是一家游。

泛太湖书事，寄微之

白居易

烟渚云帆处处通，飘然舟似入虚空。
玉杯浅酌巡初匝，金管徐吹曲未终。
黄夹缬林寒有叶，碧琉璃水净无风。

避旗飞鹭翩翻白，惊鼓跳鱼拨剌红。
涧雪压多松偃蹇，岩泉滴久石玲珑。
书为故事留湖上，吟作新诗寄浙东。
军府威容从道盛，江山气色定知同。
报君一事君应羡，五宿澄波皓月中。

太 湖 秋 夕

王昌龄

水宿烟雨寒，洞庭霜落微。
月明移舟去，夜静魂梦归。
暗觉海风度，萧萧闻雁飞。

初入太湖（自胥口入，去州五十里）

皮日休

闻有太湖名，十年未曾识。今朝得游泛，大笑称平昔。
一舍行胥塘，尽日到震泽。三万六千顷，千顷颇黎色。
连空淡无颣，照野平绝隙。好放青翰舟，堪弄白玉笛。
疏岑七十二，双双露矛戟。悠然啸傲去，天上摇画艋。
西风乍猎猎，惊波罨涵碧。倏忽雷阵吼，须臾玉崖坼。
树动为蜃尾，山浮似鳌脊。落照射鸿溶，清辉荡抛撬。
云轻似可染，霞烂如堪摘。渐暝无处泊，挽帆从所适。
枕下闻澎湃，肌上生瘆栗。讨异足邅回，寻幽多阻隔。
愿风与良便，吹入神仙宅。甘将一蕴书，永事嵩山伯。

初 入 太 湖

陆龟蒙

东南具区雄，天水合为一。高帆大弓满，羿射争箭疾。
时当暑雨后，气象仍郁密。乍如开雕篓，耸翅忽飞出。
行将十洲近，坐觉八极溢。耳目骇鸿濛，精神寒佶栗。
坑来斗呀豁，涌处惊嵯崒。崄异拔龙湫，喧如破蛟室。
斯须风妥帖，若受命平秩。微茫诚端倪，远峤疑格笔。
巉巉见铜阙，左右皆辅弼。盘空俨相趋，去势犹横逸。
尝闻咸池气，下注作清质。至今涵赤霄，尚且浴白日。
又云构浮玉，宛与昆阆匹。肃为灵官家，此事难致诘。
才迎沙屿好，指顾俄已失。山川互蔽亏，鱼鸟空聱耴。
何当授真检，得召天吴术。一一问朝宗，方应可谭悉。

（二）宋

吴　江

张　先

春后银鱼霜下鲈，远人曾到合思吴。
欲图江色不上笔，静觅鸟声深在芦。
落日未昏闻市散，青天都净见山孤。
桥南水涨虹垂影，清夜澄光照太湖。

赠孙莘老七绝

苏　轼

天目山前绿浸裙，碧澜堂上看衔舻。
作堤捍水非吾事，闲送苕溪入太湖。

又次前韵赠贾耘老

苏　轼

具区吞灭三州界，浩浩汤汤纳千派。
従来不著万斛船，一苇渔舟恣奔快。
仙坛古洞不可到，空听余澜鸣湃湃。
今朝偶上法华岭，纵观始觉人寰隘。
山头卧碣吊孤冢，下有至人僵不坏。
空余白棘网秋虫，无复青莲出幽怪。
（事见本院碑。）
我来徙倚长松下，欲掘茯苓亲洗晒。
闻道山中富奇药，往往灵芝杂葵薤。
诗人空腹待黄精，生事只看长柄械。
（杜子美诗云，长镵长镵白木柄，我生托子以为命。）
今年大熟期一饱，食叶微虫真癣疥。
（贾云，今岁有小虫食叶，不甚为害。）
白花半落紫穟香，攘臂欲助磨镰铩。
安得山泉变春酒，与子一洗寻常债。

过太湖

范仲淹

有浪即山高，无风还练静。
秋宵谁与期，月华三万顷。

林　屋　洞

范成大

击水搏风浪雪翻，烟销日出见仙村。
旧知浮玉北堂路，今到幽墟三洞门。
石燕飞翾遮炬火，金笼深阻护嵌根。
宝钟灵鼓何须叩，庭柱宵晨已默存。

望　太　湖

苏舜钦

杳杳波涛阅古今，四边无际莫知深。
润通晓月为清露，气入霜天作暝阴。
笠泽鲈肥人脍玉，洞庭柑熟客分金。
风烟触目相招引，聊为停桡一楚吟。

水调歌头（同徐师川泛太湖舟中作）

张元干

落景下青嶂，高浪卷沧洲。平生颇惯，江海掀舞木兰舟。百二山河空壮，底事中原尘涨，丧乱几时休。泽畔行吟处，天地一沙鸥。

想元龙，犹高卧，百尺楼。临风酹酒，堪笑谈话觅封侯。老去英雄不见。惟与渔樵为伴。回首得无忧。莫道三伏热，便是五湖秋。

（三）元

渔　父　词

赵孟頫

侬往东吴震泽州，烟波日日钓鱼舟。
山似翠，酒如油，醉眼看山百自由。

渔　父　词

赵孟頫

渺渺烟波一叶舟，西风落木五湖秋。
盟鸥鹭，傲王侯，管甚鲈鱼不上钩。

（四）明

太　　湖

文征明

岛屿纵横一镜中，湿银盘紫浸芙蓉。

谁能胸贮三万倾，我欲身游七十峰。
天远洪涛翻日月，春寒泽国隐鱼龙。
中流仿佛闻鸡犬，何处堪追范蠡踪。

登缥缈峰

吴伟业

绝顶江湖放眼明，飘然如欲御风行。
最高上有鱼龙气，半岭全无鸟雀声。
芳草青芜迷远近，夕阳金碧变阴晴。
夫差霸业销沉尽，枫叶芦花钓艇横。

无题*

杨基

天帝何时遣六丁，凿开混沌见双青。
湖通南北澄冰鉴，山断东西列画屏。
掩雨龙归霄汉暝，网鱼船过水云腥。
乘风欲往终吾老，角里先生在洞庭。

（五）清

石公山

易顺鼎

石公山畔此勾留，水国春寒尚似秋。
天外有天初泛艇，客中为客怕登楼。
烟波浩荡连千里，风物凄清拟十洲。
细雨梅花正愁绝，笛声何处起渔讴。

已亥杂诗

龚自珍

太湖七十溇为墟，三泖圆斜各有初。
耻与蛟龙竞升斗，一编聊献郏侨书。

* 原载明万历《湖州府志》，但无题目，《无题》为编者所加。

二、其他诗选

（一）杭州西湖

钱塘湖春行

［唐］白居易

孤山寺北贾亭西，水面初平云脚低。
几处早莺争暖树，谁家新燕啄春泥。
乱花渐欲迷人眼，浅草才能没马蹄。
最爱湖东行不足，绿杨阴里白沙堤。

春题湖上

［唐］白居易

湖上春来似画图，乱峰围绕水平铺。
松排山面千重翠，月点波心一颗珠。
碧毯线头抽早稻，青罗裙带展新蒲。
未能抛得杭州去，一半勾留是此湖。

西湖留别

［唐］白居易

征途行色惨风烟，祖帐离声咽管弦。
翠黛不须留五马，皇恩只许住三年。
绿藤阴下铺歌席，红藕花中泊妓船。
处处回头尽堪恋，就中难别是湖边。

忆江南（选二首）

［唐］白居易

江南好，风景旧曾谙。
日出江花红胜火，春来江水绿如蓝。能不忆江南？

江南忆，最忆是杭州。
山寺月中寻桂子，郡亭枕上看潮头。何日更重游？

饮湖上初晴后雨（选一首）

［宋］苏轼

水光潋滟晴方好，山色空濛雨亦奇。
欲把西湖比西子，淡妆浓抹总相宜。

夜泛西湖

［宋］苏轼

菰蒲无边水茫茫，荷花夜开风露香。
渐见灯明出远寺，更待月黑看湖光。

西湖·戏作示同游者

［宋］欧阳修

菡萏香消画舸浮，使君宁复忆扬州。
都将二十四桥月，换得西湖十顷秋。

题临安邸

［宋］林升

山外青山楼外楼，西湖歌舞几时休？
暖风熏得游人醉，直把杭州作汴州。

西湖

［元］赵孟頫

春阴柳絮不能飞，两足蒲芽绿更肥。
只恐前呵惊白鹭，独骑款段绕湖归。

夏日忆西湖

［明］于谦

涌金门外柳如烟，西子湖头水拍天。
玉腕罗裙双荡桨，鸳鸯飞近采莲船。

（二）钱塘潮

横江词（六首之四）

［唐］李白

海神来过恶风回，浪打天门石壁开。
浙江八月何如此，涛似连山喷雪来。

潮

［唐］白居易

早潮才落晚潮来，一月周流六十回。
不独光阴朝复暮，杭州老去被潮催。

浪淘沙（九首之七）

［唐］刘禹锡

八月涛声吼地来，头高数丈触山回。
须臾却入海门去，卷起沙堆似雪堆。

观潮·送刘监至江上作

［宋］陆游

江平无风面如镜，日午楼船帆影正。
忽看千尺涌涛头，颇动老子乘桴兴。
涛头汹汹雪山倾，江流却作镜面平。
向来壮观虽一快，不如帆映青山行。
嗟余往来不知数，惯见买符官发渡。
云根小筑幸可归，勿为浮名老行路。

海上纪事

［明］朱淑贞

飓风拔木浪如山，振荡乾坤顷刻间。
临海人家千万户，漂流不见一人还。

观潮

毛泽东

千里波涛滚滚来，雪花飞向钓鱼台。
人山纷赞阵容阔，铁马从容杀敌回。

钱塘江观潮

赵朴初

天边忽地起轻雷，日耀银戈战阵开。
二十万人争一瞬，群龙腾跃怒潮来。

（三）苕溪

霅溪* 西亭望晚

［唐］张籍

霅水碧悠悠，西亭柳岸头。

---

* 东西苕溪二水在吴兴城内汇合后称霅溪。

夕阴生远岫，斜照逐回流。
此地动归思，逢人方倦游。
吴兴耆旧尽，空见白蘋洲。

依韵和武平苕霅二水

［宋］梅尧臣

昔爱伊与洛，今逢苕与霅。
南郭复西城，晓色明於甲。
尘缨庶可濯，白鸟谁来狎。
落日潭上归，鱼歌自相答。

霅　溪

［宋］杨万里

道场山背是吴兴，只不教人到德清。
霅水相留别无计，却将溪曲暗添程。

苕　溪

［宋］朱继芳

维舟古祠下，野饭就鱼羹。
坐听篙人说，行逢牵路平。
居民难问姓，溪鸭自呼名。
天目无由到，沿洄更几程。

苕　溪

［宋］贾安宅

广苕山下有深源，发此清流去不浑。
直抵太湖三百里，滔滔分入海天门。

苕　溪

［元］戴表元

六月苕溪路，人言似若耶。
渔罾挂棕树，酒舫出荷花。
碧水千塍共，青山一道斜。
人间无限事，不厌是桑麻。

苕　溪

［明］王心一

细雨苕溪曲，微风渡小航。
有园多种竹，无屋不围桑。
语觉吴侬近，流分震泽长。
乌巾春店近，白酒熟盈觞。

送陈兴公归武康

［清］王士正

清绝苕南路，归帆望已遐。
寒林孟郊井，古屋沈戎家。
天目群峰合，前溪一水斜。
烟霞成独往，不羡曲江花。

客　发　苕　溪

［清］叶燮

客心如水水如愁，容易归舟趁疾流。
忽讶船窗送吴语，故山月已挂船头。

（四）江南运河

枫　桥[1]　夜　泊

［唐］张继

月落乌啼霜满天，江枫渔火对愁眠。
姑苏城外寒山寺，夜半钟声到客船。

余　杭　道　中

［宋］范成大

落花流水浅深红，尽日帆飞绣浪中。
桑眼迷离应欠雨，麦须骚杀已禁风。
牛羊路杳千山合，鸡犬村深一径通。
五柳能消多许地，客程何苦镇匆匆。

[1] 运河枫桥是20世纪80年代苏州市水位站所在地。

过临平

［元］吴景奎

舟过临平后，青山一点无。
大江吞两浙，平野入三吴。
逆旅愁闻雁，行庖只脍鲈。
风帆如借便，明日到姑苏。

嘉兴道中

［明］袁宏道

弥野桑成市，排溪柳作衙。
菜香齐吐甲，树暖欲蒸花。
天色滑如卵，江容润似纱。
酒帘青带上，三五聚村家。

塘栖道中

［清］周起渭

淡霭浓光作意铺，远山如有看如无。
云林几叠溪流曲，夏木千章野鸟呼。
紫翠浮来烟岛出，夕阳明处水亭孤。
六桥此去无多路，清梦今宵已到湖。

（五）嘉兴南湖

鸳鸯湖* 棹歌
百首之一、十六、九十五

［清］朱彝尊

蟹舍渔村两岸平，菱花十里棹歌声。
侬家放鹤洲前水，夜半真如塔火明。

城北城南尽水乡，红薇径外是回塘。
千家晓阁纱窗拓，二月东风蕙草香。

父老禾兴旧馆前，香杭熟后话丰年。
楼头沽酒楼外泊，半是江淮贩米船。

---

* 鸳鸯湖在嘉兴东南站，即今南湖。

雨中登烟雨楼

魏文伯

龙舟

烟雨满湖烟雨楼，圆菱含笑劝宾游。
翻天覆地千秋业，细论龙舟柳岸头。

烟雨楼前

烟雨楼前话昔年，纵观湖水水连天。
如今换了人间世，彩绘河山众逐先。

清明节过嘉兴访烟雨楼

董必武

革命声传画舫中，诞生共党庆工农。
重来正值清明节，烟雨迷蒙访旧踪。

（六）吴淞江

夜渡吴松江怀古

［唐］宋之问

宿帆震泽口，晓渡松江濆。棹发鱼龙气，舟冲鸿雁群。
寒潮顿觉满，暗浦稍将分。气出海生日，光清湖起云。
水乡尽天卫，叹息为吴君。谋士伏剑死，至今悲所闻。

登松江驿楼北望故园

［唐］刘长卿

泪尽江楼北望归，田园已陷百重围。
平芜万里无人去，落日千山空鸟飞。
孤舟漾漾寒潮小，极浦苍苍远树微。
白鸥渔父徒相待，未扫欃枪懒息机。

泊松江*

［唐］杜牧

清露白云明月天，与君齐棹木兰船。
南湖风雨一相失，夜泊横塘心渺然。

---

* 一作许浑诗《夜泊松江渡寄友人》。

和松江早春

［唐］陆龟蒙

柳下江餐待好风，暂时还得狎渔翁。
一生无事烟波足，唯有沙边水勃公。

忆吴淞江晚泊

［宋］梅尧臣

念昔西归时，晚泊吴江口，
回堤逆清风，淡月生古柳。
夕鸟独远来，渔舟犹在后。
当时谁与同，涕忆泉下妇。

吴淞江上

［元］赵孟頫

壮气浮孤剑，余生寄短篷。
战尘昏野色，积雪睨春风。

（七）淀山湖

淀山湖（一）

［明］杨维桢

禹画三江东入海，神姑继禹淀湖开。
独鳌石龟戴出山，三龙联翩乘女来。
稽天怪浪俄桑土，阅世神牙亦劫灰。
我忆旧时松顶月，夜深梦接鹤飞回。

淀山湖（二）

［明］杨维桢

半空楼阁淀山寺，三面篷樯湖口船。
芦叶响时风似雨，浪花平处水如天。
沽来村酒浑无味，买得鲈鱼不论钱。
明日垂虹桥下过，与君停棹吊三贤。

过淀湖

［明］夏原吉

烟光万顷拍天浮，震泽分来气势优。
寄语蜿蜒渡底物，于今还肯买舟不。

主要参考文献

[1] 中科院南京地理与湖泊研究所．太湖流域水土资源及农业发展远景研究［M］．北京：科学出版社，1988.

[2] 孙顺才，黄漪平，等．太湖［M］．北京：海洋出版社，1993.

[3] 太湖水利史稿编写组．太湖水利史稿［M］．南京：河海大学出版社，1993.

[4] 江苏省地方志编委会．江苏省志·水利志［M］．南京：江苏古籍出版社，2001.

[5] 浙江省水利志编委会．浙江省水利志［M］．北京：中华书局，1998.

[6] 上海水利志编委会．上海水利志［M］．上海：上海社会科学院出版社，1997.

[7] 苏州市水利史志编委会．苏州水利志［M］．上海：上海社会科学院出版社，1997.

[8] 无锡市水利局．无锡市水利志［M］．上海：上海社会科学院出版社，1997.

[9] 无锡市水利史志编纂委员会．无锡水文化史话［M］．北京：中国文史出版社：2008.

[10] 镇江市水利志编委会．镇江市水利志［M］．上海：上海社会科学院出版社，1997.

[11] 杭州市水利志编委会．杭州市水利志［M］．北京：中华书局，2009.

[12] 嘉兴市水利志编委会．嘉兴市水利志［M］．北京：中华书局，2008.

[13] 湖州市江河水利志编委会．湖州市水利志［M］．北京：中国大百科全书出版社，1995.

[14] 太湖局防汛抗旱办公室．1991年太湖流域洪水［M］．北京：中国水利水电出版社，2000.

[15] 1999年太湖流域洪水编委会．1999年太湖流域洪水［M］．北京：中国水利水电出版社，2010.

[16] 太湖局．引江济太调水试验［M］．北京：中国水利水电出版社，2010.

[17] 王同生．太湖流域防洪与水资源管理［M］．北京：中国水利水电出版社，2006.

[18] 黄宣伟．太湖流域规划与综合治理［M］．北京：中国水利水电出版社，2000.

[19] 浙江省水利厅．浙江省河流手册［M］．北京：中国水利水电出版社，1999.

[20] 江苏省水利厅，江苏省全方地图应用开发中心．江苏省水利地图集［M］．福州：福建省地图出版社，1996.

[21] 中国河湖大典编委会．中国河湖大典·长江卷（下）［M］．北京：中国水利水电出版社，2010.

[22] 秦伯强，胡维平，陈伟民，等．太湖水环境演化过程与机理［M］．北京：科学出版社，2004.

[23] 杨桂山，王德建，等．太湖流域经济发展·水环境·水灾害［M］．北京：科学出版社，2003.

[24] 阮仁良．上海水环境研究［M］．北京：科学出版社，2000.

[25] 钱塘江志编委会．钱塘江志［M］．北京：方志出版社，1998.

[26] 火恩杰，刘昌森．上海地区自然灾害史料汇编（公元751—1949年）［M］．北京：地震出

版社，2002.

[27] 姚汉源．京杭运河史［M］. 北京：中国水利水电出版社，1998.

[28] 缪启愉．太湖地区塘浦圩田的形成与发展［J］. 中国农史，1982（1）：12－32.

[29] 郑肇经．太湖水利技术史［M］. 北京：农业出版社，1987.

[30] 上海港史话编写组．上海港史话［M］. 上海：上海人民出版社，1979.

[31] 褚绍唐，黄锡荃，王中远．黄浦江的形成与变迁［J］. 上海水务，1985（3）：9－16.

[32] 郑肇经．中国之水利［M］. 北京：商务印书馆，1951.

[33] 长江流域规划办公室长江水利史略编写组．长江水利史略［M］. 北京：水利电力出版社，1979.

[34] 武进区水利志编纂小组. 武进水利志（1984—2007）［R］. 2011.

[35] 溧阳市水利农机局. 溧阳市水利志［R］. 1995.

[36] 长江流域规划办公室. 长江流域吴淞零点高程系统简考［R］. 1980.

[37] 江苏省水利勘测设计研究院有限公司. 常熟水利枢纽加固改造工程初步设计［R］. 2008.

[38] 上海勘测设计研究院. 望亭水利枢纽更新改造工程初步设计［R］. 2010.

[39] 江苏省太湖水利设计研究院有限公司．走马塘拓浚延伸工程初步设［R］. 2009.

[40] 上海勘测设计研究院. 东太湖综合整治工程初步设计［R］. 2010.

[41] 上海勘测设计研究院. 太浦闸除险加固工程初步设计［R］. 2011.

[42] 陆鼎言. 太湖地区水利的建设和治理［R］.

[43] 诸汉文. 太湖流域史前水利探索//太湖水利史论文集［R］. 1984.

[44] 陈庆. 太湖流域水网平原地区的机械灌溉及排水//灌溉系统新建改建科学技术交流会议报告［M］. 北京：水利出版社，1957.

编后语

太湖美，美就美在太湖水。在水的孕育下，太湖流域劳动人民谱写了治水兴水的辉煌篇章，造就了名闻遐迩的鱼米之乡和锦绣江南。编纂出版《太湖志》，传承流域水文明发展历史，是太湖水利人的共同心愿，也是水利部对太湖流域水利史志工作的殷殷期许。

1984年太湖局成立后，在流域治理与管理工作中积累了大量资料，流域内各级水行政主管部门编纂出版了不少的水利志书，为《太湖志》编纂提供了较好的条件。

2008年12月，太湖局启动《太湖志》编纂工作，成立了《太湖志》编纂委员会及其办公室（以下简称“编办”）。编纂工作大体经历了3个阶段。

第一阶段（2008—2015年），主要是拟定编纂大纲，查阅档案，走访老同志，广泛收集整理资料，编纂完成《太湖志（征求意见稿）》。2009年11月编办完成《太湖志》编纂大纲，邀请太湖局部分离退休专家、流域省（市）以及部分地市水利志编纂部门同志对大纲进行评审。会后，以原党组书记、常务副局长王同生及相关部门、单位业务骨干组成的编纂组开展编纂工作，请省（市）水利部门协助提供并审核资料，完成《太湖志（征求意见稿）》，共计15篇52章。编办多次召开局内讨论会，并于2015年11月邀请流域省（市）及各地市水利志编纂部门参加编纂成果讨论会，征求意见。

第二阶段（2016年），吴志平同志主持开展总纂工作，编纂完成《太湖志（评审稿）》，并通过专家组审查。编纂组进一步核实史料，规范体例，补充内容，着力体现太湖流域水利特色。《太湖志（评审稿）》于2016年9月通过了局内初审，2016年12月通过了专家组评审，篇目为17篇53章。

第三阶段（2017年至2018年5月），编纂完成《太湖志（送审稿）》，并通过审查专家组审查。根据太湖局局长办公会议意见，编纂组对全志进一步补充、修改、完善，于2018年1月完成《太湖志（送审稿）》。《太湖志（送审稿）》于2018年5月通过了审查专家组审查，篇目为17篇66章，共计约63万字。

《太湖志》编纂委员会秉承对历史负责的态度，严把资料关、体例关、史实关。严格执行三审定稿制度：一稿初审，由太湖局有关处室、单位负责人负责组织；二稿评审，编纂委员会邀请水利部江河水利志指导委员会、中国水利水电科学研究院，流域两省一市水利厅（水务局）及流域各地市水利局有关专家对《太湖志》进行专家评审；

三稿终审，《太湖志》经局长办公会议审议后，编纂委员会报送水利部办公厅、江河水利志指导委员会，并邀请中国水利水电科学研究院，流域两省一市水利（水务）厅（局）及复旦大学有关专家对《太湖志》进行终审。

在编纂过程中，水利部对《太湖志》编纂工作给予了充分的关心，副部长叶建春为本志作序；流域内省（市）水利（水务）厅（局）以及各地市水利部门对修志给予了大力支持，提供了大量资料，并进行了认真的资料核实工作。太湖局副总工程师陈万军、杨洪林对志稿提出了大量修改意见。浙江省杭州市余杭区林业水利局，湖州市文物保护局、杭州市文物保护局等单位亦提供了部分照片及资料。谨致以衷心的感谢。

希望《太湖志》的出版能为太湖流域新时代水利工作有所启示和帮助。由于首次编纂志书，缺乏经验，全体参编人员虽备尝艰辛，也竭尽努力，但仍不免错漏、谬误，谨请读者予以指正。

《太湖志》编纂委员会

2018年8月